高等学校“十三五”规划教材

有机化学

虞　虹　张振江　主编

化学工业出版社

·北京·

内容简介

《有机化学》共20章，将内容分为“有机化学概论”“基础有机化合物”“生物有机化合物”三个部分。首先介绍基本知识点和理论，然后以官能团为主线展开各类有机化合物的学习，再着重介绍与医学专业相关的生物有机化合物，最后对日常生活中如药物、食品、毒素等常见物质中的有机分子进行了介绍，揭开有机化合物的神秘面纱，进一步让有机化学走进生活。教材始终遵循有机化学“结构决定性质，性质体现理论”的基本思想，加强了基本理论、基本反应和基本知识的阐述与解释；在内容编写上做到循序渐进，且内容的编排结合了学生的认知顺序和心理发展顺序；在知识的呈现方式中体现出一定的科学性、探究性、趣味性、可读性，使教材既便于教师的教学，又便于学生的自学。

本书适用于医学、生物技术、药学、食品安全等专业的学生，不同专业教学时可根据需要选用相关内容。

图书在版编目（CIP）数据

有机化学/虞虹，张振江主编. —北京 ：化学工业出版社，2021.4（2025.1重印）
ISBN 978-7-122-38354-9

Ⅰ.①有… Ⅱ.①虞… ②张… Ⅲ.①有机化学-高等学校-教材 Ⅳ.①O62

中国版本图书馆CIP数据核字（2021）第017586号

责任编辑：李 琰 宋林青　　装帧设计：关 飞
责任校对：宋 夏

出版发行：化学工业出版社（北京市东城区青年湖南街13号 邮政编码100011）
印 装：北京建宏印刷有限公司
787mm×1092mm 1/16 印张30¾ 字数787千字 2025年1月北京第1版第5次印刷

购书咨询：010-64518888　　售后服务：010-64518899
网 址：http://www.cip.com.cn
凡购买本书，如有缺损质量问题，本社销售中心负责调换。

定 价：69.80元

版权所有 违者必究

《有机化学》编写人员

主　编：虞　虹　张振江

编　者：陈维一　邱丽华　李　敏

审　稿：徐　凡

前言

有机化学是化学的一个重要分支，它的研究对象是有机化合物，研究有机化合物的组成、结构、性质、合成、变化以及伴随这些变化所发生的一系列现象。有机化学是一门重要的基础理论课，与医学、生物学和药学等其他学科都有着重要的联系。组成人体的物质除了水和一些无机盐外，绝大部分是有机物，它们在人体内有着不同的功能并进行一系列的化学变化。生物化学就是运用有机化学的原理和方法来研究这些变化的一门学科；药理学中的“构效关系”就是研究药物的化学结构与药物效应之间的关系。随着分子生物学、细胞生物学以及神经科学等相关生物学科的发展，人类已经发现许多生物大分子的结构并逐步了解了其相应的功能，对其功能的研究也逐步由静态的水平转移到动态的水平。这些都无疑给有机化学的发展提供了新的机会和挑战。为了紧跟新时代我国高等教育教学内容和课程体系改革以及课程融入思政新教育的步伐，进一步提高教学质量，编写一套适用于医学、生物技术、药学等专业的有机化学教材是十分必要的。

本教材在内容编写上做到循序渐进，力求深入浅出、通俗易懂。对于难点部分，如杂化轨道理论、电子效应等是贯穿全书并用于解释有机化合物结构特点、反应活性等的重要内容，但这部分内容比较抽象而难以掌握，本教材尽量采用形象的语言代替抽象的概念，便于学生理解。本书穿插了较多与医学专业相关的实例，以提高学习兴趣。每章节最后收录了教材内容涉及的相关化学家的生平事迹和奋斗历程，进一步激发学生的学习积极性。教材融入了课程思政元素，在揭示科学原理的同时，实现社会主义核心价值观的引领和渗透，构建长效的全课程育人格局。

虞虹、张振江负责全书大纲的编写及统稿；徐凡对全书进行了审稿；编写人员有陈维一、邱丽华、李敏。

苏州大学东吴学院对本书的编写给予了大力支持和帮助，苏州大学材料与化学化工学部姚英明教授和周年琛教授也对本书的编写给予了关心和支持，衷心感谢他们对本书的指导和修改，他们丰富的教学经验和独到的见解，使我们受益匪浅。

编者在教材的体系及内容方面做了一些有益的尝试，在一线教师原有自编教材基础上，参考、汲取了国内外同行们的教学优点，形成了内容翔实、通俗易懂的风格特点。但由于水平有限，某些方面还存在着不足，恳请使用本书的各位专家、教师和同学提出宝贵意见，以便修订再版时及时改进。

编者

2020 年 8 月

目 录

第一部分　有机化学概论 / 1

第十九章　核苷、核苷酸和核酸

第二十章　神奇的有机化合物 …… 432

附录 ………………………………… 477

参考文献 ……………………………… 480

第一部分 有机化学概论

第一章 绪 论

第一节 有机化学及其发展

一、有机化合物和有机化学

有机化合物是含碳元素的化合物（CO、CO_2、碳酸及碳酸盐等性质与无机化合物相同的除外），简称有机物。其种类繁多，数目庞大，与人类的生产生活关系密切。有机化学是化学的一个重要分支，研究对象是有机化合物，研究其来源、组成、结构、性质、合成、变化和伴随这些变化所发生的一系列现象以及应用，并发展与之相关的理论和方法。

19 世纪前，人们普遍认为有机物只能存在于生物体中，唯有生物体内的“生命力”才能制造出它们。1828 年，德国化学家武勒（F. Wöhler）在实验室里首次将无机物氰酸铵（NH_4CNO）转化为原来只能从人或动物的肾脏或排泄物尿中提取得到的有机物尿素（H_2NCONH_2），这一结果动摇了当时占统治地位的“生命力说”，从此，创造新的有机物成为化学家们的首要任务。

$$\underset{\text{氰酸铵}}{NH_4^+CNO^-} \xrightarrow{\triangle} \underset{\text{尿素}}{H_2N-\overset{\overset{\displaystyle O}{\|}}{C}-NH_2}$$

实践是检验真理的唯一标准，在大量的科学事实面前，化学家们摆脱了不科学的理论束缚，越来越多的有机化合物从实验室诞生，一些复杂的有机物如胆固醇、叶绿素等都能人工合成。

有机化学的发展史也是人类认识自然、征服自然的历史。从由生物体中分离有机物开始，到今天可以合成许多极为复杂的有机物，都是随着人们对有机物分子结构的逐步深入了解和有机化学学科的发展而实现的。早在古代，中华民族就已经为人类文明和发展作出过辉煌贡献，无论是西汉的造纸术、唐代的火药，还是石油、天然气的开采，以及酿酒、发酵和染色等工艺技术的发明，都标志着有机化学工艺的世界领先水平。现代生命科学和生物技术的崛起给化学注入了新的活力，研究生命现象和生命过程、揭示生命的起源和本质是21世纪自然科学的重大研究课题。从20世纪初化学家开始对生物小分子（如糖、血红素、叶绿素、维生素等）的化学结构和合成进行研究，1953年沃森（J. D. Watson）和克里克（H. C. Crick）提出DNA分子双螺旋结构模型，1955年维格诺德（Vigneand）首次合成多肽激素催产素和加压素而获得了诺贝尔化学奖，1958年桑格（Sanger）因对蛋白质特别是牛胰岛素分子结构测定的贡献而获得诺贝尔化学奖，有机化学家和生物化学家在分子水平上打开了一个又一个通向生命奥秘的大门。1965年我国首先完成了结晶牛胰岛素的人工合成。1981年，又成功合成了具有与天然分子相同结构和完整生物活性的酵母丙氨酸转移核糖核酸，标志着我国在人工合成生物大分子的研究方面居于世界先进水平。人类经过不懈的努力，认识到蛋白质、核酸、多糖等生物大分子和激素、神经递质、细胞因子等生物小分子是构成生命的基本物质。科学家也认识到只有化学与生命科学相结合才能在分子水平上研究生命。因此新的学科，如生物化学、生物有机化学、分子生物学、化学生物学、化学生物信息学等相继开始蓬勃发展。

有机化学是支撑生命科学的基础学科，也是医学生一门重要的基础课。人体组成成分除了水分子和其他无机化合物，几乎都是有机分子。机体的代谢过程同样遵循有机化学反应的规律。掌握有机化合物基础知识以及结构与性质的“构效关系”，将有助于认识蛋白质、核酸、糖等生物分子的结构与功能，为更好地探索生命本质奠定基础。学习有机化学除了掌握本学科相关知识外，更重要的是了解分析思考有机化学问题的逻辑方法以及解决问题的科学手段。

二、有机化合物的研究步骤

研究一种新的有机物一般经过下列步骤：分离提纯和纯度检验、确定实验式和分子式、确定结构式。

研究有机物首先要将其进行分离提纯以达到应有的纯度。分离提纯的常用方法有重结晶、升华、蒸馏、色谱分离、离子交换等。

通过测定纯有机物具有的固定物理常数（熔点、沸点等），可以检验其纯度。如：纯有机物的熔距很小，不纯的则很大。

提纯后的有机物可进行元素定性分析，确定由哪些元素组成，然后做元素定量分析，求出各元素的质量比，计算得出实验式。实验式是表示化合物分子中各元素原子的相对数目的最简式，并不能确切表明分子的真实原子个数，因此，还必须进一步测定其分子量，从而确定其分子式。

可以用化学方法和物理方法确定结构式。化学方法是将分子打成碎片，再从它们的结构去推测原分子是如何由碎片拼凑起来的，该方法利用宏观手段去观测微观世界，难度极大。物理方法更常用，即利用先进的现代仪器（红外、紫外、核磁、质谱、X射线衍射等）进行分析，能够迅速准确地确定有机物的结构式，波谱分析详见第三章。

确定有机物的组成和结构之后，便可以继续研究其物理和化学性质、化学变化及其应用。由此可见，从事有机化学研究必须掌握合成及其分析手段。

三、有机化学与生命科学的联系

有机化学与生命科学的关系极为紧密。有机化学就其最初的意义而言，是生物物质的化学。生命科学中的许多重要发现和突破，都包含了大量与有机化学有关的研究工作。随着生命科学的迅速发展，对一些生命现象的研究已经进入分子水平。生物大分子的结构与功能、生物分子内和生物分子间的相互作用机制、生命过程中复杂的变化及其调控作用的分子机制和化学本质等许多根本性的问题，已摆在有机化学家的面前，使生命科学与有机化学在更深的层次上结合更加紧密，两者相互促进、共同发展。

此外，有机化学研究人员在长期的研究发展中，已逐渐将研究重点从结构方面转换至功能方面。而长期研究所构成的有机化学理论成果，又为生物学的进一步发展创造了基础条件。例如，价键理论、构象理论、各类反应机理理论等，都是当前研究者进行生化反应研究的重要理论基础，也在蛋白质结构研究工作中发挥了重要作用；测定技术与合成技术的研究，也为当前生物技术研究创造了平台。因此，有机化学研究工作的开展，是进一步推动生命科学发展与实现的重要力量。

四、现代有机化学发展热点

二十世纪三四十年代后，有机化学进入了迅猛发展时期，形成了物理有机化学、有机分离和分析化学、有机合成化学三个主要研究方向的科学体系。

有机化学提供了人类日常生活所需的原料、数以千计的新药和各种材料，因此，有机化学的发展在一定程度上也体现了一个国家的综合国力和现代化进程水平。但是，有机化学工业发展的同时也对环境造成了一定的影响。目前科学家提出了从源头预防环境污染的策略，因此国际有机化学的一个显著的发展趋势是可持续发展的绿色化学概念受到更广泛的关注，高度重视以原子经济性为基础的高选择性化学可控合成。同时，有机化学与其他学科如生命科学、环境科学、材料科学、能源技术科学等的交叉渗透日益密切。

近年来国内重要的有机化学学科发展方向有：新一代有机合成反应方法学，特种资源的元素有机化学，生物活性分子的构建，化学生物学和新药先导化合物的发现，新型分子组装体的构筑及功能，有机功能材料的合成、结构和性能研究等。

第二节　有机化合物的特点和分类

一、有机化合物的特点

有机化合物主要由碳、氢元素组成，大多数还含有氧、氮、卤素、硫、磷等几种元素。碳原子处于元素周期表第ⅣA族，原子半径小，价电子较多，碳原子之间结合较强。碳原子之间可以单键、多重键互相结合成链状、环状、有分支等各种从简单到复杂的结构。结构稍有不同，即使元素组成不变，也是不同的化合物，互称为同分异构体。有机物种类和数目庞大，即得益于有机物中普遍存在的同分异构现象，已知由合成或分离方法获得并确定其结构和性质的有机物在2000万种以上，并且每年又有数以千计的新有机物出现。

有机分子中，原子之间通过电子对共享即共价键相结合，因此，有机物在性质上的特点是由共价键的特性所决定的。与无机化合物特别是无机盐类相比，有机物具有如下特点：

① 大多数有机物可燃，有些极易燃，燃烧后没有或极少留下灰分。

② 有机物的热稳定性较差，受热易分解，许多有机物在 200～300℃时就逐步分解。

③ 有机物分子间主要以色散力为主，分子间作用力较小，故大多数有机物常温下是气体或液体，液态有机物的沸点较低，如乙醚的沸点为 34.6℃。常温下是固体的有机物熔点也较低，一般不超过 400℃。

④ 有机物一般是非极性的或极性较弱，因此，有机物一般难溶于水而易溶于有机溶剂如乙醚、苯、丙酮等。同理，有机物在熔融或溶液状态下，一般不导电。

⑤ 有机反应一般较慢，因为多数反应是分子间的反应。为加快反应常采用搅拌、加热、加压或使用催化剂等措施来缩短反应时间。

⑥ 有机反应的产物往往不是单一的，反应物之间同时进行若干个不同的反应，可以得到几种不同的产物。一般情况下，把在特定反应条件下主要进行的一个反应称为主反应，其他的反应称为副反应。选择最有利的反应条件以减少副反应来提高主要产品的得率，也是有机化学研究的一项重要任务。一般情况下，有机反应式（不称化学方程式）只需写出主要产物，无需配平，反应式中用箭头代替等号，表示反应方向。

值得指出，有机物与无机物之间并没有严格的界限，以上特点只是相对而言。自金属有机化合物及配合物出现后，两者的分界就愈加不明显了。

二、有机化合物的分类

有机物数目繁多，结构复杂。但有机物的性质与结构息息相关，将有机物按照分子结构中的碳骨架或官能团进行分类，就可使数百万种有机化合物各有归属。这种建立在结构基础上的分类系统，有助于阐明有机化合物的结构、性质以及它们之间的相互联系，也有助于有机化学这门学科的发展。

（一）按碳链骨架分类

按照碳链结合方式的不同，有机化合物可分成三大类。

1. 开链族化合物

分子中碳原子相互结合成碳链，主要包括烷烃、烯烃和炔烃，也称脂肪族化合物。例如：

$$CH_3CH_2CH_2CH_3 \qquad CH_3CH_2CH{=}CH_2 \qquad CH_3C{\equiv}CCH_3 \qquad \begin{array}{l} CH_3\underset{\displaystyle CH_3}{\underset{|}{C}H}CH_2CH_3 \end{array}$$

2. 碳环族化合物

分子中碳原子相互连接成环状结构，又可分为脂环族和芳香族化合物两类。

（1）脂环族化合物

这类化合物可看成开链族化合物连接闭合而成，性质与开链族化合物相似。所以，脂肪族化合物除了开链族的烷烃、烯烃、炔烃外，还包括脂环。例如：

（2）芳香族化合物

这类化合物中碳原子连接成特殊的环状结构，具有一些特定的性质。例如：

3. 杂环族化合物

（1）芳杂环化合物

这类化合物具有环状结构，成环原子除碳原子以外，还有氧、硫、氮等其他原子，并且环系具有特殊的稳定性，一般指具有芳香性。例如：

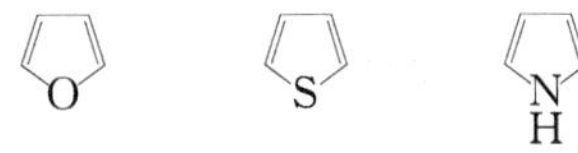

（2）脂杂环化合物

这类环状化合物的成环原子除碳原子以外，还含有氧、硫、氮等其他原子，但环系不具有芳香性，性质与相应的含杂原子的脂环族化合物相似。例如：

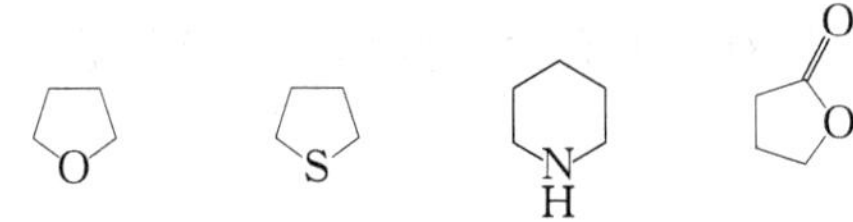

（二）按官能团分类

官能团是决定化合物主要性质的原子、原子团或特殊结构。含有相同官能团的有机物具有相似的化学性质。表 1-1 列出了一些常见官能团的结构和名称，以及有机化合物的所属类别。

表 1-1　常见官能团及有机物类别

官能团	官能团名称	化合物类别	实例结构式	实例名称
$>C=C<$	碳碳双键	烯烃	$CH_2=CH_2$	乙烯
$-C\equiv C-$	碳碳三键	炔烃	$CH\equiv CH$	乙炔
$-X$	卤基	卤代烃	CH_3CH_2Br	溴乙烷
$-OH$	羟基	醇/酚	C_2H_5OH/C_6H_5OH	乙醇/苯酚
$-\overset{O}{\overset{\|}{C}}-H$	醛基	醛	CH_3CHO	乙醛
$-\overset{O}{\overset{\|}{C}}-$	羰(酮)基	酮	CH_3COCH_3	丙酮
$-\overset{O}{\overset{\|}{C}}-OH$	羧基	酸	CH_3COOH	乙酸
$-O-$	醚键	醚	CH_3OCH_3	甲醚
$-\overset{O}{\overset{\|}{C}}-O-$	酯键	酯	$C_2H_5COOC_2H_5$	丙酸乙酯
$-NH_2$	氨基	胺	CH_3NH_2	甲胺
$-NO_2$	硝基	硝基化合物	$C_6H_5NO_2$	硝基苯
$-CN$	氰基	腈	CH_3CN	乙腈

续表

官能团	官能团名称	化合物类别	实例结构式	实例名称
—SH	巯基	硫醇/硫酚	C_2H_5SH/C_6H_5SH	乙硫醇/苯硫酚
—S—S—	二硫键	二硫化物	$SCH_2CH_2CH_3$ | $SCH_2CH_2CH_3$	正丙基二硫化物
O ‖ —S—OH ‖ O	磺酸基	磺酸	$C_6H_5SO_3H$	苯磺酸

在多官能团化合物如取代羧酸、氨基酸等分子中，每个官能团完全或部分保留原有的理化性质，但同时受到分子中存在的其他官能团的影响，其理化性质会有所改变。多官能团间的相互影响通常与它们之间的相对位置有关。例如，α-羟基酸受热易形成交酯，β-羟基酸受热易形成 α,β-不饱和酸。

第三节　有机化合物的命名原则

有机化合物种类繁多，数目庞大，即使同一分子式，也可能有不同的异构体，若没有一个完整的命名方法来区分各个化合物，就会造成极大的混乱，因此，认真学习每一类有机化合物的命名是有机化学的一项重要内容。现在常用的是普通命名法和国际纯粹与应用化学联合会命名法，后者简称 IUPAC 命名法。中国的《有机化学命名原则》是中国化学会结合 IUPAC 的命名原则与中文特点而制定的。必须说明的是，“命名原则”是建议表达的各类有机化合物结构的名称，但不一定是该结构的唯一名称，可能还有俗名，也可能还有不同命名途径得到的其他不同名称，但无论以何种方式命名，化合物名称所表示的结构应是唯一的。

各类有机化合物的命名原则详见各章节。此处仅简单介绍用于命名的两个基本概念——基团和基团的顺序规则。

一、基团

基团简称“基”，是指有机化合物失去一个原子（通常是氢原子）或原子团后剩余的部分，有时候也称为取代基，包括各种官能团和以游离状态存在的自由基。例如甲烷失去一个氢原子剩下的就是甲基；乙酸失去一个羟基后就是乙酰基。

官能团是一类特殊的基团，是可以决定有机物特性的原子或原子团，例如双键、三键、羟基、羧基等。官能团一定是基团，但基团不一定是官能团。

二、基团的顺序规则

顺序规则最早由 R. S. Cahn、C. K. Ingold 和 V. Prelog 提出，目的是解决立体异构体的命名。后经修改和完善，于 1970 年为国际纯粹与应用化学联合会所正式采用，成为有机化合物命名中主链编号、取代基列出顺序、顺反异构体以及手性化合物构型判断等的基本依据。

顺序规则是将各种原子或基团人为地进行优先次序的排列，规则如下：

① 原子序数较大的排在前面，称优先大。例如：氧的原子序数大于碳，则氧优先大于碳。

② 同位素质量数大者优先大。例如：氘优先大于氢。

③ 孤对电子当作最小的取代基，即氢优先大于孤对电子。

常见原子的优先顺序：I>Br>Cl>S>P>F>O>N>C>D>H>孤对电子

④ 若基团中心原子相同，则逐轮依次比较与中心原子相连的原子序数大小；若仍相同，再依次逐轮外推，直至比较出优先大小。例如：

$$-CH_2Br>-CH_2Cl>-CH_2SH>-CH_2OH>-C(CH_3)_3>-CH(CH_3)_2>-CH_2CH_3>-CH_3$$

⑤ 若基团上含有双键、三键或苯环，则双键可看作中心碳原子连有两个相同原子；三键看作连有三个相同原子；苯基中心碳原子连有三个碳原子：

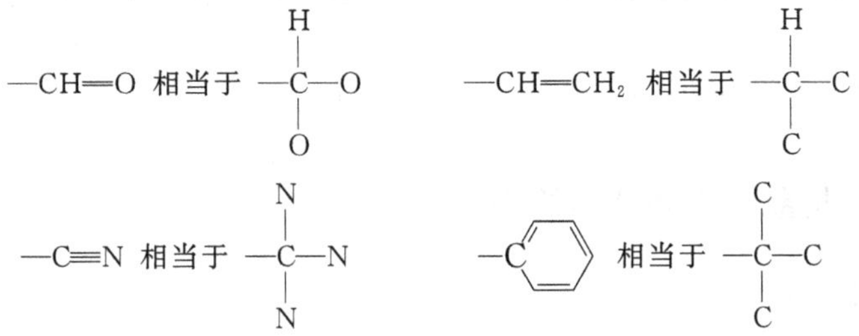

$$-CH{=}O \text{ 相当于 } \begin{array}{c} H \\ | \\ -C-O \\ | \\ O \end{array} \qquad -CH{=}CH_2 \text{ 相当于 } \begin{array}{c} H \\ | \\ -C-C \\ | \\ C \end{array}$$

$$-C{\equiv}N \text{ 相当于 } \begin{array}{c} N \\ | \\ -C-N \\ | \\ N \end{array} \qquad -C_6H_5 \text{ 相当于 } \begin{array}{c} C \\ | \\ -C-C \\ | \\ C \end{array}$$

例如下列两个基团的优先次序为 $\begin{array}{c} H \\ | \\ -C{=}O \end{array}$（视为 $\begin{array}{c} H \\ | \\ -C-O \\ | \\ O \end{array}$）> $-CH_2OH$（即 $\begin{array}{c} H \\ | \\ -C-H \\ | \\ O \end{array}$）

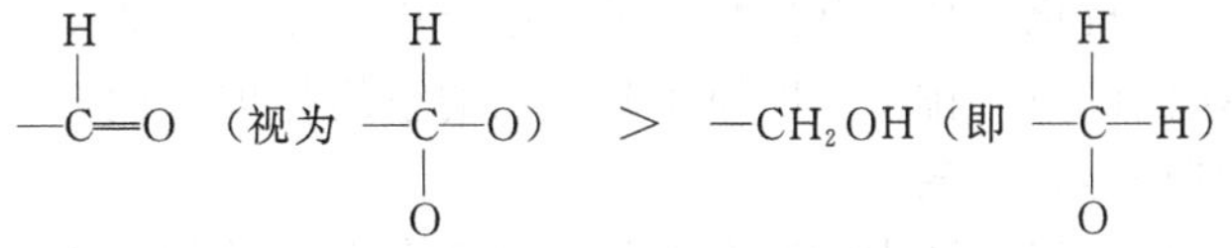

第四节　有机化合物的结构、表示和同分异构

一、有机化合物的结构和表示

有机化合物的结构指分子中各原子和基团间的连接状态以及空间的几何形状，与分子中碳原子的成键方式、各原子和基团的连接顺序、连接方式以及空间排布都密切相关，稍有差别即成为不同的化合物，因此有机化合物普遍存在着同分异构体。有机化合物的结构可以通过一些方式来表达，此处简要介绍，详细内容参见相关章节。

（一）构造和构造式的表示

1. 构造和构造式

分子中原子间的连接顺序和方式称为分子的构造，表示构造的化学式称为构造式，也叫结构式。本课程若无具体要求，提及结构式一般就是指构造式。构造式只能反映出分子中各原子和基团相互连接的顺序和方式，并没有反映出各原子和基团在空间的排布。因此，构造式只是有机化合物分子立体模型的平面投影式。

2. 构造式的表示

构造式的表示有多种方法。常见的有以下几种。

（1）价键式

价键式用短横线表示共价键并标出元素符号：

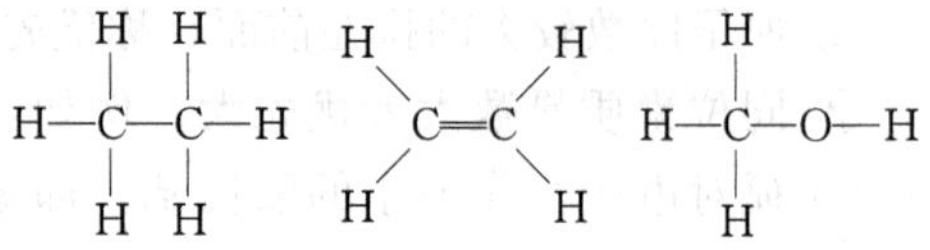

（2）结构简式

价键式过于烦琐，较为常用的是结构简式，仅用短横线表示出官能团位置的共价键，其余都进行简化：CH_3CH_3、$CH_2{=}CH_2$、CH_3OH。

（3）键线式

结构复杂或环状结构的分子，采用更简单的键线式表示。骨架中不标出碳和氢的元素符号，键线的始端、末端和折角均表示碳原子，线上若不标明其他元素，就默认被氢饱和，若有其他原子或基团，则必须标出：

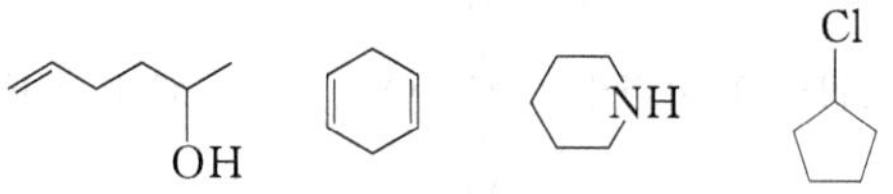

（二）构型、构象和立体结构的表示

1. 构型和构象

有机化合物只有少数分子的原子排布在同一平面，绝大多数是立体排布的。分子中原子或基团的空间排布（即原子和基团的空间伸展方向，有线型、面型或体型）统称立体结构，包括构型和构象。

构型指分子中由于存在限制单键自由旋转的因素（双键或环），使得受限键端的原子和基团在空间的相对位置被固定，不同构型之间的转变需通过共价键的断裂和重建才能完成。

构象指分子中由C—C单键旋转而产生的原子和基团在空间排列的无数特定的形象。不同构象之间可以相互转变，不要求共价键的断裂和重建。各种构象中，势能最低、最稳定的构象称优势构象。

2. 立体结构的表示

一般地，立体结构的表示是在纸平面上表达出分子三维空间的形象，当看到纸平面上的结构表达式时，便想象出它在三维空间的几何形状，因此，建立空间想象力是学习立体有机化学必须掌握的基本技能。

在纸平面上表示分子立体结构的式子主要有楔形式、锯架式、纽曼投影式和费歇尔投影式，还有一种在糖类化合物中常用的哈沃斯透视式。

（1）楔形式

楔形式也称伞形式，用实线表示处在平面上的价键，虚楔形线表示处在平面后的价键，实楔形线表示处在平面前的价键。图1-1是甲烷正四面体结构的楔形式表示。

（2）锯架式

锯架式像木工的锯架，一般从分子侧面进行观察，价键表示方法同伞形式，常用简化锯架式，即只用实线表示分子价键。锯架式的特点是能够清楚表明连接在两个相邻原子上的原子和基团的空间关系。乙烷重叠式构象的锯架式如图1-2所示。

（3）纽曼投影式

纽曼投影式像一架投影机，把分子的立体模型放在眼前，用一个较大的圆圈表示观察焦点C—C键上处在后面的碳原子，圆心表示处在前面的碳原子，从圆心延伸出的三个氢表示连接在前面的碳原子上，从圆圈延伸出的三个氢表示连接在后面的碳原子上。乙烷交叉式构象的纽曼投影式如图 1-3 所示。

图 1-1　甲烷楔形式　　图 1-2　乙烷锯架式　　图 1-3　乙烷纽曼投影式

（4）费歇尔投影式

费歇尔投影式常用来描述含有多个手性碳原子的开链化合物的立体异构现象，按照一定的投影规则进行书写（详见第二章）。右旋甘油醛的费歇尔投影式如图 1-4 所示。

（5）哈沃斯透视式

哈沃斯透视式是表示糖类化合物环状结构的常用方法（详见第十七章）。图 1-5 表示的是 α-D 吡喃葡萄糖的哈沃斯透视式。

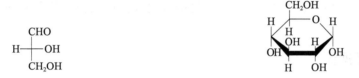

图 1-4　右旋甘油醛费歇尔投影式　　图 1-5　α-D 吡喃葡萄糖哈沃斯透视式

二、有机化合物的同分异构

如前所述，有机物分子的结构描述分为两个层面：第一个层面是构造，第二个层面是构型或构象。组成相同但只要某个层面上不同即为同分异构体。

同分异构通常分构造异构和立体异构两大类。构造异构又可分为碳架异构（连接顺序或方式不同）、位置异构（官能团位置不同）、官能团异构（例如醛和酮）、互变异构（官能团互相转换的动态平衡）、价键异构等。立体异构又可分为构型异构和构象异构。构型异构包括顺反异构（详见第五章和第六章）与旋光异构（详见第二章）。构象异构具有多种形态，如全交叉、全重叠以及大量中间态，由于单键旋转的能垒较低，室温下即可使其变化而无法分离，其中全交叉能量最低，全重叠能量最高（详见第五章）。构象异构体属于同一化合物，构型异构体属于不同的化合物。

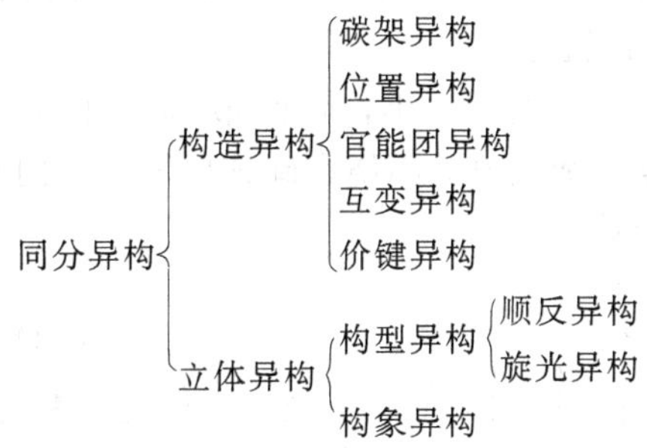

第五节　共价键理论

构成有机化合物分子最主要的化学键是共价键，学习共价键的有关知识将有助于了解有机物的结构，从而了解有机物的结构与性质之间的关系。

一、价键理论

价键理论认为，当成键原子相互靠近时，两个自旋反向的单电子相互配对，在两个原子核之间出现电子云密度较大的区域（轨道重叠），一方面降低了两核间正电荷的排斥力，同时又增加了两核对公用电子云的吸引力，使整个体系能量降低，形成稳定的共价键。每个原子所能形成共价键的数目取决于单电子数目，一个原子含有几个单电子，只能与其他原子的几个自旋反向的单电子形成共价键，此为共价键的饱和性。另外，轨道重叠程度越大，核间电子云越密集，形成的共价键越稳定，因此，原子总是尽可能沿着轨道重叠程度最大的方向靠近而成键，此为共价键的方向性。共价键的方向性使构成分子的各原子具有一定的空间排布。

二、杂化轨道理论

价键理论直观、简便，但不能解释有机化合物中的碳通常显 4 价而非 2 价，也不能解释甲烷为何是正四面体结构。为此，1931 年，美国化学家鲍林（L. C. Pauling）在价键理论基础上，提出了杂化轨道理论。

鲍林提出：形成分子的各原子相互影响，使同一原子内不同类型但能量相近的原子轨道重新组合，形成数量相等而能量、形状和空间伸展方向不同于原有轨道的新原子轨道，这个过程称为杂化，形成的新原子轨道称杂化轨道。有机物中的碳原子有 sp^3、sp^2 和 sp 三种杂化方式，分别形成 sp^3、sp^2 和 sp 三种杂化轨道。

（一） sp^3 杂化和 σ 键

碳原子基态时最外层电子结构为 $2s^2 2p_x^{\ 1} 2p_y^{\ 1} 2p_z^{\ 0}$。杂化轨道理论认为，2s 和 2p 轨道能量相近，碳原子 2s 轨道上的一个电子可以激发跃迁到 $2p_z$ 空轨道上，形成激发态，一个 2s 轨道和三个 2p 轨道各有一个电子，共有 4 个单电子，具备了形成四价的前提。但这四个轨道的空间方向和能量都不相同，所以紧接着这四个不同成分的轨道之间进行杂化（线性组合），形成 4 个相同的 sp^3 杂化轨道。

sp^3 杂化轨道形似葫芦，一头大一头小，4 个 sp^3 杂化轨道采用正四面体角度，即碳原子位于正四面体中心，4 个 sp^3 杂化轨道围绕在碳核周围，指向正四面体的四个顶点，相邻杂化轨道间的夹角均为 109°28′：

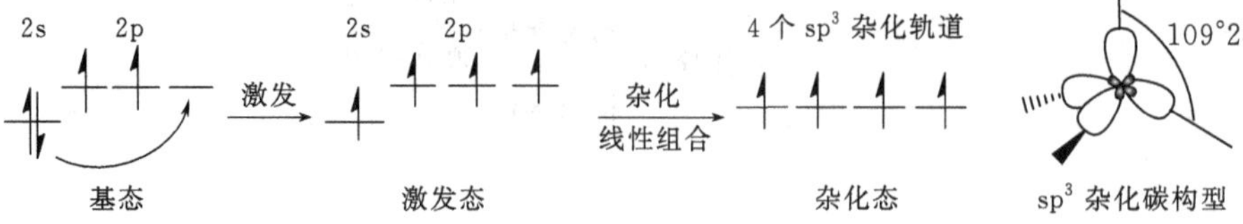

2s　2p　　激发　　2s　2p　　杂化 线性组合　　4 个 sp^3 杂化轨道　　109°28′

基态　　激发态　　杂化态　　sp^3 杂化碳构型

成键时，杂化轨道总是用大的一头与另一个原子轨道以“头碰头”方式沿着键轴（原子核间的连线）方向靠近，发生电子云的最大重叠，从而更加有效地成键。这种方式形成的共价键称 σ 键，电子云密集于两核之间，沿键轴方向旋转不改变轨道重叠程度。单键都是 σ 键，可自由旋转：

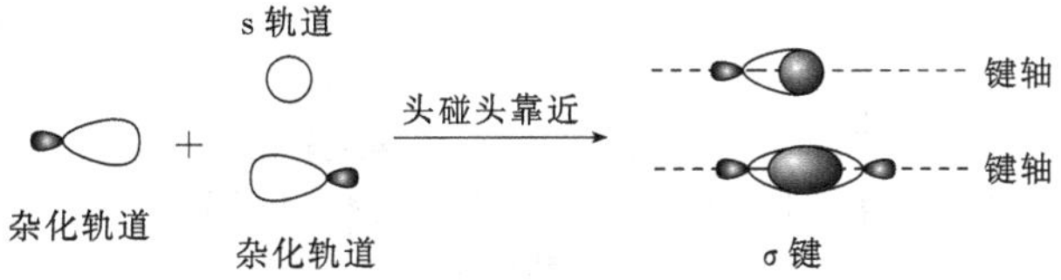

能直接形成四个 σ 键的碳原子是饱和碳原子，杂化形式为 sp^3 杂化。例如 CH_4、CH_3CH_2Br 中的碳原子均为 sp^3 杂化。甲烷的碳用四个 sp^3 杂化轨道分别与四个氢原子的 1s 轨道形成四个 σ 键，指向正四面体的四个顶点方向，因此甲烷的立体结构是正四面体。

（二） sp^2 杂化和 π 键

碳原子形成激发态后，也可以用一个 2s 轨道和两个 2p 轨道进行杂化，形成三个等同的 sp^2 杂化轨道（各填充一个单电子），剩下一个未参与杂化而保持原样的 2p 轨道（填充一个单电子）。

sp^2 杂化轨道也是一头大一头小的形状，较 sp^3 杂化轨道略短。三个 sp^2 杂化轨道处于同一平面，在碳核周围指向正三角形三个顶点，夹角 120°，未参与杂化的 p 轨道垂直于 sp^2 杂化轨道所在的平面，四个轨道上各填充有一个单电子：

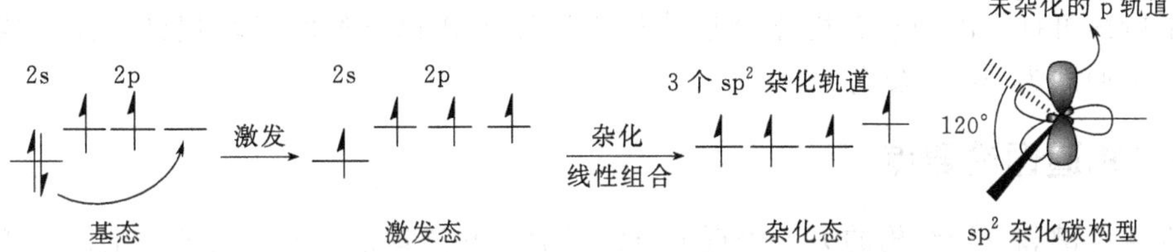

成键时，三个 sp^2 杂化轨道可分别与其他三个原子轨道头碰头形成 σ 键，同时，垂直方向上未杂化的 p 轨道也可与另一个平行相邻方向的 p 轨道“肩并肩”重叠成键，此类共价键不同于 σ 键，重叠程度较差，电子云分布在上下两侧，沿键轴方向旋转会破坏轨道的重叠，称为 π 键。由此，在两核之间形成双键（1 个 σ 键加上 1 个 π 键），由于 π 键的存在，双键不能自由旋转：

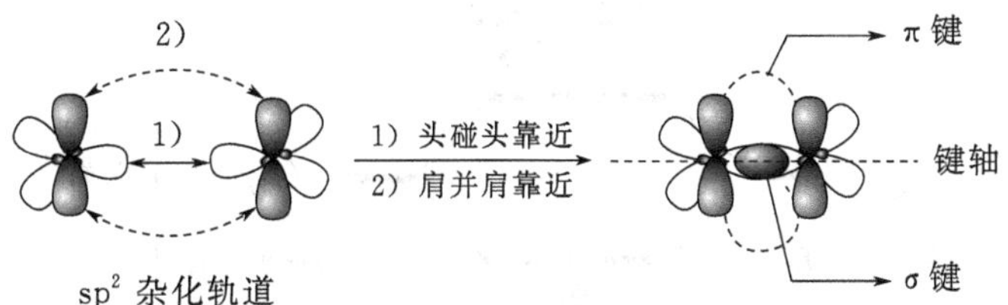

不能形成四个完全是 σ 键的碳原子属于不饱和碳原子，其中能形成三个 σ 键的碳原子的杂化形式是 sp^2 杂化，例如 $CH_2=CH_2$、$HCH=O$ 中的碳原子均为 sp^2 杂化。

（三） sp 杂化

碳原子形成激发态后，还可以用一个 2s 轨道和一个 2p 轨道进行杂化，形成两个等同的 sp 杂化轨道（各填充一个单电子），剩下两个未参与杂化而保持原样的 2p 轨道（填充一个单电子）。

sp 杂化轨道仍是一头大一头小的形状，较 sp^2 杂化轨道略短。两个 sp 杂化轨道为直线型，夹角 180°，未参与杂化的两个互相垂直的 p 轨道与杂化轨道两两垂直，四个轨道上各填充有一个单电子：

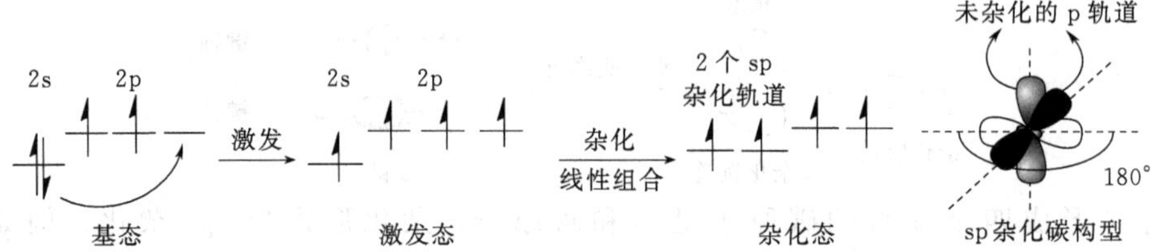

成键时，两个 sp 杂化轨道可分别与其他两个原子轨道头碰头形成 σ 键，同时，垂直方向上未杂化的两个 p 轨道也可分别与另两个平行相邻方向的 p 轨道“肩并肩”重叠形成两个 π 键，由此在核间形成三键（1 个 σ 键加上 2 个 π 键）：

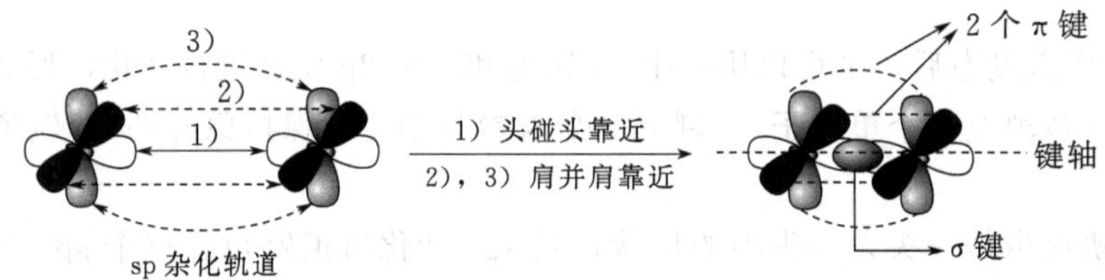

sp 杂化的碳原子也属不饱和碳原子，形成两个 σ 键的碳原子可判定为 sp 杂化。例如 CH≡CH 中的碳原子。

综上所述可推导出判断有机化合物分子中碳原子杂化类型的经验规则：能形成 n 个 σ 键，杂化类型即为 sp^{n-1} 杂化。

三、分子轨道理论要点

处理共价键和分子结构的另一个近似方法是分子轨道理论。分子轨道理论认为通过原子轨道的线性组合来形成分子轨道，有几个原子轨道相组合，就可形成几个分子轨道。形成的分子轨道中，能量低于原子轨道的为成键轨道，高于原子轨道的为反键轨道。例如两个氢原子通过共价键形成氢分子，两个电子都处于成键轨道，反键轨道上无电子（图 1-6）。一般只有当分子呈激发态时反键轨道上才有电子。

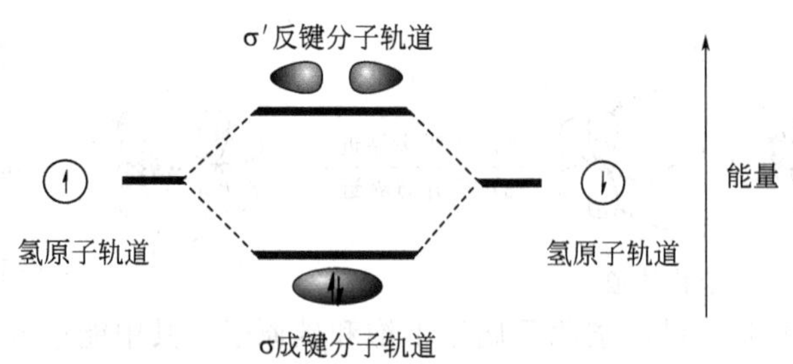

图 1-6　两个原子轨道组成两个分子轨道

四、共振论要点

共振论是鲍林在 20 世纪 30 年代提出的一种分子结构理论。他认为有些分子的真实结构并不是任何一个单独的经典结构所能描述的，体现它的应是这些结构通过共振而产生的共振杂化体。共振杂化体中的每一个经典结构式称为共振结构式，也称极限式。以苯的结构为例：

共振结构式

分子轨道理论和共振论不是本书的重点，后续学习相关内容时也不再详细展开讨论。

五、共价键的属性

（一）键长、键角、键能和解离能

键长是形成共价键的两个原子核间的平衡距离。不同共价键有不同的键长，有机分子的一些共价键键长见表 1-2。由于共价键所连的两个原子在分子中不是孤立的，它们受到分子中其他原子的相互影响，因此，即便是同一类型的共价键，在不同化合物中的键长也可能不同。

键角是两个共价键之间的夹角。有机分子的键角与碳原子的杂化态有关，也会因所连的原子或基团的大小和性质而有所变化，相同原子形成的键角在不同化合物中不一定相同。

气态双原子分子分解为气态原子（即断裂单个特定共价键）所吸收的能量称为键能，也称为该共价键的解离能；多原子分子时，键能指断裂分子中全部同类共价键所需解离能的均值。例如甲烷分解，逐个断裂四个碳氢键的解离能分别是 $435kJ\cdot mol^{-1}$、$444kJ\cdot mol^{-1}$、$444kJ\cdot mol^{-1}$、$339kJ\cdot mol^{-1}$，则甲烷的碳氢键键能是 $(435+444+444+339)/4=415.5(kJ\cdot mol^{-1})$。可见，多原子分子中，键能与解离能并不一致。

键能大小反映了键的稳定性，键能越大，共价键越稳定。常见共价键的键长和键能如表 1-2 所示。

表 1-2 常见共价键的键长和键能

共价键	键长/nm	键能/($kJ\cdot mol^{-1}$)	共价键	键长/nm	键能/($kJ\cdot mol^{-1}$)
C—H	0.109	413.82	C=C	0.134	610.28
C—N	0.147	305.14	C≡C	0.120	836.00
C—O	0.143	359.48	C=O(醛)	0.122	735.67
C—S	0.164	271.70	C=O(酮)	0.122	748.22
C—F	0.142	484.88	C=N	0.130	614.46
C—Cl	0.176	338.58	C≡N	0.116	890.34
C—Br	0.194	284.24	O—H	0.096	463.98
C—I	0.214	217.60	N—H	0.100	388.74
C—C	0.154	346.94			

（二）键的极性和极化

相同原子的电负性（核对核外电子吸引能力）没有差异，形成的共价键为非极性共价键，成键电子云均匀分布在两原子核之间。电负性不同的原子形成共价键时，成键电子云将

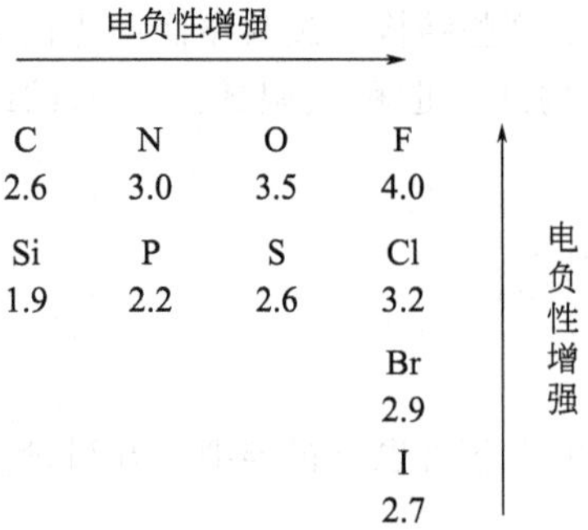

电负性增强

C	N	O	F
2.6	3.0	3.5	4.0
Si	P	S	Cl
1.9	2.2	2.6	3.2
			Br
			2.9
			I
			2.7

电负性增强

图 1-7 常见元素的电负性

偏向电负性大的原子，使其带有部分负电荷，而电负性较小的原子带有部分正电荷，故电子云不对称而呈现出正负偶极，称为极性共价键。例如，$H^{\delta+}—Cl^{\delta-}$、$H_3C^{\delta+}—Cl^{\delta-}$。

键的极性取决于成键原子的电负性差异。有机化合物中常见元素的电负性如图 1-7 所示。

键的极性通常用偶极矩（μ）表示。μ 等于电荷值（q）与正负电荷中心距离（d）的乘积，即 $\mu=qd$。偶极矩的单位是德拜（D），1D＝3.336×10^{-30}C·m（库·米）。偶极矩是矢量，方向由带正电荷一端指向带负电荷一端：

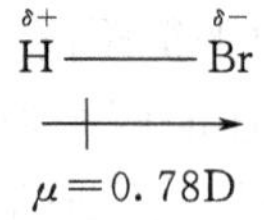

$$\overset{\delta+}{H}——\overset{\delta-}{Br}$$
$$\mu=0.78D$$

无论极性键还是非极性键，当处于外界电场（溶剂、试剂、极性容器等影响）中时，其正负电荷中心将发生偏移，电子云重新分布，偶极矩发生改变，键的极性随之改变，这种变化称为极化。键的极化难易程度与原子核对核外电子的吸引力有关，吸引力越强，越难极化，反之越易极化。极化的难易程度称为极化度，在同一族中，原子半径越大，外层电子受核束缚力越小，极化度越大。

极性取决于两个成键电子的电负性差异，极化是受外界电场干扰引起的极性改变，外电场消失，极化也消失。两者成因不同，判断依据也就不同。例如 C—X 键的极性大小顺序为 C—F＞C—Cl＞C—Br＞C—I，而极化度顺序则是 C—I＞C—Br＞C—Cl＞C—F。

双原子分子中，键的极性与否就决定了分子的极性与否；而多原子分子的极性取决于偶极矩的矢量和，矢量和为零，则是非极性分子，反之为极性分子：

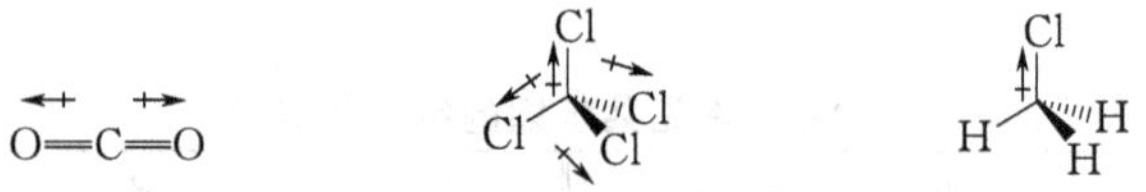

O═C═O
正负电荷中心重合
非极性分子

CCl_4
正负电荷中心重合
非极性分子

CH_3Cl
正负电荷中心不重合
极性分子

六、分子间的作用力

分子中存在各种偶极，造成分子之间存在偶极-偶极的相互作用，正负偶极间产生微弱的吸引力，称分子间作用力（范德华力）。分子间作用力微弱，只在距离很近时才有，气态分子因相距甚远可忽略不计。分子间作用力分为取向力、诱导力和色散力三种，色散力是有机分子主要的分子间作用力。

氢键是分子间一种较强的偶极-偶极相互作用。与电负性很强的原子以共价键结合的氢原子，带有较强电正性，会受到另一个分子中电负性强的原子的吸引，形成氢键。通常发生氢键作用的氢原子两边电负性较强的原子有 F、O、N、Cl（Cl 只有极少）：

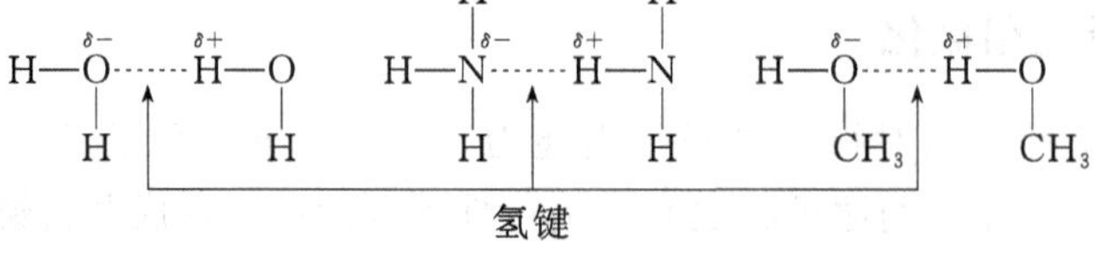

$$H—\overset{\delta-}{O}(H)\cdots\cdots\overset{\delta+}{H}—O(H) \qquad H_2\overset{\delta-}{N}—H\cdots\cdots\overset{\delta+}{H}—NH_2 \qquad H—\overset{\delta-}{O}(CH_3)\cdots\cdots\overset{\delta+}{H}—O(CH_3)$$

氢键

第六节　有机反应类型和反应中间体

有机反应较为复杂，以后各章节将陆续详细讨论各类反应，此处只介绍有机反应的一些基本特征。

有机反应本质上是旧键断裂和新键形成的过程，但大多需要经过形成不稳定的中间体或过渡态才能生成产物。对反应过程进行的描述称为反应机理，反应机理关注的要点之一是旧键断裂的方式。根据断裂方式不同，有机反应可分为自由基反应、离子型反应和协同反应（周环反应）三大类。

一、自由基反应（均裂）

共价键断裂时，共用电子对均匀分裂，两个成键原子各获得一个电子，分别形成带有单电子的原子或基团。这种带单电子的原子或基团是反应的中间产物，即反应中间体，叫做自由基，用一个小黑点表示自由电子，例如甲基自由基 $\cdot CH_3$ 和氢自由基 $\cdot$ H。经研究证实碳自由基是 sp^2 杂化，自由电子处在未杂化的 p 轨道上（图 1-8）。

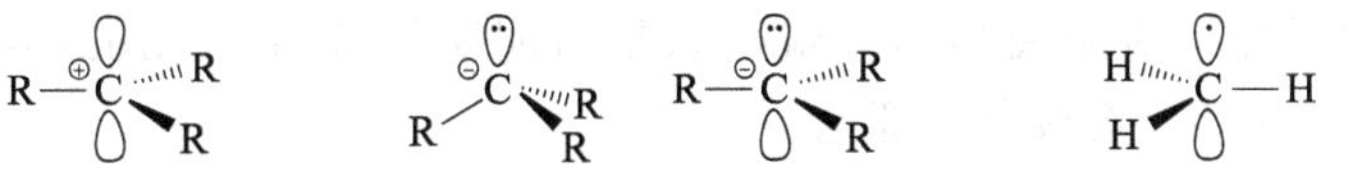

碳正离子构型　　碳负离子构型　　碳自由基构型

图 1-8　碳正离子、碳负离子和碳自由基构型

经过共价键均裂生成的自由基中间体参与的反应称自由基反应，一般在光、热或过氧化物（ROOR′）存在下进行，如自由基取代反应、自由基加成反应（详见后续章节）。

$$Cl{:}Cl \longrightarrow Cl\cdot + Cl\cdot$$

$$2Cl\cdot + H_3C{:}H \longrightarrow H_3CCl + HCl$$

二、离子型反应（异裂）

共价键断裂时，共用电子对由一个原子或基团获得形成负离子中间体，另一个原子或基团缺少一个电子形成正离子中间体，这种断裂方式叫做异裂。经过异裂产生正负离子中间体参与的反应称为离子型反应。例如：

$$(H_3C)_3C{:}Cl \longrightarrow (CH_3)_3C^+ + Cl^-$$

$$(CH_3)_3C^+ + OH^- \longrightarrow (CH_3)_3C\,OH$$

碳正离子是 sp^2 杂化，未杂化的 p 轨道上没有电子填充，一般简单的烷基碳正离子均为此种结构（图 1-8）。简单的碳负离子是 sp^3 杂化，呈三角锥型（非正四面体等性杂化），其中一个 sp^3 杂化轨道上填充有 2 个未键合的电子（孤对电子），但因受其他原子或基团的影响，以及为便于反应，碳负离子也常以 sp^2 杂化出现，此时孤对电子填充在未杂化的 p 轨道上（图 1-8）。

离子型反应又可根据反应试剂（引发反应的反应物一方）类型不同分为亲电反应和亲核反应两类。对电子有显著亲合力而引发反应的试剂称为亲电试剂。决速步骤由亲电试剂进攻而发生的反应称亲电反应，如烯烃的亲电加成反应、苯环的亲电取代反应。对正电荷有显著亲合力而引发反应的试剂称为亲核试剂。决速步骤由亲核试剂进攻而发生的反应称亲核反应，如醛酮的亲核加成反应、卤代烃的亲核取代反应。具体反应详见后续章节。

三、协同反应

在反应过程中，旧键断裂与新键形成都相互协调地在同一步骤中完成的反应称为协同反应，其往往经过一个环状过渡态，因此也称周环反应（详见第四章），有电环化反应、环加成反应和 σ 迁移反应等类型。此类反应特立独行，通常反应条件是光照或加热，反应一般不受溶剂极性的影响，不需要酸碱催化和化学试剂引发，具有高度的立体选择性。如：

环状过渡态

此外，有机反应依据分类方法不同，还可分为酸碱反应、加成反应、取代反应、消除反应、缩合反应、氧化还原反应等，有时候需要将不同分类方法结合起来进行更细致的分类。

第七节　有机酸碱概念

有机反应中最重要、应用最多的酸碱概念是布朗斯特-劳里（Brönsted-Lowry）酸碱质子理论和路易斯（Lewis）酸碱电子理论。

一、布朗斯特-劳里酸碱质子理论

该理论指出，能给出质子的物质是酸，能接受质子的物质是碱，酸碱反应是酸转移质子给碱的过程，酸给出质子后即变为碱（共轭碱），碱接受质子后变为酸（共轭酸）：

$$\underset{\text{酸}}{CH_3COOH} + \underset{\text{碱}}{H_2O} \rightleftharpoons \underset{\text{共轭碱}}{CH_3COO^-} + \underset{\text{共轭酸}}{H_3O^+}$$

酸碱的概念是相对的，某一物质在一个反应中是酸，在另一个反应中也可以是碱。例如水在上面的反应中是碱，在下面的反应中就是酸：

$$\underset{\text{酸}}{H_2O} + \underset{\text{碱}}{CH_3COO^-} \rightleftharpoons \underset{\text{共轭酸}}{CH_3COOH} + \underset{\text{共轭碱}}{OH^-}$$

酸碱反应中，总是较强的酸把质子转移给较强的碱：

$$\underset{\substack{\text{碱}\\ \text{较强碱}}}{RONa} + \underset{\substack{\text{酸}\\ \text{较强酸}}}{H_2O} \rightleftharpoons \underset{\substack{\text{共轭酸}\\ \text{较弱酸}}}{ROH} + \underset{\substack{\text{共轭碱}\\ \text{较弱碱}}}{NaOH}$$

二、路易斯酸碱电子理论

1923 年，路易斯提出酸碱电子理论。认为，酸是能接受一对电子形成共价键的物质，而碱是能够提供一对电子形成共价键的物质。即酸是电子对的受体，碱是电子对的给体。酸碱反应可用下式表示：

$$A + B: \rightleftharpoons A:B$$

上式中，A 是路易斯酸，它至少有一个空轨道可以接受电子对，如 BF_3、$AlCl_3$、$SnCl_2$、$ZnCl_2$、$FeCl_3$、Li^+、Ag^+、Cu^{2+}、R^+、RCO^+、Br^+、H^+ 等。B 是路易斯碱，至

少含有一对未共用电子对（孤对电子），如 H_2O、NH_3、RNH_2、ROH、RSH、X^-、OH^-、RO^-、SH^-、R^-，烯烃或芳烃也是路易斯碱。

比如，三氟化硼中硼的外层电子只有 6 个，可以接受电子对，为路易斯酸；氨的氮上有一对孤对电子，可以提供电子对，是路易斯碱，两者可进行酸碱反应。路易斯酸是缺电子的，它易于向反应物电子云密度大的部位进攻，因此是一种亲电试剂；路易斯碱是富电子的，它要向反应物电子云密度小的部位进攻，是亲核试剂。

$$\underset{\substack{\text{碱}\\ \text{亲核试剂}}}{NH_3} + \underset{\substack{\text{酸}\\ \text{亲电试剂}}}{BF_3} \rightleftharpoons \underset{\text{酸碱加合物}}{H_3\overset{+}{N}-\overset{-}{B}F_3}$$

值得一提的是，物质的碱性与亲核性是两个不同的概念。碱性是给出电子对或结合质子的能力，而亲核性是试剂进攻反应物缺电子部位的能力，后者受到许多因素的影响。一般说来，碱性强，亲核性也强；但在质子性溶剂中，卤素的碱性与亲核性并不一致。

碱性与亲核性一致的是：$NH_2^- > RO^- > OH^- > CH_3COO^- > Cl^-$

卤素的碱性：$F^- > Cl^- > Br^- > I^-$

卤素的亲核性（质子性溶剂中）：$I^- > Br^- > Cl^- > F^-$

三、软硬酸碱概念

酸碱反应是否容易发生，除与发生反应的酸或碱的强度有关外，还与酸或碱的软度和硬度有关。软硬酸碱的概念是 1963 年皮尔逊（R. G. Pearson）在前人工作基础上提出的。

软碱：其给电子的原子电负性低、可极化性高，并且容易被氧化。它们对其价电子的约束是松弛的。

硬碱：其给电子的原子电负性高、可极化性低，并且难以被氧化。它们对其价电子的约束是紧密的。例如碱的硬度：$F^- > Cl^- > Br^- > I^-$。

软酸：其接受电子的原子体积大，具有低的正电荷，并且在其价电子层有未共用电子对（p 或 d），它们的可极化性是高的，电负性是低的。

硬酸：其接受电子的原子是小的，具有高的正电荷，并且在其价电子层没有未共用电子对，它们的可极化性是低的，电负性是高的。

硬酸优先和硬碱配位，软酸优先和软碱配位。也就是说如果 A 和 B 二者都是硬的，或者都是软的，则酸碱加合物具有额外的稳定性。在许多化学反应里，也包括了“软亲软”“硬亲硬”的结合的过程。例如：银离子氧化醛类，可表示如下：

$$R-\overset{\overset{\displaystyle O}{\|}}{\underset{\text{硬}}{C}}-\underset{\text{软}}{H} + \underset{\text{软}}{Ag^+} \longrightarrow RCOOH + [H\text{-}Ag]$$

（$\underset{\text{硬}}{OH^-}$ 进攻 C，H 转移至 Ag^+）

对有机物来说，也可以看成酸碱加合物。例如，CH_4 可以看成酸 H^+ 和碱 CH_3^- 的加合物；CH_3CH_2OH 可以看成酸 H^+ 和 $CH_3CH_2O^-$ 的加合物。大部分有机反应，都可以设想为一种路易斯酸和路易斯碱的反应。

软硬酸碱只是一个定性的概念，但能说明许多化学现象。常见的酸碱强度次序参见附录一。

名人追踪

鲍林（Linus Carl Pauling，1901—1994）

鲍林，生于美国俄勒冈州的波特兰市，是著名的物理学家、化学家和作家。1922 年获化学工程学士学位，1925 年获化学和数学物理博士学位。鲍林在分子结构和化学键理论方面做出了很大贡献，他长期从事 X 射线晶体结构研究，寻求分子内部的结构信息，把量子力学应用于分子结构，把原子价键理论扩展到金属和金属间化合物，提出了电负性的概念和计算方法，创立了价键学说和杂化轨道理论。由于他在量子化学和化学键本质研究方面的杰出贡献，1945 年获得诺贝尔化学奖。

鲍林不仅在化学键研究方面贡献卓越，而且坚决反对把科技成果用于战争，特别反对核战争。1955 年鲍林和世界知名科学家爱因斯坦、罗素、约里奥·居里、玻恩等签署了一个宣言，呼吁科学家共同反对发展毁灭性武器，反对战争、保卫和平，因此他于 1962 年获得诺贝尔和平奖。最终，在 20 世纪 80 年代，世界有核国家终于签订了停止核武器试验的协议，保障了世界和平。

习　题

1. 说一说有机化合物的特点。

2. 名词解释。

（1）键长　（2）键角　（3）键能　（4）极性　（5）极化　（6）偶极矩　（7）均裂　（8）异裂　（9）自由基　（10）碳正离子　（11）碳负离子　（12）自由基型反应　（13）离子型反应　（14）亲电反应　（15）亲核反应　（16）亲电试剂　（17）亲核试剂　（18）路易斯酸　（19）路易斯碱　（20）亲核性

3. 下列化合物哪些是同分异构体？哪些不是？

（1）$CH_3CH_2OCH_2CH_3$　　$CH_3OCH_2CH_2CH_3$　　$CH_3CH_2CH_2CH_2OH$

（2）$CH_3CH_2CH_2CH_2CH_3$　　$CH_3CH_2CH(CH_3)CH_3$　　$CH_3C(CH_3)(CH_3)CH_3$

（3）（环戊烷环上连一个甲基）　　$CH_2{=}CHCH_2CH(CH_3)CH_3$　　$CH_2{=}CHCH(CH_2CH_3)CH_3$

（4）CH_3CH_3　　$CH_3CH_2CH_3$　　$CH_3CH_2CH_2CH_3$

4. 指出下列化合物中各碳原子的杂化类型。

（1）$HC{\equiv}CCH_2CH_2CH{=}CH_2$　　（2）$CH_3C{\equiv}N$　　（3）$CH_3CH{=}C{=}CHCH_3$

5. 指出下列化合物属于哪一类化合物。

（1）$CH_3CH_2CH_3$　　（2）CH_3OCH_3　　（3）$CH_3CH{=}CHCOOH$

（4）六氯环己烷（环上每个碳各连一个 Cl）　　（5）苯环上连 CHO　　（6）苯环上连 NH_2

6. 下列化合物中哪些是极性分子？哪些不是？

（1）H_2O　（2）NH_3　（3）$CHCl_3$　（4）CH_2Cl_2

（5）CF_2Cl_2　（6）CH_3OCH_3　（7）$F-C_6H_4-F$　（8）Cl_3CCCl_3

7. 比较A组化合物的酸性强弱，大致估计B组各试剂亲核性的大小。

A组　CH_3CH_2OH　NH_3　CH_3COOH　HCl　H_2O

B组　OH^-　$CH_3CH_2O^-$　Cl^-　CH_3COO^-　NH_2^-

第二章　立体化学

立体化学是研究有机分子的立体结构、反应的立体选择性及其相关规律和应用的学科，是现代有机化学的一个重要分支，在近几十年间取得了巨大发展，其中构象分析和手性合成的研究是立体化学进展较快的两个领域。

有机分子具有三维立体结构，它们的许多性质都与其三维立体结构息息相关，因此立体化学在研究有机化合物的结构与反应性能，研究天然产物化学、生物化学、药物化学、高分子化学等方面发挥着重要作用，在探索生命奥秘特别是在对生物大分子（包括蛋白质、酶和核酸分子）的认识和人工合成方面尤为重要。

第一节　立体化学研究对象

一、静态和动态立体化学

静态立体化学讨论分子的立体形象及其与物理性质的关系等，研究分子中原子或基团在分子内的空间位置（即空间伸展方向）及其相互关系，也就是研究分子的构型和构象，以及由于构型和构象异构导致的分子之间的性质差异。

动态立体化学讨论分子的立体形象对化学反应的影响及产物分子和反应物分子在立体结构上的关系等，也就是研究有机反应中，分子内或分子间的原子或基团重新组合，其在空间上的要求条件和变化过程是怎样的，以及由此如何决定产物分子中各原子或基团的空间向位问题。

本章讨论静态立体异构之一的旋光异构现象，主要讨论其中的对映体。

二、立体异构

立体异构指构造相同的分子中，原子或基团的空间排布不同而使分子具有不同的结构，分为构型异构和构象异构。

构型异构：成键的两端原子所连原子或基团的不同空间排布，不能通过键的旋转而相互转换的立体异构现象，又可分为顺反异构和旋光异构。

顺反异构：因共价键旋转受阻而产生的构型异构（详见第五章中环烷烃和第六章中烯烃相关内容）。例如下面两对化合物中，由于双键或环系的影响，共价键旋转受阻，使端基碳上连接的取代基被固定于不同的空间伸展方向上，其中相同的原子或基团分列在双键或环的同侧时称为顺式，异侧时称为反式，谓之顺反异构：

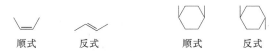

旋光异构：因分子中手性因素而产生的构型异构，对平面偏振光的作用不同而得名（详见本章第二节）。

构象异构：成键两端碳原子所连原子或基团的不同空间排布，可以通过单键“自由”旋转而相互转换的立体异构现象（详见第五章），构象可以有许多个，其中能量最低、最稳定的一个称为“优势构象”。例如：

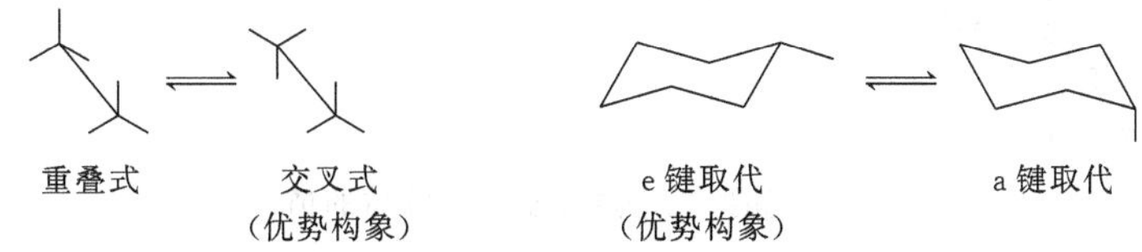

第二节　旋光异构体

一、物质的旋光性

（一）偏振光和旋光性物质

光是一种电磁波，它的振动方向与其前进方向垂直。一束普通光包含有各种不同波长的光，并且在各个不同的平面上振动。振动方向和光波前进方向构成的平面称作振动平面（图 2-1），中心圆点 O 代表垂直于纸面的光的前进方向，箭号“↕”代表光可能的振动方向。

如果将普通光通过一个尼科尔（Nicol）棱镜，棱镜就像一个栅栏，只允许与棱镜晶轴相互平行的平面上振动的光透过，如此得到的光线其振动平面只限于某一固定方向，称平面偏振光，简称偏振光（图 2-2）。

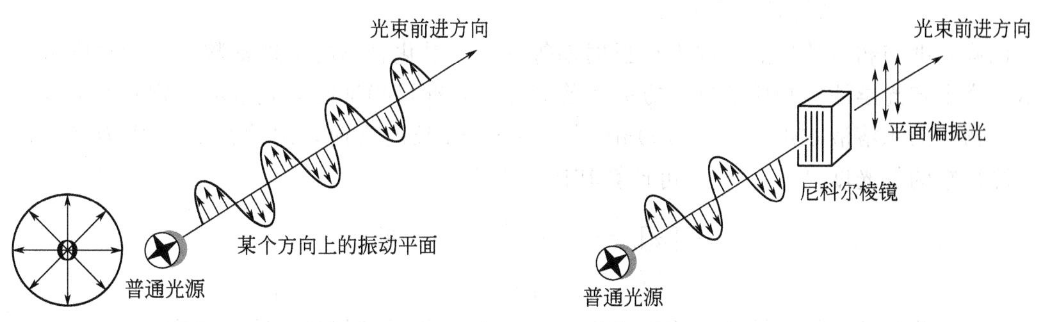

图 2-1　普通光的振动平面和前进方向　　图 2-2　平面偏振光的产生

当偏振光通过某些化合物的溶液后，偏振光的振动平面会向左或向右旋转一定的角度，物质的这种能使偏振光振动平面发生旋转的性质叫旋光性，具有旋光性的物质叫旋光性物质，也叫光学活性物质（图 2-3）。

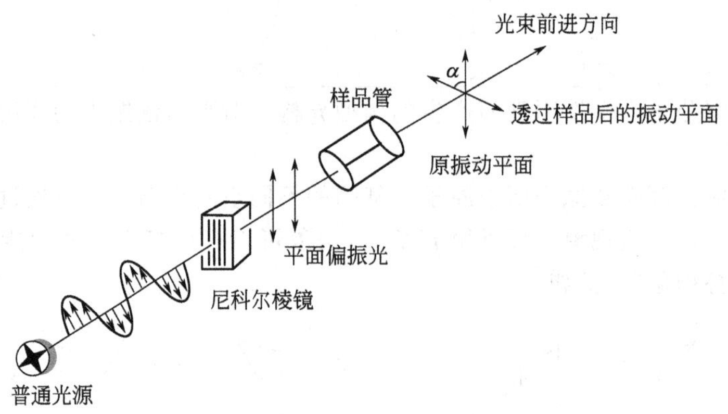

图 2-3　偏振光透过光学活性物质的情况

（二）旋光度和比旋光度

旋光性物质能使平面偏振光发生旋转，向右旋转（顺时针）的称为右旋体，用符号（+）或 d 表示；向左旋转（逆时针）的称为左旋体，用符号（−）或 l 表示；旋转过的一定角度称为旋光度，用 α 表示（图 2-3）。旋光度的数值除与物质本身有关外，还与物质的浓度、样品管长度、光源波长、溶剂和测试温度等因素有关，但在上述因素确定的条件下，每个旋光性物质的旋光度是定值，用比旋光度 $[\alpha]_D^t$ 表示。

比旋光度的定义为：在一定温度下，使用 1dm 长度的样品管，用波长 589nm 的钠光源 D，待测物质浓度 $1g\cdot mL^{-1}$ 时，测得的旋光度。

$$[\alpha]_D^t=\frac{\alpha}{l\times c}$$

式中　t——测定时的温度，℃，常为 20℃；

D——光源波长，nm，常用钠光；

α——测得的旋光度，°；

c——样品溶液浓度，$g\cdot mL^{-1}$，纯液体可用密度；

l——样品管长度，dm。

比旋光度与物质的熔点、沸点或折射率等一样，是化合物的物理常数。比旋光度可用于表示一个未知光学活性物质的旋光方向和旋光能力，亦可确证已知光学活性物质的纯度。例如，一物质的水溶液浓度为 $5g\cdot 100mL^{-1}$，在 10cm 长的管内，用钠光 D 线作为光源，在 20℃测得它的旋光度是−4.46°，可计算其比旋光度。

$$[\alpha]_D^{20}=\frac{-4.64}{1\times\frac{5}{100}}=-92.8°$$

查物理化学手册知果糖的比旋光度为−90°，故该物质可能是果糖水溶液。

反之，如果知道某物质的比旋光度，也可计算出该物质的溶液浓度。制糖工业经常利用比旋光度来控制糖液的浓度。

（三）旋光仪

人眼不能辨别偏振光，故旋光度是通过旋光仪进行测定的。旋光仪的结构主要包括一个光源、两个尼科尔棱镜（起偏镜和检偏镜）和一个样品管（旋光管），如图 2-4 所示。图中，左侧棱镜称起偏镜，光源的光线通过起偏镜成为平面偏振光；右侧棱镜称检偏镜，可以旋转，用来测定振动平面的旋转角度。

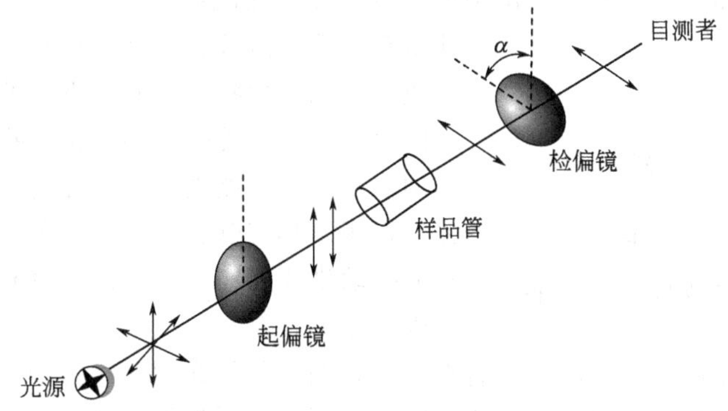

图 2-4　旋光仪结构简图

如果样品管中没有样品，那么经过起偏镜后出来的偏振光可直接射在检偏镜上，显然只有当检偏镜与起偏镜的晶轴相互平行时，偏振光的透过率最大；而两个棱镜的晶轴相互垂直时，偏振光透过率最小。

如果样品管中装有旋光性物质的溶液，那么必须把检偏镜旋转一定角度（α）后，偏振光的透过率才能达到最大。

旋光仪就是利用这个原理来测旋光性物质的旋光度的。

二、物质的旋光性与物质结构

物质的旋光性最早由十九世纪的巴斯德（Pasteur）发现。他发现酒石酸分子的结晶存在两种相对的结晶态，能用机械方法分开；制成溶液时它们会使偏振光向相反的方向旋转，且旋转角度相同。他因此提出分子存在左旋与右旋的不同结构，它们之间的关系犹如左手与右手或实物与镜像一样。

（一）手性和手性分子

人的手看起来没有什么区别，但是若将左手套戴到右手上会不舒服；若将左手置于镜前，在镜中的影像（镜像）恰好和右手一致。左右手的这种关系也可以说是“实物”与其“镜像”的关系，它们看似一样，但存在差别。它们之间的差别就在于 5 个手指的空间伸展方向正好相反，因此左右手无法重叠，它们属于不同的空间构型。

当然，实物与其镜像也存在可重叠的情况，例如一个皮球，它和它的镜像毫无差别，可以完全重叠，那么，皮球就不存在左右手这样特性关系的不同结构。

实物与其镜像不能完全重叠的特征称为手性或手征性，这种特征也同样存在于微观世界的分子中，例如生物体内产生的许多有机化合物都是具有手性的分子。具有手性的分子都具有旋光性，只有极个别例外的情况。

（二）旋光异构体、对映体、外消旋体和非对映体

化学成分相同、构造相同，仅仅是分子中原子或基团在空间的排布不同，而对平面偏振光产生不同的影响，这种异构现象称为旋光异构，所产生的异构体称为旋光异构体，包括对

映体和非对映体。

对映体是指满足实物与镜像关系的构型异构体（图 2-5），两者在对平面偏振光的旋光能力上表现出大小相等、方向相反，一个是左旋体，另一个是右旋体。对映体在非手性环境中的性质基本相同，如熔点、沸点、溶解度以及与非手性试剂反应的速率等；在手性环境（手性试剂、手性溶液、手性催化）中，会表现出不同的性质。例如，生物体中非常重要的催化剂酶是具有手性的分子，许多受酶影响的化合物，其对映体的生理作用表现出很大差别。右旋葡萄糖在动物代谢中能起独特作用，具有营养价值，但其对映体左旋葡萄糖则不能被动物代谢；左旋氯霉素具有抗菌作用，其对映体则无疗效。

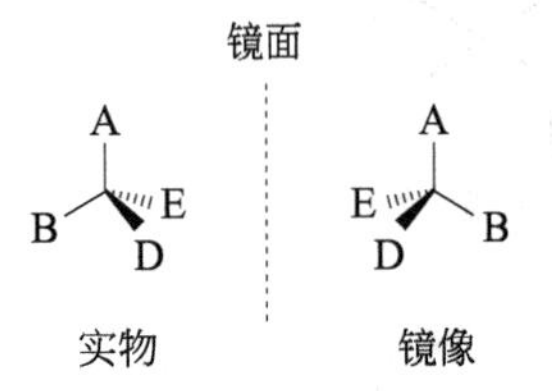

图 2-5　对映体的实物与镜像关系图

如果把等量的左旋体和右旋体混合在一起，两者的旋光性互相抵消，对外表现出旋光性消失，该混合物称作外消旋体，一般用 *dl* 或±表示。外消旋体和相应的左旋体或右旋体除旋光性能不同外，其他物理性质也有差别，例如，右旋乳酸熔点为 53℃，外消旋乳酸的熔点为 18℃。外消旋体可以进行拆分，得到两个旋光大小相同、方向相反的化合物。

互为旋光异构体但彼此之间没有实物与镜像关系的旋光异构体称为非对映体。

（三）手性分子的判别依据

根据实物与其镜像能否重叠来判断一个复杂分子是否具有手性比较困难。由于分子的手性是因分子内缺少对称因素所致，因此，可通过判断分子的对称因素来确定其是否具有手性。

1. 分子的对称因素

分子中常见的对称因素有对称面、对称中心、对称轴等。

（1）对称面

一个分子能被一个平面切分为具有实物与镜像关系的两个部分，这个平面就是这个分子的对称面，用符号 σ 表示，对称面可以有一个或多个。例如，反-1,2-二氯乙烯和二氯甲烷各有一个和两个对称面（图 2-6）。

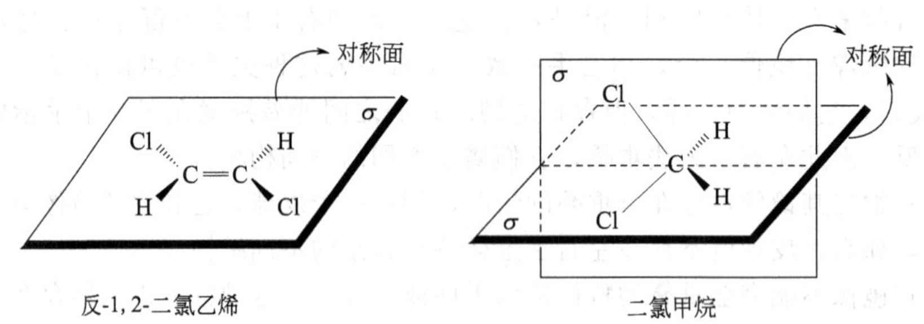

图 2-6　反-1,2-二氯乙烯和二氯甲烷的对称面

（2）对称中心

有机分子中存在一个点，若在离该点等距离的直线段两端都有相同的原子或基团，则该点为分子的对称中心，用符号 i 表示（图 2-7）。

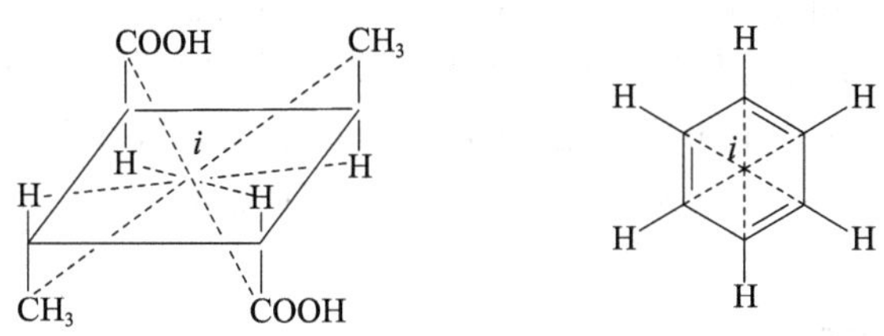

图 2-7 分子的对称中心

（3）对称轴

通过分子画一条轴线，当分子绕此轴旋转 360°/n（n 为正整数），得到与原来分子相同的形象，此轴线就是该分子的 n 重对称轴，用符号 C_n 表示。例如氨分子绕一根轴每旋转 120°，分子就与原来的完全重合，因此氨有 1 个三重对称轴（C_3）；同样，二氯甲烷具有 1 个二重对称轴（C_2）；环丁烷具有 1 个四重对称轴（C_4）和 4 个二重对称轴（C_2），见图 2-8。

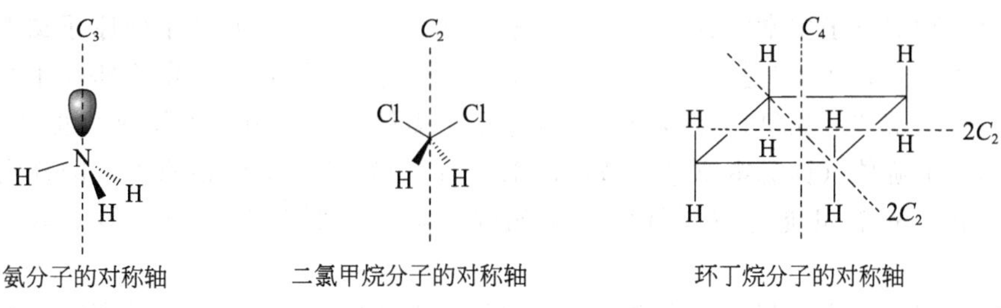

图 2-8 分子的对称轴

具有对称轴的化合物，绝大多数没有手性，但也有少数例外，如反-1,2-二氯环丙烷有一个 C_2，但它是有手性的，存在一对对映体（图 2-9）。

（4）更替对称轴

若分子沿一根轴旋转了 360°/n 后，再用一个垂直于该轴的镜面将分子反映，所得镜像能与原分子重合，则此轴为该分子的 n 重更替对称轴，用符号 S_n 来表示。如果转过的角度为 90°（360°/4），就称为四重更替对称轴（图 2-10）。

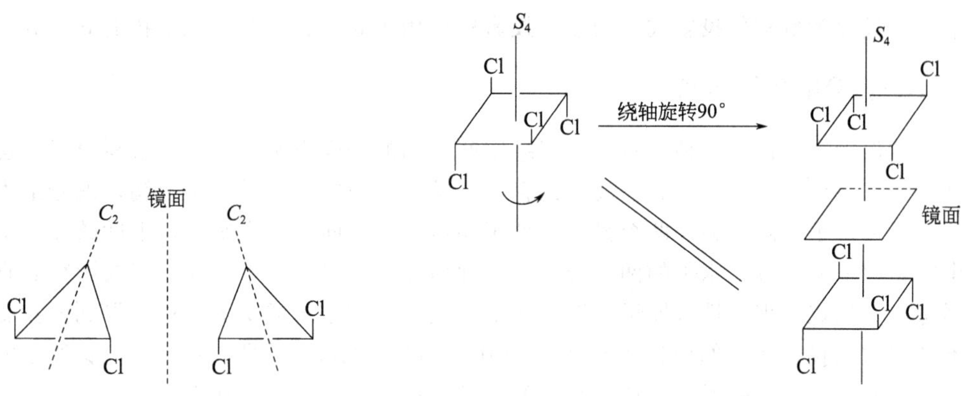

图 2-9 反-1,2-二氯环丙烷的对称轴和对映体

图 2-10 分子的更替对称轴

具有四重更替对称轴的化合物，与镜像能够重叠，因此不具有手性，无旋光性。

一般情况下，四重更替对称轴往往和对称面或对称中心同时存在，上述化合物还同时存在两个对称面。化合物分子中只具有四重更替对称轴是极少量的。因此，要判断一个化合物分子有没有手性，一般只要考虑它有没有对称面和对称中心即可（本书侧重考虑对称面）。

2. 手性分子的判断方法

判断一个化合物分子是否具有手性一般有三种方法。

（1）模型法

建造一个分子和它的镜像的模型，比较两者结构，不能重叠的为手性分子，有旋光性，存在一对对映体；能重叠的则无手性，无旋光性，不存在对映体。此法烦琐，很少使用。

（2）对称面（中心）法

寻找分子中是否存在对称面（或对称中心），有则通常为非手性分子，无旋光性，不存在对映体；反之则是手性分子。

（3）手性碳原子法

手性化合物的分子中常常具有手性碳原子。sp^3 杂化、连有四个不同原子或基团的碳原子称为手性碳原子，用 C^* 表示。分子中只有一个手性碳原子，该分子具有手性，有旋光性，存在一对对映体；如果存在多个手性碳原子，需根据其结构具体分析，也有可能是非手性的，比如内消旋体（详见本章第二节第四部分）；如果没有手性碳原子，同样需要根据其结构具体分析，也有可能是有手性的，比如丙二烯型或联苯型分子（详见本章第二节第五部分）。

无论选用哪种方法判断，结论应该是相同的。由此也可看出，分子中的手性碳原子是分子具有手性的常见原因，其根本原因是分子中没有任何的对称因素。

分子的手性是化合物具有旋光性的根本原因。

三、对映体构型的标记和表示

旋光异构体在结构上的区别是空间构型不同，表达时需要标出原子或基团在空间的相对位置，而简洁、清楚、可靠地表示立体结构的方法是立体化学的重要内容。

1891 年，德国化学家费歇尔（Fischer）基于有机分子的立体结构在平面上的投影，提出了显示连接手性碳原子的四个基团空间排列的一种简便方法。后来人们将此有机结构的平面书写方式称为费歇尔投影式。费歇尔投影式适用于表示直链开链化合物的立体异构。

（一）费歇尔投影式

费歇尔投影式作为一种表示分子三维空间结构的平面投影式方法，书写时必须遵循如下规则：①以手性碳原子为中心；②主链直立，编号最小的碳原子位于上端，编号最大的碳原子位于下端；手性碳上另外两个键此时处于左右水平方向；③投影时，手性碳原子上直立的两个键朝向平面后方，水平的两个键朝向平面前方；④以交叉十字线连接投影得到直立键和水平键，交叉点代表手性碳原子，四个线端写上相应的原子或基团。这样得到的投影式称作标准的费歇尔投影式。例如甘油醛（$CH_2OHCHOHCHO$）是具有一个手性碳原子的手性分子，有旋光性，存在一对对映体，它们的费歇尔投影式书写过程如下：

CHO
H—C—OH ≡ H—┼—OH (上 CHO，下 CH_2OH) ┆ HO—┼—H (上 CHO，下 CH_2OH) ≡ HO—C—H
CH_2OH

标准的费歇尔投影式

以其他方式投影得到的费歇尔式是非标准费歇尔投影式，两个不同费歇尔投影式之间的关系可以通过两种方法进行判断。

① 若一个费歇尔投影式在投影平面上旋转180°后与另一个费歇尔投影式相同，则两式表达的化合物构型相同（同一物）；旋转90°或270°后与另一个相同，则两式表达的化合物构型相反（对映体）。如下所示，①与②表达的是同一化合物，①与③表达的是一对对映体。

①		②	①		③
COOH H—┼—OH CH_3	旋转180° →	CH_3 HO—┼—H COOH	COOH H—┼—OH CH_3	旋转90°或270° →	OH HOOC—┼—CH_3 H

② 同一个手性碳原子上的原子或基团进行互换，互换偶数次后与另一个费歇尔投影式相同，则两者是同一化合物；互换奇数次后与另一个相同，则两者是一对对映体。如下所示，①与②表达的是同一化合物，①与③表达的是一对对映体。

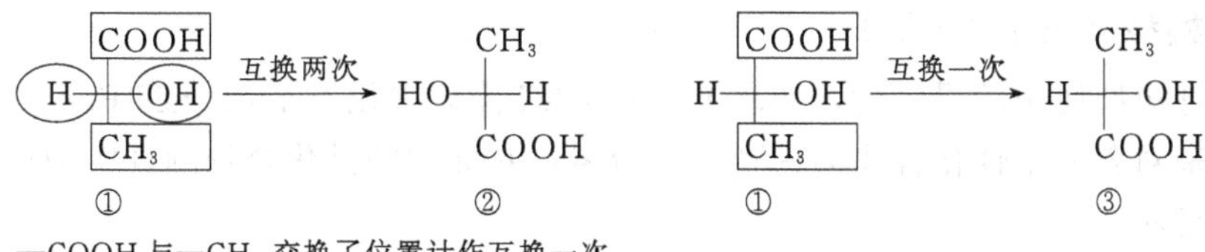

—COOH与—CH_3交换了位置计作互换一次

费歇尔投影式表达的是立体构型，看到它，就要想象出“横向基团凸于纸面上方，纵向基团朝向纸面后方”的三维立体空间形象。

（二）构型标记法

对映体的构型一般指手性碳原子所连的原子或基团在空间的排列方式。这里介绍两种构型标记法。

1. 相对构型标记法（D/L）

在研究旋光异构现象早期，无法测定其绝对构型（真实构型）。两个对映体一个左旋一个右旋，但究竟哪个费歇尔投影式代表的化合物是左旋？哪个是右旋？旋光仪可以测定旋光性但不能测定分子的真实构型。为此，费歇尔等选定甘油醛为标准物，并人为规定在标准的甘油醛费歇尔投影式中，手性碳原子上的羟基处于右侧的是右旋甘油醛，标记为D构型；羟基在左侧的是左旋甘油醛，标记为L构型。

D-(+)-甘油醛	L-(−)-甘油醛
CHO H—┼—[OH] CH_2OH	CHO [HO]—┼—H CH_2OH

两个甘油醛名称中，D、L表示构型；(+)、(−)表示旋光方向；右旋甘油醛写作D-(+)-甘油醛，左旋甘油醛写作L-(−)-甘油醛。

通过合适的反应，甘油醛可以转化成其他旋光性化合物。只要反应中与手性碳原子直接相连的化学键没有断裂，产物的构型就保持原甘油醛的构型。例如，D-(－)-乳酸可以通过D-(＋)-甘油醛经氧化、还原得到。反应中，与手性碳直接相连的化学键始终未发生断裂，故产物乳酸手性碳上的羟基仍处于右侧，为D型，但旋光性经旋光仪测定是左旋，因此确定左旋乳酸是D构型。旋光方向的改变说明化合物构型与旋光方向之间没有直接的对应关系。

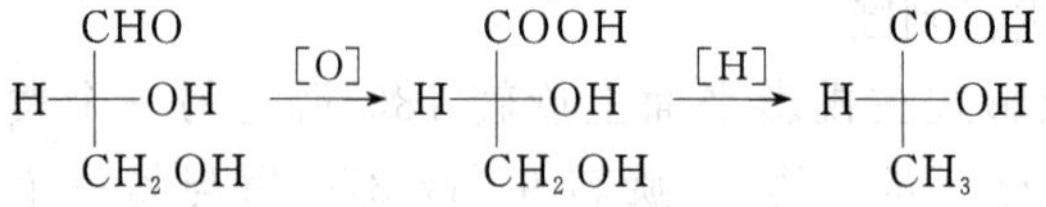

CHO / H—|—OH / CH_2OH —[O]→ COOH / H—|—OH / CH_2OH —[H]→ COOH / H—|—OH / CH_3

D-(＋)-甘油醛　　D-(－)-甘油酸　　D-(－)-乳酸

由于标准构型是人为规定的，其他手性分子的构型通过某种方法与甘油醛相关联而得到，因此D/L构型称为相对构型。

1951年，拜捷沃特（J. M. Bijvoet）用X衍射技术测定了（＋）-酒石酸铷钾盐的真实构型，证实了原来人为规定的D-(＋)-甘油醛的相对构型就是它的真实构型，这样其他相关联得出的构型也就是其他化合物的绝对构型了，因此相对构型标记法得以继续沿用。

D/L构型标记法的使用有一定的局限性，通常适用于与甘油醛能发生关联的化合物，一般常用于糖类和氨基酸构型的命名，判断时需要写出标准的费歇尔投影式，如果不是则需要调整成标准的费歇尔投影式。

2. 绝对构型标记法（*R/S*）

由于相对构型使用的局限性，1979年，IUPAC建议采用Cahn-Ingold-Prelog规则的*R*/*S*构型命名法来对各种手性化合物的构型进行命名，它标记的是化合物的真实构型，因此也叫绝对构型标记法。

（1）*R/S*构型的立体确定法

R/*S*构型的立体确定法如图2-11所示，规则如下：

① 根据顺序规则确定手性碳原子上四个不同原子或基团的大小顺序，假定a>b>c>d；

② 将最小的原子或基团d放在观察者视线最远处，其余三个指向观察者；

③ 将剩下三个原子或基团由大到小进行排列，排成顺时针的是*R*构型，逆时针的是*S*构型。

图2-11　*R*/*S*构型的立体确定法示意图

绝对构型突破了相对构型的局限，可以确定任何手性化合物手性碳原子的构型。例如下面两个化合物的命名：

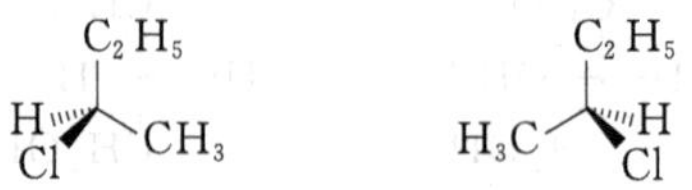

化合物a中，H最小，剩下三个由大到小排列成顺时针（氯→乙基→甲基），命名为：(*R*)-2-氯丁烷。

化合物 b 中，H 最小，剩下三个由大到小排列成逆时针（氯→乙基→甲基），命名为：(*S*)-2-氯丁烷。

本方法缺点是要从立体角度判断，容易出错。

（2） *R/S* 构型的费歇尔投影式确定法

费歇尔投影式已经明确表示了原子或基团在空间的位置，因而也可以通过费歇尔投影式直接确定化合物的绝对构型。方法如下：

① 顺序最小的原子或基团处于费歇尔投影式纵向时，连接其余三个原子或基团成顺时针的为 *R* 构型，逆时针的为 *S* 构型，即“上下顺 *R*”。

② 顺序最小的原子或基团处于费歇尔投影式横向时，连接其余三个原子或基团成顺时针的为 *S* 构型，逆时针的为 *R* 构型，即“左右顺 *S*”。

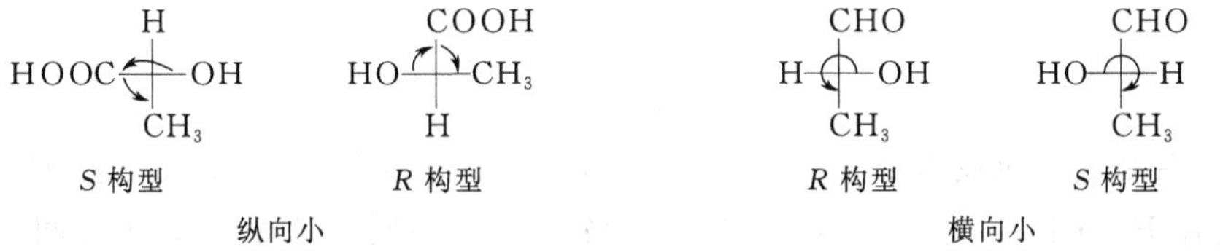

H; HOOC—OH; CH_3 — *S* 构型　　COOH; HO—CH_3; H — *R* 构型　　（纵向小）

CHO; H—OH; CH_3 — *R* 构型　　CHO; HO—H; CH_3 — *S* 构型　　（横向小）

本方法比较直观，可从平面直接判断，缺点是最小基团在横向时，判断依据要反向。

（3） *R/S* 构型的手势确定法

用手臂代表手性碳原子上的最小原子或基团，拇指、食指、中指分别代表其余的三个基团，将三个手指转向正对自己的视线方向，由大到小连接成顺时针的是 *R* 构型，反之是 *S* 构型。

需要指出的是，*R*/*S* 构型与旋光方向也没有对应关系，旋光方向仍然需要通过旋光仪进行测定。其次，*R*/*S* 构型和 D/L 构型都只是构型的标记方法，它们之间没有直接对应关系。

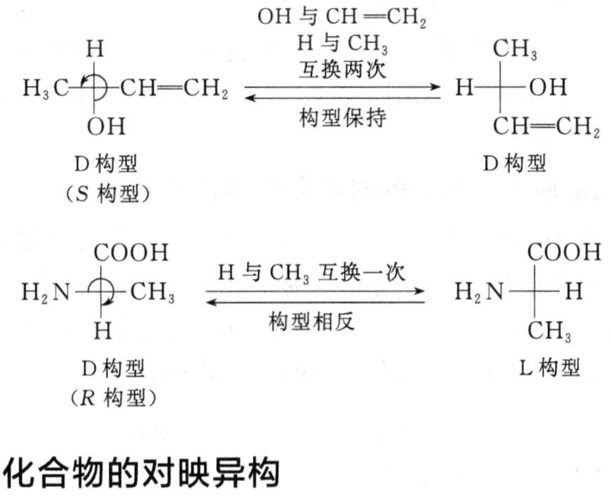

H; H_3C—CH=CH_2; OH　D 构型（*S* 构型）　—OH 与 CH=CH_2、H 与 CH_3 互换两次 / 构型保持→　CH_3; H—OH; CH=CH_2　D 构型

COOH; H_2N—CH_3; H　D 构型（*R* 构型）　—H 与 CH_3 互换一次 / 构型相反→　COOH; H_2N—H; CH_3　L 构型

四、含手性碳原子化合物的对映异构

（一）含一个手性碳原子化合物的对映异构

如前所述，含有一个手性碳原子的化合物有两个对映体，一个左旋体，一个右旋体，它们可以组成一组外消旋体。对映体的物理性质相同，难以分离；除对手性环境外，化学性质也相同；但在生理活性和旋光性上有差异。外消旋体的性质与对映体常常是不相同的，外消旋体可以通过合适的方法进行分离，称为拆分。

一般情况下，手性碳原子上四个基团的极化度差别越大，分子的比旋光度越大。例如左旋 $CH_3CHDC_2H_5$ 的比旋光度是－0.56°，左旋 $CH_3C(OH)(Ph)COOH$ 的比旋光度是－52°。

（二）含两个手性碳原子化合物的对映异构

1. 含两个不同手性碳原子化合物的对映异构

手性分子中若含有两个手性碳原子，每个手性碳原子上各自连接的四个不同原子或基团之间不完全相同，这两个手性碳原子就称为不相同的手性碳原子。

假定以 A 和 B 代表两个不相同的手性碳原子，由于每一个手性碳可以有两种相反的构型，即有 A^+、A^-、B^+、B^-。根据排列组合，整个分子的构型可以有下面四种，也就是说，含有两个不相同手性碳原子的分子可以有四个旋光异构体：

A^+—B^+　　A^-—B^-　　A^+—B^-　　A^-—B^+

例如，在 2,3-二氯戊烷分子中有两个 C^*，C^*-2 连接有 H、Cl、CH_3、$C_2H_5CH(Cl)$，C^*-3 连接有 H、Cl、C_2H_5、$CH_3CH(Cl)$，各自四个不同的原子或基团之间不完全相同，属于不相同的手性碳原子。每个手性碳原子都各有两种不同的构型，它们可以组成四种不同的分子：

CH_3 Cl—2—H H—3—Cl C_2H_5	CH_3 H—2—Cl Cl—3—H C_2H_5	CH_3 Cl—2—H Cl—3—H C_2H_5	CH_3 H—2—Cl H—3—Cl C_2H_5
2*R*，3*R*	2*S*，3*S*	2*R*，3*S*	2*S*，3*R*
①	②	③	④

上述四种分子对平面偏振光的作用均不相同，统称为旋光异构体；其中①与②、③与④分别有物像关系互为对映体，等量混合可组成两组外消旋体；①、②与③、④之间没有物像关系，互为非对映体，非对映体的理化性质、旋光性不同，不能组成外消旋体。

以此类推，当分子中含有 n 个不相同的手性碳原子时，便有 2^n 个旋光异构体，有 2^{n-1} 对对映体，可以组成 2^{n-1} 组外消旋体。

2. 含两个相同手性碳原子化合物的对映异构和内消旋体

手性分子中若含有两个手性碳原子，每个手性碳原子上各自连接的四个不同原子或基团之间完全相同，这两个手性碳原子就称为相同的手性碳原子。

酒石酸（2,3-二羟基丁二酸）就是含有两个相同手性碳原子的典型化合物，按照每个手性碳原子有两种构型，酒石酸理论上可有以下四个异构体：

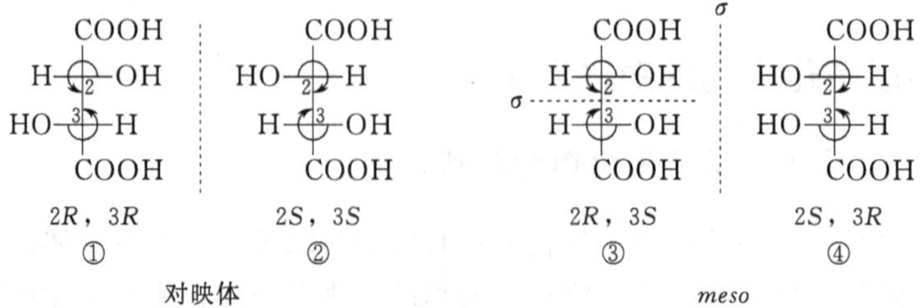

四个异构体中，①与②是对映体；③与④看似是对映体，其实是同一化合物（将③在纸平面上旋转 180°可得到④）。

③或④构型，由于分子内存在一个对称面，对称面两侧的两个手性碳原子造成的旋光作用在分子内部即可相互抵消，对外不显示出旋光性，称之为内消旋体，用 *meso* 或 *i* 表示。通过寻找对称面可以简便地辨认出内消旋化合物。内消旋体与外消旋体的本质不同，内消旋体是一种纯物质，不能像外消旋体那样拆分成具有光学活性的两种物质。

因此，酒石酸实际只存在三个旋光异构体：一对对映体和一个内消旋体。一对对映体可组成一组外消旋体。酒石酸不同立体异构体的一些物理常数参见表 2-1。

表 2-1　酒石酸不同立体异构体的一些物理常数

化合物	熔点/℃	溶解度/(g·100mL^{-1})	$[\alpha]_D^{20}$/(°)
(+)-酒石酸	170	139.0	+12
(−)-酒石酸	170	139.0	−12
(±)-酒石酸	206	20.0	0
内消旋-酒石酸	140	125.0	0

理论推导证明，含有 n 个相同手性碳原子的分子，其旋光异构体数目小于 2^n 个。当 n 为偶数时，存在 2^{n-1} 个旋光异构体，其中 $2^{(n/2)-1}$ 个内消旋体；当 n 为奇数时，存在 2^{n-1} 个旋光异构体，其中 $2^{(n-1)/2}$ 个内消旋体。

如果在酒石酸的 C-2 与 C-3 之间插入一个—CHOH—基团，便成为 2,3,4-三羟基戊二酸，它可写出四种异构体。

```
    COOH          COOH            COOH              COOH
 H──┼──OH     HO──┼──H         H──┼──OH          H──┼──OH
 H──┼──OH     HO──┼──H         H──┼──OH    ≡   HO──┼──H
HO──┼──H       H──┼──OH        H──┼──OH          H──┼──H
    COOH          COOH            COOH              COOH
  2R,4R         2S,4S         2R,3r,4S          2R,3s,4S
    ①             ②               ③                 ④
```

当 C-2 与 C-4 构型相同时（①、②），C-3 就不是手性碳原子，但分子有手性。当 C-2 与 C-4 构型不相同时（③、④），C-3 所连的四个基团不相同，C-3 就是手性碳原子，但分子存在对称面，是内消旋体，无手性。文献上把这种连有四个不同基团，同时又有对称因素的手性碳原子称为假手性碳原子，并用小写字母 *r*、*s* 来表示其 *R*、*S* 构型。

五、无手性碳原子化合物的对映异构

尽管大多数手性分子都存在手性碳原子，但也存在一些不含手性碳原子的手性分子，因为分子整体而言存在着手性因素（即在分子内部找不到任何对称因素），它们与其镜像不能重叠，存在对映体。如丙二烯型化合物、单键旋转受阻的联苯型化合物等。

（一）丙二烯型化合物

丙二烯型化合物（C═C═C）的结构特点是与 sp 杂化的中心碳原子相连的两个 π 键所处的平面互相垂直（图 2-12）。当两端双键碳原子上连有不同取代基（1≠2，3≠4）时，分子内就找不到对称因素（对称面），存在着一对对映体。

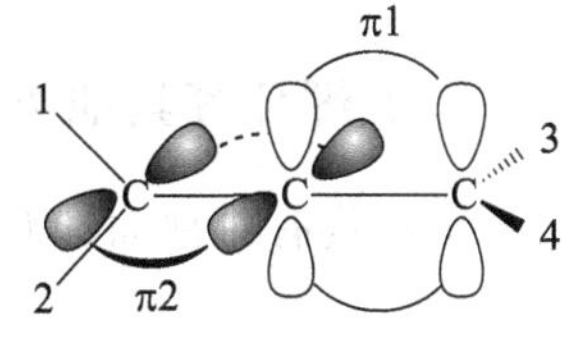

图 2-12　丙二烯型化合物两个 π 键电子云示意图

例如，1,3-二氯丙二烯就是此类型的化合物，存在一对对映体。2,3-戊二烯亦如此。

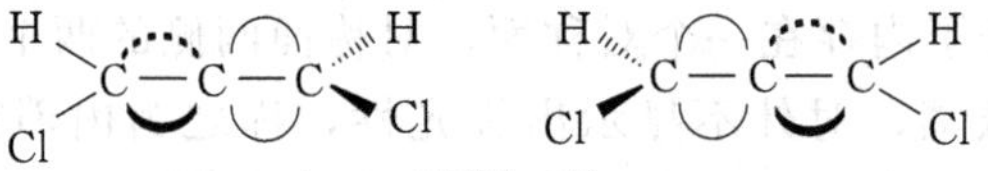

1，3-二氯丙二烯

如果在任何一端或两端的碳原子上连接有相同的取代基，这些化合物分子内就存在着一个或两个对称面，因此不具有手性，无光学活性。如 2-甲基-2,3-戊二烯和 3-甲基-1,2-丁二烯。

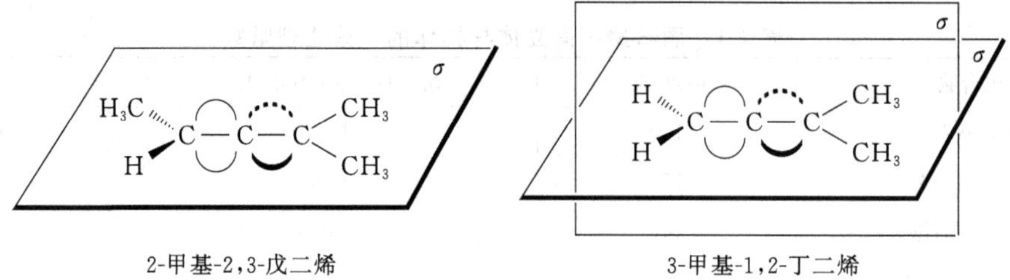

2-甲基-2,3-戊二烯　　3-甲基-1,2-丁二烯

（二）联苯型化合物

联苯型化合物分子中，两个苯环可绕中间单键旋转。若在每个苯环的邻位上引入体积足够大的不同的取代基（1≠2，3≠4，如硝基、羧基等），取代基空间位阻使两个苯环绕单键旋转受到阻碍，以至于它们不能同处一个平面上，必须互成一定角度，整个分子就不存在对称面或对称中心，分子具有手性。如 6,6′-二硝基-2,2′-联苯二甲酸就有一对可分离的对映体。

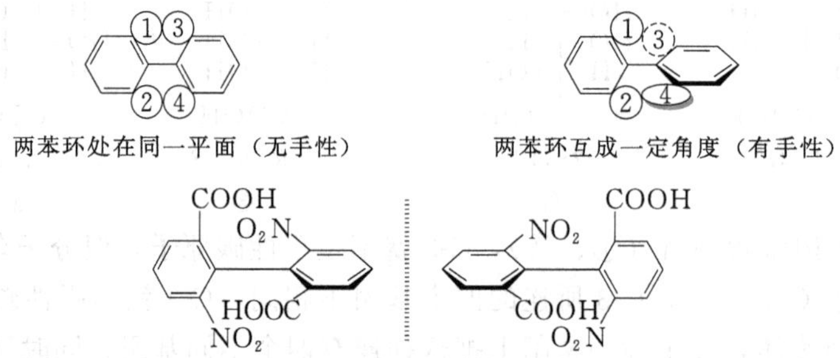

两苯环处在同一平面（无手性）　　两苯环互成一定角度（有手性）

6,6′-二硝基-2,2′-联苯二甲酸的一对对映体

只要其中一个苯环邻位上的取代基相同（1=2 或 3=4），此时分子内就存在一个对称面，是非手性分子，无旋光性。两个苯环上取代基都相同，则分子内存在两个对称面。

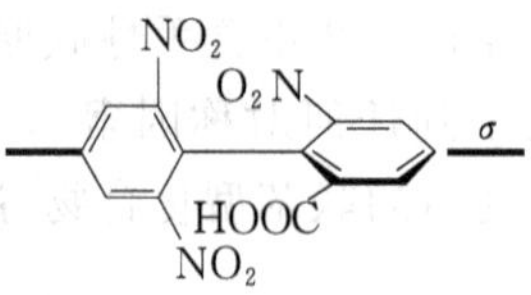

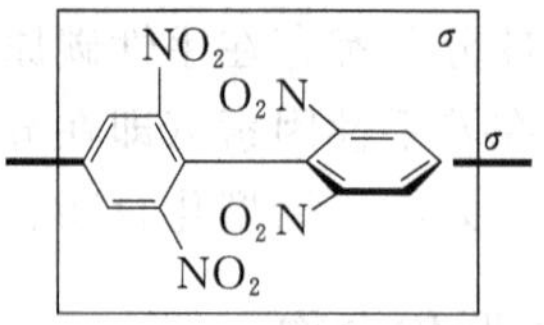

（三）螺环等其他类型化合物

分子不具有对称面和对称中心的螺环化合物也是手性分子。例如：

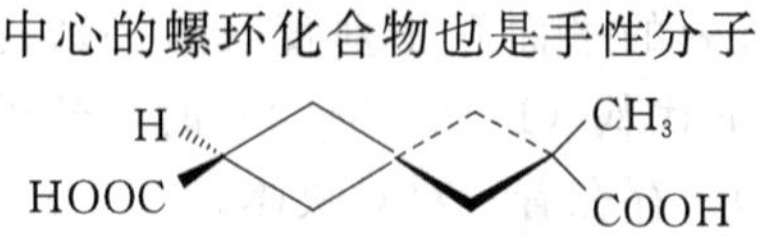

多个苯环组成的螺芳烃由于环的拥挤导致 A 环与 B 环不能共平面，其中之一必然发生扭转，这种情况也会产生不能重叠的镜像异构体，具有手性。

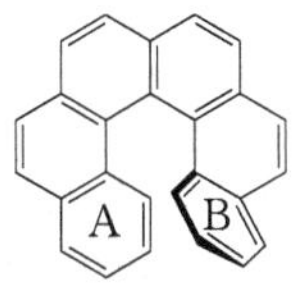

六、环状化合物的对映异构

有些环状化合物也存在对映异构现象。例如，1,2-环丙烷二甲酸分子中，C*-1 与 C*-2 是两个相同的手性碳原子，它具有一对对映体和一个内消旋体。

在顺式异构体中，分子存在对称面，两个手性碳构型相反，旋光性互相抵消，是内消旋体。反式异构体中，分子无对称面，是手性分子，具有光学活性，存在一对对映体。

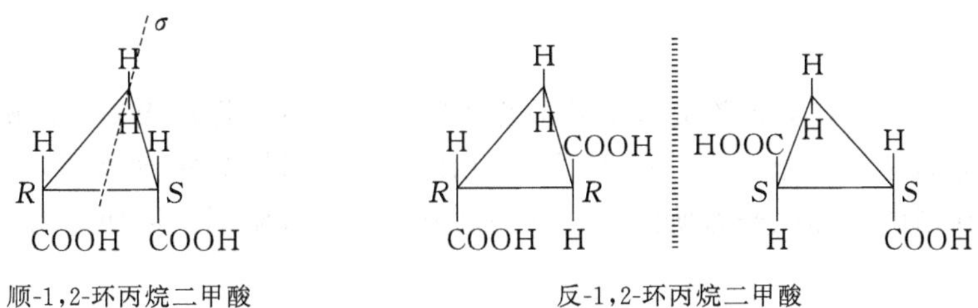

顺-1,2-环丙烷二甲酸　　反-1,2-环丙烷二甲酸

判断环状化合物是否具有手性时，对构象引起的手性现象可不予考虑，直接从平面结构来观察，就像开链化合物可直接从费歇尔投影式来判断其手性一样，而不必考虑构象所引起的手性。

第三节　外消旋体的拆分

许多旋光性物质是从自然界生物体中获得的，而在实验室中用非手性物质合成手性物质也大都得到外消旋体（除了用特殊方法——不对称合成法）。由于外消旋体是一对对映体的等量混合物，对映体之间除了旋光方向相反，其他物理性质和化学性质都相同，因而不能用常规方法来分离。若要获得光学纯的异构体必须用特殊方法进行分离，这种特殊分离方法称为拆分。

一、机械法

适当条件下，外消旋物质如酒石酸可形成两种不同的结晶态，在显微镜下可用镊子进行挑选分离。机械方法不仅麻烦，且只对特殊情况有效，更不能用于液态化合物，已被淘汰。

二、晶种法

晶种拆分是机械拆分的改良。外消旋体的饱和溶液，如果其对映体在溶液中的结晶能力不一样，可用其中一种对映体的结晶作为晶种进行接种，从而该种对映体就可从外消旋体的饱和溶液中结晶出来，达到分离目的。旋光性药物生产中有许多晶种拆分法的例子，例如DL-氯霉素的母体 DL-氨基醇就可利用 D-氨基醇或 L-氨基醇来进行拆分。

三、生化法

生化拆分是利用酶来破坏外消旋体中的一个对映体而达到提纯的目的，例如利用酶的空间专一反应性能进行生化拆分：合成的（±）-丙氨酸经乙酰化后，通过一种由猪肾内取得的酶，该酶水解 L 型丙氨酸的乙酰化物的速度要比 D 型的快很多，因此可以把（±）-乙酰丙氨酸变为 L-(+)-丙氨酸和 D-(−)-乙酰丙氨酸，由于两者在乙醇中的溶解度相差很大，可以很容易地分开。酶解方法的缺点是需要事先制备酶，酶也会给后续的纯化带来一定的困难。

$$\text{(±)-丙氨酸} \xrightarrow{\text{乙酰化}} \text{(±)-乙酰丙氨酸} \xrightarrow[\text{水解}]{\text{酶}} \underset{\text{(溶于乙醇)}}{\text{L-(+)-丙氨酸}} + \underset{\text{(不溶于乙醇)}}{\text{D-(−)-乙酰丙氨酸}}$$

四、吸附法

选择性吸附法是利用某种旋光性的物质作为吸附剂，有选择地吸附外消旋体中的某一种对映体而进行分离。例如光学活性的 D-乳糖可作为吸附剂拆分特勒格碱。此方法效率高，操作简便，现在国内外都在努力研制高效率的高分子旋光吸附剂，以便应用。

五、化学法

目前，最常用的拆分外消旋体的化学方法是通过与一个有旋光性的物质（称为拆分剂）作用，先将对映体转变为非对映体衍生物的混合物，然后利用两者物理性质（溶解度或沸点等）的差异，设法（分馏或分步结晶等）分离，再去除拆分剂，恢复得到纯粹的左旋体和右旋体。

$$\underset{\text{外消旋体}}{\text{(±)-A}} + \underset{\text{旋光性拆分剂}}{\text{(+)-B}} \xrightarrow{\text{化学结合}} \underset{\text{非对映体衍生物混合物}}{\begin{pmatrix}\text{(+)-A—(+)-B}\\ \text{(−)-A—(+)-B}\end{pmatrix}} \xrightarrow{\text{分离}} \begin{cases}\text{(+)-A—(+)-B} \xrightarrow{\text{去(+)-B}} \text{(+)-A}\\ \text{(−)-A—(+)-B} \xrightarrow{\text{去(+)-B}} \text{(−)-A}\end{cases}$$

化学拆分特别适用于外消旋体为酸或碱的化合物。如果要拆分的外消旋体是酸，通常采用光学纯的碱性拆分剂如奎宁、马钱子等与外消旋体的酸反应；若要拆分的外消旋体是碱，则采用酸性拆分剂如酒石酸、樟脑磺酸等。例如：

$$\underset{\text{外消旋体}}{\text{(±)-酸}} + \underset{\text{旋光碱（奎宁、马钱子等）}}{\text{(−)-碱}} \longrightarrow \underset{\text{非对映体衍生物混合物}}{\begin{pmatrix}\text{(+)-酸—(−)-碱}\\ \text{(−)-酸—(−)-碱}\end{pmatrix}} \xrightarrow{\text{分离}} \begin{cases}\text{(+)-酸—(−)-碱} \xrightarrow{\text{HCl}} \text{(+)-酸}\\ \text{(−)-酸—(−)-碱} \xrightarrow[\text{去除旋光碱}]{\text{HCl}} \text{(−)-酸}\end{cases}$$

无酸无碱基团的外消旋体可先设法将其转变为酸或碱再进行拆分。例如一个外消旋醇与邻苯二甲酸酐反应，得到外消旋酸酯，再用光学纯的碱拆分剂进行拆分。

第四节　手性分子的来源和生物作用

一、手性分子的来源

（一）天然产物

人们熟知的由活细胞产生的生物催化剂——酶是手性生物分子。酶几乎可以催化机体细胞中的每一种反应，在手性酶的作用下，非手性的底物可以转变为单一对映体的手性产物，因此天然的手性化合物通常以单一对映体的形式存在。究其原因，在于酶具备惊人的立体选择性，它们几乎毫无例外地是含有多个手性中心的巨大分子，整个分子再以一定的方式盘旋扭转成一个特殊结构，与底物分子的某一部分“嵌合”，使反应专朝某一个化学键、某一个方向进行，因此反应选择性往往是100%。这种具有高度立体选择性的反应也叫立体专一性反应。例如，富马酸（反-丁烯二酸）是体内新陈代谢的一个重要中间体，在富马酸酶的作用下，加水形成苹果酸，但富马酸酶不能和富马酸的顺式异构体——马来酸（顺-丁烯二酸）反应，因此，反应产生的具有一个手性碳原子的产物只是一对对映体中的一个，即2S构型的，富马酸酶在反应过程中表现出了只对反式构型的专一性。

富马酸（H/COOH，HOOC/H，反式）$\xrightarrow[\text{富马酸酶}]{H_2O}$ 苹果酸（$HOOC-\overset{2}{C}H(OH)-CH_2-COOH$）

马来酸（HOOC/H，HOOC/H，顺式）$\xrightarrow[\text{富马酸酶}]{H_2O}$ 不反应

（二）化学合成

手性化合物也可通过化学合成得到，非手性分子经过一系列化学反应转变为手性分子。例如，非手性的正丁烷氯化后，其产物2-氯丁烷具有手性。

$$\underset{\text{正丁烷（非手性）}}{CH_2CH_2CH_2CH_3} \xrightarrow[\text{控制量}]{Cl_2/h\nu} \underset{\text{2-氯丁烷（手性）}}{CH_3CH_2\overset{*}{C}H(Cl)CH_3}$$

一般化学反应得到的手性化合物是外消旋体，无旋光性。通过在反应过程中引入手性环境建立立体选择性，有机反应也能直接得到旋光性化合物，称不对称合成。

（三）不对称合成

不对称合成方法是把不对称性引入反应中，利用立体选择性，使两个对映体中的一个在反应中占优势的合成方法，即能够使反应产物具有旋光性的方法，也称手性合成。利用光学活性的试剂、催化剂都可进行不对称合成，这种借助化学因素进行的不对称合成称为部分不对称合成；利用圆偏正光也可进行不对称合成，这种借助物理因素进行的不对称合成称为绝对不对称合成。不对称合成在合成某些药物、香料、氨基酸以及具有生物活性的化合物方面具有非常重要的意义。举一个最早的不对称合成的例子加以说明：丙酮酸①是非手性分子，还原将产生一个手性碳原子而得到外消旋的乳酸。但是若先将它与天然的（—)-薄荷醇②进行酯化形成具有光学活性的丙酮酸-(—)-薄荷酯③，③进行还原时，两个氢与羰基的反应是有选择性的，一个反应较快，显然，薄荷醇的手性对产生第二个手性中心（$H-\underset{|}{\overset{|}{C}}-OH$）具有诱导作用，使反应朝空间有利的方向进行。本例中，氢优先从羰基平面的某一面接近分子，结果产生不等量的两个非对映体④和⑤，④和⑤水解后得到的乳酸也就不等量，构不成外消旋体而具有光学活性。本例中，左旋乳酸的量超过右旋乳酸。

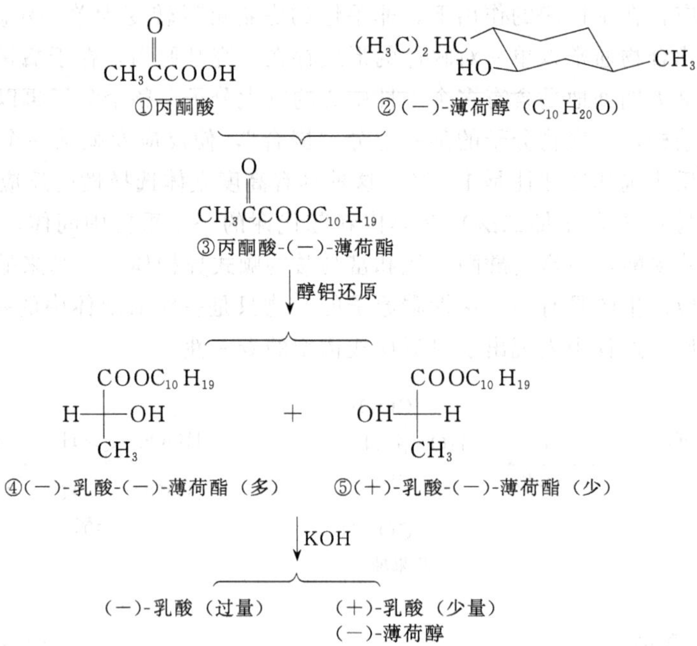

二、手性分子的生物作用

一对对映体构型上的差异，有时会产生截然不同的生理作用。例如，多巴分子中有一个手性碳，存在左旋多巴和右旋多巴。左旋多巴进入人体后，在酶的作用下分解成多巴胺，后者具有治疗帕金森病的作用；右旋多巴进入人体后不能经酶催化分解出多巴胺，故无此疗效。

HOOC、H_2N、H、OH、OH　—酶→　H_2N、H、OH、OH

(−)-多巴
具有生理活性

多巴胺（无手性）
治疗帕金森病

HO、HO、COOH、NH_2、H　—酶→　不分解

(+)-多巴
无生理活性

又如“反应停”药物事件：20 世纪 60 年代左右，此药物在欧洲各国被广泛应用于治疗妊娠反应，但由于对其化学成分没有足够认识，忽略了手性药物对映体在生理活性上的差异，导致超过 1.2 万名畸形儿的出生，患儿四肢长骨多处受损，包括肢体缩短或缺失，呈海豹状，被形象地称为“海豹儿”，同时还出现无耳、无眼、缺肾、胆囊和心脏畸形、耳聋等症状，还有神经缺损、腭裂等畸形症状。

“反应停”是一种合成药物，学名肽胺哌啶酮，通用名是沙利度胺。1956 年起上市，被认为具有抗感冒、抗惊厥作用，还具有较好的安眠和镇静作用，用于治疗麻风发热与疼痛，还广泛用作止吐剂，防止妊娠呕吐。研究发现，其对映体中只有右旋体 R 构型能起到镇定作用，而左旋体 S 构型则有致畸作用，致畸原因出自代谢转化产物，左旋体易发生酶促水

解产生邻苯二甲酰谷氨酸，渗入胎盘，干扰胎儿叶酸生成而致畸。

“反应停”结构式

化学物质一般通过作用于细胞的专一特定部位（受体），引起或改变细胞的反应，产生生物效应。由于受体为具有手性的蛋白质，因此一对对映体只有其中一个异构体的结构与受体特定的立体结构相适合，才能有效结合而产生生理作用。两个对映体在体内以不同的途径被吸收，从而表现出不同的生理活性和药理作用。因为在机体的代谢和调控过程中，所涉及的物质都具有极强的手性识别能力。

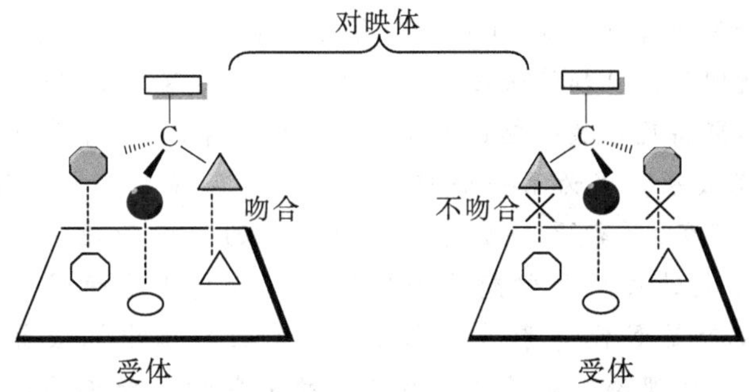

目前世界上临床常用的1300余种合成药物中，具有光学活性的占了40%，而这些具有手性的药物通常是以外消旋体方式给药的，副作用也就可能因此而带来。

名人追踪

费歇尔（Hermann Emil Fischer，1852—1919）

德国有机化学家。他曾在波恩大学学习，1872年在斯特拉斯堡与拜耳一起做研究工作，由于在染料方面的研究突出，于1874年获博士学位。他于1879年任慕尼黑大学教授，1882年任埃朗根-纽伦堡大学教授，1885年任维尔茨堡大学教授，1892—1919年任柏林大学教授。费歇尔在1875年阐明了糖类的分子结构，在1884年发现用苯肼鉴定糖类的重要方法，此外也合成了多种单糖。费歇尔还确定了咖啡碱和茶碱的结构，进一步阐明了这两个化合物和尿酸都是一个简单化合物的衍生物，这种母体化合物便是嘌呤。费歇尔和他的助手们合成了一系列嘌呤衍生物，包括核酸的成分——腺嘌呤及鸟嘌呤。他因合成糖类和嘌呤衍生物而获得1902年诺贝尔化学奖。在此之前，他已开始做蛋白质的研究工作，当时已知蛋白质是由氨基酸组成的，费歇尔发现了纯化蛋白质的不同沉淀方法。他研究了蛋白质中氨基酸连接的方式，然后合成与蛋白质类似的物质。最后，他成功地合成了含18个氨基酸的多肽，该多肽具有与天然蛋白质类似的性质，如可被酶水解等。

雅各布斯·亨里克斯·范霍夫（Jacobus Henricus van't Hoff，1852—1911）

荷兰化学家，1852年8月30日生于鹿特丹一个医生家庭。早在上中学时，范霍夫就迷上了化学，经常从事自己的“小实验”。1869年入德尔夫特高等工艺学校学习技术。1871年入莱顿大学主攻数学。1872年去波恩跟凯库勒学习，后来又去巴黎受教于武兹。1874年获博士学位；1876年起在乌德勒州立兽医学院任教。1877年起在阿姆斯特丹大学任教，先后担任化学、矿物学和地质学教授。1896年迁居柏林。1885年被选为荷兰皇家学会会员，还是柏林科学院院士及许多国家的化学学会会员。1911年3月1日在柏林逝世。范霍夫首先提出碳原子是正四面体构型的立体概念，弄清了有机物旋光异构的原因，开辟了立体化学新领域。在物理化学方面，他研究过质量作用和反应速度，发展了近代溶液理论，包括渗透压、凝固点、沸点和蒸气压理论；并应用相律研究盐的结晶过程；还与奥斯特瓦尔德一起创办了《物理化学杂志》。1901年，他以溶液渗透压和化学动力学的研究成果，成为第一个诺贝尔化学奖获得者。主要著作有：《空间化学引论》《化学动力学研究》《数量、质量和时间方面的化学原理》等。范霍夫精心研究过科学思维方法，曾做过关于科学想象力的讲演。他竭力推崇科学想象力，并认为大多数卓越的科学家都有这种优秀素质。他具有从实验现象中探索普遍规律性的高超本领。同时又坚持：“一种理论，毕竟是只有在它的全部预见能够为实验所证实的时候才能成立。”

习 题

1. 解释下列概念。

(1) 旋光性　(2) 比旋光度　(3) 手性分子　(4) 手性碳原子

(5) 对映体　(6) 非对映体　(7) 外消旋体　(8) 内消旋体

2. 下列说法是否正确？

(1) 构造相同，原子或基团空间排布不同的异构都称为构型异构。

(2) 分子具有手性，该物质就有旋光性。

(3) 旋光性物质的分子中必有手性碳原子存在。

(4) 有对称面的分子无手性，该物质无旋光性。

(5) 对映体具有完全相同的化学性质。

(6) 含有手性碳原子的分子，结构中都不存在任何对称因素，因而该物质有旋光性。

3. 指出下列化合物中有无手性碳原子（以 * 表示）。

(1) $C_2H_5CH{=}C(CH_3){-}CH{=}CHC_2H_5$　(2) $ClCH_2{-}CHD{-}CH_2Cl$

(3) $C_2H_5CH{=}CH{-}CH(CH_3){-}CH{=}CH_2$　(4) $COOH{-}CHBr{-}COOH$

(5) （环己烷结构：相邻碳上分别连 Br 和 OH）　(6) （环己烷结构：1位 OH，2位异丙基 $(H_3C)_2CH-$，5位 $-CH_3$）

4. 下列化合物中，哪对互为对映体？

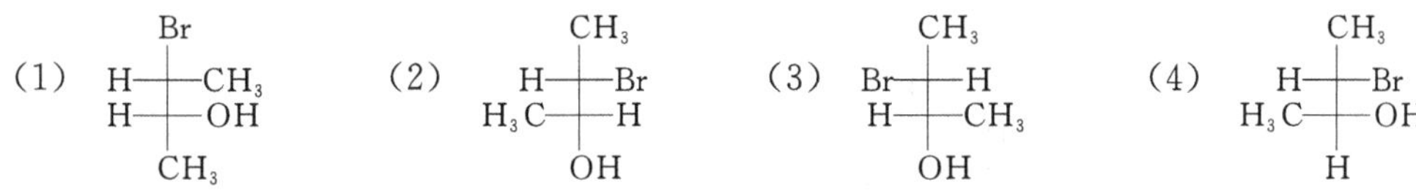

5. 下列化合物中，哪些存在内消旋体？

(1) 2,3-二溴丁烷　　(2) 2,3-二溴戊烷　　(3) 2,4-二溴戊烷

6. 写出分子式为 C_3H_6DCl 的所有构造异构体的结构式。在这些化合物中哪些具有手性？用费歇尔投影式表示其对映体。

7. 指出下列化合物中每个手性碳原子的 *R*/*S* 构型。

(1) 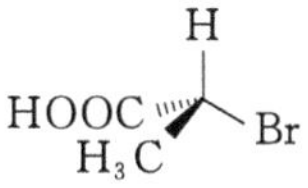　(2) 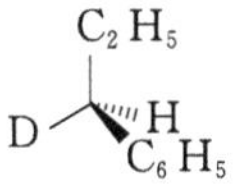　(3) 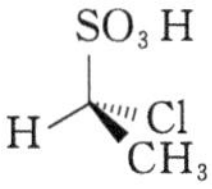　(4)

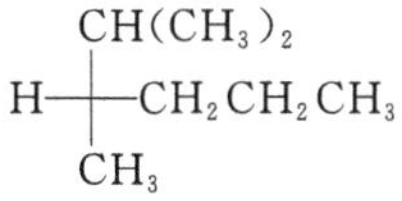

(5) 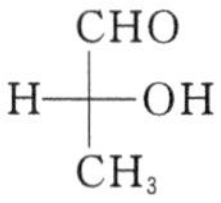　(6) 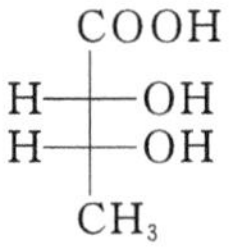　(7) 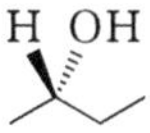　(8)

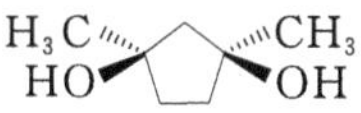

8. 写出下列化合物的费歇尔投影式。

(1) CDHBrCl (*R*)　　(2) C_2H_5—CHBr—CH═CH_2 (*S*)　　(3) 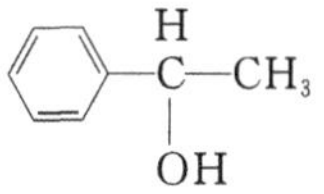 (*R*)

(4) C_2H_5—CHCl—CHCl—CH_3 (2*R*,3*S*)　　(5) (*R*)-2-氯丁烷　　(6) *meso*-3,4-二硝基己烷

9. 判断下列各对化合物之间的关系（对映体、非对映体、顺反异构体？构造异构体？同一化合物）

(1) 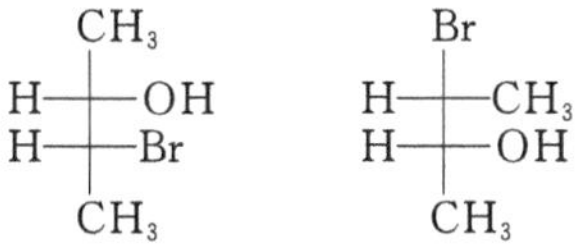　(2)

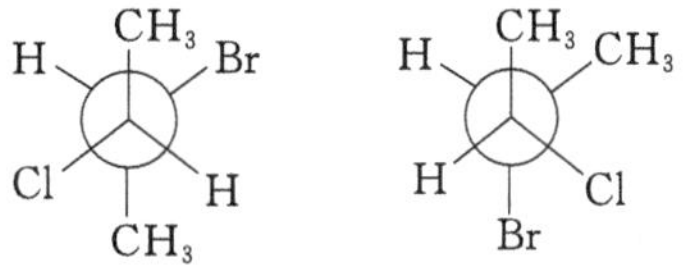

(3) 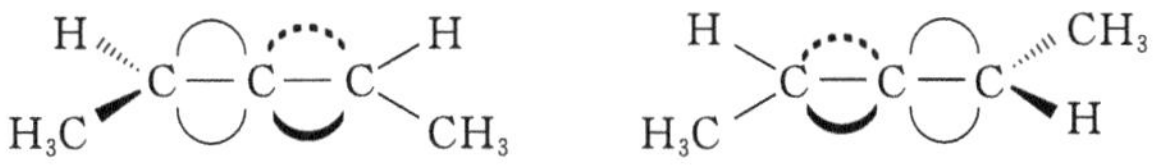　(4)

(5) 　(6)

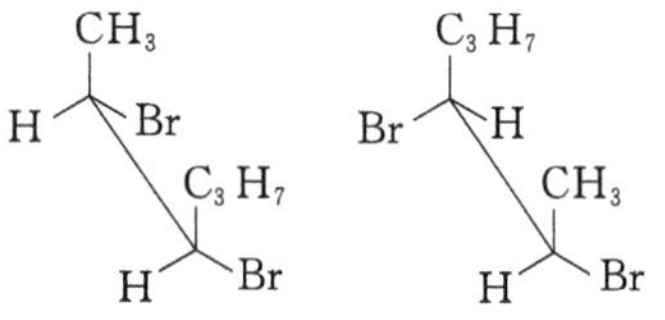

10. 用 *R*/*S* 构型命名下列化合物，并将 (2)、(3)、(5) 改写成费歇尔投影式。

(1) 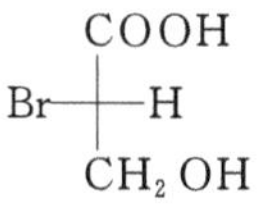　(2) 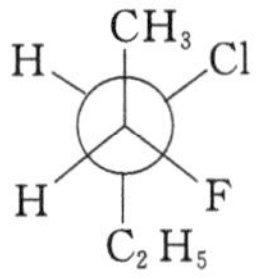　(3)

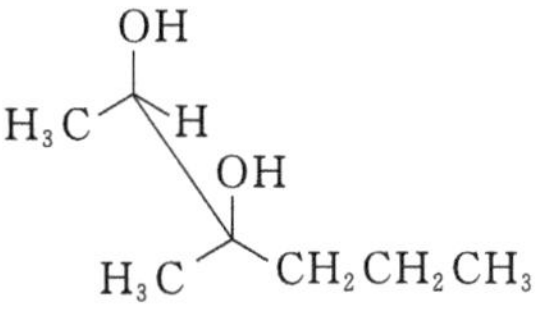

(4) 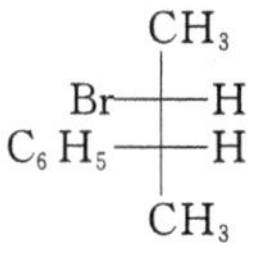　(5)

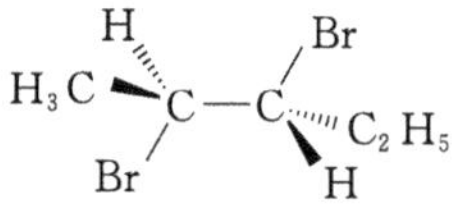

11. 将下列化合物的费歇尔投影式改写成纽曼投影式（对位交叉式和重叠式，包括其对映体）。

（1）
$$\begin{array}{c} CH_3 \\ H-\!\!\!\!+\!\!\!\!-Br \\ H-\!\!\!\!+\!\!\!\!-Br \\ C_2H_5 \end{array}$$

（2）
$$\begin{array}{c} CH_3 \\ H-\!\!\!\!+\!\!\!\!-OH \\ H-\!\!\!\!+\!\!\!\!-C_6H_5 \\ CH_3 \end{array}$$

12. A、B、C、D 是丙烷氯化得到的二氯化合物 $C_3H_6Cl_2$ 的 4 种构造异构体，其中 C 具有旋光性。将 A、B、C、D 进一步氯化后得到的三氯化物（$C_3H_5Cl_3$）的数目已由气相色谱法确定：从 A 得到一个三氯化物，B 得到两个，C 和 D 各得到三个。旋光性的 C 氯化得到的三氯丙烷中，E 也具有旋光性，而 F 和 G 没有。试推断 A、B、C、D、E、F 和 G 的可能结构。

第三章　基础波谱解析

有机化合物结构解析是从分子水平认识物质的基本手段，是有机化学的重要组成部分。过去主要依靠化学方法进行测定，其缺点是操作烦琐、费时费力费钱、样品量大，还无法测定某些精细结构。随着科学技术和计算机科学的进步，有机结构解析方法发生了巨大变化，经典的化学法已被现代仪器分析法所代替，具有快速、准确、取样少等优点，不仅可以研究分子结构，而且能探索到分子间各种集聚态的结构构型和构象的状况，对生命科学、材料科学等极为重要。本章主要介绍鉴定有机化合物结构最常用的紫外光谱、红外光谱、核磁共振谱和质谱的基本知识及其应用，它们通常被称为“四大谱”，前三者属于吸收光谱，质谱不属于吸收光谱。

第一节　有机化合物结构表征方法

研究有机化合物一般经历的步骤包括：分离提纯、元素定量分析确定实验式、测定分子量确定分子式、波谱分析确定结构。

一、分离提纯

自然界提取或人工合成的有机物，一般都有杂质混于其中，因此结构测定首先需要将其进行分离和提纯。分离不等同于提纯，两者区别是：分离是指把混合物分成几种纯净物，提纯是指去除杂质。

常用的分离提纯方法有重结晶（固态）、升华（固态）、萃取（固态或液态）、蒸馏（液态）。对于微量天然产物、性质极为相似的类似物、光学异构体等的分析，传统纯化法无法胜任，催生出了色谱法。色谱技术包括薄层色谱、纸色谱、柱色谱、气相色谱、高效液相色谱等，其中高效液相色谱又称高压液相色谱，具有分离效率高、分离速度快等特点，比经典的柱色谱快数百倍，分析所需样品量可少于 1mg，在有机物分离提纯和纯度鉴定方面应用广泛。

根据有机化合物的特点和实验条件可选择上述合适的纯化方法，纯化后可通过测定其物理常数如熔点、沸点或通过色谱法检查纯度。

二、元素定量分析确定实验式

纯化后的有机物通过元素分析可确定其由哪些元素组成及各元素的含量，然后将各元素的质量分数除以相应元素的原子量，继而求出各元素间原子的最小个数比，即为该化合物的实验式。元素分析包括化学分析、X射线荧光光谱分析、原子发射光谱分析、原子吸收光谱分析、等离子质谱分析等方法。

例如，某化合物经元素分析得知含有C、H、O三种元素，各元素质量分数分别为52.16%、13.14%、34.70%，则可计算出各元素原子最小个数比为2∶6∶1，由此可确定该化合物的实验式为C_2H_6O。

三、测定分子量确定分子式

测定分子量的经典方法有凝固点降低法、沸点升高法、渗透压法，现代常用质谱法。质谱法用高能电子轰击分子，使其失去电子成为带正电荷的分子离子和碎片离子，它们具有不同质量，在磁场下达到检测器的时间不同，结果被记录为质谱图，据此可计算分子量，再结合实验式即可确定该化合物的分子式。

有机物分子式的确定常用最简式法，即根据分子式为最简式的整数倍，利用分子量可确定其分子式。例如已知维生素C的实验式是$C_3H_4O_3$，分子量为176，因$C_3H_4O_3$的式量是78，故维生素C的分子式是$C_6H_8O_6$。其他确定方法还有直接法、余数法、方程式法等，在此不再展开。

四、结构表征

确定有机物结构的步骤是：根据分子式写出可能的同分异构体，利用该物质的性质推测可能含有的官能团。有机物结构表征大体上有三种方法：物理常数测定法、化学法和近代物理方法。在一般情况下，没有单用一种方法就能够准确无误地给出化合物的结构，实际工作中往往是几种方法联用互补、相互认证，才能得到确切的结构。

化学法经典又有用，利用官能团特征反应来确定归属，在有机分析学科中仍占有重要地位。物理常数测定法是通过测定熔沸点、相对密度、折射率、比旋光度等物理属性来表征结构的，但必须注意物理常数有时也可能是混合物的物理属性，因此该法常常需要其他方法的配合才能准确进行表征。近代物理方法是应用近代物理实验技术建立的一系列仪器分析法，测定各种波谱来记录分子的微观特征，是表征分子结构的最有力的方法和手段。

第二节　吸收光谱的产生

物质是运动的体系。各种分子、原子、原子核、核外电子等粒子都各自具有一定的能量，并且在不同能级上做不同形式的运动。当电磁波照射物质时，物质的分子或原子将吸收一部分能量，激发分子中的电子（主要是外层价电子）跃迁到能量较高的能级或增加分子中原子的振动和转动的能量。根据量子理论，分子或原子中各种运动状态所对应的能级是量子化的，即能级的能量变化是不连续的。只有当电磁波的能量与分子或原子中较高和较低两个能级之间的能量差相等时，分子或原子才可能吸收该电磁波的能量，并从低能级跃迁到高能级。仪器记录分子对不同波长电磁波吸收的相应谱图即为吸收光谱。

电磁波的能量E与波长或频率之间的关系为：

$$E = h\nu = \frac{hc}{\lambda}$$

式中 E——电磁波能量，J；

h——普朗克常数，6.626×10^{-34} J·s；

ν——频率，s^{-1} 或 Hz；

c——光速，3×10^{17} nm·s^{-1}；

λ——波长，nm。

由此可知，电磁波的能量与频率成正比，与波长成反比。波长越短或频率越高，能量越大。

如果用 ΔE 表示分子运动的某两个能级 E_1 和 E_2 之间的能量差，当电磁波的频率或波长与 ΔE 符合下述关系时，电磁波才能被分子或原子吸收。

$$\Delta E = E_1 - E_2 = h\nu = \frac{hc}{\lambda}$$

由于分子中电子的跃迁或分子的振动和转动引起的能量变化 ΔE 不同，能级跃迁所选择吸收的电磁波波长就不同，分属不同波区。分子若吸收了紫外-可见光，引起电子能级跃迁，则产生紫外-可见光谱；如吸收红外光，引起分子振动和转动能级跃迁，则产生红外光谱；而自旋的原子核在外加磁场作用下，可吸收无线电波，引起核的自旋能级跃迁而产生核磁共振谱。上述不同的吸收光谱从不同角度反映出分子的结构特征，所以可通过测定吸收光谱获取有机分子结构方面的相关信息。电磁波的简略分区见表 3-1。

表 3-1 电磁波区与光谱

电磁波	光谱	波长(频率)	能量/(kJ·mol^{-1})	跃迁类型
远紫外线	真空紫外光谱	10～200nm	11960～598	σ 电子跃迁
近紫外线	紫外光谱	200～400nm	598～299	n 及 π 电子跃迁
可见光线	可见光谱	400～800nm	299～150	n 及 π 电子跃迁
近红外线	近红外光谱	0.78～2.5μm	150～47	
中红外线	中红外光谱	2.5～25μm	47～4.7	振动键的变形
		(4000～400cm^{-1})		
远红外线	远红外光谱	25～500μm	4.7～1.2	分子振动及转动
		(400～20cm^{-1})		
无线电波	核磁共振谱	(10^7～10^8 Hz)	4.2×10^{-5}	核自旋

第三节 紫外光谱

紫外光谱（Ultraviolet Spectroscopy，简称 UV）是有机分子的价电子吸收一定波长的紫外光发生跃迁所产生的电子光谱。波长范围在 10～200nm 的属于远紫外区，200～400nm 的属于近紫外区。远紫外光易被空气中的氧和二氧化碳等吸收，需要在真空条件下测定，应用价值不大，所以一般的紫外光谱是指近紫外区的吸收光谱。近紫外光可被普通玻璃吸收，测定时要用石英玻璃，故又称石英紫外区。

一、基本原理

紫外光谱由紫外光谱仪进行测定。紫外光谱仪一般由光源、色散装置（棱镜或光栅）、样品池、参比池和检测器组成（图 3-1），与记录仪 X 轴同步，因此 X 轴表明通过狭缝到达检测器的辐射波长。从检测器出来的光被传至记录仪的 Y 轴，表明任何特定波长的光被样品吸收的程度。实际上，使用双光束仪，参比池中只放置溶剂，将样品池的吸收减去参比池的吸收，同时也排除了光路和溶剂中空气的吸收。色散元件和检测器的安装要与扫描的波长范围相适应，所用的材料尽可能对光透明。溶剂常用乙醇、正己烷和水。

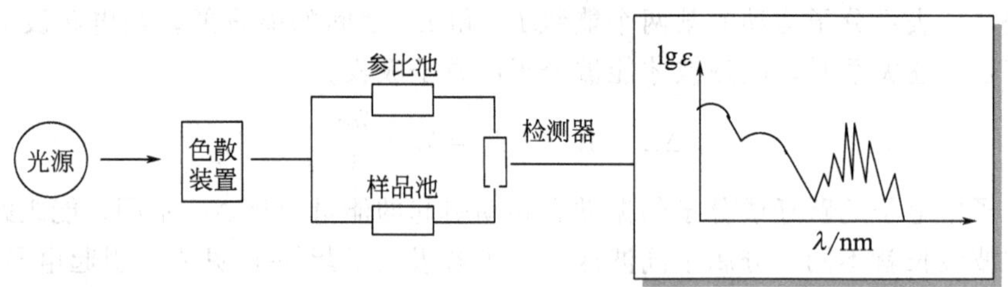

图 3-1 紫外光谱仪示意图

用不同波长的近紫外光依次照射一定浓度的样品溶液，测得相应的吸光度，根据朗伯-比尔（Lambert-Beer）定律可推算出摩尔吸光系数：

$$\varepsilon = \frac{A}{c \cdot L}$$

式中，ε 为摩尔吸光系数，$L \cdot mol^{-1} \cdot cm^{-1}$；$c$ 为样品溶液的浓度，$mol \cdot L^{-1}$；L 为吸收池的厚度，cm；A 为吸光度，也称消光值。ε 数值较大，一般以 lgε 为纵坐标，λ 为横坐标作图，即为紫外吸收光谱图。图 3-2 为香芹酮的紫外光谱图。

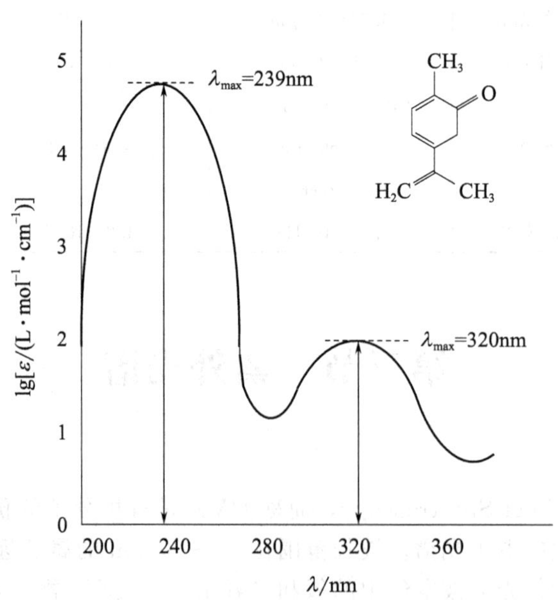

图 3-2 香芹酮的紫外光谱示意图

紫外光谱图一般用峰顶的位置（也称最大吸收波长）λ_{max} 及其吸收强度（即摩尔吸光系数）ε 来描述，两者都是化合物紫外光谱的特征常数。如香芹酮有两个吸收峰，分别为 239nm（$\varepsilon=39800L \cdot mol^{-1} \cdot cm^{-1}$）和 320nm（$\varepsilon=600L \cdot mol^{-1} \cdot cm^{-1}$）。

紫外光谱主要用于共轭体系，它的特点是能在各种复杂分子中辨认出其特征结构部分，图 3-2 中的紫外光谱由 C═C—C═O 吸收紫外光产生，其余部分不吸收紫外光。由于紫外光谱的信息量较少，解析结构时只能得到分子骨架和共轭体系。

二、基本概念

（一）电子跃迁类型

根据分子轨道理论，原子轨道经线性组合生成分子轨道。两个原子轨道可形成两个分子轨道，其中一个成键轨道，一个反键轨道，反键轨道能量高于成键轨道。s 轨道和杂化轨道经线性组合后形成 σ 轨道，分子中的单键属于 σ 轨道，位于 σ 轨道上的电子称 σ 电子。两个 p 轨道相互重叠后形成 π 轨道，位于 π 轨道上的电子称为 π 电子。杂原子上的孤对电子在成键后仍然排布在非成键的原子轨道上，称为 n 轨道和 n 电子。轨道能级和电子跃迁示意图见图 3-3。分子在吸收紫外光后，电子从低能态向高能态跃迁，一般有以下几种类型（表 3-2）。

$\sigma \rightarrow \sigma^*$ 跃迁：位于 σ 成键轨道上的电子向 σ^* 反键轨道跃迁。

$\pi \rightarrow \pi^*$ 跃迁：位于 π 成键轨道上的电子向 π^* 反键轨道跃迁。

$n \rightarrow \pi^*$ 跃迁：位于 n 轨道上的电子向 π^* 反键轨道跃迁。

$n \rightarrow \sigma^*$ 跃迁：位于 n 轨道上的电子向 σ^* 反键轨道跃迁。

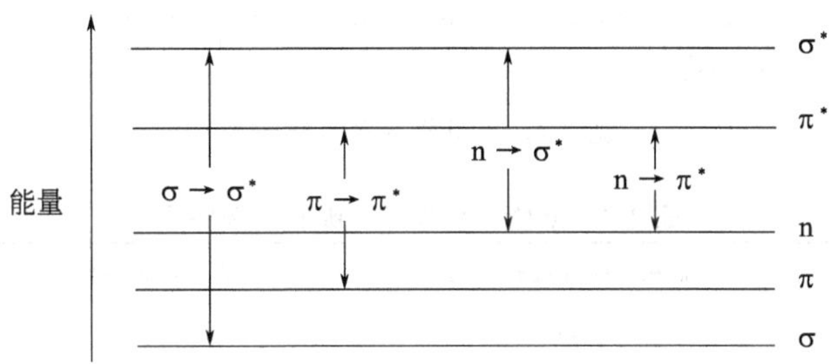

图 3-3　轨道能级和电子跃迁示意图

表 3-2　电子在不同能级跃迁类型的比较

项目	$\sigma \rightarrow \sigma^*$	$n \rightarrow \sigma^*$	$\pi \rightarrow \pi^*$	$n \rightarrow \pi^*$
吸收强度	强	弱	强	弱
吸收波长	<150nm	<250nm	>160nm	>250nm
涉及的化学键	C—C	C—N	C═C	C═N
	C—H	C—O	C═N	C═O
	C—X	C═O	C═S	
	C—S	C═S		

（二）生色团、助色团、红移和蓝移

凡是可以使分子在紫外或可见光区产生吸收带的原子团，统称生色团。一般地，生色团

中含有不饱和键，如 C═C、C═O、N═N 和 NO_2 等，这些不饱和键能产生 $\pi\rightarrow\pi^*$ 和 $n\rightarrow\pi^*$ 跃迁。不饱和程度的增加或共轭链的增长，会使紫外吸收峰向长波方向移动。

含有杂原子的基团如—OH、—NH_2、—OR、—SR 和卤素等，虽然它们本身没有紫外吸收，但当它们与生色团相连时，能使生色团的吸收波长变大或吸收强度增大，这些基团称为助色团。如苯在 210nm 和 254nm 有两个吸收峰；苯胺中由于存在—NH_2，苯中相应的两个峰位移到 232nm 和 283nm，苯胺与苯相比，其吸收波长变大。

分子结构的变化或溶剂的影响使吸收带向短波方向移动，这种现象称为蓝移。具有 $n\rightarrow\pi^*$ 跃迁的化合物，比较其在非极性溶剂和极性溶剂中测定的紫外光谱，可发现蓝移（用极性溶剂时，吸收波长更短的紫外光）。

分子的结构变化或溶剂的影响使吸收带向长波方向移动，这种现象称为红移。具有 $\pi\rightarrow\pi^*$ 跃迁的化合物，比较其在非极性溶剂和极性溶剂中测定的紫外光谱，可发现红移（用极性溶剂时，吸收波长更长的紫外光）。

（三）共轭体系与吸收波长的关系

共轭链的增长，会使紫外吸收峰向长波方向移动。每增加一个共轭双键，吸收波长约增加 40nm，当共轭双键数增加到 8 时，吸收波长将进入可见光区。如 β-胡萝卜素具有 11 个共轭双键（图 3-4），其最大吸收波长 497nm，在可见光区。由于被吸收的 497nm 的光为蓝绿色，故人们看到 β-胡萝卜素的颜色是蓝绿色的互补色——橙红色。非共轭双键不会引起吸收带波长发生红移，但可增加吸收强度。表 3-3 列出了一些共轭烯烃的吸收光谱特征。

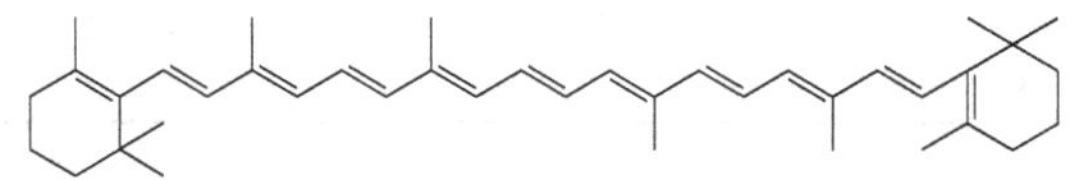

图 3-4　β-胡萝卜素的结构式

表 3-3　某些共轭烯烃的吸收光谱特征

化合物	$\pi\rightarrow\pi^*$ 跃迁波长 λ/nm	摩尔吸光系数 ε/(L·mol^{-1}·cm^{-1})
乙烯	170	1.5×10^3
1,3-丁二烯	217	2.1×10^3
1,3,5-己三烯	256	3.5×10^3
二甲基辛四烯	296	5.2×10^3
戊烯	335	11.8×10^3

三、紫外图谱解析

解析紫外光谱图的第一步是观察吸收带特征，如形状、吸收峰数目以及各吸收峰的最大吸收波长和摩尔吸光系数，再根据化合物的吸收特征作出如下初步判断。

① 220～400nm 没有吸收带，说明不存在共轭体系、芳环或 $\pi\rightarrow\pi^*$、$n\rightarrow\pi^*$ 等易于跃迁的基团。

② 化合物在 210～250nm 有强吸收带、摩尔吸光系数 ε≥10^3L·mol^{-1}·cm^{-1} 时，表明至少有两个生色团共轭。如果强吸收出现在 260～300nm，表明该化合物可能含有 3 个或 3 个以上共轭双键。如果有多个吸收峰进入可见光区，则该化合物含长共轭链或稠环化合物。

③ 若化合物在 250～300nm 范围内有中等强度吸收带、$\varepsilon=10^2\sim10^3 L \cdot mol^{-1} \cdot cm^{-1}$，这是苯环 B 吸收带的特征，因此该化合物很可能含有苯环。

④ 紫外吸收光谱中仅在 250～350nm 区间出现一个弱的吸收带、$\varepsilon=10\sim200 L \cdot mol^{-1} \cdot cm^{-1}$，很可能是孤立羰基等的 $n\rightarrow\pi^*$ 跃迁吸收带。

例如，雄甾-4-烯-3-酮（a）和 4-甲基-3-戊烯-2-酮（b）的紫外光谱图如图 3-5 所示。

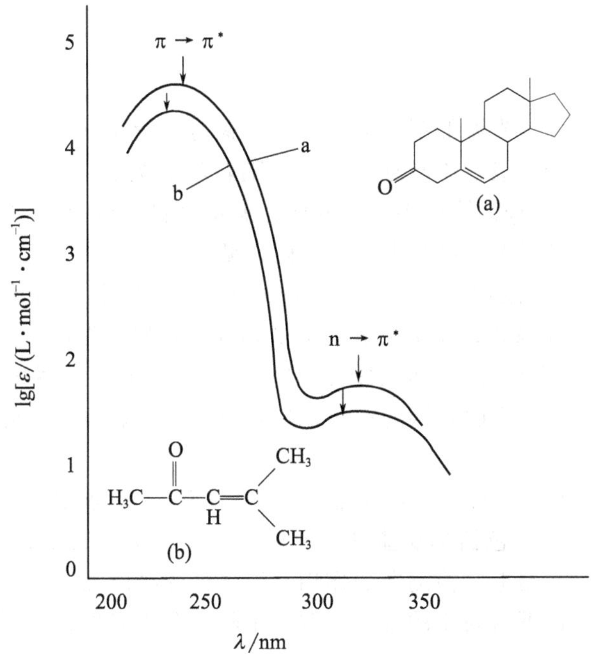

图 3-5　雄甾-4-烯-3-酮（a）和 4-甲基-3-戊烯-2-酮（b）的紫外光谱

四、紫外图谱的应用

（一）推测化合物的结构特征

紫外吸收光谱只有少数几个宽的吸收带，缺乏精细结构，只能反映分子中生色团和助色团及其附近的结构特征，不能反映整个分子的特征，但对判别生色团和助色团的种类、数目以及区别饱和与不饱和物、测定分子中共轭程度等有其独特的优点。例如某化合物分子式为 C_4H_6O，若测得它的紫外吸收光谱的波长在 230nm 左右，并有较强的吸收，由此可推测它是共轭醛或共轭酮。又如，三氯乙醛在已烷溶液中有一个 $\lambda_{max}=290$nm 的吸收峰，这是三氯乙醛的 $n\rightarrow\pi^*$ 吸收峰；但在水溶液中这个峰消失了，可见在水合三氯乙醛分子中已无羰基。

（二）化合物纯度的检验

如果在已知化合物的紫外光谱中发现有其他吸收峰，便可判定有杂质存在。测定杂质的 λ_{max} 和吸光度就可对杂质进行精细定量检测。$\varepsilon>2000 L \cdot mol^{-1} \cdot cm^{-1}$，检测灵敏度可达 0.005%。

（三）对化合物进行定量测定

利用紫外光谱来推测有机化合物的结构比较困难，但在定量分析方面有一定的应用。例如某化合物或配合物的紫外吸收带，在一定范围内，如果浓度与吸收带的强度之间存在线性关系，则可利用朗伯-比尔定律来分析该化合物的含量。

第四节　红外光谱

一、基本原理

以连续波长的红外线为光源照射样品，当红外辐射能量与分子的振动能级跃迁所需要的能量相等时，分子的振动能级发生跃迁（同时伴随转动能级跃迁），产生的吸收光谱称红外光谱（Infrared Spectroscopy，简称 IR），也称为振动光谱。红外光是一种电磁波，波长在 0.78～500μm（微米）范围内，可分为三个区段，见表 3-1。

在 IR 中，波长也可用波数（σ）表示。波数指每厘米所含波的数目，它与波长的关系是：$\sigma=1/\lambda=\nu/c$，ν 表示频率。例如，波长为 2.5μm，则波数为：$\sigma=1/(2.5\times10^{-4}\text{cm})=4000\text{cm}^{-1}$。通常红外光谱仪使用的波数范围是 $4000\sim400\text{cm}^{-1}$，属中红外区。几乎所有的有机化合物在红外光区都有吸收，因此都可以用红外光谱来表征，红外光谱在有机物结构解析上应用广泛。

红外光谱仪由光源、单色器、检测器、放大器和记录器组成。常用的红外光源有 Nernst 灯和碳硅棒两种。单色器的功能是将通过样品池和参比池而进入入射缝的“复色光”分成“单色光”射到检测器上。检测器的作用是测量红外线的强度。放大器将检测产生的微弱电信号放大，记录器记下透射率的变化。双光束红外分光光度计的示意图如图 3-6 所示。

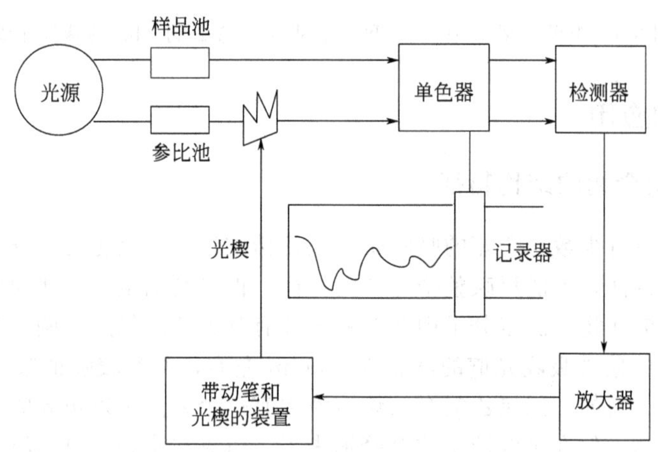

图 3-6　双光束红外分光光度计的示意图

典型的红外光谱图横坐标为波数（σ）或波长（λ），表示吸收峰位置；纵坐标为透光率（T）或吸光度（A），表示吸收峰强度。以 A 为纵坐标时，吸收峰朝上；以 T 为纵坐标时，吸收峰朝下。图 3-7 为十二烷的红外光谱。

用于测定红外光谱的样品可以是气体、液体和固体。气体样品在气体池中测定；液体样品常直接滴在一块氯化钠盐块上，用另一块氯化钠盐块压匀后用于测定；固体样品最常用溴化钾压片法，将 1～2mg 样品和 200～300mg 的溴化钾粉末在玛瑙研钵中研磨混匀，然后在

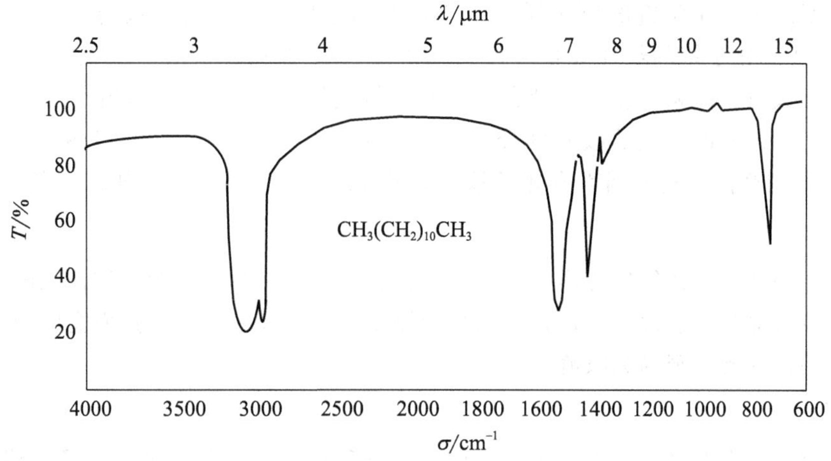

图 3-7 十二烷的红外光谱

压片机上压成透明薄片进行测定。水与醇、酚等的 O—H 吸收峰出现在红外光谱的同一区域，为了排除水的干扰，红外光谱的被测样品必须干燥。

二、基本概念

（一）分子振动形式

分子中化学键振动能的间隔较价电子能级间隔小，能吸收红外光；转动能级间隔更小，也能吸收红外光。多原子分子的振动方式可分为伸缩振动和弯曲振动两大类（图 3-8）。

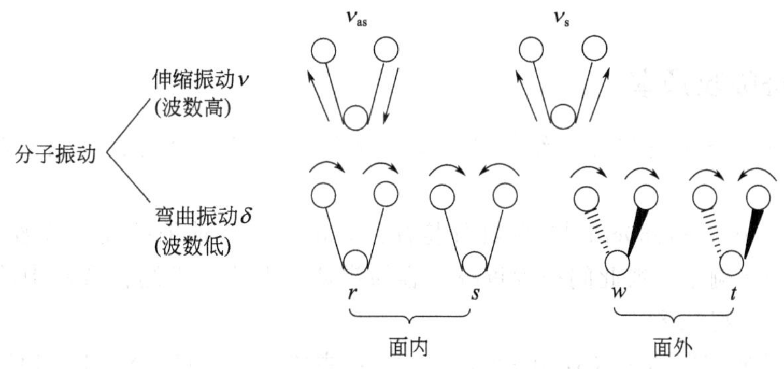

图 3-8 多原子分子的振动

伸缩振动指沿键轴方向的伸长或缩短的振动，主要是键长的改变，包括对称和不对称伸缩振动，分别用符号 ν_s 和 ν_{as} 表示。

弯曲振动用 δ 表示，指垂直于键轴方向的振动，使键角发生变化或发生基团对其余部分的相对运动，包括面内弯曲振动和面外弯曲振动两种方式。面内弯曲振动又可分为剪式振动（s）和平面摇摆振动（r）；面外弯曲振动又分为非平面摇摆振动（w）和扭曲振动（t）。

（二）分子振动与红外光谱

1. 峰位

红外吸收峰的位置取决于各化学键的振动频率，后者取决于涉及的原子质量和连接原子的化学键类型。构成化学键的原子质量越小，振动越快，频率或波数越高。因此，C—H、N—H、O—H等化学键的红外吸收峰在高波数区（3650～2500cm^{-1}）。键长越短，键能越大，键的力常数越大，频率或波数越高。单键（与氢的单键除外）、双键、三键的力常数依次增大，它们在红外谱图上的吸收区分别位于1360～1030cm^{-1}、1800～1390cm^{-1}和2260～2100cm^{-1}。影响峰位移动的因素有邻近基团的影响以及外部环境如溶剂、测定条件等。

2. 峰数

理论上每一种振动在红外光谱中产生一个吸收峰，但实际上谱图中往往吸收峰少于振动数目。一是因为部分未引起分子偶极矩变化的振动不产生吸收，二是强而宽的吸收峰往往覆盖与之频率相近的弱而窄的吸收峰。

3. 峰型

红外吸收峰型有基频峰（振动能级由基态跃迁到第一激发态产生的吸收峰）、泛频峰（振动能级由基态跃迁至第二、三激发态产生的倍频峰以及由两个或多个振动组合而成的合频峰、差频峰的统称）、特征峰、相关峰。其中重要的特征峰是能够用于鉴别官能团存在并具有较高强度的吸收峰，其频率称为特征频率；相关吸收峰是由一个官能团所产生的一组具有依存关系的吸收峰，简称相关峰。峰型也可用宽（br）、尖（sh）、可变（v）等描述。

4. 峰强

红外吸收峰的强度取决于振动时偶极矩的变化大小。化学键的极性越强，振动时引起偶极矩变化越大，吸收峰越强。伸缩振动对应的红外吸收峰都强于弯曲振动的吸收峰。C═O、C═N、C—N、C—O和C—H等吸收峰都较强，而C—C吸收峰则较弱。吸收峰也会随样品浓度的增大而增强。吸收峰强度一般分为vs（很强）、s（强）、m（中强）、w（弱）、vw（很弱）。

三、基团特征吸收频率

为便于了解红外光谱与分子结构的关系，常把红外光谱分为官能团区和指纹区两大区域。

官能团区（4000～1350cm^{-1}）为红外特征区，出现一些伸缩振动的吸收峰，它们受分子中其他结构的影响小，彼此间很少重叠，容易辨认。据此可推测化合物中的可能官能团。官能团区又分以下特征区：

① Y—H键伸缩振动区（3700～2500cm^{-1}）：主要是O—H、N—H和C—H等单键的伸缩振动吸收峰的频率。

② Y≡Z三键和累积双键伸缩振动区（2400～2100cm^{-1}）：主要是C≡C、C≡N等三键和C═C═C、N═C═O等累积双键的伸缩振动吸收峰的频率，通常较弱。

③ Y═Z双键伸缩振动区（1800～1600cm^{-1}）：主要是C═C、C═N、C═O、N═O等双键伸缩振动吸收峰的频率。

指纹区（1350～400cm^{-1}）主要是C—C、C—N、C—O等单键伸缩振动和各种弯曲振动吸收峰，这一区域的吸收峰对分子结构非常敏感，结构的细微变化即可引起吸收峰位置和强度明显改变，犹如人的指纹因人而异。

每个化合物都有自己的特征光谱，这对于结构相似化合物的解析或不同化合物细微结构差别的推测都很有帮助。常见有机化合物的红外光谱特征吸收频率列于表3-4。

表 3-4　常见有机化合物的红外光谱特征吸收频率

波数/cm^{-1}	键伸缩振动	化合物类型
3650～3100	—OH[1]	醇、酚
3550～3100	>N—H[2]	伯胺、仲胺、酰胺
3330～3000	≡C—H	炔(末端)
3100～3000	=C—H	烯、芳香族
3000～2800	—C—H	烷
2880～2700	—C—C(=O)—H	醛
2260～2240	—C≡N	腈
2260～2100	—C≡C—	炔
1850～1650	—C(=O)—	醛、酮、羧酸及其衍生物
1680～1600	—C=C—	烯
1600～1450	(苯环)	芳香族
1250～1000	—C(H)—O—	醇、醚、羧酸酯
1470～1430	—CH_2　—C—H	烷烃
900～700	(苯环)—H[3]	芳香族

注：[1] 在稀溶液中，ν_{OH} 吸收峰出现在 3650～3500cm^{-1}，为一尖峰。对浓溶液时，因有氢键形成，则在 3400～3100cm^{-1} 区域出现宽峰（s）。

[2] 在稀溶液中，伯胺的 ν_{N-H} 在 3500～3100cm^{-1} 出现双峰，仲胺的 ν_{N-H} 在此区域只有一个单峰，叔胺没有 ν_{N-H} 吸收峰。

[3] 苯环的 δ_{C-H}（面外）在 900～700cm^{-1} 出现吸收峰，是识别苯环上的取代基位置和数目的重要吸收峰。例如，一元取代苯 750cm^{-1}（s）、700cm^{-1}（s）双峰；二元取代苯邻位 750cm^{-1}（s）单峰，对位 800cm^{-1}（s）单峰，间位 850cm^{-1}（m）、800cm^{-1}（s）、700cm^{-1}（m）三峰。

四、红外光谱解析

由于一个有机化合物中存在多个化学键，每个键以不同方式振动，因此一张红外光谱图会出现几十个吸收峰。在一般情况下只需辨认数十个特征吸收峰，再配合其他方法就可对化合物进行解析。识别图谱常用方法如下：

① 观察特征吸收峰。从高波数移向低波数，依照各吸收峰的位置和强度，与有关各类

化合物红外吸收特征对照，确定可能存在的官能团。例如，3600～3300cm^{-1} 出现宽峰可能有—OH；2240～2100cm^{-1} 出现吸收峰可能有 —C≡C 或 —C≡N；1850～1650cm^{-1} 的强峰表明有 C═O。

② 寻找相关峰。判断出化合物可能含有的基团后，进一步观察指纹区吸收峰的频率，以确证存在的官能团，并推测基团间的结合方式。例如醇和酚，除—OH 伸缩振动吸收峰外，在 1250～1000cm^{-1} 处还应存在 C—O 伸缩振动吸收峰，并根据伸缩振动吸收峰是否大于 3000cm^{-1} 以及在 1600～1450cm^{-1} 处有无芳环骨架振动吸收峰来鉴别醇和酚。

③ 确定化合物类别。例如，确定化合物含有 C═O 后，在 3300～2500cm^{-1} 处有宽峰的为羧酸；在 2820cm^{-1} 和 2720cm^{-1} 处有弱吸收峰的为醛；在 1300～1000cm^{-1} 处有 C—O 伸缩振动吸收峰的为酯；无上述吸收峰的可能为酮。

④ 查对指纹区。此区除用以与标准品或保证图谱对照外，尚可通过 C—H 弯曲振动来区分不同类别的烯烃或不同取代的苯环。

⑤ 确定可能的结构式。根据上述推断，结合合成过程、物理常数、化学特征反应及其他现代物理方法，确定可能的结构式。

例如，所有烃类在 Y—H 键伸缩振动区（3700～2500cm^{-1}）都有特征吸收。如正辛烷的 C—H 伸缩振动峰在 2960～2850cm^{-1}；亚甲基和甲基的面内弯曲振动峰在 1465cm^{-1}（m）和 1378cm^{-1}（w）；碳碳骨架振动，很弱，在 1200～700cm^{-1}（图 3-9）。

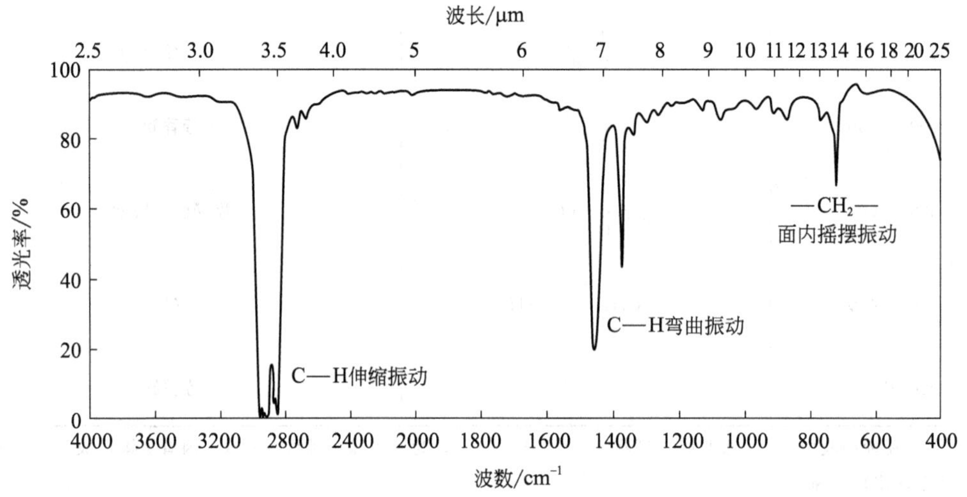

图 3-9 正辛烷的红外光谱

1-辛烯、1-辛炔、甲苯、乙酸乙酯的红外光谱如图 3-10 至图 3-13 所示。

五、红外光谱的应用

（一）官能团定性分析

各种官能团具有特征的红外吸收，利用其红外吸收特征频率，来解析红外光谱图，从而判断官能团的存在与否。例如盐酸久置发黄，为确定发黄盐酸与合格盐酸的差异，分别进行红外光谱分析比较，发黄盐酸比合格盐酸多出一个强吸收杂质峰，吸收频率为 1755cm^{-1}，比一般的醛酮 C═O 伸缩振动吸收频率高。根据红外光谱知识，推测杂质可能是含两个以

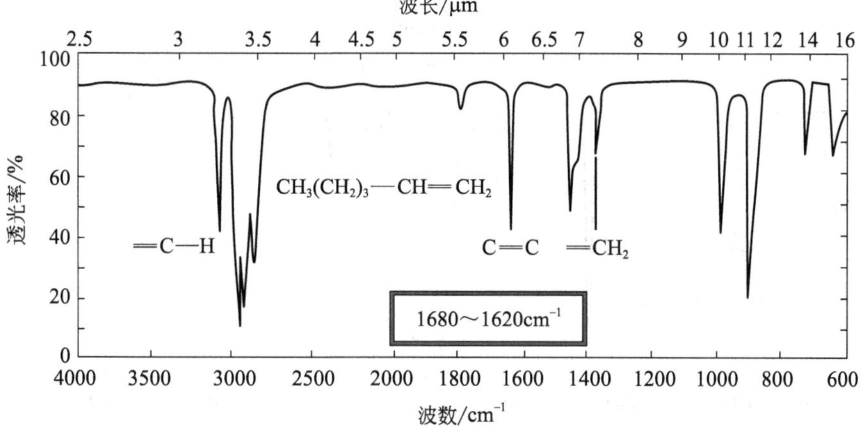

图 3-10　1-辛烯的红外光谱

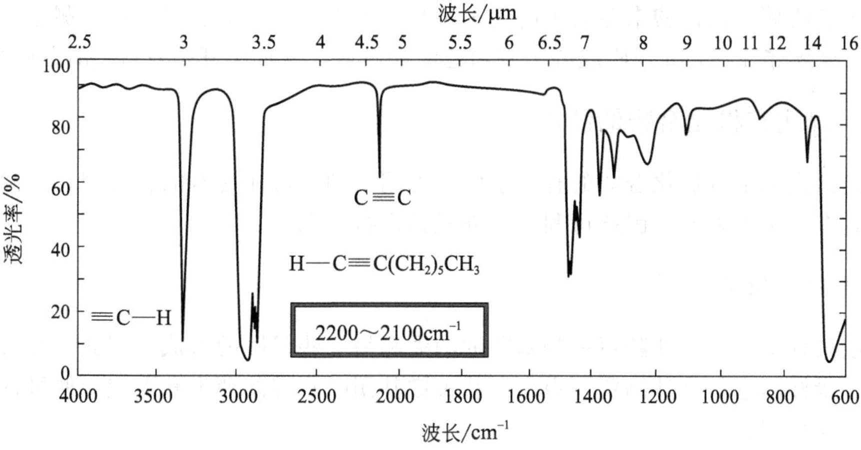

图 3-11　1-辛炔的红外光谱

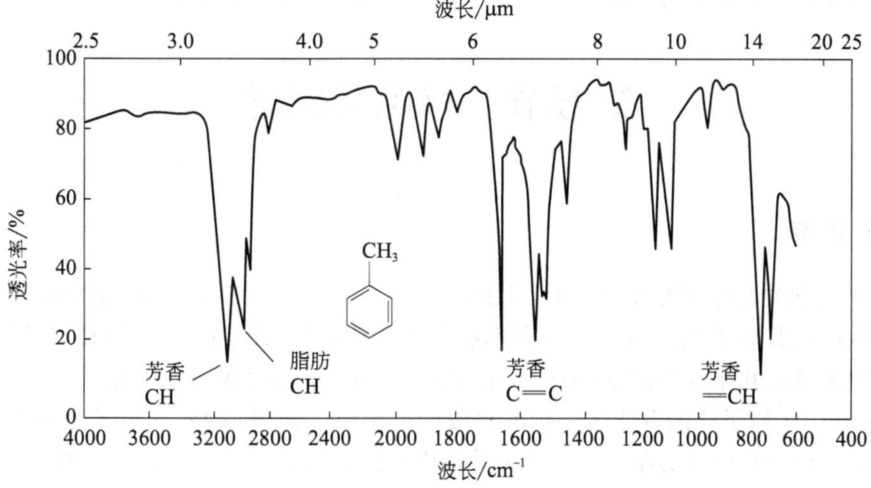

图 3-12　甲苯的红外光谱

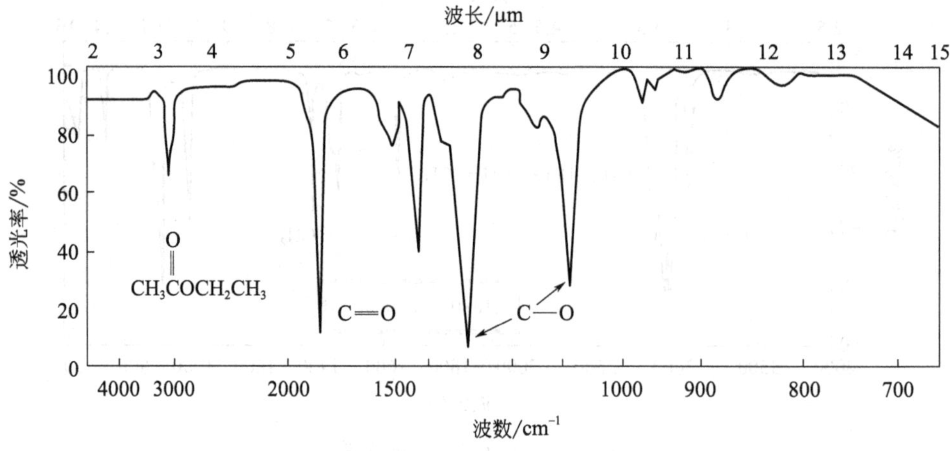

图 3-13 乙酸乙酯的红外光谱

上氯取代的醛或酮。从盐酸来源处了解到发黄盐酸可能含有三氯乙醛。通过测定三氯乙醛的红外光谱，证实了 1755cm^{-1} 吸收峰为三氯乙醛的吸收，从而解开了发黄盐酸杂质的真面目。

（二）测定有机化合物的结构

红外光谱是测定有机化合物的有力手段，可用于判断可能含有的官能团；不同异构体的红外光谱具有一定的差异，因此可利用红外光谱进行识别。

（三）跟踪反应进程

在反应过程中，总是伴随着一些基团的消失和另一些基团的形成。因此，在反应过程中定时取出少量样品进行红外测定，观察一些关键基团吸收带的消失和形成，便可推测反应程度，探索反应机理。

（四）定量分析

用红外光谱做定量分析，误差在 5%左右，灵敏度不如紫外光谱。

第五节　核磁共振谱

一、基本原理

1946 年美国物理学家珀塞尔（E. M. Purcell）和布洛奇（F. Bloch）分别证实：具有奇数原子序数或奇数原子质量数（或两者都有）的元素，如 ^{1}H、^{13}C、^{15}N、^{17}O、^{31}P 等，在磁场作用下会发生核磁共振（Nuclear Magnetic Resonance，简称 NMR）现象。

NMR 是由于原子核的自旋运动对电磁波产生吸收。如果说 IR 揭示了分子中官能团的种类，确定了化合物所属类型，那么核磁共振则给出了分子中各种氢原子、碳原子等的数目以及所处的化学环境等信息。NMR 已经广泛应用到物质结构的测定上，核磁共振仪也已成为结构分析不可缺少的工具之一。

目前，具有实用价值的核磁共振限于^{1}H、^{13}C、^{15}N、^{19}F、^{31}P等少数核磁的共振信号，其中^{1}H和^{13}C的应用最为广泛，前者反映分子中不同化学环境的氢，后者直接反映碳的骨架。本章节介绍^{1}H-NMR。

核磁共振仪主要由电磁铁、射频振荡器、样品管、射频接收器和记录器等几部分组成（图3-14）。装有样品的玻璃管放在磁场强度很大的电磁铁两极之间，用恒定频率的无线电波照射样品。在扫描发生器的线圈中通直流电，产生一个微小磁场，使总磁场强度逐渐增加，当磁场强度达到一定的外加磁场强度值（H_0）时，样品中有一类型的质子发生能级跃迁，这时产生吸收，接收器接收到信号，由记录器记录下核磁共振谱。

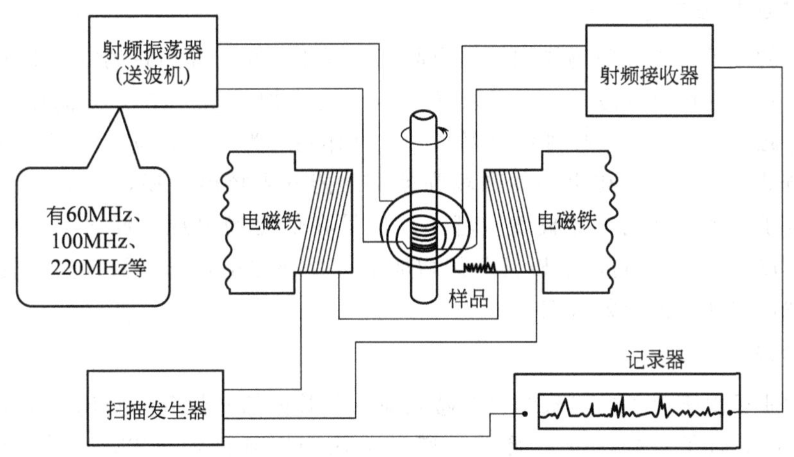

图 3-14　核磁共振仪示意图

仪器的灵敏度和分辨率与磁场强度或频率成正比，而超导磁体可产生强大的磁场，因此现在核磁共振仪都使用超导磁体，超导仪工作频率可达950MHz。超导磁体的超导线圈浸泡在液氦中，为减少液氦的蒸发，液氦外面用液氮冷却。

测定时，一般将样品溶解在氘代溶剂中，再加入标准物质四甲基硅烷（TMS，很多溶剂中已含有），由于氘代不可能完全，溶剂中残留的氢会出现在NMR谱中。

液体中由于分子的布朗运动，磁偶极之间相互作用的平均效果为零，因此液体NMR的谱线窄，分辨率高；测定时核磁管在磁场内高速旋转克服了样品的不均匀性。因此，高分辨的液体NMR谱是解析有机化合物结构的最有效方法之一。

二、基本概念

（一）原子核的自旋

所有元素的原子可分为自旋和无自旋两大类，质量数为奇数的原子或同位素有自旋（^{1}H、^{13}C等），偶数的无自旋。有自旋的原子，核自旋运动会产生磁矩。

自旋的质子和它的磁矩像一根小磁铁棒，在外加磁场中有两种取向：与外磁场平行或反平行。它们在磁场中相当于两个量子化的能级，差别不大但平行态的更稳定。在长波长的无线电波范围内，质子吸收一定的能量后，可从低能级的平行态跃迁到较高能级的反平行态。

当质子在磁场中受到不同频率的电磁波照射时，只要能满足两个自旋态能级差ΔE，质子就由低自旋态跃迁到高自旋态，发生核磁共振。质子跃迁需要的电磁波频率大小与外磁场强度成正比：

$$\Delta E = E_2 - E_1 = h\nu = \frac{hr}{2\pi}H_0$$

式中，h 为普朗克常数；r 为磁旋比，是磁性核的特性常数（质子的磁旋比为 26750）；ν 为电磁波辐射的共振频率；H_0 为外磁场强度，Gs。

（二）化学位移及影响因素

有机化合物中的氢核与裸露的质子不同，它会受到周围电子的影响，因此，分子中氢核与裸露质子的共振信号的位置不同。

1. 屏蔽效应与去屏蔽效应

氢核周围的电子在外加磁场作用下，引起电子环流，在与外加磁场垂直的平面上绕核旋转并产生一个感应磁场（H_1）。若感应磁场（H_1）与外加磁场（H_0）方向相反，结果使核实际受到的外磁场强度减小。核外电子对核的这种作用称为屏蔽效应。氢核周围的电子云密度越大，屏蔽效应越大，要在更高的磁场强度中才能发生核磁共振，其信号在较高磁场出现；氢核外电子云密度越低，屏蔽效应越小，信号在低磁场出现。反之，感应磁场（H_1）与外加磁场（H_0）方向相同，就相当于又增加了一个外加小磁场，氢核实际受到的磁场强度增加，这种作用称为去屏蔽效应。

2. 化学位移

分子中的质子由于电子的屏蔽和去屏蔽效应引起共振信号位置的变化称为化学位移，用 δ 表示，它反映了质子所处的化学环境。通常采用四甲基硅烷（TMS）作为参照物，将 TMS 的信号位置定为原点，其他氢核信号位置相对于原点的距离就定义为化学位移。

$$\delta = \frac{\nu_{样品} - \nu_{TMS}}{\nu_0} \times 10^6$$

式中，$\nu_{样品}$、ν_{TMS}、ν_0 分别表示样品、TMS 和核磁共振仪电磁波辐射的频率，单位均为 Hz。δ 值一般只有百万分之几，为读写方便，常将 δ 值乘以 10^6。

以 TMS 为标准物的优点是硅的电负性比碳小，氢周围的电子云密度最大，屏蔽效应大，通常处在最高场，故一般有机化合物中质子的化学位移均在它的左边，信号不会重叠。

^{1}H-NMR 谱图中，横坐标为化学位移 δ，$\delta_{TMS}=0$ 的值在谱图的右端，在其左侧的 δ 值为正，右侧为负；从右至左，δ 值增大，而相应的磁场强度减小。纵坐标为吸收峰的相对强度。

3. 影响化学位移的因素

化学位移取决于核外电子云密度，电子云密度受电负性、各向异性效应、氢键及溶剂效应等因素的影响。

（1）电负性

与质子相连的原子，其电负性越大，吸电子诱导效应导致质子周围的电子云密度降低，屏蔽作用减小，因此，质子在低磁场发生共振，化学位移值增大（表 3-5）。

表 3-5　电负性对化学位移的影响

化合物	δ	化合物	δ
$(CH_3)_4Si$	0	CH_4	0.2
CH_3I	2.16	C—CH_3	2.5

续表

化合物	δ	化合物	δ
CH_3Br	2.68	$N—CH_3$	2.1～3.1
CH_3Cl	3.05	$O—CH_3$	3.5
CH_3F	4.26	$CHCl_3$	7.3

（2）各向异性效应

苯环和烯烃双键上质子的化学位移比烷烃中的质子大得多（表 3-6）。这种现象的产生源于分子中质子的化学位移不仅与基团的电负性有关，还与质子和某基团的空间位置有关，即各向异性效应。由于苯环和烯烃的 π 电子在外加磁场中所产生的感应磁场方向与外加磁场方向相反，且磁力线是闭合的，双键和苯环上的质子正好处在去屏蔽区，故信号出现在低场。

表 3-6　分子各向异性效应对化学位移的影响

化合物	CH_3CH_3	$CH_2{=}CH_2$	$CH{\equiv}CH$	苯（C_6H_6）	$(CH_3)_2C{=}C(CH_3)_2$	六甲基苯
δ	0.96	5.34	2.88	7.2	1.7	2.2

炔烃 π 电子云绕 C—C 键轴对称分布呈圆柱形，在磁场作用下，π 环电子流促使炔键轴顺磁场方向排列。感应磁场方向与键轴平行，并与外加磁场方向相反，形成屏蔽和去屏蔽区。炔烃三键碳原子上的质子处在屏蔽区，δ 值较小（图 3-15）。

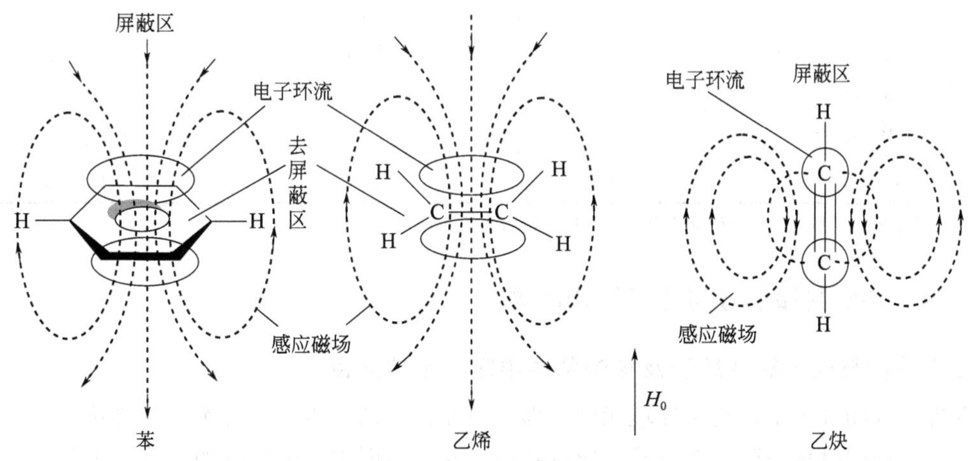

图 3-15　π 电子产生的感应磁场

（3）氢键

氢键有去屏蔽效应，使质子的 δ 值显著增大，氢键越强，δ 值越大。例如，由于氢键的存在，使—OH 中的 H 原子周围的电子云密度减小，化学位移增大，PhOH 中酚羟基质子的化学位移与浓度的关系如表 3-7 所示。分子间氢键的化学位移受溶剂稀释的影响移向高场，分子内氢键不受溶剂稀释影响，可用于区别分子间氢键和分子内氢键。

表 3-7 PhOH 中酚羟基质子的化学位移与质量浓度的关系

浓度	100	20	10	5	2	1
δ	7.45	6.8	6.4	5.9	4.9	4.35

注：溶剂为氘代溶剂。

（4）溶剂

溶剂对化学位移的影响大小不一，溶剂效应对含有活泼质子（—OH、—COOH、—NH_2、—SH 等）的样品更为明显。因此，在^{1}H-NMR 测定中，一般使用氘代溶剂，以避免普通溶剂分子中质子的干扰。为了确定活泼质子的 δ 值，可先用一般方法测定谱图，然后加入几滴重水（D_2O），再测定谱图，后一张谱图中信号消失的质子，便是活泼质子。

（三）常见质子的化学位移值

有机化合物中不同环境下的质子，具有不同的化学位移值，而确定质子类型对于推断分子结构十分重要。表 3-8 列出了常见的各类质子的化学位移值，从表中可以看出，与质子相连基团的电负性和各向异性效应对各类质子 δ 值影响较大。

表 3-8 常见的各类质子的化学位移值

质子的化学环境	δ	质子的化学环境	δ
—COOH	10～11	—N(CH_3)—	～3.0
—CHO	9～12	RCH_3(饱和)	～0.9
Ar—H	～7.2	R_2CH_2(饱和)	～1.3
C═C—H	4.3～6.4	R_3CH(饱和)	～1.5
CH_3O—	～3.7	ROH	3.0～6.0*
—CH_2O—	～4.0	ArOH	4.5～8.0*
—C≡CH	～2.5	RNH_2	1.8～3.4*
CH_3CO—	～2.1	$ArNH_2$	3.0～4.5
—CH_2—CHO	～2.3	—CO—NH—	5.5～8.5*(宽峰)
—C≡CCH_3	～1.8	R—SH	1.1～1.5

注：* 随浓度、温度及溶剂不同而变化较大。R 为脂肪族烃基。

（四）核磁共振信号与分子结构的关系

1. 磁等性与磁不等性质子及核磁共振中吸收峰的数目

有机化合物分子中，化学环境相同（即 δ 值相同）的一组质子称为化学等价质子，其中偶合常数也相同时称为磁等性质子。所以在核磁共振谱图中，吸收峰的数目表示分子中磁不等性质子的数目，即有几种类型的质子。例如，丙烷中有两种磁不等性质子，NMR 中有两组吸收峰；乙醇中有三种磁不等性质子，NMR 中有三组吸收峰。

磁等性质子要求化学环境相同，则它们在立体化学上也必须是等性的。2-溴丙烯中双键碳上的两个质子是磁不等性质子，因此，在 NMR 上会出现三组吸收峰。

判别两个质子是否等性的方法是，设想分子中各质子轮流被 1 个原子取代后，如能得到相同产物或对映体，则这两个质子是等性的，否则为不等性的。总之，分子中磁不等性质子的数目决定该分子在 NMR 中吸收峰的数目。

2. 峰面积与质子数目

各类质子信号的强度与其数目有关，一个峰的面积越大，表示所含的质子数目越多；各个吸收峰的面积与质子的数目成正比，比较各组信号的峰面积比值，可以确定各种不同类型质子的相对数目。核磁共振的积分曲线是一条从低场到高场的阶梯式曲线，曲线的每个阶梯的高度与其相对应的一组吸收峰的峰面积成正比。因此，从积分曲线起点到终点的总高度与分子中质子的总数目成正比，每一阶梯的高度则与相应质子的数目成正比。例如，均三甲苯中有两类质子，其信号（a 和 b）的积分曲线高度之比为 3∶1，总质子数为 12，因此可知，a 峰位 9 个质子，b 峰位 3 个质子（图 3-16）。

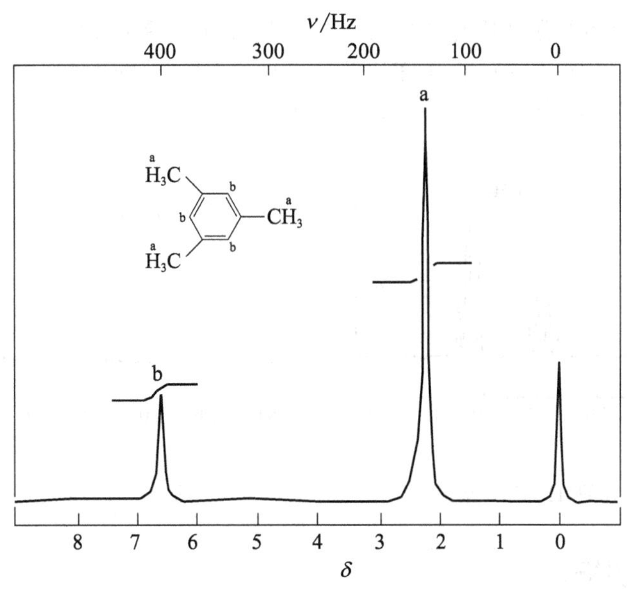

图 3-16　均三甲苯的[1] H-NMR 谱图

3. 自旋偶合和自旋裂分

用分辨率比较高的核磁共振仪测定化合物的核磁共振谱时，得到的谱图中有些质子的吸收峰不是单峰而是一组裂分的多重峰。这是因为处在外加磁场中的每一个氢核都有与外加磁场同向或异向两种自旋取向，由氢核自旋产生的感应磁场可使邻近氢核感受到外加磁场强度的增强或者减弱，从而引起信号分裂。这种分子中相邻的磁不等性质子自旋相互作用称为自旋-自旋偶合，简称自旋偶合。因自旋偶合作用使一种质子的共振吸收峰分裂成多重峰的现象称为自旋裂分。

裂分信号中每组峰内各小峰之间的距离称为偶合常数，用 J_{ab} 表示，单位为 Hz，ab 表示相互偶合的磁不等性质子种类。J 值越大，自旋偶合作用越强。两组相互偶合而裂分的信号应具有相同的 J 值，因此利用信号裂分度和参数 J 可找出各氢核之间的偶合关系，进而确定质子归属。某一化合物的 J 值为常数，与外加磁场无关，也不因所用共振仪而改变。碳碳双键上顺式的两个氢的偶合常数与反式的不同。

H–C=C–H	H, H (C=C)	H, H (C=C)
$J=0\sim3.5Hz$	$J=5\sim14Hz$	$J=12\sim18Hz$

当两类质子的化学位移差与偶合常数之比（$\Delta\delta/J$）大于6时，NMR吸收峰的裂分遵循以下规律：

① $n+1$ 规律：在分子中，某个质子与 n 个磁等性质子自旋偶合，该质子核磁共振信号裂分为 $n+1$ 重峰。例如，碘乙烷中的甲基有两个邻近质子，故裂分为三重峰，亚甲基有三个邻近质子而裂分为四重峰（图3-17）。

② 磁等性质子间不偶合产生裂分。例如乙烷中，甲基的三个质子彼此互不作用，甲基只形成一个单峰（图3-18）。

③ 活泼质子如乙醇中的—OH质子一般为一个尖单峰，这是因为—OH质子间能快速交换，使 CH_3 与—OH之间的偶合平均化。

④ 各裂分小峰的相对强度比与二项式 $(a+b)^n$ 展开的系数相同，并大体按峰的中心左右对称分布。如二重峰（$n=1$）的强度比为1∶1，三重峰（$n=2$）的强度比为1∶2∶1，四重峰（$n=3$）的强度比为1∶3∶3∶1，依此类推。

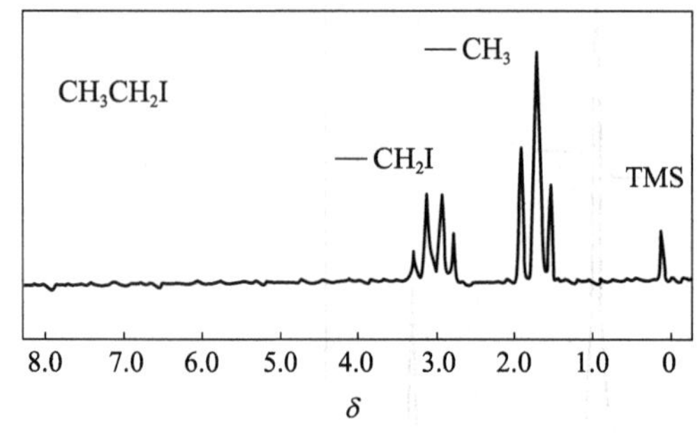

图3-17　碘乙烷的 ^{1}H-NMR谱图

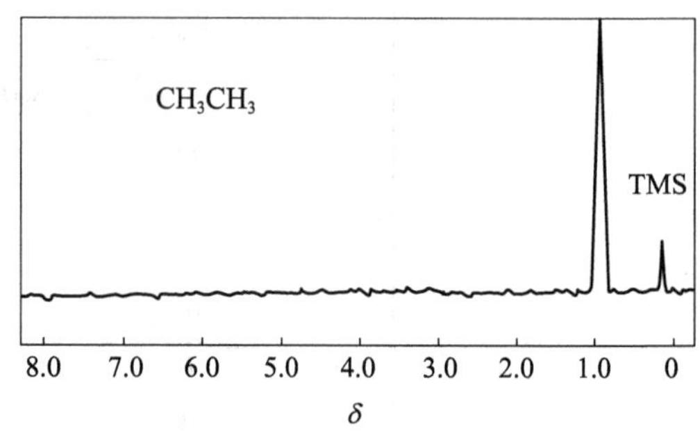

图3-18　乙烷的 ^{1}H-NMR谱图

三、核磁共振谱解析

解析核磁共振谱，主要是从中寻找吸收峰的位置、数目、峰面积、裂分情况等信息。一般包括以下几个步骤：

① 谱图中有几组吸收峰？几种不同类型质子？

② 根据吸收峰的相对面积推测各种类型质子的个数。

③ 根据吸收峰的位置（δ 值）判断各吸收峰的归属。

④ 根据裂分情况和 J 值找出相互偶合的信号，推测邻近基团结构信息。

⑤ 综合上述信息可推断出简单化合物的结构，复杂化合物还需结合红外、紫外和质谱等。

例1：丙酮中六个质子处于完全相同的化学环境，为单峰；没有直接与吸电子基团或元素相连，所以吸收峰在高场出现（图3-19）。

例2：甲醇中，质子a与质子b所处的化学环境不同，故得到两个单峰。质子b直接与吸电子元素相连，产生去屏蔽效应，峰在低场（相对于质子a）出现。质子a也受其影响，峰也向低场移动（图3-20）。

例3：某化合物分子式 $C_{10}H_{12}O_2$，试根据下列 ^{1}H-NMR谱图（图3-21），推测其结构。

解：不饱和度 $\Omega=1+10+(-12)\div2=5$，推测含有苯环；

δ3.0和 δ4.3两组三重峰各2个氢，是—O—CH_2CH_2—相互偶合峰；

δ2.1单峰3个氢，是—CH_3 峰，结构中有氧原子，可能具有—CO—CH_3；

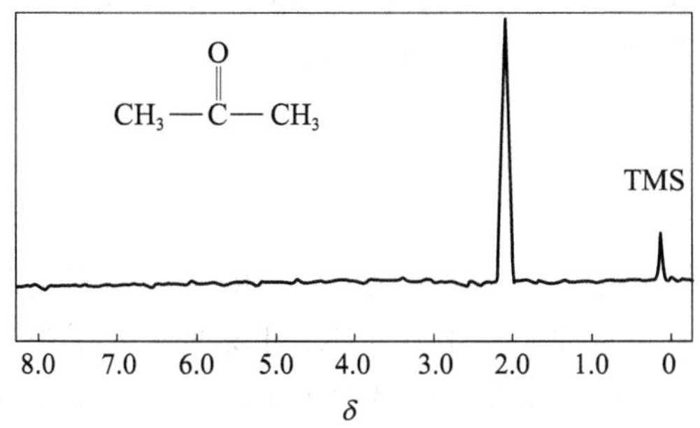

图 3-19　丙酮的[1] H-NMR 谱图

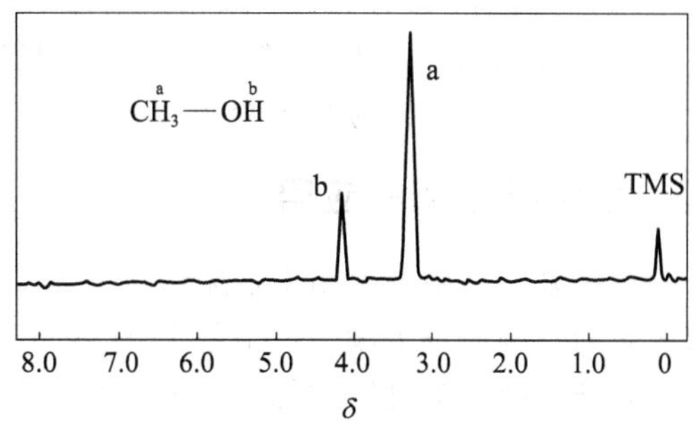

图 3-20　甲醇的[1] H-NMR 谱图

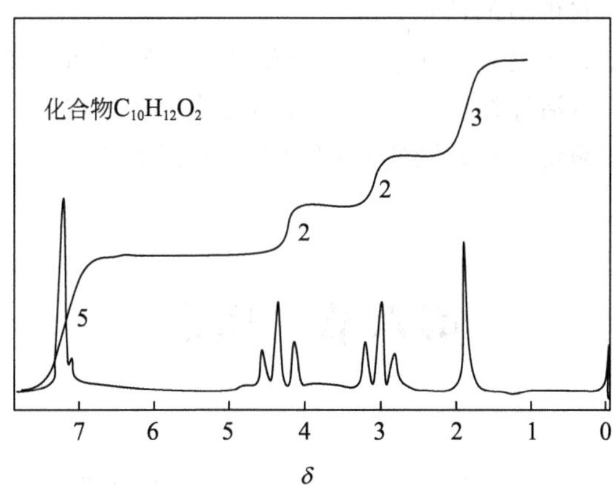

图 3-21　$C_{10}H_{12}O_2$ 的[1] H-NMR 谱图

δ7.3 有 5 个氢，为芳环氢，推测单取代。

综上，可能的结构是 $C_6H_5—CH_2CH_2OCOCH_3$。

例 4：某化合物分子式 $C_7H_{16}O_3$，试根据下列[1] H-NMR 谱图（图 3-22），推测其结构。

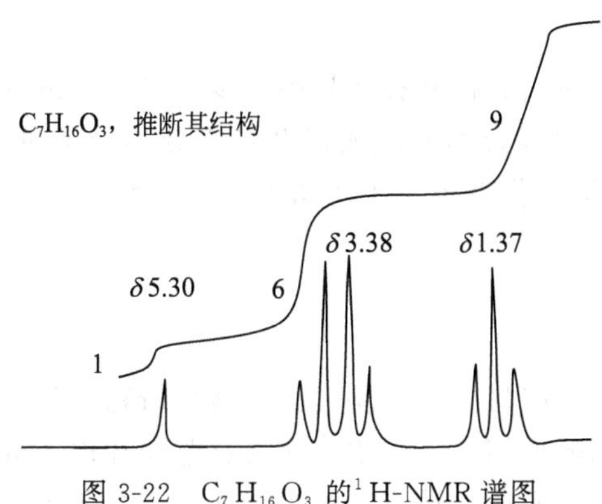

图 3-22　$C_7H_{16}O_3$ 的[1] H-NMR 谱图

解：不饱和度 Ω＝（7×2＋2－16）/2＝0。

化合物共 16 个氢，分成三组，积分比 1∶6∶9；

δ3.38 和 δ1.37 的四重峰和三重峰是 CH_3CH_2—相互偶合峰，积分比 6∶9 推测可能有三组等同的结构；

$\delta 3.38$ 含有—O—CH_2—结构，结构中有 3 个 O 原子，可能具有（—O—CH_2—$)_3$；

$\delta 5.3$ 单峰是—CH—上氢吸收峰，低场则表明与电负性较强基团相连。

综上，可能结构为 $CH(OCH_2CH_3)_3$。

四、核磁共振谱的应用

近年来，核磁共振用于临床诊断取得了长足的发展，如磁共振成像（MRI）作为当前临床诊断的一种先进手段，也是基于^{1}H-NMR 原理发展起来的。利用 MRI 可观察水分子中的两个质子，因人类机体的每一个细胞都含有相当量的水，故可用以显示组织和器官。由于病态细胞中水的质子在 NMR 成像中不同于正常健康细胞中的质子，且随着病变的不同分子阶段而不同。因此，利用计算机技术可将检查部位的横切片的二维图像记录下来进一步集合成三维图像，为临床提供很有价值的信息。

动物活体的 NMR 技术已成为生理学、生物化学、药理学和神经生物化学研究的一种新手段。由于这种技术具有对活体组织无损害、可同时测定活体内数种化合物、在正常生理状态下可连续进行适时动态测定、进行药物代谢动力学研究等优点，因此这种技术受到了广大生物医学工作者的青睐。

第六节　质谱

20 世纪初英国物理学家 J. J. Thomson（1906 年获诺贝尔物理学奖）发明了质谱法，并首次观察到了有机分子 $COCl_2$ 的质谱裂解情况。1911 年，C. F. Knipp 设计了电子轰击离子源。1918 年，A. J. Dompster 组装了电子轰击源。1942 年第一台商用质谱仪问世。

质谱（Mass Spectroscopy，MS）是基于化合物分子破坏后所得的碎片离子按质荷比（质量与所带电荷之比，m/z）排列而成的一种谱图，是 1950 年后逐渐发展起来的一种快速、简捷、精确测定化合物分子量的方法，也可通过碎片离子的质荷比以及强度推测化合物结构。

质谱不属于吸收光谱。质谱分析具有样品用量少（$<10^{-5}$mg）、灵敏度高的优点。如果将质谱与色谱联用，可以测出混合物的组成以及各组分的分子量和分子结构。质谱技术的发展为有机化学和生命科学工作者提供了了解有机分子结构、分离有机混合物的有效分析方法。

一、基本原理

质谱分析法是用具有一定能量的电子流去轰击被分析物质的气态分子，产生各种阳离子碎片，在外加静电场和磁场的作用下，按质荷比将这些碎片逐一进行分析和检测。在获得的质谱图上，有各种碎片离子的质荷比数值和相对丰度，结合分子断裂过程的机理，可推测被测物质分子结构，并确定其分子量、组成元素的种类和分子式。

有机分子 M 在高真空下受高能量电子束轰击时，化合物分子失去一个外层电子而生成分子离子 $M^{\cdot +}$，多数分子离子是不稳定的，在高能量的电子束作用下，进一步发生键的断裂产生许多碎片，这些碎片也带正电荷。各种正离子的质量与其所带的电荷之比，即质荷比是不同的，在电场、磁场作用下，可根据质荷比的大小按不同弯曲轨道运动而分离得到质谱。由分子结构与裂解方式的经验规则，根据碎片离子的质荷比及相对丰度提供分子结构的信息。

质谱仪通常包括真空系统、进样系统、离子源、加速电场、磁分析器、离子捕集器和记录器等（图 3-23）。目前常用的磁偏转质谱仪有单聚焦质谱仪和双聚焦质谱仪，前者为低分辨质谱仪，后者为高分辨质谱仪。此外，还有四级杆质谱仪和飞行时间质谱仪等。

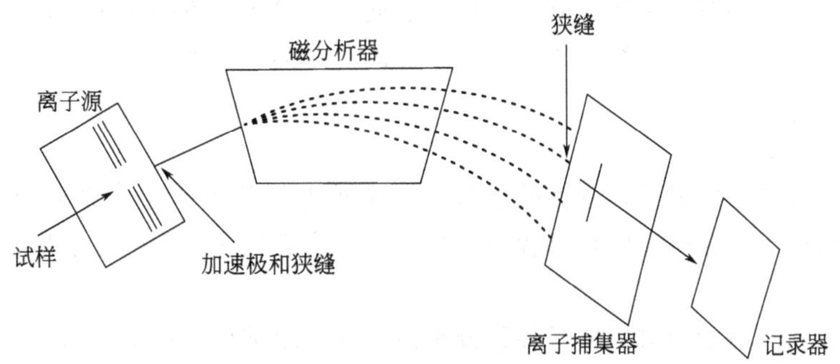

图 3-23　单聚焦质谱仪构造示意图

质谱仪工作原理如下：

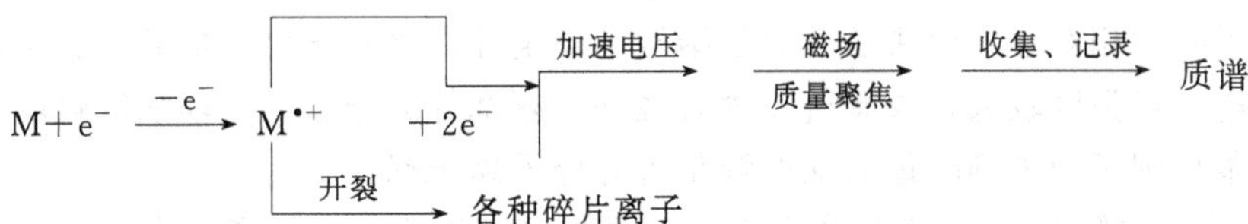

样品进入离子源后，经电子轰击失去一个价电子成为带正电荷的阳离子；这些正离子经加速电场加速，通过一个外加磁场进行质量聚焦，根据带电粒子在磁场中的运行规律，只允许满足下式的离子通过狭缝到达检测器：

$$R=\sqrt{\frac{2V}{H^2}\frac{m}{z}}$$

式中，R 为离子在磁场中运动轨道半径；V 为外加电压；H 为外加磁场强度；m/z 为离子的质荷比。

固定 R、V，不断改变 H，就可以使不同质荷比的离子依次通过狭缝到达检测器，检测器给出信号，经放大后输出给记录器，记录器按各种离子的质荷比及其相对丰度给出质谱图。例如，图 3-24 为乙醇的质谱示意图。

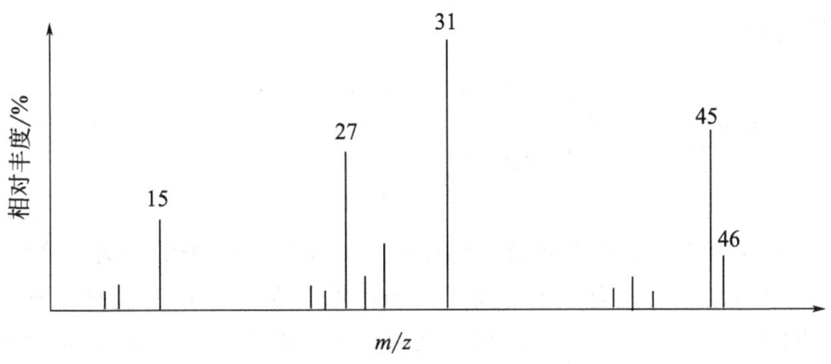

图 3-24　乙醇质谱示意图

相对丰度（R_A）是以图中最强的离子峰（基峰）高为100%，其他峰的峰高相对于基峰高度的百分数。

二、基本概念

在离子源中可以产生分子离子及其他许多碎片离子，离子在飞行过程中会发生进一步碎裂、重排，因此在检测器中可检测到分子离子、同位素离子、重排离子、多电荷离子及亚稳离子等多种离子。此处主要介绍分子离子、碎片离子和同位素离子。

（一）分子离子

分子离子是最重要的离子，中性分子失去一个价电子就生成分子离子 $M^{\cdot +}$，实际上是一个自由基型正离子。在质谱解析过程中，分子离子为有机化合物的分子量确定提供了可靠的信息。

质谱图上与分子离子相对应的峰称为分子离子峰，通常出现在谱图的最右端。由于 z 常为+1，分子离子与分子相比，只相差一个电子，故一般情况下分子离子峰的 m/z 值可近似表示该分子的分子量，再根据分子离子和相邻质荷比较小的碎片离子的关系，可以推断化合物的类型和可能含有的基团，这给未知物的鉴定带来了极大的方便。

分子离子峰的相对强度取决于其分子结构和稳定性。含有 π 电子的芳环、杂环或脂环化合物的分子离子峰强度较大，长碳链或含有羟基、氨基等的分子离子峰强度较弱。

以下两条规则可用来判断最右端的峰是否为分子离子峰：

① 最右端峰左侧 3～12u 范围内若有峰，则最右端峰不是分子离子峰。

② 氮规律。分子量为偶数的有机化合物不含或只含偶数个氮；分子量为奇数的含氮有机化合物只含奇数个氮。

（二）碎片离子

碎片离子是由分子离子开裂或由碎片离子进一步开裂生成，开裂形式主要有单纯开裂和重排开裂。碎片离子提供结构信息，因此掌握各种类型有机物的开裂方式对确定分子结构非常重要。

单纯开裂主要是由正电荷的诱导效应或自由基强烈的电子配对倾向所引起的，其特点是开裂的产物是分子中原已存在的结构单元。例如，丁酮的分子离子（m/z 72）经单纯开裂脱去甲基或乙基自由基，分别得到 m/z 57、m/z 43 的碎片离子。前者进一步脱去 CO 得到 m/z 29 的碎片离子。

$$CH_3COCH_2CH_3^{\cdot +} \; (m/z\ 71(M^+)) \longrightarrow \begin{cases} \cdot CH_3 + CH_3CH_2CO^+ \; (m/z\ 57(M^+-15)) \longrightarrow CO + CH_3CH_2^+ \; (m/z\ 29(M^+-15-28)) \\ \cdot CH_2CH_3 + CH_3CO^+ \; (m/z\ 43(M^+-29)) \end{cases}$$

重排开裂一般伴随着多个键的断裂，往往脱去一个中性分子的同时，产生分子的重排，生成在原化合物中不存在的结构单元的离子。如常见的 McLafferty 重排往往经过六元环迁移，涉及两个键的断裂和一个 γ-氢的转移。例如，4-甲基-2-戊酮的 m/z 58 的碎片离子就是经 McLafferty 重排开裂而成的。凡具有 γ-氢原子的醛、酮、羧酸、酯、酰胺、链烯、侧链芳烃等都易发生这类重排。

$$\longrightarrow CH_3CH=CH_2+H_2C=\overset{OH}{\overset{|}{C}}-CH_3\,]^{+\cdot}$$

m/z 58

（三）同位素离子

有机化合物一般由 C、H、O、N、S、Cl、Br 等元素组成，这些元素都有稳定的同位素，而在各种同位素中常常是最轻的同位素为最普通的同位素，这样在质谱图上可出现 M+1 或 M+2 峰，这些峰称为同位素峰。同位素峰强度与分子中该元素原子数目以及该同位素的天然丰度有关（表 3-9）。

表 3-9　一些重同位素的天然丰度

重同位素	^{2}H	^{13}C	^{15}N	^{17}O	^{18}O	^{33}S	^{34}S	^{36}S	^{37}Cl	^{81}Br
天然丰度/%	0.02	1.08	0.37	0.04	0.20	0.76	4.22	0.02	24.47	49.46

同位素离子峰对鉴定分子中含有氯、溴、硫原子很有用，因这些元素含有较丰富的高两个质量单位的同位素，并在 M、M+2、M+4 处出现特征性强度的离子峰。单溴代烃的 M+2 峰一般与其相应分子离子峰的相对强度相同（^{79}Br 和 ^{81}Br 的丰度分别为 50.54 和 49.46）。质谱图中，如果在高质荷比处有两个相对丰度相等的 M 和 M+2 峰，可以推测分子中含有一个溴原子。图 3-25 为 1-溴丙烷的质谱图。同理，一氯代烃 M+2 峰的相对强度一般是相应分子离子峰的三分之一。

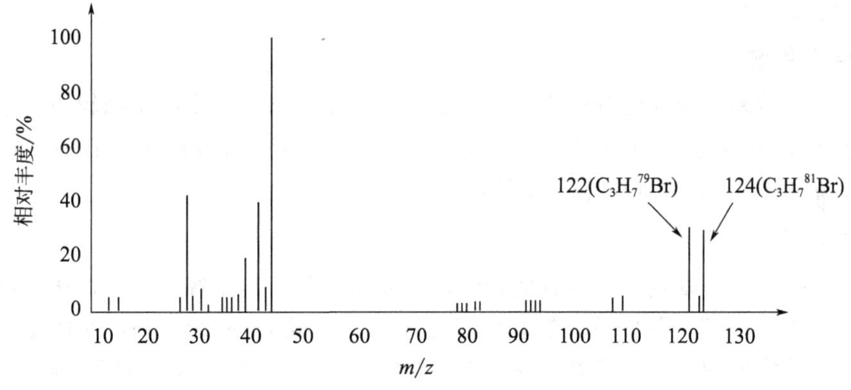

图 3-25　1-溴丙烷质谱图

（四）影响离子形成的因素

各种离子的形成虽可通过不同的途径，但影响其形成的因素主要有以下几个方面：

① 键的相对强度。

② 所产生的正离子的稳定性，这是直接影响键断裂的最重要因素。键断裂除了形成正离子外，还有中性分子和自由基，它们的稳定性对键断裂也有一定的影响。

③ 原子或官能团的空间相对位置对键的断裂也有一定影响。

上述各种因素都与分子结构有关，在键断裂过程中，很难说哪一种是决定性因素。虽然断裂产物的稳定性经常是主要的，但也可能因不同因素的影响产生平行的两种或多种断裂。

三、质谱解析

（一）各类有机化合物的质谱

1. 烃类

烷烃常见离子有 $C_nH_{2n+1}^+$、$C_nH_{2n-1}^+$、$C_nH_{2n}^+$，特征离子峰位 29，43，57，71，85，…

烯烃常见离子有 $C_nH_{2n-1}^+$、$C_nH_{2n}^+$、$C_nH_{2n+1}^+$。

芳烃的分子离子峰很强，特征离子峰位 39，51，65，77，78，91，92，…

2. 醇

饱和脂肪醇易发生 β-裂解生成 m/z 31＋14n（伯醇）、45＋14n（仲醇）和 59＋14n（叔醇）特征离子峰。醇易消去水分子生成 M－18 正离子。醇的分子离子峰较弱，很多情况下观察不到。

3. 羰基化合物

羰基化合物容易发生 α-裂解，有 γ-H 时则发生 McLafferty 重排。脂肪酮的分子离子峰清晰可见，环酮和芳香酮的分子离子峰较大。醛发生 α-裂解时生成特征的 M－1 和 M－29（M－CHO）峰。脂肪醛和芳香醛都能出现分子离子峰。

4. 羧酸

芳香族一元羧酸出现强的分子离子峰，而脂肪族一元羧酸只能观察到较弱的分子离子峰。羧酸发生 α-裂解时生成 m/z 45 的特征离子，直链的一元羧酸发生 McLafferty 重排时产生 m/z 61 的特征离子。

5. 酯类化合物

芳香族一元酸酯出现强的分子离子峰，脂肪族一元酸酯的分子离子峰较弱。脂肪族羧酸酯发生 α-裂解时生成 m/z 43＋14n 的特征离子（$RC{\equiv}O^+$），而 McLafferty 重排则产生 m/z 60＋14n[$RC(=O^+H)OH$] 的特征离子。

6. 胺类化合物

脂肪胺的分子离子峰较弱，芳香胺较强，一元胺的分子离子峰，其质荷比为奇数。饱和脂肪胺主要发生 β-裂解，其中较大的基团优先离去，生成 m/z 30＋14n 的特征离子。芳香胺容易生成中等强度的 $M-1]^+$ 离子峰和 $M-HCN]^+$、$M-H_2CN]^+$ 的离子峰。

7. 酰胺

直链一元酰胺的分子离子峰能够观察到。伯酰胺主要发生 α-裂解生成 m/z 44 特征离子（$O{=}C{=}NH_2^+$）。若酰胺 γ 位有氢则发生 McLafferty 重排生成相应的重排离子，往往是基峰。

8. 卤代烃

质谱中通常能观察到有机氯化物和溴化物的分子离子峰，它们还通常出现典型的同位素峰。卤代烃主要发生 α-裂解，产生 $M-X]^+$ 峰，同时发生 1,3-或 1,4-消除，消去 HX 分子，生成 $M-HX]^+$ 的离子峰。

9. 含硫化合物

有机硫化物可以出现 $M+2]^+$ 同位素峰，但它的相对强度较小。

（二）质谱解析程序

解析质谱图上出现的峰，就是要说明这些峰是怎么产生的，它的位置和强度与化合物的分子种类和结构的关系。一般解析程序如下：

① 解析分子离子峰。按判断分子离子峰原则确认分子离子峰，确定样品的分子量，并从分子离子峰的强度，判断化合物类型以及是否含有氯、溴、硫等元素。

分子离子峰的稳定性顺序：芳香族化合物＞共轭链烯＞烯烃＞脂环化合物＞直链烷烃＞酮＞胺＞酯＞醚＞酸＞支链烷烃＞醇。

② 根据同位素离子峰的强度，初步推测样品的分子式。

③ 根据分子式，计算出样品的不饱和度。

④ 研究质谱的概貌，判断分子性质，对化合物类型进行归属。

⑤ 列出部分结构单元，推测样品可能的结构。

根据分子离子脱去的碎片，以及一些主要的大碎片离子，列出样品结构中可能存在的部分结构单元；根据分子式以及可能的部分结构单元，计算出剩余碎片的组成及不饱和度，推测剩余碎片的结构；按可能的方式连接所推出的结构单元以及剩余碎片，组成可能的结构式。

⑥ 根据质谱或其他信息排除不合理的结构，最后确定样品的结构式。

（三）质谱解析举例

例如，某化合物的质谱图如图 3-26 所示。

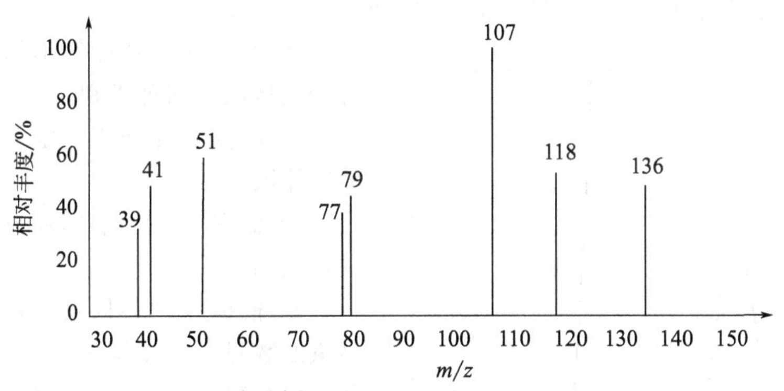

图 3-26　某化合物的质谱图

该谱图的分析：$M^{\cdot +}$的 m/z 是 136，说明化合物的分子量是 136。按氮规律判断，分子中不含氮或含偶数氮。同位素分布表明分子中不含氯、溴、碘、硫元素。从碎片峰看，因为有 m/z 77、m/z 51、m/z 39 等芳环系列峰，说明化合物有苯环。有 m/z 107（M－29）峰，说明化合物有乙基取代基；有 m/z 118（M－18）峰，说明化合物有醇羟基。因为 C_6H_5、CHOH、C_2H_5 加合起来与该分子量相当，所以化合物的分子式为 $C_9H_{12}O$，其可能的构造式为 $C_6H_5CH(OH)CH_2CH_3$。

四、质谱在生物大分子研究中的应用

质谱的电离过程中，生物大分子结构很容易被破坏，所以以往主要用于分析分子量小于

1000Da 的有机分子。20 世纪 80 年代以来，质谱技术在离子源和质量分析器方面取得了突破性进展。美国科学家芬恩（J. B. Fenm）和日本科学家田中耕一分别发明了电喷雾电离方法（Electrospray Ionization，ESI）和基质辅助激光解吸电离方法（Matrix-assisted Laser Desorption Ionization，MALDI）。ESI 源因易使样品带上多个电荷，而适用于多肽、蛋白质等生物大分子分析；MALDI 技术通过引入基质分子，使待测分子不产生碎片，解决了非挥发性和热不稳定生物大分子解析离子化问题，这种方法已成为检测和鉴定多肽、蛋白质、多糖等生物大分子的有力工具。TOF-MS、磁质谱、傅里叶变换离子回旋共振质谱（FT-ICR-MS）等高分辨质谱相继问世，它们具有质量分辨率高、灵敏度高、分子量精确、质量范围宽等优点，对生物大分子的分析具有重要意义。

借助于这些技术，质谱分析可用于测定多肽、蛋白质、核苷酸和多糖等生物大分子的分子量，并提供分子结构信息，也可运用于探讨蛋白质分子的折叠和非共价键的相互作用，获取蛋白质中二硫键、糖基化、磷酸化连接点的有关信息等。

第七节　多谱联用

结构复杂的有机化合物解析，单谱往往不足以提供非常有效的数据，常需要同时利用多种波谱法进行综合分析，从不同视角获取多维度结构信息，从而相互补充印证来推断出正确的结论，该方法称为多谱联用。多谱联用的一般步骤为：

① 根据质谱确定有机物分子量，推测出可能的分子式；

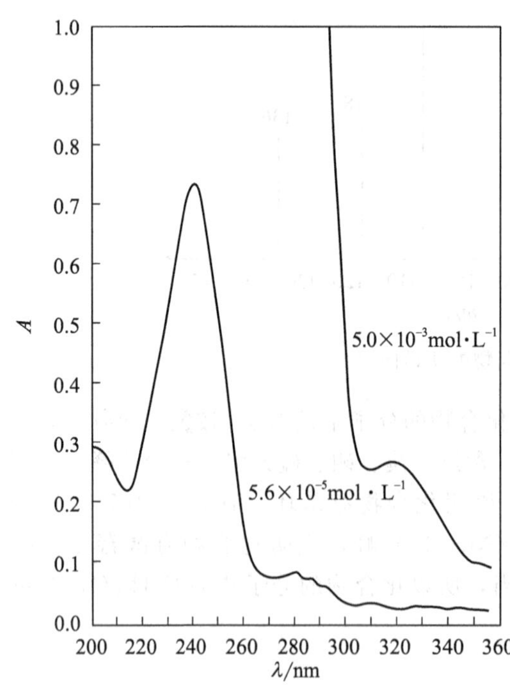

图 3-27　未知物紫外光谱

② 根据分子式计算不饱和度，推测化合物大概属于何种类别；

③ 根据红外光谱确定分子中可能具有的官能团；

④ 根据紫外光谱确定分子中是否存在共轭结构；

⑤ 根据核磁共振谱确定分子中不同类型氢的数目、相邻氢之间的关系，推测和印证该化合物可能具有的结构。

多谱联用推测过程中，要注意将各种波谱的数据相互对照比较，保证推测结构的一致性。若是对已知物的解析，可与纯品的波谱数据进行对照，或在标准图谱手册核查，看是否一致。

多谱联用解析例举如下：

某化合物沸点 221℃，仅含有碳、氢和氧元素。质谱测得其分子离子峰的 m/z 为 148，其紫外、红外、核磁谱如图 3-27～图 3-29 所示。试解析其可能的结构。

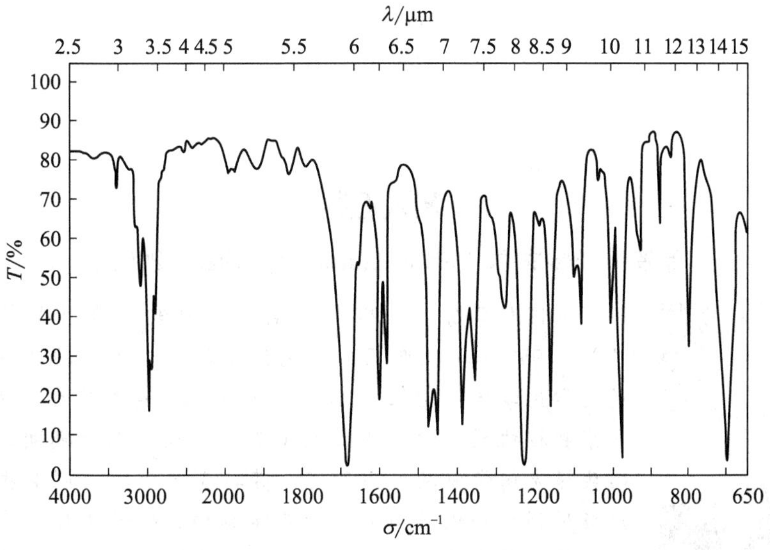

图 3-28　未知物红外光谱

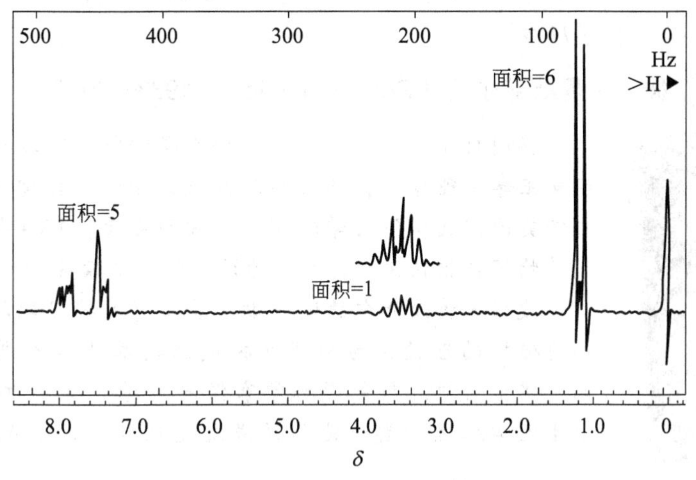

图 3-29　未知物核磁共振谱

解析：

化合物仅含碳、氢、氧，根据质谱给出分子量 148，可推测该化合物分子式为 $C_{10}H_{12}O$。根据分子式可知不饱和度为 5，推测可能含有苯环。

红外谱图显示 1690cm^{-1} 处有强峰，为羰基；1600cm^{-1} 和 1480cm^{-1} 处有两个峰，属于苯环 C═C 骨架振动；3100cm^{-1} 处属于苯基 C—H 伸缩振动。由此可确定含有苯环。

核磁谱中，δ3.74（1H）的七重峰与 δ1.17（6H）的两重峰彼此偶合，推断存在 —$CH(CH_3)_2$，δ7.3～7.9（5H）则表明有一个苯基。

紫外谱在 λ_{max} 为 240nm 和 280nm 的吸收是取代苯 $\pi\to\pi^*$ 跃迁引起的，λ_{max} 值的红移表明共轭体系有所延长，推测苯基与羰基相连；318～320nm 处的极弱吸收为酮 $n\to\pi^*$ 跃迁所致。

综合推断该化合物应为异丙基苯基酮（2-甲基-1 苯基-1-丙酮）：

$$C_6H_5-\overset{\overset{\large O}{\|}}{C}-CH(CH_3)_2$$

名人追踪

保罗·劳特布尔（Paul Lauterbur，1929—2007）

美国科学家，1929 年出生于美国俄亥俄州小城悉尼（西德尼）。1951 年获凯斯理工学院化学理学学士，1962 年获费城匹兹堡大学化学博士学位。1963—1984 年间，劳特布尔作为化学和放射学系教授执教于纽约州立大学石溪分校。在此期间，他致力于核磁共振光谱学以及应用研究。劳特布尔还把核磁共振成像技术推广应用到生物化学和生物物理学领域。1985 年始，他担任美国伊利诺伊大学生物系核磁共振实验室主任。因在核磁共振成像技术领域的突破性成就，他与英国科学家彼得·曼斯菲尔德共同获得 2003 年诺贝尔生理学或医学奖。2007 年 3 月 27 日在美国伊利诺伊州乌尔班纳市逝世，享年 77 岁。

彼得·曼斯菲尔德（Peter Mansfield，1933—2017）

英国科学家。1933 年出生于英国伦敦，1959 年获伦敦大学玛丽女王学院理学士，1962 年获伦敦大学物理学博士学位。1962 年担任美国伊利诺伊大学物理系助理研究员，1964 年到英国诺丁汉大学物理系担任讲师，之后为该校物理系教授。

彼得·曼斯菲尔德进一步发展了有关稳定磁场中使用附加的梯度磁场的理论，为核磁共振成像技术从理论到应用奠定了基础，实至名归，与美国科学家保罗·劳特布尔共获 2003 年诺贝尔生理学或医学奖。他们的成就是医学诊断和研究领域的重大成果。

习　题

1. 用红外光谱可以鉴别下列哪几对化合物？说明理由。

（1）$CH_3CH_2CH_2OH$ 与 $CH_3CH_2NHCH_3$

（2）CH_3COCH_3 与 CH_3CH_2CHO

（3）$CH_3CH_2CH_2OCH_3$ 与 $CH_3CH_2COCH_3$

2. 应用 IR 或 ^{1}H-NMR 谱中的哪一种，可使下列各对化合物被快速而有效地鉴别？

（1）$CH_3CH_2CH_2CHO$ 与 $CH_3COCH_2CH_3$

（2）环己醇与环己酮

（3）2-丁醇与四氢呋喃

3. 具有下列各分子式的化合物，在[1]H-NMR 谱中均出现 1 个信号，其可能的结构式是什么？

(1) CH_5CH_{10}　(2) CH_3CH_6Br　(3) C_2H_6O　(4) C_3H_6O　(5) C_4H_6

4. 如何用[1]H-NMR 谱区分下列各组化合物？

(1) 环丁烷与甲基环丙烷

(2) $C(CH_3)_4$ 与 $CH_3CH_2CH_2CH_2CH_3$

(3) $ClCH_2CH_2Br$ 与 $BrCH_2CH_2Br$

5. 某化合物的分子式为 C_4H_8O，其红外光谱在 $1751cm^{-1}$ 有强吸收，它的核磁共振谱中有一个单峰相当于 3 个 H，有一个四重峰相当于 2 个 H，有一个三重峰相当于 3 个 H。试写出该化合物的结构式。

6. 某化合物元素分析结果为 C 62.5%，H 10.3%，O 27.5%。常温时，该化合物与碘无作用，但加入 NaOH 并加热，则得到黄色沉淀。它的一些波谱数据如下：

MS 分子离子峰 m/z 为 116；

UV　无吸收峰；

IR　$3300cm^{-1}$ 有强宽吸收峰，$1700cm^{-1}$ 有强吸收峰；

^{1}H-NMR δ1.3 单峰、δ2.6 单峰、δ3.8 单峰，峰面积比为 6∶3∶2。

请根据以上提供的数据推导该化合物的结构。

第四章　周环反应

在化学反应过程中形成环状过渡态的协同反应称为周环反应。协同反应是指在反应过程中，旧化学键的断裂和新化学键的形成是同步完成的。例如，狄尔斯-阿尔德（Diels-Alder）反应（双烯合成）就是协同反应，也属于周环反应。

环状过渡态

周环反应与一般自由基反应和离子反应不同，具有如下特点：

① 反应过程中没有自由基或离子这一类活性中间体。

② 反应速率一般不受溶剂极性、酸碱催化剂、自由基引发剂及抑制剂的影响。

③ 反应条件一般只需要加热或光照。

④ 反应具有高度的立体选择性。即在一定的条件下反应（加热或光照），一种构型的反应物只生成一种特定构型的反应产物。例如：

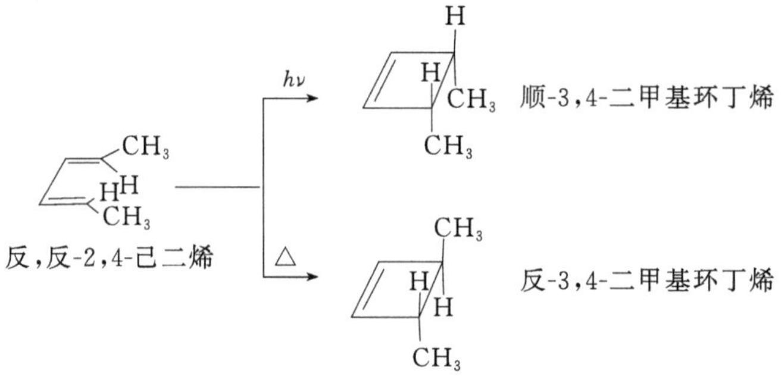

CH_3 H H CH_3 反，反-2，4-己二烯 $h\nu$ H H CH_3 CH_3 顺-3，4-二甲基环丁烯 △ CH_3 H H CH_3 反-3，4-二甲基环丁烯

周环反应在合成特定构型的环状化合物时很有用处，尤其对结构复杂的天然产物的合成更有意义。例如在进行维生素 B_{12} 的合成研究中，美国著名的有机化学家伍德沃德（R. B. Woodward）设计了一个拼接式合成方案，组织 14 个国家 110 位化学家协同攻关，由各团队先合成维生素 B_{12} 各局部，再把它们对接起来，历经 11 年终于人工合成维生素 B_{12}。在此过程中，他发现了电环化反应在加热和光照条件下具有不同的立体选择性。于是他和量子化学家霍夫曼（R. Hoffmann）携手合作，把分子轨道理论引入周环反应的反应机理研究，运用前线轨道理论来分析周环反应。伍德沃德和霍夫曼的工作是近代有机化学中的重大成就。伍德沃德荣获 1965 年诺贝尔化学奖；霍夫曼也和福井谦一（前线轨道理论的开拓者）共同分享了 1981 年的诺贝尔化学奖。

第一节 分子轨道理论对称守恒原理和前线轨道理论简介

在 20 世纪 60 年代以前，人们对周环反应的了解还比较少，1965 年美国化学家伍德沃德和霍夫曼根据大量实验事实，创立了分子轨道对称守恒原理。该原理阐明了只有相同位相的轨道重叠才能成键的原则。分子轨道对称守恒原理认为，化学反应是分子轨道进行重新组合的过程，在一个协同反应中，分子轨道的对称性是守恒的，即由原料到产物，轨道的对称性始终不变。因为只有这样，反应物才能以最低的能量形成反应中的过渡态。因此，分子轨道的对称性控制着整个反应的过程。

分子轨道对称守恒原理有三种理论解释：前线轨道理论、能级相关理论和芳香过渡态理论。其中福井谦一提出的前线轨道理论很简单地对分子轨道对称守恒原理进行了描述。

前线轨道是指分子轨道中已占有电子的能量最高的轨道（HOMO，highest occupied molecular orbital）和未占有电子的能量最低的轨道（LUMO，lowest unoccupied molecular orbital）。分子轨道中能量最高的填有电子的轨道和能量最低的空轨道在反应中是非常重要的，因为 HOMO 上的电子被束缚得最松弛，最容易激发到 LUMO 中去。正如原子在反应过程中起关键作用的是能量最高的价电子一样，在分子间的化学反应过程中，最先作用的分子轨道是前线轨道，起关键作用的电子是前线电子。

周环反应主要包括电环化反应、环加成反应和 σ 迁移反应。下面依次讨论这三类反应及前线轨道理论在这三类反应中的应用。

第二节 电环化反应

电环化反应是指链状的共轭多烯烃，在热或光的作用下，通过分子内的环化，在共轭体系的两端形成 σ 键而关环，同时减少一个双键而生成环烯烃的反应以及其逆反应（环烯烃开环变成共轭烯烃）。

例 1：

1,3-丁二烯 $\underset{}{\overset{\triangle 或 h\nu}{\rightleftharpoons}}$ 环丁烯

例 2：

反-3,4-二甲基环丁烯 $\overset{\triangle}{\rightleftharpoons}$ 反,反-2,4-己二烯 $\overset{h\nu}{\rightleftharpoons}$ 顺-3,4-二甲基环丁烯

已知 π 键是由轨道经侧面重叠形成的，而 σ 键是轨道经轴向重叠而成的。因此，在发生电环化反应时，末端碳原子的键必须旋转。电环化反应常用顺旋和对旋来描述不同的立体化学过程。顺旋是指两个键朝同一方向旋转，可分为顺时针顺旋和逆时针顺旋两种。对旋是指

两个键朝相反方向旋转，可分为内向对旋和外向对旋两种。

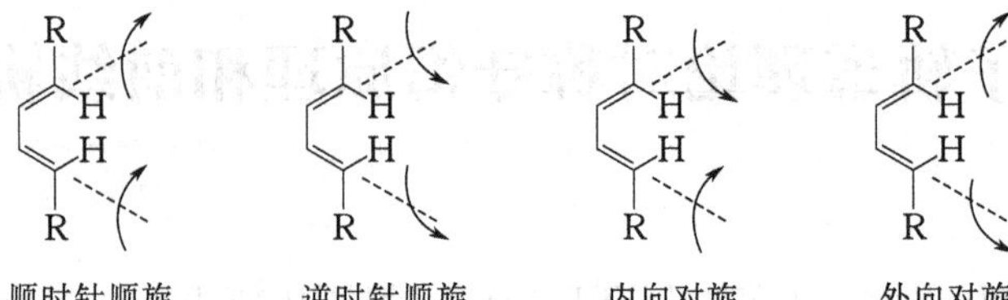

例 2 中的反,反-2,4-己二烯与顺或反-3,4-二甲基环丁烯就是通过上述四种旋转方式实现分子内的环化和开环反应的。

前线轨道理论认为，一个共轭多烯分子在发生电环化反应时，起决定作用的分子轨道是共轭多烯的 HOMO，为了使共轭多烯两端的 p 轨道旋转关环生成 σ 键，这两个 p 轨道必须发生同位相的重叠（即重叠轨道的波相相同）。下面以最简单的共轭多烯分子 1,3-丁二烯为例，来描述前线轨道理论在电环化反应中的应用。已知分子轨道是由原子轨道线性组合而成的，有几个原子轨道就组合成几个分子轨道。1,3-丁二烯分子中的 π 键是由四个碳原子的 p 轨道组合而成，它的 π 分子轨道如图 4-1 所示。

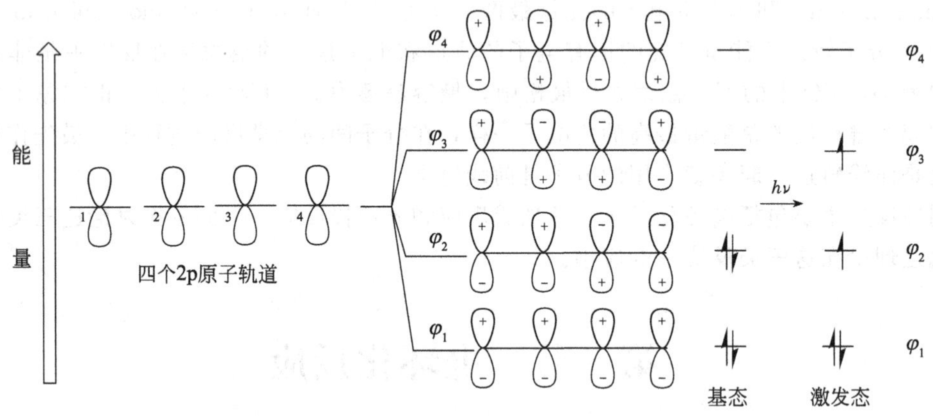

图 4-1　1,3-丁二烯的 π 分子轨道

基态时，两个 π 电子占据 φ_1 轨道，另两个 π 电子占据 φ_2 轨道。φ_2 是能量最高的电子占有的分子轨道，为 HOMO；φ_3 是能量最低的电子未占有的分子轨道，为 LUMO。在 1,3-丁二烯转变为环丁烯的反应过程中，C-1 和 C-4 两个碳原子间须形成新的 σ 键，因此 p 轨道须首先杂化为 sp^3 杂化轨道，并沿 C-1 和 C-2、C-3 和 C-4 间的键轴旋转一定角度后才能形成新的 σ 键而闭合成环。已知旋转的方式有两种：一种是两个碳碳键的轴都向同一个方向旋转，叫做顺旋；另一种是两个键轴互向相反方向旋转，叫做对旋。反应过程中，两端碳原子的 p 轨道杂化为 sp^3 杂化轨道时，其对称性不变，即轨道位相保持不变。按分子轨道对称守恒原则，反应过程中，分子轨道也须保持对称性不变。所以，采用哪种旋转方式，需视两个 sp^3 轨道在保持位相不变（即轨道对称性不变）的情况下，是否能相互交盖成键而决定。在热的作用下，1,3-丁二烯仍处在基态，它的 HOMO 是 φ_2，它的环合只能通过 C-1 和 C-4 的顺旋才能达到。顺旋才能使两个 sp^3 轨道位相相同部分交盖，体系能量降低而成键。如果是对旋，则由于位相不同，相互排斥，不能成键，见图 4-2。

因此，在热的作用下，1,3-丁二烯的电环化反应只能是两端的键轴以顺旋方式而达到环合成键，这个途径是对称允许的。而对旋途径在这里是对称禁阻的。

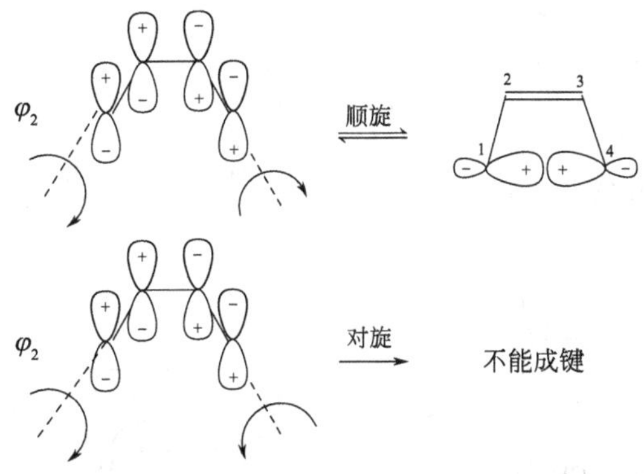

图 4-2　热作用下 1,3-丁二烯顺旋成键

在光的作用下，情况就不同。光的作用使 1,3-丁二烯基态 φ_1 轨道中的一个电子激发到 φ_3 轨道中。φ_3 原为基态的 LUMO，在激发态却成为 HOMO。激发态时的电环化反应，就应考虑 φ_3 轨道的对称性。这时，和热作用下的情况相反，为了使位相相同的轨道交盖成键，顺旋方式成为对称禁阻，而对旋方式却成为对称允许，见图 4-3。

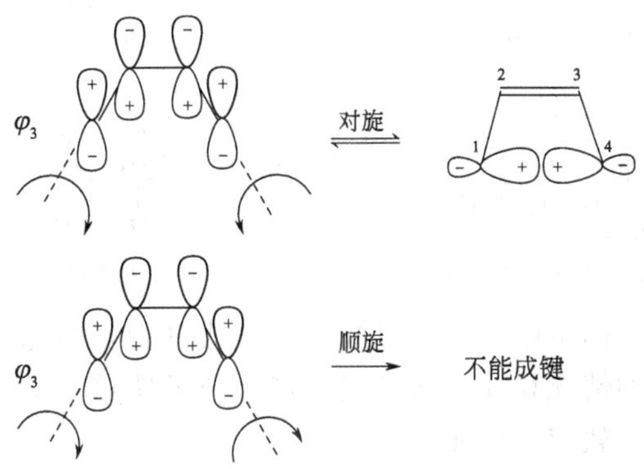

图 4-3　光作用下 1,3-丁二烯对旋成键

由此可见，根据分子轨道对称守恒原理而来的前线轨道理论就是以前线轨道能否交盖成键来解释或预测某些周环反应能否进行，以及在怎样的条件下通过怎样的途径才能发生。

上面以 1,3-丁二烯为例来说明电环化反应中光照和加热的作用。在此例中，无论是通过顺旋还是对旋，生成的都是环丁烯，没有立体异构现象。如果是两端碳原子上带有取代基的二烯烃，如反,反-2,4-己二烯，参见前面例 2，那么在光和热的不同作用下，电环化反应的结果就生成不同的立体异构体。反,反-2,4-己二烯在光作用下主要生成顺-3,4-二甲基环丁烯，在加热条件下则主要生成反-3,4-二甲基环丁烯。这是因为在热作用下，反,反-2,4-己二烯是以基态的 HOMO 即 φ_2 轨道参与反应的；而在光作用下，它是以激发态的 HOMO 即 φ_3 轨道参与反应的，见图 4-4。

由上可见，在不同条件下，由于环化的途径不同，得到的产物虽是不同的，却是专一的立体异构体。

1,3-丁二烯及其取代物都是具有四个 π 电子的共轭二烯体系，它们的电环化反应具有如上规律。但对于具有六个 π 电子的共轭三烯来说，情况又不一样。例如：

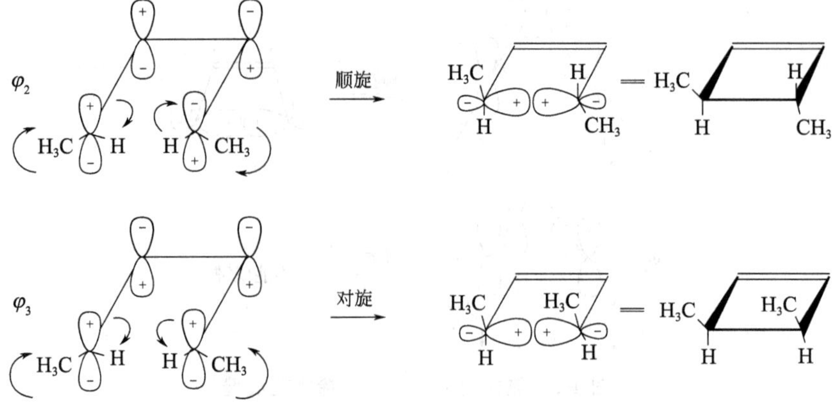

图 4-4　反,反-2,4-己二烯的顺旋和对旋

H_3C　H　H_3C　H　—热，对旋→　CH_3 H　H　CH_3

反,顺,顺-2,4,6-辛三烯　　反-5,6-二甲基-1,3-环己二烯

H_3C　H　H　CH_3　—光，顺旋→　CH_3 H　H　CH_3

反,顺,反-2,4,6-辛三烯　　反-5,6-二甲基-1,3-环己二烯

由上可见，在 6π 电子体系中，加热时按对旋方式进行，而光作用下则是按顺旋方式进行，虽然和 4π 电子体系的情况相反，却是完全符合分子轨道对称守恒原则的。辛三烯的由六个 2p 轨道组成的 π 分子轨道如图 4-5 所示。

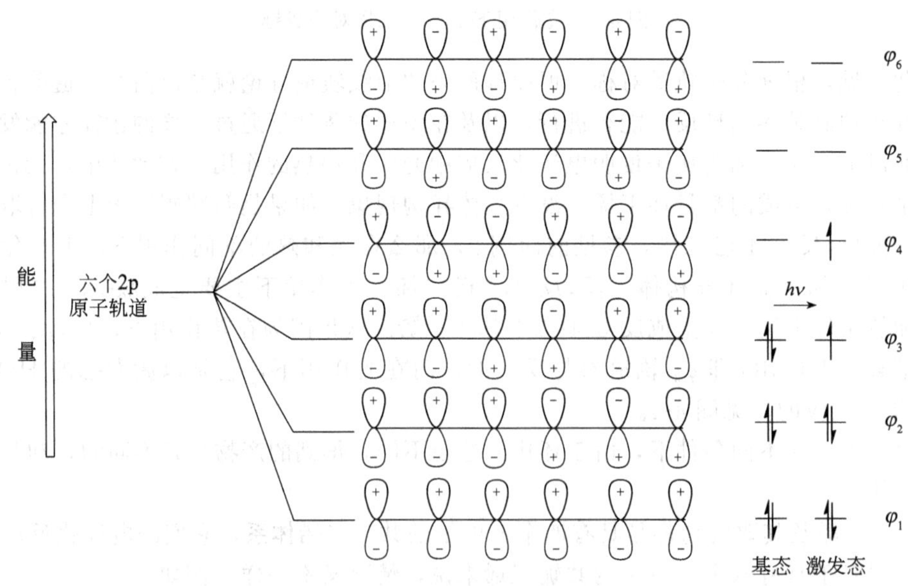

图 4-5　共轭三烯的 π 分子轨道

在热作用下，是基态的分子轨道参与反应，HOMO 应是 φ_3，两端必须对旋才能环合成键，所以对旋是对称允许的，而顺旋是对称禁阻的。在光作用下，是激发态的分子轨道参与反应，HOMO 应是 φ_4，必须是顺旋才能环合成键，所以顺旋是对称允许的，而对旋是对称禁阻的。在多 π 电子体系中，就存在着丁二烯型和己三烯型两种不同的类型。由于前者和后者相差两个 π 电子，所以前者叫做 $4n$ 类型，后者叫做 $4n+2$ 类型（$n=1,2,3,\cdots$）。它们的电环化反应规律可归纳如表 4-1 所示。

表 4-1　电环化反应规律

反应物 π 电子数	旋转方式	热作用	光作用
$4n$	顺旋 对旋	允许 禁阻	禁阻 允许
$4n+2$	顺旋 对旋	禁阻 允许	允许 禁阻

电环化反应规律的应用实例：

例 1：反,顺,顺,反-2,4,6,8-癸四烯的热电环化反应，其 π 电子数为 8，为 $4n$ 个电子参加反应，以顺旋方式闭环，立体专一性地得到反-7,8-二甲基-1,3,5-环辛三烯。

CH_3　CH_3　$\xrightarrow[\text{顺旋}]{\triangle}$　CH_3 H H CH_3

反,顺,顺,反-2,4,6,8-癸四烯　　反-7,8-二甲基-1,3,5-环辛三烯（唯一产物）

例 2：当条件合适时，$4n$ 和 $4n+2$ 两种 π 电子体系的电环化反应可以依次连续发生，进行有趣的结构变化。

H H　$\xrightarrow[\text{顺旋开环（4n 体系）}]{\triangle}$　H H　$\xrightarrow[\text{对旋环化（4n+2 体系）}]{\triangle}$　H H

第三节　环加成反应

环加成反应是指在光或热的作用下，两个烯烃、共轭多烯烃或其他 π 体系的分子相互作用，形成一个稳定的环状化合物的反应。

和单分子的电环化反应不同，环加成是在两个不同分子间进行加成的协同反应。按参加反应的两个不同分子的 π 电子数可分为两类，即［2＋2］环加成和［4＋2］环加成。下面分别进行讨论。

一、［2+2］环加成反应

乙烯二聚生成环丁烷是最简单的［2＋2］环加成反应。它只有在光照下才能顺利进行。

$$\| + \| \xrightarrow{h\nu} \square$$

［2＋2］环加成反应在加热条件下不易发生，这是由分子轨道的对称性所决定的。乙烯

的 π 分子轨道如图 4-6 所示。

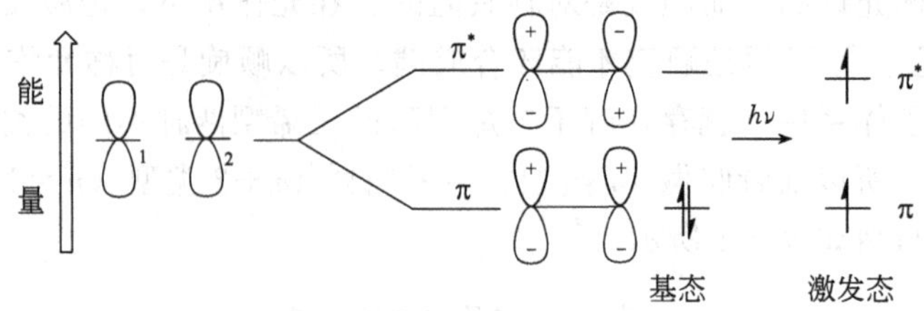

图 4-6 乙烯的 π 分子轨道

两分子乙烯进行环加成反应生成环丁烷时，起决定作用的是两个分子的前线轨道。热作用下的反应仍是基态的反应。基态时乙烯的 HOMO 已被两个 π 电子所占有，它只能和另一分子的 LOMO 相互作用。当两个乙烯分子面对面相互接近时，由于一个乙烯分子的 HOMO 为 π 轨道，另一分子的 LUMO 为 π^* 轨道，两者的对称性不匹配，因此是对称禁阻的反应，如图 4-7 所示。

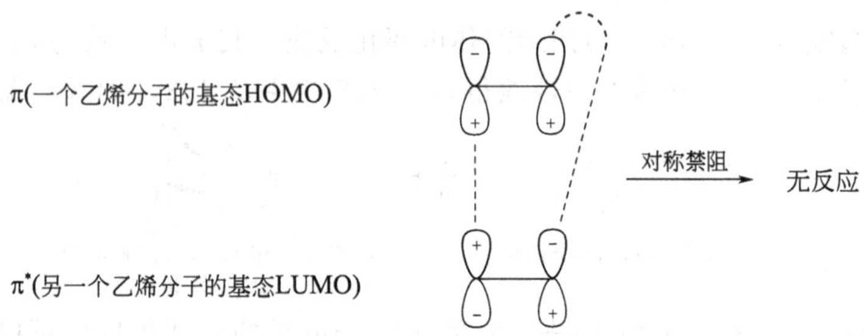

图 4-7 两分子乙烯热作用下的对称禁阻

由图 4-7 可以看出，两个轨道位相不同，它们的对称性不相匹配，相互作用是相斥的，它们之间不能交盖成键。因此，在热作用下，乙烯的二聚是对称禁阻的，不可能通过周环反应的途径得到环丁烷。

如果反应在光的作用下进行，乙烯分子中的一个电子被激发到 π^* 轨道上，π^* 轨道就是一个激发态乙烯分子的 HOMO，而另一个基态乙烯分子的 LUMO 也是 π^*，这两个轨道的对称性是匹配的，即位相相同部分可以交盖成键，因此反应是对称允许的，如图 4-8 所示。

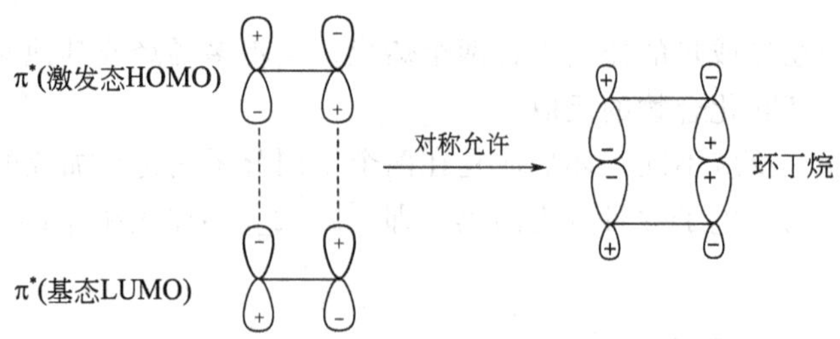

图 4-8 两分子乙烯光作用下的对称允许

二、[4+2] 环加成反应

双烯合成——狄尔斯-阿尔德（Diels-Alder）反应是［4+2］环加成反应。

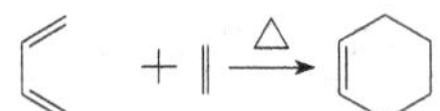

以乙烯与1,3-丁二烯的反应为例，从前线轨道理论来看，当乙烯与丁二烯在加热条件下（基态）进行加成反应时，乙烯的 HOMO 与丁二烯的 LUMO 作用或丁二烯的 HOMO 与乙烯的 LUMO 作用都是对称允许的，可以重叠成键。所以，［4＋2］同面环加成是加热允许的反应，如图 4-9 所示。

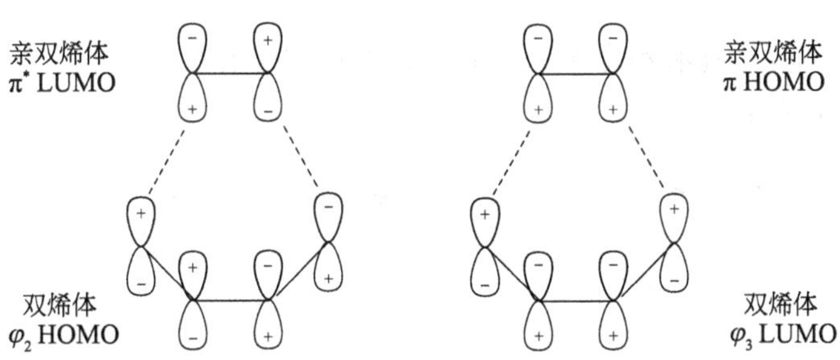

图 4-9　双烯合成（热作用下的对称允许）

如果在光作用下，双烯烃和烯烃的［4＋2］同面环加成是禁阻的。因为在光照下，1,3-丁二烯分子的一个电子从成键的 φ_2 轨道跃迁到反键的 φ_3 轨道上，使 φ_3 轨道成为其 HOMO，此时它与乙烯的 LUMO（π^*）相互作用，轨道对称性不匹配。与此相同，1,3-丁二烯分子的 LUMO 为 φ_4，与乙烯的 HOMO（π）轨道的对称性也不匹配，所以反应是禁阻的，如图 4-10 所示。

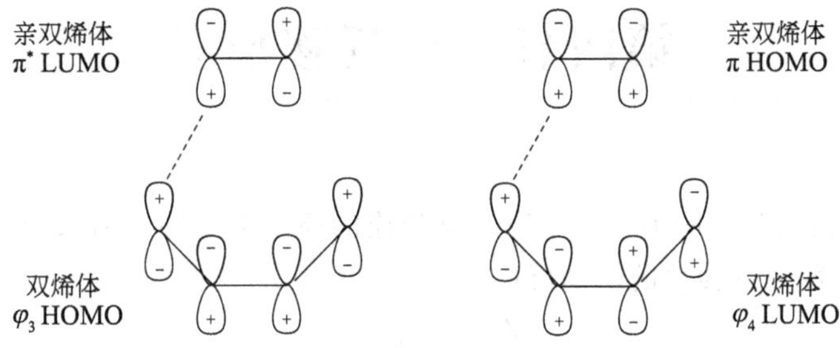

图 4-10　双烯合成（光作用下的对称禁阻）

事实证明，许多［4＋2］环加成反应与［2＋2］环加成反应不同，稍加热即可顺利进行反应，且立体化学具有高度的专一性。对亲双烯体来讲，反应结果都是顺式加成，所以可以保持原来的构型；同样地，双烯体也保持原来的构型。例如：

三、环加成反应的选择规律和应用实例

环加成反应能否进行和参与反应的总 π 电子数及反应条件（加热或光照）有关。乙烯的二聚属于 $4n$ 体系，1,3-丁二烯与乙烯的环加成属于 $4n+2$ 体系。环加成反应的规律可归纳如表 4-2 所示。

表 4-2　环加成反应规律

参与反应的 π 电子数	反应条件	反应结果
$4n+2$	加热 光照	允许 禁阻
$4n$	加热 光照	禁阻 允许

一般而言，二烯烃中连有给电子取代基，亲双烯体连有吸电子取代基时，可以加速它们的双烯合成反应。例如：

$$\text{丁二烯} + (NC)_2C{=}C(CN)_2 \xrightarrow{\text{室温下}} \text{1,1,2,2-四氰基环己-4-烯}$$

$$\text{丁二烯} + CH_2{=}CHCHO \xrightarrow[\text{苯}]{80^\circ C} \text{环己-3-烯甲醛}$$

含有 C═O、N═O 和 N═N 等基团的化合物也可以作为亲双烯体参与反应，形成杂环化合物。例如：

$$\text{2,3-二甲基丁二烯} + Ph{-}N{=}O \longrightarrow \text{4,5-二甲基-2-苯基-3,6-二氢-1,2-噁嗪}$$

第四节　σ 迁移反应

σ 迁移反应是指化学反应中，一个以 σ 键相连的原子或基团，从共轭体系的一端迁移到另一端，同时伴随着 π 键转移的协同反应。

$$\overset{i=1}{Z}{-}\underset{j=1}{C}{-}\underset{2}{C}{=}\underset{3}{C} \longrightarrow [\text{过渡态}] \longrightarrow \underset{1}{C}{=}\underset{2}{C}{-}\underset{3}{C}{-}\overset{1}{Z} \qquad [1,3]\ \text{迁移}$$

$$\overset{i=1}{Z}{-}\underset{j=1}{C}{-}\underset{2}{C}{=}\underset{3}{C}{-}\underset{4}{C}{=}\underset{5}{C} \longrightarrow [\text{过渡态}] \longrightarrow \underset{1}{C}{=}\underset{2}{C}{-}\underset{3}{C}{=}\underset{4}{C}{-}\underset{5}{C}{-}\overset{1}{Z} \qquad [1,5]\ \text{迁移}$$

$$\begin{matrix} \underset{j=1}{C}{-}\underset{2}{C}{=}\underset{3}{C} \\ | \\ \underset{j=1}{C}{-}\underset{2}{C}{=}\underset{3}{C} \end{matrix} \longrightarrow [\text{过渡态}] \longrightarrow \begin{matrix} \underset{1}{C}{=}\underset{2}{C}{-}\underset{3}{C} \\ \quad\quad | \\ \underset{1}{C}{=}\underset{2}{C}{-}\underset{3}{C} \end{matrix} \qquad [3,3]\ \text{迁移}$$

以上 σ 迁移反应的表示方法是以反应物中发生迁移的 σ 键作为标准，i、j 的编号分别从

反应物中以 σ 键连接的两个原子开始进行，方括号的数字 [1,3]、[1,5] 和 [3,3] 表示迁移后 σ 键所连接两个原子位置的编号 $[i,j]$。

σ 键的迁移是通过环状过渡态进行的周环反应，也应符合分子轨道对称守恒原理，其迁移规律也可以用前线轨道理论加以解释。

氢的 [1,3] 迁移可以看作氢原子从烯丙基自由基的一端转移到另一端的反应。烯丙基自由基的 π 分子轨道如图 4-11 所示。考虑到在基态时（热反应），烯丙基自由基的 HOMO 是 φ_2，该分子轨道两端的 p 轨道位相相反，因此氢原子的同面迁移是轨道对称禁阻的，如图 4-12 所示。虽然异面迁移是轨道对称允许的，但几何形状却不允许。

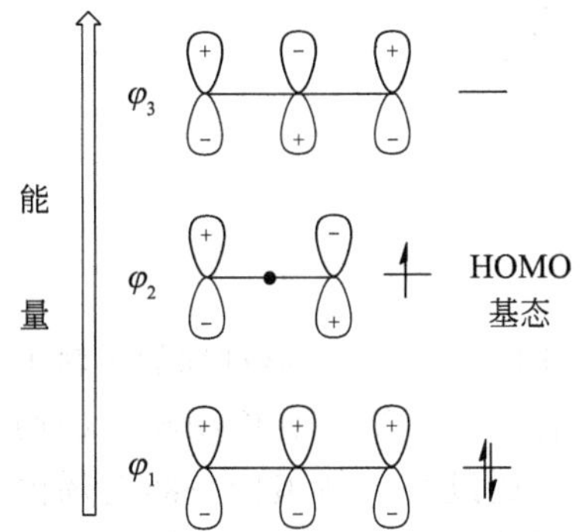

图 4-11 烯丙基自由基的 π 分子轨道

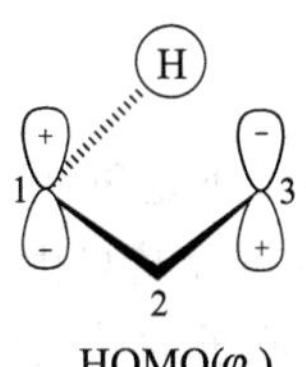

图 4-12 氢的 [1,3] 同面迁移（禁阻）

氢的 [1,5] 迁移可以看作氢原子从戊二烯自由基的 C-1 转移到 C-5 的反应。

$$\text{(2,1)}\ CH_2—H,\ \text{(4,5)}\ CD_2 \xrightarrow{\triangle} CH_2,\ CD_2H$$

这个氢的 [1,5] 迁移反应在加热条件下是容易进行的。已知 1,3-戊二烯自由基的 π 分子轨道图形如图 4-13 所示。

在基态时（热反应），1,3-戊二烯自由基的 HOMO 是 φ_3，该分子轨道两端 p 轨道位相相同，因此氢原子的同面迁移是轨道对称允许的，如图 4-14 所示。过渡态时可以用氢原子的 s 轨道和 1,3-戊二烯自由基的分子轨道相互作用来表示。

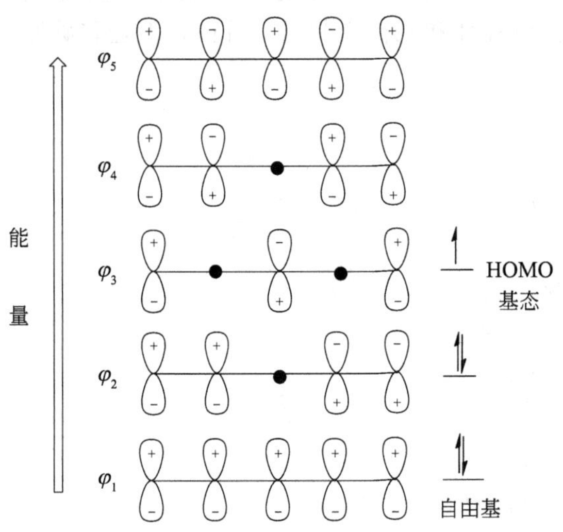

图 4-13 1,3-戊二烯自由基的 π 分子轨道

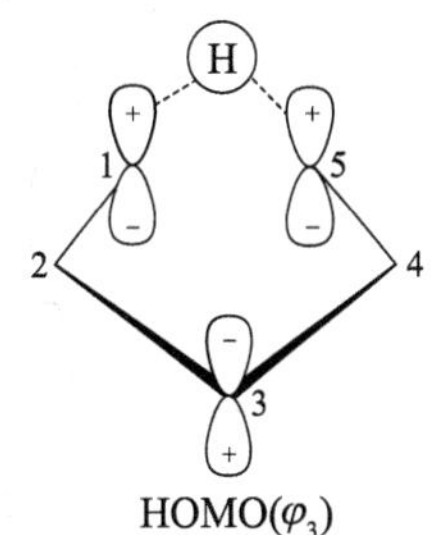

图 4-14 氢的 [1,5] 同面迁移（允许）

一般来说，氢的迁移可以是同面迁移，也可以是异面迁移。以上氢的［1,3］、［1,5］迁移，由于几何形状的限制，一般不可能发生异面迁移。假如共轭体系足够长，异面迁移也是可以发生的。如氢的［1,7］迁移，虽然 HOMO 两端的 p 轨道位相相反，即同面迁移是轨道对称禁阻的，但是可以发生异面迁移，因为过渡态的环较大，几何上是允许的，如图 4-15 所示。

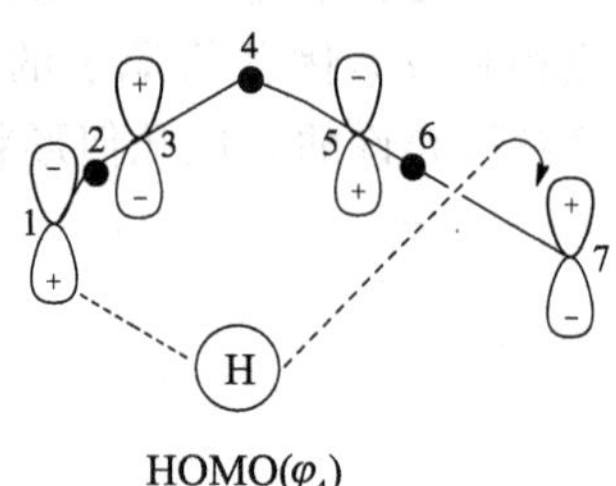

图 4-15　氢的［1,7］异面迁移（允许）

如果迁移原子不是氢而是碳，那么碳的迁移与氢不同，不再是球形对称的 s 轨道，因为迁移基团 R 可看作烃基自由基，未配对电子在 p 轨道上，而 p 轨道有位相相反的两瓣。在热反应中，对碳原子的［1,3］迁移，迁移的碳原子可以通过其 p 轨道的一瓣与烯丙基自由基的 C-1 重叠，另一瓣与 C-3 重叠。因此碳的［1,3］迁移，同面是对称允许的，几何上也是允许的，不过，迁移的碳原子的构型将发生翻转，如图 4-16 所示。

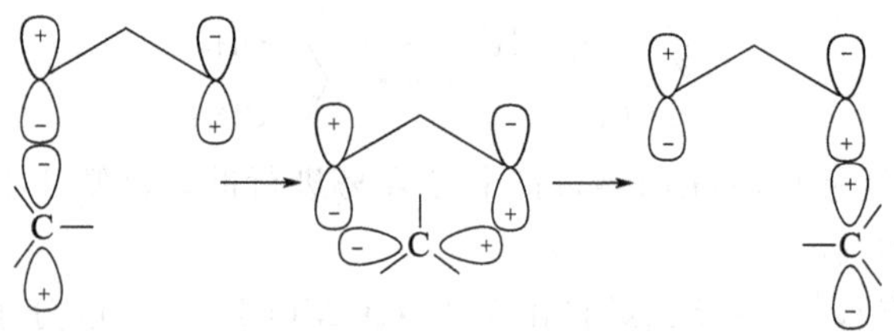

图 4-16　碳的［1,3］同面迁移过程（构型翻转）

对碳原子的［1,5］迁移，迁移的碳原子可以通过其 p 轨道的一瓣与戊二烯自由基 C-1 和 C-5 重叠。因此，碳的［1,5］同面迁移，对称性和几何上都是允许的，但迁移碳原子的构型保持不变，如图 4-17 所示。

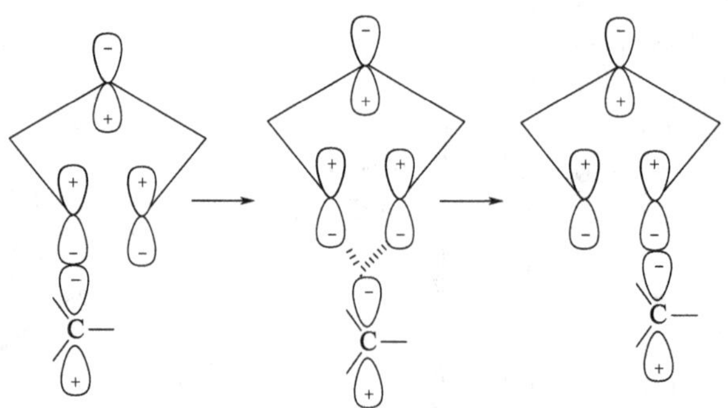

图 4-17　碳的［1,5］同面迁移过程构型保持

如果迁移基团的中心原子是手性碳原子，那么在迁移过程中碳的构型有可能发生改变。实验事实与理论推测是完全一致的。例如：

碳的［1,3］迁移，构型翻转：

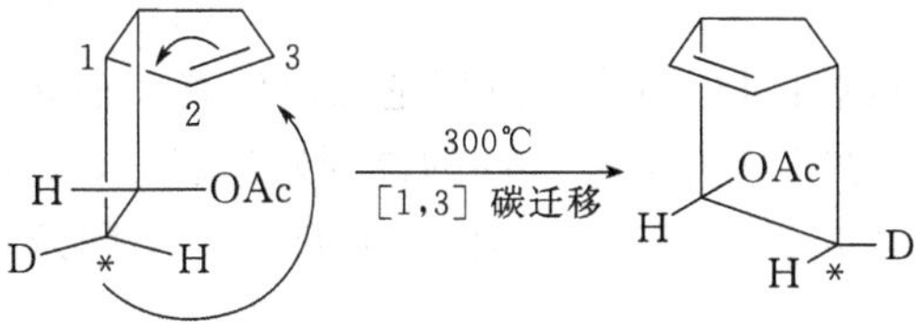

1
3
2
H
OAc
D
*
H
300℃
[1,3] 碳迁移
OAc
H
H
*
D

碳的［1,5］迁移，构型保持：

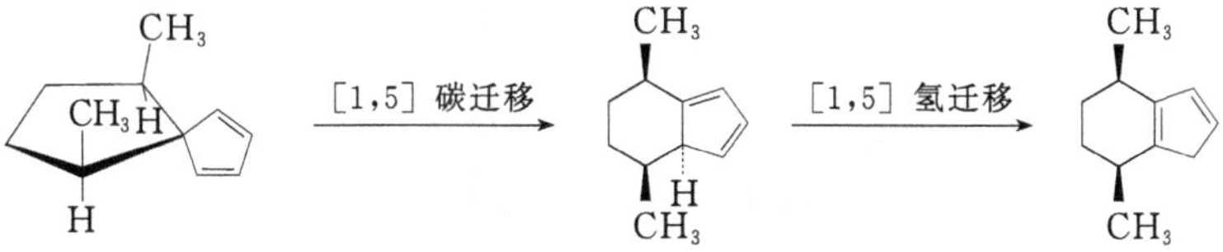

CH3
CH3 H
H
[1,5] 碳迁移
CH3
H
CH3
[1,5] 氢迁移
CH3
CH3

根据σ迁移起点和终点的不同，以上讨论的σ迁移反应都为［1,j］迁移，而另一类［i,j］迁移主要以碳的［3,3］迁移反应比较常见，其中，最重要的碳的［3,3］迁移为Cope重排和Claisen重排反应。

Cope重排是指1,5-二烯烃及其衍生物在加热下的［3,3］σ迁移反应。例如：

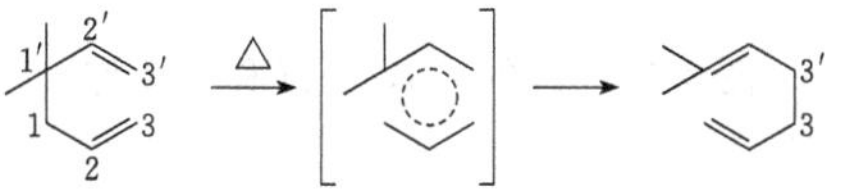

1′
2′
3′
1
3
2
△
3′
3

1,5-二烯烃型化合物可看作两个烯丙型结构在烯丙位连接的化合物。在加热条件下，即［1,1′］位断键，［3,3′］位成键。通常烯丙位碳上连有吸电子基团有利于反应，而连有给电子基团时对反应不利。

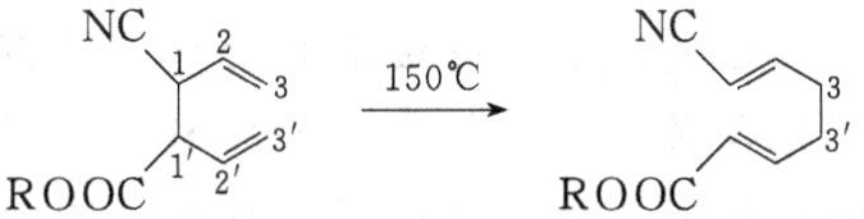

NC
1
2
3
3′
1′
2′
ROOC
150℃
NC
3
3′
ROOC

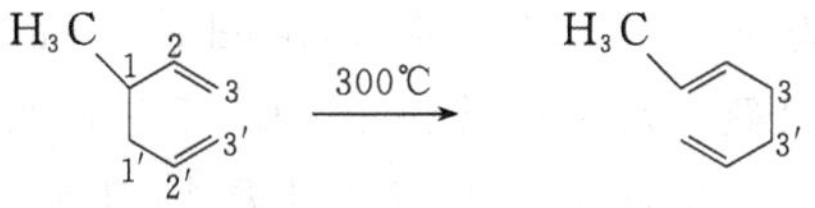

H3C
1
2
3
3′
1′
2′
300℃
H3C
3
3′

Claisen重排是烯丙基乙烯基醚或烯丙基芳基醚分子中的烯丙基在加热条件下通过碳的［3,3］迁移而重排的反应。例如：

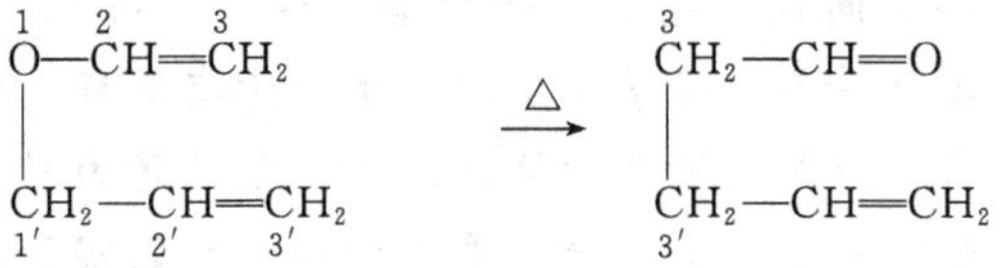

1
2
3
O—CH═CH2
CH2—CH═CH2
1′
2′
3′
△
3
CH2—CH═O
CH2—CH═CH2
3′

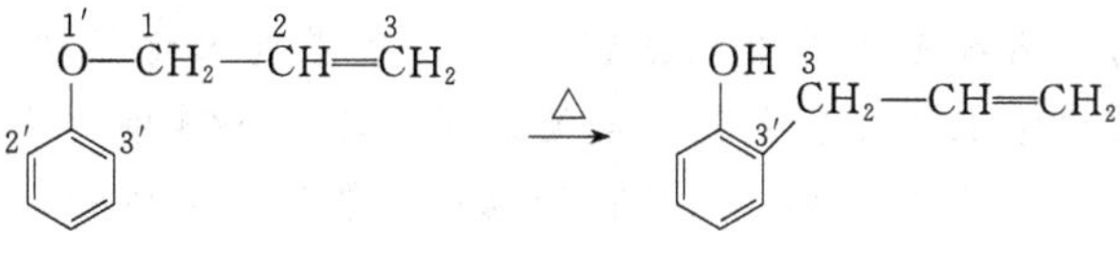

1′
1
2
3
O—CH2—CH═CH2
2′
3′
△
OH
3
CH2—CH═CH2
3′

如果两个邻位都有取代基，则烯丙基迁移到对位。例如：

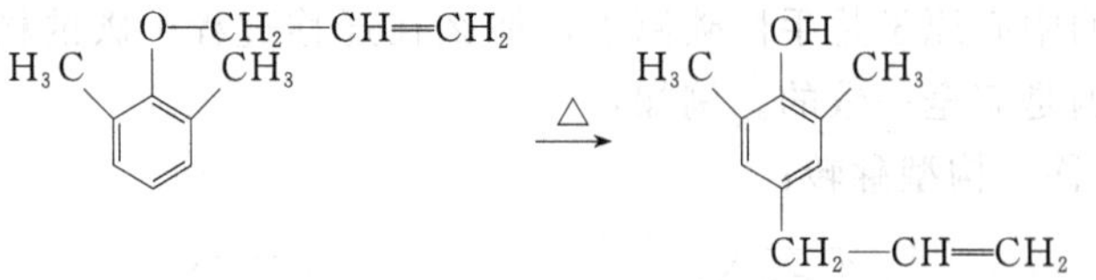

$$\text{2,6-二甲基苯基烯丙基醚 } (H_3C,\ CH_3,\ O—CH_2—CH═CH_2) \xrightarrow{\triangle} \text{(OH, } H_3C,\ CH_3,\ CH_2—CH═CH_2)$$

碳的［3,3］迁移反应也可以用前线轨道理论加以解释。假定反应过渡态是两个烯丙基自由基的HOMO的重叠，在C-1和C-1′之间的键开始断裂时，C-3和C-3′之间就开始成键，它们在基态下的HOMO都是φ_2，轨道对称性是允许的，空间条件也是可能的，如图4-18所示。

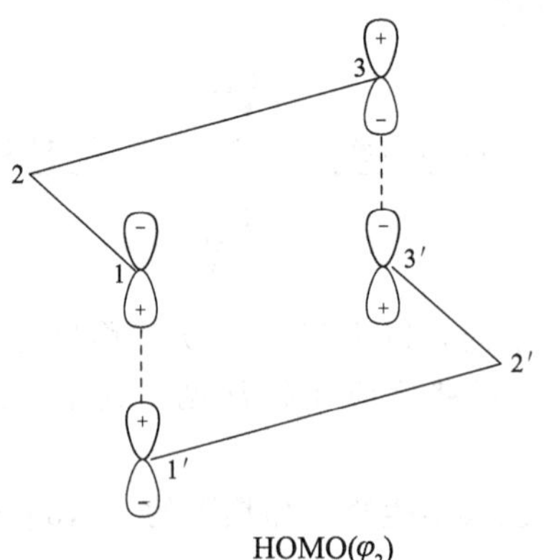

图4-18　碳的［3,3］迁移（允许）

名人追踪

罗伯特·伯恩斯·伍德沃德（Robert Burns Woodward，1917—1979）

伍德沃德，美国有机化学家，现代有机合成之父，对现代有机合成做出了相当大的贡献，尤其是在合成和具有复杂结构的天然有机分子结构阐明方面，因此获1965年诺贝尔化学奖；与罗尔德·霍夫曼（Roald Hoffmann）共同研究化学反应的理论问题，后者也获得了1981年的诺贝尔化学奖。

伍德沃德1917年4月10日生于美国波士顿，从小喜读书，善思考，学习成绩优异。1933年夏，16岁的伍德沃德就以优异的成绩，考入美国著名大学麻省理工学院。他聪颖过人，只用3年时间就学完了大学的全部课程，并以出色的成绩获得学士学位。之后，他直接攻博，只用一年时间学完了博士生的所有课程，通过论文答辩获博士学位。获博士学位以后，伍德沃德在哈佛大学执教，1950年被聘为教授。他教学极为严谨，且有很强的吸引力，特别重视化学演示实验，着重训练学生的实验技巧。他培养的学生，许多人成了化学界的知名人士，其中包括获得1981年诺贝尔化学奖的波兰裔美国化学家霍夫曼。伍德沃德在化学上的出色成就，使他名扬全球。1963年，瑞士人集资，办了一所化学研究所，以伍德沃德的名字命名，并聘请他担任了第一任所长。

习　题

1. 试预测下列反应的产物。

(1) 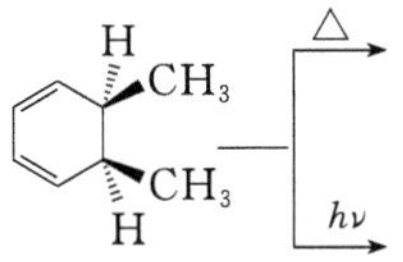 [顺-5,6-二甲基-1,3-环己二烯] $\xrightarrow{\triangle}$ ；$\xrightarrow{h\nu}$

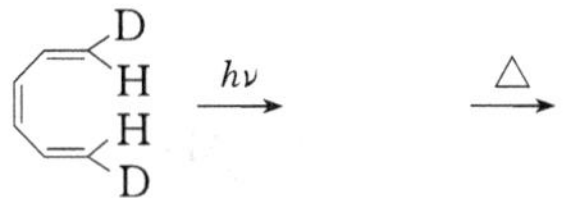

(2) [含两个D的环状三烯] $\xrightarrow{h\nu}$ 　 $\xrightarrow{\triangle}$

(3) [含两个CH$_3$的环状四烯] $\xrightarrow{h\nu}$

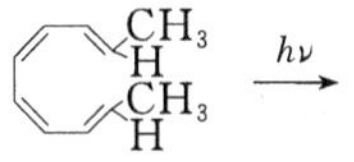

2. 试判断下列反应所需要的条件是光还是热。

(1) 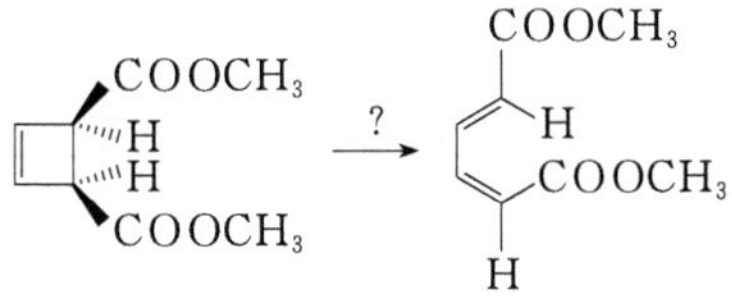 [3,4-二(COOCH$_3$)环丁烯] $\xrightarrow{?}$ [COOCH$_3$取代的己三烯]

(2) 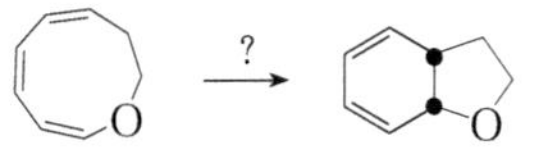 [氧杂环辛三烯] $\xrightarrow{?}$ [并环产物，含O]

3. 完成下列反应。

(1) 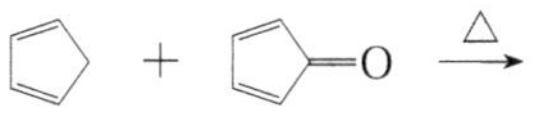 [环戊二烯] + [环戊二烯酮] $\xrightarrow{\triangle}$

(2) 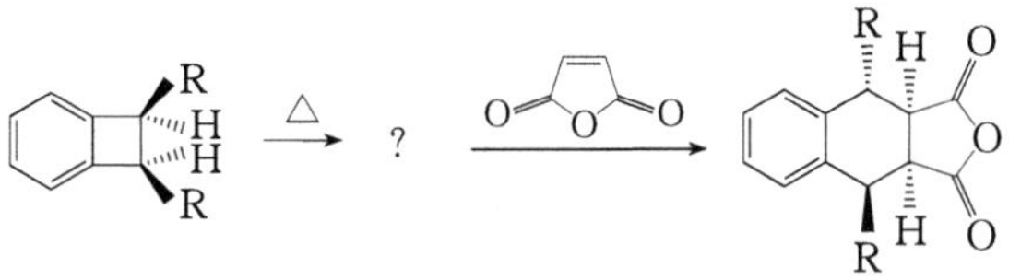 [R取代的苯并环丁烯] $\xrightarrow{\triangle}$? $\xrightarrow{\text{马来酸酐}}$ [R取代的四氢萘并酸酐产物]

4. 下列反应的产物张力很大，但可以生成，为什么？

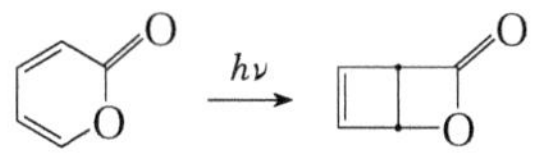

[2-吡喃酮] $\xrightarrow{h\nu}$ [双环内酯]

5. 推断结构。

下列化合物中，(A) 在加热时，示踪原子氘要受到所有非苯环的三个位置的争夺，而产生 (B) 和 (C)。其中主要发生了氢或氘的 σ 迁移，如按［1,3］迁移不可能产生 (B)。试推测发生了什么反应，怎样产生的 (B)，用反应式写出平衡关系式。

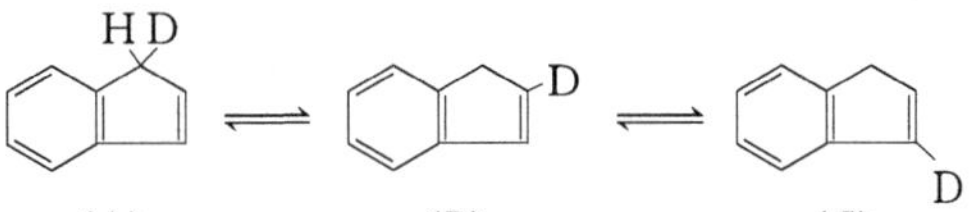

(A) ⇌ (B) ⇌ (C)

6. 解释下列现象。

(1) 1,3-环戊二烯与顺-丁烯二酸酯环加成，生成产物 [COOR, COOR 顺式降冰片烯]，而与反-丁烯二酸酯环加成则得到 [COOR, COOR 反式降冰片烯]。

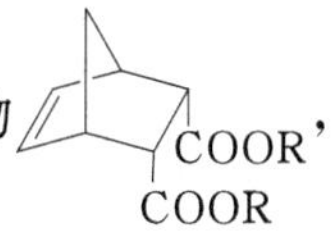

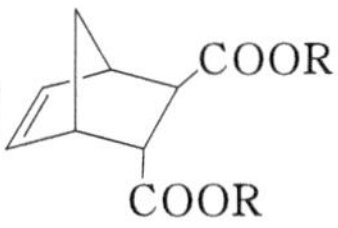

(2)

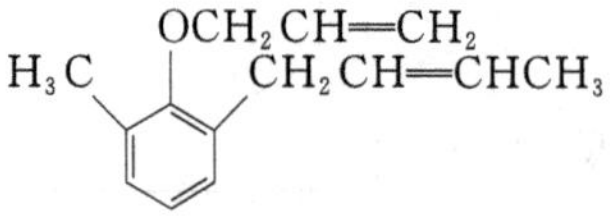

H_3C, $OCH_2CH{=}CH_2$, $CH_2CH{=}CHCH_3$ 取代的苯（结构式）

的 Claisen 重排反应生成两个产物（A）和（B）：

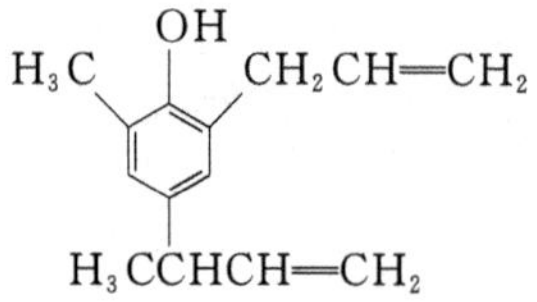

(A) H_3C, OH, $CH_2CH{=}CH_2$, $H_3CCHCH{=}CH_2$ 取代的苯酚（结构式）

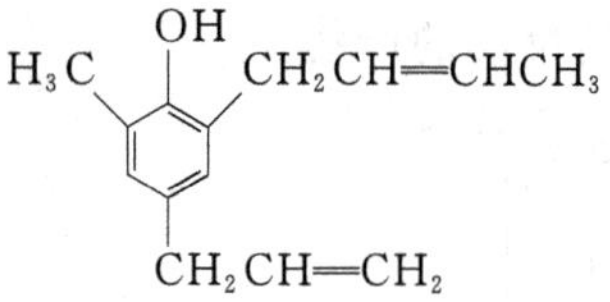

(B) H_3C, OH, $CH_2CH{=}CHCH_3$, $CH_2CH{=}CH_2$ 取代的苯酚（结构式）

7. 写出下面反应的中间产物。

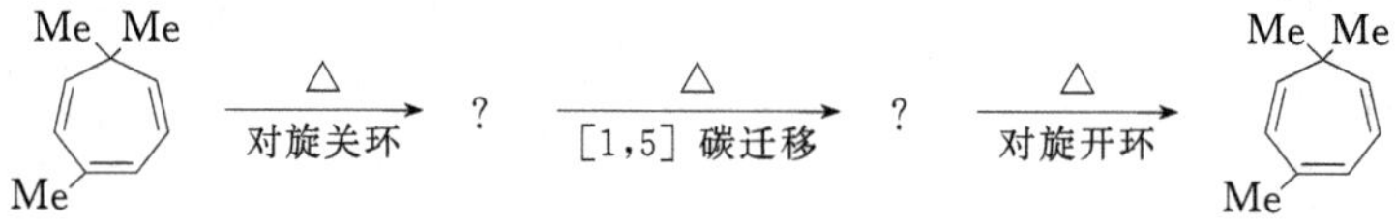

Me, Me, Me 取代的环庚三烯 $\xrightarrow[\text{对旋关环}]{\triangle}$? $\xrightarrow[\text{[1,5] 碳迁移}]{\triangle}$? $\xrightarrow[\text{对旋开环}]{\triangle}$ Me, Me, Me 取代的环庚三烯

第二部分 基础有机化合物

第五章　饱和脂肪烃

由碳和氢两种元素形成的有机物叫做烃，又称碳氢化合物。一切有机化合物都可以看作烃或其衍生物，所以烃是有机化合物的“母体”。根据分子的碳架结构可以把烃分为两大类：开链烃和环烃。根据分子中碳原子间的结合方式，又可分为饱和烃和不饱和烃。

饱和烃分子中的碳原子之间以单键相连，其余的键也都是碳与氢结合而成的单键。链状饱和烃叫烷烃，环状饱和烃叫环烷烃，统称饱和脂肪烃。

第一节　烷烃

一、烷烃的同系列和同分异构

1. 烷烃的同系列

最简单的烷烃是含一个碳原子的甲烷，分子式是 CH_4。其次是乙烷（C_2H_6）、丙烷（C_3H_8）、丁烷（C_4H_{10}）等，在表 5-1 中列出一些烷烃的名称和分子式。比较它们的分子式可看出任何两个相邻的烷烃在组成上都差 CH_2。因此可用 C_nH_{2n+2} 来表示这一系列化合物的组成，这个式子称为烷烃的通式。这些结构相似、性质也很相似，而在组成上相差 CH_2 或它的倍数的许多化合物，组成一个系列，叫做同系列，同系列中的各化合物称为同系物，CH_2 则叫做同系列的系差。

2. 烷烃的同分异构

分子式相同（或组成相同）而结构不同的化合物称为同分异构体，常简称为异构体。有

表 5-1 一些烷烃的名称和分子式

烷烃	分子式	英文名	烷烃	分子式	英文名
甲烷	CH_4	methane	十一烷	$C_{11}H_{24}$	undecane
乙烷	C_2H_6	ethane	十二烷	$C_{12}H_{26}$	dodecane
丙烷	C_3H_8	propane	十三烷	$C_{13}H_{28}$	tridecane
丁烷	C_4H_{10}	butane	十四烷	$C_{14}H_{30}$	tetradecane
戊烷	C_5H_{12}	pentane	十五烷	$C_{15}H_{32}$	pentadecane
己烷	C_6H_{14}	hexane	二十烷	$C_{20}H_{42}$	icosane
庚烷	C_7H_{16}	heptane	三十烷	$C_{30}H_{62}$	triacontane
辛烷	C_8H_{18}	octane	一百烷	$C_{100}H_{202}$	hectane
壬烷	C_9H_{20}	nonane	……	……	
癸烷	$C_{10}H_{22}$	decane	烷烃通式	C_nH_{2n+2}	

机化合物的同分异构是普遍存在的一种现象，且有多种形式。由分子中碳原子的排列方式不同而产生的异构称为构造异构；分子式相同，构造不同的异构体称为构造异构体。烷烃的同分异构现象主要是碳架异构，也称为碳干异构，是由碳架构造的不同而产生的。

甲烷、乙烷和丙烷分子中的碳原子只有一种连接方式，没有异构体，从丁烷开始就出现同分异构现象，如丁烷（C_4H_{10}）有正丁烷和异丁烷两种异构体，戊烷（C_5H_{12}）有三种异构体，己烷（C_6H_{14}）有五种异构体。下列是戊烷的三种不同异构体。

$$^{a}CH_3—^{b}CH_2—^{b}CH_2—^{b}CH_2—^{a}CH_3$$

戊烷（正戊烷）

$$\begin{array}{c} \qquad\qquad\qquad\quad ^{a}CH_3 \\ \qquad\qquad\qquad\quad | \\ ^{a}CH_3—^{b}CH_2—^{c}CH—^{a}CH_3 \end{array}$$

2-甲基丁烷（异戊烷）

$$\begin{array}{c} ^{a}CH_3 \\ | \\ H_3C^{a}—^{d}C—^{a}CH_3 \\ | \\ ^{a}CH_3 \end{array}$$

2,2-二甲基丙烷（新戊烷）

由此可见，随着碳原子数的增加，异构体的数目也迅速地增加。癸烷（$C_{10}H_{22}$）有 75 种异构体，二十烷（$C_{20}H_{42}$）有 366319 种异构体。分子量不大的烷烃的异构体都已在实验室中合成，证实了上述结果的可靠性。烷烃的同分异构体数目见表 5-2。

表 5-2 烷烃的同分异构体数目

碳原子数	异构体数(推算得出)	碳原子数	异构体数(推算得出)
4	2	12	355
5	3	13	802
6	5	14	1858
7	9	15	4347
8	18	20	366319
9	35	25	36797588
10	75	30	4111646763
11	159	……	……

3. 碳原子类型

在上述戊烷的几个异构体结构式中，用 a、b、c、d 标出的碳原子是有区别的。a 标记的碳原子只与另一个碳原子相连，其他三个都与氢结合，这种碳原子叫一级碳原子（以1°表示一级）或伯碳原子。b 标记的碳原子与两个碳原子相连，叫二级（2°）碳原子或仲碳原子。c 标记的碳原子与三个碳原子相连，叫三级（3°）碳原子或叔碳原子。d 标记的碳原子叫四级（4°）碳原子或季碳原子，它与四个碳原子相连。在上述四种碳原子中，除了季碳原子外，其他的都连接有氢原子，与伯、仲、叔碳原子相连的氢原子，分别称为伯、仲、叔氢原子。不同类型的氢原子的反应性能是有一定差别的。

二、烷烃的分子结构

（一）碳原子的四面体结构和分子模型

构型是指具有一定构造的分子中原子在空间的排列状况。不同构型组成了不同的分子。

范霍夫（Van't Hoff）和勒贝尔（Joseph Achille Le Bel）同时提出碳正四面体学说。他们根据大量实证材料，认为与碳原子相连的四个原子或原子团，不在一个平面上，而是在空间分布成四面体。碳原子位于四面体的中心，四个原子或原子团在四面体的顶点上。由碳原子向四个顶点所作连线就是碳的四个价键的分布。甲烷分子的构型是正四面体，如图 5-1 所示。根据现代物理实验方法测定的结果，四个碳氢键的键长都是 0.109nm，键角为 109°28′。

烷烃分子中原子之间的连接次序，可以通过结构式来表达，见图 5-1(a)，但原子间在空间的相对位置却无法看出，也就是说不能说明分子的立体形状。例如甲烷分子通过实验测定，并不是像结构式画的那样一个平面四方形，而是正四面体形，即四个氢原子在正四面体的四个顶点，碳原子在正四面体的中心，四个 C—H 键长完全相等，H—C—H 间夹角都是 109°28′，参见图 5-1(b)。

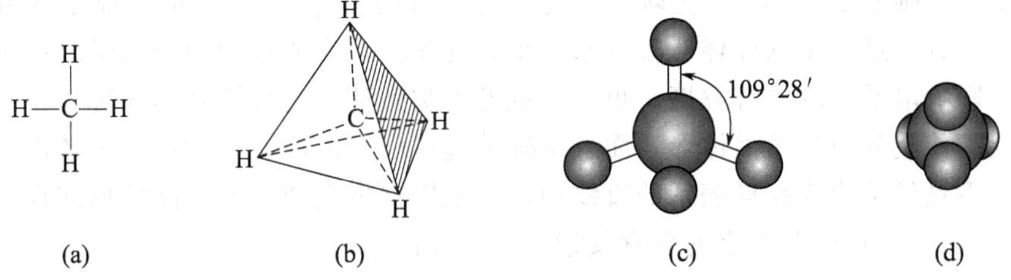

图 5-1　甲烷结构式（a）、甲烷正四面体结构（b）、甲烷 Kekulé 模型（c）和甲烷 Stuart 模型（d）

为了帮助了解分子的立体结构，可以使用分子模型，常用的有凯库勒（Kekulé）模型（或叫球棍模型）和斯陶特（Stuart）模型（或叫比例模型）。凯库勒模型用不同颜色的小球代表各种原子，用短棍表示化学键，参见图 5-1(c)。它制作容易，使用也方便，但它只能说明原子在空间的相对位置，而不能准确地表示出原子的大小和键长。斯陶特模型则是按照分子中各原子的大小和键长按照一定的比例放大（一般为 2 亿∶1）制成分子模型，参见图 5-1(d)。所以它表示的分子的立体形状比凯库勒模型要更真实些。但它所表示的价键的分布却不如凯库勒明显，因此这两种模型各有长处。

为了清楚地表示分子的立体形状，书写结构式时可用楔形式表示：正常粗细的线表示在纸的平面上，实楔形线表示伸出纸面向前，虚楔形线表示伸向纸面的背面。

（二）碳原子的杂化和烷烃分子的形成

形成烷烃的碳原子都是 sp^3 杂化的碳原子，碳原子在以四个单键与其他四个原子结合时，一个 s 轨道与三个 p 轨道经过杂化后，形成四个等同的 sp^3 杂化轨道，四个 sp^3 杂化轨道的轴在空间的取向为从正四面体的中心伸向四个顶点的方向，只有这样，价电子对间的互斥作用才最小，所以各轴之间的夹角，即键角均为 109°28′。图 5-2 和图 5-3 是甲烷分子和乙烷分子的形成示意图。

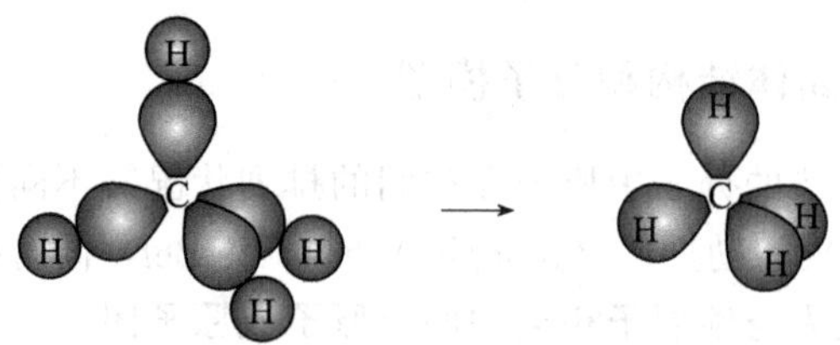

图 5-2　甲烷分子中碳的 sp^3 杂化轨道与氢的 1s 轨道重叠示意图

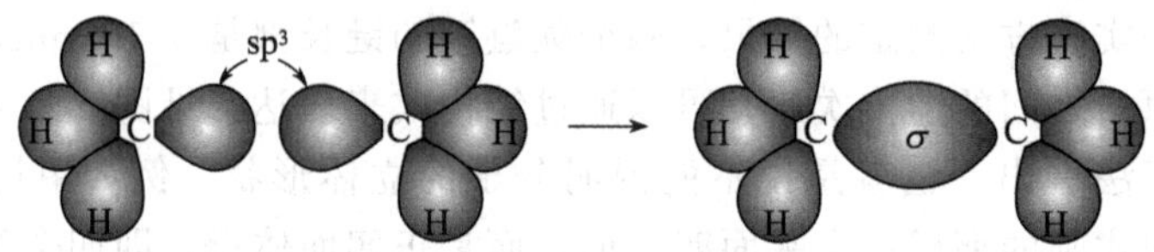

图 5-3　乙烷分子中原子轨道重叠示意图

从上图可看出，碳氢键是碳原子的 sp^3 杂化轨道与氢原子的 s 轨道重叠形成的（sp^3-s）；碳碳键是由两个碳原子的 sp^3 杂化轨道彼此重叠形成的（sp^3-sp^3）。成键原子的电子云沿着它们的键轴重叠，近似于圆柱体对称分布，重叠程度大，当成键的两个原子绕键轴作相对旋转时，并不影响电子云的重叠程度，也就是说键不被破坏，这种键就是 σ 键。

由于碳的价键分布呈四面体形，而且碳碳单键可以自由旋转，所以三个碳以上的烷烃分子中的碳链不是像结构式那样表示的直线型，而是以锯齿型或其他可能的形式存在。所以所谓“直链”烷烃，“直链”二字的含意仅指不带有支链。

三、烷烃的构象

（一）乙烷的构象

构象是指有一定构造的分子通过单键的旋转，形成各原子或原子团的种种空间排布。一个有机化合物可能有无穷多的构象。在常温下分子的热运动可以提供足够的能量引发不同构象之间的转化。

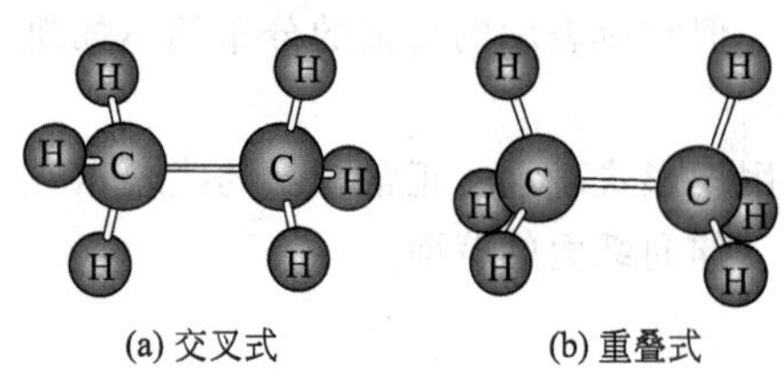

图 5-4　乙烷的球棍模型

图 5-4 是乙烷的球棍模型。分子中的碳碳 σ 键可以自由旋转，在旋转过程中，两个甲基上的氢原子的相对位置在不断发生变化，这样就形成许多不同的空间排列方式。这种由于围绕单键旋转而产生的分子中的原子或基团在空间的不同排列形式叫构象。

从模型的前方对着碳碳键看，在图 5-4（a）中，后面碳原子上每一个氢原子都在前面碳原子上两个氢原子之间，这种排布方式叫做交叉式构象；在图 5-4(b) 中，后面一个碳原子上的氢正好在前面碳原子上的氢的正后方，这种排布方式叫做重叠式构象。这两种方式是乙烷的无数种构象中比较典型的两种，在前者两个碳原子上的氢原子间的距离最远，相互间的排斥力最小，分子的内能最低，因而稳定性也最大，这种构象称之为优势构象。后者的氢原子间的距离最近，相互间的排斥力最大，内能最高，因此重叠式是最不稳定的一种构象。

构象的表示可用透视式（也叫锯架式，图 5-5）或纽曼（Newman）投影式（图 5-6）。透视式比较直观，所有的原子和键都能看见，但较难画好。纽曼投影式则是在碳碳键的延长线上观察，两个碳原子重叠在一起，然后用圆圈表示距眼睛远的一个碳原子，圆心则表示前面的碳原子，再分别连接三个氢原子至圆外。

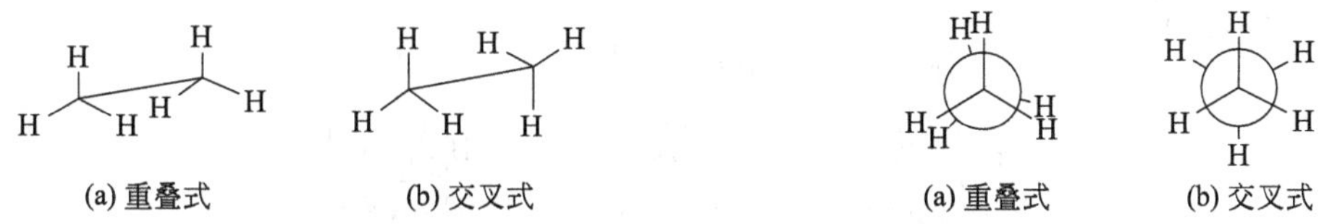

图 5-5　乙烷构象的透视式

图 5-6　乙烷构象的纽曼投影式

图 5-7 是乙烷分子中各种构象的内能变化。在乙烷的交叉式和重叠式构象之间的能量差约为 12.5kJ・mol^{-1}。在热力学温度接近 0K 的低温时，分子都以交叉式存在；而在室温情况下的热能就足以使两种构象之间以极快的速度互相转化，因此在室温时可以把乙烷看作交叉式与重叠式以及介于这二者之间的无数构象异构体的平衡混合物，而不可能分离出构象异构体。但假如某一化合物由于特殊的结构，使其两种构象之间的内能差较大，由一种构象转变为另一种需要较大的能量时，就有可能用一定的方法分出不同的构象异构体。由于不同构象的内能不同，构象之间相互转化是需要克服一定能量的，所以所谓单键的自由旋转，并不是完全自由的。

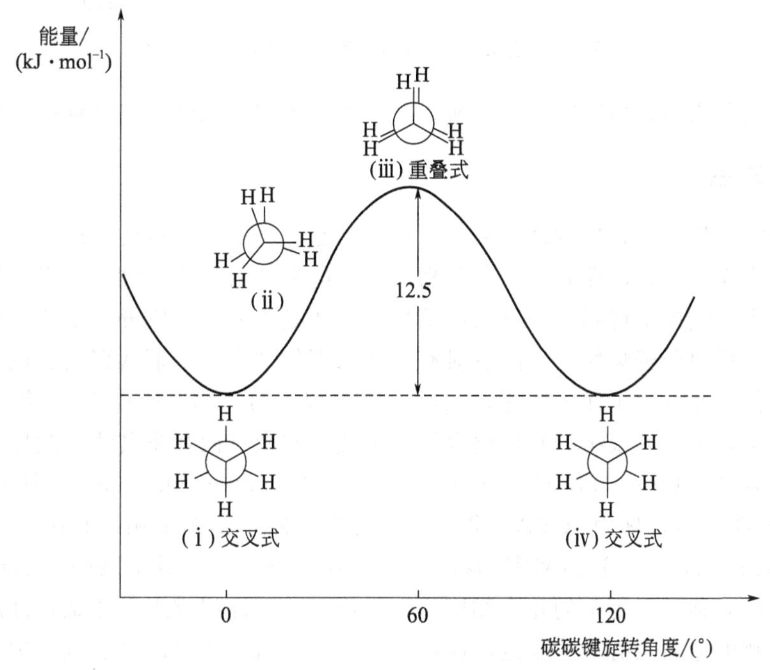

图 5-7　乙烷各种构象的内能变化

（二）丁烷的构象

随着分子中碳原子数的增加，构象就变得更为复杂。如丁烷可以看作乙烷的二甲基衍生物，以 C-2—C-3 键为轴旋转可形成无数种构象，几种典型构象（对位交叉式、部分重叠式、邻位交叉式、全重叠式）的纽曼投影式如图 5-8 所示。上述几种构象的内能高低为全重叠式＞部分重叠式＞邻位交叉式＞对位交叉式。但它们之间的能量差别仍是不大，因此不能分离出构象异构体。由于甲基比氢原子大得多，所以丁烷的全重叠式构象与对位交叉式构象间的能量差要比乙烷的重叠式构象与交叉式构象间的能量差大。

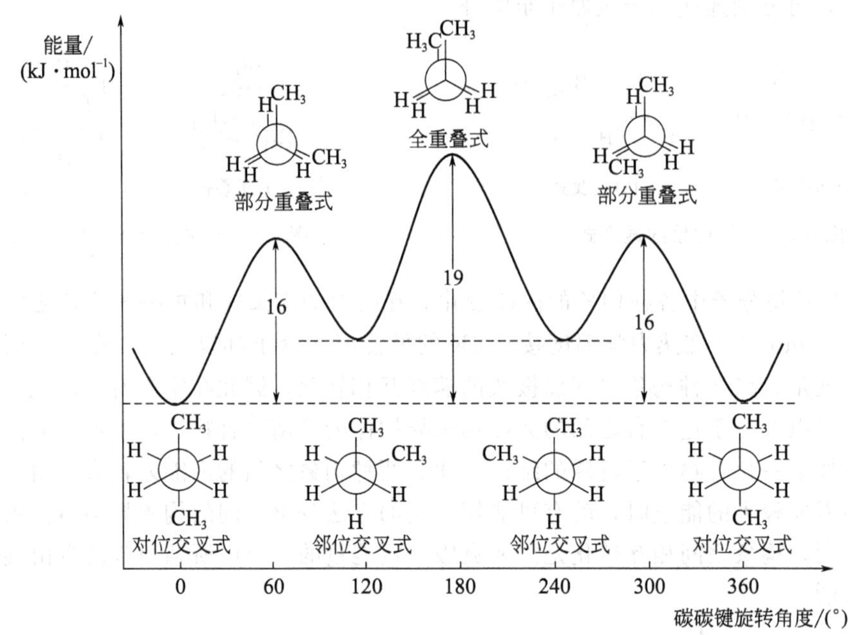

图 5-8　丁烷 C-2—C-3 键旋转的构象的内能变化

由于对位交叉式是最稳定的构象，所以三个碳以上烷烃的碳链应以锯齿形为最稳定。

四、烷烃的命名

有机化合物数目众多，异构现象复杂，所以对它们的命名很重要。最初，人们对有机化合物只有一些表面的认识，那时的命名是根据它们的来源或性质。例如，甲烷最初是由池塘里植物腐烂产生的气体中得到的，就叫做沼气；乙醇是酒的主要成分，就叫酒精；三硝基苯酚味苦有酸性，就叫做苦味酸等。随着对有机物认识的增多，逐渐认识到有机物的名称应能反映其结构特征，并且为了便于交流，国际上应有统一的名称，所以 1892 年一些化学家在日内瓦集会，拟定了一种系统的有机化合物命名法，叫做日内瓦命名法。此后经过国际纯粹与应用化学联合会（International Union of Pure and Applied Chemistry，IUPAC）的多次修订，于 1979 年公布，称为 IUPAC 命名法，已为国际上普遍采用。我国的系统命名法也是根据 IUPAC 原则，结合我国文字的特点于 1980 年制定的。对于某些天然产物以及用系统命名法命名的名称过于复杂的化合物则习惯采用俗名（即根据来源或某种性质命名）。

有机化合物的命名是有机化学这门课的基础，而有机化合物的命名也是中国文化精华的体现。有机化合物名称里的汉字巧妙利用了汉字的各种造字法，如形声、象形等，形象地表示了化合物的结构或性质特点。往往我们从有机物名称的汉字中就可以看出这些有机物的特点，方便对有机物的命名和记忆，以及对结构和性质的了解。例如，“烃”名称的来源，“烃”是由碳和氢元素组成的一类物质，即“碳氢化合物”，而这个“烃”字正是由“碳”里的“火”和“氢”里的“𢀖”组合而成。而“烃”的音“ting”中的“t”来自“tan”，“ing”来自“qing”。这个“烃”字从“形”“声”完美地与“碳氢化合物”的结构特点联系在一起，让人一下子就可以记住这类化合物的特点。这是用其他语言无法表示的。而“烷”字也是一个标准的形声字，表示完整的意思，碳原子被其他原子完全连接了，也就处于饱和状态。其他章节里出现的“烯”“炔”“羟”“巯”“羰”“羧”等有机化合物名称的特有汉字也都是类似的造字法造出来的。学习有机化合物命名的过程中，既可以学到专业知识，也可以温习中国文化，加深对汉字造字方法的认识，这是中国传统文化思想和现代科学的一个完美结合。

烷烃的命名主要有以下两种。

（一）普通命名法

普通命名法一般只适用于简单的、含碳较少的烷烃。其基本原则是：根据碳原子的数目称为某烷，十个碳原子以下用甲、乙、丙、丁、戊、己、庚、辛、壬、癸的天干顺序命名，十一个碳原子以上就用十一、十二、十三……数字命名。用正（*n*-）、异（*iso*-）、新（*neo*-）等前缀区别同分异构体。如本节烷烃的同分异构体中列举的三个戊烷括号中的名称就是按普通命名法命名的。

（二）系统命名法

直链烷烃的系统命名法与普通命名法相同，按碳原子的数目称为某烷，只是把前面的“正”字省略。

支链烷烃的命名是把它看作直链烷烃的烷基衍生物，按以下的原则命名：

① 按照最长碳链原则选取主链（母体），根据主链所含的碳原子数目称作某烷；当具有相同长度的碳链可作为主链时，应选定具有取代基（或支链）数目最多的碳链为主链。

② 主链以外的其他烷基称作主链上的取代基（或支链）。烷烃分子中除去一个氢原子后余下的部分叫做烷基，其通式为 C_nH_{2n+1}，常用 R—表示。直链烷烃链端碳原子上去掉一个氢原子生成的基，叫做某（烃）基，如：甲基（$—CH_3$）、乙基（$—CH_2CH_3$）等。此外，二价的烷基叫亚基，如亚甲基（$>CH_2$）；三价的烷基叫次基，如次甲基（$—\overset{|}{\underset{|}{C}}H$）。常见烷基的名称、结构简式与常用符号见表 5-3。

表 5-3　常见烷基的名称、结构简式、常用符号

名称	结构简式	常用符号
甲基	$CH_3—$	Me
乙基	$CH_3CH_2—$	Et
丙基	$CH_3CH_2CH_2—$	*n*-Pr
异丙基	$(CH_3)_2CH—$	*i*-Pr
丁基	$CH_3CH_2CH_2CH_2—$	*n*-Bu
异丁基	$(CH_3)_2CHCH_2—$	*i*-Bu

续表

名称	结构简式	常用符号
仲丁基	$CH_3CH_2(CH_3)CH—$	*s*-Bu
叔丁基	$(CH_3)_3C—$	*t*-Bu
异戊基	$(CH_3)_2CHCH_2CH_2—$	*i*-amyl
新戊基	$(CH_3)_3C—CH_2—$	*neo*-pentyl
叔戊基	$CH_3CH_2(CH_3)_2C—$	*t*-amyl

③ 将主链上的碳原子进行编号，用阿拉伯数字 1，2，3…表示，读成 1 位、2 位、3 位等。取代基所在的位置就以它所连接的碳原子的号数表示。位次和取代基名称之间要用连字符“-”(读作“位”) 连接起来。

碳链的编号存在多种可能时，需遵循“优先顺序规则”和“最低系列原则”。

a. 优先顺序规则。存在几种不同编号的情况下，当不同取代基在不同编号系列中取得相同位号时，优先小的取代基要获得较小的编号（判定优先大小的顺序规则参见第一章基团的顺序规则）。例如：

```
 1     2     3     4     5     6     7     8
CH3—CH2—CH—CH2—CH2—CH—CH2—CH3
             |                 |
            CH3               CH2
                               |
                              CH3
```

3-甲基-6-乙基辛烷

（不称 6-甲基-3-乙基辛烷）

b. 最低系列原则。存在几种不同编号的情况下，选择第一取代基位次最小的为正确编号，故也称“第一区别原则”；第一个取代基位号相同，则比较第二取代基，以此类推，直至比较出较小的编号（无需考虑位号之和）。例如：

```
      3     4     5     6
CH3—CH—CH2—CH2—CH3
    2|
    CH2
    1|
    CH3
```

3-甲基己烷

（不称 4-甲基己烷）

```
             CH3
      3     2|  1
CH3—CH—C—CH3
    4|      |
    CH2    CH3
    5|
CH3—CH
    6|
    CH3
```

2,2,3,5-四甲基己烷

（不称 2,4,5,5-四甲基己烷）

```
                        CH3
 1     2     3     4|    5     6     7
CH3—CH2—CH—CH—CH2—CH2—CH3
              |
             CH2
              |
             CH3
```

4-甲基-3-乙基辛烷

（不称 4-甲基-5-乙基辛烷）

④ 如果含有几个不同的取代基，书写名称时把优先小的取代基名称写在前面，大的写在后面；如果含有几个相同的取代基，把它们合并起来，取代基的数目用二、三、四……来表示，写在取代基的前面，其位次必须逐个注明，位次的数字之间要用“,”隔开。命名时，逗号和短线应特别注意，往往容易忽视。例如：

```
CH3—CH—CH—CH2—CH—CH3
     |    |         |
    CH3  CH2       CH3
          |
         CH3
```

2,5-二甲基-3-乙基己烷

```
                         CH3
                          |
CH3—CH2—CH—CH—CH—CH—CH3
          |    |         |
         CH3  CH2       CH3
               |
             CH2CH3
```

2,3,5-三甲基-4-丙基庚烷

五、烷烃的性质

（一）烷烃的物理性质

物理性质通常包括化合物的状态、熔点、沸点、相对密度、溶解度、折射率等。纯物质的物理性质在一定的条件下都有固定的数值，故常把这些数值称作物理常数。通过物理常数的测定，可以定性鉴别物质以及它的纯度。

一般同系列中各物质的物理常数是随分子量的增加而递变的。从表 5-4 列出的烷烃的物理常数中，可清楚地看出正烷烃的物理性质随分子量的增加而显出一定的递变规律。在室温和标准压力（大气压为 101.325kPa）下，含 C_1～C_4 的烷烃是无色气体；C_5～C_{17} 的烷烃是无色液体；C_{18} 以上的烷烃是低熔点的蜡状固体。石蜡就是某些固态烷烃的混合物。

表 5-4　烷烃的物理常数

名称	分子式	熔点/℃	沸点/℃	相对密度(d_4^{20})
甲烷	CH_4	−182.5	−164.0	0.4660(−104℃)
乙烷	C_2H_6	−183.3	−88.6	0.5720(−108℃)
丙烷	C_3H_8	−187.7	−42.1	0.5842(沸点)
丁烷	C_4H_{10}	−138.4	−0.5	0.6012
戊烷	C_5H_{12}	−129.7	36.1	0.6262
己烷	C_6H_{14}	−95.4	68.7	0.6594
庚烷	C_7H_{16}	−90.6	98.4	0.6838
辛烷	C_8H_{18}	−56.8	125.7	0.7025
壬烷	C_9H_{20}	−53.5	150.8	0.7176
癸烷	$C_{10}H_{22}$	−29.7	174.0	0.7298
十一烷	$C_{11}H_{24}$	−25.6	195.9	0.7402
十二烷	$C_{12}H_{26}$	−9.6	216.3	0.7490
十三烷	$C_{13}H_{28}$	−5.4	235.4	0.7563
十四烷	$C_{14}H_{30}$	5.9	253.5	0.7627
十五烷	$C_{15}H_{32}$	9.9	270.6	0.7684
十六烷	$C_{16}H_{34}$	18.2	286.8	0.7733
十七烷	$C_{17}H_{36}$	22.0	302.2	0.7767(22℃)
十八烷	$C_{18}H_{38}$	28.2	316.7	0.7767(熔点)
十九烷	$C_{19}H_{40}$	31.9	330.6	0.7776(32℃)
二十烷	$C_{20}H_{42}$	36.4	343.8	0.7777(37℃)
二十二烷	$C_{22}H_{46}$	44.4	363.6	0.7944
三十二烷	$C_{32}H_{66}$	69.7	467.0	0.8124

注：相对密度 d_4^{20} 表示某物质在 20℃时的密度与水在 4℃时的密度之比，其余各章节类同。

物质的沸点、熔点随分子量增加而升高是因为它与分子间作用力有关。烷烃分子中只含有 C—C 或 C—H 键，它们没有极性或仅有极弱的极性，所以分子间只有极弱的色散力，而色散力与分子的接触面积有关，分子越大，分子的表面积就越大，分子之间接触的部分就增多，分子间的作用力也增强。另外，分子越大，分子量越大，分子运动所需的能量也增高，所以熔沸点也随之增高。从戊烷开始，每增加一个碳原子，约使沸点升高 20～30℃，随碳原子数的进一步增加，相邻两个化合物沸点的差别逐渐减少。这种变化同样表现在其他各系列有机物中。此外，在同分异构体中，分支程度越高，沸点越低（表 5-5）。因为随着分支程度增高，则分子的接触面积减小，从而分子间的作用力减小。这种规律也同样适用于其他系列的有机物。

表 5-5　己烷各异构体的沸点

结构式	沸点/℃
$CH_3—CH_2—CH_2—CH_2—CH_2—CH_3$	68.7
$CH_3—CH_2—CH_2—CH—CH_3$ | CH_3	60.3
$CH_3—CH_2—CH—CH_2—CH_3$ | CH_3	63.3
CH_3 | $CH_3—CH_2—C—CH_3$ | CH_3	49.7
$CH_3—CH—CH—CH_3$ |　| CH_3 CH_3	58.0

正烷烃的相对密度随着碳原子数目的增加而逐渐增大，但都小于 1；二十烷以下的则都在 0.78 以下。这也与分子间的作用力有关，随着分子量的增加，分子间的作用力增大，分子间的距离相应减少，所以相对密度增大。

（二）烷烃的化学性质

结构是决定性质的内在因素，即在有机化合物性质研究中广泛出现的规律——“结构决定性质”。一个同系列中的化合物往往都具有相似的化学性质，这是同系列的特点。知道了一个典型化合物的性质就可推测同系列中其他化合物的性质。但所谓相似，只具有定性的意义，即反应类型相似，同系物的反应速率往往有很大的差异。在某些情况下，这种速率上的量的变化，有可能引起质的改变，以致不发生同样的反应。另外，由于各个同系列的第一化合物与其他同系物在结构上有较大的区别，因此往往具有特殊的性质。

烷烃分子中，C—C 键和 C—H 键都是结合得比较牢固的共价键（键能较大），而且碳和氢的电负性相差很小，所以 C—H 键极性很小，整个分子都无极性或极性很弱，因而烷烃的化学性质比较稳定，一般情况下不易与其他试剂反应，特别是正烷烃与大多数试剂如强酸、强碱、强氧化剂、强还原剂及金属钠等都不起反应。由于烷烃有这样的特征，在生产上常用烷烃作为反应中的溶剂。但在一定条件下，例如在高温或有催化剂存在时，烷烃也可以和一些试剂作用。

1. 燃烧和氧化

在室温和标准大气压下，烷烃与氧气不反应，但如果点火引发，烷烃可燃烧生成水和二氧化碳，同时放出大量的热。

$$C_nH_{2n+2}+\frac{3n+1}{2}O_2 \longrightarrow nCO_2+(n+1)H_2O \qquad \Delta H \approx -803\text{kJ} \cdot \text{mol}^{-1}$$

烷烃燃烧时放出大量的热，这是石油作为能源的反应基础，但如果烷烃不充分燃烧，则可生成有毒气体一氧化碳和烟尘。汽车、拖拉机等内燃机汽缸排出的废气中就常有一氧化碳，会对环境造成污染。所以现在的汽车尾气在排放之前都要进行净化处理，包括发动机的内净化和外净化。前者是使排出的部分废气再次燃烧以减少废气中的有害物质；后者是安装尾气催化净化器，从内燃机排出的一氧化碳、碳氢化合物和氮氧化物等废气通过催化净化器转化为二氧化碳、氮气和水。当高温的汽车尾气通过净化装置时，三元催化器（图 5-9）中的净化剂将增强一氧化碳、碳氢化合物和氮氧化物三种气体的活性，促使其进行一定的氧化、还原反应。其中一氧化碳在高温下氧化成为无色、无毒的二氧化碳气体；碳氢化合物在高温下氧化成水和二氧化碳；氮氧化物还原成氮气和氧气。三种有害气体变成无害气体，使汽车尾气得以净化。由于这种催化器可同时将废气中的三种主要有害物质转化为无害物质，故称三元催化器。

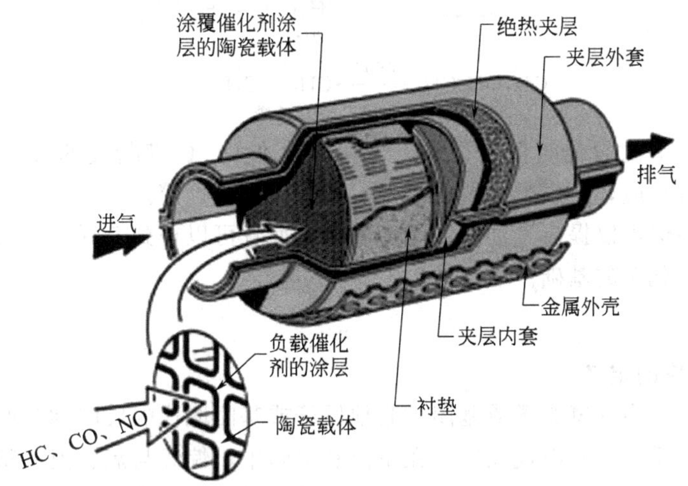

图 5-9 三元催化器结构示意图

低级烷烃（$C_1 \sim C_6$）蒸气与空气混合至一定比例时，遇到明火或火花便燃烧而放出大量热，从而使生成的 CO_2 及 H_2O 急剧膨胀而发生爆炸，这是煤矿中发生爆炸事故的原因。甲烷的爆炸范围是 5.53%～14%，也就是说，甲烷在空气中的比例在此范围内时遇到火花则爆炸，而低于 5.53%或高于 14%时遇到火花只是燃烧而不爆炸。

烷烃除了完全氧化为 CO_2 和 H_2O 外，在其着火点以下，并存在催化剂时，可以被氧气氧化成含碳原子数较原来烷烃少的含氧有机物如醇、醛、酮、羧酸等。反应产物复杂，因为碳链可能在任何部位发生断裂，反应式只能简单表示如下：

$$RCH_2CH_2R'+O_2 \longrightarrow \underset{\text{醇}}{RCH_2OH}+\underset{\text{醇}}{R'CH_2OH}$$

$$RCH_2CH_2R'+O_2 \longrightarrow \underset{\text{羧酸}}{R\overset{\overset{\displaystyle O}{\|}}{C}OH}+\underset{\text{羧酸}}{R'\overset{\overset{\displaystyle O}{\|}}{C}OH}$$

在无机化学中，以电子的得失或化合价的变化来衡量氧化还原反应，这种概念是基于电子的完全得失而来的。但在绝大多数有机物的氧化还原反应中，往往是部分的电子得失，也就是共用电子对的偏移。在这些反应中，因为常常用到一般无机的氧化剂或还原剂，从这些无机的氧化剂或还原剂的变化看这些反应确实属于氧化还原反应。所以对有机物的氧化还原反应，一般简单地把在有机分子中加入氧或去掉氢叫做氧化；反之加氢或去氧则叫还原。实际上在有机反应中，分子中的碳与电负性比碳强的元素结合形成新键的反应都是氧化。例如甲烷的氯代，分子中的 C—H 键换成了 C—Cl 键，氯的电负性比碳强，C—Cl 间共用电子对偏向氯的一边，所以可以看作氧化，而其逆反应则属还原。

高级烷烃的氧化是工业上制备高级醇和高级脂肪酸常用的方法。高级醇和高级脂肪酸是合成表面活性剂及肥皂的原料。

2. 裂化

仅仅通过加热而使化合物分解称为热解。烷烃的热解，尤其是涉及石油的热解则称为裂化。碳原子数越多，裂化产物越复杂；反应条件不同，产物也不同。裂化反应是一个复杂的过程，此时大的烷烃就转变成较小的烷烃、烯烃和一些氢。在隔绝空气加热至 400℃ 以上的裂化叫热裂。例如：

$$CH_3CH_2CH_3 \xrightarrow{460℃} \underset{\text{丙烯}}{CH_3CH{=}CH_2} + H_2$$

$$CH_3CH_2CH_3 \xrightarrow{460℃} \underset{\text{乙烯}}{CH_2{=}CH_2} + CH_4$$

在催化剂作用下的裂化叫催化裂化，催化裂化在 C—C 键断裂的过程中，还发生异构化、环化、脱氢等反应，生成带支链的烷烃、烯烃、芳香烃等。

烷烃的热解不但可以提高汽油的产量和质量，而且可以得到乙烯、丙烯、丁烯等重要的化工原料，是石油化工的基础。

3. 卤代反应

（1）卤代反应的定义

有机化合物分子中的氢原子或基团被其他原子或基团取代的反应称为取代反应。氢原子被卤素原子取代的反应，叫卤代反应。在室温和黑暗中，烷烃与氯、溴、碘不发生反应。但在加热或光照条件下，烷烃分子中的氢原子可以被卤素原子取代，发生卤代反应。

在紫外光照射下，甲烷和氯气的混合物剧烈反应，甲烷分子中的氢原子被氯原子取代，生成一氯甲烷、二氯甲烷、三氯甲烷（氯仿）、四氯化碳和少量其他副产物。反应如下：

$$Cl_2 + CH_4 \xrightarrow{\text{光}} CH_3Cl + CH_2Cl_2 + CHCl_3 + CCl_4 + HCl$$

其他烷烃的氯代反应条件与甲烷的氯代反应相似，但产物更复杂。如乙烷氯代反应不仅生成氯乙烷，还得到 1,1-二氯乙烷和 1,2-二氯乙烷等其他产物。

$$Cl_2 + CH_3CH_3 \xrightarrow{\text{光}} CH_2ClCH_3 + CH_2ClCH_2Cl + CH_3CHCl_2 + CHCl_2CHCl_2$$

烷烃与溴的反应也要在高温或光照的条件下才能进行，例如：

$$CH_3\underset{}{\overset{CH_3}{\overset{|}{C}}}HCH_3 + Br_2 \xrightarrow[\text{或高温}]{\text{光照}} CH_3\underset{\underset{Br}{|}}{\overset{\overset{CH_3}{|}}{C}}CH_3 + CH_3\overset{\overset{CH_3}{|}}{C}HCH_2Br$$

烷烃的氟代反应进行得太激烈，限制了它的应用；而用碘直接进行的碘代反应速率太慢，无法应用。故卤代反应一般是指氯代和溴代反应。

（2）卤代反应的选择性

烷烃的卤代反应对伯、仲、叔氢原子有一定的选择性。例如：异丁烷的氯代得到 36%

叔丁基氯（2-甲基-2-氯丙烷）和 64%异丁基氯（2-甲基-1-氯丙烷）。

$$\underset{\displaystyle CH_3\overset{\displaystyle CH_3}{\overset{|}{C}}HCH_3}{} + Cl_2 \xrightarrow[\text{或高温}]{\text{光照}} \underset{36\%}{CH_3\overset{\displaystyle CH_3}{\overset{|}{\underset{\displaystyle \underset{|}{Cl}}{C}}}CH_3} + \underset{64\%}{CH_3\overset{\displaystyle CH_3}{\overset{|}{C}}HCH_2Cl}$$

异丁烷有 9 个可被取代的伯氢原子，一个可被取代的叔氢原子。假定伯氢的活泼性为 1，叔氢的活泼性为 x，则可由氯代产物的数量来求 x 的值。

叔丁基氯的得率/异丁基氯的得率＝(叔氯相对活性×叔氯总数)/(伯氯相对活性×伯氯总数)

$36/64=(1\times x)/(9\times 1)$　　　　　　$x=5$

即从异丁烷的氯代得到的产物比例，可以算出叔氢的活泼性为伯氢的 5 倍。

其他烷烃分子的卤代反应，亦有类似情况。根据实验结果，可以得出烷烃分子中氢原子卤代反应的活泼性为：叔氢＞仲氢＞伯氢（表 5-6）。

表 5-6　伯、仲、叔氢原子卤代反应相对活性

卤代反应	氢相对活性(伯∶仲∶叔)
氯代反应	1∶3.8∶5(25℃)
溴代反应	1∶82∶1600(127℃)

根据烷烃氯代的相对活性比例，可以预测某一烷烃氯代产物中异构体的产率。例如：

$$CH_3CH_2CH_2CH_3 + Cl_2 \xrightarrow{\text{光}} CH_3CH_2CH_2CH_2Cl + CH_3CH_2\underset{\displaystyle \underset{|}{Cl}}{C}HCH_3$$

1-氯丁烷产率/2-氯丁烷产率＝$(6\times 1)/(4\times 3.8)=6/15.2$

1-氯丁烷产率＝$6/(15.2+6)\times 100\%=28\%$，2-氯丁烷产率＝$(100-28)\%=72\%$

由此可知，丁烷氯代的主要产物是 2-氯丁烷。

溴代反应中不同类型氢的反应活性差距更大，选择性更大。根据计算可知，异丁烷发生溴代反应时得到的几乎全部是叔氢的溴代产物：

$$CH_3\overset{\displaystyle CH_3}{\overset{|}{C}}HCH_3 + Br_2 \xrightarrow[\text{或高温}]{\text{光照}} \underset{99\%}{CH_3\overset{\displaystyle CH_3}{\overset{|}{\underset{\displaystyle \underset{|}{Br}}{C}}}CH_3} + \underset{1\%}{CH_3\overset{\displaystyle CH_3}{\overset{|}{C}}HCH_2Br}$$

烷烃卤代反应中卤素的反应活泼性是：$F \gg Cl > Br \gg I$。这也说明，由于氯原子较为活泼，它有能力取代烷烃中的各种氢原子，而溴原子不够活泼，它不太容易取代烷烃中活性较弱的伯氢原子，只能取代活性较强的叔氢或者仲氢原子。

（3）烷基自由基稳定性和对卤代反应的影响

烷烃的卤代反应中，叔、仲、伯氢的活性次序是叔氢＞仲氢＞伯氢，为什么会出现这样的活性次序呢？这是由于卤代反应属于自由基型的取代反应（详见下面反应机理），光照产生的卤素自由基破坏了烷烃分子的碳氢键，夺取氢自由基生成卤化氢，而烷烃形成烷基自由基中间体，再与卤素反应生成卤代烃，并产生新的卤素自由基继续反应。故烷基自由基形成的难易程度反映了烷烃中各类氢原子被卤代的反应活性。

同一类型的化学键（如 C—H 键）发生均裂时，键的解离能越小，即碳氢键断裂所需的能量越低，则自由基越容易生成，生成的自由基内能也越低，比较稳定。根据生成不同烷基自由基的解离能数据可得到烷基自由基的稳定性次序为：

叔碳自由基>仲碳自由基>伯碳自由基>甲基自由基，即三级>二级>一级> $CH_3\cdot$

决定自由基型卤代反应速率的关键步骤是产生烷基自由基这一步，而越稳定的自由基越容易形成，这就很好地解释了烷烃分子中各种不同类型氢原子的反应活性。

六、自由基取代反应机理

（一）烷烃卤代反应的机理

反应机理（也称为反应历程、反应机制）是研究反应进行的详细过程，如反应是怎样开始的，分几步进行，每一步的反应速率怎样，哪一步决定总的反应速率，反应经过哪些过渡态和中间体等。反应机理是对由反应物至产物所经途径的详细描述，它是在大量同一类型的实验事实基础上总结出的一种理论假设，这种假设必须符合并能说明已经发现的实验事实。一种反应机理只适用于某一类型的反应。

一个反应的机理通常是用一系列详细的反应式及反应过程中的能量变化图来加以描述的。在需要时，这些反应式中还应包括分子的几何形状，并指出键的断裂与形成过程中电子转移的情况。

实验事实表明，烷烃与氯在室温和暗处不发生反应，但在室温光照下或在暗处但温度高于250℃时，反应立即发生，而且只要吸收一个光子即可引起数千个烷烃分子进行氯代的连锁反应。此外，如氯光照后，在暗处通入甲烷，氯代反应能发生，但如果甲烷光照后，在暗处通入氯气，则反应不能进行。根据以上实验事实，人们认为烷烃卤代反应属于自由基取代反应历程。它的反应过程包括链引发、链增长和链终止三个阶段。现以甲烷的氯代反应为例来说明自由基取代反应历程。

1. 链引发

首先是氯分子在光照或高温下分解为两个氯自由基（即氯原子），这个过程称为链引发阶段：

$$Cl:Cl \xrightarrow{\text{光}} 2Cl\cdot \qquad \Delta H=+242.4kJ\cdot mol^{-1} \tag{1}$$

2. 链增长

氯自由基不稳定，极易与周围的甲烷分子发生碰撞，生成甲基自由基（中间体）和氯化氢分子：

$$Cl\cdot + CH_4 \longrightarrow CH_3\cdot + HCl \qquad \Delta H=+4.2kJ\cdot mol^{-1} \tag{2}$$

甲基自由基也很活泼，立刻与周围的氯气作用，生成氯甲烷和氯自由基：

$$CH_3\cdot + Cl:Cl \longrightarrow CH_3Cl + Cl\cdot \qquad \Delta H=-108.7kJ\cdot mol^{-1} \tag{3}$$

生成的氯自由基又可与甲烷分子碰撞，在（2）和（3）两步反应中，每一步都产生一个反应所需的自由基，这样（2）和（3）两步反应就可以反复地进行下去，不断地产生氯甲烷和氯化氢。由于自由基在反应体系中的浓度很低，它们互相碰撞的机会很少，因此在甲烷氯代反应中，第（1）步反应生成的氯自由基，大约可使（2）和（3）两步反应反复进行数千次。这个过程称为链增长阶段。

氯原子除可以夺取未反应的甲烷分子中的氢外，也可夺取新生成的氯甲烷分子中的氢，生成氯甲基自由基和氯化氢：

$$Cl\cdot + CH_3Cl \longrightarrow \cdot CH_2Cl + HCl \tag{4}$$

氯甲基自由基再与氯分子作用，生成二氯甲烷及氯原子：

$$\cdot CH_2Cl + Cl:Cl \longrightarrow Cl\cdot + CH_2Cl_2 \tag{5}$$

如此循环，可以得到三氯甲烷及四氯化碳。

3. 链终止

在反应体系中，除了上述几个反应外，反应中的自由基之间还可互相结合形成稳定的化合物从而使反应结束。这个过程称为链终止。如：

$$Cl\cdot + Cl\cdot \longrightarrow Cl_2 \quad (6)$$

$$CH_3\cdot + CH_3\cdot \longrightarrow CH_3CH_3 \quad (7)$$

$$CH_3\cdot + Cl\cdot \longrightarrow CH_3Cl \quad (8)$$

$$\cdot CH_2Cl + \cdot CH_2Cl \longrightarrow ClCH_2CH_2Cl \quad (9)$$

所以反应最终产物是多种卤代烷及烷烃的混合物。

由上述反应（2）、（3）可得总反应为：

$$Cl_2 + CH_4 \longrightarrow CH_3Cl + HCl$$

它是经自由基的进攻而完成的，故称为自由基反应历程。

除烷烃的卤代反应是自由基取代反应外，还有许多其他的反应也按自由基反应机理进行。一般说来，自由基反应具有如下几个特点：

① 常在气相或非极性溶剂中进行；

② 常是链反应；

③ 常需光照或加热；

④ 能产生自由基的引发剂（如有机过氧化物、四甲基铅等），可引发自由基反应。如四甲基铅可以使甲烷和氯发生氯代反应，因四甲基铅易解离出甲基自由基。

$$(CH_3)_4Pb \longrightarrow 4CH_3\cdot + Pb$$

（二）甲烷氯代反应中的能量变化

过渡态理论认为，化学反应不只是通过反应物分子之间简单碰撞就能完成，而是在碰撞后先要经过一个中间的过渡状态，然后再分解为产物。这个理论把每个反应沿着进程分为三个阶段：始态、过渡态和终态。即由反应物到产物的转变过程中，需要经过一种过渡状态。

始态（反应物）$\rightleftharpoons$过渡态$\rightleftharpoons$终态（产物）

如果以反应进程作横坐标，以势能作纵坐标，反应体系的势能变化如图 5-10 所示。

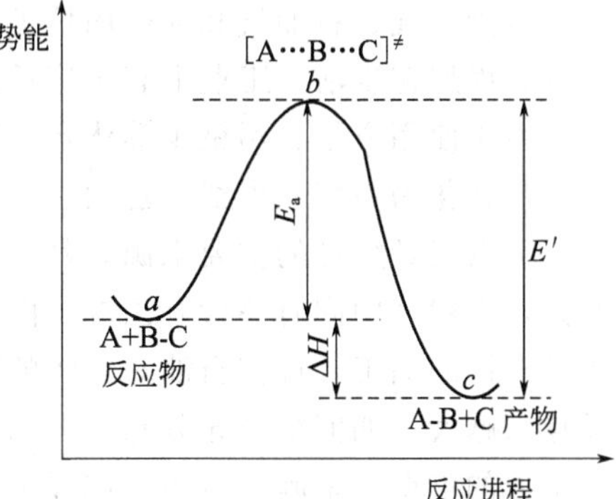

图 5-10　反应进程中体系的势能变化

过渡态处在反应进程-势能曲线上的最高点（*b*），也就是发生反应所需克服的能垒是过渡态（*b*）和反应物（*a*）分子基态之间的势能差，称为反应的活化能（E_a 或 $E_{活}$）。

在前面甲烷与氯气的反应中，第一步氯分子发生均裂反应，需要吸收 242.4kJ·mol^{-1} 能量，所以在无光照的情况下，必须在高温下才能进行。反应（2）中，断裂 CH_3—H 键需要 434.7kJ·mol^{-1} 能量，而生成 H—Cl 键则能放出 430.5kJ·mol^{-1} 能量，所以反应（2）实际只需要 4.2kJ·mol^{-1} 的能量。而反应（3）是放热的，放出 108.7kJ·mol^{-1} 能量。如果只从键的解离能看，则一旦形成了氯原子，链反应便能顺利进行。但实际甲烷的氯代反应并不完全取决于氯分子的均裂。实验表明，要使反应（2）得以进行，还需 16.7kJ·mol^{-1} 的能量，这就是反应（2）的活化能（E_a）。一般来说，发生键的断裂的反应，必需一定的活化能。反应（3）虽然是放热反应，但也需要一定的活化能。

化学反应是一个由反应物逐渐变为产物的连续过程，在反应（2）中，Cl· 与 CH_4 一个 C—H 键的 H 原子逐渐靠近，H 与 Cl 之间开始成键，而该 C—H 键则被拉长，但尚未断裂，体系的能量逐渐上升，达到最高点即过渡态，最终 C—H 键断裂，H—Cl 键生成。通常以虚线表示这种键的断裂与形成的中间过程：

$$Cl\cdot + H-CH_3 \longrightarrow \underset{\text{过渡态}}{[Cl\cdots H\cdots CH_3]^{\neq}} \longrightarrow HCl + CH_3\cdot$$

反应（2）、（3）的连续过程中能量的变化参见图 5-11。

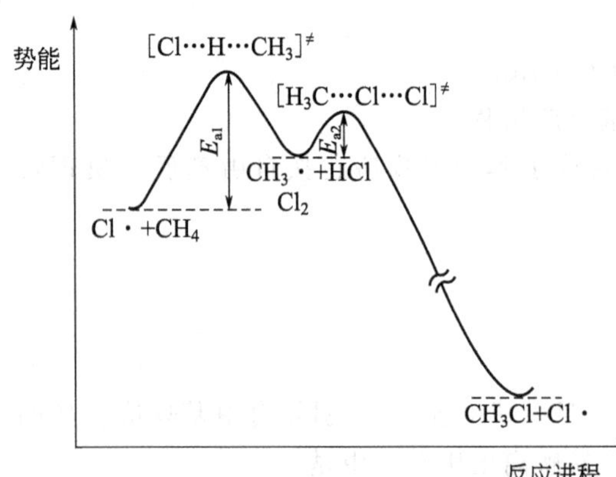

图 5-11　甲烷氯代生成氯甲烷的反应势能变化图

如图 5-11 所示，从 Cl· 进攻 CH_4 开始，体系能量逐渐上升，至过渡态时达到最高点，然后随着 H—Cl 键的逐渐形成，体系的能量逐渐降低。过渡态与反应物的能量差即活化能。由图 5-11 还可看出，反应（3）同样要经过过渡态 $[H_3C\cdots Cl\cdots Cl]^{\neq}$，此步反应的活化能比反应（2）要低。显然，活化能越高，反应速率越慢。在一个多步骤的反应中，最慢的一步是决定反应速率的步骤。在 CH_4 与 Cl· 生成 CH_3Cl 的反应中，生成 $CH_3\cdot$ 一步的活化能更高，是慢步骤，即是此反应的决速步骤。

七、烷烃的来源及制备

（一）烷烃的来源

甲烷是正四面体结构的非极性分子，熔沸点很低，为无色无味的气体，微溶于水，易溶于酒精、乙醚等有机溶剂。甲烷是植物残体、动物粪便等有机物在厌氧菌作用下发酵的产物，是天然气、石油气和煤矿内坑道气的主要成分。另外池塘中冒出的沼气的主要成分也是甲烷。甲烷在生活、工业上有很广泛的用途。天然气、液化石油气和农村利用发酵法制得的沼气由于使用方便、污染少等优点而被广泛作为燃料来使用。甲烷还是重要的化工原料，可进一步转化为甲醇、甲醛、乙炔、氢氰酸及炭黑等重要的工业原料。

天然气是烷烃的主要来源，其主要成分是甲烷。我国四川省的天然气中甲烷的含量高达 95%，天然气中同时还含有乙烷、丙烷、丁烷等其他烃类化合物。此外，烷烃的另一主要来源是石油的加工。现在石油对经济的影响越来越重要，随着国民经济的发展，我国的石油消耗越来越大，如何综合充分利用石油加工产品，早已成为石油化工的主要任务，也是我们今后学习的重点。来源于植物的烷烃主要是正烷烃，如某些高级烷烃构成了植物的叶或果实表面防止水分蒸发的保护层。有些烷烃是某些昆虫的外激素，即同种昆虫之间借以传递各种信息而分泌的化学物质。

烷烃除能被少数细菌或微生物代谢外，绝大部分生物是不能吸收或代谢它们的，这与烷烃对大多数试剂都是稳定的是一致的。

（二）烷烃的制备

1. 偶联反应

把两个烃基上的碳原子连接起来形成 C—C 键的反应称为偶联反应。偶联反应是合成 C—C 键的主要方法之一。偶联反应有很多，这里只介绍最常用的武兹合成法。

武兹（C. A. Würtz）于 1855 年发现用卤代烷（RX）的乙醚溶液与金属钠反应可以生成烷烃，故称为武兹合成法。常用的卤代烷是溴代烷和碘代烷，并且是伯卤代烷。

$$2RX + 2Na \longrightarrow R{-}R + 2NaX$$

制得的烷烃所含的碳原子比原料卤代烃的增加了一倍，所以武慈反应是增长碳链的方法之一，用这个反应可以制备高级烷烃。但武兹合成法只能制备对称的卤代烃（R—R）。

2. 还原反应

烷烃中的氢被各种官能团所取代后的化合物称为烷烃衍生物。烷烃衍生物如卤代烃（R—X）、醇（R—OH）、醛酮［R—COR（H）］、羧酸（RCOOH）等可被还原成烷烃。这类反应中，碳骨架仍保持不变，仅生成了新的 C—H 键。如：

$$CH_3CH_2Br \xrightarrow[THF]{LiAlH_4} CH_3CH_3$$

第二节　环烷烃

一、环烷烃的分类和命名

（一）环烷烃的分类

脂环烃是具环状碳架结构且化学性质与脂肪烃类似的环烃。实际上除芳香烃以外的全部环烃都属于脂环烃。很多天然有机物为脂环烃的衍生物。

脂环烃根据其饱和程度可分为饱和脂环烃（又称环烷烃，如环己烷）和不饱和脂环烃，后者又可分为环烯烃（如环己烯）和环炔烃（如环辛炔）。

根据分子中碳环数可将环烷烃分为单环烷烃和多环烷烃。

单环烷烃根据构成碳环的碳原子数可分为三元环、四元环和五元环等。单环体系又可按环大小分为小环（3～4 个碳原子）、普通环（5～7 个碳原子）、中环（8～11 个碳原子）以及大环（11 个碳原子以上）。

含有两个以上碳环的烷烃称为多环烷烃。多环烷烃又可根据环的相互关系分为隔离二环烃、联环烃、桥环烃和螺环烃等。

（二）环烷烃的命名

1. 单环烷烃

分子中只含有一个碳环的环烷烃称为单环烷烃，通式为 C_nH_{2n}。单环烷烃的系统命名与相应的烷烃基本相同，只是在相应烷烃的名称前冠以“环”字。

环上只有一个取代基时不必编号（1 号位可省略不写）；环上连有多个相同取代基时，按最低系列原则进行编号；有多个不同取代基时，优先最小的取代基所连的碳原子编为 1，接下来环的编号取向仍需符合优先顺序规则或最低系列原则。例如：

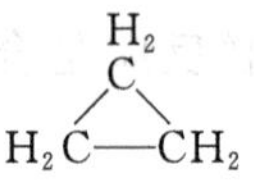

环丙烷 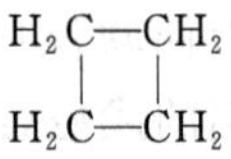　环丁烷 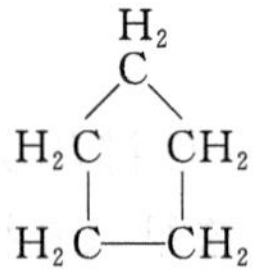　环戊烷 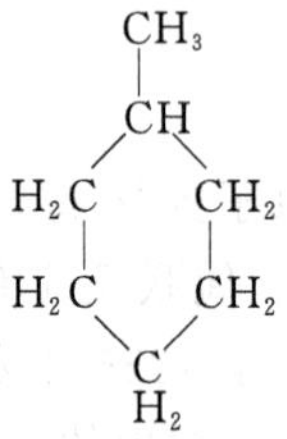　甲基环己烷 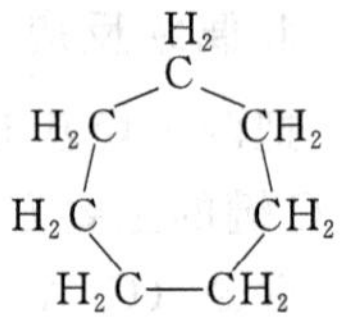　环庚烷

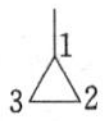

甲基环丙烷 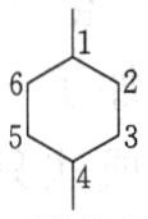　1,4-二甲基环己烷 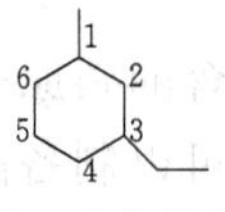　1-甲基-3-乙基环己烷

某些情况下，例如简单的环上连有较长的碳链，或同一碳链上连接有几个脂环烃时，也可将环当作取代基，如：

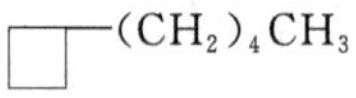

环丁基戊烷 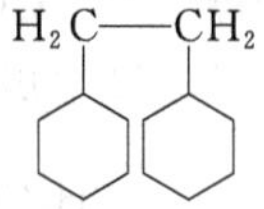　1,2-二环己基乙烷

环烃的异构有多种形式，例如 1,4-二甲基环己烷与 1,3-二甲基环己烷即互为异构体，它们的分子式均为 C_8H_{16}，符合该分子式的环烷烃还可以写出很多，如：

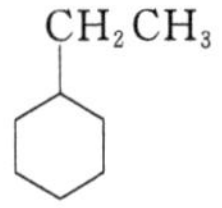

乙基环己烷 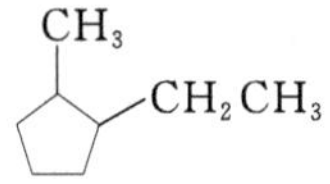　1-甲基-2-乙基环戊烷 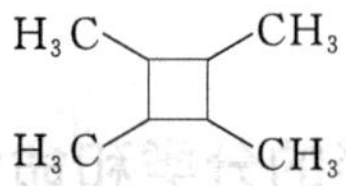　1,2,3,4-四甲基环丁烷

除上述异构外，当环中不同碳原子连有两个或两个以上取代基时，还存在立体异构。如由于碳环限制了碳碳键的自由旋转，会产生顺反异构（参见第六章不饱和脂肪烃）；如果碳原子所连的四个原子或基团都不同，会产生旋光异构（参见第二章立体化学）。

2. 螺环烃

两个环共用一个碳原子的多环烷烃称为螺环烃。共用的碳原子叫螺原子。螺环烃的命名：先根据两个环的碳原子数目叫螺某烷；然后在螺字后用方括号注出两个环中除了共用碳原子以外的碳原子数目，小环的碳数排在前面，大环的碳数排在后面，两个数字之间用小圆点隔开；螺环烃母体的编号是从小环上相邻于螺原子的一个碳原子开始，然后通过共用碳原子到大环；单取代基时，取代基位次尽量最小；多取代时遵循两大规则。例如：

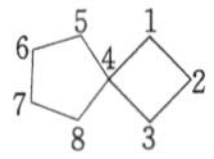

螺[3.4]辛烷 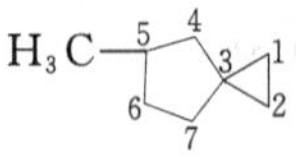　5-甲基螺[2.4]庚烷

3. 桥环烃

桥环烃是指两环间共用两个或两个以上碳原子的双环烃或多环烃，双环桥环烃共用的两个碳原子称为“桥头”碳原子，共有三座桥连在两个“桥头”碳原子上。

双环桥环烃命名时，先按桥环烃母体的碳原子数目称为二环某烃；然后在二环后面用方括号注出三座桥上的碳原子数目（“桥头”碳原子除外），大数在前，各数字间用小圆点隔开；编号时，从“桥头”碳原子开始，沿着最长的桥到另一“桥头”碳原子，再沿次长桥回到“桥头”碳原子，最短的桥最后编号。例如：

二环[4.1.0]庚烷

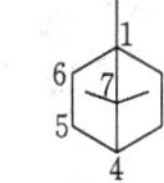

1,7,7-三甲基二环[2.2.1]庚烷

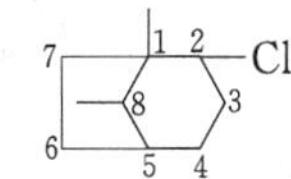

1,8-二甲基-2-氯二环[3.2.1]辛烷

某些天然的脂环烃化合物，常常使用俗名。例如：

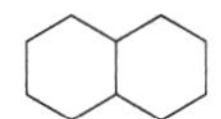

十氢萘(二环[4.4.0]癸烷)

降冰片(二环[2.2.1]庚烷)

二、环烷烃的结构和稳定性

环的稳定性与环的大小有关，三元环最不稳定，四元环比三元环稍稳定一点，五元环较稳定，六元环最稳定，环再增大，稳定性稍有下降，到大环烷烃，又趋近环己烷的稳定性。为了说明这些实验事实，1885 年拜耳（A. von Baeyer）提出了张力学说。他假定形成环的碳原子都在同一平面上，并排成正多边形，环中碳碳键键角小于或大于正四面体所要求的角度 109°28′时，键角发生变形会产生张力。键角变形的程度越大，张力越大。张力使环的稳定性降低，张力越大，环的反应活性也越大。

在环丙烷分子中三个碳原子必定在一个平面上，这样 C—C—C 键角就应该是 60°。环烷烃中的碳也是 sp^3 杂化，而正常的 sp^3 杂化轨道之间的夹角应是 109°28′，要使键角由正常的 109°28′变为 60°，必须使两个价键各向内偏转 24°44′[＝(109°28′－60°)/2]，这样键角发生变形从而产生张力，使得三元环变得很不稳定，通常把这种力称为角张力。角张力是影响环烷烃稳定性的几种张力因素之一。另外，还可以从轨道重叠的角度看，在环丙烷中碳原子核之间的连线与正常的 sp^3 杂化轨道之间有较大的角度偏差，结果造成了 C—C 之间的电子云不可能在原子核连线的方向上重叠，也就是没有达到最大程度的重叠，这样形成的键就没有正常的键稳定。所以环丙烷的稳定性比烷烃要差得多。

图 5-12 中虚线为碳原子核间的连线，两条实线间为碳的两个实际杂化轨道间的夹角（小于 109°28′）。常形象化地把这样形成的键叫香蕉键或弯曲键。

图 5-12　环丙烷中 sp^3 杂化轨道重叠示意图

环丁烷的情况与环丙烷相似，键角与正常的 sp^3 杂化轨道之间也有一定的角度偏差，故分子中也存在着张力，但比环丙烷的要小，所以它要比环丙烷稳定。

三元以上的环，成环的原子可以不在一个平面内，而是发生了扭曲，如：

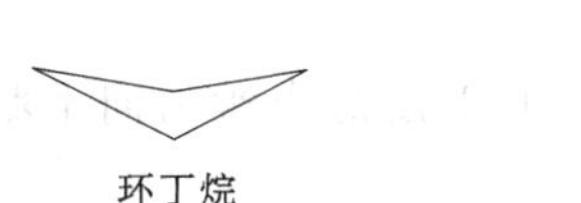

环丁烷

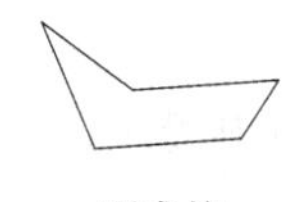

环戊烷

成环原子处于非同平面使碳碳之间的杂化轨道可以逐渐趋向于正常的键角和最大程度的重叠。环己烷分子中的六个碳原子可以有如下两种保持正常 C—C—C 键角的空间排布方式，即船式(a) 和椅式(b)（图 5-13）。

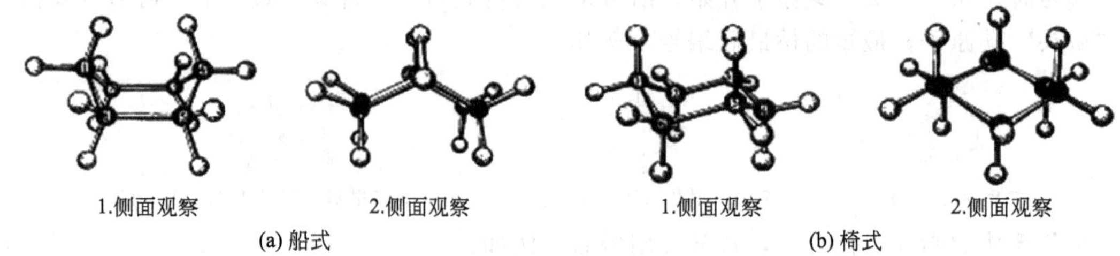

图 5-13 环己烷的船式和椅式模型

三、环己烷及其衍生物的构象

（一）环己烷的构象

在环己烷分子中，碳原子是以 sp^3 杂化的。六个碳原子不在同一平面内，碳碳键之间的夹角可以保持 109°28′，因此环很稳定。环己烷的船式和椅式构象是其两种极限构象。在椅式构象中 C—C—C 键角基本上维持 109°28′，而相邻碳原子的键都处于邻位交叉式的位置［图 5-13(b)］，没有碳氢键或碳碳键的重叠。因此环己烷椅式构象既没有角张力，也没有扭转张力，是个无张力环，具有与烷烃相似的稳定性。而在船式构象中只有四个相邻碳原子的键处于邻位交叉式的位置［图 5-13(a)］，其他两个相邻碳原子的键处于完全重叠式的位置，由于重叠的氢原子间有斥力作用，且船头船尾氢原子距离较近，斥力较大，故船式构象能量高，不稳定。通过物理方法可测出船式构象环己烷比椅式构象能量高 $29.7\text{kJ}\cdot\text{mol}^{-1}$，故在常温下环己烷几乎完全以较稳定的椅式构象存在（常温下，每千个分子中大概船式构象只占 1 个，其余以椅式构象存在），椅式是环己烷的优势构象。

从椅式环己烷中，可以看出 C-1、C-3、C-5 形成一个平面，它位于 C-2、C-4、C-6 形成的平面之上，这两个平面相互平行。其中的 12 个 C—H 键可以分成两类，第一类六个 C—H 键是垂直于 C-1、C-3、C-5（或 C-2、C-4、C-6）形成的平面，叫直立键，以 a 键表示，其中三个方向朝上，其余三个方向朝下，相邻两个则一上一下（图 5-14）；第二类六个 C—H 键与直立键形成接近 109°28′夹角，叫平伏键，以 e 键表示［a 和 e 分别是 axial（轴向的）与 equatorial（赤道的）的首字母］。

图 5-14 环己烷的直立键和平伏键

图 5-15 环己烷中直立键和平伏键的翻转

如图 5-15 所示，将椅式构象(a) 中的 C-1 按箭头所指向下翻转，而将 C-4 转到上面，即得到另一个椅式构象(b)。

实际在室温下，两种椅式构象在不断地相互翻转，翻转以后 C-1、C-3 和 C-5 形成的平面转至 C-2、C-4 和 C-6 形成的平面之下，因此 a 键变为 e 键，而 e 键则变为 a 键。

（二）取代环烷烃的构象

环己烷的椅式构象中 C-1、C-3、C-5（或 C-2、C-4、C-6）的三个 a 键所连氢原子间的距离与两个氢的范德华半径基本相同，它们之间没有相互排斥作用，即不产生张力。但当C-1 a键上的氢被其他原子或基团（如图5-16中的甲基）取代后，如（Ⅰ），由于甲基的体积比氢大，所以它与C-3、C-5上的氢之间的距离要小于两个氢的范德华半径，使得它们之间产生相互排斥作用，使环产生了一定的张力。但如果甲基连在e键上，如（Ⅱ），由于甲基伸向环外，离非键合氢原子（无论a键还是e键上的氢原子）较远，不产生张力。这样在各种构象的平衡体系中，甲基处在e键上的构象是占有绝对优势的构象。因此，在环己烷的取代衍生物中，最大基团处在e键上的构象是最稳定的构象。

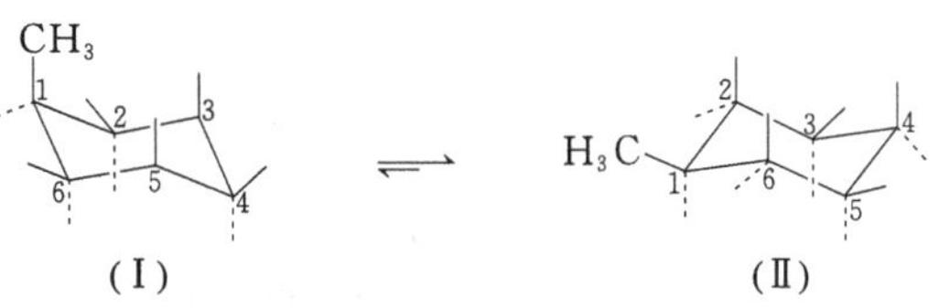

图 5-16　取代环己烷的优势构象

应用构象关系可以分析研究化合物的结构稳定性、有机反应发生的方向和部位。在以后的章节中会看到构象分析的应用实例，这里先举一些简单的例子加以说明。

1,2-二甲基环己烷有两种顺反异构体：顺-1,2-二甲基环己烷和反-1,2-二甲基环己烷。顺式中两个甲基位于环平面同侧，反式中位于异侧（图5-17）。这两种异构体哪一种更稳定呢？从一般的结构式是看不出何者稳定的。若从构象式分析，就很容易看出，顺-1,2-二甲基环己烷的两个甲基，一个在e键上，一个在a键上，而反-1,2-二甲基环己烷的两个甲基都在e键上。所以反-1,2-二甲基环己烷比顺式的更稳定。

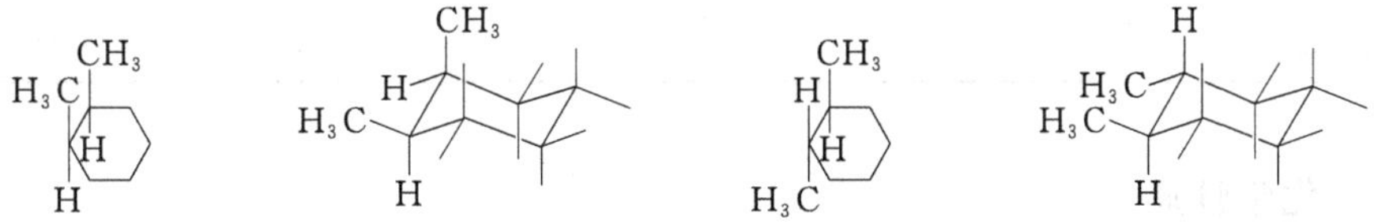

(a) 顺-1,2-二甲基环己烷　　(b) 反-1,2-二甲基环己烷

图 5-17　1,2-二甲基环己烷两种顺反异构体的构象

十氢萘（或二环［4.4.0］癸烷）的结构式是由两个环己烷稠合而成的。环己烷的构象间易于互相转变，常温下不能分离，但在十氢萘中，两环互相制约，键的旋转困难，已经分离出两种异构体，它们均为椅式构象（图5-18）。在反-十氢萘中，B环有两个碳碳键是在A环e键；A环亦有两个碳碳键是在B环e键。而在顺-十氢萘中，B环只有一个碳碳键是在A环的e键；A环亦只有一个碳碳键是在B环e键。因此从构象上可以看出反-十氢萘比顺-十氢萘稳定。

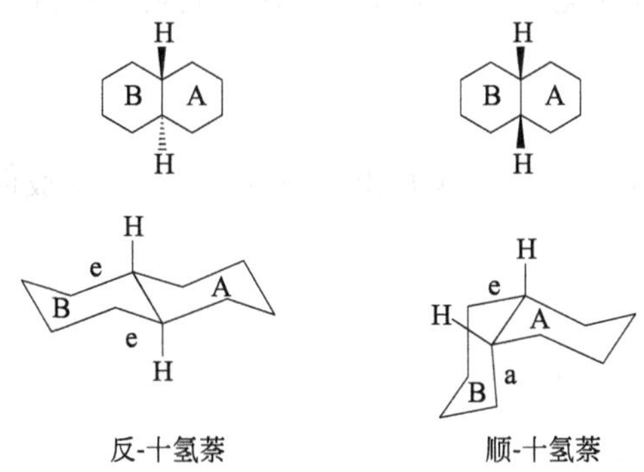

图 5-18　十氢萘的构象

构象分析在分析药物作用机制方面也得到了应用。因为药物分子的构象不同，其生理活性往往也有差异。例如止血环酸（图5-19），反式异构体有很好的止血效果，而顺式异构体药效很差。这主要是因为反式异构体分子中羧基和氨甲基都处在e键，二者间距较远，有利于受体结合，而顺式异构体二者间距较近，不利于受体结合。

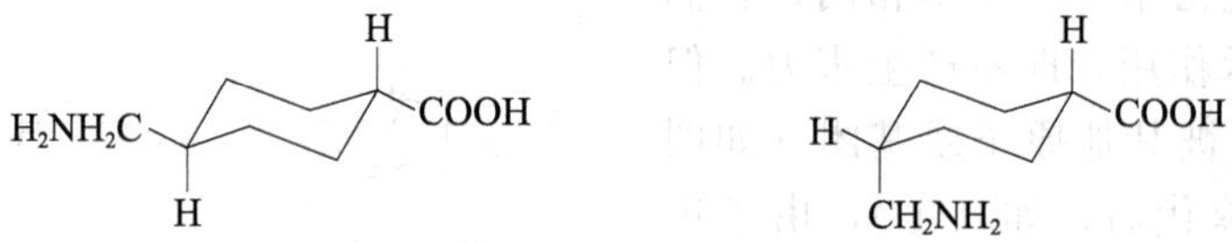

H_2NH_2C—(环)—COOH（H，H）　　H—(环)—COOH（H，CH_2NH_2）

反-止血环酸　　顺-止血环酸

图 5-19　止血环酸的构象

四、环烷烃的性质

（一）物理性质

环烷烃的物理性质与相应的烷烃相似，但环烷烃的熔点、沸点和相对密度都较相应的烷烃要高些。环烷烃不溶于水，相对密度比水小，易溶于有机溶剂。部分环烷烃的物理常数见表 5-7。

表 5-7　部分环烷烃的物理常数

名称	熔点/℃	沸点/℃	相对密度 d_4^{20}
环丙烷	−127.4	−32.9	0.720(−79℃)
环丁烷	−90.7	12.5	0.703(0℃)
环戊烷	−93.8	49.3	0.745
环己烷	6.5	80.7	0.779

（二）化学性质

环烷烃的化学性质与相应的烷烃性质基本相似。如环烷烃具有烷烃典型的自由基取代反应。但环烷烃也有其某些特殊性质，如三元及四元环烷烃由于碳碳间电子云重叠程度较差，所以碳碳键就不如开链烷烃中的碳碳键稳定，表现在化学性质上比较活泼，它们与烯烃相似，容易发生开环加成反应而形成链状化合物。

1. 取代反应

在光照或高温下，环戊烷以及更高级的环烷烃可与卤素发生自由基型取代反应，生成卤代环烷烃。例如：

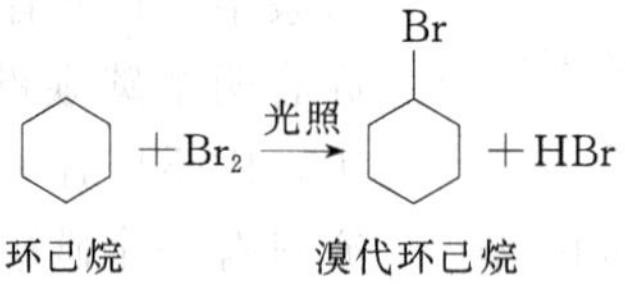

$$\text{环己烷} + Br_2 \xrightarrow{\text{光照}} \text{溴代环己烷} + HBr$$

2. 开环加成反应

（1）催化加氢

环烷烃催化加氢生成烷烃。环的大小不同，反应的难易程度也不同。如：

$$\triangle + H_2 \xrightarrow[80℃]{Ni} CH_3CH_2CH_3$$

$$\square + H_2 \xrightarrow[120\sim180℃]{Ni} CH_3CH_2CH_2CH_3$$

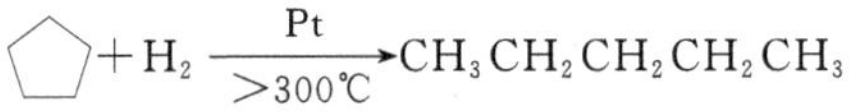

$$⬠ + H_2 \xrightarrow[>300℃]{Pt} CH_3CH_2CH_2CH_2CH_3$$

从反应条件可以看出，越小的环越不稳定，越易开环而发生加成反应。环戊烷以上的环很难开环，它们比较稳定。

（2）加卤素

小环可以与卤素发生加成反应，如：

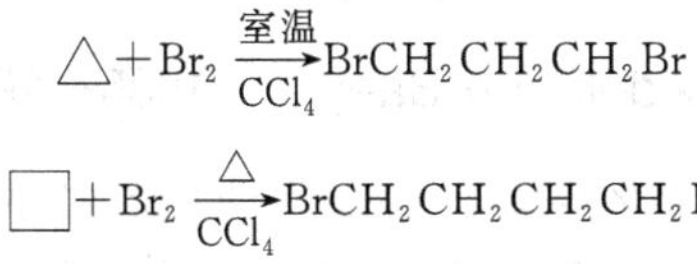

$$△ + Br_2 \xrightarrow[CCl_4]{室温} BrCH_2CH_2CH_2Br$$

$$□ + Br_2 \xrightarrow[CCl_4]{△} BrCH_2CH_2CH_2CH_2Br$$

所以环丙烷和环丁烷能使溴的四氯化碳溶液褪色。但它们不能使高锰酸钾溶液褪色，因为环烷烃不易发生氧化反应。环戊烷以及更高级的环烷烃则不与卤素发生加成反应。

（3）加卤化氢

小环可以和卤化氢发生加成反应，如：

$$△ + HBr \longrightarrow CH_3CH_2CH_2Br$$

环丙烷的烷基衍生物与卤化氢加成时，遵循马尔科夫尼科夫规则（参见第六章不饱和脂肪烃），如：

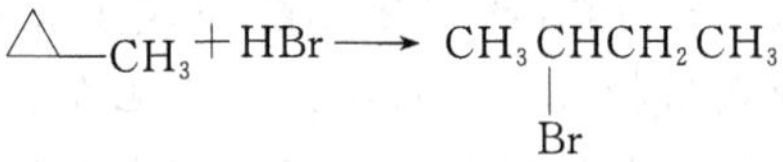

$$△\!-CH_3 + HBr \longrightarrow \underset{\displaystyle\ \ \ \ \ \ \ \ \ \ \ \ \ \ Br}{CH_3\overset{}{C}HCH_2CH_3}$$

环丁烷加 HX 需用较活泼的 HI；环戊烷及更高级的环烷烃则与 HX 一般不反应。

3. 氧化反应

在常温下，环烷烃与一般氧化剂（如高锰酸钾、臭氧等）不发生反应。即使是环丙烷，常温下也不会使高锰酸钾褪色。但在加热并存在催化剂时，可被空气氧化而开环，生成二元羧酸。如环己烷可被氧化为己二酸，己二酸是合成尼龙-66 的主要原料：

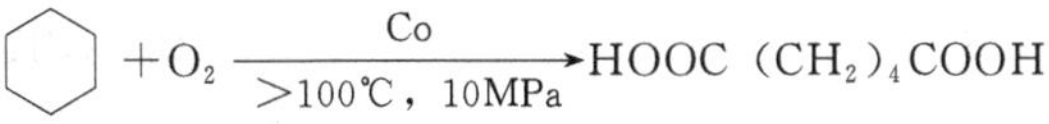

$$⬡ + O_2 \xrightarrow[>100℃,\ 10MPa]{Co} HOOC\ (CH_2)_4COOH$$

环烷烃和其他烃类一样都可以燃烧，生成 CO_2 和 H_2O，并放出大量的热。

五、环烷烃的制备

合成环状化合物的重要手段之一是用一个链状的化合物，在链的两端含有适当的官能团，使这两个官能团发生分子内反应进行关环。例如，利用合成烷烃的反应——武兹反应进行分子内的偶联反应，合成小环化合物。

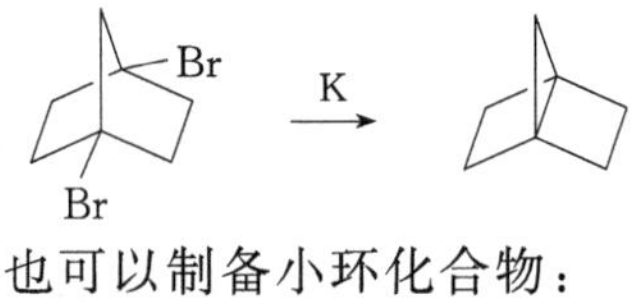

$$\text{(Br, Br 取代双环化合物)} \xrightarrow{K} \text{(双环化合物)}$$

用分子间失去卤化氢的方法也可以制备小环化合物：

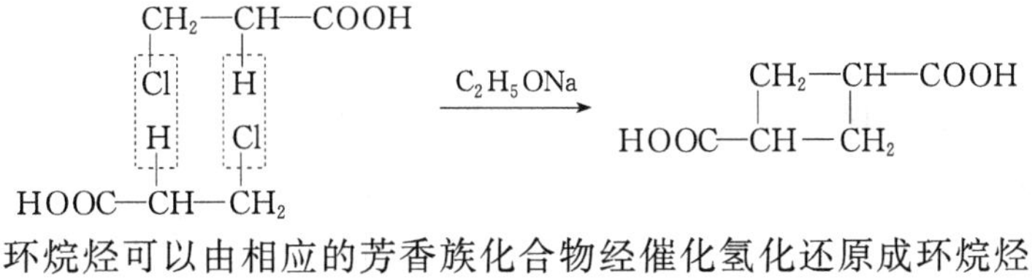

$$\begin{array}{ccc} CH_2- & CH- & COOH \\ | & | & \\ Cl & H & \\ H & Cl & \\ | & | & \\ HOOC-CH- & CH_2 & \end{array} \xrightarrow{C_2H_5ONa} \begin{array}{l} \ \ \ \ \ \ \ \ \ \ \ \ \ CH_2-CH-COOH \\ \ \ \ \ \ \ \ \ \ \ \ \ \ \ |\ \ \ \ \ \ \ \ \ \ \ | \\ HOOC-CH-CH_2 \end{array}$$

某些重要的环烷烃可以由相应的芳香族化合物经催化氢化还原成环烷烃及其衍生物，例如工业上就是用这种方法来大规模生产环己烷的。

$$\text{苯} + 3H_2 \xrightarrow[250℃，18MPa]{Ni} \text{环己烷}$$

$$\text{萘} + 3H_2 \xrightarrow[200℃]{Ni} \text{四氢萘}$$

名人追踪

拜耳（Adolf von Baeyer，1835—1917）

德国著名化学家，1905 年诺贝尔化学奖获得者。1835 年 10 月 31 日生于柏林，1917 年 8 月 20 日卒于施塔恩贝格。他早年在柏林大学学习数学和物理学。1853 年在海德堡学习实验化学。1858 年进入凯库勒的实验室工作。在柏林取得博士学位。1872 年在斯特拉斯堡大学任化学教授。1875 年，他作为李比希的继承人进入慕尼黑大学任化学教授直至逝世。拜耳着重实验室工作。19 世纪 60 年代初研究尿酸。1863 年发明丙二酰脲（后成为大宗安眠药物的母体）。1870 年研究酚醛反应合成酚酞和荧光素，1865—1885 年，他研究染料，最出色的工作是靛蓝，于 1870 年用靛红与三氯化磷反应并还原得到靛蓝，于 1878 年用苯乙酸合成了靛红，从而完成了最早的靛蓝合成，1883 年提出了靛蓝的顺式结构式。1905 年，由于他在有机染料和芳香烃化合物方面的成就，获得诺贝尔化学奖；1881 年他得到了英国皇家学会的戴维奖章；他还得到过柏林化学家代表大会的李比希奖。他著有 300 篇重要文章，1905 年出版过两卷论文集。

习 题

1. 用系统命名法（如果可能的话，同时用普通命名法）命名下列化合物。

(1) $CH_3CH_2CHCH_2CH_3$（中间 CH 上连 $CH_2CH_2CH_2CH_3$）

(2) $CH_3(CH_2)_3CH(CH_2)_3CH_3$（CH 上连 $C(CH_3)_2$，再连 $CH_2CH(CH_3)_2$）

(3) $CH_3CH_2C(CH_2CH_3)_2CH_2CH_3$

(4) $(CH_3)_4C$

(5) H—C—C—C—C—H（各碳上连 H，第三个碳下连 H—C——C—H 片段）

(6) $CH_3CHCH_2C—CH_3$（CH 上连 CH_3，C 上连两个 CH_3）

(7) H、CH_3、H、CH_2CH_3 取代的环己烷（椅式构象）

(8)

(9) H_3C—□◇□—CH_3

(10)

(11)

(12)

(13) Newman projection: front CH$_3$ (top), H, H; back H$_3$C, CH$_3$, H

2.写出下列化合物的结构式，假如某个名称违反系统命名法，请予以更正。

(1) 2,4-二甲基戊烷　　(2) 2,4-二甲基-5-异丙基壬烷

(3) 2,4,5,5-四甲基-4-乙基庚烷　　(4) 2,3-二甲基-2-乙基丁烷

(5) 2-异丙基-4-甲基己烷　　(6) 异丙基环戊烷

(7) 反-1-甲基-3-异丙基环己烷的优势构象　　(8) 二环［4.1.0］庚烷

(9) 顺-1,5-二甲基环己烷　　(10) 1,4-二甲基螺［2.4］庚烷

3.写出 C_7H_{16} 的所有同分异构体的结构式，用系统命名法命名之，并指出含有异丙基、异丁基、仲丁基或叔丁基的分子。

4.将下列化合物按沸点由高至低排列（不查表）。

(1) 3,3-二甲基戊烷　(2) 正庚烷　(3) 2-甲基己烷　(4) 正戊烷　(5) 2-甲基庚烷

5.完成下列反应式。

(1) $CH_3CH_2CH_3 + Br_2 \xrightarrow[一取代]{光照}$

(2) $CH_3\overset{CH_3}{\underset{CH_3}{C}}CH_3 + Cl_2 \xrightarrow[一取代]{光照}$

(3) （甲基环丙烷）$+ HCl \longrightarrow$

(4) （甲基环丁烷）$\xrightarrow{Br_2}$

6.用化学方法区别下列各组化合物。

(1) 环丙烷和丙烷

(2) 1,2-二甲基环丙烷和环戊烷

7.写出乙烷氯代反应（光照条件下）生成一氯乙烷的反应历程。

8.下列几种操作条件和过程，哪些可以得到氯代产物，哪些不能发生反应，并解释之。

(1) 将甲烷和氯气的混合物放置在室温和黑暗中。

(2) 将氯气先用光照射，然后在黑暗中放置一段时间，再与甲烷混合。

(3) 将氯气先用光照射，然后迅速在黑暗中与甲烷混合。

(4) 将甲烷先用光照射，然后迅速在黑暗中与氯气混合。

(5) 将甲烷和氯气的混合物放置在日光下。

9.把下列透视式或楔形式写成纽曼投影式，并判断是否为同一构象。

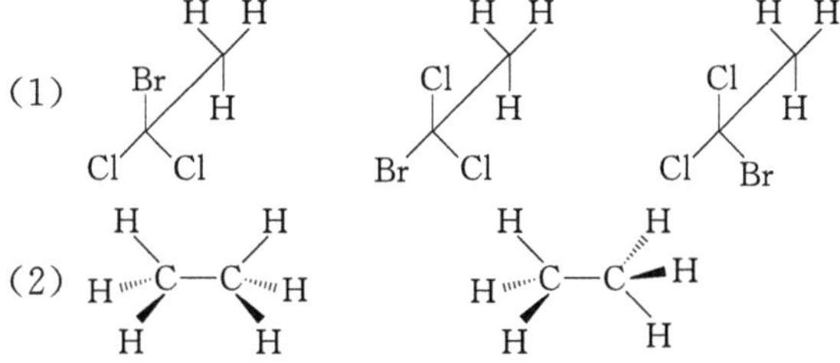

10.用纽曼投影式表示 1-氯丙烷绕 C-1—C-2 轴旋转的四种代表性的构象，并比较四种构

象的稳定性。

11. 将下列1-甲基-4-叔丁基环己烷的不同构象按稳定性由大到小进行排列。

(1) 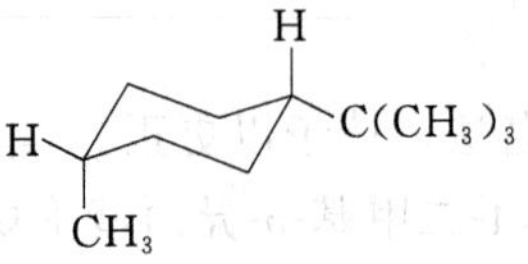 (2)

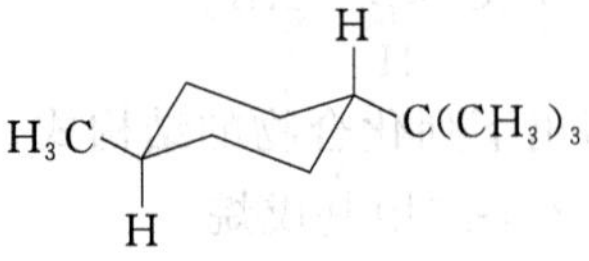

(3) 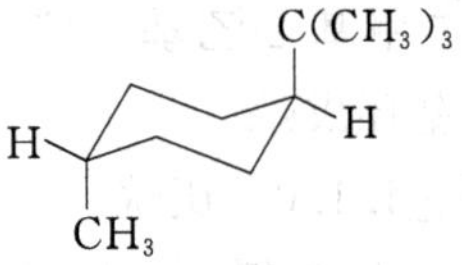 (4)

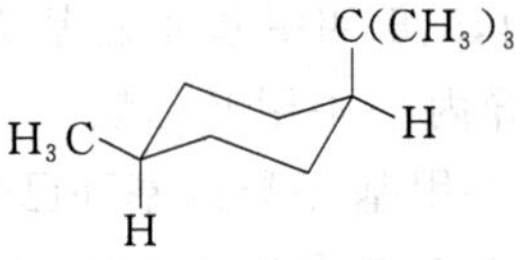

第六章　不饱和脂肪烃

分子中含有碳碳双键或碳碳三键的烃类化合物，通常称为不饱和脂肪烃；含有碳碳双键的称烯烃，含有碳碳三键的称炔烃。碳碳双键和三键分别是烯烃和炔烃的官能团。

含有一个碳碳双键的开链烯烃通式为 C_nH_{2n}，含有一个碳碳三键的开链炔烃通式为 C_nH_{2n-2}。

第一节　单烯烃

一、单烯烃的结构

烯烃的结构特征是含有碳碳双键。组成双键的两个碳原子各以 sp^2 杂化方式，由一个 s 轨道和两个 p 轨道杂化组成三个完全等同的 sp^2 杂化轨道，余下一个 p 轨道不参与杂化。三个 sp^2 杂化轨道同处于一个平面上，键角都是 120°，余下的 p 轨道则保持原来的形状，并垂直于三个 sp^2 杂化轨道形成的平面。

例如在乙烯分子中，两个碳原子各以一个 sp^2 杂化轨道沿轴向互相重叠，形成碳碳 σ 键；每个碳上剩余的两个 sp^2 杂化轨道分别与两个氢原子的 1s 轨道重叠，形成四个碳氢 σ 键，未参与杂化的 p 轨道其对称轴相互平行，侧面重叠形成 π 键，见图 6-1(a)。碳碳 π 键的电子云分布在分子平面的上、下两侧，见图 6-1(b)。乙烯分子中，所有的原子都在同一平面上，称分子平面，见图 6-2。

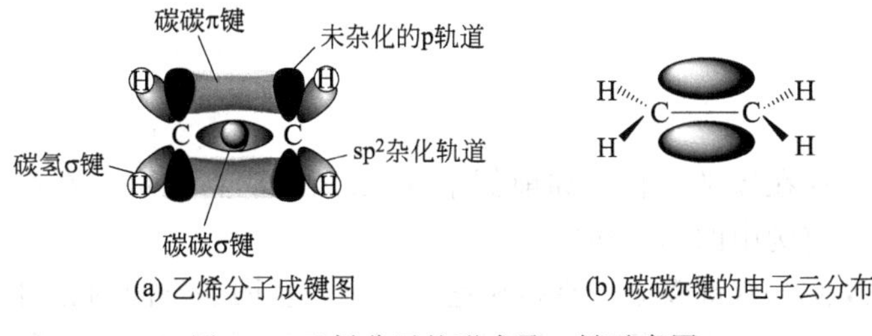

图 6-1　乙烯分子的形成及 π 键示意图

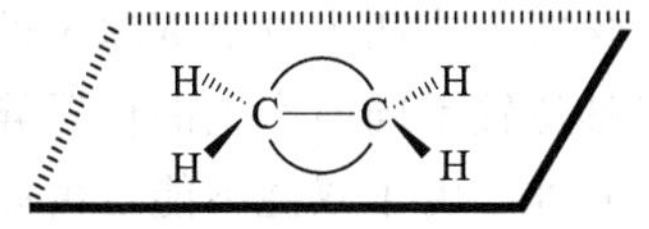

图 6-2　乙烯分子中各原子在空间的分布

由电子衍射及光谱实验证明乙烯分子确实为平面型，分子中的键角接近于 120°。碳碳双键的键长为 0.134nm，比碳碳单键的键长（0.154nm）短，这是由于碳碳之间形成了 σ 和 π 两个键，成键电子对核的吸引力增强，使两个碳核比单键时靠得更近。碳碳双键的键能为 $610kJ \cdot mol^{-1}$，比碳碳单键的键能（$347kJ \cdot mol^{-1}$）大，但比它的两倍小，这说明 π 键的键能比σ键的要小。这是由于形成π键的p轨道重叠程度比σ键小，π键不如σ键牢固，比较容易断裂，所以π键活泼。π键的存在也使得双键不能自由旋转，因为旋转的结果会使两个p轨道的重叠受到破坏。π键的轨道不像σ键那样集中在两个原子核的连线上，而是分散在上、下两侧，因此π键轨道中的成键电子对受原子核的束缚力较小，易受外界影响而发生极化。

二、单烯烃的命名和同分异构

（一）单烯烃的命名

烯烃的命名包括普通命名法（如下面括号中的命名）和系统命名法。系统命名法和烷烃相似，其要点是：

① 选择一个含有双键的最长碳链为主链（含有双键的最长碳链有时可能不是该化合物分子中最长的碳链），按主链碳原子的数目命名为某烯。如主链的碳原子数超过10个时，应在烯字前加一“碳”字。

② 主链碳原子的编号从距离双键最近的一端开始。

③ 双键的位置必须标明，其位置以双键所在碳原子编号中较小的一个表示，把它写在母体名称之前。若双键正好在主链中央，主链碳原子则应从靠近取代基的一端开始编号。

④ 其他同烷烃的命名原则。

例如：

$CH_3—CH_2—CH═CH_2$　　1-丁烯（丁烯）　　(a)

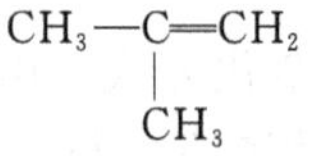

$CH_3—\underset{\underset{CH_3}{|}}{C}═CH_2$　　2-甲基丙烯（异丁烯）　　(b)

$CH_3—CH═CH—CH_3$　　2-丁烯　　(c)

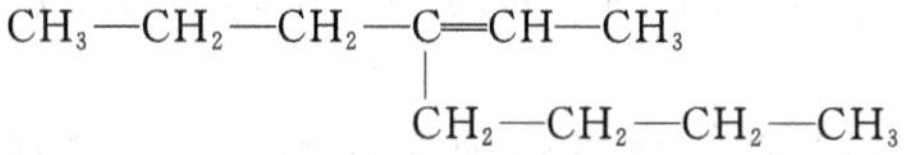

$CH_3—CH_2—CH_2—\underset{\underset{CH_2—CH_2—CH_2—CH_3}{|}}{C}═CH—CH_3$　　3-丙基-2-庚烯　　(d)

⑤ 烯基：烯烃去掉一个氢原子后剩下的一价基团叫做烯基。如：

$CH_3CH═CH—$　　1-丙烯基

$CH_3CH═CHCH_2—$　　2-丁烯基

$CH═CHCH_2—$　　2-丙烯基或称“烯丙基”

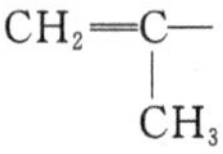

$CH_2═\underset{\underset{CH_3}{|}}{C}—$　　1-甲基乙烯基或称“异丙烯基”

（二）烯烃的同分异构

含四个或四个以上碳原子的烯烃可存在碳链异构，如前例中的(a) 和(b)；也可存在由于双键位置不同而产生的位置异构，如前例中的(a) 和(c)。

此外，由于双键不能自由旋转，致使与双键碳原子直接相连的原子或基团在空间的相对位置固定下来，如2-丁烯，双键上的四个基团在空间就可以有两种不同的排列方式，即两种构型：

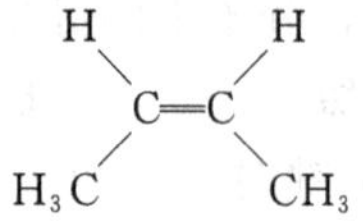

$$\begin{array}{ccc} H & & H \\ & C═C & \\ H_3C & & CH_3 \end{array}$$

顺-2-丁烯（沸点3.7℃）

$$\begin{array}{ccc} H & & CH_3 \\ & C═C & \\ H_3C & & H \end{array}$$

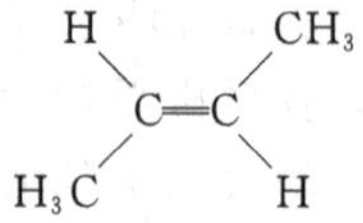

反-2-丁烯（沸点0.9℃）

这种异构称为顺反异构，属立体异构中的构型异构。

“构型”和“构象”都用来描述分子中各原子或基团在空间的不同排列，但其含义不同。分子中各原子或基团在空间的不同排列可以通过单键的旋转而相互转化的，叫做构象。如重叠式乙烷和交叉式乙烷就是乙烷的两种不同构象，但它们属于同一种分子，一般也无法把它们分离。构型虽然也是指分子中各原子或基团在空间的不同排列，但它们之间的相互转化必须通过键的断裂来完成，如顺-2-丁烯和反-2-丁烯是 2-丁烯的两种不同的构型。根据理化性质的差异，可以把它们分离开来。

分子产生顺反异构现象的条件是：

① 分子中必须有限制旋转的因素，如碳碳双键、脂环等结构；

② 在不能自由旋转的两端原子上，必须各自和两个不同的原子或基团相连。

例如：

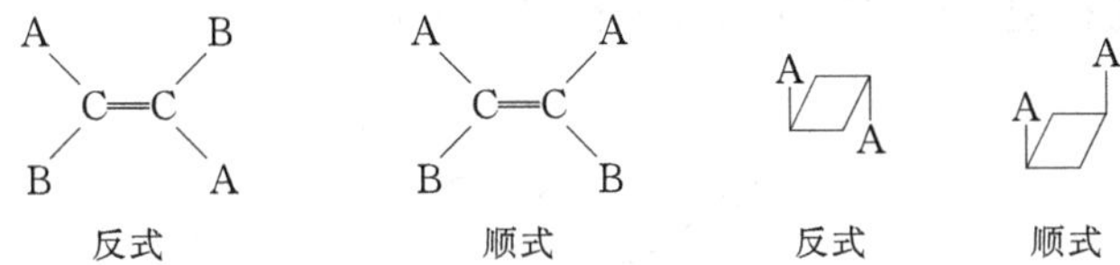

反式　　顺式　　反式　　顺式

（三）烯烃顺反异构体的表示

烯烃顺反异构体的表示，常有两种方法：一是顺反表示法，另一是 Z/E 表示法。

1. 顺反表示法

在二取代烯烃和环烷烃中，常用顺、反来表示异构。如前所示，相同的原子或基团在碳碳双键或环平面同侧的为顺式，反之则为反式；例如：

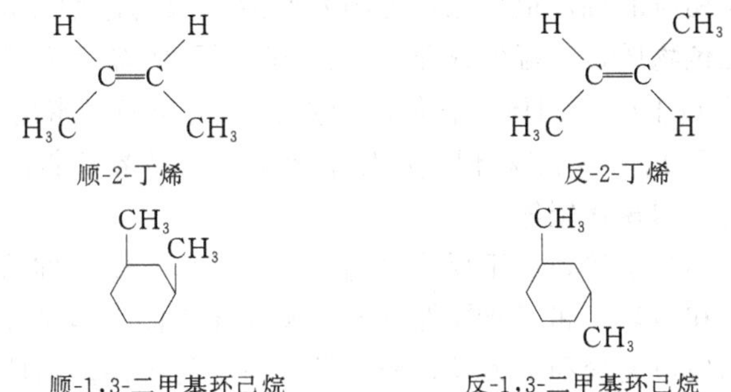

顺-2-丁烯　　反-2-丁烯

顺-1,3-二甲基环己烷　　反-1,3-二甲基环己烷

当双键上两个碳原子所连接的四个原子或基团不相同时，用顺反表示法就会遇到困难，此时可用 Z/E 表示法。

2. Z/E 表示法

根据 IUPAC 命名法的规定：如果双键上两个碳原子连接的较优基团在双键平面的同侧时，其构型用 Z 表示，字母 Z 是德文 Zusammen 的字头，指“一起、同侧”的意思；在异侧时，其构型用 E 表示，字母 E 是德文 Entgegen 的字头，指“相反、相对”的意思。书写时，将 Z 或 E 写在括号内，放在化合物名称之前，并用连字符“-”相连接。

较优基团的判断可由“顺序规则”来确定（参见第一章绪论）。

下面就是以 Z/E 表示法来命名的顺反异构体：

H　　　C_2H_5
C═C
H_3C　　　CH_3

(E)-3-甲基-2-戊烯

H　　　CH_3
C═C
H_3C　　　C_2H_5

(Z)-3-甲基-2-戊烯

顺反表示法和 Z/E 表示法在很多情况下是一致的，但有时也有不一致的，即顺式并不一定是 Z 式，如：

H　　　H
C═C
H_3C　　　CH_3

顺(Z)-2-丁烯

H　　　Cl
C═C
H_3C　　　CH_3

顺(E)-2-氯-2-丁烯

如果烯烃分子中含有两个或两个以上的双键，而且每个双键上所连基团都有顺反异构，就应标出每个双键的构型。如以下化合物的命名应为：

H　　　$\overset{6}{C}H_3$
$\overset{1}{H_3C}$　　$\overset{4}{C}$═$\overset{5}{C}$
$\overset{2}{C}$═$\overset{3}{C}$　　　H
H　　　CH_3

($2Z$，$4E$)-3-甲基-2,4-己二烯

三、单烯烃的性质

（一）物理性质

烯烃的物理性质与相应的烷烃很相似，也随着碳原子数的递增而出现相应的递变规律。一般状态下它们都是无色物质，常温常压下 2～4 个碳原子的烯烃为气体，5～18 个碳原子的为液体，19 个碳原子以上的为固体。它们的沸点、熔点和相对密度都随分子量的增加而上升，但相对密度都小于 1。与烷烃相似，烯烃不溶于水，易溶于非极性或弱极性的有机溶剂，如苯、乙醚、氯仿、四氯化碳等。

在顺反异构体中，如 2-丁烯，由于反式异构体的几何形状是对称的，分子内的正负电荷中心重合，偶极矩矢量和为零，属于非极性分子；顺式异构体为非对称分子，分子内的正负电荷中心不能重合，偶极矩矢量和不为零，分子具有一定的极性。因此顺式异构体的沸点要比反式的沸点略高。而对于熔点来说则相反，反式异构体比顺式异构体的对称性更高，分子在晶格中可以排列得较紧密，分子间作用力较大，故反式异构体通常有较高的熔点和较小的溶解度。如顺-2-丁烯的沸点是 3.70℃，熔点是－138.9℃；而反-2-丁烯的沸点是 0.88℃，熔点是－105.6℃。常见烯烃的物理常数见表 6-1。

表 6-1　常见烯烃的物理常数

化合物	熔点/℃	沸点/℃	相对密度 d_4^{20}	折射率
乙烯	－169.2	－103.7	0.5790(9.9℃)	1.3630
丙烯	－185.3	－47.4	0.5193	1.3567(－70℃)
1-丁烯	－185.4	－6.3	0.5951	1.3962
顺-2-丁烯	－138.9	3.7	0.6213	1.3931(－25℃)
反-2-丁烯	－105.6	0.9	0.6042	1.3848(－25℃)
异丁烯	－140.4	－6.9	0.5902	1.3926(－25℃)

续表

化合物	熔点/℃	沸点/℃	相对密度 d_4^{20}	折射率
1-戊烯	−165.2	30.0	0.6405	1.3715(20℃)
1-己烯	−139.8	63.4	0.6731	1.3837
1-庚烯	−119.0	93.6	0.6970	1.3998(20℃)
1-辛烯	−101.7	121.3	0.7149	1.4087(20℃)

（二）化学性质

碳碳双键由一个 σ 键和一个 π 键组成，它是烯烃的官能团。π 键比 σ 键弱，容易断裂，π 键打开后，双键两端的碳原子分别与两个原子或基团结合，形成两个新的 σ 键，这样的反应称为加成反应。烯烃的加成反应可分为自由基型加成反应和离子型亲电加成反应两种类型。由于 π 键电子云分布在分子平面的上下两侧，比较暴露在分子表面，所以 π 键容易受到 H^+、路易斯酸等缺电子试剂（亲电试剂）的进攻而引发反应，由亲电试剂进攻而发生的加成反应称为亲电加成反应，因此亲电加成反应是烯烃的典型反应。

1. 催化加氢

烯烃与氢的加成反应称为加氢反应，也叫烯烃的还原反应。但烯烃在一般情况下不与氢反应，因为反应需要很高的活化能，必须有催化剂存在才能顺利进行，所以加氢反应也常称为催化加氢。常用的催化剂有镍、钯、铂等金属以及一些重金属的配合物。

$$CH_3CH{=}CH_2 + H_2 \xrightarrow{Pt} CH_3CH_2CH_3$$

烯烃加氢生成烷烃，是制备烷烃的一个方法，也是将碳碳双键转变为单键的一个常用方法。凡是分子中含有碳碳双键的化合物，都可在适当的条件下进行催化加氢反应，此反应是定量进行的，所以可以根据反应消耗氢的量来测定分子中含有碳碳双键的数目。

2. 亲电加成反应

（1）与卤素的加成

烯烃与氯和溴很容易发生亲电加成反应，生成邻二卤代烃。例如，在常温下将乙烯或丙烯通入溴的四氯化碳溶液或溴水中，由于生成无色的二溴代烷而使溴的红棕色褪去。所以实验室里常用溴水或溴的四氯化碳溶液来检验双键的存在。

$$CH_3CH{=}CH_2 + Br_2 \xrightarrow{CCl_4} \underset{\qquad\;\; Br\;\; Br}{CH_3\underset{|}{C}H\underset{|}{C}H_2}$$

卤素的活泼性次序为：氟＞氯＞溴＞碘。碘不活泼，加成困难；而氟太活泼，反应剧烈，往往使碳链断裂，所以一般烯烃的卤化反应，实际上是指与氯或溴的加成反应。

溴与乙烯在氯化钠水溶液中加成，产物中除了有二溴乙烷，还有氯溴乙烷（$BrCH_2CH_2Cl$）存在。由于氯化钠本身不与烯烃发生加成，这说明烯烃与溴的加成不是简单的溴分子分成两个溴原子同时加在两个碳原子上，而是分步进行的。当溴分子与烯烃接近时，首先 Br—Br 间的电子受烯烃 π 电子的作用而极化成极性分子（$Br^{\delta+}—Br^{\delta-}$），接着溴分子带正电荷的部分靠近双键，受到 π 电子云的渗透，继续极化，随后 π 键断开、Br—Br 键发生异裂，生成一个由溴正离子与双键的两个碳原子结合而成的溴鎓离子三元环中间体以及一个溴负离子：

$$\begin{matrix} CH_2 \\ \| \\ CH_2 \end{matrix} + \overset{\delta+}{Br}-\overset{\delta-}{Br} \longrightarrow \text{[}\oplus\text{]}Br + Br^-$$

溴鎓离子

最后溴负离子从溴鎓离子的背面进攻两个碳原子之一，得到反式加成的二溴乙烷：

$$Br^- + \text{[}\oplus\text{]}Br \longrightarrow \begin{matrix} Br-CH_2 \\ | \\ H_2C-Br \end{matrix}$$

此步过程中，体系中的氯负离子同样可与溴鎓离子反应，而得到另一产物氯溴乙烷：

$$Cl^- + \text{[}\oplus\text{]}Br \longrightarrow \begin{matrix} Cl-CH_2 \\ | \\ H_2C-Br \end{matrix}$$

由此可知，乙烯与溴的加成反应是由 $Br^{\delta+}$（亲电试剂）的进攻而引起的，属于亲电加成反应。

（2）与卤化氢的加成

① 加成机理：将烯烃与 HX（X＝Cl、Br）气体或浓的氢卤酸混合，即可发生反应得到卤代烃。实验证明，此反应也属于亲电加成反应。亲电试剂 H^+ 首先加到碳碳双键中的一个碳原子上，形成碳正离子中间体，然后碳正离子再与 X^- 结合形成卤代烷。

$$CH_3CH{=}CHCH_3 + HBr \xrightarrow{CH_3COOH} \underset{\displaystyle Br}{CH_3\underset{|}{C}HCH_2CH_3}$$

从试剂的角度来看，酸性越强，其反应能力越强，所以氢卤酸与烯烃的加成反应活泼性顺序为：HI＞HBr＞HCl。

② 马氏规则：当碳碳双键两端所连的取代基不同（称为不对称烯烃，如 1-丁烯）时，与极性试剂（如 HX）加成，其加成产物理论上有两种异构产物，这两种异构产物是不等量的，常以一种异构体为主。通常试剂中带正电部分（H^+）总是加在含氢较多的双键碳原子上，而带负电部分（X^-）则加到含氢较少的双键碳原子上。该规律称为马尔科夫尼科夫(Markovnikov) 规则，简称马氏规则。例如：

$$CH_3CH_2CH{=}CH_2 + HBr \xrightarrow{CH_3COOH} \underset{(80\%)}{CH_3CHBrCH_2CH_3} + \underset{(20\%)}{CH_3CH_2CH_2CH_2Br}$$

马氏规则的理论解释将在后续内容（本章第三节电子效应）中展开。简单而言，马氏规则的适用范围是双键碳原子上有给电子基团的烯烃，如果双键碳上有吸电子基团，如 $-CF_3$、$-CN$、$-COOH$、$-NO_2$ 等，在很多情况下，加成反应的方向是反马氏规则的，但仍符合电性规律，即试剂中带正电部分（带正电荷的离子、原子或基团）主要加到电子云密度较高的双键碳原子上。如在三氟丙烯（$CF_3-CH{=}CH_2$）与 HX 加成反应中，由于 $-CF_3$ 是强吸电子基团，使碳碳双键上的 π 电子云向吸电子基团偏移，结果使得双键含氢原子较少的碳原子带部分负电荷（δ－），双键含氢原子较多的碳原子带部分正电荷（δ＋），得到反马氏规则的加成产物。同时吸电子基团的存在使双键上的电子云密度降低，亲电反应速率降低。

$$CF_3 \longleftarrow \overset{\delta-}{C}H{=}\overset{\delta+}{C}H_2 + HX \longrightarrow F_3C-CH_2-CH_2X$$

当双键碳上连有 X、O、N 等具有孤对电子的原子或基团时，产物也符合马氏规则。如：

$$ClCH{=}CH_2 + HCl \longrightarrow Cl_2CHCH_3$$

（3）与水的加成

烯烃不能与水直接加成，因为水的酸性太弱，但在强酸的催化下，烯烃可以与水加成生成醇，这个反应也叫烯烃的直接水合，是一种醇的制备方法。

$$CH_3CH{=}CH_2 + H_2O \xrightarrow{H^+} \underset{\displaystyle OH}{CH_3\underset{|}{C}HCH_3}$$

反应首先是强酸的 H^+ 与烯烃作用，生成碳正离子，然后与水结合生成䩺盐，再失去质子生成醇。不对称烯烃的水合反应也遵守马氏规则。

$$CH_3CH{=}CH_2 + H^+ \longrightarrow CH_3\overset{+}{C}HCH_3$$

$$CH_3\overset{+}{C}HCH_3 + {:}OH_2 \longrightarrow \underset{\text{䩺盐}}{CH_3\overset{\overset{\displaystyle ^+OH_2}{|}}{C}HCH_3} \xrightarrow{-H^+} CH_3\overset{\overset{\displaystyle OH}{|}}{C}HCH_3$$

（4）与浓硫酸的加成

将烯烃通入冷浓硫酸中，可反应生成酸式硫酸酯，如：

$$CH_2{=}CH_2 + H_2SO_4 \xrightarrow{0\sim5℃} CH_3CH_2OSO_2OH$$

硫酸氢乙酯水解生成乙醇，加热则分解生成乙烯：

$$CH_2{=}CH_2 \xrightarrow[\triangle]{98\%H_2SO_4} CH_3CH_2OSO_2OH \xrightarrow[90℃]{H_2O} CH_3CH_2OH$$

不对称烯烃与浓硫酸加成时，反应也符合马氏规则。如丙烯与硫酸反应得到硫酸氢异丙酯，再水解得到异丙醇。

$$\underset{\text{丙烯}}{CH_3CH{=}CH_2} + H_2SO_4 \longrightarrow \underset{\text{硫酸氢异丙酯}}{CH_3\underset{\underset{\displaystyle OSO_2OH}{|}}{C}HCH_3} \xrightarrow[\triangle]{H_2O} \underset{\text{异丙醇}}{CH_3\underset{\underset{\displaystyle OH}{|}}{C}HCH_3}$$

工业上常利用这个反应从石油裂化气的低级烯烃制备醇，这个方法技术虽较成熟，但需消耗大量浓硫酸，设备的腐蚀也非常严重。

由于烯烃能溶于冷的浓硫酸，利用这一特点可以除去某些不与硫酸作用，又不溶于硫酸的有机物（如烷烃、卤代烃等）中所含的烯烃。例如可将含有少量烯烃的烷烃与适量浓硫酸一起振荡，烯烃便由于生成烷基硫酸氢酯而溶于硫酸中，这样便可将烷烃中的烯烃除去。

（5）与次卤酸的加成

烯烃与卤素及水作用，生成物是在相邻的碳原子上分别连有卤原子和羟基的化合物，这类化合物称为卤代醇。丙烯和卤素及水作用时，首先是卤素与水作用生成次卤酸，但氧原子的电负性较强，使分子极化成 $HO^{\delta-}X^{\delta+}$，然后 $X^{\delta+}$（而不是 H^+）作为缺电子的亲电试剂进攻双键含氢多的碳原子，$HO^{\delta-}$ 则连在含氢少的那个双键碳原子上，即产物也符合马氏规则。

$$CH_3CH{=}CH_2 + X_2 + H_2O \longrightarrow CH_3\underset{\underset{\displaystyle OH}{|}}{C}HCH_2X$$

（6）硼氢化-氧化反应

烯烃可与甲硼烷发生加成反应生成三烷基硼，而三烷基硼在碱性溶液中能被过氧化氢氧化成醇，而且产物遵循反马氏规则，即所得的醇羟基是连在双键上含氢多的碳原子上。

$$3CH_3CH{=}CH_2 + \underset{\text{甲硼烷}}{BH_3} \longrightarrow \underset{\text{三丙基硼烷}}{(CH_3CH_2CH_2)_3B}$$

$$(CH_3CH_2CH_2)_3B + 3H_2O_2 \xrightarrow{OH^-} 3CH_3CH_2CH_2OH + B(OH)_3$$

由于甲硼烷分子中的硼原子外层电子只有 6 个，是不稳定的，容易发生分子间的相互聚合而生成二聚体乙硼烷（B_2H_6），故实际使用的是乙硼烷的醚溶液。在醚溶液中，试剂以甲硼烷形式参加反应。

$$2BH_3 \rightleftharpoons B_2H_6$$

乙硼烷是一种在空气中能自燃的气体，一般不预先制好，而是由三氟化硼与硼氢化钠现制现用。

$$3NaBH_4 + 4BF_3 \longrightarrow 2B_2H_6 + 3NaBF_4$$

3. 自由基加成反应

过氧化物（如 H_2O_2、R—O—O—R 等）存在下，氢溴酸与丙烯等不对称烯烃加成反应时，反应取向与马氏规则相反，得到反马式产物，该现象称为过氧化物效应。该反应机理不是离子型的亲电加成，而是由过氧化物引发的自由基型加成。例如：

$$CH_3CH{=\!=}CH_2 + HBr \xrightarrow{\text{过氧化物}} CH_3CH_2CH_2Br$$

过氧化物的存在只影响 HBr 的加成反应方式，而对 HF、HCl 和 HI 则没有影响。

4. 氧化反应

（1）高锰酸钾氧化

将高锰酸钾稀水溶液滴加到烯烃中，高锰酸钾溶液的紫红色褪去，生成褐色的二氧化锰沉淀，这是鉴定烯烃等含有不饱和键化合物的常用方法之一。但要注意，除不饱和键外，某些具有还原性的有机化合物如醇、醛等，也能被高锰酸钾氧化。

反应产物与反应条件有关，在温和的条件下，如在冷的碱性或中性介质中得到的是顺式加成的邻二醇：

$$3RCH{=\!=}CH_2 + 2KMnO_4 + 4H_2O \xrightarrow[\text{中性介质}]{\text{碱性或}} 3R\text{—}\underset{\text{OH}}{\underset{|}{\text{CH}}}\text{—}\underset{\text{OH}}{\underset{|}{\text{CH}_2}} + 2MnO_2\downarrow + 2KOH$$

如果在酸性或加热的条件下，反应不易停留在邻二醇阶段，会进一步氧化得到酮和羧酸等碳碳双键断裂的产物。如：

$$RCH{=\!=}CH_2 \xrightarrow[H_2SO_4]{KMnO_4} RCOOH + CO_2 + H_2O$$

$$\begin{matrix} R' \\ \quad\diagdown \\ \quad\; C{=\!=}CHR'' \\ \quad\diagup \\ R \end{matrix} \xrightarrow[H_2SO_4]{KMnO_4} \begin{matrix} R' \\ \quad\diagdown \\ \quad\; C{=\!=}O \\ \quad\diagup \\ R \end{matrix} + R''COOH$$

在上述氧化反应中，若双键碳原子上连有两个烃基，将被氧化为酮；若双键碳原子上只连有一个烃基，则被氧化为羧酸；若双键碳原子上连有两个氢原子，则被氧化为二氧化碳和水。通过一定的方法测定所得氧化产物酮及（或）羧酸的结构，可推断出原烯烃的结构。

（2）臭氧化反应

将臭氧通入液态烯烃或烯烃的溶液（用惰性溶剂如四氯化碳等）时，臭氧迅速而定量地与烯烃作用，生成臭氧化合物，这个反应称为臭氧化反应。臭氧化合物不稳定且易发生爆炸，因此，反应过程中不把它从溶液中分离出来而直接在溶液中水解，生成醛、酮和过氧化氢。由于过氧化氢是氧化剂，会把生成的醛进一步氧化成羧酸，所以通常加入还原剂（如锌粉等），以阻止产物进一步被氧化。

$$\begin{matrix} R_1 & & R_3 \\ & C{=\!=}C & \\ R_2 & & R_4 \end{matrix} \xrightarrow{O_3} \begin{matrix} & O & \\ R_1 & \diagup\;\diagdown & R_3 \\ C & & C \\ R_2 & \diagdown\;\diagup & R_4 \\ & O\text{—}O & \end{matrix} \xrightarrow[\text{Zn 粉}]{H_2O} \begin{matrix} R_1 \\ C{=\!=}O \\ R_2 \end{matrix} + \begin{matrix} R_3 \\ O{=\!=}C \\ R_4 \end{matrix}$$

上述分子中双键碳上的 R 如果都是烃基，则产物为酮；若分子中双键碳上的 R 是 H，则产物为醛。例如：

$$CH_3CH_2CH{=}CH_2 \xrightarrow[2)\ H_2O/Zn]{1)\ O_3} \underset{\text{丙醛}}{CH_3CH_2CHO} + \underset{\text{甲醛}}{H_2C{=}O} + H_2O$$

$$H_3C{-}\underset{\displaystyle CH_3}{\underset{|}{C}}{=}CH_2 \xrightarrow[2)\ H_2O/Zn]{1)\ O_3} \underset{\text{丙酮}}{(H_3C)_2C{=}O} + \underset{\text{甲醛}}{H_2C{=}O} + H_2O$$

由于双键的臭氧化可以定量进行，选择性又强，故臭氧化反应常被用来研究烯烃的结构。

（3）催化氧化

乙烯在银的催化下，可被空气中的氧直接氧化为环氧乙烷，这是工业上生产环氧乙烷的方法：

$$H_2C{=}CH_2 + O_2 \xrightarrow[200\sim300℃]{Ag} \underset{\text{环氧乙烷}}{H_2C\overset{O}{—}CH_2}$$

乙烯和丙烯在氯化钯的催化下被氧气氧化，生成乙醛和丙酮，它们都是重要的化工原料：

$$H_2C{=}CH_2 + O_2 \xrightarrow[100\sim125℃]{PdCl_2\text{-}CuCl_2} \underset{\text{乙醛}}{CH_3CHO}$$

$$CH_3CH{=}CH_2 + O_2 \xrightarrow[120℃]{PdCl_2\text{-}CuCl_2} \underset{\text{丙酮}}{CH_3COCH_3}$$

5. α-氢的卤代

烯烃的官能团是双键，其主要反应都发生在双键上，但连在烯烃双键碳上的烷基也可以体现自身烷烃的性质，发生与烷烃相同的一些反应。

与双键碳原子直接相连的碳称为 α-碳，α-碳上的氢则称为 α-氢。由于 α-碳受到直接相连的碳碳双键 π 电子的影响变得比较活泼，从而使 α-氢原子的卤代反应较其他烷基中的氢原子容易发生。

例如，丙烯在常温下可发生碳碳双键的亲电加成反应，但在高温下可以发生 α-氢原子被氯取代的反应：

$$CH_3{-}CH{=}CH_2 + Cl_2 \xrightarrow[CCl_4\text{溶液}]{\text{常温}} \underset{\text{1,2-二氯丙烷}}{CH_3{-}CHCl{-}CH_2Cl} \quad \text{离子型亲电加成反应}$$

$$CH_3{-}CH{=}CH_2 + Cl_2 \xrightarrow[\text{气相}]{500\sim600℃} \underset{\text{3-氯-1-丙烯（烯丙基氯）}}{ClCH_2{-}CH{=}CH_2} \quad \text{自由基型取代反应}$$

在上面的反应中，碳碳双键与卤素的加成是按离子型亲电加成历程进行的，在常温下不需光照即可进行。而烷烃的卤代是按自由基历程进行的反应，需要高温或光照才能产生自由基而发生反应。烯烃中的 α-氢之所以比其他氢容易被卤代，是由于反应中生成的烯丙型自由基中间体比较稳定。

N-溴代丁二酰亚胺（NBS）是一个专门对烯烃的烯丙基位置上进行溴代的试剂，NBS 的作用是提供恒定的低浓度的溴。每当溴代反应产生一个 HBr 分子时，NBS 就把它转变成一分子 Br_2。

$$HBr + \underset{\substack{N\text{-溴代丁二酰亚胺}\\(NBS)}}{(CH_2CO)_2NBr} \longrightarrow Br_2 + \underset{\text{丁二酰亚胺}}{(CH_2CO)_2NH}$$

例如：

$$\text{环己烯} + (CH_2CO)_2NBr \xrightarrow[CCl_4,\ \triangle]{(C_6H_5COO)_2} \text{3-溴环己烯}$$

苯甲型化合物中，α-碳是指与苯环直接相连的碳。由于受到直接相连的苯环大 π 键的影响，α-碳比较活泼。因此，苯甲型化合物也可发生类似的 α-卤代反应。

$$C_6H_5CH_2CH_3 + (CH_2CO)_2NBr \xrightarrow[CCl_4,\ \triangle]{(C_6H_5COO)_2} C_6H_5CHBrCH_3$$

由此可见，有机反应是很复杂的一类反应，对反应条件的严格控制非常重要。在不同的反应条件下，一个有机分子的不同部位可以发生完全不同的反应，但可通过控制反应条件，使反应按需要的方向进行。

6. 聚合反应

在一定的条件下，许多烯烃通过加成的方式，分子间一个接一个地互相结合成分子量巨大的高分子化合物，这种反应叫聚合。聚合是烯烃的一种重要反应，如乙烯、丙烯等在合适的催化剂的作用下，在一定的温度和压力条件下，可分别生成聚乙烯、聚丙烯等。

$$nCH_2{=}CH{-}R \longrightarrow {+}CH_2{-}\underset{\substack{|\\R}}{CH}{+}_n$$

$$\underset{\substack{\text{乙烯}\\(\text{单体})}}{nCH_2{=}CH_2} \xrightarrow[150MPa,\ 180℃]{O_2} \underset{\substack{\text{聚乙烯}\\(\text{高分子化合物})}}{{+}CH_2{-}CH_2{+}_n}$$

$$\underset{\text{丙烯}}{n\underset{\substack{|\\CH_3}}{CH}{=}CH_2} \xrightarrow[0.1\sim1MPa,\ 60\sim75℃]{TiCl_4\text{-}Al(C_2H_5)_3} \underset{\text{聚丙烯}}{{+}\underset{\substack{|\\CH_3}}{CH}{-}CH_2{+}_n}$$

高分子化合物是由许多简单的小分子（可以是完全相同的，或是不同的）连接而成的，这些小分子化合物叫做单体，如乙烯是聚乙烯的单体。在聚合反应中所生成的高分子化合物，它们的分子量并不是完全相同的，所以高聚物实际是由许多分子量不同的聚合物组成的混合物。

聚乙烯无毒，化学稳定性好，耐低温，并有绝缘和防辐射性能，是一种用途广泛的塑料。如其可用于制成食品袋、塑料壶（杯）等日常用品，在工业上可制成管件、电工部件的绝缘材料等。聚丙烯的透明度比聚乙烯好，并有耐热及耐磨性，除可作日用品外，还可制汽车部件、纤维等。

四、单烯烃的制备

烯烃在工业上的主要来源是石油的热裂。石油的炼制过程也能得到少量烯烃。两者的主要成分是乙烯，还有少量的丙烯、丁烯和异丁烯等。若需要制备某个特定的烯烃则需采用专门的方法个别制备。因为烯烃中含有C═C双键，则烯烃的制备方法就是C═C双键的合成方法。

实验室制备烯烃常用的方法有醇脱水、卤代烷脱卤化氢、Wittig反应。

1. 醇脱水

这是制备烯烃的最简便的反应。当有催化剂存在时，在一定的温度下，醇可以脱去一分子水而生成烯烃。如实验室里常用乙醇和浓硫酸共热来制备少量乙烯。

$$CH_3CH_2OH \xrightarrow[160\sim170℃]{\text{浓硫酸}} CH_2{=}CH_2 + H_2O$$

2. 卤代烷脱卤化氢

卤代烃和氢氧化钾的醇溶液一起加热，脱去一分子卤化氢，就可得到烯烃。

$$CH_3CH_2CH_2CH_2Cl \xrightarrow{\text{KOH/醇}} CH_3CH_2CH{=}CH_2 + HCl$$

此外，烯烃还可以从炔烃还原得到，这将在炔烃性质中讨论。

3. Wittig反应制备烯烃

详见第十章醛和酮。

第二节　二烯烃

一、二烯烃的分类和命名

（一）分类

分子中含有两个碳碳双键的碳氢化合物叫做二烯烃或双烯烃。含有两个碳碳双键的开链二烯烃，通式为 C_nH_{2n-2}。二烯烃的性质与分子中的两个双键的相对位置有密切关系，根据两个双键的相对位置可把二烯烃分为累积二烯烃、共轭二烯烃、孤立二烯烃三类。

1. 累积二烯烃

两个双键连在同一个碳原子上，即含有C═C═C结构的二烯烃，称累积二烯烃，如丙二烯。这类化合物不多，但其立体化学有重要意义。

2. 共轭二烯烃

两个双键被一个单键隔开，即含有C═C—C═C结构的二烯烃，称共轭二烯烃，如1,3-丁二烯。其所含的两个双键叫做共轭双键，由于共轭双键结构的特殊性，使得它们有一些独特的物理性质和化学性质。

3. 孤立二烯烃

两个双键被两个或两个以上单键隔开的二烯烃，称孤立二烯烃或隔离二烯烃。如 1,5-己二烯，它们的性质与一般的烯烃相似。

$CH_2{=}C{=}CH_2$	$CH_2{=}CH{-}CH{=}CH_2$	$CH_2{=}CH{-}CH_2{-}CH_2{-}CH{=}CH_2$
丙二烯	1,3-丁二烯	1,5-己二烯

（二）命名

二烯烃的系统命名法和单烯烃相似，命名时，在烯前加个“二”字，并分别注明两个双键的位置。

开链二烯烃的通式和只含一个碳碳三键的开链炔烃相同，所以含碳原子数相同的开链二烯烃与开链单炔烃互为同分异构体，这种异构体间的区别在于所含官能团不同，所以叫官能团异构。与单烯烃一样，二烯烃本身也有碳架异构、位置异构和顺反异构。此外，由于共轭烯烃的两个双键中的单键可以旋转，因此也会产生构象异构体。

1,3-丁二烯分子中绕 C-2—C-3 单键旋转，可以产生不同的构象异构体，但只有两种构象所有原子都处在同一个平面上能量低，即保持能量最低的共轭体系。一种构象是两个双键在 C-2—C-3 单键的同侧，用 s-顺或 s-(*Z*) 表示；另一种构象是两个双键在 C-2—C-3 单键的异侧，用 s-反或 s-(*E*) 表示，这里的 s 表示两个双键间的单键。

```
H2C         CH2              H2C         H
   \\       //                  \\      /
     C — C                        C — C
    /     \                      /     \\
   H       H                    H       CH2
```

s-顺-1,3-丁二烯 或 s-(*Z*)-1,3-丁二烯　　　　s-反-1,3-丁二烯 或 s-(*E*)-1,3-丁二烯

二、二烯烃的结构

（一）累积二烯烃的结构

以丙二烯为例说明累积二烯烃的结构特点：两个双键中间的碳原子为 sp 杂化，两边碳为 sp^2 杂化，三个碳原子在一条直线上，两个 π 键互相垂直（图 6-3）。由于两个 π 键集中在同一个碳原子上，其结构不如共轭二烯烃或孤立二烯烃稳定。

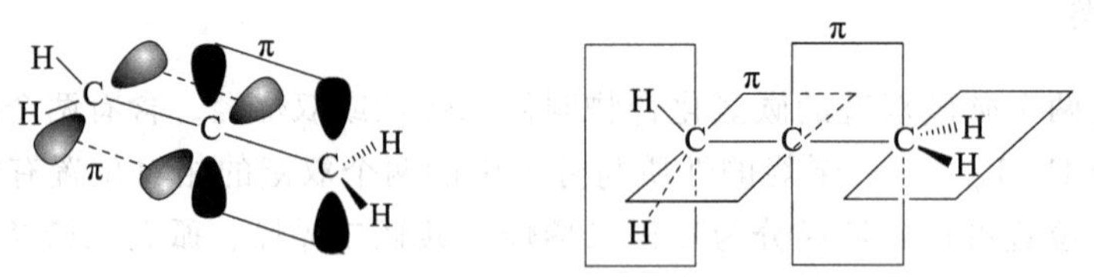

图 6-3　丙二烯的结构示意图

丙二烯较不稳定，故化学性质较活泼，双键可以一个一个发生加成反应；可发生水化和异构化反应。如：

$$CH_2{=}C{=}CH_2 \xrightarrow[H^+]{H_2O} [CH_3{-}\underset{\underset{OH}{|}}{C}{=}CH_2] \longrightarrow CH_3{-}\underset{\underset{O}{\|}}{C}{-}CH_3$$

$$CH_2{=}C{=}CH_2 \xrightarrow[\text{异构化}]{KOH,\ C_2H_5OH} CH_3C{\equiv}CH$$

（二）共轭二烯烃的结构

共轭二烯烃在结构和性质上都表现出一系列的特征，其中1,3-丁二烯是最简单的共轭二烯烃，其结构体现了共轭二烯烃的结构特征（共轭体系详见本章第三节）。

1,3-丁二烯的四个碳原子都是 sp^2 杂化，相邻碳原子之间均以 sp^2 杂化轨道沿轴向重叠形成三个碳碳 σ 键，每个碳原子剩余的 sp^2 杂化轨道分别与氢原子的 1s 轨道形成碳氢 σ 键，每个碳的三个 sp^2 杂化轨道都处于同一平面上，所以1,3-丁二烯是一个平面型分子。此外，每个碳原子还有一个未参与杂化且垂直于这个平面的 p 轨道。在 σ 键形成的同时，四个 p 轨道互相平行侧面重叠，形成一个包含四个碳原子和四个 p 电子的大 π 键。此处四个 p 电子的运动范围不再局限于两个碳原子之间，而是扩展到四个碳原子周围，这种现象称为 π 电子的离域，这样形成的 π 键称为离域 π 键，也称共轭双键，以区别于一般的碳碳双键。一般的碳碳双键称为定域键，即指成键电子仅在两个成键原子核之间运动的 π 键。

π 电子的离域使键长平均化。在1,3-丁二烯（图6-4）中，C-2—C-3 的键长是 0.147nm，比乙烷中的 C—C 键长 0.1534nm 要短；C-1—C-2、C-3—C-4 的键长是 0.1337nm，与单烯烃 C═C 的键长（0.134nm）近似，这种现象称为键长的平均化。键长平均化是共轭烯烃的共性，由此可见 π 电子离域的结果是使体系内能降低，分子结构更加稳定。

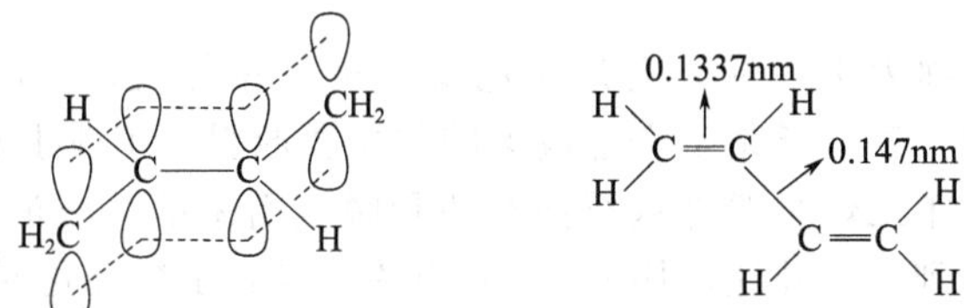

图6-4　1,3-丁二烯的结构示意图

三、共轭二烯烃的化学特性

（一）1,2-加成和1,4-加成

共轭二烯烃如1,3-丁二烯和一般的烯烃一样可以与卤素、卤化氢等发生亲电加成反应。但共轭二烯烃加成时有两种可能：试剂可以加到一个双键上，产物在原来的位置上保留一个双键，这称为1,2-加成；试剂也可以加到共轭体系两端的碳原子上，原来的两个双键消失了，而在C-2—C-3的位置上生成一个新的双键，这称为1,4-加成。1,4-加成是共轭二烯作为一个整体参与反应的，是共轭体系特有的加成方式，所以又称为共轭加成。

$$CH_2{=}CH{-}CH{=}CH_2 + Br_2 \longrightarrow \underset{\text{1,2-加成产物}}{\underset{Br}{CH_2}{-}\underset{Br}{CH}{-}CH{=}CH_2} + \underset{\text{1,4-加成产物}}{\underset{Br}{CH_2}{-}CH{=}CH{-}\underset{Br}{CH_2}}$$

$$CH_2{=}CH{-}CH{=}CH_2 + HCl \longrightarrow \underset{\text{1,2-加成产物}}{CH_3{-}\underset{Cl}{CH}{-}CH{=}CH_2} + \underset{\text{1,4-加成产物}}{CH_3{-}CH{=}CH{-}\underset{Cl}{CH_2}}$$

（二）Diels-Alder反应

在光或热作用下，共轭二烯烃与烯烃或炔烃发生加成反应，生成含有碳碳双键的六元环状化合物，这类反应叫双烯合成反应。双烯合成反应是狄尔斯（O. Diels）和阿尔德（K. Alder）

于 1928 年发现的，所以又被称为狄尔斯-阿尔德（Diels-Alder）反应。这个反应是共轭二烯烃特有的反应，它是将链状化合物转变为六元环状化合物的一个方法。

1,3-丁二烯 + 乙烯 $\xrightarrow[\text{高压}]{200℃}$ 环己烯

苯，100℃，5h

顺丁烯二酸酐　　1,2,5,6-四氢化苯二甲酸酐

一般地，称共轭二烯烃为双烯体，与双烯体进行合成反应的不饱和化合物称为亲双烯体。亲双烯体的双键或三键上有吸电子基团（如：—CHO、—COOH、—COOR、—COR、—CN、—NO_2 等），或双烯体碳原子上含有给电子基团，均对双烯合成有利。

双烯合成是一种环加成反应，反应是一步完成的，即双烯体的两个 π 键和亲双烯体的一个 π 键破裂，同时形成一个新的 π 键和两个新的 σ 键，不生成中间体。所以这类反应属于协同反应。

四、1，3-丁二烯的来源和制备

1,3-丁二烯一般简称为丁二烯，它是无色微带有香味的气体，沸点是－44℃，微溶于水，易溶于有机溶剂中。丁二烯是生产合成橡胶的主要原料，工业上有多种合成方法。目前由于石油工业的发展，丁二烯主要是从石油裂解和脱氢而来的。石油裂化气的 C_4 馏分中含有丁二烯，可以分离得到，另外还可用 C_4 馏分中的丁烷和丁烯催化脱氢而得。

从丁烷脱氢有两种方法，即一步法和二步法：

一步法就是以氧化铬等为催化剂，氧化铝为载体，一步反应就得到丁二烯的方法。

$$CH_3CH_2CH_2CH_3 \xrightarrow[0.02\sim0.03MPa，约\ 600℃]{Al_2O_3\text{-}Cr_2O_3} CH_2{=}CH{-}CH{=}CH_2 + 2H_2$$

二步法是烷烃先在催化剂作用下，得到丁烯，再在另一催化剂作用下脱氢而得到。

$$CH_3CH_2CH_2CH_3 \xrightarrow[600℃]{Al_2O_3\text{-}Cr_2O_3} \begin{cases} CH_3CH{=}CHCH_3 + H_2 \\ CH_3CH_2CH{=}CH_2 + H_2 \end{cases}$$

$$CH_3CH{=}CHCH_3 \xrightarrow[600\sim650℃]{MgO\text{-}Fe_2O_3} CH_2{=}CHCH{=}CH_2 + H_2$$

现代工业上常以丁烯为原料，氧化脱氢制取丁二烯。

$$\left.\begin{matrix} CH_3CH{=}CHCH_3 \\ \text{或} \\ CH_3CH_2CH{=}CH_2 \end{matrix}\right\} + O_2 \xrightarrow[400\sim500℃]{\text{Sn 或 Sb 的氧化物}} CH_2{=}CHCH{=}CH_2 + H_2O$$

丁二烯聚合后得聚丁二烯，是最早人工合成的橡胶。

$$nCH_2{=}CHCH{=}CH_2 \xrightarrow{\text{催化剂}} {+}CH_2{-}CH{=}CH{-}CH_2{+}_n$$

第三节　电子效应

分子中原子之间的电子云分布不但取决于成键原子的性质，也受到不直接相连原子间的

相互影响，这种影响称为电子效应。电子效应分为诱导效应和共轭效应。

一、诱导效应

（一）定义、分类和表示

当两个原子形成共价键时，由于原子的电负性不同，使成键的电子云偏向电负性较大的一方，形成极性共价键。

$$CH_3—CH_2—\overset{\delta+}{C}H_2 \longrightarrow \overset{\delta-}{Cl}$$

这种极性共价键产生的电场可引起邻近价键电荷的偏移，同时这个键的极性可以通过静电作用力沿着相邻的原子键（单键或双键中的σ键）继续传递下去，这种作用就叫做诱导效应，用符号 I 表示。

例如，氯原子取代碳上的氢后：

$$\overset{\delta\delta\delta+}{C}H_3 \longrightarrow \overset{\delta\delta+}{C}H_2 \longrightarrow \overset{\delta+}{C}H_2 \longrightarrow \overset{\delta-}{Cl}$$

式中箭头所指方向是σ电子云的偏移方向。由于氯原子的电负性大于碳原子，所以电子云向氯原子转移，使之带有部分负电荷（$\delta-$），而碳原子则带有部分正电荷（$\delta+$）。这种电子云的转移不仅发生在与氯原子直接相连的碳原子上，而且这种影响可以沿碳链而依次传递下去，使第二个碳原子也带有较小的部分正电荷（$\delta\delta+$），第三个碳原子带有更小的部分正电荷（$\delta\delta\delta+$）。诱导效应在传递过程中，随着传递距离的增加，其效应迅速降低，一般只考虑传递到第三个碳原子。电负性差异引起的诱导效应是一种静电作用，是一种永久性的效应，没有外界电场影响时也存在。值得注意的是，诱导效应沿单键传递时，只是电子云密度分布发生变化，即键的极性发生变化，共用电子对并不完全转移到另一原子上。

诱导效应的传递方向是以 C—H 键中的 H 为比较标准，一般规定饱和的 C—H 键的诱导效应为零。如果原子或基团（X）的电负性大于 H，则与 H 相比，C—X 键的电子云要偏向 X，X 具有吸电子性，被称为吸电子基团，由它所引起的诱导效应称为吸电子诱导效应，用“$-I$”表示。反之，如果原子或基团（Y）的电负性小于 H，则具有斥电子性，被称为斥电子基团或给电子基团，所引起的诱导效应称为给电子诱导效应，用“$+I$”表示。

$$\underset{+I}{\overset{\delta+}{Y} \longrightarrow \overset{\delta-}{C}} \qquad \underset{I=0}{C—H} \qquad \underset{-I}{\overset{\delta+}{C} \longrightarrow \overset{\delta-}{X}}$$

原子或基团的诱导效应及其相对强度与其电负性有关，一般而言有如下规律：

① 同族元素中，原子序数越大，电负性越弱，吸电子诱导效应越弱。如：—F>—Cl>—Br>—I。

② 同周期元素中，原子序数越大，电负性越强，吸电子诱导效应越强。如：—OH>—NH_2>—CH_3。

③ 基团不饱和程度越大，吸电子诱导效应越强，这是由各类杂化态中 s 轨道成分的不同引起的，s 成分越高，电负性越强。如：—C≡CR>—CH=CHR。

④ 带正电荷的原子或基团具有吸电子诱导效应，如—$[NR_3]^+$；带负电荷的原子或基团具有给电子诱导效应，如—O^-。

⑤ 烷基具有给电子诱导效应。

一些常见吸电子基团和给电子基团及其诱导效应的相对强弱次序为：

吸电子基团：

$-NO_2>-CN>-F>-Cl>-Br>-I>-C\equiv CH>-OCH_3>-OH>-C_6H_5>-CH=CH_2>H$

给电子基团：

$-C(CH_3)_3>-CH(CH_3)_2>-C_2H_5>-CH_3>H$

（二）静态和动态诱导效应

静态诱导效应是由分子内极性共价键的存在（内在电场）所致，是一种永久的不随时间变化的效应。由于是分子的内在性质，因此对化合物反应活性的影响具有两面性，有时候可增强反应活性，有时候也可能会降低反应活性。

动态诱导效应是在发生化学反应时，由于外界电场的出现而产生的，是由键的可极化性引起的，通常只在进行化学反应的瞬间才表现出来，其电子转移的方向符合反应的要求，即电子向有利于反应进行的方向转移。所以动态诱导效应总是对反应起促进或致活作用，而不会起阻碍作用。

二、共轭体系和共轭效应

（一）共轭体系的定义和形成条件

共轭体系是指含有共轭 π 键（或 p 轨道）的体系，可以是分子的一部分，也可以是整个分子。

形成共轭体系的条件是：

① 分子中参与共轭的原子必须在同一平面上；

② 至少存在 3 个可实现轨道平行重叠的相邻 p 轨道；

③ 要有一定数量供成键用的 p 电子。

（二）共轭体系类型

共轭体系有以下几种类型。

1. π-π 共轭体系

在链状分子中，凡双键、单键交替排列的结构可形成 π-π 共轭体系，如 1,3-丁二烯和 1,3,5-己三烯。

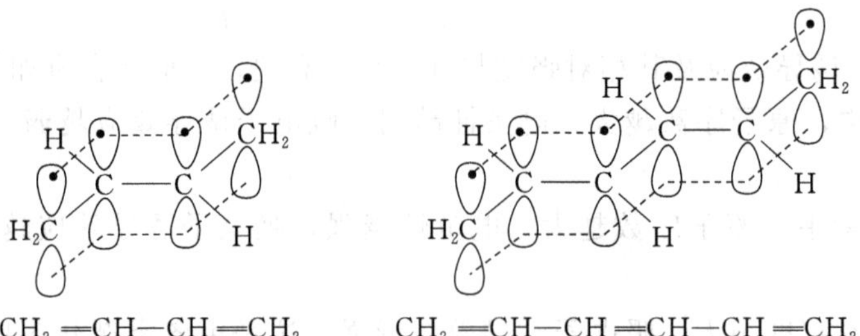

2. p-π 共轭体系

与双键原子直接相连的原子的 p 轨道，可与双键的 π 轨道平行并发生侧面重叠，形成 p-π 共轭。p 轨道上可以填充有一对孤对电子或一个游离的单电子，也可以是个空轨道。图 6-5 是几种不同类型的 p-π 共轭体系，根据与 π 键共轭的 p 轨道上的电子填充情况，分别称为 $p_{多}$-π 共轭、$p_{等}$-π 共轭以及 $p_{空}$-π 共轭体系。

活泼中间体碳自由基或碳正离子中，由于发生了 p-π 共轭，其上所带的电子或正电荷能

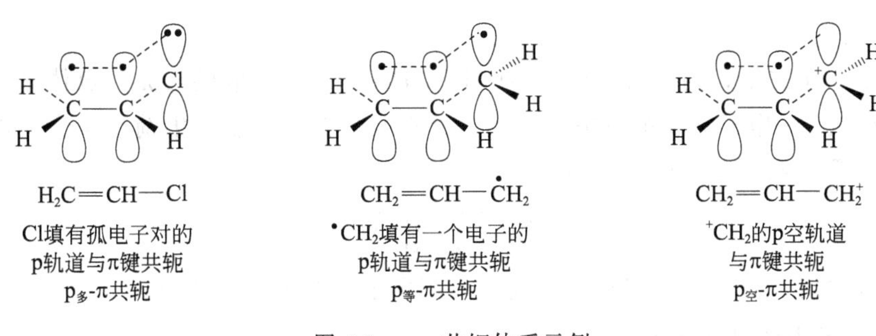

图 6-5　p-π 共轭体系示例

分散到整个共轭体系中，从而增加了其稳定性。

3. 超共轭体系

此类共轭体系特指由碳氢 σ 键参与的共轭，包括 σ-π 超共轭和 σ-p 超共轭体系。

碳氢 σ 键与相邻的 π 键或 p 轨道可存在轨道的部分重叠，其结果是 σ 电子可向邻近的 π 键或 p 轨道离域，使体系稳定性增强。由于碳氢 σ 键与 π 键或 p 轨道的重叠程度较差，离域性不强，为区别于前述共轭体系，这里称它们为 σ-π 和 σ-p 超共轭体系。因每个相邻碳氢 σ 键均可与 π 键或 p 轨道发生部分交盖，故有 n 个相邻碳氢 σ 键就可形成 $n\sigma$-π 或 $n\sigma$-p 的超共轭体系（图 6-6）。

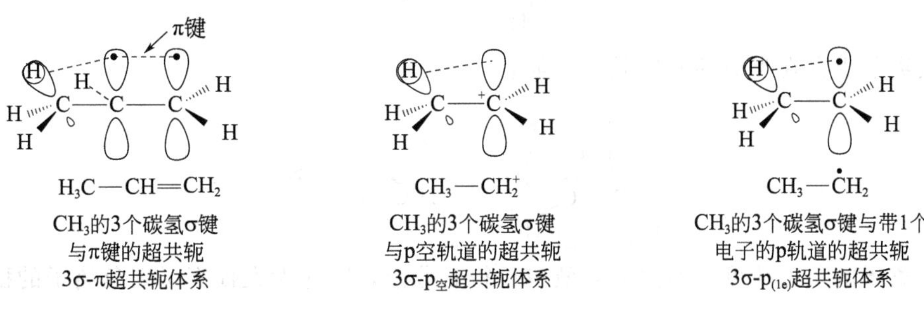

图 6-6　超共轭体系示例

（三）共轭效应

共轭效应，又称离域效应，是电子效应的一种，指在共轭体系中由于原子间的相互影响而使体系内 π 电子（或 p 电子）的分布发生变化的一种电子效应，用符号 C 表示。共轭效应能使键长趋于平均化，使分子内能更小、更稳定；此外共轭链上的原子将出现电子云分布依次“正负交替”的现象（称为交替极化）；还能引起某些理化性质的改变。

共轭体系上能降低体系的 π 电子云密度的取代基，则具有吸电子共轭效应，用“$-C$”表示，如—COOH、—CHO 等；共轭体系上能增加体系的 π 电子云密度的取代基，则具有给电子共轭效应，用“$+C$”表示，如—OH、—R、—NH_2 等。

共轭效应与诱导效应的区别在于，共轭效应只存在于共轭体系中，通过 π 电子的运动，沿着共轭链传递，在共轭链上产生交替极化现象，且强度一般不随共轭链的延伸而减弱。

下面就各共轭体系中的共轭效应作一简单解析。

1. π-π 体系中的共轭效应

1,3-丁二烯具有单双键交替结构，可形成 π-π 共轭体系，属于最简单的共轭烯烃，其 4 个 π 电子扩展到四个碳原子核周围，形成离域大 π 键，使键长平均化，降低了分子内能，提高了分子稳定性。

不同于1,3-丁二烯，丙烯醛（$CH_2=CH-CH=O$）所形成的 π-π 共轭体系中，由于氧原子的电负性大，π 电子向着醛基方向运动，并在共轭链上产生了电荷正负交替的现象，即交替极化（弯箭号表示电子转移的趋向）：

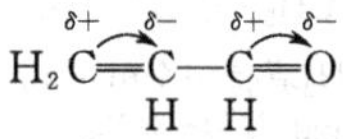

$$\overset{\delta+}{H_2C}=\overset{\delta-}{\underset{H}{C}}-\overset{\delta+}{\underset{H}{C}}=\overset{\delta-}{O}$$

由此可以看出，醛基对于碳碳 π 键而言，产生了吸电子共轭效应。

2. p-π 体系中的共轭效应

（1） $p_{多}$-π

以氯乙烯为例，氯原子填充有一对孤对电子的 p 轨道与碳碳 π 键形成 $p_{多}$-π 共轭，由于氯原子 p 轨道上填充的电子数（2 个）多于组成 π 键的碳原子 p 轨道上的电子数（各 1 个），而电子的离域总是从电荷密度高处转移至低处，结果是电子由 $p_{多}$ 向 π 键发生偏移，即氯原子对 π 键产生的是给电子共轭效应，受给电子共轭效应影响，π 电子亦发生偏移而使 π 键发生极化：

$$\overset{\delta-}{H_2C}=\overset{\delta+}{CH}-\ddot{Cl}$$

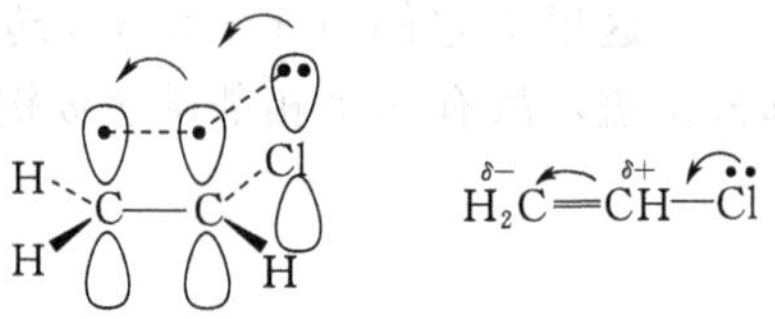

碳负离子也存在类似的共轭效应。如：

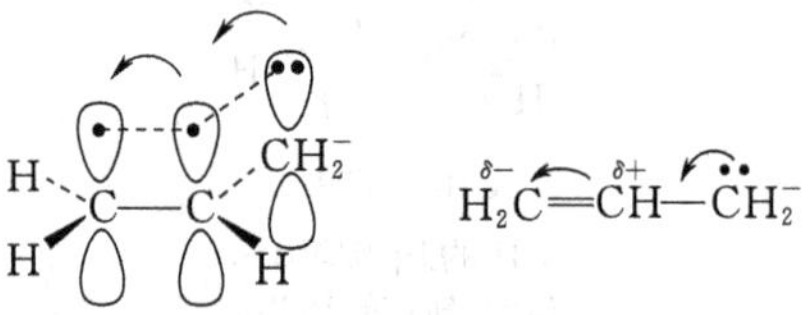

$$\overset{\delta-}{H_2C}=\overset{\delta+}{CH}-\ddot{C}H_2^-$$

碳负离子的负电荷可以通过共轭效应而得到分散，因此大大提高了碳负离子的稳定性。

（2） $p_{空}$-π

以烯丙基碳正离子为例，碳正离子的 p 空轨道与碳碳 π 键形成 $p_{空}$-π 共轭，由于 p 空轨道上填充的电子数（0 个）少于组成 π 键的碳原子 p 轨道上的电子数（各 1 个），结果是电子由 π 键向 $p_{空}$ 轨道发生偏移，即碳正离子对 π 键产生的是吸电子共轭效应，受吸电子共轭效应影响，π 电子亦发生偏移而使 π 键发生极化：

$$\overset{\delta+}{CH_2}=\overset{\delta-}{CH}-CH_2^+$$

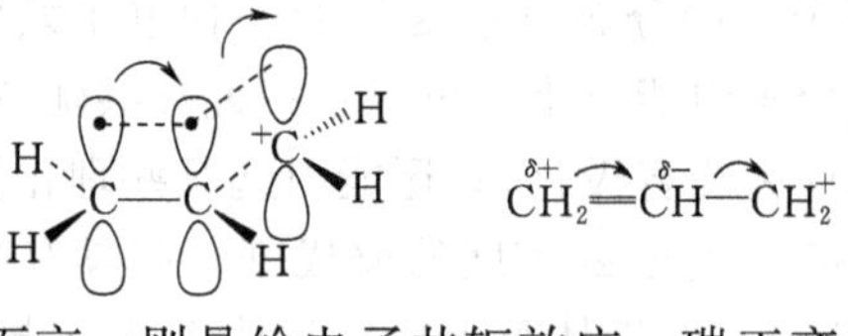

反之，π 键对碳正离子而言，则是给电子共轭效应，碳正离子的正电荷被分散，从而提高了碳正离子的稳定性。

（3） $p_{等}$-π

以烯丙基自由基为例，碳自由基的 p 轨道与碳碳 π 键形成 p-π 共轭，由于 p 轨道上填充的电子数（1 个）等于组成 π 键的碳原子 p 轨道上的电子数（各 1 个），故称 $p_{等}$-π 共轭体系。共轭的结果是电子离域，电荷平均化，键长平均化，体系内能降低，稳定性增强。同时，碳自由基的自由电子因共轭而不再独有，其活跃度受到共轭体系所有成员的共同限制而大大降低，因此自由基的稳定性大大提高。

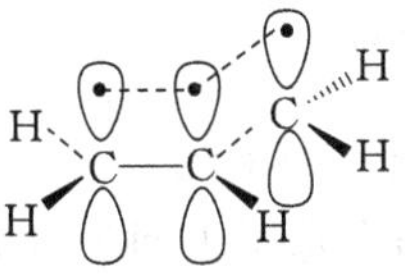

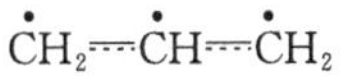

$\dot{C}H_2\text{┄}\dot{C}H\text{┄}\dot{C}H_2$

3. σ-π、σ-p等或空体系中的超共轭效应

这两类超共轭体系中，由于碳氢 σ 键拥有一对成键电子，始终比 p等或空轨道上的电子数多，因此超共轭效应产生的是给电子共轭效应。

σ-π 超共轭的结果，使碳碳双键上的电子云密度增加，可使双键的亲电加成活性增强，同时使 π 键发生极化而出现正负偶极，如：

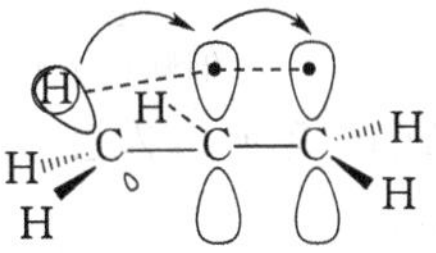

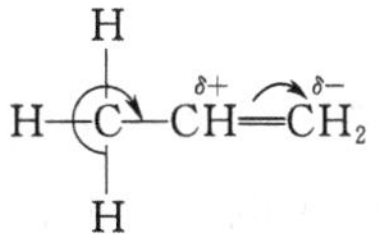

σ-p 超共轭可使碳正离子的正电荷分散，或碳自由基自由电子的活度受限，两者的稳定性都大大增强。例如：

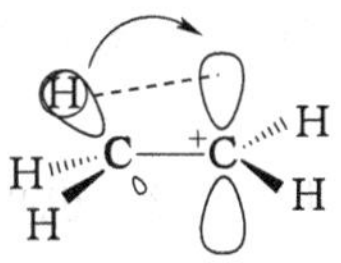

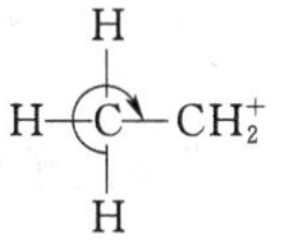

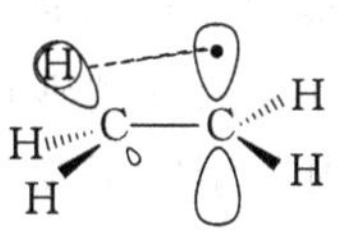

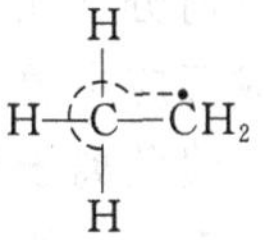

超共轭效应的大小，与 p 轨道或 π 轨道相邻碳上的 C—H 键多少有关，C—H 键愈多，超共轭效应愈大，因此与 p 轨道或 π 轨道相邻基团的超共轭效应大小次序为：

$$—CH_3>—RCH_2>—R_2CH>—R_3C$$

由此可知，碳正离子或碳自由基所连接的甲基越多，形成的 σ-p 超共轭效应越强；电荷分散的程度越高，体系越稳定。因此，伯、仲、叔这三种碳正离子或碳自由基中，叔碳正离子或叔碳自由基最稳定，其次序为：叔>仲>伯。

超共轭效应因轨道重叠程度低，电子的离域程度也低，所以产生的共轭效应比 π-π、p-π 共轭体系低。

（四）静态和动态共轭效应

共轭效应经共轭体系来传递。当共轭体系一端受到电场的影响时，就能沿着共轭链传递到体系的另一端，同时共轭链发生交替极化。共轭效应分为静态共轭效应和动态共轭效应。

由于电子的离域导致体系的内能降低、键长平均化和静态极化作用（由参与共轭体系的原子或基团的电负性与碳原子的电负性不同所引起）而产生的分子内所固有的效应，称为静态共轭效应。如：

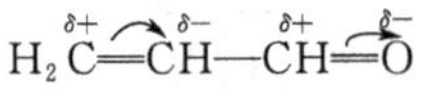

$$H_2\overset{\delta+}{C}=\overset{\delta-}{C}H—\overset{\delta+}{C}H=\overset{\delta-}{O} \qquad H_2\overset{\delta-}{C}=\overset{\delta+}{C}H—\ddot{B}r$$

π-π 共轭 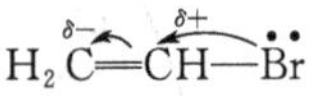　　　　p-π 共轭

共轭体系在发生化学反应时，由于进攻试剂或其他外界条件的影响，π 电子云在反应瞬间发生变形（极化）而产生的效应，称动态共轭效应。如 1,3-丁二烯分子无静态极化作用，分子无极性，但当受到试剂作用时，便产生交替极化：

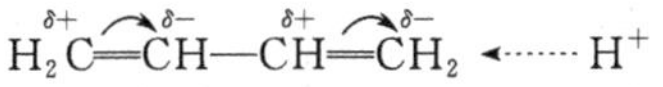

$$H_2\overset{\delta+}{C}=\overset{\delta-}{C}H—\overset{\delta+}{C}H=\overset{\delta-}{C}H_2 \leftarrow\cdots\cdots H^+$$

（五）共轭加成的解释

共轭二烯烃与溴的加成反应和单烯烃相似，也是分步进行的。在外界电场的影响下，共

轭链发生交替极化，使 C-1 和 C-3 上带少量负电荷。

$$\overset{\delta-}{Br}-\overset{\delta+}{Br} \cdots\rightarrow \overset{1}{C}H_2=\overset{2}{C}H-\overset{3}{C}H=\overset{4}{C}H_2 \longrightarrow \overset{1\,\delta-}{C}H_2=\overset{2\,\delta+}{C}H-\overset{3\,\delta-}{C}H=\overset{4\,\delta+}{C}H_2$$

反应第一步是亲电试剂 Br^+ 与 C-1 或 C-3 结合形成两种碳正离子：

$$\overset{\delta-}{Br}-\overset{\delta+}{Br} + \overset{1\,\delta-}{C}H_2=\overset{2\,\delta+}{C}H-\overset{3\,\delta-}{C}H=\overset{4\,\delta+}{C}H_2 \xrightarrow{a} \underset{Br}{\overset{1}{C}H_2}-\overset{2\,+}{C}H-\overset{3}{C}H=\overset{4}{C}H_2 + Br^-$$

烯丙基型碳正离子

$$\xrightarrow{b} \overset{1}{C}H_2=\overset{2}{C}H-\underset{Br}{\overset{3}{C}H}-\overset{4\,+}{C}H_2 + Br^-$$

伯碳正离子

亲电性试剂 Br^+ 进攻 C-1 所生成的烯丙基型碳正离子可发生 p-π 共轭，导致 π 电子离域，使得碳原子上所带的正电荷分散在整个体系中：

$$BrH_2C-\overbrace{HC\cdots CH\cdots CH_2}^{\oplus}$$

由于正电荷分散在三个碳原子组成的共轭体系中，体系能量降低，比伯碳正离子更稳定，所以加成反应主要是通过烯丙基型碳正离子进行。

第二步，溴负离子与烯丙基型碳正离子反应，溴负离子可以进攻 C-2，也可以进攻 C-4，分别得到 1,2-和 1,4-两种加成产物。

$$\left[\underset{Br}{\overset{1}{C}H_2}-\overset{2\,+}{C}H-\overset{3}{C}H=\overset{4}{C}H_2 \longleftrightarrow \underset{Br}{\overset{1}{C}H_2}-\overset{2}{C}H=\overset{3}{C}H-\overset{4\,+}{C}H_2\right]$$

$$\downarrow Br^- \qquad\qquad \downarrow Br^-$$

$$\underset{Br}{CH_2}-\underset{Br}{CH}-CH=CH_2 \qquad \underset{Br}{CH_2}-CH=CH-\underset{Br}{CH_2}$$

1,2-加成产物　　　　1,4-加成产物

1,2-加成和 1,4-加成是同时发生的，两者的比例取决于反应温度和试剂等因素。如图 6-7 所示，由于生成 1,2-加成产物所需活化能较低，生成速率较快；同时低温下卤素与碳正离子的加成是不可逆的，所以在低温下以 1,2-加成产物为主。这种由反应速率支配的动力学控制过程叫做速率控制或动力学控制。

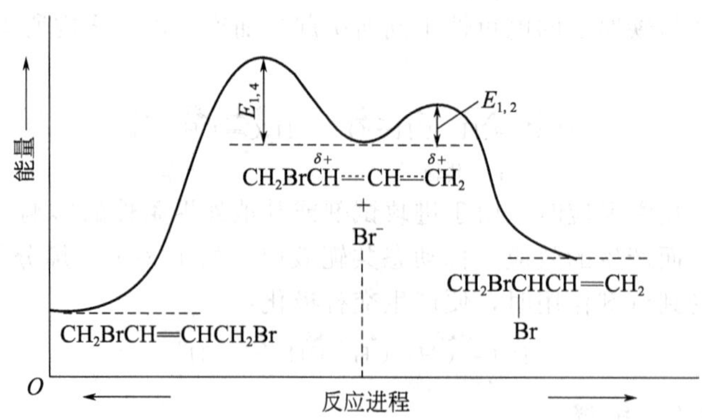

图 6-7　1,2-加成和 1,4-加成势能图

当温度升高，反应时间延长时，碳正离子有条件克服较高活化能的能垒，生成1,4-加成产物；同时生成的1,2-加成产物电离成碳正离子和卤素离子，即1,2-加成的逆反应所需的活化能也较低，反应速率快，而1,4-加成的逆反应所需的活化能高，反应速率慢，并且1,4-加成产物比1,2-加成产物有更大的稳定性，因而1,2-加成产物通过碳正离子不断转变成1,4-加成产物，达到平衡时，1,4-加成产物是主要的。这种由产物的稳定性和反应平衡所支配的热力学控制过程叫做平衡控制或热力学控制。

溶剂的极性也会影响到反应的进行，如1,3-丁二烯与溴的加成反应中，若在极性溶剂中进行，1,4-加成产物占70%；但在非极性溶剂（如正己烷）中进行，1,4-加成产物则占46%。

三、马氏规则的解释

不对称烯烃与极性试剂加成时，通常试剂中带正电部分总是加在含氢较多的双键碳原子上，而带负电部分则加到含氢较少的双键碳原子上，此规律即为马氏规则。马氏规则可以从“双键所连取代基的电子效应”和“碳正离子中间体的稳定性”两个方面加以解释。

（一）双键所连取代基的电子效应

以1-丁烯与卤化氢的加成反应为例进行说明。

1-丁烯分子中，乙基与双键碳原子直接相连，乙基碳原子电负性（sp^3 杂化）比双键碳原子电负性（sp^2 杂化）小，因而乙基对双键表现出给电子诱导效应；同时，双键还拥有直接相邻的两个碳氢 σ 键，存在 σ-π 超共轭体系，乙基对双键表现出给电子的共轭效应。受乙基 $+I$ 和 $+C$ 的影响，π 键上的电子对向含氢较多的碳原子侧发生偏移，使其带上部分负电荷，另一侧的碳原子带上部分正电荷。反应时，亲电试剂（H^+）首先加到带部分负电荷的双键碳原子（含氢较多者）上，形成碳正离子，然后 X^- 再加到带有部分正电荷的碳原子（含氢较少者）上，形成最终的加成产物。

$$\underset{+I}{\overset{+C}{CH_3CH_2}} \rightarrow \overset{\delta+}{C}H{=}\overset{\delta-}{C}H_2 + H^+ \longrightarrow CH_3CH_2{-}\overset{+}{C}H{-}CH_3 \xrightarrow{X^-} CH_3CH_2{-}\underset{\displaystyle X}{\underset{|}{C}H}{-}CH_3$$

（π 电子偏移；亲电进攻）

双键上连有多个取代基时，综合所有取代基产生电子效应的总结果，来判断双键碳的电性，从而确定加成方向。

（二）碳正离子中间体的稳定性

马氏规则也可以用反应过程中的活泼中间体“碳正离子”的相对稳定性来解释。

烷基碳正离子按照正电荷所在碳原子的位置，可分为一级（伯）、二级（仲）、三级（叔）碳正离子三类。

根据物理学中电荷越分散，体系越稳定的规律，碳正离子的稳定性主要取决于正电荷被分散的程度，因此碳正离子的稳定性与其所连的基团有关。若连的是给电子基团，可以使正电荷得以分散，碳正离子的稳定性增加；若连的是吸电子基团，则增加了碳正离子上的正电荷，从而降低了碳正离子的稳定性。

烷基对碳正离子而言，既存在给电子诱导效应，又存在 σ-p 给电子超共轭效应，两者均能使碳正离子稳定性增强；烷基数目越多，给电子能力越强，碳正离子稳定性越好。简单碳正离子的相对稳定性次序如下：

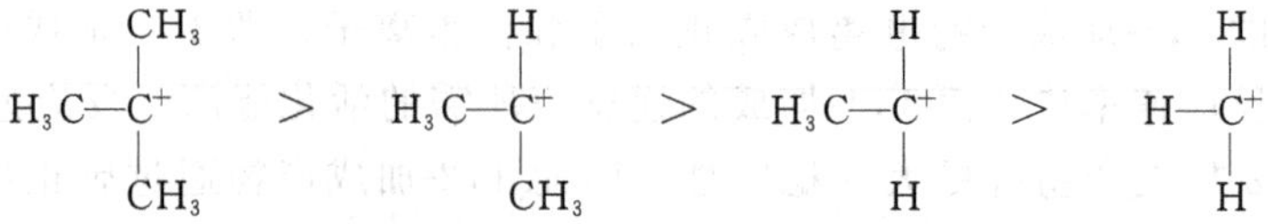

$$\underset{\text{叔丁基碳正离子（叔）}}{(CH_3)_3C^+} > \underset{\text{异丙基碳正离子（仲）}}{(CH_3)_2CH^+} > \underset{\text{乙基碳正离子（伯）}}{CH_3CH_2^+} > \underset{\text{甲基碳正离子}}{CH_3^+}$$

在不对称烯烃与极性试剂的加成中，可生成两种碳正离子中间体，其中较为稳定的那种更易生成，因此加成反应易朝着生成稳定中间体的方向进行，即碳正离子的稳定性决定了烯烃的加成取向。仍以 1-丁烯与卤化氢的加成为例：

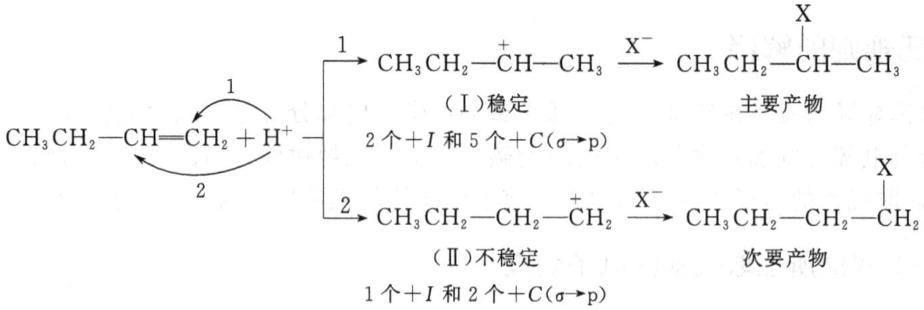

$$CH_3CH_2—CH{=}CH_2 + H^+ \xrightarrow{1} \underset{\substack{(\text{Ⅰ})\text{稳定} \\ 2\text{个}+I\text{和}5\text{个}+C(\sigma\to p)}}{CH_3CH_2—\overset{+}{C}H—CH_3} \xrightarrow{X^-} \underset{\text{主要产物}}{CH_3CH_2—\underset{X}{C}H—CH_3}$$

$$CH_3CH_2—CH{=}CH_2 + H^+ \xrightarrow{2} \underset{\substack{(\text{Ⅱ})\text{不稳定} \\ 1\text{个}+I\text{和}2\text{个}+C(\sigma\to p)}}{CH_3CH_2—CH_2—\overset{+}{C}H_2} \xrightarrow{X^-} \underset{\text{次要产物}}{CH_3CH_2—CH_2—CH_2X}$$

上面反应式中（Ⅰ）为仲碳正离子，而（Ⅱ）为伯碳正离子，所以（Ⅰ）比（Ⅱ）更稳定，是主要产物。

第四节　炔烃

炔烃是含有碳碳三键（C≡C）的不饱和烃，“炔”（音 quē），音同缺（有缺少的含义），炔烃比相应的烯烃少两个氢。碳碳三键是炔烃的官能团。

一、炔烃的结构和命名

（一）炔烃的结构

乙炔是炔烃中最简单也是最重要的一个化合物，其分子式是 C_2H_2，结构式是H—C≡C—H。在乙炔分子中，两个三键碳原子都是 sp 杂化，每个杂化轨道各填充有一个电子，这两个 sp 杂化轨道的对称轴在一条直线上；还有两个未杂化的 p 轨道（各填充一个电子）的对称轴互相垂直且分别与 sp 杂化轨道的对称轴垂直。两个碳原子各用一个 sp 杂化轨道沿对称轴方向重叠形成一个碳碳 σ 键，再各用另一个 sp 杂化轨道分别和一个氢原子的 s 轨道重叠，形成两个碳氢 σ 键，这三个 σ 键在同一条直线上。两个碳原子互相靠近形成碳碳 σ 键的同时，两组 p 轨道也彼此平行侧面重叠，形成两个 π 键，两个 π 键的电子云进一步相互作用，形成围绕碳碳 σ 键的圆柱状对称分布。乙炔分子的四个原子处在一条直线上，即键角为 180°。其构成情形如图 6-8 所示，结构模型如图 6-9 所示。

实验证明乙炔分子为直线型分子，碳碳三键的键长比碳碳双键短，为 0.120nm，说明乙炔分子中两个碳原子比乙烯离得更近，原子核对核外电子的吸引力更强。碳碳三键的键能为 835kJ・mol^{-1}，比碳碳双键（610kJ・mol^{-1}）和碳碳单键（347kJ・mol^{-1}）都要大。

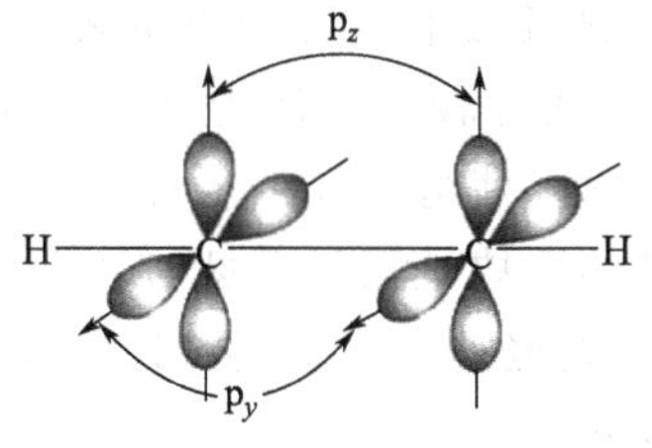

(a) 两个sp杂化的碳原子

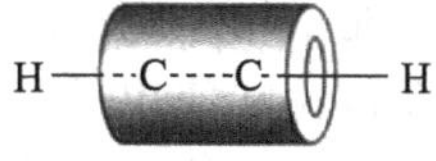

(b) 由4个p电子组成的两个π键形成圆筒形

图 6-8　乙炔分子形成示意图

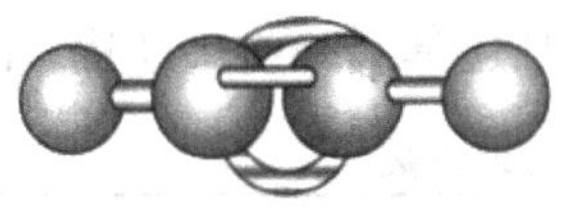

(a) 乙炔凯库勒模型

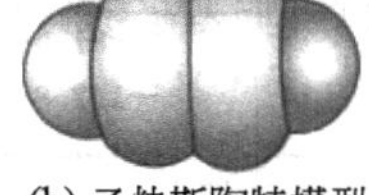

(b) 乙炔斯陶特模型

图 6-9　乙炔的模型图

含有四个碳以上的炔烃存在碳链异构和三键官能团位置异构，但不存在顺反异构。

（二）炔烃的命名

炔烃的命名原则与烯烃相似，只是将“烯”字改为“炔”。即选择包含三键的最长碳链作主链，编号由距离三键最近的一端开始，将三键的位置注于炔名之前。另外，一些简单的炔烃，可以作为乙炔的衍生物来命名。

$HC \equiv CH$	$CH_3CH_2C \equiv CH$	$CH_3C \equiv CCH_3$	$H_3C-\underset{CH_3}{\overset{Cl}{C}}-C \equiv C-\underset{CH_3}{\overset{H}{C}}-CH_3$
乙炔	1-丁炔 （乙基乙炔）	2-丁炔 （二甲基乙炔）	2,5-二甲基-2-氯-3-己炔

分子中同时含有三键和双键时，选取同时含三键和双键的最长碳链做母体，根据碳链所含碳原子数，称“某烯炔”。碳链的编号应从最先遇到双键或三键的一端开始。

$$CH_3-CH=CH-C \equiv CH$$

3-戊烯-1-炔

（不称作 2-戊烯-4-炔）

如果双键或三键处在相同位置，则给予双键较小的编号，即从靠近双键的一端开始编号：

$$CH_2=CH-CH_2-C \equiv CH$$

1-戊烯-4-炔

（不称作 4-戊烯-1-炔）

$$CH_2=CH-CH=CH-C \equiv CH$$

1,3-己二烯-5-炔

（不称作 3,5-己二烯-1-炔）

二、炔烃的性质

（一）物理性质

炔烃的物理性质与烯烃相似，也是随着分子量的变化而有规律地变化。炔烃的沸点比相同碳原子数的烯烃高 10～20℃，相对密度比相同碳原子数的烯烃稍大，在水里的溶解度也比烷烃和烯烃大些。四个碳以下的炔烃在常温下为气体。炔烃的密度比水小，有微弱的极性，不溶于水，而易溶于石油醚、苯、丙酮、醚等弱极性或非极性的有机溶剂，在常压下、15℃时，一体积丙酮可以溶解25体积的乙炔。因为乙炔在较大的压力下，极易爆炸，所以贮存乙炔的钢瓶内填充了用丙酮浸透的硅藻土或碎软木，使得在较小压力下就能溶解大量乙炔，从而提高乙炔在运输和使用过程中的安全性。纯的乙炔是无色无臭的气体，燃烧时发出明亮的火焰，且放出大量的热。乙炔在氧气中燃烧的火焰温度可高达3500℃，所以炔氧焰常用于熔融和焊接金属。常见炔烃的物理常数见表6-2。

（二）化学性质

炔烃的化学性质和烯烃相似，也可以发生加成、氧化和聚合等反应。但由于三键与双键有所不同，所以炔烃的反应与烯烃是有区别的，并且还具有一些炔烃特有的反应。

表6-2　常见炔烃的物理常数

化合物	熔点/℃	沸点/℃	相对密度 d_4^{20}	折射率
乙炔	−80.8	−48.0	0.6130(−80℃)	
丙炔	−101.5	−23.2	0.7062	1.3745(−23.3℃)
1-丁炔	−125.7	8.1	0.6784	
2-丁炔	−32.3	27.0	0.6901	1.3939
1-戊炔	−95.0	40.2	0.6901	1.3860
2-戊炔	−101.0	56.1	0.7107	1.4045(17.2℃)
1-己炔	−131.9	71.3	0.7155	1.3990
1-庚炔	−80.9	99.8	0.7330	

1. 亲电加成反应

sp杂化碳原子的电负性比sp^2杂化碳原子的电负性强，故sp杂化碳原子对核外π电子的控制能力更强，因此，尽管三键比双键多一对电子，但比烯烃更不容易给出电子而与亲电试剂结合，即炔烃的亲电加成反应一般比烯烃要困难。

（1）与卤素的加成

乙炔的氯化需在光或三氯化铁催化下进行：

$$HC\equiv CH + Cl_2 \xrightarrow{FeCl_3} \underset{\text{反-1,2-二氯乙烯}}{ClHC=CHCl} \xrightarrow[FeCl_3]{Cl_2} \underset{\text{1,1,2,2-四氯乙烷}}{Cl_2CHCHCl_2}$$

（2）与卤化氢的加成

炔烃和烯烃一样可以和卤化氢加成，反应是分步进行的，可控制反应条件而分别得到卤代烯烃和卤代烷烃。这个反应同样也遵守马氏规则。

$$CH_3C\equiv CH + HCl \longrightarrow \underset{\text{2-氯丙烯}}{CH_3CCl=CH_2} \xrightarrow{HCl} \underset{\text{2,2-二氯丙烷}}{CH_3CCl_2CH_3}$$

（3）与水的加成

在酸性水溶液及汞盐的催化下，炔烃和水发生加成反应，先生成一个很不稳定的烯醇式结构的化合物，然后很快地转变为稳定的羰基化合物（醛或酮）。如乙炔在10%硫酸和5%硫酸汞水溶液中发生加成反应，生成乙醛：

$$HC\equiv CH + H_2O \xrightarrow[HgSO_4]{H_2SO_4} [H_2C{=}\overset{\overset{\large H}{|}}{C}{-}OH] \rightleftharpoons CH_3CHO$$

乙烯醇　　　　乙醛

其他炔烃水化时，则产物为酮。如丙炔水合得到丙酮：

$$CH_3C\equiv CH + H_2O \xrightarrow[HgSO_4]{H_2SO_4} [H_3C{-}\overset{\overset{\large OH}{|}}{C}{=}CH_2] \longrightarrow H_3C{-}\overset{\overset{\large O}{\|}}{C}{-}CH_3$$

乙烯醇　　　　乙酮

炔烃的水合也遵循马氏规则。

2. 亲核加成反应

乙炔及其一元取代物可与含“活泼氢”基团（如—OH、—SH、—NH_2、═NH、—$CONH_2$、—COOH 等）的有机化合物发生加成反应，生成含有双键（乙烯基）的产物。

这类反应的机理是以负离子作为亲核试剂进攻三键而发生亲核加成反应。例如，乙炔在碱催化下与醇反应，首先产生一个碳负离子中间体(a)，(a) 再从醇分子中得到质子，生成产物(b)，用反应式表示如下：

$$HC\equiv CH \xrightarrow{RO^-} H\bar{C}{=}CHOR \ \text{(a)} \xrightarrow{HOR} H_2C{=}CHOR \ \text{(b)} + OR^-$$

乙醇与乙炔反应，生成乙烯基乙醚：

$$HC\equiv CH + HOC_2H_5 \xrightarrow[150\sim180℃,\ 0.1\sim1.5MPa]{\text{碱}} H_2C{=}CHOC_2H_5$$

乙烯基乙醚

醋酸与乙炔反应可得到醋酸乙烯酯：

$$HC\equiv CH + CH_3COOH \xrightarrow[170\sim210℃]{Zn(OAc)_2/\text{活性炭}} H_3CCOOHC{=}CH_2$$

醋酸乙烯酯

氢氰酸也可与乙炔进行加成反应：

$$HC\equiv CH + HCN \xrightarrow[70℃]{CuCl_2\ \text{水溶液}} H_2C{=}CHCN$$

丙烯腈

3. 氧化反应

（1）高锰酸钾氧化

炔烃受氧化剂氧化时，三键断裂生成羧酸、二氧化碳等产物。

$$CH_3C\equiv CH \xrightarrow[H^+]{KMnO_4} CH_3COOH + CO_2 + H_2O$$

碱性高锰酸钾与炔烃反应后紫红色褪去，生成棕褐色的二氧化锰，利用这个特征反应可以定性鉴定三键的存在。

$$CH_3C\equiv CH + KMnO_4 \xrightarrow[25℃]{OH^-} CH_3COOK + MnO_2 + K_2CO_3$$

（2）臭氧氧化

炔烃用臭氧氧化，也可使三键发生断裂，生成羧酸。如：

$$CH_3CH_2C\equiv CCH_3 \xrightarrow[CCl_4]{O_3} \xrightarrow{H_2O} CH_3CH_2COOH + CH_3COOH$$

与烯烃的氧化一样，可由上述反应所得产物的结构推知原来炔烃的结构。

4. 还原反应

（1）催化加氢

催化剂（镍、铂、钯）催化下，炔烃可与氢加成生成烷烃，难以分离得到烯烃。

$$CH_3CH_2C\equiv CH + H_2 \xrightarrow{\text{催化剂}} CH_3CH_2CH_2CH_3$$

但选用某些特定的催化剂，如林德拉（Lindlar）催化剂（将钯附着于碳酸钙，再加入少量抑制剂醋酸铅和喹啉使之部分毒化，从而降低催化能力），可使氢化反应停留在烯烃阶段。这种炔烃的氢化停留在烯烃阶段的反应称为部分氢化。另外，使用这种催化剂还可以控制产物的构型，得到顺式烯烃。

$$CH_3C\equiv CCH_3 + H_2 \xrightarrow{\text{Lindlar 催化剂}} \underset{H}{\overset{H_3C}{}}\!\!>C=C<\!\!\underset{H}{\overset{CH_3}{}}$$

（2）用碱金属（K、 Na、 Li）及液氨还原

除催化加氢外，炔烃还可以在液氨中用碱金属还原，且主要产物是反式烯烃。如：

$$CH_3C\equiv CCH_3 + 2Na + 2NH_3 \xrightarrow{\text{液氨}} \underset{H}{\overset{H_3C}{}}\!\!>C=C<\!\!\underset{CH_3}{\overset{H}{}} + 2NaNH_2$$

5. 金属炔化物的形成

乙炔及其一元取代物（RC≡CH），由于氢原子和碳碳三键上的碳原子直接相连，使它们具有弱酸性（$pK_a=25$），可以被某些金属离子取代，生成金属炔化物。如将乙炔通入银氨溶液或亚铜的氨溶液中，则分别析出白色的乙炔银或红棕色的乙炔亚铜沉淀：

$$HC\equiv CH + 2[Ag(NH_3)_2]^+ \longrightarrow \underset{\text{乙炔银}}{AgC\equiv CAg}\downarrow + 2NH_3 + 2NH_4^+$$

$$HC\equiv CH + 2[Cu(NH_3)_2]^+ \longrightarrow \underset{\text{乙炔亚铜}}{CuC\equiv CCu}\downarrow + 2NH_3 + 2NH_4^+$$

$$RC\equiv CH + [Ag(NH_3)_2]^+ \longrightarrow RC\equiv CAg\downarrow + NH_3 + NH_4^+$$

上述反应可以用来鉴别分子中的链端三键（—C≡CH）结构。

碳原子的电负性随 s 成分的增加而增加，其次序为 $sp > sp^2 > sp^3$（表 6-3）。乙炔的氢原子比乙烯和乙烷的氢原子都活泼，正是因为乙炔的碳原子是 sp 杂化，使乙炔碳氢键的极性较乙烯和乙烷碳氢键的极性强，容易异裂解离出质子而显酸性，易被某些金属离子取代。

表 6-3　不同杂化态碳原子的电负性

杂化类型	电负性
sp^3	2.48
sp^2	2.75
sp	3.29

6. 聚合反应

乙炔在不同的催化剂和反应条件下，可以生成链状或环状的二聚或三聚产物。与烯烃不同，它一般不生成高聚物。如：

$$2HC\equiv CH \xrightarrow[NH_4Cl]{CuCl} CH_2=CH-C\equiv CH$$

$$3HC\equiv CH \xrightarrow[450℃]{Ph_3P/Ni(CO)_2} \text{(苯)}$$

三、炔烃的制备

（一）乙炔的生产

用煤或石油做原料，是生产乙炔的两种主要途径。随着天然气化学工业的发展，天然气将成为乙炔的主要来源。生产乙炔的常用方法有以下几种：

1. 碳化钙（电石）法

这是以前生产乙炔的唯一方法，但由于成本较高，现已基本淘汰，很少采用。

$$CaO + 3C \xlongequal{2200℃} CaC_2 + CO$$

$$CaC_2 + 2H_2O \longrightarrow HC\equiv CH + Ca(OH)_2$$

2. 甲烷法（电弧法）

甲烷在 1500℃电弧中经极短时间（0.01～0.1s）加热，裂解成乙炔。

$$2CH_4 \xrightarrow[电弧]{1500℃} HC\equiv CH + 3H_2$$

裂解气中还含有乙烯、氢和炭尘等。这个方法的特点是原料非常便宜，特别是在天然气丰富的地区，采用此法是比较经济的。

（二）二元卤代烷脱卤化氢

和烯烃的制备相似，可通过消除反应使二元卤代烷失去两分子卤化氢生成炔烃。一般有两种二元卤代烷可以采用，即邻二卤代烷（$-CHX-CHX-$）和偕二卤代烷（$-CH_2-CX_2-$）。

$$\underset{1,2-二溴丙烷}{CH_3\underset{Br}{\underset{|}{CH}}-\underset{Br}{\underset{|}{CH_2}}} \xrightarrow{KOH（醇）} \underset{1-溴-1-丙烯}{CH_3CH=CHBr} \xrightarrow{NaNH_2} \underset{丙炔}{H_3CC\equiv CH}$$

脱去一个卤化氢分子得到的卤代烯烃，其卤原子直接与双键结合，称为乙烯基卤，是很不活泼的（参见第八章卤代烃）。所以要得到炔烃，常需使用热的氢氧化钾（或氢氧化钠）醇溶液，或用 $NaNH_2$。

偕二卤代烷可以从酮制取，再进一步脱去卤化氢即可得到炔烃。实际上酮在有吡啶的干燥苯溶液中与 PCl_5 加热，可直接得到炔烃。

$$R-\underset{O}{\underset{\|}{C}}-CH_2-R' \xrightarrow{PCl_5/吡啶} R-\underset{Cl\ \ Cl}{C}-CH_2-R' \longrightarrow R-C\equiv C-R'$$

（三）由金属炔化物制备

金属炔化物（炔基锂、炔基钠等）与卤代烃或其他许多亲电试剂反应，可以得到碳链增长的炔烃。

$$R-C\equiv C-Li \xrightarrow{R'X} R-C\equiv C-R'$$

$$HC\equiv C^- Na^+ + CH_3CH_2CH_2CH_2Br \xrightarrow{液氨} CH_3CH_2CH_2CH_2C\equiv CH + NaBr$$

名人追踪

狄尔斯（Otto Paul Hermann Diels 1876—1954）

1876年1月23日生于汉堡，1954年3月7日卒于基尔。1895年入柏林大学攻读化学专业，1899年在费歇尔的指导下获博士学位。1906年任柏林大学化学教授。1916年起，任基尔克里斯琴·奥尔布雷克特大学教授兼化学研究所所长，1926年任该校校长，直至1948退休。狄尔斯长期从事天然有机化合物，特别是甾族化合物的研究。1906年开始研究胆甾醇的结构，从胆结石中分离出纯的胆甾醇，并通过氧化作用将它转变成“狄尔斯酸”。1927年他用硒在300℃使胆甾醇脱氢，得到一种被称为“狄尔斯烃”（$C_{18}H_{16}$）的芳香族化合物，这对胆甾醇、胆酸皂苷、强心苷等结构的确定起了重要的作用。1928年他和助手阿尔德发明双烯合成，其原理为：如果具有两个共轭双键的分子（双烯）和具有一个双键的分子（亲双烯试剂）在结构上满足一定的要求，两者即很容易发生反应而结合成一个含有六元环的产物。这个反应的应用范围和格利雅反应一样广泛，被称为狄尔斯-阿尔德反应。狄尔斯和阿尔德在1928年首先明确地解释这个合成反应的过程，并同时强调指出了他们的发现有广泛的使用价值。狄尔斯因与阿尔德共同发展了双烯合成法而共同获1950年诺贝尔化学奖。他著有《有机化学导论》(1907)一书。

阿尔德（Kurt Alder，1902—1958）

1902年月10日生于德国西里西亚地区肯尼斯舒特，先后在柏林大学、基尔大学攻读化学专业，1926年获哲学博士学位。1930年任基尔大学副教授，1934年升任教授。1940年任化学研究所所长兼科隆大学教授。阿尔德对有机化学的贡献是双烯合成。因和狄尔斯共同取得这一成果，通常称为狄尔斯-阿尔德反应。狄尔斯-阿尔德反应提供了制备萜烯类化合物合成方法，推动了萜烯化学的发展。双烯合成在实验室和工业操作中获得广泛应用，利用这一反应可制备许多工业产品，其中包括染料、药剂、杀虫剂、润滑油、干燥油、合成橡胶和塑料等。由于双烯合成，阿尔德与狄尔斯于1950年共同获诺贝尔化学奖。

习　题

1.用系统命名法（如果可能的话，同时用普通命名法）命名下列化合物。

(1) $CH_3C(C_2H_5){=}CHCH(CH_3)CH_2CH_3$

(2) $(CH_3)_2CHCH_2CH{=}C(CH_3)_2$

(3) $(H_3C)(H)C{=}C(CH_3)(CH_2CH_3)$ (Z/E)

(4) $(H_3CH_2C)(H_3C\text{—}CH(C(CH_3)_3))C{=}C(CH_3)(H)$ (Z/E)

(5) $CH\equiv C-CH=CH-CH=CH_2$

(6) $CH_3C\equiv C-CH_2-\underset{\displaystyle CH_3}{\underset{|}{CH}}-\underset{\displaystyle CH_3}{\underset{|}{CH}}-CH_3$

(7) (结构式：H_3C、H、H、H、CH_3 取代的共轭二烯) (Z/E)

(8) (环戊二烯结构式)

2.写出下列化合物的结构式。

(1) 2,4-二甲基-2-戊烯

(2) 异丁烯

(3) (Z)-3-甲基-4-异丙基-3-庚烯

(4) (E)-1-氯-1-戊烯

(5) $(3E)$-2-甲基-1,3-戊二烯

(6) 3-戊烯-1-炔

(7) 1,4-环己二烯

(8) 顺-二乙炔基乙烯

3.写出分子式为 C_5H_{10} 的开链烯烃的各种异构体（包括顺、反异构）的结构式，并用系统命名法命名。

4.下列烯烃哪些有顺、反异构？写出顺、反异构体的构型并命名之。

(1) $CH_2=C(Cl)CH_3$

(2) $CH_3CH_2\overset{\displaystyle CH_3}{\overset{|}{C}}=\underset{\displaystyle C_2H_5}{\underset{|}{C}}CH_2CH_3$

(3) $CH_3CH=CHCH(CH_3)_2$

(4) $C_2H_5CH=CHCH_2I$

(5) $CH_3CH=CHCH=CH_2$

(6) $CH_3CH=CHCH=CHC_2H_5$

5.下列各组烯烃与 HBr 发生亲电加成反应，按其反应活性由大到小排列成序。

(1) 1-戊烯　　2-甲基-1-丁烯　　2,3-二甲基-2-丁烯

(2) 丙烯　　3-氯丙烯　　2-甲基丙烯

(3) 溴乙烯　　1,2-二氯乙烯　　氯乙烯和乙烯

6.试举出区别烷烃和烯烃的两种化学方法。

7.完成下列反应式，写出产物或所需试剂。

(1) $(CH_3)_2C=CH_2+HCl\longrightarrow$

(2) $CH_3-\underset{\displaystyle CH_3}{\underset{|}{CH}}-CH=CH_2+H_2O\xrightarrow{H^+}$

(3) $CH_3CH=C(CH_3)_2\xrightarrow{\text{冷}\ KMnO_4/OH^-}$

(4) (环己亚甲基)$=CH_2+HBr\xrightarrow{ROOR'}$

(5) $CH_3-\underset{\displaystyle CH_3}{\underset{|}{CH}}-CH=CH_2\xrightarrow[2)\ H_2O_2,\ OH^-]{1)\ B_2H_6}$

(6) $PhC\equiv CH+H_2O\xrightarrow[HgSO_4]{H_2SO_4}$

(7) $CH_3C\equiv CCH_3\xrightarrow[Pd/CaCO_3]{H_2}$

(8) $CH_3C\equiv CH+Ag(NH_3)_2^+\longrightarrow$

(9) $HC\equiv CCH_2CH=CH_2+HCl\longrightarrow$

(10) + O O O $\xrightarrow{\text{加热}}$

(11) $\xrightarrow[\text{2) } Zn/H_2O]{\text{1) } O_3}$

8. 将下列碳正离子按稳定性由大到小排列。

(1) $H_3C-C(CH_3)_2-CH_2\overset{+}{C}H_2$　　$H_3C-\overset{+}{C}(CH_3)-CH(CH_3)CH_3$　　$H_3C-C(CH_3)_2-\overset{+}{C}HCH_3$

(2) $(CH_3)_2\overset{+}{C}-CH=CH_2$　　$CH_3\overset{+}{C}H-CH=CH_2$　　$CH_2=CH-\overset{+}{C}H_2$

9. 用化学方法鉴别下列各组化合物。

(1) 正己烷　　1,4-己二烯　　1-己炔

(2) 1-戊炔　　2-戊炔　　2-甲基丁烷

10. 以适当的炔烃为原料合成下列化合物。

(1) $CH_2=CH_2$　　(2) $CH_2=CHCl$　　(3) $CH_3C(Br)_2CH_3$

(4) $CH_3\overset{O}{\overset{\|}{C}}CH_3$　　(5) $(CH_3)_2CHBr$　　(6) $\overset{H_3C}{\underset{H}{}}C=C\overset{H}{\underset{CH_3}{}}$

11. 推断结构。

(1) 分子式为 C_6H_{10} 的化合物 A，经催化氢化得 2-甲基戊烷。A 与银氨溶液作用生成灰白色沉淀。A 在汞盐催化下与水作用得到 $(CH_3)_2CHCH_2COCH_3$。试推测 A 的结构式，写出相关反应式并简要说明推断过程。

(2) 某化合物的分子量为 82，1mol 该化合物可吸收 2mol 的氢，当它和银氨溶液作用时，没有沉淀生成；当它吸收 1mol 氢时，产物为 2,3-二甲基-1-丁烯，试写出该化合物的结构式及相关反应式。

(3) 有三个化合物 A、B 和 C，分子式均为 C_5H_8，它们都能使 Br_2/CCl_4 溶液迅速褪色。A 与银氨溶液反应产生沉淀，而 B、C 没有。A、B 经催化氢化都生成正戊烷，而 C 在一般情况下只吸收 1mol 的 H_2，产物为 C_5H_{10}。B 与热的 $KMnO_4/H^+$ 反应得到乙酸和丙酸，C 与热的 $KMnO_4/H^+$ 反应则得到戊二酸。试推测 A、B、C 的结构。

第七章　芳香烃

分子中含有一个或多个苯环结构的化合物称为芳香族化合物；分子中含有一个或多个苯环的碳氢化合物称芳香烃或芳烃。芳香烃最初是指从植物胶中提取出来的具有香味的物质。这类化合物虽然高度不饱和，但却具有特殊的稳定性，不易发生加成和氧化反应，而比较容易进行取代反应，这种特性即为芳香性的标志。随着有机化学的发展，发现一些不含苯环结构的环状化合物也具有类似特性，例如环戊二烯负离子、薁和［18］轮烯等，它们被称为非苯芳烃。

根据分子中芳环的数目和结构特点，可以把芳烃分为三大类：

1. 单环芳烃

分子中含有一个苯环的芳烃。如：

CH_3　　$CH=CH_2$　　$C\equiv CH$

苯 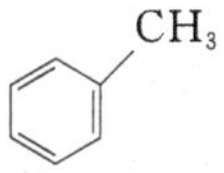　　甲苯 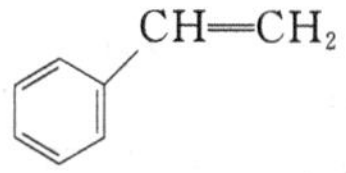　　苯乙烯 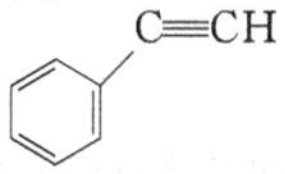　　苯乙炔

2. 多环芳烃

分子中含有两个或多个苯环的芳烃，主要包括联苯类化合物和稠环芳烃。

（1）联苯类化合物

两个或多个苯环以单键直接相连的化合物称为联苯类化合物。如：

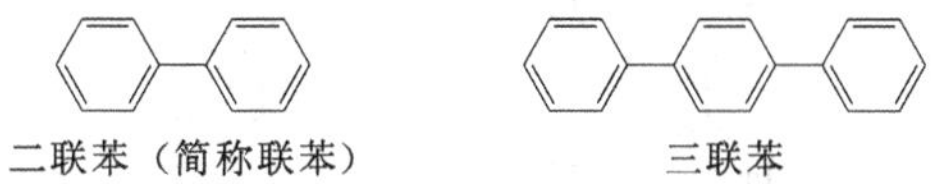

二联苯（简称联苯）　　三联苯

（2）多苯代脂肪烃

脂肪烃分子中的氢原子被多个苯环取代的产物称为多苯代脂肪烃。如：

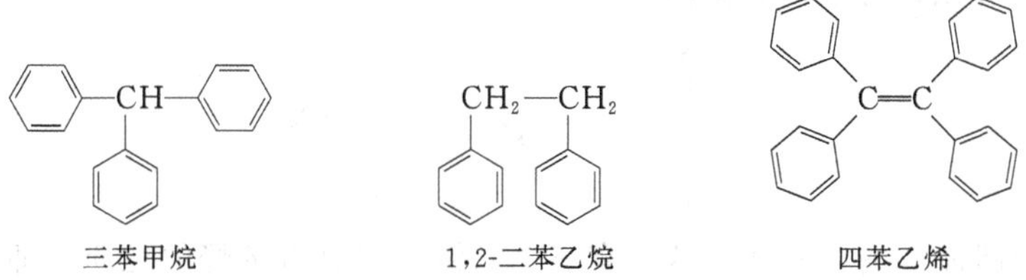

三苯甲烷　　1,2-二苯乙烷　　四苯乙烯

（3）稠环芳烃

两个或多个苯环共用两个邻位碳原子的化合物称为稠环芳烃。如：

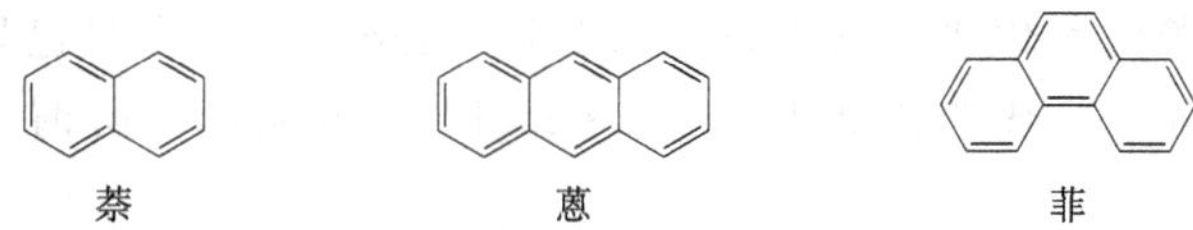

萘　　蒽　　菲

3. 非苯芳烃

分子中不含有苯环，但结构上符合休克尔规则（详见本章第三节），具有芳香性的烃类化合物称为非苯芳烃。如：

环戊二烯负离子 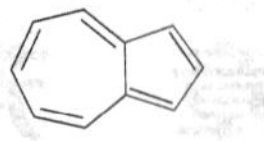　　薁 　　环庚三烯正离子

第一节　单环芳烃

一、苯的结构

（一）苯分子结构的凯库勒式

苯的分子式为 C_6H_6，是高度不饱和分子。然而在一般条件下，苯不使溴水和高锰酸钾水溶液褪色，即不易进行加成和氧化反应，只有在加压下，苯催化加氢才能生成环己烷。

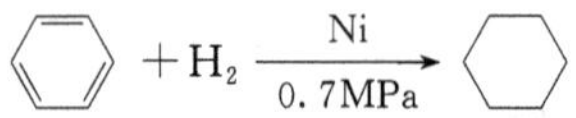

$$C_6H_6 + H_2 \xrightarrow[0.7MPa]{Ni} C_6H_{12}$$

苯与溴在 $FeBr_3$ 催化下可发生取代反应，并经实验证明苯的一元溴化物只有一种。

$$C_6H_6 + Br_2 \xrightarrow{FeBr_3} C_6H_5Br + HBr$$

1865 年，凯库勒根据实验事实从苯的分子式 C_6H_6 出发，进行全面的分析、不断的思考，在睡梦中获得了“灵感”——睡梦中的原子和分子跳起舞来，一条碳原子链像蛇一样咬住了自己的尾巴，在他眼前旋转。睡梦中惊醒后，凯库勒领悟到苯分子是一个环，由 6 个碳原子首尾相连。于是，有机教材中到处都能看到这个六角形的圈圈了，称之为苯的凯库勒式：

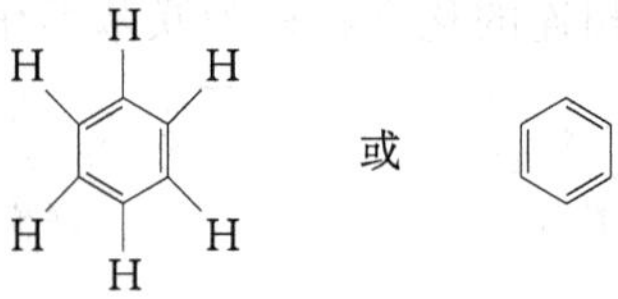

或

此结构满足了苯的分子式，但它不能很好地解释苯的邻位二元取代物只有一种。按照苯的凯库勒式，它应该含有下列异构体。

（Ⅰ）　或　（Ⅱ）

其次，按照凯库勒的结构式，苯环有三个双键，应具有烯烃的性质，即易发生加成与氧化反应，而实验却发现苯环具有特殊的稳定性，很难被打开。

再次，如果是“环己三烯”，那么它的氢化热应是环己烯的三倍，环己烯的氢化热为 $119.6kJ \cdot mol^{-1}$，而苯的氢化热实测值为 $208.16kJ \cdot mol^{-1}$，并非环己烯氢化热的三倍，而是比预测的三倍环己烯氢化热的值低 $150.6kJ \cdot mol^{-1}$，说明苯比所谓的“环己三烯”势能低，稳定得多。

综上，凯库勒式并没有完全揭示出苯分子的真实结构。随着近代物理和化学的实验方法的发展，对苯分子的结构做了更加深入的研究。

（二）苯分子结构的近代概念

经用X射线衍射法、光谱法对苯分子进行了研究，结果证明苯分子是平面的正六边形结构。苯分子中六个碳和六个氢都分布在同一平面上，相邻碳碳之间夹角是120°，碳碳键的键长都是0.139nm。

按照杂化轨道理论，苯分子中的六个碳原子以 sp^2 杂化，每个碳原子以二个 sp^2 杂化轨道相互形成六个碳碳 σ 键，又各以一个 sp^2 杂化轨道和六个氢原子的 s 轨道形成六个碳氢 σ 键，碳碳 σ 键之间以及碳碳 σ 键与碳氢 σ 键的夹角均为 120°。所以，苯分子的六个碳原子和六个氢原子都在同一个平面上，是平面正六边形结构。另外，每个碳原子都还保留了一个和这个平面垂直的 p 轨道，它们彼此平行，相互重叠而形成了一个包含 6 个碳原子在内的闭合大 π 键。π 电子云均匀、对称地分布在分子平面的上方和下方。见图 7-1。

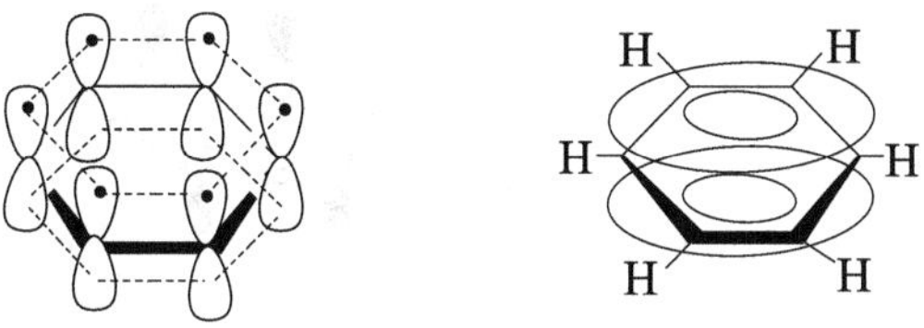

图 7-1　苯分子的 π 轨道（大 π 键）

由于 π 电子云充分离域，离域能大，体系的势能低，因此，苯环特别稳定。其稳定性首先体现在苯的氢化热比“环已三烯”要低得多；其次在化学性质上，苯分子不容易发生使苯环受到破坏而降低其稳定性的加成和氧化反应。

苯分子大 π 键的 6 个 π 电子高度离域，π 电子云完全平均化，使体系中没有单双键之分，6 个碳碳键都一样。所以，苯的邻位二元取代物也不存在两种异构体。由于苯分子中所有的碳碳键完全相同，目前除采用凯库勒结构式以外，还可用 表示苯的结构，其中圆圈代表苯环的大 π 键。

根据分子轨道理论，六个 p 轨道通过线性组合，可组成六个分子轨道，其中三个是成键轨道，以 ψ_1、ψ_2 和 ψ_3 表示，其余三个反键轨道，以 ψ_4^*、ψ_5^* 和 ψ_6^* 表示。苯的 π 分子轨道能级图如图 7-2 所示。图中的虚线表示节面，三个成键轨道中 ψ_1 没有节面，能量最低；而 ψ_2 和 ψ_3 都有一个节面，能量相等，这两个能量相等的轨道称为简并轨道。反键轨道 ψ_4^* 和 ψ_5^* 各有两个节面，也是能量相等的简并轨道，比成键轨道的能量高；ψ_6^* 有三个节面，是能量最高的反键轨道。基态时，苯的六个 π 电子都在成键轨道上，每个轨道含有一对电子，这六个离域的 π 电子总能量，比它们分别处在三个孤立的即定域的 π 轨道中的能量之和要低得多，因此，苯的结构很稳定。

还可以用共振论对苯分子结构进行解释：

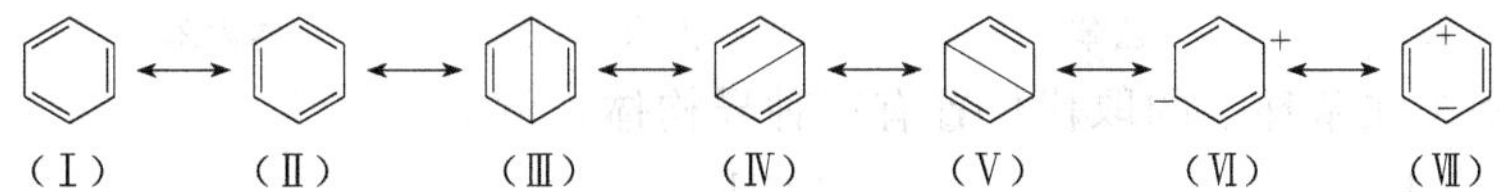

（Ⅰ）式和（Ⅱ）式结构相似，能量最低，其余共振结构式能量都较高。能量低的共振结构式在真实结构中参与最多，对共振杂化体贡献最大，因此，可以说苯的真实结构主要是（Ⅰ）式和（Ⅱ）式的共振杂化体。或者说（Ⅰ）式和（Ⅱ）式共振得到的共振杂化体最接近于苯的真实结构。必须强调的是苯的真实结构既不是（Ⅰ）式也不是（Ⅱ）式，更不是（Ⅲ）、（Ⅳ）、（Ⅴ）、（Ⅵ）、（Ⅶ），而是它们的共振杂化体，只是（Ⅰ）、（Ⅱ）贡献较大。

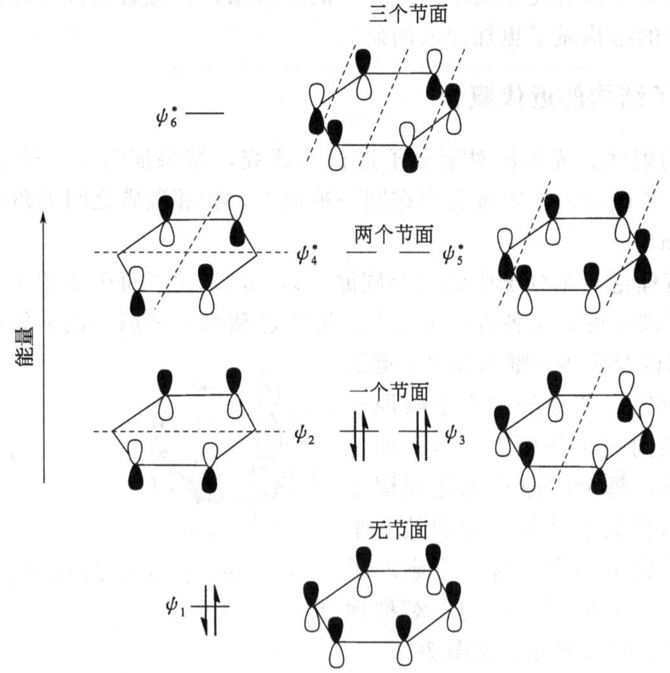

图 7-2　苯的 π 分子轨道能级图

苯的共振能量可借助氢化热来计算。如前所述，环已烯的氢化热为 $119.6kJ \cdot mol^{-1}$，而苯的氢化热实测值为 $208.16kJ \cdot mol^{-1}$，苯的氢化热比三倍环已烯少 $150.6kJ \cdot mol^{-1}$，这个 $150.6kJ \cdot mol^{-1}$ 的能量称为苯的共振能或离域能。该能量体现了共振使苯的稳定性大大增加，也决定了苯分子中的 π 键一般不易断裂，所以苯难以发生加成反应。

二、单环芳烃的异构和命名

（一）苯同系物的异构和命名

苯是最简单的芳烃。苯环上的氢原子被烷基取代后得到的产物称为苯的同系物，它符合 C_nH_{2n-6} 通式。

一取代烷基苯在苯环上的取代位置（不包括侧链）只有一种，不存在异构体。命名时以苯为母体，烷基为取代基。例如：

CH_3　　CH_2CH_3　　$CH_2CH_2CH_3$　　$CH(CH_3)_2$

甲苯　　乙苯　　丙苯　　异丙苯

二取代烷基苯在苯环上的取代位置有三种异构体。例如：

CH_3 CH_3　　CH_3 CH_3　　H_3C CH_3

1,2-二甲苯（邻二甲苯或 o-二甲苯）　　1,3-二甲苯（间二甲苯或 m-二甲苯）　　1,4-二甲苯（对二甲苯或 p-二甲苯）

取代基相同的三取代烷基苯在苯环上的取代位置有三种异构体。例如：

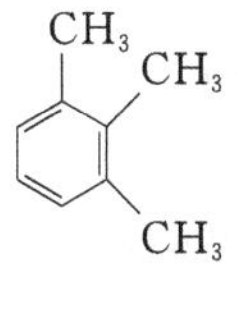

1,2,3-三甲苯（连三甲苯）　1,2,4-三甲苯（偏三甲苯）　1,3,5-三甲苯（均三甲苯）

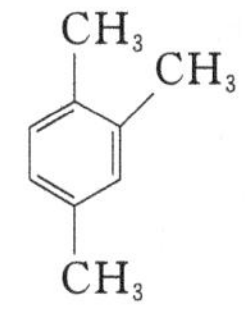

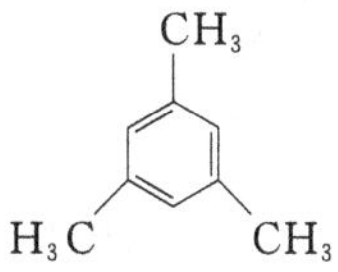

苯环上连有较复杂的烷基时，把苯环作为取代基（称苯基），链烃作为母体进行命名：

$$C_6H_5—\underset{|}{\overset{CH_2CH_3}{\overset{|}{CH}}}—\underset{\underset{CH_3}{|}}{CH}—CH_3$$

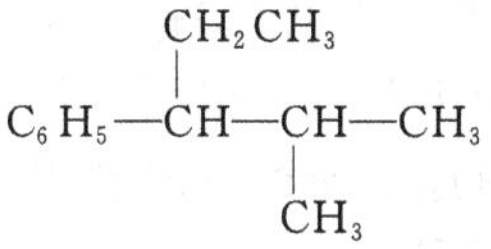

2-甲基-3-苯基戊烷

（二）苯衍生物的异构和命名

广义而言，苯环上的氢原子被取代后的取代苯都可称为苯的衍生物，其中苯的同系物特指烷基取代的苯。其他的烃基（如乙烯基等）取代、基团（如羟基、羧基等）取代、卤代和多环芳烃均称苯的衍生物。

许多苯的衍生物可把苯作为母体命名，若苯环上连有不饱和烃基（如烯基或炔基）或复杂烃基时，则把苯环作为取代基（称苯基），链烃作为母体进行命名。如：

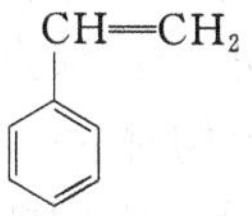

苯乙烯 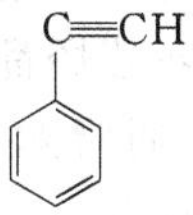　苯乙炔 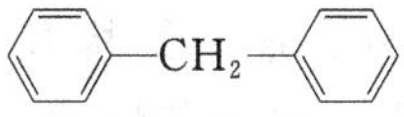　二苯甲烷 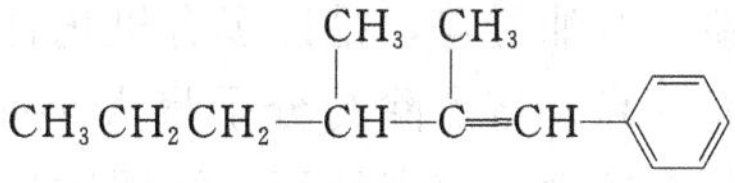　2,3-二甲基-1-苯基-1-己烯

当苯环上连有硝基（$—NO_2$）、亚硝基（—NO）、卤素（—X）等官能团时，一般以苯或甲苯为母体，官能团为取代基。如：

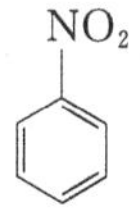

硝基苯 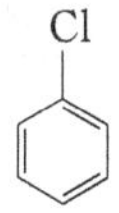　氯苯 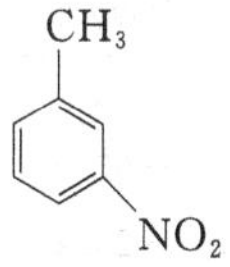　3-硝基甲苯（间硝基甲苯）

当取代基为氨基（$—NH_2$）、羟基（—OH）、醛基（—CHO）、羧基（—COOH）、磺酸基（$—SO_3H$）等基团时，将这些官能团视作母体，与苯一起称作苯胺、苯酚、苯甲醛、苯甲酸、苯磺酸等。

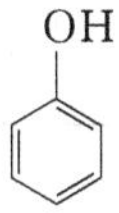

苯酚 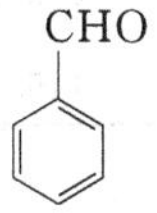　苯甲醛 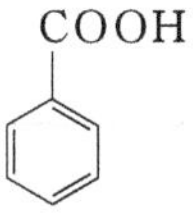　苯甲酸 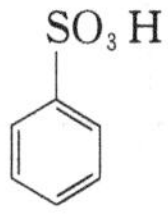　苯磺酸

总之，当苯环上连有多个官能团时，一般按下列顺序来选择母体：

—NO，$—NO_2$，—X（F、Cl、Br、I），—R，—OR，$—NH_2$，—SH，—OH，>C=O，—CHO，—CN，$—CONH_2$，—COX，—COOR，$—SO_3H$，—COOH

上述顺序排在后面的官能团与苯环一起作为母体，编号为1，其他基团作为取代基，其编号遵循系统命名原则。写名称时，将优先顺序较小的基团连同位号排在前面。如：

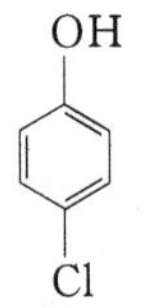

4-氯苯酚（对氯苯酚）　3-羟基苯甲酸（间羟基苯甲酸）　3-溴甲苯（间溴甲苯）　3-硝基-2-氯苯磺酸 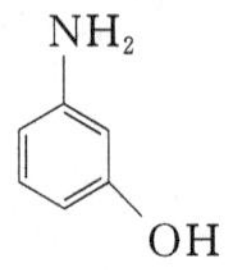　3-氨基苯酚（间氨基苯酚）

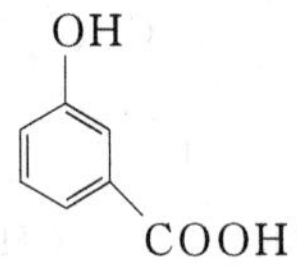

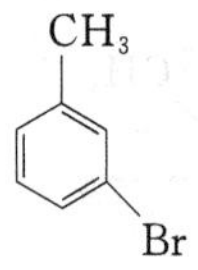

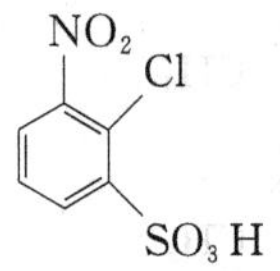

芳烃分子中苯环上去掉一个氢原子后剩下的部分称为芳基，用 Ar—表示。苯环上没有取代基时为最简单的芳基，称为苯基，可用 C_6H_5—或 Ph—(phenyl) 表示。甲苯分子中苯环上去掉一个氢原子后所剩下部分叫甲苯基，根据甲基在苯环上的位置不同有邻、间、对三个异构体。甲苯的甲基上去掉一个氢原子所留下的基团称为苯甲基或苄基（$C_6H_5CH_2$—）。

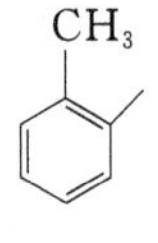

邻甲苯基 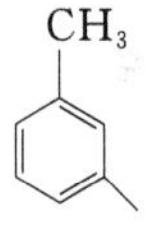　间甲苯基 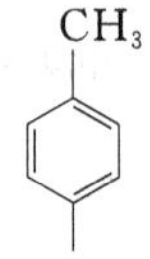　对甲苯基 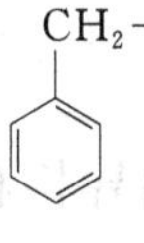　苯甲基（苄基）

三、苯及其同系物的性质

（一）物理性质

苯及其低级同系物都是具有芳香气味的无色液体，不溶于水，易溶于有机溶剂如乙醚、四氯化碳、石油醚等，是许多有机化合物的良好溶剂。一般单环芳烃都比水轻，沸点随分子量升高而升高。熔点除与分子量大小有关外，还与结构有关。通常对位异构体由于分子对称，晶格能较大，熔点较高，溶解度也较小。单环芳烃的蒸气有毒，长期吸入它们能损坏造血器官和神经系统。表 7-1 列出了常用单环芳烃的物理性质。

表 7-1　常用单环芳烃的物理性质

化合物	熔点/℃	沸点/℃	相对密度 d_4^{20}
苯	5.5	80.1	0.8737(25℃)
甲苯	−95.0	110.6	0.8660
邻二甲苯	−25.2	144.4	0.8802
间二甲苯	−47.9	139.1	0.8684(15℃)
对二甲苯	13.3	138.4	0.8611
乙苯	−95.0	136.2	0.8670
正丙苯	−99.6	159.3	0.8621
异丙苯	−96.0	152.4	0.8640
苯乙烯	−30.6	145.8	0.9060

（二）化学性质

如前所述，苯环是一个非常稳定的体系。苯及其同系物与烯烃性质有显著的区别，具有特殊的“芳香性”。其“芳香性”主要表现在易发生亲电取代反应，反应后苯环共轭体系不变；加成与氧化反应一般不易进行，除非在高温、加压、催化剂或某些特殊条件下方可发生。

1. 亲电取代反应

亲电取代反应是芳香烃重要的化学性质。单环芳烃重要的亲电取代反应有卤代、硝化、磺化、傅-克反应（烷基化和酰基化）等。

（1）亲电取代反应机理

芳香烃亲电取代反应有硝化、卤化、磺化、傅-克烷基化和酰基化，这些亲电取代反应的反应机理大体是相似的，可以概括如下：

$$C_6H_6 + E^+ \rightleftharpoons [C_6H_6 \cdots E^+] \underset{}{\overset{慢}{\rightleftharpoons}} [C_6H_6E]^+ \xrightarrow{快} C_6H_5E + H^+$$

亲电试剂　π-络合物　σ-络合物　一元取代苯

E^+ 代表亲电试剂，它分别表示硝化、卤代、磺化、傅-克烷基化和酰基化反应中的 NO_2^+、X^+、SO_3、R^+ 和 RCO^+。

首先是亲电试剂 E^+ 进攻苯环，与离域的 π 电子相互作用形成不稳定的中间体 π-络合物，这时并没有生成新的键，π-络合物仍保持着苯环结构。然后亲电试剂从苯环 π 体系中获得两个电子，与苯环的一个碳原子形成 σ 键，生成 σ-络合物（碳正离子中间体），此时苯环上与亲电试剂 E^+ 结合的碳原子的杂化轨道由 sp^2 转化为 sp^3，于是它就不再有 p 轨道，苯环上只剩下四个 π 电子，这四个 π 电子离域分布在苯环的五个碳原子上，苯环上原有的六个碳原子形成的闭合共轭体系被破坏了。由于闭合的大 π 共轭体系具有特殊的稳定性，分子具有恢复它的强烈倾向，因此，σ-络合物很容易从 sp^3 杂化碳原子上失去一个质子，从而恢复原来 sp^2 杂化状态，重新形成六个 π 电子离域的闭合共轭体系（苯环环系），完成取代反应。

在苯环的亲电取代反应中，亲电试剂 E^+ 进攻苯环的大 π 键形成 σ 络合物（环碳正离子），与烯烃的亲电加成反应中亲电试剂进攻烯烃的 π 键形成碳正离子类似，它们都是整个反应历程中最慢的一步，也是整个取代反应的关键性一步。苯的亲电取代与烯烃加成反应不同的是：由烯烃生成的碳正离子接着迅速地和亲核试剂结合而形成加成产物；而由芳烃生成的 σ-络合物却是随即失去一个质子，重新恢复为稳定的苯环结构，最后得到取代产物。图 7-3 为苯进行亲电取代反应和亲电加成反应的能量变化示意图。

由图 7-3 可知，由 σ-络合物形成取代产物时，过渡态势能较低，且产物的能量比原料苯的能量低，为放热反应；如果生成加成产物，则过渡态势能高，且产物的能量比原料苯的能量高，为吸热反应。因此，无论是动力学因素还是热力学因素，加成反应都是不利的。

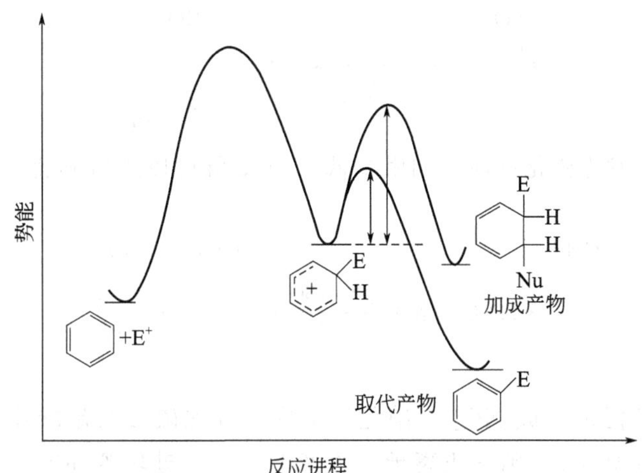

图 7-3　苯进行亲电取代反应和亲电加成反应的能量变化示意图

（2）**亲电取代反应类型**

① 卤代反应　在一般情况下，苯与溴、氯不发生取代反应，因为溴或氯的反应活性都不足以对稳定的苯环发生亲电取代，但在有催化剂（如铁粉或三卤化铁）存在并且加热时，则发生亲电取代反应生成相应的卤代苯。例如：

$$\text{(苯)} + Cl_2 \xrightarrow[55\sim60^\circ C]{\text{铁粉或 }FeCl_3} \text{(Cl-苯)} + HCl$$

$$\text{(CH}_3\text{-苯)} + Cl_2 \xrightarrow[30^\circ C]{\text{铁粉或 }FeCl_3} \text{(邻 CH}_3\text{, Cl)} + \text{(对 CH}_3\text{, Cl)}$$

上述反应表明，甲苯比苯更容易发生卤代反应，而且主要得到邻位和对位产物。反应中，催化剂 Fe 粉和 FeX_3 的作用是使卤素形成更强的亲电试剂 Br^+ 或 Cl^+，促进反应发生。以溴代为例，Br^+ 作为亲电试剂，进攻苯环的大 π 键先形成 σ-络合物，然后失去一个质子恢复苯环的稳定结构，形成溴苯，反应过程如下：

$$Br_2 + FeBr_3 \rightleftharpoons [FeBr_4]^- + Br^+$$

$$\text{(苯)} + Br^+ \rightleftharpoons \text{(H, Br, +)}\quad \sigma\text{-络合物}$$

$$\sigma\text{-络合物}\ \text{(H, Br, +)} \xrightleftharpoons{FeBr_4^-} \text{(Br-苯)} + HBr + FeBr_3$$

② 硝化反应　在有机分子中引入硝基的反应称为硝化反应。苯与浓硝酸和浓硫酸的混合物（称为混酸）共热，可发生硝化反应，生成硝基苯。

$$\text{(苯)} + HNO_3\text{（浓）} \xrightarrow[55\sim60^\circ C]{\text{浓 }H_2SO_4} \text{(NO}_2\text{-苯)} + H_2O$$

硝基苯继续被混酸硝化，主要得到间二硝基苯，但反应条件比苯的一硝化要高。

$$\text{(NO}_2\text{-苯)} \xrightarrow[95^\circ C]{\text{发烟 }HNO_3\text{，浓 }H_2SO_4} \text{(间 NO}_2\text{, NO}_2\text{)}$$

烷基苯比苯容易发生硝化反应，如甲苯低于 50℃就可以进行硝化，主要生成邻硝基甲苯和对硝基甲苯。

$$\text{(CH}_3\text{-苯)} + HNO_3\text{（浓）} \xrightarrow[30^\circ C]{\text{浓 }H_2SO_4} \text{(对 CH}_3\text{, NO}_2\text{)} + \text{(邻 CH}_3\text{, NO}_2\text{)}$$

浓硫酸的作用是促进生成 NO_2^+。硝化反应中，首先硫酸与硝酸作用生成硝基正离子 NO_2^+（或叫做硝酰正离子）。硝基正离子作为亲电试剂，进攻苯环的大 π 键先形成 σ-络合物，然后失去一个质子恢复苯环的稳定结构，形成硝基苯，反应过程如下：

$$2H_2SO_4 + HNO_3 \rightleftharpoons NO_2^+ + 2HSO_4^- + H_3O^+$$

$$C_6H_6 \xrightarrow{NO_2^+} [C_6H_6NO_2]^+ \text{(σ-络合物)} \xrightarrow{HSO_4^-} C_6H_5NO_2 + H_2SO_4$$

σ-络合物

③ 磺化反应　在有机化合物分子中引入磺酸基的反应称为磺化反应。苯与浓硫酸或发烟硫酸共热，苯环上的氢原子被磺酸基（$—SO_3H$）取代，生成苯磺酸。

$$C_6H_6 \underset{H_2SO_4\text{（浓）}}{\overset{30\sim50℃}{\rightleftharpoons}} C_6H_5SO_3H + H_2O$$

磺化反应与卤代、硝化反应不同，它是一个可逆反应，苯磺酸与水共热又能恢复成苯和硫酸。为了促进磺化反应的进行，常用发烟硫酸进行磺化。

苯磺酸与发烟硫酸进一步反应，并提高反应温度，则主要得到间苯二磺酸。

$$C_6H_5SO_3H \xrightarrow[200\sim245℃]{\text{发烟硫酸}} m\text{-}C_6H_4(SO_3H)_2$$

磺化反应一般认为是硫酸中的 SO_3 作为亲电试剂与苯环作用的：

$$2H_2SO_4 \rightleftharpoons SO_3 + H_3O^+ + HSO_4^-$$

三氧化硫中的硫原子显正电性，反应就是通过带部分正电荷的硫进攻苯环而产生的，其磺化机理如下：

$$C_6H_6 + \overset{\delta+}{S}(\overset{\delta-}{O})_3 \rightleftharpoons [C_6H_6SO_3^-]^+ \text{(H, }SO_3^-\text{)} \underset{}{\overset{-H^+}{\rightleftharpoons}} C_6H_5SO_3^- \overset{H_3O^+}{\rightleftharpoons} C_6H_5SO_3H + H_2O$$

苯磺化反应进程中的能量变化情况如图 7-4 所示。从图 7-4 中可知，活性中间体 σ-络合物脱去 H 和脱去 SO_3 的活化能十分接近，因而它们的反应速率相近，反应是可逆的。

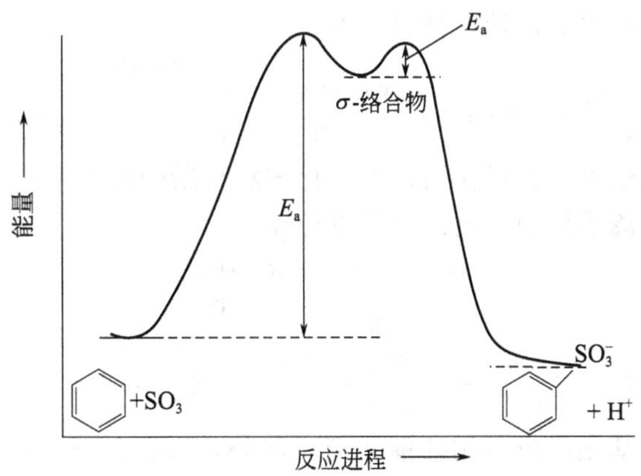

图 7-4　苯磺化反应进程中能量变化示意图

烷基苯磺化比苯磺化容易进行，如甲苯在常温下可用浓硫酸磺化得到邻甲苯磺酸和对甲苯磺酸。

$$\text{C}_6\text{H}_5\text{CH}_3 \xrightarrow{\text{浓 } H_2SO_4} o\text{-}CH_3C_6H_4SO_3H + p\text{-}CH_3C_6H_4SO_3H$$

高温利于对位产物的生成，例如，在 100℃下，甲苯用浓硫酸磺化主要得到对甲苯磺酸。

$$C_6H_5CH_3 \xrightarrow[100℃]{\text{浓 } H_2SO_4} p\text{-}CH_3C_6H_4SO_3H$$

磺酸基体积较大，当磺酸基处于甲基的邻位时，空间位阻相对较大，位能较高，稳定性差，不利于形成邻位产物。另外磺化反应是可逆反应，在高温下，已生成的邻位产物会逐渐转向生成位能较低的对位产物。

磺化反应及其逆反应在有机合成上的应用很广泛，可通过磺化反应保护芳环上的某个位置，待其他反应完成后再通过水解将磺酸基脱去，即可得到所需要的化合物。例如：

$$C_6H_5CH_3 \underset{100℃}{\overset{H_2SO_4\text{（浓）}}{\rightleftharpoons}} p\text{-}CH_3C_6H_4SO_3H \xrightarrow{Cl_2/Fe} \text{2-Cl-4-}SO_3H\text{-}C_6H_3CH_3 \xrightarrow[150℃]{H^+/H_2O} o\text{-}ClC_6H_4CH_3$$

④ 傅-克（Friedel-Crafts）反应　在无水三氯化铝等催化剂的作用下，苯与卤代烷或酰卤作用，苯环上的氢原子被烷基（—R）或酰基（$R-\overset{O}{\overset{\|}{C}}-$）取代。该反应由法国有机化学家傅瑞德尔（C. Friedel）和美国化学家克拉夫茨（J. M. Crafts）两人共同发现，因此常简称为傅-克反应。在苯环上引入烷基的反应称为傅-克烷基化反应；在苯环上引入酰基的反应称为傅-克酰基化反应，统称傅-克反应。

a. 傅-克烷基化反应　卤代烷在无水 $AlCl_3$（路易斯酸）的催化下与苯反应，生成烷基苯。例如苯与溴乙烷反应生成乙苯，释放出溴化氢：

$$C_6H_6 + CH_3CH_2Br \xrightarrow[0\sim25℃]{\text{无水 } AlCl_3} C_6H_5CH_2CH_3 + HBr$$

无催化剂时，卤代烷不与芳烃作用；在催化剂路易斯酸存在下，可进行烷基化反应。

反应中，烷基碳正离子作为亲电试剂进攻芳环。

$$RCl + AlCl_3 \longrightarrow R^+ AlCl_4^-$$

$$R^+ + C_6H_6 \rightleftharpoons [C_6H_6R]^+ \underset{}{\overset{AlCl_4^-}{\rightleftharpoons}} C_6H_5R + AlCl_3 + HCl$$

无水三氯化铝是烷基化反应常用的催化剂，此外，$FeCl_3$、$SnCl_4$、$ZnCl_2$、BF_3、HF 和 H_2SO_4 等均可作为催化剂。

除卤代烷外，还可用烯烃或醇作为烷基化试剂，在酸催化下进行烷基化反应。常用的催化剂是无水强质子酸如 HF、H_2SO_4、H_3PO_4 等。例如：

$$C_6H_6 + CH_3CH{=}CH_2 \xrightarrow{H_2SO_4} C_6H_5CH(CH_3)_2$$

$$C_6H_6 + CH_3CH(OH)CH_3 \xrightarrow[35℃]{H_2SO_4} C_6H_5CH(CH_3)_2$$

醇或烯烃与酸作用生成较稳定的碳正离子，作为亲电试剂进攻芳环完成亲电取代反应。

$$ROH \xrightarrow{H^+} R-\overset{+}{O}H_2 \longrightarrow R^+ + H_2O$$

$$RCH{=}CH_2 \xrightarrow{H^+} R-\overset{+}{C}H-CH_3$$

由于烷基化反应的亲电试剂是烷基碳正离子 R^+，而碳正离子容易发生重排，因此当使用的烷基化试剂为具有三个或三个以上碳原子的直链烷基时，就得到由于碳正离子重排而生成的异构化产物，且一般以重排产物为主。例如：

$$C_6H_6 + CH_3CH_2CH_2Cl \xrightarrow{无水 AlCl_3} C_6H_5CH_2CH_2CH_3 + C_6H_5CH(CH_3)_2$$

正丙苯（35%）　　异丙苯（65%）

因一级碳正离子（$CH_3CH_2CH_2^+$）易重排生成较稳定的二级碳正离子（$CH_3CH^+CH_3$），故取代产物以异丙苯为主。

由于傅-克烷基化反应是可逆的，催化剂也可催化逆反应。例如二取代烷基苯与催化剂 $AlCl_3$ 在苯中的回流反应，可得一取代苯：

$$间-C_6H_4(CH_3)_2 + C_6H_6 \xrightarrow{无水 AlCl_3} 2\ C_6H_5CH_3$$

苯环上引入烷基后，由于烷基是活性基团，生成的烷基苯比苯更容易发生亲电取代，因此，在反应中常伴有多烷基化副反应。

基于上述烷基化反应的这些弱点，合成烷基苯可采用其他方法。

若苯环上有硝基、磺酸基等强吸电子基团，则由于芳环上电子云密度降低，不能发生傅-克烷基化反应，例如硝基苯不能发生傅-克烷基化反应。

b. 傅-克酰基化反应　在路易斯酸催化下，酰氯或酸酐等可与芳烃反应，生成芳酮。

$$C_6H_6 + CH_3-\overset{O}{\overset{\|}{C}}-Cl \xrightarrow{无水 AlCl_3} C_6H_5-\overset{O}{\overset{\|}{C}}-CH_3 + HCl$$

乙酰氯　　苯乙酮

$$H_3C-C_6H_5 + (CH_3CO)_2O \xrightarrow[80℃]{无水 AlCl_3} H_3C-C_6H_4-\overset{O}{\overset{\|}{C}}-CH_3$$

乙酸酐　　对甲基苯乙酮

傅-克酰基化反应的反应机制与烷基化类似，在催化剂作用下，首先生成酰基正离子，然后与芳环发生亲电取代。

$$R-\overset{O}{\overset{\|}{C}}-Cl + AlCl_3 \longrightarrow R-\overset{O}{\overset{\|}{C^+}} + AlCl_4^-$$

$$\text{C}_6\text{H}_6 + \text{R}-\overset{\text{O}}{\overset{\|}{\text{C}}}{}^{+} \longrightarrow \text{C}_6\text{H}_5-\overset{\text{O}}{\overset{\|}{\text{C}}}-\text{R} + \text{H}^{+}$$

$$AlCl_4^- + H^+ \longrightarrow HCl + AlCl_3$$

由于傅-克酰基化反应产率一般较高，而且反应不可逆，不发生取代基的转移反应以及酰基正离子不会重排等优点，所以在有机合成上很有价值。工业生产及实验室常用它来制备芳酮，同时也用它来制备烷基苯。因生成的酮可以用克莱门森还原法（参见第十章醛、酮、醌）将羰基还原成亚甲基得到烷基苯。

$$C_6H_5-\overset{\text{O}}{\overset{\|}{\text{C}}}-R \xrightarrow[\text{浓 HCl}]{\text{Zn-Hg}} C_6H_5CH_2R$$

与傅-克烷基化反应类似，当苯环上有硝基、磺酸基等强吸电子基团时，不能发生傅-克酰基化反应。

2. 苯环侧链的反应

（1）氧化反应

苯环较难被氧化，但烷基苯易被氧化，在高锰酸钾或重铬酸钾的酸性或碱性溶液中，苯环上与苯直接相连的烷基被氧化成羧基。例如：

$$C_6H_5-CH_3 \xrightarrow{KMnO_4/OH^-} C_6H_5-COO^- \xrightarrow{H^+} C_6H_5-COOH$$

苯甲酸盐　　苯甲酸

而且，不管侧链有多长，只要和苯环直接相连的碳（称 α-C）上有氢（称 α-H），氧化的最终结果都是侧链变成羧基，生成苯甲酸，如果苯环上有两个不等长的侧链，通常是长的侧链先被氧化。

$$C_6H_5-CH_2CH_3 \xrightarrow{KMnO_4/OH^-} C_6H_5-COO^- \xrightarrow{H^+} C_6H_5-COOH$$

$$m\text{-}CH_3-C_6H_4-CH_2CH_3 \xrightarrow{KMnO_4/OH^-} m\text{-}C_6H_4(COO^-)_2 \xrightarrow{H^+} m\text{-}C_6H_4(COOH)_2$$

如果苯环的侧链上无 α-H，在上述的条件下，烷基苯的侧链就不被氧化。

$$H_3C-C_6H_4-C(CH_3)_3 \xrightarrow{KMnO_4/OH^-} HOOC-C_6H_4-C(CH_3)_3$$

（2）α-H 的卤代

当烷基苯在紫外光照射下或在高温条件下与卤素进行反应，这时卤素不是取代苯环上的氢，而是取代侧链上的氢。例如：甲苯在紫外光照射下或在 160～180℃时氯代，则甲基上的三个氢分别被氯取代。控制氯气的用量，可以把反应停留在苄氯阶段。

$$C_6H_5CH_3 \xrightarrow[\text{光照}]{Cl_2} C_6H_5CH_2Cl \xrightarrow[\text{光照}]{Cl_2} C_6H_5CHCl_2 \xrightarrow[\text{光照}]{Cl_2} C_6H_5CCl_3$$

苄氯　　苯二氯甲烷　　苯三氯甲烷

烷基苯侧链卤代反应机理与烷烃卤代一样，属于自由基取代反应，而苯环上的卤代反应为离子型的亲电取代。不同条件下，烷基苯的卤代按不同的机理进行，因此得到不同的产物。

由于烷基苯的 α-碳氢键均裂后生成的苄基型自由基比较稳定，因此烷基苯的自由基卤代反应都是优先发生在与苯环直接相连的 α-碳原子上。烷基苯的自由基溴代也可以用 N-溴代丁二酰亚胺（NBS）作为溴代试剂。例如：

$$C_6H_5CH(Br)CH_3 \xleftarrow[(C_6H_5COO)_2]{NBS} C_6H_5CH_2CH_3 \xrightarrow[光照]{Br_2} C_6H_5CH(Br)CH_3$$

3. 加成反应

苯难于进行加成反应，如苯与溴的四氯化碳溶液、溴化氢等都不能发生加成反应。只有在特殊条件下，苯才可与氢气、卤素等发生加成反应。

（1）催化加氢

在催化及加热、加压下，苯可与氢气发生加成反应，生成环己烷，这是工业制备环己烷的方法。

$$C_6H_6 + 3H_2 \xrightarrow[180\sim250℃]{Ni,\ 18MPa} C_6H_{12}$$

（2）与氯气加成

用紫外光照射或在过氧化物存在下，苯与氯气可发生自由基加成反应生成 1,2,3,4,5,6-六氯环己烷。六氯环己烷又称六氯化苯，俗称“六六六”。

$$C_6H_6 + Cl_2 \xrightarrow{紫外线} C_6H_6Cl_6$$

4. 氧化反应

苯环不易氧化，即使在高温下苯也不能被高锰酸钾、重铬酸钾等强氧化剂氧化。但在强烈的条件下，如高温时，在五氧化二钒的催化下，苯可以被空气氧化，生成顺-丁烯二酸酐。这是顺-丁烯二酸酐的工业制法。

$$C_6H_6 + O_2 \xrightarrow[400℃]{V_2O_5} \underset{顺\text{-}丁烯二酸酐}{C_4H_2O_3} + CO_2 + H_2O$$

四、苯环亲电取代反应的定位规律

（一）定位基及其定位规律

由苯环上的亲电取代反应发现，甲苯比苯更容易发生硝化反应，且主要得到邻、对位产物，而硝基苯再硝化，不但比苯的硝化反应条件高，必须在浓度更高的混酸中或在更高的温度下才能进行，而且主要得到间位产物。这就是说当苯环上已有一个取代基时，如果再引入第二个取代基，则第二个取代基进入苯环的位置取决于苯环上原有取代基的性质，我们把苯环上原有取代基称为定位基。通过对大量的实验结果进行归纳，按所得产物比例的不同，可以把苯环上的定位基分为邻对位定位基和间位定位基两类。表 7-2 列出了常见的一元取代苯进行硝化反应时产生的各异构体的含量（%）（A 代表各种不同的取代基）。

$$\text{C}_6\text{H}_5\text{A} \xrightarrow{\text{硝化}} o\text{-A-C}_6\text{H}_4\text{NO}_2 + m\text{-A-C}_6\text{H}_4\text{NO}_2 + p\text{-A-C}_6\text{H}_4\text{NO}_2$$

表 7-2　常见的一元取代苯进行硝化反应时产生的各异构体的含量

取代基(A)	间位/%	邻位/%	对位/%
—OH	微量	～40	～60
$—CH_3$	3.5	56.5	40
$—CH_2CH_3$	—	55	45
$—CH(CH_3)_2$	—	14	86
—Cl	0.9	29.6	69.5
—Br	1.2	36.4	62.4
—I	1.8	38.3	59.7
$—N^+(CH_3)_3$	100	—	—
$—NO_2$	93.5	6.2	0.3
—CN	～81	～17	～2
$—SO_3H$	72	21	7
—COOH	80.2	18.5	1.3
—CHO	72	19	9
$—COCH_3$	70	—	—
$—CONH_2$	70	27	3

1. 邻对位定位基

邻对位定位基（又称第一类定位基）使新进入的取代基主要进入它的邻位和对位，并使取代反应较苯容易进行，即它们能增加苯环上的电子云密度，对苯环产生活化（卤素例外）。邻对位定位基在结构上的特征是：定位基中与苯环直接相连的原子以单键和其他原子相连，多数具有未共用电子对。常见的邻对位定位基有：氧负离子$—O^-$、二甲氨基$[—N(CH_3)_2]$、氨基（$—NH_2$）、羟基（—OH）、甲氧基（$—OCH_3$）、乙酰氨基（$—NHCOCH_3$）、乙酰氧基（$—OCOCH_3$）、甲基（$—CH_3$）、卤素（—X）等。

这些定位基的定位效应强度，基本上按书写的顺序从前至后由强到弱。

2. 间位定位基

间位定位基（又称第二类定位基）使新进入的取代基主要进入它的间位，并使取代反应比苯困难些。即它们可使苯上的电子云密度减少，对苯环产生钝化。这类定位基在结构上的特征是：定位基中与苯环直接相连的原子一般是以不饱和键（双键或三键）和其他原子相连或者带有正电荷。常见的间位定位基有：三甲铵离子$[—N^+(CH_3)_3]$、硝基（$—NO_2$）、氰基（—CN）、磺酸基（$—SO_3H$）、醛基（—CHO）、酰基（—COR）、羧基（—COOH）、酯基（—COOR）等。

这些定位基的定位效应强度，基本上按上面书写的顺序从前至后由强到弱。

（二）定位规律的解释

为什么有些定位基可以使苯环活化，并使新进入的基团进入它的邻位和对位，而有些定位基可使苯环钝化并使新进入的基团进入它的间位呢？

从苯环发生亲电取代反应的历程可知，生成 σ-络合物是控制整个反应速率的关键步骤。形成的 σ-络合物越稳定，则反应需要的活化能越小，反应速率越快，反应越容易进行。

σ-络合物是环状的碳正离子中间体。如果定位基能使 σ-络合物的电荷分散，则该碳正离子稳定性增加，反应较苯容易进行。这种能使苯环产生活化的定位基称为活化基团。反之，如果定位基不能使 σ-络合物的电荷分散，则该碳正离子稳定性下降，反应较苯难以进行。能使苯环产生钝化的定位基称为钝化基团。

对于芳烃的亲电取代反应而言，亲电试剂 E^+ 容易进攻苯环上电子云密度较大的部位。苯环上没有取代基时，环上的六个碳原子的电子云密度是等同的。但苯环上连有取代基时，由于取代基的电子效应沿着苯环共轭体系传递时，在环上出现了电子云密度疏密交替分布的现象，亲电试剂主要进攻电子云密度较大的碳原子，从而使这些碳原子上氢被取代的取代物占了多数。邻对位定位基能使其邻对位的电子云密度大于间位，从而使新进入的取代基主要进入它的邻位和对位；间位定位基能使其间位的电子云密度大于邻对位，从而使新进入的取代基主要进入它的间位。

除了电子效应外，空间效应对邻对位定位基也具有一定的影响。当苯环上连有邻对位定位基时，新引入取代基进入它的邻位和对位的比例将随定位基空间效应的大小不同而变化。空间效应越大，其邻位异构体越少。例如：甲苯硝化产物邻位和对位的比例分别为 58.5% 和 37.1%，而叔丁苯在同样条件下硝化，硝化产物邻位和对位的比例分别为 15.8% 和 72.7%。如果苯环上原有的取代基和新进入的取代基的空间效应都很大，则邻位异构体的比例更少。例如叔丁苯的磺化，几乎 100% 生成对位异构体。

下面以甲基、羟基、硝基和卤素为代表，分别讨论两类定位基对苯环的影响。

1. 甲基

甲苯中甲基为给电子基团，甲基与苯环相连时，通过给电子诱导效应可增加苯环上的电子云密度；同时，甲基中的碳氢 σ 键可与苯环的 π 键形成 σ-π 超共轭效应，也使电子云移向苯环。甲苯中的给电子诱导效应（$+I$）和 σ-π 超共轭效应（$+C$）方向一致，都使苯环上电子云密度增加，因而苯环被活化。通过量子化学计算，甲苯中各碳原子上的电子云密度为：

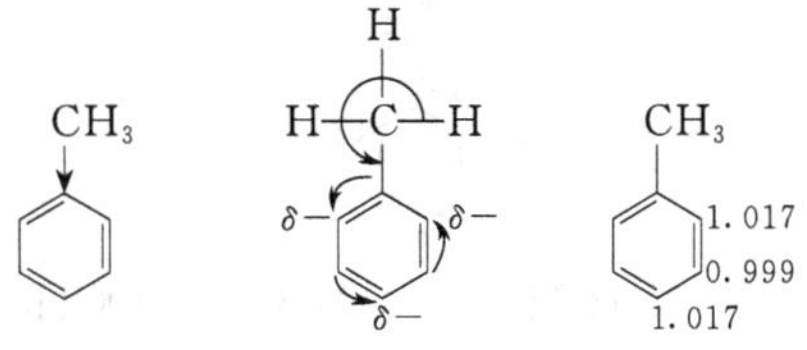

CH_3　H—C—H（H）　δ−　δ−　δ−　CH_3　1.017　0.999　1.017

表明甲苯中甲基的邻位和对位碳原子的电荷密度都大于苯，也大于间位，因此，甲苯的亲电取代反应比苯快，且主要发生在甲基的邻位和对位。

此外，从甲苯亲电取代反应的中间体 σ-络合物的稳定性也可以解释定位效应，这可用共振论加以解释。

当甲苯的甲基的邻位受到亲电试剂进攻时，形成的 σ-络合物有以下三种共振极限式：

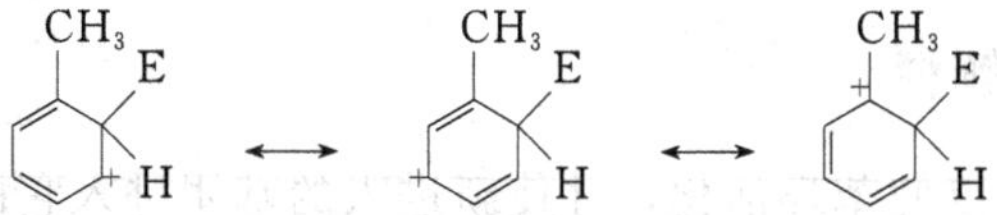

（Ⅰ） （Ⅱ） （Ⅲ）

三种共振极限式中，（Ⅲ）是叔碳正离子，而且带正电荷的碳原子和甲基直接相连，甲基的给电子效应可直接分散这个碳原子上的正电荷，因此，（Ⅲ）具有较低的能量，是一个特别稳定的结构，因此它的存在可以使邻位取代物容易生成。

甲苯对位受到亲电试剂进攻时，形成σ-络合物有以下三种共振极限式。与进攻邻位的情况相似，（Ⅴ）是叔碳正离子，特别稳定，由于它的存在，使对位取代物也比较容易生成。

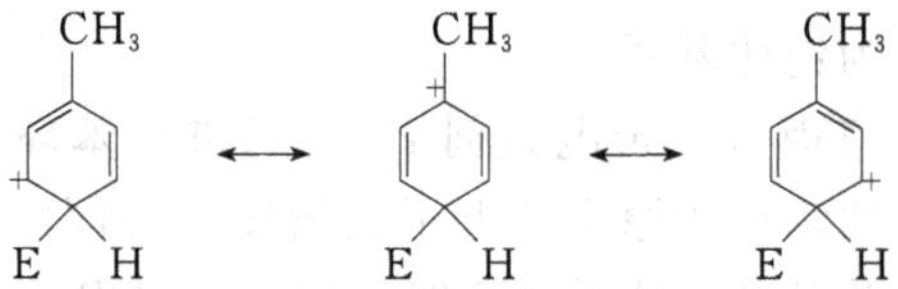

（Ⅳ） （Ⅴ） （Ⅵ）

而甲苯的间位受到亲电试剂进攻时，生成下列三种σ-络合物的共振极限式：

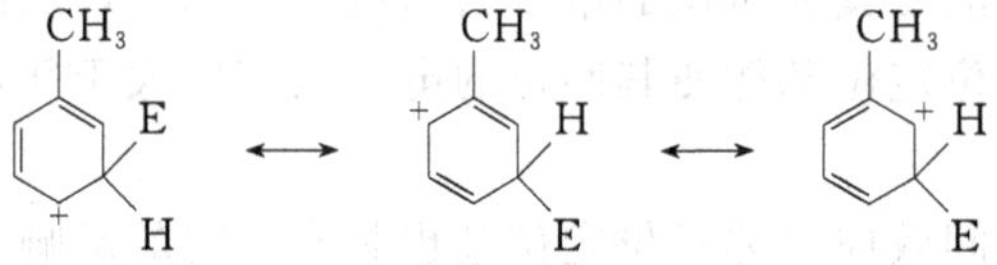

（Ⅶ） （Ⅷ） （Ⅸ）

三种共振极限式（Ⅶ）、（Ⅷ）、（Ⅸ）都是仲碳正离子，而且带正电荷的碳原子都不直接和甲基相连，正电荷不能很好地分散，不稳定。因此，间位取代物较难生成。

2. 羟基

从诱导效应看，羟基对苯环具有较强的吸电子诱导效应（$-I$），使苯环的电子云密度降低，从而使苯环钝化，但羟基氧原子上的一对孤对电子，可以与苯环的π键形成p-π共轭效应，使氧原子的孤对电子向苯环方向转移，即羟基与苯环直接相连对苯环产生给电子的p-π共轭效应（$+C$），这里的诱导效应（$-I$）和共轭效应（$+C$）的方向是相反的。但羟基的给电子共轭效应远远大于吸电子诱导效应，总的结果是使苯环上电子云密度增大，亲电取代反应比苯容易进行，羟基的电子效应沿着苯环共轭体系传递时，在环上出现了电子云密度疏密交替，使羟基的邻位和对位碳原子的电子云密度增加更为明显，所以，当苯酚进行亲电取代反应时，比苯容易进行，且取代作用主要发生在羟基的邻位和对位。如下所示：

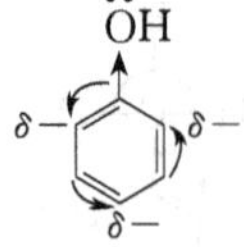

其他的邻对位定位基—O^-、—N（CH_3）$_2$、—NH_2、—OCH_3、—$NHCOCH_3$、—$OCOCH_3$、—X等与羟基类似，除了吸电子的诱导效应（$-I$）外，与苯环也有给电子的p-π共轭效应（$+C$）。除了卤素，它们的$+C>-I$。

羟基对苯环的影响也可以从σ-络合物的稳定性角度用共振论加以解释。

当苯酚的邻位、对位和间位受到亲电试剂进攻时，其碳正离子σ-络合物可分别产生下列共振极限式。

邻位进攻：

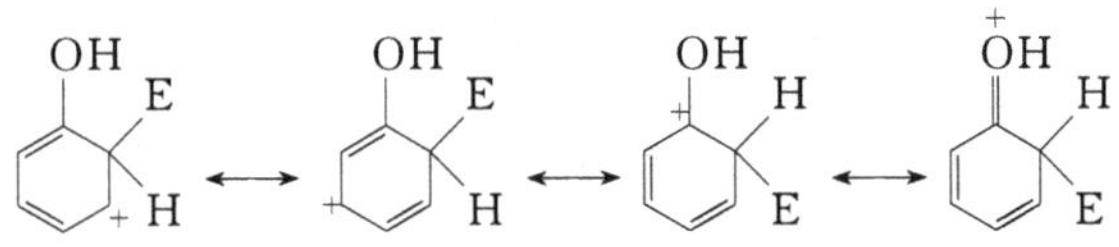

特别稳定

对位进攻：

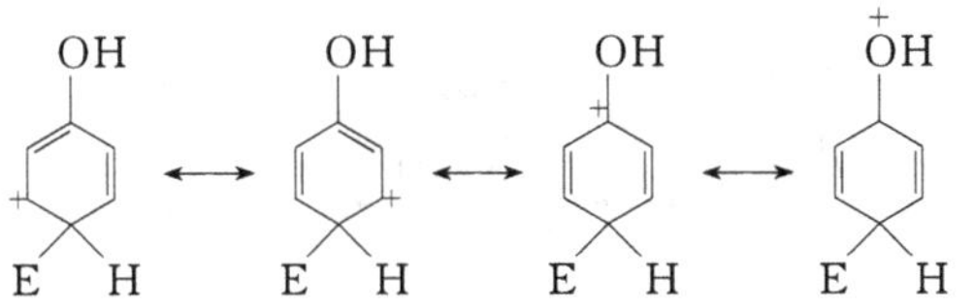

特别稳定

间位进攻：

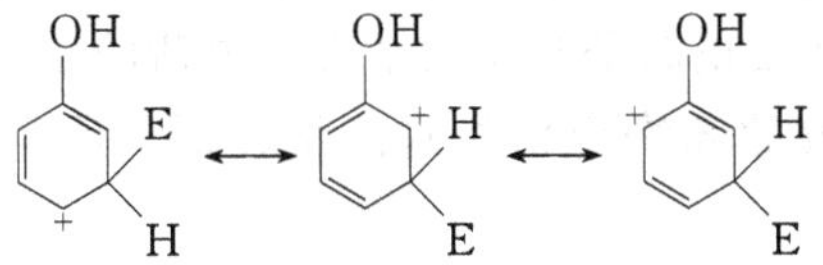

从上述共振极限式可以看出，当苯酚的邻位和对位受到亲电试剂进攻时，都有一个特别稳定的共振结构，即每个原子都具有完整的八隅体结构，所以它最稳定，对共振杂化体的贡献最大。进攻间位时，则得不到这种特别稳定的共振结构，所以苯酚在进行亲电取代反应时，不仅比苯容易进行，而且主要发生在羟基的邻位和对位。

3. 硝基

在硝基苯中，一方面由于硝基是一个较强的吸电子基团，对苯环起着吸电子诱导效应（$-I$），另一方面因硝基N═O的 π 轨道与苯环的 π 轨道形成 π-π 共轭体系，由于氮、氧的电负性比碳强，使共轭体系中的电子云移向硝基，对苯环起着吸电子共轭效应（$-C$）。硝基苯中硝基的吸电子诱导效应（$-I$）和吸电子共轭效应（$-C$）的方向一致，均使苯环的电子云密度有较大程度的降低。按量子力学计算，硝基的邻位和对位电荷密度比间位下降更多，间位电子云密度相对高一些。因此，硝基苯进行亲电取代反应比苯困难，且主要得到间位产物。

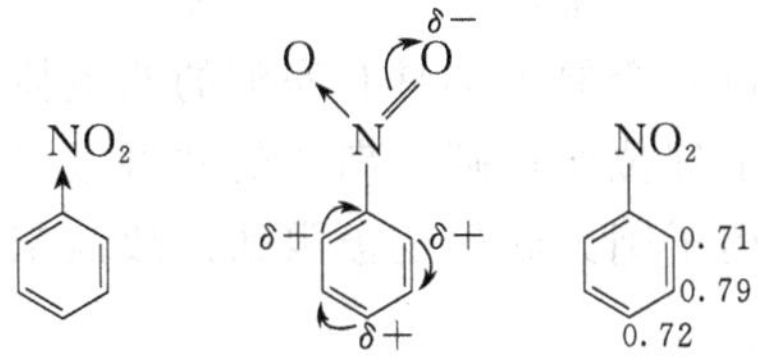

这也可从碳正离子 σ-络合物的稳定性角度用共振论来解释硝基的间位定位作用。当硝基苯的硝基邻位、对位和间位受到亲电试剂进攻时，其碳正离子 σ-络合物可分别产生下列共振极限式：

邻位进攻：

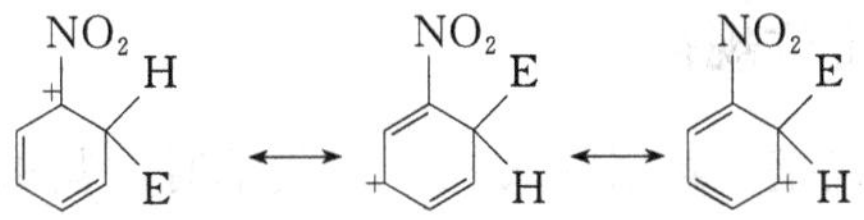

最不稳定

对位进攻：

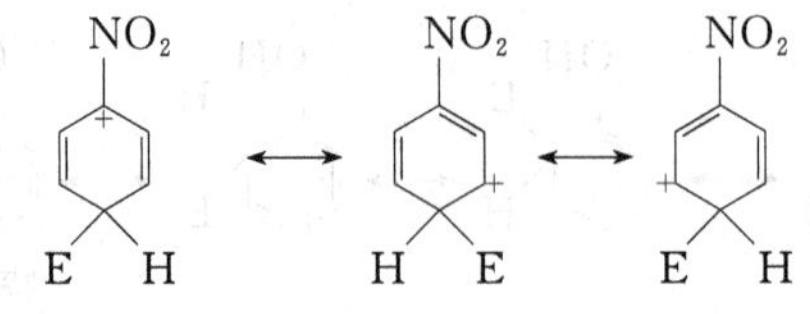

最不稳定

间位进攻：

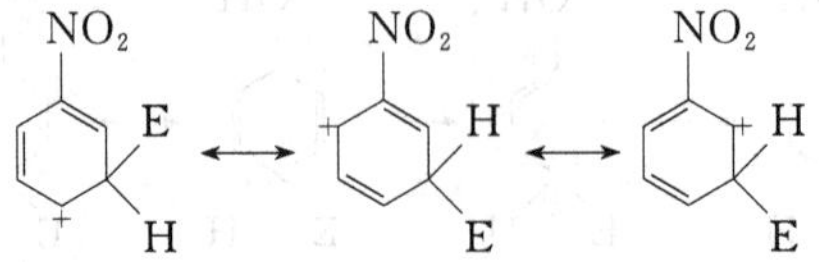

可以看出，亲电试剂从硝基的邻位和对位进攻苯环时，各有一个带正电荷的碳原子直接与吸电子的硝基相连的极限式。由于正电荷更为集中，所以能量高，最不稳定。如果亲电试剂从硝基的间位进攻苯环，其碳正离子共振式中带正电荷的碳原子无一与硝基直接相连，所以，亲电试剂进攻间位所生成的σ-络合物相对能量较低，反应速率较快，故主要生成间位产物。

4. 卤素

在邻对位定位基中，卤素具有独特性。它虽然是邻对位定位基，但却是钝化基团。以氯苯为例，由于氯原子的电负性较大，具有较强的吸电子诱导效应（$-I$），但氯原子上的一对孤对电子可以与苯环上的π电子发生给电子的p-π共轭（$+C$），诱导效应与共轭效应方向相反，总的结果是$-I>+C$，使苯环的电子云密度降低，亲电取代反应速率低于苯。因此氯原子是钝化基团。但为什么氯原子是邻对位定位基而不是间位定位基呢？这可用共振论加以解释。

当亲电试剂进攻氯苯的氯原子的对位时，可形成如下碳正离子的共振极限式：

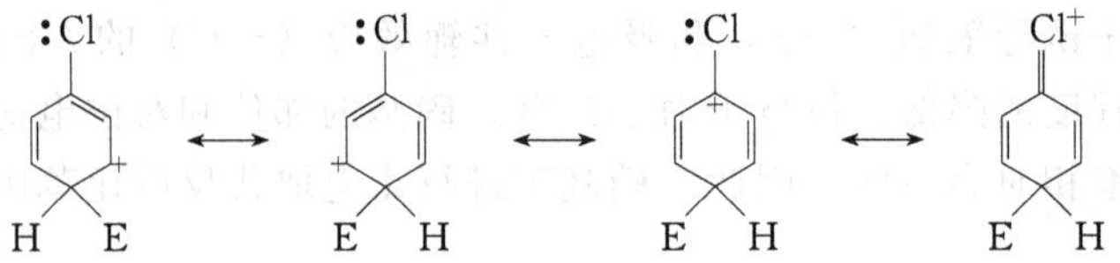

（Ⅰ）　　（Ⅱ）　　（Ⅲ）　　（Ⅳ）

上述共振极限式（Ⅳ）中每一个原子都具有完整的八隅体结构，最稳定，对共振杂化体的贡献最大。同样，进攻氯原子邻位所得碳正离子的共振极限式中，也存在最稳定氯鎓离子极限式，而间位被进攻的碳正离子则无此稳定极限式。故氯苯的邻位和对位亲电取代比间位容易。

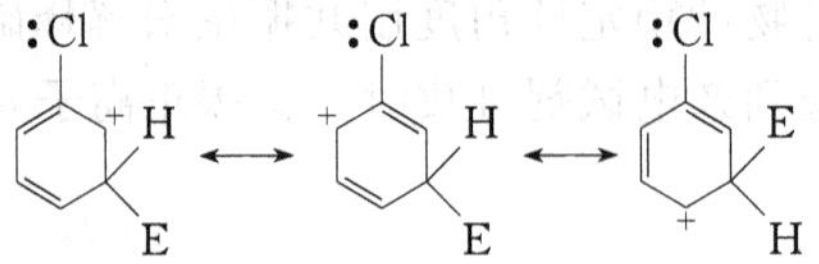

（三）二元取代苯的定位规律

当苯环上已经有两个取代基，再引入第三个取代基时，其进入苯环的位置（箭头表示）由原来两个取代基的性质、位置和体积大小所决定。例如下面几种情况中引入第三个取代基时，将进入箭头所表示的位置。

① 若两个取代基的定位作用一致，则定位效应加强。例如：

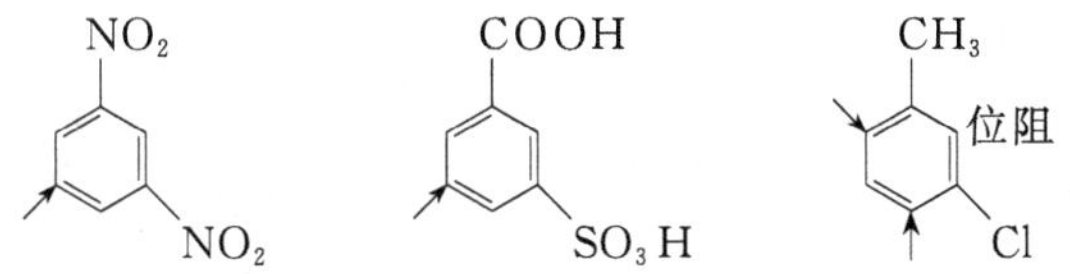

② 若两个取代基的定位作用不一致，大概有下列几种情况：

a. 若两个取代基不属于同一类定位基，活化基团的作用超过钝化基团的作用，因为活化基团的反应速率大于钝化基团。例如：

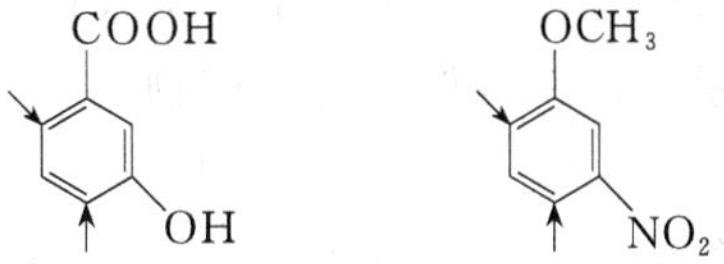

b. 若两个取代基属于同一类定位基，主要受强的定位基的控制。例如：

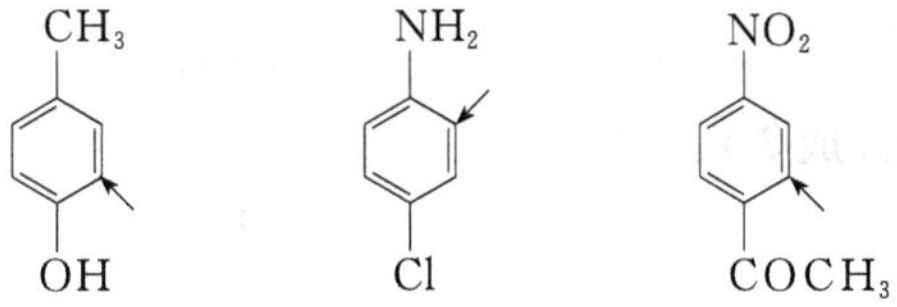

c. 若两个取代基的定位能力差不多，则得到混合物。例如：

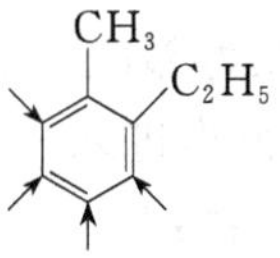

（四）运用定位规律选择合适的合成路线

正确地应用定位规律，可以推测反应的主要产物，选择较佳的合成路线。

例 1：由甲苯合成 3-硝基-5-溴苯甲酸。

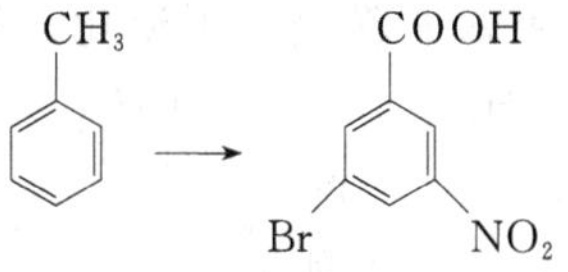

产物苯环上有三个取代基，其中—COOH、—NO_2 是间位定位基，—Br 是邻对位定位基。由于三个取代基互为间位，而原料为甲苯，因此可先通过甲苯的氧化，将—CH_3 转变为—COOH，然后硝化，再溴化：

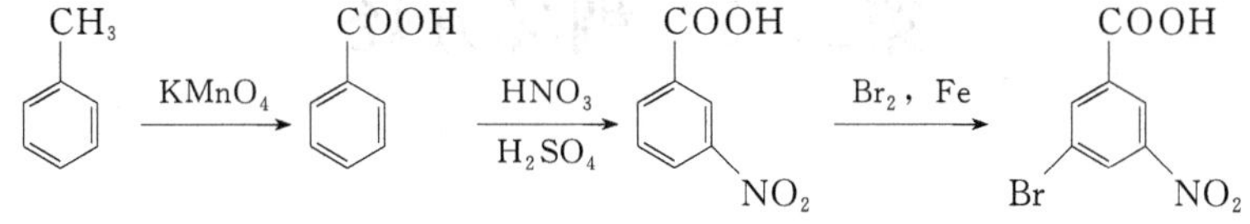

$$\xrightarrow{KMnO_4} \quad \xrightarrow[H_2SO_4]{HNO_3} \quad \xrightarrow{Br_2,\ Fe}$$

例 2：由苯合成邻硝基氯苯。

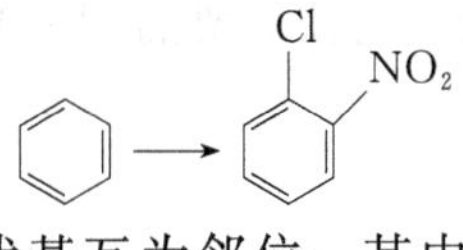

方法一：产物苯环上的两个取代基互为邻位，其中—NO_2 是间位定位基，—Cl 是邻对位定位基。因此要先将—Cl 引入苯环，然后硝化。氯苯硝化不仅得到邻位产物，而且得到对位产物，经过分离将产物中的对位异构体除去，得到目标产物：

$$\xrightarrow[\text{铁粉}]{Cl_2} \text{Cl} \xrightarrow{HNO_3/H_2SO_4} \text{Cl, }NO_2 + \text{Cl, }NO_2 \xrightarrow{\text{分离}} \text{Cl, }NO_2$$

方法二：氯苯硝化得到邻位产物和对位产物的混合物，在实际操作中分离比较困难。如果在氯苯硝化之前先用浓硫酸在较高温度下磺化，则主要得到对氯苯磺酸，然后硝化。由于磺酸基是间位定位基，氯是邻对位定位基，对于硝基进入产物中的位置定位效应一致，产率较高。最后通过水解将磺酸基脱去，即可得到目标产物：

$$\xrightarrow[\text{铁粉}]{Cl_2} \text{Cl} \xrightarrow[100℃]{\text{浓 }H_2SO_4} \text{Cl, }SO_3H \xrightarrow[H_2SO_4]{HNO_3} \text{Cl, }NO_2\text{, }SO_3H \xrightarrow[\triangle]{H_2O/H^+} \text{Cl, }NO_2$$

例 3：以甲苯为原料，合成邻溴苯甲酸。

$$CH_3 \longrightarrow COOH\text{, Br}$$

方法一：产物苯环上的两个取代基互为邻位，如果甲苯先氧化再溴化显然很难得到目标产物，因为—COOH 是间位定位基，溴很难进入—COOH 的邻对位；而—CH_3 是邻对位定位基，甲苯先溴化再氧化即可得到目标产物：

$$CH_3 \xrightarrow[\text{铁粉}]{Br_2} CH_3\text{, Br} + CH_3\text{, Br} \xrightarrow{\text{分离}} CH_3\text{, Br} \xrightarrow{KMnO_4/OH^- \quad H^+} COOH\text{, Br}$$

方法二：与例 2 方法二相似。甲苯先磺化，再溴化，然后水解将磺酸基去掉：

$$CH_3 \xrightarrow[100℃]{\text{浓 }H_2SO_4} CH_3\text{, }SO_3H \xrightarrow[\text{铁粉}\triangle]{Br_2} CH_3\text{, Br, }SO_3H \xrightarrow[\triangle]{H_2O/H^+} COOH\text{, Br}$$

第二节　稠环芳烃

两个或多个苯环共用两个相邻的碳原子的化合物称为稠环芳烃。稠环芳烃主要存在于煤焦油中，许多稠环芳烃具有致癌作用。比较重要的稠环芳烃有萘、蒽、菲等。

一、萘

萘是白色闪亮的晶体，熔点为 80℃，沸点为 215℃，不溶于水，易溶于醇、醚等溶剂，有特殊气味，易升华。

（一）萘的结构和命名

萘的分子式为 $C_{10}H_8$，是由两个苯环稠合而成的，它的结构及环上碳原子的编号如下：

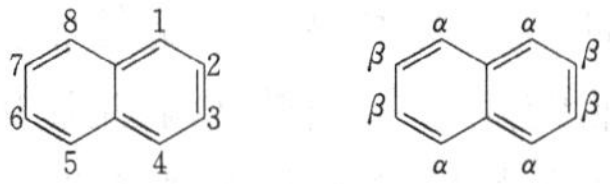

其中 1,4,5,8 位称为 α 位；2,3,6,7 位称 β 位。

萘的一元取代物只有两种位置异构体，可用 α、β 来命名。二元和多元取代物的异构体很多，必须用阿拉伯数字标出取代基的位置，如：

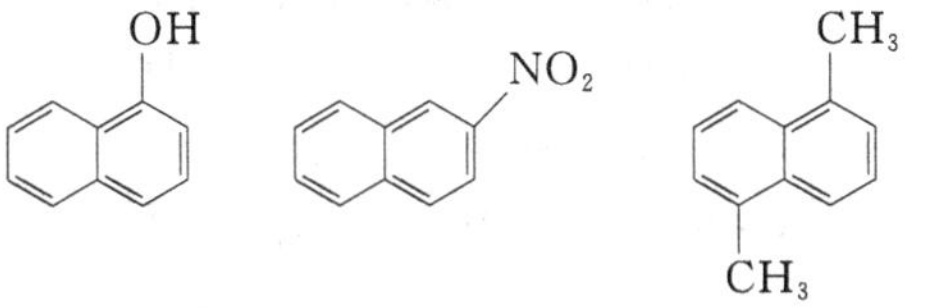

α-萘酚　　β-硝基萘　　1,5-二甲基萘

根据 X 光衍射发现，萘分子中 10 个碳原子处于同一平面上，每个碳原子均为 sp^2 杂化，各碳原子的 p 轨道平行重叠，形成一个环状闭合共轭体系，但电子云不是均匀分布的。根据分子轨道法计算，α 位电子云密度较 β 位大，各碳原子之间的键长也不相同。

（二）萘的化学性质

萘与苯相似，能发生亲电取代反应，但比苯更容易发生氧化、加成和取代等反应。

1. 亲电取代反应

萘的亲电取代反应易发生在 α 位上。例如：

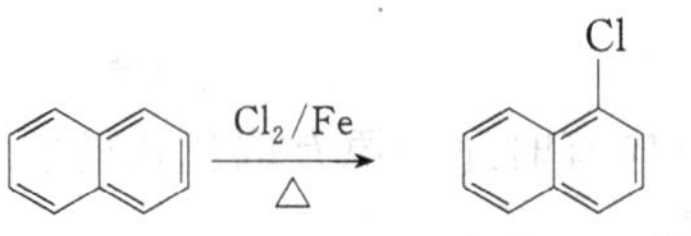

Cl_2/Fe，△

α-氯萘（95%）

混酸，20～50℃

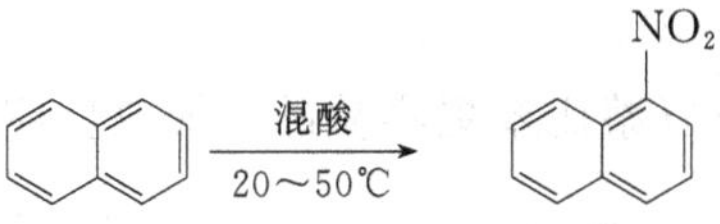

α-硝基萘（95%）

萘的磺化反应也是可逆的，磺酸基进入萘环的位置与反应温度有关。萘与浓硫酸在较低的温度（<80℃）下磺化时，主要得到 α-萘磺酸，而在较高温度（165℃）下磺化时，则主要生成 β-萘磺酸。α-萘磺酸加热到 165℃ 也会转变为 β-萘磺酸，其反应式如下：

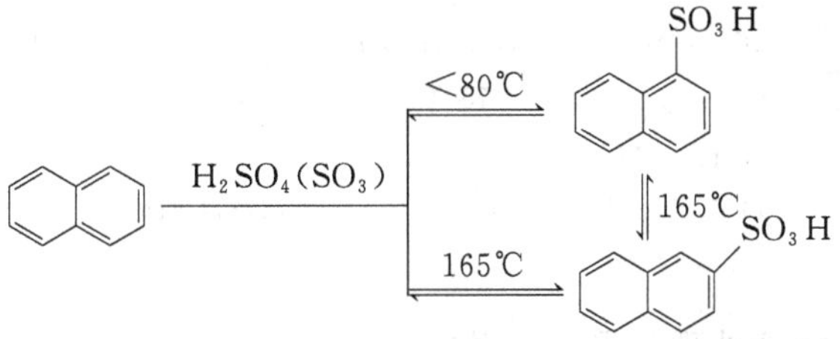

$H_2SO_4(SO_3)$　<80℃　α-萘磺酸　165℃　β-萘磺酸

萘磺化反应中，温度不同，生成的主要产物不同。因为萘的 α 位比较活泼，生成 α-萘磺酸比生成 β-萘磺酸所需要的活化能低。由于在低温时提供的能量较少，所以反应主要生

成 α-萘磺酸。但磺化反应是可逆的，一方面，α-磺酸基与异环的 α-H 处于平行位置，距离较近，位阻较大，不稳定。随着反应温度的提高，α-萘磺酸增多，平衡逐渐建立，α-萘磺化的逆向反应速率增大。另一方面，温度升高，提供的活化能也增加，β-萘磺化速率加大，β-磺酸基与邻近氢距离较大，稳定性好，其逆向反应速率相对 α-萘磺化小，所以 α-萘磺酸逐渐转变成 β-萘磺酸。因此在高温时，产物主要是稳定的 β-萘磺酸。也就是说，α-萘磺酸的生成是受动力学控制的，而 β-萘磺酸的生成是受热力学控制的。

取代萘的亲电取代，取代基进入萘环的位置与原有取代基有关。一取代萘进行亲电取代反应时，当取代基为致活的邻对位定位基时，新进入的基团主要进入同环。如果原有的取代基在 1 位，则主要进入 2 位和 4 位，以 4 位为主；如果原有的取代基在 2 位，则新进入的基团主要进入同环的 1 位，因为 1 位既是 α 位又是邻位。例如：

CH_3 $\xrightarrow[HAc]{HNO_3}$ CH_3 NO_2

1-甲基-4-硝基萘

CH_3 $\xrightarrow[HAc]{HNO_3}$ NO_2 CH_3

1-硝基-2-甲基萘

若萘环上的取代基为间位定位基，则新进入的基团主要进入异环的 α 位（即 5,8 位）。

NO_2 $\xrightarrow[浓\ H_2SO_4，0℃]{HNO_3}$ NO_2 NO_2 + NO_2 NO_2

1,8-二硝基萘　　1,5-二硝基萘

另外，取代萘的亲电取代反应有时还与原有取代基的空间位阻以及反应的温度有关，其产物是各种因素综合影响的结果。

2. 加成反应

由于萘的芳香性比苯差，所以萘比苯更容易进行加成反应，但比烯烃难。

$+H_2$ $\xrightarrow[150℃]{Ni}$ $\xrightarrow[200℃]{H_2/Ni}$

1,2,3,4-四氢萘　　反-十氢萘

用金属钠与醇作用生成的氢气氢化或催化氢化，也可以得到加氢产物。

$\xrightarrow[回流]{Na，C_2H_5OH}$ H H H H $\xrightarrow[150℃]{Na，C_2H_5OH}$ $\xrightarrow{H_2/Ni}$

1,4-二氢化萘　　1,2,3,4-四氢萘　　反-十氢萘

3. 氧化反应

室温下用 CrO_3 的醋酸溶液处理萘得 1,4-萘醌。

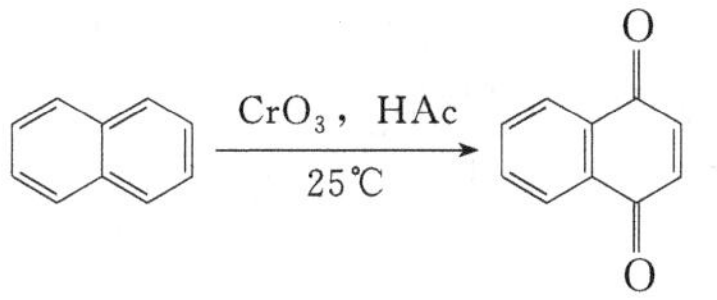
O
CrO3，HAc
25℃
O
1,4-萘醌

若在 V_2O_5 催化下经高温空气氧化，则得到邻苯二甲酸酐，为重要的有机化工原料。

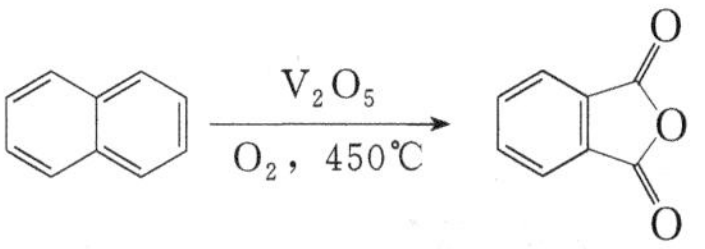
O
V2O5
O2，450℃
O
O
邻苯二甲酸酐

取代萘的氧化，取决于萘环上取代基的性质。当环上有活化基团时，氧化反应常在同环发生；当环上有钝化基团时，氧化反应常在异环发生。例如：

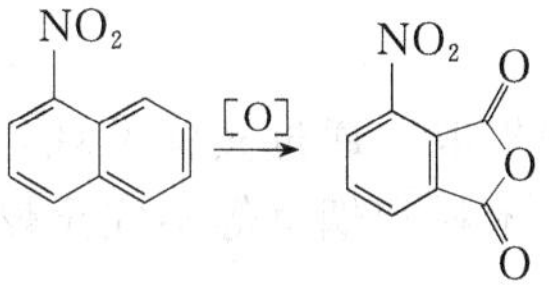
NO2
[O]
NO2
O
O
O

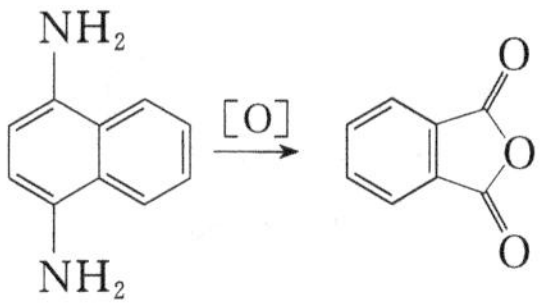
NH2
[O]
NH2
O
O
O

二、蒽和菲

蒽和菲互为同分异构体，由三个苯环稠合而成，分子式为 $C_{14}H_{10}$。蒽为无色的单斜片状晶体，有蓝紫色的荧光。熔点 216℃，沸点 340℃。菲是无色的有荧光的单斜形状晶体，熔点 101℃，沸点 340℃。

蒽和菲在结构上也都形成了闭合的共轭体系，与萘相似，分子中各碳原子的电子云密度不相等，根据分子轨道法计算，9,10 位电子云密度最大。蒽和菲结构式和碳原子编号如下：

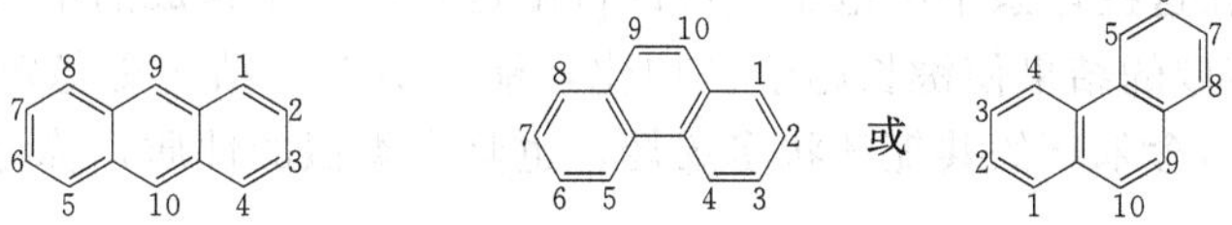
8 9 1
7 2
6 3
5 10 4
9 10
8 1
7 2
6 5 4 3
或
6
5 7
4 8
3
2 9
1 10

蒽　　　　　　　　菲

蒽分子中的 1,4,5,8 位相同，称 α 位；2,3,6,7 位相同，称 β 位；9,10 位相同，称 γ 位或中位。因为有三种不同的碳，所以蒽的一元取代物有三种异构体。菲分子中的 1,2,3,4,10 和 5,6,7,8,9 是对应的，但这五种位置均不相同，所以菲的一元取代物有五种异构体。

蒽和菲也具有芳香性，它们的不饱和性比萘更为显著，9,10 位特别活泼，氧化、加成、取代首先发生在 9,10 位上。例如：

氧化反应：

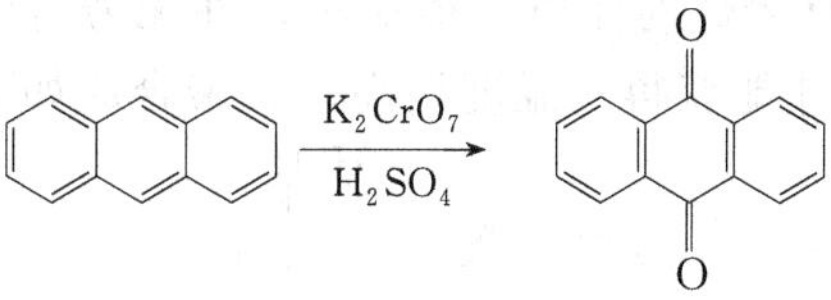
O
K2CrO7
H2SO4
O

9,10-蒽醌

加成反应：

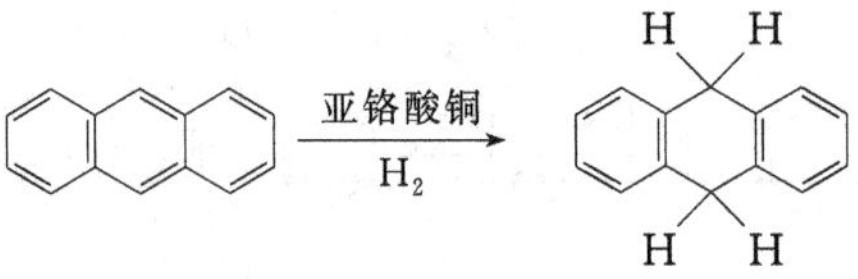

亚铬酸铜, H_2

9,10-二氢蒽

亲电取代反应：

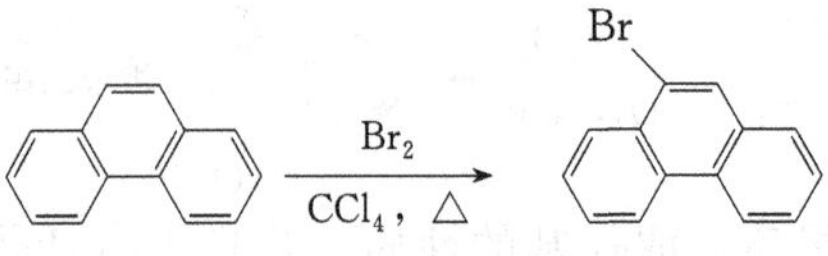

Br_2, CCl_4, △

9-溴菲

三、其他稠环芳烃

许多稠环芳烃可以从煤焦油中提取，通过实验发现，某些具有四个或四个以上苯环的稠环芳烃具有致癌作用，煤、石油、木材和烟草等不完全燃烧时可能产生这些致癌物质。如：

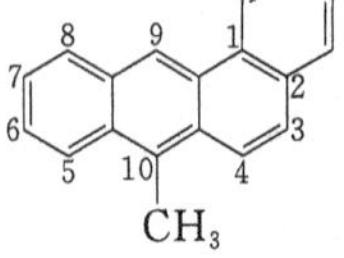

10-甲基-1,2-苯并蒽 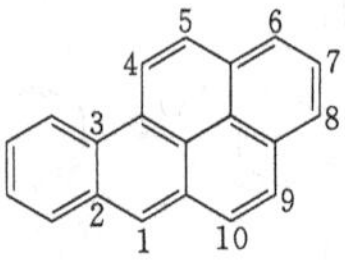　　2,3-苯并芘 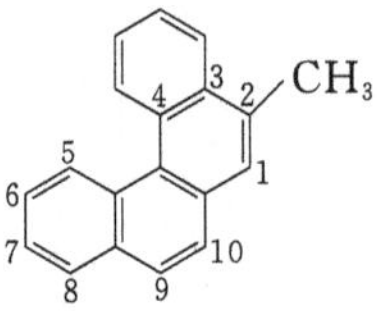　　2-甲基-3,4-苯并菲

第三节　非苯芳烃

芳香族化合物的分子中，由不饱和键、孤对电子和空轨道组成的共轭体系具有特别的稳定作用。一般认为在这些体系中的电子，可以自由地在由原子组成的单双键交替的环形结构上运动（离域），离域的结果使键长趋于平均化，能量更低，结构更稳定。这类结构除了苯环以外，还有某些不含苯环的共轭环状多烯烃，也具有类似的性质，称为非苯芳烃。

一、休克尔规则

既然苯分子中的芳香性是由环形的共轭体系中的 π 电子的高度离域所产生的，那么其他由 sp^2 杂化碳原子所组成的环状共轭多烯体系也应该具有芳香性。例如：环辛四烯和环丁二烯都是由 sp^2 杂化碳原子，以单键、双键交替形成的环状共轭多烯结构。如下所示：

环辛四烯　　环丁二烯

实验证明，环辛四烯具有烯烃的性质，很活泼，并无芳香性。环丁二烯分子极不稳定，需要在超低温条件下（5K）才能获得；温度稍高，就聚合成如下二聚体。

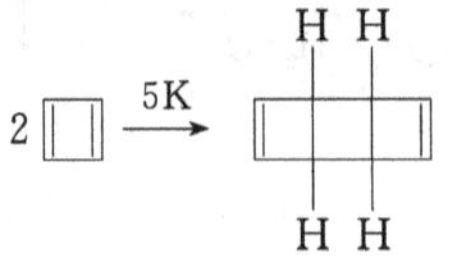

5K

环丁二烯二聚体

由此可见，环丁二烯、环辛四烯和苯虽然都具有环状共轭体系，但它们的活泼性却差别很大，因此具有环状共轭体系不能作为判别化合物是否具有芳香性的依据。为了判别化合物的芳香性，1931年德国化学家休克尔（Hückel）利用分子轨道法计算了单环多烯的π电子能级，提出了判断芳香性的规则。

休克尔指出：在一个单环化合物中，当成环原子处在平面共轭体系中，如果π电子数目为 $4n+2$，则这个化合物将具有芳香性。这就是休克尔规则或称 $4n+2$ 规则。式中 n 为正整数，可以是 0,1,2,3,…，也就是π电子可以是 2（$n=0$），6（$n=1$），10（$n=2$），14（$n=3$），18（$n=4$），…。苯分子中有6个π电子，符合休克尔规则，而环辛四烯分子中有8个π电子，不符合休克尔规则。实际上环辛四烯分子中的碳原子并不处在同一个平面上，如下所示：

其键长分别为0.154nm和0.134nm，是典型的单键和双键之键长，显然在环辛四烯分子中没有π电子的离域。同样，环丁二烯分子中的π电子数为4，也不符合 $4n+2$ 规则，所以也没有芳香性。

图7-5为环多烯及其离子的π分子轨道能级和基态电子构型。从能级图中可以看出，除能量最低的成键轨道需要2个电子充满外，其他较高能量的成键轨道都存在2个简并轨道，需要4个电子才能完全充满，也就是说只有 $4n+2$ 个电子才能充满这些轨道。例如：苯分子中含有6个π电子，基态时，4个π电子占据了一组简并的成键轨道，另外2个π电子占据了能量最低的成键轨道。所以苯具有芳香性。环丁二烯在基态时2个π电子占据能量最低的成键轨道，另外2个π电子分别占据了一个非键轨道（未充满），所以，环丁二烯无芳香性。

根据休克尔规则，芳香性的概念就从苯系芳烃扩展到非苯系芳烃。一些不含苯环的共轭环烯烃，环上p轨道中电子数符合 $4n+2$，也具有芳香性，因此称这类化合物为非苯系芳烃。

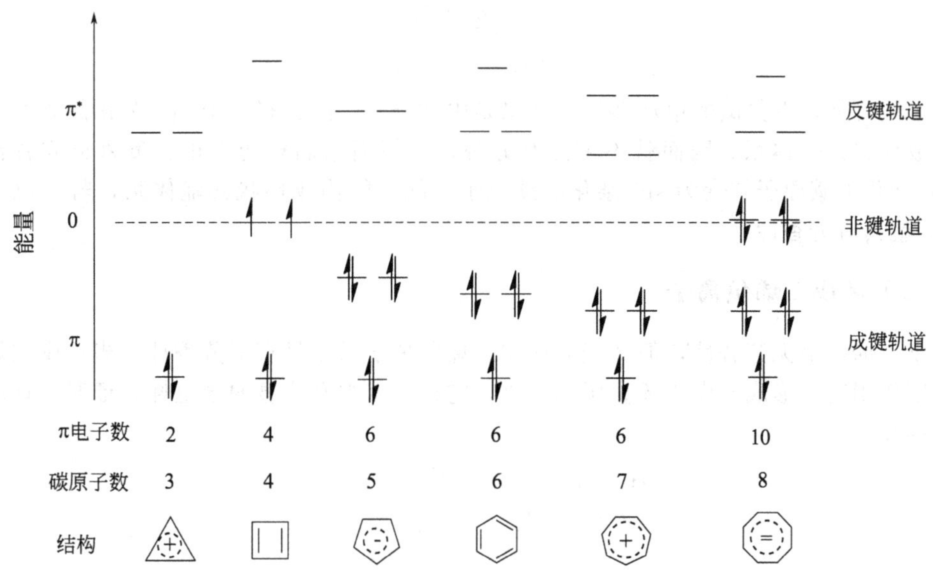

图7-5 环多烯及其离子的π分子轨道能级和基态电子构型

二、常见的几种非苯芳烃

（一）环丙烯正离子

环丙烯本身没有芳香性，虽然它的 π 电子数为 2，符合 $4n+2$ 规则，但由于环丙烯中有一个碳原子为 sp^3 杂化，没有 p 轨道，不能形成环状共轭体系。如果环丙烯分子中饱和碳原子上的 C—H 键均裂则产生环丙烯自由基；异裂，失去一个 H^- 则得到环丙烯正离子或失去一个 H^+ 则得到环丙烯负离子，此三种情况下，该碳原子均由原来的 sp^3 杂化转变为 sp^2 杂化。环丙烯自由基的 π 电子数 3，不符合 $4n+2$ 规则，没有芳香性；环丙烯负离子的 π 电子数为 4，也不符合 $4n+2$ 规则，没有芳香性；而环丙烯正离子中 π 电子数为 2，符合 $4n+2$（$n=0$）规则，具有芳香性：

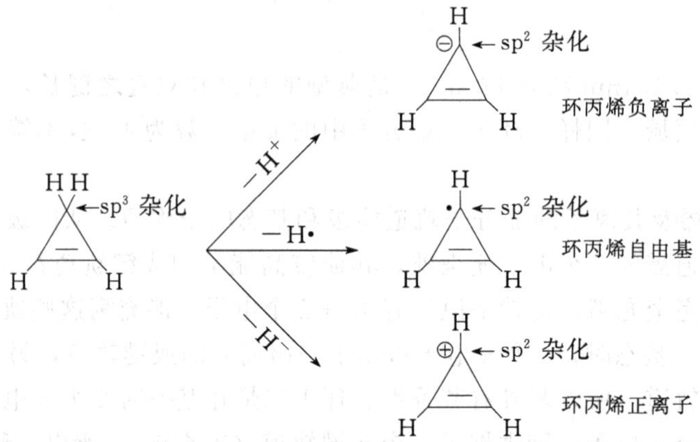

经测定，环丙烯正离子的 3 个碳碳键长均为 0.140nm，这说明三个碳原子完全等同，2 个 π 电子在 3 个碳原子的 p 轨道上离域，所以环丙烯正离子特别稳定。目前已合成出具有取代基的环丙烯正离子盐，如三苯基环丙烯正离子的氟硼酸盐，结构如下：

C_6H_5 BF_4^- C_6H_5 C_6H_5

由上述可知，奇数碳的单环多烯，如果是中性分子，因含有一个 sp^3 杂化的碳原子，不可能构成环状共轭体系，因而就不可能有芳香性。但当它们转变为正、负离子或者自由基时，sp^3 杂化的碳原子转变为 sp^2 杂化的碳原子，就可能构成环状共轭体系，若 π 电子满足 $4n+2$，就具有芳香性。

（二）环戊二烯负离子

环戊二烯本身无芳香性，但转变成环戊二烯负离子后就具有了芳香性。当环戊二烯与金属钠或镁作用时，形成环戊二烯金属化合物，它在液氨中有明显的导电性，证明了环戊二烯负离子的存在。

$\xrightarrow{-H^+}$ ═

$+ Na \xrightarrow[N_2]{苯} Na^+ + H_2$

环戊二烯负离子的π电子数目为2个双键上的4个和碳负离子上的2个（此碳负离子为sp^2杂化，p轨道上占有2个电子），形成环状共轭6π电子体系，符合休克尔规则，具有芳香性。现已证明环戊二烯负离子是一个平面的对称体系，可以发生亲电取代反应。

环戊二烯饱和碳上的氢具有酸性（$pK_a=15$），在强碱作用下，容易失去一个H^+转化为负离子，显然，这种负离子的稳定性是由芳香性提供的。

（三）环庚三烯正离子

环庚三烯没有芳香性，环庚三烯正离子（又称鎓离子）符合休克尔规则，具有芳香性，因此，环庚三烯正离子是稳定的，容易形成。

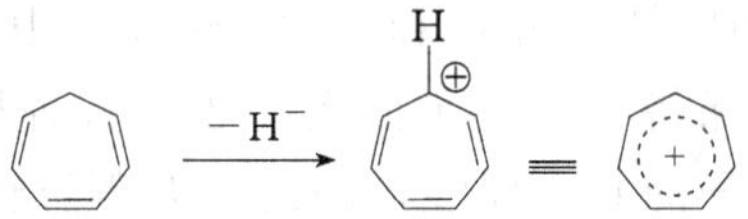

环庚三烯与溴作用生成二溴化物，后者受热失去溴化氢，生成溴化䓬。

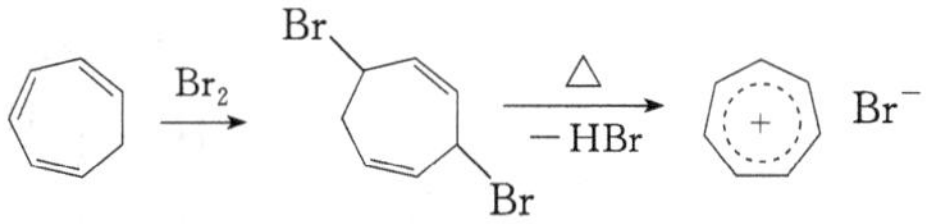

溴化䓬为黄色片状结晶，熔点203℃，具有许多与一般有机化合物不同的性质，例如，它不溶于乙醚，能溶于水，水溶液与硝酸银作用，立即有溴化银沉淀。这些性质说明它是离子型化合物。实际上，溴化䓬含有环庚三烯正离子，该离子具有6个π电子，符合休克尔规则，具有芳香性。

（四）环辛四烯二负离子

环辛四烯本身没有芳香性，因为它的π电子数目为8，不符合$4n+2$规则。但是，当环辛四烯从外界得到2个电子变成一个二价负离子后，则π电子数变为10，符合$4n+2$规则，具有芳香性。环辛四烯分子具船形结构，转变成环辛四烯二负离子后，由船形结构变成了平面正八边形的大π离域结构体系。

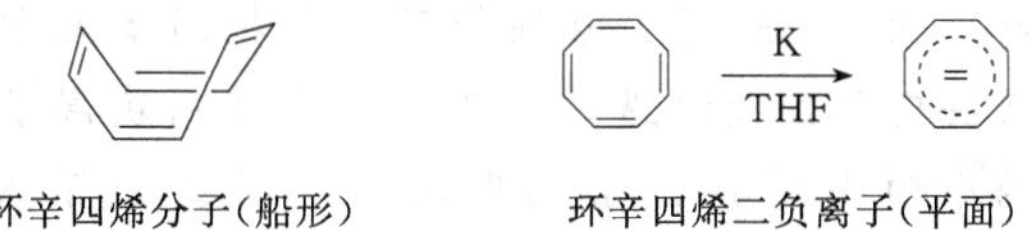

环辛四烯分子(船形)　　环辛四烯二负离子(平面)

（五）薁

薁是天蓝色的片状固体，熔点为99℃。它由一个五元环的环戊二烯和一个七元环的环庚三烯稠合而成。

薁

薁虽然不是一个单环多烯化合物，但构成环的碳原子都在最外层的环上，因此可以把它看成单环共轭多烯，这与萘、蒽、菲的情况相似。薁的成环原子外围π电子数共10个，符合$4n+2$（$n=2$）规则，具有芳香性。

薁也可看成由环戊二烯负离子和环庚三烯正离子稠合而成，两环分别有6个π电子，因此薁有明显的极性。

（六）轮烯

通常把 $n \geqslant 10$、具有单双键交替的单环多烯称为轮烯，其分子通式为 C_nH_n。轮烯命名的方法是将碳原子数放在方括号中，称为某轮烯，如 $n=10$ 叫 [10]-轮烯；如 $n=18$ 叫 [18]-轮烯。这类化合物是否具有芳香性，主要由下列条件决定：

① 共平面性或接近共平面，平面扭转不大于 0.1nm；

② 环内氢原子间没有或具有很小的空间排斥作用；

③ π 电子数目符合 $4n+2$ 规则。

[10]-轮烯（10 个 π 电子）、[14]-轮烯（14 个 π 电子）和 [18]-轮烯（18 个 π 电子）的 π 电子数都符合 $4n+2$ 规则，但 [10]-轮烯和 [14]-轮烯中由于环内氢原子距离较近，具有强烈的排斥作用，致使环不能保持在同一平面上，故无芳香性。而 [18]-轮烯的环比较大，环内氢的斥力较小，保证了分子的共平面性，因此具有芳香性。经实验证明：[18]-轮烯是一个稳定的晶体。

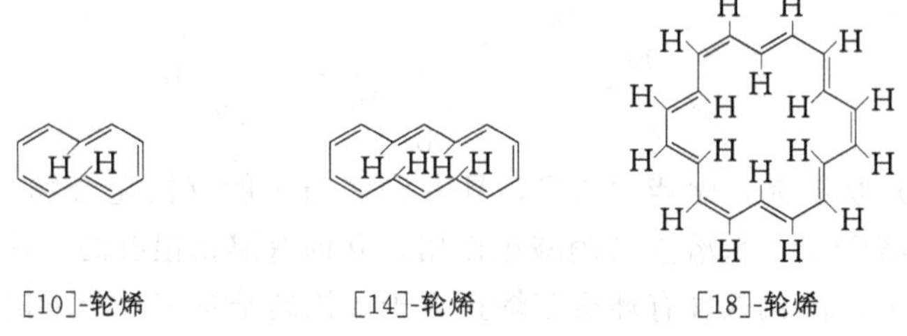

名人追踪

查尔斯·傅瑞德尔（Charles Friedel，1832—1899）

傅瑞德尔出生于法国的斯特拉斯堡。父亲是一位银行家，但对自然科学有浓厚的兴趣；母亲是法兰西学院和自然历史博物馆教授的女儿。在家庭影响下，他从小就对实验科学很感兴趣并最后选择它作为终身职业。1851 年，在获得了斯特拉斯堡大学理学学士学位一年后，他又去巴黎继续深造。几年后，他分别获得了巴黎大学数学和物理科学两个硕士学位。在此期间，他还结识了著名的法国化学家武兹（Charles Adolphe Würtz，1817—1884）并在他指导下开始了有机合成研究。1856 年毕业后，傅瑞德尔就在武兹的医学院实验室进行研究工作，同时又担任了他外祖父所在的矿物学院矿物收藏馆馆长的工作，直至武兹去世后，傅瑞德尔接任了他的有机化学教授和研究导师席位，才辞去矿物学院的所有职务。傅瑞德尔对矿物学和有机化学的研究很有成就，合成了异丙醇、乳酸和甘油。1874—1891 年间，与美国化学家克拉夫茨合作，发现无水三氯化铝催化下把卤代烷加到苯中便会反应，该反应以他们的名字命名为 Friedel-Crafts 烷基化和酰基化反应。

詹姆斯·梅森·克拉夫茨（James Mason Crafts，1839—1917）

克拉夫茨出生于美国的波士顿，父亲是一位羊毛批发商和毛织品制造商。克拉夫茨自小就受到良好的教育，19 岁时就已获得了哈佛大学理学学士学位，毕业后又成为采矿工程专业的研究生。由于对化学有浓厚的兴趣，他在 1859 年到了德国，第二年当上了本生

（Robert Wilhelm Bunsen，1811—1899）的助手。1861年他又去了巴黎的武兹实验室，后被派去与傅瑞德尔合作研究有机硅化合物的合成。1865年，克拉夫茨返回美国，先后在康奈尔大学和麻省理工学院任教。1874年他又重新来到巴黎的武兹实验室，开始了与傅瑞德尔的第二次合作，发现了傅-克反应。克拉夫茨1891年回国，1897年担任麻省理工学院的校长。

弗里德里希·奥古斯特·凯库勒（Friedrich August Kekulé，1829—1896）

德国有机化学家。是化学结构理论的主要创始人之一。凯库勒出生于达姆施塔特一个旧式波希米亚贵族家庭。1847—1851年，他进入吉森大学就读，有学习建筑的意图。在他第一学期听完了李比希（Justus von Liebig，1803—1873）的讲座之后，他决定选择攻读化学，并在李比希的实验室里积极、严谨地进行研究工作，完成了《关于硫酸戊酯及其盐》的实验论文，获得博士学位。1858年，比利时根特大学由享有世界盛名的李比希和本生推荐而聘请凯库勒为教授。凯库勒对有机化学结构理论的建立做出了重要的贡献，他被认为是现代共振概念的先驱。1865年凯库勒提出苯的环状结构式，同时还解释了碳原子能同时跟四个原子结合的原因。这对纯化学和应用化学的研究、对苯和所有芳香族化合物的新认识都具有非常重要的意义。

苯环结构的发现和确定历史：

1828年，一代科学巨匠电磁学和电化学的奠基人迈克尔·法拉第从煤焦油中首次分离出“苯”，但是无法确定其结构。1834年，德国科学家米希尔里希通过蒸馏苯甲酸和石灰石的混合物得到了与法拉第所制得的相同的一种液体。与此同时，法国化学家日拉尔等通过测量气体密度确定了苯的分子量为78，分子式为C_6H_6，命名为“benzene”。19世纪40至50年代，测定苯的沸点为80.1℃，熔点为5.5℃。后续又发现了苯的许多衍生物，根据其具有四个不饱和度，1859年，凯库勒提出了价键理论（VB），使用了碳碳单键、碳碳双键和碳碳三键的概念，成功地解释了许多脂肪族化合物的结构。1865年，凯库勒又提出了苯环的环状结构，即大家所熟知的凯库勒梦中得出的苯环的结构。很好地解释了苯环一元取代只有一种，但解释不了二元取代也只有一种；也无法解释苯环的稳定性（不能发生氧化反应，氢化热数据异常稳定）。随着近代物理和化学的实验方法的发展，才最终出现了苯分子结构的近代概念。由此可见，苯环状结构的推出是几代科学家们经过许多年先后努力才得出的成果，也说明学科之间相互渗透、善于观察是进行科学研究必不可少的环节。

埃里希·休克尔（Erich Armand Arthur Joseph Hückel，1896—1980）

德国物理学家和物理化学家，1896年生于柏林夏洛腾堡。1914年进入哥廷根大学攻读物理。曾中断学习，在哥廷根大学应用力学研究所研究空气动力学。1918年重新攻读数学和物理，1921年在彼得·德拜的指导下获博士学位。他在哥廷根大学工作两年，曾任物理学家玻恩的助手。1922年在苏黎世工业大学再度与德拜合作，任讲师。1930年在斯图加特工业大学任教。1937年任马尔堡大学理论物理学副教授，于1960年被任命为正教授。他是国际量子分子科学院院士。他的主要成就有两项：电解质溶液的德拜-休克尔理论、π电子体系分子轨道近似计算的休克尔方法。

习 题

1. 命名下列化合物。

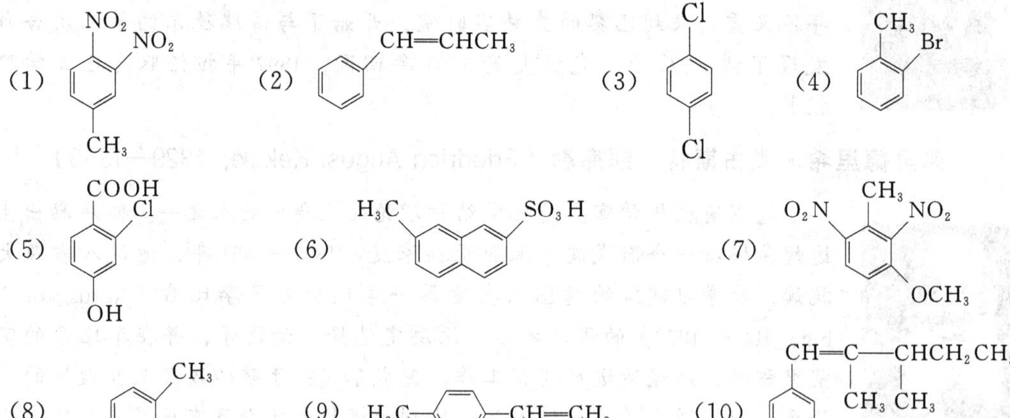

(8) CH_3, Br, CHO　(9) H_3C—⟨苯环⟩—CH═CH$_2$　(10) CH═C—CHCH$_2$CH$_3$, CH_3 CH_3

2. 写出下列化合物的构造式。

(1) 苄基氯　(2) 间氯甲苯　(3) 3-硝基-2-氯苯磺酸

(4) 1-苯基-2-溴乙烷　(5) 1-苯基丙烯　(6) 3-苯基-1-丁炔

(7) β-萘酚　(8) 1-甲基-8-乙基萘　(9) 9-溴菲

(10) 1,5-二硝基-9，10-蒽醌

3. 写出下列反应的主要产物。

(1) 苯 $+CH_3CH_2CH_2Cl \xrightarrow{\text{无水 } AlCl_3}$

(2) 四氢萘 $\xrightarrow{KMnO_4/H^+}$

(3) 苯 $+O_2 \xrightarrow[400℃]{V_2O_5}$

(4) 苯 $+ CH_3CH═CH_2 \xrightarrow{H_2SO_4}$

(5) 甲苯（CH_3） $+HNO_3 \xrightarrow[30℃]{H_2SO_4}$

(6) 甲苯（CH_3） $+Br_2 \xrightarrow{FeBr_3}$

(7) 甲苯（CH_3） $+Br_2 \xrightarrow{\text{光照}}$

(8) H_3C—⟨苯环⟩—$C(CH_3)_3 \xrightarrow{KMnO_4/H^+}$

(9) 苯磺酸（SO_3H） $\xrightarrow[200\sim245℃]{\text{发烟硫酸}}$

(10) 甲苯 $+ \ CH_3-\overset{\overset{O}{\|}}{C}-Cl \xrightarrow{\text{无水 } AlCl_3}$

4. 用箭头表示下列芳香族化合物发生亲电取代反应时，亲电试剂取代的主要位置。

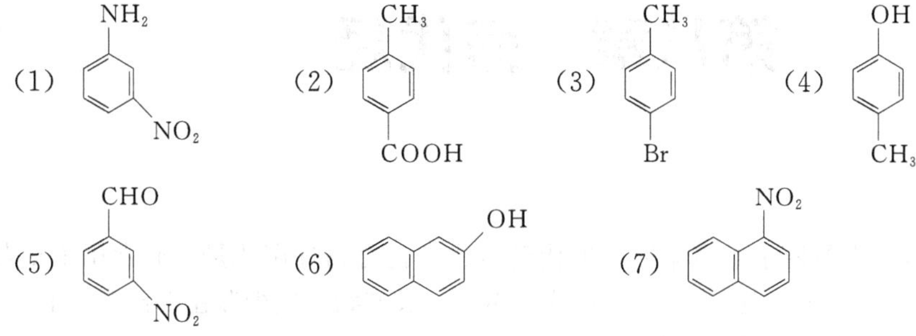

5. 以苯或甲苯为起始原料合成下列化合物。

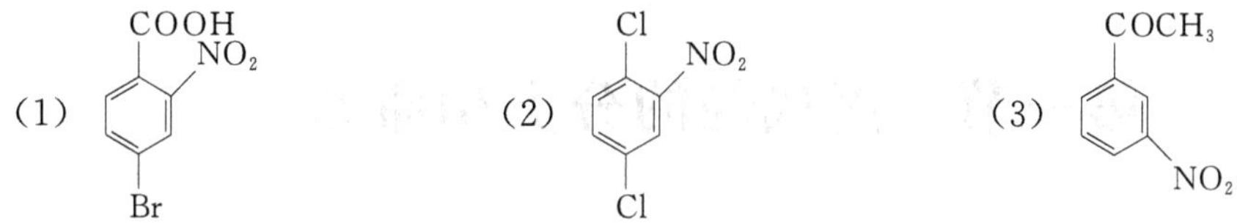

6. 判断下列各化合物中哪些有芳香性，为什么？

(1)　(2)　(3)　(4)　(5)　(6)

7. 比较环戊二烯和环庚三烯中亚甲基上氢的酸性，并说明理由。

8. 羟基是吸电子基团还是给电子基团？它在乙醇和苯酚两个化合物中的电子效应是否相同？说出它们的异同点。

9. 用化学方法鉴别下列各组化合物。

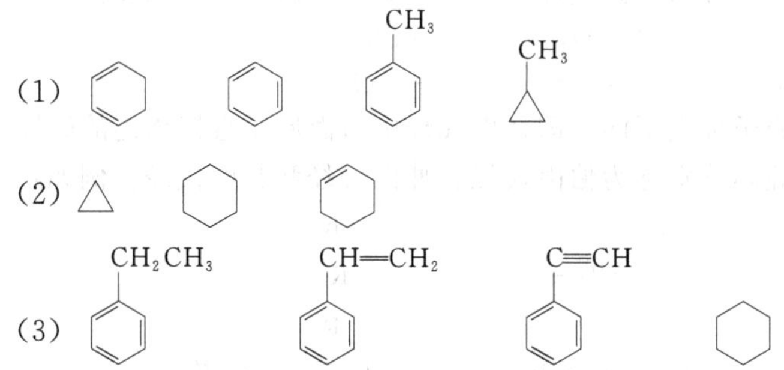

10. 推断结构。

(1) 某芳烃 A 的分子式为 C_9H_{10}，能使溴水褪色，用热的高锰酸钾硫酸溶液氧化后生成一种二元羧酸，该二元羧酸溴化时只生成一种一溴代二元羧酸，推断 A 的结构式并写出各步反应式。

(2) A、B、C 三种芳烃的分子式均为 C_9H_{12}，氧化时 A 得一元羧酸，B 得二元羧酸，C 得三元羧酸。经硝化后，B 得到两种一硝基化合物，而 C 只得到一种一硝基化合物，推断 A、B、C 三种芳烃的结构。

第八章　卤代烃

烃分子中一个或多个氢原子被卤素原子取代后生成的化合物称卤代烃。通常用 RX 表示，R 代表烃基，X 代表卤素（F、Cl、Br、I）。卤代烃多为合成产物，较少存在于自然界中。

本章主要学习卤代烃的结构和反应性能。

第一节　卤代烃的分类和命名

一、分类

卤代烃由烃基和卤素原子两部分组成。根据卤代烃分子中烃基的结构不同，卤代烃可分为饱和卤代烃、不饱和卤代烃和卤代芳烃。例如：

$RCH_2—X$　　饱和卤代烃

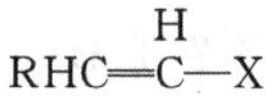

$RHC═C(H)—X$　　不饱和卤代烃

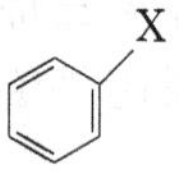

卤代苯（C_6H_5—X）　　卤代芳烃

根据卤原子数目不同，卤代烃可分为一卤代烃、二卤代烃和多卤代烃。例如：

RCH_2X　　一卤代烃

$RCHX_2$　　二卤代烃

RCX_3　　三卤代烃

根据和卤原子直接相连的碳原子种类不同，即在卤代烃中与卤原子直接相连的碳原子是伯、仲、叔碳原子，相应的卤代烃则分别称为伯卤代烃、仲卤代烃和叔卤代烃。例如：

$RCH_2—X$　　伯（一级）卤代烃

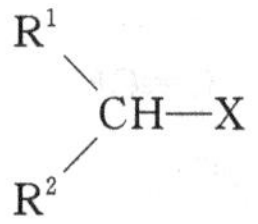

$(R^1)(R^2)CH—X$　　仲（二级）卤代烃

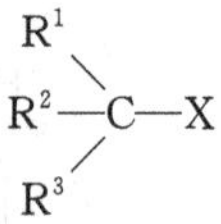

$(R^1)(R^2)(R^3)C—X$　　叔（三级）卤代烃

其中 R^1、R^2、R^3 可以相同，也可以不相同。

二、命名

（一）普通命名法

结构比较简单的卤代烃常用习惯命名法命名，用相应的烃为母体，称为烃基卤。例如：

CH_3Br　　甲基溴

$CH_2═CHCH_2Cl$　　烯丙基氯

$(CH_3)_3C—Cl$　　叔丁基氯

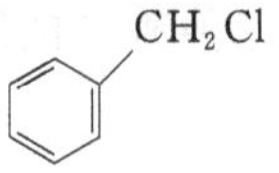

$C_6H_5CH_2Cl$　　苄基氯

（二）系统命名法

烃基较为复杂的卤代烃采用系统命名法：把卤代烃看作烃的卤素衍生物，规定卤原子只作为取代基，因此它的命名与烃的命名相似，只需在烃基名称前标上卤原子的位置、数目和名称。

卤代烷的命名以烷烃的名称为母体，选择含卤原子在内的最长碳链作为主链。例如：

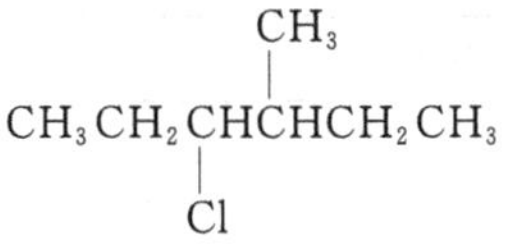

$CH_3CH_2CH(Cl)CH(CH_3)CH_2CH_3$　　　$ClCH_2CH_2CH(CH_2CH_3)CH_2CH_2CH_3$

3-甲基-4-氯己烷 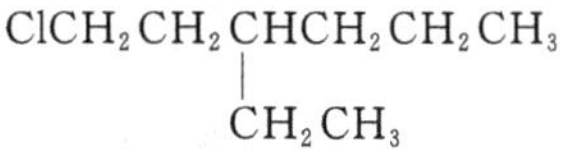　　　3-乙基-1-氯己烷

不饱和卤代烃命名时，选择同时含有卤素和不饱和键的最长碳链作为主链，并使双键或三键的位次最小。例如：

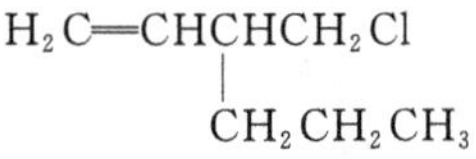

$H_2C{=}CHCH(CH_2CH_2CH_3)CH_2Cl$　　　$CH_3CH(Br)CH{=}CHCH_3$

3-丙基-4-氯-1-丁烯 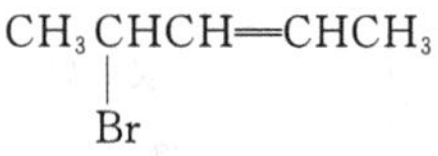　　　4-溴-2-戊烯

卤代脂环烃和卤代芳烃分别以脂环烃和芳烃为母体，把卤原子作为取代基来命名。不饱和卤代脂环烃，环上碳原子编号时，要从双键或三键碳原子编起。例如：

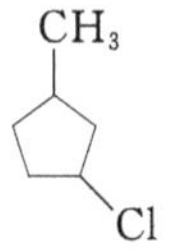

1-甲基-3-氯环戊烷 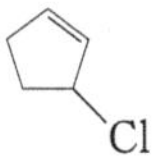　　　3-氯环戊烯 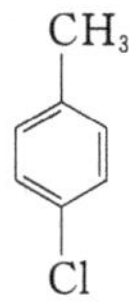　　　对氯甲苯或 4-氯甲苯

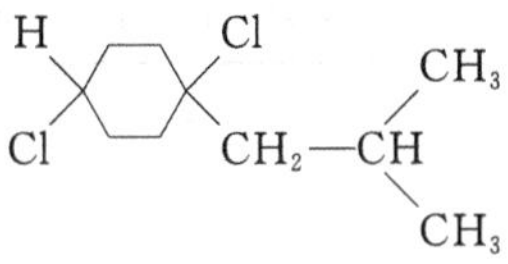

1-异丁基-1,4-二氯环己烷　　　β-溴萘或 2-溴萘

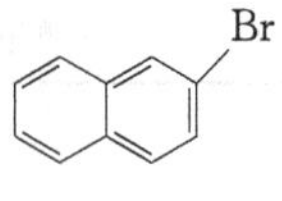

当卤原子取代在芳烃的侧链上时，以脂肪烃为母体，把芳基和卤原子作为取代基来命名。例如：

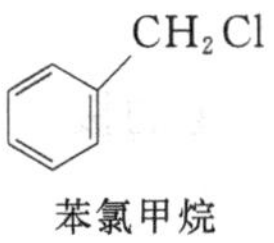

$C_6H_5CH_2Cl$　　　$CH_3-C_6H_4-CH_2Cl$　　　$CH_3CH_2CH(C_6H_5)CH_2CH_2Br$

苯氯甲烷（苄氯）　　　对甲苯氯甲烷 　　　3-苯基-1-溴戊烷

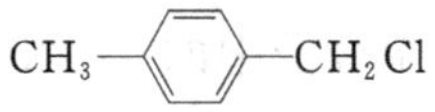

有些多卤代烃常有其特殊的名称，如 $CHCl_3$、$CHBr_3$、CHI_3 分别称为氯仿、溴仿和碘仿。

第二节　卤代烃的性质

一、物理性质

在常温常压下，氯甲烷、氯乙烷和溴甲烷是气体，其余是液体或固体。一元卤代烷的沸点随着碳原子数目的增加而升高。在同数碳原子的一元卤代烷中，碘代烷的沸点最高，氯代烷的沸点最低。卤代烷的密度是值得注意的物理性质，碘代烷，溴代烷以及多氯代烷的密度都大于1。卤代烷可溶于醇、醚、烃类等有机溶剂。某些卤代烷常作为优良的有机溶剂使用，如氯仿、二氯甲烷等用来提取极性比较大的有机物。分子中卤原子数目越多，则可燃性越低，如 CCl_4 可作为灭火剂。一些卤代烃的物理常数参考表8-1。

表 8-1　一些卤代烃的物理常数

结构式	名称	沸点/℃	相对密度 d_4^{20}
CH_3Cl	氯甲烷	−24.2	0.920(−20℃)
CH_3CH_2Cl	氯乙烷	12.3	0.921(15℃)
$CH_3CH_2CH_2Cl$	1-氯丙烷	46.6	0.899(15℃)
CH_3Br	溴甲烷	3.56	1.732(0℃)
CH_3CH_2Br	溴乙烷	38.4	1.470(15℃)
$CH_3CH_2CH_2Br$	1-溴丙烷	71.0	1.359(15℃)
CH_3I	碘甲烷	42.4	2.278
CH_3CH_2I	碘乙烷	72.4	1.935
$CH_3CH_2CH_2I$	1-碘丙烷	102.4	1.748
CH_2Cl_2	二氯甲烷	40.5	1.325
$CHCl_3$	三氯甲烷	61.7	1.498(15℃)
CCl_4	四氯化碳	76.8	1.595
CH_2ClCH_2Cl	1,2-二氯乙烷	83.5	1.253
CH_2BrCH_2Br	1,2-二溴乙烷	131.7	2.180
CHI_3	三碘甲烷	120～1239(熔点)	4.008

二、化学性质

卤代烷的化学性质比烷烃活泼，能发生许多类型的化学反应，生成一系列化合物。下面仅就一些比较重要的反应类型加以讨论。

（一）亲核取代反应

卤原子的电负性大于碳原子，使卤代烷分子中的C—X键具有一定的极性，如下所示：

$$-\overset{|}{\underset{|}{C}}\overset{\delta+\quad\delta-}{\rightarrow X}$$

C—X键中的碳带有部分正电荷，容易受到带有负电荷的基团如—OH^-、—RO^-、—CN^-、—ONO_2^- 和带有未共用电子对的分子如 H_2O、NH_3 等亲核试剂的进攻，结果是卤代烷中的卤离子被这些亲核基团所取代。这种由亲核试剂的进攻而引起的取代反应称为亲核取代反应，用 S_N 表示（S代表取代，substitution；N代表亲核的，nucleophilic）。亲核取代反应是卤代烷的典型反应。

$$R:X + Nu^- \longrightarrow R:Nu + X^-$$

式中，RX受亲核试剂的进攻，称为底物；Nu^- 为亲核试剂，称为进攻试剂；X^- 因被其他基团取代，故称为离去基团。

卤代烷的亲核取代反应主要有下面几类：

1. 氰基取代

卤代烷与氰化钠（或氰化钾）的醇溶液共热，卤原子被氰基（—CN）取代生成腈。

$$R—X+NaCN\xrightarrow[\triangle]{乙醇}\underset{腈}{R—CN}+NaX$$

反应在醇溶液中进行，是为了增加 RX 的溶解性。产物腈经水解可得到羧酸。

$$R—CN+H_2O\xrightarrow{H^+}R—COOH$$

生成的腈或酸比原来的卤代烃多一个碳原子，这是有机合成中常用的增长碳链的方法之一。

2. 水解

卤代烷与水作用，生成醇的反应称为水解反应，这个反应进行得很迟缓，而且是可逆的。

$$R—X+HOH\rightleftharpoons ROH+HX$$

为加速反应并使反应完全，通常把卤代烷与强碱的水溶液在一起加热，以便使反应中所产生的氢卤酸被碱中和掉，利于反应向水解方向进行，故本反应也称卤代烃的碱性水解。

$$R—X+NaOH\longrightarrow ROH+NaX$$

水解反应的相对活性：RI＞RBr＞RCl＞RF。

3. 烷氧基取代

卤代烷与醇钠或酚钠作用，卤原子被烷氧基（RO—）或芳氧基（ArO—）取代，生成醚。这个反应称为威廉姆逊（Williamson）醚合成法，常用于有机合成中。

$$R—X+R'ONa\longrightarrow R—O—R'+NaX$$

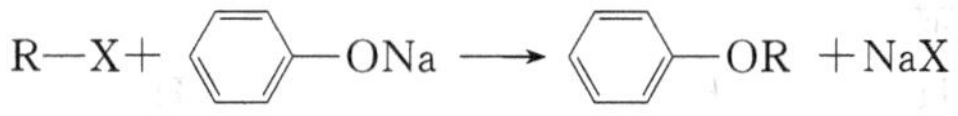

$$R—X+C_6H_5—ONa\longrightarrow C_6H_5—OR+NaX$$

4. 与硝酸银反应

卤代烷与硝酸银的醇溶液一起加热生成硝酸酯，同时析出卤化银沉淀。此反应可用于鉴定卤代烷。

$$R—X+AgNO_3\xrightarrow[\triangle]{乙醇}\underset{硝酸酯}{R—O—NO_2}+AgX\downarrow$$

5. 氨基取代

卤代烷与氨作用，卤原子被氨基取代生成胺。胺为有机碱，与 HX 结合成盐 $RNH_2\cdot HCl$（或 $RNH_3^+Cl^-$）。

$$RX+:NH_3\longrightarrow R—NH_3X\xrightarrow{NH_3}RNH_2+NH_4X$$

氨的碱性较水、醇等都强，可直接与卤代烷作用而取代卤素。

6. 与其他亲核试剂反应

除上述亲核取代反应外，卤代烷还可与其他亲核试剂反应生成各种类型的化合物。例如：

$$RX+HS^-\longrightarrow RSH(硫醇)+X^-$$

$$RX+R'S^-\longrightarrow RSR'(硫醚)+X^-$$

$$RX+R'COO^-\longrightarrow ROCOR'(酯)+X^-$$

$$RX+Ar—H\xrightarrow{无水\ AlCl_3}Ar—R+HX(傅-克烷基化)$$

（二）消除反应

卤代烷与氢氧化钠（或氢氧化钾）的醇溶液作用时，脱去卤化氢生成烯烃。在有机分子中脱去一个小分子（如 HX、H_2O、NH_3 等）的反应叫做消除反应。

$$\underset{\text{H}}{\overset{\beta}{\text{RCH}}}-\underset{\text{X}}{\overset{\alpha}{\text{CH}_2}} + \text{NaOH} \xrightarrow{\text{醇}} \text{R}-\text{CH}=\text{CH}_2 + \text{NaX} + \text{H}_2\text{O}$$

消除反应以 E 表示，E 为英文“elimination”（消除）的首字母。由于上述消除反应所消除的是卤原子和 β-C 上的 H，故又称为 β-消除反应。

三级卤代烷最容易脱去卤化氢，二级卤代烷次之，一级卤代烷最难。

不对称的二级卤代烷、三级卤代烷在消除卤化氢时，反应可以在碳链的两个不同方向进行，因此，可以得到两种不同的产物。

$$\text{CH}_3\text{CH}_2\underset{}{\overset{\text{Br}}{\text{CH}}}\text{CH}_3 \xrightarrow[\text{乙醇}]{\text{KOH}} \underset{\text{2-丁烯（81\%）}}{\text{CH}_3\text{CH}=\text{CHCH}_3} + \underset{\text{1-丁烯（19\%）}}{\text{CH}_3\text{CH}_2\text{CH}=\text{CH}_2}$$

$$\text{CH}_3\text{CH}_2\underset{\text{CH}_3}{\overset{\text{Br}}{\text{C}}}\text{CH}_3 \xrightarrow[\text{乙醇}]{\text{KOH}} \underset{\text{2-甲基-2-丁烯（71\%）}}{\text{CH}_3\text{CH}=\underset{\text{CH}_3}{\text{C}}\text{CH}_3} + \underset{\text{2-甲基-1-丁烯（29\%）}}{\text{CH}_3\text{CH}_2\underset{\text{CH}_3}{\text{C}}=\text{CH}_2}$$

实验证明，主要产物为双键碳原子上连有较多烃基的烯烃，这个经验规律称为札依采夫(Saytzeff) 规则。这个规则可用共轭效应来解释，就是说双键碳上连接的烃基越多，σ-π 超共轭效应越强，体系越稳定。

$$\underset{\text{2-丁烯}}{\text{H}-\underset{\text{H}}{\overset{\text{H}}{\text{C}}}-\underset{\text{H}}{\text{C}}=\underset{\text{H}}{\text{C}}-\underset{\text{H}}{\overset{\text{H}}{\text{C}}}-\text{H}} \qquad \underset{\text{1-丁烯}}{\text{H}_3\text{C}-\underset{\text{H}}{\overset{\text{H}}{\text{C}}}-\text{CH}=\text{CH}_2}$$

在 2-丁烯中，有 6 个碳氢 σ 键与 π 键产生 σ-π 超共轭效应，而在 1-丁烯中只有 2 个碳氢 σ 键与 π 键产生 σ-π 超共轭效应。前者产生的共轭效应强，电子离域的程度高，所以 2-丁烯比 1-丁烯稳定，产物以 2-丁烯为主。

卤代烯烃和卤代芳烃脱卤化氢时，产物以具有 π-π 共轭体系的烯烃为主。例如：

$$\text{CH}_2=\text{CH}-\text{CH}_2-\underset{\text{Br}}{\overset{\text{CH}_3}{\text{C}}}-\text{CH}_2\text{CH}_3 \xrightarrow{-\text{HBr}} \text{CH}_2=\text{CH}-\text{CH}=\overset{\text{CH}_3}{\text{C}}-\text{CH}_2\text{CH}_3$$

$$\text{C}_6\text{H}_5-\text{CH}_2-\underset{\text{Cl}}{\text{CH}}-\text{CH}_2\text{CH}_3 \xrightarrow{-\text{HCl}} \text{C}_6\text{H}_5-\text{CH}=\text{CH}-\text{CH}_2\text{CH}_3$$

（三）与金属的反应

金属直接与碳连接的一类化合物称为有机金属化合物。卤代烃能与多种金属如 Mg、Al、Li 等反应生成有机金属化合物。

卤代烷在无水乙醚中与镁作用，生成有机金属镁化合物，这一产物叫做格利雅（Grignard）试剂，简称格氏试剂。格氏试剂是应用最广泛的有机金属化合物。

$$RX+Mg \xrightarrow{\text{无水乙醚}} RMgX$$

卤代烷中的碘代烷最贵，而氯代烷的反应性最差，所以实验中常采用反应性居中的溴代烷来制备格氏试剂。

格氏试剂是一个极性分子（$\overset{\delta-}{R}-\overset{\delta+}{Mg}X$）。由于 C—Mg 键的极性很强，所以性质很活泼，能发生多种反应。如：格氏试剂能与多种含活泼氢的化合物作用生成相应的烃：

$$RMgX \xrightarrow{HOH} RH + HO-MgX$$
$$RMgX \xrightarrow{R'OH} RH + R'O-MgX$$
$$RMgX \xrightarrow{HX} RH + MgX_2$$
$$RMgX \xrightarrow{NH_3} RH + NH_2MgX$$
$$RMgX \xrightarrow{R'C\equiv CH} RH + R'C\equiv C-MgX$$

格氏试剂可以和空气中的氧、水、二氧化碳发生反应。因此，在制备时除保持试剂、仪器的干燥外，还应隔绝空气。

格氏试剂与二氧化碳反应，再经水解可生成比卤代烃多一个碳原子的羧酸：

$$RMgX+CO_2 \longrightarrow RCOOMgX \xrightarrow[H^+]{H_2O} RCOOH+Mg(OH)X$$

卤代烷与金属锂作用生成的有机锂化合物，是合成中常用的重要试剂之一，其制法和性质与格氏试剂十分相似。

$$R-X+2Li \longrightarrow RLi+LiX$$

有机锂与格氏试剂一样，可与金属卤化物置换而生成各种金属有机化合物，如与 CuI 反应可得二烃基铜锂：

$$2RLi+CuI \longrightarrow R_2CuLi+LiI$$

二烃基铜锂称为铜锂试剂，用二烷基铜锂与卤代烷反应可合成烷烃：

$$R_2CuLi+R'X \longrightarrow R-R'+RCu+LiX$$

（四）还原反应

卤代烷中卤素可以被氢还原成烷烃。还原剂种类很多，一般普遍采用的是氢化铝锂，它的还原性很强，所有类型的卤代烷均可被还原。由于氢化铝锂遇水立即水解而放出氢气，故只能在无水介质如乙醚、四氢呋喃（THF）等溶剂中进行反应。

$$RX \xrightarrow[THF]{LiAlH_4} RH$$

例如：

$$CH_3(CH_2)_8CH_2Br \xrightarrow[THF]{LiAlH_4} CH_3(CH_2)_8CH_3$$

硼氢化钠（$NaBH_4$）是比较温和的还原试剂，可溶于水，显碱性，性质比较稳定，能在水溶液中反应而不被迅速分解。在还原过程中，分子内若同时存在羧基、氰基、酯基等基团可以保留不被还原。而若使用氢化铝锂，这些基团也会同时被还原。例如：

$$BrCH_2COOCH_3 \xrightarrow{NaBH_4} CH_3COOCH_3$$

分子中若存在不饱和键，用氢化铝锂或硼氢化钠还原时，不饱和键可以保留而不被还原。例如：

$$CH_2{=}CHCH_2Br \xrightarrow[THF]{LiAlH_4} CH_2{=}CHCH_3$$

第三节　亲核取代反应机理及其立体化学

一、亲核取代反应机理

亲核取代（S_N）反应是卤代烃化学性质里一类较为重要的反应，其反应机理可以一卤代烷的水解为例说明。在研究水解速率与反应物浓度的关系时，发现一些卤代烷的水解速率仅与卤代烷的浓度有关，而另一些的水解速率却与卤代烃和碱的浓度都有关。大量的实验事实说明，亲核取代反应可按两种机理进行，即单分子亲核取代（S_N1）和双分子亲核取代（S_N2）。

（一）单分子亲核取代反应

实验证明，叔丁基溴在碱性溶液中的水解速率仅与卤代烷的浓度成正比，而与进攻试剂 OH^- 的浓度无关，在动力学上称一级反应。

$$(CH_3)_3C—Br + OH^- \longrightarrow (CH_3)_3COH + Br^-$$

$$反应速率 = k[(CH_3)_3CBr]$$

反应历程分两步完成：第一步 C—Br 键异裂生成碳正离子中间体；第二步碳正离子与试剂 OH^- 结合生成水解产物。

第一步：$(CH_3)_3C—Br \xrightarrow{慢} \underset{过渡态Ⅰ}{[(CH_3)_3\overset{\delta+}{C}\cdots\cdots\overset{\delta-}{Br}]^{\neq}} \longrightarrow \underset{中间体}{(CH_3)_3C^+} + Br^-$

第二步：$(CH_3)_3C^+ + OH^- \xrightarrow{快} \underset{过渡态Ⅱ}{[(CH_3)_3\overset{\delta+}{C}\cdots\cdots\overset{\delta-}{OH}]^{\neq}} \longrightarrow (CH_3)_3COH$

叔丁基溴水解过程中的能量变化曲线如图 8-1 所示。

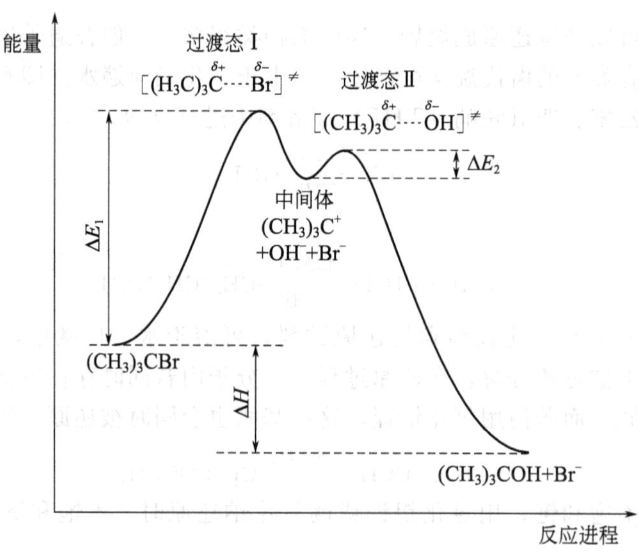

图 8-1　叔丁基溴水解过程中的能量变化曲线

从图 8-1 可以看出，当 $(CH_3)_3CBr$ 达到过渡态 Ⅰ $[(CH_3)_3C\cdots Br]^{\neq}$ 时，体系能量达到了最大值，随后，体系能量又逐渐下降，直到生成叔丁基碳正离子和 Br^-。当碳正离子与亲核试剂 OH^- 接触形成新的键时，又要吸收能量形成第二个过渡态 Ⅱ $[(CH_3)_3C\cdots OH]^{\neq}$，当键一旦形成就放出能量得到产物。生成的碳正离子称为活性中间体，它与过渡态不同，它的能量比过渡态低，在能量曲线上处于一个谷值，存在的时间比过渡态要长一些，并且它的存在是可以证实的。$(CH_3)_3CBr$ 到过渡态 Ⅰ 之间的能量差 ΔE_1 是第一步反应的活化能，$(CH_3)_3C^+$ 到过渡态 Ⅱ 之间的能量差 ΔE_2 是第二步反应的活化能。可以看出：$\Delta E_1 > \Delta E_2$，所以第一步的反应速率较慢。对于多步反应来说，生成最后产物的速度主要由速度最慢的一步来控制，因此整个反应速率取决于第一步。在第一步反应中只有叔丁基溴一种分子参加，OH^- 没有参与，所以总的反应速率仅与卤代烷的浓度有关，而与 OH^- 的浓度无关。这样的反应历程称为单分子亲核取代反应历程，用 S_N1 表示（1 表示单分子）。

S_N1 反应的特点是：反应分两步进行；反应速率只与底物浓度有关，动力学表现为一级反应；在反应中有活性中间体碳正离子生成，碳正离子越稳定，反应速率越快，碳正离子有可能发生重排；若中心碳具有手性，则产物会外消旋化（参见本节 S_N1 的立体化学）。

（二）双分子亲核取代反应

与叔丁基溴不同，溴甲烷的水解速率与溴甲烷及碱（OH^-）的浓度都成正比关系，在动力学上称为二级反应。

$$CH_3-Br + OH^- \longrightarrow CH_3OH + Br^-$$

$$反应速率 = k[CH_3Br][OH^-]$$

其反应历程可以描述如下：

$$HO^- + H_3C-Br \xrightleftharpoons{慢} \left[\overset{\delta-}{HO}\cdots\cdots CH_3\cdots\cdots\overset{\delta-}{Br}\right]^{\neq} \xrightarrow{快} HO-CH_3 + Br^-$$

过渡态

亲核试剂首先从底物离去基团的背面进攻碳原子，在反应过程中，C—O 键的形成和 C—Br 键的断裂是同时进行的，整个反应经过一个过渡态。在形成过渡态时，OH^- 从背面沿 C—Br 键轴进攻碳原子，碳原子上的三个氢由于受 OH^- 进攻的影响而向溴原子侧偏移，当甲基的三个氢与碳共处一个平面，羟基、溴及碳在同一条直线上时，即达到过渡态。此时，C—O 键部分形成，C—Br 键则同时逐渐伸长和变弱，但并没有完全断裂。接着亲核试剂继续靠近碳，溴则继续远离碳原子，最后溴带着一对电子离开，生成 Br^-，C—O 键则完全形成。由过渡态转化成产物时，甲基上的三个氢原子也完全偏移到溴原子的一边，整个过程好像雨伞在大风中被吹得向外翻转一样。因此，水解产物甲醇中的羟基不是在原来溴原子的位置，而是在它相反的位置上，其构型正好与反应物的构型相反，这种构型转化的过程称为瓦尔登（Walden）转化。反应过程中的能量变化曲线如图 8-2 所示。

从图 8-2 可以看出，反应一步完成，由于能量最高的过渡态由 OH^- 和溴甲烷两种分子参与，所以称为双分子亲核取代反应，用 S_N2 表示（2 表示双分子）。

S_N2 反应的特点是：反应一步完成；反应速率既与底物浓度有关，也与亲核试剂的浓度有关，动力学表现为二级反应；旧键（C—Br）的断裂与新键（C—O）的形成同时完成，产物的构型与反应物的构型正好相反。

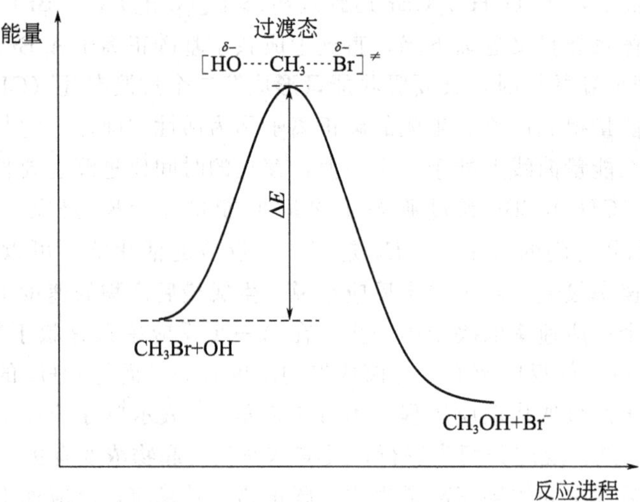

图 8-2　溴甲烷水解反应的能量变化曲线

（三）影响亲核取代反应的因素

卤代烷的亲核取代反应可按两种不同的历程进行。究竟按什么机理进行及反应的活性如何，这与反应物的结构、亲核试剂的性质以及溶剂的性质等因素都有密切的关系。

1. 烷基结构对反应的影响

对 S_N1 反应来说，决定反应速率的步骤是碳正离子的形成，碳正离子愈稳定愈容易形成，反应愈容易进行。从碳正离子的稳定性来说，由于叔碳正离子＞仲碳正离子＞伯碳正离子＞甲基碳正离子，所以 RX 的反应活性顺序为：

叔卤代烷＞仲卤代烷＞伯卤代烷＞卤代甲烷

叔卤代烷容易形成碳正离子的另一个原因是空间效果，由于叔卤代烷的 α-碳原子上有三个烷基，彼此互相排斥，比较拥挤，形成碳正离子后，呈三角形平面结构，三个取代基呈 120°，相互之间距离增加，稳定性增强。

对 S_N2 反应来说，亲核试剂进攻 α-碳原子必须克服 α-碳原子上所连接基团的空间位阻，当 α-碳上连接的烃基数目愈多，拥挤程度愈大，对亲核试剂所表现的空间位阻也将增大。叔卤代烷 α-碳连接的是三个较大体积的烃基，空间位阻大，不利于亲核试剂的进攻，反应难以进行，而卤代甲烷 α-碳上连接的是三个体积最小的氢，空间位阻小，亲核试剂容易接近 α-碳原子而达到过渡状态。所以按 S_N2 机理，RX 的反应活性顺序为：

卤代甲烷＞伯卤代烷＞仲卤代烷＞叔卤代烷

综上所述，三级卤代烷主要按 S_N1 历程反应，一级卤代烷、卤代甲烷主要按 S_N2 历程反应，二级卤代烷既可以按 S_N1 也可以按 S_N2 历程进行或者同时按 S_N1 和 S_N2 历程进行。

对于桥头卤代烃化合物，例如 1-溴-二环［2.2.1］庚烷（Ⅰ），进行亲核取代反应时，不论是 S_N1 还是 S_N2 历程都显得十分困难。这是因为如果按 S_N1 历程进行，由于桥环的刚性，平面构型桥头碳正离子的形成将引起较大张力，使碳正离子十分不稳定而难以形成（Ⅱ）；如果按 S_N2 历程进行，由于受环的影响，亲核试剂几乎不可能从背面进攻 α-碳原子而使构型翻转。

(Ⅰ)　　　　(Ⅱ)

2. 离去基团（卤素离子）的影响

不同卤素脱离碳原子的能力是不一样的，C—X键弱，X^-容易离去；C—X键强，X^-不易离去。而C—X的强弱，主要根据X的电负性，也就是碱性来决定。离去基团的碱性愈弱，形成的负离子愈稳定，就愈容易被进入的基团排挤而离去。氢碘酸、氢溴酸、氢氯酸都是强酸，因此碘离子、溴离子、氯离子是强酸的共轭碱，是弱碱，很稳定，容易离去。一般情况下，卤离子碱性大小与它们的共轭酸HX的强弱次序相反，能形成强酸的卤素离子碱性弱，稳定性好，容易离去；能形成弱酸的卤素离子碱性强，稳定性相对较差，不容易离去。

氢卤酸的酸性大小顺序：HI＞HBr＞HCl

卤离子的碱性大小次序：I^-＜Br^-＜Cl^-

卤离子离去能力的顺序：I^-＞Br^-＞Cl^-

另外，离去基团（卤素离子）的离去能力也与它们的可极化度有关。一般来说可极化度愈大，愈易离去。可极化度是指成键电子对的电子云在外界电场影响下变形的难易程度。成键原子的体积越大、电负性越小，原子核对成键电子的束缚越小，键的极化度就越大。除此之外，极化度也与外界电场强度有关。在外电场的影响下，可极化度的次序是I＞Br＞Cl。碘原子之所以最容易被极化，是因为它的价电子离原子核最远，原子核对它们的束缚力最弱。故卤素离子的离去能力顺序为I^-＞Br^-＞Cl^-。

由此，相同烷基的不同卤代烷中，亲核取代反应的活性顺序是：

RI＞RBr＞RCl

3. 亲核试剂的影响

亲核试剂的亲核性对S_N1反应速率影响不大，因为对S_N1反应历程来说，决定反应速率的是碳正离子的形成。对S_N2反应速率影响较大，因为对S_N2反应历程来说，决定反应速率的是过渡态的形成。由于在过渡态的形成过程中有亲核试剂的参与，亲核试剂的亲核性越大，反应速率越快。

试剂的亲核能力大小与它的碱性、电荷、体积、可极化度等有关。一个带负电荷的试剂要比相应的不带电荷的试剂亲核性大，如OH^-的亲核性比H_2O强。很多情况下，亲核试剂的亲核性能大致与其碱性强弱次序相对应，试剂的碱性强，亲核能力就强；但有时并不完全一致，因为亲核性是试剂与带部分正电荷的碳原子结合的能力，而碱性是试剂与质子结合的能力。例如某些烷氧基负离子的亲核性强弱次序和它们的碱性强弱次序正好相反：

亲核性：$CH_3O^- > C_2H_5O^- > (CH_3)_2CHO^- > (CH_3)_3CO^-$

碱　性：$CH_3O^- < C_2H_5O^- < (CH_3)_2CHO^- < (CH_3)_3CO^-$

试剂的空间体积对它的亲核性影响较大。在S_N2反应中，试剂要进攻中心碳原子，进攻试剂的空间体积愈大，亲核性愈小。

试剂的可极化度对亲核能力也有影响。亲核试剂的可极化度越大，它进攻中心碳原子时，其外层电子就越易变形而伸向中心碳原子，从而降低了达到过渡态时所需的活化能，因此其亲核能力越强。例如：CH_3S^-的碱性虽小于CH_3O^-，但CH_3S^-的亲核性却大于CH_3O^-。因为S较O的原子半径大，其周围的电子云受原子核的吸引力较小，在外界电场影响下容易变形，因此可极化度较大，其亲核能力较强。

4. 溶剂的影响

在卤代烷的取代反应过程中，由反应物转变为过渡状态时，电荷常有变化。通常而言，凡电荷有所增加的，则强极性溶剂对反应有利；反之，凡电荷有所降低或分散的，则弱极性溶剂对反应有利。

增加溶剂的极性，对 S_N1 反应有利，因为 S_N1 反应在形成过渡态时，由原来极性较小的底物变为极性较大的过渡态，即在反应过程中极性增大，电荷有所增加：

$$RX \longrightarrow [\overset{\delta+}{R} \cdots\cdots \overset{\delta-}{X}] \longrightarrow R^+ + X^-$$

增加溶剂的极性，对 S_N2 反应不利，因为 S_N2 在反应过程中形成过渡态时，由原来电荷比较集中的亲核试剂变成电荷比较分散的过渡态：

$$Nu:^- + RX \longrightarrow [\overset{\delta-}{Nu} \cdots\cdots R \cdots\cdots \overset{\delta-}{X}] \longrightarrow NuR + X^-$$

$Nu:^-$ 的一部分负电荷通过 R 传给了 X，过渡态的负电荷比较分散，不如亲核试剂集中，因而过渡态的极性不如亲核试剂大，增加溶剂的极性使极性大的亲核试剂溶剂化，而不利于过渡态的形成。

极性分子在非极性溶剂中，由于不易溶解，使分子以缔合状态存在，不能均匀分散，如果要进行反应，必须先付出能量，克服这种吸引力，因此极性分子在非极性溶剂中进行反应时，反应性能降低。

如表 8-2 所示，溶剂极性增大对不同反应历程的反应速率具有不同的影响。

表 8-2　溶剂极性增大对不同反应历程的反应速率的影响

反应	反应物	过渡状态的电荷分布	电荷变化	溶剂极性增大对反应速率的影响
S_N1	R—X	$R^{\delta+} \cdots X^{\delta-}$	增加	增大
S_N2	$R—X + OH^-$	$HO^{\delta-} \cdots R \cdots X^{\delta-}$	分散	减小
S_N2	$R—X + NH_3$	$NH_3^{\delta+} \cdots R \cdots X^{\delta-}$	增加	增大

二、亲核取代反应的立体化学

（一）S_N1 的立体化学

在 S_N1 反应中，决定反应速率的是碳正离子形成，由于碳正离子具有平面结构（sp^2 杂化），亲核试剂向碳正离子平面两边进攻的机会是相等的，因此得到等量的构型保持和构型翻转的两个化合物。如果带正电荷的碳原子连接三个不同的基团，那么得到的产物是外消旋体混合物。如下所示：

$$R^1R^2R^3C—X \longrightarrow R^1R^2R^3C^+ \ (Nu^-) \longrightarrow Nu—CR^1R^2R^3 + R^1R^2R^3C—Nu$$

构型翻转　　构型保持

但在实际情况中，有些反应往往得到的构型翻转产物比例更多一些，而使产物具有一定的旋光性。这是由于在 S_N1 反应中生成的碳正离子结构不稳定，在生成的瞬间，卤素可能还没有完全离开中心碳原子时就受到亲核试剂的进攻，因而在一定程度上挡住了亲核试剂从卤素这一面的进攻，试剂只能从背面进攻中心碳原子，故得到构型翻转的产物比例大于构型保持的产物比例。

构型翻转产物与外消旋产物的比例，与生成的碳正离子的稳定性有关。如果形成的碳正离子稳定，得到的产物主要为外消旋产物（即构型翻转产物与构型保持产物的比例相当）；如果形成的碳正离子不够稳定，则得到更多数量的构型翻转产物。例如：α-溴苯乙烷水解反应和 2-溴代辛烷在 60% 乙醇水溶液中水解均为 S_N1 历程，前者主要生成外消旋化合物（80%以上），后者则得到 66%构型翻转产物，这是由于两个卤代物生成的碳正离子的稳定性不同。

$C_6H_5-\overset{+}{C}HCH_3$　　　$CH_3(CH_2)_5\overset{+}{C}HCH_3$

（Ⅰ）　　　（Ⅱ）

碳正离子Ⅰ中正离子中心分别与苯环（p-π 共轭）和甲基（σ-p 超共轭）相互作用，使正电荷分散而不是定域在一个碳原子上，因此具有较小的能量，与碳正离子Ⅱ（仅 σ-p 超共轭）相比有较大的稳定性。

S_N1 中的立体化学除与碳正离子的稳定性有关外，还与亲核试剂的浓度大小、中心碳原子上所连接的基团（邻基参与）等因素有关，此处不展开讨论。

（二） S_N2 的立体化学

在 S_N2 历程中，亲核试剂是从离去基团的背面进攻中心碳原子的，总是伴随着构型的翻转。一个反应的反应物构型与生成物的构型完全相反，这个过程称为构型翻转或瓦尔登转化。瓦尔登转化是 S_N2 反应的立体化学特征。

例如，(—)-2-溴辛烷的比旋光度值为−34.9°，如果将(−)-2-溴辛烷与 NaOH 进行水解制得 2-辛醇，经实验测定，水解得到的 2-辛醇的比旋光度值为＋9.9°，原因是经过水解反应，手性中心碳原子的构型已翻转。

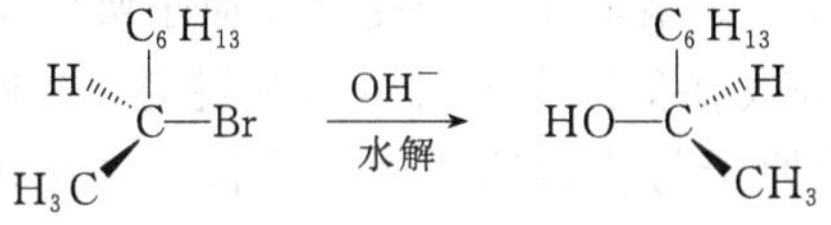

C_6H_{13}, H, H_3C —C—Br $\xrightarrow[\text{水解}]{OH^-}$ HO—C— C_6H_{13}, H, CH_3

(−)-2-溴辛烷　　(+)-2-辛醇

S 构型　　*R* 构型

第四节　消除反应机理

卤代烃经 β-消除反应消去卤化氢，是制备烯烃、炔烃和共轭烯烃的重要反应。消除反应也有单分子和双分子两种消除机理。

一、单分子消除反应

单分子消除反应（E1）分两步进行，第一步卤代烷异裂生成碳正离子，第二步亲核试剂进攻 β-氢并夺取氢原子，同时在 α、β 两个碳原子之间形成双键。第一步反应速率慢，第二步反应速率快，第一步反应速率决定整个反应的速率。

在第一步反应中只涉及底物（卤代烷），与亲核试剂（碱）无关，也就是说整个反应速率只与卤代烷的浓度有关而与碱的浓度无关，称为单分子消除反应，以 E1 表示（E 表示消除，1表示单分子过程）。E1和S_N1两种历程都是卤代烷先解离成碳正离子，但在E1中，生成的碳正离子不像在S_N1中那样与亲核试剂结合形成取代产物，而是β-碳原子上的氢原子以质子的形式脱掉形成双键。

第一步：
$$(CH_3)_3C—X \xrightarrow{慢} (CH_3)_3C^+ + X^-$$

第二步：
$$(CH_3)_3C^+ + OH^- \xrightarrow{快} H_3C—C(CH_3)=CH_2 + H_2O$$

二、双分子消除反应

双分子消除反应（E2）是一步完成的，新键的生成和旧键的断裂同时发生，无中间体碳正离子生成，整个反应速率取决于底物和亲核试剂两个分子的浓度，这样的反应历程称为双分子消除反应历程，以E2表示（E表示消除，2表示双分子过程）。双分子消除反应的过程如下：

$$CH_3—\overset{\beta}{C}H_2—\overset{\alpha}{C}H_2—X + OH^- \longrightarrow \left[\overset{\delta-}{HO}\cdots H\cdots CH(CH_3)\overset{}{=\!=}CH_2\cdots\overset{\delta-}{X}\right]^{\neq} \longrightarrow H_3C—CH=CH_2 + X^- + H_2O$$

过渡态

在反应中，当亲核试剂OH^-靠近卤代烷分子时，它可以进攻卤代烷中的α-碳原子，也可以进攻卤代烷中的β-氢原子（β-氢原子由于受到卤原子吸电子诱导效应的影响，也带有少量的正电荷）。在OH^-开始进攻β-氢原子并部分地成键时，β-氢原子和β-碳原子间的电子云受到OH^-排斥，开始向α-碳原子与β-碳原子之间转移，这样就使C—X键的一对电子向卤原子偏移，从而卤原子开始远离碳原子。当OH^-接近β-氢原子到一定程度时，就达到过渡态。随后，OH^-与β-氢原子完全结合成H_2O，卤原子带着C—X键之间的一对电子离开碳原子，最后在α-碳原子与β-碳原子之间形成一个双键。

E2和S_N2的反应历程也很相似，但在S_N2中亲核试剂进攻的是α-碳原子，而在E2中亲核试剂进攻的是β-氢原子。

卤代烷的结构对E1和E2反应活性都是一致的，即三级卤烷＞二级卤烷＞一级卤烷。这个活性次序对E1反应来说，与碳正离子的稳定性一致；对E2反应，则是形成支链越多的烯烃越稳定，越稳定的烯烃越易形成。三级卤代烷形成的烯烃最稳定，因而最容易生成，所以反应活性最大。

第五节　亲核取代反应与消除反应的竞争

在卤代烷的亲核取代反应中，经常伴随着消除反应的发生，因此常常得到取代产物和消除产物的混合物。例如当卤代烷用强碱的水溶液进行水解时，在生成醇的同时常发现有烯烃副产物生成。

$$R-\underset{H}{\overset{H}{C}}-\underset{H}{\overset{H}{C}}-X + OH^- \begin{cases} \xrightarrow{①} R-\underset{H}{\overset{H}{C}}-\underset{H}{\overset{H}{C}}-OH + X^- \\ \xrightarrow{②} R-\overset{H}{C}=\underset{H}{\overset{H}{C}} + H_2O + X^- \end{cases}$$

当亲核试剂 OH^- 按①进攻 α-碳原子时，得到取代产物；当 OH^- 按②进攻 β-氢原子时，得到消除产物。

由此，卤代烷和亲核试剂在一起时，可能出现的反应至少有两种，即亲核取代反应和 β-消除反应，两者涉及的反应历程更复杂，可以是 S_N1 或 S_N2，也可以是 E1 或 E2。事实上，反应中消除反应和取代反应会相互竞争，相伴产生，期望得到的主产物中掺杂了不需要的副产物，从而使产物变得复杂。如果能掌握它们的反应规律，控制反应条件，就可以使反应产物以某一种产物为主。反应产物是取代产物为主，还是消除产物为主，主要由卤代烷的结构、进攻试剂的性质、反应条件等因素决定。

一、卤代烃结构的影响

一般来说，伯卤代烷较易发生 S_N2 取代反应，消除反应一般不发生。但如果在 β 位上有活泼氢，如苯甲基型、烯丙基型的氢，则较易发生消除反应。例如：

$$CH_3CH_2Br + C_2H_5ONa \xrightarrow[55℃]{C_2H_5OH} \underset{99\%}{CH_3CH_2OC_2H_5} + \underset{1\%}{CH_2=CH_2}$$

$$C_6H_5CH_2CH_2Br + C_2H_5ONa \xrightarrow[55℃]{C_2H_5OH} \underset{95\%}{C_6H_5HC=CH_2} + \underset{5\%}{C_6H_5CH_2CH_2OC_2H_5}$$

α-碳原子上取代的烃基增多，有利于碳正离子的形成，对 S_N1 和 E1 反应都有利。因为卤代烷解离成碳正离子后，与卤原子相连的碳原子就由原来的四面体结构变成了平面结构，α-碳原子上取代基越多，越倾向于形成碳正离子，以减少空间张力。

S_N1 和 E1 反应混合物之比主要取决于 α-碳原子上取代基的空间体积，空间体积越大，越有利于消除反应。因为形成的碳正离子如果按 S_N1 反应，得到的产物为四面体构型，键角从 120°回到 109.5°，张力增加；如果按 E1 反应，生成的烯烃是平面结构，空间张力比四面体张力小。因此取代基的空间体积越大，越有利于消除反应。从下列各化合物 25℃下与 KOH-80%乙醇反应生成烯烃的产率可见一斑：

$$\underset{16\%}{H_3C-\underset{CH_3}{\overset{CH_3}{C}}-Cl} \qquad \underset{34\%}{H_3CH_2C-\underset{CH_3}{\overset{CH_3}{C}}-Cl} \qquad \underset{62\%}{H_3C\underset{CH_3}{HC}-\underset{CH_3}{\overset{CH_3}{C}}-Cl} \qquad \underset{78\%}{H_3C\underset{CH_3}{HC}-\underset{CH(CH_3)_2}{\overset{CH_3}{C}}-Cl}$$

二、试剂的影响

一般来说，试剂的碱性强，与质子的结合能力强，有利于消除反应；试剂的体积大，不容易接近α-碳原子，更易与它周边β位上的氢接近，有利于消除反应；试剂的亲核性强，则有利于取代反应。例如：

$$\underset{\substack{|\\ \mathrm{Br}}}{\overset{\substack{\mathrm{CH_3}\\|}}{\mathrm{CH_3CHCHCH_3}}} + \mathrm{I^-} \xrightarrow{\text{丙酮}} \underbrace{\underset{\substack{|\\ \mathrm{I}}}{\overset{\substack{\mathrm{CH_3}\\|}}{\mathrm{CH_3CHCHCH_3}}}}_{\text{主要产物}} + \underbrace{\overset{\substack{\mathrm{CH_3}\\|}}{\mathrm{CH_3C{=}CHCH_3}} + \overset{\substack{\mathrm{CH_3}\\|}}{\mathrm{CH_3CHCH{=}CH_2}}}_{\text{次要产物}}$$

$$\underset{\substack{|\\ \mathrm{Br}}}{\overset{\substack{\mathrm{CH_3}\\|}}{\mathrm{CH_3CHCHCH_3}}} + \mathrm{CH_3COO^-} \xrightarrow{\text{丙酮}} \underset{\substack{|\\ \mathrm{OCOCH_3}}}{\overset{\substack{\mathrm{CH_3}\\|}}{\mathrm{CH_3CHCHCH_3}}} + \underbrace{\overset{\substack{\mathrm{CH_3}\\|}}{\mathrm{CH_3C{=}CHCH_3}} + \overset{\substack{\mathrm{CH_3}\\|}}{\mathrm{CH_3CHCH{=}CH_2}}}_{89\%}$$

I^-是强酸 HI 的共轭碱，是弱碱，而且亲核性强，有利于取代反应。CH_3COO^-是弱酸CH_3COOH的共轭碱，碱性相对较强，与质子的结合能力强，故有利于消除反应。

三、其他条件的影响

相对来说，强极性溶剂有利于取代反应，不利于消除反应；弱极性溶剂有利于消除反应，不利于取代反应。例如：卤代烷与 NaOH 在水溶液中共热以取代产物为主，主要得到醇；而卤代烷与 NaOH 在醇溶液中共热以消除产物为主，主要得到烯烃。因为水的极性比醇要大得多。

$$\mathrm{CH_3CH_2CH_2Br + NaOH \xrightarrow{H_2O} CH_3CH_2CH_2OH}$$

$$\mathrm{CH_3CH_2CH_2Br + NaOH \xrightarrow{\text{乙醇}} CH_3CH{=}CH_2}$$

温度对反应也有影响，通常高温利于消除反应，因消除质子生成烯烃需要较高的活化能。

第六节　卤代烯烃的卤原子活性

一、卤代烯烃的分类

卤代烯烃中含有双键和卤原子，当它们所处的相对位置不同时相互影响也不同，从而使卤原子的活泼性具有一定的差别。按照卤素与双键的相对位置不同，可以把卤代烯烃分为三种类型。

（一）乙烯基型卤代烯烃

卤素直接与双键碳相连时属于乙烯基型卤代烯烃，R—CH═CH—X（含CH_2═CH—X），卤素直接与芳环碳相连的卤代烃 C_6H_5—X 也属于这类化合物。

（二）烯丙基型卤代烯烃

卤素与双键碳相隔一个碳原子时为烯丙基型卤代烯烃，R—CH═CH—CH_2X（含CH_2═CH—CH_2X），苄基型卤代烃 C_6H_5—CH_2X 也属于这类化合物。

（三）孤立型卤代烯烃

双键与卤原子相隔一个碳原子以上的卤代烯烃为孤立型卤代烯烃，$R{-}CH{=}CH{-}(CH_2)_n{-}X$，$n>1$［含 $CH_2{=}CH{-}(CH_2)_n{-}X$］，卤素与苯环间隔一个碳原子以上的卤代烃 $C_6H_5{-}(CH_2)_n{-}X$ 也属于这类化合物。

二、双键位置对卤原子活性的影响

在这三类卤代烯烃中，卤素与双键的位置不同，所表现出来的活性也差别很大。这可以通过与硝酸银反应的速率不同而得到说明。

首先，乙烯型卤代烯烃分子中的卤原子与卤代烷分子中的卤原子比较，是不活泼的，在一般情况下，它们不易发生亲核取代反应，不与硝酸银作用得到卤化银沉淀。

这类化合物不活泼的原因是卤原子直接与双键或苯环相连时，卤原子与碳碳双键或苯环之间存在着 p-π 共轭，使分子中 C—X 键的电子云密度加大，卤原子与碳的结合力加强，从而使极性下降，活性降低。图 8-3 表示了卤原子与双键或苯环的 p-π 共轭。

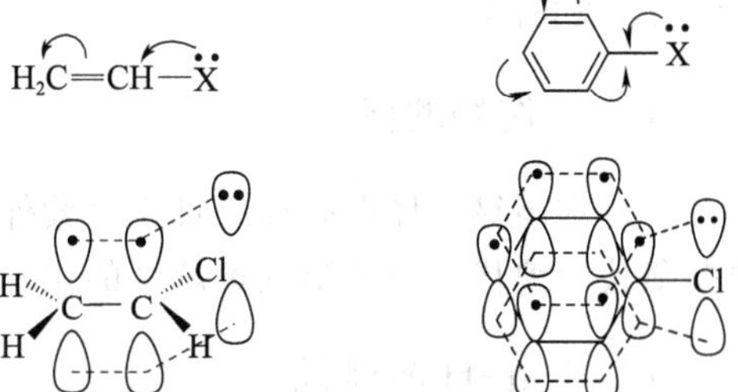

图 8-3　卤原子与双键或苯环的 p-π 共轭

其次，烯丙基型卤代烯烃分子中的卤原子与卤代烷分子中的卤原子比较而言，是很活泼的，与硝酸银作用立即产生卤化银沉淀。

烯丙基氯在进行亲核取代反应时，主要按 S_N1 反应历程进行。以它的水解为例：

$$H_2C{=}CH{-}CH_2Cl \longrightarrow H_2C{=}CH{-}\overset{+}{C}H_2 + Cl^-$$

$$H_2C{=}CH{-}\overset{+}{C}H_2 + OH^- \longrightarrow H_2C{=}CH{-}CH_2OH$$

生成的烯丙基碳正离子中，与双键碳相邻的碳原子（α-碳原子）上有一个空的 p 轨道，它与双键的 π 轨道形成 p-π 共轭体系，使正电荷得到分散，降低了体系的能量，所以烯丙基碳正离子很稳定，导致烯丙基氯容易解离成烯丙基碳正离子和氯负离子。苄氯的情况与烯丙基氯的情况相似，苄基碳正离子中的带正电荷的碳原子的 p 空轨道与苯环的大 π 键形成 p-π 共轭，使正电荷得到分散，所以苄基碳正离子特别稳定。图 8-4 表示了烯丙基碳正离子和苄基碳正离子的 p-π 共轭。

$$CH_2{=}CH{-}CH_2^+ \equiv \cdots \equiv \overset{+}{\overbrace{CH_2\text{┄}CH\text{┄}CH_2}}$$

$$C_6H_5{-}CH_2^+ \equiv \cdots \equiv [C_6H_5\text{┄}CH_2]^+$$

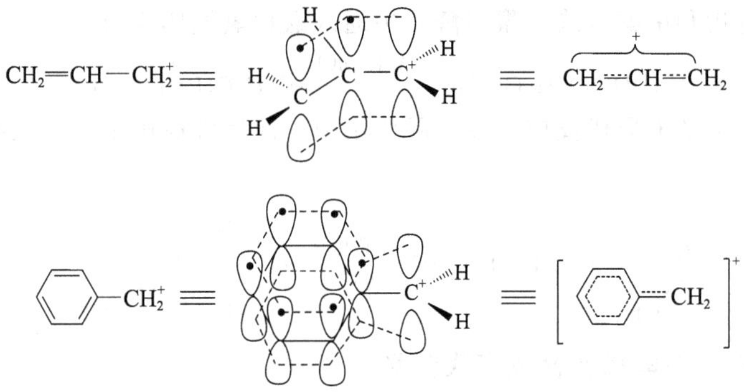

图 8-4　烯丙基和苄基碳正离子的 p-π 共轭

最后，孤立型卤代烯烃中卤素的活性跟普通的卤代烷相似，因为分子中双键与卤原子相距较远，既不能形成 p-π 共轭，相互间影响也小，故卤素的活泼性介于上述两种类型的卤代烯烃之间，它们能在加热的条件下与硝酸银反应生成卤化银沉淀。

实际操作中，可以根据 AgX 沉淀的生成情况来鉴定乙烯型卤代烃（加热无沉淀）、烯丙基型卤代烃（立即沉淀）以及孤立型卤代烯烃（加热出现沉淀）。

第七节　卤代烃的制备

一、由烃制备

（一）烷烃的卤代

甲烷和高级烷烃在高温或日光（紫外光）的照射下可直接进行卤代。烷烃的卤代反应主要是氯代和溴代（参见第五章烷烃的化学性质）。

（二）α-H 的卤代

N-溴丁二酰亚胺（NBS）常作为烯丙基型化合物的特种溴化试剂，此试剂可避免发生双键的卤素加成反应：

$$\begin{matrix} \diagdown & & | & & & \diagdown & & | & & \\ & C{=}C & {-}CH_2{-} & \xrightarrow{NBS} & & & C{=}C & {-}CH{-} & \\ \diagup & & & & & \diagup & & | & \\ & & & & & & & Br & \end{matrix}$$

NBS 由于制备比较容易，因此在有机合成上已被广泛应用。为避免 NBS 的水解，溴代反应常在无水溶剂如 CCl_4、$CHCl_3$ 中，用过氧化苯甲酰［$(C_6H_5COO)_2$，简称 BPO］作引发剂，加热回流条件下进行（参见第六章烯烃 α-H 的卤代）。

（三）芳烃的卤代

1. 在芳环上引入卤素

详见第七章苯的卤代反应。

2. 芳环上的氯甲基化反应

向芳环上引入氯甲基（$-CH_2Cl$）的反应叫做“氯甲基化”，通常是在无水氯化锌的存在下，向芳香化合物和甲醛（或三聚甲醛）中通入氯化氢气体完成：

$$C_6H_6 + CH_2O + HCl \xrightarrow{\text{无水 } ZnCl_2} C_6H_5CH_2Cl + H_2O$$

氯甲基化反应是亲电取代反应，在实际应用中，此反应被用来制备某些结构比较复杂的化合物。例如：

$$\text{(间二甲苯, } H_3C\text{, } CH_3\text{)} + 2CH_2O + 2HCl \xrightarrow[75\sim95℃]{\text{乳化剂}} \text{(苯环: } ClH_2C\text{, } CH_2Cl\text{, } H_3C\text{, } CH_3\text{)} + 2H_2O$$

3. 通过引入临时性取代基合成卤代芳烃

为了得到所希望结构的卤代烃，有时采取在卤化前先引入临时性取代基，卤化后再设法脱去此取代基。如引入磺酸基可通过水解除去之，引入羧基可通过脱羧除去（参见第十一章羧酸和取代羧酸），引入氨基可通过重氮化及用次磷酸还原之（参见第十三章含氮有机化合物）。

4. 卤素置换芳环上已有的取代基

在实际生产中也常常采用卤素置换芳环上已有取代基的办法来制备某些芳香族卤化物。应用较多的是氯化物制备，被置换的取代基有硝基、磺酸基、重氮基等。例如：

$$\text{1-硝基蒽}(NO_2) + Cl_2 \xrightarrow{230℃} \text{1-氯蒽}(Cl)$$

氯置换硝基的反应是自由基反应，在气相中进行。通氯的反应器应当是搪瓷或者是玻璃的，如果在铁制反应器内进行，则由于生成极性催化剂，将使离子型反应和自由基反应同时发生，得到一部分环上取代的氯化产物。

某些不宜用直接氯化法得到的氯衍生物，可以由相应的芳胺重氮化，而后将重氮基置换成氯（参见第十三章含氮有机化合物）。例如：

$$\text{间甲苯胺}(NH_2, CH_3) \xrightarrow[HCl]{HNO_2} \text{重氮盐}(N{\equiv}N^+\ Cl^-, CH_3) \xrightarrow[HCl]{CuCl} \text{间氯甲苯}(Cl, CH_3)$$

二、由醇制备

（一）醇与氢卤酸反应

醇与氢卤酸反应，醇中的羟基被卤素取代生成卤代烷和水，这是卤代烷碱性水解的逆反应（参见第九章醇的化学性质）。

$$ROH + HX \underset{OH^-}{\overset{H^+}{\rightleftharpoons}} R—X + H_2O$$

例如：

$$HOCH_2CH_2OH \xrightarrow[120℃，回流]{HCl/ZnCl_2} ClCH_2CH_2Cl + 2H_2O$$

（二）醇与卤化磷反应

醇与卤化磷反应，可以生成卤代烷。

$$3ROH + PX_3 \longrightarrow 3RX + P(OH)_3$$

在制备中，通常是将红磷与碘或溴加到醇中，然后加热，新生成的三碘化磷、三溴化磷即刻与醇作用。氯代烷常用五氯化磷与醇反应来制备：

$$CH_3CH_2OH + PCl_5 \longrightarrow CH_3CH_2Cl + HCl + POCl_3$$

醇与三卤化磷作用时，反应过程中一般不发生重排反应，而醇与氢卤酸反应却容易发生重排反应。例如：

$$3(CH_3)_3CCH_2OH + PBr_3 \xrightarrow{吡啶} 3(CH_3)_3CCH_2Br + P(OH)_3$$

$$(CH_3)_3CCH_2OH + HBr \longrightarrow \underset{\text{重排产物}}{H_3C—\overset{\displaystyle CH_3}{\underset{\displaystyle Br}{\overset{|}{\underset{|}{C}}}}—CH_2CH_3} + (CH_3)_3CCH_2Br$$

（三）醇与二氯亚砜（亚硫酰氯）反应

醇与二氯亚砜反应一般也不发生重排反应，反应的副产物二氧化硫和氯化氢都为气体，分离和提纯产品很方便。二溴亚砜因不稳定而很难得到，故不用它制溴代烷。

$$ROH + SOCl_2 \longrightarrow RCl + SO_2 + HCl$$

一般氯代烃的产率较高，但这个方法不适用于制备低沸点的氯代烃。

三、卤代烷的置换

卤代烷中的卤原子，可以被另一种卤原子置换。碘代烷常可由氯代烷或溴代烷通过亲核取代反应制得。由于氯化钠在丙酮中的溶解度小于碘化钠而使反应向右进行。利用此反应可以通过比较易得的氯代烷来制备碘代烷。例如：

$$RCl\ (Br) + NaI \xrightarrow{\text{丙酮溶液}} RI + NaCl\ (Br)$$

卤代烷的反应速率：一级卤代烷＞二级卤代烷＞三级卤代烷。

第八节　重要的卤代烃

一、氯苯

氯苯（C_6H_5Cl）为无色透明液体，相对密度 1.1054，沸点 132℃。工业上以氯化亚铜为催化剂，将苯蒸气、氯化氢和空气作用而获得氯苯。

$$C_6H_6 + HCl + \frac{1}{2}O_2 \xrightarrow[200℃]{CuCl\text{-}FeCl_2} C_6H_5Cl + H_2O$$

氯苯除可作溶剂外，也可作为合成苯酚、苯胺的重要化工原料。

苯分子中的氯原子是直接连接在 sp^2 杂化碳原子上的，因此，氯苯的化学性质不活泼，仅在特殊情况下氯才能被取代。例如：氯苯在一般条件下并不发生反应，但在液氨中，氯苯与氨基钠作用生成苯胺。氯苯与 $4mol \cdot L^{-1}$ 的氢氧化钠在高温（340℃）下水解，可以得到水解产物苯酚。

二、三氯甲烷

三氯甲烷（$CHCl_3$），又名氯仿，无色透明易挥发的液体，相对密度 1.498（15℃），沸点 61.2℃，不易燃烧，医药上曾用作麻醉剂，因有副作用已被其他药物所代替。

在光的作用下，三氯甲烷能被空气中的氧氧化，逐渐生成氯化氢和有剧毒的光气：

$$2CHCl_3 + O_2 \xrightarrow{\text{日光}} 2\ Cl_2C{=}O + 2HCl$$

因此，三氯甲烷要在棕色瓶中保存。通常加入 1%～2% 乙醇，使生成的光气与乙醇作用而生成碳酸二乙酯，以消除其毒性。

$$O{=}CCl_2 + 2\,H{-}OC_2H_5 \longrightarrow O{=}C(OC_2H_5)_2 + 2HCl$$

三氯甲烷可从甲烷的氯化来制备，也可从四氯化碳的还原来制备。三氯甲烷被一些国家列为致癌物，并禁止在食品、药物等工业中使用。

$$3CCl_4+CH_4 \xrightarrow{400\sim650℃} 4CHCl_3$$

$$CCl_4+H_2 \xrightarrow{Fe+H_2O} CHCl_3+HCl$$

三、二氟二氯甲烷

二氟二氯甲烷（CCl_2F_2）是无色无臭的气体，沸点为－29℃，易压缩为液体。当解除压力后，其又立即汽化，同时吸收大量的热，因此用作冷冻剂。与一般常用的冷冻剂如氨等比较，二氟二氯甲烷具有许多优点，如无臭无毒无腐蚀且不燃烧等。氟里昂（Freon）是它的商品名。含有氟和氯的烷烃统称为氟里昂，常用数字代表它的结构，在商业上用 F_{xxx} 代号表示，F 表示它是一个氟代烃，F 右下角的数字，个位数表示分子中的氟原子数，十位数表示分子中氢原子数加一，百位数表示碳原子数减一。例如二氟二氯甲烷称为 F_{12}；1,1,2,2-四氟-1,2-二氯乙烷（$ClF_2C—CF_2Cl$）称为 F_{114}。氟里昂性质稳定，大量使用后，会聚集大气层上部，严重破坏臭氧层，因此它的使用已被限制。

四、四氟乙烯

四氟乙烯（$CF_2=CF_2$）为无色无臭的气体，沸点为－76.3℃，不溶于水，溶于有机溶剂，易燃、易自聚。四氟乙烯可用于制聚四氟乙烯和四氟乙烯-六氟丙烯共聚物等。

聚四氟乙烯的分子量可达到五十万到二百万，具有突出的稳定性。其与浓硫酸、浓碱和王水等都不起反应，既能耐高温又能耐低温，机械强度高，在塑料中有塑料王之称。

工业上用二氟一氯甲烷（CHF_2Cl，F_{22}）在 600～800℃下加热分解来制备四氟乙烯。

$$2CHF_2Cl \xrightarrow{600\sim800℃} CF_2=CF_2$$

五、四氯化碳

四氯化碳（CCl_4）为无色液体，相对密度 1.595，沸点 76.8℃。其在实验室和工业上用作溶剂、有机物的氯化剂、香料的浸出剂、纤维的脱脂剂、灭火剂、分析试剂等。四氯化碳能损伤肝脏，并被怀疑为致癌物。

由于四氯化碳不能燃烧，沸点不高，遇热易挥发，其蒸气比空气重，能够覆盖在燃烧着的物体上，因此能隔绝空气而灭火。但在高温下，四氯化碳能发生水解而有少量光气产生。

$$CCl_4+H_2O \longrightarrow \underset{\text{光气}}{COCl_2}+HCl$$

所以用它灭火时要注意空气流通，以免中毒。

六、氯乙烯

氯乙烯（$CH_2=CHCl$）为无色易液化的气体，液体相对密度 0.9121，沸点－13.9℃，与空气形成爆炸性混合物，爆炸极限 3.6%～26.4%（体积分数），用于制备聚氯乙烯、偏二氯乙烯，也用作冷冻剂等。工业上有乙炔法、乙烯法等合成工艺用来制备氯乙烯。

乙炔法：在 150～160℃下，把乙炔和氯化氢通过吸收了氯化汞的活性炭催化剂进行反应。

$$HC \equiv CH + HCl \xrightarrow[150\sim160℃]{HgCl_2} CH_2{=}CHCl$$

此合成路线比较成熟，工艺条件容易控制，但成本较高，并且催化剂有毒，故发展受到限制。

乙烯法：乙烯与氯加成生成 1,2-二氯乙烷，然后将 1,2-二氯乙烷在 0.5%游离氯存在下，在 370℃左右脱去氯化氢；也可以在活性炭存在下，在 350～500℃脱去氯化氢。

$$\underset{\substack{|\\ Cl}}{CH_2}-\underset{\substack{|\\ Cl}}{CH_2} \xrightarrow[\text{或活性炭，}350\sim500℃]{0.5\%\text{氯，}370℃} H_2C{=}CH-Cl + HCl$$

在实际生产中，为了利用副产物氯化氢，可将乙炔法和乙烯法两种合成工艺联合起来使用，这样乙烯法合成中产生的氯化氢，可直接作为乙炔法加成的原料。在工业上这个方法称为烯炔法。对化工副产物合理的回收利用，符合“绿色化学”的科学发展观。

七、DDT

DDT 化学名为 1,1-二（4-氯苯基）-2,2,2-三氯乙烷（Dichlorodiphenyltrichloroethane），又称“滴滴涕”“二二三”，化学式为（ClC_6H_4）$_2$CH（CCl_3），是有机氯类杀虫剂。DDT 从英文缩写而来。

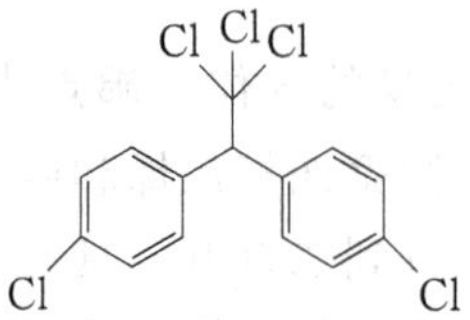

DDT

DDT 为白色晶体，密度 1.55g·cm^{-1}，熔点 108～109℃，沸点 260℃；不溶于水，溶于煤油，可制成乳剂；化学性质稳定，常温下不分解；对酸稳定，强碱及含铁溶液易促进其分解。

20 世纪上半叶，DDT 曾经在防止农业上的病虫害、减轻疟疾伤寒和蚊蝇传播的疾病危害等方面起到了很大的作用，但由于其对环境污染过于严重，目前很多国家和地区已经禁止使用。2017 年世界卫生组织国际癌症研究机构公布的致癌物清单中，DDT 属于 2A 类致癌物。

DDT 是由欧特马·勤德勒于 1874 年首次合成，但这种化合物具有杀虫效果的特性却是 1939 年才被瑞士化学家米勒·保罗（Paul Hermann Müller）发掘出来，因其在抗疟疾等疾病救治以及提高农作物产量方面的作用，米勒获得了 1948 年的诺贝尔生理或医学奖。DDT 几乎对所有的昆虫都非常有效，但在环境中非常难降解，并可在动物脂肪内蓄积。1962 年美国科学家蕾切尔·卡逊在其著作《寂静的春天》中怀疑，DDT 进入食物链，是导致一些肉食和鱼食的鸟类接近灭绝的主要原因。该书的出版成为世界环保运动开始的标志。由此，20 世纪 70 年代后期 DDT 逐渐被世界各国明令禁止生产和使用，我国于 1980 年起禁用了 DDT。

作为世界上第一个人工合成的有机农药，DDT 的很多优点和缺点已有共识，但目前仍然存在一些争议。主要集中在三个方面：①DDT 对人类健康的影响。DDT 使用了 60 年却很少出现急性中毒现象，剂量超量也只是导致呕吐而不会致死，对人的致癌性证据也并不充分；不过从禁用至今，其在地球上仍无处不在，富集对人类健康的潜在威胁不可忽视。②禁用还是使用 DDT。DDT 的替代品有很多，但目前还没有真正可以超越它的药品以及更科学的预防疟疾的措施，2006 年世界卫生组织推荐重启适量 DDT 在非洲某些地区使用也是基于世卫组织的态度："从来没有放弃在需要使用 DDT 的地方使用 DDT 的努力。"环境学家要求全面禁用，疾控学家主张使用，争论从未停止。而最终能否完全淘汰 DDT，关键还在于替代品或替代方案控制疟疾的有效性。③如何看待 DDT。首先，DDT 杀虫效用的发现标志着人们 2000 余年来应用天然及无机药物防治农业害虫的历史被改写，以 DDT 为首的有机农药成为粮食增产必不可少的重要手段。其次，DDT 曾经有效抑制了二战战场上的霍乱、斑疹伤寒等疾病在欧洲的大流行，之后又在全世界范围内成功控制了疟疾和脑炎的传播，拯救了亿万人的生命。第三，DDT 揭开了现代环境运动的序幕，为人类的环境和健康敲响了警钟。第四，DDT 的长期滥用曾经对生态系统造成严重的破坏，而且这种影响还将长期存在，是历史上"最著名"的污染物之一，被列入持久性有机污染物。第五，被世界人民誉为"万能杀虫剂"的 DDT 使人类相信自己可以随心所欲地改变和改造地球，极大地促进了人类欲望的加速膨胀，使人类越来越贪婪地向大自然索取。DDT 在农业和卫生领域的巨大成功，在全球掀起了研制有机合成农药以及其他人工合成化学品的热潮。从此地球上的人工合成化学品迅速增加起来，其中也不乏含有许多有毒和未知毒性的化合物。

由此可见，传统的化学工业在为人类创造巨大财富、提高人类生活质量的同时，也给人类带来了一定的危害。地球呼唤绿色化学，人类呼唤绿色化学。

名人追踪

维克多 · 格利雅（Victor Grignard，1871—1935）

1871 年出生于法国，在里昂大学巴比尔教授的指导下学习和从事研究工作。1901 年格利雅发现了格氏试剂，之后他又发表论文指出，混合的有机镁化合物可以合成羧酸、醇类和烃类，并对有机镁化合物进行了详细研究，成为著名的有机化学家。1912 年格利雅与萨巴蒂埃（P. Sabatier）共享诺贝尔化学奖。

格利雅家庭条件优越，从小娇生惯养，不学无术。直到二十一岁仍然没有任何进取心，在一次舞会上被一个漂亮的上层小姐拒绝当舞伴后，开始离开家乡，发奋读书，经过十多年的刻苦勤奋努力，终于得到了老师的认可，并且获得了可喜的成绩，通过自身不断的努力，最终获得了诺贝尔化学奖，这是一个科学史上"浪子回头金不换"的典型人物。

习　题

1. 命名下列化合物。

（1） $CH_3CH(CH_3)CH_2CH(Cl)CH_3$

$$\begin{array}{l}CH_3\underset{|}{C}HCH_2\underset{|}{C}HCH_3\\ \quad\ CH_3\qquad\ Cl\end{array}$$

（2） $ClCH_2CH_2CH(CH_2CH_2CH_3)CH_2CH_2CH_2CH_3$

$$\begin{array}{l}ClCH_2CH_2\underset{|}{C}HCH_2CH_2CH_2CH_3\\ \qquad\qquad\ CH_2CH_2CH_3\end{array}$$

（3） $CH_3CH_2CH(Br)$—CH=CH—CH_3（H 与 CH_3 在双键同侧上方，$CH_3CH_2CH(Br)$— 与 H 在下方）　(*Z*/*E*)

（4） Cl 取代的环戊烯

（5） Br 取代的环戊二烯

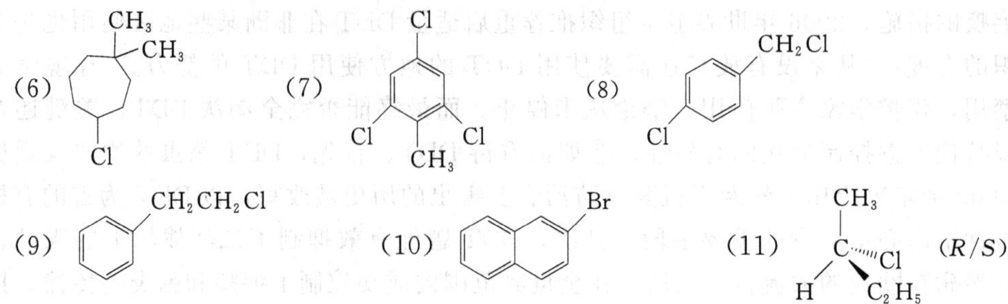

2.写出下列化合物的构造式。

(1) 2-甲基-2,3-二氯丁烷　　(2) 叔丁基溴　　(3) 溴化苄

(4) 1-苯基-3-溴丙烷　　(5) 碘仿　　(6) 烯丙基氯

(7) (R)-2,3-二甲基-3-氯戊烷　　(8) (2Z, 4E)-1,6-二氯-2,4-己二烯

3.完成下列反应。

(1) 甲苯 $\xrightarrow[(C_6H_5COO)_2]{NBS}$ $\xrightarrow[乙醇, △]{NaCN}$ $\xrightarrow{H_3O^+}$

(2) $Cl-C_6H_4-CH_2Cl$ $\xrightarrow[△]{NaOH, H_2O}$

(3) $C_6H_4(-CH{=}CHBr)(-CH_2Br)$ $\xrightarrow[乙醇]{KCN}$

(4) 溴苯 $\xrightarrow[无水乙醚]{Mg}$ $\xrightarrow[2)\ H_3O^+]{1)\ CO_2}$

(5) 1-氯-2-异丙基环己烷（$CH(CH_3)_2$，Cl） $\xrightarrow[乙醇]{KOH}$ $\xrightarrow[H_2SO_4]{KMnO_4}$

(6) 1-氯-2-甲基环己烷（CH_3，Cl） $\xrightarrow[乙醇]{KOH}$ $\xrightarrow[OH^-]{冷，稀 KMnO_4}$

(7) C_6H_5-ONa + CH_3CH_2Br $\longrightarrow$

(8) $CH_3CH_2CH_2CH_2Br$ $\xrightarrow[THF]{LiAlH_4}$

(9) $(CH_3)_2CHCH_2I$ $\xrightarrow[△]{OH^-}$

(10) 1-苯基-1-溴丙烷（Br） $\xrightarrow[乙醇]{NaOH}$

4.用化学方法鉴别下列各组化合物。

(1) $CH_3CH{=}CHCH_2Cl$　$CH_2{=}CHCl$　$CH_2{=}CHCH_2CH_2Cl$　氯代环戊烷（Cl）

(2) 氯苯（Cl）　环己基氯甲烷（CH_2Cl）　苄氯（CH_2Cl）　3-氯环己烯（Cl）

5.（1）将下列化合物的活性次序由强到弱，按 S_N1 反应排列。

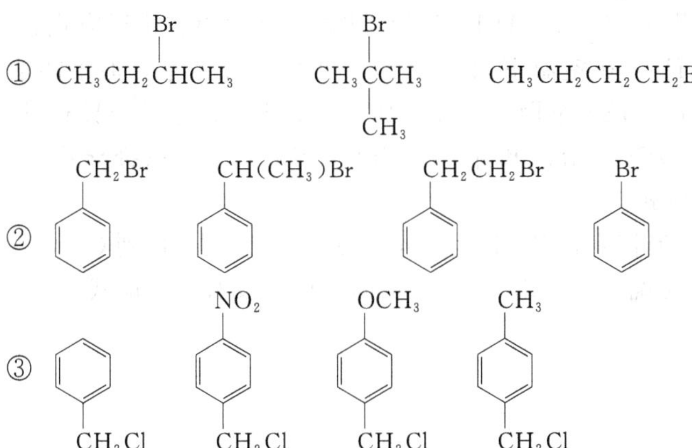

（2）将下列化合物的活性次序由强到弱，按 S_N2 反应排列。

① $CH_3CH_2CHClCH_3$　$CH_3CH_2CH_2CH_2Cl$　$CH_3CH_2CCl(CH_3)CH_3$

② $CH_3—C(CH_3)_2—CHBrCH_3$　$CH_3CH_2CH_2—CHBrCH_3$

6.比较下列碳正离子的稳定性（由大到小排列）。

（1）$CH_3CH_2CH_2\overset{+}{C}H_2$　$CH_3CH_2\overset{+}{C}HCH_3$　$(CH_3)_3\overset{+}{C}$

（2）$p\text{-}NO_2C_6H_4\overset{+}{C}H_2$　$p\text{-}CH_3C_6H_4\overset{+}{C}H_2$　$C_6H_5\overset{+}{C}H_2$　$p\text{-}ClC_6H_4\overset{+}{C}H_2$　$p\text{-}NH_2C_6H_4\overset{+}{C}H_2$

7.由指定原料合成产物（其他试剂任选）。

（1）苯 ⟶ C_6H_5COOH

（2）$CH_3CH_2CH_2Cl \longrightarrow (CH_3)_2CHCOOH$

（3）氯代环己烷（Cl）⟶ 环己烯

8.推断结构。

（1）有一旋光性的氯代烃 A，分子式为 C_5H_9Cl，能被 $KMnO_4$ 氧化，亦能被氢化得 B，B 的分子式为 $C_5H_{11}Cl$，B 无旋光性，试写出 A、B 的结构式及各步反应式。

（2）化合物 A 的分子式为 C_6H_9Cl，能使溴水褪色，在室温下可与 $AgNO_3$ 乙醇溶液迅速作用，生成白色沉淀。A 经催化氢化吸收 1mol H_2 得到 B；B 与 KOH 的醇溶液作用，生成 C，C 的分子式为 C_6H_{10}，C 用高锰酸钾的 H_2SO_4 溶液处理，得到己二酸。请写出 A、B、C 的结构式和各步反应式。

（3）化合物 A 的分子式为 $C_6H_{13}Br$，与氢氧化钾的醇溶液作用，生成 B，B 的分子式为

C_6H_{12}。B用臭氧氧化，然后用Zn、H_2O处理，得到两个同分异构体C和D。B与溴化氢作用，则得到A的异构体E。试推测A、B、C、D和E的结构式，并写出各步反应式。

(4) 化合物A的分子式为C_4H_8，在室温下它能使Br_2/CCl_4溶液褪色，但不能使稀的$KMnO_4$溶液褪色，1mol A和1mol HBr作用生成B，B也可以从A的同分异构体C与HBr作用得到。化合物C能使Br_2/CCl_4溶液和稀的$KMnO_4$溶液褪色。试推导化合物A、B、C的结构式，并写出各步的反应式。

(5) 某烃A与Br_2反应生成二溴衍生物B，B用NaOH-乙醇溶液处理得到C，C的分子式为C_5H_6，将C催化加氢生成环戊烷。试写出A、B、C的结构式及有关反应式。

第九章　醇、酚、醚

醇、酚、醚都是烃的含氧衍生物。醇和酚都含有羟基，羟基与脂肪烃基相连的为醇，直接与芳环相连的为酚。醚则是氧与两个烃基相连的化合物。

硫和氧都属于元素周期表ⅥA族，因此一些含硫化合物如硫醇、硫酚和硫醚与醇、酚和醚存在相似的性质。

第一节　醇

一、醇的分类、命名和结构

（一）醇的分类

按烃基的结构，可以把醇分为饱和醇、不饱和醇及芳香醇。如：

CH_3OH	CH_3CH_2OH	$CH_2=CHCH_2OH$	$HC\equiv CCH_2OH$	$C_6H_5-CH_2OH$
甲醇	乙醇	烯丙醇	炔丙醇	苯甲醇（苄醇）

在不饱和醇中，如果羟基和碳碳双键直接相连（称烯醇结构，如—CH＝CHOH），在大多数情况下，这种结构的醇是不稳定的，容易异构为结构比较稳定的羰基化合物。

按羟基所连接的碳原子类型，醇可以分为三类：羟基与伯碳原子相连的醇叫伯醇，与仲碳原子和叔碳原子相连的醇分别叫做仲醇和叔醇。

$R-CH_2-OH$	$R-CHR'-OH$	$R-CR'R''-OH$
伯醇（1°） （一级醇或第一醇）	仲醇（2°） （二级醇或第二醇）	叔醇（3°） （三级醇或第三醇）

根据醇分子中所含羟基的数目，醇可以分为一元醇、二元醇、三元醇等。含两个以上羟基的醇总称多元醇。当同一个碳原子上连接两个或两个以上羟基时，一般是不稳定的，所以最简单的二元醇是乙二醇，最简单的三元醇是丙三醇（甘油）。

（二）醇的命名

简单的一元醇用普通命名法，其命名原则与烃相似，即根据与羟基相连的烃基名称来命名。在“醇”字前面加上烃基的名称，“基”字一般可以省去。例如：

$CH_3—CH_2—CH_2—CH_2OH$
正丁醇

$CH_3—CH(CH_3)—CH_2OH$
异丁醇

$CH_3—CH(OH)—CH_2—CH_3$
仲丁醇

$H_3C—C(CH_3)_2—OH$
叔丁醇

环己基—OH
环己醇

Cl—C₆H₄—CH_2OH
对氯苯甲醇

结构比较复杂的醇采用系统命名法，即选择含有羟基的最长碳链作为主链，把支链看作取代基，从离羟基最近的一端开始编号，按照主链所含的碳原子数目称为“某醇”。羟基的位次用阿拉伯数字注明在醇名称前面，并在醇名称与数字之间划一短线；支链取代基的位次和名称加在醇名称的前面。例如：

$CH_3—CH(CH_3)—CH_2—CH_2OH$
3-甲基-1-丁醇

$CH_3—CH(OH)—CH(CH_3)_2$
3-甲基-2-丁醇

环己基—CH_2OH
环己基甲醇

醇的官能团优先于双键和三键（如何确定多官能团化合物的母体可参见第七章苯环上多官能团确定母体的方法），含双键或三键的不饱和醇，命名为烯醇或者炔醇，所以，碳链编号时要使连有羟基的碳原子位次最低。例如：

$CH_3CH(OH)CH_2CH=CH_2$
4-戊烯-2-醇

苯基—$CH=CHCH_2OH$
3-苯基-2-丙烯醇

环烷醇和环烯醇用“环”词头命名，羟基所连碳原子编号为 1（写名称时，此处“1”可省略不写），其次考虑双键碳原子位次尽可能低。例如：

H_3CH_2C—环丙基(—OH)
1-乙基-1-环丙醇

环戊烯基—OH
2-环戊烯-1-醇

多元醇的命名方法，要选择含有尽可能多的带羟基的碳链作为主链，羟基的数目用二、三、四等数字表示，写在“醇”字的前面，羟基的位次用阿拉伯数字标明。

$CH_2—CH—CH_2$（各连 CH、OH、OH）
丙三醇（甘油）

$CH_2(OH)CH_2CH_2(OH)$
1,3-丙二醇

$CH_3—C(CH_3)(OH)—C(CH_3)(OH)—CH_3$
2,3-二甲基-2,3-丁二醇

（三）醇的结构

醇羟基中的氧原子是 sp^3 杂化，两对孤对电子分占两个 sp^3 杂化轨道，另外两个 sp^3 杂化轨道中的一个与氢原子形成氢氧 σ 键，另一个与碳的 sp^3 杂化轨道形成碳氧 σ 键。下例所示为甲醇的结构：

$H_3C—O—H$（∠HCO 110°，∠COH 108.9°）

二、醇的性质

（一）物理性质

包含1～11个碳原子的直链饱和一元醇为液体，12个碳原子以上的高级醇是蜡状固体。直链饱和一元醇的沸点与烷烃一样，也是随着碳原子数的增加而有规律地上升，碳原子数相同的醇则含支链愈多，沸点愈低。低级醇的沸点比分子量相近的烷烃沸点高许多。例如，甲醇（分子量32）的沸点为64.9℃，而乙烷（分子量30）的沸点为−88.6℃，这是由于醇分子间能借氢键缔合。氧的电负性远大于氢和碳，醇分子中的碳氧键和氧氢键都是强极性键，一个醇分子中带部分正电荷的羟基氢与另一个醇分子中的电负性很强的氧靠近，由静电引力相互吸引而形成氢键。

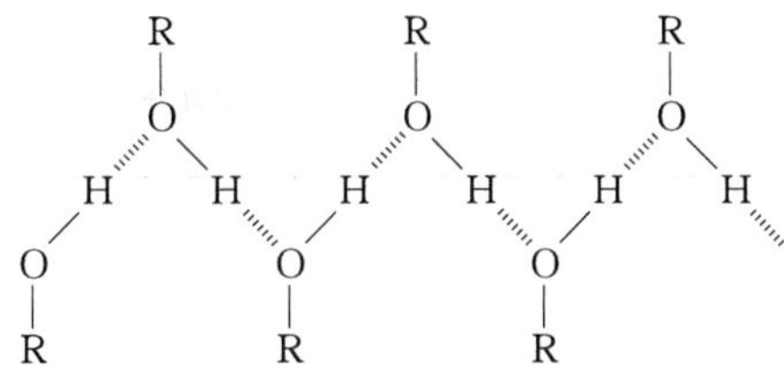

除了氧原子外，氢还能与电负性大的氟、氮形成氢键。氢键的键能约为大多数共价键键能的1/10，远远大于一般分子间的引力。醇在液体状态时借氢键作用相互结合，这种由两个或两个以上的分子通过氢键相互结合成为一个不稳定的复分子的现象称作缔合。由于醇分子间相互缔合，使液体醇汽化时，不仅要破坏分子间的范德华引力，而且还必须消耗足够的能量使氢键破裂，所以醇的沸点比分子量相近的烷烃高许多。随着碳链的增加，醇与烷烃的沸点差距逐渐减小，这是由于随着碳原子数目的增加，羟基在分子中所占的比例越来越小，且烃基增大，也会阻碍氢键的形成。

1～3个碳原子的醇能与水混溶。从丁醇开始，直链饱和一元醇在水中的溶解度随着碳链的增加逐渐降低。低级醇易溶于水是因为醇和水分子间彼此能形成氢键，随着碳链的增长，醇的羟基形成氢键的能力减小，因此高级醇与烷烃的性质相似，难溶于水。一些常见醇的物理常数见表9-1。

表9-1　一些常见醇的物理常数

名称	结构简式	熔点/℃	沸点/℃	相对密度 d_4^{20}	溶解度/(mol·dm^{-3})
甲醇	CH_3OH	−97.8	64.7	0.7914	∞
乙醇	CH_3CH_2OH	−114.0	78.3	0.7893	∞
正丙醇	$CH_3CH_2CH_2OH$	−126.2	97.2	0.8036	∞
异丙醇	$CH_3CH(OH)CH_3$	−89.5	82.4	0.7855	∞
正丁醇	$CH_3(CH_2)_3OH$	−88.6	117.7	0.8097	0.998
异丁醇	$(CH_3)_2CHCH_2OH$	−108.0	107.9	0.8016	1.350
仲丁醇(DL)	$CH_3CH(OH)CH_2CH_3$	−114.7	99.5	0.8069	1.690
叔丁醇	$(CH_3)_3COH$	25.8	82.4	0.7858	∞

续表

名称	结构简式	熔点/℃	沸点/℃	相对密度 d_4^{20}	溶解度/($mol \cdot dm^{-3}$)
正戊醇	$CH_3(CH_2)_4OH$	−78.9	137.8	0.8148	0.306
正己醇	$CH_3(CH_2)_5OH$	−51.6	157.5	0.8186	0.783
环己醇	(环己基)—OH	25.2	161.1	0.9416	0.379
烯丙醇	$CH_2=CHCH_2OH$	−129.0	96.9	0.8540	∞
苄醇	(苯基)—CH_2OH	−15.3	205.4	1.0413(24℃)	0.007
乙二醇	$HOCH_2CH_2OH$	−13.0	197.6	1.1135(24℃)	∞
丙三醇	$CH_2(OH)CH(OH)CH_2(OH)$	18.2	290(分解)	1.2613	∞

（二）化学性质

羟基是醇的官能团。从化学键来看，醇分子中的C—O键和O—H键都是比较强的极性键，因此醇的化学反应主要是O—H键断裂的氢原子被取代、C—O键断裂的羟基被取代以及脱羟基的反应。又由于羟基的影响，与羟基相连的碳原子上的氢（α-H）也具有一定的活性。

1. 与活泼金属反应

醇与钠作用时，醇羟基中的氢原子被活泼金属钠取代，生成醇钠，并放出氢气。

$$C_2H_5OH + Na \longrightarrow C_2H_5ONa + H_2\uparrow$$

生成的乙醇钠溶解在过量的乙醇中，蒸去乙醇，即可得到白色粉末状的乙醇钠。

醇与钠的反应与水和钠的反应相似：

$$H—O \vdots H + Na \longrightarrow H—O—Na + H_2$$

$$R—O \vdots H + Na \longrightarrow R—O—Na + H_2$$

醇羟基中的氢原子不如水分子中的氢活泼，或者说醇是比水弱的酸，因此醇与钠的反应不如水那样剧烈。羟基上的氢原子的活泼性取决于O—H断裂的难易程度，醇分子中与—OH相连烃基具有给电子作用，使羟基氧上的电子云密度增加，氧对氢的吸引增强，因此醇羟基中的氢不如水中的氢活泼。与羟基相连的烃基的给电子作用愈大，羟基中氢的活泼性就愈低，酸性愈弱。故各类醇的反应活性是：甲醇＞伯醇＞仲醇＞叔醇。

根据酸碱质子理论，由于水的酸性比醇强，因此醇的共轭碱——烷氧负离子（RO^-）的碱性应该比水的共轭碱氢氧根离子（OH^-）的碱性强。所以醇钠极易水解得到原来的醇，在使用时必须隔绝水汽的侵入：

$$RCH_2ONa + H_2O \rightleftharpoons RCH_2OH + NaOH$$

上述反应是可逆的，生产上利用这个反应使用固体氢氧化钠与甲醇或乙醇作用，加入苯进行共沸蒸馏以不断除去水，使上述平衡向左移动以制备甲醇钠或乙醇钠。这样既可以避免使用昂贵的金属钠，而且生产更安全。醇钠在有机合成中用作碱性试剂，其碱性比NaOH

强，此外也常用作亲核试剂而引入烷氧基。

钾和醇的反应与钠相似。金属镁和铝汞齐在加热下和无水醇作用生成醇镁和醇铝。例如：异丙醇铝 $Al[OCH(CH_3)_2]_3$、叔丁醇铝 $Al[OC(CH_3)_3]_3$ 都是有机合成中常用的试剂。

2. 与氢卤酸反应

醇与氢卤酸反应，醇分子中的羟基被卤原子取代，生成卤代烷和水，这是制备卤代烃的一种重要方法。

$$ROH + HX \rightleftharpoons RX + H_2O$$

上述反应是可逆的，为了提高卤代烃的产率，常使一种反应物过量或移去产物使平衡向右进行。

醇和氢卤酸的反应速率与氢卤酸的类型及醇的结构有关。

氢卤酸的活泼顺序为：HI > HBr > HCl

醇的活泼顺序为：烯丙醇 > 叔醇 >仲醇 > 伯醇

R—OH 与 HX 反应时，碳氧键断裂而发生羟基被卤素取代的过程为亲核取代反应历程。烯丙醇和苯甲醇，虽然为伯醇，由于烯丙基正离子及苯甲基正离子都比较稳定，在亲核取代反应中，一般按 S_N1 历程进行，且烯丙醇和苄醇与氢卤酸的反应活性大于叔醇。

一般情况下，氢碘酸及氢溴酸能比较顺利地与醇反应；而盐酸，除烯丙醇、叔醇外，其他伯醇和仲醇则需要无水氯化锌作催化剂。无水氯化锌和浓盐酸按一定比例配成的试剂，称为卢卡斯（Lucas）试剂。低级醇（小于 6 个碳原子数）与氯化锌形成的复合物极性比较大，可以溶解于卢卡斯试剂，形成均相体系，而生成的氯代烃则与卢卡斯试剂不互溶，产生异相使体系出现浑浊现象。叔醇反应时产生浑浊最快，仲醇其次，伯醇最慢，因此，可以从出现浑浊的快慢区别伯、仲、叔三种醇。例如：

$$(CH_3)_3COH + HCl \xrightarrow[20^\circ C]{ZnCl_2} (CH_3)_3CCl + H_2O \qquad \text{1min 内变浑浊}$$

$$CH_3CH(OH)CH_2CH_3 + HCl \xrightarrow[20^\circ C]{ZnCl_2} CH_3CHClCH_2CH_3 + H_2O \qquad \text{10min 内变浑浊}$$

$$CH_3CH_2CH_2CH_2OH + HCl \xrightarrow[\triangle]{ZnCl_2} CH_3CH_2CH_2CH_2Cl + H_2O \qquad \text{几小时不变化加热后反应}$$

醇与氢卤酸的反应历程，一般认为烯丙醇、三级醇和二级醇可能是通过 S_N1 进行。例如：

$$(CH_3)_3C{-}OH \underset{快}{\overset{H^+}{\rightleftharpoons}} (CH_3)_3C{-}\overset{+}{O}H_2 \underset{慢}{\overset{快}{\rightleftharpoons}} (CH_3)_3C^+ \underset{慢}{\overset{X^-，快}{\rightleftharpoons}} (CH_3)_3C{-}X$$

先由醇羟基上的氧接受一个质子形成锌盐（质子化的醇），使 C—O 键的极性增加，从而更容易解离成碳正离子和水，最后碳正离子和卤离子很快结合生成卤代烷。

伯醇因较难形成碳正离子，与氢卤酸的反应可能是按 S_N2 历程进行的：

$$X^- + R{-}CH_2\overset{+}{O}H_2 \longrightarrow \left[\overset{\delta-}{X}\cdots\underset{}{\overset{R}{\overset{|}{C}}}H_2\cdots\overset{\delta+}{O}H_2 \right] \longrightarrow X{-}CH_2R + H_2O$$

有些醇（如二级醇、β 位有支链的一级醇），由于存在碳正离子重排现象，生成混合物。例如：

$$CH_3-CH(CH_3)-CH(OH)-CH_3 \xrightarrow{HCl} CH_3-CCl(CH_3)-CH_2CH_3 + CH_3-CH(CH_3)-CHCl-CH_3$$

3-甲基-2-丁醇　　2-甲基-2-氯丁烷（主）　　2-甲基-3-氯丁烷（次）

$$CH_3-C(CH_3)_2-CH_2OH \xrightarrow{HBr} CH_3-CBr(CH_3)-CH_2CH_3 + CH_3-C(CH_3)_2-CH_2Br$$

2,2-二甲基-1-丙醇　　2-甲基-2-溴丁烷(主)　　2,2-二甲基-1-溴-丙烷(次)

重排过程如下：

$$CH_3-CH(CH_3)-CH(OH)-CH_3 + H^+ \underset{}{\overset{-H_2O}{\rightleftharpoons}} CH_3-CH(CH_3)-\overset{+}{C}H-CH_3 \rightleftharpoons CH_3-\overset{+}{C}(CH_3)-CH_2-CH_3$$

仲碳正离子较不稳定　　叔碳正离子较稳定

$$\downarrow Cl^- \qquad\qquad \downarrow Cl^-$$

$$CH_3-CH(CH_3)-CHCl-CH_3 \qquad CH_3-CCl(CH_3)-CH_2-CH_3$$

副产物　　主产物

$$CH_3-C(CH_3)_2-CH_2OH + H^+ \overset{-H_2O}{\rightleftharpoons} CH_3-C(CH_3)_2-\overset{+}{C}H_2 \rightleftharpoons CH_3-\overset{+}{C}(CH_3)-CH_2CH_3$$

伯碳正离子较不稳定　　叔碳正离子较稳定

$$\downarrow Br^- \qquad\qquad \downarrow Br^-$$

$$CH_3-C(CH_3)_2-CH_2Br \qquad CH_3-CBr(CH_3)-CH_2CH_3$$

副产物　　主产物

在这种情况下，应当选用其他试剂如三卤化磷或二氯亚砜与醇作用，以制备碳链结构不改变的卤代烷。

3. 与无机含氧酸的酯化反应

醇与酸反应生成酯。醇与有机酸反应生成有机酸酯（参见第十一章羧酸）；此处讨论醇与含氧无机酸如硫酸、硝酸、磷酸等以及它们的酰氯作用，生成无机酸酯。

硫酸是二元酸，可以和醇形成两种酯，一种是酸性酯，另一种是中性酯。

$$C_2H_5OH + H_2SO_4 \rightleftharpoons C_2H_5-O-SO_3H + H_2O$$

硫酸氢乙酯

中性硫酸酯可通过蒸馏酸性硫酸酯或由氯磺酸（$HOSO_2Cl$）与醇作用得到。

$$CH_3OSO_2OH + CH_3OSO_2OH \xrightarrow{减压蒸馏} CH_3OSO_2OCH_3 + H_2SO_4$$

硫酸二甲酯

最重要的中性硫酸酯是硫酸二甲酯 $(CH_3)_2SO_4$ 和硫酸二乙酯 $(C_2H_5)_2SO_4$。这两种硫酸酯可以将甲基和乙基引入其他有机分子中，它们是重要的甲基化和乙基化试剂。硫酸二甲酯是一种无色油状液体，有剧毒，对呼吸器官和皮肤都有强烈的刺激作用，在使用时要特别当心。

醇和亚硝酸作用生成亚硝酸酯。例如：

$$(CH_3)_2CHCH_2CH_2OH + HONO \longrightarrow \underset{\text{亚硝酸异戊酯}}{(CH_3)_2CHCH_2CH_2ONO} + H_2O$$

亚硝酸异戊酯是一种缓解心绞痛的药物。

丙三醇与硝酸作用生成的硝酸酯，俗称硝化甘油，受撞击振动即猛烈爆炸，是一种炸药。由丙三醇与硝酸和硫酸的混合物进行反应而制得。

$$\begin{matrix} CH_2OH \\ | \\ CHOH \\ | \\ CH_2OH \end{matrix} + 3HONO_2 \xrightarrow{H_2SO_4} \begin{matrix} CH_2ONO_2 \\ | \\ CHONO_2 \\ | \\ CH_2ONO_2 \end{matrix} + 3H_2O$$

4. 脱水反应

醇的脱水反应有两种形式，一种是分子内脱水生成烯烃，另一种是分子间脱水生成醚。

$$R-\underset{\boxed{H}}{\overset{H}{\underset{|}{\overset{|}{C}}}}-\underset{\boxed{OH}}{\overset{H}{\underset{|}{\overset{|}{C}}}}-H \longrightarrow \underset{\text{烯烃}}{R-CH=CH_2} + H_2O \quad \text{(分子内脱水)}$$

$$R-\boxed{OH + H}O-R \longrightarrow \underset{\text{醚}}{R-O-R} + H_2O \quad \text{(分子间脱水)}$$

催化剂的存在可以促进醇的脱水反应，使反应在不太高的温度下进行。常用的催化剂有硫酸、磷酸、三氧化二铝等。醇的脱水方式，取决于醇的结构和反应条件。例如乙醇脱水：

$$CH_3CH_2OH \xrightarrow[\text{或 } Al_2O_3\text{，}360℃]{\text{浓 } H_2SO_4\text{，}170℃} H_2C=CH_2 + H_2O$$

$$C_2H_5OH + HOC_2H_5 \xrightarrow[\text{或 } Al_2O_3\text{，}240℃]{\text{浓 } H_2SO_4\text{，}140℃} C_2H_5OC_2H_5 + H_2O$$

一般情况下，较高温度有利于分子内脱水，主要生成烯烃，这时分子间脱水是次要的，醚仅作为副产物生成；而较低温度则有利于分子间脱水，主要生成醚，这时分子内脱水是次要的，烯烃作为副产物生成。

不同结构的醇脱水反应的活性是：叔醇 > 仲醇 > 伯醇。叔醇脱水时，易发生分子内脱水生成烯烃，而难以得到醚。例如：

$$CH_3CH_2CH_2CH_2OH \xrightarrow[140℃]{75\%H_2SO_4} \underset{\text{2-丁烯(主产物)}}{CH_3CH=CHCH_3}$$

$$CH_3CH_2CH(OH)CH_3 \xrightarrow[100℃]{60\%H_2SO_4} \underset{\substack{\text{2-丁烯} \\ \text{(主产物)}}}{CH_3CH=CHCH_3} + \underset{\substack{\text{1-丁烯} \\ \text{(少量)}}}{CH_3CH_2CH=CH_2}$$

$$(CH_3)_3COH \xrightarrow[80\sim90℃]{20\%H_2SO_4} \underset{\text{异丁烯}}{CH_3-\overset{\overset{CH_3}{|}}{C}=CH_2}$$

一些仲醇和叔醇脱水生成烯烃时，往往可生成两种产品。实验证明，醇分子内脱水存在几种可能时，脱水的规律与卤代烷脱卤化氢一样，主要趋向于从羟基邻近含氢原子较少的碳原子上脱去氢原子，即生成碳碳双键上连接烃基最多的烯烃。例如：

$$\underset{\text{Ⅰ（主产物）}}{CH_3CH{=}CHCH_3} \xleftarrow{-H_2O} \underset{\substack{|\\OH}}{CH_3CHCH_2CH_3} \xrightarrow{-H_2O} \underset{\text{Ⅱ（副产物）}}{CH_3CH_2CH{=}CH_2}$$

有的醇在脱水反应时，常常会发生重排反应。例如：

$$CH_3-\overset{\overset{CH_3}{|}}{\underset{\underset{CH_3}{|}}{C}}-\underset{\underset{OH}{|}}{CH}-CH_3 \xrightarrow[\triangle]{85\%H_2SO_4} \underset{\text{主产物}}{(CH_3)_2C{=}C(CH_3)_2} + \underset{\text{副产物}}{H_2C{=}C(CH_3)-CH(CH_3)_2} + \underset{\text{副产物}}{H_2C{=}\underset{H}{C}-C(CH_3)_3}$$

显然，重排是先由质子化的醇失去水形成碳正离子，然后碳正离子重排形成更稳定的新碳正离子，再失去另一个质子生成烯烃，即稳定性较大的烯烃为主产物：

$$CH_3-\overset{\overset{CH_3}{|}}{\underset{\underset{CH_3}{|}}{C}}-\underset{\underset{OH}{|}}{CH}-CH_3 \xrightarrow[2)-H_2O]{1)H^+} \underset{\text{二级碳正离子}}{CH_3-\overset{\overset{CH_3}{|}}{\underset{\underset{CH_3}{|}}{C}}-\overset{\overset{H}{|}}{\overset{+}{C}}-CH_3}$$

甲基迁移，碳正离子重排：

$$\xrightarrow{\text{甲基迁移}} \underset{\text{三级碳正离子}}{CH_3-\overset{\overset{CH_3}{|}}{\overset{+}{C}}-\underset{\underset{CH_3}{|}}{CH}-CH_3} \xrightarrow{-H^+} \begin{cases} CH_3-\overset{\overset{CH_3}{|}}{C}{=}\underset{\underset{CH_3}{|}}{C}-CH_3 & \text{主产物} \\ H_2C{=}\overset{\overset{CH_3}{|}}{C}-CH(CH_3)_2 & \text{副产物} \end{cases}$$

碳正离子不重排：

$$\xrightarrow{-H^+} \underset{\text{副产物}}{CH_3-\overset{\overset{CH_3}{|}}{\underset{\underset{CH_3}{|}}{C}}-CH{=}CH_2} \quad \text{极少量}$$

5. 氧化反应

（1）加氧法

伯醇和仲醇分子中与羟基相连的碳原子上有氢，该氢原子受羟基的影响，比较活泼，容易被氧化成醛、酮或酸。

在重铬酸钠（钾）的硫酸溶液、三氧化铬的冰醋酸溶液或高锰酸钾的碱性或酸性溶液作用下，伯醇首先氧化生成醛，醛很容易继续被氧化而生成羧酸。因此，用这些氧化剂氧化伯醇很难得到醛。

$$R-\overset{\overset{H}{|}}{\underset{\underset{OH}{|}}{C}}-H \xrightarrow{[O]} R-\overset{\overset{O}{\|}}{C}-H \xrightarrow{[O]} R-\overset{\overset{O}{\|}}{C}-OH$$

如用三氧化铬与吡啶形成的三氧化铬-双吡啶配合物作为氧化剂可使伯醇氧化为醛，产率很高。例如：

$$CH_3(CH_2)_4CH_2OH \xrightarrow{(C_6H_5N)_2 \cdot CrO_3} CH_3(CH_2)_4CHO$$

仲醇氧化时生成酮：

$$R-\overset{\overset{OH}{|}}{\underset{\underset{R}{|}}{C}}-H \xrightarrow{[O]} R-\overset{\overset{O}{\|}}{C}-R$$

仲醇氧化生成的酮比较稳定，不易继续被氧化，所以由仲醇氧化制备酮往往产量较高。

叔醇分子中不含 α-氢，在上述条件下不被氧化。

（2）脱氢法

将伯醇或仲醇的蒸气在高温下通过脱氢催化剂如铜、银、镍或氧化锌，则伯醇脱氢成醛，仲醇脱氢成酮。例如：

$$CH_3-\overset{H}{\underset{H}{C}}-O-H \xrightarrow[250\sim350℃]{Cu} CH_3-\overset{O}{\overset{\|}{C}}-H + H_2\uparrow$$

$$CH_3-\overset{H}{\underset{CH_3}{C}}-O-H \xrightarrow[500℃，3个大气压]{Cu} H_3C-\overset{O}{\overset{\|}{C}}-CH_3 + H_2\uparrow$$

通过醇的脱氢方法制备醛或酮的优点是产品的纯度较高，若将醇与适量的空气或氧通过催化剂进行氧化脱氢，则氧和氢结合成水，可使脱氢反应进行到底。

6. 多元醇的特殊反应

（1）邻二醇与氢氧化铜

具有邻二醇结构的化合物可与重金属的氢氧化物反应，如甘油与氢氧化铜反应生成深蓝色的甘油铜溶液。实验室中可利用此反应鉴定具有两个相邻羟基的多元醇。

$$\begin{array}{l}CH_2-OH\\ |\\ CH-OH\\ |\\ CH_2-OH\end{array} + \begin{array}{l}HO\\ \quad\diagdown\\ \qquad Cu\\ \quad\diagup\\ HO\end{array} \longrightarrow \begin{array}{l}CH_2-O\\ |\\ CH-O\\ |\\ CH_2-OH\end{array}\!\!\!\!>Cu + 2H_2O$$

（2）邻二醇与高碘酸

用高碘酸的水溶液或四醋酸铅的醋酸溶液氧化邻二醇，可以使两个羟基之间的碳碳键断裂，醇转化为相应的醛、酮。

$$\underset{OH}{RCH}-\underset{OH}{CHR'} \xrightarrow{HIO_4} R-CHO + R'-CHO$$

对于羟基均处于相邻位置的多元醇，其氧化产物可以简单地看作是醇羟基所连接的碳原子之间的键断裂，断裂后各部分分别与一个羟基结合，然后失水。例如：

$$\underset{OH}{RCH}-\underset{OH}{CH}-\underset{OH}{CR'_2} \xrightarrow{HIO_4} R-CHO + HCOOH + R'_2CO$$

因此，可根据反应物推测最终的氧化产物。另外，也可以根据 HIO_4 的用量及氧化产物推测原来醇的结构。

两个羟基不相邻的二元醇不发生此反应。

（3）频哪醇重排

邻二醇在酸（H_2SO_4 或 HCl）作用下会发生碳骨架的重排，如：

$$CH_3-\overset{CH_3}{\underset{OH}{C}}-\overset{CH_3}{\underset{OH}{C}}-CH_3 \xrightarrow{H^+} CH_3-\overset{CH_3}{\underset{CH_3}{C}}-\underset{O}{\underset{\|}{C}}-CH_3$$

2,3-二甲基-2,3-丁二醇　　　　甲基叔丁基酮

频哪醇　　　　频哪酮

这类反应最初是从频哪醇重排为频哪酮发现的，所以把这类邻二醇的重排反应统称为频哪醇（pinacol）重排。重排过程如下：

$$(CH_3)_2C(OH)\text{—}C(OH)(CH_3)_2 \xrightarrow{+H^+} (CH_3)_2C(OH)\text{—}C(\overset{+}{O}H_2)(CH_3)_2 \xrightarrow{-H_2O} (CH_3)_2C(OH)\text{—}\overset{+}{C}(CH_3)_2$$

$$\longrightarrow CH_3\text{—}C(=\overset{+}{O}H)\text{—}C(CH_3)_3 \xrightarrow{-H^+} CH_3\text{—}C(=O)\text{—}C(CH_3)_3$$

在酸性条件下，首先羟基质子化，脱去一分子水后形成叔碳正离子，然后邻位碳上的烃基带着一对电子迁移到带正电荷的碳原子上，形成鎓离子，最后脱去氢质子，得到频哪酮。

频哪醇重排反应的特点：

① 在不对称取代的乙二醇中，一般是能够形成稳定碳正离子的碳上的羟基优先被质子化。例如：

$$(C_6H_5)_2C(OH)\text{—}CH_2OH \xrightarrow{H^+} (C_6H_5)_2C(\overset{+}{O}H_2)\text{—}CH_2OH \xrightarrow{-H_2O} (C_6H_5)_2\overset{+}{C}\text{—}CH(H)OH$$

$$\longrightarrow (C_6H_5)_2CH\text{—}CH=\overset{+}{O}H \xrightarrow{-H^+} (C_6H_5)_2CH\text{—}CH=O$$

② 如果形成的碳正离子相邻两个碳上的基团不同，通常是能够提供电子、分散正电荷较多的基团优先迁移。一般规律是：芳基＞烷基＞氢 。例如：

$$H_3C\text{—}C(C_6H_5)(OH)\text{—}C(C_6H_5)(OH)\text{—}CH_3 \xrightarrow{H^+} H_3C\text{—}C(C_6H_5)(\overset{+}{O}H_2)\text{—}C(C_6H_5)(OH)\text{—}CH_3 \xrightarrow{-H_2O} H_3C\text{—}\overset{+}{C}(C_6H_5)\text{—}C(C_6H_5)(OH)\text{—}CH_3$$

$$\longrightarrow H_3C\text{—}C(C_6H_5)_2\text{—}\overset{+}{C}(OH)\text{—}CH_3 \longrightarrow H_3C\text{—}C(C_6H_5)_2\text{—}C(=\overset{+}{O}H)\text{—}CH_3 \xrightarrow{-H^+} H_3C\text{—}C(C_6H_5)_2\text{—}C(=O)\text{—}CH_3$$

③ 迁移过程的立体化学是反式共平面迁移，即迁移基团与离去基团需处于反平面位置。

$$\xrightarrow{H^+} \quad \xrightarrow[\text{2)甲基迁移}]{\text{1)}-H_2O} \quad \xrightarrow{-H^+}$$

三、醇的制备

（一）烯烃水合

烯烃水合制备醇有直接水合和间接水合法（参见第六章“烯烃与水的加成”和“烯烃与浓硫酸的加成”）。直接水合法简单、成本低，但设备要求较高。

烯烃的直接水合和间接水合法制备醇，都容易发生重排反应，此方法适用于制备不易重排的醇。

（二）硼氢化氧化

详见第六章烯烃的硼氢化氧化反应。此法产率高且得到反马醇，常用来制备伯醇。

（三）格氏试剂与醛、酮

醛、酮与格氏试剂（RMgX）加成时，得到的加成中间产物不分离出来，直接加水，可水解生成醇（参见第十章醛、酮的化学性质）。

$$\overset{\delta-}{R}\overset{\delta+}{MgX} + (H_3C)_2C{=}O \xrightarrow{\text{无水乙醚}} R{-}C(CH_3)_2{-}OMgX \xrightarrow{H_2O} R{-}C(CH_3)_2{-}OH$$

（四）醛、酮还原

用催化加氢或化学还原的方法可以将醛、酮还原成相应的醇（参见第十章醛、酮的化学性质）。醛加氢生成伯醇，酮加氢生成仲醇。

$$RCHO \xrightarrow[Ni]{H_2} RCH_2OH \qquad RCOR' \xrightarrow[Ni]{H_2} RCH(OH)R'$$

（五）卤代烷的水解

卤代烷与水作用可得到醇（参见第八章卤代烷的碱性水解）。

$$RX + H_2O \xrightleftharpoons{OH^-} ROH + HX$$

二级或三级卤代烷在强碱性条件下容易脱卤化氢生成烯烃，因此在实际操作中，常采用比较温和的碱性试剂如 Na_2CO_3、悬浮在水中的氧化铝或氧化银等。

四、重要的醇

（一）甲醇

甲醇俗称木精，最初由木材干馏得到，由此而得名。甲醇为无色透明、有酒精气味的液体，沸点 64.7℃，与水、乙醇、乙醚等互溶。甲醇是实验室里常用的有机溶剂，也是一种重要的化工原料。与乙醇不同，甲醇不和水形成恒沸混合物，因此甲醇和水的混合物可以用分馏方法分开。甲醇不同于其他醇，有毒，饮用后可使视力下降，甚至会使人眼睛失明，量多可以致死。这是由于甲醇进入体内，很快被肝脏的脱氢酶氧化成甲醛，甲醛不能被同化利用，能凝固蛋白质，损伤视网膜。甲醛的氧化产物甲酸难代谢而潴留于血液中，使 pH 下降，导致酸中毒而致命。

目前工业上制备甲醇主要由一氧化碳和氢在加热、加压和催化剂存在下反应得到。

$$CO+2H_2 \xrightarrow[20MPa, 300℃]{ZnO\text{-}Cr_2O_3\text{-}CuO} CH_3OH$$

（二）乙醇

乙醇俗称酒精，因各种饮用酒中含有不等量的乙醇，由此而得名。乙醇为无色易燃液体，沸点78.3℃，相对密度0.7893，能与水混溶。乙醇与水形成恒沸混合物，沸点78.3℃，其中含乙醇95.6%，水4.4%，所以用蒸馏法不能将酒精中的水完全除去。常用的工业酒精和化学纯酒精就是这种含乙醇95.6%的恒沸物。通常实验室制备无水乙醇是在95.6%乙醇中加入生石灰加热回流，水与石灰作用生成氢氧化钙，蒸出的乙醇中约含有0.2%微量水，再将镁条（镁粉）与碘一起加入乙醇中，加热回流至反应完全，再蒸馏得无水乙醇。

乙醇用途很广，可用作溶剂，也是有机合成的重要原料，还可作燃料。

70%或75%的乙醇水溶液能使细菌的蛋白质变性，故临床上用作消毒剂。乙醇作溶剂溶解药品制成的制剂称为酊剂，如碘酊（俗称碘酒）就是将碘和碘化钾（作助溶剂）溶于乙醇而制得。将易挥发药物溶于乙醇制成的制剂则称为醑剂，如薄荷醑。乙醇也可用于制取中草药浸膏以提取其中的有效成分。

来势汹汹的新冠病毒对75%的酒精非常敏感，酒精可以很好地灭活病毒，用于新冠流行期间室内等的消毒，定期对地板、墙面、玻璃以及外出后的衣物表面、鞋底等进行喷洒，以达到杀毒灭活的作用。由于酒精属于易燃易爆物品，使用时需注意安全。

人体内，乙醇可被肝脏中的乙醇脱氢酶氧化成乙醛，后者可被乙醛脱氢酶氧化成能被机体细胞同化的乙酸，因此人体能够承受适量的乙醇。酒量大的人，体内乙醛脱氢酶相对较多，而喝酒红脸的人，因体内乙醛脱氢酶偏少，乙醛代谢慢，存留体内的乙醛刺激血管扩张，引起脸潮红、心悸及血压下降等不适症状。乙醛低浓度时可引起眼鼻及上呼吸道刺激症状及支气管炎，高浓度时具有麻醉作用，临床表现有嗜睡、头痛、神志不清、肺水肿、腹泻、蛋白尿和心肌脂肪性变，严重时可致人死亡。

乙醇的来源主要有发酵法和合成法。发酵法是用含淀粉丰富的农产品，在酶的催化作用下进行发酵，再经分馏得到95.6%酒精。合成法主要是利用石油裂解气中的乙烯进行水合反应（包括间接水合法和直接水合法）来生产乙醇。

（三）乙二醇

乙二醇是最简单的二元醇，俗称甘醇。它是带有甜味的无色黏稠液体，沸点197.6℃，相对密度1.1135。能与水、乙醇或丙酮混溶，但不溶于乙醚。含60%（体积分数）乙二醇的水溶液，凝固点约−40℃，常用作汽车散热器的防冻剂和飞机发动机的制冷剂。乙二醇的生产方法主要是以乙烯为原料的氯乙醇水解法和环氧乙烷水合法。

氯乙醇水解法：

$$CH_2{=}CH_2 \xrightarrow[75\sim80℃]{H_2O, Cl_2} \underset{OH}{CH_2}-\underset{Cl}{CH_2} \xrightarrow[105\sim110℃, 10\text{个大气压}]{H_2O, NaHCO_3} \underset{OH}{CH_2}-\underset{OH}{CH_2}$$

环氧乙烷水合法：

$$CH_2{=}CH_2 \xrightarrow[220\sim280℃]{O_2, Ag} H_2C\underset{O}{\diagdown\!\diagup}CH_2 \xrightarrow[190\sim220℃, 22\text{个大气压}]{H_2O} \underset{OH}{CH_2}-\underset{OH}{CH_2}$$

（四）丙三醇

丙三醇俗称甘油。它是一种黏稠而有甜味的液体，沸点 290℃，熔点 18.18℃，相对密度 1.2613，与水混溶，不溶于有机溶剂，有强烈的吸水性。

甘油的用途很广泛，其重要用途之一是制造甘油三硝酸酯（$CH_2ONO_2CHONO_2CH_2ONO_2$），可作为炸药。甘油三硝酸酯在生理上有扩张血管的作用，可作为心绞痛的急救药物。由于甘油无毒、具甜味，吸水性强，因此还用于食品、化妆品、烟草、合成树脂等工业中。

甘油是油脂的组成部分，是以油脂为原料制造肥皂时的副产品，此法得到的甘油也称天然甘油；工业上制造甘油主要是以石油裂化气中的丙烯为原料生产的，称为合成甘油。

（五）苯甲醇

苯甲醇又称苄醇，为无色液体，沸点 205.4℃，相对密度 1.0413，微溶于水，与乙醇、乙醚等混溶。苯甲醇是最简单的芳香醇，具有芳香气味，用于香料、化妆品等行业。由于苯甲醇具有微弱的麻醉作用，常用作注射时的局部麻醉剂。

苯甲醇可由苄氯水解得到：

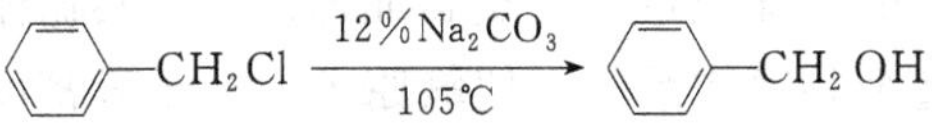

$$C_6H_5-CH_2Cl \xrightarrow[105℃]{12\%Na_2CO_3} C_6H_5-CH_2OH$$

第二节　酚

一、酚的分类、命名和结构

羟基直接与芳环相连的化合物称为酚，其结构通式为 ArOH。最简单的酚为苯酚（C_6H_5OH，亦称石炭酸）。

（一）分类

根据芳环上所连的羟基数目，酚可以分为一元酚、二元酚及多元酚。如：

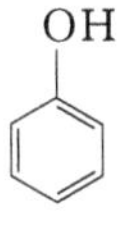

苯酚 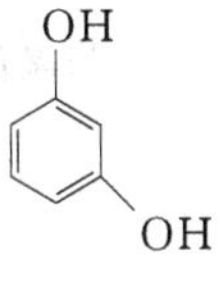　　间苯二酚 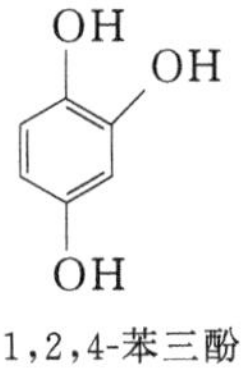　　1,2,4-苯三酚 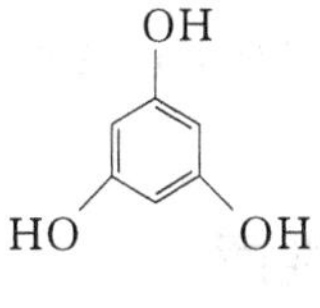　　均苯三酚

（二）命名

酚的命名一般是在“酚”字前加上芳环的名称，以此作为母体，再加上其他取代基的名称和位置，多元酚的名称常用俗名。当酚的芳环上有其他取代基如—NO_2、—X、—R 等时，将酚作为母体，在酚的前面写上取代基的位次和名称；当酚的芳环上有其他取代基如—COOH、—CHO、—SO_3H 等时，则把羟基作为取代基。例如：

间甲苯酚　　邻羟基苯甲酸（水杨酸）　　α-萘酚　　β-萘酚

5-甲基-2-异丙基苯酚　　2,4,6-三硝基苯酚（苦味酸）　　4-羟基-2-甲氧基苯甲醛

（三）结构

酚和醇具有相同的官能团“羟基”，但酚羟基直接与苯环连接，酚羟基中氧原子的未共用电子对所在 p 轨道与苯环的大 π 轨道相互交盖而形成 p-π 共轭体系，产生电子离域。氧原子的未共用电子对分散到整个共轭体系中，使氧原子的电子云密度降低，导致氧氢键的成键电子对更偏向于氧，有利于氢原子解离成质子（图 9-1）。

$$C_6H_5-OH \rightleftharpoons C_6H_5-O^- + H^+$$

离解后的苯氧负离子，由于 p-π 共轭效应的结果，氧原子上的负电荷分散到整个共轭体系中，提升了苯氧负离子的稳定性（图 9-2 ）。这样就利于上述平衡向右移动，所以苯酚显弱酸性，pK_a 值为 9.99。

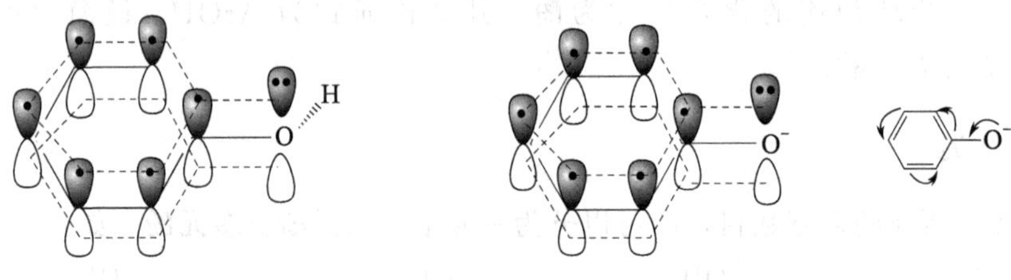

图 9-1　苯酚 p-π 共轭　　　图 9-2　苯氧负离子 p-π 共轭

二、酚的性质

（一）物理性质

酚一般为固体，少数烷基酚为高沸点的液体。由于酚分子中包含羟基，分子间可形成氢键，它们的物理性质与醇相似，其沸点和熔点都较相应的烃高。酚微溶于水，苯酚在 100g 水中可溶解 9g，在热水中可无限地溶解；酚在水中的溶解度随—OH 数目的增加而增加。酚有腐蚀性，具有杀菌作用。纯的酚应为无色，但往往由于氧化而带有红色至褐色。一些酚的物理常数见表 9-2。

表 9-2　一些酚的物理常数

化合物	熔点/℃	沸点/℃	pK_a
苯酚	43	182	10.00
邻甲苯酚	31	191	10.20
间甲苯酚	12	203	10.01
对甲苯酚	35	202	10.14
邻硝基苯酚	45	216	7.21
间硝基苯酚	97	197(分解)	8.36
对硝基苯酚	114	279(分解)	7.15
2,4-二硝苯酚	115	升华	4.08
2,4,6-三硝基苯酚	122	>300(爆炸)	0.71
邻苯二酚	105	246	9.48
间苯二酚	110	281	9.44
对苯二酚	170	287	9.96

（二）化学性质

1. 弱酸性

苯酚与氢氧化钠溶液作用，生成可溶于水的苯酚钠；而在苯酚钠水溶液中通入 CO_2 气体，苯酚又可游离析出。

$$C_6H_5OH + NaOH \longrightarrow C_6H_5ONa + H_2O$$

$$C_6H_5ONa + CO_2 + H_2O \longrightarrow C_6H_5OH + NaHCO_3$$

这说明苯酚的酸性比碳酸的酸性弱。所以一般情况下，苯酚只溶于 NaOH 溶液，而不溶于 $NaHCO_3$ 溶液，利用这一性质，可以把苯酚与一些有机酸区别开来。

当苯酚的苯环上连有给电子基团（即活化基团）时，酚的酸性减弱；连有吸电子基团（即钝化基团）时，酚的酸性增强。一般情况下，钝化基团的钝化能力越强，酸性增强越多；钝化基团越多酸性增强越多。下列化合物酸性由大到小的次序为：

2,4,6-三硝基苯酚 > 邻硝基苯酚 > 邻氯苯酚 > 苯酚 > 邻甲苯酚

pK_a　0.71　7.21　9.11　10.0　10.20

另外，苯酚的酸性还与取代基在苯环上的位置有关。例如：

对硝基苯酚 ≈ 邻硝基苯酚 > 间硝基苯酚 > 苯酚

pK_a　7.15　7.22　8.36　10

这是由于硝基位于羟基的邻位和对位时，具有吸电子的诱导效应和共轭效应，使酚羟基氧氢之间的极性增大，并可使硝基苯酚负离子的负电荷离域到硝基氧上，从而增加了酚负离

子的稳定性，使酸性增强。当硝基位于羟基的间位时，硝基的吸电子共轭效应不能通过共轭链传递到酚羟基上，同样也不能使负电荷离域到硝基的氧上，只有吸电子的诱导效应产生影响。因此，间硝基苯酚的酸性虽比苯酚的酸性强，但对酚的酸性影响远不如在邻位或对位的大。

2. 苯环的亲电取代反应

从诱导效应看，羟基是吸电子基团，但由于羟基直接连在苯环上，羟基氧原子的未共用电子对与苯环的 π 电子构成 p-π 共轭体系，导致这一对电子向苯环方向转移。因此，总的结果是羟基对苯环产生了活化作用，尤其是羟基的邻位和对位被“活化”得更多些，易受亲电试剂进攻发生取代反应。

（1）卤代

苯的卤代反应要在催化剂三卤化铁或铁粉作用下才能进行，而苯酚不需要催化剂，在室温下与溴水作用，立即产生白色沉淀。

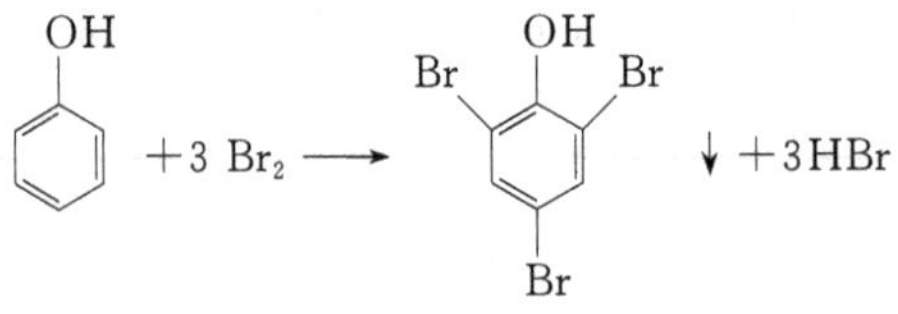

$$C_6H_5OH + 3\ Br_2 \longrightarrow 2,4,6\text{-}Br_3C_6H_2OH \downarrow + 3HBr$$

2,4,6-三溴苯酚

这个反应很灵敏，甚至 $1\times10^{-4}\,mol\cdot L^{-1}$ 的苯酚也可以检验出来，可用于苯酚的定性和定量分析。只有用二硫化碳作反应溶剂且在低温下，才能得到一溴取代物。

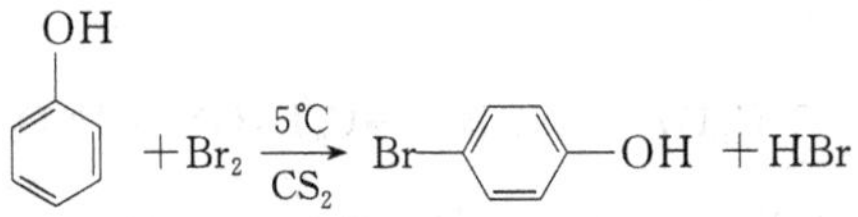

$$C_6H_5OH + Br_2 \xrightarrow[CS_2]{5℃} Br\text{—}C_6H_4\text{—}OH + HBr$$

（2）硝化

苯酚与稀硝酸在常温下作用生成邻硝基苯酚和对硝基苯酚的混合物。

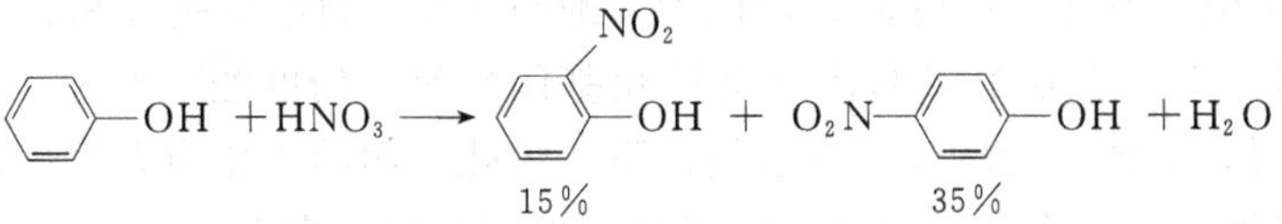

$$C_6H_5\text{—}OH + HNO_3 \longrightarrow o\text{-}O_2NC_6H_4\text{—}OH + O_2N\text{—}C_6H_4\text{—}OH + H_2O$$

15%　　35%

因为苯酚易被氧化，这个反应的副产物较多，产率很低。邻位和对位产物可以用水蒸气蒸馏分开，因为邻硝基苯酚可形成分子内氢键，使酚分子之间不能发生缔合，沸点较低而较易挥发，可随水蒸气一起蒸馏出来；而对硝基苯酚形成分子间氢键，沸点相对较高，不易挥发而留下。

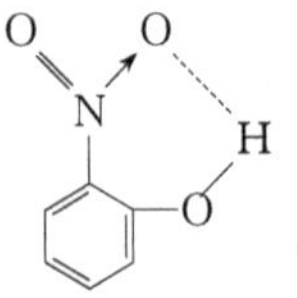

邻硝基苯酚
（形成分子内氢键）

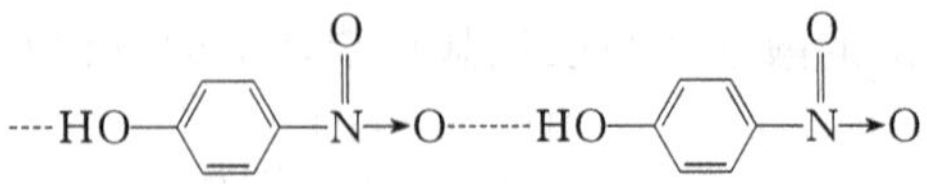

$$\cdots HO\text{—}C_6H_4\text{—}N(=O)\rightarrow O\cdots\cdots HO\text{—}C_6H_4\text{—}N(=O)\rightarrow O$$

对硝基苯酚
（形成分子间氢键）

苯酚的其他邻位衍生物如邻羟基苯甲醛、邻羟基苯甲酸等，都能形成分子内氢键，它们的挥发性都高于相应的对位、间位衍生物。

苯酚硝化后，硝基的吸电子诱导效应及吸电子共轭效应，使酚羟基上的氢原子活泼性增大，即酸性增强，引入的硝基越多，酚的酸性越强。例如，2,4,6-三硝基苯酚，俗名苦味酸，其酸性接近于无机酸（$K_a=1.6\times10^{-1}$）。

（3）磺化

苯酚与浓硫酸在室温下进行磺化反应，主要产物为邻羟基苯磺酸；在 100℃下进行磺化，则主要产物为对羟基苯磺酸，进一步磺化可得到 4-羟基-1,3-苯二磺酸。

$$C_6H_5OH \xrightarrow{浓 H_2SO_4} \begin{cases} \xrightarrow{20\sim25℃} o\text{-}HOC_6H_4SO_3H \\ \xrightarrow{100℃} p\text{-}HOC_6H_4SO_3H \end{cases} \xrightarrow[\triangle]{发烟 H_2SO_4} 4\text{-}HO\text{-}C_6H_3(SO_3H)_2\text{-}1,3$$

（4）亚硝化

苯酚在酸性溶液中与亚硝酸作用，生成对亚硝基苯酚。

$$HONO \overset{H^+}{\rightleftharpoons} H_2\overset{+}{O}—NO \longrightarrow \overset{+}{N}O + H_2O$$

$$C_6H_5OH \xrightarrow[5\sim10℃]{NaNO_2,\ H_2SO_4} p\text{-}HOC_6H_4NO$$

尽管由亚硝酸产生的亚硝基正离子是较弱的亲电试剂，但由于酚羟基对苯环较强的活化作用，它也能比较容易地与苯酚进行亲电取代反应。

3. 成酯和成醚

酚与醇不同，它不能与酸直接酯化成酯，但可以用酸酐或酰氯等化合物与酚作用制备有机酸酯及无机酸酯。例如：

$$C_6H_5—OH + \underset{醋酸酐}{(CH_3\overset{O}{\overset{\|}{C}})_2O} \longrightarrow \underset{醋酸苯酯}{C_6H_5—O\overset{O}{\overset{\|}{C}}—CH_3} + CH_3COOH$$

$$C_6H_5—OH + \underset{乙酰氯}{CH_3\overset{O}{\overset{\|}{C}}—Cl} \longrightarrow C_6H_5—O\overset{O}{\overset{\|}{C}}—CH_3 + HCl$$

$$3\ C_6H_5—OH + \underset{磷酰氯}{POCl_3} \longrightarrow \underset{磷酸三苯酯}{(C_6H_5—O)_3PO} + 3HCl$$

因为酚羟基的碳氧键比较牢固，一般不能通过分子间脱水成醚，因此制备 $C_6H_5—O—R$ 型芳醚，采用酚在碱性溶液中与卤代烃作用。反应可在水、乙醚或其他有机溶剂中进行。例如：

$$C_6H_5—OH + CH_3CH_2Br \xrightarrow[H_2O]{NaOH} C_6H_5—OCH_2CH_3 + NaBr$$

制备二芳醚时，可用酚钠与卤代芳烃作用。由于芳环上的卤原子不活泼，需用催化剂并在高温下反应。例如：

$$C_6H_5—ONa + Br—C_6H_5 \xrightarrow[210℃]{Cu} C_6H_5—O—C_6H_5$$

4. 与三氯化铁的显色反应

具有烯醇式结构的化合物能与三氯化铁反应生成有色物。苯酚也具有烯醇式结构，所以苯酚能与三氯化铁溶液作用显色。例如：苯酚、间苯二酚及 α-萘酚显示紫色，对苯二酚和邻苯二酚显示绿色，邻、间、对三种甲酚显示蓝色。酚与三氯化铁的颜色反应机理比较复杂，一般认为是生成了配合物的缘故。

$$6ArOH + FeCl_3 \rightleftharpoons 6H^+ + 3Cl^- + \underset{\text{显色}}{[Fe(OAr)_6]^{3-}}$$

5. 氧化反应

酚类很容易被氧化，空气中的氧就能将其氧化，酚氧化物的颜色随着氧化程度的加大而逐渐加深，由无色而呈粉红色、红色，以至深褐色。用重铬酸钾与苯酚作用，得到黄色的对苯醌。

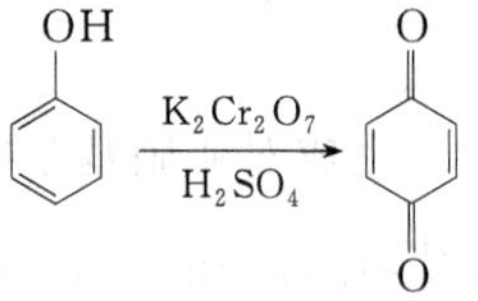

$$C_6H_5OH \xrightarrow[H_2SO_4]{K_2Cr_2O_7} O{=}C_6H_4{=}O$$

醌被继续氧化，碳环破坏，生成复杂的混合物。

多元酚更容易氧化，弱氧化剂如 Ag_2O 就可以将它们氧化成邻苯醌和对苯醌。

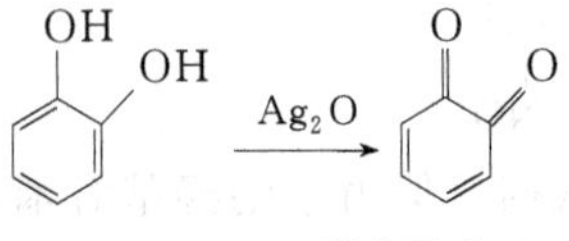

$$\text{邻苯二酚} \xrightarrow{Ag_2O} \text{邻苯醌（红色）} \qquad \text{对苯二酚} \xrightarrow{Ag_2O} \text{对苯醌（黄色）}$$

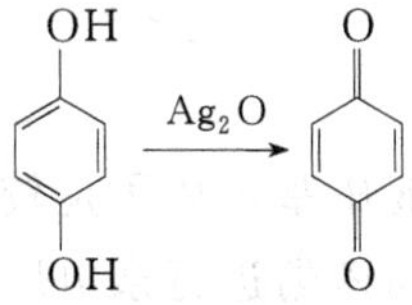

三、重要的酚

（一）苯酚

苯酚俗称石炭酸，纯苯酚为无色结晶固体，熔点 43℃，沸点 182℃。苯酚见光及遇空气中的氧被氧化而呈微红色。苯酚微溶于水，在 20℃时，100g 水中可溶解 8g；在 68℃以上时则与水完全混溶，它易溶于乙醇及乙醚等有机溶剂。

苯酚可以从煤焦油中提取，但由于它的用途不断增加，从煤焦油中提取的苯酚已不能满足工业发展的需要，现大部分的苯酚用合成方法得到。目前的合成方法主要有下列几种：

1. 异丙苯的氧化-酸解法

以丙烯和苯为原料，在三氯化铝催化下进行烷基化，生成异丙苯，再用空气氧化成过氧化氢异丙苯，后者在硫酸催化下即分解成苯酚和丙酮。

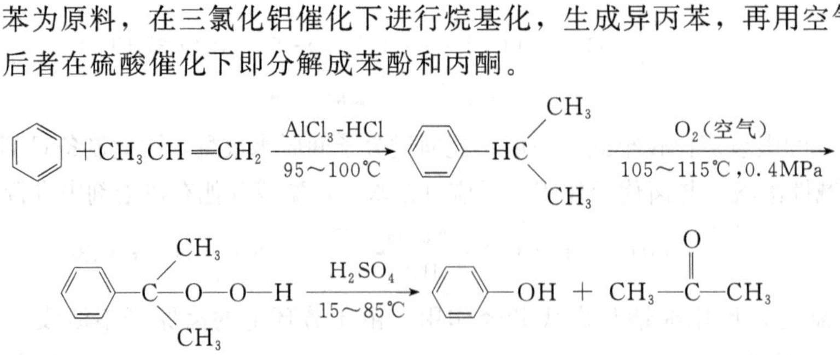

$$C_6H_6 + CH_3CH{=}CH_2 \xrightarrow[95\sim100℃]{AlCl_3\text{-}HCl} C_6H_5\text{—}HC(CH_3)_2 \xrightarrow[105\sim115℃,0.4MPa]{O_2(\text{空气})}$$

$$C_6H_5\text{—}C(CH_3)_2\text{—}O\text{—}O\text{—}H \xrightarrow[15\sim85℃]{H_2SO_4} C_6H_5\text{—}OH + CH_3\text{—}\overset{O}{\overset{\|}{C}}\text{—}CH_3$$

2. 苯磺化碱熔法

苯经磺化、中和制成苯磺酸钠，将苯磺酸钠与氢氧化钠一起加热熔融，生成苯酚钠，酸化即得苯酚。

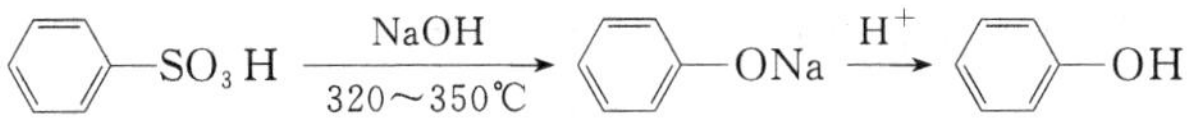

$$C_6H_5-SO_3H \xrightarrow[320\sim350℃]{NaOH} C_6H_5-ONa \xrightarrow{H^+} C_6H_5-OH$$

3. 氯苯的碱性水解

由于氯苯分子中的氯原子很不活泼，因此氯苯的水解反应要在高温、高压下进行。

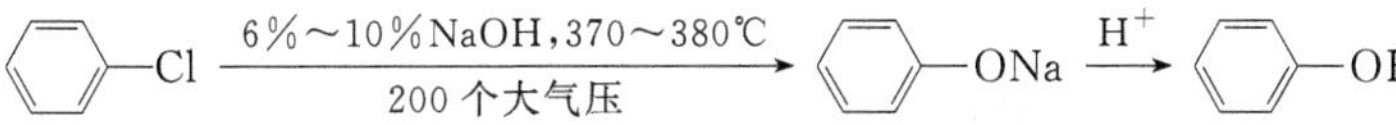

$$C_6H_5-Cl \xrightarrow[200\text{个大气压}]{6\%\sim10\%NaOH,370\sim380℃} C_6H_5-ONa \xrightarrow{H^+} C_6H_5-OH$$

（二）苯二酚

苯二酚有邻、间、对三种异构体。

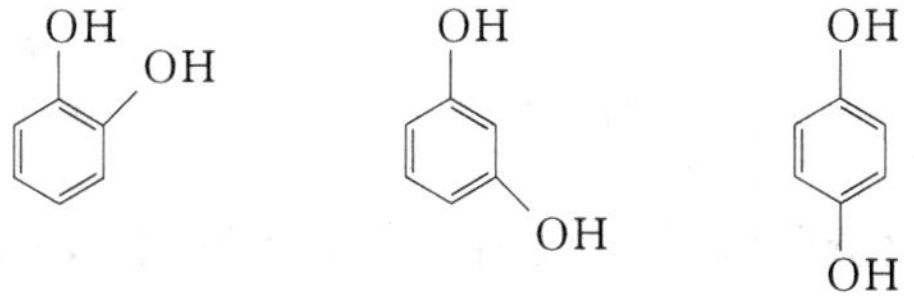

邻苯二酚俗称儿茶酚，是无色固体，可溶于水中。工业上邻苯二酚由邻氯苯酚水解得到。

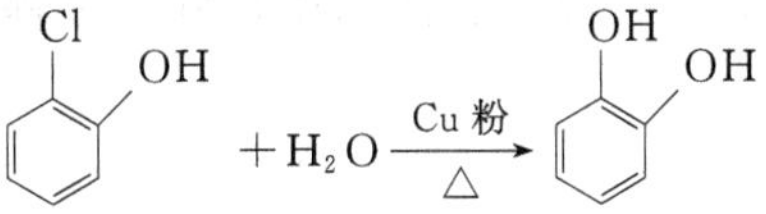

$$\text{邻氯苯酚} + H_2O \xrightarrow[\triangle]{Cu\text{粉}} \text{邻苯二酚}$$

常用的急救药物肾上腺激素中含有儿茶酚的结构。

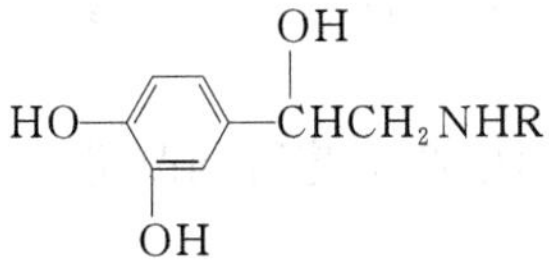

$$HO-C_6H_3(OH)-CH(OH)CH_2NHR$$

R=—CH_3 肾上腺素

R=—H 去甲肾上腺素

R=—$CH(CH_3)_2$ 异丙肾上腺素

间苯二酚为无色结晶，熔点110℃，易溶于水。还原性不如邻苯二酚和对苯二酚强。工业上间苯二酚可由间苯二磺酸钠碱熔制备。

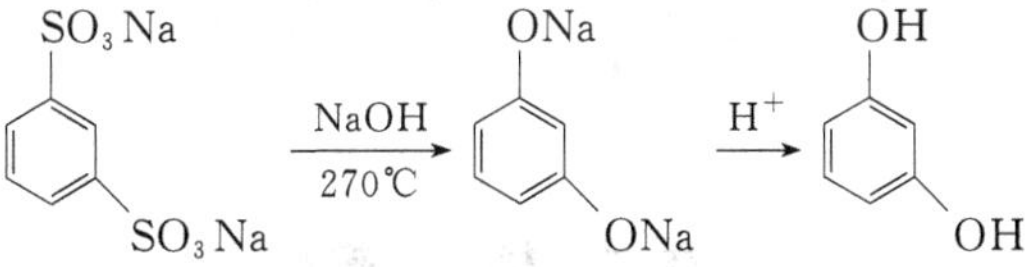

$$m\text{-}C_6H_4(SO_3Na)_2 \xrightarrow[270℃]{NaOH} m\text{-}C_6H_4(ONa)_2 \xrightarrow{H^+} m\text{-}C_6H_4(OH)_2$$

对苯二酚为无色固体，由于结构对称，故在苯二酚的三个异构体中它的熔点最高，达170℃，在水中的溶解度也最小。对苯二酚是苯二酚中还原能力最强的一个，极易被氧化为对苯醌。

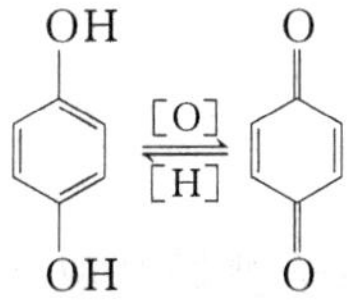

$$p\text{-}C_6H_4(OH)_2 \underset{[H]}{\overset{[O]}{\rightleftharpoons}} O=C_6H_4=O$$

对苯二酚可由对苯醌还原制备，因此对苯二酚又称为氢醌。由于对苯二酚是强还原剂，因此可用作显影液，它还用作高分子单体的阻聚剂。

（三）萘酚

萘酚包括 α-萘酚和 β-萘酚两种异构体：α-萘酚（1-萘酚），β-萘酚（2-萘酚）。

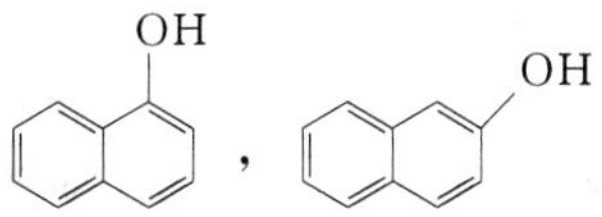

α-萘酚熔点为94℃，沸点279℃；β-萘酚熔点为123℃，沸点286℃。两种萘酚均为重要的染料中间体，应用于染料工业。制备 α-萘酚和 β-萘酚的传统工艺是采用萘磺化碱熔法。

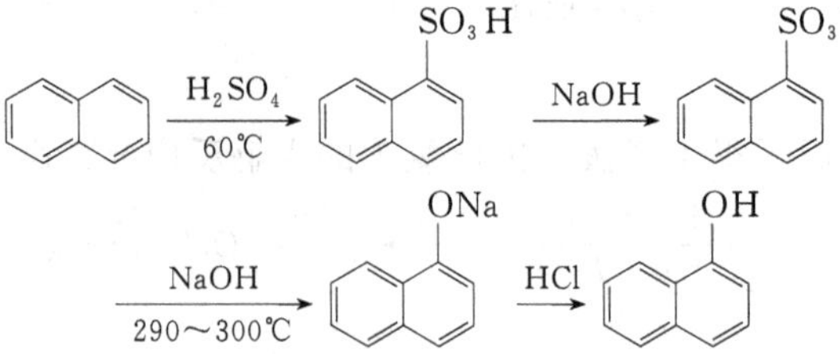

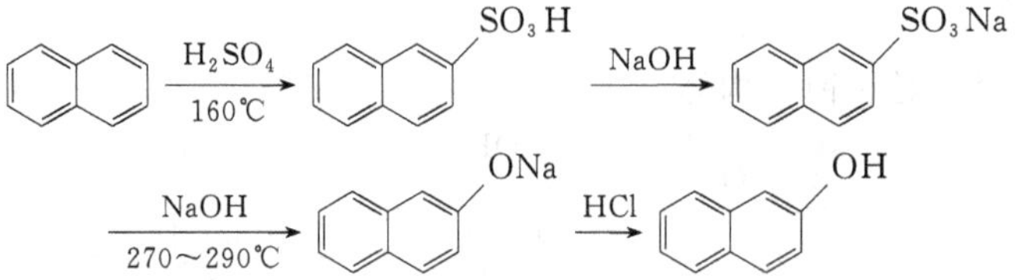

$$\text{萘} \xrightarrow[60℃]{H_2SO_4} \text{(1-}SO_3H\text{)} \xrightarrow{NaOH} \text{(1-}SO_3Na\text{)} \xrightarrow[290\sim300℃]{NaOH} \text{(1-}ONa\text{)} \xrightarrow{HCl} \text{(1-}OH\text{)}$$

$$\text{萘} \xrightarrow[160℃]{H_2SO_4} \text{(2-}SO_3H\text{)} \xrightarrow{NaOH} \text{(2-}SO_3Na\text{)} \xrightarrow[270\sim290℃]{NaOH} \text{(2-}ONa\text{)} \xrightarrow{HCl} \text{(2-}OH\text{)}$$

α-萘酚的制备除了萘磺化碱熔法外，还有甲萘胺水解法、α-氯萘水解法和四氢萘氧化脱氢法等，前三种方法具有产率低、毒性大、设备腐蚀严重、三废量多、生产能力低等缺点，而四氢萘氧化脱氢法具有产率高、三废少、产品质量好、过程连续、生产能力大等优点。其反应式如下：

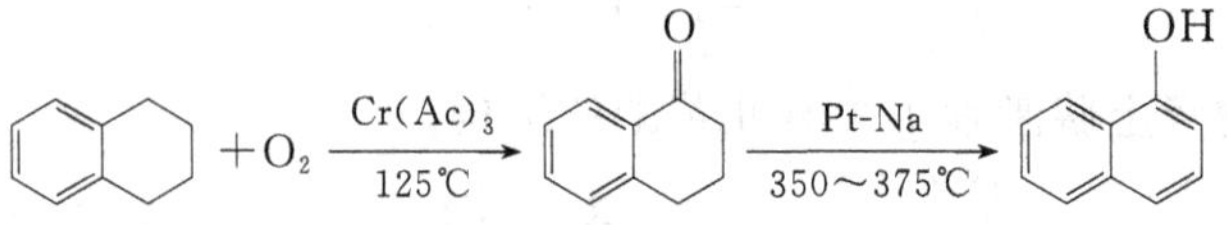

$$\text{四氢萘} + O_2 \xrightarrow[125℃]{Cr(Ac)_3} \text{四氢萘酮 (C=O)} \xrightarrow[350\sim375℃]{Pt\text{-}Na} \text{(1-}OH\text{)}$$

四氢萘酮

随着生产的需要和对三废危害的重视，β-萘酚的生产工艺得到改进，其中比较好的生产方法是异丙萘的氧化、酸解法。反应式如下：

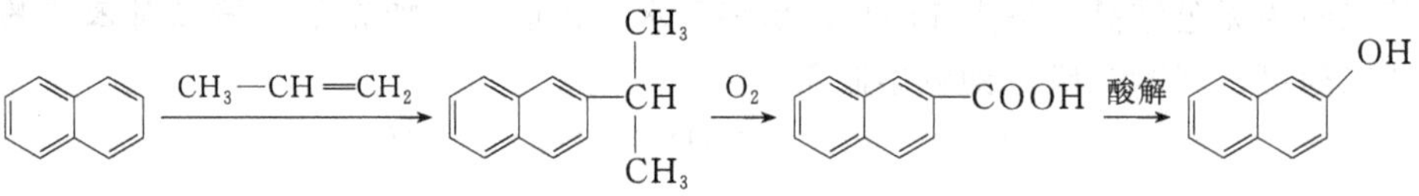

$$\text{萘} \xrightarrow{CH_3-CH=CH_2} \text{(2-}CH(CH_3)_2\text{)} \xrightarrow{O_2} \text{(2-}COOH\text{)} \xrightarrow{\text{酸解}} \text{(2-}OH\text{)}$$

第三节　醚

一、醚的分类、命名和结构

（一）分类

醚可以看作是醇分子中的羟基氢原子被烃基取代的衍生物。醚的通式可用 R—O—R′、Ar—O—Ar′或 Ar—O—R 表示。当两个烃基相同时称为对称醚或简单醚；两烃基不同时，称为不对称醚或混合醚。根据两个烃基的类别，醚还可分为脂肪醚和芳香醚。包含在环中的醚称为环醚或环氧化合物。如：

$C_2H_5-O-C_2H_5$	$CH_3-O-C_2H_5$	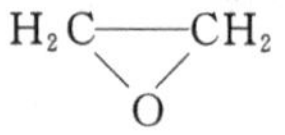 H_2C-CH_2（环，O 桥连）
乙醚	甲乙醚	环氧乙烷
（简单醚）	（混合醚）	（环醚）

（二）命名

结构简单的醚，其命名方法是先写出两个烃基的名称，再加“醚”字；常常省去烃基的“基”字；对于单醚可省略前面的“二”字（但对芳香醚和某些不饱和烃基醚习惯上保留“二”字）；对于混醚，则将较小的烃基放在前面，芳基则放在烃基的前面。例如：

$CH_3—O—CH_3$ 甲醚　　$CH_3—O—CH_2CH_3$ 甲乙醚　　$C_6H_5—O—C_6H_5$ 二苯醚

$CH_2═CHCH_2—O—CH_3$ 甲基烯丙基醚　　$CH_3—C_6H_4—OC_2H_5$ 对甲苯乙醚　　$C_6H_5—OCH_3$ 苯甲醚

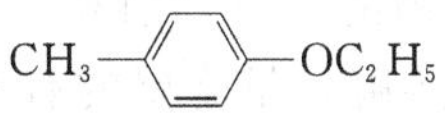

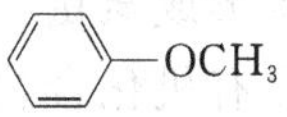

结构较复杂的醚用系统命名法命名。选择与氧相连、碳原子数较多的烃基作为母体主链，把另一简单烃基和氧原子看作烷氧基。命名原则与前面讨论过的系统命名规则相同。例如：

$CH_3CH_2CH_2CH(OCH_3)CH_2CH_3$ 3-甲氧基己烷　　$HOCH_2—CH_2OC_2H_5$ 2-乙氧基乙醇

$CH_3OCH═CHCH_2CH_3$ 1-甲氧基-1-丁烯　　$CH_3OCH_2CH_2OCH_3$ 1，2-二甲氧基乙烷

多元醇中的一部分羟基被衍生为醚时，可在多元醇的名称之后，在“醚”字之前，加上烷基名称及其位次，并常常省去烃基的基字。例如：

$CH_2OCH_2CH_3—CHOH—CH_2OH$ 丙三醇-1-乙醚　　$CH_3—O—CH_2—CH_2—O—CH_3$ 乙二醇二甲醚

环醚命名时，通常用“环氧”作词头，称为“环氧某烷”，并标明环氧键所在碳原子的位置。有时也可按相应的杂环化合物的名称或采用普通命名法。例如：

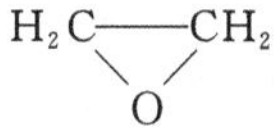

环氧乙烷 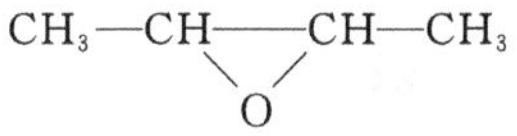　　2,3-环氧丁烷 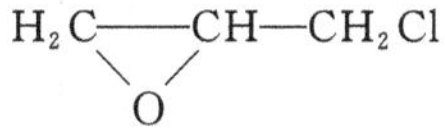　　3-氯-1,2-环氧丙烷 　　1,4-环氧丁烷［四氢呋喃(THF)］　　1,4-二氧六环

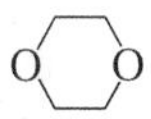

（三）结构

醚分子中的C—O—C键称为醚键，是醚的官能团。醚的氧原子也是sp^3杂化，C—O—C键不是直线型的，而是与H_2O分子类似的V型。醚键是偶极键，所以醚是弱极性分子，但比烷烃的极性大。甲醚的结构如下：

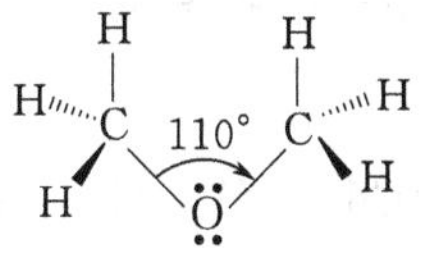

（甲醚结构：C—O—C键角 110°）

二、醚的性质

（一）物理性质

在常温下除了甲醚和甲乙醚为气体外，大多数醚均为易挥发、易燃的液体。与醇不同，

醚分子间不能形成氢键，无缔合现象，所以其沸点和分子量相同的醇相比要低很多。例如，乙醇的沸点为78.3℃，甲醚为−4.9℃；正丁醇的沸点为117.7℃，乙醚为34.6℃。

多数醚不溶于水，但比烷烃在水中的溶解度大。低级醚在水中的溶解度与分子量相近的醇接近，因为醚分子中的氧原子可与水中的氢原子形成氢键，如乙醚和丁醇在水中的溶解度相近（8g/100g）。常用的四氢呋喃和1,4-二氧六环能与水完全互溶，这是由于二者的氧和碳形成环，氧原子突出在外，容易与水形成氢键。而大多数醚中的氧原子“被包围”在分子之中，难以与水形成氢键，仅仅稍溶于水。有机化合物分子中的醚键增多，则水溶解性增加。醚能与许多有机化合物相互溶解，是重要的有机溶剂。一些常见醚的物理常数见表9-3。

表9-3 一些常见醚的物理常数

名称	熔点/℃	沸点/℃	相对密度 d_4^{20}
甲醚	−141.5	−24.9	0.6610
甲乙醚	—	10.8	0.7252
乙醚	−116.2	34.6	0.7137
正丙醚	−123.2	99.6	0.7466
异丙醚	−86.9	68.4	0.7258
正丁醚	−98.0	142.4	0.7694
正戊醚	−69.4	186.8	0.7833
乙烯基乙醚	−115.8	35.7	0.7531
苯甲醚	−37.4	153.8	0.9942
苯乙醚	−30	172.0	0.9670
二苯醚	27.0	258.3	1.0860
环氧乙烷	−112.4	10.6	0.8911
1,2-环氧丙烷	−112.1	34.2	0.8590
四氢呋喃	−108.5	66.0	0.8892
1,4-二氧六环	11.7	101.2	1.0337

（二）化学性质

醚的性质比较稳定，在一般情况下醚与许多试剂如氧化剂、还原剂、碱等都不发生反应，但由于醚键的存在，它也可以发生一些特有的反应。

1. 鎓盐的生成

醚分子结构中的氧原子具有未共用电子对，可以与强无机酸如浓盐酸或浓硫酸等作用，生成鎓盐。例如：

$$C_2H_5-\ddot{\underset{\cdot\cdot}{O}}-C_2H_5 + \text{浓 } HCl \longrightarrow [\,C_2H_5-\overset{H}{\underset{\cdot\cdot}{O}}-C_2H_5\,]^+Cl^-$$

由于醚分子中的氧原子接受质子的能力不太强，醚生成的鎓盐只能在低温下存在于浓酸中，若用水稀释，则鎓盐分解而分离出原来的醚。在实验室中可以利用醚形成鎓盐后，溶于浓酸中这一特点，区别醚与烷烃或卤代烃，并且可以分离它们。

2. 醚键的断裂

将醚与强无机酸如氢碘酸、氢溴酸、浓硫酸等作用，首先形成𬭩盐，加热则醚键断裂。例如：

$$C_2H_5-\ddot{\underset{\cdot\cdot}{O}}-C_2H_5+浓\ HI \rightleftharpoons [C_2H_5-\overset{H}{\underset{\cdot\cdot}{O}}-C_2H_5]^+ I^- \xrightarrow{\triangle} C_2H_5OH+C_2H_5I$$

$$C_2H_5OH \xrightarrow{过量HI} C_2H_5I$$

在较高温度下，生成的醇继续与氢碘酸作用，生成两分子碘代烷。

混醚与氢碘酸作用时，一般是较小的烃基生成碘代烷。例如：

$$RCH_2-O-CH_3 \xrightarrow[\triangle]{HI} RCH_2OH+CH_3I$$

芳基烷基醚与氢卤酸作用时，总是烷氧基断裂生成酚和卤代烷。这是因为氧原子和芳环之间的 C—O 键由于 p-π 共轭结合得较牢。例如：

$$C_6H_5-O\vdots CH_3 \xrightarrow[\triangle]{HI} C_6H_5-OH + CH_3I$$

二芳醚（如二苯醚）与氢碘酸作用，则醚键不会断裂。

3. 过氧化物的形成

许多烷基醚，若与空气长时间接触，则逐渐生成有机过氧化物。例如：

$$CH_3CH_2OCH_2CH_3+O_2 \longrightarrow CH_3\underset{}{\overset{OOH}{\overset{|}{C}}}HOCH_2CH_3$$

醚的过氧化物不易挥发，受热时易爆炸。在蒸馏醚时注意不要把醚蒸干，以免发生爆炸事故。醚中是否有过氧化物，可以用淀粉碘化钾试纸检验或者用硫酸亚铁和硫氰酸钾（KSCN）混合溶液检验，如有过氧化物存在，可使淀粉碘化钾试纸变蓝或使 $FeSO_4$-KSCN 混合溶液变红。除去过氧化物的方法是在醚中加入适量的 5% 的 $FeSO_4$ 溶液，使过氧化物分解破坏。

三、醚的制备

（一）醇的脱水

醇的脱水除了用硫酸和三氧化二铝作催化剂外，还可用芳香族磺酸、氟化硼作催化剂。在操作中应严格控制温度，若温度过高，将生成大量的烯烃（参见本章醇的“脱水反应”）。利用醇脱水制备醚时，一级醇产量最高，二级醇的产量很低，三级醇则只能得到烯烃。醇脱水法只适用于制备低级的简单醚。制备混合醚和芳醚需用其他方法。

（二）威廉姆逊反应

威廉姆逊反应是指用卤代烷或硫酸烷酯和醇钠（或醇钾）作用生成醚的反应。例如：

$$R-O^-Na^+ + X-R' \longrightarrow R-O-R'+NaX$$

所用的卤代烷以溴代烷最为有效，所用硫酸烷酯可用硫酸二甲酯或硫酸二乙酯。利用威廉姆逊反应既可以制备单醚也可以制备混醚，更适合制备混醚。

需要注意，叔卤代烷与醇钠反应时几乎都生成烯烃，因为叔丁基溴空间位阻较大，不利于进行亲核取代，却有利于消除反应而生成烯烃。例如：

$$H_3C-\underset{CH_3}{\overset{CH_3}{C}}-Br + H_3C-O^- Na^+ \longrightarrow (H_3C)_2C{=}CH_2 + CH_3OH + NaBr$$

所以，合成叔丁基醚，需选用叔丁基醇钠与卤代烷作用，因为叔丁基氧负离子是一个强碱，碘甲烷的空间位阻又极小，故能进行双分子亲核取代（S_N2）反应而生成醚。

$$H_3C-\underset{CH_3}{\overset{CH_3}{C}}-O^- Na^+ + CH_3I \xrightarrow{S_{N2}} H_3C-\underset{CH_3}{\overset{CH_3}{C}}-O-CH_3 + NaI$$

芳基醚的合成有两种方式。

第一种即威廉姆逊醚合成法，可采用酚钠或酚钾与卤代烷反应得到，该反应也称为“酚羟基的烷基化”。

$$HO-C_6H_4-OH + 2NaOH \xrightarrow{H_2O} NaO-C_6H_4-ONa \xrightarrow[70\sim120℃,>0.1MPa]{2CH_3I} CH_3O-C_6H_4-OCH_3$$

烷基化试剂除卤代烷外，还可用氯乙酸、各种对甲苯磺酸烷基酯以及环氧乙烷等。例如：

$$C_{10}H_7-OH + ClCH_2COOH \xrightarrow{KOH} C_{10}H_7-OCH_2COOK \xrightarrow{H^+} C_{10}H_7-OCH_2COOH$$

第二种是芳环上的卤原子被烷氧基取代，也称“烷氧基化”。芳环上的卤原子被烷氧基取代的反应属于亲核取代反应，由于卤原子与芳环存在 p-π 共轭，反应不易进行，例如氯苯与乙醇钠就很难反应得到苯乙醚。只有当芳环上卤原子的邻位或对位存在使卤原子活化的吸电子基团时，卤原子被烷氧基取代的反应才较易进行。

$$C_6H_5Cl + CH_3CH_2ONa \not\longrightarrow C_6H_5OCH_2CH_3$$

$$O_2N-C_6H_4-Cl + CH_3OH + NaOH \longrightarrow O_2N-C_6H_4-OCH_3 + NaCl + H_2O$$

硝基还原后还可得到相应的氨基酚醚。

四、重要的醚

（一）乙醚

乙醚是最常用的一种醚，它是易挥发的无色液体，沸点 34.6℃，微溶于水，能溶解许多有机化合物。乙醚最重要的用途是作溶剂。纯乙醚在医疗上可用作麻醉剂。

乙醚极易着火，它的蒸气和空气混合到一定比例时，遇火引起猛烈爆炸，即使没有火焰，乙醚的蒸气遇到热的金属（如铁丝网）也会着火，因此在制备和使用乙醚时应远离火源。

在有机合成中需要使用无水乙醚时，可先用固体氯化钙处理，再用金属钠处理，以除去水和乙醇。

乙醚在空气中会慢慢氧化成过氧化物，后者不稳定，加热易爆炸。为了防止乙醚的氧化，市售的乙醚中，常加入极少量的抗氧剂二乙氨基二硫代甲酸钠，结构式如下：

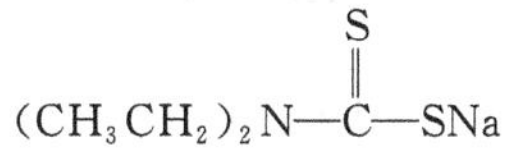

$$(CH_3CH_2)_2N-\overset{\overset{\displaystyle S}{\|}}{C}-SNa$$

（二）异丙醚

异丙醚为无色液体，沸点 68.4℃，有乙醚的气味，微溶于水，它也是有机化合物的优良溶剂，由于挥发性较乙醚小，使用较安全，在实验室和生产中可用异丙醚代替乙醚作溶剂。

异丙醚可由异丙醇脱水制备。

$$2(CH_3)_2CHOH \xrightarrow[100\sim125℃]{70\%H_2SO_4} (CH_3)_2CHOCH(CH_3)_2 + H_2O$$

它也可由异丙醇与丙烯在三氟化硼催化下反应制备。

$$(CH_3)_2CHOH + CH_3CH{=}CH_2 \xrightarrow{BF_3} (CH_3)_2CHOCH(CH_3)_2$$

五、环醚

（一）环氧化合物

环氧化合物又称环醚。环醚中最常见的是三元环醚、五元环醚和六元环醚。如：

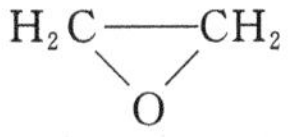

$$\underset{\diagdown\ O\ \diagup}{H_2C{-\!-}CH_2}$$

环氧乙烷（三元环醚）

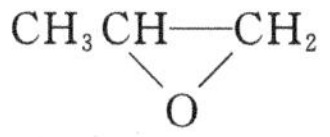

$$\underset{\diagdown\ O\ \diagup}{CH_3CH{-\!-}CH_2}$$

环氧丙烷（三元环醚）

$$\begin{array}{c}CH_2{-\!-}CH_2\\ |\qquad\quad |\\ CH_2\quad\ CH_2\\ \diagdown\ O\ \diagup\end{array}$$

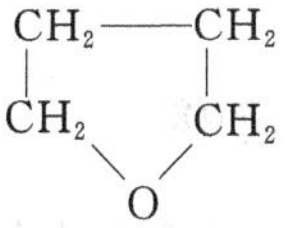

四氢呋喃（五元环醚）

五元环醚、六元环醚与开链醚的性质相似，它们的性质稳定。但三元环醚如环氧乙烷、环氧丙烷这类化合物，由于三元环结构使各原子的轨道不能充分重叠，而以弯曲键相互连接，因此分子中存在一种张力，极易开环发生反应。它们的性质和一般的醚完全不同，不仅可以与酸反应，而且反应速率快，条件温和，同时还能与不同的碱反应。下面以环氧乙烷为例介绍它们的有关性质。

1. 环氧乙烷的物理性质

环氧乙烷在常温下是无色气体，沸点 10.6℃。它可以与水任意混合，溶于乙醇、乙醚等有机溶剂中。环氧乙烷容易燃烧，与空气中的混合物在宽广的浓度范围 3%～80%（体积分数）形成爆炸性混合物，使用时要注意安全。环氧乙烷一般保存在钢瓶中。

2. 环氧乙烷的开环反应

（1）酸催化开环反应

在酸性条件下，环氧乙烷首先转变成质子化的鲜离子，然后由亲核试剂进攻电子云密度较低的碳原子，生成双官能团化合物。反应通式如下：

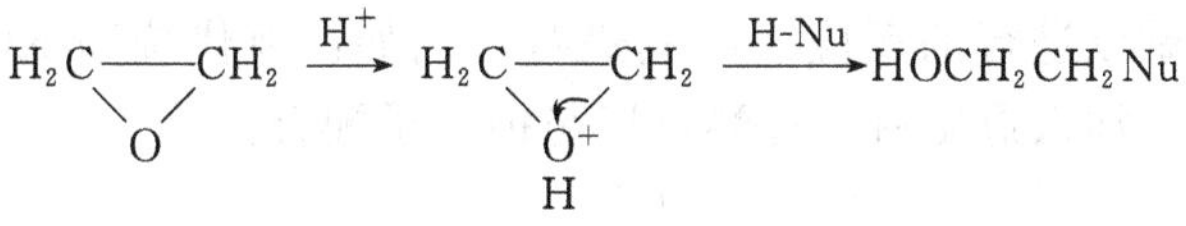

$$\underset{\diagdown\ O\ \diagup}{H_2C{-\!-}CH_2} \xrightarrow{H^+} \underset{\underset{H}{\diagdown\ O^+\ \diagup}}{H_2C{-\!-}CH_2} \xrightarrow{H\text{-}Nu} HOCH_2CH_2Nu$$

例如：

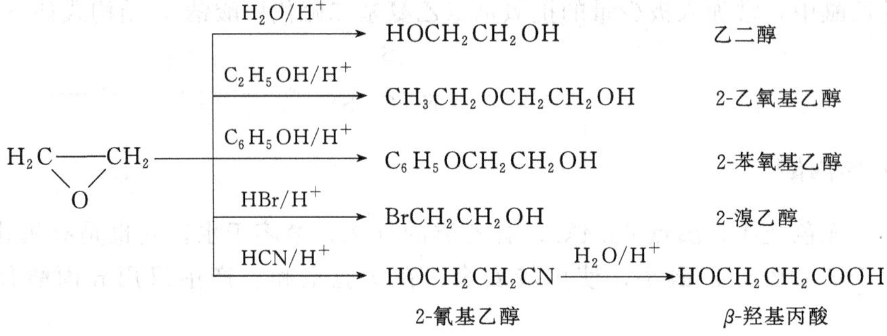

（2）碱催化开环反应

在碱性试剂存在下，C—O 键不能通过生成锌离子而被活化，因此环氧化合物的氧原子上不带正电荷。与酸催化开环反应所用的试剂相比较，碱催化下的开环反应需要采用碱性及亲核能力都比较强的试剂，如 RO^-、R-MgX、NH_3 等。

$$H_2C\overset{O}{—}CH_2 \xrightarrow{C_2H_5OH/OH^-} CH_3CH_2OCH_2CH_2OH \quad \text{2-乙氧基乙醇}$$

$$\xrightarrow{C_6H_5OH/OH^-} C_6H_5OCH_2CH_2OH \quad \text{2-苯氧基乙醇}$$

$$\xrightarrow{R\text{-}MgX} RCH_2CH_2OMgX \xrightarrow{H_2O/H^+} RCH_2CH_2OH \quad \text{伯醇}$$

$$\xrightarrow{NH_3} \underset{\text{2-氨基乙醇}}{H_2NCH_2CH_2OH} \xrightarrow{环氧乙烷} \underset{\text{二乙醇胺}}{HN(CH_2CH_2OH)_2} \xrightarrow{环氧乙烷} \underset{\text{三乙醇胺}}{N(CH_2CH_2OH)_3}$$

（二）冠醚

冠醚是一种含多个氧原子的大环醚，是二十世纪七十年代发展起来的具有特殊配合性能的化合物。它们的结构特征是分子中具$\left(OCH_2CH_2\right)_n$重复单位。由于它们的形状似皇冠，故称为冠醚。

冠醚的命名比较简单，以“*m*-冠-*n*”表示，*m* 代表环中总的原子数目，*n* 代表环中氧原子数目。例如：

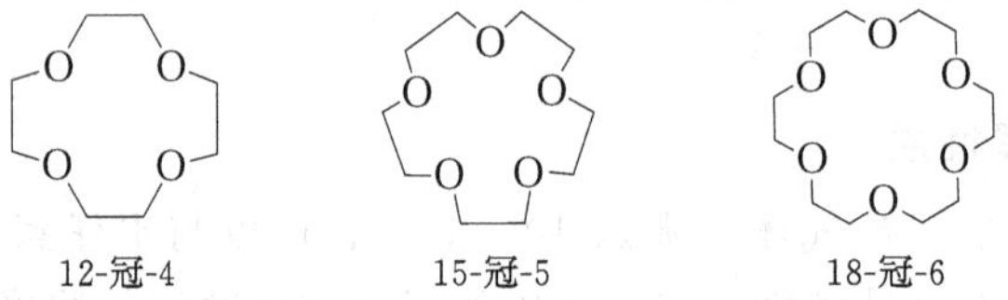

冠醚分子呈环形，氧原子向内，$—CH_2$ 基向外，当中有一个空穴，环上氧原子的孤对电子可以与金属配合。冠醚的结构不同，空穴的大小也不同，从而可以容纳大小不同的金属离子。例如，12-冠-4 与锂离子配合，15-冠-5 与钠离子配合，18-冠-6 与钾离子配合，这种选择性的配合特性可用于分离金属离子。

冠醚更重要的用途是作为相转移催化剂。冠醚可以使仅溶于水相的无机物因其中的金属离子被冠醚配合而转溶于非极性的有机溶剂中，从而使有机与无机两种反应物借助冠醚共处于同一有机相中，使难以进行的反应能顺利进行。例如：卤代烷和 KCN 水溶液相互不溶，成为两相，很难反应，加入冠醚后，冠醚可以与钾离子配合。

K^+ CN^-

这种配合物通常以ⓀCN⁻表示，Ⓚ带着 CN^- 一起进入有机溶剂中，使 KCN 由水相进入有机相，与 RX 迅速反应。冠醚的这种作用称为相转移催化作用。

$$RX + KCN \xrightarrow{\text{有机溶剂}} RCN + KX$$

由于冠醚在有机合成上的重要用途，几十年来，得到了许多研究和发展。然而，冠醚毒性很大，且合成难度较大、价格高，从而限制了它的应用。

第四节 硫醇、硫酚和硫醚

一、结构和命名

醇分子中的氧原子被硫原子代替后所形成的化合物称为硫醇，结构式为 RSH。硫醇的官能团是—SH，称为硫氢基或巯基。硫醇和硫酚的命名只需在相应的醇或酚的名字前加上"硫"字即可，例如：

CH_3SH 甲硫醇　$CH_2{=}CHCH_2SH$ 烯丙硫醇　$HOCH_2CH_2SH$ 2-巯基乙醇　$CH_3-C_6H_4-SH$ 对甲苯硫酚　$CH_3CH(CH_3)CH_2CH_2SH$ 3-甲基-1-丁硫醇

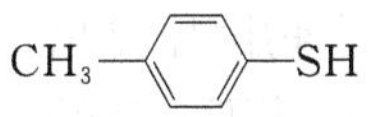

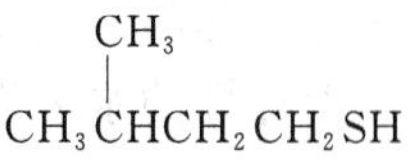

醚分子中的氧原子被硫原子代替所形成的化合物称为硫醚，结构式为：

$$(Ar)R{-}S{-}R'(Ar')$$

硫醚的命名只需在相应的"醚"字的名字前加上"硫"字即可，例如：

$CH_3{-}S{-}CH(CH_3)_2$ 甲异丙硫醚　$C_6H_5{-}S{-}CH_3$ 苯甲硫醚　CH_3SCH_3 二甲硫醚

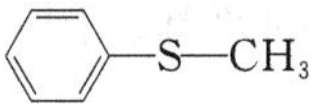

二、性质

（一）物理性质

虽然含硫化合物的分子量较相应的含氧化合物的分子量大，但是硫原子的电负性比氧小，形成氢键的能力弱得多，因此，硫醇的沸点比相应的醇低得多，如乙醇的沸点为78.3℃，乙硫醇的沸点为35℃。巯基与水难形成氢键，所以硫醇在水中的溶解度比相应的醇小。乙醇与水完全混溶，而乙硫醇在100mL水中只溶解1.5g。分子量较低的硫醇具有恶臭，空气中如含有 1×10^{-8}g/L 的乙硫醇即可以感觉到它的臭味，随着硫醇分子量的增大臭味逐渐变弱。

低级硫醚为无色液体，有臭味，但不如硫醇那样剧烈。硫醚不溶于水，可溶于醇和醚中。硫醚的分子量比相应的醚大，沸点也较相应的醚高，与分子量相近的硫醇相近。醚、硫醚及硫醇的沸点比较见表9-4。

表 9-4　醚、硫醚及硫醇的沸点比较

醚	沸点/℃	硫醚	沸点/℃	硫醇	沸点/℃
CH_3OCH_3	−24.9	CH_3SCH_3	37.5	CH_3CH_2SH	35.0
$C_2H_5OC_2H_5$	34.6	$C_2H_5SC_2H_5$	92.1	$CH_3(CH_2)_3SH$	98.2

（二）化学性质

1. 硫醇、硫酚的弱酸性

硫氢键的解离能比相应的氧氢键的解离能小，因此，硫醇、硫酚的酸性比相应的醇和酚的酸性强。例如，乙硫醇的 pK_a 为 10.5，虽然它难溶于水，但易溶于稀的氢氧化钠水溶液中，生成乙硫醇钠。而乙醇的 pK_a 为 18，不能与碱的水溶液反应。

$$C_2H_5SH + NaOH \longrightarrow C_2H_5SNa + H_2O$$

苯硫酚（C_6H_5SH）比相应的苯酚酸性强。苯硫酚可溶于碳酸氢钠水溶液中，而苯酚不能溶于碳酸氢钠水溶液中。硫氢键易解离还表现在硫醇易与汞、铅、铜等重金属盐反应形成难溶于水的硫醇盐沉淀。例如：

$$2CH_3CH_2SH + HgO \longrightarrow \underset{\text{二乙硫酸汞}}{(CH_3CH_2S)_2Hg\downarrow} + H_2O$$

$$2CH_3CH_2SH + (CH_3COO)_2Pb \longrightarrow \underset{\text{二乙硫醇铅}}{(CH_3CH_2S)_2Pb\downarrow} + 2CH_3COOH$$

平时我们所说的汞中毒或铅中毒，实际上是生物体内酶的巯基与汞或铅盐发生反应，使酶失去活性引起的。利用硫醇能与重金属离子反应这一特性，使硫醇与重金属离子形成不易解离的、无毒性的水溶性配合物随尿排出，可作为重金属盐类中毒的解毒剂。如 2,3-二巯基丙醇、二巯基丙磺酸钠、二巯基丁二酸钠等。

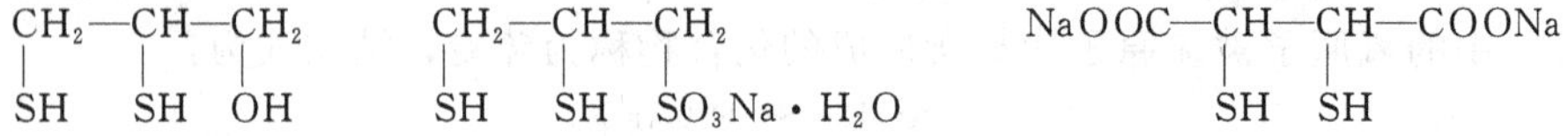

$CH_2(SH)—CH(SH)—CH_2OH$　2,3-二巯基丙醇

$CH_2(SH)—CH(SH)—CH_2SO_3Na \cdot H_2O$　二巯基丙磺酸钠

$NaOOC—CH(SH)—CH(SH)—COONa$　二巯基丁二酸钠

这些解毒剂中均含有两个相邻的巯基。例如 2,3-二巯基丙醇与汞离子发生如下反应：

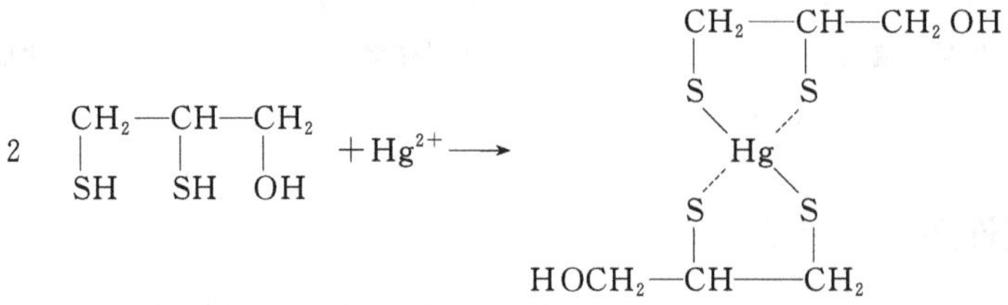

$$2\,CH_2(SH)—CH(SH)—CH_2OH + Hg^{2+} \longrightarrow$$ （两分子 2,3-二巯基丙醇各以两个 S 与 Hg 结合形成的配合物：$CH_2—CH—CH_2OH$ 经 S、S 连接 Hg，Hg 再经 S、S 连接 $HOCH_2—CH—CH_2$）

汞离子与硫醇形成配合物随尿排出，不再与酶的巯基反应，而且由于硫醇与金属的亲合力较大，可以夺取已与酶结合的汞离子，使酶的活性恢复。

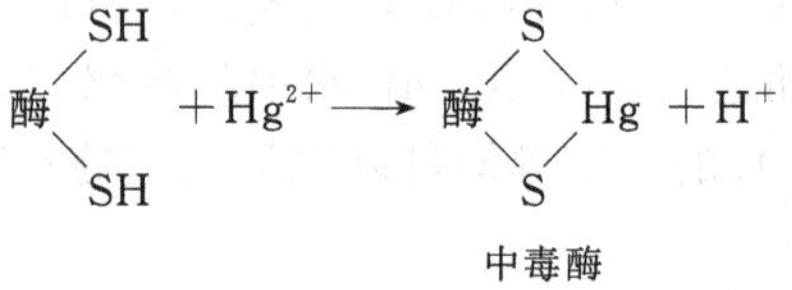

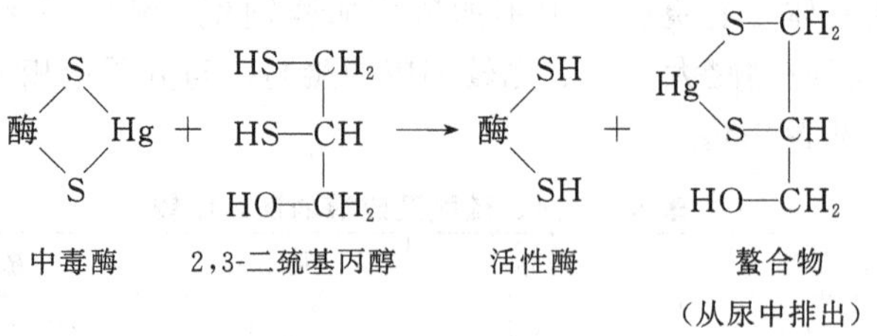

$$酶(SH)_2 + Hg^{2+} \longrightarrow \underset{\text{中毒酶}}{酶(S)_2Hg} + H^+$$

$$\underset{\text{中毒酶}}{酶(S)_2Hg} + \underset{\text{2,3-二巯基丙醇}}{HS—CH_2—CH(SH)—CH_2—OH} \longrightarrow \underset{\text{活性酶}}{酶(SH)_2} + \underset{\text{螯合物（从尿中排出）}}{Hg(S—CH_2—CH(S)—CH_2—OH)}$$

2. 氧化反应

醇被氧化时，氧化反应发生在 α-C—H 键而不是 O—H 键上，硫醇由于硫氢键 S—H 的

解离能较氧氢键 O—H 小，在弱氧化剂如过氧化氢、碘、三氧化二铁等作用下，硫氢键断裂，两分子硫醇结合成二硫化物。

$$2RSH \underset{[H]}{\overset{[O]}{\rightleftharpoons}} \underset{\text{二硫化物}}{R—S—S—R}$$

二硫化物中的“—S—S—”键称为二硫键。二硫化物在亚硫酸氢钠、锌等还原剂作用下，又可以还原为硫醇。

在生物体中，二硫键对于保护蛋白质分子的特殊构型具有重要的作用，二硫键与巯基之间的氧化-还原是一个极为重要的生理过程。硫酚也能进行上述的氧化反应。

硫醇和硫酚在高锰酸钾、硝酸等强氧化剂作用下，则发生较强烈的氧化反应，生成磺酸。

$$RSH \xrightarrow[H^+]{KMnO_4} RSO_3H$$

$$C_6H_5SH \xrightarrow[H^+]{KMnO_4} C_6H_5SO_3H$$

硫醚因分子中的硫原子上留有两对孤对电子，可以与氧原子进一步成键，使硫的化合价从 2 价变为 4 价或 6 价，即在适当的氧化条件下硫醚可分别被氧化为亚砜和砜。

硫醚在比较缓和的条件下氧化，如在室温与过氧化氢、高碘酸钠等弱氧化剂作用，生成亚砜。在强烈的氧化条件下，如在较高温度下，用发烟硝酸或高锰酸钾氧化，生成砜。

$$R—S—R' \xrightarrow{[O]} R—\overset{O}{\overset{\|}{S}}—R' \xrightarrow{[O]} R—\underset{O}{\underset{\|}{\overset{O}{\overset{\|}{S}}}}—R'$$

亚砜的制备比较困难，因为亚砜容易进一步氧化为砜。一方面要选用较弱或者容易控制的氧化剂，另一方面还要严格控制氧化剂的用量及反应温度。

在工业上应用较广的砜有二甲亚砜和环丁砜。

二甲亚砜是亚砜分子中最小的化合物，简称 DMSO，它是无色的液体，熔点 18.5℃。由于二甲亚砜的强极性，所以它是极好的溶剂，不仅能溶解大多数有机化合物，而且能溶解无机盐。另外，二甲亚砜还具有镇痛、消炎作用。

工业上二甲亚砜的制备由甲硫醚氧化而得，甲硫醚可以用甲醇与硫化氢作用合成。反应如下：

$$2CH_3OH + H_2S \xrightarrow[38℃]{Al_2O_3} CH_3SCH_3 + 2H_2O$$

$$CH_3SCH_3 + NO_2 \xrightarrow{40\sim55℃} \underset{\text{二甲亚砜}}{CH_3—\overset{O}{\overset{\|}{S}}—CH_3} + NO$$

环丁砜是低熔点固体，熔点为 27.4～27.8℃，沸点 285℃，溶于水，是一种优良的有机溶剂。环丁砜在 220℃以下有很好的热稳定性，220℃以上则慢慢放出二氧化硫和不饱和烃。

在工业上环丁砜由丁二烯与二氧化硫作用，再经催化加氢制备。

$$CH_2{=}CH—CH{=}CH_2 + SO_2 \longrightarrow \text{(环丁烯砜)} \xrightarrow[Ni]{H_2} \underset{\text{环丁砜}}{\text{(环丁砜)}}$$

3. 锍盐的生成

硫醚在室温下即能与卤代烃反应，生成锍盐。

$$R—S—R' + R''X \longrightarrow \left[\begin{array}{c} R'' \\ | \\ R—S—R' \end{array} \right]^+ X^-$$

锍盐具有一般盐类的性质，易溶于水。硫醚与卤代烃形成锍盐的反应与叔胺形成季铵盐的反应类似（参见第十三章含氮有机化合物）。

名人追踪

威廉姆逊（A. W. Williamson，1824—1904）

1824 年出生在英国伦敦。在儿童时代健康不佳，加上医生的错误治疗，使他的身体受到严重伤害，左臂致残，右眼失明，左眼视力也很差，立体视觉效果丧失。父亲退休后，全家移居法国，后到德国威斯巴登。在父亲授意下，威廉姆逊进入德国著名的海德尔堡大学学医。童年的创伤使他很不喜欢医务人员，学习成绩一般。然而，当时该校著名德国化学家葛美林（L. Gmelin，1788—1853）讲授的化学课深深吸引了他，遂不顾父亲的反对，决心走自己的路，弃医学化。跟随葛美林学习了三年后，1844 年听从葛美林的建议，去到吉森大学，师从化学家李比希。由于他杰出的才能和研究成果，在没有做专门的学位论文情况下，于 1845 年被授予了博士学位。1849 年，他被聘任为伦敦大学教授，从此，在那里开始了他一生最辉煌的时光。

威廉姆逊的科学研究几乎涉及了从无机、分析到有机、物化的各个领域，甚至延伸到了应用化学等工程技术领域，而在 19 世纪形成的有机化学和物理化学是他做出不朽贡献的主要领域。

19 世纪上叶，正处在有机化学的初创时期，威廉姆逊坚定地走进“这片杂乱而茂密的原始森林”。1850 年在爱丁堡举行的英国科学促进协会上，他首次公布了醚化理论，把醇和醚归为水型化合物，即乙醚和乙醇之间并不是失水和加水的关系，而是一种取代关系。这个观点通过由乙醇钾和碘甲烷反应制得一种混合醚而非甲醚和乙醚的混合物得到进一步证实。由于混合醚是威廉姆逊首次制得，所以制备混合醚的反应一直被称为威廉姆逊合成法。

威廉姆逊在对持续的醚化过程做深入研究时，从动态中把握原子和分子的行为，把当时已走向分裂的化学和物理学统一起来，最先提出化学动态平衡概念，十年后成为质量作用定律提出的重要基础，二十年后则从热力学角度给予它完整的理论证明。此外，威廉姆逊还开展了一系列化工实验和生产工作，致力于应用化学研究。他还是一位杰出的科学教育家，十分重视实验训练在化学教育中的作用，为在实验室工作的最优秀学生提供了每年 50 英镑的奖学金。

1862 年威廉姆逊获得英女王勋章，1863—1865 年和 1869—1871 年两度当选为英国化学会会长，1873 年出任英国科学促进协会会长，1873—1889 年担任英国皇家学会外交秘书长，还参与了许多其他方面的科学社会活动。威廉姆逊是科学史上身残志坚、自强不息的成功典范。

习 题

1.命名下列化合物。

(1) $CH_3CH{=}C(CH_2CH_3)CH_2OH$　(2) $HC{\equiv}CCH_2CH_2OH$　(3) $CH_2{=}CHCH(OH)CH(OH)CH{=}CH_2$

(4) 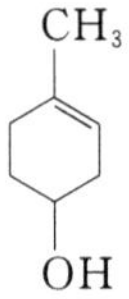 4-甲基环己-3-烯醇结构（环上 CH_3，OH）　(5) 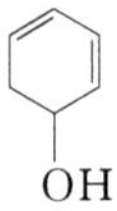 环己二烯醇结构（OH）　(6) 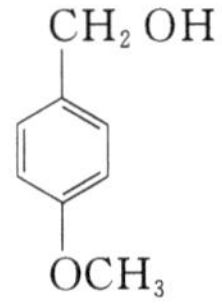 对位 CH_2OH 与 OCH_3 取代苯　(7) 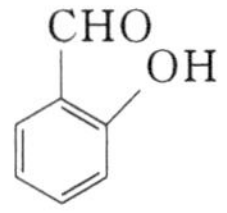 邻羟基苯甲醛结构（CHO，OH）

(8) 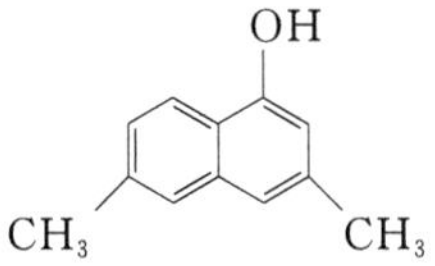 萘环结构（OH，CH_3，CH_3）　(9) $CH_2—OCH_2CH_3$ / $CH_2—OCH_2CH_3$　(10) $CH_3CH_2OCH_2CH(CH_3)_2$

(11) 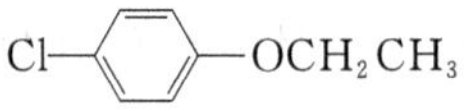 $Cl—C_6H_4—OCH_2CH_3$　(12)  环氧结构（O）　(13) 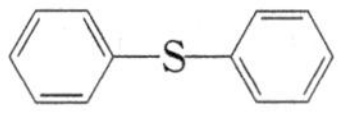 $C_6H_5—S—C_6H_5$

(14) $CH_2(SH)CH(SH)CH_2OH$

2.写出下列化合物的构造式。

(1) 烯丙醇　(2)（*Z*）-2-丁烯-1-醇　(3) 新戊醇

(4) 4-环己烯-1,3-二醇　(5) 4-硝基苄醇　(6) 苦味酸

(7) 5-甲基-4-己烯-2 醇　(8) 5,8-二硝基-1-萘酚　(9) 儿茶酚

(10) 乙基烯丙基醚　(11) 乙二醇二甲醚　(12) 4-氯-1,2-环氧丁烷

(13) 四氢呋喃　(14) 苄硫醇　(15) 1,4-二氧六环

(16) 环丁砜　(17) 甲异丙硫醚

3.完成下列反应。

(1) 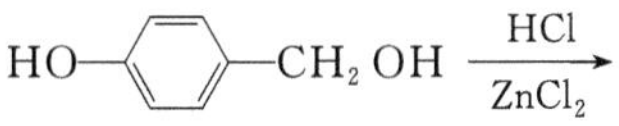 $HO—C_6H_4—CH_2OH \xrightarrow[ZnCl_2]{HCl}$

(2) $CH_2(OH)—CH(SH)—CH_2(SH) \xrightarrow{Hg^{2+}}$

(3) 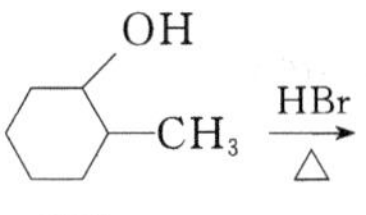 2-甲基环己醇（OH，CH_3） $\xrightarrow[\triangle]{HBr}$

(4) 2,4-二甲基环戊醇（CH_3，OH，CH_3） $\xrightarrow[\triangle]{H_2SO_4}$

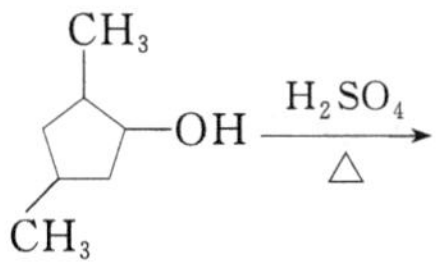

(5) $CH_2(OH)CH(OH)CH_2(OH) + HNO_3 \xrightarrow{H_2SO_4}$

(6) $(CH_3)_2CHCH_2OH \xrightarrow[高温]{Cu}$

(7) $CH_3\underset{}{\overset{OH}{C}}HCH_3 \xrightarrow[H^+,\ \triangle]{KMnO_4}$

(8) $CH_3CH{=}CH_2 \xrightarrow[2)\ H_2O_2/OH^-]{1)\ B_2H_6}$

(9) 苯酚（C₆H₅OH）$\xrightarrow[\triangle]{浓\ H_2SO_4}$ $\xrightarrow{Br_2}$ $\xrightarrow[\triangle]{稀\ H_2SO_4}$

(10) C_6H_5—ONa + Br—C_6H_5 $\xrightarrow[210℃]{Cu}$

(11) $(CH_3)_2CH—OCH_3$ + HI（过量）$\xrightarrow{\triangle}$

(12) $CH_3CH_2—CH—CH_2$（CH与CH_2之间以O桥连，环氧）$\xrightarrow{HCl}$

4.由指定性质从大到小排列下列各组化合物。

(1) 沸点

① $CH_3CH_2CH_2CH_3$　② $CH_2(OH)—CH(OH)—CH_2(OCH_3)$　③ $CH_3CH_2CH_2CH_2OH$　④ $C_2H_5OC_2H_5$

(2) 酸性

① (a) $C_6H_5CH_2OH$　(b) C_6H_5SH　(c) C_6H_5OH　(d) $C_6H_5SO_3H$

② (a) 苯酚　(b) 对硝基苯酚（OH，NO_2）　(c) 2,4-二硝基苯酚（OH，NO_2，NO_2）　(d) 对氯苯酚（OH，Cl）　(e) 对甲基苯酚（OH，CH_3）

5.用简便的化学方法鉴别下列各组化合物。

(1) 2-环戊烯醇，叔丁醇，环己醇，正丁醇。

(2) 苯甲醇，甲基烯丙基醚，戊烷，乙醚。

(3) 苯酚，丙三醇，乙苯，苯。

(4) 氯化苄，1-丁炔，正丙醇，氯苯。

6.试解释下列反应事实。

$$CH_3—CH(CH_3)—CH(OH)—CH_3 \xrightarrow[ZnCl_2]{HCl} \begin{cases} CH_3—C(CH_3)(Cl)—CH_2CH_3 & \text{（主要产物）} \\ CH_3—CH(CH_3)—CH(Cl)—CH_3 & \text{（次要产物）} \end{cases}$$

7.由指定原料合成产物（其他试剂任选）。

(1) 由 环己烷 合成 环己酮（⬡=O）

(2) 由 $CH_3CH_2CH_2CH_2OH$ 合成 $CH_3CH_2CH(OH)CH_3$

(3) 由丙烯合成 $(CH_3)_2\underset{\underset{OH}{|}}{C}CH_2CH{=}CH_2$

(4) 由甲苯合成 $C_6H_5-CH_2CH_2CH_2Br$

(5) 由 2-苯乙醇合成 $CH_3OCH_2CH_2-C_6H_4-NO_2$（对位）

8. 推断结构。

(1) 化合物 A 和 B，分子式均为 C_7H_8O。A 能与金属钠反应，在室温下可很快与卢卡斯试剂反应，也可与 $KMnO_4$ 反应生成 $C_7H_6O_2$。B 不与金属钠、卢卡斯试剂和 $KMnO_4$ 反应，而能与浓氢碘酸作用生成化合物 C，C 的分子式为 C_6H_6O，C 与 $FeCl_3$ 溶液反应生成有色化合物。试推导出 A、B、C 结构式，并写出各步反应式。

(2) 化合物 A，分子式为 $C_5H_{12}O$，能与金属钠反应，A 与硫酸共热生成 B，B 经氧化后得到丙酮和乙酸。B 与 HBr 反应的产物再与 NaOH 水溶液反应后又得到 A。试推导 A 的结构式，并写出各步反应式。

(3) 化合物 A 的分子式为 C_4H_8O，不溶于水，与金属钠和溴的四氯化碳溶液都不反应，与稀盐酸或稀氢氧化钠溶液反应得化合物 B，B 的分子式为 $C_4H_{10}O_2$，B 与高碘酸的水溶液作用得到两分子的乙醛。试推导 A、B 的结构式，并写出各步反应式。

第十章　醛、酮、醌

醛、酮和醌的结构特征是都含有羰基（$\rangle C{=}O$），因此这些化合物又统称为羰基化合物。它们在性质和制备上有很多相似之处，但又有些差别。在化学和医药等领域中，许多羰基化合物具有重要的用途。

第一节　醛和酮

醛可看作羰基与一个氢原子和一个烃基相连接的一类化合物，通式为 $R{-}\overset{O}{\overset{\|}{C}}{-}H$，简写为 RCHO（甲醛 HCHO 例外）。醛分子中—CHO 称醛基，是醛的官能团，位于分子碳链的一端。

酮可看作羰基与两个烃基相连接的一类化合物，其通式为 $R{-}\overset{O}{\overset{\|}{C}}{-}R'$，简写为 RCOR′。酮分子中的羰基又称酮羰基，是酮的官能团，它在分子碳链的中间。

醛和酮通式中的 R，可代表各种烃基，如烷基、环烃基和芳烃基等。

一、醛和酮的分类和命名

醛和酮根据分子中所含羰基的数目，可分为一元醛、酮和多元醛、酮；根据烃基中是否含有不饱和键可分为饱和醛、酮和不饱和醛、酮；还可以根据烃基的类别分为脂肪族醛、酮，脂环族醛、酮和芳香族醛、酮。在一元酮中，与羰基直接相连的两个烃基若是相同的叫单酮，不相同的叫混酮。本章主要讨论一元醛和一元酮。

醛和酮的命名原则与醇相似。命名时选择包括羰基碳原子在内的最长碳链作为主链，称某醛或某酮。编号从醛基一端或靠近酮羰基一端开始，由于醛基一定在碳链一端，故命名时不必标明其位置，但酮羰基的位置除个别结构简单的外，必须标明并写在酮名称的前面。主链上如有侧链或取代基，则将它们的位次和名称写在母体的前面。例如：

CH_3CHO	$\underset{CHO}{\underset{\mid}{CHO}}$	$CH_2{=}CHCHO$	$CH_3\underset{CH_3}{\underset{\mid}{C}}HCH_2CHO$	$CH_3\underset{O}{\underset{\|}{C}}CH_2\underset{O}{\underset{\|}{C}}CH_3$	$CH_3CH{=}CH\underset{O}{\underset{\|}{C}}CH_3$
乙醛	乙二醛	丙烯醛	3-甲基丁醛	2,4-戊二酮	3-戊烯-2-酮

芳香族醛、酮和脂环族醛、酮命名时，一般是以脂肪族醛、酮为母体，将芳香烃基作为取代基，其他原则同上。若羰基包括在环内，命名原则同脂肪酮，只是在名称前加一“环”

字。例如：

$C_6H_5CH_2CHO$ 苯乙醛　　$C_6H_5CH_2CH_2COCH_3$ 4-苯基-2-丁酮　　4-甲基环己酮

二、醛和酮的结构

醛和酮分子中的羰基是由碳、氧双键结合而成的二价基团。羰基中的碳原子为 sp^2 杂化状态，氧原子则认为未经杂化。碳原子的三个 sp^2 杂化轨道与其他原子形成的 σ 键在同一平面上，键角约为 120°。碳原子未杂化的一个 p 轨道和氧原子的一个 p 轨道互相平行，侧面重叠形成一个 π 键，这个 π 键的平面，与 σ 键所在的平面垂直。最简单的羰基化合物——甲醛，分子呈平面型，其结构如图 10-1 所示。

醛、酮分子中羰基的碳氧双键虽和烯烃中的碳碳双键一样，也是由一个 σ 键与一个 π 键组成，但由于氧原子的电负性较碳原子大，羰基中碳氧间的电子云要偏向氧原子方向，从而使氧原子附近的电子云密度增大，碳原子附近的电子云密度减小。因此，碳氧双键是极性键，羰基是一个极性基团，碳原子带部分正电荷，而氧原子带部分负电荷，如图 10-2 所示。

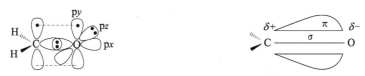

图 10-1　甲醛分子结构示意图　　图 10-2　羰基 π 电子云分布示意图

羰基具有极性，故羰基化合物是极性分子，有一定的偶极矩。例如，甲醛、乙醛、丙醛的偶极矩分别为 2.27D、2.69D 和 2.85D。

三、醛和酮的性质

（一）物理性质

在常温下除甲醛是气体外，低级及中级饱和一元醛、酮为液体，高级脂肪醛、酮及芳香酮多为固体。低级醛具有特殊的刺激性气味，中级醛、酮和一些芳香醛具有特殊的香味。由于醛、酮分子间不能形成氢键，没有缔合现象，故沸点一般比分子量相近的醇或酚低；但因为羰基具较强的极性，分子间偶极的静电引力较大，故沸点一般比分子量相近的烷烃和醚等化合物高（表 10-1）。

表 10-1　一些分子量相近的有机化合物的沸点比较

有机化合物	丁烷	甲乙醚	丙醛	丙酮	丙醇
分子量	58	60	58	58	60
沸点/℃	−0.5	10.8	49.0	56.2	97.2

醛、酮都易溶于有机溶剂。由于醛、酮分子中羰基的氧原子能与水分子形成氢键，所以低级醛、酮还可以溶于水，但随着碳原子数的增加，在水中的溶解度则降低。常见醛、酮的物理常数见表 10-2。

表 10-2 常见醛、酮的物理常数

名称	结构简式	熔点/℃	沸点/℃	相对密度 d_4^{20}
甲醛	$HC(=O)H$	−92	−19.5	0.815(−20℃)
乙醛	$CH_3C(=O)H$	−123	20.2	0.805(0℃)
丙醛	$CH_3CH_2C(=O)H$	−81	49.0	0.807
乙二醛	$OHC—CHO$	15	51.0	1.290
苯甲醛	$C_6H_5C(=O)H$	−26	178.9	1.044
丙酮	$CH_3C(=O)CH_3$	−95.3	56.2	0.798
丁酮	$CH_3C(=O)CH_2CH_3$	−86.7	79.6	0.805
2-戊酮	$CH_3C(=O)CH_2CH_2CH_3$	−77.8	101.7	0.8095
3-戊酮	$CH_3CH_2C(=O)CH_2CH_3$	−39	102.0	0.8143
环己酮	环己酮（六元环=O）	−32.1	155.7	0.9478
丁二酮	$H_3CC(=O)—C(=O)CH_3$	−2.4	88.0	0.985
2,4-戊二酮	$CH_3C(=O)CH_2C(=O)CH_3$	−23.1	140.6	0.792(25℃)
苯乙酮	$C_6H_5C(=O)CH_3$	19.6	202.8	1.024(25℃)
二苯甲酮	$C_6H_5C(=O)C_6H_5$	48.1	305.0	1.11(15℃)

（二）化学性质

醛和酮的化学性质主要取决于它们的官能团——羰基。由于这两类化合物都含有极性的羰基，所以它们具有许多相似的化学性质。但醛基和酮基在结构上存在差别，所以醛和酮的化学性质还是有一定的差异。一般来说，醛比酮具有更大的反应活性，某些反应为醛所特有，而酮则没有。在酮中又以甲基酮较为活泼。

1. 羰基的加成反应

醛和酮分子中的羰基是由具有极性的碳氧双键组成的，故容易发生加成反应。当极性分子与羰基化合物反应时，极性分子中带负电荷的部分加到羰基的碳原子上，带正电荷的部分则加到羰基的氧原子上。这种反应可概括表示如下：

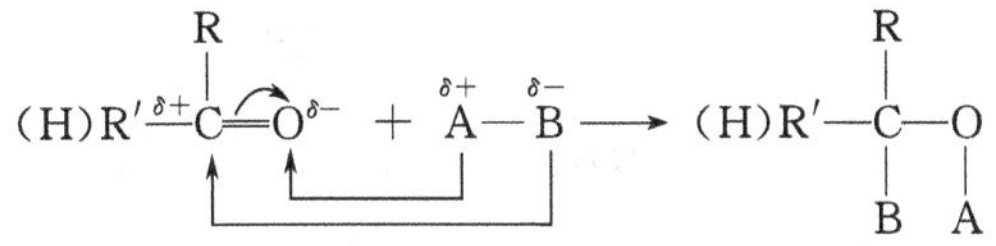

$$\text{(H)R}'-\overset{\overset{\text{R}}{|}}{\overset{\delta+}{\text{C}}}=\overset{\delta-}{\text{O}} + \overset{\delta+}{\text{A}}-\overset{\delta-}{\text{B}} \longrightarrow \text{(H)R}'-\underset{\underset{\text{B}}{|}}{\overset{\overset{\text{R}}{|}}{\text{C}}}-\underset{\underset{\text{A}}{|}}{\text{O}}$$

即加成产物都是试剂中正的部分与羰基上的氧相连接，其余部分与羰基上的碳相连接。例如：

羰基：	$\overset{\delta-}{\text{O}}=\overset{\delta+}{\text{C}}<$
常用亲核试剂：	$\overset{\delta+}{\text{A}}-\overset{\delta-}{\text{B}}$
氢氰酸	H—CN
亚硫酸氢钠	$\text{Na}-\text{O}\overset{\overset{\text{O}}{\|}}{\text{S}}\text{OH}$
醇	H—OR
羟胺	H—NHOH
苯肼	$\text{H}-\text{NHNHC}_6\text{H}_5$
格氏试剂	BrMg—R
炔钠	Na—C≡CR
维悌希试剂	$(\text{C}_6\text{H}_5)_3\text{P}-\text{C}(\text{R})(\text{R}')$
加成产物：	$\underset{\underset{\text{A}}{|}}{\text{O}}-\underset{\underset{\text{B}}{|}}{\text{C}}<$

醛和酮可以与氢氰酸、饱和亚硫酸氢钠等发生简单的加成反应，也可以与醇、羟胺、苯肼等发生较为复杂的加成反应。

（1）与氢氰酸加成

$$(\text{CH}_3)\text{H}-\overset{\overset{\text{R}}{|}}{\text{C}}=\text{O} + \text{HCN} \rightleftharpoons (\text{CH}_3)\text{H}-\underset{\underset{\text{CN}}{|}}{\overset{\overset{\text{R}}{|}}{\text{C}}}-\text{OH}$$

醛和某些酮（脂肪族甲基酮及碳原子数小于 8 的脂环酮）可与氢氰酸起加成反应，生成 α-羟基腈，或称 α-氰醇。

从上面的反应可以看出，生成物比反应物增加了一个碳原子，因此这个反应可用于增长化合物的碳链。另外，由于羟基腈是一类较活泼的化合物，它还易于转化为许多其他的化合物。所以，羰基与氢氰酸的加成反应，在有机合成上很有实际意义。

实验表明，碱的存在，可以加速醛或酮和氢氰酸的反应；酸的存在，则使反应变慢。这说明反应中起决定作用的是 CN^-。碱的存在能增加 CN^- 的浓度；酸的存在则抑制氢氰酸的解离，使 CN^- 浓度降低。因此，这个反应的历程可表示如下：

$$HCN + OH^- \rightleftharpoons HOH + CN^-$$

$$\gt\overset{\delta+}{C}=\overset{\delta-}{O} + CN^- \rightleftharpoons \gt C(CN)-O^-$$

$$\gt C(CN)-O^- + HOH \rightleftharpoons \gt C(CN)-OH + OH^-$$

从上面的反应中可以看出，首先与带有部分正电荷的羰基碳原子结合起来的是具有亲核性质的 CN^-。由亲核试剂进攻而引起的加成反应叫做亲核加成。羰基化合物的加成一般是亲核加成，这是羰基加成的特点。由此可见，羰基中的碳氧双键的加成反应，与烯烃中碳碳双键的加成反应有着本质的区别。与烯烃发生亲电加成的某些亲电试剂，如氢卤酸、硫酸等强酸的氢质子，在一般情况下很难与羰基发生反应。

（2）与饱和亚硫酸氢钠的加成

醛和某些酮（脂肪族甲基酮及碳原子数小于 8 的脂环酮）可与过量的饱和亚硫酸氢钠的水溶液（40%）发生加成反应，生成难溶于饱和亚硫酸氢钠溶液的无色晶体——醛或酮的亚硫酸氢钠加成物。

$$R-\underset{H}{C}=O + NaHSO_3 \rightleftharpoons R-\underset{H}{\overset{SO_3H}{C}}-ONa \rightleftharpoons R-\underset{H}{\overset{SO_3Na}{C}}-OH$$

这个反应是可逆的，生成的加成产物能溶于水而难溶于亚硫酸氢钠的饱和溶液。当加成产物与稀酸或稀碱加热时，又重新分解为原来的醛和酮，故此反应常用于分离和精制醛和酮。

醛、酮与氢氰酸、亚硫酸氢钠发生加成反应的难易程度，与醛、酮本身的结构有关。当给电子的烷基与羰基相连时，使羰基碳原子的正电荷减少，不利于亲核试剂的进攻；当羰基与苯环直接相连时，由于羰基与苯环共轭，羰基碳原子的正电荷产生离域现象而分散到芳环中，也不利于亲核试剂的进攻。另一方面，随着与羰基碳原子相连的基团逐渐增大、增多，由于空间位阻，使亲核试剂不利于接近羰基碳原子，从而使亲核加成反应速率降低甚至完全阻碍反应的进行。因此，对于同一种亲核试剂来说，醛和酮的加成反应的难易程度取决于直接与羰基相连基团的电子效应和空间效应。综合二者影响的结果，醛、酮反应活性的一般次序如下：

$$HCHO > CH_3CHO > RCHO > C_6H_5CHO > CH_3COCH_3 > RCOCH_3 > RCOR' > RCOAr$$

碳原子数小于 8 的脂环酮，由于空间位阻较小，其活性大于同数碳原子的链状脂肪酮。

（3）与醇的加成反应

醛与无水醇在干燥氯化氢的催化下，可发生加成反应，生成的产物叫做半缩醛，其结构可看作是 α-烷氧基醇或者 α-羟基醚。

$$R-\overset{H}{C}=O + R'OH \xrightleftharpoons{\text{无水 HCl}} \underset{\text{半缩醛}}{R-\overset{OH}{CH}-OR'}$$

这个反应是可逆的。半缩醛不稳定，易分解成原来的醛和醇。在半缩醛分子中的由醛基形成的羟基叫半缩醛羟基，半缩醛羟基比较活泼，在干燥氯化氢和过量醇存在的条件下，能继续与另一分子醇作用，脱去一分子水生成缩醛，缩醛的结构可看作是烷氧基醚，是比较稳定的化合物。

$$R-\underset{}{\overset{OH}{\overset{|}{C}H}}-OR' + R'OH \xrightleftharpoons{\text{无水 HCl}} R-CH(OR')_2 + H_2O$$

缩醛

例如乙醛与甲醇的加成反应可表示如下：

$$CH_3-\overset{H}{\overset{|}{C}}=O + CH_3OH \xrightleftharpoons{\text{无水 HCl}} CH_3\overset{OH}{\overset{|}{C}}H-OCH_3 \xrightleftharpoons[CH_3OH]{\text{无水 HCl}} CH_3\overset{OCH_3}{\overset{|}{C}}H-OCH_3 + H_2O$$

1-甲氧基乙醇（半缩醛）　　1,1-二甲氧基乙烷（缩醛）

缩醛对碱及氧化剂、还原剂都相当稳定，在稀酸中容易分解为原来的醛。所以在有机合成中，常利用此反应保护醛基，避免活泼的醛基在反应中被破坏。

例如：以 $H_3C-C_6H_4-CHO$ 为原料合成 $HOOC-C_6H_4-CHO$ 时，需要将醛基先保护起来再氧化，否则很难得到目标产物，因为醛基比甲基更容易氧化。合成路线如下：

$$p\text{-}CH_3C_6H_4CHO + HOCH_2CH_2OH \xrightarrow{\text{HCl（干燥）}} p\text{-}CH_3C_6H_4\text{-}(1,3\text{-二氧戊环-2-基}) \xrightarrow{KMnO_4/OH^-} \xrightarrow[\triangle]{H^+} p\text{-}HOOC\text{-}C_6H_4\text{-}CHO$$

酮也可生成半缩酮和缩酮，但较为困难。如欲制备缩酮，可用原甲酸三乙酯和酮作用。

$$(CH_3)_2C=O + HC(OC_2H_5)_3 \xrightarrow{H^+} (CH_3)_2C(OC_2H_5)_2 + H\overset{O}{\overset{\|}{C}}OC_2H_5$$

原甲酸三乙酯

如果用酮与醇作用制备缩酮，需采用特殊的反应装置，将产物中的水不断地除去，即可使平衡向生成缩酮的方向进行。例如酮在酸催化下与乙二醇作用，用苯除去水，可得到环状缩酮。缩酮水解又得到酮，因此用此法可保护酮基。

$$C_6H_5H_2C-\overset{O}{\overset{\|}{C}}-CH_3 + HOCH_2CH_2OH \xrightarrow{p\text{-}CH_3C_6H_4SO_3H,\ C_6H_6} C_6H_5H_2C\underset{O\quad O}{\overset{}{C}}CH_3 \text{（环状缩酮）}$$

（4）与格氏试剂加成

格氏试剂中的烃基具有很强的亲核能力，可与醛、酮发生加成反应，其加成产物用酸或氯化铵水溶液水解可制得相应的醇。

格氏试剂与甲醛作用生成伯醇，如：

$$CH_3MgI + HCHO \xrightarrow{\text{无水乙醚}} CH_3CH_2OMgI \xrightarrow{H^+,\ H_2O} CH_3CH_2OH$$

格氏试剂与其他醛作用生成仲醇，如：

$$CH_3MgI + CH_3CHO \xrightarrow{\text{无水乙醚}} H_3C-\overset{CH_3}{\overset{|}{C}}HOMgI \xrightarrow{H^+,\ H_2O} H_3C-\overset{CH_3}{\overset{|}{C}}HOH$$

格氏试剂与酮作用生成叔醇，如：

$$CH_3CH_2MgBr + CH_3\overset{O}{\overset{\|}{C}}CH_3 \xrightarrow{\text{无水乙醚}} CH_3CH_2-\underset{CH_3}{\overset{CH_3}{C}}-OMgBr \xrightarrow{H^+,\ H_2O} CH_3CH_2-\underset{CH_3}{\overset{CH_3}{C}}-OH$$

格氏试剂与醛、酮加成反应生成不同类型的醇，后者可以转化为别的化合物，因此在合成上有重要的意义。

仲醇和叔醇可以用不同的格氏试剂与醛、酮反应来制备。用不同的格氏试剂与不同的醛酮反应也可得到同一产物。例如：

$$CH_3MgI + CH_3CH_2\overset{O}{\overset{\|}{C}}CH_2CH_2CH_3 \xrightarrow{\text{无水乙醚}} \xrightarrow{H^+,\ H_2O} CH_3CH_2-\underset{CH_3}{\overset{OH}{C}}-CH_2CH_2CH_3$$

$$CH_3CH_2MgI + CH_3\overset{O}{\overset{\|}{C}}CH_2CH_2CH_3 \xrightarrow{\text{无水乙醚}} \xrightarrow{H^+,\ H_2O} CH_3CH_2-\underset{CH_3}{\overset{OH}{C}}-CH_2CH_2CH_3$$

$$CH_3CH_2CH_2MgI + CH_3\overset{O}{\overset{\|}{C}}CH_2CH_3 \xrightarrow{\text{无水乙醚}} \xrightarrow{H^+,\ H_2O} CH_3CH_2-\underset{CH_3}{\overset{OH}{C}}-CH_2CH_2CH_3$$

究竟采用哪一种方法取决于原料的价格、反应是否容易进行及操作是否方便。

格氏试剂对羰基的加成反应速率还会因羰基所连烷基的空间位阻作用的增加而大大减慢，而使产率降低，副反应增加。例如：

$$(CH_3)_2CHCOCH(CH_3)_2 + CH_3CH_2MgBr \xrightarrow[2)H_2O/H^+]{1)\text{无水乙醚}} (CH_3)_2CH\underset{CH_2CH_3}{\overset{OH}{C}}CH(CH_3)_2 \quad 30\%$$

因烷基锂的活性比格氏试剂大，故可以在低温下与醛、酮反应，即使羰基周围的空间位阻很大，也可获得满意的加成效果。例如：

$$(CH_3)_3C\overset{O}{\overset{\|}{C}}C(CH_3)_3 + (CH_3)_3CLi \xrightarrow[2)H_2O/H^+]{1)\text{无水乙醚，}-70℃} (CH_3)_3C\underset{C(CH_3)_3}{\overset{OH}{C}}C(CH_3)_3 \quad 81\%$$

（5）与氨的衍生物加成

某些含氮的亲核试剂，如氨的衍生物——胺、羟胺、肼、苯肼、2,4-二硝基苯肼以及氨基脲等，可以与羰基化合物发生加成反应，生成加成产物，因此常把这些含氮的亲核试剂称为羰基试剂。反应时，先是羰基试剂与羰基进行亲核加成反应。但加成产物不稳定，立即进行第二步反应，即分子内脱去一分子水，生成稳定的含碳氮双键的化合物。如以 $H_2N—Y$ 代表氨的衍生物，则反应可用通式表示如下：

$$\gt C=O + H-\underset{H}{N}-Y \longrightarrow \left[-\underset{OH}{\overset{|}{C}}-\underset{H}{N}-Y \right] \xrightarrow{-H_2O} \gt C=N-Y$$

醛、酮与氨的衍生物生成的含碳氮双键的化合物，分别称为某醛或某酮的肟、腙、苯腙和缩氨脲等。例如：

$HCH=NOH$　$(CH_3)_2C=NNH_2$　环己酮-2,4-二硝基苯腙　$(CH_3)_2C=NNHCONH_2$

甲醛肟　丙酮腙　环己酮-2,4-二硝基苯腙　丙酮缩氨脲

某些羰基试剂与醛、酮的反应如下：

$$R(R')HC=O + \begin{cases} H_2N-R(Ar) & \text{胺} \\ H_2NOH & \text{羟胺} \\ H_2N-NH_2 & \text{肼} \\ H_2NNH-C_6H_5 & \text{苯肼} \\ H_2N-NH-C_6H_3(NO_2)_2 & \text{2,4-二硝基苯肼} \\ H_2N-NH-CO-NH_2 & \text{氨基脲} \end{cases} \underset{H_2O/H^+}{\overset{-H_2O}{\rightleftharpoons}} \begin{cases} R(R')HC=N-R(Ar) & \text{席夫碱} \\ R(R')HC=N-OH & \text{肟} \\ R(R')HC=N-NH_2 & \text{腙} \\ R(R')HC=N-NH-C_6H_5 & \text{苯腙} \\ R(R')HC=NNH-C_6H_3(NO_2)_2 & \text{2,4-二硝基苯腙} \\ R(R')HC=NNH-CO-NH_2 & \text{缩氨脲} \end{cases}$$

醛、酮与羰基试剂反应生成的肟、腙（包括苯腙、2,4-二硝基苯腙）、缩氨脲等大都是结晶，具有一定的熔点，常用来鉴别醛和酮。

肟、腙和缩氨脲等化合物在稀酸作用下，可水解生成原来的醛和酮，因此该反应又可用于醛或酮的分离和提纯。

（6）与维悌希试剂反应

醛、酮与维悌希（Wittig）试剂作用，脱掉一个三苯基氧化膦分子生成烯烃，这是一个从羰基直接合成烯烃的好方法，该反应称维悌希反应。其反应式如下：

$$(R^1)H-\overset{R}{\overset{|}{C}}=O + \underset{\text{维悌希试剂}}{(C_6H_5)_3P=C(R^2)(R^3)} \longrightarrow R(R^1)HC=C(R^2)(R^3) + (C_6H_5)_3P=O$$

例如：

$$CH_3CHO+(C_6H_5)_3P=CHCH_3 \longrightarrow CH_3CH=CHCH_3+(C_6H_5)_3P=O$$

$$C_6H_{10}=O + (C_6H_5)_3P=CH_2 \longrightarrow C_6H_{10}=CH_2 + (C_6H_5)_3P=O$$

维悌希试剂是由具有亲核性的三苯基膦与卤代烃作用制得。首先，三苯基膦与卤代烃作用生成季𬭸盐，再经强碱（如苯基锂或乙醇钠等）处理，即得维悌希试剂。反应如下：

$$(C_6H_5)_3P + CH_3CH_2Br \xrightarrow{\text{四氢呋喃}} [(C_6H_5)_3\overset{\oplus}{P}—CH_2CH_3]\overset{\ominus}{Br}$$

$$[(C_6H_5)_3\overset{\oplus}{P}—CH_2CH_3]\overset{\ominus}{Br} \xrightarrow{C_6H_5Li} (C_6H_5)_3\overset{\oplus}{P}—\overset{\ominus}{C}HCH_3 + LiBr + C_6H_6$$

维悌希试剂如 $(C_6H_5)_3\overset{\oplus}{P}—\overset{\ominus}{C}(R)(R')$，也可写成另一种形式 $(C_6H_5)_3P=C(R)(R')$。

因此维悌希试剂可用如下的共振式表示：

$$(C_6H_5)_3\overset{\oplus}{P}—\overset{\ominus}{C}(R)(R') \longleftrightarrow (C_6H_5)_3P=C(R)(R')$$

维悌希试剂与醛的反应一般较容易进行，与酮（一些甲基酮和环酮除外）反应活性较差，有的甚至不反应。此外，维悌希试剂制备要求较高，需严格无水，因此，实际应用受到限制。

（7）与炔化物的加成

炔化物也是一个很强的亲核试剂，可以和羰基发生加成反应，从而可以在羰基的碳原子上引入一个 —C≡CH 基团。比较常用的炔化物是炔化锂和炔化钠。例如：

$$\text{环己酮} + HC{\equiv}CNa \longrightarrow \text{1-(NaO)-1-(C≡CH)环己烷} \xrightarrow{H_2O} \text{1-(HO)-1-(C≡CH)环己烷}$$

2. α-氢原子的反应

醛、酮分子中与羰基直接相连的碳原子叫做 α-碳原子，α-碳原子上连接的氢原子称为 α-氢原子。α-氢原子比较活泼，例如易发生卤代反应和羟醛缩合反应等。

α-氢原子具有活泼性是因为受到分子中羰基影响，由于羰基的吸电子诱导效应，以及羰基与 α-氢原子之间的 σ-π 超共轭效应，使邻近的 α-碳上的 C—H 键极性增加，在碱的作用下，较易失去一个 α-氢原子而形成一个碳负离子。碳负离子上新产生的孤对电子与羰基发生 p-π 共轭，电子云发生了离域作用，负电荷被分散而使体系能量降低，稳定性增加，故碳负离子较易形成。

$$H_3C—\underset{H(R)}{C}=O \xrightarrow[-H^+]{OH^-} H_2\ddot{C}^-—\underset{H(R)}{C}=O \equiv H_2\overset{-}{\overbrace{C—C—O}}\ (H(R))$$

（1）卤代反应

醛、酮的 α-氢原子容易被卤素取代，生成 α-卤代醛、酮。例如：

$$R—CH_2CHO + Cl_2 \longrightarrow R—\underset{Cl}{\underset{|}{C}}HCHO + HCl$$

反应可以继续进行下去，在 α 位上生成二卤代物和三卤代物。

卤代反应可以被酸或碱催化。在碱性条件下，当具有三个 α-氢原子的醛或酮（例如乙醛、甲基酮）进行卤代反应时，由于生成的三卤代物在碱性条件下不稳定，可分解生成卤仿（三卤甲烷），该反应又称卤仿反应。

$$X_2 + 2NaOH \longrightarrow NaOX + NaX + H_2O$$

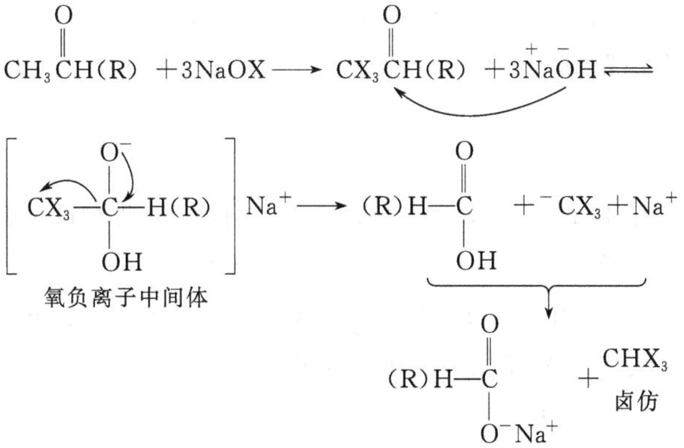

$$CH_3\overset{O}{\overset{\|}{C}}H(R) + 3NaOX \longrightarrow CX_3\overset{O}{\overset{\|}{C}}H(R) + 3\overset{+}{Na}\overset{-}{O}H \rightleftharpoons$$

$$\left[CX_3-\underset{OH}{\overset{O^-}{C}}-H(R) \right] Na^+ \longrightarrow \underbrace{(R)H-\underset{OH}{\overset{O}{\overset{\|}{C}}} + {}^-CX_3}_{} + Na^+ \longrightarrow (R)H-\underset{O^-Na^+}{\overset{O}{\overset{\|}{C}}} + \underset{\text{卤仿}}{CHX_3}$$

氧负离子中间体

从反应过程中可以看出，只有具备 $CH_3-\overset{O}{\overset{\|}{C}}-H(R)$ 结构的醛或酮与卤素在碱性溶液（次卤酸钠溶液）中作用时，才发生卤仿反应。在卤仿反应中，如果所用的试剂是碘的碱溶液，则反应生成的是碘仿（CHI_3），故又称碘仿反应。碘仿是黄色晶体，难溶于水且具特殊气味，易于识别，因此特别适用于鉴别结构为 $CH_3-\overset{O}{\overset{\|}{C}}-H(R)$ 的醛、酮类化合物。

由于 NaOI 又是氧化剂，能将结构为 $H_3C-\underset{OH}{\overset{H}{C}}-H(R)$ 的醇氧化成具有 $CH_3-\overset{O}{\overset{\|}{C}}-H(R)$ 结构的醛、酮，因此，凡结构为 $H_3C-\underset{OH}{\overset{H}{C}}-H(R)$ 的醇也能发生碘仿反应。反应式如下：

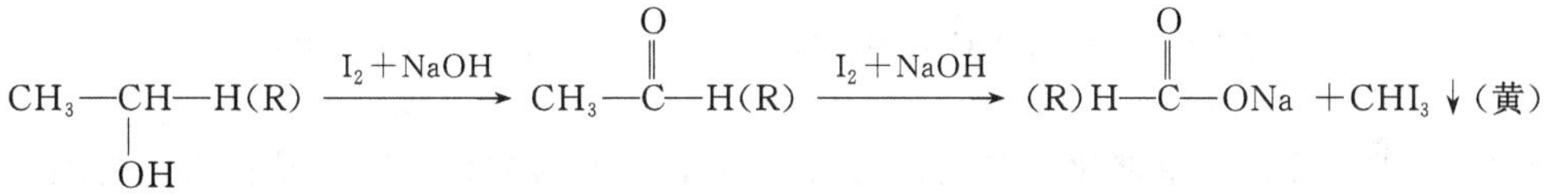

$$CH_3-\underset{OH}{CH}-H(R) \xrightarrow{I_2+NaOH} CH_3-\overset{O}{\overset{\|}{C}}-H(R) \xrightarrow{I_2+NaOH} (R)H-\overset{O}{\overset{\|}{C}}-ONa + CHI_3\downarrow(\text{黄})$$

（2）羟醛缩合反应

在稀碱作用下，一分子醛的 α-氢原子加到另一分子醛的羰基氧原子上，其余部分加到羰基的碳原子上，生成既含有羟基又含有醛基的化合物（β-羟基醛），称羟醛缩合反应。例如：

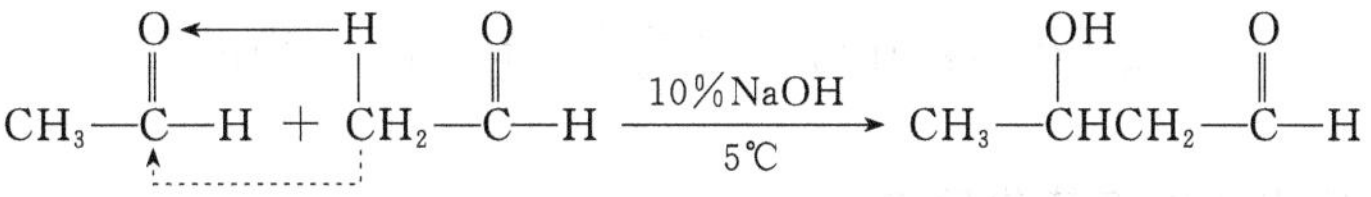

$$CH_3-\overset{O}{\overset{\|}{C}}-H + \overset{H}{CH_2}-\overset{O}{\overset{\|}{C}}-H \xrightarrow[5℃]{10\%NaOH} CH_3-\overset{OH}{CH}CH_2-\overset{O}{\overset{\|}{C}}-H$$

β-羟基醛分子中的 α-氢原子同时受到羰基和羟基的影响，比较活泼，稍受热即可发生分子内脱水反应，生成 α,β-不饱和醛。

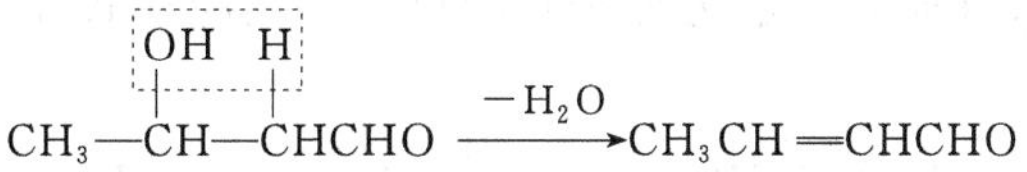

$$CH_3-\overset{OH}{CH}-\overset{H}{C}HCHO \xrightarrow{-H_2O} CH_3CH=CHCHO$$

凡是含有 α-氢原子的醛都可以发生羟醛缩合反应。反之，如 α-碳上无氢原子的醛，则不能发生该反应。

羟醛缩合反应历程如下：

首先催化剂碱夺取醛（或酮）分子中的 α-H 形成碳负离子。

$$HO^- + H—CH_2CHO \rightleftharpoons {}^-CH_2CHO + H_2O$$

接着碳负离子作为亲核试剂立即向另一分子醛的羰基碳进攻，生成氧负离子。

$$CH_3\overset{\overset{O}{\|}}{C}—H + {}^-CH_2CHO \rightleftharpoons CH_3\overset{\overset{O^-}{|}}{C}HCH_2CHO$$

氧负离子在溶剂中夺取 H，生成 β-羟基醛，同时有催化剂 OH^- 再生。

$$CH_3\overset{\overset{O^-}{|}}{C}HCH_2CHO + H_2O \rightleftharpoons CH_3\overset{\overset{OH}{|}}{C}HCH_2CHO + OH^-$$

β-羟基醛受热或在酸、碱的催化下发生脱水反应。

$$CH_3\overset{\overset{OH}{|}}{C}H—\overset{\overset{H}{|}}{C}HCHO \xrightarrow[H^+ 或 OH^-]{\triangle} CH_3CH=CHCHO + H_2O$$

酮也可发生羟酮缩合反应，但反应较为困难。例如：丙酮的缩合，需在碱性催化剂存在下缩合，生成双丙酮醇（4-甲基-4-羟基-2-戊酮），但平衡偏向左边。

$$(CH_3)_2C=O + CH_3COCH_3 \underset{}{\overset{Ba(OH)_2}{\rightleftharpoons}} \underset{5\%}{(CH_3)_2\overset{\overset{OH}{|}}{C}CH_2COCH_3}$$

如果采用特殊的仪器使生成的双丙酮醇在反应过程不断地分离出去，平衡才能向右移动，产率可达到 70%。

当两种含有 α-H 的不同的醛（或酮），在稀碱作用下进行羟醛缩合反应，可生成四种羟醛缩合的复杂混合物，称交叉羟醛缩合。复杂混合物分离很困难，因此无制备价值。

但选用一种不含 α-H 的醛和一种含 α-H 的醛进行反应，则可以得到许多有用的产物。例如：

$$HCHO + (CH_3)_2CHCH_2CHO \xrightarrow{K_2CO_3} \underset{52\%}{(CH_3)_2CH\overset{\overset{CH_2OH}{|}}{C}HCHO}$$

不含 α-H 的醛，在碱催化下与其他含有 α-H 醛、酮的缩合产物极易脱水，得到 α，β-不饱和醛酮，该反应称为克莱森-施密特（Claisen-Schmidt）反应。例如：

$$H_3CO—C_6H_4—CHO + CH_3\overset{\overset{O}{\|}}{C}CH_3 \xrightarrow[30℃]{稀 NaOH} \underset{83\%}{H_3CO—C_6H_4—CH=CH\overset{\overset{O}{\|}}{C}CH_3}$$

$$C_6H_5CHO + CH_3CHO \xrightarrow[50℃]{稀 NaOH} \underset{95\%}{C_6H_5CH=CHCHO}$$

（3）曼尼希反应（胺甲基化反应）

曼尼希（Mannich）反应是指 C—H 具有酸性的化合物（如含 α-H 的醛、酮）与醛（一般为甲醛）及胺（伯胺或仲胺，一般为仲胺）的反应。反应通式如下：

$$R—\overset{\overset{O}{\|}}{C}—\underset{|}{\overset{|}{C}}—H + HCHO + HNR_2 \xrightarrow{H^+} \underset{（曼尼希碱）}{R—\overset{\overset{O}{\|}}{C}—\underset{|}{\overset{|}{C}}—CH_2NR_2} + H_2O$$

反应的结果是脱掉一分子水，含 α-H 的醛、酮的 α-H 被胺甲基（$—CH_2NR_2$）化。因此，曼尼希反应又称胺甲基化反应。曼尼希反应生成曼尼希碱，它是很有用的有机合成中间体。

曼尼希反应历程一般认为如下：

$$HCH=O+HNR_2 \rightleftharpoons HOCH_2NR_2 \xrightleftharpoons{+H^+} CH_2=\overset{+}{N}R_2+H_2O$$

$$R-\overset{\overset{O}{\|}}{C}-\overset{|}{\underset{|}{C}}-H \rightleftharpoons R-\overset{\overset{OH}{|}}{C}=\underset{|}{C}-$$

$$R-\overset{\overset{OH}{|}}{C}=\underset{|}{C}- \ +CH_2=\overset{+}{N}R_2 \xrightleftharpoons{-H^+} R-\overset{\overset{O}{\|}}{C}-\overset{|}{\underset{|}{C}}-CH_2NR_2 \ +H^+$$

3. 氧化和还原反应

（1）氧化反应

在氧化反应中，醛和酮有着明显的差别。醛的羰基碳原子上直接连着氢原子，而酮没有。因此醛容易被氧化，甚至弱氧化剂也能把醛氧化。常用的弱氧化剂有托伦（Tollen）试剂、斐林（Fehling）试剂和班氏（Benedict）试剂。这些试剂常用来鉴别醛和酮。但芳香醛只能和托伦试剂作用，不能和斐林试剂和班氏试剂作用，因此还可以利用这一点来鉴别脂肪醛和芳香醛。

托伦试剂（氢氧化银的氨溶液）与醛的反应可表示如下，该反应又称银镜反应。

$$RCHO+[Ag(NH_3)_2]^+OH^- \xrightarrow{\triangle} RCOONH_4+Ag\downarrow+NH_3\cdot H_2O$$

斐林试剂（硫酸铜、氢氧化钠和酒石酸钾钠组成的蓝色混合溶液）与醛的反应可表示如下，作为氧化剂的是 Cu^{2+}，反应生成砖红色的氧化亚铜沉淀。

$$RCHO+Cu^{2+}+OH^- \longrightarrow RCOO^-+Cu_2O\downarrow+H_2O$$

班氏试剂（硫酸铜、碳酸钠和柠檬酸钠组成的混合液）与醛反应的结果是与斐林试剂一致的，只是班氏试剂比斐林试剂更稳定，所以在临床化验中更常使用班氏试剂。

（2）还原反应

醛和酮都可以发生还原反应。在不同的条件下，用不同的还原剂可以得到不同的产物。

① 催化加氢　醛、酮在金属催化剂 Ni、Pd、Pt 的催化下，可分别被加氢还原为伯醇和仲醇。例如：

$$RCHO+H_2 \xrightarrow{Ni} RCH_2OH$$

$$R'-\overset{\overset{R}{|}}{C}=O \ +H_2 \xrightarrow{Ni} R'-\overset{\overset{R}{|}}{C}H-OH$$

当用催化加氢的方法还原羰基化合物时，分子中的其他可被还原的基团，如碳碳双键、亚硝基、氰基等，同时也要被还原。例如：

$$CH_3CH=CHCHO+2H_2 \xrightarrow{Ni} CH_3CH_2CH_2CH_2OH$$

② 金属氢化物还原　金属氢化物如硼氢化钠（$NaBH_4$）、氢化铝锂（$LiAlH_4$）是还原醛、酮最常用的试剂。一般情况下金属氢化物只对羰基起还原作用，对其他不饱和基团如碳碳不饱和键等不起作用。因此，若要使不饱和醛、酮还原成不饱和醇，可使用这种试剂。例如：

$$\underset{\text{肉桂醛}}{C_6H_5CH=CHCHO} \xrightarrow{NaBH_4} \underset{\text{肉桂醇}}{C_6H_5CH=CHCH_2OH}$$

金属氢化物中还原能力较强的主要是氢化铝锂。除醛、酮外，它还可以还原羧酸和羧酸衍生物等化合物。

③ 克莱门森（Clemmensen）还原法　将醛或酮与锌汞齐和浓盐酸作用，可使醛、酮中的羰基直接还原为亚甲基而转化成烃类化合物。这个反应叫克莱门森还原法。例如：

$$C_6H_5COCH_2CH_2CH_3 \xrightarrow[HCl]{Zn\text{-}Hg} C_6H_5CH_2CH_2CH_2CH_3$$

克莱门森反应在有机合成上被广泛用于制备烷烃、烷基芳烃或烷基酚类。

④ Wolff-Kishner-黄鸣龙还原法　将醛或酮与肼反应使它变成腙，然后将腙再与乙醇钠、无水乙醇在封管中加热到180℃左右，即放出氮气生成烃。

$$>C{=}O \xrightarrow{NH_2NH_2} >C{=}NHNH_2 \xrightarrow[\text{封管}]{NaOC_2H_5} >CH_2 + N_2$$

这种方法称 Wolff-Kishner 还原法。

我国化学家黄鸣龙改进了这个方法，将醛或酮、氢氧化钠、肼的水溶液和一个高沸点的水溶性溶剂（如二缩乙二醇或三缩乙二醇）一起加热，使醛、酮变成腙，然后将水和过量的肼蒸出，待温度达到腙的分解温度（195～200℃）时，再回流 3～4h，使反应完成。这个反应可在常压下进行，且产率较高。例如：

$$C_6H_5\overset{O}{\overset{\|}{C}}CH_2CH_3 \xrightarrow[\triangle]{NH_2NH_2,\ NaOH,\ (HOCH_2CH_2)_2O} \underset{82\%}{C_6H_5CH_2CH_2CH_3}$$

这个方法使用范围广，还可用来还原对酸敏感的醛或酮。如果用 DMF 作溶剂，反应温度可降到 100℃。

黄鸣龙还原法是第一个以中国人名字命名的人名反应。在当时，我国的科学技术水平与西方发达国家存在很大的差距，黄鸣龙对这一方法的改进，振奋人心，值得中国人骄傲和自豪。虽然现在我国科技领域有了快速的发展，但依然需要同学们不断创新，勇于探索和挑战，为国家的科技发展做出更大的贡献。

⑤ 麦尔外因-彭道夫-维尔莱茵（Meerwein-Ponndorf-Verley）还原法　用异丙醇铝-异丙醇作为还原剂，可使醛还原为伯醇，酮还原为仲醇：

$$\begin{matrix} R \\ \quad\diagdown \\ \quad\ C{=}O \\ \quad\diagup \\ (R')H \end{matrix} + CH_3{-}\underset{OH}{\underset{|}{CH}}{-}CH_3 \xrightleftharpoons{[(CH_3)_2CHO]_3Al} \begin{matrix} R \\ \quad\diagdown \\ \quad\ CH{-}OH \\ \quad\diagup \\ (R')H \end{matrix} + CH_3\overset{O}{\overset{\|}{C}}CH_3$$

该反应称为麦尔外因-彭道夫-维尔莱茵法还原，是欧芬脑尔（Oppenauer）氧化的逆反应，其特点是对醛、酮有还原作用，而分子中的其他不饱和基团不受影响。例如：

$$CH_3{-}\overset{O}{\overset{\|}{C}}{-}CH{=}CH_2 + CH_3{-}\underset{OH}{\underset{|}{CH}}{-}CH_3 \xrightleftharpoons{[(CH_3)_2CHO]_3Al} CH_3{-}\overset{OH}{\overset{|}{CH}}{-}CH{=}CH_2 + CH_3\overset{O}{\overset{\|}{C}}CH_3$$

麦尔外因-彭道夫-维尔莱茵还原是可逆平衡反应，一般可以通过加入大大过量的异丙醇或除去低沸点的丙酮的方法，使平衡移动而向右进行趋于完全。

（3）歧化反应

不含 α-氢原子的醛，在浓碱（如 40%～45%的 NaOH 溶液）作用下，发生自身氧化-还原反应，生成醇和羧酸的混合物。这个反应属于歧化反应，称为康尼查罗（Cannizzaro）反应。例如：

$$2HCHO \xrightarrow{\text{浓 }NaOH} HCOONa + CH_3OH$$

$$2C_6H_5CHO \xrightarrow{\text{浓 NaOH}} C_6H_5COONa + C_6H_5CH_2OH$$

反应时，一分子醛作为氢的供给者，另一分子醛作为氢的接受者，结果前者被氧化，后者被还原，发生了分子间的氧化还原反应，生成等量的酸和醇。

歧化反应也可发生在两种不同的不含 α-氢原子的醛分子之间，称为交叉歧化反应，但产物比较复杂。但如果两种醛中一种是甲醛，由于甲醛容易被氧化，所以总是甲醛被氧化成酸，另一种醛被还原成醇。例如：

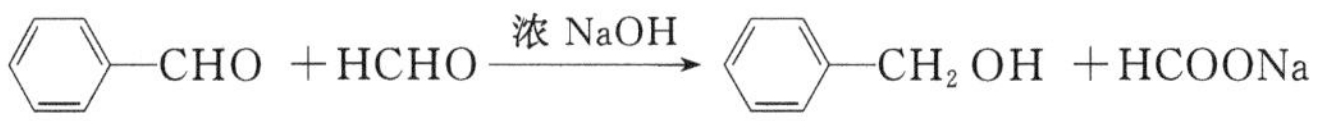

$$C_6H_5\text{—}CHO + HCHO \xrightarrow{\text{浓 NaOH}} C_6H_5\text{—}CH_2OH + HCOONa$$

四、α，β-不饱和醛酮

不饱和醛酮是指分子中含有碳碳不饱和键的醛酮，最主要的和最有特点的是 α，β-不饱和醛酮。例如：丙烯醛 $CH_2=CHCHO$、2-丁烯醛（巴豆醛）$CH_3CH=CHCHO$、3-苯基丙烯醛（肉桂醛）$C_6H_5\text{—}CH=CHCHO$ 等。α，β-不饱和醛酮具有以下化学特性。

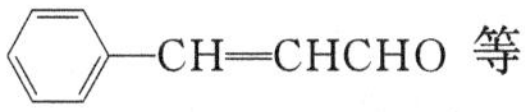

（一）加成反应

α，β-不饱和醛酮的结构中同时含有碳氧双键和碳碳双键，所以它们既可以发生亲核加成反应，又可以发生亲电加成反应，但碳碳双键的直接亲电加成反应不常见（羰基的吸电子效应造成碳碳双键的缺电子）。此外，α，β-不饱和醛酮分子中碳碳双键与羰基形成共轭体系，图 10-3 为丙烯醛分子中的共轭体系。此共轭体系类似于 1，3-丁二烯，具有 1，2-加成和 1，4-加成两种加成方式。

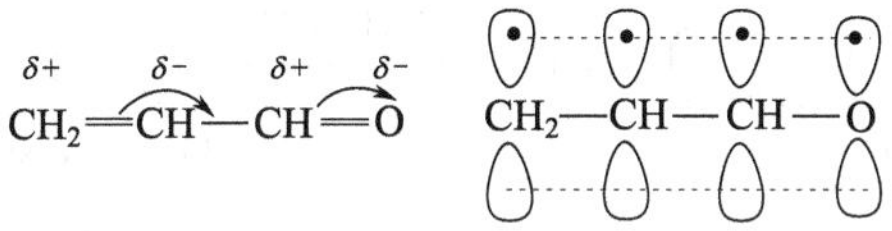

$$\overset{\delta+}{CH_2}=\overset{\delta-}{CH}-\overset{\delta+}{CH}=\overset{\delta-}{O} \qquad CH_2-CH-CH-O$$

图 10-3 丙烯醛分子中的共轭体系

1. 亲核加成

在 α，β-不饱和醛酮中，碳碳双键与羰基形成 π-π 共轭体系。由于羰基氧的电负性影响，使得共轭链中电子云分布呈交替极化状态。

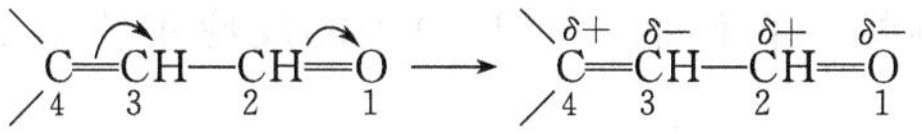

$$\underset{4}{C}=\underset{3}{CH}-\underset{2}{CH}=\underset{1}{O} \longrightarrow \underset{4}{\overset{\delta+}{C}}=\underset{3}{\overset{\delta-}{CH}}-\underset{2}{\overset{\delta+}{CH}}=\underset{1}{\overset{\delta-}{O}}$$

进行加成反应时，亲核试剂（Nu^-）既可进攻羰基碳，发生 1，2-加成反应；又可以进攻带部分正电荷的 β-C，发生 1，4-加成反应。

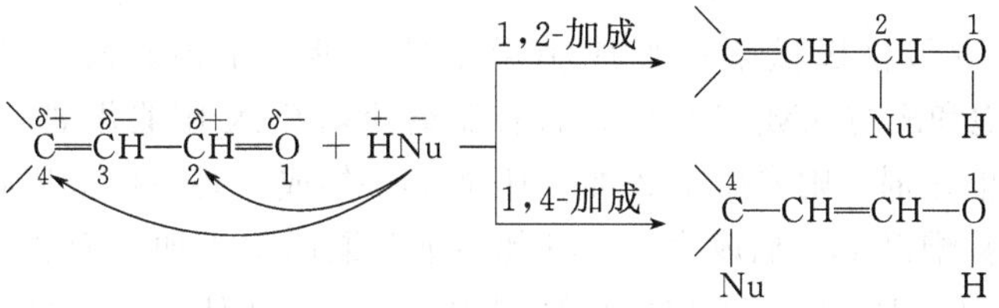

$$\underset{4}{\overset{\delta+}{C}}=\underset{3}{\overset{\delta-}{CH}}-\underset{2}{\overset{\delta+}{CH}}=\underset{1}{\overset{\delta-}{O}} + \overset{+}{H}\overset{-}{Nu} \xrightarrow{1,2\text{-加成}} C=CH-\overset{2}{CH}(Nu)-\overset{1}{O}H$$

$$\xrightarrow{1,4\text{-加成}} \overset{4}{C}(Nu)-CH=CH-\overset{1}{O}H$$

α，β-不饱和醛酮的亲核加成取向影响因素较多，比较复杂。一般来讲，不同结构的醛酮在进行亲核加成反应时，1，2-加成和 1，4-加成的取向与羰基的活性以及羰基旁的基团的大小有关。α,β-不饱和醛倾向于发生1,2-加成；α,β-不饱和酮倾向于发生1,4-加成。这是因为醛羰基活性高，醛基空间位阻也小，亲核试剂易于进攻羰基碳原子，而主要发生1,2-加成反应；而酮羰基反应活性较低，酮羰基旁的基团相对空间位阻大，亲核试剂进攻β-C较容易，而主要发生1,4-加成反应。例如：

$$C_6H_5CH=CHCHO \xrightarrow[\text{无水乙醚}]{C_6H_5MgBr} \xrightarrow{H_2O} C_6H_5CH=CHCH(OH)C_6H_5$$

1,2-加成产物(100%)

$$C_6H_5CH=CHCOC(CH_3)_3 \xrightarrow[\text{无水乙醚}]{C_6H_5MgBr} \xrightarrow{H_2O} (C_6H_5)_2CH-CH_2COC(CH_3)_3$$

1,4-加成产物(100%)

1,2-和1,4-加成的取向还与亲核试剂的性质有密切关系。α,β-不饱和醛酮与弱碱性亲核试剂如水、醇、氢氰酸、氨的衍生物等加成时主要生成1,4-加成产物。反应经烯醇结构生成稳定的酮式结构，总的结果是试剂加在碳碳双键上，得到羰基化合物。例如：

$$CH_2=CH-CH=O+HCN \xrightarrow{OH^-} \left[\begin{array}{l}CH_2-CH=CH \\ | \qquad\qquad\quad | \\ CN \qquad\quad\ \ OH\end{array}\right] \xrightarrow{\text{互变异构}} NC-CH_2-CH_2-CHO$$

烯醇式　　　　酮式

$$\text{八氢萘-2-酮(}\Delta^{1(9)}\text{烯酮)} + HCN \xrightarrow{(C_2H_5)_3Al} \text{9-氰基十氢萘-2-酮}$$

85%

与二烃基铜锂的反应也主要是1,4-加成反应。例如：

$$\text{环己-2-烯酮} \xrightarrow[\text{乙醚}]{LiCu(CH_3)_2} \xrightarrow{H_2O} \text{3-甲基环己酮}$$

α,β-不饱和醛酮与强碱性亲核试剂如烃基锂等的反应主要是1，2-加成反应。例如：

$$CH_3CH=CHCOCH_3 \xrightarrow{C_6H_5Li} \xrightarrow{H_2O} CH_3CH=CHC(OH)(C_6H_5)CH_3$$

α,β-不饱和醛酮与格氏试剂的加成稍微复杂一些。不饱和醛与RMgX反应主要是1,2-亲核加成；不饱和酮与RMgX反应，若有亚铜盐如CuX作催化剂，主要得1,4-加成产物，若无亚铜盐作催化剂，则发生1,2-加成还是1,4-加成，要视反应底物的空间结构而定，一般地，不饱和甲基酮以1,2-加成为主，其他不饱和酮以1,4-加成为主。

$$C_6H_5CH=CHCH=O+C_6H_5MgBr \longrightarrow C_6H_5CH=CHCH(OH)C_6H_5$$

100%

$$C_6H_5CH{=}CH\overset{O}{\overset{\|}{C}}CH_3 + C_6H_5MgBr \longrightarrow C_6H_5CH{=}CH\underset{C_6H_5}{\overset{OH}{C}}CH_3$$

88%

$$R'{-}\underset{H}{C}{=}\underset{H}{C}{-}\overset{O}{\overset{\|}{C}}{-}R \xrightarrow[2)\,H_2O]{1)\,C_2H_5MgX} \begin{cases} R'{-}\underset{H}{C}{=}\underset{H}{C}{-}\underset{C_2H_5}{\overset{OH}{C}}{-}R & \text{1,2-加成产物} \\ R'{-}\underset{C_2H_5}{\overset{H}{C}}{-}\overset{H_2}{C}{-}\overset{O}{\overset{\|}{C}}{-}R & \text{1,4-加成产物} \end{cases}$$

R′越大越不利于1,4-加成

R越大越不利于1,2-加成

2. 亲电加成

α,β-不饱和醛酮与HX类型（如HCl、HBr）的亲电试剂一般发生1,4-加成反应。例如：

$$CH_3CH{=}CH\overset{O}{\overset{\|}{C}}CH_3 + HCl \longrightarrow \left[CH_3CHClCH{=}\overset{OH}{\overset{|}{C}}CH_3\right] \longrightarrow CH_3CHClCH_2\overset{O}{\overset{\|}{C}}CH_3$$

烯醇式　　　　酮式

其总的反应结果是1,4-加成的历程、碳碳双键上1,2-加成的产物：

$$CH_3CH{=}CH\overset{O}{\overset{\|}{C}}CH_3 + H^+ \longrightarrow CH_3CH{=}CH\overset{+}{\underset{OH}{C}}CH_3 \longrightarrow CH_3\underbrace{CH{\cdots}CH{\cdots}\overset{CH_3}{\overset{|}{C}}}_{+}{-}OH$$

$$\xrightarrow{Cl^-} CH_3\underset{Cl}{\underset{|}{CH}}{-}CH{=}\overset{CH_3}{\overset{|}{C}}{-}OH \xrightarrow{\text{互变异构}} CH_3\underset{Cl}{\underset{|}{CH}}{-}CH_2{-}\overset{CH_3}{\overset{|}{C}}{=}O$$

烯醇式　　　　酮式

α,β-不饱和醛酮与卤素等亲电试剂反应，不发生1,4-加成，只在碳碳双键上发生亲电加成，而且由于羰基的存在，降低了碳碳双键的亲电反应活性，其反应速率比单烯烃及共轭双烯慢。例如：

$$CH_3CH{=}CH\overset{O}{\overset{\|}{C}}CH_3 \xrightarrow{Br_2} CH_3\underset{Br}{\underset{|}{CH}}{-}\underset{Br}{\underset{|}{CH}}\overset{O}{\overset{\|}{C}}CH_3$$

（二）还原反应

1. 羰基的还原

麦尔外因-彭道夫-维尔莱茵还原法是不饱和醛酮还原的好方法，该反应前面已讲述，这里不再重复。

此外，氢化铝锂还原法对大多数α,β-不饱和醛酮来说也是一种常用的方法，可以获得较高的产率。通常条件下氢化铝锂只还原羰基，与它共轭的碳碳双键不受其影响。例如：

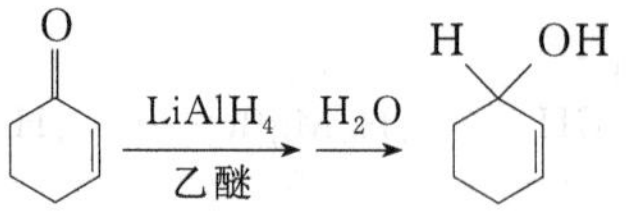

$$\text{2-环己烯酮} \xrightarrow[\text{乙醚}]{LiAlH_4} \xrightarrow{H_2O} \text{2-环己烯-1-醇}\quad 97\%$$

2. 碳碳双键的还原

用钯-碳催化加氢或用金属锂-液氨低温还原，主要还原 α,β-不饱和醛酮中的碳碳双键。例如：

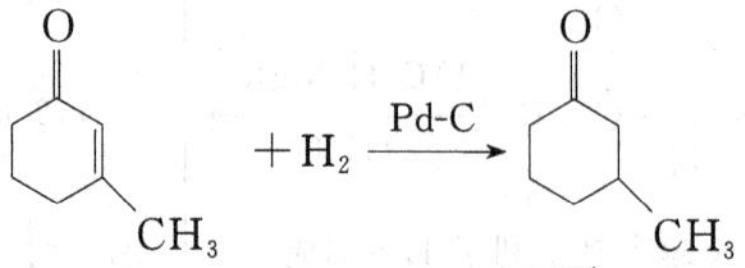

$$\text{3-甲基-2-环己烯酮} + H_2 \xrightarrow{Pd\text{-}C} \text{3-甲基环己酮}\quad 100\%$$

$$\xrightarrow{Li,NH_3(\text{液})} \xrightarrow{H_2O/H^+} \quad 95\%$$

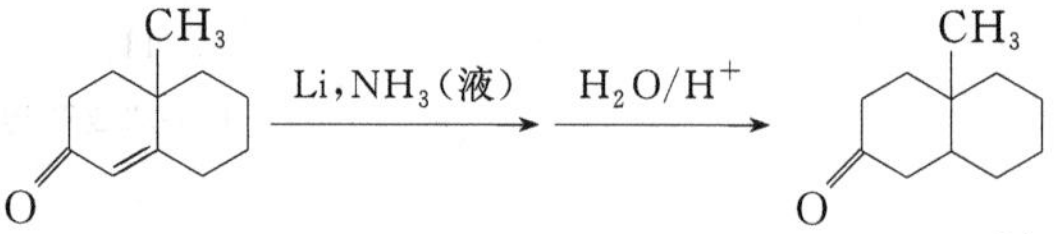

在上面的还原中，如果试剂过量，也可以使 α,β-不饱和醛酮的羰基和双键同时还原。

（三）插烯规律

2-丁烯醛中的甲基与乙醛中的甲基活性相当。例如：在稀碱中 2-丁烯醛也可以发生羟醛缩合反应。

$$CH_3-CH=CH-\overset{O}{\overset{\|}{C}}-H + CH_3-CH=CH-\overset{O}{\overset{\|}{C}}-H \xrightarrow{\text{稀碱}}$$

$$CH_3-CH=CH-\overset{OH}{\overset{|}{CH}}-CH_2-CH=CH-CHO \xrightarrow{-H_2O}$$

$$CH_3-CH=CH-CH=CH-CH=CH-CHO$$

其反应过程是 2-丁烯醛在碱的作用下首先形成碳负离子（$^{-}CH_2-CH=CH-\overset{O}{\overset{\|}{C}}-H$），然后碳负离子作为亲核试剂进攻另一分子 2-丁烯醛的羰基发生羟醛缩合反应。

可以将 2-丁烯醛看成是在乙醛分子中的醛基和甲基之间插入了一个乙烯基（$-CH=CH-$），引入的烯基，其碳碳双键与羰基构成 π-π 共轭体系，羰基的吸电子作用通过共轭链传递到另一端的甲基上。所以乙烯基的引入不影响醛基对甲基的吸电子作用，醛基对甲基上氢原子的活化作用基本没有改变，而且当共轭链延长后，这种影响仍然保持不变，这种现象称插烯规律。

五、醛和酮的制备

醛、酮的制备方法很多，可大致分两种类型：一种通过官能团的相互转化制得；另一种是在分子结构上直接引入羰基。

（一）官能团相互转化法

1. 醇的氧化和脱氢

伯醇或仲醇用三氧化铬等氧化生成醛或酮。

$$RCH_2OH \xrightarrow[CH_2Cl_2]{CrO_3,\text{吡啶}} RCHO$$

将醇的蒸气通过加热的催化剂（如 Cu 粉、Ag 粉、亚铬酸铜等）可使它们脱氢生成醛或酮。例如：

$$\text{环己醇} \xrightarrow{Cu,250℃} \text{环己酮} + H_2$$

$$CH_3\underset{\underset{OH}{|}}{C}HCH_2CH_3 \xrightarrow[400\sim450℃]{Zn} CH_3\overset{\overset{O}{\|}}{C}CH_2CH_3 + H_2$$

将醇的蒸气与空气混合通过加热的催化剂（铜、银、锌等）即脱氢氧化生成醛或酮以及水。例如：

$$CH_3CHOHCH_3 + O_2 \xrightarrow[380℃]{ZnO} \underset{98\%}{CH_3COCH_3} + H_2O$$

从不饱和醇制备不饱和酮的一个很好的方法是欧芬脑尔氧化。此方法对不饱和键无影响。反应具有选择性，且产率较高。

该制备方法是将醇（一般用仲醇）、叔丁醇铝（或异丙醇铝）和丙酮一起回流，仲醇脱氢生成相应的酮。

$$R_2CHOH + CH_3\overset{\overset{O}{\|}}{C}CH_3 \xrightleftharpoons{[(CH_3)_3CO]_3Al} R_2C{=}O + CH_3\underset{}{\overset{\overset{OH}{|}}{C}}HCH_3$$

例如：

$$C_6H_5-CH{=}CH\underset{\underset{OH}{|}}{C}HCH_3 + CH_3COCH_3 \xrightarrow[\text{回流}]{\text{异丙醇铝}} C_6H_5-CH{=}CH\underset{\underset{O}{\|}}{C}CH_3 + CH_3CHOHCH_3$$

2. 炔烃的水合

炔烃在汞盐、硫酸催化下进行水合，首先得到不稳定的烯醇，再重排得到相应的醛或酮。例如：

$$HC{\equiv}CH + H_2O \xrightarrow[H_2SO_4]{Hg^{2+}} CH_3\overset{\overset{O}{\|}}{C}H$$

$$RC{\equiv}CH + H_2O \xrightarrow[H_2SO_4]{Hg^{2+}} R\overset{\overset{O}{\|}}{C}CH_3$$

3. 芳烃侧链的氧化

芳烃侧链氧化可制备羧酸，在第四章中已讨论过。应当选用适当的氧化剂，在温和的条件下进行反应。芳烃侧链烷基也被氧化成醛或酮。

常用的氧化剂有三氧化铬-硫酸、三氧化铬-醋酐、二氧化锰-硫酸。例如：

$$C_6H_5CH_2CH(CH_3)_2 \xrightarrow[20℃]{CrO_3-H_2SO_4} C_6H_5CHO$$

$$p\text{-}O_2NC_6H_4CH_3 \xrightarrow[20℃]{CrO_3-H_2SO_4} \xrightarrow{H_3O^+} p\text{-}O_2NC_6H_4CHO$$

$$\text{C}_6\text{H}_5\text{CH}_3 \xrightarrow[20℃]{MnO_2\text{-}H_2SO_4} \text{C}_6\text{H}_5\text{CHO}$$

（二）直接羰基化法

1. 傅-克酰基化反应

见第七章芳香烃。

2. 加特曼-科赫反应

以一氧化碳及干燥氯化氢为原料，在无水三氯化铝和氯化亚铜的存在下，在芳环上直接引入醛基的反应称加特曼-科赫（Gattermann-Koch）反应。例如：

$$\text{C}_6\text{H}_6 + CO + HCl \xrightarrow{CuCl, AlCl_3} \text{C}_6\text{H}_5\text{CHO}$$

当芳环上连有甲基、甲氧基等活化取代基时，反应易于进行，醛基主要进入取代基的对位。例如：

$$\text{C}_6\text{H}_5\text{CH}_3 + CO + HCl \xrightarrow[20℃]{CuCl, AlCl_3} p\text{-CH}_3\text{C}_6\text{H}_4\text{CHO}$$

反应中所用的一氧化碳和氯化氢可以用甲酸与氯磺酸作用得到。

$$HCOOH + ClSO_3H \longrightarrow CO + HCl + H_2SO_4$$

3. 瑞穆尔-悌曼反应

苯酚和氯仿在强碱性溶液中加热生成芳醛的反应称瑞穆尔-悌曼（Reimer-Tiemann）反应，例如：

$$\text{C}_6\text{H}_5\text{OH} + CHCl_3 \xrightarrow[55℃, 3h]{10\% NaOH} o\text{-HOC}_6\text{H}_4\text{CHO} + p\text{-HOC}_6\text{H}_4\text{CHO}$$

37%～55%　　8%～10%

该反应的主要特征是生成邻位产物，操作方便，试剂简单，但产率较低。

六、重要的醛和酮

（一）甲醛

甲醛又叫蚁醛，是具强烈刺激臭味的无色气体，易溶于水。甲醛能使蛋白质凝固，所以可用作消毒剂和防腐剂。40%的甲醛水溶液又称福尔马林，可用作农作物种子的消毒及动物标本的保存。

甲醛化学性质活泼，易发生氧化反应和聚合反应。甲醛经长期放置，可产生浑浊或出现白色沉淀，这是因为甲醛经聚合生成了多聚甲醛。

甲醛与氨作用可得环六亚甲基四胺，药物名为优洛托品（Urotropine）。

$$6HCHO + 4NH_3 \xrightarrow{-6H_2O} (CH_2)_6N_4$$

优洛托品为无色结晶，临床上作尿道消毒剂，治疗肾脏及尿道感染，它在病人体内能慢慢地水解，生成少量的甲醛。甲醛由尿道排出时，可将尿道内的细菌杀死。

（二）乙醛

乙醛是无色液体，具有刺激性臭味，易溶于水、乙醇和乙醚中。

乙醛在酸的催化下可聚合成令人愉快的辛辣气味的三聚乙醛。三聚乙醛是无色液体，在医药上又称为副醛，具催眠作用，由于无蓄积作用，是比较安全的安眠药。

乙醛通入氯气，则生成三氯乙醛，它易与水加成而得无色结晶，叫做水合三氯乙醛，简称水合氯醛。

$$Cl_3C{-}CHO + H_2O \longrightarrow Cl_3C{-}CH(OH)_2$$

水合氯醛为无色透明晶体，熔点 57℃，具刺激性臭味，易溶于水、乙醇和乙醚。其在医药上具有催眠和镇静作用，但对胃有一定刺激性。

（三）苯甲醛

苯甲醛是最简单的芳香醛，常以结合状态存在于水果中，如杏、桃、梅子和核桃中。苯甲醛为无色液体，微溶于水，具苦杏仁香味，因此又叫苦杏仁油，可用作制造香料及其他芳香族化合物的原料。苯甲醛易氧化，久置空气中能被氧化成苯甲酸白色结晶。

（四）肉桂醛

肉桂醛化学名为 3-苯基丙烯醛，是桂皮油中的主要成分。它是黄色油状液体，沸点 253℃，微溶于水。肉桂醛可用作香料，也可用于防腐剂。

（五）环己酮

环己酮是一种脂环酮。它可由环己醇氧化制得，在工业上主要用环己烷氧化得到。

$$C_6H_{12} + O_2 \xrightarrow{\text{催化剂}} C_6H_{10}O + H_2O$$

环己酮可用作溶剂，也可用于制备己二酸、己内酰胺，后者是合成锦纶的单体。

（六）丙酮

丙酮是最简单的酮，它是无色的，具有特殊香味的液体，沸点 56.5℃，能与水以及几乎所有的有机溶剂互溶，广泛用作溶剂及有机合成原料。

糖尿病患者由于代谢紊乱，体内常有过量丙酮产生，随尿排出。检查尿中是否含有丙酮有两种方法：一种是应用碘仿反应；另一种是滴加亚硝酰铁氰化钠 $Na_2[Fe(CN)_5NO]$ 溶液和氨水于尿中，如果有丙酮存在，溶液就呈鲜红色。

第二节 醌

醌是一类特殊的环状不饱和二酮，凡醌类化合物都具有 [对醌结构式] 或 [邻醌结构式] 的结构单位，叫做醌型结构。分子中的碳碳双键和碳氧双键处于共轭状态。

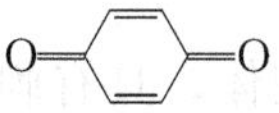

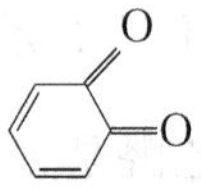

醌类化合物从结构上主要可分为苯醌、萘醌、蒽醌及菲醌等。醌类化合物通常都有颜色。例如：

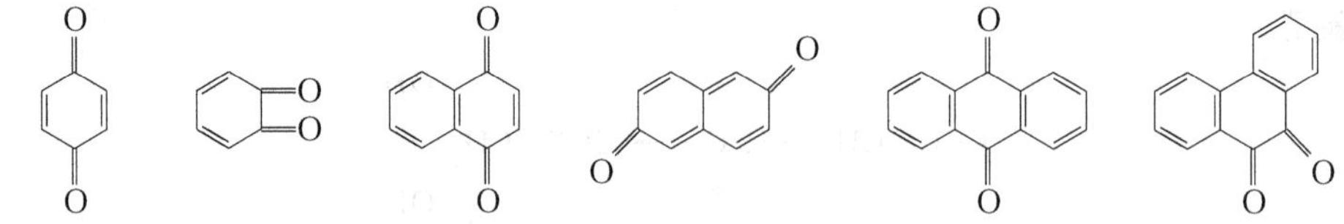

对苯醌	邻苯醌	α-萘醌	远萘醌	9,10-蒽醌	9,10-菲醌
(1,4-苯醌)	(1,2-苯醌)	(1,4-萘醌)	(2,6-萘醌)	淡黄色	橙黄色
黄色	红色	黄色	橙色		

命名醌类化合物时，两个羰基的位置可以用阿拉伯数字加在名称前面标明，也可用对、邻、远等字或α、β等希腊字母标明。母体上如有取代基则要指明位置、数目和名称，并写在母体名称前面。

一、醌的性质

醌是具有共轭体系的环状不饱和二酮，因此具有烯烃和羰基化合物的典型性质，又由于存在共轭双键，所以还可发生1,4-加成反应。

（一）碳碳双键的加成

苯醌在适当条件下，可以和卤素、卤化氢等亲电试剂发生加成反应。例如：

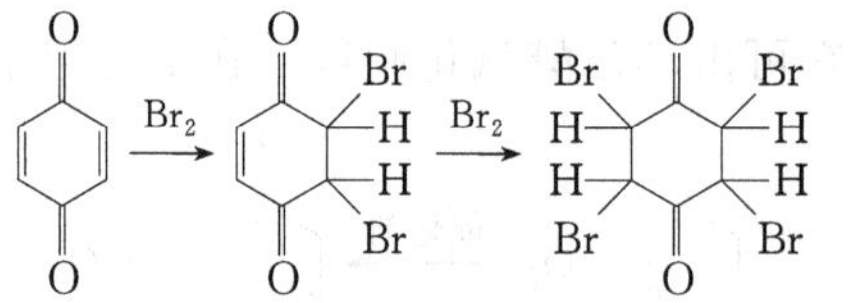

$$\xrightarrow{Br_2}\quad\xrightarrow{Br_2}$$

四溴化醌

(2,3,5,6-四溴环己二酮)

（二）羰基加成

醌中羰基能与羰基试剂发生亲核加成。例如，苯醌与羟胺作用可生成肟。

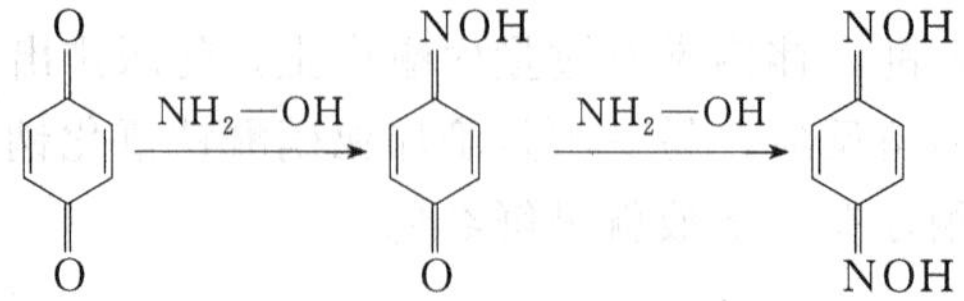

$$\xrightarrow{NH_2-OH}\quad\xrightarrow{NH_2-OH}$$

对苯醌单肟　　对苯醌双肟

（三） 1,4-加成

醌相当于α,β-不饱和羰基化合物，因此可以与氢卤酸、氢氰酸、亚硫酸氢钠等试剂发生 1,4-加成反应。例如：

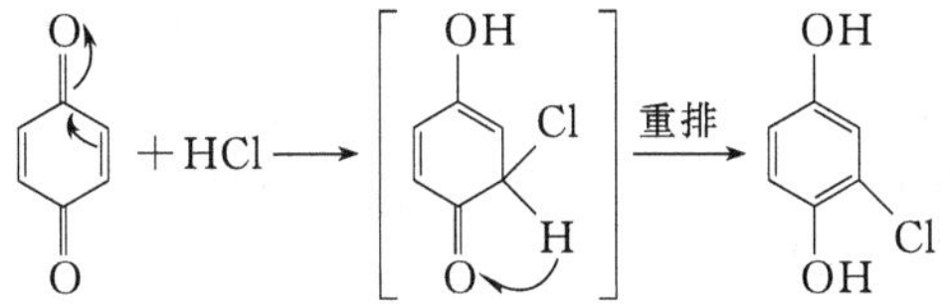

重排

二、重要的醌类化合物

（一）对苯醌

对苯醌是金黄色结晶，熔点 115.7℃，有毒性，能腐蚀皮肤，能溶于醇和醚中。如将对苯醌的乙醇溶液和对苯二酚的乙醇溶液混合，即有深绿色的晶体析出，这种晶体就是由一分子对苯醌和一分子对苯二酚结合而成的化合物，叫做醌氢醌。

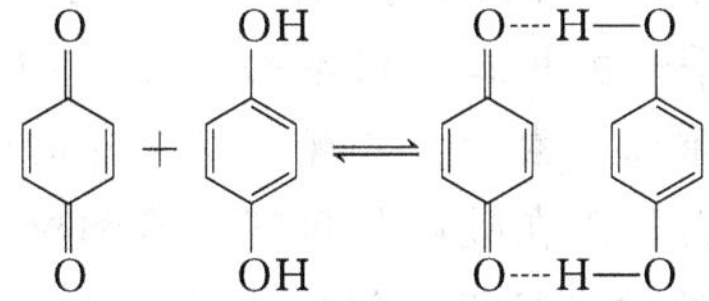

醌氢醌

醌氢醌溶于热水，在溶液中大量解离而又生成苯醌及对苯二酚。醌氢醌的缓冲溶液可用作标准参比电极，这个电极的电位与氢离子浓度有关，故可用于测定溶液的 pH 值。

（二）α-萘醌和维生素 K

α-萘醌是黄色结晶，熔点 125℃，微溶于水，有刺激性气味。许多天然产物中都具α-萘醌的结构，例如维生素 K_1 和维生素 K_2 就是α-萘醌的衍生物。

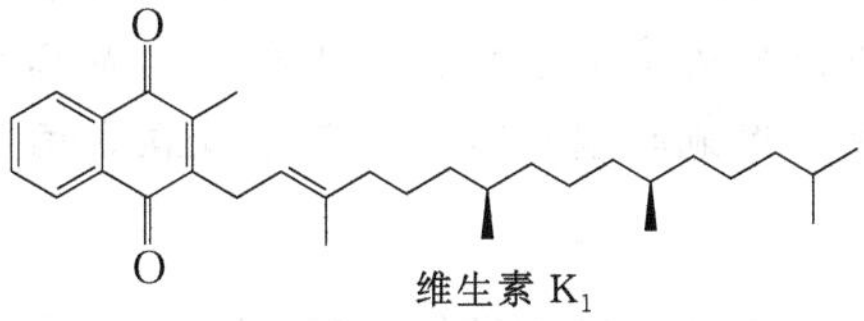

维生素 K_1

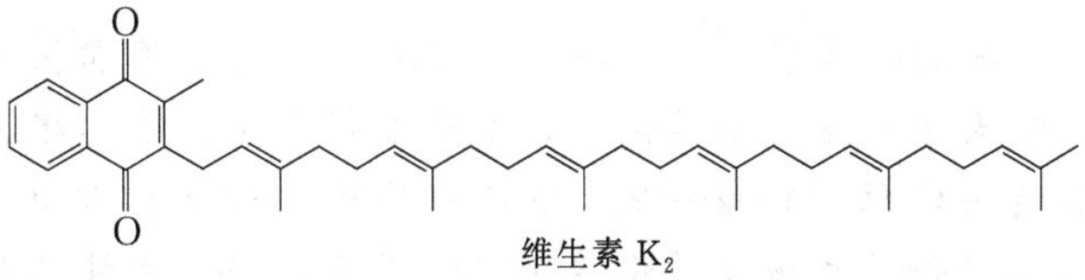

维生素 K_2

维生素 K_1 和维生素 K_2 的差别只在于支链，维生素 K_2 在支链中较维生素 K_1 多十个碳原子。维生素 K_1 和维生素 K_2广泛存在于自然界，以猪肝和苜蓿中含量最多，此外一些绿色植物、蛋黄、肝脏等中含量也很丰富。维生素 K_1 和维生素 K_2 都能促进血液凝固，因此可用作止血剂。

研究维生素 K_1 和维生素 K_2 及其衍生物的化学结构与凝血机制的关系时，发现 2-甲基-1,4-萘醌也具有凝血作用，且凝血能力更强，称为维生素 K_3。维生素 K_3 可由合成制得，它难溶于水，为增强其溶解性，更好地发挥药效，临床上一般使用它和亚硫酸氢钠的加成产物——亚硫酸氢钠甲萘醌。

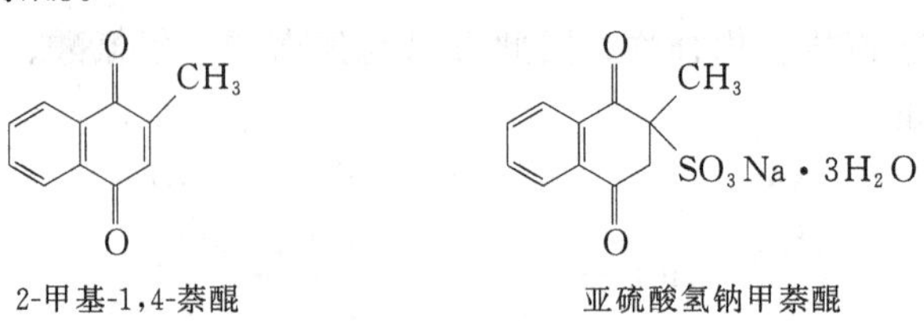

2-甲基-1,4-萘醌（维生素 K_3）　　亚硫酸氢钠甲萘醌

名人追踪

黄鸣龙（1898—1979）

1898 年生于扬州，早年留学瑞士和德国，1924 年获柏林大学博士学位。1952 年回国，历任中国科学院理化部委员，国际《四面体》杂志名誉编辑，全国药理学会副理事长，中国化学会理事等。主要成就如下：

1. 山道年一类物立体化学的研究。1938 年在与 Inhoffen 研究用胆固醇改造合成雌性激素时，发现了双烯酚的移位反应，随后在此基础上又发现了变质山道年在酸碱作用下，其相对构型可成圈地相互转变，这一发现轰动了当时的有机界，各国学者根据他解决山道年及其一类物的相对构型，相继推定了山道年一类物的绝对构型。

2. 改良 Wolff-Kishner 还原法。在进行 Wolff-Kishner 还原反应时，出现了意外的漏气情况，黄鸣龙并未弃之不顾，而是照样研究下去，结果得到出乎意料的高产率。于是他仔细分析原因，并多次进行试验，总结出了简单易行的新的还原方法。新方法避免了原方法要使用封管和金属钠以及用难于制备和价值昂贵的无水肼的缺点，且产率大大提高。该方法在国际上被广泛使用，并写入各国有机化学教科书中，简称黄鸣龙还原法。

3. 甾体激素的合成和有关反应的研究。1958 年，黄鸣龙等利用薯蓣皂为原料以七步合成了可的松，使我国的可的松合成跨进了世界先进行列。黄鸣龙对口服避孕药的结构研究和合成也作出了贡献，其中，甲地孕酮口服避孕药不仅在我国是首创，在英国也被用作口服避孕药物。

维悌希（G. Wittig，1897—1987）

德国化学家，生于柏林。1916 年毕业于蒂宾根大学，1923 年获马尔堡大学哲学博士学位。还曾获索邦大学、蒂宾根大学、汉堡大学名誉博士学位。1932—1937 年任布伦瑞克理工学院化学系主任。1944—1956 年任蒂宾根大学化学研究所所长。1967 年被选为荣誉教授。是巴伐利亚科学院、法国科学院和纽约科学院院士，伦敦化学会、瑞士化学会会员。维悌希因研究硼化物和磷化物作为有机合成中重要试剂的成果，与美国化学家赫伯特·布朗同获 1979 年诺贝尔化学奖。在立体化学、烃化学、炔化学、碳负离子研究上维悌希也取得不少成果。发明一种蒸馏烧瓶，被称为维悌希烧瓶。

康尼查罗（Stanislao Cannizzaro，1826—1910）

康尼查罗1826年生于意大利西西里城一个警察局长之家，1910年去世。1841年，康尼查罗进入巴勒莫大学医学系学习。1845年秋，康尼查罗前往比萨，并在著名化学家皮利亚的实验室里当助手。在皮利亚的影响下，他深深爱上了化学这门学科。

有机合成的新发展，有机化学领域中一个个接踵而来的新发现，引起了他对研究苯甲醛及其特征反应的兴趣。他发现，把苯甲醛与碳酸钾一起加热时，苯甲醛特有的苦杏仁气味很快消失，产物与原来的苯甲醛完全不同，甚至气味也变得好闻了。他对反应混合物进行定量分析，先把反应混合物分成一个个组分，然后，再测定每种组分的含量。几天后，竟得意料之外的结果：在反应过程中，碳酸钾的量没有改变，即碳酸钾只起催化剂的作用。再进一步分析得知产物中既有苯甲酸，又有苯甲醇。1853年，康尼查罗公布了他的研究成果，人们把能生成这类产物的反应称为Cannizzaro反应。由于他在化学上的杰出贡献，1862年当选为伦敦化学学会名誉会员，1873年他作了纪念法拉第的演讲并被推举为德国化学学会名誉会员。1891年获得科佩尔奖章。

习　题

1. 命名下列化合物。

（1）C_2H_5—(环己-2-烯酮环)=O　（2）OHC—CHO　（3）2,5-二甲基对苯醌结构（O，CH_3，CH_3，O）　（4）对位OH苯环—CH_2CHO

（5）$CH_3—\overset{O}{\overset{\|}{C}}—CH_2—\overset{O}{\overset{\|}{C}}—CH_3$　（6）苯环上CHO、OH（邻位）、OCH_3（对CHO间位）　（7）$H_3C—\overset{O}{\overset{\|}{C}}$、H、C=C、Cl、$CH_3$（$Z/E$）

（8）$H_3C\overset{O}{\overset{\|}{C}}CH_2C$—(苯环)—$NH_2$　（9）二苯甲酮结构（$\overset{O}{\overset{\|}{C}}$连两个苯环）

2. 写出下列化合物的结构式。

（1）2,2,4,5-四甲基-3-庚酮　（2）对-甲氧基苯甲醛　（3）3-甲基-4-庚烯-2-酮

（4）3-溴-2-丁酮　（5）4-苯基-2-丁酮　（6）4-甲基-2,3-己二酮

（7）4,4′-二羟基二苯酮　（8）丙酮肟

3. 写出下列反应的主要产物。

（1）$C_6H_5COCH_2CH_2CH_3 \xrightarrow[HCl]{Zn—Hg}$

（2）$C_6H_5CH=CHCHO \xrightarrow[2)H_3O^+]{1)NaBH_4}$

（3）$CH_3CH_2—\overset{O}{\overset{\|}{C}}—CH_3 + I_2 \xrightarrow{NaOH}$

(4) $2CH_3CHO \xrightarrow[5℃]{10\%NaOH} \xrightarrow{\triangle}$

(5) $CH_3CH_2CHO \xrightarrow[2)\ H^+/H_2O]{1)\ HCN/OH^-}$

(6) HCHO+ (苯甲醛, C₆H₅CHO) $\xrightarrow{浓\ OH^-}$

(7) (八氢茚-2-酮)=O + HC≡CNa ⟶

(8) (环己酮) $+CH_3CH_2MgBr \xrightarrow{无水乙醚} \xrightarrow{H_3O^+}$

(9) (1-环己烯基-COC_2H_5) $\xrightarrow[2)\ H_2O/H^+]{1)\ LiAlH_4}$

(10) (3-甲基-2-环己烯-1-酮) $\xrightarrow[2)\ H_2O/H^+]{1)\ CH_3Li}$

(11) (环状烯酮) $\xrightarrow{CH_2=CH-CH=CH_2}$

(12) $ph_3\overset{+}{P}-\overset{-}{C}(CH_3)_2+$ (2-甲氧基环己酮, —OCH_3) ⟶

(13) (苯乙酮, $C_6H_5\overset{O}{\overset{\|}{C}}CH_3$) +HCHO+ (哌啶) $\xrightarrow{H^+}$

4.写出环己酮与下列试剂反应的主要产物。

(1) $LiAlH_4$　(2) NH_2OH　(3) HCN/OH^-

(4) $NaHSO_3$　(5) 1) C_2H_5MgBr/2) H_3O^+　(6) CH_3OH(过量)/干燥 HCl

(7) Zn-Hg/浓 HCl　(8) 异丙醇铝/异丙醇　(9) 2,4-二硝基苯肼

5.用化学方法区分下列各组化合物。

(1) 丙醛　丙酮　异丙醇　对甲氧基苯甲醛

(2) 乙醛　丙醛　丙酮　丙醇

(3) 苯酚　苯甲醛　1-苯基-2-丙酮

(4) 2-戊酮　3-戊酮　环己酮

6.试由指定原料合成产物（其他试剂任选）。

(1) 由 $CH_3\overset{O}{\overset{\|}{C}}CH_3$ 合成 $CH_3\overset{O}{\overset{\|}{C}}CH_2CH(CH_3)_2$

(2) 由苯合成 2-苯基-2-丙醇

(3) 由 (环戊烷) 合成 (环戊基-CHO)

(4) $CH_3CH=CH_2 \longrightarrow (CH_3)_2\overset{OH}{\overset{|}{C}}CH(CH_3)_2$

7. 推断结构。

（1）有一化合物 A，分子式为 $C_8H_{14}O$，A 可以很快使溴水褪色，也可与苯肼反应，但不与银氨溶液反应。A 氧化后生成一分子丙酮及另一化合物 B，B 具酸性，B 和碘的 NaOH 溶液作用，生成一分子碘仿及一分子丁二酸二钠盐。试写出 A 与 B 的结构式及各步反应式。

（2）化合物 A(C_9H_9OBr)，不与托伦试剂反应，不能发生碘仿反应，但能与 2,4-二硝基苯肼作用。A 经氢化还原得到 B($C_9H_{11}OBr$)，B 与浓 H_2SO_4 共热得到化合物 C(C_9H_9Br)，C 具有顺反异构体，且氧化可得到对溴苯甲酸。试推断 A、B、C 的结构式并写出各步反应式。

（3）某化合物 A，分子式为 $C_5H_{12}O$，氧化后得到 B($C_5H_{10}O$)，B 能与苯肼反应，并与碘的碱溶液共热时产生黄色沉淀 C。A 和浓硫酸共热得到 D(C_5H_{10})。D 经氧化后得到丙酮和乙酸。试推测 A、B、C 和 D 的结构式。

8. 试设计用格氏试剂制取 2-苯基-2-丁醇的可能的途径，用反应式表示。

第十一章　羧酸和取代羧酸

羧酸是分子中含有羧基（—COOH）的化合物，通式为RCOOH。羧基是其官能团，它是同一碳原子上的最高氧化形式，因此羧酸对一般的氧化剂而言较为稳定。

取代羧酸是羧酸分子中烃基上的氢原子被其他原子或基团取代后所生成的化合物，亦称取代酸，属于多官能团化合物。

羧酸和取代羧酸广泛存在于自然界中，有些具有生理活性，主要作为动植物代谢的中间产物参与动植物的生命过程。羧酸和取代羧酸都是与药物关系十分密切的有机酸类化合物，有的药物结构本身就是羧酸、取代羧酸或其盐类，如布洛芬（抗炎镇痛药）、青霉素G钾（抗菌剂）、阿司匹林（解热镇痛药）等。

第一节　羧酸

一、羧酸的分类、命名和结构

（一）羧酸的分类

羧酸的种类繁多，它是有机合成的重要原料。根据羧酸通式RCOOH中所连烃基R的不同，可分为脂肪酸、芳香酸、饱和酸、不饱和酸等。自然界存在的脂肪组成中，就含有大量的高级一元饱和羧酸，因此，开链的一元饱和羧酸亦称为脂肪酸。

下列是一些常见的一元羧酸：

$CH_3(CH_2)_{16}COOH$
硬脂酸（饱和酸）

$CH_3(CH_2)_7CH{=}CH(CH_2)_7COOH$
油酸（不饱和酸）

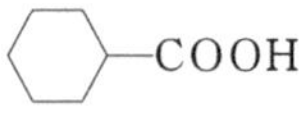

环己基—COOH
环己甲酸

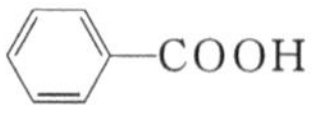

苯基—COOH
苯甲酸

COOH、NO_2（间位取代苯环）
间硝基苯甲酸

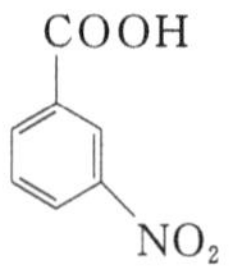

根据羧基的数目不同，羧酸又可分为一元酸、二元酸和多元酸。例如：

CH_3CH_2COOH
丙酸

$HOOCCH_2CH_2COOH$
丁二酸

$HOOCCH_2CH(COOH)CH_2COOH$
3-羧基戊二酸

尽管有许多不同的类别，但羧基的性质基本上相同。

（二）羧酸的命名

1. 俗名

最常见的羧酸，通常根据其来源而用俗名。例如：甲酸最初是从一种红蚂蚁蒸馏液中分离得到的，故称蚁酸；乙酸最早是由食醋中获得，俗称醋酸；丁酸俗称酪酸，奶酪的特殊臭味就含有丁酸味；其他如草酸、巴豆酸、安息香酸、苹果酸、柠檬酸等都是根据其最初来源而命名的。

$HCOOH$	CH_3COOH	C_6H_5COOH	$HOOC—COOH$
蚁酸	醋酸	安息香酸	草酸

2. 系统命名法

羧酸的系统命名法是选择分子中含羧基的最长碳链作主链，从羧基碳原子开始，用阿拉伯数字将主链编号，再标明取代基的位置及名称。例如：

$CH_3CH_2CH_2COOH$　丁酸

$ClCH_2CH{=}CHCOOH$　4-氯-2-丁烯酸

$HOOCCH_2COOH$　丙二酸

$CH_3CH(CH_3)CH_2CH_2CH_2CH(CH_2CH_3)COOH$　6-甲基-2-乙基庚酸

$CH_3CH{=}CHCH(CH_3)COOH$　2-甲基-3-戊烯酸

结构简单的羧酸可选含羧基的最长碳链为主链，从与羧基相邻的碳原子开始，依次用希腊字母 α，β，γ，δ，…，ω 来表示取代基位置，其中 ω 常用来指碳链末端的位置。例如：

$BrCH_2(CH_2)_9COOH$　ω-溴代十一碳酸

$H_2C{=}C(CH_3)—COOH$　α-甲基丙烯酸

脂环族和芳香族羧酸的命名常以脂肪族羧酸做母体，而把脂环和芳环看作取代基。

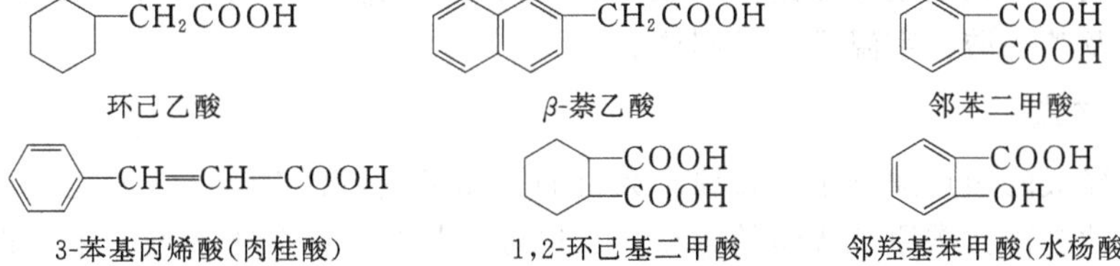

（三）羧酸的结构

羧酸的羧基组成中含一个羰基和一个羟基，但它的性质与只含有羰基的醛酮、含有羟基的醇有着较大的差异。原因在于羧基中的碳以 sp^2 杂化形成三个杂化轨道，其中一个与羰基氧成键，一个与羟基氧成键，还有一个则与氢或烃基成键，这三个 σ 键的键角约为 120°；碳上还有一个未杂化的 p 轨道与氧原子的 p 轨道形成一个 π 键；此外，羧基中羟基氧上的孤对电子，与羰基中的 π 键形成 p-π 共轭体系（图 11-1），共轭的结果导致键长平均化。经现代物理方法测定，羧基中碳氧双键的键长（0.123nm）比正常碳氧双键的键长（0.120nm）稍长，而碳氧单键的键长（0.136nm）比正常碳氧单键的键长（0.143nm）稍短。

图 11-1　羧基中 p-π 共轭示意图

p-π 共轭效应降低了羰基碳原子的正电性，使羧基失去了典型的羰基性质，发生亲核加成反应活性远不如醛和酮。例如，羧酸中的羰基不能与 HCN、$NaHSO_3$ 发生加成反应，一般条件下也不易与肼、苯肼等羰基试剂发生加成反应。

另一方面，由于 p-π 共轭，使羟基中氧原子上的电子云向共轭体系中心偏移，导致氢氧间的共用电子对更偏向于氧原子，增强了氢氧键的极性，利于解离出氢离子；同时，羧基解离后生成的羧基负离子的负电荷也可通过 p-π 共轭而得以分散，使体系能量降低，因此羧酸显示出明显的酸性。X 射线衍射测定表明，甲酸钠中的碳氧键长是均等的，均为 0.127 nm，没有单双键的差别，说明—COO^- 基团上的负电荷已不再集中于一个氧原子上，而是平均分配在两个氧原子上。羧基负离子的 p-π 共轭示意图如图 11-2 所示。

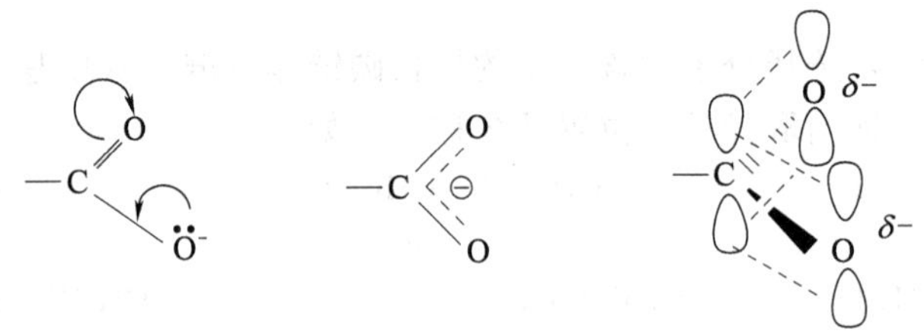

图 11-2　羧基负离子的 p-π 共轭示意图

二、羧酸的性质

（一）物理性质

1. 状态

10 个碳原子以下的饱和一元羧酸都是液体，小分子酸有刺激性气味，四个碳以上的液体酸有难闻的气味，如从正丁酸到正辛酸都有令人不快的臭味；含 10 个碳原子以上的羧酸、链状二元酸以及芳香酸在室温下都是固体。

2. 熔点和沸点

饱和一元羧酸的熔点随分子中碳原子数目的增加呈锯齿状上升。一般地，含偶数碳原子的羧酸较相邻的含奇数碳原子羧酸的熔点高。这可能与结晶中分子排列的紧密程度有关。偶数碳羧酸中，链端甲基与羧基分别在链的两边，而奇数碳羧酸则在同一边，前者具有较高对称性，晶格可以更紧密地排列，故熔点较高。

羧酸的沸点比相近分子量的其他化合物要高，如乙酸（分子量 60）沸点 118℃，正丙醇（分子量 60）沸点 97℃，氯乙烷（分子量 64.5）沸点 12℃。这是由于两个羧酸分子往往以氢键的形式发生双分子缔合，形成较稳定的二聚体，使它的沸点比以氢键缔合的相应醇的沸点高（醇分子间只形成一个氢键，且键能较低）。

$$2RCOOH \rightleftharpoons R-C(=O\cdots H-O)(-O-H\cdots O=)C-R \quad \Delta H^{\ominus}=-58.6\mathrm{kJ \cdot mol^{-1}} \quad (R=H)$$

3. 溶解度

羧酸中的羧基是亲水性基团，可与水形成氢键。低级羧酸如甲酸、乙酸、丙酸能与水混溶，随着分子量的增加，憎水烃基越来越大，在水中的溶解度逐渐减小，最后与烷烃相近。羧酸一般均溶于有机溶剂如乙醇、乙醚、苯等。低级饱和二元羧酸也可溶于水，并随碳链的增长而溶解度降低。芳香酸在水中溶解度极微。部分一元羧酸和二元羧酸的物理常数见表 11-1 和表 11-2。

表 11-1 部分一元羧酸的物理常数

名称	结构式	沸点/℃	熔点/℃	pK_a	水中溶解度(25℃)/(mol·dm^{-3})
甲酸(蚁酸)	HCOOH	100.8	8.5	3.76	∞
乙酸(醋酸)	CH_3COOH	117.9	16.6	4.75	∞
丙酸(初油酸)	CH_3CH_2COOH	140.8	−20.8	4.87	∞
丁酸(酪酸)	$CH_3(CH_2)_2COOH$	163.3	−4.3	4.81	∞
戊酸(缬草酸)	$CH_3(CH_2)_3COOH$	185.5	−33.7	4.82	~5.00
己酸(羊油酸)	$CH_3(CH_2)_4COOH$	205.7	−3.0	4.83	0.97
庚酸(毒水芹)	$CH_3(CH_2)_5COOH$	223.0	−7.5	4.89	0.23
辛酸(羊脂酸)	$CH_3(CH_2)_6COOH$	239.3	16.6	4.90	0.07
壬酸(天竺癸酸)	$CH_3(CH_2)_7COOH$	255.0	17.0	4.95	0.03
癸酸(羊蜡酸)	$CH_3(CH_2)_8COOH$	270.0	31.4	4.84	不溶
十六酸(软脂酸)	$CH_3(CH_2)_{14}COOH$	269.0(0.01MPa)	62.9	—	不溶
十八酸(硬脂酸)	$CH_3(CH_2)_{16}COOH$	287.0(0.01MPa)	70.0	—	不溶
苯甲酸(安息香酸)	C_6H_5COOH	249.2	121.7	4.17	0.34
丙烯酸	$CH_2=CHCOOH$	140.9	13.5	4.26	∞

表 11-2 部分二元羧酸的物理常数

名称	结构式	熔点/℃	pK_{a_1}	pK_{a_2}	水中溶解度(25℃)/(mol·dm^{-3})
乙二酸(草酸)	HOOCCOOH	189.5	1.271	4.272	1.060
丙二酸(缩苹果酸)	$HOOCCH_2COOH$	135.6	2.826	5.696	14.800
丁二酸(琥珀酸)	$HOOC(CH_2)_2COOH$	190.0	4.207	5.635	0.650
戊二酸(胶酸)	$HOOC(CH_2)_3COOH$	97.5	3.770	6.080	4.840
己二酸	$HOOC(CH_2)_4COOH$	152.0	4.418	5.412	0.096
庚二酸	$HOOC(CH_2)_5COOH$	106.0	4.484	5.424	0.030
辛二酸	$HOOC(CH_2)_6COOH$	144.0	4.512	5.404	0.009
壬二酸	$HOOC(CH_2)_7COOH$	106.5	4.540	5.52	0.013
癸二酸	$HOOC(CH_2)_8COOH$	134.5	4.590	5.59	0.005
邻苯二甲酸	(苯环邻位)COOH, COOH	208.0	2.950	5.408	0.038
间苯二甲酸	(苯环间位)COOH, COOH	345.0	3.620	4.600	7.2×10^{-4}
对苯二甲酸	(苯环对位)COOH, COOH	>300 升华	3.540	4.460	不溶

续表

名称	结构式	熔点/℃	pK_{a_1}	pK_{a_2}	水中溶解度(25℃)/($mol\cdot dm^{-3}$)
顺-丁烯二酸	HC—COOH ‖ HC—COOH	139.0	1.910	6.330	6.810
反-丁烯二酸	H—C—COOH ‖ HOOC—C—H	287.0	3.100	4.600	0.054

（二）化学性质

由羧酸的结构可知，羧基的性质不是羰基和羟基性质的加合。在羧基中既不存在典型的羰基，也不存在典型的羟基，而是两者相互影响的统一体，表现出其特有的性质。它主要可以发生如下反应：

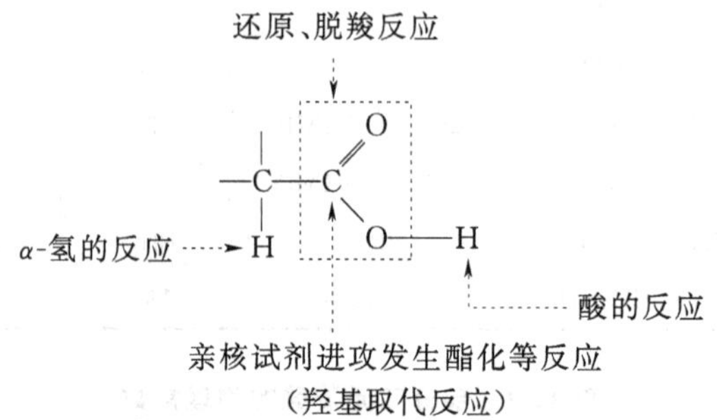

1. 酸性和成盐

羧酸最突出的化学性质是酸性：

$$RCOOH \rightleftharpoons RCOO^- + H^+$$

其解离常数用 K_a 表示，它代表酸性强度，K_a 越大，即电离程度越大，酸性就越强。为方便起见，通常用 pK_a 值表示酸性强弱，$pK_a = -\lg K_a$。pK_a 值越小，则酸性越大（参见表 11-1 和表 11-2）。

多数羧酸为弱酸，能与碱中和生成盐和水：

$$RCOOH + NaOH \longrightarrow RCOONa + H_2O$$

$$RCOOH + NaHCO_3 \longrightarrow RCOONa + CO_2\uparrow + H_2O$$

羧酸可与 $NaHCO_3$ 作用放出 CO_2，说明它的酸性强于碳酸，而酚不能，利用这一点可鉴别两者或将两者分离。羧酸盐均可溶于水（重金属盐除外），不溶于有机溶剂，利用这个性质可分离提纯羧酸。

许多羧酸盐都有广泛应用。医药上常将难溶于水的含羧基的药物与碱作用生成可溶性盐，以便制成注射剂利于机体吸收，大家熟知的青霉素 G 就常制成钾盐或钠盐供注射用。又如，乙酸钾除用作青霉素培养基外，在工业上还常用作脱水剂和纤维处理剂，乙酸锌、乙酸钴是有效的反应催化剂，乙酸铅在医药、农药、染料和涂料业均有大量应用。

羧酸酸性的强弱主要取决于整个分子的结构，尤其是与羧基相连的基团，其电子效应（诱导和共轭效应）和场效应（立体效应）等都会对羧酸的酸性产生影响。

① 诱导效应　当羧基与吸电子基团相连时，诱导效应一方面使 O—H 键的共用电子对

向氧偏移，使 H^+ 更易离去；另一方面使电离后的 $RCOO^-$ 负电荷得以分散而稳定，从而使电离平衡右移，酸性增强。反之，当羧基与给电子基团相连时，则酸性减弱。

$$\mathrm{Y}\leftarrow\overset{\overset{\displaystyle\mathrm{O}}{\|}}{\mathrm{C}}\leftarrow\mathrm{O}\leftarrow\mathrm{H} \qquad\qquad \mathrm{Y}\rightarrow\overset{\overset{\displaystyle\mathrm{O}}{\|}}{\mathrm{C}}\rightarrow\mathrm{O}\rightarrow\mathrm{H}$$

Y 为吸电子基团，酸性增强　　　　Y 为给电子基团，酸性减弱

一般情况下，Y 的吸电子诱导效应越强，酸性增强越多；Y 的给电子诱导效应越强，酸性减弱越多。

与羧基相连基团的诱导效应的强弱，可以用测量酸的解离常数来估量。若以乙酸作为母体，将取代乙酸的解离常数大小按顺序排列，各原子或基团的诱导效应顺序如下所示：

吸电子基团：

$-NO_2>-CN>-F>-Cl>-Br>-I>-C\equiv CH>-OCH_3>-OH>-C_6H_5>-CH=CH_2>-H$

给电子基团：

$-C(CH_3)_3>-CH(CH_3)_2>-C_2H_5>-CH_3>-H$

由此，可对同一母体的羧酸及其取代羧酸的酸性强弱进行比较。例如：

	CH_3COOH	CH_3CH_2COOH	$CH_2=CHCH_2COOH$	FCH_2COOH
pK_a	4.76	4.87	4.68	2.59
	$ClCH_2COOH$	$BrCH_2COOH$	ICH_2COOH	$CH_2(OH)COOH$
pK_a	2.86	2.90	3.18	3.83

值得注意的是，如果原子或基团所连母体化合物不同，则它们的诱导效应大小并不完全按上面顺序排列。

诱导效应随距离的增大，其作用迅速下降。例如：

	$CH_3CH_2CH(Cl)COOH$	$CH_3CH(Cl)CH_2COOH$	$CH_2(Cl)CH_2CH_2COOH$	$CH_3CH_2CH_2COOH$
pK_a	2.86	4.05	4.50	4.82

诱导效应具有加合性，相同性质的基团越多，对酸性的影响越大。例如：

	$ClCH_2COOH$	$Cl_2CHCOOH$	Cl_3CCOOH
pK_a	2.86	1.26	0.52

二元酸的酸性比一元酸的酸性强，这是由于羧基的强吸电子能力。两个羧基间距离的增大，使羧基间的相互影响减小，酸性随之减弱。如乙二酸的酸性特别强（$pK_a=1.27$），比无机酸中的磷酸还强（$pK_a=2.12$），就是因为它的两个羧基直接相连，彼此影响最大；丙二酸、丁二酸的酸性则随两个羧基间距离的增大而相继减弱（参见表 11-2）。低级二元酸的第一解离常数 K_{a_1} 都较第二离解常数 K_{a_2} 大得多，这是由于当一个羧基解离形成负离子后，产生给电子诱导效应，致使第二个羧基不易解离。

② 共轭效应　共轭效应与诱导效应不同，不随共轭链的增加而减弱。共轭效应与诱导效应常同时存在，它们共同决定化合物的物理化学性质。

例如，苯甲酸中，从诱导效应看，苯基是吸电子基团，其酸性理应比甲酸强，但由于苯环的大 π 键与羧基形成共轭体系，使苯环的电子云移向羧基，产生给电子的共轭效应，两者综合作用的结果是给电子共轭效应强于吸电子诱导效应，故反而使苯甲酸的酸性弱于甲酸；其他饱和一元酸由于烃基的给电子诱导效应和给电子超共轭效应的共同作用，它们的酸性较苯甲酸更弱。

如果苯环与羧基间距离增加，像苯乙酸、苯丙酸，苯基的吸电子诱导效应随着距离增加

而减弱，加上存在烃基给电子的诱导和共轭效应，同时，解离后生成的羧基负离子与苯环不能发生共轭，无法分散负电荷而使之稳定性减弱，故它们的酸性小于苯甲酸。例如：

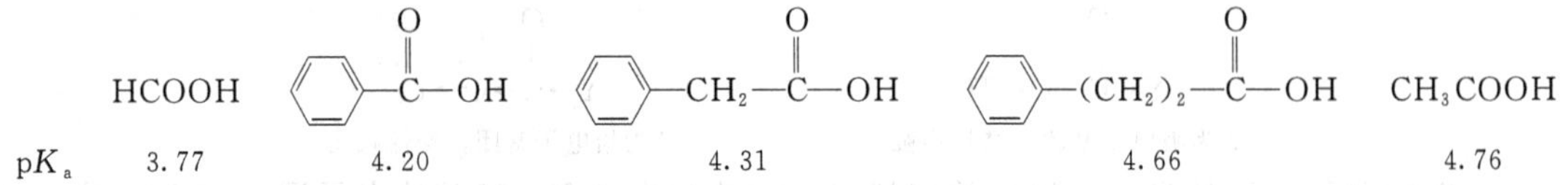

	HCOOH	C_6H_5COOH	$C_6H_5CH_2COOH$	$C_6H_5(CH_2)_2COOH$	CH_3COOH
pK_a	3.77	4.20	4.31	4.66	4.76

苯环上引入取代基后，酸性也将发生改变。能产生吸电子效应的取代基使酸性增强，反之则减弱；相同取代基取代在不同位置时，其酸性也有所不同。部分取代苯甲酸的 pK_a 值见表 11-3。

表 11-3　部分取代苯甲酸的 pK_a 值

取代基	*o*-	*m*-	*p*-
—H	4.18	4.18	4.18
$—CH_3$	3.91	4.27	4.38
—F	3.27	3.86	4.14
—Cl	2.92	3.83	3.97
—Br	2.85	3.81	3.97
—I	2.86	3.85	4.02
—OH	2.98	4.08	4.57
$—OCH_3$	4.09	4.09	4.47
$—NO_2$	2.21	3.49	3.42

由表 11-3 可以看出，无论是吸电子基团还是给电子基团，取代在邻位的酸性都较间位或对位强。这是因为除了诱导效应与共轭效应外，邻位取代基由于空间位阻大，导致苯环与羧基的共轭程度降低，减弱了苯环供给羧基电子的能力，因而酸性增强。

③ 场效应　取代基在空间可产生电场，对非相邻部位的反应中心会产生影响，称为场效应。场效应与距离的平方成反比，距离越远，作用越小。但要严格区分场效应与诱导效应一般比较困难，因为它们往往同时存在，且作用方向也常相同。不过，大多数情况下前者多依赖于分子的几何形状，而后者则依赖于键的特性。如丙二酸中，已电离的一个羧基负离子对另一头的羧基除有诱导效应外，还有场效应，这两种效应均使质子不易离去（如下图所示），从而使第二解离度大大减弱。

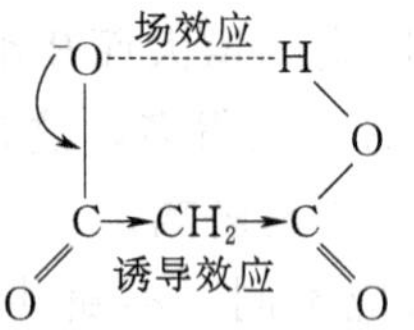

场效应
$^-O \cdots H$
$C \rightarrow CH_2 \rightarrow C$
诱导效应

又如，邻氯苯丙炔酸中氯原子对羧基的吸电子诱导效应，以及邻位取代基的位阻效应破坏了苯环与炔酸基团之间的共轭，其酸性应比对氯苯丙炔酸的酸性强，但由于邻位碳氯键偶极产生的场效应反而使其酸性减弱。

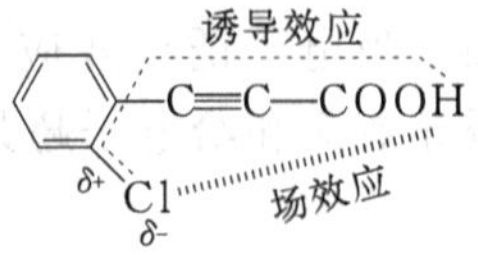

诱导效应
$—C \equiv C—COOH$
δ^+ Cl δ^- 场效应

三种氯代苯丙炔酸的 pK_a 值如下：

$$\text{2-Cl-C}_6\text{H}_4\text{—C≡C—COOH} \qquad \text{3-Cl-C}_6\text{H}_4\text{—C≡C—COOH} \qquad \text{Cl—C}_6\text{H}_4\text{—C≡C—COOH (4-)}$$

pK_a　　3.08　　3.00　　3.07

2. 羧酸衍生物的生成

羧基中的羟基可以被烷氧基、卤原子、酰氧基、氨基（或取代氨基）取代，形成酯、酰卤、酸酐、酰胺等羧酸衍生物。羧酸分子中除去羟基后的剩余部分称为酰基。

$$\underset{\text{酯}}{R-\overset{O}{\overset{\|}{C}}-OR} \qquad \underset{\text{酰卤}}{R-\overset{O}{\overset{\|}{C}}-Cl} \qquad \underset{\text{酸酐}}{R-\overset{O}{\overset{\|}{C}}-O-\overset{O}{\overset{\|}{C}}-R} \qquad \underset{\text{酰胺}}{R-\overset{O}{\overset{\|}{C}}-NH_2}$$

（1）酰卤的生成

除甲酸外，羧酸与 PX_3、PX_5（X=Cl、Br）或 $SOCl_2$ 反应可生成酰卤。与醇不同，卤化氢不能与羧酸生成酰卤。

$$RCOOH+\begin{cases}PCl_3\\PCl_5\\SOCl_2\end{cases}\longrightarrow RCOCl+\begin{cases}H_3PO_3\ (\text{亚磷酸}) & (1)\\POCl_3+HCl\uparrow & (2)\\HCl\uparrow+SO_2\uparrow & (3)\end{cases}$$

$$RCOOH+Cl-\overset{O}{\overset{\|}{S}}-Cl\xrightarrow{-HCl}\left[R-\overset{O}{\overset{\|}{C}}-O-\overset{O}{\overset{\|}{S}}-Cl\right]\longrightarrow R-\overset{O}{\overset{\|}{C}}-Cl+SO_2\uparrow$$

例如：

$$CH_3CH_2CH_2COOH+SOCl_2\longrightarrow \underset{83\%}{CH_3CH_2CH_2COCl}+HCl\uparrow+SO_2\uparrow$$

$$NO_2-C_6H_4-COOH+PCl_5\longrightarrow \underset{90\%\sim96\%}{NO_2-C_6H_4-COCl}+POCl_3+HCl\uparrow$$

酰氯很活泼，容易水解，通常将产物用蒸馏法分离。如果产物是低沸点酰氯（如乙酰氯，沸点52℃）可用方法（1）制备，产物用蒸馏法很容易分离。如果产物是高沸点酰氯（如苯甲酰氯，沸点197℃）可用方法（2）合成，可先蒸出三氯氧磷。方法（3）副产物都是气体，对两种情况都适用，但要注意对生成的 HCl 和 SO_2气体的回收以免造成环境污染。

（2）酸酐的生成

羧酸与强脱水剂 P_2O_5 等共热，发生分子间脱水生成酸酐，但该反应产率不高（一般是用乙酸酐作脱水剂，将羧酸与乙酸酐共热，生成较高级的酸酐）。羧基间隔 2 个或 3 个碳原子的二元酸，在无脱水剂存在下受热，亦可在分子内失水形成环状酸酐。

$$R-\overset{O}{\overset{\|}{C}}-OH+HO-\overset{O}{\overset{\|}{C}}-R\xrightarrow{P_2O_5}R-\overset{O}{\overset{\|}{C}}-O-\overset{O}{\overset{\|}{C}}-R+H_2O$$

$$C_6H_4(COOH)_2\ (\text{邻苯二甲酸})\xrightarrow{\triangle}C_6H_4(CO)_2O\ (\text{邻苯二甲酸酐})+H_2O$$

（3）酯的生成

羧酸和醇在酸催化下反应生成酯，称为酯化反应，这个反应是可逆反应。如等物质的量的乙酸和乙醇反应，达平衡时酯的产率仅有66.7%。

$$RCOOH + HOR' \xrightleftharpoons{H^+} RCOOR' + H_2O$$

为了提高酯的产率，必须使反应尽量向生成物方向进行，一般可采用两种方法。一是增加反应物的浓度，可加入过量廉价的酸或醇，使平衡向右移动，产率提高。如当乙醇与乙酸的物质的量比为10∶1时，达平衡时有97%的乙酸转化为乙酸乙酯。二是除去反应过程中生成的水，以降低产物的浓度，使逆反应难以进行。可采用恒沸蒸馏法（物理方法）或加入适量的脱水剂如无水$CuSO_4$、$Al_2(SO_4)_3$等（化学方法）。

羧酸酯化时，到底是失去氢还是失去羟基呢？实验证明，多数情况下羧酸是提供羟基。如用含^{18}O的醇与羧酸进行酯化反应，生成了含^{18}O的酯；用光学活性的醇反应时得到手性碳构型保持的酯。

$$RCOOH + H^{18}OR' \xrightleftharpoons{H^+} RCO{-}^{18}OR' + H_2O$$

$$RCOOH + HO{-}\underset{(CH_2)_5CH_3}{\overset{CH_3}{C^*}}{-}H \xrightleftharpoons{H^+} RCO{-}O{-}\underset{(CH_2)_5CH_3}{\overset{CH_3}{C^*}}{-}H + H_2O$$

这可以通过下式表示的酯化反应机理来说明。在反应过程中，酸性催化剂的作用是提供质子与羧基中的羰基氧原子形成鎓盐1（若不存在催化剂，则酯化反应很慢，如乙酸与乙醇的酯化反应在室温状态下需16年才会达到平衡点，即使在150℃下反应也需几天的时间达到平衡点），使羰基碳原子带有正电荷而易于和醇中的氧原子结合，形成中间体2，通过质子转移形成化合物3，继而失水形成化合物4，最后失去质子生成酯5。此反应发生的是酰基与氧之间的酰氧断裂，羧基提供了羟基。

$$R{-}\overset{O}{\overset{\|}{C}}{-}OH \xrightleftharpoons{H^+} \underset{1}{R{-}\overset{^+OH}{\overset{\|}{C}}{-}OH} \xrightleftharpoons{H{-}^{18}\ddot{O}{-}R'} \underset{2}{R{-}\underset{H^{18}\overset{+}{O}R'}{\overset{OH}{C}}{-}OH} \xrightleftharpoons{+H^+}$$

$$\underset{3}{R{-}\underset{^{18}OR'}{\overset{:OH}{C}}{-}\overset{+}{O}H_2} \underset{+H_2O}{\overset{-H_2O}{\rightleftharpoons}} \underset{4}{R{-}\overset{^+OH}{\overset{\|}{C}}{-}^{18}OR'} \xrightleftharpoons{-H^+} \underset{5}{R{-}\overset{O}{\overset{\|}{C}}{-}^{18}OR'}$$

反之，如果羧酸提供的是氢，醇提供羟基，则当羧酸的氧与醇的手性碳结合时，会引起消旋，所得的酯应为消旋体，而非光学活性的酯，这与实验事实不符。

根据以上证据，可认为大多数酯化反应中羧酸发生的是酰氧键断裂，醇发生的是氧氢键断裂。

在有机合成中，空间效应与电子效应一样，也是一个很重要的影响因素，在酯化反应中，我们也观察到了明显的空间位阻作用。一般而言，相同的酸与不同的醇反应，酯化速度是伯醇＞仲醇＞叔醇，醇的位阻越大，酯化反应越难进行；不同的酸与相同的醇反应时也大致遵循这一规律：$HCOOH > CH_3COOH > RCH_2COOH > R_2CHCOOH > R_3CCOOH$。若烃基所含的支链越多，占据的空间位置就越大，作为亲核试剂的醇将因其庞大的身躯而难以迅速有效地进攻羧基碳，故无论羧酸还是醇上有大基团取代时都对反应不利。

需要指出，叔醇的酯化历程有所不同，此时醇提供的是羟基。因为叔醇在酸催化下易产生碳正离子，而羧酸则充当了亲核试剂（在此不展开论述）。

（4）酰胺的生成

酰胺是很重要的一类化合物。羧酸与氨或胺反应，先生成盐，而后热解失水产生酰胺，这是一个可逆反应，产率不高。若在反应过程中把水蒸出，则可大大提高产率。

$$RCOOH+NH_3[\text{或}(NH_4)_2CO_3]\longrightarrow RCOO^-NH_4^+\xrightarrow{\triangle}RCONH_2+H_2O$$

$$C_6H_5COOH+C_6H_5NH_2\xrightleftharpoons{180\sim190℃}C_6H_5CONHC_6H_5+H_2O$$

84%

3. 羧酸的还原反应

羧基存在着 p-π 共轭，因此用一般的还原剂或催化加氢很难将其还原。只有在高温（300～400℃）、高压（200～300MPa），在 Cu、Zn 等催化下，才能还原成醇。若用氢气在 Ni、Pt 等存在下，通常只能还原双键，对羧基没有影响。

$$RCOOH+H_2\xrightarrow[300MPa]{Cu,\ 400℃}RCH_2OH+H_2O$$

$$CH_2=CHCH_2COOH+H_2\xrightarrow{Pt}CH_3CH_2CH_2COOH$$

氢化铝锂（$LiAlH_4$）是一种很强的还原剂，它可以使羧酸还原成醇，产量较高，且通常情况下对双键不起作用。

$$CH_3CH_2\underset{\substack{|\\CH_3}}{C}HCOOH\xrightarrow[2)\ H^+/H_2O]{1)\ LiAlH_4}CH_3CH_2\underset{\substack{|\\CH_3}}{C}HCH_2OH$$

$$CH_2=CHCH_2COOH\xrightarrow[2)\ H^+/H_2O]{1)\ LiAlH_4}CH_2=CHCH_2CH_2OH$$

乙硼烷（B_2H_6）也可还原羧酸，它对羧基的还原比对其他基团的还原要快，但它亦同时还原双键。

$$C_6H_5COOH\xrightarrow{B_2H_6}C_6H_5CH_2OH$$

$$HOOC\text{—CH=CH—}COOH\xrightarrow{B_2H_6}HOH_2C\text{—CH}_2\text{—CH}_2\text{—}CH_2OH$$

4. α-H 的卤代

羧基和羰基一样，能使 α-H 活化，但程度较醛酮小。这是由于羧酸中羰基碳的电正性可由相邻羟基得到补偿，从而减弱了从 α-H 上去获得电子的要求。故 α-H 的取代需要在磷或硫催化下进行。

$$CH_3COOH+Cl_2\xrightarrow{P}ClCH_2COOH$$

继续反应可得二氯乙酸和三氯乙酸。三氯乙酸不仅可作为农药的原料、蛋白质的沉淀剂，主要还用作生化药品的提取剂，如三磷酸腺苷（ATP）、细胞色素丙和胎盘脂多糖等高效生化药品的提取。

控制氯气的用量及反应条件，也可得到某一种 α-卤代酸。产物中的 α-卤原子很活泼，与 RX 一样可被转换成羟基、氨基、氰基等亲核基团。因此，α-卤代酸是重要的合成中间体，在有机合成中占有重要地位。

5. 脱羧反应

羧酸分子失去羧基放出 CO_2 的反应称脱羧反应。除甲酸外，一元羧酸对热稳定，一般很难直接脱羧，仅在特殊条件下或 α-碳原子连有某些取代基时，才可以反应。例如，无水 NaAc 和固体 NaOH 强热下混合生成 CH_4，这是实验室制取少量甲烷的方法。

$$CH_3COONa + NaOH(s) \xrightarrow{\text{热熔}} CH_4\uparrow + Na_2CO_3$$

当羧基 α-碳上连有吸电子基团（$-NO_2$、$-X$、$-CN$ 等）或存在重键时，脱羧反应较易进行。

$$Cl_3CCOOH \xrightarrow{\triangle} CHCl_3 + CO_2\uparrow$$

$$CH_3COCH_2COOH \xrightarrow{\triangle} CH_3COCH_3 + CO_2\uparrow$$

$$C_6H_5CH{=}CHCOOH \xrightarrow{\triangle} C_6H_5CH{=}CH_2 + CO_2\uparrow$$

在生物体内，羧酸可在脱羧酶作用下直接脱羧。

$$RCOOH \xrightarrow{\text{脱羧酶}} R-H + CO_2\uparrow$$

6. 二元羧酸的特殊热分解反应

简单的脂肪族二元羧酸广泛存在于自然界。乙二酸（草酸）是最简单的二元酸，它存在于许多植物中，如菠菜、西红柿等。乙二酸的钙盐不溶于水，它存在于植物细胞内，人体内也有乙二酸的钙盐。丁二酸（琥珀酸）存在于琥珀、化石、真菌中。戊二酸、己二酸存在于甜菜中。

二元羧酸对热较敏感，受热后可以发生脱羧或脱水反应，但各种二元羧酸的反应并不相同。随着两个羧基间距离的不同，产物也不同。

① 两个羧基间隔 0～1 个碳原子：受热发生脱羧，生成一元羧酸。

$$HOOC-COOH \xrightarrow{\triangle} HCOOH + CO_2\uparrow$$

$$HOOC-CH_2-COOH \xrightarrow{\triangle} CH_3COOH + CO_2\uparrow$$

② 两个羧基间隔 2～3 个碳原子：受热发生脱水，生成五元或六元环酐。

$$\begin{array}{l} CH_2-COOH \\ | \\ CH_2-COOH \end{array} \xrightarrow{\triangle} \text{(丁二酸酐)} + H_2O$$

③ 两个羧基间隔 4～5 个碳原子：受热既脱羧又脱水，生成五元或六元环酮。

$$\begin{array}{l} CH_2-CH_2-COOH \\ | \\ CH_2-CH_2-COOH \end{array} \xrightarrow{\triangle} \text{(环戊酮)} + H_2O + CO_2\uparrow$$

$$H_2C\begin{array}{l} \diagup CH_2CH_2COOH \\ \diagdown CH_2CH_2COOH \end{array} \xrightarrow{\triangle} \text{(环己酮)} + H_2O + CO_2\uparrow$$

④ 两个羧基间隔 5 个碳原子以上：在高温时发生分子间脱水反应，生成高分子链状酸酐。

$$m\,HOOC(CH_2)_nCOOH \xrightarrow{\triangle} HO\!\left[\overset{O}{\overset{\|}{C}}\!-\!(CH_2)_n\!-\!\overset{O}{\overset{\|}{C}}\!-\!O\right]_m\!H + (m-1)H_2O$$

$(n \geqslant 6)$

三、羧酸的制备

羧酸在自然界存在广泛，大都以酯的形式存在于油脂和蜡中，且都是脂肪族羧酸。油脂和蜡水解后可以得到多种脂肪酸的混合物，这也是目前获得高级脂肪酸的主要途径之一；而一些较特殊的羧酸，如没食子酸、松香酸、胆汁酸以及生理作用极强的前列腺酸、赤霉酸等，也主要从天然产物中制取。另外可以采用发酵法、氧化法等一系列经典或现代的方法制取。下面进行简单介绍。

（一）油脂水解

油脂是高级脂肪酸的甘油酯，水解即可得到甘油和羧酸，而所得的脂肪酸经常是一个混合物，需通过分馏方法进行分离。

$$\begin{matrix} CH_2OCOR'' \\ | \\ CHOCOR' \\ | \\ CH_2OCOR \end{matrix} + H_2O \xrightarrow[\triangle]{H^+} RCOOH + R'COOH + R''COOH + \begin{matrix} CH_2OH \\ | \\ CHOH \\ | \\ CH_2OH \end{matrix}$$

天然油脂水解后得到的羧酸多达数百种。动物油脂中主要含有硬脂酸、软脂酸和油酸，植物油脂主要含有软脂酸、亚油酸和油酸，工业上通过油脂水解大量生产的脂肪酸有油酸、亚油酸、软脂酸、硬脂酸、亚麻酸、月桂酸、芥酸、肉豆蔻酸 8 种。

（二）有机物氧化法

1. 醇或醛氧化

醇或醛都能被氧化成羧酸。羧酸对一般的氧化剂表现稳定，不会继续氧化，又比较容易分离提纯，因此在操作上比较方便。常用的氧化剂有：$Na_2Cr_2O_7/H^+$，浓 HNO_3 以及 $KMnO_4/H^+$ 等。例如：

$$CH_3CH_2CH_2OH \xrightarrow[H_2SO_4]{Na_2Cr_2O_7} CH_3CH_2COOH \qquad 65\%$$

$$CH_3OCH_2CH_2OH \xrightarrow{HNO_3} CH_3OCH_2COOH \qquad 62\%$$

$$n\text{-}C_6H_{13}CHO \xrightarrow[H_2SO_4]{KMnO_4} n\text{-}C_6H_{13}COOH \qquad 78\%$$

2. 烷基苯氧化

此法可用于制备某些芳香酸。

$$\text{o-}ClC_6H_4CH_3 \xrightarrow{KMnO_4} \text{o-}ClC_6H_4COOH$$

$$(CH_3)_3C\text{-}C_6H_4\text{-}CH_3 \xrightarrow[\text{或 } KMnO_4]{KMnO_4} (CH_3)_3C\text{-}C_6H_4\text{-}COOH$$

3. 烯烃臭氧化/氧化

$$RCH{=}CH_2 \xrightarrow{O_3} \xrightarrow{H_2O_2} RCOOH + CO_2 + H_2O$$

$$RCH{=}CHR' \xrightarrow{O_3} \xrightarrow{H_2O_2} RCOOH + R'COOH$$

$$\text{环己烯} \xrightarrow{[O]} HOOC(CH_2)_4COOH$$

4. 卤仿反应

通过卤仿反应，可以得到比反应底物少一个碳原子的羧酸：

$$RCOCH_3 \xrightarrow{I_2/OH^-} \xrightarrow{H^+} RCOOH + CHI_3\downarrow$$

（三）由有机金属化合物制备

格氏试剂与二氧化碳作用，再经水解可生成羧酸（参见第八章卤代烃的化学性质），此法可用来在分子中逐个增长碳链，适合于各种脂肪族和芳香族羧酸的制备。

$$RX \xrightarrow{Mg} RMgX \xrightarrow{CO_2} RCOOMgX \xrightarrow[H^+]{H_2O} RCOOH$$

$$\text{1-X-萘} \xrightarrow{Mg} \text{1-MgX-萘} \xrightarrow{CO_2}\xrightarrow[H^+]{H_2O} \text{1-COOH-萘}$$

$$RCOOH \xrightarrow{[H]} RCH_2OH \xrightarrow{HX} RCH_2X \xrightarrow{Mg} RCH_2MgX \xrightarrow{CO_2} RCH_2COOMgX \xrightarrow[H^+]{H_2O} RCH_2COOH$$

（四）氰化物的水解

RX 与 KCN（或 NaCN）反应可得到 RCN，后者在酸或碱的催化下可水解得到羧酸。此法可用于制备比 RX 多一个碳原子的羧酸。例如：

$$BrCH_2CH_2Br \xrightarrow{NaCN} NC(CH_2)_2CN \xrightarrow[H^+]{H_2O} HOOC(CH_2)_2COOH$$

本方法不适用于叔卤代烃的反应，因为叔卤代烃在碱性溶液中更易发生消去反应。

（五）其他方法

可采用酯水解、酰胺水解及丙二酸二乙酯或乙酰乙酸乙酯为原料来制备羧酸。

$$RCOOR' + H_2O \xrightarrow{OH^-} \xrightarrow{H^+} RCOOH + R'OH$$

$$CH_2(COOR)_2 \xrightarrow[RO^-]{ROH} \xrightarrow{R'Br} R'CH(COOR)_2 \xrightarrow[OH^-]{H_2O} \xrightarrow{H^+} \xrightarrow[-CO_2]{\triangle} R'CH_2COOH$$

$$RCONR'R'' \xrightarrow[\triangle]{OH^- 或 H^+} RCOOH + HNR'R''$$

四、重要的羧酸

（一）甲酸

甲酸俗称蚁酸，自然界中存在于蚂蚁、蜂、蜈蚣和荨麻、松叶等植物中。甲酸为无色有强烈刺激性气味的液体，其酸性是饱和一元酸中最强的，能腐蚀皮肤，蜂蜇或荨麻刺后皮肤肿痛即由甲酸引起。

甲酸在工业上是用一氧化碳与粉状氢氧化钠在 120～150℃和 0.8MPa 下作用制得甲酸盐，然后再经硫酸酸化得到。

$$CO + NaOH(s) \xrightarrow[0.8MPa]{120\sim150℃} HCOONa \xrightarrow{H_2SO_4} HCOOH$$

甲酸结构特殊，同时含有羧基和醛基，因此除酸性外，还具有还原性。甲酸能与托伦试剂和斐林试剂反应，能使高锰酸钾褪色，这些可用于甲酸的检验。甲酸也能被一般的氧化剂氧化，产物为二氧化碳和水。甲酸与浓硫酸等脱水剂共热即分解成一氧化碳和水，是实验室制取少量高纯度一氧化碳的好方法。

甲酸具有一定的杀菌能力，在医药上常用作消毒剂或防腐剂。在工业上用作酸性还原剂、橡胶凝聚剂，也用来合成酯和某些染料。

（二）乙酸

乙酸又称醋酸，是人类最早使用的有机酸。

乙酸为无色有刺激性的液体，熔点 16.6℃，易冻结成冰状固体，故俗称冰醋酸。乙酸易溶于水，也可溶于有机溶剂。

工业上制备乙酸有三种方法：

一是乙醛空气氧化法，这是最古老的生产方法，也是目前我国最主要的生产方法。

$$CH_3CHO + O_2 \xrightarrow[60\sim80℃, 0.3\sim1.0MPa]{Mn(Ac)_2} CH_3COOH$$

二是烷烃液相氧化法。$C_4\sim C_8$ 烷烃均可作为原料，其中丁烷的产率最高。反应在液相进行，温度 150～225℃，压力 4～8MPa，催化剂为 Co、Mn、Ni、Cr 等的乙酸盐或环烷酸盐。

$$C_4H_{10} + O_2 \xrightarrow{催化剂} CH_3COOH + H_2O$$

三是甲醇羰化法。在铑等催化剂存在下，甲醇与一氧化碳直接结合成乙酸。

$$CH_3OH + CO \xrightarrow{RhL_n} CH_3COOH + H_2O \quad (L：配体)$$

乙酸不易被氧化，故常用作一些氧化反应的溶剂。乙酸更是重要的有机化工原料，广泛应用于农药、医药、合成材料及与生活有关的轻工产品，如可以合成乙酸酐、乙酸乙酯、乙酸乙烯酯和乙酸纤维酯等化合物，在国民经济中占重要地位。

乙酸的稀溶液在医药上用作消毒防腐剂，用于烫伤、灼伤等感染的创面清洗。

（三）苯甲酸

苯甲酸又名安息香酸，是白色有光泽的鳞片状或针状晶体，微溶于冷水，易溶于沸水及有机溶剂，易升华，能随水蒸气蒸出。工业上由甲苯氧化或由三氯甲苯水解得到。

$$C_6H_5CH_3 \xrightarrow[HNO_3]{[O]} C_6H_5COOH \xleftarrow{H_2SO_4} C_6H_5CCl_3 \xleftarrow[h\nu]{Cl_2} C_6H_5CH_3$$

苯甲酸可用于制药、染料和香料工业。因其具有抑制真菌生长和防腐作用，它的水溶性钠盐常用作食品、饮料和药物的防腐剂，用量一般为 0.1%。苯甲酸苄酯（$C_6H_5COOCH_2C_6H_5$）是一种治疗疥疮的药物。

（四）乙二酸

乙二酸俗称草酸，因其常以钙盐和钾盐的形式存在于植物（尤其是草）细胞膜中而得名。草酸是无色晶体，有毒，易溶于水。工业上主要用甲酸钠减压下加热至 400℃来制备。

$$2HCOONa \xrightarrow{-H_2} NaOOC{-}COONa \xrightarrow{H_2SO_4} HOOC{-}COOH$$

与甲酸相似，草酸具有还原性，易被氧化成二氧化碳和水。在分析化学中常用草酸钠来标定高锰酸钾的浓度，就是利用了草酸的还原性。值得注意的是，除甲酸、乙二酸等个别化合物外，羧酸中的羧基一般不易被氧化。

乙二酸可以与许多金属形成可溶性配合物，可用来除去铁锈或墨水等污迹；又因其酸性强（$pK_{a_1}=1.27$），在工业上多用作媒染剂和漂白剂。

（五）丁烯二酸

丁烯二酸具有顺反异构体：

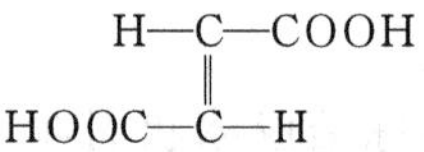

```
   H—C—COOH            H—C—COOH
     ‖                   ‖
HOOC—C—H             H—C—COOH
```

反-丁烯二酸　熔点 200～302℃　燃烧热 $1339kJ \cdot mol^{-1}$

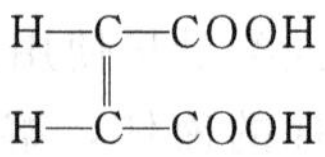

顺-丁烯二酸　熔点 139～140℃　燃烧热 $1364kJ \cdot mol^{-1}$

顺式的燃烧热比反式的燃烧热高 $25kJ \cdot mol^{-1}$，由此可知顺-丁烯二酸是比较不稳定的。

顺-丁烯二酸与反-丁烯二酸具有不同的物理性质，但它们的化学性质基本相同，只有在与分子空间排列有关的反应中才显出不同。例如，顺-丁烯二酸易失水成酐，而反-丁烯二酸需在较高的反应条件下转变为顺式后才成酐。

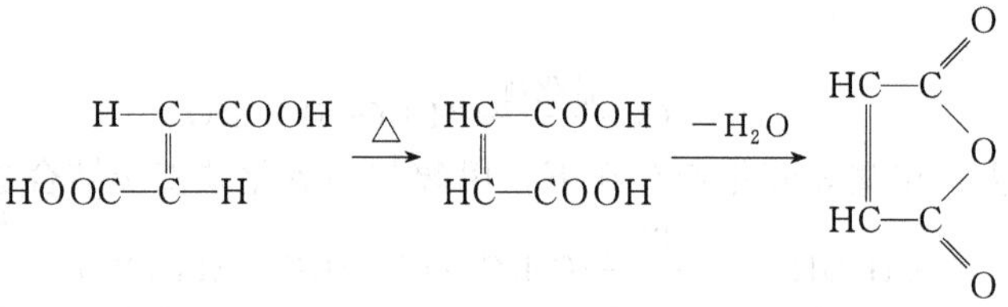

```
                                              O
                                              ‖
   H—C—COOH    △    HC—COOH    -H₂O      HC—C
     ‖        ——→   ‖         ——→       ‖    \
HOOC—C—H            HC—COOH              ‖     O
                                         ‖    /
                                         HC—C
                                              ‖
                                              O
```

丁烯二酸酐

两种异构体在一定条件下可相互转化。有酸碱存在时，顺式易变为反式，反式则不易变成顺式；若在紫外光照射下可得两种异构体的混合物。

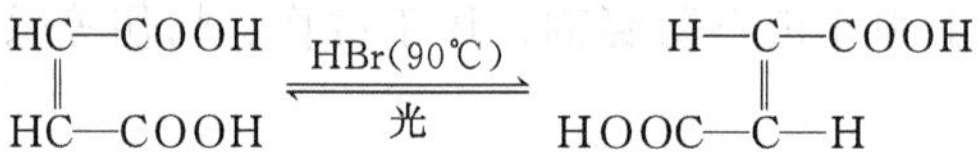

```
HC—COOH    HBr(90℃)        H—C—COOH
‖          ⇌                  ‖
HC—COOH       光          HOOC—C—H
```

（六）邻苯二甲酸

邻苯二甲酸为无色晶体，不溶于水，高温下失水则成邻苯二甲酸酐，是一种重要的有机化工原料，广泛应用于生产增塑剂、树脂及染料、医药、农药等领域。其工业上常用萘经催化氧化生成邻苯二甲酸酐再经水解制得。邻苯二甲酸的二甲酯和二丁酯有驱蚊作用，可用于制避蚊药。

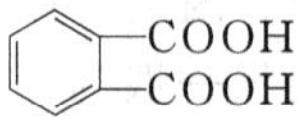

$C_6H_4(COOH)_2$（邻位，苯环上两个 —COOH）

（七）花生四烯酸

花生四烯酸化学名为 5,8,11,14-二十碳四烯酸，结构简式为：

$$CH_3(CH_2)_4CH{=}CHCH_2CH{=}CHCH_2CH{=}CHCH_2CH{=}CH(CH_2)_3COOH$$

花生四烯酸和其他人体所需要的高级不饱和脂肪酸一样具有降血脂作用。国内外最近的一些实验研究表明，从某些深海鱼类体内得到的多烯酸，如二十碳五烯酸（EPA）和二十二碳六烯酸（DHA）具有更优的降血脂、抑制血小板聚集、延缓血栓形成和抗衰老等功效，因此，目前市场上已经出现了许多富含不饱和酸的鱼油制剂或保健品。

花生四烯酸在人体内可转化成前列腺素（PG）。体内较重要的前列腺素是PGE和PGF，它们都由全顺式花生四烯酸转化而来。

第二节　取代羧酸

一、取代羧酸的分类

羧酸分子中烃基上的氢原子被其他原子或基团取代后的化合物称为取代羧酸，常见的有羟基酸、羰基酸、氨基酸和卤代酸等。取代羧酸属于多官能团化合物，在性质上除具有羧酸的性质外，还具有其他官能团的性质，另外还具有不同官能团之间相互影响而产生的一些特殊性质。

氨基酸将在第十八章中讲解，本节主要介绍羟基酸和羰基酸，并对卤代酸也作一简单介绍。

二、羟基酸

（一）羟基酸的分类和命名

羟基酸包括醇酸和酚酸，前者是羟基连在脂肪烃基上，后者是羟基连在芳环上，两者都广泛存在于自然界。

羟基酸的系统命名是以羧酸为母体，羟基作取代基，并用阿拉伯数字或希腊字母标明所在位次；酚酸中羟基与羧基的相对位置可用阿拉伯数字或邻（*o*-）、间（*m*-）、对（*p*-）来表示。由于许多羟基酸是天然产物，因而更多地使用俗名。

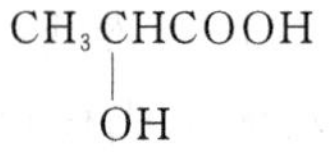

$CH_3CH(OH)COOH$

2-羟基丙酸

α-羟基丙酸（乳酸）

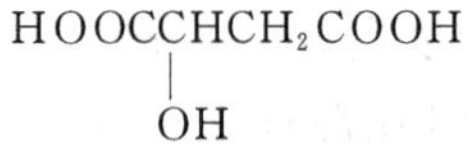

$HOOCCH(OH)CH_2COOH$

2-羟基丁二酸（苹果酸）

$HOOCCH(OH)CH(OH)COOH$

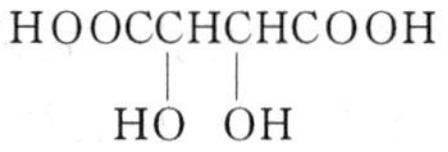

2,3-二羟基丁二酸（酒石酸）

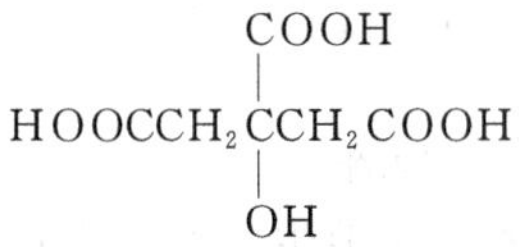

$HOOCCH_2C(OH)(COOH)CH_2COOH$

3-羟基-3-羧基戊二酸（柠檬酸）

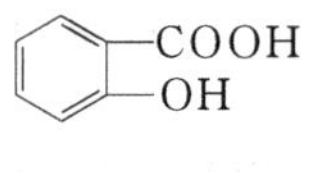

$o\text{-}HOC_6H_4COOH$

邻羟基苯甲酸（水杨酸）

$p\text{-}HOC_6H_4CH{=}CHCOOH$

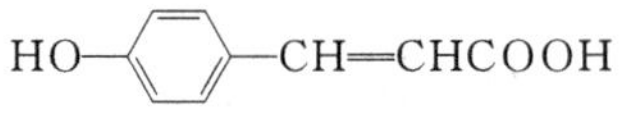

对羟基苯丙烯酸（香豆酸）

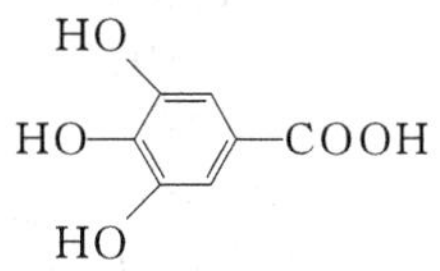

$3,4,5\text{-}(HO)_3C_6H_2COOH$

3,4,5-三羟基苯甲酸（没食子酸）

羟基酸具有酸和醇（或酚）的典型性质，同时，羟基酸还具有羧基和羟基相互影响而产生的特有性质，且这些特性随着两者相对位置的不同而有所差异。这里仅讨论各官能团相互影响产生的特殊性质。

（二）羟基酸的性质和制备

1. 醇酸的性质

醇酸一般是晶体，少数为黏稠状液体。醇酸分子中的羟基和羧基都能与水形成氢键，因而比相应的羧酸更易溶于水，而在乙醇中的溶解度则较小。许多醇酸是手性分子，具有旋光性。

（1）酸性

由于羟基的吸电子诱导效应，羟基酸的酸性较羧酸强，但随着羟基与羧基间距离的增大而减弱。例如：

	$CH_3(CH_2)_2COOH$	$CH_3CH_2CH(OH)COOH$	$CH_3CH(OH)CH_2COOH$
pK_a	4.82	3.65	4.41

（2）脱水反应

由于两个官能团之间的相互影响，羟基酸对热较敏感，受热易脱水，但脱水方式及产物随羟基相对位置的不同而不同。

α-羟基酸受热发生分子间交叉脱水，生成环状交酯。例如：

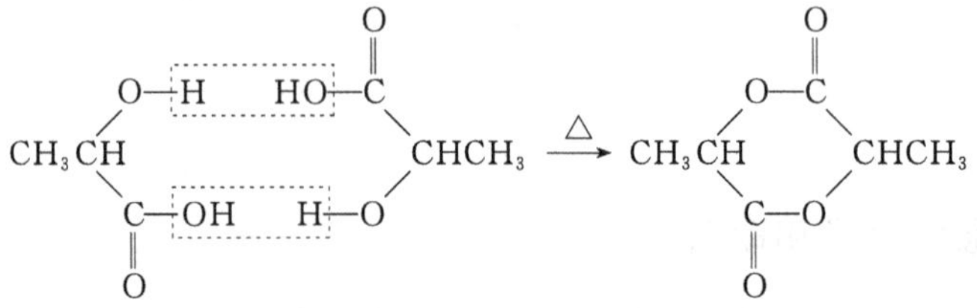

α-羟基丙酸 丙交酯

β-羟基酸受热，发生分子内脱水，生成 α,β-不饱和酸。

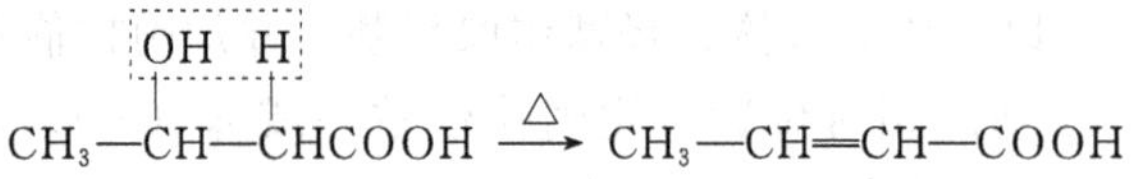

$$CH_3—CH(OH)—CH_2COOH \xrightarrow{\triangle} CH_3—CH═CH—COOH$$

2-丁烯酸

γ-羟基酸极易脱水，室温下即可脱水生成 γ-内酯，它是一个稳定的中性化合物，由此也可知为何某些 γ-羟基酸很难得到。但在碱性条件下，γ-内酯可水解生成稳定的 γ-羟基酸盐。

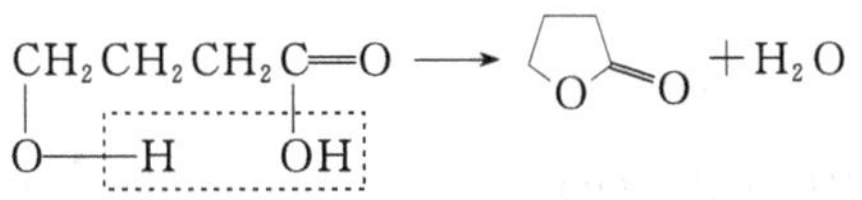

γ-羟基丁酸 γ-丁内酯 $+H_2O$

内酯在天然产物中也是常见的，以 γ-内酯居多。如维生素 C、山道年等药物分子结构中都含有五元环内酯。一旦这种五元环内酯结构遭到破坏，其药效随即降低，甚至完全丧失。

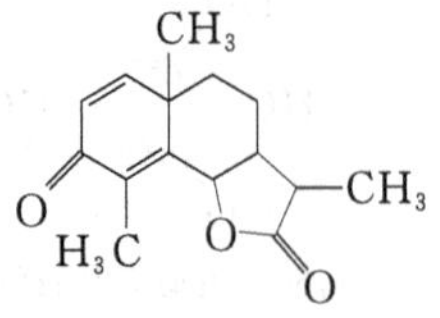

山道年 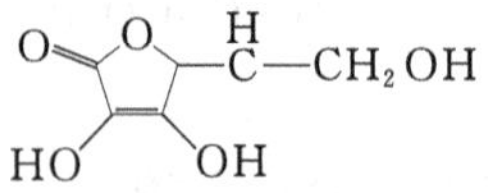 维生素 C

δ-羟基酸受热也能分子内失水生成 δ-内酯，但 δ-内酯不稳定，即使得到也极易开环而显酸性。

当羟基与羧基相隔四个以上碳原子时，更难生成内酯，但它们受热可发生分子间脱水，生成链状聚酯。

（3）氧化反应

醇酸中的羟基和醇一样可被氧化。α-羟基酸中的羟基受羧基影响，更易被氧化，能被弱氧化剂如托伦试剂氧化成 α-羰基酸。其他氧化剂如稀硝酸、稀高锰酸钾等都能将醇酸氧化成醛酸、酮酸或二元羧酸。

$$CH_3\underset{}{\overset{OH}{\overset{|}{C}}}HCOOH \xrightarrow[NH_3 \cdot H_2O]{AgNO_3} CH_3\overset{O}{\overset{\|}{C}}COOH$$

$$HO—CH_2COOH \xrightarrow{稀\ HNO_3} H\overset{O}{\overset{\|}{C}}COOH \xrightarrow{稀\ HNO_3} HOOC—COOH$$

$$CH_3\overset{OH}{\overset{|}{C}}HCH_2COOH \xrightarrow{稀\ KMnO_4} CH_3\overset{O}{\overset{\|}{C}}CH_2COOH$$

生物体内的醇酸则在酶的作用下发生类似的氧化反应。

$$HOOCCH_2\overset{OH}{\overset{|}{C}}HCOOH \xrightleftharpoons{脱氢酶} HOOCCH_2\overset{O}{\overset{\|}{C}}COOH$$

（4）α-羟基酸的脱羧反应

α-羟基酸与稀硫酸共热，分解为少一个碳原子的醛（或酮）和甲酸。

$$R\overset{OH}{\overset{|}{C}}HCOOH \xrightarrow[\triangle]{稀\ H_2SO_4} RCHO + HCOOH$$

α-羟基酸与酸性高锰酸钾溶液共热，则分解脱羧生成少一个碳原子的醛或酮，醛继续氧化成羧酸。

$$R\overset{OH}{\overset{|}{C}}HCOOH \xrightarrow[\triangle]{KMnO_4/H^+} RCHO + CO_2 + H_2O$$

$$RCHO \xrightarrow{[O]} RCOOH$$

$$R_2\overset{OH}{\overset{|}{C}}COOH \xrightarrow[\triangle]{KMnO_4/H^+} \begin{matrix}R \\ \quad\diagdown \\ \quad C{=}O \\ \quad\diagup \\ R\end{matrix} + CO_2 + H_2O$$

2. 醇酸的制备

醇酸分子中既有羟基又有羧基，根据基团位置不同可采用不同的制法。

（1）卤代酸水解

用碱或氢氧化银处理 α-、β-、γ-等卤代酸时可生成对应的羟基酸。

$$R\underset{X}{\underset{|}{C}}HCOOH + OH^- \longrightarrow R\underset{OH}{\underset{|}{C}}HCOOH + X^-$$

（2）氰醇水解

氰醇水解可得 α-羟基酸。

$$\begin{matrix}R \\ \diagdown \\ C{=}O \\ \diagup \\ R'\end{matrix} + HCN \longrightarrow \begin{matrix}R & & OH \\ & \diagdown\ \diagup & \\ & C & \\ & \diagup\ \diagdown & \\ R' & & CN\end{matrix} \xrightarrow{水解} \begin{matrix}R & & OH \\ & \diagdown\ \diagup & \\ & C & \\ & \diagup\ \diagdown & \\ R' & & COOH\end{matrix}$$

（R′=H 或烃基）

（3）瑞佛尔马斯基（Reformatsky）反应

α-卤代酸酯在锌粉作用下与醛、酮反应，产物水解后即得到β-羟基酸酯，后者水解可得到β-羟基酸。这一反应首先生成的是有机锌化合物。

$$Br—CHRCOOC_2H_5 + Zn \longrightarrow Br—Zn—CHR—COOC_2H_5$$

有机锌化合物与格氏试剂性质相似，但没有格氏试剂活泼，能与醛、酮反应，但不与酯反应，因此可用α-卤代酸酯来制备有机锌化合物，再与醛、酮反应，生成β-羟基酸酯。其反应过程与格氏试剂类似。

$$BrZn—CHR'—COOC_2H_5 + R—\overset{\overset{O}{\|}}{C}H \longrightarrow R—\overset{\overset{OZnBr}{|}}{C}H—CHR'—COOC_2H_5$$

这一反应称为瑞佛尔马斯基反应，是制备β-羟基酸酯的好方法，β-羟基酸酯水解可得到β-羟基酸。

3. 酚酸的性质

酚酸都是无色固体，多以盐、酯或糖苷的形式存在于植物中；熔点较相应的芳香酸高，有些易溶于水，有些仅微溶。

（1）酸性

酚酸中酚羟基对羧基的影响要复杂得多，下面以羟基苯甲酸为例来进行说明。

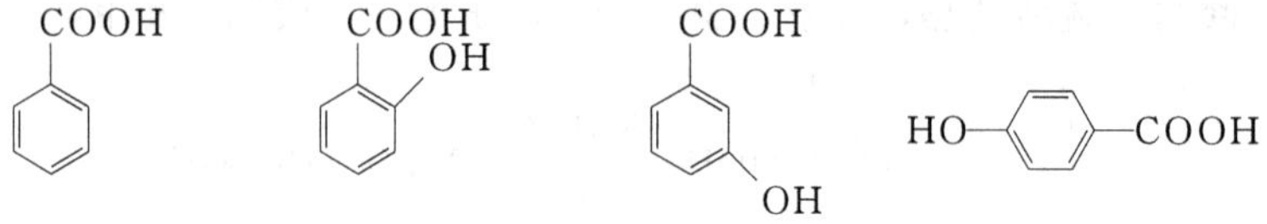

	苯甲酸 (COOH)	邻羟基苯甲酸 (COOH, OH)	间羟基苯甲酸 (COOH, OH)	HO—C₆H₄—COOH
pK_a	4.20	2.98	4.08	4.58

当羟基处在邻位时，羟基同时存在吸电子诱导效应（$-I$）、给电子共轭效应（$+C$）、氢键的螯合作用以及空间位阻作用。$-I$效应使酸性增强，$+C$效应反之，但由于羟基与羧基处在相邻位置，基团体积又较大，空间位阻（共平面受到影响）使两者的共轭程度较差，羟基对羧基的$+C$效应被削弱了；而邻羟基与羧基间的氢键作用反而使羧羟基氧原子上的电子云密度降低，有利于H^+解离，同时也降低了羧基负离子的电荷密度，使之更稳定。此处，这种螯合作用发挥了主要作用，使邻羟基苯甲酸的酸性强于苯甲酸（参见上面pK_a数据）。

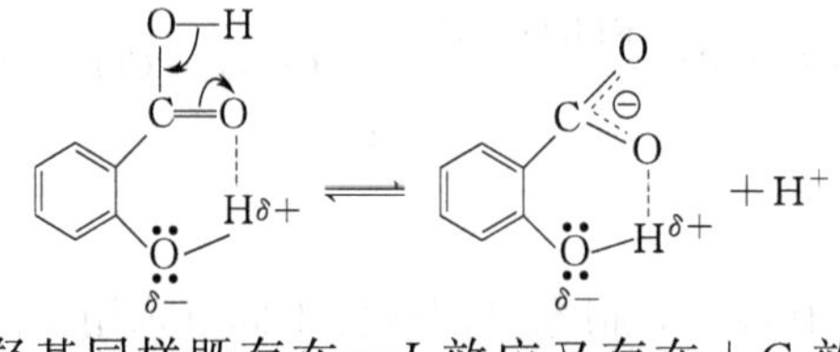

O—H, C=O, $H^{\delta+}$, $\ddot{O}^{\delta-}$ ⇌ C, O, ⊖, O, $H^{\delta+}$, $\ddot{O}^{\delta-}$ $+H^+$

当羟基处在对位时，羟基同样既存在$-I$效应又存在$+C$效应。因羟基和羧基间距较大，所以$-I$效应相对较弱，总的结果是$+C$效应超过了$-I$效应，羟基对羧基表现出给电子作用，使对羟基苯甲酸的酸性反而弱于苯甲酸。

H—$\ddot{O}$—C₆H₄—COOH

当羟基处在间位时，不存在羟基与羧基的共轭效应，主要是吸电子诱导效应，但由于距离远，影响不大，因此酸性增强得不多。

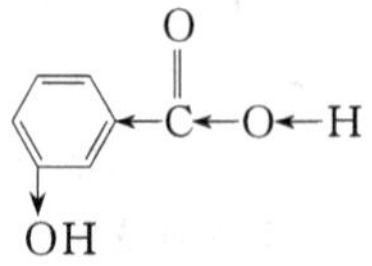

C₆H₄(OH)←$\overset{O}{\overset{\|}{C}}$←O←H

由此可见，羟基苯甲酸因酚羟基与羧基所处位置的不同而表现出不同的酸性强弱：

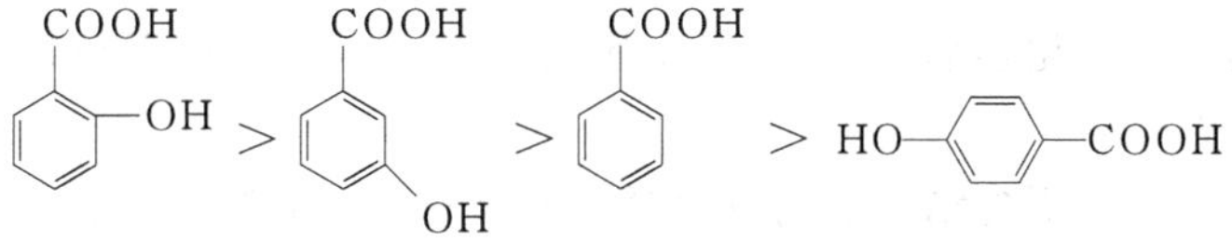

邻羟基苯甲酸 > 间羟基苯甲酸 > 苯甲酸 > HO—C₆H₄—COOH（对羟基苯甲酸）

（2）脱羧反应

羟基在羧基邻位、对位的酚酸加热至熔点以上时，分解成相应的酚和二氧化碳。

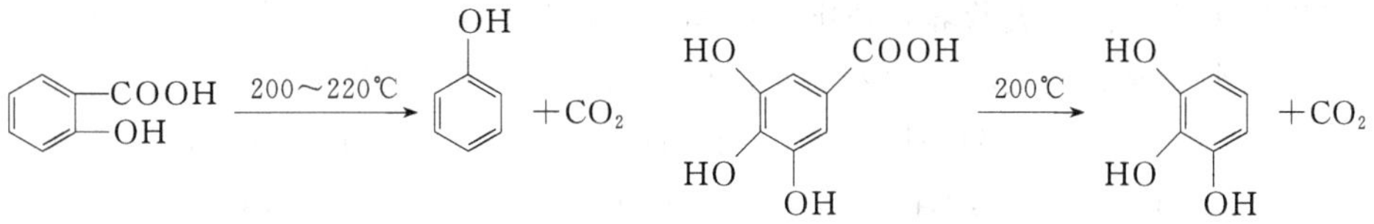

$$\text{邻羟基苯甲酸} \xrightarrow{200\sim220℃} \text{苯酚} + CO_2 \qquad \text{3,4,5-三羟基苯甲酸} \xrightarrow{200℃} \text{1,2,3-苯三酚} + CO_2$$

（三）重要的羟基酸

1. 乳酸

乳酸化学名为α-羟基丙酸，因最初从发酵的牛奶中获取而得名，也存在于肌肉以及腌制的酸菜中。人体内的乳酸是糖原代谢的产物。人剧烈运动后，糖分解成乳酸，同时释放出能量供机体所需；因肌肉中乳酸含量增加而感觉酸胀，休息后乳酸可分解，机体感觉也恢复正常。人体肌肉中的乳酸是右旋体，左旋体可由糖发酵制得。

$$C_6H_{12}O_6 \xrightarrow[35\sim40℃]{\text{乳酸菌}} CH_3CH(OH)COOH$$

乳酸通常为无色或微黄色黏稠状液体，外消旋体乳酸的熔点 18℃，吸湿性极强，易溶于水、乙醇、乙醚、苯，不溶于氯仿和油脂。

乳酸具有消毒防腐作用，可用于空气消毒和治疗阴道滴虫病；乳酸钙可用于治疗佝偻病；乳酸钠用于酸中毒解毒剂；乳酸还广泛应用于食品、饮料等领域。

2. 苹果酸

2-羟基丁二酸广泛存在于未成熟的果实中，因最初由苹果中得到，故名苹果酸。天然苹果酸为左旋体，是无色针状晶体，熔点 100℃，易溶于水、乙醇，微溶于乙醚。

苹果酸是体内糖代谢的中间产物，脱氢氧化生成草酰乙酸。

$$HOOCCH(OH)CH_2COOH \xrightarrow{\text{酶}} HOOCC(=O)CH_2COOH$$

苹果酸也常用作清凉饮料的酸味剂、保色剂、工业用消臭剂、洗涤剂、染色助剂、皮革油等的添加剂以及合成树脂增塑剂等。

3. 酒石酸

酒石酸，$HOOCCH(OH)CH(OH)COOH$，化学名 2,3-二羟基丁二酸，常以酒石酸氢钾形式存在于葡萄汁中，难溶于乙醇，故酿酒时便以固体形式沉淀下来，由此得名。

酒石酸为无色半透明结晶，熔点 170℃（单一左旋体或右旋体），易溶于水，不溶于有机溶剂。

酒石酸盐用途广泛。例如，酒石酸氢钾是制发酵粉的原料；酒石酸钾钠可作泻剂，也可用来配制斐林试剂；酒石酸锑钾曾用作催吐剂和治疗血吸虫病的药物。

4. 柠檬酸

柠檬酸又名枸橼酸，化学名 3-羟基-3-羧基戊二酸，广泛存在于植物果实中，尤其以柠檬中含量最多，因而得名。

柠檬酸是无色结晶，不含结晶水的柠檬酸熔点 153℃，易溶于水、乙醇、乙醚，酸味爽口，是制作糖果和饮料的调味剂。柠檬酸钠是易溶于水的白色结晶，可用作抗凝血剂；柠檬酸铁常用作补血剂；柠檬酸钾可用作祛痰剂和利尿剂。

柠檬酸是生物体内三大营养物质糖、脂肪、蛋白质代谢的中间产物。在顺乌头酸酶催化下，柠檬酸脱水生成顺乌头酸，后者与水反应可转化为异柠檬酸。

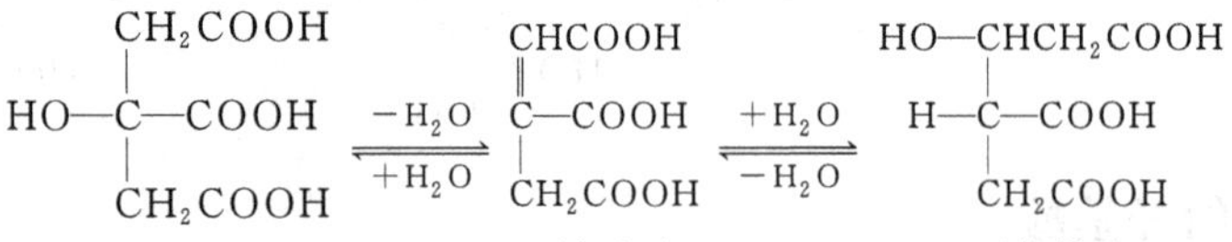

$$\underset{\text{柠檬酸}}{\begin{array}{c}CH_2COOH\\ |\\ HO{-}C{-}COOH\\ |\\ CH_2COOH\end{array}} \underset{+H_2O}{\overset{-H_2O}{\rightleftharpoons}} \underset{\text{顺乌头酸}}{\begin{array}{c}CHCOOH\\ \|\\ C{-}COOH\\ |\\ CH_2COOH\end{array}} \underset{-H_2O}{\overset{+H_2O}{\rightleftharpoons}} \underset{\text{异柠檬酸}}{\begin{array}{c}HO{-}CHCH_2COOH\\ |\\ H{-}C{-}COOH\\ |\\ CH_2COOH\end{array}}$$

5. 水杨酸

水杨酸（邻-HOC_6H_4COOH 结构式），化学名邻羟基苯甲酸，最初由水解柳树、水杨树的叶和根获得，故称水杨酸。

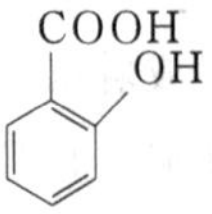

水杨酸是略带酸甜味的无色针状结晶，熔点 159℃，79℃时升华，易溶于乙醇、乙醚、氯仿；慢慢受热至熔点以上，可脱羧生成苯酚，能与水蒸气一起蒸发，利用此性质可将水杨酸与其对位异构体分离。

水杨酸兼具酚和羧酸的典型性质：羧基具酸性、可成盐、生成羧酸衍生物；酚羟基可成酯、与三氯化铁溶液显色等。

水杨酸用途很广，可作消毒剂、防腐剂。也可作食品保藏剂。水杨酸及其许多衍生物具有退热止痛作用，但因其本身的酸性对胃壁、食道黏膜有刺激作用，其钠盐也有不愉快味道，故用作药物有一定缺陷。十九世纪末，发现它的乙酰衍生物——乙酰水杨酸，又名阿司匹林（APC)，能在肠道中水解释放出水杨酸而起到解热镇痛药效，又避免了水杨酸对消化道的直接刺激，被誉为 20 世纪最伟大的十大科技发明之一。

此外，对氨基水杨酸（PAS）具有抗结核病作用；水杨酸甲酯是冬青油的主要成分；水杨酸苯酯（萨罗）能在肠道内水解成苯酚和水杨酸，是肠道和尿道的消毒剂。

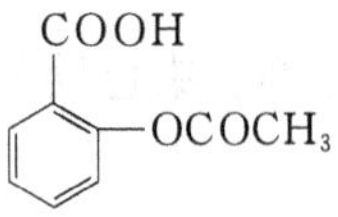

邻-$C_6H_4(COOH)(OCOCH_3)$	邻-$C_6H_4(COOCH_3)(OH)$	$H_2N{-}C_6H_3(COOH)(OH)$	邻-$HOC_6H_4{-}COO{-}C_6H_5$
乙酰水杨酸 （阿司匹林）	水杨酸甲酯	对氨基水杨酸	水杨酸苯酯 （萨罗）

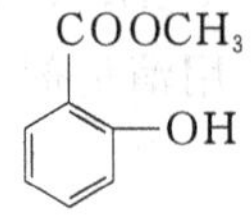

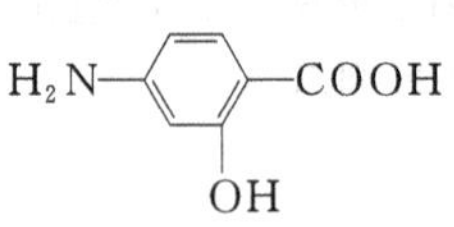

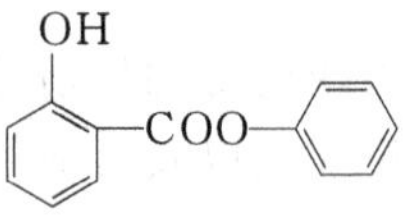

6. 没食子酸

没食子酸又称五倍子酸，化学名 3,4,5-三羟基苯甲酸，是植物中分布最广的一种酚酸，常以游离态或以苷的形式构成鞣质，存在于五倍子、茶叶及其他树皮中。将五倍子发酵或水解即可得到没食子酸。

没食子酸是白色粉末，熔点 253℃，能溶于热水、乙醇、乙醚，在空气中能被迅速氧化而显暗褐色，可作抗氧化剂或氧吸收剂使用；还可用作照片显影剂；其水溶液与三氯化铁显蓝黑色，故可用于生产墨水。当加热到 200℃以上时，没食子酸脱羧生成连苯三酚，后者又叫没食子酚，为无色针状晶体，在强碱溶液中可大量吸收氧气，常用做气体分析中的吸氧剂和显影剂。

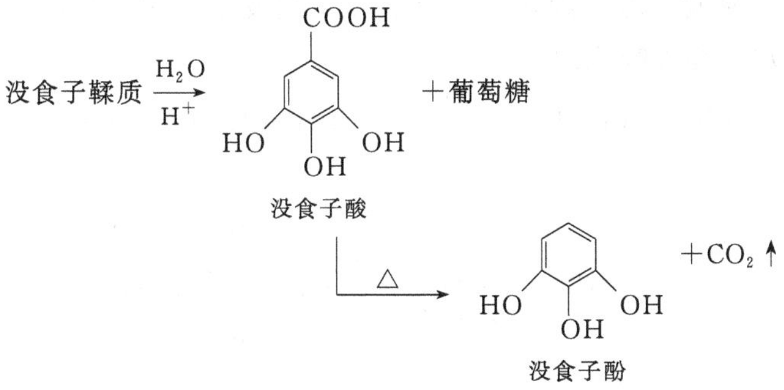

$$\text{没食子鞣质} \xrightarrow[H^+]{H_2O} \underset{\text{没食子酸}}{(HO)_3C_6H_2COOH} + \text{葡萄糖}$$

$$\underset{\text{没食子酸}}{(HO)_3C_6H_2COOH} \xrightarrow{\triangle} \underset{\text{没食子酚}}{C_6H_3(OH)_3} + CO_2\uparrow$$

三、羰基酸

（一）分类和命名

分子中含有羰基和羧基的化合物称为羰基酸，羰基在链端的为醛酸，在链中的为酮酸。系统命名时以含羰基和羧基的最长碳链为主链，称为某醛酸或某酮酸；命名酮酸时，须标明羰基的位置。例如：

$OHCCOOH$	$OHCCH_2COOH$	$CH_3COCOOH$
乙醛酸	丙醛酸	丙酮酸
$CH_3CH_2COCOOH$	CH_3COCH_2COOH	$HOOCCOCH_2COOH$
2-丁酮酸	3-丁酮酸	α-丁酮二酸
α-丁酮酸	（β-丁酮酸、乙酰乙酸）	（丁酮二酸、草酰乙酸）

羰基酸中的酮酸比较重要。α-和β-酮酸具有重要的生理意义，是人体内糖、脂肪和蛋白质代谢的中间产物。这里主要讨论酮酸。

（二）羰基酸的性质

含双官能团的羰基酸具有羰基和羧基的典型性质，如羧基可以成盐、成酯，羰基可与 HCN、$NaHSO_3$ 反应，也可与羰基试剂反应等；同时它还具有双官能团相互影响的特殊性质。这里主要讨论后者。

1. 羰基酸的脱羧反应

α-羰基酸分子中羰基与羧基直接相连，由于氧原子的吸电子效应，使羰基与羧基间的碳碳键易断裂，与稀硫酸共热即可分解，生成少一个碳原子的醛和二氧化碳。

$$R-\overset{O}{\overset{\|}{C}}-\overset{O}{\overset{\|}{C}}-OH \xrightarrow[\triangle]{\text{稀}H_2SO_4} RCHO+CO_2$$

β-羰基酸更易脱羧。因为其不仅存在氧原子的吸电子诱导效应，而且羰基与羧基间还存在氢键，使脱羧更加容易，所以β-羰基酸微微受热即可脱去二氧化碳，生成酮。

$$R\overset{O}{\overset{\|}{C}}CH_2COOH \xrightarrow{\triangle} R\overset{O}{\overset{\|}{C}}CH_3 +CO_2$$

生物体内某些酮酸在酶催化下也能脱羧，我们呼出的二氧化碳大部分来源于此。

$$HOOCCOCH_2COOH \xrightleftharpoons{酶} CH_3COCOOH + CO_2$$

2. β-羰基酸的分解反应

如前面所述，β-羰基酸微热脱羧生成酮，该反应通常称为酮式分解。

当β-羰基酸与浓碱共热时，则在α-和β-碳原子间发生断裂，生成两分子羧酸盐，酸化后可得到羧酸，该反应称为酸式分解。

$$RCOCH_2COOH \xrightarrow[\triangle]{浓\ NaOH} RCOONa + CH_3COONa + H_2O$$

反应机理如下：

$$R-\overset{\overset{O}{\|}}{C}-CH_2-\overset{\overset{O}{\|}}{C}-OH \xrightarrow{OH^-} R-\underset{\underset{OH}{|}}{\overset{\overset{O^-}{|}}{C}}-CH_2-\overset{\overset{O}{\|}}{C}-OH$$

$$\xrightarrow{\triangle} R-\overset{\overset{O}{\|}}{C}-OH + {}^-CH_2-\overset{\overset{O}{\|}}{C}-OH \xrightarrow{H_2O} CH_3COOH$$

β-羰基酸分子中羰基与羧基同时影响α-碳原子，使其电子云密度降低，因此它与羧基或羰基间的σ键易被破坏，在不同条件下发生酸式分解或酮式分解。

$$R-\overset{\overset{O}{\|}}{C}\vdots CH_2 \vdots \overset{\overset{O}{\|}}{C}-OH$$

酸式分解　酮式分解

（三）重要的羰基酸

1. 乙醛酸

乙醛酸（HCOCOOH）是最简单的醛酸，存在于未成熟的水果和动物组织中，为无色糖浆状液体，易溶于水，能与水形成水合乙醛。乙醛酸具有醛和酸的典型化学性质。除用作生化试剂外，主要用于合成香兰素和尿囊素等。

2. 丙酮酸

丙酮酸（$CH_3COCOOH$）是最简单的α-羰基酸，广泛分布于自然界，为无色有刺激性臭味的液体，沸点165℃，易溶于水、乙醇和醚。丙酮酸是生物体内糖代谢的中间产物，在无氧条件下被还原成乳酸，在有氧条件下脱氢、脱羧生成乙酰辅酶A进入三羧酸循环，彻底氧化生成二氧化碳和水，同时释放出能量。

3. 乙酰乙酸

乙酰乙酸（CH_3COCH_2COOH）化学名为β-丁酮酸，是机体内脂肪代谢的中间产物，为无色黏稠状液体，低温下稳定，室温以上即脱羧发生酮式分解，故此乙酰乙酸在实验室中并不是常用试剂，但其乙酯却是稳定的化合物，称乙酰乙酸乙酯，在有机合成中十分有用。

4. 酮体

β-丁酮酸、β-羟基丁酸和丙酮三者在医学上统称为酮体。酮体是脂肪酸在人体中不能被完全氧化为二氧化碳和水时的中间产物，大量存在于糖尿病患者的血液和尿中。正常人血液中的酮体含量低于$10mg \cdot L^{-1}$，而糖尿病患者因糖代谢不正常，血液中的酮体含

量高于 $3g \cdot L^{-1}$，使血液的酸性增加，发生酸中毒的可能性增大。所以检查血液和尿中酮体的含量，可帮助诊断疾病。临床上主要是检测丙酮，方法是在尿中滴加亚硝酰铁氰化钠［$Na_2Fe(CN)_5NO$］和氨水，若有丙酮存在则显紫红色；若滴加亚硝酰铁氰化钠和氢氧化钠则显鲜红色。

酮体在体内的转化如下：

$$H_3C-\underset{}{\overset{OH}{\overset{|}{C}H}}-CH_2-COOH \underset{[H]}{\overset{[O]}{\rightleftharpoons}} CH_3-\overset{O}{\overset{\|}{C}}-CH_2-COOH \xrightarrow{\text{酶}} CH_3-\overset{O}{\overset{\|}{C}}-CH_3 + CO_2$$

5. 草酰乙酸

草酰乙酸（$HOOCCOCH_2COOH$）化学名为 α-丁酮二酸。草酰乙酸是可溶于水的晶体，是人体内物质代谢的重要中间产物。代谢过程中在脱羧酶和丙酮酸羧化酶的催化下，草酰乙酸和丙酮酸发生可逆转化反应，这对保证正常的代谢具有一定的生理意义。

$$HOOC-\overset{O}{\overset{\|}{C}}-CH_2-COOH \underset{\text{羧化酶}}{\overset{\text{脱羧酶}}{\rightleftharpoons}} HOOC-\overset{O}{\overset{\|}{C}}-CH_3 + CO_2$$

四、卤代酸

卤代酸命名以羧酸为母体，卤原子为取代基，用 1，2，3，…或 α，β，γ，…标明取代基位次。如：

$$\underset{Cl}{CH_3\underset{|}{C}HCOOH} \qquad \underset{Cl}{CH_3\underset{|}{C}HCH_2COOH} \qquad \underset{Br}{\underset{|}{C}H_2CH_2CH_2COOH}$$

α-氯丙酸(2-氯丙酸)　　β-氯丁酸(3-氯丁酸)　　γ-溴丁酸(4-溴丁酸)

前面提及，α-卤代酸可由羧酸的卤化制得，而 β-和 γ-卤代酸则可由相应的不饱和酸与 HX 加成得到。

$$CH_2=CHCOOH \xrightarrow{HBr} BrCH_2CH_2COOH$$

卤代酸的酸性强于相应的羧酸，这是由卤原子的吸电子诱导效应所致。此外，卤代酸酸性强弱还与下列因素有关：

① 卤原子电负性越强，酸性越强。

	$ClCH_2COOH$	$BrCH_2COOH$	ICH_2COOH	CH_3COOH
pK_a	2.81	2.87	3.13	4.76

② 卤原子取代数目越多，酸性越强。

	Cl_3CCOOH	$Cl_2CHCOOH$	$ClCH_2COOH$
pK_a	0.08	1.29	2.81

③ 卤原子与羧基距离越近，酸性越强。

	$CH_3CH_2\underset{Cl}{\underset{|}{C}}HCOOH$	$CH_3\underset{Cl}{\underset{|}{C}}HCH_2COOH$	$\underset{Cl}{\underset{|}{C}}H_2CH_2CH_2COOH$
pK_a	2.84	4.06	4.52

α-卤代酸中的卤原子在羧基影响下活性相对增大，能被许多亲核试剂取代生成不同的产物，因此是重要的合成中间体。

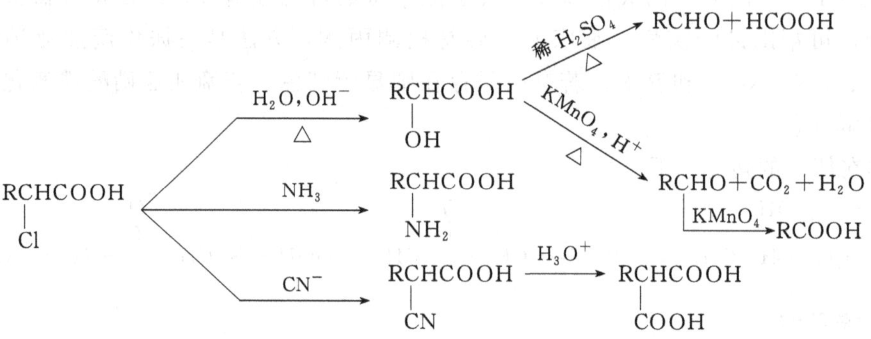

γ-、δ-和ε-卤代酸在碱作用下可分别生成五、六、七元环内酯。

单氟代乙酸有剧毒，曾用作杀鼠剂，现已明文禁止使用；二氟乙酸毒性较小；三氟乙酸是一个强酸，能与水及许多有机溶剂混溶。

名人追踪

费利克斯·霍夫曼（Felix Hoffmann，1868—1946）

1897 年，德国著名化学家费利克斯·霍夫曼宣布他本人发明了阿司匹林，仅仅 11 天后，经他发明的海洛因也诞生了。到目前为止，阿司匹林已应用百年，成为医药史上三大经典药物之一，至今它仍是世界上应用最广泛的解热、镇痛和抗炎药，也是作为比较和评价其他药物的标准制剂。而经吗啡改良的海洛因，且如同打开了“潘多拉魔盒”，将恶魔带到了人间。海洛因吃了以后能抑制疼痛的同时，也会让人上瘾，而且这种药没有经过临床试验便推向市场，许多人在不知道真相的情况下，吃下这种毒品，导致后来许多人终生无法摆脱。费利克斯·霍夫曼也因此被世人誉为“同时带来天使和魔鬼”的上帝之手。

从阿司匹林到海洛因，每一项成果的背后无不源于活跃的科研思维，勤奋踏实、严谨细致、坚持不懈的科研作风。但就像诺贝尔发明炸药的初衷不是为了战争一样，费利克斯·霍夫曼故事告诉我们：很多科学发明是双刃剑，是否能造福人类关键在于掌握这一技术的人或社会集团。海洛因的制备同样是一个鲜活的案例，没有具体问题具体分析，没有与药物化学、医学等学科相结合就盲目投放市场，实践是检验真理的唯一标准，事实证明了其巨大的危害。

习　题

1. 命名下列化合物。

（1）$CH_3CH{=}CHCOOH$　（2）CH_3COCH_2COOH　（3）$CH_3CH(COOH)_2$

（4）环己基—$\underset{\displaystyle CH_3}{CH}CH_2COOH$　（5）$\begin{array}{l}COCOOH\\ |\\ CH_2COOH\end{array}$　（6）$\begin{array}{l}CH_3{-}CH{-}COOH\\ \quad\quad\ |\\ CH_3{-}CH{-}COOH\end{array}$

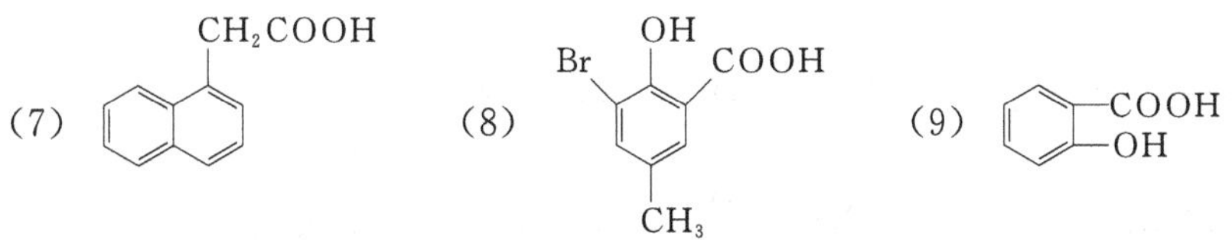

2.写出下列物质的结构简式。

(1) α-甲基丙烯酸　(2) 乳酸　(3) 没食子酸　(4) 邻甲氧基苯甲酸

(5) 反-1,4-环己基二甲酸　(6) 草酸　(7) 对氨基水杨酸　(8) 酒石酸

3.写出下列反应的主要产物。

(1) $CH_3(CH_2)_2COCOOH \xrightarrow[\triangle]{\text{稀 } H_2SO_4}$

(2) $CH_3CH_2\underset{\displaystyle OH}{\underset{|}{C}}HCH_2COOH \xrightarrow{\triangle}$

(3) $CH_3\underset{\displaystyle OH}{\underset{|}{C}}HCOOH \xrightarrow[\triangle]{KMnO_4/H^-}$

(4) 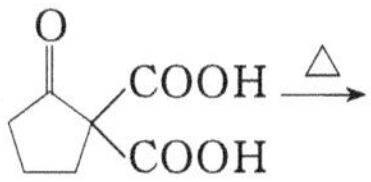 2-氧代环戊烷-1,1-二甲酸（环戊酮 α-碳上连两个 COOH）$\xrightarrow{\triangle}$

(5) $CH_2=CHCH_2COOH \xrightarrow[H_2O/H^+]{LiAlH_4}$

(6) 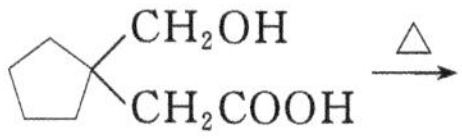 环戊烷（同一碳上连 CH_2OH 与 CH_2COOH）$\xrightarrow{\triangle}$

(7) 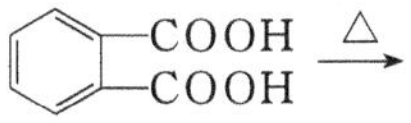 邻苯二甲酸（苯环上两个邻位 COOH）$\xrightarrow{\triangle}$

(8) $CH_3COCH_2COOH \xrightarrow[\triangle]{\text{浓 NaOH}}$

(9) $CH_3\overset{\displaystyle OH}{\overset{|}{C}}HCOOH \xrightarrow{\triangle}$

(10)  邻羟基苯甲酸（苯环上邻位 COOH 与 OH）$\xrightarrow{NaHCO_3}$

4.用化学方法区别下列各组化合物。

(1) 甲酸　乙酸　乙醛

(2) 乙醇　乙醚　乙酸

(3) 乙酸　草酸　乙酸乙酯

(4) 肉桂酸　苯酚　苯甲酸　水杨酸

5.按酸性降低的次序排列以下各组化合物。

(1) 甲酸　乙酸　三氯乙酸　苯甲酸

(2) 乙酸　苯酚　碳酸　乙醇　水

(3) 苯甲酸　对甲基苯甲酸　对硝基苯甲酸

(4) 草酸　丙二酸　丁二酸　己二酸

6.用指定原料和必要的无机试剂合成下列化合物。

(1) 由丙酮合成 α-甲基-α-羟基丙酸　(2) 由 $(CH_3)_3CBr$ 合成 $(CH_3)_3CCOOH$

(3) 由 $C_6H_5-CH_2Br$ 合成 $C_6H_5-CH_2COOH$ （用两种合成方法）

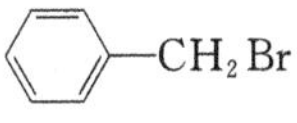

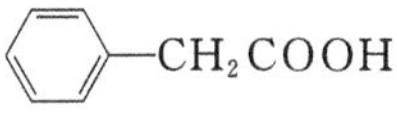

7. 推断结构。

（1）根据已知条件写出化合物 A、B、C、D、E 的结构式。

$$\underset{(\text{酮酸})}{A} \xrightarrow[Pt]{H_2} B \xrightarrow{HBr} C \xrightarrow{Na_2CO_3} D \xrightarrow{KCN} E \xrightarrow{H_2O/H^+} \underset{(\alpha\text{-甲基戊二酸})}{HOOCCH_2CH_2\overset{\overset{\displaystyle CH_3}{|}}{C}HCOOH}$$

（2）化合物 A 的分子式为 $C_6H_{12}O$，它与浓 H_2SO_4 共热生成化合物 $B(C_6H_{10})$。B 与 $KMnO_4/H^+$ 作用得到 $C(C_6H_{10}O_4)$。C 可溶于碱，当 C 与脱水剂共热时则得到化合物 D。D 与苯肼作用生成黄色沉淀物，D 用锌汞齐及浓盐酸处理得到化合物 $E(C_5H_{10})$。写出 A、B、C、D、E 的结构式。

第十二章
羧酸、碳酸、磺酸衍生物

羧酸衍生物是指羧酸分子中羧基上的羟基被其他基团取代后的产物，如酰卤、酸酐、酯和酰胺，它们有较强的反应性，可转变为多种有机化合物。碳酸有两个可以被取代的羧羟基，可衍生出单取代和双取代衍生物，单取代衍生物不稳定，很容易分解释放出二氧化碳。磺酸衍生物除了用作表面活性剂、离子交换树脂外，也是一类非常重要的抗菌药物，如磺胺及磺胺衍生物。由此可见，羧酸、碳酸和磺酸衍生物无论在理论上还是工业生产及药物合成上，都具有非常重要的地位。

第一节　羧酸衍生物

一、羧酸衍生物的分类和命名

羧酸衍生物根据羧基中羟基被取代的原子或原子团的不同，可分为酰卤、酸酐、酯、酰胺。通式为 $R-\overset{\overset{O}{\|}}{C}-L$，相对应的取代基 L 可以是—X、—OCOOR、—OR、—NH_2（—NHR）等。

酰卤和酰胺是羧酸中的羟基被卤原子和氨（胺）基取代后的生成物。酸酐是两个羧酸分子间脱水后的生成物。酯有无机酸酯和有机酸酯两种，前者可看作是无机酸与醇之间脱水后的产物，如硫酸氢乙酯、三硝酸甘油酯等；后者是羧酸与醇的脱水产物，如乙酸乙酯、丙二酸二乙酯等。

羧酸衍生物主要以它们所含的酰基来命名。酰基是羧酸分子中去掉羟基后剩余的基团，可用“RCO—”表示。酰基的命名是把相应的羧酸名字中的“酸”字改为“酰基”。

CH_3CO-	C_6H_5CO-	$HOOCCO-$	$C_6H_5SO_2-$
乙酰基	苯甲酰基	草酰基	苯磺酰基

酰卤的命名很简单，只需根据相应的酰基和卤原子的名称，称作“某某酰卤”。

CH_3COCl	C_6H_5COCl	$CH_3CH_2\underset{}{\overset{\overset{CH_3}{|}}{C}}HCOCl$
乙酰氯	苯甲酰氯	2-甲基丁酰氯

酸酐通常根据相应的羧酸来命名。成酐的两分子羧酸相同，为单酐，命名是在羧酸的名称后加“酐”字，通常将羧酸的“酸”字去掉；成酐的两分子羧酸不相同，为混酐，

命名时把简单的酸放在前面，把复杂的酸放在后面，再加“酐”字，并把“酸”字去掉；二元羧酸分子内失水形成环状酸酐，命名时在二元酸的名称后加“酐”字，再去掉“酸”字。例如：

$CH_3-\overset{O}{\overset{\|}{C}}-O-\overset{O}{\overset{\|}{C}}-CH_3$
乙酐

$CH_3-\overset{O}{\overset{\|}{C}}-O-\overset{O}{\overset{\|}{C}}-CH_2CH_3$
乙丙酐

邻苯二甲酸酐（苯酐）

酯的命名根据酯的结构分为几种方式。最简单的酯，由成酯的酸和醇的名称称为“某酸某（醇）酯”，酸在前醇在后，其中“醇”字可省略。

$CH_3-\overset{O}{\overset{\|}{C}}-OCH_2CH_3$
乙酸乙酯

$CH_3-\overset{O}{\overset{\|}{C}}-OCH_2C_6H_5$
乙酸苯甲酯

$C_6H_5-\overset{O}{\overset{\|}{C}}-OCH_2C_6H_5$
苯甲酸苄酯

二元酸可形成两种酯：只有一个羧基被酯化的为酸性酯，两个都被酯化的为中性酯。多元酸情况类似，在命名时要有所体现。

$\begin{array}{l} COOH \\ | \\ COOC_2H_5 \end{array}$
乙二酸氢乙酯

$\begin{array}{l} COOCH_3 \\ | \\ COOC_2H_5 \end{array}$
乙二酸甲乙酯

$\begin{array}{l} COOC_2H_5 \\ | \\ COOC_2H_5 \end{array}$
乙二酸二乙酯

若是羟基酸分子内失水形成的酯称为内酯，根据碳原子数目称“某内酯”，羟基位次用希腊字母或阿拉伯数字注于母体名称前，其他取代基位次亦需注明。

γ-丁内酯

β-甲基-γ-丁内酯

多元醇酯的命名，一般将醇名称放在前面，酸名称放在后面，称为“某醇某酸酯”。

$\begin{array}{l} CH_2-O-\overset{O}{\overset{\|}{C}}CH_3 \\ | \\ CH_2-O-\overset{O}{\overset{\|}{C}}CH_3 \end{array}$
乙二醇二乙（酸）酯

酰胺是根据相应的酰基的名称来命名，对于酰胺氮上没有其他取代基的简单酰胺，命名时就在酰基名称后加上“胺”字，称为“某酰胺”。

$CH_3\overset{O}{\overset{\|}{C}}-NH_2$
乙酰胺

$C_6H_5-\overset{O}{\overset{\|}{C}}-NH_2$
苯甲酰胺

若氮上氢被取代，则用“N-”或“N,N-”表示该取代基是直接与氮原子相连接。

$CH_3\overset{O}{\overset{\|}{C}}-NHCH_3$
N-甲基乙酰胺

$C_6H_5-\overset{O}{\overset{\|}{C}}-N(CH_3)_2$
N,N-二甲基苯甲酰胺

若同一个氮原子上连有两个酰基，则称为“酰亚胺”。

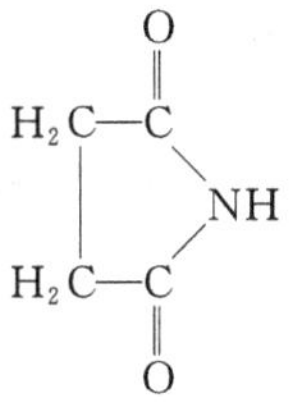

$$\begin{array}{c} O \\ \| \\ H_2C-C \\ | \quad \backslash \\ | \quad NH \\ | \quad / \\ H_2C-C \\ \| \\ O \end{array}$$

丁二酰亚胺

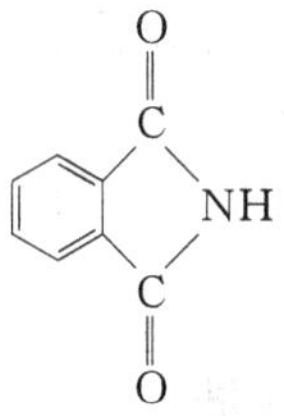

邻苯二甲酰亚胺

分子内含有环状“—CO—NH—”结构的酰胺称为“内酰胺”，类似内酯的命名。

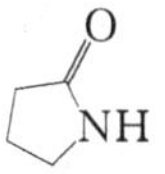

γ-丁内酰胺

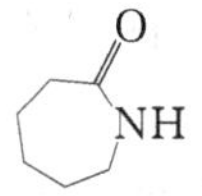

ε-己内酰胺

二、羧酸衍生物的结构

酰卤、酸酐、酯、酰胺的结构与羧酸类似。

酰卤中，由于卤原子有较强的电负性和较大的原子半径，因此主要表现为强的吸电子诱导效应，卤原子上孤对电子与羰基的共轭效应很弱。这可以通过比较下面的酰氯和氯代烷中的 C—Cl 键键长而看出，酰氯中的 C—Cl 键的键长并不比氯代烷中 C—Cl 键短。

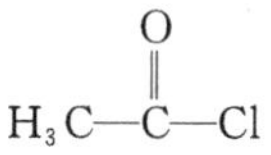

$$H_3C-\overset{\overset{O}{\|}}{C}-Cl \qquad CH_3-Cl$$

0.179nm　　0.178nm

不同于酰卤，酯和酰胺中的羰基与烷氧基氧或氨基氮上的孤对电子共轭较好，电荷均匀化使 C—O（或 C—N）键具有某些双键的性质。例如，酯：

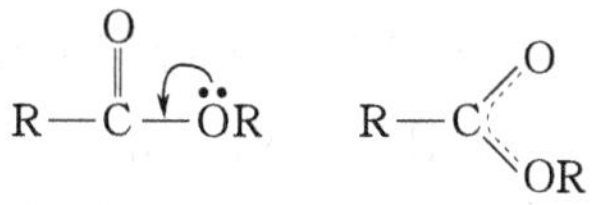

$$R-\overset{\overset{O}{\|}}{C}-\ddot{O}R \qquad R-C\overset{\cdot\cdot O}{\underset{\cdot\cdot OR}{}}$$

并且，烷氧基氧或氨基的给电子共轭效应大于吸电子诱导效应，因此酯和酰胺的 C—N 键或 C—O 键的键长比一般的同类型的键要短一些。比较下面的酰胺和酯与胺和醇中相应的 C—N 键或 C—O 键的键长即可看出。

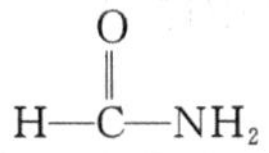

$$H-\overset{\overset{O}{\|}}{C}-NH_2 \quad CH_3-NH_2 \qquad H-\overset{\overset{O}{\|}}{C}-OCH_3 \quad CH_3-OH$$

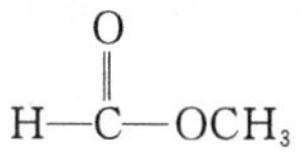

0.138nm　0.147nm　　0.133nm　0.143nm

三、羧酸衍生物的物理性质

酰卤中以酰氯最为重要，应用也最广。酰氯为无色液体或低熔点固体，具有强烈的刺激性气味，低级酰氯遇水剧烈水解，如乙酰氯暴露在空气中即可水解释放出氯化氢。酰氯的沸点较相应的羧酸低，由其分子中不存在羟基，不能形成氢键所致。

低级酸酐为无色液体，有不愉快气味；高级酸酐为固体，无气味，沸点较相应的酸高。

低级的酯是无色液体，具有水果香味，可做香料；高级酯是蜡状固体。酯的沸点比相应的酸和醇都要低，而与含同数碳原子的醛、酮差不多。酯在水中的溶解度较小，但能溶于一般的有机溶剂。

酰胺的沸点比相应的羧酸高。当酰胺氨基上的氢被烃基取代时，由于缔合程度减小，使沸点降低，两个氢原子都被取代时，沸点降低更多。除甲酰胺外，绝大多数酰胺为白色结晶固体。低级酰胺能溶于水，随着分子量的增大，溶解度逐渐减小。

羧酸衍生物大多可溶于有机溶剂，其本身也可作为溶剂使用。如 N,N-二甲基甲酰胺（DMF）与水可以任意比例混合，是很好的非质子性溶剂；乙酸乙酯也是很好的溶剂，大量用于油漆、塑料等工业。

四、羧酸衍生物的化学性质

羧酸衍生物中的酰基碳能受到亲核试剂的进攻而发生亲核类型反应；而酰基也增强了与其相连的 α-碳氢键的极性，使 α-H 具有一定的酸性；此外，羧酸衍生物也能发生加氢还原反应。

羧酸衍生物的反应有许多共同之处，其反应机理也大致相同，只是在反应活性上有所差异。当然，由于与酰基碳连接的基团不相同，羧酸衍生物除了一些共性外还表现出一些各自的反应特性。

（一）羧酸衍生物的亲核取代反应机理及活性比较

亲核取代反应是羧酸衍生物典型的共性反应。亲核取代反应分两步进行：第一步是亲核试剂在酰基碳上发生亲核加成，形成四面体中间体；第二步是消除一个负离子恢复碳氧双键。反应可在碱催化下进行也可在酸催化下进行。

亲核取代反应在碱催化下的反应历程：

$$\text{R—C(=O)—L} + :\text{Nu}^- \longrightarrow \text{R—C(O}^-\text{)(L)—Nu} \longrightarrow \text{R—C(=O)—Nu} + :\text{L}^-$$

上面的反应式中，$:\text{Nu}^-$ 表示亲核试剂，本身即为碱，如 OH^-、H_2O、ROH、NH_3 等；L 为离去基团—X、—OCOR、—OR、—NH_2 等。

第一步亲核试剂进攻带正电的酰基碳，形成带负电荷的四面体中间体。酰基碳上连接的 R 基团具有吸电子性能时，既有利于亲核试剂的进攻，又能使中间体负离子稳定而有利于加成；同时，如果 R 基团空间体积较大，会因拥挤而不利于加成反应的进行。

酰卤中卤原子主要表现为强的吸电子诱导效应，因此酰卤中酰基碳原子带较多的正电性，很容易受亲核试剂的进攻，故酰卤的反应活性比较大。

酸酐的活性比酰卤低但比酯强，因酸酐中非酰基氧原子与两个酰基相连，而酯中的非酰基氧原子除与一个酰基相连外，还与另一个给电子的烃基相连，因此降低了酰基中碳氧双键的极性。

酰卤和酸酐的特点有利于水、醇、氨（胺）等亲核试剂的进攻。

酰胺中由于氮原子的给电子能力要强于氧，故其酰基碳的正电性最弱，反应活性最小。

第二步消除则取决于离去基团本身的结构，越易离去的基团，反应越易发生。羧酸衍生物中，基团离去的难易顺序是 X—>ROCO—>RO—>H_2N—。

亲核取代反应在酸催化下的反应历程：

$$\text{R—C(=O)—L} + \text{H}^+ \rightleftharpoons \text{R—C(=}\overset{+}{\text{O}}\text{H)—L} \xrightarrow{:\text{Nu}^-} \text{R—C(OH)(L)—Nu} \xrightarrow{-\text{H}^+} \text{R—C(=O)—Nu} + \text{H}:\text{L}$$

酸的作用是使酰基氧质子化，使氧上带正电荷而吸引酰基碳上的电子，使碳带有更多的正电性，即使碱性较弱的亲核试剂，也能发生加成反应而得到四面体中间产物，继而发生消除反应。

绝大多数羧酸衍生物是按上述两种历程进行亲核取代反应的。综合亲核加成和消除两个步骤，无论是酸催化还是碱催化，羧酸衍生物亲核取代的反应活性顺序是：

酰卤＞酸酐＞酯＞酰胺

（二）羧酸衍生物的化学反应

1. 酰卤和酸酐的重要反应

（1）水解

酰卤的化学性质很活泼。酰卤水解的速度很快，低分子酰卤水解很猛烈，如乙酰氯在潮湿空气中就会水解释放出 HCl 而冒白雾。分子量较大的酰氯在水中的溶解度小，水解速率较慢。芳香酰氯的水解速率很慢，需加热或加碱促进水解的进行。酰卤是由羧酸合成的，因此酰卤的水解反应用处很少。

$$RCOCl + H_2O \longrightarrow RCOOH + HCl$$

酸酐的化学性质也十分活泼，但活性较酰卤稍低。酸酐可以在中性、酸性、碱性溶液中水解。因酸酐不溶于水，故室温水解很慢，加热或增加其溶解度可促进水解的发生。

$$RCOOCOR' + HOH \xrightarrow{\triangle} RCOOH + R'COOH$$

（2）醇解

酰卤与醇反应得到酯，特别适合于实验室的合成。无论是反应活性较弱的芳香酰卤，还是有空间位阻的脂肪酰卤，或叔醇或酚等，均可在碱性催化剂作用下反应，顺利得到酯。

$$(CH_3)_3CCOCl + C_6H_5OH \xrightarrow{\text{吡啶}} (CH_3)_3CCOOC_6H_5 \qquad 80\%$$

$$C_6H_5\text{—}COCl + HOC(CH_3)_3 \xrightarrow{\text{吡啶}} C_6H_5\text{—}COOC(CH_3)_3 \qquad 85\%$$

酸酐的醇解反应较易进行，产物为酯；环状酸酐醇解，可以得到分子内具有酯基的酸或双酯。

$$(RCO)_2O + R'OH \longrightarrow RCOOR' + RCOOH$$

$$\text{(丁二酸酐)} + CH_3OH \longrightarrow \begin{matrix} CH_2COOCH_3 \\ | \\ CH_2COOH \end{matrix} \xrightarrow{CH_3OH} \begin{matrix} CH_2COOCH_3 \\ | \\ CH_2COOCH_3 \end{matrix}$$

工业上较重要的邻苯二甲酸酐，又称苯酐，它与醇反应后得到的二酯如邻苯二甲酸二丁酯是常用的增塑剂；与甘油反应生成的聚酯俗称醇酸树脂，广泛应用于涂料工业；与苯酚反应生成分析化学中常用的指示剂酚酞。

（3）氨解

羧酸和氨（胺）的反应是一个可逆的平衡反应，故酰胺不宜直接由羧酸来制备。而酰氯与氨（胺）反应迅速，生成酰胺，同时释放出 HCl 气体，因此可通过加入过量的氨（胺）或其他碱以除去 HCl 气体，这是羧酸通过酰氯合成酰胺的一个常用方法。

$$RCOCl + NHR'_2 \longrightarrow RCONR'_2 + HCl$$

酸酐的氨（胺）解反应也较易进行，得到酰胺。环酐与胺反应，先开环生成酰胺羧酸，然后脱水形成环状的酰亚胺。

$$(RCO)_2O + NHR'_2 \longrightarrow RCONR'_2 + RCOOH$$

$$\text{邻苯二甲酸酐} + RNH_2 \longrightarrow C_6H_4(CONHR)(COOH) \longrightarrow \text{N-R 邻苯二甲酰亚胺}$$

（4）酰卤和酸酐的还原

酰卤的催化加氢还原可得到醇，用罗森孟（Rosenmund）还原法可得到醛；酸酐可以被催化氢解为两分子醇或一分子二元醇。

$$RCOCl \xrightarrow[Pd]{H_2} RCH_2OH$$

$$\text{2-萘甲酰氯} \xrightarrow[\text{硫，喹啉}]{H_2/Pd\text{-}BaSO_4} \text{2-萘甲醛}$$

（罗森孟还原法）　74%～81%

$$RCOOR' \xrightarrow[Pd]{H_2} RCH_2OH + R'OH$$

$$\text{邻苯二甲酸酐} \xrightarrow[Pd]{H_2} C_6H_4(CH_2OH)_2$$

（5）蒲尔金反应

芳醛与脂肪酸酐在碱性催化剂的作用下，可以发生类似羟醛缩合的反应，生成 α,β-不饱和芳香酸，此反应称蒲尔金（Perkin）反应，催化剂通常是相应酸酐的羧酸的钾盐或钠盐，也可用碳酸钾或叔胺。例如，肉桂酸的合成：

$$C_6H_5\text{—}CHO + (CH_3CO)_2O \xrightarrow{CH_3COONa} C_6H_5\text{—}CH{=}CH\text{—}COOH$$

肉桂酸

邻羟基、邻氨基芳醛反应时通常伴随闭环。

$$o\text{-}NH_2C_6H_4CHO + (CH_3CO)_2O \xrightarrow{CH_3COONa} o\text{-}NH_2C_6H_4CH{=}CHCOOH \xrightarrow{-H_2O} \text{2-喹啉酮}$$

蒲尔金反应中，醛作为受体，酸酐以负离子形式作为给体，进行亲核加成。因为酸酐的酰基活化 α-H 的能力较醛或酮的羰基弱，因此，此反应需要较高温度和较长时间才能进行。连有吸电子基团的芳醛能使醛的活性增加，将有利于反应的进行；连有给电子基团时会减慢反应速率以及降低反应的产率。

2. 酯的重要反应

酯可以水解、醇解和氨（胺）解，此外还可被还原，它的 α-H 可以发生某些缩合反应。

（1）水解

酯的反应活性较酰卤和酸酐弱，故酯水解比酰卤和酸酐困难。酸或碱可以加速水解反应的进行，一般用碱较多，这是因为碱既可与酰基发生亲核加成，又可与水解产物生成羧酸盐而使反应进行到底。酯的水解是酯化的逆反应，两者最终达成平衡。

$$RCOOR' + H_2O \xrightleftharpoons{H^+\text{或}OH^-} RCOOH + R'OH$$

酯的水解反应涉及两种不同的方式：一种是酰氧键断裂（$\overset{\displaystyle O}{\overset{\|}{RC}}\text{┆}OR'$），另一种是烷氧键断裂（$R\overset{\displaystyle O}{\overset{\|}{C}}O\text{┆}R'$），这与酯本身的结构和催化剂等因素有关。

同位素方法研究表明，大多数碱催化的酯水解反应是酰氧键断裂。

$$C_2H_5-\overset{\displaystyle O}{\overset{\|}{C}}\text{┆}{}^{18}OC_2H_5+OH^- \longrightarrow C_2H_5-\overset{\displaystyle O}{\overset{\|}{C}}-O^- + C_2H_5{}^{18}OH$$

根据以上事实，酯的碱性水解大多属于双分子酰氧键断裂过程。可提出两个机理：一个是形成四面体中间体的加成-消除机理，另一个是形成过渡态的 S_N2 反应机理。前者机理为：

$$\underset{1}{R-\overset{{}^*O}{\overset{\|}{C}}-OR'} \xrightleftharpoons{OH^-} \underset{\text{中间体}}{\underset{2}{R-\overset{{}^*O^-}{\overset{|}{\underset{\underset{OH}{|}}{C}}}-OR'}} \xrightleftharpoons{-R'O^-} \underset{3}{RC\overset{*}{O}OH}+R'O^-$$

$$-H^+ \Big\| +H^+$$

$$\underset{5}{R-\overset{O}{\overset{\|}{C}}-OR'} \xrightleftharpoons{{}^*OH^-} \underset{\text{中间体}}{\underset{4}{R-\overset{{}^*OH}{\overset{|}{\underset{\underset{O^-}{|}}{C}}}-OR'}} \xrightleftharpoons{R'O^-} \underset{6}{RCO\overset{*}{O}H}+R'O^-$$

中间体 2 既可消除 $R'O^-$ 得到羧酸 3，也可消除 OH^- 恢复为原来的酯 1，且中间体 2 可通过氢迁移形成中间体 4；同样，4 可以相同的速度消除 $R'O^-$ 或 ${}^*OH^-$，分别得到 6 和 5。

后者为类似饱和脂肪族亲核取代的 S_N2 反应机理：

$$R-\overset{O^*}{\overset{\|}{C}}-OR' + OH^- \rightleftharpoons \underset{\text{过渡态}}{\left[HO\cdots\overset{{}^*O^-}{\overset{|}{\underset{\underset{R}{|}}{C}}}\cdots OR' \right]^{\neq}} \rightleftharpoons HO-\overset{O^*}{\overset{\|}{C}}-R + R'O^- \longrightarrow RC\overset{*}{O}O^- + R'OH$$

这两种反应机理均为可逆，在中间体或过渡态上消除 OH^-，得到原来的酯；消除 $R'O^-$，则得到羧酸。

许多证据表明，大多数情况下反应是按四面体中间体加成-消除机制进行的，称为 $B_{AC}2$ 机理（B 表示碱催化，AC 表示酰氧键断裂，2 表示决速步骤为双分子反应）。反应过程中形成的中间体带负电荷，且比较拥挤，因此如果酰基连有吸电子基团，可使负离子稳定而促进反应；空间位阻越小，也越利于加成。

研究发现，酯的水解也可能发生烷氧键断裂，这可能与烷氧键断裂时能生成一个较稳定的烷基正离子有关，其反应过程与 S_N1 反应类似，被称为 $B_{AL}1$ 历程（AL 表示烷氧键断裂）。

$$R-\overset{O}{\overset{\|}{C}}-\overset{*}{O}-R' \rightleftharpoons R-\overset{O}{\overset{\|}{C}}-\overset{*}{O}{}^- + R'^+$$

$$R'^+ + H_2O \rightleftharpoons R'\overset{+}{O}H_2 \xrightarrow{RCO\overset{*}{O}{}^-} RCO\overset{*}{O}H + R'OH$$

另一方面，酯的水解也可以在酸的催化下进行。同样，用同位素方法证实，大部分情况下是酰氧键断裂的双分子过程，称为 $A_{AC}2$ 机理。

$$\mathrm{R-\overset{O}{\overset{\|}{C}}-OR'} \xrightleftharpoons{H^+} \mathrm{R-\overset{^+OH}{\overset{\|}{C}}-OR'} \longleftrightarrow \mathrm{R-\overset{OH}{\overset{|}{\underset{+}{C}}}-OR'} \xrightleftharpoons{H_2O} \mathrm{R-\overset{OH}{\overset{|}{\underset{^+OH_2}{\underset{|}{C}}}}-OR'} \rightleftharpoons$$

$$\mathrm{R-\overset{OH}{\overset{|}{\underset{OH}{\underset{|}{C}}}}-\overset{H}{\underset{+}{O}}R'} \xrightleftharpoons{-R'OH} \mathrm{R-\overset{OH}{\overset{|}{\underset{OH}{\underset{|}{C^+}}}}} \rightleftharpoons \mathrm{R-\overset{O}{\overset{\|}{C}}-OH} + H^+$$

第一步是酯酰基的质子化，增强了酯的亲电性，迅速与水作用生成四面体正离子中间体，后者经质子转移再消除醇，最后消除质子得到羧酸，这是一个可逆反应。酯这样的酸水解历程称 $A_{AC}2$ 机理（A 表示酸催化，AC 表示酰氧键断裂，2 表示决速步骤为双分子反应）。

与碱催化相比，酸水解反应中，极性基团对水解速率的影响不如碱水解大，这是由于给电子基团虽对酯的质子化有利，但不利于水分子的亲核进攻。空间位阻亦影响酯的水解速率，基团越大，水解速率越慢。

$$CH_3COOR \xrightarrow[25℃]{HCl} CH_3COOH + ROH$$

R：	CH_3	CH_2CH_3	$CH(CH_3)_2$	C_6H_5	$CH_2C_6H_5$	$C(CH_3)_3$
相对速率	1	0.97	0.53	0.69	0.96	1.15

实验表明，酸催化的酯水解酰氧键断裂机理仅适用于伯醇酯或仲醇酯。上述数据中，叔丁醇酯的反应速率增大了，这是因为反应机理发生了变化。叔醇酯是发生烷氧键断裂的 S_N1 过程，称为 $A_{AL}1$ 机理，首先生成碳正离子释放出羧酸，而后碳正离子与水结合成醇。

$$\mathrm{CH_3-\overset{O}{\overset{\|}{C}}-O^*-C(CH_3)_3} \xrightleftharpoons{H^+} \mathrm{CH_3-\overset{HO^+}{\overset{\|}{C}}-\overset{*}{O}-C(CH_3)_3} \rightleftharpoons \mathrm{CH_3-\overset{O}{\overset{\|}{C}}-\overset{*}{O}H} + C(CH_3)_3^+$$

$$C(CH_3)_3^+ + H_2O \rightleftharpoons (CH_3)_3\overset{+}{C}HOH_2 \rightleftharpoons (CH_3)_3COH + H^+$$

叔醇酯化是上述过程的逆向反应。由于叔碳正离子易与碱性较强的水结合，不易与羧酸结合，因此易形成叔醇，而不易形成酯，故叔醇酯化产率很低。

酯水解反应在油脂工业上非常重要，很多天然存在的脂肪、油或蜡，常用水解方法得到相应的羧酸。

（2）醇解

在酸或碱存在下，酯与醇反应，生成新的酯和醇，所以酯的醇解反应又称酯交换反应。

$$\mathrm{R\overset{O}{\overset{\|}{C}}-OR'} + R''OH \xrightleftharpoons[\text{或 } R''O^-]{H^+} \mathrm{R\overset{O}{\overset{\|}{C}}-OR''} + R'OH$$

酯交换反应是一个可逆反应，需在酸或碱催化下进行，反应机制与酯的水解类似。为使反应向右进行，常加入过量的所希望形成酯的醇，或将反应生成的醇及时除去。

酯交换反应可用于二酯化物的选择性水解。如：

$$\mathrm{CH_3O\overset{O}{\overset{\|}{C}}-C_6H_4-O\overset{O}{\overset{\|}{C}}CH_3} + CH_3OH \xrightleftharpoons{CH_3ONa} \mathrm{CH_3O\overset{O}{\overset{\|}{C}}-C_6H_4-OH} + CH_3COOCH_3$$

一些难以直接酯化来合成的酯，如某些酚酯或烯醇酯，也可用酯交换反应来制备：

$$CH_3COOC(CH_3)=CH_2 + \text{环己酮} \xrightarrow[\triangle]{p\text{-}CH_3C_6H_4SO_3H} \text{1-乙酰氧基环己烯}(OCOCH_3) + CH_3COCH_3$$

（3）氨（胺）解

酯与氨（胺）反应生成酰胺，反应比羧酸易进行，但比酸酐难一点，需无水条件或碱催化下与过量的氨（胺）反应。这些氨（胺）本身作为亲核试剂，进攻酰基碳。

$$RCOC_2H_5(\text{C}=O) + NH_3 \longrightarrow R\overset{O^-}{\underset{^+NH_3}{C}}OC_2H_5 \longrightarrow R-\overset{O^-}{\underset{NH_2}{C}}-\overset{+}{O}(H)C_2H_5 \longrightarrow RCNH_2(\text{C}=O)$$

$$R\overset{O}{\overset{\|}{C}}-OR' + NHR''_2 \longrightarrow R\overset{O}{\overset{\|}{C}}-NR''_2 + R'OH$$

（4）酯的还原

酯可以被催化氢解成两分子醇，铜铬氧化物是应用最广泛的催化剂。此法特别适用于工业上油脂的氢解，反应时分子中的不饱和键也同时被还原。

$$RCOOR' + H_2 \xrightarrow{CuO \cdot CuCrO_4} RCH_2OH + R'OH$$

用金属钠-醇还原酯，称为鲍维特-勃朗克（Bouveault-Blanc）反应，在氢化铝锂还原酯的方法发现前，被广泛使用，反应中双键可不受影响。

$$\text{橄榄油} \xrightarrow[\text{二甲苯}]{Na, C_2H_5OH} CH_3(CH_2)_7CH=CH(CH_2)_7CH_2OH$$

氢化铝锂是更有效的还原剂，近年来使用氢化铝锂还原酯，很适于实验室的制备反应。硼氢化钠不能还原酯，但它与氯化锂反应得到的硼氢化锂可还原酯成伯醇。

$$RCOOR' \xrightarrow[Et_2O]{LiAlH_4} \xrightarrow{H_2O} RCH_2OH + R'OH$$

$$RCOOR' \xrightarrow[THF, \triangle]{LiBH_4} \xrightarrow{H_2O} RCH_2OH + R'OH$$

（5）酯与格氏试剂反应

甲酸酯与格氏试剂反应，先得到醛，而醛与格氏试剂反应比甲酸酯活泼，故醛可进一步与格氏试剂反应得到具有两个相同取代基的仲醇；其他羧酸酯与格氏试剂反应都经过酮这一中间体，酮与格氏试剂反应也比羧酸酯活泼，可进一步与格氏试剂反应得到具有两个或三个相同取代基的叔醇。整个反应需要消耗两倍量的格氏试剂，合成得到仲醇和叔醇。

$$R'\overset{O}{\overset{\|}{C}}OR + R''MgX \longrightarrow R'-\overset{O-MgX}{\underset{R''}{C}}-OR \xrightarrow{-ORMgX} R'\overset{O}{\overset{\|}{C}}R''$$

$$\xrightarrow{R''MgX} R'-\overset{OMgX}{\underset{R''}{C}}-R'' \xrightarrow{H_2O} R'-\overset{OH}{\underset{R''}{C}}-R'' \quad (R'=H \text{ 或烃基})$$

例如，由苯甲酸乙酯与苯基溴化镁反应制备三苯甲醇：

$$C_6H_5COOC_2H_5 + C_6H_5MgBr \xrightarrow{\text{无水乙醚}} C_6H_5\overset{O}{\overset{\|}{C}}C_6H_5 \xrightarrow{C_6H_5MgBr} (C_6H_5)_3C-OMgBr \xrightarrow[H_2O]{NH_4Cl} (C_6H_5)_3C-OH$$

（6）**酯缩合反应**

酯的 α-H 很活泼，遇到碱时，会与另一分子的酯缩合失去一分子的醇，得到 β-羰基酸酯。该反应称为克莱森（Claisen）酯缩合反应。

$$2\,CH_3COOC_2H_5 \xrightarrow[C_2H_5OH]{C_2H_5ONa} CH_3-\overset{O}{\overset{\|}{C}}CH_2\overset{O}{\overset{\|}{C}}OC_2H_5$$

反应机理如下：

$$C_2H_5O^- + H-CH_2COOC_2H_5 \rightleftharpoons {}^-CH_2COOC_2H_5 + C_2H_5OH$$

$$CH_3\overset{O}{\overset{\|}{C}}OC_2H_5 + {}^-CH_2COOC_2H_5 \rightleftharpoons CH_3\underset{OC_2H_5}{\underset{|}{\overset{O^-}{\overset{|}{C}}}}CH_2COOC_2H_5 \rightleftharpoons CH_3\overset{O}{\overset{\|}{C}}CH_2\overset{O}{\overset{\|}{C}}OC_2H_5 + C_2H_5O^-$$

反应中第一步是强碱性催化剂夺取乙酸乙酯的 α-H，生成碳负离子；第二步碳负离子进攻另一分子酯的酰基生成氧负离子，再经失去乙氧负离子，即生成乙酰乙酸乙酯。

两个不同的酯之间发生交叉的克莱森酯缩合反应，将得到含有四种产物的混合物，因此没有制备价值。但如果其中一个酯不含 α-H，这样的反应很有意义。苯甲酸酯、甲酸酯、草酸二酯等都是不含 α-H 的酯，都可用于交叉酯缩合反应。

$$\begin{matrix}CH_2COOC_2H_5\\|\\CH_2COOC_2H_5\end{matrix} + HCOOC_2H_5 \xrightarrow[2)H_3O^+]{1)Na} \begin{matrix}OHC-CHCOOC_2H_5\\|\\CH_2COOC_2H_5\end{matrix} + HOC_2H_5$$

利用克莱森酯缩合反应可在酮的 α 位再引入一个羰基，因此也常用于 1,3-二酮的制备。

$$C_6H_5-\overset{O}{\overset{\|}{C}}CH_3 + CH_3COOC_2H_5 \xrightarrow[\text{二甲苯}]{NaOEt} \xrightarrow{H^+} C_6H_5-\overset{O}{\overset{\|}{C}}CH_2\overset{O}{\overset{\|}{C}}CH_3 + C_2H_5OH$$

一个二元酸酯如果碳链长度适当，则可以发生分子内的酯缩合反应，称为迪克曼（Dieckmann）缩合反应，特别适于生成五、六或七元环的 β-羰基酸酯。

$$\begin{matrix}COOC_2H_5\\|\\(CH_2)_n\\|\\CH_2COOC_2H_5\end{matrix} \xrightarrow{:B^-} \text{（环酮，}C_2H_5OOC\text{ 取代，环含 }(CH_2)_n\text{）}$$

（7）**迈克尔反应——共轭加成**

含活泼亚甲基的化合物与 α,β-不饱和醛、酮、腈或羧酸衍生物在碱催化下进行 1,4-加成反应称为迈克尔（Michael）加成反应。反应中，含活泼亚甲基的化合物提供碳负离子，作为给体；α,β-不饱和醛、酮等化合物提供亲电的共轭体系，作为受体。可以用下面的通式来表示迈克尔反应：

$$Z-CH_2-Z' + -\underset{|}{C}=\underset{|}{C}-Y \xrightarrow{:B^-} Z-\underset{Z'}{\underset{|}{CH}}-\underset{|}{\overset{|}{C}}-\underset{H}{\underset{|}{\overset{|}{C}}}-Y$$

其中，Y 代表—CHO、—COR、—CN、—NO_2、—$CONH_2$、—SO_2R 等吸电子基团；ZCH_2Z'表示含有活泼氢的化合物，如丙二酸酯、β-酮酸酯、氰基乙酸酯，以及醛、酮、腈、硝基化合物等。该反应一般在催化量碱的存在下即可顺利进行，常用催化剂有胺、醇钠、三苯甲基钠等。

以甲基丙二酸二乙酯与2-丁烯酸乙酯在乙醇钠的作用下反应为例说明迈克尔反应的历程。

$$CH_3CH(COOC_2H_5)_2 \xrightleftharpoons{EtONa} C_2H_5O\overset{O^-}{\overset{|}{C}}{=}\underset{\underset{CH_3}{|}}{C}{-}\overset{O}{\overset{\|}{C}}OC_2H_5 \xrightleftharpoons{H_3CCH{=}CH{-}\overset{O}{\overset{\|}{C}}OC_2H_5}$$

$$(H_5C_2O\overset{O}{\overset{\|}{C}})_2C(CH_3)CH(CH_3){-}CH{=}\overset{O^-}{\overset{|}{C}}OC_2H_5 \xrightleftharpoons{C_2H_5OH} \begin{matrix} CH_3CHCH_2COOC_2H_5 \\ | \\ CH_3C(COOC_2H_5)_2 \end{matrix}$$

迈克尔反应主要用于合成1,5-二羰基化合物（若受体的共轭体系进一步扩大也可用于制备1,7-二羰基化合物），在合成上极为重要。反应举例：

$$C_6H_5CH{=}CH\overset{O}{\overset{\|}{C}}C_6H_5 + CH_2(COOC_2H_5)_2 \xrightarrow{\text{哌啶 (NH)}} C_6H_5\underset{\underset{CH(COOC_2H_5)_2}{|}}{C}HCH_2\overset{O}{\overset{\|}{C}}C_6H_5$$

$$CH_2(COOEt)_2 \xrightarrow[C_2H_5OH]{C_2H_5ONa} EtOOCCH{=}C\begin{matrix} ONa \\ OC_2H_5 \end{matrix} \xrightarrow{CH_3CH{=}CHCOOCH_3}$$

$$CH_3OOCCH_2\underset{\underset{CH_3}{|}}{C}HCH(COOC_2H_5)_2 \xrightarrow[2)Ac_2O]{1)H_3O^+} CH_3CH\begin{matrix} CH_2{-}C(=O) \\ \quad\quad\quad O \\ CH_2{-}C(=O) \end{matrix}$$

3. 酰胺的重要反应

（1）酸碱性

酰胺氮原子上未共用电子对与碳氧双键形成p-π共轭，使氮原子上的电子云密度有所降低，减弱了其接受质子的能力，因而酰胺近乎中性。如果氨基的氢原子再被酰基取代，生成的酰亚胺具有弱酸性，由于酰亚胺中的氮原子受两个吸电子的酰基影响，氮氢键极性明显增强，使其酸性显著增加。例如，邻苯二甲酰亚胺可与强碱反应形成盐。

$$\text{邻苯二甲酰亚胺 } (C_6H_4(CO)_2NH) + KOH \longrightarrow C_6H_4(CO)_2N^- K^+ + H_2O$$

（2）水解

酰胺与酯一样在酸或碱的催化下发生水解，得到羧酸。但酰胺的反应活性较弱，水解条件比酯要强烈，而且是不可逆的。典型的水解条件是在$6mol \cdot L^{-1}$ HCl或者40%NaOH水溶液中长时间加热。

$$RCONH_2 + H_2O \xrightarrow{\triangle} \begin{cases} \xrightarrow{H^+} RCOOH + NH_4^+ \\ \xrightarrow{OH^-} RCOO^- + NH_3\uparrow \end{cases}$$

(3) **醇解**

酰胺在酸性条件下醇解为酯，也可用少量醇钠在碱性条件下催化醇解。

$$CH_2=CHCONH_2 \xrightarrow[H^+]{C_2H_5OH} CH_2=CHCOOC_2H_5$$

(4) **氨(胺)解**

酰胺与氨(胺)反应，生成一个新的酰胺和一个新的胺(若为氨则形成相应的铵盐)，因此该反应也可以看作是胺的交换反应。

$$RCONH_2 + CH_3NH_2 \cdot HCl \xrightarrow{\triangle} RCONHCH_3 + NH_4Cl$$

(5) **与亚硝酸的反应**

具有氨基的酰胺(即 N 上未取代的酰胺)与亚硝酸反应放出氮气。

$$RCONH_2 + HNO_2 \longrightarrow RCOOH + N_2\uparrow + H_2O$$

(6) **脱水反应**

酰胺与强的脱水剂混合共热或强热，会发生分子内脱水生成腈。

$$RCONH_2 + P_2O_5 \xrightarrow{\triangle} RCN + 2HPO_3$$

(7) **霍夫曼降解反应**

用次氯酸钠或次溴酸钠的碱溶液处理酰胺，可生成比酰胺少一个碳原子的伯胺，因为这是霍夫曼(A. Hofmann)所发现的一个制备有机胺的方法，所以称为霍夫曼(Hofmann)降解反应。

$$RCONH_2 + NaOX + 2NaOH \longrightarrow RNH_2 + Na_2CO_3 + NaX + H_2O$$

(8) **还原反应**

和其他的羧酸衍生物被 $LiAlH_4$ 还原成伯醇不同，酰胺可以被 $LiAlH_4$ 还原为胺，反应通式如下：

$$RCONH_2 \xrightarrow[[H]]{LiAlH_4} RCH_2NH_2$$

五、羧酸衍生物的制备

(一) 酰卤的制备

制备酰氯主要用羧酸分别与 PCl_3、PCl_5 或 $SOCl_2$ 进行反应，其中最方便的是用 $SOCl_2$，反应在室温或稍加热就可进行，产物除酰氯外都是气体，在反应过程中即可被除去，产物往往不需蒸馏即可得到，纯度好，产率高。酰溴一般用三溴化磷来制备。

$$POCl_3 + RCOCl \xleftarrow{PCl_5} RCOOH \xrightarrow{PCl_3} RCOCl + H_3PO_3$$

$$HOOC(CH_2)_4COOH \xrightarrow{SOCl_2} ClC(=O)(CH_2)_4C(=O)Cl + SO_2 + HCl$$

(二) 酸酐的制备

实验室制备酸酐常用干燥的羧酸钠盐与酰氯来反应：

$$CH_3COONa + CH_3CH_2COCl \longrightarrow CH_3COOCOCH_2CH_3 \quad 65\%$$

二元酸失水可合成环酐。一些工业上使用的酸酐常用芳烃氧化制得。工业上最重要的乙酸酐是通过乙酸或丙酮经乙烯酮与乙酸反应来制备的。

$$\text{顺丁烯二酸} \xrightarrow[-H_2O]{Cl_2CHCHCl_2} \text{顺丁烯二酸酐}$$

$$\text{萘} + O_2 \xrightarrow[400℃]{V_2O_5} \text{邻苯二甲酸酐}$$

$$CH_3COCH_3 \xrightarrow[-CH_4]{700\sim800℃} \quad CH_3COOH \xrightarrow[700\sim740℃]{AlPO_4} \quad \longrightarrow \underset{\text{乙烯酮}}{CH_2{=}C{=}O} \xrightarrow{CH_3COOH} (CH_2{=}C(OH))_2O \longrightarrow (CH_3CO)_2O$$

（三）酯的制备

酯可以通过羧酸与醇直接酯化得到，或通过酰卤、酸酐与醇反应得到；也可从羧酸盐与卤代烷反应来合成；羧酸与重氮甲烷可生成羧酸甲酯；酯和醇作用可以生成另一个新的酯（参见酯的醇解反应）。此外，腈在酸性条件下与醇反应亦可得到羧酸酯：

$$RCN + R'OH \xrightarrow[\text{或 } H_2SO_4]{HCl} RC(=\overset{+}{N}H)OR'Cl^- \xrightarrow{H_3O^+} RCOOR'$$

（四）酰胺的制备

酰胺的制备一般是先将羧酸转化为酰卤，再与氨（或胺）反应，而不是直接用酸与氨（或胺）反应。

$$R-\overset{O}{\overset{\|}{C}}-OH \xrightarrow{SOCl_2} R-\overset{O}{\overset{\|}{C}}-Cl \xrightarrow{R'NH_2} R-\overset{O}{\overset{\|}{C}}-NH-R'$$

腈水解成羧酸时，酰胺是反应的中间产物，控制反应条件可使水解停留在酰胺阶段。

$$C_6H_5-CH_2CN \xrightarrow[40\sim50℃]{35\%HCl} \underset{80\%}{C_6H_5-CH_2CONH_2}$$

六、重要的羧酸衍生物

（一）乙酰氯

乙酰氯是常用的乙酰化试剂，为无色有刺激气味的发烟液体，沸点52℃。其化学性质非常活泼，遇水剧烈水解并放出大量的热。乙酰氯遇空气中的湿气就能剧烈水解产生氯化氢，冒出白烟。

（二）乙酐

乙酐俗名醋酐，也是常用的乙酰化试剂。乙酐为无色略带刺激气味的液体，沸点

140℃；微溶于冷水，并逐渐水解成乙酸。工业上乙酐大量用于合成醋酸纤维，也用于药物、染料、香料的制造。

（三）苯甲酰氯

苯甲酰氯是无色、发烟、带刺激气味的液体，沸点 197℃。溶于乙醚、氯仿和苯。遇水或乙醇逐渐分解，生成苯甲酸或苯甲酸乙酯和氯化氢。苯甲酰氯为制备染料、香料、有机过氧化物、药品和树脂的重要中间体。苯甲酰氯也被用于摄影和人工鞣酸的生产之中，也曾在化学战中作为刺激性气体的来源物使用。

（四）邻苯二甲酸酐

邻苯二甲酸酐，又称苯酐，是邻苯二甲酸分子内脱水形成的环状酸酐。无色针状晶体，熔点 128℃。其是化工中的重要原料，尤其用于增塑剂的制造，也是重要的酰化剂。

（五）甲基丙烯酸甲酯

甲基丙烯酸甲酯（$H_2C{=}C(CH_3){-}COOCH_3$）是无色易挥发的透明液体，沸点 100℃，在一定条件下可聚合成无色透明聚合物。聚甲基丙烯酸甲酯俗称有机玻璃，具有很好的光学性质，可用于制造棱镜、透镜及其他光学仪器。在医疗上，聚甲基丙烯酸甲酯可用于制造隐形眼镜、人工颅骨、人工骨、口腔外科材料等。

（六）蜡

蜡是高级一元羧酸与高级一元醇形成的酯，存在于动植物中，有白蜡、蜂蜡、棕榈蜡等。蜡多为固体，不溶于水，溶于有机溶剂，不易水解。蜡可用于制造纸、蜡模、软膏、防水剂和光滑剂等。

（七） N,N-二甲基甲酰胺

N,*N*-二甲基甲酰胺（$H{-}C(=O){-}N(CH_3)_2$），英文简称 DMF，是无色、淡胺味液体，沸点 152.8℃。它与水和常用有机溶剂混溶，遇明火、高热可引起燃烧爆炸，能与浓硫酸、发烟硝酸剧烈反应甚至发生爆炸，主要用于有机合成、制药、石油提炼和树脂生产等工业，也是实验室常用的试剂。

七、重要的合成原料——乙酰乙酸乙酯和丙二酸二乙酯

（一）乙酰乙酸乙酯

β-丁酮酸很不稳定，而它的乙酯却很稳定，称为乙酰乙酸乙酯，在有机合成中应用非常广泛，结构简式为 $CH_3\overset{\overset{\large O}{\|}}{C}CH_2\overset{\overset{\large O}{\|}}{C}OC_2H_5$ 。

1. 制备

乙酰乙酸乙酯可通过乙酸乙酯的克莱森酯缩合反应来制备（参见本章第一节中的酯缩合

反应)。工业上由二乙烯酮与乙醇作用合成得到。

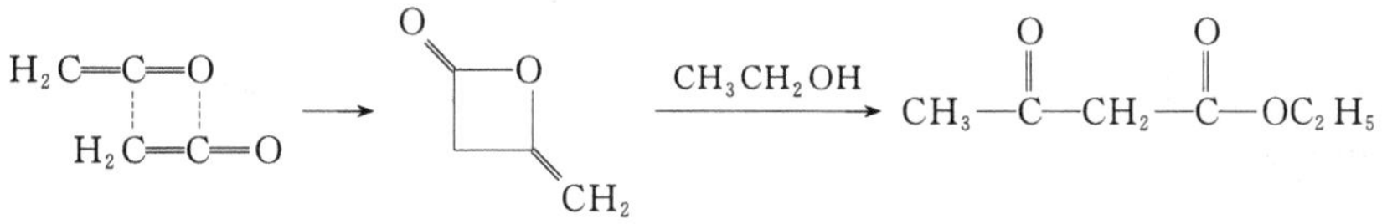

$$\begin{matrix} H_2C{=}C{=}O \\ \vdots \quad \vdots \\ H_2C{=}C{=}O \end{matrix} \longrightarrow \text{(二乙烯酮，四元环内酯，环外 =CH}_2\text{)} \xrightarrow{CH_3CH_2OH} CH_3-\overset{\overset{O}{\|}}{C}-CH_2-\overset{\overset{O}{\|}}{C}-OC_2H_5$$

二乙烯酮与其他醇反应也可以获得高产率的其他乙酰乙酸酯。

2. 酮式-烯醇式互变异构

乙酰乙酸乙酯具有一般酮类、羧酸酯类的性质，能与 HCN、$NaHSO_3$ 加成，能与苯肼反应生成苯腙等；此外，它也可与金属钠反应放出氢气，与 $FeCl_3$ 溶液有显色反应，能使溴水褪色。这些说明乙酰乙酸乙酯分子中存在着烯醇结构。

乙酰乙酸乙酯分子中的亚甲基位于吸电子的羰基和酯基之间，受羰基和酯基的吸电子效应影响，亚甲基上的氢原子很活泼，可与邻位羰基氧结合而打开碳氧双键生成烯醇，烯醇结构在室温下不稳定，又可变为酮，因此出现互变异构。实验证明，乙酰乙酸乙酯不是单一的物质，而是酮式与烯醇式两种异构体所形成的动态平衡体系。

$$\underset{\text{酮式}\quad 92.5\%}{H_3C-\overset{\overset{O}{\|}}{C}-CH_2-\overset{\overset{O}{\|}}{C}-OC_2H_5} \xrightleftharpoons{\text{室温}} \underset{\text{烯醇式}\quad 7.5\%}{H_3C-\overset{O-H\cdots\cdots O}{C{=}CH-\overset{\|}{C}}-OC_2H_5}$$

室温时，两种异构体互相转变的速度极快而不能分离；反应时，则可表现为一种单纯化合物，根据外加试剂和条件，既可全部以酮的形式进行反应，也可全部以烯醇式进行反应。

像乙酰乙酸乙酯这种异构体间相互自行转变而处于动态平衡的现象称为互变异构现象，相互转变的异构体叫互变异构体。这种酮式、烯醇式间的互变异构现象称为酮式-烯醇式互变异构现象。

通常情况下，凡分子中有 α-H 的羰基化合物都可发生酮式-烯醇式互变异构现象，但不同结构的羰基化合物，在平衡体系中烯醇式所占的比例各不相同。醛、酮中的 α-H 只受一个羰基活化，烯醇式异构体比例极小，一般化学方法无法检测，可忽略不计，如丙酮的烯醇式异构体只占 0.00025%。

乙酰乙酸乙酯中，α-H 受羰基和酯基的影响而特别活泼，能以质子的形式转移到羰基氧上形成烯醇式，且羟基上的氢能与酯基中的酰基氧形成分子内氢键，使结构稳定；此外，烯醇结构还产生 π-π 共轭体系，更使其稳定性增强。因此乙酰乙酸乙酯的烯醇式异构体比例较大，达到 7.5%。下面是一些化合物的烯醇式异构体含量：

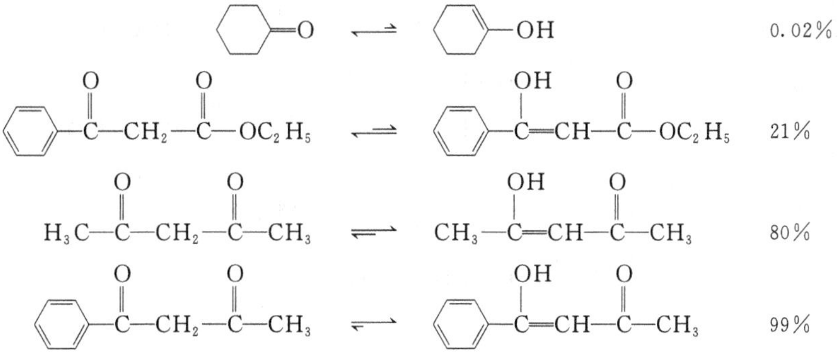

$$\text{环己酮}(C_6H_{10}{=}O) \rightleftharpoons \text{环己烯醇}(-OH) \qquad 0.02\%$$

$$C_6H_5-\overset{\overset{O}{\|}}{C}-CH_2-\overset{\overset{O}{\|}}{C}-OC_2H_5 \rightleftharpoons C_6H_5-\overset{\overset{OH}{|}}{C}{=}CH-\overset{\overset{O}{\|}}{C}-OC_2H_5 \qquad 21\%$$

$$H_3C-\overset{\overset{O}{\|}}{C}-CH_2-\overset{\overset{O}{\|}}{C}-CH_3 \rightleftharpoons CH_3-\overset{\overset{OH}{|}}{C}{=}CH-\overset{\overset{O}{\|}}{C}-CH_3 \qquad 80\%$$

$$C_6H_5-\overset{\overset{O}{\|}}{C}-CH_2-\overset{\overset{O}{\|}}{C}-CH_3 \rightleftharpoons C_6H_5-\overset{\overset{OH}{|}}{C}{=}CH-\overset{\overset{O}{\|}}{C}-CH_3 \qquad 99\%$$

一般而言，分子中具有 $-\overset{\overset{O}{\|}}{C}-CH_2-\overset{\overset{O}{\|}}{C}-$ 结构单元的化合物，都可以发生酮式-烯醇式互

变异构，其烯醇式含量随α-H 活性的增加、分子内氢键的形成以及π-π共轭体系的延伸而增多。

除乙酰乙酸乙酯外，还有许多物质也都能产生类似的互变异构现象。如某些糖类和一些含氮的有机化合物：

$$-\overset{\overset{\displaystyle O}{\|}}{C}-NH \rightleftharpoons -\overset{\overset{\displaystyle OH}{|}}{C}=N-$$

$$-CH_2-N=O \rightleftharpoons -CH=N-OH$$

3. 乙酰乙酸乙酯的酮式和酸式分解

乙酰乙酸乙酯在不同条件下，可以发生酮式分解或酸式分解反应。

（1）酮式分解

乙酰乙酸乙酯在稀碱溶液中水解，然后酸化，生成乙酰乙酸，再稍加热，脱羧，生成丙酮，称为酮式分解。

$$H_3C-\overset{\overset{\displaystyle O}{\|}}{C}-CH_2-\overset{\overset{\displaystyle O}{\|}}{C}-OC_2H_5 \xrightarrow{\text{稀 NaOH}} \xrightarrow{H^+} H_3C-\overset{\overset{\displaystyle O}{\|}}{C}-CH_2-\overset{\overset{\displaystyle O}{\|}}{C}-OH \xrightarrow[-CO_2]{\triangle} H_3C-\overset{\overset{\displaystyle O}{\|}}{C}-CH_3$$

（2）酸式分解

乙酰乙酸乙酯在浓的强碱溶液（如 40%NaOH 溶液）中加热，再酸化，则生成两分子乙酸，称为酸式分解。

$$CH_3-\overset{\overset{\displaystyle O}{\|}}{C}-CH_2-\overset{\overset{\displaystyle O}{\|}}{C}-OC_2H_5 \xrightarrow[\triangle]{\text{浓 NaOH}} \xrightarrow{H^+} 2CH_3-\overset{\overset{\displaystyle O}{\|}}{C}-OH + C_2H_5OH$$

4. 乙酰乙酸乙酯在有机合成中的应用

乙酰乙酸乙酯的结构中，处于两个相邻的吸电子羰基间的亚甲基，其酸性比较强，能与金属钠或乙醇钠等碱作用生成碳负离子的钠盐。该钠盐和卤代烃（XCH_2R，X＝Cl，Br，R＝烃基或 H）反应，得到α-烷基取代物；与酰基化试剂（如酰卤、酸酐）反应，得α-酰基取代物。取代的乙酰乙酸乙酯因为在α-碳上还有活泼氢，在需要时还可以进一步合成二取代乙酰乙酸乙酯，继而采用乙酰乙酸乙酯的酮式分解或酸式分解分别得到丙酮衍生物或乙酸衍生物。因此，可以利用乙酰乙酸乙酯合成各种类型的羧酸和酮类化合物。

$$CH_3\overset{\overset{\displaystyle O}{\|}}{C}CH_2\overset{\overset{\displaystyle O}{\|}}{C}OC_2H_5 \xrightarrow{\text{Na 或 NaOEt}} \left[CH_3\overset{\overset{\displaystyle O}{\|}}{C}\bar{C}H\overset{\overset{\displaystyle O}{\|}}{C}OC_2H_5\right]^- Na^+$$

$$\left[CH_3\overset{\overset{\displaystyle O}{\|}}{C}\bar{C}H\overset{\overset{\displaystyle O}{\|}}{C}OC_2H_5\right]^- Na^+ \xrightarrow{RX} CH_3\overset{\overset{\displaystyle O}{\|}}{C}\underset{\underset{\displaystyle R}{|}}{C}H\overset{\overset{\displaystyle O}{\|}}{C}OC_2H_5 \begin{cases} \xrightarrow{\text{酮式分解}} CH_3\overset{\overset{\displaystyle O}{\|}}{C}CH_2R \\ \xrightarrow{\text{酸式分解}} RCH_2COOH + CH_3COOH \end{cases}$$

$$\left[CH_3\overset{\overset{\displaystyle O}{\|}}{C}\bar{C}H\overset{\overset{\displaystyle O}{\|}}{C}OC_2H_5\right]^- Na^+ \xrightarrow{RCOX} CH_3\overset{\overset{\displaystyle O}{\|}}{C}\underset{\underset{\underset{\displaystyle R}{|}}{C=O}}{|}{C}H\overset{\overset{\displaystyle O}{\|}}{C}OC_2H_5 \begin{cases} \xrightarrow{\text{酮式分解}} CH_3\overset{\overset{\displaystyle O}{\|}}{C}CH_2COR \\ \xrightarrow{\text{酸式分解}} R\overset{\overset{\displaystyle O}{\|}}{C}CH_2COOH + CH_3COOH \end{cases}$$

例如，由乙酰乙酸乙酯合成 4-苯基-2-丁酮：

$$CH_3-\overset{O}{\overset{\|}{C}}-CH_2-\overset{O}{\overset{\|}{C}}-OC_2H_5 \xrightarrow[2)C_6H_5CH_2Br]{1)C_2H_5ONa} CH_3-\overset{O}{\overset{\|}{C}}-\underset{CH_2-C_6H_5}{\underset{|}{CH}}-\overset{O}{\overset{\|}{C}}-OC_2H_5 \xrightarrow[2)H^+]{1)稀\ NaOH}$$

$$CH_3-\overset{O}{\overset{\|}{C}}-\underset{CH_2-C_6H_5}{\underset{|}{CH}}-\overset{O}{\overset{\|}{C}}-OH \xrightarrow{\triangle} \boxed{CH_3-\overset{O}{\overset{\|}{C}}-CH_2}-CH_2-C_6H_5$$

丙酮衍生物(4-苯基-2-丁酮)

在上述反应中，通过乙酰乙酸乙酯碳负离子钠盐的烷基化，再经酮式分解得到丙酮的衍生物（4-苯基-2-丁酮）。

又如，由乙酰乙酸乙酯合成 1-苯基-1,3-丁二酮：

$$CH_3COCH_2COOC_2H_5 \xrightarrow[2)C_6H_5COCl]{1)C_2H_5ONa} CH_3CO\underset{COC_6H_5}{\underset{|}{CH}}COOC_2H_5 \xrightarrow[2)H^+,\triangle]{1)稀\ NaOH} \boxed{CH_3COCH_2}-COC_6H_5$$

丙酮衍生物(1-苯基-1,3-丁二酮)

在上述反应中，通过乙酰乙酸乙酯碳负离子钠盐的酰基化，再经酮式分解得到二元酮化合物（1-苯基-1,3-丁二酮）。

再如，由乙酰乙酸乙酯合成戊酸：

$$CH_3COCH_2COOC_2H_5 \xrightarrow[2)CH_3CH_2CH_2I]{1)C_2H_5ONa} CH_3CO\underset{CH_2CH_2CH_3}{\underset{|}{CH}}COOC_2H_5 \xrightarrow[2)H^+,\triangle]{1)浓\ NaOH} CH_3CH_2CH_2-\boxed{CH_2COOH}$$

乙酸衍生物(戊酸)

在上述反应中，通过乙酰乙酸乙酯碳负离子钠盐的烷基化，再经酸式分解得到一取代乙酸（戊酸）。

（二）丙二酸二乙酯

（1）制备

工业上丙二酸二乙酯以氯乙酸为原料经下列反应制备：

$$ClCH_2COOH \xrightarrow{Na_2CO_3} ClCH_2COONa \xrightarrow{NaCN} NCCH_2COONa$$

$$\xrightarrow[105\sim110℃]{NaOH} NaOOCCH_2COONa \xrightarrow[H_2SO_4]{C_2H_5OH} H_2C\begin{matrix}\diagup COOC_2H_5\\ \diagdown COOC_2H_5\end{matrix}$$

或由氰乙酸与乙醇直接反应制备：

$$NCCH_2COOH+CH_3CH_2OH \xrightarrow{H_2SO_4} H_5C_2O\overset{O}{\overset{\|}{C}}CH_2\overset{O}{\overset{\|}{C}}OC_2H_5$$

（2）丙二酸二乙酯的分解

丙二酸二乙酯在稀碱溶液中水解，酸化，生成丙二酸，稍加热，脱羧，可生成乙酸。

$$C_2H_5OOCCH_2COOC_2H_5 \xrightarrow{稀\ NaOH} \xrightarrow{H^+} HOOCCH_2COOH \xrightarrow[-CO_2]{\triangle} CH_3COOH$$

（3）丙二酸二乙酯在有机合成中的应用

丙二酸二乙酯具有活泼的亚甲基，其酸性比较强，在碱作用下，亚甲基上的氢可被烷基化或酰基化，得到丙二酸二乙酯的烷基或酰基取代物，再通过稀碱溶液的水解，酸化和加热脱羧，可得到乙酸的烷基或酰基衍生物。因此，在有机合成中，可利用丙二酸二乙酯合成各种类型的一元羧酸（一取代乙酸或二取代乙酸）、环烷基甲酸、二元羧酸等。

$$C_2H_5OOCCH_2COOC_2H_5 \xrightarrow{Na 或 C_2H_5ONa} [C_2H_5OOCCHCOOC_2H_5]^- Na^+$$

$$[C_2H_5OOCCHCOOC_2H_5]^- Na^+ \begin{cases} \xrightarrow{RX} C_2H_5OOCCH(R)COOC_2H_5 \\ \xrightarrow{RCOX} C_2H_5OOCCH(COR)COOC_2H_5 \end{cases} \xrightarrow{稀 NaOH} \xrightarrow{H^+}$$

$$\begin{cases} HOOCCH(R)COOH \\ HOOCCH(COR)COOH \end{cases} \xrightarrow[-CO_2]{\triangle} \begin{cases} R—CH_2COOH \\ RCO—CH_2COOH \end{cases}$$

例如，由丙二酸二乙酯合成2-苄基丁酸（一元羧酸）：

$$CH_2(COOC_2H_5)_2 \xrightarrow[2)C_6H_5CH_2Cl]{1)C_2H_5ONa} C_6H_5CH_2CH(COOC_2H_5)_2 \xrightarrow[2)CH_3CH_2Br]{1)C_2H_5ONa} C_6H_5CH_2C(CH_2CH_3)(COOC_2H_5)_2$$

$$\xrightarrow{稀 NaOH} \xrightarrow{H^+} C_6H_5CH_2C(CH_2CH_3)(COOH)_2 \xrightarrow[-CO_2]{\triangle} (C_6H_5CH_2)(H_3CH_2C)\boxed{CHCOOH}$$

一元取代羧酸（2-苄基丁酸）

在上述反应中，丙二酸二乙酯首先通过碳负离子钠盐的烷基化，再二次烷基化得到二取代丙二酸二乙酯，然后在稀碱溶液中水解、酸化、再加热脱羧，得到二烷基取代乙酸（2-苄基丁酸）。

又如，由丙二酸二乙酯合成庚二酸：

$$2\ CH_2(COOC_2H_5)_2 \xrightarrow[2)BrCH_2CH_2CH_2Br]{1)C_2H_5ONa} (H_5C_2OOC)_2CH—CH_2CH_2CH_2—CH(COOC_2H_5)_2$$

$$\xrightarrow{稀 NaOH} \xrightarrow{H^+} (HOOC)_2CH—CH_2CH_2CH_2—CH(COOH)_2 \xrightarrow[-2CO_2]{\triangle} HOOC(CH_2)_5COOH$$

二元羧酸（庚二酸）

在上述反应中，通过一分子二卤代烷烃（1,3-二溴丙烷）两端的溴与两分子丙二酸二乙酯的碳负离子钠盐之间的取代反应得到含有两个丙二酸酯单元结构的四元羧酸酯，然后在稀碱溶液中水解、酸化、再加热脱羧，得到二元羧酸（庚二酸）。

再如，由丙二酸二乙酯合成环戊基甲酸：

$$CH_2(COOC_2H_5)_2 \xrightarrow[2)BrCH_2CH_2CH_2CH_2Br]{1)C_2H_5ONa} C_2H_5OOC—\underset{\text{(环戊烷)}}{C}—COOC_2H_5 \xrightarrow{稀 NaOH} \xrightarrow{H^+}$$

$$HOOC—\underset{\text{(环戊烷)}}{C}—COOH \xrightarrow[-CO_2]{\triangle} \text{环戊基}—COOH$$

环戊基甲酸

在上述反应中，二卤代烷烃（1,4-二溴丁烷）两端的溴分别取代丙二酸二乙酯亚甲基上的两个氢，得到五元环烷基甲酸（环戊基甲酸）。利用类似的方法可合成各种环烷基甲酸。

第二节　碳酸衍生物和磺酸衍生物

一、碳酸衍生物

（一）碳酰氯

碳酰氯（$\mathrm{Cl{-}\overset{\overset{\large O}{\|}}{C}{-}Cl}$）是碳酸的二酰氯，可由一氧化碳和氯气在光照下反应制得，故又名光气。光气在常温下为带有甜味的无色气体，能压缩成液体，沸点 8.3℃，易溶于苯、甲苯、四氯化碳、三氯甲烷等有机溶剂。光气是一种窒息性毒剂，对人和动物的黏膜及呼吸道有强烈的刺激作用，侵入组织则产生盐酸。光气性质活泼，能与水、醇、氨作用而分解，温度升高时，分解速度加快。目前工业上是用活性炭作催化剂，在 200℃时，用等体积的一氧化碳和氯气作用制取。光气是有机合成的重要原料。

（二）尿素

尿素（$\mathrm{H_2N{-}\overset{\overset{\large O}{\|}}{C}{-}NH_2}$），又叫脲，化学名碳酸酰二胺，即碳酸（$\mathrm{HO{-}\overset{\overset{\large O}{\|}}{C}{-}OH}$）中的两个羟基被氨基取代的产物。尿素存在于哺乳动物和人的尿液中，正常成人每天排泄的尿中约含 30g 尿素。尿素是白色结晶，熔点 132.7℃，易溶于水和乙醇。尿素的用途很广，它是高效固体氮肥，含氮量高达 46.6%，大量用作农业肥料，也用于合成塑料和药物等。尿素本身也是药物，能降低眼内压和颅内压，可用于治疗急性青光眼和脑外伤引起的脑水肿等疾病。

工业上是在高压下用 NH_3 和 CO_2 反应直接制得尿素。

$$CO_2 + NH_3 \xrightarrow[35MPa]{130\sim150℃} NH_2CONH_2 + H_2O$$

尿素具有一般酰胺的化学性质，但由于分子结构中有两个氨基与一个羰基相连，所以它又有一些特殊的性质。

1. 成盐

尿素有微弱的碱性（$pK_b=13.8$），比一般酰胺的碱性稍强，但其水溶液不能使石蕊试纸变色。尿素能与硝酸、草酸等反应成盐。

$$NH_2CONH_2 + HNO_3 \longrightarrow NH_2CONH_2 \cdot HNO_3 \downarrow \quad \text{硝酸脲}$$

$$2NH_2CONH_2 + HOOC{-}COOH \longrightarrow [CO(NH_2)_2]_2(COOH)_2 \downarrow \quad \text{草酸脲}$$

这些盐都是良好的结晶，不易溶于水和浓的酸溶液中。利用这种性质，可以从尿液中分离出尿素。

2. 水解

尿素和酰胺一样，在酸、碱或酶的作用下发生水解。尿素作为肥料，需要水解出氨之后才能被植物所吸收利用。

$$NH_2CONH_2 + H_2O \xrightarrow{\text{酶}} CO_2 + 2NH_3$$

$$NH_2CONH_2 + 2NaOH \xrightarrow{\triangle} Na_2CO_3 + 2NH_3$$

$$NH_2CONH_2 + H_2O + 2HCl \xrightarrow{\triangle} CO_2 + 2NH_4Cl$$

3. 与亚硝酸的反应

尿素能与亚硝酸作用定量地放出氮气，此反应可用于亚硝酸或尿素的含量测定。

$$NH_2CONH_2 + 2HNO_2 \longrightarrow CO_2\uparrow + 3H_2O + 2N_2\uparrow$$

4. 酰基化

尿素与酰氯或酸酐作用，则生成酰脲。例如用乙酸酐处理脲，可得乙酰脲或二乙酰脲。

$$H_2N-\overset{\overset{\displaystyle O}{\|}}{C}-NH_2 \xrightarrow{(CH_3CO)_2O} \underset{\text{乙酰脲}}{CH_3-\overset{\overset{\displaystyle O}{\|}}{C}-HN-\overset{\overset{\displaystyle O}{\|}}{C}-NH_2} \xrightarrow{(CH_3CO)_2O} \underset{\text{二乙酰脲}}{CH_3-\overset{\overset{\displaystyle O}{\|}}{C}-HN-\overset{\overset{\displaystyle O}{\|}}{C}-NH-\overset{\overset{\displaystyle O}{\|}}{C}-CH_3}$$

尿素与丙二酰氯或丙二酸酯作用，则生成环状的丙二酰脲。如：

$$H_2C\begin{matrix}/COOC_2H_5\\ \backslash COOC_2H_5\end{matrix} + \begin{matrix}H_2N\backslash\\ H_2N/\end{matrix}C{=}O \xrightarrow{NaOC_2H_5} H_2C\begin{matrix}/CO-NH\backslash\\ \backslash CO-NH/\end{matrix}CO + 2C_2H_5OH$$

丙二酰脲具有酸性，其酸性（$pK_a=3.98$）比醋酸（$pK_a=4.75$）强，所以又叫巴比妥酸。丙二酰脲的亚甲基上的两个氢原子被烃基取代后的化合物在临床上具有镇定和催眠的作用，是一类对中枢神经系统起抑制作用的镇静剂和安眠药，称为巴比妥类药。临床上常见的有苯巴比妥、戊巴比妥和异戊巴比妥等。

5,5-二乙基取代（C_2H_5，C_2H_5）

巴比妥

5-乙基-5-（$CH(CH_2)_2CH_3$ / CH_3）取代（C_2H_5，$CH(CH_3)(CH_2)_2CH_3$）

戊巴比妥

5-乙基-5-苯基取代（C_2H_5，C_6H_5）

苯巴比妥(鲁米那)

5-乙基-5-异戊基取代（C_2H_5，$CH_2CH_2CH(CH_3)_2$）

异戊巴比妥

5. 缩合反应

将尿素晶体小心加热到稍高于它的熔点时，两分子尿素间脱去一分子氨生成缩二脲。

$$NH_2CONH_2 + NH_2CONH_2 \xrightarrow{\triangle} NH_2CONHCONH_2 + NH_3$$

在缩二脲的碱溶液中加入很稀的硫酸铜溶液，产生紫红色，这个颜色反应称为缩二脲反应。凡是化合物中含有两个或两个以上酰胺键（—NHCO—）的化合物都有这个反应，所以这个反应是检验蛋白质的重要反应。

（三）胍

胍可以看成是尿素分子中的氧被亚氨基取代后的化合物，也称为亚氨基脲。胍分子中去掉一个氨基上的氢原子后称为胍基，去掉一个氨基后称为脒基。

$$\underset{\text{胍}}{H_2N-\overset{\overset{\displaystyle NH}{\|}}{C}-NH_2} \qquad \underset{\text{胍基}}{H_2N-\overset{\overset{\displaystyle NH}{\|}}{C}-NH-} \qquad \underset{\text{脒基}}{H_2N-\overset{\overset{\displaystyle NH}{\|}}{C}-}$$

胍为无色结晶，熔点 50℃，易溶于水。胍是有机一元强碱（$pK_b=0.52$），碱性与 KOH 相当，它与空气中的二氧化碳和水反应，得到稳定的碳酸盐。

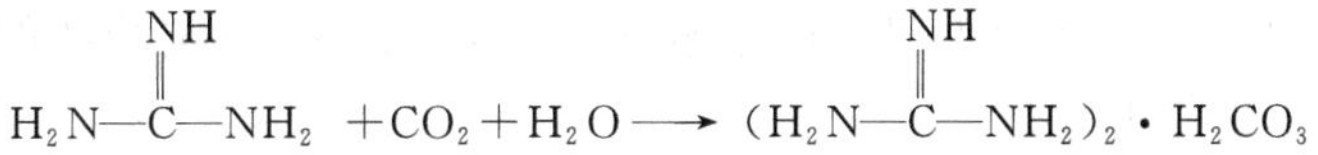

$$H_2N-\overset{\overset{\displaystyle NH}{\|}}{C}-NH_2+CO_2+H_2O\longrightarrow(H_2N-\overset{\overset{\displaystyle NH}{\|}}{C}-NH_2)_2\cdot H_2CO_3$$

胍容易水解，如：

$$H_2N-\overset{\overset{\displaystyle NH}{\|}}{C}-NH_2+H_2O\xrightarrow[\triangle]{Ba(OH)_2}CO(NH_2)_2+NH_3\uparrow$$

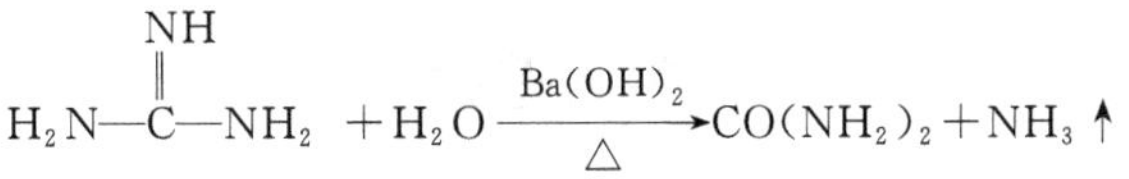

因此胍通常以盐的形式保存，游离的胍很难分离。许多胍的衍生物都具有良好的药理和生理作用，如链霉素、精氨酸、肌酸。

二、磺酸衍生物

磺酸相当于硫酸的一个羟基被烃基（或芳基）取代的产物，通式 $R-SO_3H$，强酸性，有比较大的水溶性，用于制染料、药物、洗涤剂，有酸的共性。磺酸衍生物是磺酸的羟基被氯原子、氨基（$-NH_2$）等取代得到的产物。

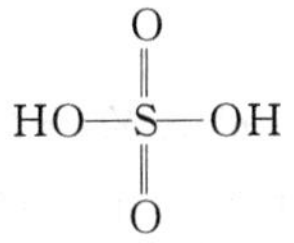

$HO-SO_2-OH$ 硫酸　$HO-SO_2-R(Ar)$ 磺酸　$H_2N-SO_2-R(Ar)$ 磺酰胺　$H_2N-C_6H_4-SO_2NH_2$ 对氨基苯磺酰胺　$C_6H_5-SO_2Cl$ 苯磺酰氯

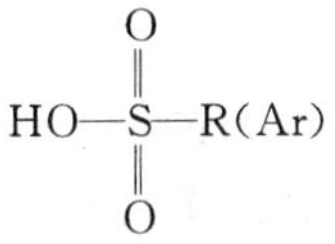

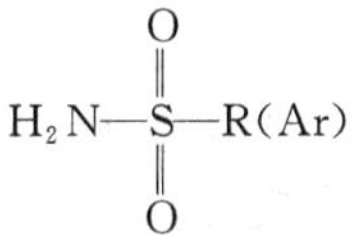

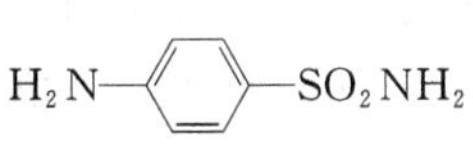

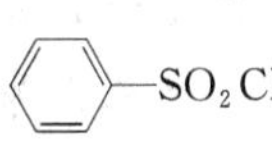

苯磺酰氯由苯和氯磺酸反应而得，为无色透明油状液体，主要用于有机合成，制备磺酰胺及鉴定各种胺。

$$C_6H_6+2ClSO_3H\xrightarrow{22\sim25℃}C_6H_5SO_2Cl+HCl\uparrow+H_2SO_4$$

苯磺酰胺由于氮原子直接与吸电子能力很强的磺酰基相连，因而具有明显的酸性，能与强碱成盐。对氨基苯磺酰胺，简称磺胺（SN），是 20 世纪 30 年代发展起来的一类抗菌药物，也是人类用于预防及治疗细菌感染的第一类化学合成药物。在磺胺的结构中，有两个重要的基团——磺酰胺基（$-SO_2NH_2$）和氨基（$-NH_2$），这两个基团必须处于对位才有抑菌作用。另外，当磺酰胺基中氮上的氢原子被其他基团取代后，将会不同程度地增加磺胺药物的抑菌作用；而当氨基中氮上的氢原子被其他基团取代后，将降低甚至丧失其抑菌作用。人们通过对此类化合物构效关系的研究，先后合成了数千种磺胺类化合物，从中筛选出一些疗效高、副作用小的磺胺类药物。下面的化合物就属于常用的磺胺类药物：

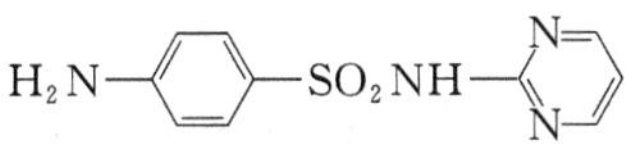

$H_2N-C_6H_4-SO_2NH-$(2-嘧啶基)

磺胺嘧啶(SD)

$H_2N-C_6H_4-SO_2NH-$(5-甲基-3-异噁唑基，CH_3，N-O)

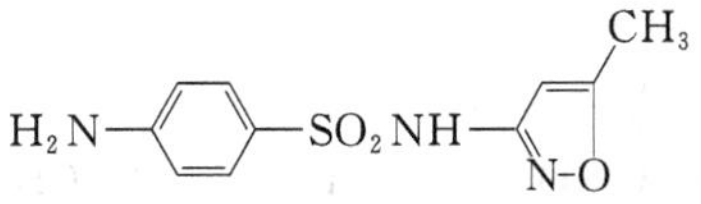

5-甲基-3-磺胺异噁唑(SMZ)(新诺明)

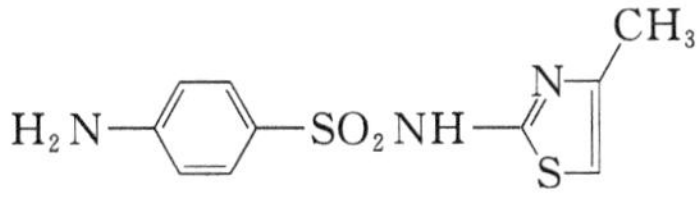

$H_2N-C_6H_4-SO_2NH-$(4-甲基-2-噻唑基，CH_3)

磺胺噻唑(ST)

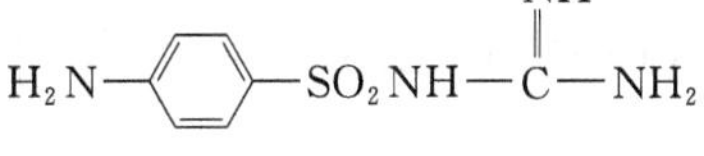

$H_2N-C_6H_4-SO_2NH-\overset{\overset{\displaystyle NH}{\|}}{C}-NH_2$

磺胺脒(SG)

（2,4-二氨基嘧啶-5-基）$-CH_2-C_6H_2(OCH_3)_3$

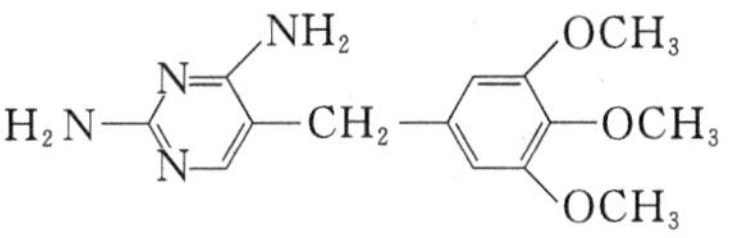

三甲氧基苄氨嘧啶(TMP)

上面结构中的三甲氧基苄氨嘧啶本身不属于磺胺类药物，但它常与磺胺类药物合用，这样能增强磺胺药物的杀菌作用。

随着高效低毒的青霉素类和头孢类抗生素的出现，现在磺胺类药物的用量已大为减少，但对某些疾病仍具有很好的疗效。

名人追踪

克莱森（R. L. Claisen，1851—1930）

1851 年生于德国科隆，他曾在波恩大学凯库勒指导下学习，取得了博士学位并成为凯库勒的助手。后来还在维勒（F. Wohler）实验室学习了一段时间。克莱森曾在英国居住了 4 年，1886 年回国后来到慕尼黑，在拜耳（A. V. Baeyer）指导下工作，他还在柏林大学与费歇尔（E. Fischer）一起工作过。

克莱森是一个富有创造力的化学家。他的研究成果在有机化学中处处可见。他的成就包括羰基化合物的酰化，烯丙基重排（克莱森重排），肉桂酸的制备，吡唑的合成，异噁唑衍生物的合成和乙酰乙酸乙酯的制备等。

克莱森酯缩合反应一般是指含有 α-H 的酯在碱（一般用 NaOEt）作用下进行的缩合反应。反应结果脱掉一分子醇形成 β-羰基酸酯。克莱森酯缩合反应可以是相同分子间的缩合，也可以是具有 α-H 的酯与没有 α-H 的酯进行的交叉缩合。由于此反应应用广泛，后来把提供酰基的化合物（酯、酰氯、酸酐）与提供 α-H 的化合物（酯、醛、酮）进行的缩合反应都称为克莱森缩合反应。

习 题

1. 命名下列化合物。

（1） 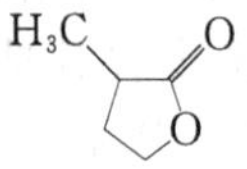 H_3C … O … O

（2） 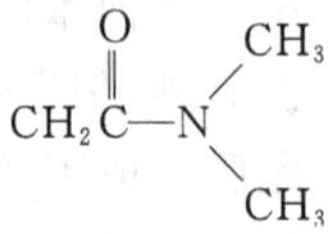 $CH_2\overset{\overset{O}{\|}}{C}-N\begin{matrix}CH_3\\CH_3\end{matrix}$

（3） H, O, C—C, O, C—C, H, O

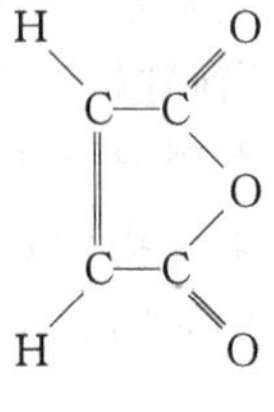

（4） 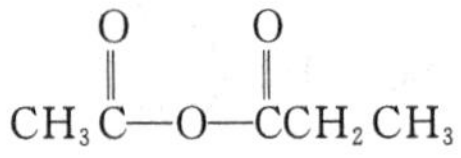 $CH_3\overset{\overset{O}{\|}}{C}-O-\overset{\overset{O}{\|}}{C}CH_2CH_3$

（5）  $CH_3\underset{\underset{Br}{|}}{C}HCH_2COBr$

（6） 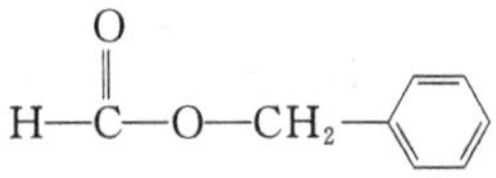 $H-\overset{\overset{O}{\|}}{C}-O-CH_2-$

（7） $CH_3COCH_2COOC_2H_5$

（8） 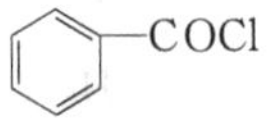 COCl

（9） 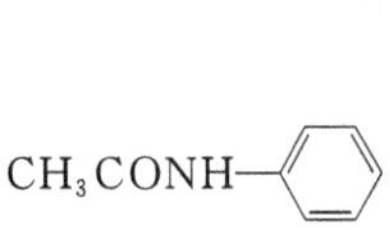 CH_3CONH-

（10） 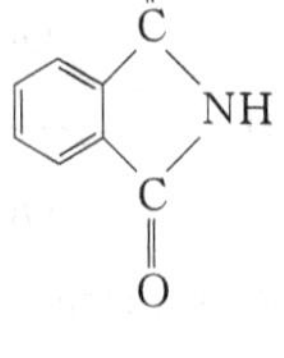 O, C, NH, C, O

2.写出下列物质的结构简式。

(1) 乙二酸二乙酯　(2) 邻苯二甲酸酐　(3) 苯甲酸苄酯　(4) 乙酸异丙酯

(5) 草酸氢乙酯　(6) 硫酸二甲酯　(7) 对溴苯甲酰溴　(8) 乙酰水杨酸

(9) α-甲基丙烯酸甲酯　(10) γ-丁内酯　(11) N-甲基丙酰胺

3.写出下列反应的主要产物。

(1) 1,3-环己二酮 $\xrightarrow[CH_3OH]{CH_3ONa}$ $\xrightarrow{CH_3I}$

(2) 邻羟基苯甲酸（C_6H_4(COOH)(OH)） $\xrightarrow{CH_3COCl}$

(3) C_6H_4(COOH)(CH_2NH_2) $\xrightarrow{\triangle}$

(4) C_6H_5—$CONH_2$ $\xrightarrow[乙醚]{LiAlH_4}$ $\xrightarrow{H_2O}$

(5) C_6H_5COOH $+SOCl_2 \longrightarrow$

(6) 甲基丁二酸酐（H_3C取代） $\xrightarrow[OH^-,\ \triangle]{CH_3OH\ (1mol)}$

(7) $CH_3CH=CH-CH_2COOC_2H_5 \xrightarrow[2)\ H_3O^+]{1)\ LiAlH_4}$

(8) $2CH_3COOC_2H_5 \xrightarrow[2)\ H_3O^+]{1)\ NaOC_2H_5,\ C_2H_5OH}$

(9) $EtOOC(CH_2)_4COOEt \xrightarrow[EtOH]{EtONa}$

(10) $PhCHO+\ (CH_3CO)_2O \xrightarrow{KAc}$

(11) 邻苯二甲酸酐 $\xrightarrow{NH_3}$ $\xrightarrow{-H_2O}$

(12) 邻苯二甲酰亚胺（NH） $\xrightarrow{KOH}$

(13) $CH_3-\overset{O}{\overset{\|}{C}}-CH_2-\overset{O}{\overset{\|}{C}}-OC_2H_5 \xrightarrow[\triangle]{浓\ NaOH}$

4.鉴别下列各化合物。

(1) $CH_3CHClCOOH$　$ClCH_2CH_2CHO$　$ClCH_2CH_2COOCH_3$

(2) $CH_3CHOHCOOH$　$CH_3COCH_2COOC_2H_5$　$CH_2(COOC_2H_5)_2$

(3) $(CH_3CO)_2O$　$CH_3COCH_2COOC_2H_5$　CH_3CH_2OH

(4) CH_3CONH_2　$ClCH_2COOCH_3$　$ClCH_2COOH$

5. 下列化合物在相同浓度的稀氢氧化钠溶液中进行水解，将其水解反应的活性次序由强到弱排列。

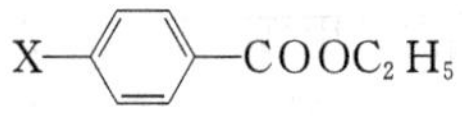

$X-C_6H_4-COOC_2H_5$（对位）

X：(1) $-NO_2$　(2) $-OCH_3$　(3) $-H$　(4) $-Cl$

6. 用指定原料和必要的无机试剂合成下列化合物。

(1) 由丙二酸二乙酯合成 3-甲基丁酸　(2) 由乙酰乙酸乙酯合成 2,5-己二酮

(3) 由 环己酮 合成 2-乙基环戊酮　(4) 由 萘 合成 邻氨基苯甲酸（$C_6H_4(COOH)NH_2$）

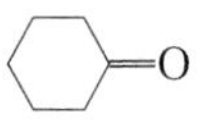

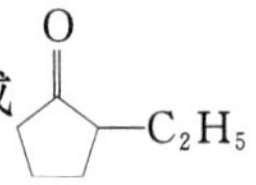

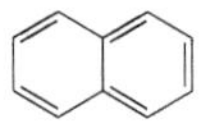

(5) 由丙二酸二乙酯合成 2-甲基-3-苯基丙醇　(6) 由乙酰乙酸乙酯成 2-甲基丁酸

7. 解释下列反应机理。

(1) 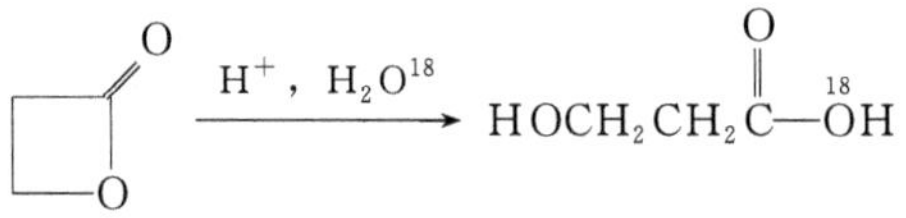 β-丙内酯 $\xrightarrow{H^+,\ H_2O^{18}}$ $HOCH_2CH_2C(=O)-{}^{18}OH$

(2) 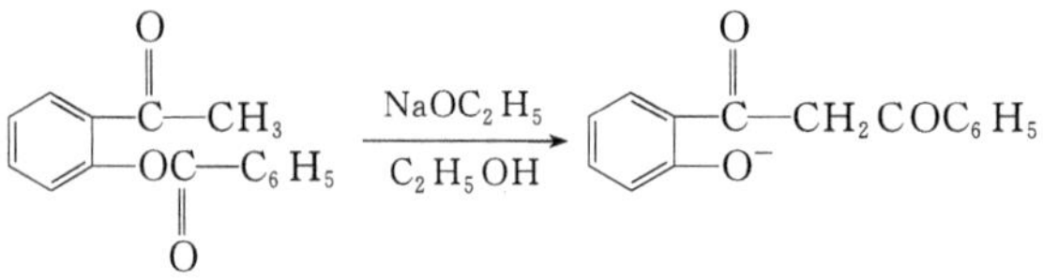 邻苯甲酰氧基苯乙酮（o-$C_6H_4(COCH_3)(OCOC_6H_5)$）$\xrightarrow[C_2H_5OH]{NaOC_2H_5}$ o-$C_6H_4(COCH_2COC_6H_5)(O^-)$

8. 推断结构。

(1) 化合物 A、B 和 C，分子式都是 $C_3H_6O_2$，A 与 $NaHCO_3$ 作用放出 CO_2，B 和 C 则不能。B 和 C 在 NaOH 溶液中加热后可水解，B 的水解液蒸馏，其馏出液可发生碘仿反应，C 则不能。试推测 A、B 和 C 的结构式，并写出有关反应式。

(2) 有一化合物 A 分子式为 $C_7H_6O_3$，能与 $NaHCO_3$ 作用，与 $FeCl_3$ 水溶液有颜色反应，与乙酸酐作用生成 B（$C_9H_8O_4$），与 CH_3OH 作用能生成 C（$C_8H_8O_3$），C 进行硝化，主要得到一种一硝基衍生物。试推测 A、B、C 的结构式，并写出各有关反应式。

(3) 某化合物 A（$C_3H_5O_2Cl$），能与水发生剧烈反应，生成 B（$C_3H_6O_3$）。B 经加热脱水得到产物 C，C 能使溴水褪色，C 与酸性 $KMnO_4$ 反应得 CO_2、H_2O 和草酸。试推断 A、B、C 的结构式，并写出有关反应式。

(4) 某化合物 A 经测定含 C、H、O、N 四种元素，A 与 NaOH 溶液共煮放出一种刺激性气体，残余物经酸化后得到一个不含氮的物质 B，B 与 $LiAlH_4$ 反应后得到 C，C 用浓 H_2SO_4 处理后得到一种烯烃 D，该烯烃的分子量为 56，经臭氧氧化并还原水解后得到一种醛和一种酮。试推测 A、B、C、D 的结构。

(5) 某化合物 A 分子式为 $C_{11}H_{12}O_3$，A 能与 $FeCl_3$ 水溶液发生显色反应，能与溴水发生加成反应。A 与浓 NaOH 水溶液共热生成一分子醋酸钠和一分子苯丙酸钠。A 加热生成化合物 B 和二氧化碳。B 能与饱和 $NaHSO_3$ 溶液发生加成反应，生成无色晶体 C；B 也能与 NH_2OH 反应生成化合物 D；B 还能发生碘仿反应，生成碘仿和化合物 E。E 也可由 $C_6H_5CH_2CH_2CN$ 在碱性条件下水解得到。试推测 A、B、C、D、E 的结构式。

第十三章 含氮有机化合物

含氮的有机化合物在自然界中广泛存在，构成生命的基本物质——氨基酸和蛋白质就是重要的含氮有机化合物。正如可以将醇、酚、醚看作是水的衍生物一样，许多含氮有机化合物也可看作是某些无机含氮化合物的衍生物（表 13-1）。

表 13-1 一些含氮的无机化合物和有机化合物

无机含氮化合物		相应的有机含氮化合物	
化合物	结构式	化合物	结构式
氨	NH_3	胺	RNH_2,$ArNH_2$ R_2NH,Ar_2NH R_3N,Ar_3N
氢氧化胺	NH_4OH	季铵碱	$R_4N^+OH^-$
铵盐	NH_4Cl	季铵盐	$R_4N^+Cl^-$
联氨(肼)	H_2NNH_2	肼 芳肼	$RNHNH_2$ $ArNHNH_2$
硝酸	$HONO_2$	硝基化合物	$R—NO_2$,$Ar—NO_2$
亚硝酸	HONO	亚硝基化合物	R—NO,Ar—NO

除以上列举的化合物以外，还有许多其他的含氮有机物如偶氮化合物（Ar—N═N—Ar′）、重氮化合物（$Ar—N_2^+Cl^-$）、叠氮化合物（RN_3）、亚胺（RCH═NR′）、腈（RCN）、异氰酸酯（RNCO）等。

本章主要讨论胺、重氮和偶氮化合物、硝基化合物以及腈。

第一节 胺

胺是指氨分子中的氢原子被烃基取代后形成的一系列衍生物。胺类广泛存在于生物体内，具有极重要的生理作用。例如，许多药物都含有胺的官能团——氨基。蛋白质、核酸、许多激素和生物碱等，都含有氨基，是胺的复杂衍生物。

一、胺的分类和命名

（一）分类

按照氨基中的氮原子所连的不同烃基，胺可分为脂肪胺和芳香胺，与脂肪烃基相连的称为脂肪胺（RNH_2），与芳环直接相连的叫芳香胺（$ArNH_2$）。

$CH_3CH_2NH_2$ 乙胺(脂肪胺)　　C_6H_5—NH_2 苯胺(芳香胺)

按照胺分子中与氮原子直接相连的烃基的数目，胺可分为伯胺（一级胺）、仲胺（二级胺）和叔胺（三级胺）。

CH_3NH_2 甲胺(伯胺)　　$(CH_3)_2NH$ 二甲胺(仲胺)　　$(CH_3)_3N$ 三甲胺(叔胺)　　C_6H_5—NH—C_6H_5 二苯胺(仲胺)

应当注意伯胺、仲胺、叔胺与伯醇、仲醇、叔醇不同，前者是由氮原子所连烃基数目决定的，而后者则是指羟基所连的碳原子类型。例如：

CH_3—CH(NH_2)—CH_3 伯胺　　CH_3—CH(OH)—CH_3 仲醇

还可按照分子中所含氨基的数目将胺分为一元胺、二元胺或多元胺。

$CH_3CH_2NH_2$ 乙胺(一元胺)　　$NH_2CH_2CH_2NH_2$ 乙二胺(二元胺)

铵盐或氢氧化铵中四个氢原子被四个烃基取代生成的化合物，称为季铵盐或季铵碱。但如果 NH_4^+ 中的四个氢没有完全被烃基所取代，则不称作季铵类化合物而是胺的盐或胺的碱。

$(CH_3)_4N^+Cl^-$ 氯化四甲铵(季铵盐)　　$(CH_3)_4N^+OH^-$ 氢氧化四甲胺(季铵碱)　　$[CH_3NH_3]^+Cl^-$ 甲胺盐酸盐(胺的盐)

（二）命名

结构简单的胺，习惯按它所含的烃基命名，即先写出连于氮原子上烃基的名称，再以胺字作词尾。若氮原子上连有两个或三个相同的烃基时，需写出烃基的数目；如果所连烃基不同，则把简单的写在前面，复杂的写在后面。对于芳香仲胺或叔胺，在取代基前冠以“*N*-”，表示这个基团是连在氮上，而不是连在芳环的碳原子上。

$CH_3CH_2CH_2NH_2$ 丙胺　　$(CH_3CH_2)_2NH$ 二乙胺　　$CH_3NHCH_2CH_3$ 甲乙胺　　C_6H_{11}—NH_2 环已胺

H_3C—C_6H_4—NH_2 对甲苯胺　　C_6H_5—$NHCH_3$ *N*-甲基苯胺　　C_6H_5—$N(CH_3)_2$ *N*,*N*-二甲基苯胺

二元胺和多元胺的伯胺，当其氨基连在直链烃基或直接连接在芳环上时，可称为二胺或三胺。

$NH_2CH_2CH_2CH_2NH_2$ 丙二胺　　$NH_2(CH_2)_6NH_2$ 己二胺　　$C_6H_3(NH_2)_3$ 1,3,5-苯三胺

结构比较复杂的胺，按系统命名法，将氨基当作取代基，以烃基或其他官能团为母体，取代基按次序规则排列，优先顺序小的基团在前，优先顺序大的基团在后。

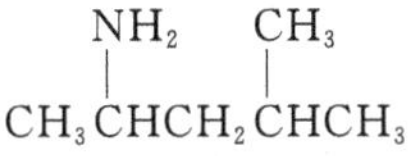

$$\begin{array}{ccc} \mathrm{NH_2} & & \mathrm{CH_3} \\ | & & | \\ \mathrm{CH_3CH} & \mathrm{CH_2} & \mathrm{CHCH_3} \end{array}$$

2-甲基-4-氨基戊烷

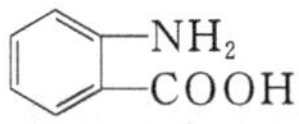

邻氨基苯甲酸

季铵类化合物的命名则与氢氧化铵或铵盐的命名相似。

$$(CH_3)_3N^+(C_{16}H_{33})OH^-$$

氢氧化三甲基十六烷基铵(三甲基十六烷基氢氧化铵)

$$[(CH_3)_3NC_2H_5]^+Br^-$$

溴化三甲基乙基铵(三甲基乙基溴化铵)

“氨”“胺”“铵”三字的用法：作为取代基时称“氨基”，如“—NH_2”称氨基，“CH_3NH—”称甲氨基；表示氨的烃基衍生物时称“胺”，如 CH_3NH_2 称甲胺；氮上带有正电荷时称“铵”，如 $[Ph—N(C_2H_5)_3]^+I^-$ 称碘化三乙基苯基铵，$[CH_3NH_3]^+Cl^-$ 称为氯化甲基铵，后者如果写成 $CH_3NH_2 \cdot HCl$，则称为甲胺盐酸盐。

二、胺的结构

胺与氨相似，分子的空间结构呈三角锥形。氮原子采取不等性 sp^3 杂化方式，氮原子的外层 5 个电子分布在 4 个 sp^3 不等性杂化轨道上，其中三个 sp^3 杂化轨道各含有一个电子，分别与一个氢原子的 s 轨道重叠或与一个碳的杂化轨道重叠形成三个 σ 键，第四个 sp^3 杂化轨道含有一对孤对电子，处在三角锥的顶点。

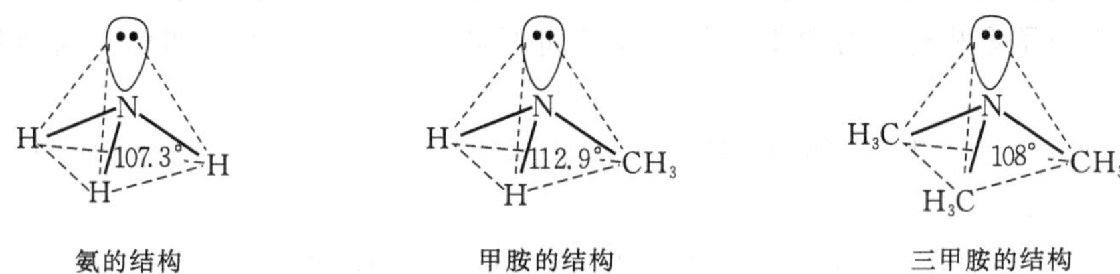

氨的结构　　甲胺的结构　　三甲胺的结构

苯胺的—NH_2 仍然是三角锥的结构，但是 H—N—H 键角较大，为 113.9°，H—N—H 平面与苯环平面的夹角为 38°。

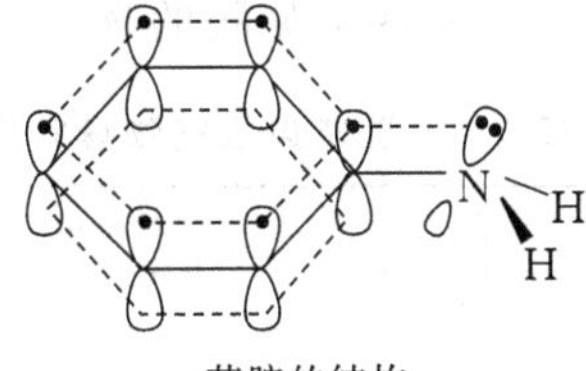

苯胺的结构

若胺分子中氮原子上连有三个不同的基团，它是手性的，理论上应该有一对对映体存在，互为镜像关系。

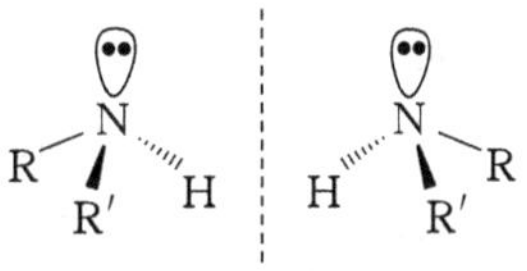

但这样的对映体目前还无法分离。这是因为胺分子中氮上的孤对电子体积太小，起不到一个基团的作用，它们只需消耗很小的能量，约 $21kJ \cdot mol^{-1}$，就可以迅速互相转化。

$$R\text{-}N(R')(H) \rightleftharpoons R,R'\text{-}N\text{-}H \rightleftharpoons H\text{-}N(R')(R)$$

sp³ 杂化　　　　sp² 杂化　　　　sp³ 杂化

如果氮原子上连接的基团足够大，就能阻止这种转化，对映体就能分离开。如在季铵盐中，四个烃基以共价键与氮原子相连，氮的四个 sp^3 轨道全部用来成键，就不易发生上述对映体之间的转化，能分离得到一对对映体。

$$CH_3\text{-}\overset{+}{N}(C_2H_5)(C_6H_5)(CH_2CH{=}CH_2) \quad\Big|\quad CH_3\text{-}\overset{+}{N}(C_6H_5)(C_2H_5)(CH_2CH{=}CH_2)$$

三、胺的性质

（一）物理性质

低级脂肪胺如甲胺、二甲胺、三甲胺和乙胺在常温下为气体，其他低级胺为液体，有与氨相似的气味（三甲胺有鱼腥味）；高级胺为固体，近乎无味。芳香胺是高沸点液体或低熔点固体，具有特殊的气味，毒性较大，因此应注意避免芳香胺接触皮肤或吸入体内而中毒，如苯胺可引起再生障碍性贫血。此外，许多芳香胺还是致癌物，如 *β*-萘胺、联苯胺等。

胺和氨一样，是极性物质，除了叔胺外都能形成分子间氢键 N—H…N，因此沸点比没有极性的分子量相近的化合物要高。但胺分子间氢键的强度比醇分子间氢键的强度要弱，所以它的沸点比分子量相近的醇要低。叔胺分子间不能形成氢键，沸点和相应的烃相差不多。例如：

	$CH_3CH_2OCH_2CH_3$	$CH_3CH_2NHCH_2CH_3$	$CH_3CH_2CH_2OH$
沸点/℃	34.5	56.3	97.4

	$(CH_3)_3CH$	$(CH_3)_3N$	$CH_3CH_2NHCH_3$	$CH_3CH_2CH_2NH_2$
沸点/℃	−10.2	2.9	36.7	47.8

各种胺都能与水形成氢键 N…H—O—H，所以低级脂肪胺在水中溶解度都很大，但随着分子量的增加，其溶解度迅速降低。一些常见胺的物理常数列于表 13-2。

表 13-2　一些常见胺的物理常数

名称	熔点/℃	沸点/℃	相对密度 d_4^{20}	折射率 n_4^{20}	pK_b
氨	−77.7	−33	—	—	4.76
甲胺	−93.5	−6.3	0.6990(−11℃)	—	3.38
二甲胺	−92.2	7.4	0.6804(0℃)	1.3500	3.36
三甲胺	−117.2	2.87	0.6356	1.3631	3.24
乙胺	−81.0	16.6	0.6829	1.3663	3.37
二乙胺	−48.0	56.3	0.7108	1.3864	3.02
三乙胺	−114.7	89.3	0.7275	1.4010	3.35
正丙胺	−83.0	47.8	0.7173	1.3870	—
异丙胺	−95.2	32.4	0.8889	1.3742	—

续表

名称	熔点/℃	沸点/℃	相对密度 d_4^{20}	折射率 n_4^{20}	pK_b
正丁胺	−49.1	77.8	0.7414	1.4031	—
正戊胺	−55	104.4	0.7547	1.4118	—
1,2-乙二胺	8.5	116.5	0.8995	1.4568	4.00
1,2-丙二胺	—	135.5	0.8840	1.4600	—
1,4-丁二胺	27.0	158.0	0.8770	1.4569	—
1,5-戊二胺	−2.1	178.0	—	—	—
苯胺	−6.3	184.1	1.0217	1.5863	9.38
N-甲基苯胺	−57.0	196.3	0.9891	1.5684	9.15
N,*N*-二甲基苯胺	2.45	194.2	0.9557	1.5582	8.94
邻甲苯胺	24.4	197.0	1.0080	1.5688	9.62
间甲苯胺	31.5	203.3	0.9910	1.5700	9.33
对甲苯胺	44.0	200.5	1.0460	—	8.93
邻苯二胺	103.0	257.0	—	—	9.50
间苯二胺	63.0	284.0	1.1390	1.6339(58℃)	9.30
对苯二胺	140.0	267.0	—	—	8.90
二苯胺	54.0	302.0	1.1590	—	13.00
α-萘胺	49.0	301.0	1.1310	—	11.10
β-萘胺	112.0	306.0	1.0610	—	9.90

（二）化学性质

1. 碱性

胺和氨相似，胺分子中氮原子有未共用电子对，能接受质子，具有碱性，能与酸成盐，胺的碱性比水强但比氢氧根离子弱。

$$\ddot{N}H_3 + H{-}OH \rightleftharpoons [NH_4]^+ + OH^-$$

$$R\ddot{N}H_2 + H{-}OH \rightleftharpoons [RNH_3]^+ + OH^-$$

$$RNH_2 + HCl \longrightarrow RNH_3^+Cl^-$$

胺的碱性可用弱碱的电离常数 K_b 或其负对数 pK_b 表示，K_b 越大或 pK_b 越小则碱性越强。

胺的碱性强弱和氮原子上的电荷密度有关。氮原子上电荷密度越大，接受 H^+ 的能力越强，碱性也就越强。氨中的氢原子被烷基取代后的产物伯胺（RNH_2），由于烷基是给电子基团，可使氮原子上的电荷密度增加，因此 RNH_2 接受质子的能力比 NH_3 强，也就是说碱性比 NH_3 强。同理，如果 NH_3 中两个氢被烷基取代，则产物仲胺（R_2NH）的碱性应比伯胺强，叔胺比仲胺更强。这在气体状态时是正确的，但在溶液中受溶剂的影响，其碱性强弱次序发生了改变。其主要原因是烷基数目的增加，虽然增加了氮原子上的电荷密度，但同时也占据氮原子外围更多的空间，使质子难以与氮原子接近，因此碱性降低。另外，脂肪胺在水中的碱性还与水的溶剂化作用有关，氮原子上的氢原子越多，则与水形成的氢键机会越多，溶剂化程度也就越大，铵正离子就越稳定，对应的胺的碱性就越强。

芳香胺碱性比脂肪胺要弱得多，因为氮原子上的未共用电子对与芳环形成共轭而离域到苯环上，使氮原子上的电荷密度降低，接受质子的能力亦随之降低，因此碱性减弱。

综上，胺的碱性强弱是电子效应、空间效应和溶剂化效应共同作用的结果。一般地，水溶液中胺的碱性强弱次序如下：

脂环仲胺＞脂肪仲胺＞脂肪伯、叔胺＞氨＞芳香伯胺＞芳香仲胺＞芳香叔胺

例如：

	六氢吡啶	二乙胺 $(C_2H_5)_2NH$	三乙胺 $(C_2H_5)_3N$	乙胺 $C_2H_5NH_2$	苯胺 $C_6H_5NH_2$	二苯胺 $(C_6H_5)_2NH$	三苯胺 $(C_6H_5)_3N$
pK_b	2.73	3.02	3.35	3.37	9.38	13	15

季铵碱是强碱，其碱性类似于 NaOH 和 KOH，因此季铵碱的碱性要比胺类化合物的碱性强得多。季铵碱易潮解，能溶于水，可用作 CO_2 的吸收剂。

芳香胺也可与强酸如盐酸、硫酸等作用形成盐。例如：

$$C_6H_5NH_2 + HCl \longrightarrow C_6H_5NH_2 \cdot HCl \quad (C_6H_5NH_3^+ Cl^-)$$

苯胺盐酸盐(氯化苯胺)

芳香胺环上连有给电子基团时，其碱性增强，反之其碱性减弱。例如：

	$CH_3O-C_6H_4-NH_2$	$C_6H_5-NH_2$	$O_2N-C_6H_4-NH_2$
pK_b	8.66	9.4	13

取代基在不同位置时也对碱性有不同影响。例如甲氧基在对位，吸电子诱导与给电子共轭同时起作用，共轭效应强于诱导效应，碱性增强；当甲氧基在间位时，主要表现出吸电子诱导效应而使碱性减弱。

铵盐都易溶于水而不溶于非极性溶剂如醚、烃等有机溶剂中。另外，因为胺是弱碱，所以胺与强酸生成的铵盐，当用较强的碱处理时，胺就会游离出来，利用这一性质可以分离或提纯胺类化合物。

2. 烃基化反应

胺和氨一样可以作为亲核试剂与卤代烃发生亲核取代反应，生成高一级的胺，直至最后生成季铵盐。当伯、仲、叔胺的盐分别用碱处理时，便生成游离胺。此法常用于工业上胺类的生产。

$$NH_3 + CH_3-X \longrightarrow CH_3NH_2 + HX$$
$$CH_3NH_2 + CH_3-X \longrightarrow (CH_3)_2NH + HX$$
$$(CH_3)_2NH + CH_3-X \longrightarrow (CH_3)_3N + HX$$
$$(CH_3)_3N + CH_3-X \longrightarrow (CH_3)_4N^+X^-$$

氨或胺的烷基化，实际上往往得到伯、仲、叔胺和季铵盐的混合物。

季铵盐是一大类很重要的精细化工产品，属于阳离子型表面活性剂，其中烃基为亲油基，正离子部分为亲水基，如 $C_{12}H_{25}N^+(CH_3)_3Cl^-$。它们在化学反应中也常用作相转移催化剂。

$$CH(CH_2)_7CH{=}CH_2 \xrightarrow[\text{三正辛基甲基氯化铵}]{KMnO_4/C_6H_6/H_2O} CH_3(CH_2)_7COOH + HCOOH$$

季铵盐还常被用作杀菌剂、浮选剂、防锈剂、乳化剂、柔软剂、织物整理剂和染色助剂等。另外，某些低碳链的季铵盐还具有生理活性，如氯化胆碱 $[(CH_3)_3NCH_2CH_2OH]^+Cl^-$。

季铵盐具有盐的特性，熔点高、易溶于水而不溶于非极性的有机溶剂。季铵盐与 NaOH 作用，反应是可逆的。

$$(CH_3)_4N^+X^- + NaOH \rightleftharpoons (CH_3)_4N^+ + OH^- + Na^+ + X^-$$

但如果反应在醇中进行，则由于 NaX 沉淀析出，能使反应进行完全。季铵盐与 AgOH 反应，则由于生成 AgX 沉淀而能生成相应的季铵碱。

$$(CH_3)_4N^+X^- + AgOH \longrightarrow (CH_3)_4N^+OH^- + AgX\downarrow$$

3. 碳酰化反应

酰氯或酸酐可以与氨反应生成酰胺。

$$R{-}\overset{\overset{\displaystyle O}{\|}}{C}{-}Cl + H{-}NH_2 \longrightarrow R{-}\overset{\overset{\displaystyle O}{\|}}{C}{-}NH_2 + HCl$$

伯胺、仲胺与氨一样，能与酰卤、酸酐等酰基化试剂进行酰基化反应，氨基上的氢原子被酰基取代，生成酰胺。叔胺氮原子上没有氢原子，不能生成酰胺。

$$R{-}\overset{\overset{\displaystyle O}{\|}}{C}{-}Cl + R'NH_2 \longrightarrow R{-}\overset{\overset{\displaystyle O}{\|}}{C}{-}NHR' + HCl$$

$$R{-}\overset{\overset{\displaystyle O}{\|}}{C}{-}Cl + R'_2NH \longrightarrow R{-}\overset{\overset{\displaystyle O}{\|}}{C}{-}NR'_2 + HCl$$

$$R{-}\overset{\overset{\displaystyle O}{\|}}{C}{-}Cl + R'_3N \longrightarrow \text{不反应}$$

除甲酰胺是液体，脂肪族 *N*-烷基取代酰胺常为液体外，酰胺大都是具有一定熔点的固体物质，故可用酰基化反应来鉴定胺。此外，酰胺在强酸或强碱的水溶液中加热可水解得到原来的胺，使酰基化反应在有机合成中很有价值。例如芳香胺容易被氧化，而它的酰化物不像芳香胺本身那样易被氧化，所以在有机合成上，通常先把芳香胺酰基化生成芳酰胺，把氨基保护起来，然后进行其他反应，最后再把酰胺水解回原来的胺。

$$C_6H_5NH_2 \xrightarrow{CH_3\overset{\overset{\displaystyle O}{\|}}{C}Cl} \underset{\text{乙酰苯胺}}{C_6H_5NHCOCH_3} \xrightarrow[H_2SO_4]{HNO_3} p\text{-}O_2NC_6H_4NHCOCH_3 \xrightarrow[H^+]{H_2O} \underset{\text{对硝基苯胺}}{p\text{-}O_2NC_6H_4NH_2}$$

4. 磺酰化反应（兴斯堡反应）

伯胺和仲胺在强碱性溶液中可与苯磺酰氯或对甲苯磺酰氯发生磺酰化反应，生成苯磺酰胺（具有一定熔点的固体物质，水解可得原来的胺和磺酰剂）。伯胺磺酰化后，因氨基上的氢原子受磺酰基吸电子效应的影响呈弱酸性，所以能溶于碱溶液中；仲胺所生成的苯磺酰胺上没有氢原子，不能与碱生成盐而析出固体；叔胺与苯磺酰氯不能发生磺酰化反应。所以常用苯磺酰氯来鉴别或分离伯、仲、叔胺的混合物，这就是著名的兴斯堡（Hinsberg）反应。

$$\text{C}_6\text{H}_5\text{NH}_2,\ \text{C}_6\text{H}_5\text{NHCH}_3,\ \text{C}_6\text{H}_5\text{N(CH}_3)_2 \xrightarrow{\text{ClO}_2\text{S}-\text{C}_6\text{H}_4-\text{CH}_3}$$

$C_6H_5-NHSO_2-C_6H_4-CH_3\downarrow$ 沉淀溶于碱

$C_6H_5-N(CH_3)SO_2-C_6H_4-CH_3\downarrow$ 沉淀不溶于碱

$C_6H_5-N(CH_3)_2$ 不反应，可蒸出

将三种胺磺酰化的混合物蒸馏，未反应的叔胺可被蒸出，余下的液体加碱、过滤，使不溶于碱性溶液的仲胺的苯磺酰胺滤出，滤液经酸化后沉淀出伯胺的苯磺酰胺，将苯磺酰胺与强酸共沸进行水解，这样就可以把三种胺分离开来。

5. 与亚硝酸反应

亚硝酸与伯、仲、叔胺的反应各不相同，由于亚硝酸易分解，且有毒，反应常用亚硝酸钠的硫酸或盐酸溶液来代替。

（1）伯胺

脂肪族伯胺与亚硝酸作用，生成很不稳定的重氮化合物，在低温下就会分解，定量放出氮气。利用这个反应可以来定量测定样品中氨基（$-NH_2$）的含量。分解生成的碳正离子可以进一步重排生成烯烃、醇或卤代烃等，产物成分复杂，无合成价值。

$$RNH_2+NaNO_2+HCl\longrightarrow N_2\uparrow+\text{醇、烯烃和卤代烃的混合物}$$

芳香族伯胺与亚硝酸在低温下反应可以生成较稳定的重氮化合物。一般重氮盐在低温下比较稳定，温度升高则也可分解而定量放出氮气，水溶液中还可得到酚。

$$C_6H_5NH_2+NaNO_2+HCl\xrightarrow{0\sim5℃}C_6H_5N_2^+Cl^-\xrightarrow[\triangle]{H_2O}C_6H_5OH+N_2\uparrow$$

（2）仲胺

脂肪族或芳香族仲胺与亚硝酸作用，都得到黄色油状或固体的 *N*-亚硝基化合物。如：

$$R_2NH+NaNO_2+HCl\longrightarrow \underset{N\text{-亚硝基胺}}{R_2N-N=O}+H_2O$$

$$C_6H_5-NHCH_3\xrightarrow{NaNO_2+HCl}\underset{\substack{N\text{-亚硝基-}N\text{-甲基苯胺}\\(\text{黄色油状})}}{C_6H_5-N(NO)CH_3}\xrightarrow{H^+}\underset{\substack{\text{对亚硝基-}N\text{-甲基苯胺}\\(\text{蓝绿色})}}{ON-C_6H_4-NHCH_3}$$

生成的 *N*-亚硝基化合物与稀酸共热则分解为原来的胺，因此可以利用这个反应来分离或提纯仲胺。芳香族仲胺生成的 *N*-亚硝基化合物在强酸中会发生重排，亚硝基转移到芳环氨基的对位上。

N-亚硝基胺类化合物都具有较强的致癌作用。罐头食品及腌肉常加少量亚硝酸钠作防腐剂并保持肉的鲜红颜色。亚硝酸钠在胃酸的作用下可以产生亚硝酸，从而可能引起机体内氨基发生亚硝化而产生强致癌的亚硝胺。

（3）叔胺

脂肪叔胺因氮上无氢，因此在氮上不能发生亚硝化反应。脂肪叔胺与亚硝酸反应只能生成一个不稳定的亚硝酸盐。

$$R_3N+NaNO_2+HCl\longrightarrow[R_3NH]^+NO_2^-$$

芳香族叔胺与亚硝酸反应，可以在芳环上发生亚硝基取代反应。反应首先在对位发生，如果对位已占据，则反应在邻位发生。

$$\text{C}_6\text{H}_5\text{—N(CH}_3)_2 + \text{NaNO}_2 + \text{HCl} \longrightarrow \text{ON—C}_6\text{H}_4\text{—N(CH}_3)_2$$

N,*N*-二甲基苯胺　　　　对亚硝基-*N*,*N*-二甲基苯胺（绿色叶片状）

芳香亚硝基化合物是绿色结晶，可用来鉴别芳香族叔胺。

由于三种胺与亚硝酸的反应不同，所以也可以通过与亚硝酸的反应来鉴别这三种胺，但不如磺酰化反应明显。

6. 氧化反应

胺比较容易被氧化，用过氧化氢即可使脂肪伯胺和仲胺氧化，分别得到肟和羟胺。

$$\text{R—CH}_2\text{NH}_2 \xrightarrow{\text{H}_2\text{O}_2} \text{R—CH═N—OH}\ (\text{肟}) \qquad \text{R}_2\text{NH} \xrightarrow{\text{H}_2\text{O}_2} \text{R}_2\text{N—OH}\ (\text{羟胺})$$

脂肪叔胺与过氧化氢反应得到氧化胺。

$$(\text{CH}_3)_3\text{N} \xrightarrow{\text{H}_2\text{O}_2} \text{H}_3\text{C—}\overset{+}{\text{N}}(\text{CH}_3)_2\text{—O}^-$$

氧化三甲胺

芳香胺更容易氧化，在贮藏过程中就逐渐被空气中的氧所氧化，使得颜色变深。新蒸馏的纯苯胺是无色液体，但暴露在空气中很快就变成黄色，时间久了变成棕黑色。用氧化剂处理时，氧化产物很复杂，主要产物决定于氧化剂性质和实验条件，产物有苯醌、偶氮苯、氧化偶氮苯以及它们的低级聚合物等，它们都是一些有色物质。如用二氧化锰和硫酸氧化苯胺，反应主要产物是对苯醌。

$$\text{C}_6\text{H}_5\text{—NH}_2 \xrightarrow[\text{H}_2\text{SO}_4,10℃]{\text{MnO}_2} \text{O═C}_6\text{H}_4\text{═O}$$

7. 季铵碱的霍夫曼消除反应

胺与过量碘甲烷彻底甲基化反应可得到碘化季铵盐，产物与氢氧化银（或潮湿的氧化银）反应，可转变成季铵碱。

$$\text{RNH}_2 + 3\text{CH}_3\text{I} \longrightarrow [\text{RN(CH}_3)_3]^+\text{I}^- \xrightarrow{\text{AgOH}} \text{R}\overset{+}{\text{N}}(\text{CH}_3)_3\text{OH}^-$$

季铵碱受热（100～200℃）可发生消除反应，得到叔胺和少取代烯烃，称为霍夫曼（Hofmann）消除反应。如：

$$\text{CH}_3\text{CH}_2\text{CH}_2\overset{+}{\text{N}}(\text{CH}_3)_3\text{OH}^- \xrightarrow{\triangle} \text{N(CH}_3)_3 + \text{CH}_3\text{CH═CH} + \text{H}_2\text{O}$$

霍夫曼消除反应一般按 E2 机理完成，与卤代烃的消除方式不同，是从含氢较多的 β-碳原子上消除氢，得到双键碳上含取代基较少的烯烃和叔胺，这一规则称霍夫曼规则，有别于卤代烃消除的札依采夫规则。例如：

$$\overset{\beta}{\text{C}}\text{H}_3\overset{\alpha}{\text{C}}\text{H}(\overset{+}{\text{N}}(\text{CH}_3)_3\text{OH}^-)\overset{\beta'}{\text{C}}\text{H}_2\text{CH}_3 \xrightarrow{\triangle} \text{N(CH}_3)_3 + \underset{95\%}{\text{CH}_2\text{═CHCH}_2\text{CH}_3} + \underset{5\%}{\text{CH}_3\text{CH═CHCH}_3}$$

霍夫曼消除规则适用于 β-碳上取代基是烷基的情况。当 β-碳上连有苯基、乙烯基、羰基等取代基时，由于吸电子诱导和共轭等原因，使这个 β-氢的酸性强于未取代的 β-氢的酸性，反应就不符合霍夫曼规则。例如：

$$\left[\text{C}_6\text{H}_5\text{—}\overset{\beta}{\text{C}}\text{H}_2\overset{\alpha}{\text{C}}\text{H}_2\text{—N}^+(\text{CH}_3)_2(\underset{\alpha}{\text{C}}\text{H}_2\underset{\beta}{\text{C}}\text{H}_3)\right]\text{OH}^- \xrightarrow{\triangle} \text{C}_6\text{H}_5\text{CH═CH}_2 + \text{CH}_3\text{CH}_2\text{N(CH}_3)_2$$

霍夫曼消除反应可制备叔胺，也可制备其他方法难以合成的烯烃，还可应用于胺类结构的测定。由于在彻底甲基化阶段，不同级数的胺所需甲基数目不同，故也可通过引入的甲基数来判断原来的胺属于哪一级。此外，根据霍夫曼消除的次数即所产生的烯烃和胺的结构，分析推理原来化合物的结构。

8. 芳环上的亲电取代反应

对苯环上的亲电取代反应而言，氨基（$-NH_2$、$-NHR$、$-NR_2$）是邻对位定位基，有活化苯环的作用。如苯胺与溴水作用，并非得到一溴代产物，而是立刻得到2,4,6-三溴苯胺的白色沉淀。该反应能定量进行，可用于苯胺的定性鉴别与定量分析。

$$C_6H_5NH_2 + Br_2 \xrightarrow{H_2O} 2,4,6\text{-}Br_3C_6H_2NH_2 \downarrow + HBr$$

如要制备一溴代苯胺需先将苯胺转化为乙酰苯胺以降低氨基的致活作用，然后溴代，最后水解除去酰基。由于空间位阻，主要生成对位溴代产物。

$$C_6H_5NH_2 \xrightarrow{(CH_3CO)_2O} C_6H_5NHCOCH_3 \xrightarrow{Br_2} p\text{-}BrC_6H_4NHCOCH_3 \xrightarrow[OH^-]{H_2O} p\text{-}BrC_6H_4NH_2$$

芳香胺也可以进行硝化，但若直接硝化，氨基会被氧化，产物复杂。通常先经酰基化反应保护氨基，再硝化，因空间位阻，主要得到对硝基产物；或者先与酸生成铵盐然后硝化，因带正电荷基团的电子效应而主要得到间硝基产物。

$$C_6H_5NH_2 \xrightarrow{(CH_3CO)_2O} C_6H_5NHCOCH_3 \xrightarrow[H_2SO_4]{HNO_3} p\text{-}O_2NC_6H_4NHCOCH_3 \xrightarrow[\text{水解}]{H_2O/H^+} p\text{-}O_2NC_6H_4NH_2$$

$$C_6H_5NH_2 \xrightarrow{H_2SO_4} C_6H_5\overset{+}{N}H_3HSO_4^- \xrightarrow[H_2SO_4]{HNO_3} m\text{-}O_2NC_6H_4\overset{+}{N}H_3HSO_4^- \xrightarrow[\triangle]{H_2O} m\text{-}O_2NC_6H_4NH_2$$

芳香胺也能发生磺化反应，与浓硫酸作用先生成硫酸盐，再加热脱水得到稳定的重排产物——对氨基苯磺酸。

$$C_6H_5NH_2 \xrightarrow{H_2SO_4} C_6H_5\overset{+}{N}H_3HSO_4^- \xrightarrow[-H_2O]{\triangle} C_6H_5NHSO_3H \xrightarrow{180\sim190^\circ C} p\text{-}HO_3SC_6H_4NH_2$$

四、胺的制备

胺在自然界中广泛存在，从天然产物中提取得到的许多复杂的胺类，可作为药物使用。人工制备胺的方法主要有两种：一种是用氨作亲核试剂进行亲核取代反应；另一种是含氮化合物的还原。通过季铵碱的霍夫曼降解也可以制取叔胺。

（一）氨的烃基化

在一定条件下，将卤代烃与氨溶液共热，卤代烃与氨发生亲核取代反应，此反应一般很难停留在一取代阶段，通常最后的产物是伯、仲、叔胺的混合物，甚至还会生成季铵盐。

$$RX + NH_3 \xrightarrow{\triangle} RNH_2 \xrightarrow{RX} R_2NH \xrightarrow{RX} R_3N \xrightarrow{RX} R_4N^+X^-$$

（二）含氮化合物的还原

硝基化合物、肟、腈等含氮化合物都易还原为胺。制备芳香胺最好的方法就是硝基化合物的还原，其中常用的还原剂是铁、锌、锡或氯化亚锡加盐酸、硫酸或醋酸。

$$C_6H_5NO_2 \xrightarrow{Sn+HCl} C_6H_5NH_2 \qquad m\text{-}C_6H_4(NO_2)_2 \xrightarrow{Fe+HCl} m\text{-}C_6H_4(NH_2)_2$$

工业上常用铁粉来还原硝基苯制取苯胺，但生成的大量含苯胺的铁泥会造成环境的污染，所以现在逐渐改用催化加氢还原硝基化合物来制备苯胺。

$$C_6H_5NO_2 + 3H_2 \xrightarrow{Pd} C_6H_5NH_2 + 2H_2O$$

（三）腈及其他含氮化合物的还原

氰基可被催化加氢或氢化铝锂还原为伯胺。腈化合物可由卤代烃制备，因此可由卤代烃制备多一个碳原子的胺化合物。

$$RX + NaCN \longrightarrow RCN \xrightarrow[\text{或 } LiAlH_4]{H_2,Ni} RCH_2NH_2$$

五、重要的胺

（一）苯胺

苯胺存在于煤焦油中，是无色的油状液体，熔点－6.3℃，沸点 184.13℃，相对密度 1.0217，具有特殊气味，易溶于有机溶剂，易于氧化，在贮藏过程中就逐渐被空气中的氧所氧化，使得颜色变深。苯胺有毒，可以通过皮肤或吸入蒸气使人中毒。当空气中苯胺浓度达到百万分之一时，几小时后就会出现中毒症状。苯胺是重要的有机合成原料，可作为制备染料、橡胶促进剂、磺胺类药物的中间体。

（二）乙二胺

乙二胺为无色透明液体，溶于水和醇，具有扩张血管的作用。它是制备药物、乳化剂和杀虫剂的原料。

乙二胺与氯乙酸作用，生成乙二胺四乙酸，简称 EDTA。EDTA 是重要的分析试剂和螯合剂，可用于分离、提纯放射性物质和治疗某些放射性疾病。

$$H_2NCH_2CH_2NH_2 + ClCH_2COOH \longrightarrow (HOOCH_2C)_2NCH_2CH_2N(CH_2COOH)_2$$

（三）甲胺、二甲胺、三甲胺

三种胺在常温下都是气体，在水中溶解度很大，常用的是它们的水溶液或盐酸盐（固体）。它们都是重要的有机合成原料，可作为制备药物、染料、离子树脂、农药等的原料。由三甲胺和1,2-二氯乙烷生成的矮壮素（CCC）是一种植物生长调节剂。

$$[(CH_3)_3NCH_2CH_2Cl]^+Cl^-$$

矮壮素

（四）胆胺

胆胺，$HOCH_2CH_2NH_2$，又称氨基乙醇或乙醇胺，为无色黏稠状液体，沸点172.2℃，是脑磷脂的重要组成部分。胆胺分子中含有氨基和羟基，因此同时具有醇和胺的性质。

（五）胆碱

胆碱，$[HOCH_2CH_2N^+(CH_3)_3]OH^-$，是广泛分布于生物体内的季铵碱，尤其在动物的卵和脑髓中含量较多，是卵磷脂的组成成分。因最初在胆汁中发现，故称为胆碱。它是无色结晶，吸湿性很强，易溶于水和乙醇，不溶于乙醚、氯仿。胆碱是B族维生素之一，在体内参与脂肪的代谢，有抗脂肪肝的作用，临床药用的是其盐——氯化胆碱$[HOCH_2CH_2N^+(CH_3)_3]Cl^-$。胆碱羟基中的氢被乙酰基取代生成的酯，叫乙酰胆碱$[(CH_3)_3N^+CH_2CH_2OCOCH_3]OH^-$，它是体内一种重要的传递神经冲动的物质，即神经递质，与人的记忆有密切的关系。

第二节　重氮和偶氮化合物

重氮和偶氮化合物含有相同的官能团—N═N—，官能团一端与烃基相连，另一端与其他非碳的原子或基团（CN^-除外）相连的化合物，称为重氮化合物。

$$^-CH_2—\overset{+}{N}≡N \qquad C_6H_5—\overset{+}{N}≡NCl^- \qquad C_6H_5—\overset{+}{N}≡NCN^-$$

重氮甲烷　　氯化重氮苯 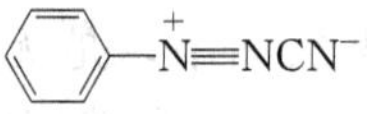　　氰化重氮苯

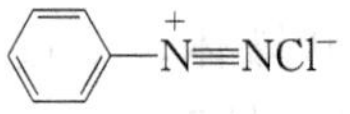

该官能团的两端都分别与烃基相连的化合物则称为偶氮化合物。

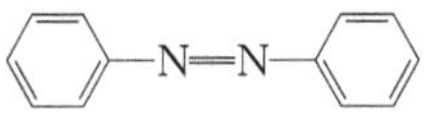

$$C_6H_5—N═N—C_6H_5 \qquad CH_3—N═N—CH_3 \qquad H_3C—C(CH_3)(CN)—N═N—C(CH_3)(CN)—CH_3$$

偶氮苯　　偶氮甲烷　　偶氮二异丁腈

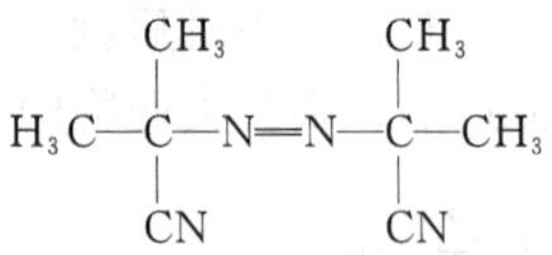

一、重氮盐的制备

脂肪族、芳香族和杂环的伯胺都可与亚硝酸反应生成重氮化合物，这个反应称为重氮化反应。伯胺称重氮组分，亚硝酸为重氮化剂。

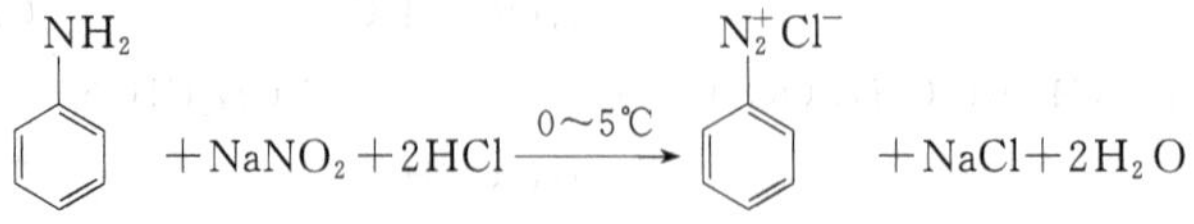

$$C_6H_5NH_2 + NaNO_2 + 2HCl \xrightarrow{0\sim5℃} C_6H_5N_2^+Cl^- + NaCl + 2H_2O$$

脂肪族重氮盐很不稳定，迅速自发分解，缺乏合成价值。芳香族重氮化合物在0℃左右的水溶液中可以短时间保存，温度升高则逐渐分解放出氮气。芳香族重氮基易被其他原子或基团取代，生成多种类型的产物，因此芳香族重氮化反应在有机合成上很重要。

干燥的重氮化合物遇热或撞击容易爆炸。

二、重氮盐的化学性质

重氮化合物化学性质活泼，能发生多种化学反应，合成许多有用的产品。其化学反应主要有重氮基的取代反应（也称放氮反应）、偶联反应（也称不放氮反应）以及还原反应。

（一）取代反应（放氮反应）

带正电荷的重氮基 —N^+≡N 有较强的吸电子能力，使 C—N 键极性增强，导致异裂而放出氮气。在不同条件下，重氮基可以被羟基、卤素、氰基、氢原子等取代。

1. 被羟基取代

当重氮盐与酸一起加热时，可以发生水解生成酚并放出氮气。这一反应通常用硫酸重氮盐在40%～50%的硫酸溶液中进行。强酸性条件可以防止未水解的重氮盐与生成的酚发生偶联。若用盐酸重氮盐，则常伴有副产物氯苯产生。

$$C_6H_5N_2^+SO_4H^- \xrightarrow[\triangle]{H_2O/H^+} C_6H_5OH + H_2SO_4 + N_2\uparrow$$

2. 被卤素取代

在氯化重氮盐的水溶液中加入碘化钾加热，生成碘苯并放出氮气。

$$C_6H_5N_2^+Cl^- \xrightarrow[\triangle]{KI} C_6H_5I + N_2\uparrow + KCl$$

此反应是将碘原子引入苯环的好方法，但很难使其他卤素导入苯环。要使氯原子或溴原子取代重氮基，则需用其他的方法。

$$C_6H_5N_2^+Cl^- \xrightarrow[HCl]{CuCl} C_6H_5Cl + N_2\uparrow \qquad C_6H_5N_2^+Br^- \xrightarrow[HBr]{CuBr} C_6H_5Br + N_2\uparrow$$

芳香族氟化物的制备可以通过氟硼酸重氮盐来进行，即在制备好的重氮盐里加入冷的氟硼酸，生成氟硼酸重氮盐沉淀，经干燥后小心加热即可分解生成芳香族氟化物，这个反应被称为席曼（Schiemann）反应。

$$C_6H_5N_2^+Cl^- \xrightarrow{NaBF_4} C_6H_5N_2^+BF_4^- \xrightarrow{\triangle} C_6H_5F + N_2\uparrow + BF_3$$

3. 被氰基取代

把重氮盐溶液加到热的氰化亚铜-氰化钾溶液中，重氮基则被氰基取代生成苯腈。这一反应和前面制备氯苯、溴苯的反应一样，都是在亚铜盐催化下进行的，合称为桑德迈尔（Sandmeyer）反应。

$$C_6H_5N_2^+Cl^- \xrightarrow[KCN]{CuCN} C_6H_5CN + N_2\uparrow + CuCl$$

生成物苯腈上的氰基容易水解为羧基，因此可以用这个反应从苯胺合成芳香族的羧酸。

4. 被氢原子取代

重氮盐和具有还原性的次磷酸溶液反应，可以使重氮基被氢原子取代。由于重氮基来自氨基，故可用此反应去除氨基，专称“去氨基反应”。

$$C_6H_5N_2^+Cl^- + H_3PO_2 + H_2O \longrightarrow C_6H_6 + N_2\uparrow + H_3PO_3 + HCl$$

综上，利用重氮盐的取代反应，可以合成一些通过亲电取代反应难以制备的芳香族化合物，如间二溴苯、间甲苯胺、间溴苯胺等。

$$C_6H_5NO_2 \xrightarrow{Br_2/Fe} m\text{-}BrC_6H_4NO_2 \xrightarrow{Fe/HCl} m\text{-}BrC_6H_4NH_2 \xrightarrow[HBr]{HNO_2} m\text{-}BrC_6H_4N_2^+Br^- \xrightarrow[HBr]{CuBr} m\text{-}C_6H_4Br_2$$

又如：

$$C_6H_5NH_2 \xrightarrow{Br_2} 2,4,6\text{-}Br_3C_6H_2NH_2 \xrightarrow[0\sim5℃]{NaNO_2/HCl} 2,4,6\text{-}Br_3C_6H_2N_2^+Cl^- \xrightarrow[CuCN,\ \triangle]{KCN} 2,4,6\text{-}Br_3C_6H_2CN \xrightarrow[H^+]{H_2O} 2,4,6\text{-}Br_3C_6H_2COOH$$

（二）偶联反应（不放氮反应）

重氮盐在弱碱性溶液（pH＝8～10）中与酚，或在中性或弱酸性（pH＝5～7）溶液中与芳叔胺作用时，羟基或氨基对位上的氢原子能被重氮基取代而得到偶氮化合物，这个反应称为偶联反应（不放氮）。重氮盐正离子是弱的亲电试剂，所以偶联反应属于亲电取代反应，产物偶氮化合物都有颜色。

$$Ar-\overset{+}{N}\equiv N: \rightleftharpoons Ar-\ddot{N}=\overset{+}{N}:$$

$$C_6H_5N_2^+Cl^- + C_6H_5OH \xrightarrow{OH^-} C_6H_5-N=N-C_6H_4-OH$$

对羟基偶氮苯

$$C_6H_5N_2^+Cl^- + C_6H_5N(CH_3)_2 \xrightarrow{H^+} C_6H_5-N=N-C_6H_4-N(CH_3)_2$$

对-*N*,*N* 二甲氨基偶氮苯

$$C_6H_5N_2^+Cl^- + HO-C_6H_4-CH_3 \xrightarrow{OH^-} C_6H_5-N=N-C_6H_3(OH)(CH_3)$$

5-甲基-2-羟基偶氮苯

空间位阻使偶联反应主要发生在偶联组分（酚或芳叔胺）的对位，如果羟基或氨基的对位有取代基占据，则偶联反应发生在邻位。

（三）还原反应

重氮盐在氯化亚锡和盐酸或亚硫酸盐等较弱的还原剂作用下，可还原为肼。

$$C_6H_5N_2^+Cl^- \xrightarrow[HCl]{SnCl_2} C_6H_5NHNH_2 \cdot HCl \xrightarrow{NaOH} C_6H_5NHNH_2$$

苯肼盐酸盐

三、偶氮化合物和偶氮染料

（一）物质颜色与结构的关系

太阳光是由不同波长的射线组成的连续光谱（白色光），人眼能见到光的波长是在400～780nm之间，叫做可见光。不同的物质可以吸收不同波长的光，如果物质吸收的是波长在可见光区域以外的光，那么这些物质可能是无色的（透射）或白色的（反射）；如果物质吸收可见光区域内某些波长的光，那么这些物质就是有色的，而它的颜色就是白色光中未被吸收而被反射的光的颜色，即吸收光的互补色。所谓互补色是指按适当的强度比例混合后能组成白光的两种有色光，如图13-1所示。成直线关系的两种光可混合成白光。各种物质的颜色（反射光）与吸收光颜色的互补关系列于表13-3。

图13-1　有色光的互补色

有机物分子中可以造成分子在紫外及可见光（200～780nm）区域内有吸收的基团即称为生色基团（或发色基团）。如：

$$>C=C< \quad >C=O \quad -\overset{O}{\overset{\|}{C}}-OH \quad -N=N- \quad -N=O \quad -N(=O)\rightarrow O$$

分子中如果只含有一个上述生色基团，由于其吸收波长大多在200～400nm，所以仍显无色。但若有两个或两个以上的生色基团共轭，可以导致吸收波长向长波方向移动。共轭体系越长，则该物质吸收峰所对应的波长就越长，导致颜色的加深。例如，联苯胺是无色的，当氧化成醌型结构时，增加了其共轭链的长度，吸收波长红移到可见光区而显蓝色。

$$H_2N-C_6H_4-C_6H_4-NH_2 \xrightarrow{[O]} HN=C_6H_4=C_6H_4=NH$$

无色　　　　蓝色

有些基团如—OH、—OR、—NH_2、—NHR、—Cl、—Br等本身的吸收波长在远紫外区，但若把它们引入共轭体系或生色基团上时，这些基团上未共用的电子对参与共轭，提高了整个分子中π电子的流动性，促使化合物吸收波长向长波方向移动，也加深了化合物的颜色。这些基团称为助色基团。能使分子对光的吸收波长向长波方向移动的现象称作红移现象，或红移效应。例如，苯是无色的，但在苯环上引入亚硝基后，亚硝基苯就变为黄绿色。

C_6H_5NO

亚硝基苯（黄绿色）

表 13-3　物质的颜色（反射光）与吸收光颜色的互补关系

物质吸收的光		反射的光(物质颜色)
波长/nm	颜色	
400～450	紫	黄绿
450～480	蓝	黄
480～490	青蓝	橙
490～500	青	红
500～560	绿	紫红
560～580	黄绿	紫
580～610	黄	蓝
610～650	橙	青蓝
650～780	红	青

（二）染料和指示剂

染料是一种可以较牢固地附着在纤维上且具有耐光性和耐洗性的有色物质。最早使用的染料都是从自然界取得的，如茜红、靛蓝等。现在使用的染料，则大都是由芳香或杂环化合物合成的合成染料，其种类繁多，偶氮染料就是其中之一。偶氮染料是分子内具有一个或几个偶氮基的合成染料，它的颜色几乎包括了全部颜色，在所有染料品种中偶氮化合物要占半数以上。如用于聚酯纤维染色的分散黄 RGFL，其结构如下：

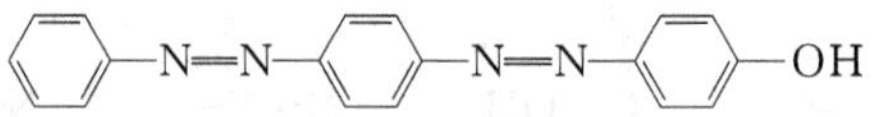

$$C_6H_5-N=N-C_6H_4-N=N-C_6H_4-OH$$

相当一部分偶氮染料因可能释放出致癌的芳香胺化合物，近些年来已逐渐被禁用。但其最近又在新的领域里焕发出新的活力，如应用于液晶显示、生命科学中的 DNA 分子荧光标记等现代高科技领域。

染料除用于纺织品、纸张、皮革、胶片、食品等的染色，还具有杀菌作用，也可使细菌着色，用于染制切片。另外分析化学中用的指示剂也属于染料，它在不同的 pH 介质中，由于结构的变化而发生颜色的改变。

甲基橙是一种常用酸碱指示剂，在 pH4.4 以上显黄色，在 pH3.1 以下显红色，在 pH3.1～4.4 之间则显两者的混合色——橙色。颜色的变化主要是由于在不同 pH 条件下其共轭结构发生了变化。

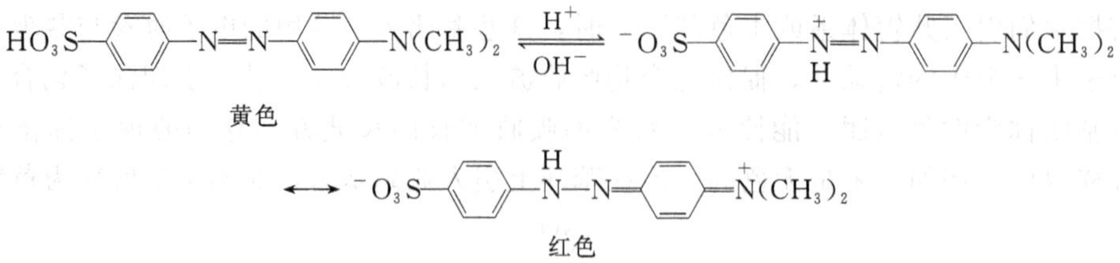

$$HO_3S-C_6H_4-N=N-C_6H_4-N(CH_3)_2 \underset{OH^-}{\overset{H^+}{\rightleftharpoons}} {}^-O_3S-C_6H_4-\overset{+}{N}(H)=N-C_6H_4-N(CH_3)_2$$

黄色

$$\longleftrightarrow {}^-O_3S-C_6H_4-N(H)-N=C_6H_4=\overset{+}{N}(CH_3)_2$$

红色

刚果红又称直接朱红或直接大红 4B，其分子中的共轭体系较大，所以颜色较深。它也是一种常用的指示剂，变色范围的 pH 为 3～5。

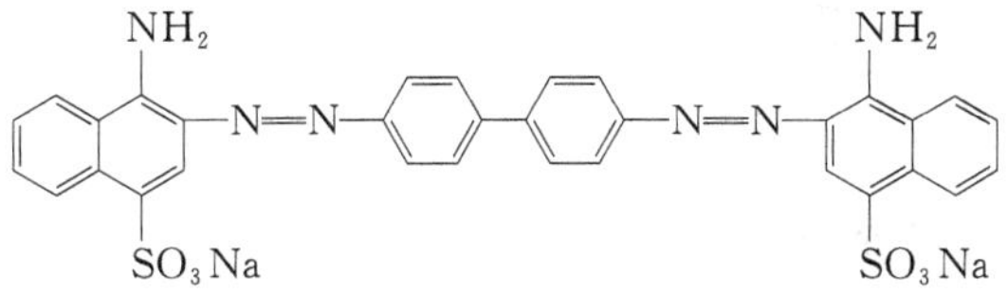

刚果红

第三节　硝基化合物

一、硝基化合物的命名和结构

由硝酸和亚硝酸可以导出四类含氮的有机化合物，结构通式如下：

$HONO_2$	$RONO_2$	RNO_2
硝酸	硝酸酯	硝基化合物
$HONO$	$RONO$	RNO
亚硝酸	亚硝酸酯	亚硝基化合物

硝基化合物和酯的区别在于，硝基或亚硝基化合物中与碳相连的是氮原子，而酯分子中与碳原子相连的是氧原子。硝基化合物与相应的亚硝酸酯是同分异构体。

硝基或亚硝基化合物从结构上可看作烃的一个或多个氢原子被硝基或亚硝基取代的产物，它们的命名类似卤代烃，将硝基或亚硝基作为取代基。

CH_3NO_2	$CH_3CH_2NO_2$	$CH_3CH(NO_2)CH_3$
硝基甲烷	硝基乙烷	2-硝基丙烷

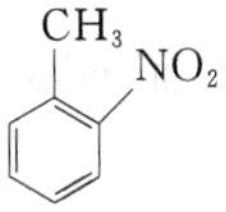

邻硝基甲苯 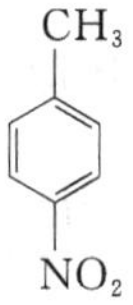　　对硝基甲苯 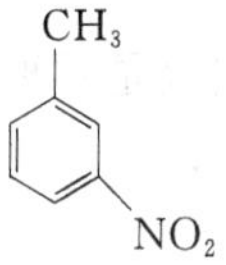　　间硝基甲苯

硝酸酯和芳香多硝基化合物都有爆炸性，常用作炸药，如三硝酸甘油酯、2,4,6-三硝基甲苯（TNT）和1,3,5-三硝基苯（TNB）等。

$$\begin{array}{l} CH_2O—NO_2 \\ | \\ CHO—NO_2 \\ | \\ CH_2O—NO_2 \end{array}$$

三硝酸甘油酯　　2,4,6-三硝基甲苯 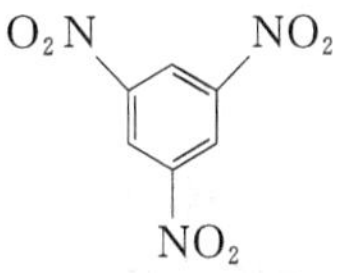　　1,3,5-三硝基苯

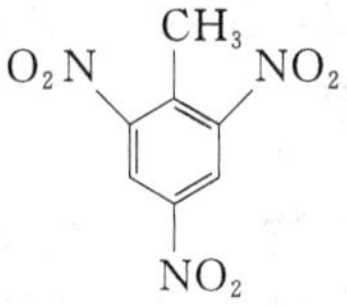

二、硝基化合物的性质

（一）物理性质

硝基是强极性基团，所以硝基化合物的沸点比较高，除某些一硝基化合物为高沸点液体外，硝基化合物多为结晶，且多带有黄色，不溶于水，易溶于有机溶剂，相对密度大于1。叔丁基苯的某些多硝基化合物有类似天然麝香的气味。芳香硝基化合物能使血红蛋白变性而引起中毒，较多地吸入它们的蒸气或粉尘，或者长期与皮肤接触都能引起中毒，因此上述含

多硝基的人造麝香已被限制使用。

（二）化学性质

1. 脂肪族硝基化合物的酸性

由于硝基的吸电子诱导效应，脂肪硝基化合物中的 α-氢原子很活泼，这与羰基化合物可以形成烯醇式异构体相似，硝基化合物可以形成假酸式异构体。

$$\underset{\text{硝基式}}{RCH_2-\overset{\overset{O}{\|}}{N}\rightarrow O} \rightleftharpoons \underset{\text{假酸式}}{RHC=\overset{\overset{OH}{|}}{N}\rightarrow O}$$

所以，含有 α-氢原子的硝基化合物（如 RCH_2NO_2、R_2CHNO_2 等）具有弱酸性，可与碱反应生成盐而溶于碱溶液中。

$$RCH_2NO_2 + NaOH \longrightarrow [RCHNO_2]^- Na^+ + H_2O$$

2. 与羰基化合物的反应

含有 α-氢原子的活泼硝基化合物能和羰基化合物反应。当硝基连在叔碳上时，因为没有 α-H，该反应不能发生。

$$C_6H_5CHO + CH_3NO_2 \xrightarrow{OH^-} C_6H_5CH=CHNO_2$$

3. 还原反应

硝基易被还原，特别是芳香硝基化合物的还原反应有很大的实用意义，不同的反应条件下可以得到一系列不同的还原产物。在酸性介质中以铁粉还原硝基苯，产物为苯胺，这是工业上制备苯胺的方法。

$$C_6H_5-NO_2 \xrightarrow[\triangle]{Fe+HCl} C_6H_5-NH_2$$

氯化亚锡加盐酸也是重要的还原剂，它只还原芳环上的硝基，而不影响其他基团。

$$o\text{-}OHC-C_6H_4-NO_2 \xrightarrow{SnCl_2+HCl} o\text{-}OHC-C_6H_4-NH_2$$

硝基苯在中性介质中还原，可以生成羟基苯胺。

$$C_6H_5-NO_2 \xrightarrow[H_2O,60℃]{Zn+NH_4Cl} C_6H_5-NHOH$$

硝基苯在碱性介质中发生双分子还原，生成氢化偶氮苯。

$$C_6H_5-NO_2 \xrightarrow[NaOH\text{-}C_2H_5OH]{Zn} C_6H_5-NH-NH-C_6H_5$$

钠或铵的硫化物、硫氢化物或多硫化物，如硫化钠、硫化铵、硫氢化钠、硫氢化铵等，在适当条件下，可选择性地将多硝基化合物中的一个硝基还原成氨基，而另一个不变。如：

$$m\text{-}O_2N-C_6H_4-NO_2 \xrightarrow[C_2H_5OH,\triangle]{Na_2S \text{ 或 } NaHS} m\text{-}H_2N-C_6H_4-NO_2$$

三、硝基对苯及其衍生物化学性质的影响

（一）对苯环上亲电取代反应的影响

如第七章芳香烃所述，硝基的强吸电子效应降低了苯环上的电荷密度，对苯环上的亲电

取代反应非常不利，使反应钝化，且使后取代进入硝基的间位。如：

$$\text{C}_6\text{H}_6 \xrightarrow[55\sim60^\circ\text{C}]{\text{浓 }HNO_3\text{，浓 }H_2SO_4} \text{C}_6\text{H}_5NO_2 \xrightarrow[90\sim100^\circ\text{C}]{\text{发烟 }HNO_3\text{，浓 }H_2SO_4} m\text{-C}_6\text{H}_4(NO_2)_2$$

（二）对苯环上亲核取代反应的影响

氯苯上的氯原子不活泼，很难与水发生亲核取代反应而被水解为羟基，但2,4-二硝基氯苯则很容易水解，只要与碳酸钠水溶液煮沸即可水解为2,4-二硝基苯酚。这是由于硝基的强吸电子效应，降低了苯环上的电荷密度，当硝基位于可离去的氯原子的邻对位时，与氯相连的碳原子的电子云密度明显下降，从而易于接受亲核试剂的进攻而发生亲核取代反应。硝基数目越多，影响越大。例如：

$$\text{2,4-}(NO_2)_2C_6H_3Cl + H_2O \xrightarrow[\triangle]{Na_2CO_3} \text{2,4-}(NO_2)_2C_6H_3OH + HCl$$

（三）对苯酚和苯甲酸酸性的影响

由于硝基的极强吸电子作用，使得酚羟基上的氢容易解离，从而使得酚的酸性增强。硝基对邻位、对位上的酚羟基酸性影响较强，对间位上的酚羟基也有一定的影响，但较弱（参见第九章醇、酚、醚）。例如：

	苯酚	间硝基苯酚	邻硝基苯酚	对硝基苯酚	2,4-二硝基苯酚
pK_a	9.89	8.28	7.17	7.16	3.96

同理，硝基也可使苯甲酸的酸性增强（参见第十一章羧酸和取代羧酸）。例如：

	苯甲酸	邻硝基苯甲酸	间硝基苯甲酸	对硝基苯甲酸
pK_a	4.20	2.21	3.49	3.42

四、硝基化合物的制备

（一）烷烃的硝化

脂肪族硝基化合物可通过烷烃的直接硝化（气相硝化）来制取。

$$CH_3CH_2CH_3 \xrightarrow[400^\circ C]{HONO_2} CH_3CH_2CH_2NO_2 + CH_3CHNO_2CH_3 + CH_3CH_2NO_2 + CH_3NO_2$$

（二）亚硝酸盐的烃化

脂肪族硝基化合物也可用无机亚硝酸盐和卤代烃进行亲核取代反应制取，得到硝基化合物和烷基亚硝酸酯的混合物。亚硝酸的锂、钠、钾、银盐都可以，卤代烷可用溴代烷或碘代烷。为防止亚硝基化，反应通常在非质子溶剂中进行。副产物亚硝基化合物可用尿素加以清除。

$$CH_3CH_2CH_2I + AgNO_2 \longrightarrow \underset{83\%}{CH_3CH_2CH_2NO_2} + \underset{11\%}{CH_3CH_2CH_2ONO}$$

$$CH_3CH_2Br + NaNO_2 \longrightarrow \underset{60\%}{CH_3CH_2NO_2} + \underset{30\%}{CH_3CH_2ONO}$$

（三）芳烃的硝化

在第七章芳香烃中已介绍过，用浓硝酸和浓硫酸的混酸作用于芳烃，可得到带有硝基的芳香族化合物，这是制取芳香族硝基化合物的最简便的方法。

$$C_6H_6 + HNO_3(浓) + H_2SO_4(浓) \xrightarrow{50\sim60℃} C_6H_5{-}NO_2 + H_2O$$

第四节　腈

一、腈的结构和命名

腈的官能团是氰基，即—CN，其结构通式为 R—CN。氰基中的碳原子和氮都是 sp 杂化。腈的结构类似于端基炔，只不过腈中氮原子的一对孤电子占据一个 sp 轨道，而端基炔碳原子的一个 sp 轨道与氢原子的 1s 轨道重叠形成碳氢 σ 键。乙腈和丙炔的电子结构如图 13-2 所示。

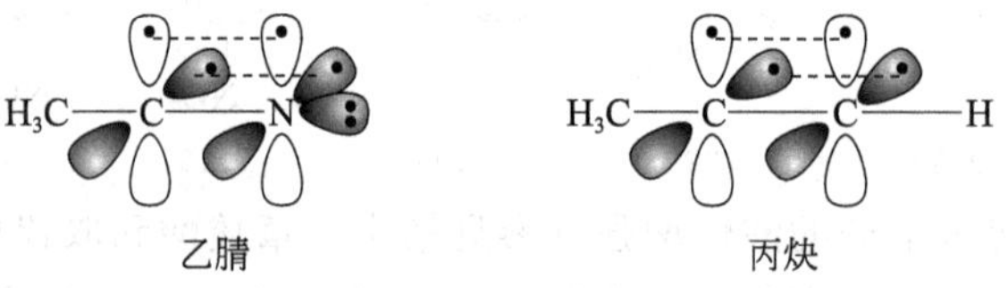

图 13-2　乙腈和丙炔的电子结构

腈中的孤对电子存在于 sp 杂化轨道上，s 轨道的成分占 50%。sp 杂化轨道靠近原子核，电子被束缚得很牢固。因此，尽管腈的氮原子上有一对孤对电子，但它的碱性非常弱。一个典型腈的 pK_b 大约是 24，需要高浓度的无机酸才能将腈质子化。

腈命名时要把—CN 中的碳原子计算在主链碳原子个数内，称“某腈”，并从—CN 的碳原子开始编号，如—CN 作为取代基，则称为氰基，氰基碳原子不计在内。

$CH_3C{\equiv}N$	$CH_3CH_2CH(CH_3)CH_2C{\equiv}N$	$CH_3CH_2CH(Br)CH_2C{\equiv}N$	$CH_3CH_2CH_2CH(CN)COOH$
乙腈	3-甲基戊腈	3-溴戊腈	2-氰基戊酸
	β-甲基戊腈	β-溴戊腈	α-氰基戊酸

二、腈的性质

（一）物理性质

由于腈中 sp 杂化氮原子的电负性很大，π 键容易被极化，因此腈的极性较大。腈的沸点比分子量相近的烃、醚、醛、酮和胺都要高，而与醇相近，比羧酸低。例如：

化合物	CH_3-CN	$C_2H_5NH_2$	CH_3CHO	C_2H_5OH	$HCOOH$
沸点/℃	82	16.6	21	78.3	100

腈与水形成氢键，所以在水中溶解度较大，低级腈能与水混溶。因低级腈能溶解盐类等离子化合物，故腈常用作溶剂及萃取剂。腈的毒性较大，使用时需加强防护。

（二）化学性质

1. 水解

在酸或碱催化下，通过加热可使腈水解成酰胺，继续水解生成羧酸。采用比较温和的水解条件并小心控制可使反应停留在酰胺这一步。

$$RCN \xrightarrow[H^+\text{或}OH^-]{H_2O} \underset{\text{一级酰胺}}{R-\overset{\overset{\displaystyle O}{\|}}{C}-NH_2} \xrightarrow[H^+\text{或}OH^-]{H_2O} RCOOH\text{ 或 }RCOO^-$$

2. 还原

腈可用 $LiAlH_4$、催化氢化等方法还原为伯胺。

$$RC\equiv N \xrightarrow[\text{或 1)}LiAlH_4\text{ 2)}H_2O]{H_2/Pt} R-CH_2-NH_2$$

$$C_6H_5-C\equiv N \xrightarrow[2)H_2O]{1)LiAlH_4} C_6H_5-CH_2-NH_2$$

$$C_6H_5-CH_2-C\equiv N + 2H_2 \xrightarrow{Ni} C_6H_5-CH_2-CH_2-NH_2$$

三、腈的制备

（一）酰胺脱水

酰胺脱水是合成腈最常用的方法之一。常用的脱水剂有：五氧化二磷、五氯化磷、三氯化磷和亚硫酰氯（二氯亚砜）等。

用亚硫酰氯作脱水剂时，除生成腈外，其他的产物是二氧化硫和氯化氢，因此产品容易纯化，操作方便。例如：

$$CH_3CH_2CH_2CH_2\underset{}{\overset{\overset{\displaystyle C_2H_5}{|}}{C}}HCONH_2 \xrightarrow[\text{苯,回流}]{SOCl_2} CH_3CH_2CH_2CH_2\overset{\overset{\displaystyle C_2H_5}{|}}{C}HCN$$

用五氧化二磷作脱水剂，将酰胺与五氧化二磷混合均匀后小心加热，反应完成后将腈从混合物中蒸出，产率很高。

$$(CH_3)_2CHCONH_2 \xrightarrow[200\sim220℃]{P_2O_5} (CH_3)_2CHCN$$

（二）卤代烃与金属氰化物作用

卤代烃与金属氰化物作用是合成腈的常用方法。为了增加卤代烃的溶解性，反应通常在乙醇中进行。氰化钠是最常用的金属氰化物（参见第八章卤代烃的化学性质）。

$$R-X+NaCN \xrightarrow[\triangle]{\text{乙醇}} R-CN+NaX$$

除了用乙醇作溶剂外，还可采用一些高沸点的溶剂，如乙二醇、*N*,*N*-二甲基甲酰胺、二甲亚砜等。金属氰化物除采用氰化钠外，还可采用氰化钾、氰化亚铜等。

随着相转移催化反应研究的发展，卤代烃与金属氰化物的反应，可以借助于相转移催化剂在水溶液中进行。例如，1-溴辛烷与氰化钾水溶液在80℃下反应4h，生成壬腈，产率可达95%以上。

$$C_8H_{17}Br + KCN \xrightarrow[80℃]{冠醚/H_2O} C_8H_{17}CN + KBr$$

（三）重氮盐与金属氰化物作用

重氮盐与金属氰化物作用，重氮基被氰基取代，生成相应的芳腈（参见本章重氮盐的化学性质）。例如，对硝基苯胺经重氮化，与氰化亚铜作用生成对硝基苯腈。

$$p\text{-}NO_2C_6H_4NH_2 \xrightarrow[2)CuCN]{1)NaNO_2/HCl} p\text{-}NO_2C_6H_4CN$$

用此法制备芳腈时，苯环上若存在其他取代基，如酰基、羧基、硝基和卤素等，反应不受影响。

（四）烃的氨氧化

烃的氨氧化法合成腈不仅在工业上具有重要的作用，而且也适用于实验室制备某些腈。制备时通常是将烃、氨、空气的混合物通过一定温度的催化剂进行氧化。例如，邻二甲苯在氧化锑、氧化钨催化下的氨氧化。

$$o\text{-}C_6H_4(CH_3)_2 \xrightarrow[500℃]{NH_3/空气/催化剂} o\text{-}CH_3C_6H_4CN + o\text{-}C_6H_4(CN)_2$$

四、重要的腈

（一）乙腈

乙腈又名甲基腈，分子式为C_2H_3N，结构简式为CH_3CN，熔点为（−43±2）℃，沸点为81.6℃，为无色透明液体，相对密度为0.7768，易挥发，带芳香气味，但久闻则可致嗅觉疲劳而不易感知其存在。乙腈溶于水，也易与乙醇、乙醚、丙酮、氯仿、四氯化碳、氯乙烯等混溶，是实验室常用的溶剂。其水溶液不稳定，可水解为醋酸和氨。

（二）丙烯腈

丙烯腈又名氰基乙烯、乙烯基氰，结构简式为$CH_2=CHCN$，为无色液体，具有特殊的杏仁气味，沸点为77.3℃，相对密度为0.8060，微溶于水，与水形成共沸混合物，其低浓度水溶液很不稳定。丙烯腈在工业上主要用于腈纶纤维、丁腈橡胶、ABS工程塑料及丙烯酸酯、丙烯酸树脂的制造等。

（三）偶氮二异丁腈

偶氮二异丁腈又名2,2′-偶氮二异丁腈、2,2′-偶氮双（2-甲基丙腈），为白色晶体，熔点为 102～104℃，不溶于水，可溶于乙醇、乙醚、甲苯和苯胺等。偶氮二异丁腈用作制泡沫塑料和泡沫橡胶的发泡剂（起泡剂 N 或发泡剂 N），也用作自由基聚合（如聚氯乙烯等）的引发剂，可由丙酮、水合肼和氢氰酸或由丙酮、硫酸肼和氰化钠作用再经氧化制得。

名人追踪

奥格斯特·威廉·冯·霍夫曼（August Wilhelm von Hofmann，1818—1892）

德国化学家。最初研究煤焦油化学，在英国期间解决了英国工业革命中面临的煤焦油副产品处理问题，开创了煤焦油染料工业。珀金在他的指导下于 1856 年合成了第一个人造染料苯胺紫，他本人合成了品红，从品红开始，合成一系列紫色染料，称霍夫曼紫。回国后发展了以煤焦油为原料的德国染料工业。他在有机化学方面的贡献还有：研究苯胺的组成；由氨和卤代烷制得胺类；发现异氰酸苯酯、二苯肼、二苯胺、异腈、甲醛；制定测定分子量用的蒸气密度法，改进有机分析和操作法；发现四级铵碱加热至 100℃以上分解成烯烃、三级胺和水的反应，称霍夫曼反应，也称霍夫曼规则，直至今日，这一反应及经验规则仍然指导着实践，而且已经完全能从理论的角度对此给予合理的解释。1881 年，他又发现了将一级酰胺转化为少一个碳原子的伯胺的重要反应，即著名的霍夫曼降解（或重排）反应，这一反应至今仍广为采用。霍夫曼在化学理论方面，于 1849 年最先提出“氨型”的概念，成为后来“类型说”的基础。他提出胺类是由氨衍生而来的，其中氢原子为烃基取代而成。伯、仲、叔胺由此命名。他发现了季铵盐，指出氢氧化四乙铵为强碱性。霍夫曼发表论文 300 多篇，著有《有机分析手册》和《现代化学导论》等书。

霍夫曼投身于化学研究，一生勤勤恳恳。他有一双善于发现的眼睛，从一个个具体的化合物及反应中发现它们的共性，进而再经过实验进行验证，他让我们看到了“观察—发现—分析—研究—验证”在科学研究中的重要性。“从特殊性中发现普遍性，从普遍性中认识特殊性。”值得学生们在今后的学习与工作中加以借鉴。

习 题

1. 命名下列化合物。

(1) $NH_2CH_2(CH_2)_3CH_2NH_2$

(2) $CH_3CH(CH_3)CH_2CH(NH_2)CH_2CH_3$

(3) $C_6H_5-NHC_2H_5$

(4) $[(CH_3)_4N]^+Br^-$

(5) $CH_3CH_2CH_2CH_2-CH(CH_2CH_3)-C\equiv N$

(6) $[(C_2H_5)_2N(CH_3)_2]^+OH^-$

(7) $H_3C-C_6H_4-SO_2NH_2$（对位）

(8) $H_3C-C_6H_3(Cl)-NO_2$（Cl 位于甲基邻位）

(9) $C_6H_5-\overset{+}{N}\equiv NCl^-$

(10) $H_3C—C(CH_3)(CN)—N{=}N—C(CH_3)(CN)—CH_3$

2. 写出下列化合物的结构式。

(1) (*R*)-仲丁胺　　(2) *N*,*N*-二甲基-2,4-二乙基苯胺　　(3) 乙二胺

(4) 二乙胺　　(5) 苄胺　　(6) 丙烯腈

(7) 碘化四乙铵　　(8) 对氨基苯磺酰胺　　(9) 乙酰胆碱

(10) 偶氮苯　　(11) TNT　　(12) *β*-萘胺

3. 将下列化合物按沸点从低到高的顺序进行排列。

丙胺　　丙醇　　甲乙醚　　甲乙胺

4. 写出下列体系中可能存在的氢键。

(1) 纯的二甲胺　　(2) 二甲胺的水溶液

5. 将下列化合物按碱性由强至弱的顺序进行排列。

(1) NH_3　　环己胺　　哌啶　　苯胺　　二苯胺

(2) $CH_3CH_2NH_2$　　CH_3CONH_2　　NH_2CONH_2　　$[(CH_3)_4\overset{+}{N}]\ OH^-$　　NH_3

(3) 对氯苯胺　　对甲基苯胺　　对硝基苯胺　　苯胺

6. 写出下列反应的主要产物。

(1) $CH_3COCl + CH_3CH_2NHCH_3 \longrightarrow$

(2) $C_6H_5—NHCH_3 \xrightarrow[HCl]{NaNO_2}$

(3) $C_6H_5—NHCH_3 \xrightarrow{(CH_3CO)_2O}$

(4) $C_6H_5—N_2^+Cl^- \xrightarrow[H_2O]{H_3PO_2}$

(5) 间甲基苯胺（H_3C-C_6H_4-NH_2）$\xrightarrow[0\sim5℃]{NaNO_2+HCl}$ $\xrightarrow[弱\ H^+]{C_6H_5—N(CH_3)_2}$

(6) $C_6H_5—NO_2 \xrightarrow{Fe+HCl}$ $\xrightarrow{CH_3COCl}$

(7) 环己基—NH_2 $\xrightarrow{过量\ CH_3I}$ $\xrightarrow{AgOH}$ $\xrightarrow{\triangle}$

(8) $H_2C(COCl)_2 + H_2N—\overset{O}{\overset{\|}{C}}—NH_2 \longrightarrow$

(9) $CH_3CH_2CN \xrightarrow[\triangle]{H^+/H_2O}$

(10) $C_6H_5—CH_2C{\equiv}N \xrightarrow[2)\ H_2O]{1)\ LiAlH_4}$

7. 用化学方法鉴别下列各组化合物。

（1）乙胺　二乙胺　三乙胺

（2）邻甲苯胺　*N*-甲基苯胺　苯甲酸　邻羟基苯甲酸

（3）*N*-甲基乙胺　乙酰胺　尿素

（4）苯胺　苯酚　苯甲醇　苯甲醛

8. 由指定原料合成产物（其他试剂任选）。

（1）由苯合成1,3,5-三溴苯　（2）由乙醇合成2-氨基丁烷

（3）由甲苯合成4-甲基-2,6-二溴苯酚　（4）由苯制备对硝基苯胺

（5）由硝基苯制备 Br, N=N, NH$_2$

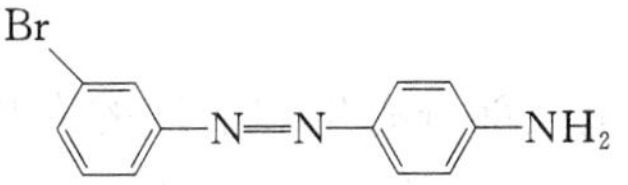

（6）由甲苯和*β*-萘酚制备 OH, N=N, CH$_3$

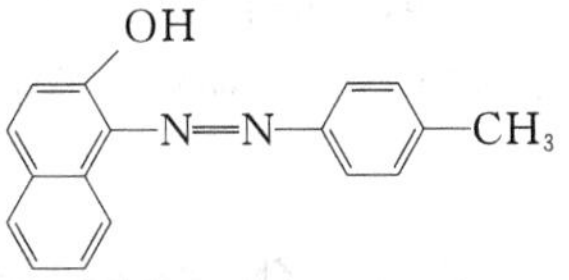

9. *N*-甲基苯胺中混有少量苯胺和*N*,*N*-二甲基苯胺，怎样将*N*-甲基苯胺提纯？

10. 将苄胺、苄醇和对甲苯酚的混合物分离为三种纯的组分。

11. 推断结构。

（1）化合物A分子式为$C_5H_{13}N$，A与盐酸反应生成盐，室温下A可与亚硝酸反应放出N_2，并得到产物之一为B（$C_5H_{12}O$），B经$KMnO_4$氧化得到C（$C_5H_{10}O$），B和C都可发生碘仿反应；C与托伦试剂不反应，但C与锌-汞齐浓盐酸反应得正戊烷。试推断A、B、C的结构式并写出相关反应式。

（2）化合物A分子式为$C_5H_{11}O_2N$，具有旋光性；用稀碱处理发生水解生成B和C。B也具有旋光性，它既能与酸成盐，也能与碱成盐，也能与HNO_2反应放出N_2。C没有旋光性，能与金属钠反应放出氢气，并能发生碘仿反应。试写出A、B和C的结构式及有关反应式。

（3）某化合物A，分子式为C_6H_7N，具有碱性。A的盐酸盐与亚硝酸在0～5℃时作用生成化合物B（$C_6H_5N_2Cl$）。在碱性溶液中，化合物B与苯酚作用生成具有颜色的化合物C（$C_{12}H_{10}ON_2$）。试写出A、B和C的结构式及有关反应式。

第十四章　杂环化合物

杂环化合物在生物体系中特别重要，绝大部分有生理活性的有机分子都含有各种杂环结构，现已发现的含杂环结构的化合物占全部已知有机化合物的65%以上，并广泛应用于医药、农药、染料、生物模拟材料、超导材料、分子器件、储能材料等领域。

第一节　杂环化合物概述

环状结构的有机物，参与成环的原子除碳原子外，还含有其他原子时称为杂环化合物。碳原子以外的其他原子统称为杂原子，常见杂原子有氧、硫、氮等。广义上说，许多有机化合物都是杂环结构，如内酯、内酰胺、交酯以及环醚等，但它们都容易被破环形成开链化合物，它们的理化性质与脂肪族化合物相似，所以习惯上不把它们归入杂环化合物。本章所讨论的是环系比较稳定，且具有一定芳香性的杂环体系，即所谓的芳（香）杂环化合物。

杂环化合物数目庞大，天然或合成的都很常见。如动植物体内具生理作用的血红素、核酸、叶绿素、维生素、抗生素和一些生物碱等都属于杂环化合物，临床使用的药物中约有三分之二含有杂环结构。因此，杂环化学已成为有机化学研究中的一个重要分支。

一、杂环化合物的分类和命名

杂环化合物通常按其骨架进行分类。以环的形式可分为单杂环和稠杂环两大类。五元和六元杂环是最常见的单杂环，稠杂环则由苯与单杂环或由两个及两个以上单杂环稠合而成。常见杂环化合物的名称和结构见表14-1。

表 14-1　常见杂环化合物的名称和结构

分类		常见的杂环化合物
单杂环	五元	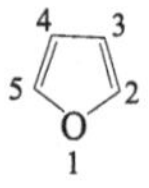 呋喃 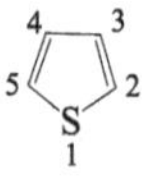　噻吩 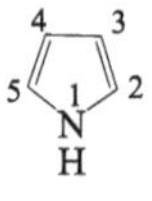　吡咯 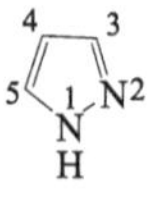　吡唑 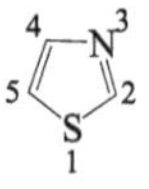　噻唑 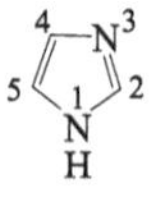　咪唑 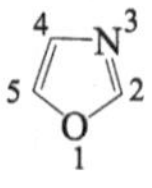　噁唑 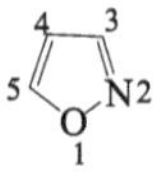　异噁唑
	六元	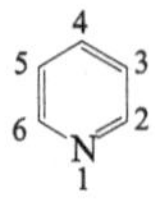 吡啶 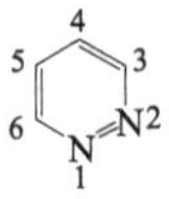　哒嗪 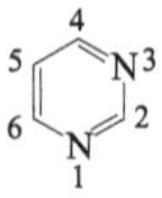　嘧啶 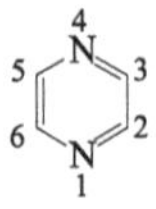　吡嗪 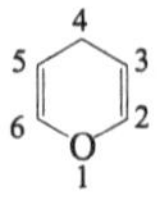　4*H*-吡喃 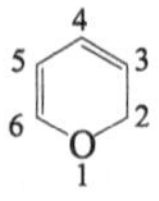　2*H*-吡喃

续表

分类	常见的杂环化合物
稠杂环	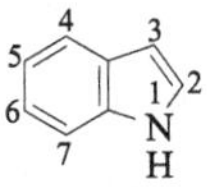 吲哚 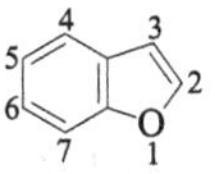　苯并呋喃 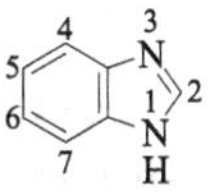　苯并咪唑 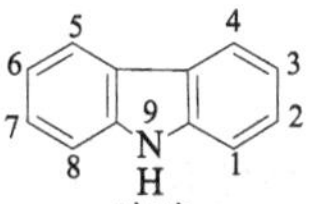　咔唑
	喹啉　异喹啉　嘌呤　蝶啶
	吖啶　吩嗪　吩噻嗪

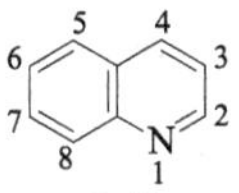

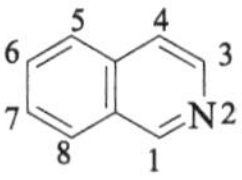

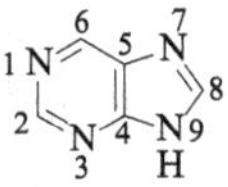

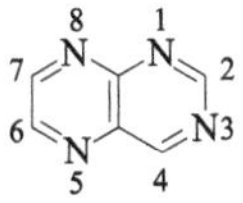

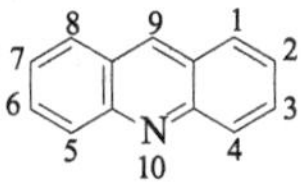

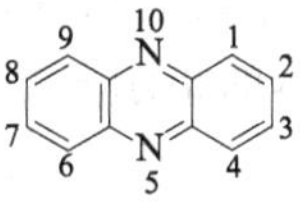

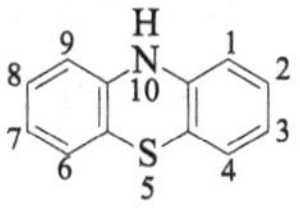

杂环化合物的命名多采用音译法，即按外文名称译音，选用同音汉字加“口”字旁，表示为杂环化合物。命名时一般遵循以下规则：

含一个杂原子的单杂环，杂原子编为1号；若以希腊字母编号，则杂原子的邻位为 α 和 α' 位，其次为 β 和 β' 位等。例如，

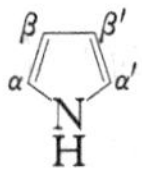

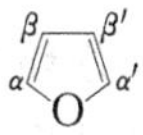

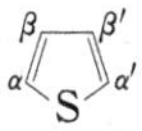

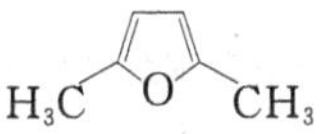

2,5-二甲基呋喃（α,α'-二甲基呋喃）　4-乙基吡啶（γ-乙基吡啶）　3-吡啶甲酸（烟酸）（β-吡啶甲酸）

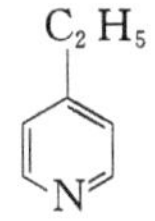

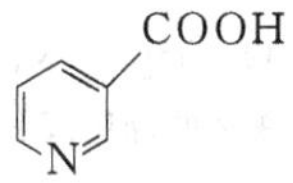

含两个或两个以上相同杂原子的单杂环，连有氢原子或取代基的杂原子编为1号，并使其余杂原子编号尽可能小；多个杂原子同时存在时，按O、S、N（H）、N的顺序编号，并使其余杂原子编号尽可能小。例如：

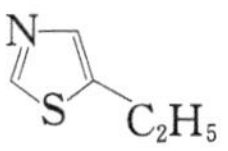

5-乙基噻唑 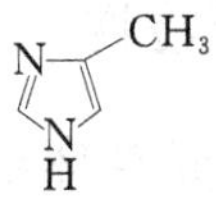　4-甲基咪唑

含两个或两个以上杂原子（至少一个为氮原子）的五元单杂环统称“某唑”；含氧的称“噁”；含硫的称“噻”。含两个或两个以上杂原子（至少一个为氮原子）的六元单杂环大多称“某嗪”。例如：

噁唑 　1,3,4-噁二唑 　噻唑 　1,3,4-噻二唑 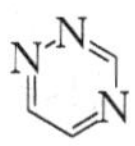　1,2,4-三嗪

稠杂环编号较复杂，通常从杂原子一端开始，依次编号一周（共用边的碳一般不编号），并尽可能使杂原子的编号小（参见吲哚、苯并呋喃、苯并咪唑、喹啉、蝶啶），不同杂原子仍按氧、硫、氮的顺序（参见吩噻嗪）；有些稠杂环按相应的环烃编号，此时杂原子编号为

最大（参见吖唑、吖啶）。例如：

吲哚　　　喹啉

嘌呤的命名是特例，其共用边的碳原子参与编号，且编号顺序也很特殊；异喹啉的命名也是特例，没有从杂原子开始编号。

嘌呤　　　异喹啉

杂环若除已含有最多数目的非聚集双键外，还含有饱和的氢原子，则该氢原子称为“指示氢”或“标氢”，其不同异构体的指示氢位号用斜体“*H*”作词首来表示。例如：

2*H*-吡咯　　　4*H*-吡喃　　　3*H*-吲哚

杂环若尚未含有最大可能数目的非聚集双键，这样的饱和氢原子为外加氢，命名时需标明加氢的位置、数目，如全部饱和的，可省略位次。例如：

2,5-二氢吡咯　　　四氢呋喃（THF）　　　3,4-二氢喹啉

杂环母环名称和编号确定后，即可参照芳环化合物的命名规则，将环上的其他取代基的位置、数目、名称列于母体名称前；有时也可将杂环作为取代基来命名。例如：

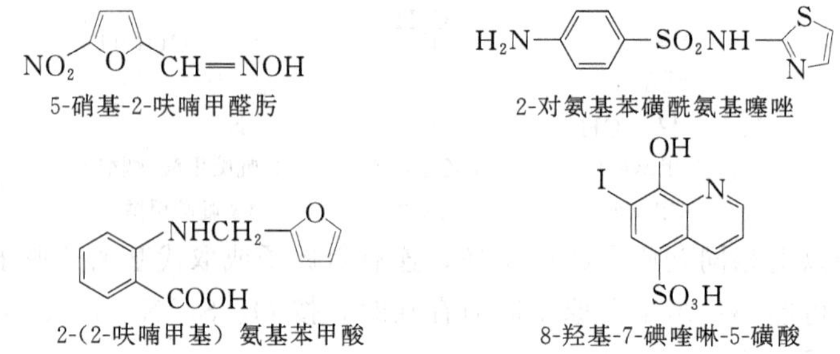

5-硝基-2-呋喃甲醛肟　　　2-对氨基苯磺酰氨基噻唑

2-(2-呋喃甲基) 氨基苯甲酸　　　8-羟基-7-碘喹啉-5-磺酸

二、杂环化合物的结构与芳香性

（一）含一个杂原子的五元杂环结构

呋喃、噻吩、吡咯是一类重要的五元杂环化合物。测定表明，这三个化合物都为平面结构，碳原子和杂原子均以 sp^2 杂化轨道互相连接成 σ 键；每个碳原子都有一个未杂化的带一个单电子的 p 轨道，杂原子的未杂化 p 轨道中有两个电子，这些 p 轨道互相平行，共同组成一个环状闭合的 p-π（6 电子）共轭体系，符合休克尔规则，因此三者都具有芳香性，容易进行亲电取代反应，但较难进行加成反应，也不易被氧化。见图 14-1。

虽然呋喃、噻吩和吡咯都具有芳香性，但由于杂原子的存在，它们的结构和性质并不等同于苯，而具有自身结构的特点：

① 键长虽有一定程度的平均化，但有别于苯的完全平均化，故芳香性较苯差。

② 三者芳香性强弱顺序是：噻吩＞吡咯＞呋喃。因为噻吩中硫原子体积大，环内键角

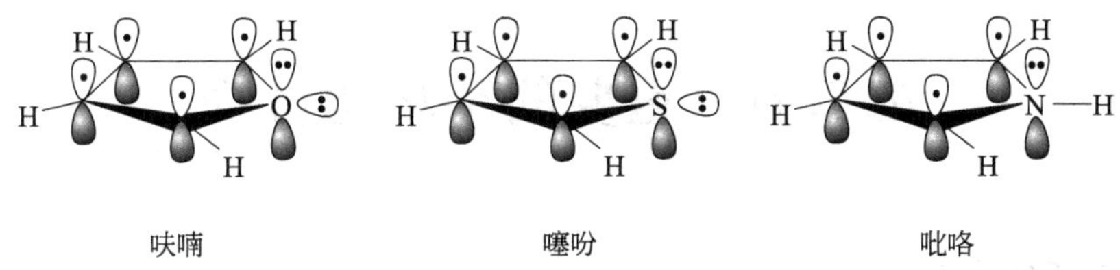

呋喃　　噻吩　　吡咯

图 14-1　呋喃、噻吩、吡咯的结构

张力最小，稳定性高，芳香性强；吡咯、呋喃环内张力相近，但吡咯中氮原子电负性相对氧的电负性小，孤对电子向环上离域的程度较大，使键长平均化程度较呋喃高，故芳香性强于呋喃。

③ 五元杂环为五个原子共享 6 个 π 电子，环上电子云密度较苯高，称为富电子芳杂环，性质比苯活泼，易发生亲电取代反应，尤其是在 α 位。

（二）含两个杂原子的五元杂环的结构

五元杂环中含有两个杂原子（至少一个为氮原子）的体系称为唑，根据杂原子位置的不同又可分为 1，2-唑和 1，3-唑。本节只介绍噻唑、吡唑和咪唑，它们可分别看成是噻吩或吡咯环上 2 位或 3 位上的 CH 换成了 N 原子。

该环系中，1 位杂原子和碳原子以 sp^2 杂化轨道成键，1 位杂原子的未杂化 p 轨道上有两个电子，碳原子未杂化的 p 轨道上各带一个电子；2 位或 3 位的杂原子也以 sp^2 杂化轨道成键，孤对电子占据的是一个 sp^2 杂化轨道，未杂化的 p 轨道上只含有一个电子，参加共轭体系的电子数为 6，符合休克尔规则，因此噻唑、吡唑和咪唑都具有芳香性。此外，2 位或 3 位的氮原子有一对孤对电子在一个 sp^2 杂化轨道上，未参与共轭，因而唑具有一定的碱性。但因孤对电子处于 sp^2 杂化轨道，受核影响较大，故碱性弱于一般的胺类。参见图 14-2。

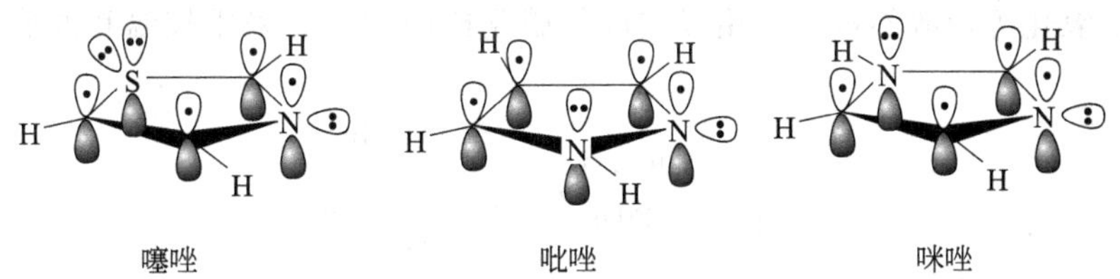

噻唑　　吡唑　　咪唑

图 14-2　噻唑、吡唑、咪唑的结构

（三）六元杂环的结构

以吡啶为例说明六元杂环的结构（图 14-3）。吡啶分子中各原子均以 sp^2 杂化轨道成键，未杂化的 p 轨道上各有一个电子，互相平行，形成闭合的 6 电子共轭体系，因此具有芳香性；另外，氮原子的一个未成键的 sp^2 杂化轨道上存在一对孤对电子，因而吡啶具有碱性，碱性较苯胺强；但由于孤对电子处于 sp^2 杂化轨道，故仍属弱碱，其碱性弱于胺（氨）。此外，氮的 $-I$ 和 $-C$ 效应使环上碳的电子云密度相对降低，称缺电子芳杂环，因此，吡啶的亲电取代反应活性比苯弱，且主要取代在 β 位，而亲核取代相对变易；氧化变难，还原变容易。

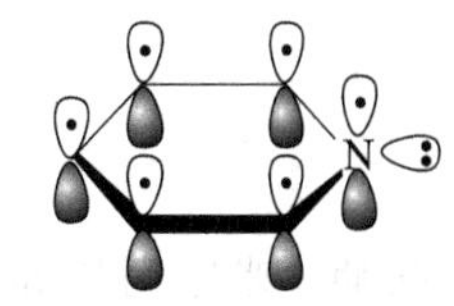

图 14-3　吡啶的结构

其他六元杂环的结构特点与吡啶类似，除吡喃外都是非苯芳香族化合物。

第二节　重要的杂环化合物

一、五元杂环化合物

（一）呋喃、噻吩和吡咯

1. 化学性质

（1）酸碱性

吡咯分子中氮原子上的孤对电子参与了共轭，不易接受质子也不易形成氢键，因而碱性大大降低，也难溶于水。吡咯虽为仲胺结构，其碱性（$pK_b=13.6$）却比苯胺（$pK_b=9.3$）弱，遇酸不能形成稳定的盐，而是聚合成树脂状物质。另一方面，由于氮的强吸电子作用，使氮氢键的极性增强，氢能以质子的形式解离，而显出一定的酸性（$pK_a=15$），其酸性较醇强、较酚弱，能与强碱形成盐。

吡咯（N—H）$+KOH(s) \xrightleftharpoons{\triangle}$ 吡咯钾（N—K^+）$+H_2O$

（2）亲电取代反应

五元杂环呋喃、噻吩、吡咯都是富电子芳杂环体系，碳上的电子云密度比苯大，因而亲电取代反应比苯更易发生，可进行卤代、硝化、磺化和傅-克反应。反应通常在比较温和的条件下就可以进行，且优先取代在 α 位。其中吡咯的反应活性最大，噻吩活性最小，其亲电取代反应活性顺序是：吡咯＞呋喃＞噻吩＞苯。

吡咯、呋喃分子中的杂原子遇强酸能质子化，使芳香大 π 键破坏而显示共轭二烯的性质，易聚合、氧化等，故不可直接用强酸进行硝化或磺化，需采用较温和的非质子性试剂。例如：

吡咯 $\xrightarrow[\text{EtOH}]{Br_2, 0℃}$ 2,3,4,5-四溴吡咯（Br、Br、Br、Br，N—H）

呋喃 $\xrightarrow[\text{1,4-二噁烷}]{Br_2, 0℃}$ 2-溴呋喃（Br）

噻吩 $\xrightarrow[\text{室温}]{Br_2, HOAc}$ 2-溴噻吩（Br）

吡咯 $\xrightarrow[\text{乙酐，}-10℃]{CH_3COONO_2\text{（乙酰硝酸酯）}}$ 2-硝基吡咯（NO_2）

吡咯 $\xrightarrow[\text{吡啶，}100℃]{SO_3}$ 吡咯-2-磺酸（SO_3H）

吡咯 $\xrightarrow[150\sim200℃]{(CH_3CO)_2O}$ 2-乙酰基吡咯（$COCH_3$）

呋喃、吡咯对酸和氧化剂敏感，易发生氧化、聚合、开环等反应。如吡咯置于空气中颜色很快变深。呋喃的共轭二烯性质最明显，能发生 Diels-Alder 反应。

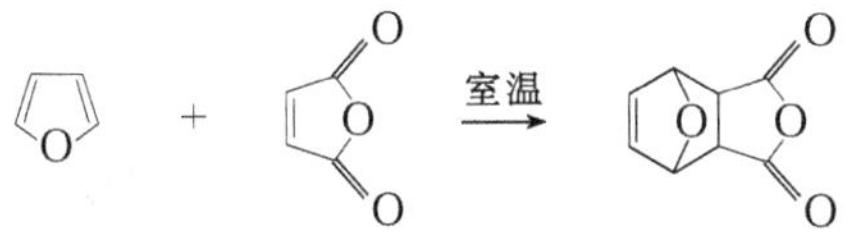

（3）加成反应

呋喃、噻吩、吡咯分子中都有一个类似顺式丁二烯型结构，因而这些分子具有不饱和性，加之它们的芳香性又都不如苯强，因此它们比苯容易发生催化加氢反应，且可以在较缓和的条件下进行，生成相应的加氢产物。

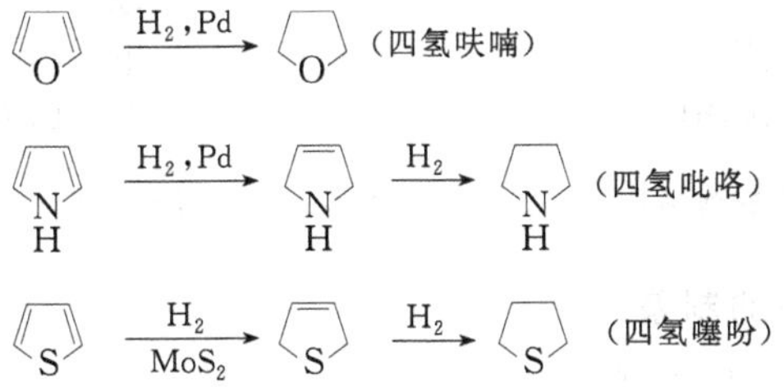

（四氢呋喃）

（四氢吡咯）

（四氢噻吩）

加氢的最终产物都是饱和的杂环化合物，但它们已不再具有芳香性，而具有和相应的脂肪族化合物相近的化学性质。

2. 重要的衍生物

（1）α-呋喃甲醛

α-呋喃甲醛，俗称糠醛，是呋喃的重要衍生物，可由农副产品米糠、玉米芯、花生壳、高粱秆等水解制取。纯糠醛为无色液体，沸点 162℃。糠醛与苯胺在醋酸存在下显示亮红色，可作为糠醛的定性检验。糠醛是一种良好的溶剂，常用于精炼石油。糠醛既具有无 α-H 的芳香醛的特性，又具有呋喃杂环的特性，因此用途广泛，是重要的有机合成原料。

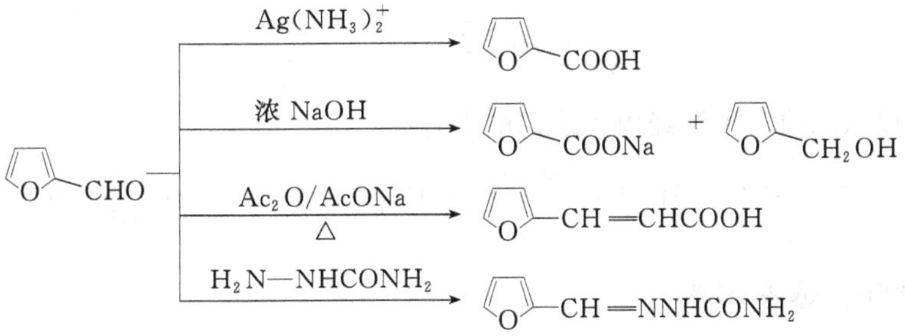

（2）叶绿素、血红素

吡咯的衍生物广泛存在于自然界，且在动植物体内具有特殊的生理功能，如血红素、叶绿素、维生素 B_{12} 以及许多生物碱中均含有吡咯环。吡咯衍生物中最重要的是卟啉化合物。

卟啉化合物的基本结构是由四个吡咯环或氢化吡咯环的 α-碳原子通过四个次甲基（—CH＝）交替连接组成的大环，成环的原子都在一个平面上，是一个复杂的共轭体系，具有芳香性，此大环叫做卟吩环（图 14-4），含卟吩环的化合物叫卟啉化合物。

吡咯环上的氮原子在不改变环结构的情况下，可以共价键或配位键与不同的金属结合，同时四个吡咯环的 β 位还可以存在不同的取代基，从而形成不同的卟啉化合物（图 14-5，图 14-6）。

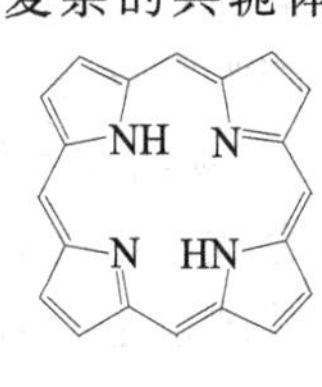

图 14-4 卟吩环

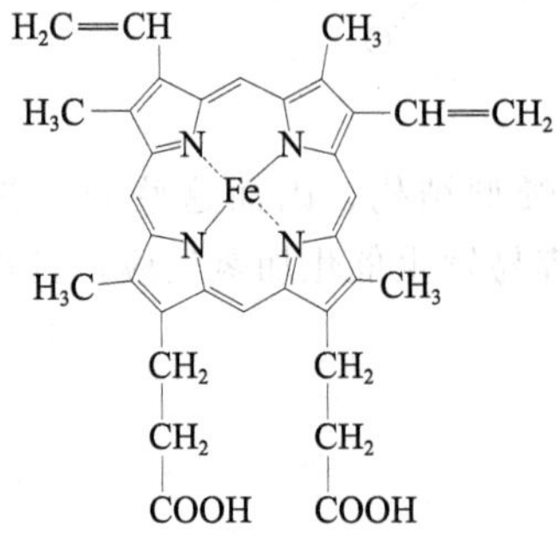

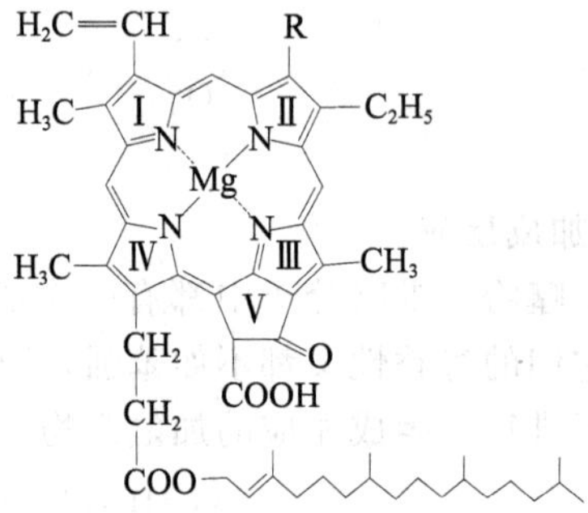

$R{=}CH_3$　为叶绿素a

$R{=}CHO$　为叶绿素b

图 14-5　血红素的结构

图 14-6　叶绿素的结构

3. 呋喃、噻吩、吡咯的制备

呋喃很容易由糠醛去羰基化制得。

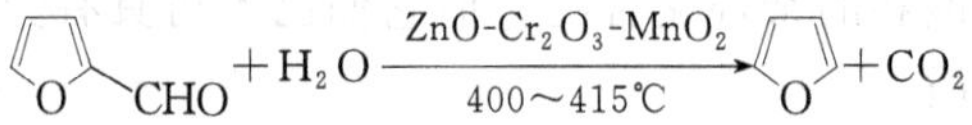

$$\text{糠醛} + H_2O \xrightarrow[400\sim415℃]{ZnO\text{-}Cr_2O_3\text{-}MnO_2} \text{呋喃} + CO_2$$

噻吩和吡咯都存在于煤焦油中，但量很少，工业上如需分离、收集，则须经特别处理。噻吩还可通过 C_4 馏分来制备：丁烷与硫化氢或丁烯与二氧化硫在高温下反应可得噻吩。

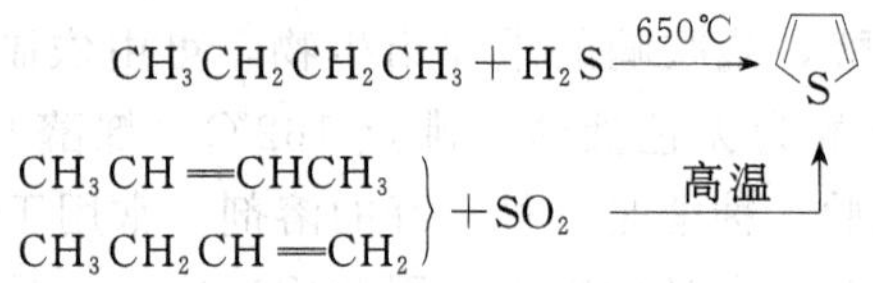

$$CH_3CH_2CH_2CH_3 + H_2S \xrightarrow{650℃} \text{噻吩}$$

$$\left.\begin{matrix} CH_3CH{=}CHCH_3 \\ CH_3CH_2CH{=}CH_2 \end{matrix}\right\} + SO_2 \xrightarrow{\text{高温}} \text{噻吩}$$

呋喃与氨在高温下反应得吡咯。

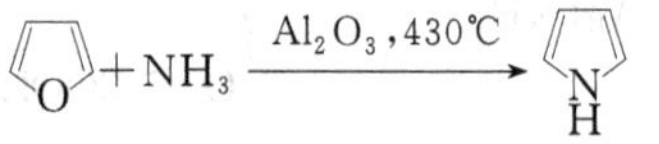

$$\text{呋喃} + NH_3 \xrightarrow{Al_2O_3,430℃} \text{吡咯}$$

吡咯还可以从乙炔与甲醛经由丁炔二醇来合成。

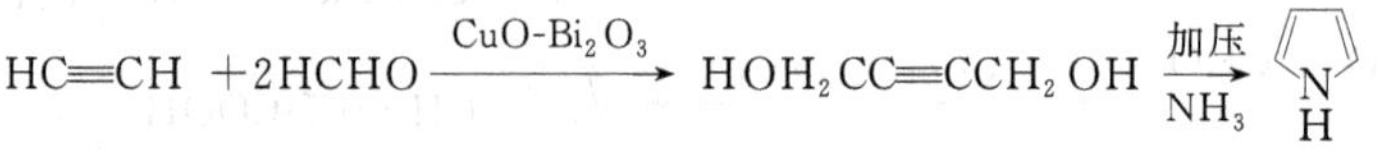

$$HC{\equiv}CH + 2HCHO \xrightarrow{CuO\text{-}Bi_2O_3} HOH_2CC{\equiv}CCH_2OH \xrightarrow[NH_3]{\text{加压}} \text{吡咯}$$

（二）吡唑、噻唑和咪唑

吡唑、噻唑和咪唑都具有芳香性，比较稳定，不易被氧化。这些性质与呋喃、噻吩、吡咯很相似，因此可以把吡唑、噻唑和咪唑看成是由氮原子分别置换了呋喃、噻吩、吡咯中的一个次甲基后衍生出来的。但由于含有两个电负性强的杂原子，这些环系不是正五边形的，因此与只含一个杂原子的环系又有所不同。

吡唑是含有两个氮原子的五元杂环，两个氮原子分别处于环上的 1 位和 2 位。吡唑室温时为固体，熔点 70℃。

噻唑是含有一个硫原子和一个氮原子的五元杂环，无色，有吡啶臭味的液体，沸点 117℃，易与水互溶，有弱碱性。性质较稳定，在空气中不会自动氧化。某些重要的天然产物及合成药物含有噻唑结构。

咪唑也是含有两个氮原子的五元杂环，但两个氮原子分别处于环上的 1 位和 3 位。咪唑室温下为无色固体，熔点 90℃，易溶于水。

1. 化学性质

（1）酸碱性

吡唑、噻唑和咪唑分子中都有一个叔氮原子，所以它们都是弱碱性的，都能与酸生成结晶状的盐。

咪唑分子比较特殊，含有一个叔氮原子和一个仲氮原子，所以它既是质子的给予体，又是质子的接受体，其分子是一个互变异构体。例如，4-甲基咪唑与5-甲基咪唑：

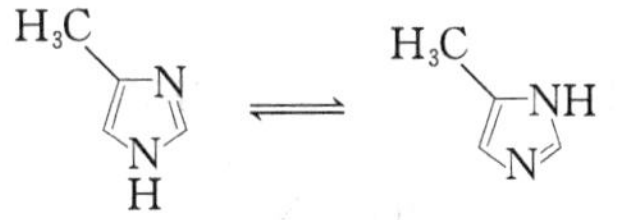

4-甲基咪唑 ⇌ 5-甲基咪唑

室温下因其不可分离，所以也称作4(5)-甲基咪唑。

同样，吡唑分子也是一个互变异构体，如3(5)-甲基吡唑：

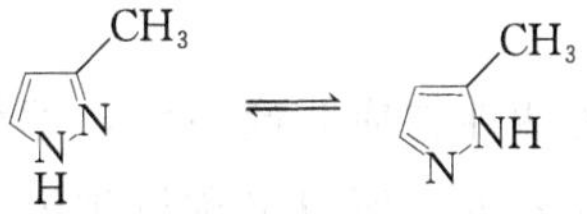

3-甲基吡唑 ⇌ 5-甲基吡唑

咪唑的碱性较噻唑强，因3位上的氮原子能与氢离子结合而生成稳定的盐；它也有微弱的酸性，与吡咯一样，1位氮原子所连的氢原子可被碱金属原子置换生成盐。

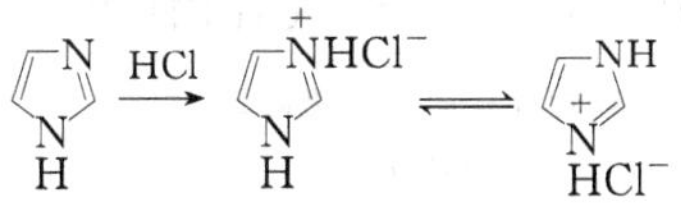

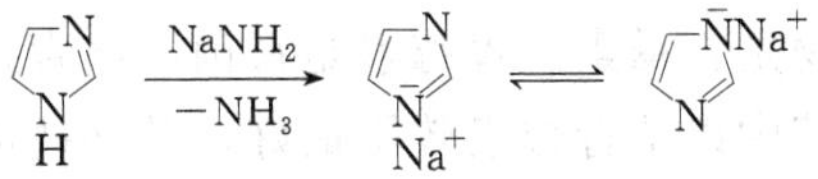

吡唑因两个氮原子相连而使碱性降低，为三者中最弱，吡唑比咪唑约低4.5pK_a单位。

（2）亲电取代反应

吡唑、噻唑和咪唑分子中，由于两个杂原子的强吸电子作用，使环上碳原子的电子云密度都比相应的五元单杂环低，因此它们的亲电反应活性就比呋喃、噻吩、吡咯要低。但是，由于在唑分子中N或S原子上的p电子参与唑环的共轭体系，使唑环碳原子上的电子云密度比吡啶高一些。总的结果是，唑环的亲电取代反应活性小于五元单杂环，大于吡啶。亲电取代进入唑环的位置，与吡啶类似，一般在叔氮原子的间位上。

动力学表明，咪唑、吡唑发生硝化反应时，先与酸生成盐，然后盐再进一步反应生成硝化产物。同样条件下，噻唑不能发生硝化反应。

磺化反应与硝化反应类似，但噻唑要比咪唑困难。

唑环进行卤代反应一般比苯容易些，通常不需要加入像苯卤化时所用的催化剂。但唑的卤代反应非常复杂，所用试剂、反应条件不同，卤素能与唑发生不同类型的反应；卤素不同，产物也不同。

2. 重要的衍生物

（1）吡唑酮

吡唑中最重要的衍生物是吡唑酮的衍生物，如最早合成的含有吡唑酮结构的一个药物叫安替比林，是用乙酰乙酸乙酯与苯肼缩合制备的，它有退热的作用。

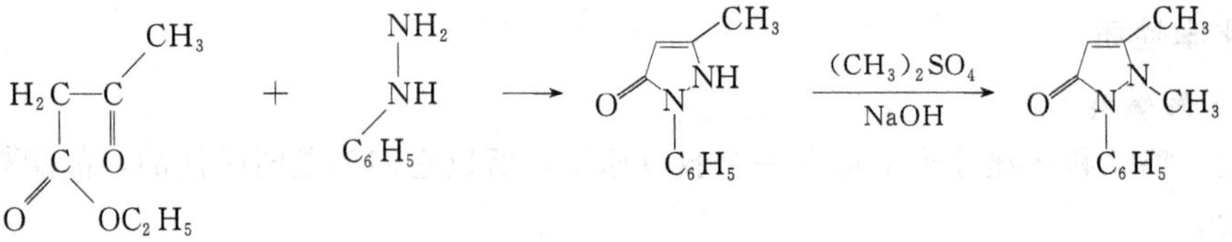

吡唑酮存在下列互变异构体。吡唑酮可按各种异构体反应，上述安替比林的合成是按(3)式发生反应的。

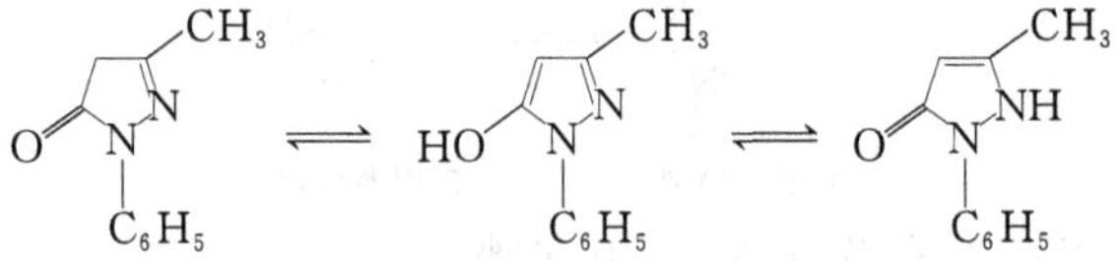

(1)　(2)　(3)

(2) 硫胺素

从米糠里提取到一种含噻唑的活性物质叫硫胺素，即维生素 B_1，缺乏维生素 B_1 会导致脚气病。它可以用来治疗多发性神经炎，所以又称抗神经炎素。

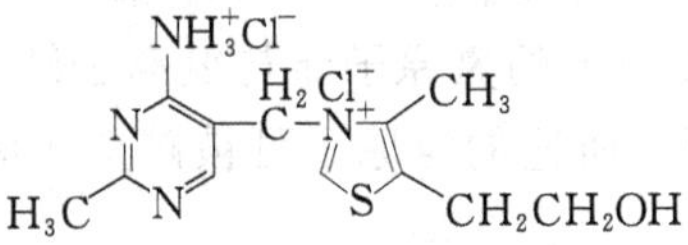

嘧啶环　噻唑环

维生素 B_1

(3) 青霉素

另一个重要的噻唑衍生物是青霉素。青霉素是霉菌，属青霉菌所产生的一类抗生素的总称。天然的青霉素有 7 种，其中以苄青霉素效果最好，其钠盐或钾盐是治疗革兰阳性菌感染的首选药物。

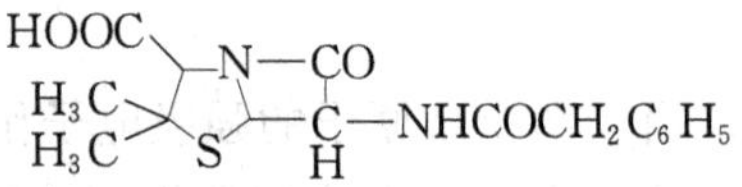

氢化噻唑环

苄青霉素（青霉青 G）

苄青霉素毒性低，疗效好，但抗菌谱窄，易产生耐药性，少数人会有严重过敏反应。鉴于此，对苄青霉素 6 位酰氨基侧链的结构进行改造，取得可喜成果。

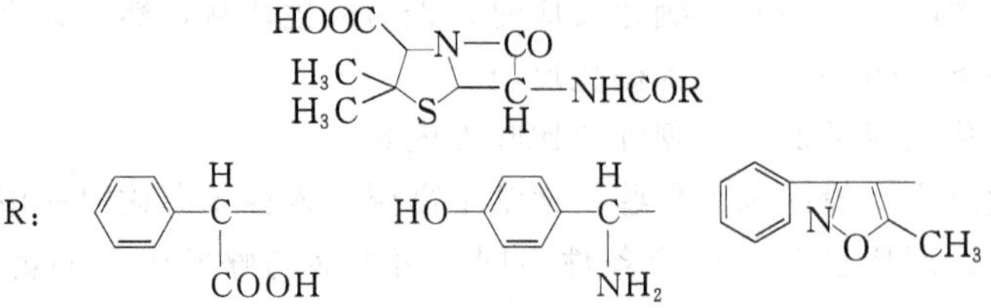

羧苄西林　阿莫西林　苯唑西林

(4) 组胺

含咪唑环的物质广泛存在于自然界中，如组氨酸，它是蛋白质的组成成分之一。组氨酸经细菌腐败作用或在人体内分解，可以脱羧变成组胺，同时还生成尿狗酸和开环产物谷氨酸。

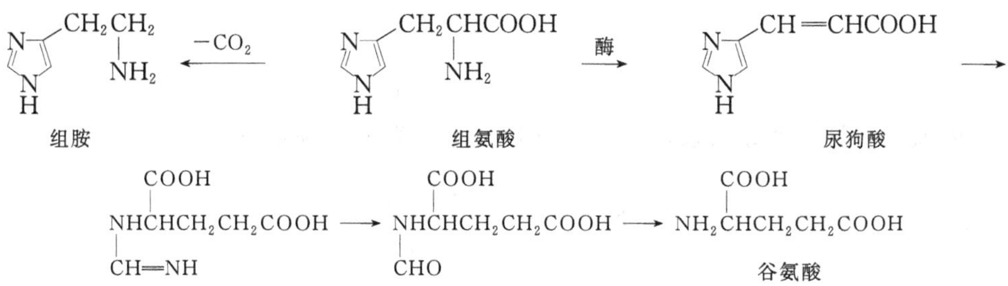

组胺 $\xleftarrow{-CO_2}$ 组氨酸 $\xrightarrow{酶}$ 尿狗酸 $\longrightarrow$

$HOOC-CH(NHCH{=}NH)CH_2CH_2COOH \longrightarrow HOOC-CH(NHCHO)CH_2CH_2COOH \longrightarrow NH_2CH(COOH)CH_2CH_2COOH$（谷氨酸）

组胺有收缩血管的作用，人体中组胺过多，会导致各种过敏疾病，如花粉症、药物过敏等。一般的治疗方法是服用一些结构与组胺相似的药物，称抗组胺药。例如：

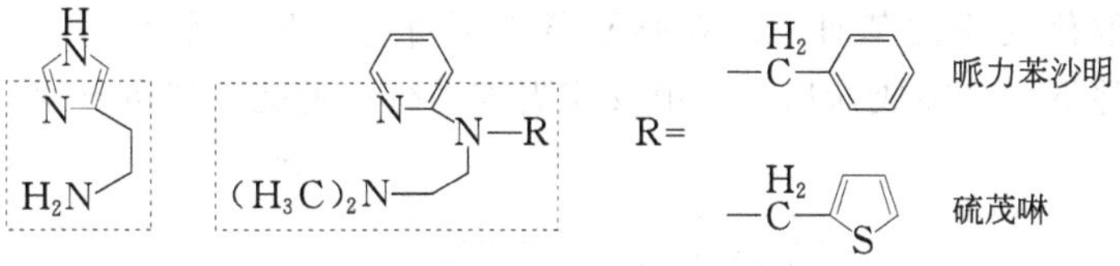

组胺　抗组胺药

R= $-CH_2-C_6H_5$　哌力苯沙明

R= $-CH_2-$（2-噻吩基）　硫茂啉

（5）多菌灵

由于含咪唑环的化合物具有突出的生理活性，有的已被用作杀菌剂，如多菌灵是我国推广的高效、广谱性杀菌剂。

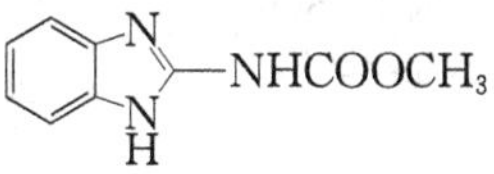

多菌灵（—$NHCOOCH_3$）

二、六元杂环化合物

（一）吡啶

1. 吡啶的性质

（1）溶解性

吡啶氮原子上的一对未共用电子能与水形成氢键，因此吡啶能与水互溶，但吡啶环上引入羟基或氨基后，化合物的水溶性明显降低，而且引入的羟基或氨基数目越多，水溶性越差，这与一般开链及碳环化合物情况完全不同。其主要原因是溶质分子间缔合（分子间氢键等）而抑制了与水分子的缔合。

（2）碱性和亲核性

吡啶中氮原子上的孤对电子未参与共轭，可与质子结合，而显出一定的碱性，其 $pK_b=8.8$，能与强酸形成盐。由于吡啶的未共用电子对是在 sp^2 杂化轨道中，且为不等性杂化，s 成分较多，距核较近，受核束缚较强，给出电子倾向较小，较难与质子结合，因此吡啶的碱性略强于苯胺，弱于氨（$pK_b=4.75$）和脂肪胺。吡啶与无机酸成盐，可用作碱性溶剂和脱酸剂；吡啶还可与路易斯酸成盐。

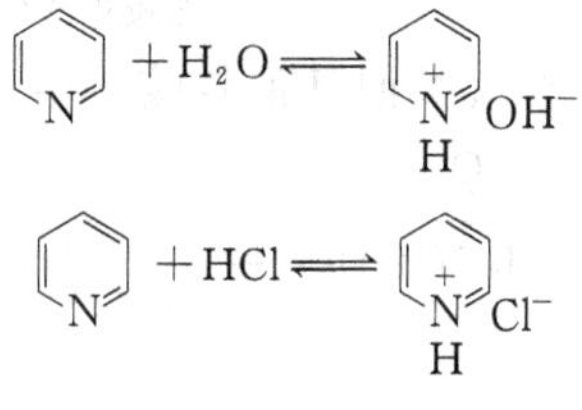

$$C_5H_5N + H_2O \rightleftharpoons C_5H_5\overset{+}{N}H\ OH^-$$

$$C_5H_5N + HCl \rightleftharpoons C_5H_5\overset{+}{N}H\ Cl^-$$

$$\text{C}_5\text{H}_5\text{N} + SO_3 \longrightarrow \text{C}_5\text{H}_5\text{N}^+\text{-}SO_3^-$$

吡啶的氮原子具有良好的亲核性，能与卤代烷生成 *N*-吡啶鎓盐。

$$\text{C}_5\text{H}_5\text{N} + CH_3I \longrightarrow \text{C}_5\text{H}_5\overset{+}{\text{N}}\text{-}CH_3\ I^-$$

（3）亲电取代反应

吡啶属于缺电子芳杂环体系，环上氮原子的吸电子作用使得环上碳原子的电子云密度比苯低，因此亲电取代反应比苯难，需在强烈条件下进行，且产率不高，取代基主要进入 β 位；若在酸性条件下，吡啶成盐后，亲电反应更难进行；吡啶不能进行傅-克反应。

吡啶 $\xrightarrow[300℃（气相）]{Br_2}$ 3-溴吡啶　33%

吡啶 $\xrightarrow[300℃]{浓\ HNO_3/浓\ H_2SO_4}$ 3-硝基吡啶（NO_2）　20%

吡啶 $\xrightarrow[HgSO_4,220℃]{发烟\ H_2SO_4}$ 3-吡啶磺酸（SO_3H）　71%

（4）亲核取代反应

由于吡啶环上 π 电子云密度比苯环上电子云密度小，当吡啶 2 位（或 4 位）具有优良的离去基团（如卤素）时，较弱的亲核试剂（如 NH_3、H_2O 等）即可反应。用强碱性的亲核试剂（如 $NaNH_2$、RLi 等）能在吡啶的 α 位直接发生亲核取代。

4-氯吡啶 $+ 2NH_3 \xrightarrow{180\sim200℃}$ 4-氨基吡啶 $+ NH_4Cl$

2-溴吡啶 $+ H_2O \xrightarrow{NaOH}$ 2-羟基吡啶 $+ NaBr$

吡啶 $+ NaNH_2 \xrightarrow{100℃}$ 2-吡啶基 $N^-\ HNa^+$ $\xrightarrow{H_2O}$ 2-氨基吡啶 $+ NaOH$

（5）氧化和还原

吡啶环碳电子云密度降低，故难失去电子被氧化，对氧化剂较苯更为稳定。当环上连有烷基侧链时，侧链可被氧化成羧酸，吡啶环保留。

3-甲基吡啶 $\xrightarrow[\triangle]{KMnO_4}$ 3-吡啶甲酸（COOH）

β-吡啶甲酸（烟酸）

使用过氧酸或过氧化氢，则吡啶就类似其他叔胺，生成 *N*-氧化物。

$$\text{吡啶} + CH_3\overset{\overset{O}{\|}}{C}OOH \longrightarrow \text{C}_5\text{H}_5\text{N}^+\text{-}O^- + CH_3COOH$$

吡啶较苯易被还原，用金属钠和乙醇或催化加氢，都可使吡啶还原成六氢吡啶。六氢吡啶又称哌啶，是仲胺化合物，碱性较吡啶强 10^6 倍，常用作碱性催化剂。

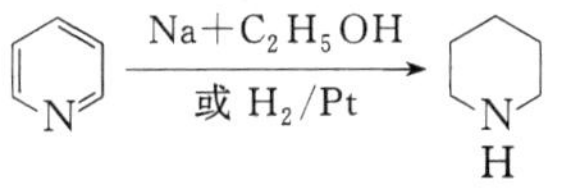

$$\text{吡啶} \xrightarrow[\text{或 } H_2/Pt]{Na+C_2H_5OH} \text{六氢吡啶}$$

六氢吡啶

2. 重要的吡啶衍生物

吡啶衍生物广泛存在于自然界，许多生物碱都含吡啶环或氢化吡啶环，如烟碱、古柯碱等。

维生素 B_6 是吡啶的衍生物，是蛋白质代谢的必要物质，缺乏时蛋白质代谢将受阻。维生素 B_6 又称吡哆素，包括吡哆醇、吡哆醛、吡哆胺，存在于肉类、谷物、豆类、酵母中。

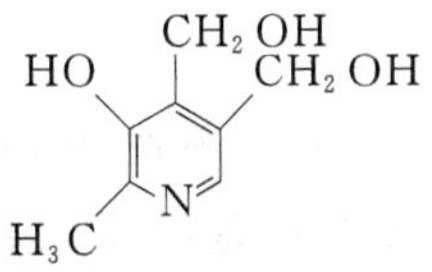

吡哆醇 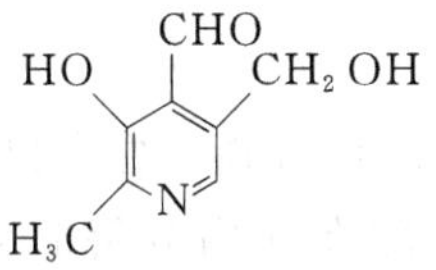　　吡哆醛 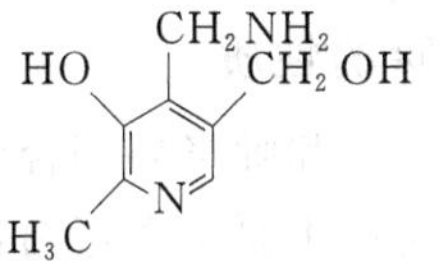　　吡哆胺

维生素 PP 包括 β-吡啶甲酸和 β-吡啶甲酰胺，是维生素中结构最简单、性质最稳定的一种维生素，不易被酸、碱、热所破坏，体内缺乏时引起糙皮病、口舌糜烂、皮肤红疹等疾病。

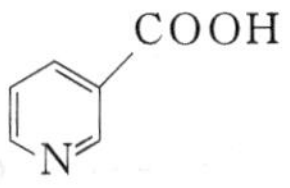

β-吡啶甲酸（烟酸）　　β-吡啶甲酰胺（烟酰胺）

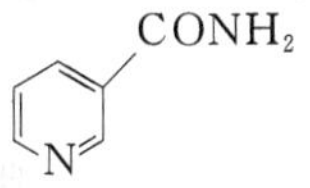

异烟肼，俗名雷米封，是抗结核病的特效药，为白色结晶，熔点 174℃，可溶于水，微溶于乙醇，不溶于乙醚。

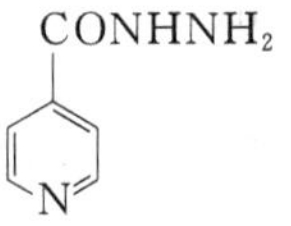

γ-吡啶甲酰肼（异烟肼）

（二）嘧啶

1. 嘧啶的性质

嘧啶是含有两个氮原子的六元杂环，为无色结晶，熔点 22℃，沸点 124℃，易溶于水。其结构与吡啶相似，具有芳香性，碱性比吡啶弱，亲电取代反应也比较困难。

2. 重要的嘧啶衍生物

嘧啶在自然界很少存在，但它的衍生物却普遍存在，重要的有胞嘧啶、尿嘧啶和胸腺嘧啶，它们都是核酸的组成部分，其结构都存在酮式-烯醇式互变异构体。

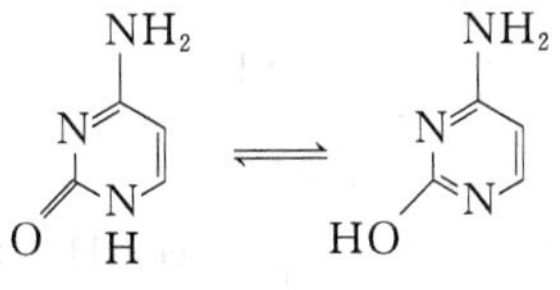

（酮式）　（烯醇式）

胞嘧啶（C）

（4-氨基-2-氧嘧啶）

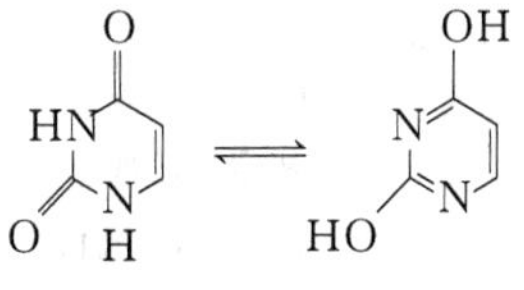

（酮式）　（烯醇式）

尿嘧啶（U）

（2,4-二氧嘧啶）

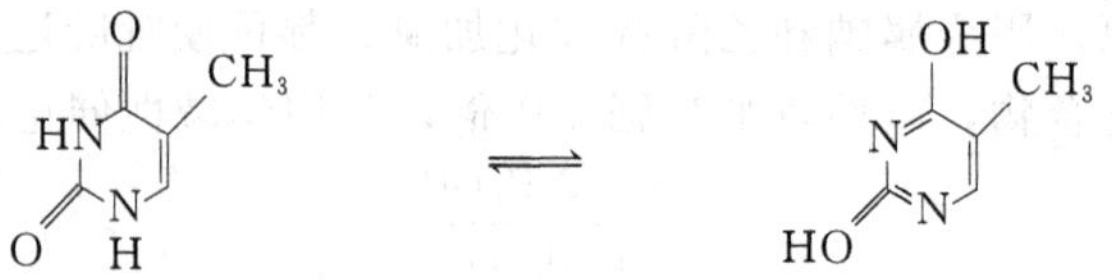

（酮式）　　（烯醇式）

胸腺嘧啶（T）

（5-甲基-2，4-二氧嘧啶）

医药上较重要的巴比妥类安眠药、磺胺嘧啶类抗菌药也含有嘧啶环。

三、稠杂环化合物

（一）吲哚

1. 吲哚的性质

吲哚是苯和吡咯环稠合而成的杂环化合物，白色结晶，熔点 52℃，沸点 254℃，有粪便的臭味，粪臭主要是由蛋白质中色氨酸在体内分解时生成吲哚和 β-甲基吲哚（粪臭素）而引起的。但纯吲哚在极稀时有素馨花的香气，可作香料。吲哚在不同状态下的味道，可以让我们感知从量变到质变的辩证思想。

吲哚有与吡咯相似的弱酸性。在吲哚的共轭体系中，氮原子提供 2 个 π 电子参加整个分子环系的共轭作用，因此利于发生亲电取代反应，可进行卤代、磺化、偶联等反应，亲电基团主要进入 3 位。

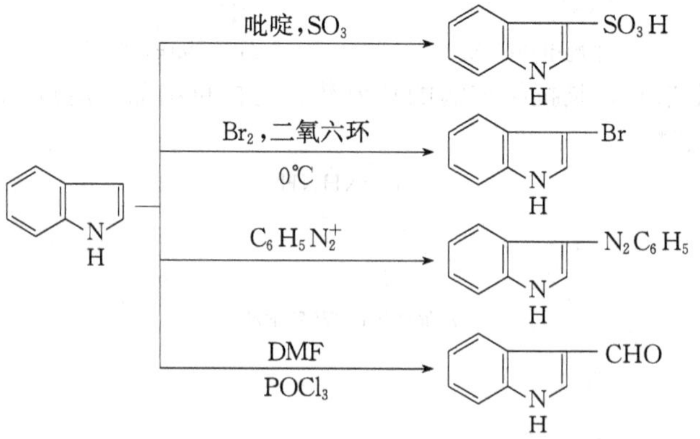

吡啶，SO_3 → 3-SO_3H 吲哚

Br_2，二氧六环，0℃ → 3-Br 吲哚

$C_6H_5N_2^+$ → 3-$N_2C_6H_5$ 吲哚

DMF，$POCl_3$ → 3-CHO 吲哚

2. 重要的吲哚衍生物

自然界中存在着一千多种含吲哚环的吲哚生物碱，许多有重要的生理活性。β-吲哚乙酸是一种植物生长调节剂。色氨酸是人体必需氨基酸。色胺和 5-羟色胺存在于哺乳动物的脑组织中，与中枢神经系统的功能有关。

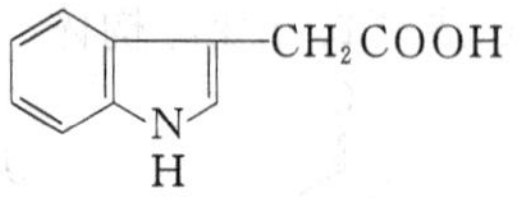

β-吲哚乙酸（CH_2COOH）　　色氨酸（$CHCOOH$，NH_2）

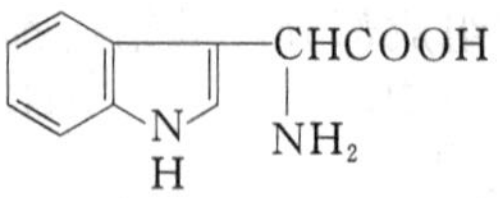

色胺（$CH_2CH_2NH_2$）　　5-羟色胺（HO—，$CH_2CH_2NH_2$）

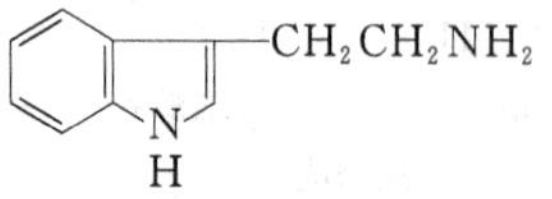

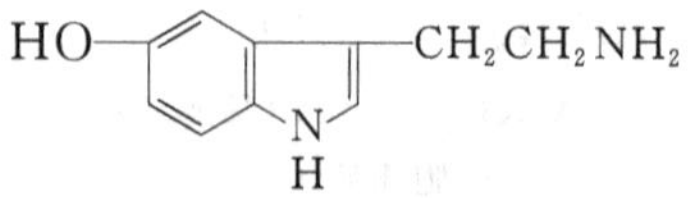

（二）喹啉

1. 喹啉的性质

喹啉是吡啶和苯的稠合体，但在化学反应中的行为却像是吡啶和萘的“杂交体”，其化学性质兼有吡啶和萘的影子。

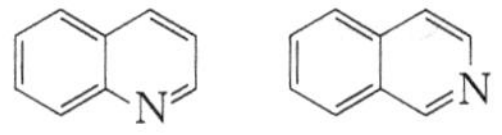

喹啉　　异喹啉

喹啉与吡啶相似，具有一定的碱性，但因稠合了苯环，使碱性较吡啶弱，能与强酸成盐。

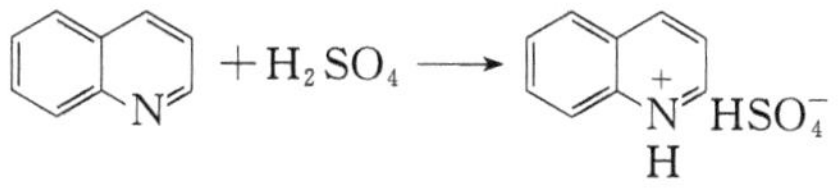

$$\text{喹啉} + H_2SO_4 \longrightarrow \text{喹啉}\overset{+}{N}H\ HSO_4^-$$

喹啉的氮原子也具有一定的亲核性：

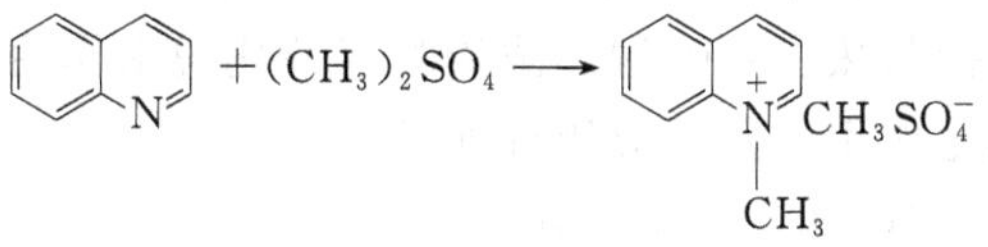

$$\text{喹啉} + (CH_3)_2SO_4 \longrightarrow \text{N-甲基喹啉}\overset{+}{N}(CH_3)\ CH_3SO_4^-$$

喹啉能发生类似于萘的亲电取代反应。由于氮原子的影响，苯环部分的 π 电子云密度比吡啶部分的 π 电子云密度高，所以一般情况下亲电取代反应优先发生在苯环上，且主要进入 5 位和 8 位。

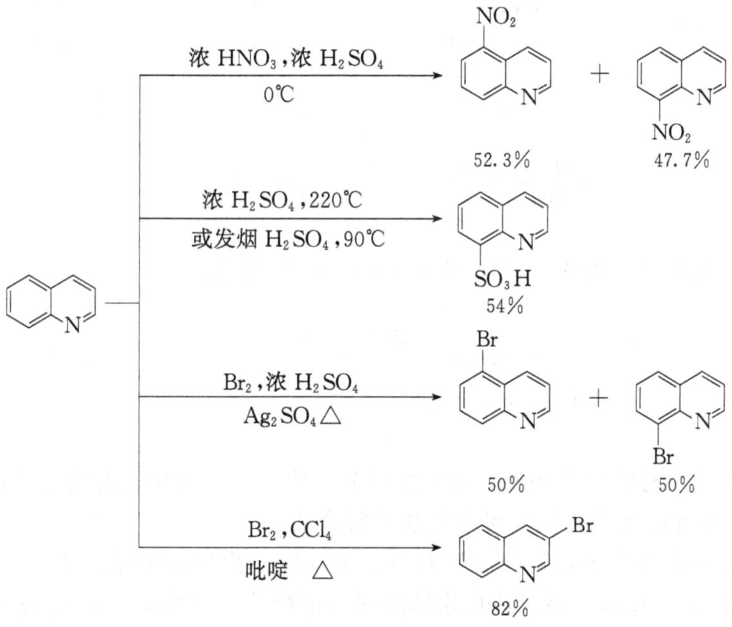

喹啉 —浓 HNO_3，浓 H_2SO_4，0℃→ 5-NO_2-喹啉（52.3%）+ 8-NO_2-喹啉（47.7%）

喹啉 —浓 H_2SO_4，220℃ 或发烟 H_2SO_4，90℃→ 8-SO_3H-喹啉（54%）

喹啉 —Br_2，浓 H_2SO_4，Ag_2SO_4 △→ 5-Br-喹啉（50%）+ 8-Br-喹啉（50%）

喹啉 —Br_2，CCl_4，吡啶 △→ 3-Br-喹啉（82%）

喹啉也可发生亲核取代反应，取代基进入吡啶环氮原子的邻位。

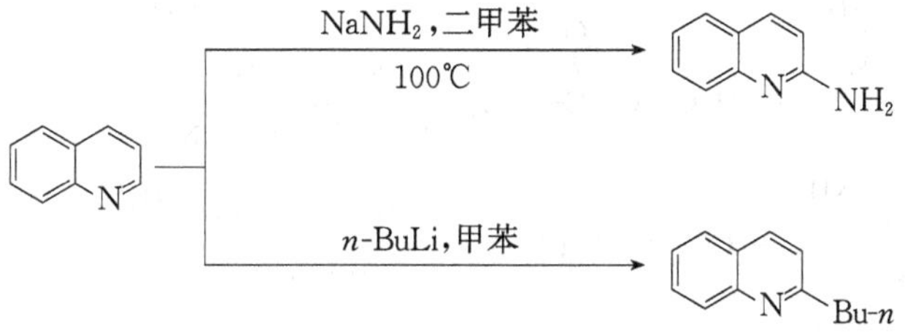

喹啉 —$NaNH_2$，二甲苯，100℃→ 2-NH_2-喹啉

喹啉 —*n*-BuLi，甲苯→ 2-Bu-*n*-喹啉

喹啉的氧化还原反应：

$$\text{喹啉} \xrightarrow[100℃]{KMnO_4} \text{2,3-吡啶二甲酸（COOH, COOH）} \quad 30\%$$

$$\text{喹啉} \xrightarrow[\text{或 } Sn+HCl]{H_2, Pt, H_2O} \text{1,2,3,4-四氢喹啉}$$

$$\text{喹啉} \xrightarrow[40℃]{H_2, Pt, HOAc} \text{十氢喹啉}$$

2. 喹啉的合成

斯克劳普（Skraup）合成法是喹啉及其衍生物最重要的合成方法。将苯胺与无水甘油、硝基苯、浓硫酸和硫酸亚铁共热得到喹啉。浓硫酸起催化脱水作用，硫酸亚铁的作用是防止反应过于剧烈，硝基起氧化作用。其反应历程如下：

$$CH_2(OH)-CH(OH)-CH_2(OH) \xrightarrow[-2H_2O]{H_2SO_4, \triangle} CH_2{=}CHCHO$$

$$C_6H_5NH_2 + OHC-CH{=}CH_2 \longrightarrow C_6H_5NH-CH_2-CH_2-CHO \longrightarrow C_6H_5NH-CH_2-CH{=}CH-OH$$

$$\xrightarrow[-H_2O]{H^+} \text{1,2-二氢喹啉} \xrightarrow[-2H]{C_6H_5NO_2} \text{喹啉}$$

此反应实际上是“一锅煮”，即一步完成的，产率很高。

$$C_6H_5NH_2 + CH_2OH-CHOH-CH_2OH \xrightarrow[C_6H_5NO_2]{H_2SO_4, FeSO_4, \triangle} \text{喹啉} + H_2O$$

85%

如苯胺环上间位有给电子基团，则主要得7-取代喹啉；间位若有吸电子基团，则主要得5-取代喹啉。很多喹啉类化合物均可用此法进行合成。

若使用α,β-不饱和醛酮代替甘油与芳伯胺类反应，生成喹啉系衍生物，此为多伯纳-米勒（Doebner-Miller）反应。该反应可用磷酸或其他酸代替硫酸，也可用砷酸代替，氧化剂要使用与芳伯胺相对应的硝基化合物。

$$C_6H_5NH_2 + H_2C{=}CH-C(=O)-CH_3 \xrightarrow[H_3AsO_4]{H_2SO_4} \text{4-甲基喹啉} \quad 73\%$$

$$p\text{-}H_3CO-C_6H_4-NH_2 + CH_3CH{=}CHCHO \xrightarrow[H_2SO_4]{H_3CO-C_6H_4-NO_2} \text{6-甲氧基-2-甲基喹啉}$$

3. 重要的喹啉衍生物

喹啉是由苯环和吡啶环稠合而成，它是许多生物碱的母体。奎宁是传统的抗疟疾药，存在于金鸡纳树皮中。许多抗疟疾药物就以奎宁结构为基础设计的，如氯喹。

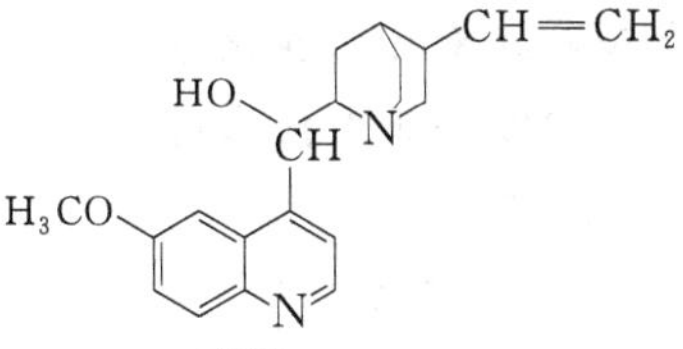

奎宁 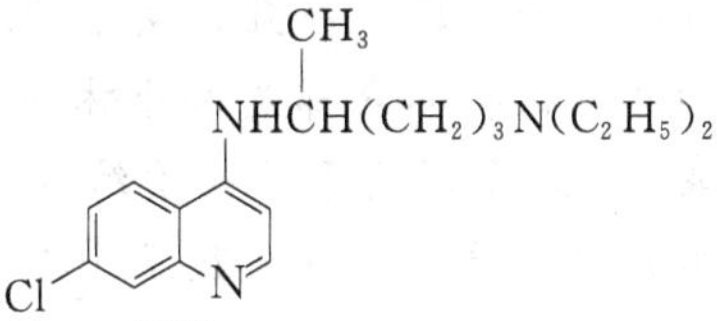　　　　氯喹

（三）嘌呤

1. 嘌呤的性质

嘌呤由嘧啶和咪唑环稠合而成，无色晶体，熔点 217℃，易溶于水，可溶于乙醇。它有两种互变异构体，但在生物体内主要以Ⅰ式存在。

9*H*-嘌呤（Ⅰ式）　　7*H*-嘌呤（Ⅱ式）

嘌呤是具有芳香性的稠环体系。由于含有多个强吸电子的氮原子，所以环碳原子上很难发生芳香环的特征反应如亲电取代等。但嘌呤具有一定的酸性，其酸性比苯酚还要强一些。

2. 重要的嘌呤衍生物

嘌呤本身在自然界中还未发现，但它的衍生物广泛存在于生物体内，其中氨基和羟基衍生物居多，如腺嘌呤、鸟嘌呤为核酸的组成部分。

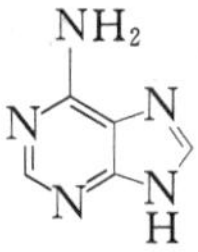

腺嘌呤（A）（6-氨基嘌呤）　　鸟嘌呤（G）（2-氨基-6-羟基嘌呤）

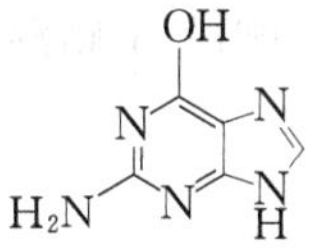

名人追踪

汉斯·费歇尔（Hans Fischer，1881—1945）

德国化学家，1881 年 7 月 27 日生于德国赫希斯特。1899 年进入洛桑大学学习化学和医学，1900 年转入马尔堡大学学习化学，1904 年获化学博士学位，同年进入慕尼黑大学学习医学，1908 年获医学博士学位。1909 年在柏林埃米尔·费歇尔化学实验室任助教。1911 年回慕尼黑任胜利研究院助研，1913 年任生理学讲师，1916 年任奥地利因斯布鲁克大学医药化学教授，1918 年在维也纳大学任有机化学和医药化学教授，1921 年任慕尼黑工业大学有机化学教授，1945 年 3 月 31 日在德国慕尼黑去世。

费歇尔于1910年开始研究胆红素的化学结构。经过近30年的潜心钻研，确定了血红素的结构，指出血红素是一种含铁的卟啉化合物，并完成了对人造血红素品的研制。1927—1929年间他对叶绿素的结构进行了深入研究，经过反复试验，1930—1932年期间初步确定了全部叶绿素的结构，并且证实了叶绿素和血红素之间在化学结构方面有许多相似之处，即两者的活性核心部分都是由卟啉构成的。1939年正式提出叶绿素的分子式和结构式，并先后发表了100多篇关于叶绿素结构的科学论文。

基于费歇尔的卓越贡献，他荣获了1930年诺贝尔化学奖。

习 题

1. 命名下列化合物。

(1) 呋喃环（2-位连 SO_3H）　(2) 吡啶环（3-位连 $CONH_2$）　(3) 四氢呋喃环　(4) 吡咯环（N—H，2,3,4,5-位各连 I）

(5) 咪唑环（H_3C 取代，N—H）　(6) 噻唑环（连 NO_2）　(7) 嘌呤环（NH_2 取代，N—H）　(8) 吲哚环（3-位连 CH_2COOH，N—H）

(9) 呋喃环（5-位连 O_2N，2-位连 CHO）　(10) 喹啉环（8-位连 OH）

2. 写出下列物质的结构简式。

(1) α-呋喃甲醇　(2) 四氢吡咯　(3) β-吡啶甲酸　(4) 2,3-吡啶二甲酸

(5) 六氢吡啶　(6) N-甲基吡咯　(7) 4-硝基喹啉-N-氧化物

(8) 8-羟基异喹啉　(9) 噻唑-5-磺酸　(10) 4-氯噻吩-2-甲酸

3. 写出下列反应的主要产物。

(1) 吡咯（N—H） $\xrightarrow[CH_3CH_2OH]{Br_2，0℃}$

(2) 吡啶 $\xrightarrow[350℃]{KNO_3\ H_2SO_4}$

(3) 吡啶 $+ HCl \longrightarrow$

(4) 呋喃 $\xrightarrow[高温高压]{H_2/Ni}$

(5) 2 呋喃-2-CHO $\xrightarrow{浓\ NaOH}$

(6) 喹啉 $+ HNO_3 \xrightarrow{浓\ H_2SO_4}$

(7) 呋喃 $+ (CH_3CO)_2O \xrightarrow{BF_3}$

(8) 噻吩 $+ H_2SO_4 \xrightarrow{25℃}$

(9) 呋喃 $\xrightarrow[1，4-二氧六环]{Br_2\ 25℃}$

(10) $\underset{H}{N}$ $+CH_3MgI \longrightarrow$

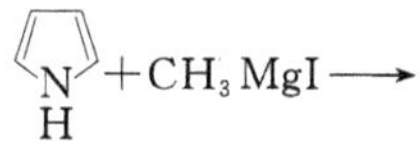

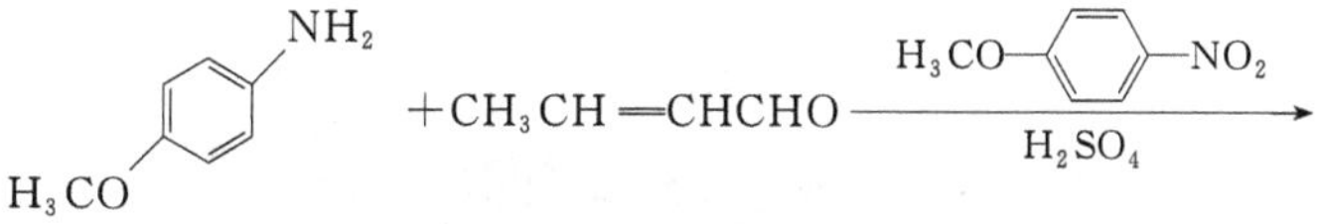

(11) H_3CO—(benzene ring)—NH_2 $+CH_3CH=CHCHO \xrightarrow[H_2SO_4]{H_3CO-\text{(benzene ring)}-NO_2}$

(12) (benzene ring)—NH_2 $+ \ CH_2=\underset{\displaystyle CH_3}{\underset{|}{C}}CHO \xrightarrow[H_2SO_4]{\text{(benzene ring)}-NO_2}$

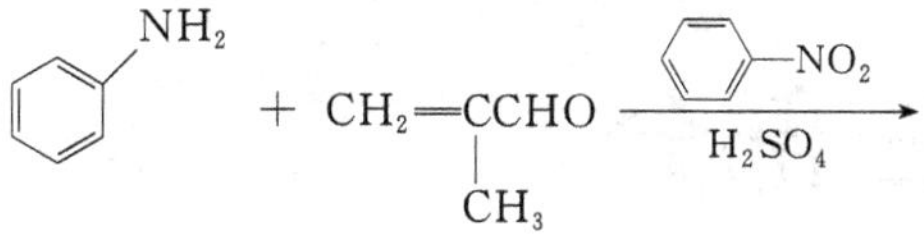

4.单项选择题。

(1) 下列化合物中碱性最弱的是（　　）。

A. NH_3　　B.  $\underset{H}{N}$　　C. 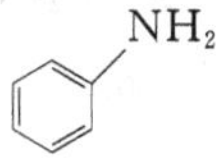 (benzene ring)—NH_2　　D. 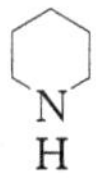 $\underset{H}{N}$

(2) 下例三个化合物进行硝化反应其反应活性顺序为（　　）。

1. 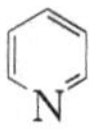 N　　2.  (benzene ring)　　3. (benzene ring)—CH_3

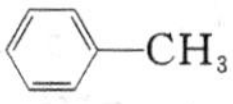

A. 3>2>1　　B. 3>1>2　　C. 1>3>2　　D. 2>3>1

(3) 下列化合物中碱性最弱的是（　　）。

A. 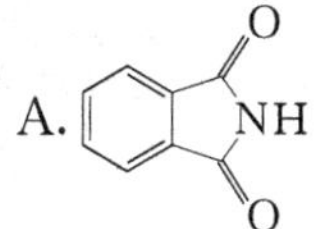

B. 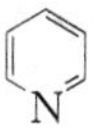 N　　C. 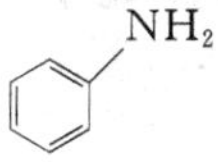 (benzene ring)—NH_2　　D.  $\underset{H}{N}$

(4) 下列化合物发生亲电取代反应的活性顺序为（　　）。

a.  S　　b. 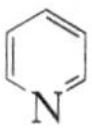 N　　c.  (benzene ring)　　d.  O

A. b>d>a>c　　B. c>b>d>a　　C. a>b>d>c　　D. d>a>c>b

5.简答题。

(1) 如何区分吡啶与喹啉？

(2) 如何去除苯中的少量吡啶？

(3) 如何去除吡啶中的少量六氢吡啶？

6.推断结构。

某杂环化合物 A（C_6H_6OS）不与银氨溶液反应，但能与 NH_2OH 形成肟 B（C_6H_7NOS），且 A 与 I_2/NaOH 作用生成黄色沉淀和 C（α-噻吩甲酸钠），试写出 A、B、C 的结构式及相关反应式。

第三部分 生物有机化合物

第十五章 脂类、萜类和甾族化合物

第一节 脂类化合物

脂类是广泛存在于动植物体内的一类天然有机化合物。它涉及范围广泛，主要包括油脂和类脂两大类。油脂是油和脂肪的总称，习惯上把室温下为液态的称为油，为固态的称为脂肪。类脂在物态及物理性质上与油脂相似，故称类脂，如磷脂、糖脂等。

脂类是维持生物体正常生命活动不可缺少的物质。例如，油脂是体内重要的能量来源，也是维生素 A、D、E、K 等生物活性物质的良好溶剂；脂肪具有维持恒定体温、保护内脏及关节免受机械振动和冲击的功能；磷脂、糖脂与蛋白质结合可构成各种生物膜。

一、油脂

（一）油脂的组成、结构和命名

动植物中提取的油脂是多种物质的混合物，主要成分是高级脂肪酸的甘油酯，可看作一分子甘油与三分子高级脂肪酸酯化后的产物。

油脂是高级脂肪酸甘油酯的统称，常以下列通式来表示：

$$
\begin{array}{ll}
\alpha & H_2C-O-\overset{\displaystyle O}{\overset{\|}{C}}-R \\
 & \quad | \\
\beta & HC-O-\overset{\displaystyle O}{\overset{\|}{C}}-R' \\
 & \quad | \\
\alpha' & H_2C-O-\overset{\displaystyle O}{\overset{\|}{C}}-R''
\end{array}
$$

若R、R′、R″相同，称为单纯甘油酯，不同则称为混合甘油酯。天然的油脂大多为混合甘油酯，它们都具有L构型。

组成甘油酯的脂肪酸大多是含有偶数碳原子的饱和及不饱和直链羧酸。人与高等动物体内主要存在十二碳以上的高级脂肪酸，十二碳以下的低级脂肪酸存在于哺乳动物的乳脂中。

人体脂肪中的脂肪酸主要为14～22个碳原子的偶数直链脂肪酸，饱和与不饱和的含量比为2∶3，其中，油酸、亚油酸分别占45.9%和9.6%。多数脂肪酸在人体内均能合成，只有亚油酸、亚麻酸、花生四烯酸等是人体内不能合成的，必须由食物供给，因此称为“必需脂肪酸”。表15-1列出了油脂中常见的重要脂肪酸的名称、结构及熔点。

油脂的命名通常把甘油名称写在前面，脂肪酸的名称写在后面，称“甘油某酸酯”；也可以把甘油名称放在后面，称“某酸甘油酯”；如果是混合甘油酯，则需分别标明脂肪酸的位置。例如：

$$
\begin{array}{r}
H_2C-O-\overset{\displaystyle O}{\overset{\|}{C}}-(CH_2)_{14}CH_3 \\
| \qquad\qquad\qquad\qquad \\
H_3C(H_2C)_{14}-\overset{\displaystyle O}{\overset{\|}{C}}-O-CH \qquad\qquad\qquad\qquad\qquad \\
| \qquad\qquad\qquad\qquad \\
H_2C-O-\overset{\displaystyle O}{\overset{\|}{C}}-(CH_2)_{14}CH_3
\end{array}
$$

甘油三软脂酸酯

$$
\begin{array}{r}
H_2\overset{\alpha}{C}-O-\overset{\displaystyle O}{\overset{\|}{C}}-(CH_2)_{14}CH_3 \qquad\qquad\qquad\qquad \\
|\beta \qquad\qquad\qquad\qquad\qquad\qquad\qquad\qquad \\
H_3C(H_2C)_{16}-\overset{\displaystyle O}{\overset{\|}{C}}-O-CH \qquad\qquad\qquad\qquad\qquad\qquad\qquad\qquad\qquad \\
|\alpha' \qquad\qquad\qquad\qquad\qquad\qquad\qquad\qquad \\
H_2C-O-\overset{\displaystyle O}{\overset{\|}{C}}-(CH_2)_7CH=CH(CH_2)_7CH_3
\end{array}
$$

甘油-α-软脂酸-β-硬脂酸-α′-油酸酯

表15-1　常见油脂中所含的重要脂肪酸

俗名		系统名	结构简式	熔点/℃
饱和脂肪酸	月桂酸	十二烷酸	$CH_3(CH_2)_{10}COOH$	44.0
	肉豆蔻酸	十四烷酸	$CH_3(CH_2)_{12}COOH$	58.5
	软脂酸（棕榈酸）	十六烷酸	$CH_3(CH_2)_{14}COOH$	64.0
	硬脂酸	十八烷酸	$CH_3(CH_2)_{16}COOH$	70.0
	花生酸	二十烷酸	$CH_3(CH_2)_{18}COOH$	75.5
	木焦油酸	二十四烷酸	$CH_3(CH_2)_{22}COOH$	84.2

续表

俗名		系统名	结构简式	熔点/℃
不饱和脂肪酸	棕榈油酸	9-十六碳烯酸	$CH_3(CH_2)_5CH=CH(CH_2)_7COOH$	1.0
	油酸	9-十八碳烯酸	$CH_3(CH_2)_7CH=CH(CH_2)_7COOH$	45.0
	亚油酸*	9,12-十八碳二烯酸	$CH_3(CH_2)_4CH=CHCH_2CH=CH(CH_2)_7COOH$	−12.0
	亚麻酸*	9,12,15-十八碳三烯酸	$C_2H_5CH=CHCH_2CH=CHCH_2CH=CH(CH_2)_7COOH$	−49.0
	花生四烯酸*	5,8,11,14-二十碳四烯酸	$CH=CHCH_2CH=CH(CH_2)_3COOH$ $\vert$ CH_2 $\vert$ $CH=CHCH_2CH=CH(CH_2)_4CH_3$	−49.5

* 为必需脂肪酸。

（二）油脂的性质

1. 物理性质

纯净的油脂是无色、无味、无臭的物质。一般的油脂常有特殊的气味和颜色，这是因为天然油脂中往往溶有少量的维生素和色素。油脂的相对密度都小于 1，不溶于水，易溶于乙醚、氯仿、丙酮和苯等有机溶剂。油脂的熔点和沸点与组成甘油酯的脂肪酸的结构有关，脂肪酸的链越长越饱和，油脂的熔点越高，反之则越低。天然油脂没有恒定的熔点和沸点，因为它们一般都是混合物。

2. 化学性质

油脂的化学性质与它的主要成分——脂肪酸甘油酯的结构密切相关，其重要的化学性质有水解、加成、氧化和酸败等。

（1）水解

油脂在酸、碱或酶作用下均可发生水解反应。油脂在酸或酶催化下水解生成一分子甘油和三分子高级脂肪酸，这是工业上制取高级脂肪酸和甘油的重要方法；在碱性条件下水解可得到高级脂肪酸盐，这种盐俗称“肥皂”，故油脂在碱性条件下的水解又称“皂化反应”。

1g 油脂完全皂化所需要的氢氧化钾的质量（mg）称为皂化值。由皂化值大小可判断油脂中所含脂肪酸的平均分子量大小：皂化值越大，脂肪酸的平均分子量越小；反之则越大。皂化值是衡量油脂质量的指标之一，并可反映油脂皂化时所需碱的用量。常见油脂的皂化值见表 15-2。

$$\begin{array}{l} H_2C-O-\overset{O}{\overset{\|}{C}}-R \\ \quad | \\ HC-O-\overset{O}{\overset{\|}{C}}-R' \\ \quad | \\ H_2C-O-\overset{O}{\overset{\|}{C}}-R'' \end{array} + 3H_2O \xrightleftharpoons{H^+ 或酶} \begin{array}{l} H_2C-OH \\ \quad | \\ HC-OH \\ \quad | \\ H_2C-OH \end{array} + \begin{array}{l} RCOOH \\ \\ R'COOH \\ \\ R''COOH \end{array}$$

$$\begin{array}{l} H_2C-O-\overset{O}{\overset{\|}{C}}-R \\ \quad | \\ HC-O-\overset{O}{\overset{\|}{C}}-R' \\ \quad | \\ H_2C-O-\overset{O}{\overset{\|}{C}}-R'' \end{array} + 3NaOH \longrightarrow \begin{array}{l} H_2C-OH \\ \quad | \\ HC-OH \\ \quad | \\ H_2C-OH \end{array} + \begin{array}{l} RCOONa \\ \\ R'COONa \\ \\ R''COONa \end{array}$$

(2) 加成

含有不饱和脂肪酸的油脂，其分子中的碳碳双键可与氢、卤素等进行加成。

加氢：油脂中的不饱和脂肪酸通过催化加氢，可转化为饱和脂肪酸，从而得到饱和脂肪酸含量较多的油脂。这一过程可使油发生物态的变化，液态油可变成半固态或固态的脂肪，因此油脂的氢化又称为油脂的硬化。油脂的硬化不仅提高了熔点，也便于贮藏和运输。

$$\text{植物油} \xrightarrow[\text{催化剂}]{\text{加氢}} \text{人造黄油}$$

加碘：油脂中不饱和脂肪酸分子中的碳碳双键可与碘发生加成反应。100g 油脂所吸收的碘的质量（g）称为碘值。碘值是油脂分析的重要指标，碘值越大，表明油脂的不饱和度越高。常见油脂的碘值参见表 15-2。

表 15-2　几种油脂的皂化值和碘值范围

油脂名称	皂化值/mg	碘值/g	油脂名称	皂化值/mg	碘值/g
油	210～230	26～28	豆油	189～195	127～138
猪油	195～203	46～70	棉籽油	190～198	105～114
牛油	190～200	30～48	红花油	188～194	140～156
橄榄油	187～196	79～90	亚麻油	187～195	170～185

(3) 氧化和酸败

油脂若久置空气中，会发生质变，产生难闻的气味，这种现象称为油脂的酸败。酸败的原因是：油脂在空气中的氧、水分和微生物的作用下，其中不饱和脂肪酸的碳碳双键被氧化成过氧化物，这些过氧化物再经分解生成有臭味的小分子醛、酮和羧酸类化合物。

光、热和湿气可加剧油脂的酸败过程，因此油脂应避光冷藏，也可加入少量抗氧化剂，如维生素 E。植物油中虽含有较多的不饱和脂肪酸，却比脂肪稳定，其主要原因即是在植物油中存在较多的天然抗氧化剂——维生素 E。

酸值：中和 1g 油脂中的游离脂肪酸所需要的氢氧化钾的质量（mg），是衡量油脂质量的重要指标之一。酸值大表明油脂中游离脂肪酸含量较高，即酸败严重，通常酸值大于 6.0mg 的油脂不宜食用。

在油脂的理化指标中，皂化值、碘值和酸值是最重要的三个指标。《中国药典》中对药用油脂的皂化值、碘值和酸值都有严格的要求。

二、磷脂

磷脂是一类含磷的类脂化合物，是构成人体所有细胞核组织的成分之一，存在于绝大多数细胞膜中，尤其广泛分布于脑和神经组织中。蛋黄、植物种子和胚芽以及大豆中都含有丰富的磷脂。

磷脂的结构与油脂类似，可分为甘油磷脂和神经磷脂两类。

（一）甘油磷脂

甘油磷脂是最常见的磷脂，可视为磷酸酯的衍生物。其母体结构为：

```
                    O
                    ‖
       O     H2C—O—C—R
       ‖      |
  R′—C—O—CH    O
              |     ‖
             H2C—O—P—OH
                    |
                    OH
```

L-磷酸酯（L-磷脂酸）

最常见的甘油磷脂有两种：卵磷脂和脑磷脂。卵磷脂是磷酸酯中的磷酸与胆碱［$HOCH_2CH_2N^+(CH_3)_3OH^-$］形成的酯；脑磷脂是磷酸酯中的磷酸与胆胺（$HOCH_2CH_2NH_2$）形成的酯。其结构分别如下所示：

```
        非极性部分                                   非极性部分
                    O                                            O
                    ‖                                            ‖
       O     H2C—O—C—R                              O     H2C—O—C—R
       ‖      |                                     ‖      |
  R′—C—O—CH      O                             R′—C—O—CH      O
              |       ‖                                    |       ‖
             H2C—O—P—OCH2CH2N+(CH3)3                      H2C—O—P—OCH2CH2N+H3
                      |                                            |
                      O−                                           O−
                  极性部分                                      极性部分
```

卵磷脂　　　　脑磷脂

甘油磷脂分子中的磷酸酯部分仍含有一个羟基，具有较强的酸性，可以与具有碱性的胺形成分子离子偶极键。卵磷脂和脑磷脂结构中均含有极性和非极性部分，因而是良好的乳化剂。正是由于这种结构特点，磷脂类化合物在细胞膜中起着重要的生理作用。卵磷脂组成中的胆碱与人体脂肪代谢有密切关系，能促进油脂迅速生成卵磷脂，防止脂肪大量堆积在肝脏内。脑磷脂与血液的凝固有关，存在于血小板中，能促使血液凝固的凝血激酶就是由脑磷脂与蛋白质所组成的。

（二）神经磷脂

神经磷脂分子中含有一个长链不饱和醇即神经氨基醇而非甘油。神经氨基醇的结构如下：

```
        H
        |
  HO—C—CH═CH(CH2)12CH3
        |
  H2N—CH
        |
       H2C—OH
```

神经氨基醇

神经磷脂分子中脂肪酸连接在神经氨基醇的氨基上，磷酸以酯的形式与神经氨基醇结合。

```
               H
               |
   O     HO—C—CH═CH(CH2)12CH3
   ‖   H       |
  R—C—N—CH      O
               |      ‖
              H2C—O—P—OCH2CH2N+(CH3)3
                      |
                      O−
```

神经磷脂

神经磷脂是围绕着神经纤维鞘样结构的一种成分，故又称鞘磷脂，是构成细胞膜的重要磷脂之一。它常常与卵磷脂并存于细胞膜的外侧。神经磷脂及去掉酰胺键上的酰基的神经磷脂，被认为是一类神秘的化合物。大量研究表明，这类化合物具有多种细胞活性，是细胞调控一类内源性物质，是转换中生成的一类第二信使。当神经磷脂代谢经酰基神经氨基醇至神经氨基醇时，它们对蛋白激酶C起抑制作用。而蛋白激酶C是肿瘤激动剂的中介物质，因此神经氨基醇和其活性类似物有可能抑制细胞体系对肿瘤激动剂的响应，有可能作为药物而具有应用前景。

近年来，磷脂作为一系列小分子信息物质的前体，已逐渐被人们所认识，这些信息分子在身体机能的调控中起重要作用。长期以来，人们一直不清楚激素药物如可的松、地塞米松和非甾体类抗炎药物如阿司匹林等的作用机制，直至20世纪80年代才开始发现它们就是与磷脂代谢有关而起到抑制或阻断作用的。

（三）磷脂与细胞膜

细胞膜是细胞质和外界相隔的一层薄膜，又称为质膜，是细胞的重要组成部分。膜的基本作用是隔开细胞的内外物质和形成界面，同时又要使细胞与外界环境之间有物质、能量与信息的传递。细胞膜的功能与其化学结构密切相关。

细胞膜在化学组成上由脂类、蛋白质、糖、水及金属离子构成，其中脂类和蛋白质是主要成分。构成膜的脂类又以磷脂最为丰富，其次是胆固醇和糖脂。磷脂分子结构中具有亲水和疏水两部分，在水环境中能自发形成双层结构，是细胞膜的基本构架（图15-1）。极性的头部与水分子之间存在静电引力而面向水相，疏水性尾部则互相聚集，尽量避免与水接触，以双分子层形式排列，成为热力学上稳定的脂双分子层。

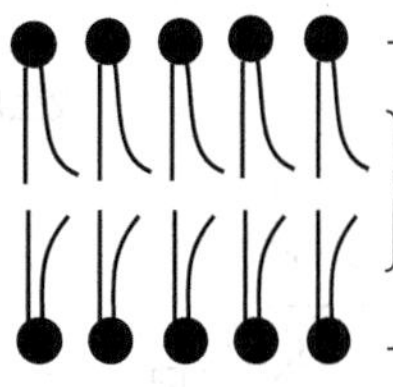

图15-1　脂双分子层结构

受到普遍认可的细胞膜结构的模型是流体镶嵌模型：膜的结构是以液态的脂质双分子层为基架，其中镶嵌着可以移动的具有各种生理功能的蛋白质。该模型强调了膜的流动性和膜的不对称性。膜的流动性包括膜脂的流动性和膜蛋白的运动性。膜脂双分子层在常温下处于液晶状态，其脂类分子能进行水平移动或内外侧迁移运动。膜的不对称性是指组成膜的物质分子排布是不对称的，组成膜的蛋白质分子有的镶嵌在磷脂双分子层表面，其疏水部分填入脂类双分子层内，亲水部分露在表面；有的蛋白质分子全部嵌入内部；有的贯穿整个膜，在膜的内外两侧露出一部分。

细胞膜适宜的流动性对维护膜的功能也是一个极为重要的条件，物质运输、细胞识别、细胞融合、细胞表面受体功能调节等都与脂双分子层的流动性相关，如红细胞膜的流动性使膜有变形能力，从而穿越毛细血管运输氧。细胞正常代谢能够维持膜的流动性在适宜的水平，使其表现出正常的生理功能，若流动性超出了正常范围，细胞将发生病变。例如恶性淋巴瘤和白血病患者淋巴细胞膜的流动性比正常情况下要高得多，而遗传性镰状细胞贫血患者的红细胞膜的流动性明显低于正常人。

第二节　萜类化合物

萜类化合物是一类主要源于植物的天然有机化合物。许多具有各种不同气味的树木花草经过水蒸气蒸馏或用溶剂提取，可以得到气味芬芳的液体混合物，称之为精油，精油被用作香料和治疗某些疾病的药物。如松节油中含有 α-蒎烯、薄荷中含有薄荷醇、香樟油中含有樟脑，在动物和真菌中也含有此类化合物。

这类含碳为 5 的整数倍，结构上可看作若干个异戊二烯分子头尾相连而成的异戊二烯低聚体、氢化物及其含氧衍生物，总称为萜类化合物。

一、萜的分类和结构

萜类化合物可以按照碳原子的连接方式分为开链、单环和多环萜类，也可根据所含异戊二烯单位的数目分类（表 15-3）。

萜类化合物主要由碳、氢和氧三种元素组成，其分子中的碳原子大都是 5 的整数倍。在骨架结构上，可看成由数个异戊二烯单位连接而成，称为萜类结构的异戊二烯规律。一些萜类化合物及其异戊二烯单位的划分如下所示。

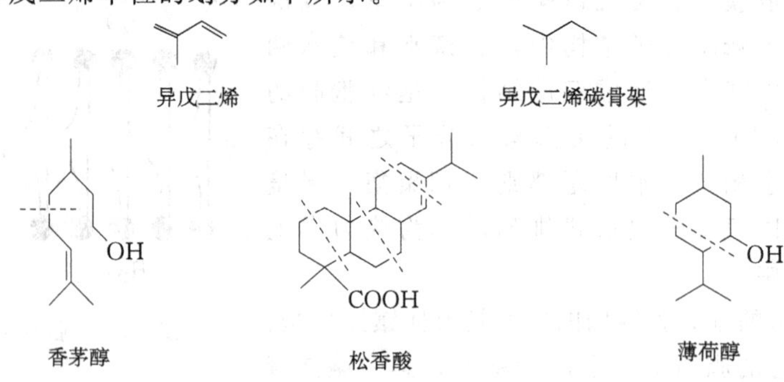

异戊二烯　异戊二烯碳骨架

香茅醇　松香酸　薄荷醇

表 15-3　萜类化合物的分类

类别	单萜	倍半萜	二萜	三萜	四萜	多萜
异戊二烯单位数	2	3	4	6	8	＞8
碳原子数	10	15	20	30	40	＞40

有些萜类化合物所含的碳原子数虽不是 5 的整数倍，但却是从萜类化合物转变而来，这类化合物也归在萜类化合物中。例如，重要的植物激素赤霉素含有 19 个碳原子，它是从二萜贝壳杉烯代谢而来，属于萜类，称为降二萜。

赤霉素　贝壳杉烯

二、单萜

单萜类化合物是由 2 个异戊二烯单位组成的，根据连接方式可分为链状单萜类、单环单萜类、双环单萜类。

（一）链状单萜

链状单萜类化合物具有如下基本骨架：

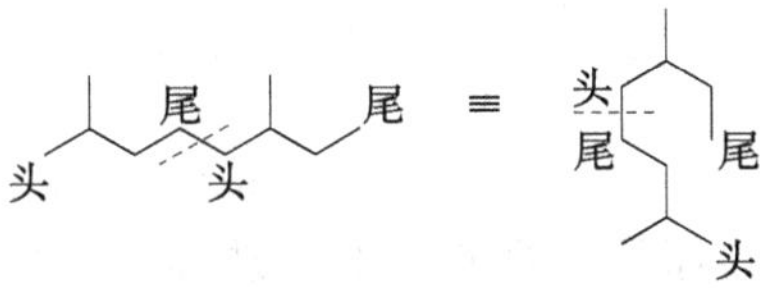

尾 尾 = 头 尾 尾
头 头 头

许多天然植物的挥发性油中均含有链状单萜。如月桂油中的月桂烯，柠檬油中的柠檬醛，香茅油中的香茅醇和香叶醇，均可用于配制香精。

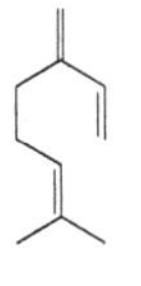

CHO CH_2OH CH_2OH

月桂烯 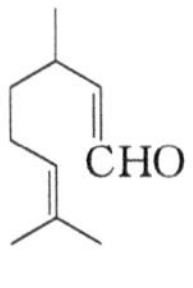 柠檬醛 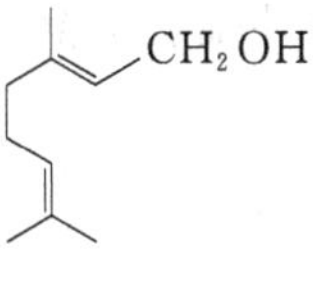 香叶醇 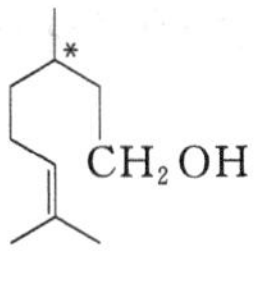 香茅醇

月桂烯现在可进行工业化生产，通过 *β*-蒎烯的热解得到，是重要的合成原料。

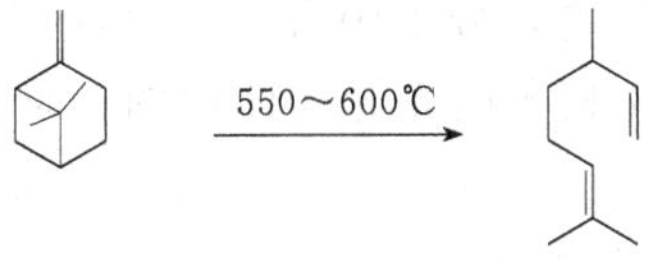

550～600℃

β-蒎烯 月桂烯

从立体异构方面来分析，柠檬醛是顺反异构体的混合物，其中 *E* 型异构体称为 *α*-柠檬醛（又称香叶醛），*Z* 型异构体称 *β*-柠檬醛（又称橙花醛），*E* 型异构体占 90%。香茅醇分子中具有不对称因素，故有旋光性。香叶醇为 *E* 型结构，其 *Z* 型异构体称橙花醇，存在于橙花油及其他挥发油中，为无色玫瑰香气的液体，可配制香精。

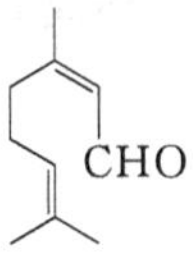

CHO CHO CH_2OH CH_2OH

β-柠檬醛（橙花醛） *α*-柠檬醛（香叶醛） 橙花醇 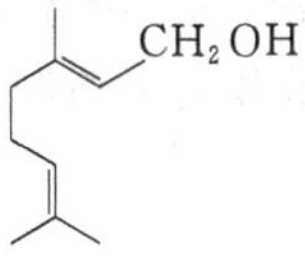 香叶醇

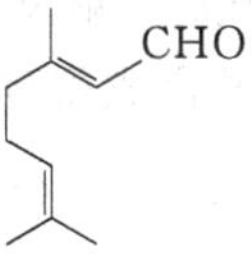

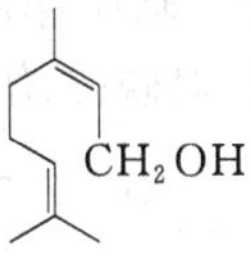

以氯化亚铜为催化剂，月桂烯与氯化氢可发生加成反应，生成香叶基氯、橙花基氯和芳樟基氯的混合物，再加醋酸钠，生成乙酸香叶醇酯、乙酸橙花醇酯和乙酸芳樟醇酯，水解后可得到香叶醇、橙花醇和芳樟醇的混合物，可用高效分馏法将它们分开。

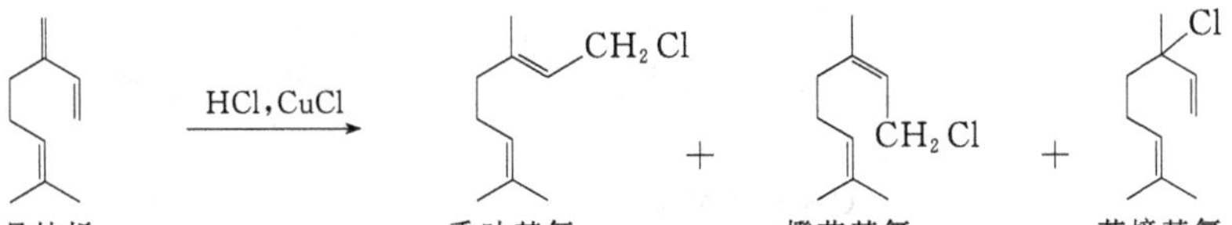

$\xrightarrow{HCl,CuCl}$ CH_2Cl + CH_2Cl + Cl

月桂烯 香叶基氯（50%） 橙花基氯（40%） 芳樟基氯（10%）

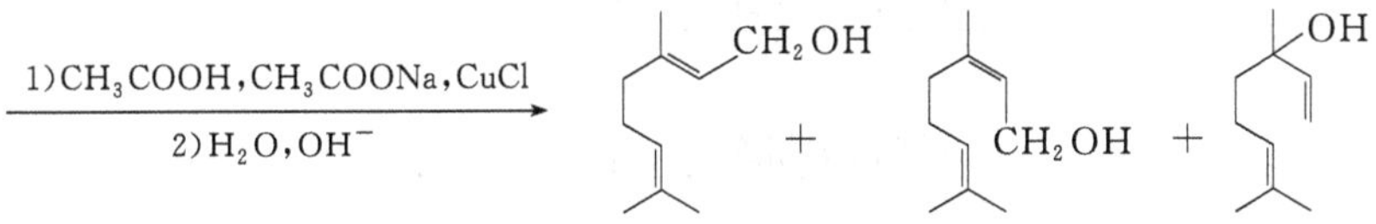

$\xrightarrow[2)H_2O,OH^-]{1)CH_3COOH,CH_3COONa,CuCl}$ CH_2OH + CH_2OH + OH

香叶醇 橙花醇 芳樟醇

（二）单环单萜

该类化合物的基本骨架是由两个异戊二烯单位环加成形成的六元碳环化合物。如：

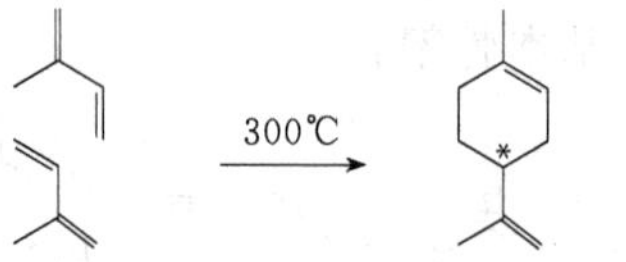

300℃

苧烯（柠檬烯）

苧烯分子内含有一个手性碳原子，具有一对对映体。(+)-苧烯存在于柠檬油中，是生产橙汁的副产物；(−)-苧烯存在于松油中；(±)-苧烯存在于松节油和香茅油中，也可由异戊二烯聚合得到。它们都是无色液体，具有柠檬香味，可作香料和有机合成原料。

其他单环单萜类化合物还有水芹烯、萜品烯等。

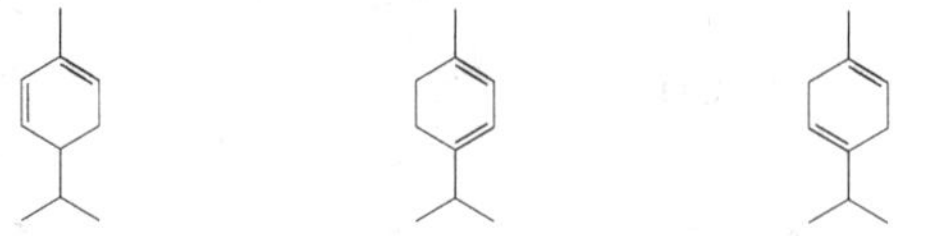

α-水芹烯　　α-萜品烯　　β-萜品烯

薄荷醇为单环单萜的含氧衍生物，分子中有 3 个手性碳原子，有 4 对对映体，自然界存在的主要是 (−)-薄荷醇，它是 3-萜醇旋光异构体中的一种。

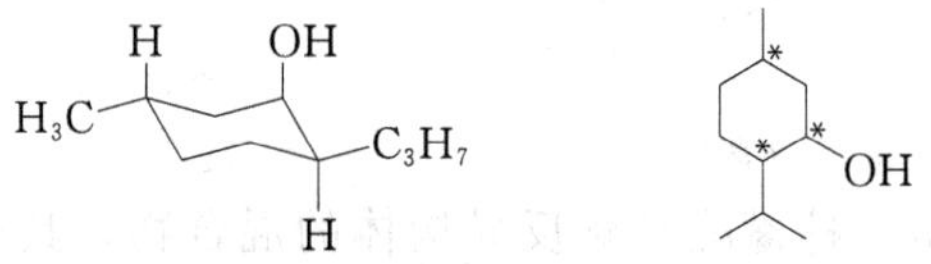

H　OH　H_3C　C_3H_7　H　　OH

(−)-薄荷醇　　3-萜醇

(−)-薄荷醇又称薄荷脑，存在于薄荷油中，为无色针状或棱柱状结晶，有强烈穿透性香味，熔点 42～44℃，难溶于水，易溶于乙醇、乙醚等有机溶剂，是清凉油、人丹等药物及皮肤科外用搽剂的主要添加成分，临床作用是清凉、驱风、醒脑、防腐；也可用作香料。

(−)-薄荷脑和它的对映体或非对映体均可通过合成得到。

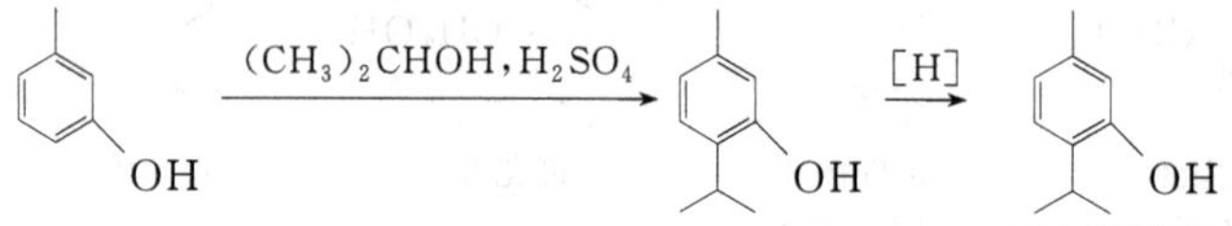

OH　$(CH_3)_2CHOH, H_2SO_4$　OH　[H]　OH

(±)-薄荷醇

（三）双环单萜

双环单萜类化合物可看作是薄荷烷的桥环衍生物。

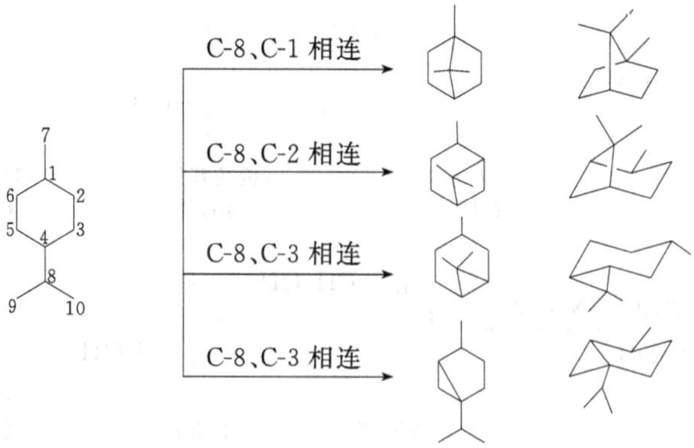

7　1　2　3　4　5　6　8　9　10

C-8、C-1 相连　　莰烷

C-8、C-2 相连　　蒎烷

C-8、C-3 相连　　蒈烷

C-8、C-3 相连　　莨烷

这四种双环单萜类化合物不存在于自然界中，但它们的一些不饱和含氧衍生物则广泛存在于自然界。

1. α-蒎烯和 β-蒎烯

α-蒎烯又称α-松节烯，是松节油的主要成分，含量为70%～80%，沸点155～156℃；β-蒎烯又称β-松节烯，也存在于松节油中，含量较少。松节油具有局部止痛作用，临床上用于局部涂搽缓解肌肉或神经痛。

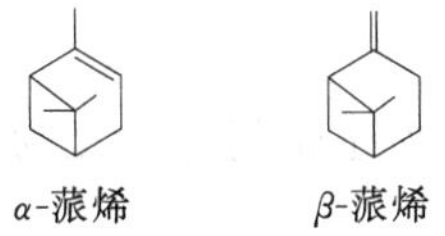

α-蒎烯　　β-蒎烯

α-蒎烯和β-蒎烯也可用作有机合成中间体。例如，工业上将α-蒎烯在无水条件下用酸性催化剂处理，使其重排成莰烯。

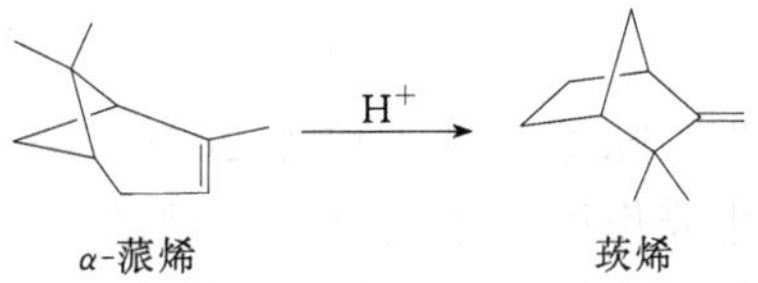

H^+

α-蒎烯　　莰烯

莰烯主要用于樟脑的合成，例如其在硫酸催化下，与乙酸加成生成乙酸异龙脑酯，产物经水解，再用硝酸氧化生成樟脑。

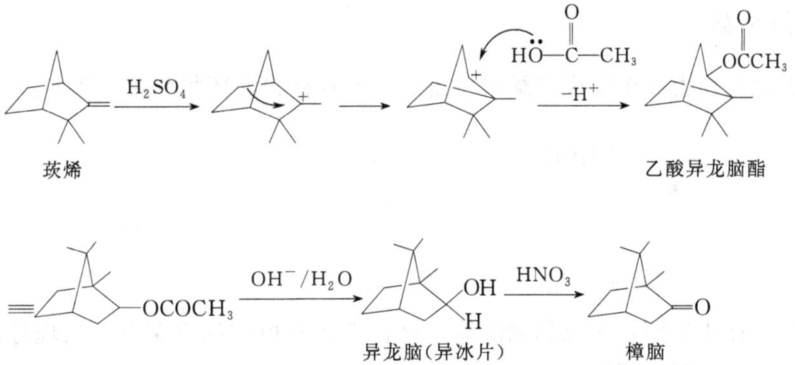

H_2SO_4　　$HO-C(=O)-CH_3$　　$-H^+$　　$OCCH_3$

莰烯　　乙酸异龙脑酯

$OCOCH_3$　　OH^-/H_2O　　OH　H　　HNO_3　　O

异龙脑(异冰片)　　樟脑

2. 樟脑

樟脑，化学名α-莰酮或1,7,7-三甲基二环［2.2.1］-2-庚酮，白色晶状粉末或无色半透明固体，主要存在于樟树中。

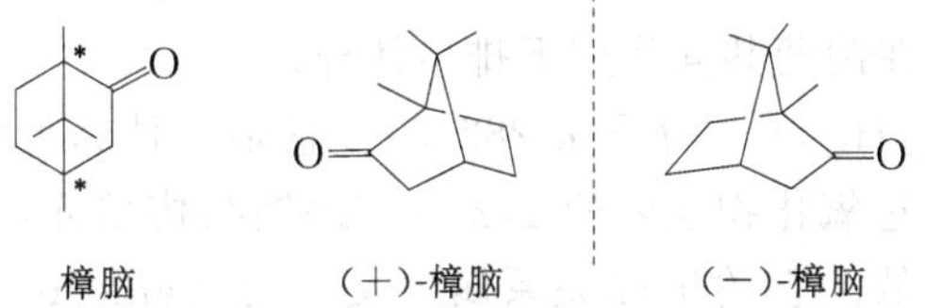

樟脑　　(+)-樟脑　　(−)-樟脑

樟脑分子中虽然有两个手性碳原子，但由于桥环的存在，实际上只存在一对对映体。自然界存在的樟脑为（+）-樟脑，比旋光度+43°，熔点124～129℃；合成的樟脑为外消旋体。樟脑具有羰基化合物的性质，可与羰基试剂反应生成相应的化合物，可用于定性和定量分析。

樟脑是呼吸循环系统的兴奋剂，为急救良药。但由于其水溶性低，临床使用受限。通过在其分子中引入磺酸基制成其磺酸钠盐，易溶于水可作注射剂使用。

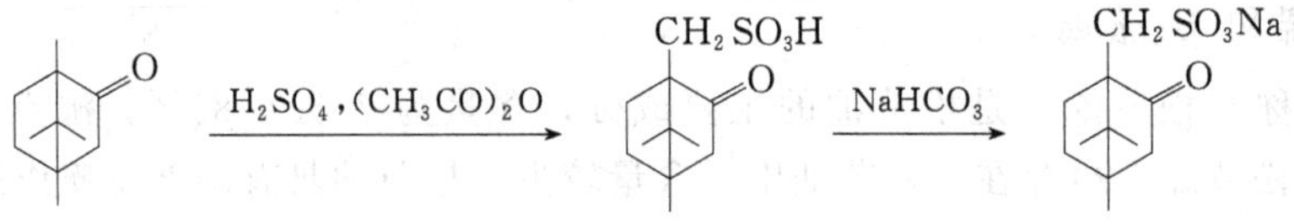

$H_2SO_4,(CH_3CO)_2O$ → 　$NaHCO_3$ →

樟脑　樟脑-10-磺酸（CH_2SO_3H）　樟脑-10-磺酸钠（CH_2SO_3Na）

3. 龙脑和异龙脑

龙脑和异龙脑是由樟脑经硼氢化物还原制得，互为差向异构体。异龙脑为优势构象。

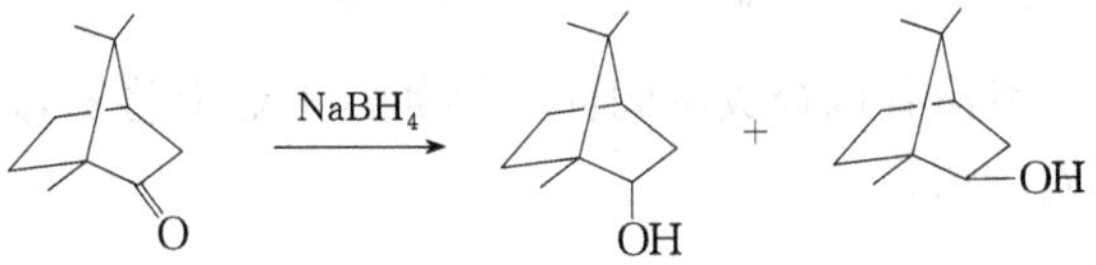

$NaBH_4$ →

龙脑　异龙脑

龙脑又称冰片，为片状结晶，味似薄荷，熔点 206～208℃，易溶于乙醇、乙醚等有机溶剂。龙脑具有发汗、镇痛及止痛作用，是人丹、冰硼散、六神丸等药物的主要成分之一。天然龙脑主要存在于某些植物的挥发性油中，有右旋体和左旋体两种。

三、其他萜类化合物

（一）倍半萜

倍半萜类化合物由 3 个异戊二烯单位组成，也有链状和环状两种。例如：

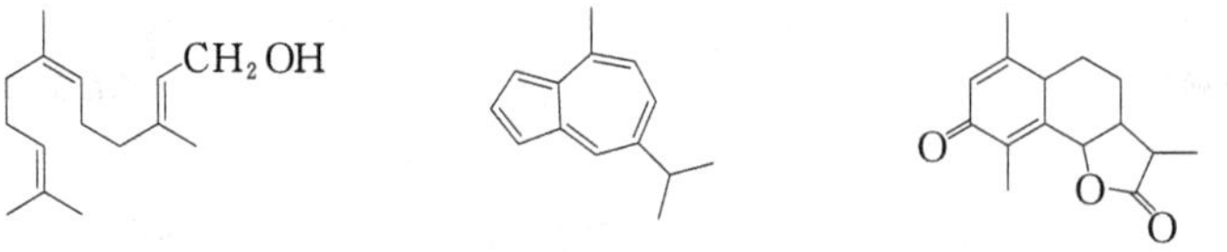

金合欢醇　愈创木薁　山道年

金合欢醇又称法尼醇，无色黏稠液体，存在于多种植物如香茅草、玫瑰等的挥发油中，有铃兰香气，用于配制高档香料。

愈创木薁存在于满山红、香樟的挥发油中，具有消炎、促进烫伤和灼伤创口愈合以及防止辐射热等效能，是国内烫伤膏的主要成分。

山道年是三环倍半萜类化合物，存在于菊科植物，如茼蒿未开放的花蕾中，通过提取方法获得。山道年在临床上用作驱蛔虫药，其作用是兴奋蛔虫的神经节，使虫体发生痉挛性收缩，从而不能附着肠壁，在泻药共同作用下排出体外。

青蒿素的分子式为 $C_{15}H_{22}O_5$，分子量 282.34。它是一种新型倍半萜内酯，具有过氧键和 δ-内酯环，有一个包括过氧化物在内的 1,2,4-三噁烷结构单元，还包括有 7 个手性中心，这在自然界中是十分罕见的。它的生源关系属于艾莫烷（amorphane）类型，其特征是 A、B 环顺连，异丙基与桥头氢呈反式关系，青蒿素中 A 环碳架被一个氧原子打断。其结构如下：

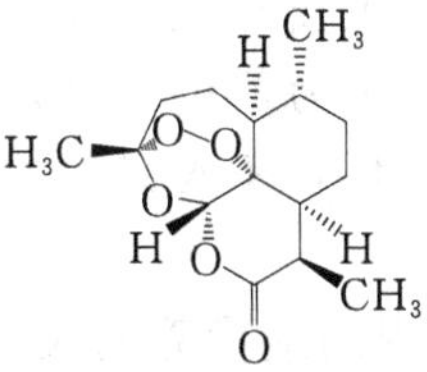

青蒿素

青蒿素是无色针状结晶，熔点 156～157℃，易溶于氯仿、丙酮、乙酸乙酯和苯，可溶于乙醇、乙醚，微溶于冷石油醚，几乎不溶于水。因其具有特殊的过氧基团，对热不稳定，易受湿、热和还原性物质的影响而分解。

青蒿素是治疗疟疾耐药性效果最好的药物。40 多年前的艰苦环境下，屠呦呦和她的团队，克服重重困难，在收集了 2000 余方药的基础上，编写了 640 种药物为主的《抗疟单验方集》，对其中的 200 多种中药开展实验研究，经历 380 多次失败，但他们不言弃，始终执着追求，锲而不舍，不断利用现代医学和方法进行探索、改进提取方法；为了检验药效，甚至在自己身上尝试药物反应。终于在 1971 年获得青蒿抗疟的成功，拯救了数百万疟疾病患的生命，取得了人类科学的进步。2015 年 10 月，屠呦呦因创制新型抗疟疾药青蒿素和双氢青蒿素的贡献，与另外两位科学家分享诺贝尔生理学或医学奖，但这位慈祥的老人却说："荣誉不是我个人的，还有我的团队，这是属于中医药集体的一个成功范例，是中国科学事业、中医中药走向世界的一个荣誉。"

青蒿素对疟疾具有速效、低毒的特点，但是用后其复发率高，且只能口服，生物利用率低，因溶解度小而难以制成注射液用于抢救严重病人。因此，对青蒿素进行结构改造的研究持续开展着，已发展出双氢青蒿素以及它的醚类、羧酸酯类和碳酸酯类衍生物。科学家用青蒿素及其衍生物与研发的新化学抗疟疾药配伍，组成复方或联合用药，已被世卫组织确定为全球治疗疟疾必须使用的唯一用药方法。

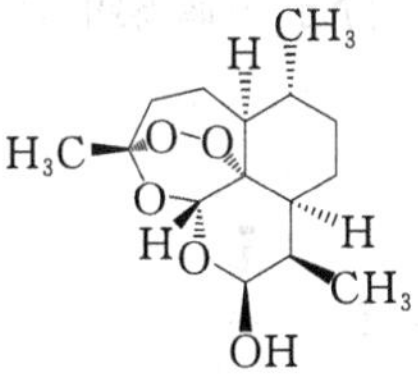

双氢青蒿素 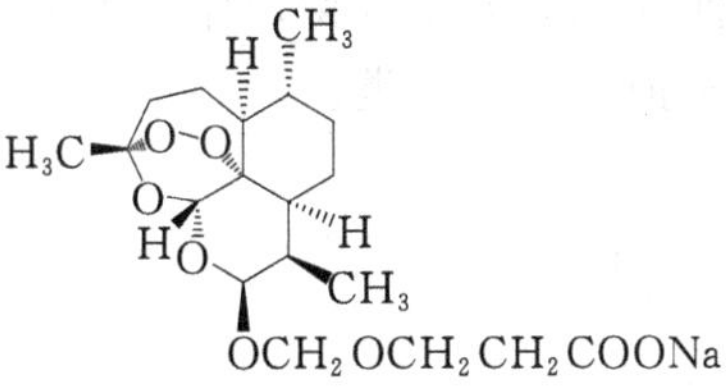　　青蒿琥酯钠

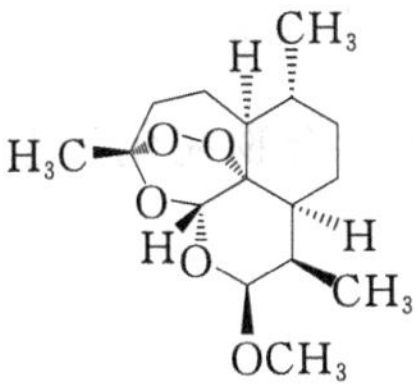

蒿甲醚 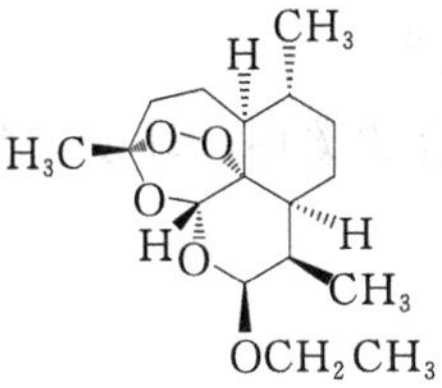　　蒿乙醚

（二）二萜

二萜分子中含有 20 个碳原子，如植物醇为链状二萜类化合物，是叶绿素水解产物之一。

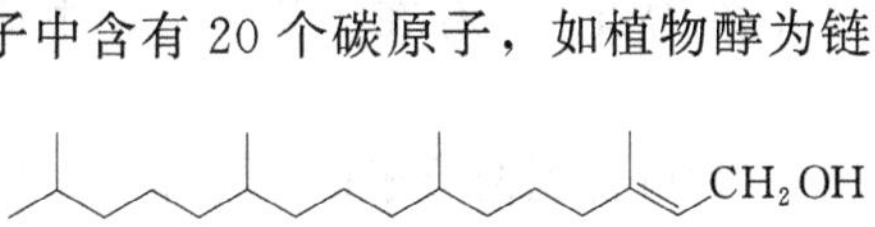

植物醇(叶绿醇) 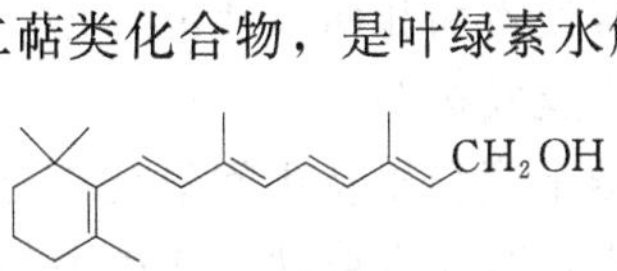　　维生素 A

维生素 A 为单环二萜类化合物，主要存在于鱼肝油中，为一种脂溶性维生素，是人与动物生长必需的成分之一。维生素 A 为黄色结晶，熔点 63～64℃，不溶于水，易溶于无水乙醇、氯仿、乙醚等有机溶剂。维生素 A 易被空气氧化，遇紫外线或高温也易被破坏分解。

紫杉醇，别名红豆杉醇，是已发现的最优秀的天然抗癌药物，在临床上广泛用于乳腺癌、卵巢癌和部分头颈癌和肺癌的治疗。紫杉醇作为一个具有抗癌活性的二萜生物碱类化合物，其新颖复杂的化学结构、广泛而显著的生物活性、全新独特的作用机制、奇缺的自然资源，使其受到了植物学家、化学家、药理学家、分子生物学家的极大青睐，使其成为举世瞩目的抗癌明星和研究重点。

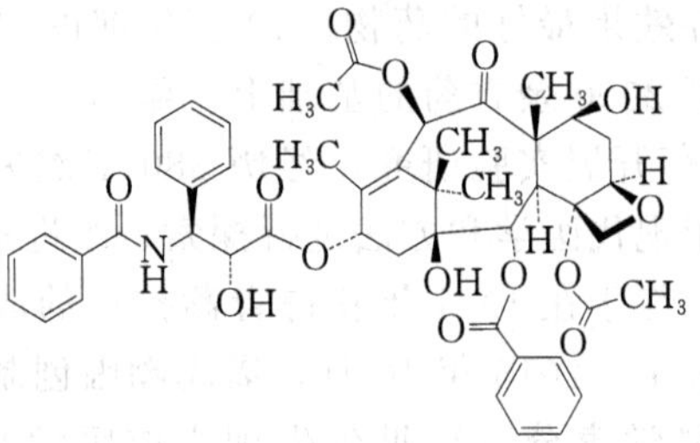

紫杉醇

（三）三萜

三萜分子中含 30 个碳原子，是 6 个异戊二烯单位的聚合体，如角鲨烯、羊毛甾醇。

角鲨烯为链状，相当于 2 个法尼醇去掉 2 个羟基后连接而成，大量存在于鲨鱼的鱼肝油中，橄榄油、糠油中也有少量存在。角鲨烯在生物体内可转化成羊毛甾醇，最后转化为胆甾醇。

羊毛甾醇属于四环三萜类化合物，存在于羊毛脂中，分子中碳架的连接不符合经典的异戊二烯规律，有时不把它归为萜类。

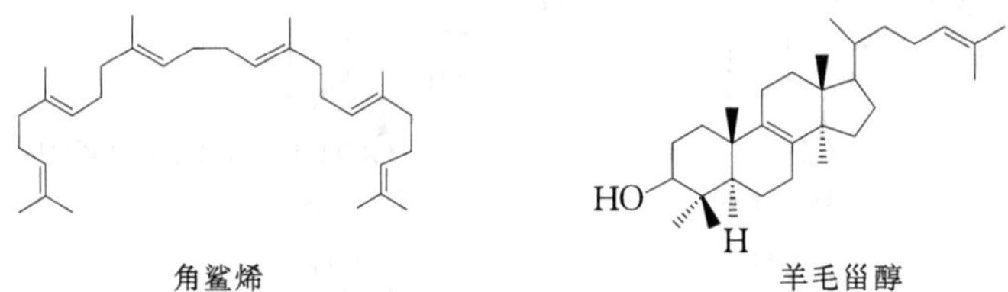

角鲨烯　　　　羊毛甾醇

三萜常含有 4 个或 5 个稠合的碳环，许多三萜与甾族化合物在化学上或生物学上有相似之处。

（四）四萜

类胡萝卜素是一类四萜（有的类胡萝卜素中碳原子个数不是 40），是一类天然色素，常见的有番茄红素和 β-胡萝卜素。

番茄红素使番茄和西瓜汁呈红色，β-胡萝卜素为黄色，存在于胡萝卜、番茄汁中，分子中的双键均为反式构型。

将 β-胡萝卜素分子从中间氧化再还原成醇，就可得到两分子的维生素 A，所以胡萝卜素又称前维生素，其在人或动物体内酶的催化下能氧化分解成维生素 A。

类胡萝卜素可作为食用色素或饲料添加剂。

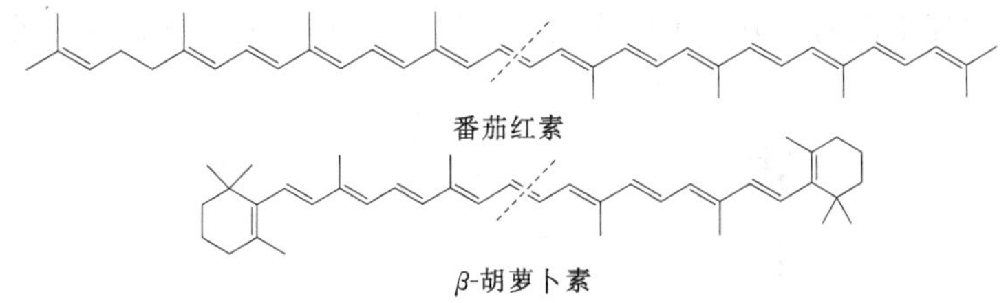

番茄红素

β-胡萝卜素

第三节　甾族化合物

甾族化合物又称为甾体化合物或类固醇化合物，是一大类广泛存在于动植物体且具有重要生理活性的天然产物，主要包括甾醇、胆甾醇和甾体激素。例如，肾上腺皮质激素对人体的电解质、蛋白质及糖类的代谢具有很大的调节作用；肝细胞分泌的胆汁酸，其盐可使脂肪乳化并活化脂肪酶，对脂肪在小肠中的消化吸收起着重要作用。一些植物体内所含有的甾族化合物可以直接药用，如毛地黄中含有的强心苷可用于治疗心力衰竭；薯蓣中所含的薯蓣皂苷是目前合成甾族药物的重要原料。

一、甾族化合物的结构和命名

（一）甾族化合物的基本结构

甾族化合物共同的结构特点是都具有环戊烷多氢菲的基本骨架结构（母核结构）。四个稠合的碳环自左至右分别标记为 A、B、C、D，环上的碳原子具有固定的编号。大多数甾族化合物在其母核结构的 10 位和 13 位上连有甲基，称为角甲基，在 17 位上有不同长度的碳链或含氧取代基，如图 15-2 所示。

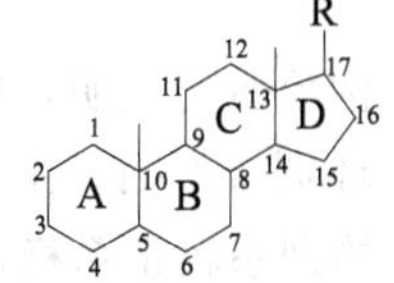

图 15-2　甾族化合物母核结构及其编号

“甾”字非常形象地表示出了甾族化合物基本结构的特点，“田”象征四个稠合环，“巛”象征环上的三个取代基。

（二）甾族化合物的立体结构

甾族化合物母核结构中含有 7 个不同的手性碳原子，理论上可有 $2^7=128$ 个旋光异构体。但是由于 A、B、C、D 四个环相互稠合引起的空间位阻，使实际存在的异构体数目大大减少。目前，从自然界获得的甾族化合物主要有两种构型：稠合的 B/C 环和 C/D 环一般都是反式、稠合的 A/B 环含有顺式和反式两种，就像十氢萘的两种异构体。

反-十氢萘(e、e 键稠合)　　　　顺-十氢萘(e、a 键稠合)

甾族化合物中，当 A/B 环顺式稠合时，就像顺-十氢萘的构型，即 C-5 上的 H 原子和 C-10 上的角甲基在环平面的同侧，用实线表示，叫正系（5β-型）或粪甾烷系；当 A/B 环反式稠合，就像反-十氢萘的构型，即 C-5 上的 H 原子和 C-10 上的角甲基在环平面的异侧，C-

5 上的 H 原子伸向环平面的后方，用虚线表示，称别系（5α-型）或胆甾烷系。

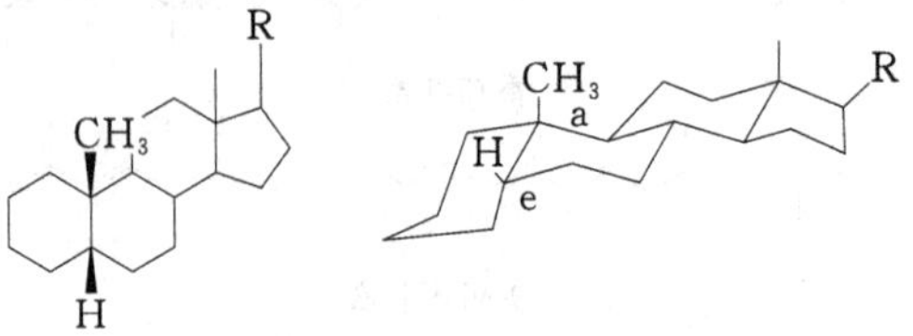

正系（5β-型）或粪甾烷系（A/B 顺式）

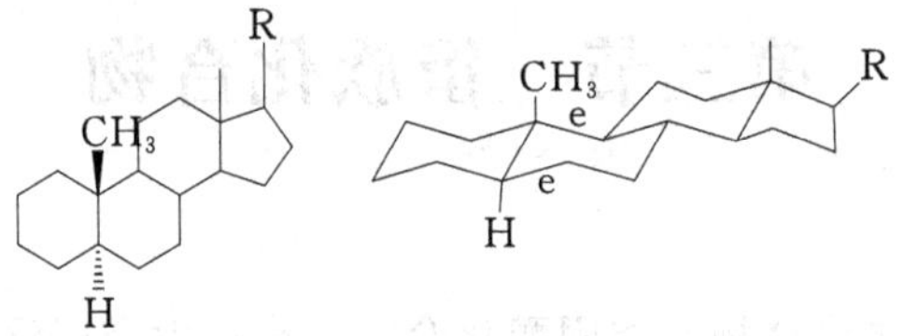

别系（5α-型）或胆甾烷系（A/B 反式）

此外，甾族化合物环上的取代基与角甲基在环平面同侧时，用实线表示，标记为 β-型；与角甲基在环平面异侧时用虚线表示，标记为 α-型。如：

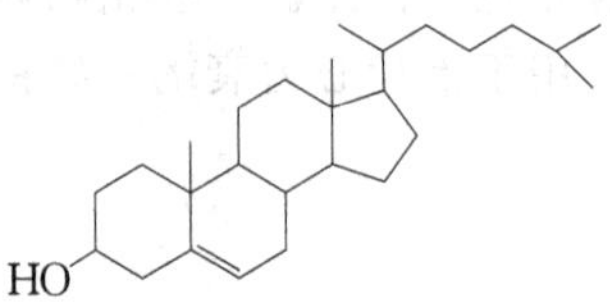

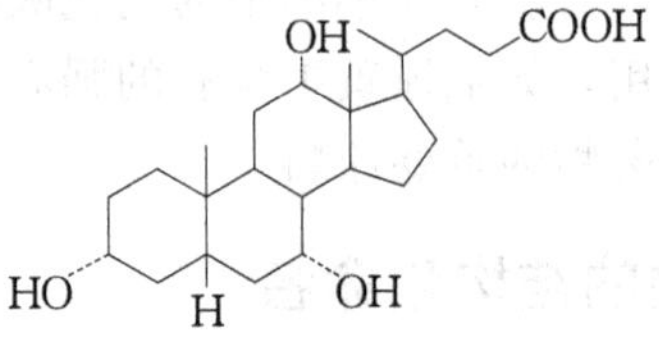

胆甾醇(3β-羟基)　　　胆酸(3α,7α,12α-三羟基-5β-胆烷-24-酸)

构象研究表明，甾族化合物的环系均以椅式构象存在，甾族化合物正系和别系的差别，仅 A/B 环稠合不同。正系两环为 e、a 键稠合，别系两环为 e、e 键稠合，因此一般而言，甾族化合物的别系较正系稳定。同时，甾族环上取代基处于 a 键或 e 键时，化学性质有不同的表现，一般来说，e 键取代基比 a 键取代基的反应活性大，这主要是由于空间位阻效应使然。

二、几类重要的甾族化合物

（一）甾醇类

甾醇又称为固醇，常以游离态或以酯（或苷）的形式广泛存在于动植物组织中，根据来源可分为动物甾醇和植物甾醇两类。

1. 胆甾醇

胆甾醇最初是在胆结石中发现的固体醇，因而又叫胆固醇。其结构特点是：C-3 连有一个绝大多数是 3β-型的醇羟基，C-5 和 C-6 间为双键，C-17 上连有一个 8 碳的烃基。

胆固醇为无色或微黄色固体，熔点 148℃，难溶于水，易溶于乙醚、氯仿、热乙醇等有机溶剂。分子中存在双键，可与卤素和卤化氢发生加成反应；也可催化加氢生成二氢胆固醇；其 3β-羟基也可发生酯化反应生成胆甾醇酯。将胆固醇溶于氯仿中，加入乙酐和浓硫酸，溶液逐渐由浅红色变为蓝色，最后变成绿色，其颜色的深浅与胆固醇的浓度成正比。该反应称为李伯曼-布查（Libermann-Burchard）反应，可以进行比色分析。

胆固醇大多以脂肪酸酯的形式存在于动物体内，蛋黄、脑组织及动物肝脏等内脏中含量丰富。胆固醇是细胞膜脂质的重要组分，同时它还是生物合成胆甾酸和甾体激素等的前体。正常人血液中 100mL 酶含总胆固醇 110～220mg，胆固醇摄取过多或代谢障碍时，会从血清中沉积在动脉血管壁上，久之会导致冠心病和动脉粥样硬化。过饱和胆固醇从胆汁中析出沉淀是形成胆固醇系结石的基础，然而体内长期胆固醇偏低也可诱发病症。可见，需要给机体提供适量的胆固醇，以维持机体正常的生理功能。

需要纠正一个胆固醇误区：有人认为过多胆固醇会引起高胆固醇血症，诱发脑血管等疾病，那高胆固醇血症患者是不是就不能从食物中摄取胆固醇，只能天天萝卜青菜汤呢？真相是人体胆固醇的来源有两个——内源性胆固醇（在肝脏合成，原料主要来自葡萄糖）和外源性胆固醇（食物胆固醇在肠道中被吸收），外源性会抑制内源性胆固醇的合成。若在膳食中绝对拒绝胆固醇，则肝脏内合成的胆固醇将会失去抑制，反而合成旺盛。同理也适合体内脂肪含量的控制。

2. 7-脱氢胆甾醇和麦角甾醇

7-脱氢胆甾醇属于动物甾醇，存在于人体皮肤中，它可以由胆甾醇转化而来。当受到紫外线照射时，其 B 环被破坏，得到维生素 D_3。故常做日光浴是获得维生素 D_3 的最简易方法。

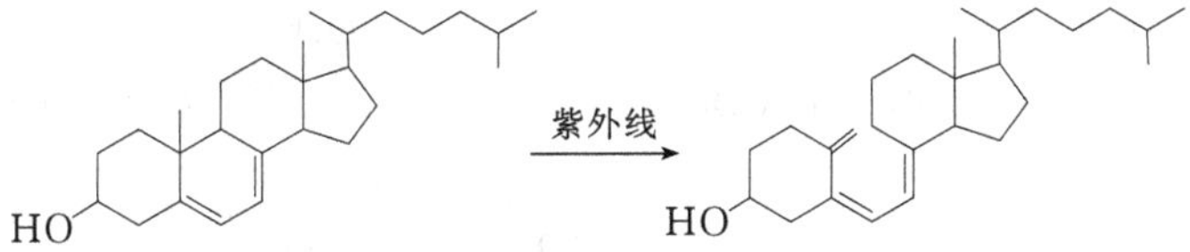

紫外线

7-脱氢胆甾醇　　维生素 D_3

麦角甾醇是一种重要的植物甾醇，存在于酵母和某些植物中。在紫外线照射下，其 B 环破裂而转化为维生素 D_2。

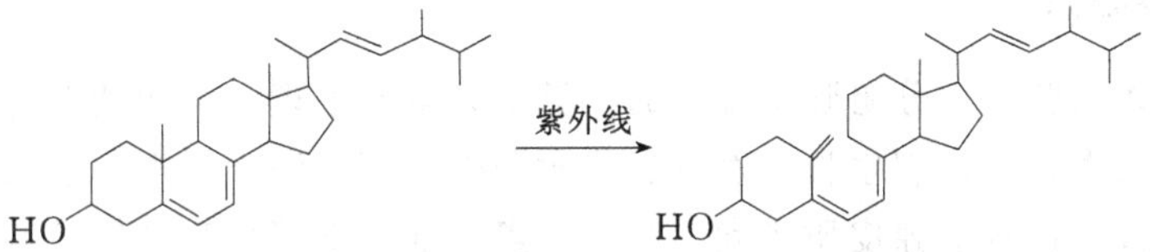

紫外线

麦角甾醇　　维生素 D_2

维生素 D_3 和维生素 D_2 均为无色结晶，都是脂溶性维生素，不溶于水。D 类维生素能促进机体对钙的吸收，临床上与钙剂结合治疗佝偻病。

3. β-谷固醇

β-谷固醇也是一种植物甾醇，与胆固醇在结构上的差异是在 C-24 上多了一个乙基。*β*-谷固醇在人体肠道中不被吸收，在饭前服用可抑制肠道黏膜对胆固醇的吸收，从而降低血液中胆固醇含量，可用作治疗高胆固醇血症和预防动脉粥样硬化。人参、山里红、巴豆、无花果叶等很多植物中都含有 *β*-谷固醇。

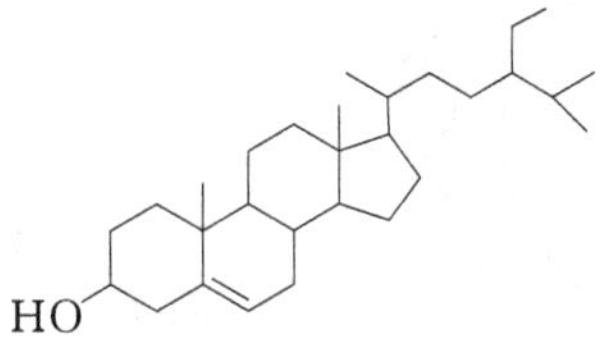

β-谷固醇

（二）胆甾酸类

从动物的胆汁分离得到几种含氧酸性甾族化合物的总称叫胆甾酸。胆甾酸在人体内可由胆固醇为原料直接生物合成。至今发现的胆甾酸已有100多种，其中人体内重要的是胆酸和脱氧胆酸。

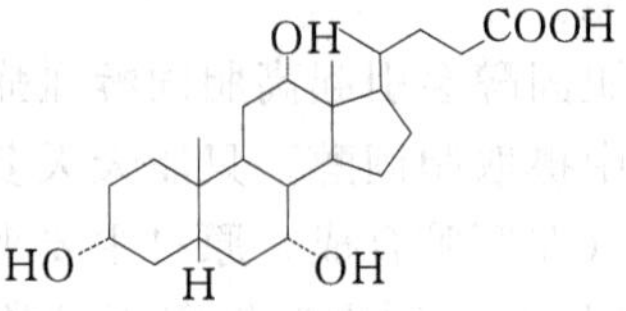

胆酸 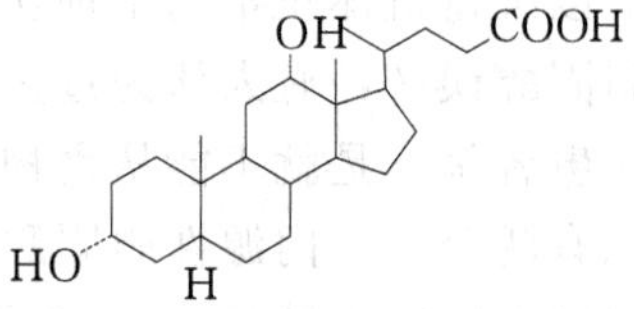　　　　脱氧胆酸

在胆汁中，胆甾酸分别与甘氨酸和牛磺酸中的氨结合成甘氨胆甾酸和牛磺胆甾酸，这种结合胆甾酸称为胆汁酸。在小肠的碱性条件下，胆汁酸以盐的形式存在，分子内既有亲水性的—OH和—COONa（或—SO_3Na），又有疏水性的甾环，成为良好的乳化剂，使食物中的脂类物质乳化成细小微粒，增加消化酶对脂质的接触面积，促进脂类的消化和吸收。甘氨胆酸钠和牛磺胆酸钠的混合物在临床上用于治疗胆汁分泌不足而引起的疾病。

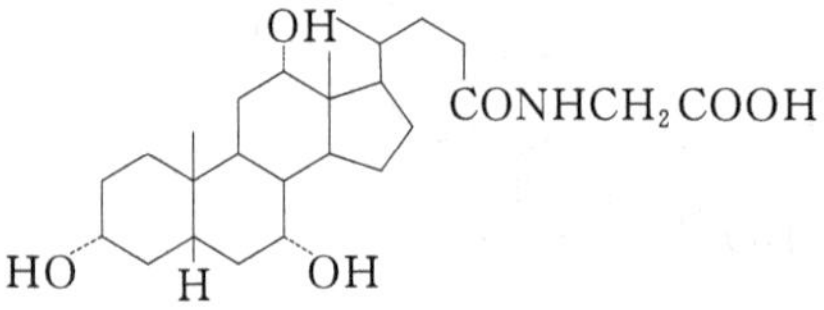

甘氨胆酸 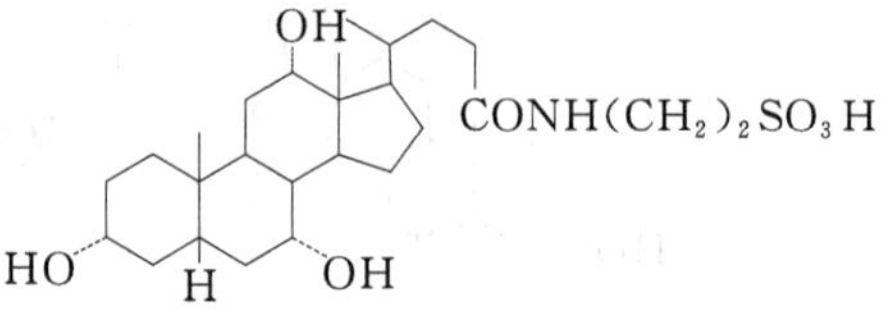　　　　牛磺胆酸

（三）甾体激素

激素是动物体内各种内分泌腺所分泌的一类具有重要生理和生化活性的化学物质，分泌量虽少，但作用巨大，如控制生长、发育、代谢和生殖等。激素根据分子组成不同，分为含氮激素（如胰岛素、促肾上腺皮质激素、甲状腺素、催产素等）和甾体激素（如性激素、肾上腺皮质激素）两类。昆虫蜕皮激素也属于甾族化合物。

1. 性激素

性激素是性腺（睾丸和卵巢）所分泌的具有促进性器官形成及第二性征发育作用的物质，可分为雌性激素和雄性激素两类。

（1）雌性激素

雌性激素分为雌激素（卵泡激素）和孕激素（黄体激素）。由成熟的卵泡产生的激素称雌激素，其主要生理功能是促进雌性动物器官（子宫、卵巢）及副性器官（乳腺）的发育。雌激素主要有雌二醇和雌酮两种，其中雌二醇的生理作用最强，结构如下：

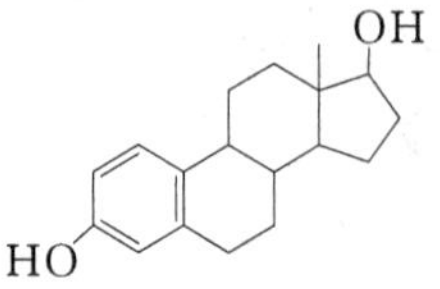

雌二醇 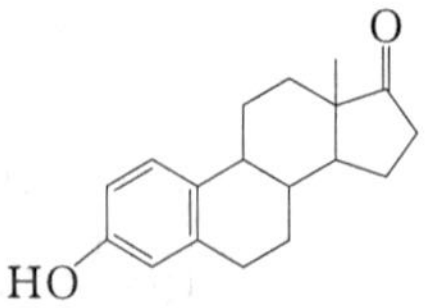　　　　雌酮

孕激素是由卵泡排卵后形成的黄体所产生的激素，主要生理作用是抑制排卵，促进乳腺发育，并使受精卵在子宫内发育。临床上用于治疗习惯性流产和月经不调，用于保胎和通经。孕激素主要有孕酮和孕二醇，结构如下：

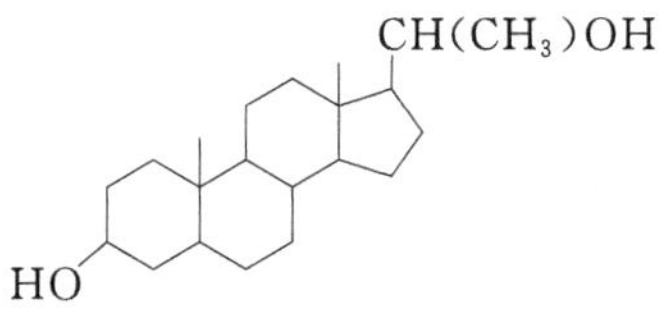

$CH(CH_3)OH$ $COCH_3$

HO O

孕二醇 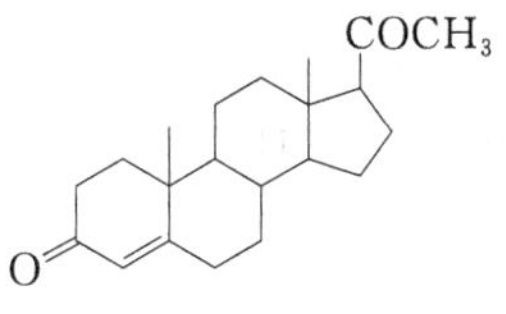 孕酮（黄体酮）

（2）雄性激素

雄性激素是由雄性动物睾丸分泌的一类激素。1931 年德国生物化学家阿道夫·布特南特（A. F. J. Butenandt）从 15000L 男性尿中分离得到 15mg 结晶雄酮，布特南特也因在性激素方面的开创性工作获得 1939 年的诺贝尔化学奖。

重要的雄性激素有睾酮、雄酮和雄烯二酮，其中睾酮的活性最高，其活性是雄酮的数倍。构效关系分析表明，睾酮中 C-17 上的羟基及其构型与生理活性有密切联系，若羟基为 α-型则无生理活性。

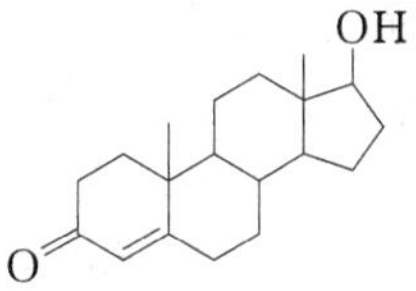

OH O

O HO

睾酮 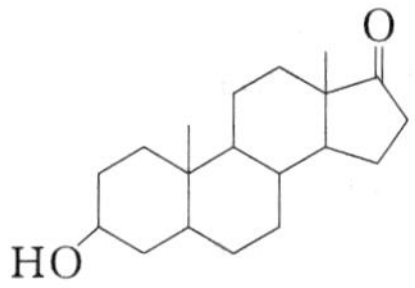 雄酮

雄性激素具有促进雄性性器官和第二性征的发育、生长以及维持雄性特征的作用，并具有促进蛋白质合成、抑制蛋白质代谢的同化作用，能够使雄性变得骨骼粗壮、肌肉发达。临床用药多采用其衍生物，如甲基睾酮、睾酮丙酸酯等。

2. 肾上腺皮质激素

由肾上腺皮质所分泌的一大类甾族激素称肾上腺皮质激素，它们对体内的水、盐、糖、脂肪和蛋白质的代谢，以及人体生长发育都有重要的意义。目前已从肾上腺皮质提取分离出了多种甾醇类结晶，其中具有较强生理活性的有 7 种，如可的松、氢化可的松、皮质酮和醛固酮。

肾上腺皮质激素按其功能，可以分为糖皮质激素和盐皮质激素，它们的化学结构相似，生理功能不同。糖皮质激素，如可的松和氢化可的松等主要影响糖、脂肪和蛋白质的代谢，抑制糖的氧化，促进蛋白质转化为糖，并具有抗炎症、抗过敏等作用；临床上对风湿性关节炎、风湿热等具有一定的疗效。盐皮质激素，如醛固酮、11-脱氧皮质酮等，对电解质代谢有显著影响，能促进钠的潴留和钾的排泄，维持机体的电解质平衡和体液容量，其中醛固酮的生理活性最强；临床上主要用于治疗钾、钠失调的病症、恢复电解质和水的平衡。

两类皮质激素的结构特征是：一般甾环的 C-3 为酮基，C-4 和 C-5 之间为双键，C-17 上连有—$COCH_2$—OH 基团，C-13 上除醛固酮为醛基外，其余均为角甲基。其余的区别仅在于 C-11、C-17、C-18 上氧化的程度不同。C-11 上有含氧基团的是糖皮质激素，否则为盐皮质激素；C-17 上有 α-羟基的，生理活性最强。常见的肾上腺皮质激素有：

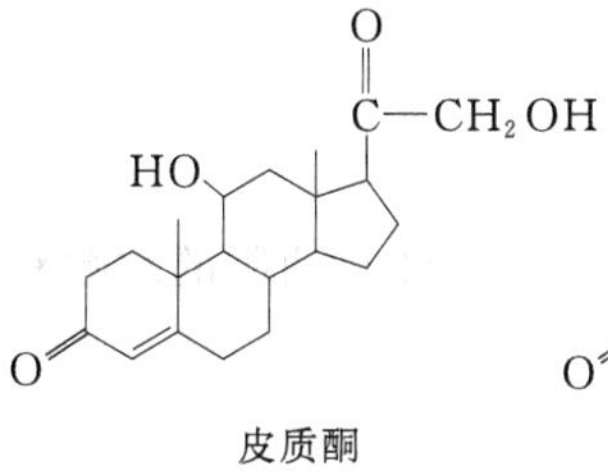

O O O

C—CH_2OH C—CH_2OH C—CH_2OH

HO O OH HO OH

O O O

皮质酮 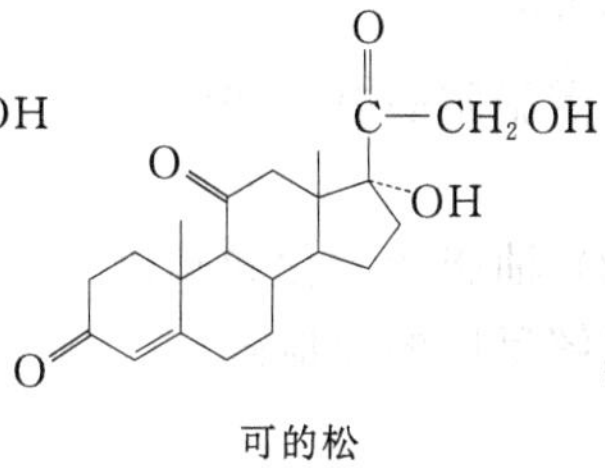 可的松 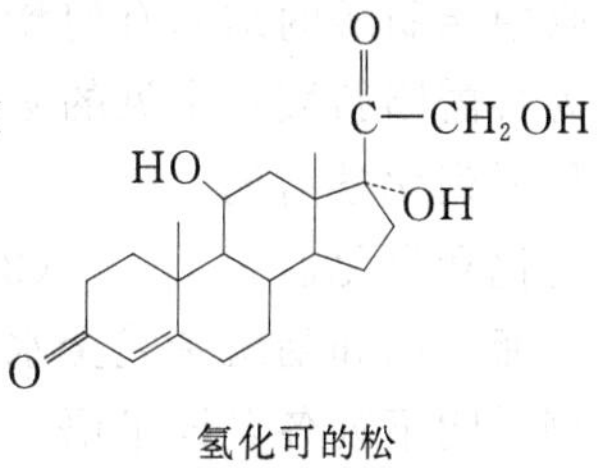 氢化可的松

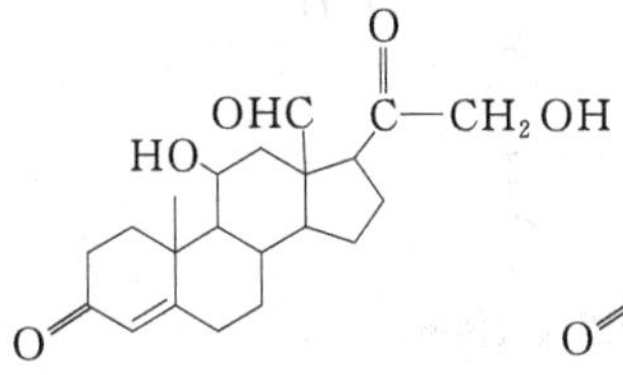

醛固酮 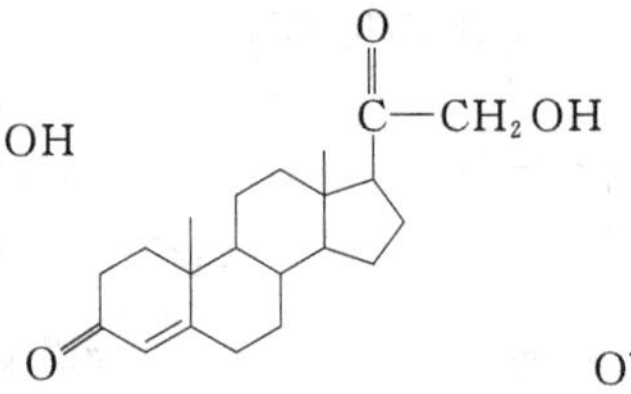　　11-脱氧皮质酮 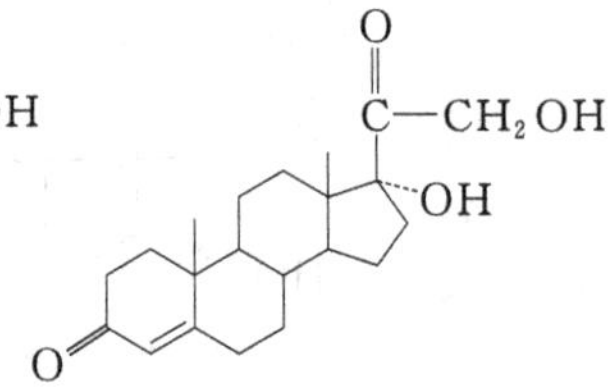　　17α-羟基-11-脱氧皮质酮

3. 昆虫蜕皮激素

昆虫蜕皮激素是昆虫前胸腺所分泌的一种内激素，属于甾体激素类，可刺激昆虫蜕皮，与昆虫保幼激素协调作用，控制昆虫的变态过程和生长周期。化学结构如下：

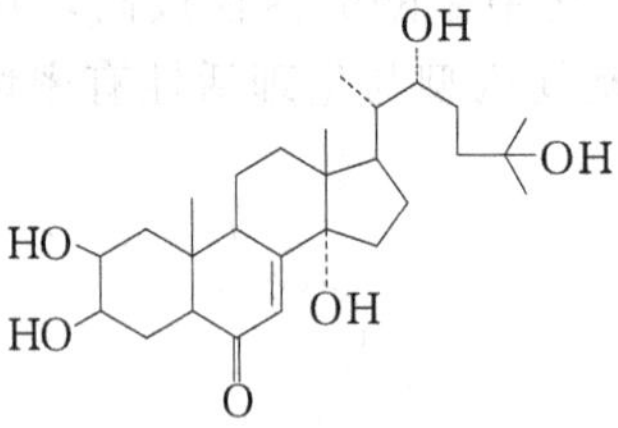

α-蜕皮激素 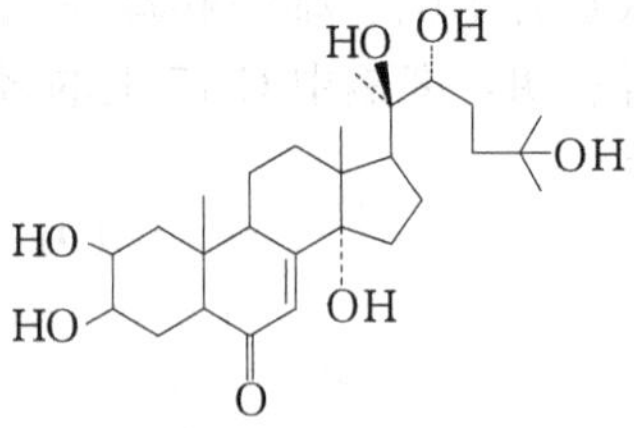　　β-蜕皮激素

现在通过改造已合成了具有相同生理作用的类似物质，其目的在于用昆虫激素防治农业病害虫，以达到高效低毒、以虫治虫的目的。通过改良昆虫体内激素的平衡，干扰昆虫的正常生长、分化和变态过程以杀死昆虫。

名人追踪

阿道夫·布特南特（Adolf Friedrich Johann Butenandt，1903—1995）

德国化学家，马尔堡大学毕业后在格廷根大学温道斯的指导下工作，并于1927年获得哲学博士学位，三年后他成为那里的有机化学实验室主任。布特南特最突出的工作是分离性激素和鉴定其结构。第一个被分离出来的性激素是雌酮，于1929年从怀孕妇女尿中获得；1931年分离出第一种雄性激素——雄酮；1934年分离了对于妊娠过程中的化学机理具有十分重要作用的孕甾酮；1935年人工合成了睾丸酮。因其突出的贡献，1936年他担任柏林威廉皇家生物化学研究所所长，1939年他与卢奇卡分享了诺贝尔化学奖。战后，他在慕尼黑大学任教，1960年任马克斯·普朗克学会主席。

习　题

1. 油脂中脂肪酸的结构有何特点？
2. 何为必需脂肪酸？常见的必需脂肪酸有哪些？
3. 解释下列化学名词。

(1) 皂化和皂化值　　(2) 油脂的硬化和碘值　　(3) 油脂的酸败和酸值

4. 写出卵磷脂和脑磷脂完全水解反应的反应式。
5. 举例说明下列各名词术语。

（1）链状单萜　　（2）双环单萜　　（3）异戊二烯规律

（4）甾族化合物的正系（5β-型）和别系（5α-型）

6.写出下列化合物的结构式。

（1）柠檬醛　　（2）冰片　　（3）樟脑

（4）柠檬烯　　（5）薄荷醇　　（6）胆固醇

7.胆酸有几个手性碳原子？其理论上有几个旋光异构体？写出胆酸的结构式。它们属于何种构型？指出哪个羟基最易发生乙酰化反应？

8.写出樟脑合成冰片的反应式，如何检查反应是否完全？

第十六章 生物碱

生物碱广泛分布于植物中，基本上是含氮的杂环，是许多中草药的有效成分，具有良好的生理功能。本章主要介绍一些重要的生物碱。

第一节 生物碱概述

一、生物碱的定义和分类

生物碱是一类存在于生物体内，对人和动物有强烈生理效应的碱性含氮化合物。它们基本上是含氮的杂环，仅少数没有含氮杂环。其结构类型都较复杂，大都对人畜有毒，少量可作医疗药剂，许多中草药的有效成分是生物碱。

自从1806年德国学者首先从鸦片中分离出吗啡碱后，迄今已从自然界中分离出一万多种生物碱。生物碱广泛存在于植物界，故又称植物碱，在罂粟科、茄科、毛茛科、豆科等植物中含量较多。不同的植物其含量不同，一种植物往往是多种生物碱共存，同一植物中，各部位的生物碱含量及种类也不同。

生物碱分类常用的方法是根据生物碱的化学构造进行分类，如麻黄碱属有机胺类，茶碱属嘌呤衍生物类，利血平属吲哚衍生物类等。

生物碱大多根据它来源的植物来命名。如麻黄碱由麻黄提取而得名，烟碱来源于烟草而得名。生物碱的命名还可用国际通用名称的译音，如烟碱又叫尼古丁（nicotine）。

二、生物碱的一般性质

大多数生物碱是无色结晶固体，难溶于水，易溶于乙醇、乙醚等有机溶剂。一般生物碱味苦，有旋光性，天然生物碱多为左旋。生物碱的生理活性与其旋光性密切相关，如左旋莨菪碱的散瞳作用是右旋莨菪碱的100倍，去甲乌药碱仅左旋体具有强心作用等。

生物碱都具碱性。碱性强弱与氮原子的杂化状态、诱导效应、共轭效应、空间效应以及分子内氢键形成有关。生物碱分子中的氮原子，以仲胺、叔胺和季铵碱3种形式存在为多。其碱性强弱的顺序一般为季铵碱最强，仲胺、叔胺次之。此外，外界因素如溶剂、温度等也可影响其碱性强弱。

许多试剂可与生物碱反应生成沉淀或产生颜色，这些试剂称生物碱试剂，常用于检验生物碱的存在。生成沉淀的生物碱试剂有鞣酸、苦味酸、碘的碘化钾溶液、磷钨酸或磷钼酸的硝酸溶液等。发生颜色反应的生物碱试剂有浓硫酸和浓硝酸的混合酸、钒酸（可由

NH_4VO_3＋浓 H_2SO_4 制得)、钼硫酸［可由 $(NH_4)_2MoO_4$＋浓 H_2SO_4 制得］等。

三、生物碱的一般提取方法

从植物中提取生物碱一般采取溶剂（稀酸、乙醇、苯等）提取法。先将含生物碱的植物研成粉末，用稀酸（硫酸或乙酸）浸泡或加热回流，生成生物碱盐的水溶液，接着用碱处理，使生物碱游离出来，再用乙醚、氯仿等有机溶剂提取，除去溶剂后即得生物碱。用有机溶剂提取，一般是将切碎的植物用石灰水或氨水处理，使之游离出来，再用乙醇、苯等浸泡提取。

植物中往往含有多种生物碱，结构又较相似，用上述方法提取的常是几种生物碱的混合物，不能用一般方法将其分开。近来常用层析、离子交换树脂等方法进行生物碱分离和提纯。

第二节　常见的生物碱

生物碱按基本骨架大致分为：氢化吡咯、吡啶、喹啉、异喹啉、吲哚、咪唑、嘌呤及不含杂环的化合物等。这里介绍几种常见的重要生物碱，见表 16-1。

表 16-1　几种常见的生物碱

名称	结构式	来源	生理作用及疗效
麻黄碱	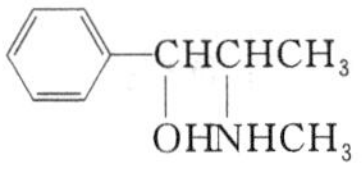 $C_6H_5-\underset{OH}{\underset{\mid}{C}H}-\underset{NHCH_3}{\underset{\mid}{C}H}CH_3$	麻黄	扩张支气管、平喘止咳、发汗
烟碱	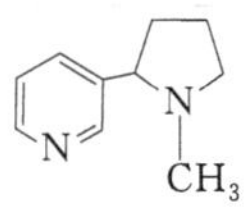 （吡啶环与 N-CH_3 四氢吡咯环相连）	烟草	剧毒
毒芹碱	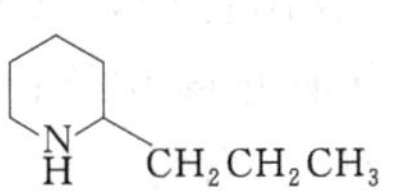 （哌啶环，N—H，2 位连 $CH_2CH_2CH_3$）	毒芹草	抗痉挛
茶碱	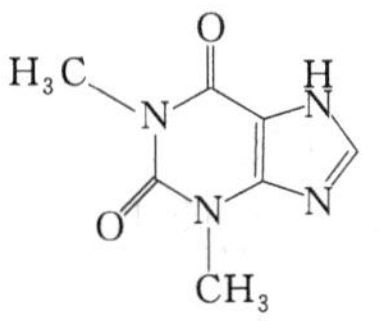 （嘌呤环：H_3C—N，O，O，N—CH_3，N—H，N）	茶叶	收敛、利尿
吗啡	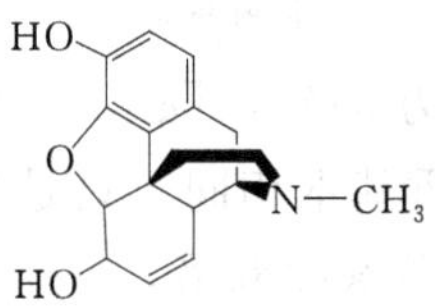 （HO，O，HO，N—CH_3）	罂粟	镇痛、解痉、麻醉中枢神经

续表

名称	结构式	来源	生理作用及疗效
小檗碱	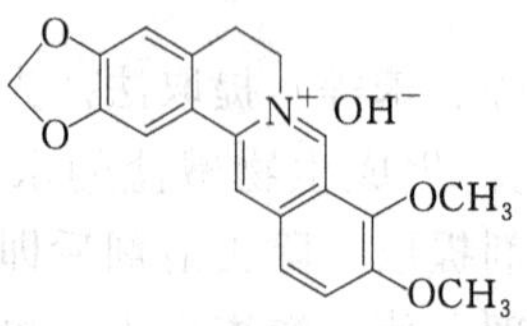	黄连	抗菌消炎、治疗肠胃炎及细菌性痢疾
喜树碱	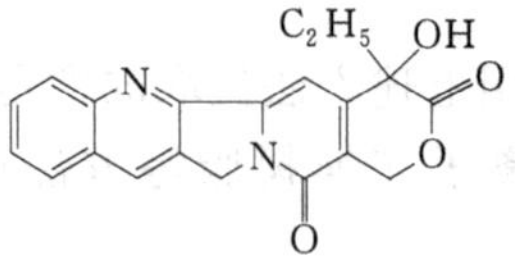	喜树	抗癌、治疗肠癌、胃癌、白血病
东莨菪碱	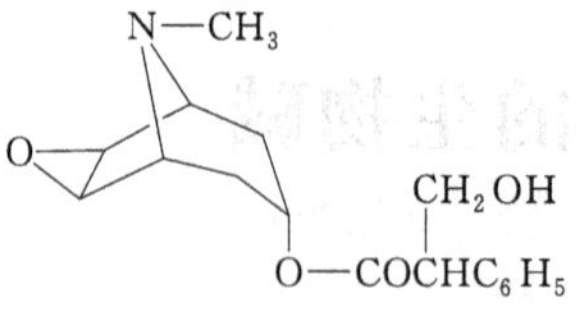	颠茄	抗胆碱药，用于散瞳，治疗平滑肌痉挛
古柯碱	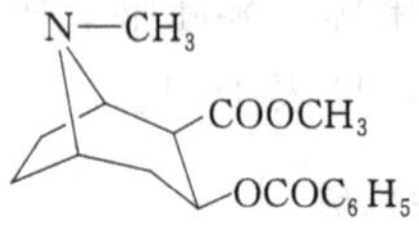	古柯叶	中枢神经兴奋剂、强效局麻剂
金鸡纳碱	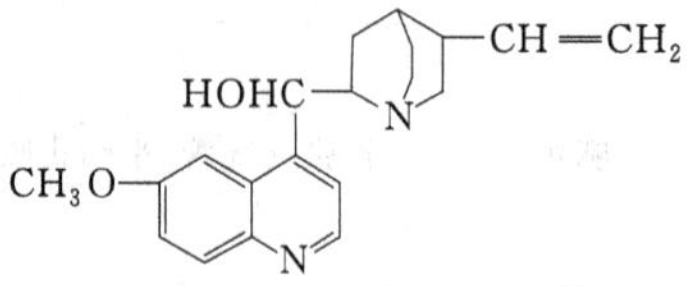	金鸡纳树	抗疟疾

一、苯乙胺体系生物碱

麻黄是苯乙胺体系生物碱中的重要化合物。麻黄是我国特产，已使用数千年，《神农本草经》上早就有麻黄定喘的记载，主治伤寒、头疼，并有止咳功效；现代医学也用于增血压、强心、舒展支气管等。麻黄碱主要存在麻黄的茎枝中，含量可达 1.5%。分离得到的麻黄碱中 D-(－)-麻黄素占 80%左右，L-(＋)-假麻黄素约 20%，它们是一对非对映体，结构如下：

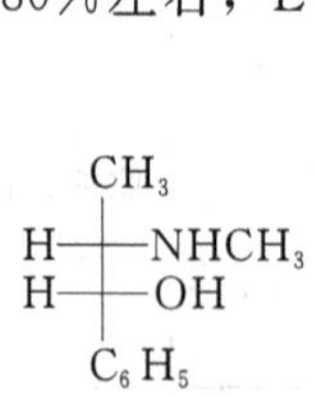

D-(－)-麻黄素 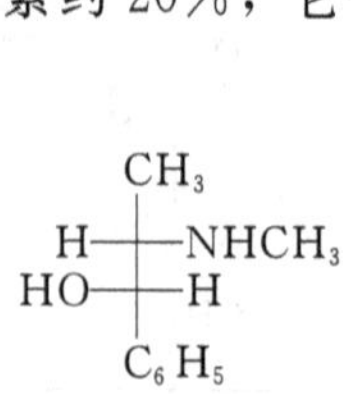　　L-(＋)-假麻黄素

两者的物理性质不同，如 D-(－)-麻黄素的熔点为 38℃，$[\alpha]_D^{20}$ 为－6.3°，L-(＋)-假麻黄素的熔点为 118℃，$[\alpha]_D^{20}$ 为＋51°；两者的化学性质基本相同，只是反应速率和反应方向不同；在生理效应上，D-(－)-麻黄素是 L-(＋)-假麻黄素的五倍。

二、四氢吡咯及六氢吡啶环系生物碱

（一）毒芹碱

毒芹碱的结构是α-正丙基六氢吡啶，结构如下：

毒芹碱

毒芹碱存在于毒芹草中，含量约0.5%～1.5%，剧毒。毒芹碱的盐酸盐在小剂量使用时有抗痉挛作用。天然的毒芹碱是右旋的，而合成法制得的毒芹碱是外消旋体，可用酒石酸分离。

（二）烟碱

烟碱存在于烟草中。烟草中的生物碱很多，其中最重要的是烟碱和新烟碱，结构如下：

烟碱　　新烟碱

烟碱和新烟碱的生理效应基本相同，少量时都有兴奋中枢神经、增高血压的作用，大量时能抑制中枢神经系统，使心脏停博致死。烟碱氧化以后可得到烟酸。从节约成本角度出发，烟碱通常是从生产卷烟的剩余下脚料和废弃品中提取得到的。

（三）颠茄族生物碱

颠茄族生物碱也称托哌生物碱，这类生物碱中最重要的是颠茄碱和古柯碱。

1. 颠茄碱

颠茄碱俗称“阿托品”，分子式是$C_{17}H_{23}NO_3$，结构式如下：

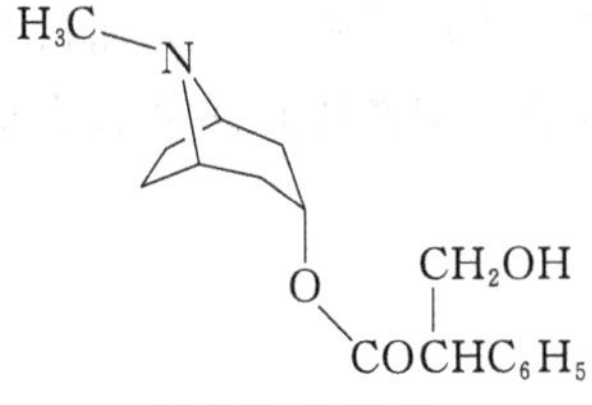

颠茄碱（阿托品）

颠茄碱硫酸盐有镇痛和解痉挛等生理作用，常用于麻醉前给药；眼科中可作为扩大瞳孔的药物；还能抢救有机磷中毒。

颠茄碱可以从植物中提取得到，如颠茄和莨菪，也可以工业合成。

2. 古柯碱

古柯碱是南美产的古柯叶的主要成分，结构如下：

古柯碱

古柯碱具有局部麻醉的作用，但是古柯碱毒性大且易上瘾，现在医学上已有很多替代古柯碱的局部麻醉药，如普鲁卡因、β-优卡因等。

普鲁卡因

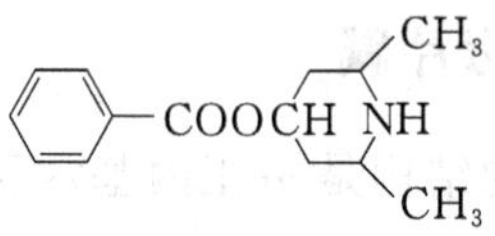

β-优卡因

3. 东莨菪碱

在颠茄和莨菪中除了有颠茄碱以外，还有少量其他生物碱，如东莨菪碱，结构如下：

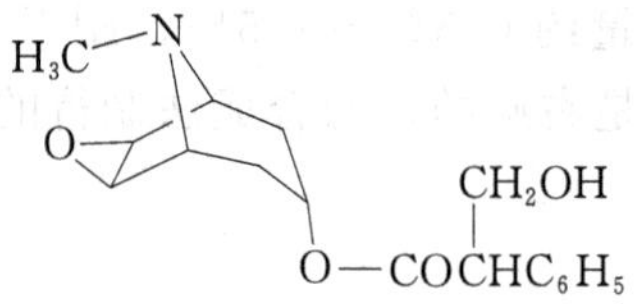

东莨菪碱

东莨菪碱的生理效应与颠茄碱大致相同，有剧毒，但在非常小剂量施作上，可作为合法医疗应用，例如治疗晕车的耳后贴剂，用于手术后的恶心、肠易激综合征、胃肠痉挛、肾或胆道痉挛以及手术前给药以减少呼吸道的分泌物。

三、吲哚环系生物碱

（一）利血平

利血平存在于萝芙木属多种植物中，在催吐萝芙木中含量最高可达1%。利血平中含有吲哚环，呈弱碱性，结构如下：

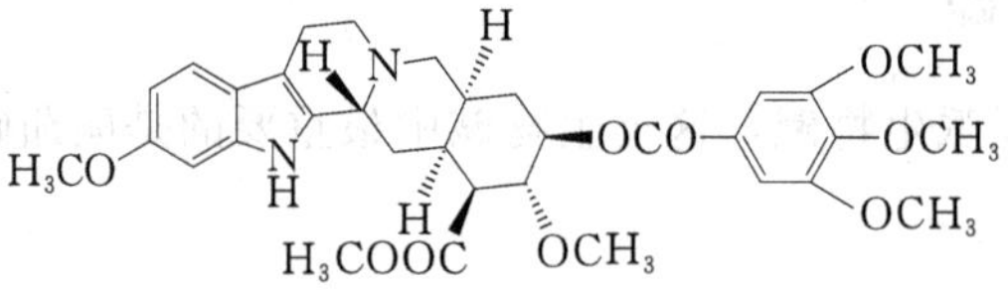

利血平

利血平能降低血压和减慢心率，作用缓慢、温和而持久，对中枢神经系统有持久的安定作用，是一种良好的镇静药。但由于其副作用较多并且有更多的新药上市，利血平已经不再是治疗的首选药物。

（二）番木鳖碱

番木鳖又称马钱子，是马钱科植物番木鳖树的种子，从番木鳖中提取的生物碱主要是番木鳖碱和马钱子碱，结构如下：

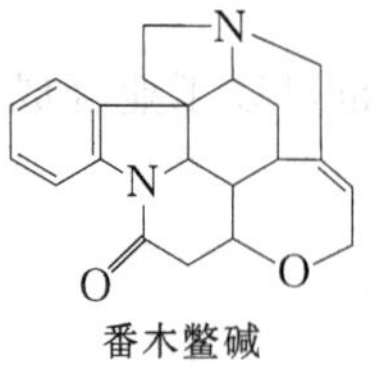

番木鳖碱

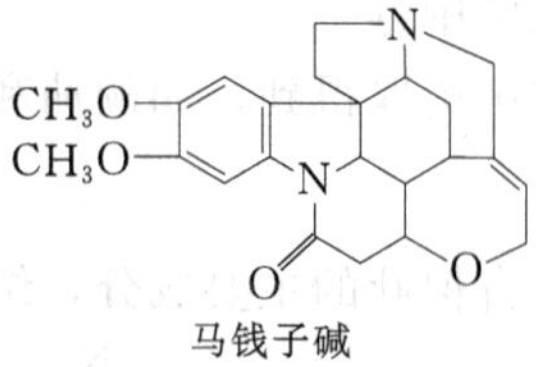

马钱子碱

番木鳖碱和马钱子碱的盐酸盐都可做药用，极小剂量作为健胃剂，中剂量作为中枢神经兴奋剂，大剂量可用作苏醒药，但易中毒，现已很少用。番木鳖碱和马钱子碱在有机合成中常用作拆分剂。

（三）麦角碱

麦角是寄生在谷类特别是在大麦和草上的一种菌类，经干燥后菌丝硬化后形成的。麦角碱就存在于麦角中。天然麦角受自然条件影响很大，产量不稳定，现已经采用麦角菌进行生物合成，可以大剂量制得麦角生物碱。

麦角碱种类很多，最简单的是麦角新碱，结构如下：

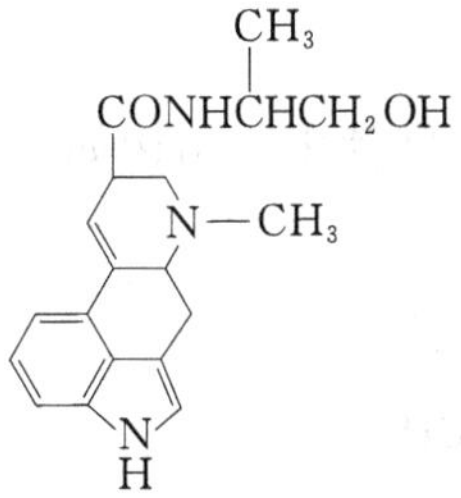

麦角新碱 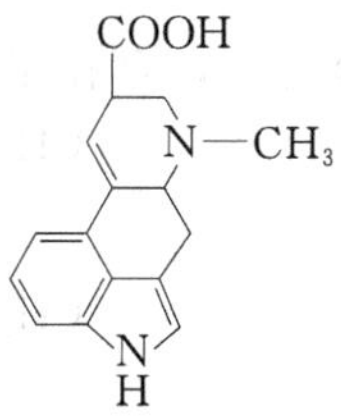　　麦角酸

麦角新碱水解得到麦角酸和 2-氨基丙醇。麦角新碱与顺-丁烯二酸形成的盐是一种毒性小但效用较强的生物碱。这种生物碱主要用于分娩后子宫收缩，促其复原，也可用于治疗偏头痛等。

四、喹啉、异喹啉环系生物碱

（一）喜树碱

喜树碱存在于喜树的木部和果实，结构如下：

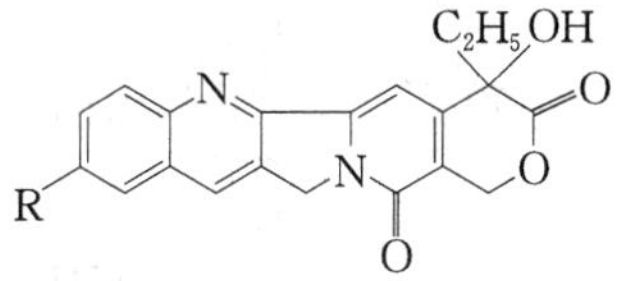

R＝H 喜树碱；R＝OH 10-羟基喜树碱；R＝OCH_3 10-甲氧基喜树碱

喜树碱、10-羟基喜树碱和 10-甲氧基喜树碱都有显著的抗癌活性，用于治疗肠癌、胃癌、白血病等。

喜树碱毒性较大，10-羟基喜树碱毒性略小。

（二）辛可宁碱和金鸡纳碱

辛可宁碱和金鸡纳碱都存在于金鸡纳树的根、茎、叶等部位，是金鸡纳树中最重要的两种生物碱。结构如下：

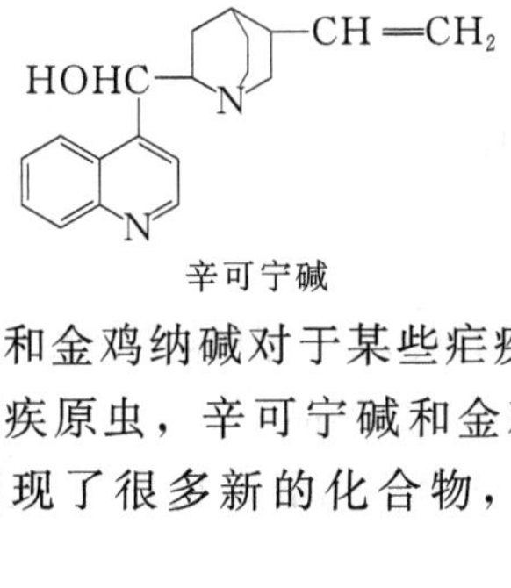

辛可宁碱 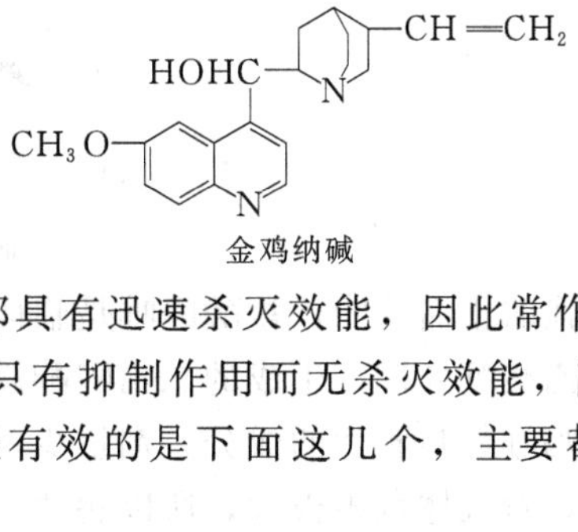　　金鸡纳碱

辛可宁碱和金鸡纳碱对于某些疟疾原虫都具有迅速杀灭效能，因此常作为抗疟药剂。但也有一些疟疾原虫，辛可宁碱和金鸡纳碱只有抑制作用而无杀灭效能，因此在抗疟药剂的研究中出现了很多新的化合物，其中最有效的是下面这几个，主要都是喹啉的衍生物。

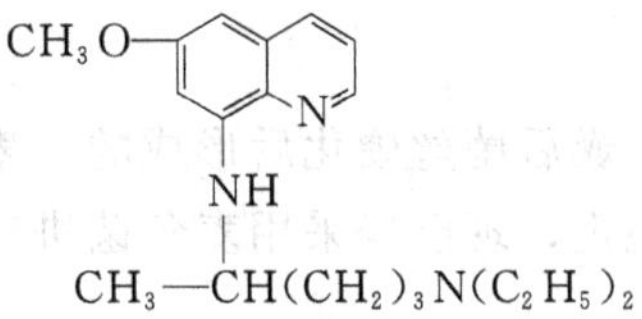

CH_3O ... NH ... $CH_3—CH(CH_2)_3N(C_2H_5)_2$

扑疟喹啉

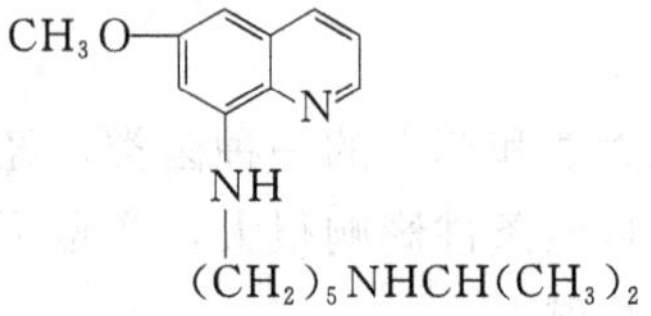

CH_3O ... NH ... $(CH_2)_5NHCH(CH_3)_2$

戊喹啉

$CH_3—CH(CH_2)_3N(C_2H_5)_2$ ... NH ... Cl

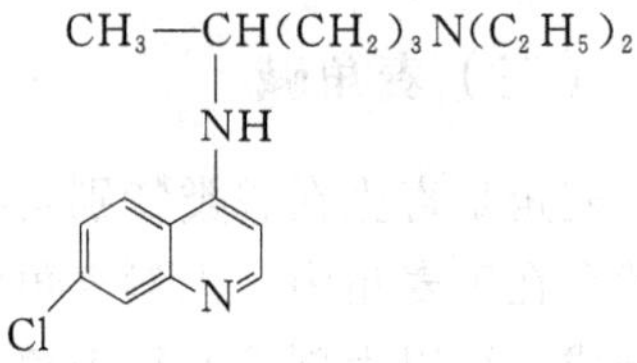

氯喹

（三）罂粟碱

罂粟碱是鸦片的成分之一，存在于罂粟果的乳汁中。结构如下：

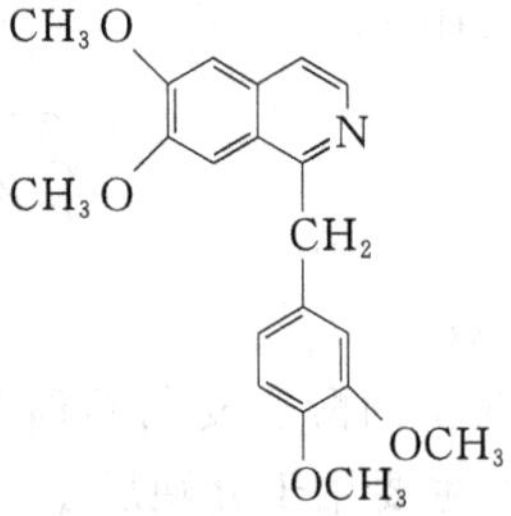

CH_3O, CH_3O, N, CH_2, OCH_3, OCH_3

罂粟碱

罂粟碱是一种优良的镇痛剂，也对血管、支气管、肠道等有松弛作用，罂粟碱的盐酸盐作为血管扩张药，用于治疗血管疾病。但罂粟碱容易上瘾，使人产生幻觉，损伤大脑组织和神经。

黄连中的小檗碱在结构上和罂粟碱比较相似，结构如下：

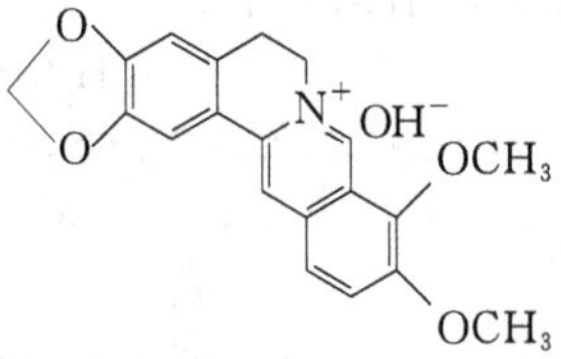

O, O, N^+, OH^-, OCH_3, OCH_3

小檗碱

小檗碱也叫黄连素，味极苦，盐酸小檗碱是一种常用的抗菌药，用于抗菌消炎、治疗肠胃炎及细菌性痢疾等疾病。现已经可以全合成进行工业生产。

（四）吗啡

吗啡存在于鸦片中，是最早取得的生物碱，结构如下：

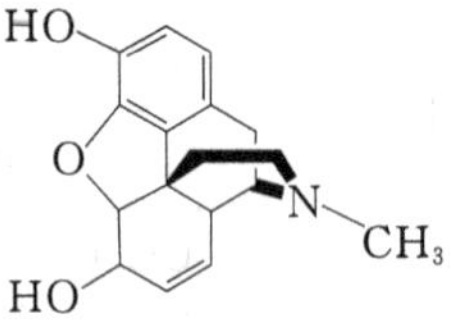

HO, O, N, CH_3, HO

吗啡

吗啡有很强的止痛性能，盐酸吗啡是临床上常用的麻醉剂，但容易上瘾。将吗啡结构中的两个羟基用乙酸酐处理，生成的二乙酸酯就是海洛因，是毒品。

罂粟碱和吗啡都是鸦片的成分，剂量少的时候可以用于镇静、止痛，量多了容易上瘾，让人产生幻觉，对人体危害极大，所以鸦片是毒品。

五、嘌呤环系生物碱

可可碱和咖啡碱存在于茶叶和可可豆里，结构如下：

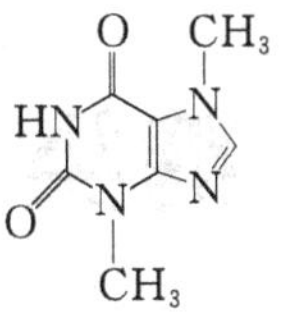

可可碱 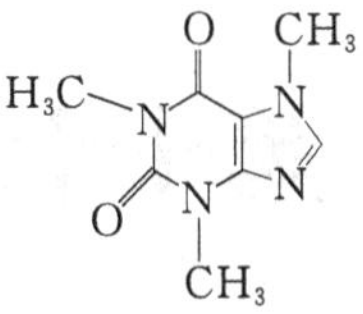　　咖啡碱

咖啡碱可刺激神经，是一个重要的药剂。

可可碱和咖啡碱虽然可用人工方法合成，但大规模生产是不经济的，因为这两种生物碱在茶叶和可可豆中含量有时高达5%。

名人追踪

罗伯特·鲁宾逊 (Robert Robinson 1886—1975)

著名的英国化学家。1886年9月13日出生于切斯特菲尔德，1975年2月8日卒于大米森登。早年入曼彻斯特大学学习，1910年获科学博士学位。1912—1915年，先后在悉尼大学和新南威尔士大学任有机化学教授。1915—1921年在利物浦大学任化学教授。1922—1930年在安德鲁斯大学、曼彻斯特的维多利亚大学及伦敦大学执教。1930年起，在牛津大学任化学教授，直至1955年退休。1947年荣获诺贝尔化学奖。

罗伯特·鲁宾逊是英国科学家中对有机化学反应机理作出重要贡献的人物之一。关于生物碱的研究，当时没有人能够超越他的水平。虽然在科学研究上，他取得了那么巨大的成绩，获得了那么多的殊荣和奖励，但是他一生始终保持谦虚谨慎的美德，他反对人们对他进行不适当的颂扬，更讨厌当面阿谀奉承。他认为，自己所做的一切都是属于平凡的工作，只要这些工作对人们有利，不论困难多大，经济价值几何，都要不惜一切代价去努力，以达到探本求源、造福人类的目的。

习　题

1. 简述生物碱的一般性质。
2. 简述生物碱的一般提取方法。
3. 从结构上分类，将生物碱简单分类并各举几个例子。

第十七章 糖类

糖类化合物广泛存在于自然界，是植物进行光合作用的产物。是一类重要的天然有机化合物，对于维持动植物的生命起着重要的作用。植物在日光和叶绿素作用下将空气中的二氧化碳和水转化成葡萄糖，并放出氧气：

$$6CO_2+6H_2O\xrightarrow[\text{叶绿素}]{\text{日光}}C_6H_{12}O_6+6O_2$$

葡萄糖在植物体内还进一步结合生成多糖——淀粉及纤维素。地球上每年由绿色植物经光合作用合成的糖类物质达数千亿吨，它既是植物构成支撑的组织基础，又是人类和动物赖以生存的物质基础，也为工业提供如粮、棉麻、竹、木等众多的有机原料。我国物产丰富，其中许多是含糖衍生物，具有特殊的药用功效，有待我们去研究、开发。

最初人们发现糖类化合物都是由 C、H、O 三种元素组成，且都符合 $C_n(H_2O)_m$ 的通式，所以称之为碳水化合物。例如：葡萄糖的分子式为 $C_6H_{12}O_6$，可表示为 $C_6(H_2O)_6$；蔗糖的分子式为 $C_{12}H_{22}O_{11}$，可表示为 $C_{12}(H_2O)_{11}$ 等。但后来发现有的糖不符合碳水化合物的比例，如鼠李糖（$C_6H_{12}O_5$）、脱氧核糖（$C_5H_{10}O_4$）；有些化合物的组成符合碳水化合物的比例，但不是糖，例如乙酸（$C_2H_4O_2$）、乳酸（$C_3H_6O_3$）等。因此，把此类化合物叫做糖类化合物较为合理。“碳水化合物”一词虽并不十分恰当，但因沿用已久，所以有些时候仍然使用。

根据糖的单元结构，把糖分为：

单糖：不能再水解成为更小糖分子的糖类。

低聚糖：也叫寡糖，由 2～10 个单糖分子缩合而成。能水解为两分子单糖的叫二糖（或双糖），水解产生三个或四个单糖的叫三糖或四糖。在低聚糖中以二糖最为多见，如蔗糖、麦芽糖、乳糖等。

多糖：含 10 个以上甚至几百、几千个单糖结构的缩合物，如淀粉、纤维素、糖原等。

第一节 单糖

一、单糖的分类

单糖可根据分子中所含碳原子的数目分为丙糖、丁糖、戊糖和己糖等。最简单的单糖是丙糖，最常见的单糖是戊糖和己糖。从结构上看，糖是一类多羟基醛和多羟基酮及其缩合物，或水解后能产生多羟基醛、酮的有机化合物。根据结构不同，把单糖分为醛糖和酮糖两类，分子中含有醛基的称为醛糖，含有酮基的称为酮糖。例如：

$$
\begin{array}{cccccccc}
 & & & \mathrm{CHO} & & & & \mathrm{CH_2OH} \\
 & & & | & & & & | \\
 & & \mathrm{CHO} & \mathrm{CHOH} & & & \mathrm{CH_2OH} & \mathrm{C{=}O} \\
 & & | & | & & & | & | \\
 & \mathrm{CHO} & \mathrm{CHOH} & \mathrm{CHOH} & & \mathrm{CH_2OH} & \mathrm{C{=}O} & \mathrm{CHOH} \\
 & | & | & | & & | & | & | \\
\mathrm{CHO} & \mathrm{CHOH} & \mathrm{CHOH} & \mathrm{CHOH} & \mathrm{CH_2OH} & \mathrm{C{=}O} & \mathrm{CHOH} & \mathrm{CHOH} \\
| & | & | & | & | & | & | & | \\
\mathrm{CHOH} & \mathrm{CHOH} & \mathrm{CHOH} & \mathrm{CHOH} & \mathrm{C{=}O} & \mathrm{CHOH} & \mathrm{CHOH} & \mathrm{CHOH} \\
| & | & | & | & | & | & | & | \\
\mathrm{CH_2OH} & \mathrm{CH_2OH} & \mathrm{CH_2OH} & \mathrm{CH_2OH} & \mathrm{CH_2OH} & \mathrm{CH_2OH} & \mathrm{CH_2OH} & \mathrm{CH_2OH} \\
\text{丙醛糖} & \text{丁醛糖} & \text{戊醛糖} & \text{己醛糖} & \text{丙酮糖} & \text{丁酮糖} & \text{戊酮糖} & \text{己酮糖}
\end{array}
$$

自然界中最广泛存在的醛糖和酮糖是葡萄糖和果糖，它们分别属于己醛糖和己酮糖。

二、单糖的结构

（一）单糖的开链构造式

20 世纪，在被誉为“糖化学之父”的费歇尔（E. Fischer）及哈沃斯（N. Haworth）等化学家的不懈努力下，葡萄糖、果糖等的结构被确定。

在研究葡萄糖和果糖的结构时有以下实验事实：

① 经碳氢定量分析，确定其实验式为 CH_2O。

② 经分子量测定，确定其分子式为 $C_6H_{12}O_6$。

③ 能发生银镜反应，也能与一分子 HCN 加成，与一分子 NH_2OH 缩合成肟，说明它有一个羰基。

④ 能酰基化生成酯。乙酰化后再水解时，一分子酰基化后的葡萄糖可得五分子乙酸，说明分子中有五个羟基。

⑤ 葡萄糖用钠汞齐还原后得己六醇；己六醇用 HI 彻底还原得正己烷。这说明葡萄糖是直链化合物。

按照经验，一个碳原子一般不能与两个羟基同时结合，因为这样是不稳定的，根据上述性质，如果羰基是个醛基，则它的构造式应是：

$$
\begin{array}{ccccccccccc}
\mathrm{CH_2} & - & \mathrm{CH} & - & \mathrm{CH} & - & \mathrm{CH} & - & \mathrm{CH} & - & \mathrm{CHO} \\
| & & | & & | & & | & & | & & \\
\mathrm{OH} & & \mathrm{OH} & & \mathrm{OH} & & \mathrm{OH} & & \mathrm{OH} & &
\end{array}
$$

将醛氧化后得相应的酸，碳链不变。而酮氧化后引起碳链的断裂，应用这一性质就可确定是醛糖或酮糖。葡萄糖用 HNO_3 氧化后生成四羟基己二酸，称葡萄糖二酸。由此可推测葡萄糖是醛糖。

⑥ 确定羰基的位置。葡萄糖与 HCN 加成后水解生成六羟基酸，后者被 HI 还原后得正庚酸，这进一步证明葡萄糖是己醛糖。

$$
\text{葡萄糖} \xrightarrow[\text{2)水解}]{\text{1)HCN}}
\begin{array}{c} \mathrm{COOH} \\ | \\ \mathrm{(CHOH)_5} \\ | \\ \mathrm{CH_2OH} \end{array}
\xrightarrow{\text{HI}}
\begin{array}{c} \mathrm{COOH} \\ | \\ \mathrm{(CH_2)_5} \\ | \\ \mathrm{CH_3} \end{array}
$$

同样的方法处理果糖，最后的产物是 α-甲基己酸。

$$
\begin{array}{l} \mathrm{CH_3} \\ | \\ \mathrm{CHCOOH} \\ | \\ \mathrm{(CH_2)_3} \\ | \\ \mathrm{CH_3} \end{array}
\quad \Longrightarrow \quad
\begin{array}{l} \mathrm{CH_2OH} \\ | \\ \mathrm{C{=}O} \\ | \\ \mathrm{(CHOH)_3} \\ | \\ \mathrm{CH_2OH} \end{array}
$$

因此，果糖的羰基是在第二位，进一步证明果糖是己酮糖。

综合上述反应和分析，就可确定葡萄糖和果糖的构造式。葡萄糖和果糖的分子式均为$C_6H_{12}O_6$，葡萄糖的基本结构为2,3,4,5,6-五羟基己醛；果糖的基本结构为1,3,4,5,6-五羟基-2-己酮。其构造式如下：

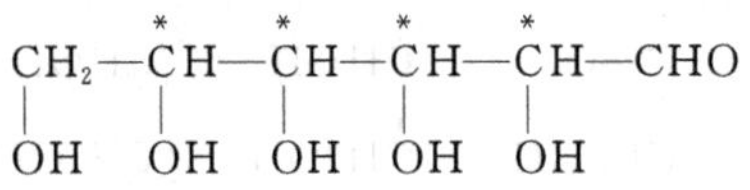

$$\underset{OH}{\underset{|}{CH_2}}—\underset{OH}{\underset{|}{\overset{*}{C}H}}—\underset{OH}{\underset{|}{\overset{*}{C}H}}—\underset{OH}{\underset{|}{\overset{*}{C}H}}—\underset{OH}{\underset{|}{\overset{*}{C}H}}—CHO \qquad \underset{OH}{\underset{|}{CH_2}}—\underset{OH}{\underset{|}{\overset{*}{C}H}}—\underset{OH}{\underset{|}{\overset{*}{C}H}}—\underset{OH}{\underset{|}{\overset{*}{C}H}}—\underset{O}{\underset{\|}{C}}—\underset{OH}{\underset{|}{CH_2}}$$

葡萄糖 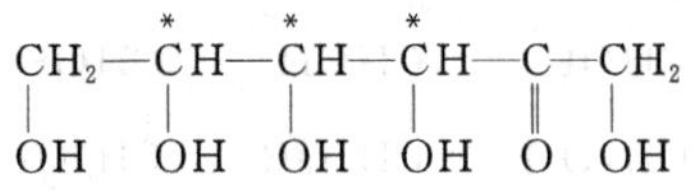　　　　　　果糖

在单糖的开链结构中，一个碳原子是以羰基的形式存在，其余的碳原子上都连有一个羟基。开链单糖既有羰基的结构特征又有羟基的结构特性。

葡萄糖属于己醛糖，而己醛糖中有四个不同的手性碳原子，共有$2^4=16$个旋光异构体，葡萄糖的构型是其中哪一个呢？可见，只确定糖的构造式是不够的，还必须确定它的构型。

（二）单糖的立体构型

1. 单糖相对构型的确定

单糖的构型习惯上采用D/L相对构型法标记，即以甘油醛的构型为对照标准来进行标记。由第二章旋光异构内容可知，右旋甘油醛的构型为标准的费歇尔投影式中与C*相连的—OH在右侧，称为D型；左旋甘油醛的构型为投影式中与C*相连的—OH在左侧，称为L型。

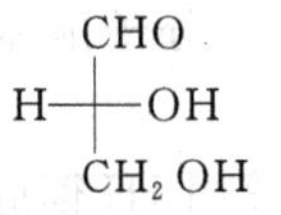

$$\begin{array}{c} CHO \\ H—\!\!\!+\!\!\!—OH \\ CH_2OH \end{array} \qquad\qquad \begin{array}{c} CHO \\ HO—\!\!\!+\!\!\!—H \\ CH_2OH \end{array}$$

D-(＋)-甘油醛　　L-(－)-甘油醛

（Ⅰ）　　（Ⅱ）

由于绝大部分单糖含有一个以上手性碳原子，因此在用甘油醛作标准进行比较时，规定糖分子中编号最大的手性碳原子上—OH在右边的为D型，编号最大的手性碳原子上—OH在左边的为L型。

这样，就可以通过一定的化学方法，把其他糖类化合物与甘油醛联系起来，从而确定其相对构型，旋光方向则由旋光仪测得。例如：

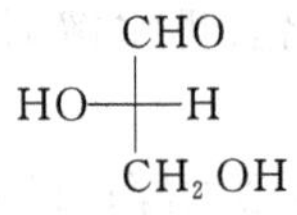

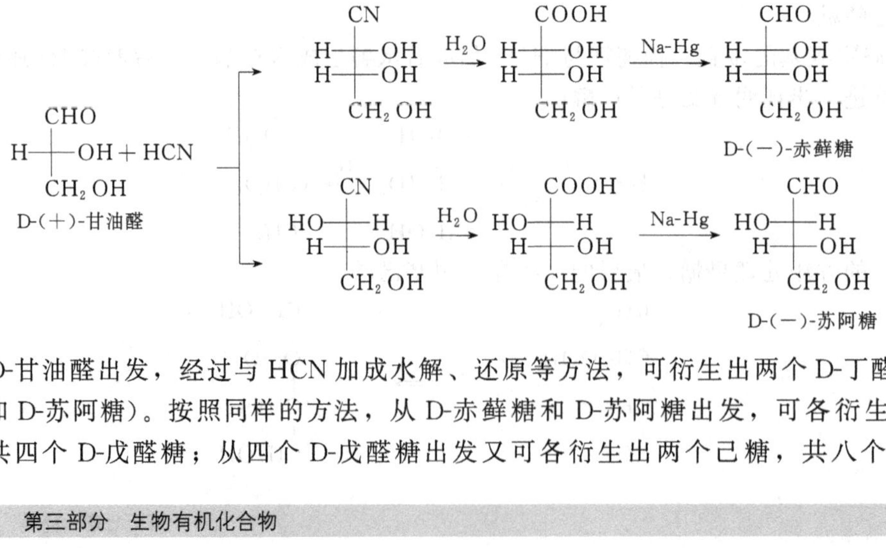

$$\begin{array}{c} CHO \\ H—\!\!\!+\!\!\!—OH \\ CH_2OH \end{array} + HCN \longrightarrow \begin{array}{c} CN \\ H—\!\!\!+\!\!\!—OH \\ H—\!\!\!+\!\!\!—OH \\ CH_2OH \end{array} \xrightarrow{H_2O} \begin{array}{c} COOH \\ H—\!\!\!+\!\!\!—OH \\ H—\!\!\!+\!\!\!—OH \\ CH_2OH \end{array} \xrightarrow{Na\text{-}Hg} \begin{array}{c} CHO \\ H—\!\!\!+\!\!\!—OH \\ H—\!\!\!+\!\!\!—OH \\ CH_2OH \end{array}$$

D-(＋)-甘油醛　　　　D-(－)-赤藓糖

$$\longrightarrow \begin{array}{c} CN \\ HO—\!\!\!+\!\!\!—H \\ H—\!\!\!+\!\!\!—OH \\ CH_2OH \end{array} \xrightarrow{H_2O} \begin{array}{c} COOH \\ HO—\!\!\!+\!\!\!—H \\ H—\!\!\!+\!\!\!—OH \\ CH_2OH \end{array} \xrightarrow{Na\text{-}Hg} \begin{array}{c} CHO \\ HO—\!\!\!+\!\!\!—H \\ H—\!\!\!+\!\!\!—OH \\ CH_2OH \end{array}$$

D-(－)-苏阿糖

从D-甘油醛出发，经过与HCN加成水解、还原等方法，可衍生出两个D-丁醛糖（D-赤藓糖和D-苏阿糖）。按照同样的方法，从D-赤藓糖和D-苏阿糖出发，可各衍生出两个戊糖，共四个D-戊醛糖；从四个D-戊醛糖出发又可各衍生出两个己糖，共八个D-己醛

糖。同样，从 L-甘油醛出发，也可以得到两个 L-丁醛糖、四个 L-戊醛糖和八个 L-己醛糖。

己醛糖的 D 型异构体与 D-(＋)-甘油醛的关联图见图 17-1。

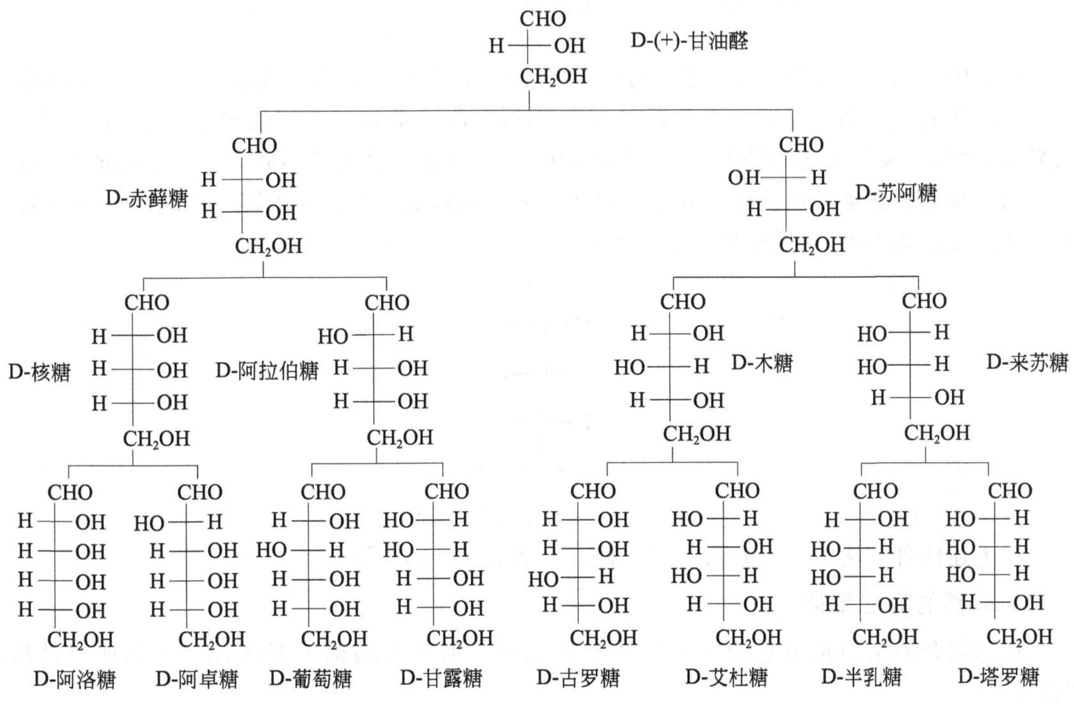

图 17-1 D 型己醛糖异构体与 D-(＋)-甘油醛的关联图

在己醛糖的十六个旋光异构体中，八个为 D 型，另八个为它们的对映体 L 型，分别组成八对对映体。这十六个异构体都已得到，其中十二个是费歇尔一个人取得的（于 1890 年完成合成），所以费歇尔被誉为“糖化学之父”，也因此获得了 1902 年的诺贝尔化学奖。自然界中只存在葡萄糖、甘露糖和半乳糖，它们都是 D 型的，其余的十三个都是人工合成的。

费歇尔首次对糖进行了系统的研究，确定了葡萄糖的构型：

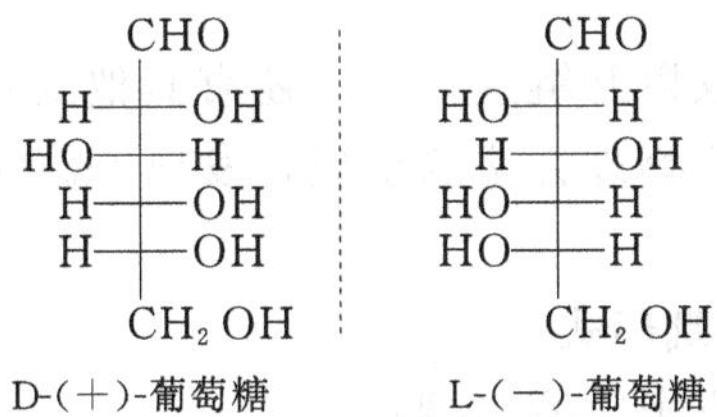

D-葡萄糖和 L-葡萄糖互为对映体，是己醛糖八对对映体中的一对。由于 L-葡萄糖没有任何生理功能，因此我们平时所说的葡萄糖就是指 D-葡萄糖。经测定 D-葡萄糖是右旋的，因为对映体的比旋光度大小相等方向相反，所以 L-葡萄糖是左旋的。

2. 单糖开链构型的表示方法

糖的开链构型常用费歇尔投影式表示，一般将主链竖向排列，1 号碳原子放在最上端。为了书写方便，常用简化的费歇尔投影式表示。以 D-(＋)-葡萄糖为例，可有下列几种表示：

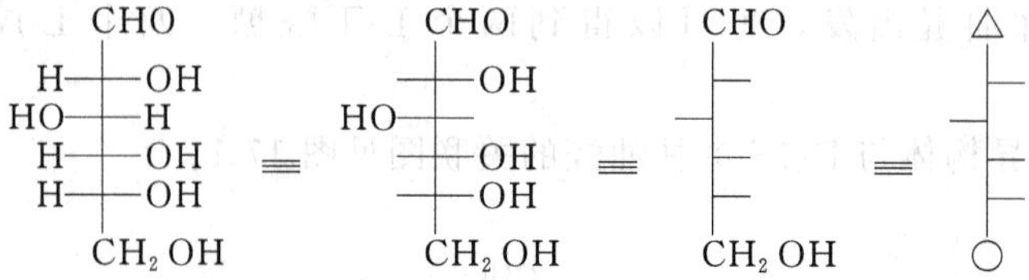

$$
\begin{array}{c}
\text{CHO} \\
\text{H}-\!\!\!+\!\!\!-\text{OH} \\
\text{HO}-\!\!\!+\!\!\!-\text{H} \\
\text{H}-\!\!\!+\!\!\!-\text{OH} \\
\text{H}-\!\!\!+\!\!\!-\text{OH} \\
\text{CH}_2\text{OH} \\
\text{I}
\end{array}
\equiv
\begin{array}{c}
\text{CHO} \\
-\!\!\!+\!\!\!-\text{OH} \\
\text{HO}-\!\!\!+\!\!\!- \\
-\!\!\!+\!\!\!-\text{OH} \\
-\!\!\!+\!\!\!-\text{OH} \\
\text{CH}_2\text{OH} \\
\text{II}
\end{array}
\equiv
\begin{array}{c}
\text{CHO} \\
|\!- \\
-\!| \\
|\!- \\
|\!- \\
\text{CH}_2\text{OH} \\
\text{III}
\end{array}
\equiv
\begin{array}{c}
\triangle \\
|\!- \\
-\!| \\
|\!- \\
|\!- \\
\bigcirc \\
\text{IV}
\end{array}
$$

在Ⅰ中，横线和竖线的交叉点表示手性碳原子；在Ⅱ中，将手性碳原子上的 H 省略不写；再将Ⅱ简化只用一短横线表示羟基（—OH），即得Ⅲ式；对于醛糖还可以用“△”表示醛基，“○”表示末端的羟甲基（$—CH_2OH$），如Ⅳ式。四种表示式中，最常用的是Ⅲ式。

另一种表示方法是用楔形式表示，粗实线表示指向纸平面前面的键，虚线表示指向纸平面后面的键。如 D-(+)-葡萄糖可表示为：

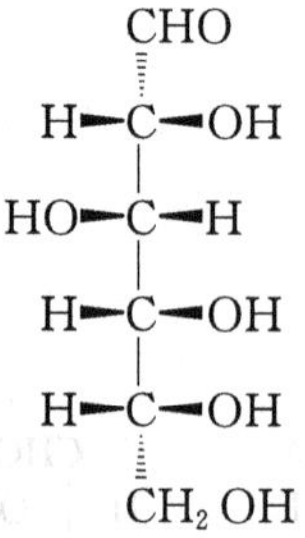

$$
\begin{array}{c}
\text{CHO} \\
\text{H}\blacktriangleright\text{C}\blacktriangleleft\text{OH} \\
\text{HO}\blacktriangleright\text{C}\blacktriangleleft\text{H} \\
\text{H}\blacktriangleright\text{C}\blacktriangleleft\text{OH} \\
\text{H}\blacktriangleright\text{C}\blacktriangleleft\text{OH} \\
\text{CH}_2\text{OH}
\end{array}
$$

在上述两种方法中，一般采用第一种方法来表示糖的构型。

3. 单糖的环形结构

单糖的开链结构是由它的一些性质推出来的，但开链结构不能解释单糖的所有性质。例如：

① 醛可与 $NaHSO_3$ 进行加成，但葡萄糖与 $NaHSO_3$ 反应非常迟缓，这说明在水溶液中含醛基结构的葡萄糖量很少，因为此反应是可逆反应，只有在醛基含量较高时才表现出来。

② 葡萄糖只能与一分子甲醇生成缩醛，而一般生成缩醛时，1mol 醛需消耗 2mol 醇，说明单糖在与甲醇反应前已在分子内形成半缩醛环形结构了。

③ 变旋光现象：葡萄糖在不同条件下可以得到比旋光度不同的两种结晶，将它们分别溶于水并立即置于旋光仪中，可观察到它们的比旋光度会逐渐发生变化直至定值，此谓变旋光现象（见后续介绍）。

这些现象说明单糖并不是仅以开链式存在，还有其他的存在形式。随着 1951 年 X 射线衍射等可以确定物质结构的现代物理方法的出现，发现单糖的结构主要是以氧环式（环状半缩醛结构）存在的。

（1）直立环形结构（直立氧环式）

醛（酮）可以与醇加成生成半缩醛（酮）。

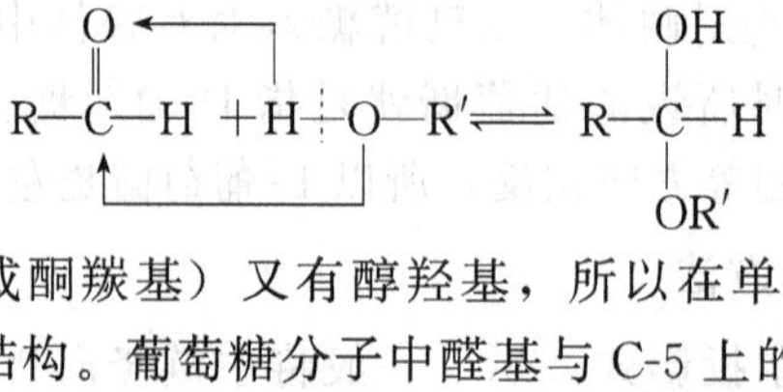

$$
\text{R}-\overset{\overset{\displaystyle\text{O}}{\|}}{\text{C}}-\text{H} + \text{H}-\text{O}-\text{R}' \rightleftharpoons \text{R}-\overset{\overset{\displaystyle\text{OH}}{|}}{\underset{\underset{\displaystyle\text{OR}'}{|}}{\text{C}}}-\text{H}
$$

单糖分子中既有醛基（或酮羰基）又有醇羟基，所以在单糖分子内部即可形成半缩醛（酮），从而使分子形成环状结构。葡萄糖分子中醛基与 C-5 上的羟基空间位置接近，可以形成稳定的六元环半缩醛结构（也可与 C-4 上的羟基形成五元环半缩醛结构，但量少）。

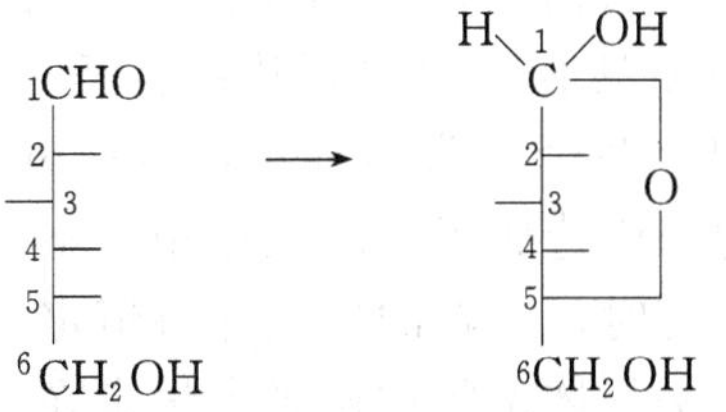

上述环状结构的表示方法，是把碳链竖起来放置，故称为直立环形结构，也称为直立氧环式，它是糖的环形结构的表示方法之一。

糖分子中的醛基与羟基作用形成环形半缩醛结构时，原醛基的碳成为手性碳原子，这个手性碳原子上的半缩醛羟基可以有两种空间取向，因而得到两种异构体：α 构型和 β 构型。生成的半缩醛羟基与决定单糖相对构型的羟基在同一侧的为 α 构型，不在同一侧的为 β 构型。在葡萄糖的六元直立环形结构中，因为决定相对构型的 C-5 羟基已成为氧环，所以半缩醛羟基与氧环在同一侧的为 α 构型，不在同一侧的为 β 构型，两种构型可通过开链式相互转化。如下所示：

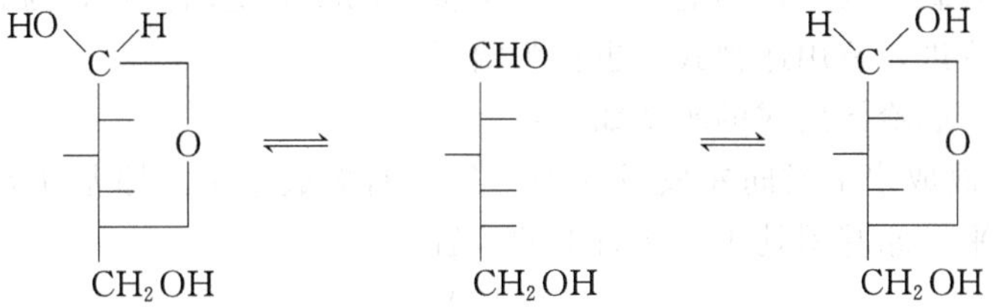

β-D-(＋)-葡萄糖 ～63%　　D-(＋)-葡萄糖开链式 ～0.1%　　α-D-(＋)-葡萄糖 ～37%

α 型糖与 β 型糖是一对非对映体，两者只是 C-1 的构型不同，其余手性碳原子的构型都完全一样，故又称为端基异构体或异头物。

果糖也可形成五元或六元环状结构，也同样得到 α 和 β 两种构型。D-(－)-果糖由开链式转变成直立式六元环半缩酮是由 C-2 上的酮基与 C-6 上羟基形成的，其结构如下：

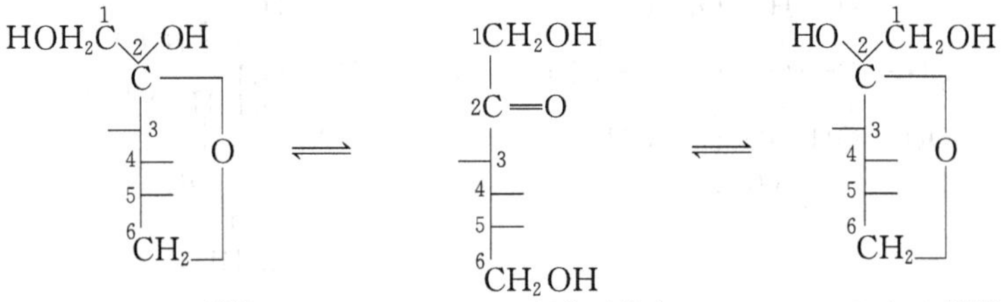

α-D-(－)-果糖　　D-(－)-果糖开链式　　β-D-(－)-果糖

（2）变旋光现象

葡萄糖在不同条件下可以得到两种结晶。即从乙醇中结晶出来的熔点为 146℃ 的新配制的 D-(＋)-葡萄糖溶液，比旋光度 $[\alpha]_D=+113°$，从吡啶中结晶出来的熔点为 150℃ 的新配制的 D-(＋)-葡萄糖溶液，比旋光度 $[\alpha]_D=+19°$。若将两种不同的葡萄糖结晶分别溶于水，并立即置于旋光仪中，则可观察到它们的比旋光度都逐渐发生变化，前者从＋113°逐渐降至＋52°，后者从＋19°逐渐升至＋52°；当二者的比旋光度变至＋52°后，均不再改变。这种比旋光度自行改变的现象称为变旋光现象。

为什么葡萄糖会产生变旋光现象呢？从它的开链结构式是无法解释的。两种 D-葡萄糖结晶的比旋光度不同，必然是由它们结构上的差异所引起的，现代物理和化学方法已证明，这种差异是由这两种葡萄糖具有不同的环状结构所引起的。由于两种环状结构的葡萄糖半缩醛环的易打开和关闭，两个异头物都可经开链式相互转变成含有这两种环状异构体和开链结构的平衡混合物，就造成了变旋光作用。不管开始时是 α 型还是 β 型，当它们溶于水经放置一段时间达平衡时，三者的比例保持恒定，其中 α 型约为 37%，β 型约为 63%，开链式仅微量，因此，平衡体系的比旋光度恒定在 + 52°。糖的变旋光现象是糖中普遍存在的现象。

如前所述，葡萄糖不与 $NaHSO_3$ 反应，只能与一分子甲醇反应生成缩醛等，这是由在溶液中葡萄糖主要以环型结构存在，链形醛式结构含量很低造成的。葡萄糖的这些化学行为用链形结构无法解释，只能用环形结构才能解释得通。但是，葡萄糖的许多化学性质如能与托伦试剂、斐林试剂、苯肼、Br_2 等发生反应（见单糖的化学性质），是由于葡萄糖的环状半缩醛结构通过平衡转变为链形醛式结构来完成的。由此可见，葡萄糖的链形结构尽管含量很少，但在溶液中它的许多化学行为仍然能以链形结构来进行。

（3）透视环形结构（哈沃斯式）

糖的半缩醛直立氧环式结构不能反映出各个基团的相对空间位置，为此哈沃斯对糖的环状结构表示进行了改进，改用透视式，也称为哈沃斯式。

将链状结构书写成哈沃斯式的步骤如下：

① 将碳链向右放成水平或向左放成水平。如向右放成水平，原基团处于左上右下的位置；如向左放成水平，原基团处于左下右上的位置。

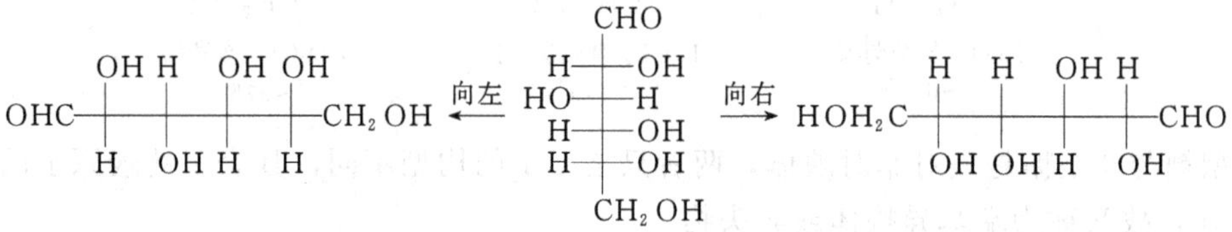

OHC—C(OH/H)—C(H/OH)—C(OH/H)—C(OH/H)—CH_2OH ←向左— CHO; H—OH; HO—H; H—OH; H—OH; CH_2OH —向右→ HOH_2C—C(H/OH)—C(H/OH)—C(OH/H)—C(H/OH)—CHO

② 将碳链水平位置弯成六边形。如碳链向右放成水平，弯成六边形时，碳链按顺时针方向排列；如碳链向左放成水平，弯成六边形时，碳链按逆时针方向排列。

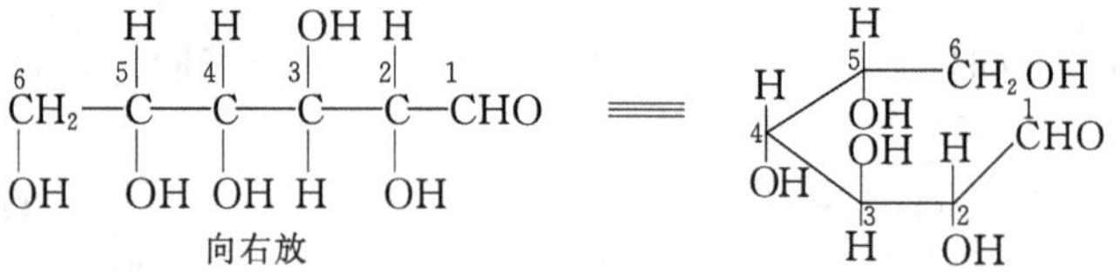

向右放

Ⅰ
顺时针弯

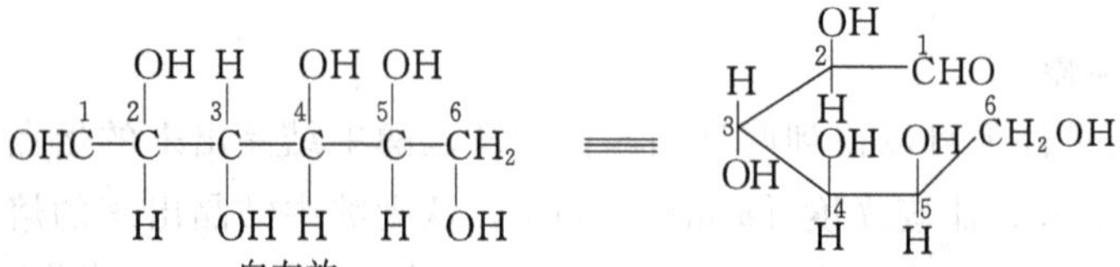

向左放

Ⅱ
逆时针弯

③ 以Ⅰ为例（Ⅱ以此类推），以 C-4—C-5 为轴旋转 120°，使 C-5 上的羟基与醛基接近，然后成环（因羟基在环平面的下面，它必须旋转到环平面上才易与 C-1 成环）。

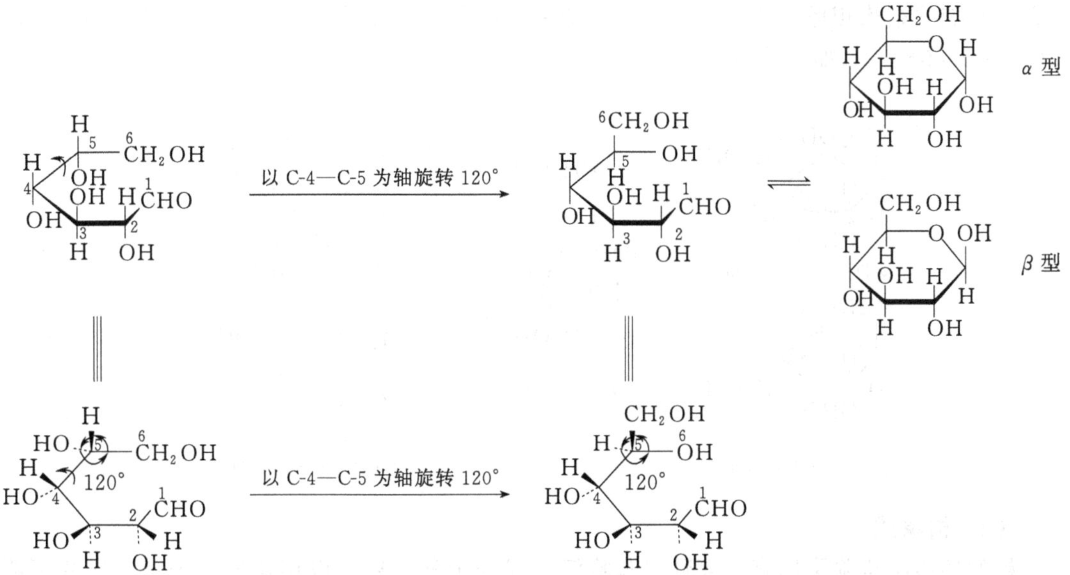

以 C-4—C-5 为轴旋转 120°

α 型

β 型

以 C-4—C-5 为轴旋转 120°

哈沃斯式中粗实线表示伸向纸平面前方，细实线表示伸向纸平面后方，整个环平面垂直于纸平面。

在哈沃斯式中，如环上碳原子按顺时针方向排列，则 C-6 上的—CH_2OH 在环平面上方的为 D 型，在环平面下方的为 L 型；如环上碳原子按逆时针方向排列，其 D/L 构型正好相反。α-与 β-异构体的区别是：半缩醛羟基与 C-6 上的—CH_2OH 在环平面同侧的为 β 型，在环平面异侧的为 α 型，不管环上碳原子按顺时针方向排列还是按逆时针方向排列都一样。

糖的六元哈沃斯式和杂环吡喃的结构相似，所以，六元环单糖又称为吡喃型单糖。由此两种葡萄糖的哈沃斯式分别称为：

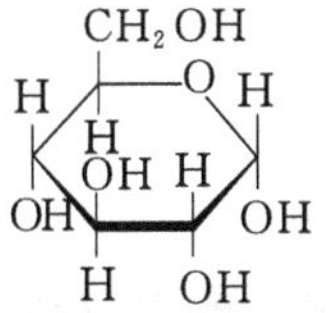

α-D-(＋)-吡喃葡萄糖 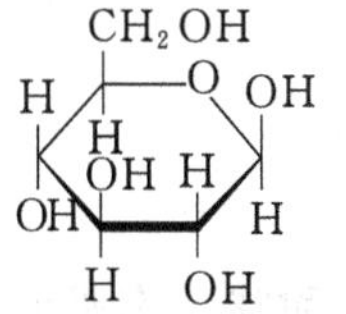　　β-D-(＋)-吡喃葡萄糖

哈沃斯式结构可以在平面上旋转若干度（基团上下关系不变），也可以离开平面翻转 180°（基团上下关系均需改变），构型均保持不变。

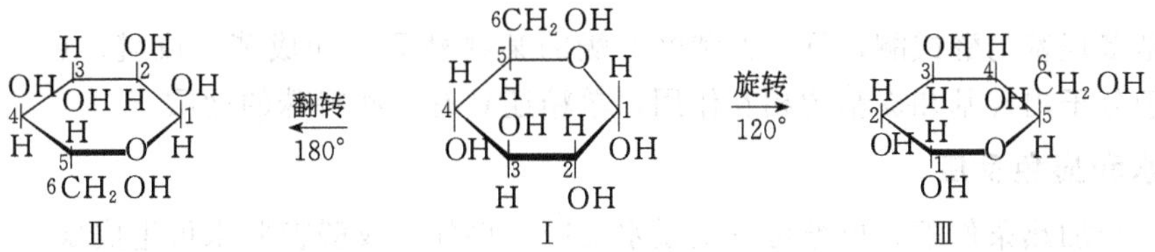

翻转 180°　　旋转 120°

Ⅱ　　Ⅰ　　Ⅲ

α-D-(＋)-吡喃葡萄糖

上面的Ⅰ、Ⅱ、Ⅲ式均表示 α-D-(＋)-吡喃葡萄糖，只是书写方法不同。

除葡萄糖外，其他的戊糖和己糖也可以用哈沃斯式来表示。由于五元的哈沃斯式与杂环化合物呋喃的结构相像，故称呋喃糖。例如果糖，可以有五元和六元的哈沃斯式，它们各有 α 和 β 两种异构体。如下所示：

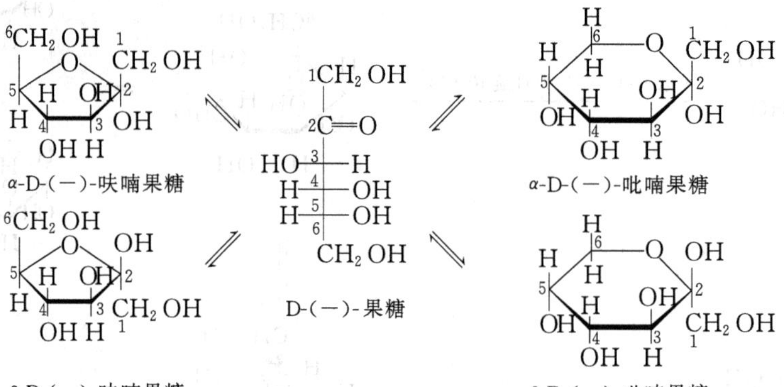

α-D-(－)-呋喃果糖

β-D-(－)-呋喃果糖

D-(－)-果糖

α-D-(－)-吡喃果糖

β-D-(－)-吡喃果糖

（4）构象式

糖的环型结构除了用直立氧环式和哈沃斯式表示外，还可以用构象式表示。研究证明，吡喃型糖的六元环主要是呈椅式构象存在于自然界的。

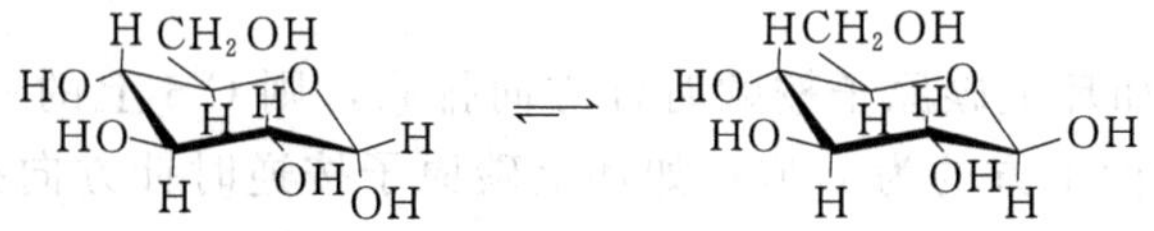

α 型 ～37%　　β 型 ～63%

从 D-(＋)-吡喃葡萄糖的构象可以清楚地看到，在 β-D-(＋)-吡喃葡萄糖中，体积大的取代基—OH 和—CH_2OH，都在 e 键上；而在 α-D-(＋)-吡喃葡萄糖中有一个—OH 在 a 键上。故 β 型是比较稳定的优势构象，因而在平衡体系中的含量也较多。

三、单糖的性质

（一）物理性质

单糖都是无色晶体，甜味，有吸湿性，易溶于水，能形成过饱和溶液得到黏稠的糖浆。单糖难溶于乙醚、丙酮、苯等有机溶剂。除二羟基丙酮外，各种单糖都有旋光性，大多数有变旋光现象。

（二）化学性质

单糖是多羟基的醛或酮，具有醇和醛、酮的某些性质，如成酯、成醚、还原、氧化等。此外，由于分子内羟基和羰基的相互作用，单糖还具有一些特殊的性质。

1. 脱水和显色反应

在强酸和加热条件下，单糖可发生脱水反应。例如：戊醛糖脱水可生成糠醛，己醛糖可生成 5-羟甲基糠醛。

$$\text{戊醛糖} \xrightarrow[-3H_2O]{H^+/\triangle} \text{糠醛（呋喃-CHO）}$$

戊醛糖　　　　糠醛

$$\text{己醛糖} \xrightarrow[-3H_2O]{H^+/\triangle} HOH_2C\text{-呋喃-}CHO$$

己醛糖　　　　5-羟甲基糠醛

生成的糠醛及其衍生物可与酚或芳胺类反应生成有色产物。

在糖的水溶液中加入 α-萘酚的乙醇溶液，混合均匀，然后沿试管壁小心加入浓硫酸，不能晃动试管，则在两层液面之间会出现一个紫色环，称为紫色环反应，也叫作 Molish 反应。所有的糖类（包括单糖、低聚糖和多糖）都有这种颜色反应，这是检验糖类常用的方法。其中浓硫酸也是作为脱水剂与糖反应，然后再与 α-萘酚反应得到紫色产物。

若在 $6mol \cdot L^{-1}$ 盐酸作用下，加热脱水，再与间苯二酚反应，酮糖可迅速转变为红色产物；而醛糖短时间内无明显变化，长时间后才发生反应，此反应被称为 Seliwanoff 反应。因为此反应中酮糖比醛糖的显色速度快，故常用来区别醛糖和酮糖。

另外，在浓盐酸作用下，戊糖可和甲基间苯二酚（5-甲基-1，3-苯二酚）反应呈绿色，称为 Bial 反应，可用于鉴别戊糖。

2. 成脎反应

一般的醛酮能与一分子苯肼作用生成苯腙，而醛糖或酮糖却能逐步地与三分子苯肼作用生成糖的二苯腙，糖的二苯腙称为糖脎。反应过程比较复杂，可简示如下：

$$\begin{array}{c} CHO \\ H-\!\!\!|\!\!\!-OH \\ HO-\!\!\!|\!\!\!-H \\ H-\!\!\!|\!\!\!-OH \\ H-\!\!\!|\!\!\!-OH \\ CH_2OH \end{array} \xrightarrow{3C_6H_5NH-NH_2} \begin{array}{c} HC{=}N-NH-C_6H_5 \\ | \\ C{=}N-NH-C_6H_5 \\ HO-\!\!\!|\!\!\!-H \\ H-\!\!\!|\!\!\!-OH \\ H-\!\!\!|\!\!\!-OH \\ CH_2OH \end{array} + C_6H_5NH_2 + NH_3 + H_2O$$

D-葡萄糖　　　　D-葡萄糖脎

糖脎多为淡黄色结晶，不同的糖脎有不同的晶型和不同的熔点，反应中生成的速度也不同。因此，可根据糖脎的晶型、熔点和生成的时间来鉴别糖。

生成糖脎的反应只发生在 C-1 和 C-2 上，不涉及其他碳原子，所以，含碳原子数相同的单糖如果仅 C-1、C-2 位的结构或构型有差异，而其他碳原子构型相同时，必然生成结构相同的糖脎。例如，D-葡萄糖、D-甘露糖、D-果糖的 C-3、C-4、C-5 的构型都相同，因此它们生成同一种糖脎。

$$\begin{array}{ccc} \begin{array}{c} CHO \\ H-\!\!\!|\!\!\!-OH \\ HO-\!\!\!|\!\!\!-H \\ H-\!\!\!|\!\!\!-OH \\ H-\!\!\!|\!\!\!-OH \\ CH_2OH \end{array} & \begin{array}{c} CHO \\ HO-\!\!\!|\!\!\!-H \\ HO-\!\!\!|\!\!\!-H \\ H-\!\!\!|\!\!\!-OH \\ H-\!\!\!|\!\!\!-OH \\ CH_2OH \end{array} & \begin{array}{c} CH_2OH \\ C{=}O \\ HO-\!\!\!|\!\!\!-H \\ H-\!\!\!|\!\!\!-OH \\ H-\!\!\!|\!\!\!-OH \\ CH_2OH \end{array} \end{array}$$

D-(+)-葡萄糖　　D-(+)-甘露糖　　D-(−)-果糖

3. 稀碱溶液中的异构化

糖分子中羰基旁的 α-碳原子上的氢很活泼，在碱的水溶液中，单糖易发生异构化反应。

例如，用稀碱处理 D-葡萄糖，就会得到 D-葡萄糖、D-甘露糖和 D-果糖三种单糖的平衡混合物。其过程是通过链形结构的烯醇化，形成烯二醇中间体进行的。

D-(+)-葡萄糖 $\underset{}{\overset{a}{\rightleftharpoons}}$ 烯二醇中间体 $\overset{b}{\rightleftharpoons}$ D-(+)-甘露糖

烯二醇中间体 $\overset{c}{\rightleftharpoons}$ D-(−)-果糖

在烯二醇结构中，C-2 是 sp^2 杂化，不再是手性碳原子，当 C-1 羟基上的氢从平面两侧转回 C-2 时，C-2 又成为 sp^3 杂化，C-2 上的羟基可以在右边，即仍然得到 D-(+)-葡萄糖；但也可以在左边，产物便是 D-(+)-甘露糖；如烯二醇 C-2 羟基上的氢原子转移到 C-1 上，这样得到的产物便是 D-(−)-果糖。

用稀碱处理 D-甘露糖或 D-果糖，也得到同样的平衡混合物。生物体代谢过程中，在异构酶的作用下，常会发生葡萄糖与果糖的相互转化。

在含有多个手性碳原子的旋光异构体中，只有一个手性碳原子构型不同的非对映体称为差向异构体。例如：D-葡萄糖和 D-甘露糖，只有 C-2 的构型相反，彼此称为 C-2 差向异构体；D-葡萄糖和 D-半乳糖，彼此称为 C-4 差向异构体。

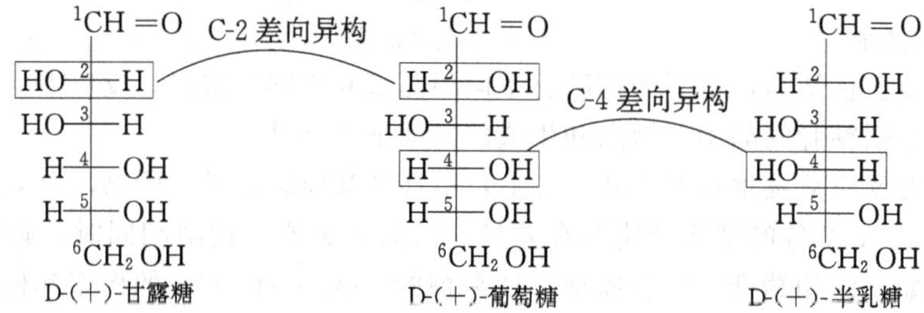

D-(+)-甘露糖　　D-(+)-葡萄糖　　D-(+)-半乳糖

4. 氧化反应

单糖用不同的试剂氧化，会生成氧化程度不同的产物。

（1）弱氧化剂——托伦试剂、斐林试剂和班氏试剂氧化

醛糖与酮糖都能被托伦试剂、斐林试剂和班氏试剂这样的弱氧化剂氧化。与托伦试剂发生银镜反应，与斐林试剂和班氏试剂生成氧化亚铜的砖红色沉淀。由于这些试剂都是碱性试剂，单糖在碱性溶液中异构化生成复杂的混合物，所以单糖被氧化的产物也是复杂的混合物。

$$\text{醛（酮）糖} \xrightarrow{\text{托伦试剂}} \text{氧化产物} + Ag\downarrow \quad \text{（银镜）}$$

$$醛（酮）糖 \xrightarrow[或班氏试剂]{斐林试剂} 氧化产物 + Cu_2O\downarrow（砖红色沉淀）$$

果糖具有还原性的原因是异构化作用。在稀碱溶液中，酮基不断地异构化为醛基，所以酮糖能被这些试剂氧化。

凡是能被上述弱氧化剂氧化的糖，称为还原糖。单糖都是还原糖。

目前医院检验科多采用班氏试剂检验尿中的糖含量，以帮助诊断糖尿病。

（2）溴水氧化

溴水能氧化醛糖，但不能氧化酮糖，因为溴水是酸性弱氧化剂，在酸性条件下，不会引起糖分子的异构化作用，因此酮糖不能异构为醛糖。可利用溴水是否褪色区别醛糖和酮糖。

溴水可将醛糖中的醛基氧化为羧基，生成相应的糖酸。例如：用溴水氧化葡萄糖生成葡萄糖酸。

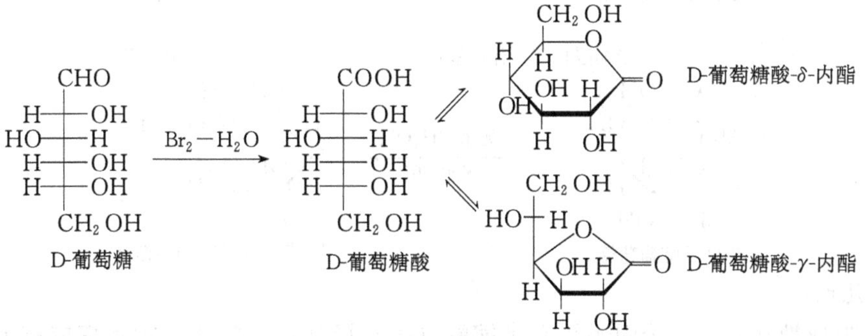

D-葡萄糖 $\xrightarrow{Br_2-H_2O}$ D-葡萄糖酸 ⇌ D-葡萄糖酸-δ-内酯；D-葡萄糖酸 ⇌ D-葡萄糖酸-γ-内酯

（3）稀硝酸氧化

稀硝酸的氧化作用比溴水强，能使醛基和一级醇羟基氧化为羧基，生成糖二酸。例如，D-葡萄糖用稀硝酸氧化生成D-葡萄糖二酸，在酸性条件下，D-葡萄糖二酸可脱水分别生成D-葡萄糖-γ-单内酯和D-葡萄糖-γ-双内酯。

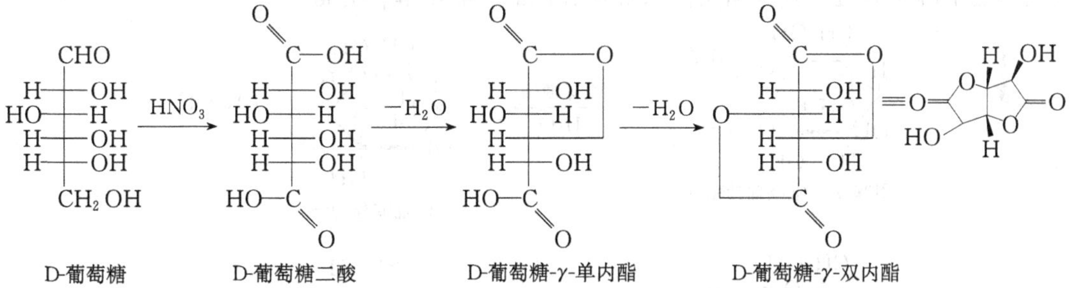

D-葡萄糖 $\xrightarrow{HNO_3}$ D-葡萄糖二酸 $\xrightarrow{-H_2O}$ D-葡萄糖-γ-单内酯 $\xrightarrow{-H_2O}$ D-葡萄糖-γ-双内酯

（4）高碘酸氧化

糖类与其他存在邻二醇结构或邻羰基醇结构的化合物一样，也能被高碘酸氧化，碳碳键发生断裂。反应是定量进行的，每破裂1个C—C键消耗1mol高碘酸。因此，此反应是研究糖类结构的重要手段之一。

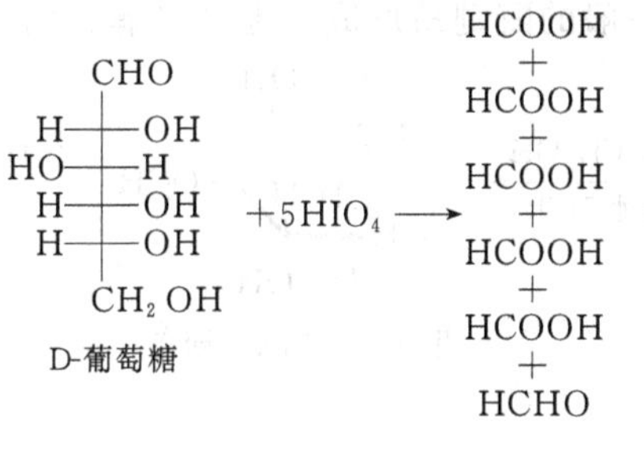

$$\text{D-葡萄糖} + 5HIO_4 \longrightarrow HCOOH + HCOOH + HCOOH + HCOOH + HCOOH + HCHO$$

5. 成苷反应

单糖环状结构中的半缩醛（酮）羟基与其他含羟基的化合物如醇、酚等脱水形成的环状缩醛（酮）的反应称为成苷反应，其产物称为糖苷，全名为某某糖苷。糖分子中的半缩醛（酮）羟基专称苷羟基，糖苷结构中的糖部分叫糖基，非糖部分叫配糖基，由氧原子连接糖基和配糖基的结构叫苷键。例如：

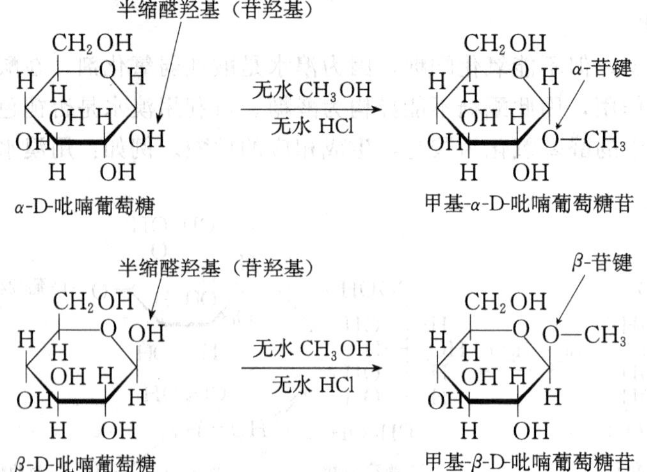

注意几点：

① 糖形成糖苷后，分子中不再有半缩醛（酮）羟基，因此就不能互变成链形结构，不再能产生变旋光现象，不能成脎，没有还原性。

② 糖苷具有缩醛的性质，在中性和碱性溶液中一般较稳定，但在酸性或酶存在下，糖苷水解成糖和非糖（配糖基）两部分。苷用酶水解时有选择性，例如苦杏仁酶能水解 β-苷键而不能水解 α-苷键；麦芽糖酶能水解 α-苷键而不能水解 β-苷键。

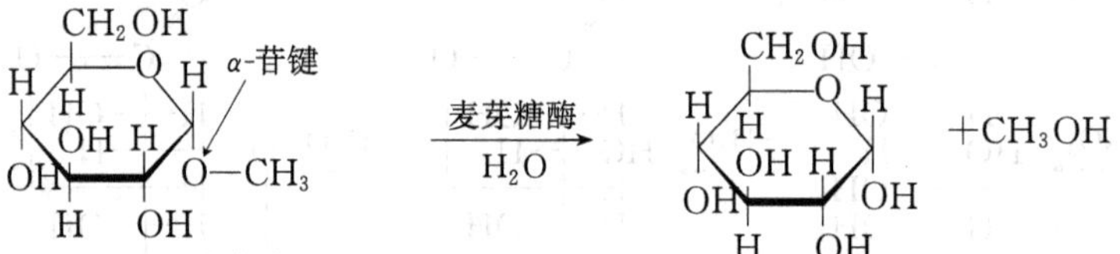

甲基-α-D-吡喃葡萄糖苷（α-苷键） —麦芽糖酶，H_2O→ α-D-吡喃葡萄糖 + CH_3OH

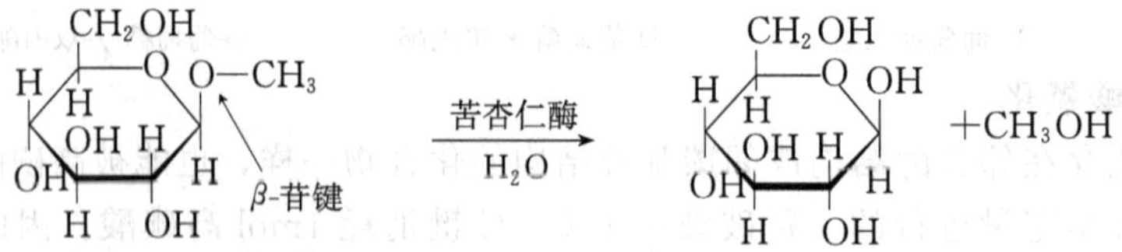

甲基-β-D-吡喃葡萄糖苷（β-苷键） —苦杏仁酶，H_2O→ β-D-吡喃葡萄糖 + CH_3OH

③ 苷是缩醛，苷键比一般的醚键易形成，也易水解。例如：

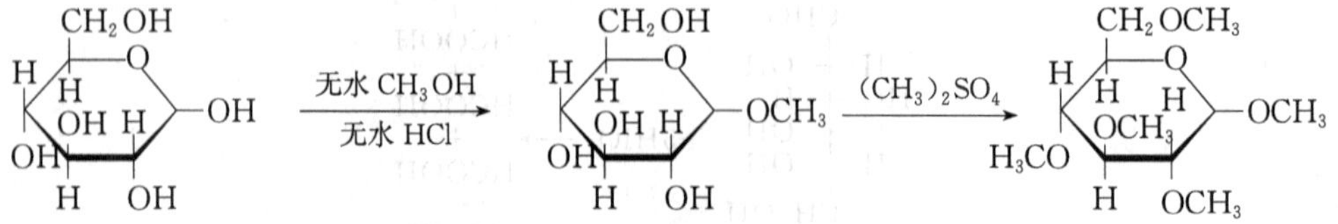

D-吡喃葡萄糖 —无水 CH_3OH，无水 HCl→ 甲基-D-吡喃葡萄糖苷 —$(CH_3)_2SO_4$→ 五甲基-D-吡喃葡萄糖苷

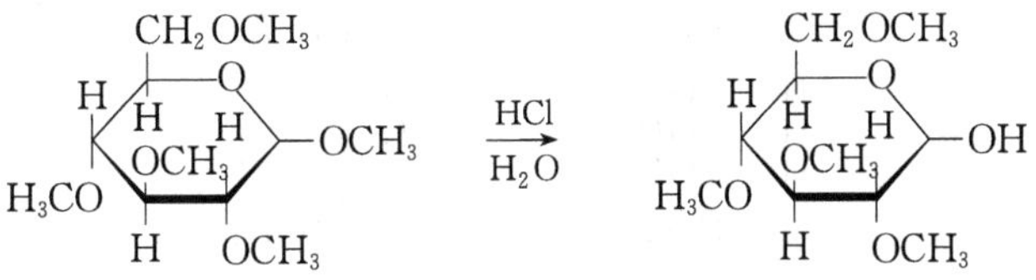

五甲基-D-吡喃葡萄糖苷　　四甲基-D-吡喃葡萄糖

6. 成酯反应

单糖的环状结构中所有的羟基都可以酯化。例如 α-D-吡喃葡萄糖在氯化锌存在下与乙酸酐作用生成葡萄糖五乙酸酯。

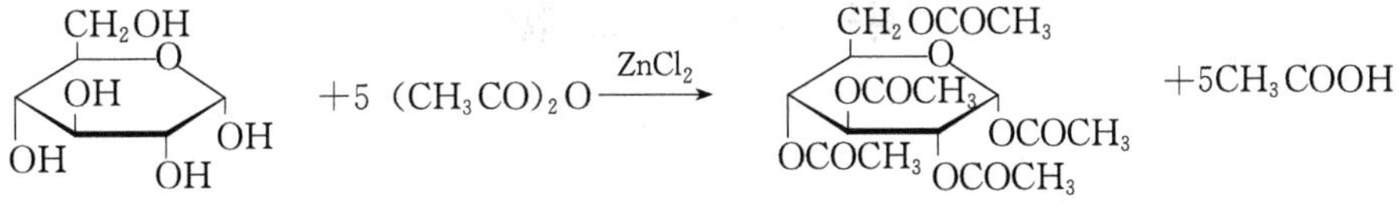

$$\text{α-D-吡喃葡萄糖} + 5\ (CH_3CO)_2O \xrightarrow{ZnCl_2} \text{α-D-吡喃葡萄糖五乙酸酯} + 5CH_3COOH$$

糖苷中的羟基也可以酯化，形成羧酸糖酯。如与乙酸酐反应，形成乙酸糖酯；与硬脂酸的酸酐或酰氯反应，可得到硬脂酸糖酯。上述产品均为化妆品、表面活性剂的原料。反应如下：

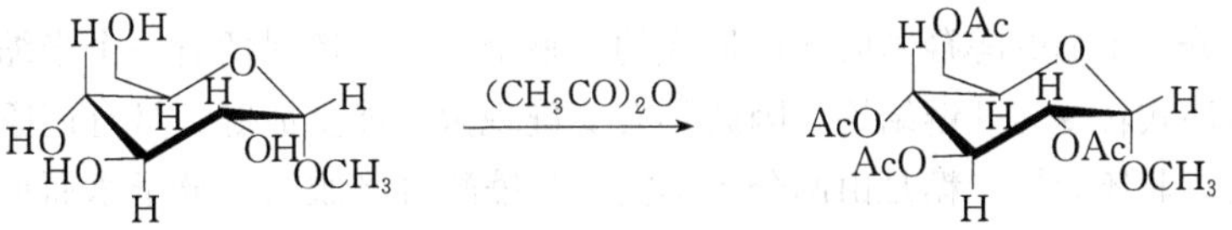

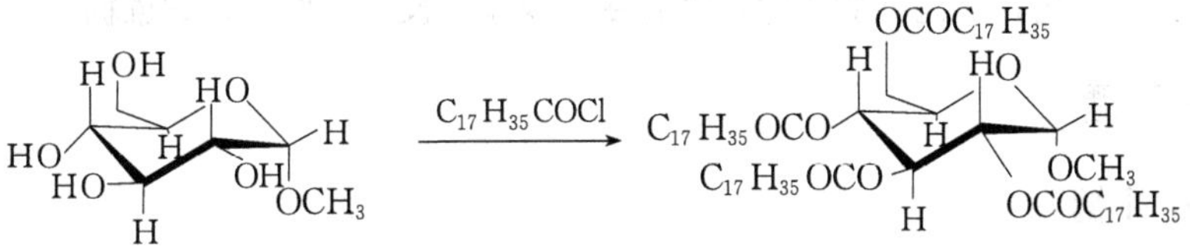

$$\xrightarrow{(CH_3CO)_2O}$$

$$\xrightarrow{C_{17}H_{35}COCl}$$

四、重要的单糖

（一）葡萄糖

葡萄糖是无色晶体或白色粉末，相对密度 1.544，熔点 146℃。葡萄糖在蜂蜜和葡萄等水果中有丰富的含量，植物的根、茎、叶、果实及种子中也有较高的含量。在蔗糖、麦芽糖、淀粉、纤维中含有的葡萄糖是以糖苷的形式存在的，工业上可由淀粉水解得葡萄糖。

在人体或动物的生命过程中，葡萄糖是新陈代谢中不可缺少的营养物质，也是运动所需能量的重要来源。将葡萄糖与谷氨酸钠在酸催化下加热反应可制得食用色素与烟草染色剂。

（二）果糖

果糖是自然界中存在最多的己酮糖，它广泛存在于水果和植物中，并能以游离态存在。天然果糖是左旋体，$[\alpha]_D^{20}=-92.4°$，为白色晶体或粉末，熔点 102℃（分解）。

（三）核糖

核糖是最重要的戊醛糖，是 D 型的左旋糖。核糖的第二个碳原子上的羟基被氢原子取代后得到 D-2-脱氧核糖。它们的链状结构为：

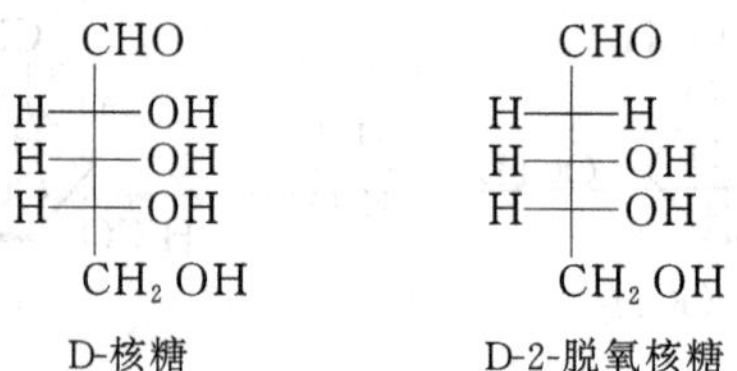

D-核糖　　D-2-脱氧核糖

在生物体内，D-核糖和D-2-脱氧核糖是核糖核酸（RNA）及脱氧核糖核酸（DNA）的重要组成部分。

第二节　二糖

二糖是由一分子单糖的半缩醛羟基与另一分子单糖的羟基或半缩醛羟基脱水而形成的，两个单糖分子可以相同也可以不相同。二糖也是一种糖苷，其配糖基为另一个糖分子，两分子单糖通过苷键连接在一起。重要的二糖有蔗糖、麦芽糖、乳糖和纤维二糖等。由于两分子单糖的成苷方式不同，所以二糖分为两种类型——还原性二糖和非还原性二糖。还原性二糖是由一分子单糖的半缩醛羟基与另一分子单糖的醇羟基脱水而形成的，整个分子中还保留有一个半缩醛羟基，和单糖一样，它可以由环式转变为开链结构，因此具有变旋现象，能生成脎，具有还原性，如纤维二糖、乳糖和麦芽糖。非还原性二糖是由两分子单糖的半缩醛羟基脱去一分子水而形成的，它不能由环式转变成开链结构，因此不能成脎，没有变旋现象，没有还原性，如蔗糖。

一、还原性二糖

（一）麦芽糖

麦芽糖的分子式为$C_{12}H_{22}O_{11}$，由淀粉酶催化水解淀粉而得，有一定的甜味，甜度约为蔗糖的40%。饴糖的主要成分就是麦芽糖。麦芽糖用酸水解生成两分子D-葡萄糖，说明麦芽糖由两分子D-葡萄糖组成。把麦芽糖完全甲基化后再水解可推知，麦芽糖是由一分子D-葡萄糖的半缩醛羟基与另一子D-葡萄糖C-4上的醇羟基脱水通过1,4-苷键结合而得到的。1,4-苷键的构型是α型还是β型，通常用两种酶来区别它。如只能被麦芽糖酶水解，则1,4-苷键的构型是α型；如只能被苦杏仁酶水解，则1,4-苷键的构型是β型。由于麦芽糖只能被麦芽糖酶水解，说明麦芽糖的苷键类型为α-1,4-苷键。麦芽糖的结构如下：

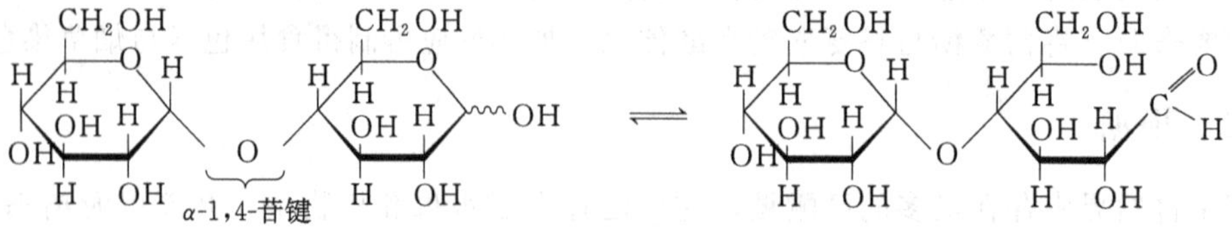

α-1,4-苷键

麦芽糖的哈沃斯式

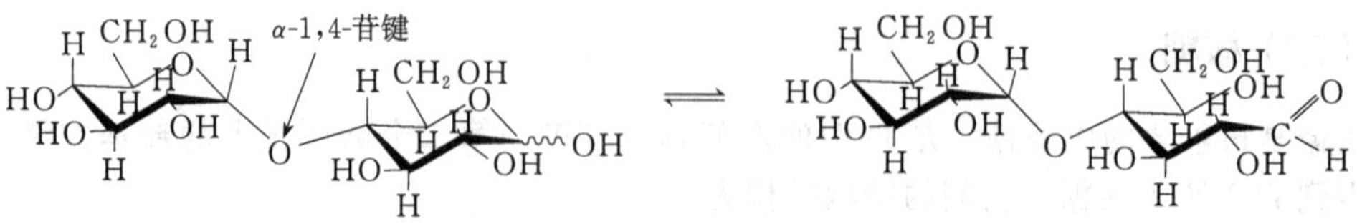

α-1,4-苷键

麦芽糖的构象式

（二）纤维二糖

纤维二糖由纤维素水解得到。纤维二糖与麦芽糖一样，由两分子 D-葡萄糖组成，也是由一分子 D-葡萄糖的半缩醛羟基与另一分子 D-葡萄糖 C-4 上的醇羟基脱水通过 1,4-苷键结合而得到的。纤维二糖与麦芽糖的唯一区别是苷键的构型不同，麦芽糖为 α-1,4-苷键，而纤维二糖为 β-1,4-苷键，所以纤维二糖只能被苦杏仁酶水解。纤维二糖的结构如下：

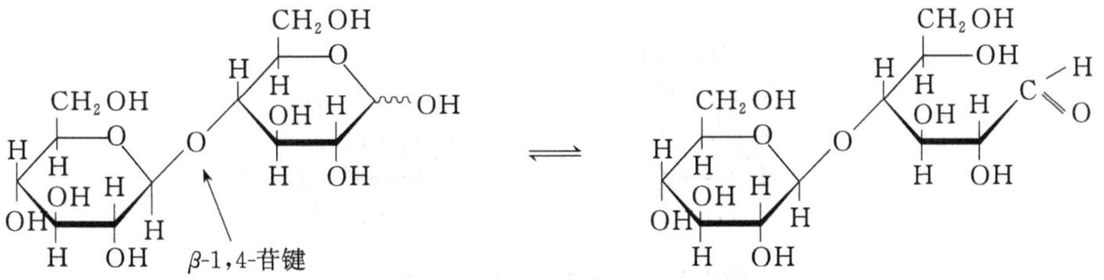

纤维二糖的哈沃斯式

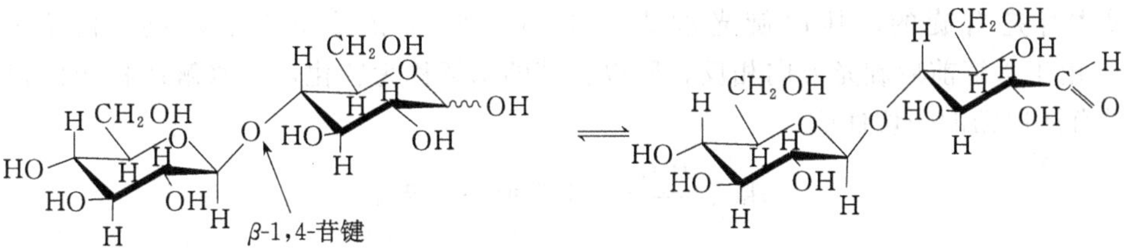

纤维二糖的构象式

（三）乳糖

乳糖存在于哺乳动物的乳汁中，人乳中含乳糖 5%～8%，牛乳中含乳糖 4%～6%，乳糖的甜味只有蔗糖的 70%。乳糖水解得到一分子 D-半乳糖和一分子 D-葡萄糖，它由 β-D-半乳糖的半缩醛羟基与 D-葡萄糖 C-4 上的醇羟基通过 β-1,4-苷键结合而成。乳糖的结构如下(D-半乳糖和 D-葡萄糖为 C-4 差向异构体)：

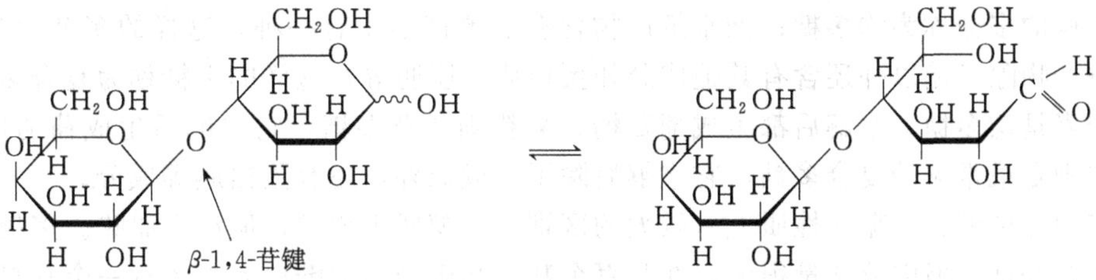

乳糖的哈沃斯式

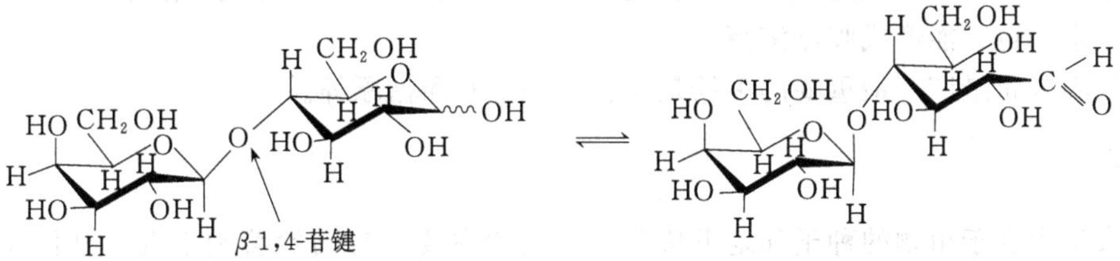

乳糖的构象式

二、非还原性二糖

非还原性二糖主要是蔗糖。蔗糖即普通食糖，广泛存在于植物中，以甘蔗和甜菜中含量最多。例如，甘蔗含蔗糖 14%以上，北方甜菜含蔗糖 16%～20%。

蔗糖水解后生成一分子 D-葡萄糖和一分子 D-果糖，它是由 α-D-吡喃葡萄糖 C-1 上的半缩醛羟基和 β-D-呋喃果糖 C-2 上的半缩酮羟基通过 α,β-1,2-苷键结合而成。蔗糖的结构如下：

α-D-吡喃葡萄糖　α,β-1,2-苷键　β-D-呋喃果糖

蔗糖的哈沃斯式

蔗糖本身是右旋的，其比旋光度为＋66.5°，但水解后变成了左旋，比旋光度为－19.8°。由于水解前后旋光方向相反，所以蔗糖的水解称为转化，其水解产物叫做转化糖。转化糖具有还原糖的一切性质。

$$\underset{[\alpha]_D^{20}=+66.5^\circ}{\text{蔗糖}} \xrightleftharpoons{H_3O^+} \underset{[\alpha]_D^{20}=-19.8^\circ}{\underbrace{\underset{+52^\circ}{\text{葡萄糖}} + \underset{-92^\circ}{\text{果糖}}}}$$

第三节　多糖

多糖是由许多单糖分子通过苷键连接而成的大分子化合物。若多糖水解产物只有一种单糖，这样的多糖称为均多糖；如水解产物含有的单糖不止有一种，这样的多糖称为杂多糖；如水解产物除了糖以外还含有其他成分如蛋白质、脂肪等，这样的多糖称为复合多糖。淀粉和纤维素是均多糖，水解后都生成葡萄糖。菊粉则是杂多糖，它水解后生成葡萄糖和果糖。糖蛋白则是最常见的复合多糖，它水解后除了生成糖外，还有蛋白质等成分。

多糖与单糖、二糖在性质上有较大的区别。多糖属于糖类，但没有甜味。多糖分子末端虽含有苷羟基，但因分子量很大，在几百个甚至几千个葡萄糖单元中才有一个苷羟基，其还原性十分微弱，因此多糖无还原性，没有变旋现象，不能成脎。多糖大多数难溶于水，有的即使是溶于水，也只能形成胶体溶液。

在自然界分布最广、最重要的多糖是淀粉、纤维素和糖原等。

一、淀粉

淀粉大量存在于植物的种子和地下块茎中。淀粉主要来自马铃薯和小麦。其他如大米、高粱、玉米等也含有大量的淀粉。在酸的作用下淀粉可分步水解，先水解成分子量较小的糊精，糊精再继续水解为麦芽糖，最后水解为葡萄糖。淀粉是白色无定形粉末。淀粉不是一个单纯分子，而是一个混合物，它有两种成分：一是不溶性的淀粉，称为支链淀粉；二是可溶

性的淀粉，称为直链淀粉。在一般的淀粉中，直链淀粉约占10%～20%，支链淀粉约占80%～90%。

（一）直链淀粉

直链淀粉是由α-D-（+）-葡萄糖以α-1,4-苷键结合而成的链状高聚物。其基本结构如下所示：

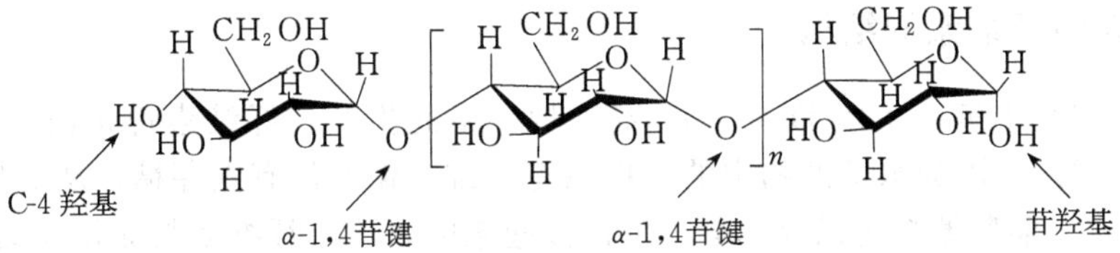

直链淀粉的结构

在上面的结构中，n=200～300，它的分子量为30000～50000。

直链淀粉不溶于冷水，在热水中有一定的溶解度，放置会重新析出淀粉。所谓直链淀粉并不是一根直的长链，而是盘旋成一个螺旋，每转一圈，约含有六个葡萄糖单位。直链淀粉形成螺旋后，螺旋状空穴正好与碘的直径相匹配，允许碘分子进入空穴中，形成一种蓝紫色的加合物。因此，用碘鉴定淀粉是最常用的简便方法，但蓝紫色只在冷时出现，加热煮沸时即褪去。

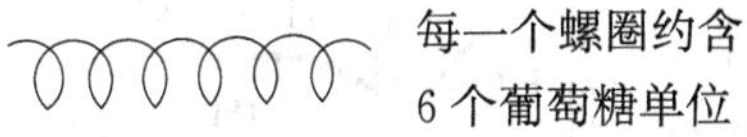

直链淀粉的形状

（二）支链淀粉

支链淀粉不溶于热水，只能在热水中溶胀糊化（当温度达到一定程度，淀粉颗粒吸水膨胀，体积达到原体积的数百倍，变成黏稠的胶体溶液，称为糊化）。支链淀粉在结构上除了由葡萄糖分子以α-1,4-苷键连接成主链外，还有以α-1,6-苷键相连而形成的支链。因此支链淀粉是有支链的，约隔二十个由α-1,4-苷键相连接的葡萄糖单位就有一个由α-1,6-苷键接出的支链。支链淀粉的平均分子量约为1×10^6～6×10^6（6000～37000个葡萄糖单位）。其基本结构如下所示：

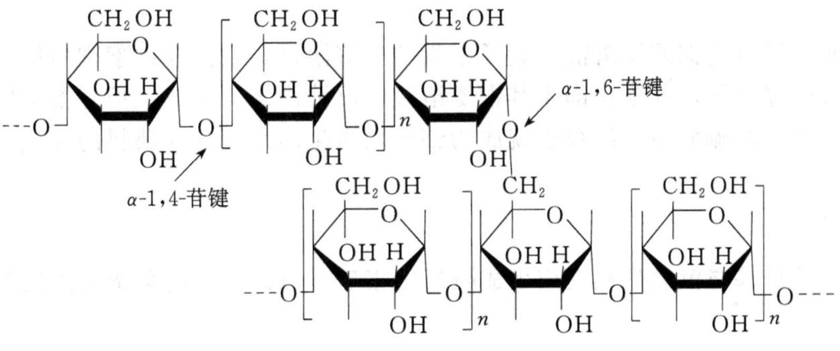

支链淀粉的结构

二、纤维素

纤维素是构成植物细胞壁及支柱的主要成分。某些物质中纤维素的含量与分子量见表17-1。

表 17-1 某些物质中纤维素的含量与分子量

物质	纤维素含量	纤维素的分子量
棉花	>90%	57 万
亚麻	80%	184 万
木材	40%～60%	9 万～15 万

（一）天然纤维素的结构

将纤维素完全水解，生成 D-（+）-葡萄糖，由此推断，纤维素都是由 D-（+）-葡萄糖单体缩聚而成的。因为水解产物中的二糖只有纤维二糖而没有麦芽糖，从而推断纤维素分子中的 D-（+）-葡萄糖都是以 β-1,4-苷键连接起来的，这是纤维素与淀粉在结构上的区别。由于纤维素中的 D-（+）-葡萄糖以 β-1,4-苷键连接而成，造成了纤维素与淀粉分子的形状各不相同。纤维素的分子形状呈直线型，而直链淀粉的分子形状为螺旋型。纤维素分子的链和链之间借助分子间氢键像麻绳一样拧在一起，形成坚硬的、不溶于水的纤维素状高分子，构成植物细胞壁。纤维素的分子量比淀粉大得多，约为 10 万～200 万。

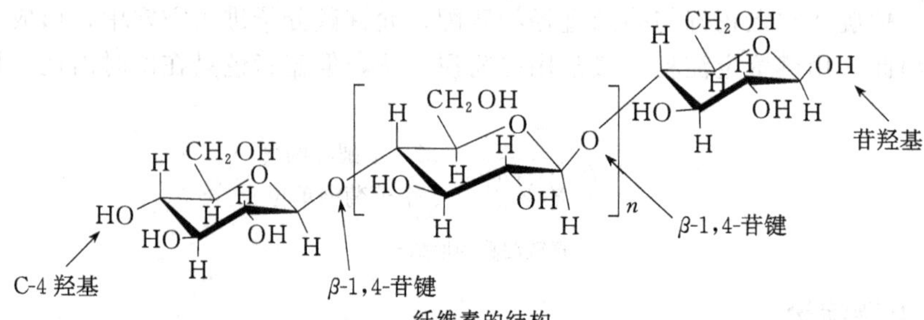

纤维素的结构

人的消化道中没有水解 β-1,4-葡萄糖苷键的纤维素的酶，所以人不能消化纤维素。但纤维素对于人又是必不可少的，因为纤维素可帮助肠胃蠕动，以提高消化和排泄能力。

（二）人造纤维

把较短的棉纤维溶在适当溶剂内，然后把这个溶液压过极细的小孔，就可得到细长的丝状物质，干燥后就可供纺织用，这样改造的纤维素称为人造纤维。

1. 铜氨法

铜氨溶液（氢氧化铜的氨溶液）是纤维素的良好溶剂，它使纤维素剧烈地润胀，然后溶解。在稀无机酸存在下，纤维素即由其铜氨溶液中沉淀出来。工业上把纤维素的铜氨溶液过滤后经过细孔压入稀硫酸中，纤维素就成为细丝而再生出来。这样获得的人造纤维比天然丝还细两倍。

2. 胶丝法

纤维素里的羟基与氢氧化钠反应生成碱纤维素后，可以与二硫化碳发生反应，生成纤维素黄原酸盐：

$$[C_6H_9O_4(OH)]_n + nNaOH \longrightarrow [C_6H_9O_4(ONa)]_n + nH_2O$$

$$[C_6H_9O_4O(Na)]_n + nS{=}C{=}S \longrightarrow [C_6H_9O_4-O-C(SNa){=}S]_n$$

$$\xrightarrow{nH_2SO_4} (C_6H_{10}O_5)_n + nCS_2 + nNaHSO_4$$

纤维素黄原酸盐加少量的水，可以得到黏稠的溶液，所以这个方法又称为黏液法。把这个溶液通过细孔，再进入稀硫酸内，黄原酸盐就被分解变成细长丝状的纤维素。这样获得的人造纤维称为黏液丝或黏胶人造丝。

3. 纤维素硝酸酯

纤维素的硝酸酯俗称硝化纤维素或硝化棉。是由纤维素和硝酸反应制得的：

$$[C_6H_7O_2(OH)_3]_n + 3nHNO_3 \xrightleftharpoons{H_2SO_4} [C_6H_7O_2(ONO_2)_3]_n + 3nH_2O$$

实际上纤维素分子中的三个羟基不可能都完全酯化。因此，硝化纤维素的酯化度常用含氮量来表示。纤维素的三个羟基都酯化后，理论上含氮量为 14.4%，高氮硝化纤维素通常用来制造火药，低氮硝化纤维素常用来制造塑料、喷漆等。

4. 醋酸纤维

纤维素用乙酐乙酰基化后得纤维素乙酸酯，俗称醋酸纤维素。

$$[C_6H_7O_2(OH)_3]_n + 3n(CH_3CO)_2O \rightleftharpoons [C_6H_7O_2(OCOCH_3)_3]_n + 3nH_2O$$

醋酸纤维素比硝化纤维素的较大的优点是对光稳定、不燃烧，故在制造胶片等制品方面已逐渐代替了硝化纤维素。

5. 纤维素醚

由纤维素制成的具有醚结构的高分子化合物称为纤维素醚。例如，羧甲基纤维素（CMC）是由一氯乙酸和碱纤维素作用而成。

$$[C_6H_9O_4(ONa)]_n + nClCH_2COOH \longrightarrow \underset{\text{羧甲基纤维素}}{[C_6H_9O_4(OCH_2COOH)]_n} + nNaCl$$

纤维素醚类品种繁多，性能优良，广泛用于建筑、水泥、石油、食品、纺织、洗涤剂、涂料、医药、造纸及电子元件等行业。

三、糖原

糖原又称肝糖，是动物体内的储备糖，就像淀粉是植物的储备糖一样，所以又称为动物淀粉，以肝脏和肌肉中含量最大，在肝脏中特别丰富，含量可达肝脏器官干重的 8%。

从结构上讲，糖原与支链淀粉十分相似，也是由 α-D-(+)-葡萄糖以 α-1,4-苷键和 α-1,6-苷键连接而成的多糖，主要的区别是糖原中分支更密，在糖原中每隔 8 到 10 个葡萄糖单位就出现 α-1,6-苷键。这种结构上支链的密集，有利于酶的多位点结合，促进糖原的快速合成和分解，保证动物血液中血糖浓度的平衡。

名人追踪

哈沃斯（Norman Haworth，1883—1950）

英国化学家，1883 年 3 月 19 日生于英国兰开夏郡。1912 年哈沃斯在圣安德鲁斯大学与化学家欧文和珀迪共同研究碳水化合物，其中包括糖类、淀粉和纤维素。他们发现糖的碳原子不是直线排列，而是环状，此结构被称之为哈沃斯结构式。1925 年哈沃斯任伯明翰大学化学系主任。此后，哈沃斯转而研究维生素 C，并发现其结构与单糖相似。1934 年他与英国化学家赫斯特成功地合成了维生素 C，这是人工合成的第一种维生

素。这一研究成果不仅丰富了有机化学的研究内容，而且可生产廉价的医药用维生素C（即抗坏血酸）。为此，哈沃斯于1937年获得了诺贝尔化学奖。哈沃斯于1950年3月19日在伯明翰去世，享年67岁。

习　题

1.写出下列化合物的直立式环形结构和哈沃斯式。

（1）α-D-吡喃葡萄糖　　（2）β-D-吡喃葡萄糖

（3）α-D-呋喃葡萄糖　　（4）β-D-吡喃甘露糖

（5）α-L-吡喃半乳糖

2.用反应式表示D-呋喃果糖也有变旋光现象。

3.写出D-(+)-半乳糖与下列物质的反应式。

（1）羟胺　（2）苯肼　（3）溴水　（4）稀 HNO_3

（5）HIO_4　（6）乙酐　（7）无水 CH_3OH/无水HCl

（8）反应（7）的产物再与 $(CH_3)_2SO_4$/NaOH反应

（9）反应（8）的产物再用稀HCl处理

（10）HCN/OH^-，然后水解

4.D-(+)-甘露糖怎样转化成下列化合物？写出其反应式。

（1）β-D-甘露糖甲苷

（2）β-2,3,4,6-四甲基-D-甘露糖甲苷

（3）2,3,4,6-四甲基-D-甘露糖

（4）葡萄糖

5.用简便的化学方法鉴别下列化合物。

（1）D-葡萄糖　D-果糖　D-葡萄糖甲苷

（2）麦芽糖　果糖　蔗糖　淀粉

6.6个单糖开链结构式如下：

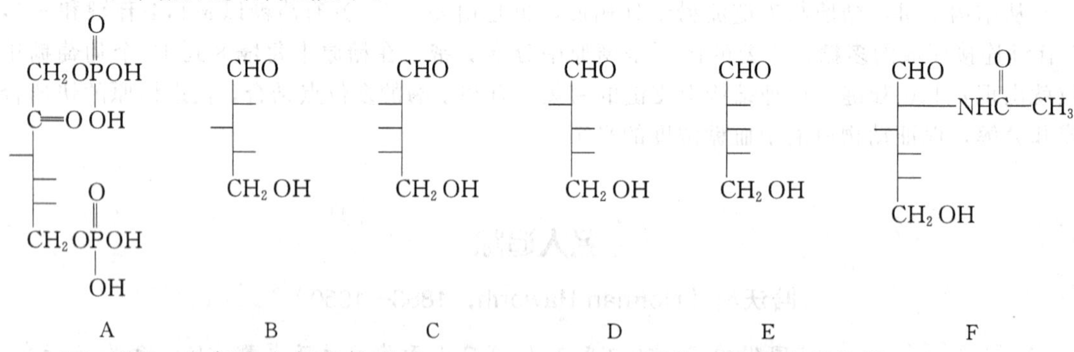

（1）用D、L标出它们的构型。　（2）哪些互为差向异构体？

（3）哪些互为对映体？　（4）哪些有还原性和变旋光现象？

（5）哪些可以水解，水解产物是什么？　（6）哪些可以成苷？

7.推断结构。

（1）糖的衍生物A（$C_8H_{16}O_6$），既无变旋光现象也不能和班氏试剂作用。在酸性条件下，经水解得到B和C。B（$C_6H_{12}O_6$）有变旋光现象和还原性，B是β-D-葡萄糖的C-4差

向异构体，B经稀硝酸氧化生成一个无旋光性的D-糖二酸（D）。C有碘仿反应。试写出A、B、C、D的结构式。

（2）有一戊糖（$C_5H_{10}O_4$）与羟胺反应生成肟，与硼氢化钠反应生成$C_5H_{12}O_4$。后者有光学活性，与乙酐反应得四乙酸酯。戊糖（$C_5H_{10}O_4$）与CH_3OH、HCl反应得$C_6H_{12}O_4$，再与HIO_4反应得$C_6H_{10}O_4$。它（$C_6H_{10}O_4$）在酸催化下水解，得等量乙二醛（OHC—CHO）和D-乳醛（$CH_3CHOHCHO$）。从以上实验推导出戊糖$C_5H_{10}O_4$的构造式。导出的构造式是唯一的还是可能有其他结构？

（3）两种D-丁醛糖A和B，用溴水氧化时分别形成C和D，而用稀HNO_3氧化时分别形成E和F。经测定A、B、C、D、E均具有旋光性，而F无旋光性。试写出A、B、C、D、E、F的结构式。

（4）柳树皮中存在一种糖苷叫做水杨苷，当用苦杏仁酶水解时得D-葡萄糖和水杨醇（邻羟基苯甲醇）。水杨苷用硫酸二甲酯和氢氧化钠处理得五甲基水杨苷，酸催化水解得2,3,4,6-四甲基-D-葡萄糖和邻甲氧基苯甲醇。写出水杨苷的结构式。

（5）某二糖水解后，只产生D-葡萄糖，不与托伦试剂和斐林试剂反应，不生成糖脎，无变旋光现象，它只为麦芽糖酶水解，但不被苦杏仁酶水解。试写出该二糖的哈沃斯透视式（要求写出推导过程）。

第十八章　氨基酸、肽和蛋白质

蛋白质存在于所有生物体中，是生命的基础物质。生物体内的一切生命活动过程几乎都与蛋白质有关。动物体内起催化作用的酶，调节物质代谢的某些激素，能使细菌和病毒失去致病作用的抗体，以及使动植物致病的病毒等都是蛋白质。蛋白质是一类结构复杂、功能特异的天然高分子化合物，对蛋白质结构和功能的研究是生命科学的重大课题之一。蛋白质是氨基酸相互间用氨基和羧基通过失水形成酰胺键构成的，氨基酸是组成蛋白质的基本单位。因此要了解蛋白质，必须首先要了解氨基酸的有关知识。

第一节　氨基酸

蛋白质是一类复杂的含氮高分子化合物，各种不同来源的蛋白质在酸、碱或酶的作用下，都能逐渐水解为分子量比较小的分子，最终生成各种不同的 α-氨基酸混合物。顾名思义，α-氨基酸是指 α 位上有氨基取代的羧酸，通式为 $\underset{\displaystyle NH_2}{\underset{|}{\text{RCHCOOH}}}$ 。

一、氨基酸的分类、命名和结构

（一）氨基酸的分类

根据 R 基团的结构和性质，氨基酸有不同的分类方法。如按 R 基团的结构可分为脂肪族氨基酸、芳香族氨基酸和杂环氨基酸；根据氨基酸分子中所含的氨基和羧基数目，可将氨基酸分为中性氨基酸、酸性氨基酸和碱性氨基酸。中性氨基酸只含有一个羧基和一个氨基，酸性氨基酸含有二个羧基和一个氨基，碱性氨基酸含有一个羧基和二个碱性基团。

（二）氨基酸的命名

氨基酸可以看作是羧酸烃基上的氢原子被氨基取代而形成的取代酸，称氨基某酸。而氨基的位置常采用希腊字母 α，β，γ，…表示在氨基酸名称前面。此外，还经常采用氨基酸的俗名。表 18-1 列出了 20 种 α-氨基酸的名称、缩写、结构式和等电点（pI）。

表 18-1　20 种 *α*-氨基酸

名称	英文缩写	中文缩写	结构式	pI
中性氨基酸				
甘氨酸 （*α*-氨基乙酸）	Gly,G	甘	$\underset{\displaystyle NH_2}{\underset{\vert}{CH_2}}COOH$	5.97
丙氨酸 （*α*-氨基丙酸）	Ala,A	丙	$CH_3-\underset{\displaystyle NH_2}{\underset{\vert}{CH}}COOH$	6.02
* 亮氨酸 （*α*-氨基-*γ*-甲基戊酸）	Leu,L	亮	$(H_3C)_2CH-CH_2-\underset{\displaystyle NH_2}{\underset{\vert}{CH}}COOH$	5.98
* 异亮氨酸 （*α*-氨基-*β*-甲基戊酸）	Ile,I	异亮	$(H_3C)(H_3CH_2C)CH-\underset{\displaystyle NH_2}{\underset{\vert}{CH}}COOH$	6.02
* 缬氨酸 （*α*-氨基-*β*-甲基丁酸）	Val,V	缬	$(H_3C)_2CH-\underset{\displaystyle NH_2}{\underset{\vert}{CH}}COOH$	5.97
脯氨酸 （四氢吡咯-*α*-甲酸）	Pro,P	脯	$\underset{H}{N}$ COOH	6.48
* 苯丙氨酸 （*α*-氨基-*β*-苯基丙酸）	Phe,F	苯丙	$C_6H_5-CH_2-\underset{\displaystyle NH_2}{\underset{\vert}{CH}}COOH$	5.48
* 蛋氨酸 （*α*-氨基-*γ*-甲硫基丁酸）	Met,M	蛋	$CH_3SCH_2CH_2\underset{\displaystyle NH_2}{\underset{\vert}{CH}}COOH$	5.75
丝氨酸 （*α*-氨基-*β*-羟基丙酸）	Ser,S	丝	$HO-CH_2-\underset{\displaystyle NH_2}{\underset{\vert}{CH}}COOH$	5.68
谷氨酰胺 （*α*-氨基戊酰胺酸）	Gln,Q	谷胺	$NH_2-\overset{\displaystyle O}{\overset{\Vert}{C}}-CH_2-CH_2-\underset{\displaystyle NH_2}{\underset{\vert}{CH}}COOH$	5.65
* 苏氨酸 （*α*-氨基-*β*-羟基丁酸）	Thr,T	苏	$CH_3-\overset{\displaystyle OH}{\overset{\vert}{CH}}\underset{\displaystyle NH_2}{\underset{\vert}{CH}}COOH$	5.60
半胱氨酸 （*α*-氨基-*β*-巯基丙酸）	Cys,C	半胱	$HS-CH_2-\underset{\displaystyle NH_2}{\underset{\vert}{CH}}COOH$	5.07
天冬酰胺 （*α*-氨基丁酰胺酸）	Asn,N	天胺	$NH_2-\overset{\displaystyle O}{\overset{\Vert}{C}}-CH_2-\underset{\displaystyle NH_2}{\underset{\vert}{CH}}COOH$	5.41

续表

名称	英文缩写	中文缩写	结构式	pI
酪氨酸 （α-氨基-β-对羟苯基丙酸）	Tyr，Y	酪	HO—C₆H₄—CH_2—CH(NH_2)COOH	5.66
* 色氨酸 ［α-氨基-β-(3-吲哚基)-丙酸］	Trp，W	色	(3-吲哚基)—CH_2CH(NH_2)COOH	5.89
酸性氨基酸				
天冬氨酸 （α-氨基丁二酸）	Asp，D	天	$HOOCCH_2CH(NH_2)COOH$	2.98
谷氨酸 （α-氨基戊二酸）	Glu，E	谷	$HOOCCH_2CH_2CH(NH_2)COOH$	3.22
碱性氨基酸				
* 赖氨酸 （α，ε-二氨基己酸）	Lys，K	赖	$NH_2—CH_2CH_2CH_2CH_2CH(NH_2)COOH$	9.74
精氨酸 （α-氨基-δ-胍基戊酸）	Arg，R	精	$NH_2—C(=NH)—NHCH_2CH_2CH_2CH(NH_2)COOH$	10.76
组氨酸 ［α-氨基-β-(4-咪唑基)-丙酸］	His，H	组	(4-咪唑基)—CH_2—CH(NH_2)COOH	7.59

* 为必需氨基酸。

除上述在蛋白质中广泛存在的20种氨基酸外，另有几种氨基酸只在少数蛋白质中存在，如4-羟基脯氨酸、甲状腺素。还有一些氨基酸不是蛋白质的组成成分，称为非蛋白氨基酸，它们中有些是重要的代谢物前体或中间体，如瓜氨酸、鸟氨酸等。

4-羟基脯氨酸

甲状腺素：HO—(3,5-二碘苯基)—O—(3,5-二碘苯基)—$CH_2CH(NH_2)COOH$

$NH_2CH_2CH_2CH_2CH(NH_2)COOH$

鸟氨酸

$H_2N—C(=O)—NHCH_2CH_2CH_2CH(NH_2)COOH$

瓜氨酸

不同蛋白质中所含的氨基酸的种类和数量各不相同。有些氨基酸在人体内不能合成或不能制造足够数量以维持健康，必须依靠外源供给，这些氨基酸叫做必需氨基酸（表18-1中标有*者）。含有全部必需氨基酸的蛋白质称为完全蛋白质。例如，牛乳中的酪蛋白含有全部必需氨基酸和其他19种氨基酸，是完全蛋白质。玉米中的醇溶蛋白质，由于缺乏赖氨酸和色氨酸，为非完全蛋白质。从营养价值上看，食用不同来源的蛋白质更有利于必需氨基酸的充分供应。

（三）氨基酸的结构

氨基酸是一类取代羧酸，可视为羧酸分子中烃基上的氢原子被氨基取代的一类产物。目前在自然界中已发现的氨基酸有三百多种，但由天然蛋白质水解得到的氨基酸仅 20 种左右。这些氨基酸都是 α-氨基酸。它们在化学结构上的共同点是氨基都连接在 α-碳原子上。其通式为

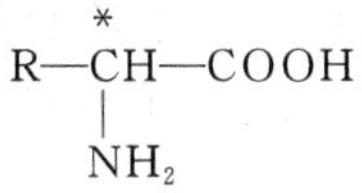

$$\begin{array}{c} \quad\ * \\ R\text{—}CH\text{—}COOH \\ \quad\ | \\ \quad\ NH_2 \end{array}$$

式中，R 代表不同的基团，R 不同就形成不同的 α-氨基酸。

构成蛋白质的氨基酸，除甘氨酸外，其他各种天然氨基酸的 α-碳原子都是手性碳原子，具有旋光性。氨基酸构型取决于 α-碳原子上氨基的空间位置。构成蛋白质的氨基酸的构型如用 D/L 法标记，都是 L 型；如用 R/S 法标记，除半胱氨酸是 R 型外，其余都是 S 型。α-氨基酸的构型习惯上常用 D/L 法标记。

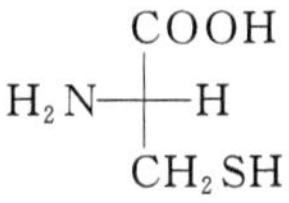

$$\begin{array}{c} COOH \\ H_2N\text{—}\!\!\!+\!\!\!\text{—}H \\ CH_2SH \end{array} \qquad\qquad \begin{array}{c} COOH \\ H_2N\text{—}\!\!\!+\!\!\!\text{—}H \\ CH_3 \end{array}$$

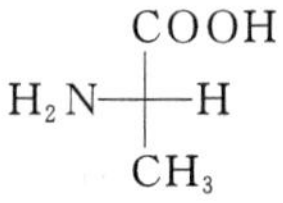

(R)-半胱氨酸　　　　(S)-丙氨酸

(L-半胱氨酸)　　　　(L-丙氨酸)

二、氨基酸的物理性质

组成蛋白质分子的 α-氨基酸都是无色晶体，熔点较高，一般在 200～300℃之间，当达到熔点时，往往会分解而放出二氧化碳。

大多数 α-氨基酸能溶于水，但溶解度差别很大。它们能溶解于酸性和碱性溶液中，但是难溶于极性较小的有机溶剂，如乙醚。

三、氨基酸的化学性质

氨基酸的化学性质与分子中所含羧基、氨基和侧链 R 基团有关，因此它具有羧酸、胺的一般性质，又具有侧链 R 基团上的官能团以及各官能团相互影响而产生的特殊性质。

（一）酸碱性——两性和等电点

氨基酸分子中既含有氨基又含有羧基，它可以和酸生成盐，也可以和碱生成盐，所以氨基酸是两性物质。含有一个氨基和一个羧基的 α-氨基酸可以用通式 $\begin{array}{c} R \\ | \\ H_2N\text{—}CH\text{—}COOH \end{array}$ 表示。但实际上，氨基酸的晶体是以偶极离子的形式存在的：

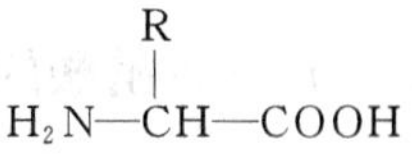

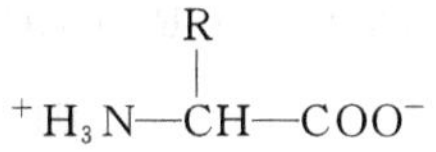

$$\begin{array}{c} R \\ | \\ {}^{+}H_3N\text{—}CH\text{—}COO^{-} \end{array}$$

这种偶极离子是分子内的氨基和羧基成盐的结果，故又叫做内盐。氨基酸之所以具有相当高的熔点，难溶于有机溶剂等，都是因为它们是内盐因而具有盐的性质。

在水溶液中，氨基酸的偶极离子既可以与一个 H^+ 结合成为正离子，又可以失去一个 H^+ 成为负离子。这三种离子在水溶液中通过得到 H^+ 或失去 H^+ 互相转换而同时存在。如果溶液的酸碱度不同，氨基酸就有可能主要以正离子或负离子的形式存在。

当把氨基酸溶液置于一个特定的电场中时，氨基酸就有可能向阳极移动，也可能向阴极移动，或者不移动。在溶液中若加酸，即增加［H^+］，氨基酸的偶极离子中—COO^-与H^+结合而有利于氨基酸以阳离子形式存在，氨基酸带正电，在电场中向阴极移动。反之，加入碱，即增加［OH^-］，它可中和氨基酸的偶极离子中—NH_3^+的H^+，而有利于氨基酸以阴离子形式存在，氨基酸带负电，在电场中向阳极移动。当调节溶液的 pH 为一定值时，氨基酸以偶极离子的形式存在，氨基酸所带的正负电荷数相等，相当于电中性状态，在电场中既不向正极移动也不向负极移动。此时氨基酸所在溶液的 pH 就叫做该氨基酸的等电点，用 pI 表示。

氨基酸在 pH＝pI 的溶液中，以偶极离子的形式存在，在电场中既不向正极移动也不向负极移动；氨基酸在 pH＞pI 的溶液中，主要以阴离子形式存在，在电场中向阳极移动；氨基酸在 pH＜pI 的溶液中，主要以阳离子形式存在，在电场中向阴极移动。

$$\underset{NH_2}{\underset{|}{R—CH—COOH}}$$

$$\Updownarrow$$

$$\underset{NH_2}{\underset{|}{R—CH—COO^-}} \underset{OH^-}{\overset{H^+}{\rightleftharpoons}} \underset{NH_3^+}{\underset{|}{R—CH—COO^-}} \underset{OH^-}{\overset{H^+}{\rightleftharpoons}} \underset{NH_3^+}{\underset{|}{R—CH—COOH}}$$

阴离子（pH＞pI）　　两性离子（pH＝pI）　　阳离子（pH＜pI）

等电点不是中性点。不同的氨基酸由于结构的不同，等电点也不同。一般地说，中性氨基酸的酸性比它的碱性稍强些（因为—COOH 的电离能力稍大于—NH_2接受H^+的能力）。因此在纯水溶液中，中性氨基酸呈微酸性，氨基酸负离子的浓度比正离子的浓度大些。要将溶液的 pH 调到等电点，使氨基酸以偶极离子形式存在，需要加些酸，把 pH 适当降低。所以中性氨基酸的等电点小于 7，一般在 5.0～6.5 之间；酸性氨基酸含有 2 个羧基和 1 个氨基，羧基的电离程度比—NH_2接受H^+的程度大得多，故需要加入比较多的酸才能抑制羧基的电离，使氨基酸负离子的浓度降低，调到等电点。因此酸性氨基酸的等电点更显酸性，一般在 2.7～3.2 之间；碱性氨基酸含有 2 个碱性基团和 1 个羧基，碱性基团接受H^+的程度比羧基的电离程度大，故需要加适量的碱抑制碱性基团接受H^+，使之调到等电点。因此碱性氨基酸的等电点都大于 7，一般在 7.6～10.8 之间。

氨基酸在等电点时溶解度最小，可以结晶析出。利用这一性质，可以通过调整溶液的 pH，将等电点不同的氨基酸从它们的混合溶液中分别分离出来。

（二）与亚硝酸的反应

α-氨基酸中的—NH_2，具有伯胺的性质，可与亚硝酸作用，定量地放出氮气。

$$\underset{NH_2}{\underset{|}{R—CHCOOH}} + HNO_2 \longrightarrow \underset{OH}{\underset{|}{R—CHCOOH}} + N_2 + H_2O$$

测定反应中放出氮气的体积，可以计算出氨基的含量。这个方法在 α-氨基酸的分析方面经常采用，称为范斯莱克（Van Slyke）氨基氮测定法。

（三）与 2,4-二硝基氟苯的反应

在室温和近中性条件下，氨基酸中的氨基（—NH_2）可与 2,4-二硝基氟苯（DNFB）作

用生成稳定的二硝基苯基氨基酸（DNP-氨基酸）。

$$O_2N\text{-}C_6H_3(NO_2)\text{-}F + H\text{-}NH\text{-}CHR\text{-}COOH \longrightarrow O_2N\text{-}C_6H_3(NO_2)\text{-}NH\text{-}CHR\text{-}COOH + HF$$

DNP-氨基酸呈黄色，使用纸层析与标准 DNP-氨基酸比较，可用于氨基酸的检出。英国科学家桑格（F. Sanger）用此法首次阐明了组成胰岛素的氨基酸的种类、数目和排列顺序，为认识蛋白质的结构作出了重要的贡献。

（四）氧化脱氨基反应

氨基酸经氧化剂或氨基酸氧化酶的作用，可脱去氨基生成酮酸。此反应在脱氨前涉及脱氢与水解两个步骤。

$$R\text{-}CH(NH_2)COOH \xrightarrow{-2H} R\text{-}C(=NH)\text{-}COOH \xrightarrow{H_2O} R\text{-}C(OH)(NH_2)\text{-}COOH \xrightarrow{-NH_3} R\text{-}C(=O)\text{-}COOH$$

上述过程，也是生物体内氨基酸分解代谢的重要方式。

（五）与茚三酮的反应

α-氨基酸与水合茚三酮在水溶液中共热，能生成蓝色物质，叫罗曼氏紫（Ruhemann's purple）。

茚　　　茚三酮　　　水合茚三酮

$$2\ \text{水合茚三酮} + H_2N\text{-}CH(R)\text{-}COOH \longrightarrow \text{蓝色物质} + RCHO + CO_2 + H^+$$

蓝色物质

用层析方法分离氨基酸，可利用茚三酮作为显色剂，定性或定量地测定各种 α-氨基酸。在 20 种 α-氨基酸中，只有脯氨酸与茚三酮反应显黄色，其余均显蓝色。而 N-取代的 α-氨基酸，以及 β-或 γ-氨基酸等均不与茚三酮发生显色反应。

（六）脱羧反应

氨基酸与氢氧化钡共热或在高沸点溶剂中回流，可脱去羧基生成相应的胺类化合物。

$$R\text{-}CH(NH_2)COOH \xrightarrow[\triangle]{Ba(OH)_2} RCH_2NH_2 + CO_2$$

在生物体内，脱羧反应也可因某种酶的作用而发生。例如，当蛋白质腐败时，由鸟氨酸可生成腐胺，由赖氨酸可生成尸胺。

（七）成肽反应

在适当条件下，氨基酸分子间氨基与羧基相互脱水缩合生成的一类化合物叫做肽。

$$\underset{\mathrm{R^1}}{\mathrm{H_2NCHCOOH}} + \underset{\mathrm{R^2}}{\mathrm{H_2NCHCOOH}} \xrightarrow[\triangle]{-\mathrm{H_2O}} \mathrm{H_2N\underset{R^1}{C}HCO{-}HN\underset{R^2}{C}HCOOH}$$

肽分子中的酰胺键（—CO—NH—）叫做肽键。

由两分子氨基酸缩合而成的肽叫二肽；由三分子氨基酸缩合而成的肽叫三肽；许多氨基酸分子通过多个肽键互相连接起来，便形成多肽。

多肽合成的步骤：①保护氨基和羧基；②活化羧基；③形成肽键；④去除保护基。重复以上操作可以合成多肽。

$$\mathrm{R^1{-}\underset{NH_2}{CH}{-}COOH} \xrightarrow[\text{保护氨基}]{\mathrm{PhCH_2OCOCl}} \mathrm{YNH\underset{R^1}{C}HCOOH} \qquad \mathrm{Y = PhCH_2O{-}\overset{O}{\overset{\|}{C}}{-}}$$

$$\mathrm{R^2{-}\underset{NH_2}{CH}{-}COOH} \xrightarrow[\text{保护羧基}]{\mathrm{PhCH_2OH}} \mathrm{H_2N{-}\underset{R^2}{CH}{-}COZ} \qquad \mathrm{Z{=}PhCH_2O}$$

$$\xrightarrow[\text{形成肽键}]{\text{DCC(二环己基碳二亚胺，活化剂)}} \mathrm{Y{-}\overset{H}{N}{-}\underset{R^1}{\overset{H}{C}}{-}\overset{O}{\overset{\|}{C}}{-}NH\overset{R^2}{C}HCOZ} \xrightarrow{1)\ \mathrm{H_2/Pd}\quad 2)\ \text{水解}} \mathrm{H_2N{-}\underset{R^1}{\overset{H}{C}}{-}\overset{O}{\overset{\|}{C}}{-}NH\overset{R^2}{C}HCOOH}$$

（八）侧链R基团的反应

氨基酸的侧链R基团中含有各种基团，在一定条件下，可发生某些特殊的化学反应。例如，丝氨酸R基团上含有羟基，可形成磷酸酯；半胱氨酸R基团上含有巯基，易被氧化成含有二硫键的胱氨酸，胱氨酸还原又可生成半胱氨酸。

$$\underset{\text{丝氨酸}}{\mathrm{H_2N\underset{COOH}{C}HCH_2OH}} \xrightarrow{\mathrm{H_3PO_4}} \underset{\text{丝氨酸磷酸酯}}{\mathrm{H_2N\underset{COOH}{C}HCH_2O{-}\underset{OH}{\overset{O}{\overset{\|}{P}}}{-}OH}}$$

$$\underset{\text{半胱氨酸}}{\mathrm{2H_2N\underset{CH_2SH}{C}HCOOH}} \underset{+2\mathrm{H}}{\overset{-2\mathrm{H}}{\rightleftharpoons}} \underset{\text{胱氨酸}}{\mathrm{H_2N\overset{}{C}HCOOH\ \ H_2NCHCOOH;\ CH_2{-}S{-}S{-}CH_2}}$$

二硫键亦常存在于蛋白质中，它们作为连接分子不同部分的桥梁，对分子的形状和构型有直接影响。二硫键的断裂，不仅引起分子结构的改变，也会导致分子活性的丧失。

（九）特殊氨基酸的颜色反应

含有某些特殊 R 基团的氨基酸，还可以发生某些特殊的颜色反应。

1. 蛋白黄反应

含有苯基的氨基酸与浓硝酸作用可生成黄色硝基化合物，加入碱后则黄色可转变为橙红色。此反应可作为苯丙氨酸、酪氨酸和色氨酸的鉴别反应。

2. 米伦（Millon）反应

含有酚羟基的氨基酸与米伦试剂（由硝酸汞、硝酸亚汞和硝酸组成的混合液）共热，可生成红色沉淀。此反应可作为酪氨酸的鉴别反应。

3. 乙醛酸的反应

含有吲哚环的氨基酸与乙醛酸混合后，再滴加浓硫酸，可在两液层交界面处出现紫红色环。此反应可作为色氨酸的鉴别反应。

第二节　肽

一、肽的组成和命名

绝大多数肽为链状结构，其结构可简单表示如下：

$$\underset{\displaystyle R^1}{H_2N\overset{}{C}HCO}—NH—\underset{\displaystyle R^2}{CHCO}—NH—\underset{\displaystyle R^3}{CHCO}—NH—\underset{\displaystyle R^4}{CHCO}—\cdots NH—\underset{\displaystyle R^n}{CHCOOH}$$

多肽链中的每个氨基酸单位通常叫做氨基酸残基。在多肽链的一端保留着一个游离的氨基，称为 N-端，通常写在肽链的左边；在多肽链的另一端保留一个游离的羧基，称为 C-端，通常写在肽链的右边。

肽的命名方法是把 C-端的氨基酸作为母体，把肽链中其他氨基酸名称中的酸字改为酰字，按它们在肽链中的排列顺序由左至右逐个写在母体名称前，每个氨基酸名称之间用一短线连接起来。例如：

$$H_2NCH_2CO—NH—\underset{\displaystyle CH_3}{CHCO}—NH—\underset{\displaystyle CH_2OH}{CHCOOH}$$

应命名为甘氨酰-丙氨酰-丝氨酸，简称甘丙丝肽。

即使是较简单的肽，写结构式也很麻烦。因此，在大多数情况下，常使用缩写式表示肽的结构。在肽（或蛋白质）中的氨基酸单位用表 18-1 中的英文三字母或单字母表示，连接一个氨基酸的肽键则用短线表示。例如，甘丙丝肽的缩写式为：Gly-Ala-Ser 或 G-A-S。

氨基酸组成肽链时，既和组成肽链的氨基酸的种类和数目有关，又和肽链中各种氨基酸的排列顺序有关。例如，由甘氨酸和丙氨酸组成的二肽，可有两种不同的连接方式：

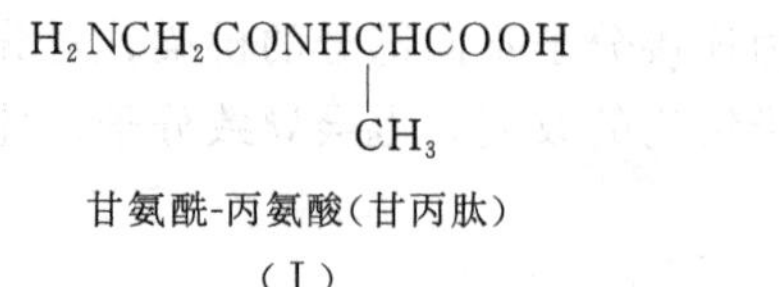

甘氨酰-丙氨酸(甘丙肽)

(Ⅰ)

$H_2NCHCONHCH_2COOH$（α-碳上连 CH_3）

丙氨酰-甘氨酸(丙甘肽)

(Ⅱ)

（Ⅰ）和（Ⅱ）互为异构体，它们的区别是：肽链（Ⅰ）是由甘氨酸的羧基与丙氨酸的氨基形成的，甘氨酸部分保留游离氨基，丙氨酸部分保留游离羧基；肽链（Ⅱ）则是由丙氨酸的羧基与甘氨酸的氨基生成的，丙氨酸保留游离的氨基，而甘氨酸保留游离的羧基。同理，由三种不同的氨基酸可形成 6 种不同的三肽，由四种不同的氨基酸可形成 24 种不同的四肽。所以，由多种氨基酸按不同的排列顺序互相结合，可以形成许许多多不同的多肽。

二、肽键的结构

大量实验研究证明，肽键是构成肽和蛋白质分子的基本化学键，肽键与相邻两个 α-碳原子所组成的基团，称为肽单位（$—C_\alpha—CO—NH—C_\alpha—$）。多肽链就是由许多重复的肽单位连接而成的，它们构成多肽链的主链骨架。各种多肽链的主链骨架大都一样，但侧链 R 基团的结构和顺序可以不同，这种不同对多肽和蛋白质的空间构象有重要影响。

根据对一些简单的肽和蛋白质中肽键进行精细的测定分析，得出图 18-1 所示的结果。

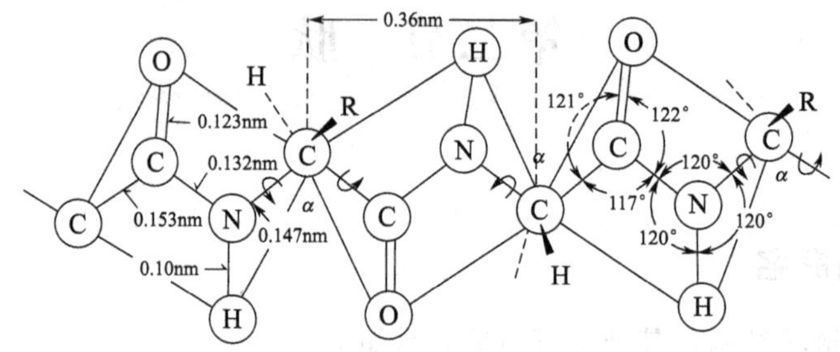

图 18-1　肽键平面及各键键长、键角数据

从以上有关数据可知，肽键具有以下特点：

① 肽键中的 C—N 键长为 0.132nm，比 C_α—N 键的键长（0.147nm）短，而比一般的 C═N 双键键长（0.128nm）长。肽键中的 C—N 键的性质介于单、双键之间，具有部分双键的性质。

② 肽键的 C 及 N 周围的 3 个键角和均为 360°，说明与 C—N 相连的 4 个原子处于同一平面上，这个平面称为肽键平面。

③ 肽键平面中与 C—N 键相连的氧原子和氢原子或两个 α-碳原子呈反式分布。

根据以上特点，可把多肽键的主链看成是由一系列刚性平面组成的。两个相邻的肽键相衔接时，由于非键合原子的相互影响，使两个平面之间出现一定的夹角，而 α-碳原子正好位于两个肽平面的交界线上。在肽键平面上，由于两端的 α-碳原子是可以自由旋转的，从而可使主链出现各种构象。

三、天然存在的肽

肽除了可以作为蛋白质代谢的一种中间产物外，一些肽还可以游离状态存在于自然界中，这些肽类化合物在生物体内常具有特殊的结构和功能，起着重要的作用。

（一）谷胱甘肽

谷胱甘肽化学名 γ-谷氨酰半胱氨酰甘氨酸，其结构特点是谷氨酸与半胱氨酸之间是通过谷氨酸的 γ-羧基而不是通常的 α-羧基与半胱氨酸的 α-氨基形成的。因为含有游离的巯基，称为还原型谷胱甘肽，常用 G-SH 表示。

```
H2NCHCH2CH2CONH—CHCONHCH2COOH
   |              |
   COOH           CH2SH
```

还原型谷胱甘肽（G-SH）

谷胱甘肽广泛存在于生物细胞中，参与细胞的氧化还原过程，是一种重要的三肽。还原型谷胱甘肽中的巯基极其活泼，能进行可逆的氧化还原反应。氧化时，—SH 被氧化成—S—S—，使两分子还原型谷胱甘肽转变为氧化型谷胱甘肽，常用 G—S—S—G 表示。

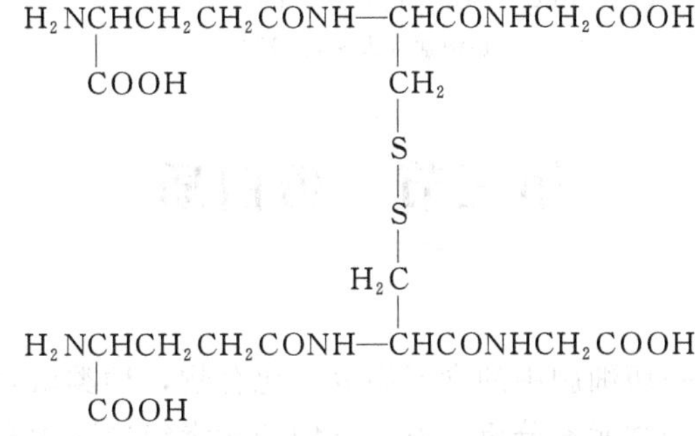

氧化型谷胱甘肽（G-S-S-G）

还原型谷胱甘肽和氧化型谷胱甘肽的关系可用简式表示如下：

$$2\text{G-SH} \underset{+2\text{H}}{\overset{-2\text{H}}{\rightleftharpoons}} \text{G-S-S-G}$$

（二）催产素和加压素

催产素和加压素都是脑垂体分泌的肽类激素。这两种激素在结构上较为相似，都是由 9 个氨基酸所组成。肽链中的两个半胱氨酸合起来也可看做为一个胱氨酸。同时，通过二硫键形成部分环肽。N-端氨基酸是半胱氨酸，保留一个未结合的氨基；C-端氨基酸是甘氨酸，它的羧基以酰胺形式存在。这两个激素只是残基 3 及 8 不同，其余氨基酸顺序都一样。

```
H2N—Cy—Tyr                    H2N—Cy—Tyr
    |   |                         |   |
    S   Ile                       S   Phe
    |   |                         |   |
    S   Glu                       S   Glu
    |   |                         |   |
    Cy —Asn                       Cy —Asn
    |                             |
    Pro—Leu—Gly—CONH2             Pro—Arg—Gly—CONH2
```

催产素　　　　　　　　　　加压素

催产素和加压素在组成结构上差别虽很小，但它们的生理功能却显著不同。催产素能使子宫平滑肌收缩，具有催产及排乳作用。加压素能使小动脉收缩，从而增加血压，并有减少排尿的作用，所以也称为抗利尿激素，是调节水盐代谢的重要激素。

（三）心钠素

近年来发现，一些过去认为不具有分泌激素功能的器官，如心脏、肾脏、肺等，也能分泌激素。心钠素就是一类由心房分泌的多肽激素，又称心房肽，分为心房肽Ⅰ、Ⅱ、Ⅲ和人 α-心房肽，它们具有强大的排钠、利尿、松弛胃肠平滑肌、扩张血管、改善心律、加强心肌营养等多种重要的生理作用。其中人 α-心房肽是一种二十八肽，化学组成如下：

```
       Ser—Arg—Leu—Ser—H
      /
   Ser
      \
       Cys—Phe—Gly—Arg—Met—Asp—Arg
        |                          \
        S                           \
        |                            Ile
        S                           /
        |                          /
       Cys—Gly—Leu—Gly—Ser—Glu—Ala—Gly
      /
   Asn
      \
       Ser—Phe—Arg—Tyr—OH
```

心钠素（人 α-心房肽）

第三节　蛋白质

蛋白质是一类存在于一切细胞中的含氮高分子化合物，种类繁多，结构复杂。从各种生物组织中提取的蛋白质，经过元素分析，发现它们的元素组成除含有碳、氢、氧外，还含有氮和少量的硫、磷。有些蛋白质还含有微量的铁、铜、锰、碘、锌等。各种蛋白质的元素组成变化不大。

生物体中所含的氮，绝大部分是以蛋白质形式存在的，而含氮量在各种不同来源的蛋白质中变化幅度相当接近，平均约为 16%，这是蛋白质元素组成上的一个特点。因此，在任何生物样品中，每克氮的存在相当于 6.25g 蛋白质的存在。6.25 称为蛋白质系数，故只需测定生物样品的含氮量，就可粗略地计算出样品中的蛋白质的含量。

$$样品中的蛋白质的百分含量=每克样品含氮量\times 6.25\times 100\%$$

对任何一种给定的蛋白质来说，它的所有分子在氨基酸的组成和顺序以及肽链的长度方面都应是相同的，都具有一定的分子量和肽链数。但不同的蛋白质分子量变化范围很大，大约为 $6\times 10^3\sim 1\times 10^6$，有的甚至更高，如表 18-2 所示。根据计算，蛋白质 20 种氨基酸的平均分子量约为 138，但在多数蛋白质中，较小氨基酸占优势，故平均接近 128。又因为每形成一个肽键将除去一分子水，所以氨基酸残基的平均分子量为 110。因此，对于不含辅基的简单蛋白质，用 110 除它的分子量即可估计氨基酸残基的数目。

表 18-2　一些蛋白质的分子量

蛋白质	分子量	残基数目	肽链数目
胰岛素	5808	～53	2
核糖核酸酶(牛胰)	13700	～125	1
溶菌酶(卵清)	14400	～131	1
肌红蛋白(马心)	16900	～154	1
糜蛋白酶(牛胰)	23240	～211	1
血红蛋白(人)	64500	～586	4

一、蛋白质的分类

蛋白质的种类繁多，由于大多数蛋白质的结构尚未明确，目前还无法找到一种根据化学结构进行分类的方法。一般是根据蛋白质的形状、溶解度、化学组成和功能等对蛋白质进行分类。

按分子形状可把蛋白质分为纤维状蛋白质（分子形状类似细棒状纤维，如血纤维蛋白原、胶原蛋白等）和球状蛋白质（分子类似于球状，如血红蛋白、肌红蛋白等）。

按化学组成可把蛋白质分为单纯蛋白质和结合蛋白质两类。单纯蛋白质水解的最终产物是 α-氨基酸，这类蛋白质按其理化性质的不同，又可进一步分类，见表 18-3。

表 18-3 单纯蛋白质的分类

单纯蛋白质	性质	实例
白蛋白	溶于水、稀酸、稀碱及中性盐中，能被饱和硫酸铵沉淀，加热会凝固	血清蛋白、乳清蛋白、卵清蛋白等
球蛋白	不溶于水，溶于稀酸、稀碱及中性盐中，能被饱和硫酸铵沉淀，加热会凝固	免疫球蛋白、血清球蛋白等
谷蛋白	不溶于水、乙醇和中性盐，溶于稀酸、稀碱	米谷蛋白、麦谷溶蛋白等
醇溶谷蛋白	不溶于水、无水乙醇和稀盐溶液，能溶于 70%～80% 乙醇	玉米醇溶蛋白、麦醇溶蛋白等
精蛋白	易溶于水和稀酸，呈强碱性，加热不凝固	鱼精蛋白
组蛋白	溶于水和稀酸，不溶于稀氨水，加热不凝固	小牛胸腺组蛋白
硬蛋白	不溶于水、稀酸、稀碱、中性盐以及有机溶剂	角蛋白、胶原蛋白

结合蛋白质水解的最终产物除 α-氨基酸外，还有非蛋白质，非蛋白质部分称为辅基，结合蛋白质又可根据辅基的不同进行分类，见表 18-4。

表 18-4 结合蛋白质的分类

结合蛋白质	辅基	实例
核蛋白	核酸	存在于动植物细胞核和细胞质内，如动植物细胞中的染色质蛋白、核蛋白
色蛋白	色素	动物血中的血红蛋白、植物叶子中的叶绿蛋白和细胞色素等
磷蛋白	磷酸	染色质中的磷蛋白、乳汁中的酪蛋白和卵黄中的卵黄蛋白
糖蛋白	糖类	唾液中的糖蛋白、免疫球蛋白
脂蛋白	脂类	血浆和各种生物膜的成分，如 β-脂蛋白
金属蛋白	金属离子	铁蛋白、铜蛋白、激素、胰岛素等

二、蛋白质的结构

蛋白质承担着多种的生理作用和功能，这些重要的生理作用和功能是由蛋白质的组成和特殊结构所决定的。为了表示其不同层次的结构，常将蛋白质结构分为一级、二级、三级和四级结构。一级结构又称初级结构和基本结构，二级结构以上均属高级结构。

（一）一级结构

多肽链是蛋白质分子的基本结构。蛋白质分子的一级结构是指多肽链中氨基酸的排列顺序。在有二硫键的蛋白质中，一级结构也包括半胱氨酸残基之间共价二硫键的数量和位置。有些蛋白质分子中只有一条多肽链，而有些则有两条或多条多肽链。在一级结构中肽键是其主要连接方式，另外在两条肽链之间或一条肽链的不同位置之间也存在其他类型的化学键，如二硫键、氢键、酯键等。如牛胰岛素的一级结构，见图 18-2。

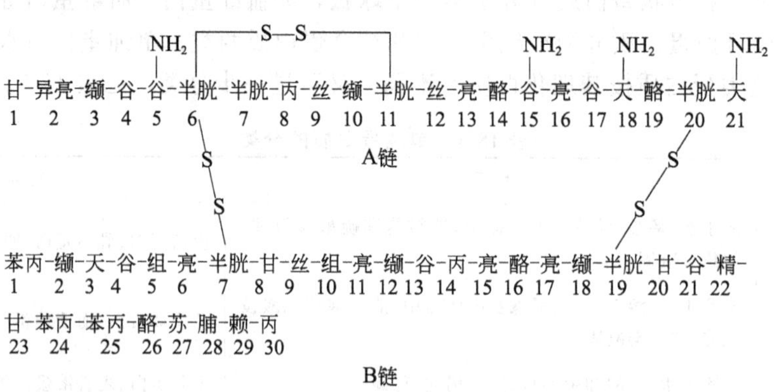

图 18-2 牛胰岛素的一级结构

牛胰岛素由 A 和 B 两条多肽链共 51 个氨基酸组成。A 链含有 11 种共 21 个氨基酸残基，N-端为甘氨酸，C-端为天冬酰胺；B 链含有 16 种共 30 个氨基酸残基，N-端为苯丙氨酸，C-端为丙氨酸。A 链上的 6 位和 11 位的两个半胱氨酸通过二硫键形成环形结构，A 链和 B 链通过两个链上的半胱氨酸形成二硫键，互相连接成胰岛素分子，其分子量大约为 6000。

蛋白质分子中的氨基酸排列顺序与蛋白质的功能有密切关系，它包含着决定蛋白质空间结构的基本因素，也是蛋白质生物功能多样性和种属特异性的结构基础。两个不同蛋白质的一级结构如果有显著相似性，则它们彼此同源。由于同源蛋白质的编码 DNA 序列也有显著的相似性，因此一般认为它们在进化上是相关的，是从一个共同的始祖基因进化而来的。生物体内某些蛋白质分子由于遗传基因的突变而引起其一级结构的改变，会使蛋白质的功能失常，从而引起病变。

（二）二级结构

蛋白质的二级结构是指多肽链本身的盘旋卷曲或折叠所形成的空间结构，它是多肽主链的局部区域的规则结构，它不涉及侧链的构象和与多肽链其他部分的关系。蛋白质二级结构的模型很多，但最常见是棒状 α 螺旋和 β 折叠层，它们是蛋白质分子的基本构象。

角蛋白形成所有陆生脊椎动物外表保护层（皮肤、毛发、蹄爪、角壳等）的主要成分，主要由 α 螺旋构成。在 α 螺旋结构中，多肽链中的各肽键平面通过 α 碳原子的旋转，围绕中心轴形成一种螺旋上升的盘曲构象，这种盘曲可以按右手方向或左手方向旋转形成右手螺旋和左手螺旋。因为右手螺旋比左手螺旋稳定，所以绝大多数蛋白质分子是右手螺旋的。在 α 螺旋结构中，氨基酸自身排列成有规律的构象，每个肽键的羰基氧与后面第四个氨基上的氢形成氢键，氢键的方向几乎平行于螺旋的轴。由于肽链中的每个氨基酸残基都参与形成氢键，故保持了 α 螺旋结构的稳定性。在每一个 α 螺旋中，有 3.6 个氨基酸，螺旋间距离为 0.54nm，表示每个氨基酸残基沿着螺旋轴前进 0.15nm。见图 18-3。

在 α 螺旋结构中伸向外侧的 R 基团的形状、大小以及带电状态对 α 螺旋结构的形成和稳定性都有影响。如 R 基团较大，由于空间位阻的影响，不利于 α 螺旋结构的形成；或者有脯氨酸参与形成的肽链，由于吡咯环的 N 原子上没有 H 原子，使它不能形成链内氢键，中断了 α 螺旋。因此，脯氨酸经常出现在 α 螺旋的端头，它改变了多肽链的方向并终止螺旋。另外，在某些酸性或碱性氨基酸较集中的区域，由于带有相同电荷的 R 基团之间的排斥作用，造成 α 螺旋结构难以形成。

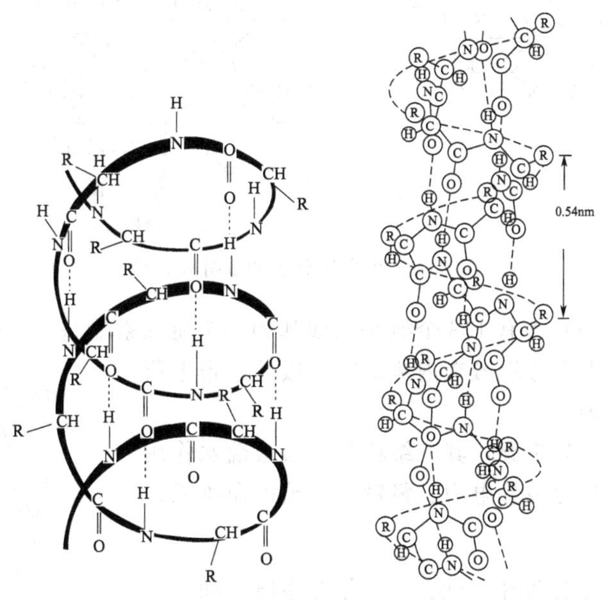

图 18-3　蛋白质分子的 α 螺旋结构

β 折叠层是蛋白质分子肽链几乎完全伸展的结构。它由两条或两条以上的多肽链之间依靠氢键维系而成。为了能在相邻的多肽链之间形成最多的氢键，避免相邻侧链 R 基团间的空间斥力，各条多肽链必须同时作一定程度的折叠，从而造成一个 β 折叠层。β 折叠层有两种类型：一种是平行结构型，所有肽链的排列从 N-端到 C-端为同一方向；另外一种是反平行结构型，肽链之间的排列从 N-端到 C-端方向相反，见图 18-4。

β 折叠层总是有点轻微弯曲，如果包括几条多肽链，折叠层能围起来形成 β 折叠桶。在蛋白质中，多重 β 折叠层提供强度和刚性，如丝和昆虫纤维蛋白，它的组成几乎完全是反平行 β 折叠层堆垛而成。

上述的 α 螺旋和 β 折叠结构是蛋白质分子中局部肽链有规则的结构单元。为了紧紧折叠成紧密形状，多肽链常常反转方向，肽链的这种回折称 β 转角。β 转角经常出现在连接反平行 β 折叠层的端头。另外，在有些肽链的某些片段中，由于氨基酸残基的互相影响，还会出现一些不规则的排列，称无规卷曲。

（三）三级结构

蛋白质分子的三级结构是指多肽链在二级结构的基础上，依靠 R 基团的相互作用做进一步卷曲，折叠形成包括主链、侧链在内的一种特定的更复杂的三维空间结构。水溶性球蛋

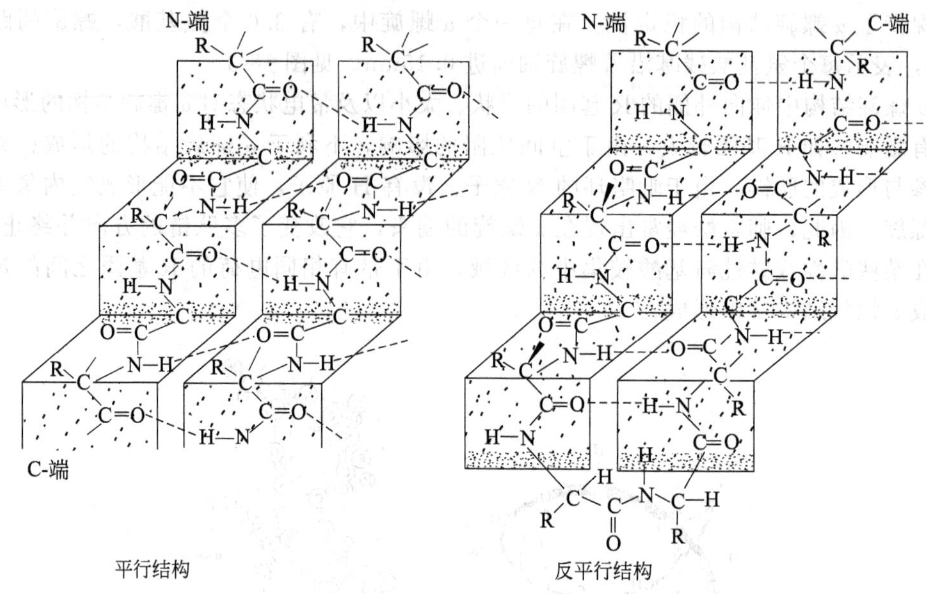

图 18-4　蛋白质分子的 β 折叠结构

白如肌红蛋白（图 18-5）含有 153 个氨基酸残基和一个血红素辅基。它的多肽链自发地折叠以使它的疏水侧链的大部分埋藏在内侧，它的极性、带电荷的侧链的大部分在外表。

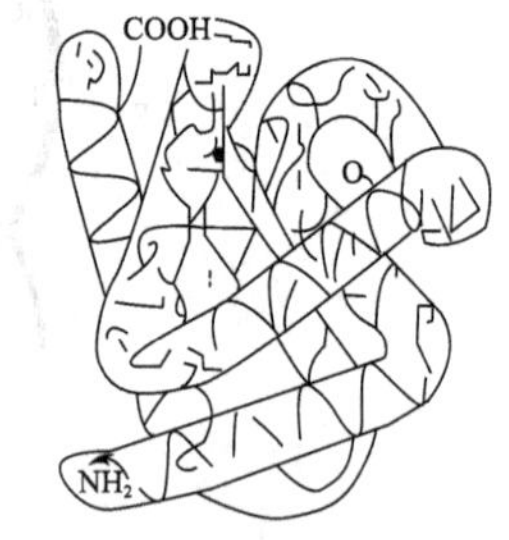

图 18-5　肌红蛋白的三级结构

蛋白质的多肽链一旦折叠，其三维构象不仅被疏水作用力相互作用维系，而且也被静电力、氢键和二硫键所维系。

1. 氢键

在蛋白质分子中存在两种氢键。一种是在主链之间形成的氢键，如多肽链中羰基上的氧原子与亚氨基的氢原子间形成的氢键；另一种是在侧链 R 基团间形成的氢键，如丝氨酸中的醇羟基与天冬氨酸或谷氨酸侧链中的羧基形成氢键。

2. 二硫键

二硫键是蛋白质分子中由两个半胱氨酸残基的巯基经氧化形成。它可将不同的肽链或同一条肽链间连接起来，对稳定蛋白质的结构具有重要的作用。角蛋白中的二硫键的含量最多。

3. 静电力

静电力主要包括相反电荷之间的离子键和在蛋白质内部紧紧包裹的脂肪侧链之间的疏水作用力。

（1）离子键

许多氨基酸侧链为极性基团，能电离为阳离子或阴离子，如精氨酸、赖氨酸或天冬氨酸、谷氨酸等。阴、阳离子间依靠静电引力形成离子键。

（2）疏水作用力

疏水作用力存在于氨基酸残基上的非极性基团之间。这些非极性的基团具有疏水性，它们趋向于分子的内部，彼此聚集在一起可将水分子从蛋白质内部排挤出去。

蛋白质肽链中的肽键称为主键，氢键、离子键、二硫键和疏水作用力等称为次级键，又叫副键。虽然副键的键能较小，稳定性不高，但数量多，故在维持蛋白质分子的空间构象中起着非常重要的作用（图 18-6）。

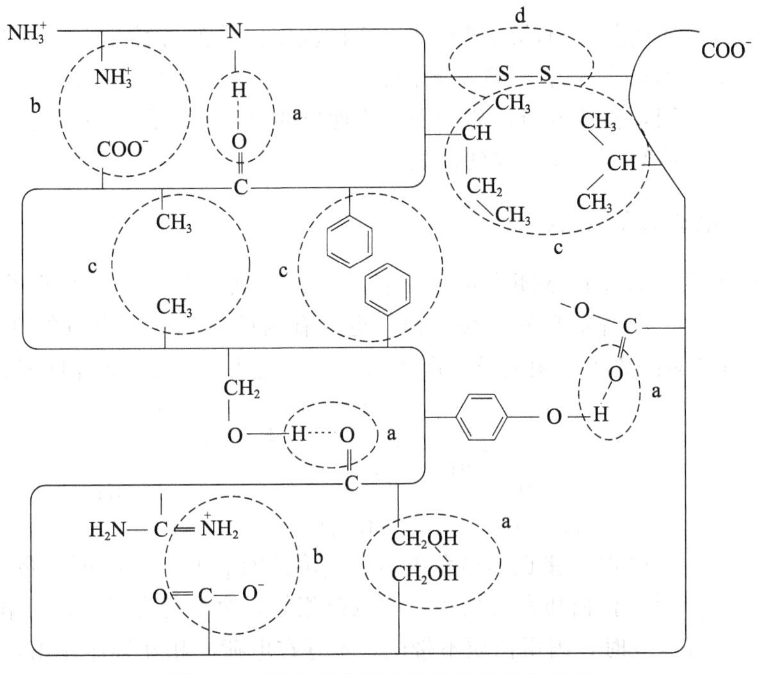

图 18-6　蛋白质分子中维持构象的次级键

a—氢键；b—离子键；c—疏水作用力；d—二硫键

（四）四级结构

蛋白质分子的四级结构是指由两条或两条以上具有三级结构的多肽链按一定方式通过离子键、疏水作用力等副键结合而成的聚合体。具有三级结构的肽链称为亚基，多亚基蛋白质中亚基的数目、类型、空间排布方式和亚基间相互作用的性质，都属于蛋白质的四级结构的基本内容。如血红蛋白是由两条 α-链和两条 β-链缔合而成的，α-链含有 141 个氨基酸残基，β-链含有 146 个氨基酸残基，每一条链均与一个血红素结构盘曲折叠为三级结构，四个亚基通过侧链键两两交叉紧密镶嵌形成一个具有四级结构的球状血红蛋白分子，见图 18-7。

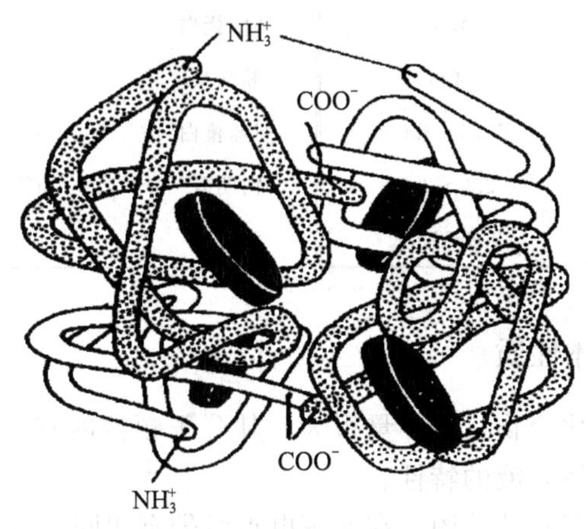

图 18-7　血红蛋白分子的四级结构

三、蛋白质的理化性质

蛋白质分子的性质由蛋白质的组成和结构特征决定。虽然各种蛋白质基本上是由 20 种左右的氨基酸组成，但是分子中 α-氨基酸的种类、排列次序、数目、折叠方式、亚基的多少以及空间结构的不同，会造成蛋白质分子理化性质的差异。蛋白质既具有某些与氨基酸相似的性质，又具有一些高分子化合物的性质。

（一）两性电离和等电点

蛋白质分子末端和侧链 R 基团中仍存在着未结合的氨基和羧基，另外还有胍基、咪唑基等极性基团。因此，蛋白质和氨基酸一样，也具有两性电离和等电点的性质，在不同的 pH 条件下，可解离为阳离子和阴离子，即蛋白质的带电状态与溶液的 pH 有关。

$$\underset{pH>pI}{Pr\begin{matrix}NH_2\\COO^-\end{matrix}} \underset{OH^-}{\overset{H^+}{\rightleftharpoons}} \underset{pH=pI}{Pr\begin{matrix}NH_3^+\\COO^-\end{matrix}} \underset{OH^-}{\overset{H^+}{\rightleftharpoons}} \underset{pH<pI}{Pr\begin{matrix}NH_3^+\\COOH\end{matrix}}$$

当溶液的 pH 大于 pI 时，蛋白质带负电荷；当溶液的 pH 小于 pI 时，蛋白质带正电荷；当溶液的 pH 等于 pI 时，蛋白质所带的正、负电荷相等，净电荷为零，此时溶液的 pH 为蛋白质的等电点。在等电点时，因蛋白质不带电，不存在电荷的相互排斥作用，蛋白质易沉淀析出。此时蛋白质的溶解度、黏度、渗透压和膨胀性等最小。蛋白质的两性电离和等电点的特性对蛋白质的分离和纯化具有重要的意义。

pH 不等于 pI 的蛋白质溶液带有正电荷或负电荷，如果把它们放在电场中就会向电荷相反的电极移动，这一现象称为电泳。净电荷越大，分子在电场中移动越快。混合蛋白质是根据蛋白质的大小以及它的净电荷进行分离的，因为电泳的分离作用是在作为分子筛的凝胶中进行的。小分子容易移动通过凝胶中的空隙，而较大的分子受到阻碍。利用电泳分析法可以分离和纯化混合蛋白质。

一些常见蛋白质的等电点见表 18-5。

表 18-5　一些常见蛋白质的等电点

蛋白质	来源	等电点	蛋白质	来源	等电点
血清白蛋白	人	4.64	卵清蛋白	鸡	4.55～4.9
酪蛋白	牛	4.6	胰岛素	牛	5.30～5.35
胃蛋白酶	猪	2.75～3.00	肌球蛋白	肌肉	7.0
丝蛋白	蚕	2.0～2.4	白明胶	动物皮	4.7～5.0
细胞色素 C		9.8～10.3	溶菌酶		11.0

（二）蛋白质的胶体性质

蛋白质分子是高分子化合物，分子量很大，其分子颗粒的直径一般在 1～100nm，属于胶体分散系，所以具有胶体溶液的特性。

蛋白质分子表面有许多极性基团，在非等电点时带有相同的电荷，使蛋白质分子颗粒不易接近而难以沉淀；蛋白质分子表面的极性基团还可吸引水分子在它的表面定向排列形成一层水化膜，阻止了蛋白质的碰撞聚集，因此蛋白质颗粒能均匀地分散在水中形成稳定的胶体溶液。

利用蛋白质胶体溶液的特性，采用半渗透膜的透析，把小分子从蛋白质中分离出来，半渗透膜有孔隙，允许小分子通过，而蛋白质不能通过。

（三）蛋白质的沉淀

保持蛋白质溶液稳定的因素如下：第一，蛋白质分子在溶液中带有相同的电荷；第二，在蛋白质分子的表面形成水化膜。如果用物理或化学方法破坏蛋白质的上述稳定因素，则蛋白质分子将发生凝聚而沉淀。如调节溶液的 pH 使其至等电点，此时蛋白质分子呈等电状态，再加入脱水剂，使蛋白质分子失去水化膜，蛋白质分子便会从溶液中沉淀析出。使蛋白质沉淀的方法主要有以下几种。

1. 盐析

向蛋白质溶液中加入一定浓度的无机盐如 $(NH_4)_2SO_4$、Na_2SO_4、NaCl 等，使蛋白质发生沉淀的作用称盐析。

盐析作用的实质是电解质离子的水化能力比蛋白质强，可以破坏蛋白质分子表面的水化膜，同时电解质离子中和蛋白质所带的电荷，蛋白质的稳定因素被消除，使蛋白质分子相互碰撞而聚集沉淀。

蛋白质盐析所需要的最小量称盐析浓度。各种蛋白质的水化程度及所带电荷不同，发生沉淀时所需的盐析浓度也不同。因此，利用此特性可用不同浓度的盐溶液使蛋白质分段析出，这一操作方法称为分段盐析。

用盐析沉淀得到的蛋白质，其分子内部结构未发生变化，可保持原有的生物活性，只需经过透析法或凝胶层析法去除盐后，便可获得较纯的蛋白质。

2. 加极性有机溶剂

向蛋白质溶液中加入甲醇、乙醇或丙酮等极性有机溶剂，由于这些有机溶剂与水的亲合力较大，能破坏蛋白质分子的水化膜以及降低溶剂的介电常数从而增加蛋白质分子相互间的作用，使蛋白质凝聚而沉淀。但是用有机溶剂沉淀蛋白质，如果操作不当，往往导致蛋白质丧失生物活性。因此，常用低浓度的有机溶剂并在低温下操作，使蛋白质沉淀析出。

3. 加重金属盐和某些酸类

当蛋白质溶液的 pH 大于其等电点时，带负电荷的蛋白质和带正电荷的重金属离子如 Ag^+、Pb^{2+} 等结合产生沉淀，故常采用重金属盐类如氯化汞、硝酸银等使蛋白质沉淀；当蛋白质溶液的 pH 小于其等电点时，带正电荷的蛋白质和带负电荷的酸根结合产生沉淀，例如三氯乙酸、苦味酸等能使蛋白质沉淀。但这些方法往往引起蛋白质变性，因而不宜用来沉淀具有活性的蛋白质。

$$\mathrm{Pr}\begin{cases}NH_2\\COO^-\end{cases} + Ag^+ \longrightarrow \mathrm{Pr}\begin{cases}NH_2\\COOAg\end{cases}\downarrow$$

$$\mathrm{Pr}\begin{cases}NH_3^+\\COOH\end{cases} + CCl_3COO^- \longrightarrow \mathrm{Pr}\begin{cases}NH_3^{+-}OOCCCl_3\\COOH\end{cases}\downarrow$$

（四）蛋白质的变性

蛋白质在加热、干燥、高压、激烈搅拌或振荡、光（X射线、紫外线）等物理因素或酸、碱、有机溶剂、尿素、重金属盐、三氯乙酸等化学因素的影响下，分子内部原有的高度规则的结构因氢键和其他次级键破坏而变成不规则的排列方式，原有的性质也随之发生变化，这种作用叫变性。变性作用有两种，可逆变性和不可逆变性。如果变性不超过一定限度，蛋白质结构变化不大，一般只影响到四级结构或三级结构。在适当的条件下，蛋白质的三、四级结构还能自行恢复，同时恢复其功能，这种变性称为可逆变性。一般情况下，变性的初级阶段是可逆的。一旦外界条件变化超过一定限度，蛋白质的二级结构，甚至蛋白质中的化学键发生了变化，蛋白质的性质及其功能随之变化且不能恢复，这种变性叫不可逆变性。例如鸡蛋加热变熟后再也不能恢复成原来生鸡蛋的状态了，这种变性是不可逆的。

变性蛋白质的特性是溶解度降低，黏度加大，生物活性丧失等。这些都可以通过变性理论得到解释。变性蛋白质溶解度降低是由于蛋白质二、三级结构的连接键，特别是氢键断裂，原来规整的空间构型被破坏，结构变得松散，使藏于内部的疏水基团暴露在外面，降低了蛋白质的水化作用，所以使蛋白质的水溶性减小。黏度增大是由于分子表面积增大。丧失生物活性是由于二级以上的空间结构被破坏，丧失了产生生物活性的物质基础。蛋白质变性后所得的变性蛋白质分子互相凝聚或相互穿插缠结在一起的现象称为蛋白质凝固。

了解蛋白质的变性和凝固机理对工业生产、科学实验以及临床医疗有重要的指导意义。活细胞的蛋白质如果变性或凝固，就意味着死亡。在提取具有生物活性的大分子如酶制剂、激素、抗血清及疫苗时就要选择防止变性的工艺条件（低温、合适的pH和溶剂等），以保存其生物活性。相反，如果要从溶液中除去不需要的蛋白质，就可以利用变性的方法将其除去。临床上消毒常采用高温、紫外光照射和化学品消毒，这些方法都可以使病菌的蛋白质变性而死亡，起到消毒的作用。

（五）蛋白质的水解

蛋白质多肽链中氨基酸残基之间的肽键和一般的酰胺键一样，可以在酸或碱性条件下，也可以在水解酶的作用下水解而断裂。根据不同的条件，蛋白质水解可经过一系列中间产物，最终生成α-氨基酸：蛋白质→多肽→小肽→二肽→α-氨基酸。

蛋白质的酸或碱水解也会带来一些副作用。例如，酸水解破坏其中的色氨酸，碱水解破坏其中的苏氨酸、半胱氨酸、丝氨酸和精氨酸。酶水解比较安全，且可在常温条件下进行。

（六）蛋白质的颜色反应

蛋白质分子中的氨基酸带有某些特殊的侧链基团，可和某种试剂产生特殊的颜色反应。利用这些反应可以鉴别蛋白质，见表18-6。

表18-6　蛋白质的颜色反应

反应名称	试剂	颜色	起反应的蛋白质
茚三酮反应	稀茚三酮溶液	蓝紫色	所有蛋白质
缩二脲反应	氢氧化钠，稀硫酸铜溶液	紫红色	所有蛋白质
蛋白黄反应	浓硝酸，氨水	黄色或橙色	含苯丙氨酸、酪氨酸或色氨酸的蛋白质
米伦反应	硝酸汞、硝酸亚汞和硝酸组成的混合液	红色	含酪氨酸的蛋白质

名人追踪

桑格（Frederick Sanger，1918—2013）

英国生物化学家，曾两次获诺贝尔化学奖。1939 年获化学学士学位，之后的一年在校学习生物化学，令他本人及老师们都很奇怪的是居然得到了全班第一的成绩。而后获得了生物化学的博士学位。1958 年在蛋白质的结构特别是胰岛素结构方面的工作获诺贝尔化学奖。1980 年因在确定核酸的碱基序列方面的杰出工作与美国科学家 Paul Berg 和 Walter Gilbert 一起再次荣获诺贝尔化学奖。

习 题

1. 组成天然蛋白质的氨基酸的结构有哪些共同特点？

2. 写出下列化合物的结构式。

(1) 甘氨酸　　(2) 丙氨酸　　(3) 苯丙氨酸

(4) 脯氨酸　　(5) 半胱氨酸　　(6) 丙甘肽

(7) 甘丙肽

3. 写出在下列 pH 介质中各氨基酸的主要形式。

(1) 丝氨酸在 pH=1 的溶液中。

(2) 谷氨酸在 pH=3 的溶液中。

(3) 缬氨酸在 pH=8 的溶液中。

(4) 赖氨酸在 pH=12 的溶液中。

4. 由天门冬氨酸、亮氨酸、精氨酸，脯氨酸、赖氨酸和甘氨酸组成的混合液，调溶液的 pH 至 6.0 进行电泳，哪些氨基酸向正极移动？哪些氨基酸向负极移动？哪些氨基酸停在原处？

5. 何谓蛋白质的变性？能导致蛋白质变性的因素有哪些？

6. 将鱼精蛋白（pI=12.0～12.4）溶于 pH=6.8 的缓冲液中，可使其沉淀的沉淀剂有哪些？

7. 用重金属盐沉淀蛋白质时，蛋白质溶液的 pH 应调节为大于还是小于其等电点？

8. 鉴别下列各组化合物。

(1) 甘氨酸　　酪氨酸　　苯丙氨酸　　色氨酸

(2) 谷胱甘肽　　丙甘肽　　酪氨酸　　苯丙氨酸

(3) 酪氨酸　　水杨酸　　丙氨酸　　脯氨酸

9. 推断结构。

(1) 一有机物 A，分子式为 $C_4H_7O_4N$，具旋光性，与 HNO_2 作用后生成产物 B 和 N_2。B 也具有旋光性，且可在脱氢后生成产物 C，C 具有互变异构体 D。B 在发生脱水反应后生成产物 E，E 具有顺反异构体 F。试写出 A、B、C、D、E 和 F 的结构式。

(2) 化合物 A（$C_5H_9O_4N$）具有旋光性，与 $NaHCO_3$ 作用放出 CO_2，与 HNO_2 作用产生 N_2，并转变为化合物 B（$C_5H_8O_5$），B 也具旋光性。将 B 氧化得到 C（$C_5H_6O_5$），C 无旋

光性，但可与 2，4-二硝基苯肼作用生成黄色沉淀。C 与稀硫酸共热放出 CO_2，并生成化合物 D（$C_4H_6O_3$），D 能发生银镜反应，其氧化产物为 E（$C_4H_6O_4$）。1mol E 常温下与足量的 $NaHCO_3$ 反应可生成 2mol CO_2。试写出 A、B、C、D 和 E 的结构式。

（3）某三肽完全水解时可生成甘氨酸和丙氨酸两种氨基酸。该三肽若与亚硝酸钠的盐酸溶液反应后，其产物再经水解，则得到乳酸和甘氨酸两种化合物。试推测该三肽的结构，并写出有关反应式。

第十九章　核苷、核苷酸和核酸

核酸由瑞士生物学家米歇尔于 1869 年首先从外科绷带脓细胞的细胞核中分离得到，因其溶于碱、不溶于酸而得名核酸。核酸同蛋白质一样，也是重要的生物大分子，担负着生命信息储存与传递的使命。与蛋白质不同的是，核酸是生命遗传的物质基础，是遗传信息的载体，而蛋白质是生命的体现形式。

核酸的发现为人类提供了解开生命之谜的金钥匙。1944 年艾弗里经实验证实脱氧核糖核酸（DNA）是遗传的物质基础，1953 年沃森和克里克提出了 DNA 的双螺旋结构，巧妙地解释了遗传的奥秘，从此，遗传学的研究进入了分子水平。所谓基因就是 DNA 分子中的某一段核苷酸排列顺序和编码特定的蛋白质。20 世纪 70 年代 DNA 重组技术的建立，以及 1996 年克隆羊多莉的诞生，标志着生物新技术时代的来临。

大量实验证明，任何有机体，包括病毒、细菌、动植物等，都无一例外地含有核酸。在生物体的个体发育、生长、繁殖、遗传、变异和转化等生物过程中，核酸都起着极为重要的作用，它是生物的遗传物质，是控制生物性状的最根本原因所在，是现代生物化学、分子生物学的重要研究领域，是基因工程操作的核心分子。

核酸是由几十个甚至几千万个核苷酸聚合而成的具有一定空间结构的生物大分子，其生物学功能与其化学结构密切相关，本章主要介绍核酸的组成和结构，为后续学习奠定基础。

第一节　核苷和核苷酸

核酸的基本组成单位是核苷酸，核苷酸由磷酸和核苷组成，核苷由碱基和戊糖组成。

戊糖有核糖和脱氧核糖，碱基有嘌呤碱和嘧啶碱。如果戊糖是脱氧核糖，则形成的聚合物是 DNA，如果戊糖是核糖，则形成的聚合物是 RNA。

核酸 ⟶ 核苷酸 { 磷酸；核苷 { 碱基（嘌呤和嘧啶）；戊糖（核糖或脱氧核糖） } }

一、核苷

核苷是由戊糖 C-1′上的 β-OH 与碱基含氮杂环上的—NH 脱水形成的 β-C—N 糖苷，包括核糖核苷和脱氧核糖核苷。在天然条件下，由于空间位阻，核糖与碱基处于反式构象。组成核苷的戊糖有两种：β-D-2-脱氧核糖和 β-D-核糖，碱基有嘌呤碱和嘧啶碱。核苷的组成见表 19-1。

表 19-1　核苷的组成

组成	脱氧核糖核苷	核糖核苷
戊糖	脱氧核糖	核糖
碱基	腺嘌呤(A) 胸腺嘧啶(T) 鸟嘌呤(G) 胞嘧啶(C)	腺嘌呤(A) 尿嘧啶(U) 鸟嘌呤(G) 胞嘧啶(C)

戊糖和碱基结构如下：

β-D-核糖　　β-D-2-脱氧核糖

腺嘌呤(A)　鸟嘌呤(G)　尿嘧啶(U)　胞嘧啶(C)　胸腺嘧啶(T)

核苷的结构式中，戊糖碳原子以 1′～5′进行编号，以此区别于碱基上的原子编号。核苷的名称由碱基和戊糖组成，常用缩写，例如腺嘌呤与核糖形成的核苷就称腺嘌呤核苷，简称腺苷。构成 DNA 的核苷是脱氧核糖核苷，主要有脱氧腺苷、脱氧鸟苷、脱氧胞苷和脱氧胸苷；构成 RNA 的核苷是核糖核苷，主要有腺苷、鸟苷、胞苷和尿苷。

腺嘌呤脱氧核苷（脱氧腺苷）　鸟嘌呤脱氧核苷（脱氧鸟苷）　胞嘧啶脱氧核苷（脱氧胞苷）　胸腺嘧啶脱氧核苷（脱氧胸苷）

腺嘌呤核苷（腺苷）　鸟呤核苷（鸟苷）　胞嘧啶核苷（胞苷）　尿嘧啶核苷（尿苷）

二、核苷酸

核苷酸是核酸的基本组成单位，是由核苷中戊糖的 C-5′位羟基或 C-3′位羟基与磷酸脱水形成的磷酸酯，生物体内大多数核苷酸是 5′-核苷酸。

核苷酸是体内合成核酸的前体，而人类所需的核苷酸主要由机体自身合成。食物中的核苷酸或核苷酸类物质基本不能被人体所利用。在核酸类物质的水解产物中，只有磷酸和戊糖可以被吸收利用，嘌呤和嘧啶则分解排出体外。

组成 RNA 的核苷酸为腺苷酸、鸟苷酸、胞苷酸和尿苷酸；组成 DNA 的核苷酸为脱氧腺苷酸、脱氧鸟苷酸、脱氧胞苷酸和脱氧胸苷酸。

核苷酸的命名包含核苷的名称和磷酸，标出磷酸与戊糖连接的位置。例如，腺苷酸可命名为腺苷-5′-磷酸或腺苷-磷酸。核苷酸结构如下所示：

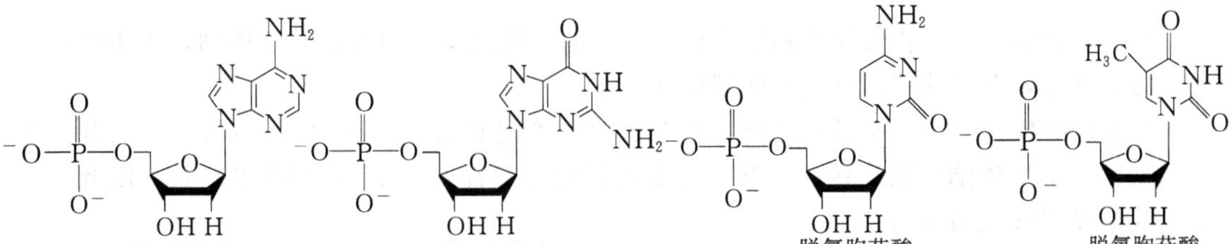

脱氧腺苷酸 dAMP　脱氧鸟苷酸 dGMP　脱氧胞苷酸 dCMP　脱氧胸苷酸 dTMP

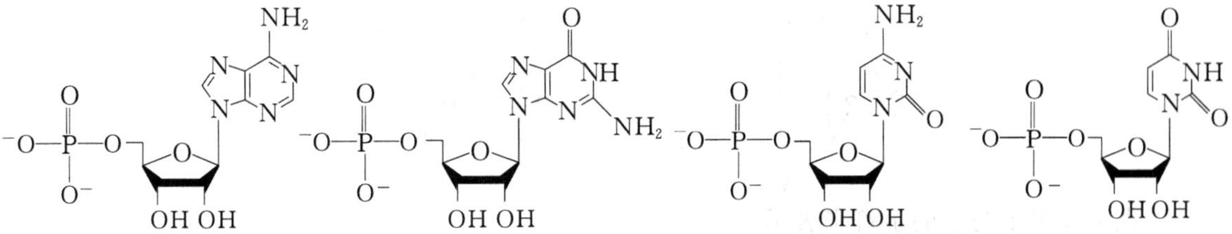

腺苷酸 AMP　鸟苷酸 GMP　胞苷酸 CMP　尿苷酸 UMP

第二节 核酸

一、核酸的化学组成和分类

核酸是由许多核苷酸单体聚合而成的生物大分子，是生命最基本的物质之一，在生物体的遗传、变异和蛋白质的生物合成中具有极其重要的作用。

核酸中所含主要元素为 C、H、O、N、P，因各种核酸分子中的磷含量接近恒定，约占 9%～10%，故常通过测定磷含量来测定组织中核酸的含量。

如前所述，核酸的基本单位是核苷酸，核苷酸由核苷和磷酸组成，核苷由碱基和戊糖组成。根据分子中所含戊糖的类型，核酸可分为脱氧核糖核酸（DNA）和核糖核酸（RNA）。DNA 主要存在于细胞核和线粒体内，约占 98%，是存储、复制和传递遗传信息的主要物质基础。RNA 在细胞核内很少，主要存在于细胞质内，约占 90%，直接参与体内蛋白质合成。

根据 RNA 在蛋白质合成过程中所起作用，RNA 又可分为核糖体 RNA（rRNA）、转运 RNA（tRNA）和信使 RNA（mRNA）等。核糖体 RNA 是细胞中最主要的 RNA，占总量的 80%左右，是细胞合成蛋白质的主要场所；转运 RNA 是细胞中最小的一种 RNA 分子，占总量的15%左右，是结构研究最清楚的一类RNA，在蛋白质生物合成中起携带和活化氨基酸作用；信使RNA占总量的5%左右，含量最少，代谢活跃，在蛋白质生物合成中起模板作用，将DNA的遗传信息传递给蛋白质。此外，细胞质内也存在有胞质RNA（scRNA）。而细胞核内的RNA有核不均一RNA（hnRNA）、核内小RNA（snRNA）、核仁小RNA（snoRNA）、反义RNA（asRNA）等。

二、核酸的结构

（一）一级结构

核酸分子中各个核苷酸的排列顺序称为核酸的一级结构，也称核苷酸序列，由于核苷酸之间的差异主要来自碱基，故又称碱基序列。

核酸是由核苷酸连接而成的长链，核苷酸之间通过核苷酸的3′-羟基与另一个核苷酸的5′-磷酸脱水形成磷酯键而连接在一起，多聚核苷酸链只能从它的3′-端得以延长，因此，核苷酸链具有5′-3′的方向性。

为简化结构表达方式，常用P表示磷酸，用竖线表示戊糖，表示碱基的英文字母置于竖线之上，用斜线表示磷酸与糖基酯键。根据书写规则，从5′-端写到3′-端：

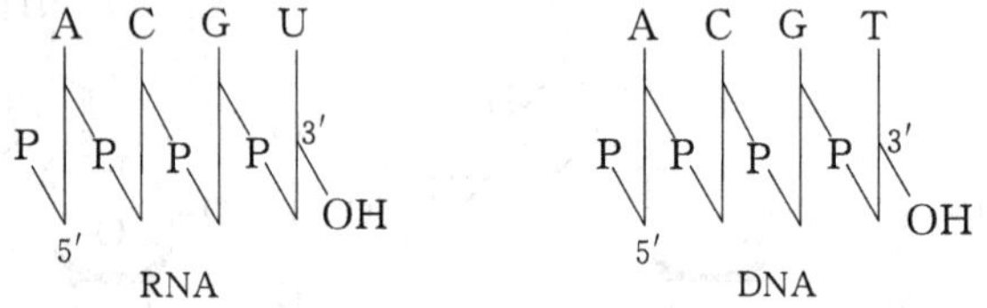

也可以用更简单的字符来表示：

RNA：5′pApCpGpU-OH3′或者5′ACGU3′

DNA：5′pApCpGpT-OH3′或者5′ACGT3′

RNA中由于存在C-2′位羟基，可在碱性条件下发生分子内亲核反应而使磷脂键断裂，因此RNA链通常较DNA链短，稳定性也较DNA差。

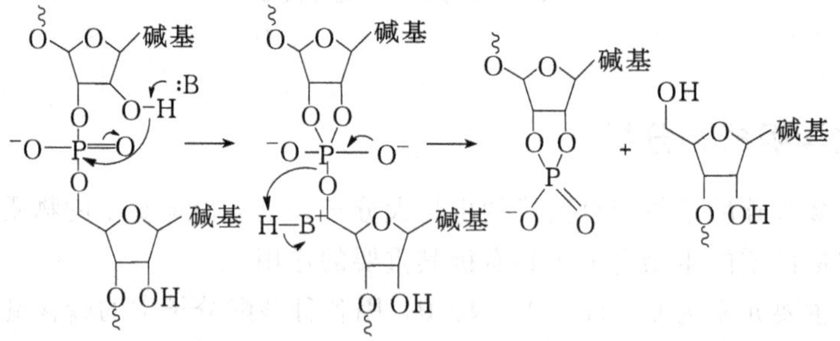

核苷酸分子的大小常用核苷酸数目或碱基对数目来表示，自然界中的DNA长度可高达几十万个碱基对。DNA携带的遗传信息完全依赖碱基对排列顺序变化。一个由n个脱氧核苷酸组成的DNA可以有4^n种不同的排列组合，从而提供了巨大的遗传信息编码潜力。不同的核苷酸排列顺序对应着不同的密码子，不同的密码子可以对应合成不同的蛋白质，因此可以说核苷酸的排列顺序决定了遗传信息。

（二）二级结构

1. DNA的二级结构

在特定环境下（pH、离子浓度等），DNA链上的官能团可产生特殊的氢键、离子键、疏水键以及空间位阻效应等，使 DNA 分子的各个原子在三维空间里具有了确定的相对位置关系，即 DNA 的空间结构（分为二级和高级结构）。

1952 年美国生物化学家查伽夫测定了 DNA 中 4 种碱基的含量，发现其中腺嘌呤与胸腺嘧啶的总量相等，鸟嘌呤与胞嘧啶的总量相等。1953 年，沃森和克里克受到富兰克林拍摄的 DNA 衍射图片的启发，确认了 DNA 的双螺旋结构，并分析得出了螺旋参数。

DNA 分子由两条核苷酸链组成，沿着一个共同轴心以反平行走向盘旋成右手双螺旋结构（图 19-1）。亲水的脱氧戊糖基和磷酸基位于双螺旋的外侧，碱基朝向内侧。双螺旋直径 2.37nm，相邻两个碱基对间的平面距离为 0.34nm，每 10.5 对碱基组成一个螺旋周期，即 DNA 的螺距为 3.57nm，碱基对平面与双螺旋的螺旋轴近乎垂直。碱基对的疏水作用维系着双螺旋的纵向稳定，维系横向稳定的因素是碱基对间的氢键作用。

通过氢键连接的碱基始终是腺嘌呤与胸腺嘧啶（A═T，形成两对氢键）、鸟嘌呤与胞嘧啶（G≡C，形成三对氢键）之间配对，这一规律称为碱基规律，也称碱基配对规律，两个互相配对的碱基，彼此互称为“互补碱基”。由碱基互补规律可知，当 DNA 分子中一条多核苷酸链的碱基序列确定后，即可推知另一条链的碱基序列。

双螺旋结构的 DNA 在细胞内还将进一步折叠成为超螺旋结构。随着对 DNA 研究的不断深入，人们发现，自然界中还存在其他多种类型的 DNA 结构，在此不再展开讨论。

DNA 的生物功能是作为生物信息复制的模板和基因转录的模板。

2. RNA 的二级结构

大多数天然 RNA 以单链形式存在，较长的 RNA 可以通过碱基互补配对（A═U，G≡C）形成局部的小双螺旋结构，配对的 RNA 结构链约占 40%～70%，不能配对的碱基则形成突环，称茎环结构或发卡结构（图 19-2）。通过碱基互补配对，RNA 还可以形成复杂的高级结构，RNA 的种类、丰度、大小和空间结构要比 DNA 复杂得多，这与它的功能多样性密切相关。

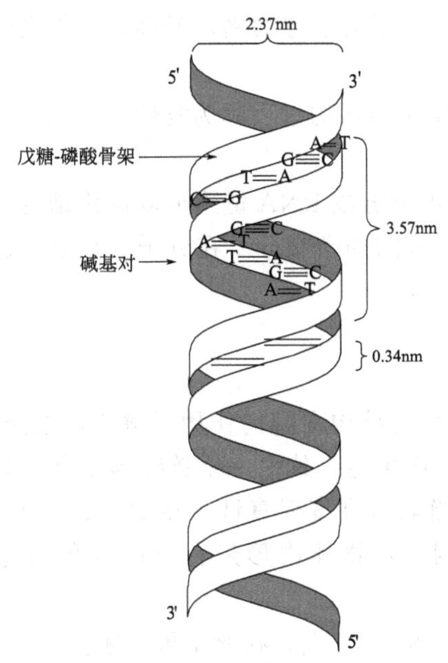

图 19-1 DNA 双螺旋侧视图

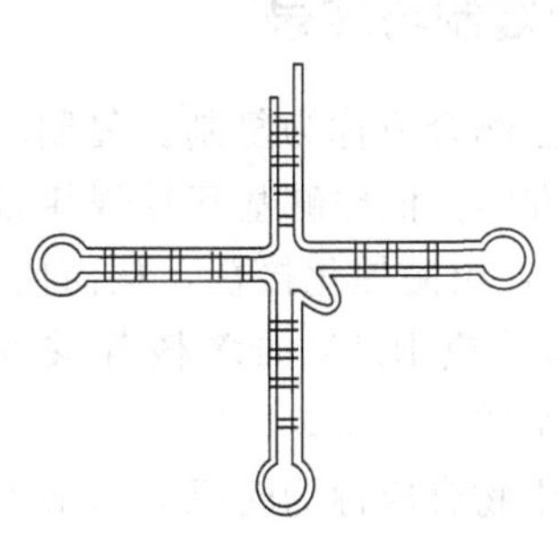

图 19-2 tRNA 的三叶草二级结构

三、核酸的性质

（一）物理性质

DNA 是白色纤维状固体，RNA 是白色粉末。两者均微溶于水，易溶于碱性溶液，其钠盐在水中溶解度较大。DNA 和 RNA 都不溶于乙醇、乙醚等有机溶剂，易溶于 2-甲基乙醇。

嘌呤和嘧啶含有共轭双键，在紫外波段会有较强吸收，其最大紫外吸收波长为 260nm，因此可用紫外分光光度法对核酸、核苷酸、核苷以及碱基进行定量分析。通过测定在 260nm、280nm 的紫外吸光度的比值，可估算核酸的纯度。DNA 的比值为 1.8，RNA 的比值为 2.0。若 DNA 的比值偏高，说明含有 RNA 杂质；而 DNA 和 RNA 中含有的蛋白质则会导致比值偏低。

DNA 和 RNA 都是线性高分子，故核酸溶液的黏度极大，DNA 的黏度更大于 RNA，这是由 DNA 分子的长度和不对称性所致。

（二）化学性质

核酸分子中同时存在磷酸基和碱基，因此属于两性物质，但是酸性大于碱性。与蛋白质类似，核酸在不同的 pH 溶液中，带有不同电荷，可在电场中发生迁移，迁移的方向和速率与核酸分子的电量、分子的大小和分子的形状有关。

核酸能与金属离子成盐，也能与一些碱性化合物形成复合物，还能与一些染料结合，在组织化学研究中，此性质可用来帮助观测细胞内核酸成分的各种细微结构。

（三）变性、复性与分子杂交

在 pH 改变、变性剂（脲、甲酰胺、甲醛等）作用以及低离子强度或加热下，稳定 DNA 双螺旋的次级键断裂，空间结构破坏，变成单链结构的过程称为变性。此过程中一级结构保持不变。变性后核酸的生物活性部分丧失、黏度下降、浮力密度升高、紫外吸收增加（增色效应）。

变性核酸的互补链在适当条件下重新缔合成双螺旋结构的过程称为复性。复性后可以恢复部分生物活性。

DNA 单链与在某些区域有互补序列的异源 DNA 单链或 RNA 链形成双螺旋结构的过程称为分子杂交，新形成的分子称为杂交 DNA 分子。核酸的杂交分子在分子生物学和遗传学的研究中具有重要意义。

四、核酸的复制与转录

DNA 的生物合成称为复制。复制时 DNA 的双螺旋结构在酶的作用下解旋，按照从 5′-端到 3′-端的方向，依据碱基互补规律排列新的多核苷酸链。其中一条链继续复制，另一条链不连续复制，由酶催化接合，从而使得多核苷酸链具有高度保真性。在 DNA 链中具有编码蛋白质、多肽或 RNA 的多核苷酸片段称为基因，生物体内形形色色的遗传信息均由 DNA 中的碱基顺序决定。

RNA 的生物合成称为转录，合成方向也是从 5′-端到 3′-端，在此不再赘述。

1981 年 11 月 20 日，我国科学工作者完成了人工全合成酵母丙氨酸转移核糖核酸。这是世界上首次用人工方法合成具有与天然分子相同的化学结构和完整生物活性的核糖核酸——由酵母中提取出来的运送丙氨酸的转移核糖核酸。早在 1965 年，霍利（R. W. Holley）等就已测定了酵母丙氨酸 tRNA 的全部核苷酸顺序。酵母丙氨酸 tRNA 含有 76 个核苷酸。中国科学院上海生化研究所王德宝等，利用化学和酶促相结合的方法，先合成了几十个长度为 2～8 核苷酸的寡核苷酸，然后用 T4RNA 连接酶连接成 6 个大片段（长度为 9～19 核苷酸），再接成两个半分子（长度分别为 35 核苷酸和 41 核苷酸），最后于 1981 年经氢键配对，T4RNA 连接酶连接，在世界上首次人工合成了 76 核苷酸的整分子酵母丙氨酸 tRNA。它含有 11 种核苷酸（4 种常见的和 7 种修饰的核苷酸），具有完全的生物活性，既能接受丙氨酸，又能将所携带的丙氨酸加入蛋白质的合成体系中。由于 tRNA 在蛋白质生物合成中有着重要的作用，而用合成方法改变 tRNA 的结构以观察对其功能的影响，又是研究 tRNA 结构与功能的最直接手段，所以酵母丙氨酸 tRNA 人工合成的成功，在科学上特别在生命起源的研究上有重大意义。

五、核酸的序列测定

DNA 序列是携带遗传信息的 DNA 分子中碱基 ACGT 的序列。测序常用的方法主要有两种：Maxam-Gilbert 化学法和 Sanger 双脱氧法。一般采用后者，原理如下：

① 用凝胶电泳分离待测的 DNA 片段（用作模板）。

② 将模板、引物、4 种 dNTP（脱氧核糖核苷三磷酸，包括 dATP、dGTP、dTTP、dCTP）、合适的聚合酶置于 4 个试管中，每一试管按精确比例各加入一种 ddNTP（双脱氧核苷三磷酸，包括 ddATP、ddGTP、ddCTP、ddTTP），用同位素或荧光物质标记。

③ 利用 ddNTP 可特异地终止 DNA 链延长的特点，4 个试管的聚合反应可以得到一系列大小不等、被标记的片段。

④ 将 4 个反应试管同时加到聚丙烯凝胶上电泳，标记片段按大小分离，放射自显影后可按谱型读出 DNA 序列。

在以上两种方法的基础上，通过计算机技术和荧光技术的结合，出现了第一代自动测序仪。常用的测序策略是“鸟枪法”，形象地说就是将较长的基因片段打断，构建一系列的随机亚克隆，然后测定每个亚克隆的序列，用计算机分析以发现重叠区域，最终对大片段 DNA 定序。

第二代测序技术是高通量测序，又称“下一代”测序技术，以能同时对几十万到几百万条 DNA 分子进行序列测定和读长较短等为标志，是对传统测序的一次革命性改变，使得对一个物种的转录组测序或基因组深度测序变得方便易行。

该测序技术是将基因组 DNA 两侧连上接头，随后用不同的方法产生几百万个空间固定的 PCR 克隆阵列。每个克隆由单个文库片段的多个拷贝组成。然后进行引物杂交和酶延伸反应。由于所有的克隆都在同一平面上，这些反应就能够大规模平行进行，每个延伸反应所掺入的荧光标记的成像检测也能同时进行，从而获得测序数据。DNA 序列延伸和成像检测不断重复，最后经过计算机分析就可以获得完整的 DNA 序列信息。

第三代测序技术是直接测序法，将基因组 DNA 随机切割成大约 100kb（kb 是 DNA 常用单位，指某段 DNA 分子中含有一千个碱基）左右的片段，制成单链并与六寡聚核苷酸探针杂交，然后驱动结合了探针的基因组文库片段通过可寻址的纳米孔列阵，通过每个孔的离子电流均可独立测量。追踪电流的变化确定探针杂交在每个基因组片段上的精确位置，利用基因组片段上杂交探针的重叠区域将基因组片段文库排列起来，建立一组完整的基因组探针。

名人追踪

奥斯瓦德·西奥多·艾弗里（Oswald Theodore Avery，1877—1955）

加拿大裔美国籍细菌学家，生于1877年。1887年，他的父亲被请到美国纽约市的一座浸礼宗教堂做神职工作，一家移居美国。成年后的艾弗里罹患有“格雷夫斯”病（一种甲状腺功能亢进病）。

艾弗里就读于美国纽约州的科尔盖特大学并取得了文学学士，之后进入哥伦比亚大学深造，获得内外科医学院医学博士学位。

关注医学发展的艾弗里对于人类有限的医学知识感到不满，1907年，艾弗里进入纽约市一家名为霍格兰实验室（Hoagland laboratory）的私立机构对致病细菌的化学特征展开研究，他的一篇有关肺结核的论文引起了洛克菲勒研究院的关注，随后邀请他参与研制治疗肺炎的血清工作。1913年，艾弗里进入洛克菲勒研究院，并在那里将35年光阴投入到了对于一种肺炎双球菌的深入研究中。1944年与他的同事共同发表报告，指出细胞内的脱氧核糖核酸分子是导致细菌转化的真正物质，而不是当时普遍认为的蛋白质。艾弗里的发现开启了研究分子遗传学的大门，并为免疫化学的发展做出了巨大贡献。

艾弗里多次被提名为诺贝尔奖获得者，不过因为人们对于DNA是否具有转化功能仍持有不同意见，诺贝尔奖评选委员会没有授予给他，后来，委员会不得不承认：“艾弗里于1944年关于DNA携带遗传信息的发现是遗传学领域中一项十分重要的成就，他没能得到诺贝尔奖是很遗憾的。”

晚年的艾弗里来到美国田纳西州生活，于1955年2月20日离世，享年78岁。

习 题

1. 写出尿嘧啶和胞嘧啶的酮式-烯醇式互变异构。

2. 写出下列化合物的结构式。

(1) 5-氟尿嘧啶　　(2) 1-甲基鸟嘌呤

(3) 5，6-二氢尿嘧啶　　(4) 6-巯基鸟嘌呤

3. 一条DNA中某段多核苷酸的碱基序列是TTAGGCA，与这段DNA链互补的碱基顺序应如何排列？

4. 核酸完全水解后可得到哪些组分？DNA与RNA的水解产物有何不同？

5. 在稳定的DNA双螺旋中，哪两种力在维系分子立体结构方面起主要作用？

6. 如何将分子量相同的单链DNA与单链RNA分开？

7. 由一分子磷酸、一分子碱基和一分子a构成了化合物b，如下图所示。判断下列叙述正确与否。

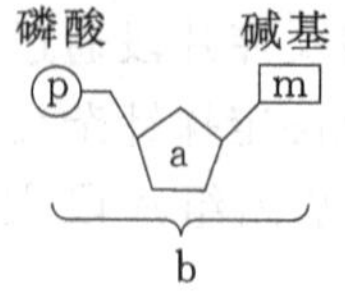

（1）组成化合物 b 的元素有 C、H、O、N、P 五种。

（2）a 属于不能水解的糖，是构成生物体的重要成分。

（3）若 a 为核糖，则由 b 组成的核酸主要分布在细胞质中。

（4）幽门螺杆菌内含的化合物 m 共四种。

第二十章　神奇的有机化合物

化学科技日新月异，研究领域不断扩展，研究成果不断创新，化学产品尤其是有机化合物，与人们的生产、生活密不可分。

工业革命以来，特别是第二次科技革命以来，人类生活与有机化学联系日益紧密。内燃机车、飞机和大部分汽车的燃料来自石油产品；许多衣服使用有机纤维作材料，即使是天然纤维面料，也需要有机合成的染料进行着色；各种管材和绝缘材料用到聚氯乙烯和酚醛树脂，接缝处用的填料是聚四氟乙烯；餐具使用聚丙烯；桶装水的桶和水杯是聚碳酸酯；油漆、胶水几乎全是有机材料；绝大多数药物是有机化合物……如果没有有机化学，人类就会失去各种有用化合物以及新材料的支撑，国民经济的发展、社会的进步和人民生产生活质量的提高都将受到阻碍。

本章选取了一些生活中的典型有机化合物，多视角了解一下它们的神奇之处。

第一节　天然产物中的明星分子

天然产物通俗而言是指从自然界（动植物、昆虫、微生物等）中分离获得的物质，更为学术的定义是指自然界中生物的次生代谢产物即有机化合物。

天然产物研究只有短短的两百多年，但人们对天然产物有效成分的使用却可以追溯到远古时期。例如神农尝百草，如果记载确切的话，那就是最早的植物活性成分的人体试验。

时至今日，人类已从自然界分离获得并鉴定了数以万计的天然产物，它们中的一些被高度关注和追捧，成为丰富多彩的天然产物中的“明星”。

一、止痛良药与成瘾毒品“吗啡”

吗啡是英文“morphia，morphine”的中文音译，可能人们对它不甚了解，但如果提到“鸦片”或者“海洛因”，应该都清楚是毒品且易成瘾。

鸦片来源于罂粟植物未成熟的罂粟果的乳白色果浆，俗称大烟，传统的加工过程因在空气中加热挥发水分，导致了部分化学成分被氧化而发黄或发黑。吗啡是鸦片的主要成分，平均约占鸦片干重的10%（产地不同含量有差异）。据史料记载，公元1500年前人类就开始使用含有吗啡的制品作为药物，至今仍应用于某些中成药，如复方甘草片中就含有鸦片成分。

吗啡虽然恶名远扬，但它其实也是一种优良的止痛药和镇静剂。吗啡在第二次世界大战中帮助挽救了无数受伤士兵的生命。

吗啡属于一种生物碱，化学名 17-甲基-4,5-α-环氧-7,8-二脱氢吗啡喃-3,6-α-二醇，直接作用于中枢神经系统，抑制大脑皮质痛觉区，有强镇痛作用，但同时具有很强的成瘾性。天然吗啡是无色晶体，熔点 254～256℃，比旋光度 $[\alpha]_D^{22}$ 为－132°（MeOH），遇光易变质。其衍生物盐酸吗啡是临床上常用的麻醉剂，多用于创伤、手术、烧伤等引起的剧痛，还可作为镇咳剂和止泻剂。

虽然罂粟的使用已有数千年历史，但纯化合物吗啡直到 1805 年才由德国药剂师 Friedrich Sertümer 从鸦片中分离获得，并使用古希腊神话中的睡梦之神摩尔普斯（Morpheus）的名字将其命名为吗啡。

吗啡的化学结构鉴定也不是一帆风顺的，很长一段时间内提出了多种结构式来表达吗啡，直到 1955 年，吗啡的立体结构才经过 X 射线单晶衍射获得。

吗啡的生物合成研究经历了半个多世纪。值得一提的是英国化学家 Robert Robinson 对生物碱结构的鉴定和合成做出了极大的贡献，于 1917 年提出了生物合成的概念，因此获得了 1947 年的诺贝尔化学奖。现在，吗啡的生物合成各个环节均已清楚。2015 年 8 月，美国斯坦福大学的科学家 Smolke 等在美国《科学》杂志发表文章，利用酵母来发酵合成鸦片中的生物碱类化合物，即利用合成生物学的知识。人类在不远的将来可以不用再从罂粟植物中来提取吗啡类生物碱。

海洛因比吗啡的成瘾性更强，对人类的身心健康危害极大，长期吸食、注射可使人格解体、心理变态和寿命缩减，尤其对神经系统伤害最为明显。由于海洛因的作用机制还不明确，迄今并无有效戒除方式，其复吸率极高，一旦沾染，几无可能戒除。

二、疟疾与“青蒿素”

疟疾是经受疟原虫感染的雌性按蚊叮咬或输入带疟原虫者的血液而感染疟原虫引起的传染性疾病。主要表现为寒战、高热、多汗的周期性规律发作。多次发作以后，可引起贫血和脾肿大。恶性疟疾会导致昏迷、抽搐，死亡率极高。2018 年世界卫生组织的报告称，2017 年全球估计有 2.19 亿疟疾病例，约 70%的病例和死亡病例集中在 11 个国家，其中 10 个为非洲国家，另一个为印度。

疟疾的治疗最初使用从桉树中分离获得的金鸡纳碱，之后药学家又筛选出化学合成药物氯喹，取得了一定的疗效。但到了 20 世纪 60 年代初，疟原虫对上述两种药物产生了耐药性，它们已不再能有效对抗恶性疟疾。而青蒿素的发现是中国科学家对治疗疟疾作出的杰出贡献。2015 年 10 月 5 日，这是一个注定要载入中国科技史册的日子，中国科学家屠呦呦荣获 2015 年度诺贝尔生理学或医学奖，这是中国第一位女科学家得此殊荣。屠呦呦获奖演讲的题目是《青蒿素的发现：传统中医献给世界的礼物》。

青蒿素是无色针状晶体，熔点一般为 156～157℃，比旋光度为＋68°（$CHCl_3$），在黄花蒿中的含量约占其干重的 0.01%～0.8%，主要富集在花和叶片中。青蒿素的结构特点是含有与羰基形成缩酮的过氧桥基结构片段，属于高度氧化的倍半萜化合物（图 20-1）。

尽管青蒿素的抗疟疾作用机理尚未完全明确，但有一个基本共识是青蒿素分子中特有的“过氧桥”（—O—O—）起到了关键作用，这可能是青蒿素杀灭疟原虫的关键因素。在治疗疟疾的过程中，青蒿素在体内被激活产生的自由基，作用于疟原虫的膜系结构，使其泡膜、核膜以及质膜均遭到破坏，线粒体肿胀，内外膜脱落，从而对疟原虫的细胞结构及其功能造

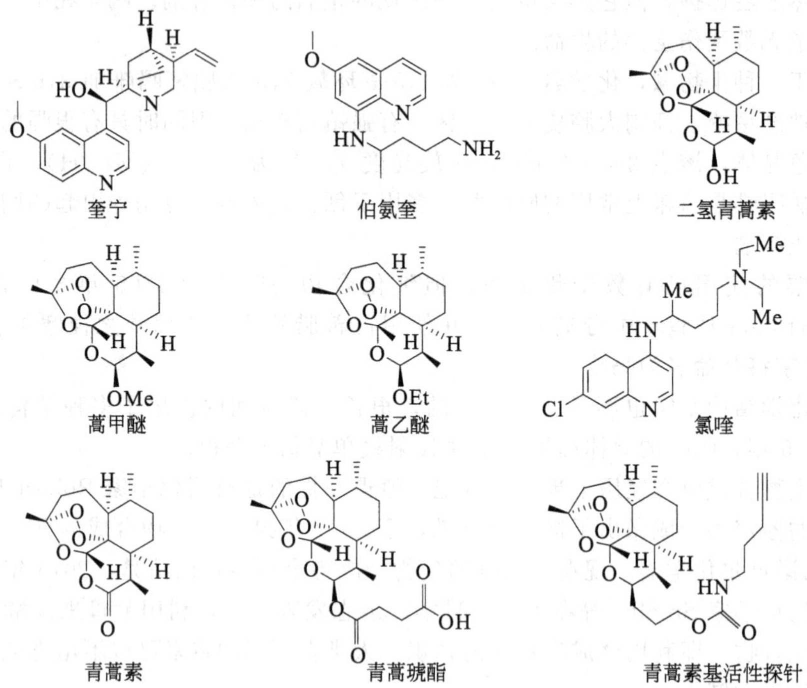

图 20-1　临床上的抗疟疾药物、青蒿素类药物及用于作用机理研究的探针分子

成破坏。值得注意的是，近年来一些地区的恶性疟原虫已对青蒿素类药物产生了耐药性，最新研究表明，蛋白酶体抑制剂与青蒿素类药物联用可解除耐药性。

青蒿素除了具有抗疟疾活性外，还具有抗病毒和抗肿瘤活性，尤其重要的是青蒿素对多种耐药的肿瘤细胞具有活性。从文献看，其抗肿瘤机制与恶性肿瘤生长过程中的多个靶点，包括铁参与的氧化应激反应、阻滞细胞周期、诱导细胞凋亡以及抗新生血管生成均有作用。

青蒿素的活性与其结构关系密切。临床上用于治疗疟疾的药物主要是从青蒿素进行结构改造的衍生物（图 20-1）。青蒿素在水和脂溶性溶剂中的溶解度都很小，难于制成针剂用于抢救危重病人；同时因生物利用度不高，患者易复发。为解决这一问题，中科院上海药物研究所的李英和他的药物学研究团队对青蒿素结构改造开展研究，在设计、合成和生物活性筛选反馈的基础上总结了构效关系。发现青蒿素的过氧桥基团是抗疟疾的必需基团，还原该基团后失去生物活性，而其内酯环不是必需的基团。利用硼氢化钠还原青蒿素成为二氢青蒿素后，抗疟疾效果比青蒿素高一倍。

青蒿素的生物合成如图 20-2 所示。青蒿素的人工全合成有许多文献发表，有兴趣的读者可参考《天然产物全合成荟萃——萜类》（吴毓林、何子乐等编著）一书。

三、喜树中的抗肿瘤成分“喜树碱”

喜树属珙桐科喜树属植物，在我国长江流域及西南各省均有分布，是一种多年生落叶乔木，高可达 20 余米，果实聚集呈发散刺球状。喜树是我国特有的植物，野生喜树在 20 世纪 90 年代末定为国家二级重点保护植物。

喜树走入人们的视野，是与美国国立癌症研究所启动的从世界各地收集的植物样品中筛选抗肿瘤活性成分项目有关。1966 年 Wall 及 Wani 报道了喜树中分离获得的喜树碱（camp-

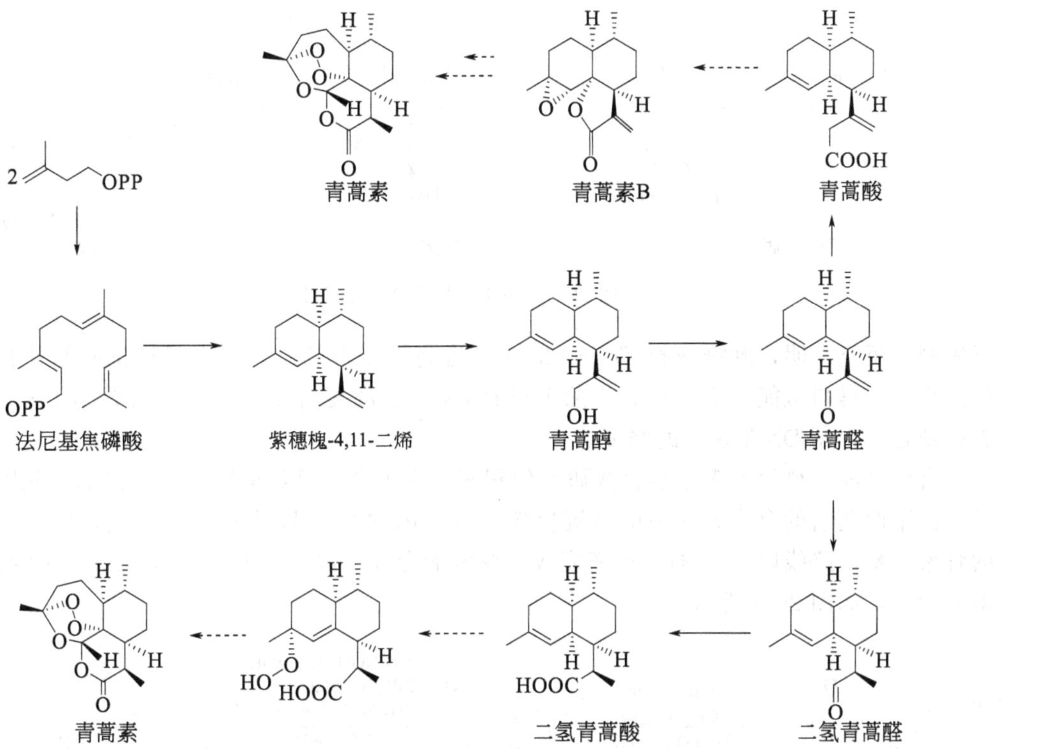

图 20-2　青蒿素的生物合成

tothecin）的化学结构（图 20-3），喜树碱在分类上属于喹啉类生物碱，为浅黄色针晶，熔点 264～267℃，比旋光度＋31.3°（$CHCl_3$-MeOH，8：2）。其结构特点是拥有五个一线排开的并环系统，环 A、B、C、D 几乎在一个平面上，其中有一个吡咯［3，4-b］并喹啉环。D 环上含有该分子的唯一一个 *S* 构型手性叔醇中心。喜树碱在喜树果实中的含量较高，约占干重的万分之三。同年，Wall 及 Wani 报道了喜树碱具有较强的抗肿瘤活性，但由于喜树碱的水溶性差，只能用其盐来进行临床试验，遗憾的是打开内酯后形成的盐活性欠佳而无法深入进行药物研究。我国于 1969 年开展喜树碱的研究，分离获得的 10-羟基喜树碱曾用于临床治疗胃癌、白血病和肝癌等恶性肿瘤。

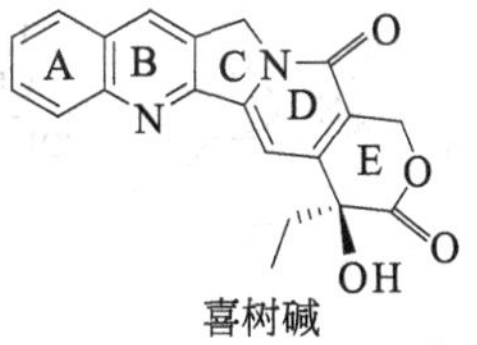

图 20-3　喜树碱的结构

尽管喜树碱成药受阻，但药物学家从未停止过研究工作，1985 年，Hsiang 等发现喜树碱独特的选择性结合哺乳动物的拓扑异构酶 I-DNA（Topo I-DNA）形成共价复合物，从而影响 DNA 的复制和 RNA 的转录过程。这一作用机制的发现再度使喜树碱的结构改造及构效关系研究成为热点，进而成功研制出多种临床抗癌药物（图 20-4）。

拓扑异构酶是生物体内细胞生存的必需酶，参与 DNA 复制、转录、重组和修复等所有关键的核心过程。正常情况下，双链 DNA 处于一种高度卷曲的超螺旋状态，进行复制时，首先要解螺旋，然后才能通过碱基配对来完成复制，解旋的工作就是由 DNA 拓扑异构酶来完成。Topo I 能使双链 DNA 发生单链断裂，并与之形成 Topo I-DNA 复合物导致 DNA 解旋，单链断裂处再连接，Topo I 酶从 DNA 上解离，解旋后的 DNA 进入转录装置，然后进

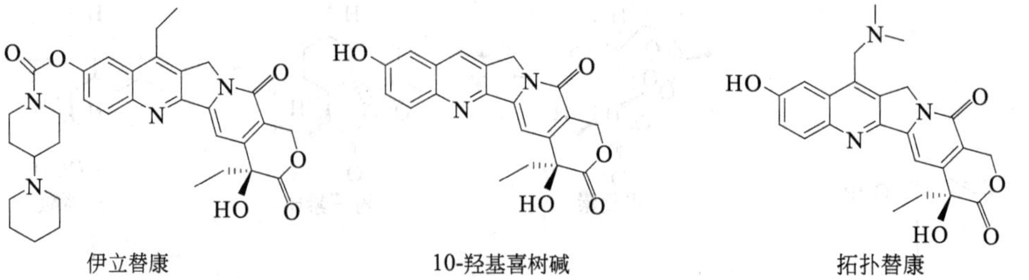

伊立替康　　10-羟基喜树碱　　拓扑替康

图 20-4　临床常用喜树碱类药物

行复制。研究表明，肿瘤细胞 Topo I 的含量远高于正常细胞，是选择性抗肿瘤药物的理想作用靶点。喜树碱能稳定拓扑异构酶 I 和 DNA 结合的复合物，具体而言是与 DNA 单链断裂处结合，抑制 DNA 缺口的修复。

喜树碱经过科学家多年全合成研究的积累，人工合成已经能匹敌天然提取。我国南京大学姚祝军课题组的合成方法中的关键反应是分子内的氧杂 Diels-Aider 反应，构建了喜树碱的骨架，整个路线以 16%的总产率完成喜树碱的合成，以 14%的总产率完成了 10-羟基喜树碱的合成，如图 20-5 所示。

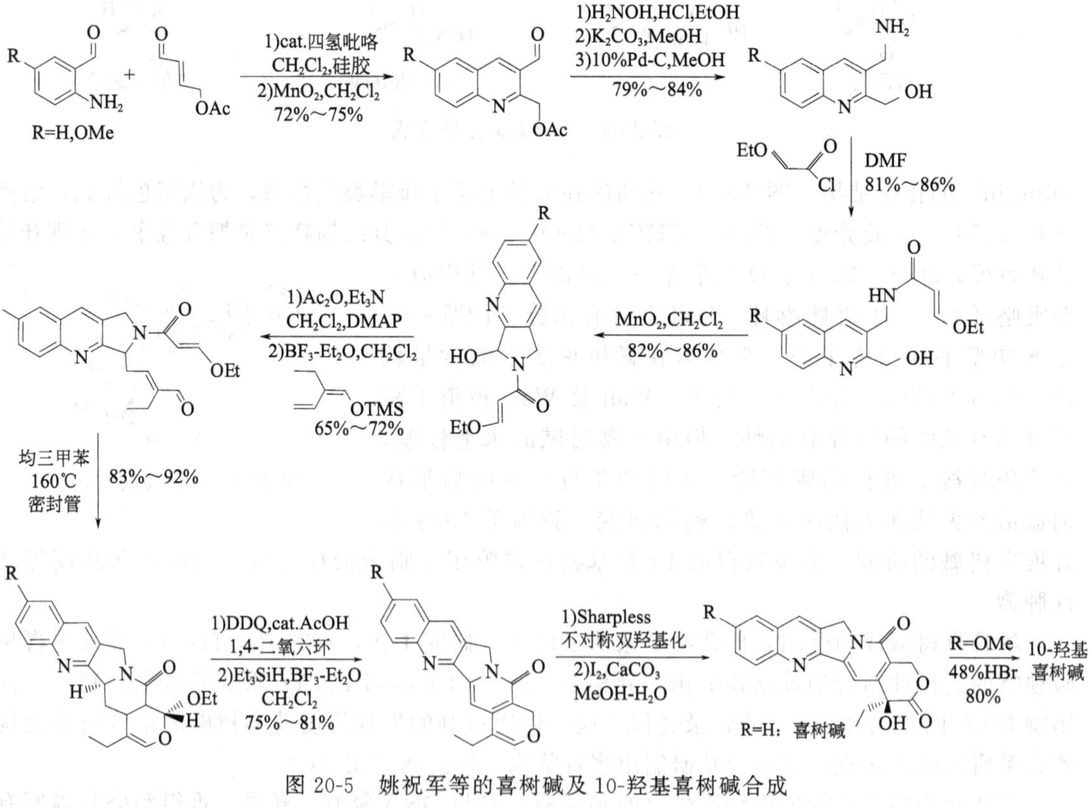

图 20-5　姚祝军等的喜树碱及 10-羟基喜树碱合成

四、美丽的长春花与抗癌药物“长春碱”

夹竹桃科长春花属植物长春花，是江南园林中最常见的草本花卉，属于外来物种，由于其植株饱满、叶色碧绿、花朵美丽、花色鲜亮、花期长，世界各地均作为观赏植物培育并广泛栽培。长春花虽然收录于常用中草药中，全草入药，但摘下或折断叶片后会有白色的乳液流出，属于有毒植物。

从长春花中寻找抗癌药物始于 20 世纪 50 年代，在植物中分离获得了一些生物碱，其中就有长春碱和长春新碱。

长春碱和长春新碱是两个结构相差不大的双吲哚生物碱。长春碱的吲哚环上与氮相连的是甲基，长春新碱吲哚环上与氮相连的是甲酰基（图 20-6）。两者在长春花植物中的含量很低，均在万分之一以下。

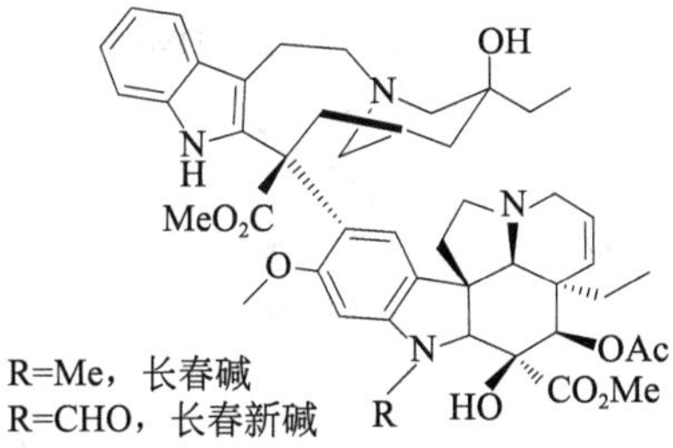

R=Me，长春碱
R=CHO，长春新碱

图 20-6　长春碱和长春新碱的结构

长春碱和长春新碱是细胞毒类化疗药物，其作用机制是抑制微管（构成细胞骨架的主要成分）蛋白装配，防止纺锤丝形成，从而使有丝分裂停止于中期。

长春碱和长春新碱在结构上只有微小差别，但它们在临床应用上不尽相同。长春碱主要用于治疗何杰金氏病和绒毛膜上皮癌，长春新碱主要用于治疗急性淋巴细胞白血病。两者对肿瘤细胞和正常的增生细胞选择性不佳，有较大毒副作用，长期使用会产生骨髓抑制、神经系统毒性和局部刺激作用等不良反应。为了寻找更好的疗效同时降低毒性，药物化学家从 20 世纪 60 年代末开始了对双吲哚生物碱类物质的结构改造，取得了很大的成功。

文多灵碱与长春质碱也是从长春花植物中分离得到的生物碱，它们均无显著抗肿瘤细胞毒活性，但两者的偶联产物却具有强抗肿瘤活性，由此开发出抗癌药物长春地辛（图 20-7）。

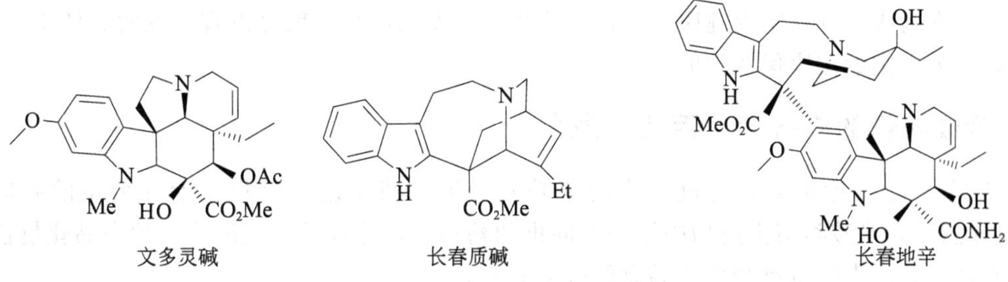

图 20-7　文多灵碱、长春质碱和长春地辛的结构

由于长春碱和长春新碱在植物中的含量极低，生产成本较高，随着有机合成化学家的不断努力，它们的生产也已可用含量较高的文多灵碱和长春质碱经三氯化铁氧化偶联来半人工合成，这是一个重要的发现，解决了长春碱类药物的来源问题。随后，科学家们又成功利用人工全合成法合成了一批衍生物并发现了更高活性的长春碱类似物。相信在不远的将来，长春碱类药物的商业化生产完全可能由人工全合成来替代。

图 20-8 为美国 Boger 教授课题组的长春碱全合成关键步骤。

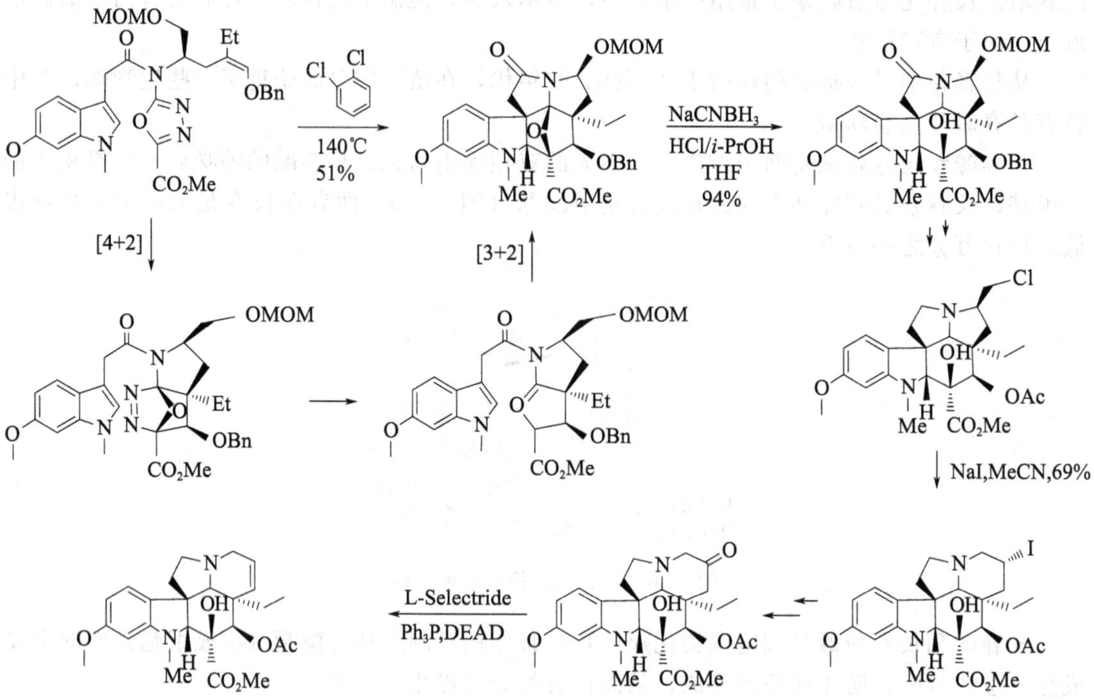

图 20-8　Boger 教授课题组的长春碱全合成关键步骤

第二节　为健康保驾护航的药物分子

对于 21 世纪，我们有着太多的期盼，而其中令人最为关注的社会热点之一就是人类自身如何实现健康长寿。实现健康长寿的一个极为重要的因素，就是发现、发明和使用新的化学药物，为人类的健康保驾护航。

一、合成药物的先行者“百浪多息”

19 世纪末 20 世纪初，有机合成的蓬勃发展推动药学进入以临床治疗为主的新时期。“百浪多息”是磺胺类衍生药物中第一个问世的药物，也是人类合成的第一种商品化抗菌药，它具有高效、低毒的特点和令人满意的抗菌效果。

百浪多息（Prontosil），分子式 $C_{12}H_{13}N_5O_2S$，化学名称 4-（2,4-二氨基苯基）偶氮苯磺酰胺，熔点 164～167℃，分子量 291.33，结构如下所示：

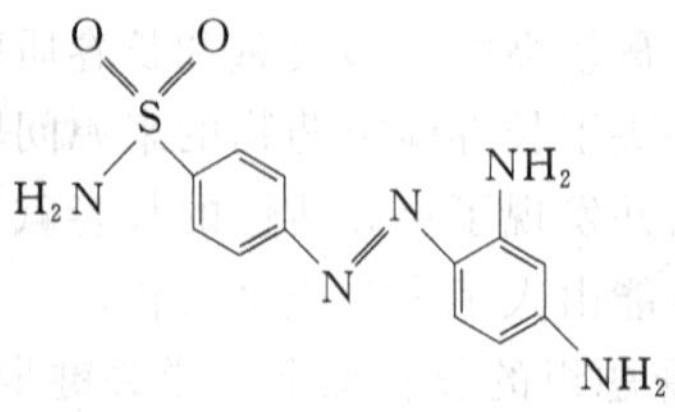

（一）磺胺类药物的作用机理

相比于其他药物的研究结果，百浪多息有意思的地方在于其在体外毫无效果，一旦进入体内却具有良好的杀菌作用。为解释这个现象，法国巴斯德研究所的 Thérèse Tréfouël 博士及其同事首先推断，这一化合物一定在体内通过代谢过程形成了一种能够杀死细菌的新物质。不出所料，通过仔细分析研究百浪多息的体内代谢产物，他们很快发现百浪多息的代谢产物中有效的抗菌成分是对氨基苯磺酰胺，简称磺胺。

磺胺从作用机理上来说是一种抑菌药，主要通过干扰细菌生长所必需的叶酸合成来抑制细菌的生长繁殖。对磺胺类药物敏感的细菌不能直接利用环境中的叶酸，它们只能以对氨基苯甲酸（PABA）和二氢蝶啶为原料，在体内经二氢叶酸合成酶催化合成二氢叶酸。二氢叶酸是嘌呤、嘧啶、核苷酸合成过程中不可或缺的重要因子辅酶 F 的前体，一旦二氢叶酸合成受阻，就会影响细菌核蛋白的合成，从而直接抑制细菌的生长。磺胺类药物能够发挥药效的关键在于，其化学结构和 PABA 非常相似，也很容易与二氢叶酸合成酶结合，但是结合以后并不能进一步合成二氢叶酸，由此阻断了二氢叶酸的合成，达到抑制细菌生长繁殖的目的（图 20-9）。

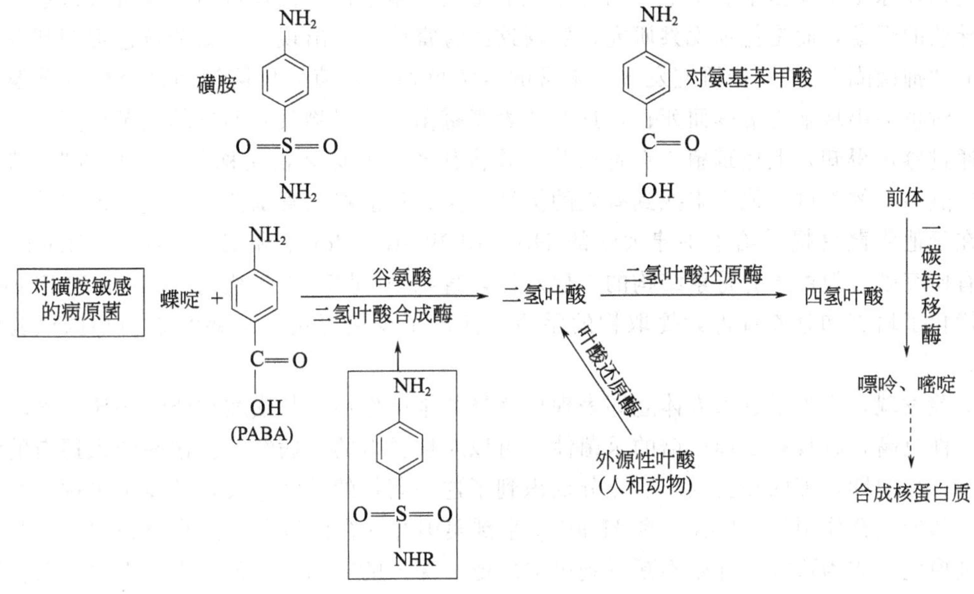

图 20-9　磺胺类药物作用机理示意图

（二）常见的磺胺类药物

临床上常用的磺胺类药物都是对氨基苯磺酰胺的衍生物。磺酰胺基中的氢原子，可被不同杂环片段取代，形成不同类型的磺胺类药物。它们与母体磺胺相比，具有效价高、毒性小、抗菌谱广和口服易吸收等优点。磺酰胺基对位的游离氨基是整个化合物的抗菌活性中心，若氨基上的氢原子被取代，则失去抗菌性；这些取代基必须在体内经过代谢脱落后，重新释放出游离氨基，才能恢复药物的活性。

二、抗生素的急先锋“青霉素”

青霉素（penicillin/benzylpenicillin），无定形白色粉末，微溶于水，溶于甲醇、乙醇和苯。人们对青霉素并不陌生，大多数人在日常生活中或多或少都使用过青霉素类药物治疗细菌感染类疾病，这类药物是对抗细菌性感染的一线药物。但在青霉素发现之前，哪怕是在二十世纪四五十年代，一些现在看起来不十分严重的疾病如肺炎、猩红热等，由于没有针对性药物，一旦感染就会导致悲惨结局。随着青霉素的发现与生产，相关药物结构与治疗效果的研究不断优化与更新，人类对细菌性疾病的治疗水平越来越高，许多原来的不治之症都能轻而易举治愈。可以说，青霉素药物推动了世界现代医疗革命进入了新纪元。

（一）青霉素的发现与研发

20 世纪 20 年代，苏格兰微生物学家 Alexander Fleming 的一次幸运的失误诞生了青霉素。之前，他在眼泪中发现了对人体无害却能杀死有害细菌的溶菌酶，但溶菌酶的杀菌能力不足以治疗疾病。为了寻找更有力的杀菌剂，他在实验室里培养了多种致病细菌，包括最厉害的金黄色葡萄球菌，恰巧他外出时忘记盖上培养皿盖子，回来后发现与空气意外接触过的金黄色葡萄球菌培养基中长出了一团青绿色的霉菌。基于他的良好习惯并没有放过这一失误操作导致的现象，而是仔细观察研究，发现这团青霉菌周围出现了一圈金黄色葡萄球菌停止生长的“抑菌圈”；进一步研究发现，正常的金黄色葡萄球菌一旦接触到这个青霉菌及其代谢产物时也会出现细胞溶解而死亡，这意味着青霉菌的分泌物具有明显的杀菌作用。

通过鉴定得知，上述霉菌为点青霉菌，故将其产生的抑菌物质称作“青霉素”。遗憾的是，经过多年的尝试，他仍未找到有效的提纯方法，只能将点青霉菌株一代代地培养。可贵之处在于他将菌种提供给了牛津大学的 Howard Walter Florey 和 Ernst Boris Chain 团队，希望有所突破。但由于青霉素结构的不稳定性，直到 20 世纪 40 年代初，Chain 和 Florey 才逐步优化了培养和分离青霉素提取物的手段，获得了少量可用于动物实验和临床试验的青霉素。

实验发现，青霉素进入人体立即表现出优异的杀菌作用，与磺胺类药物相比，毒副作用小安全性更高，且具有更加广谱的杀菌性，可以对抗更多的致病细菌。这些令人振奋的结构出现于二战初期，英国和美国政府充分认识到了这一药物的重大意义，开展了史称“青霉素计划”的宏大合作项目，Florey 和 Heatley 来到美国开展合作研究。由此作为起点，青霉素的大规模生产成为可能，开始不断得到更加广泛、深入的应用，拯救了无数人的生命。因为这项伟大的发明，Fleming、Florey 和 Chain 共同获得了 1945 年诺贝尔生理学或医学奖。

（二）青霉素结构的确定

二十世纪三四十年代，化合物不像现在这样可以依赖各种大型光谱仪器和数据库实现较为快速的结构鉴定，而只能通过大量烦琐的元素分析以及反应性质推断等传统方法获得相关的结构信息。青霉素结构的分析历经曲折和分歧，最终被英国杰出的晶体化学家 Dorothy Crowfoot Hodgkin 于 1945 年通过 X 射线晶体衍射法确定了青霉素的三维晶体结构。青霉素的实际结构属于 β-内酰胺并氢化噻唑环的类型（图 20-10），正是这一高活性的结构特点使青霉素在常见的分离条件下容易分解。后续研究表明，青霉

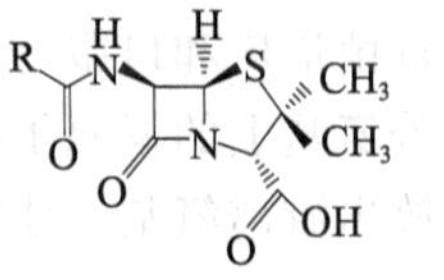

图 20-10　青霉素核心化学结构（β-内酰胺并氢化噻唑）

素对特定致病细菌的选择性抑制作用也来自这一高活性的结构特点。

（三）青霉素的化学合成

确定了青霉素结构后，通过化学方法合成青霉素成为重大研究目标。而在分离、纯化和结构解析中带来过巨大困难的β-内酰胺结构再次成为合成过程中的巨大障碍。众多化学家都在形成β-内酰胺这一最后的也是最难逾越的步骤上止步不前，而选择了放弃。直到1957年，这个四元环的形成才被麻省理工学院的John Sheehan完成，他成为世界上第一个完成青霉素类化合物全合成的科学家。他和他的科学小组在大量失败的实验中坚持了十余年，创造性地使用了一个刚发现的超强有机脱水剂DCC才使构成β-内酰胺的氨基与羧基之间完成了脱水缩合反应形成四元环（图20-11）。在这个合成方法基础上，DCC这一试剂也逐渐开始运用在酯合成和蛋白质合成中。随着全合成的完成，青霉素化学工作方面的障碍基本被克服，相关研究领域随之进入崭新的快速发展时期。

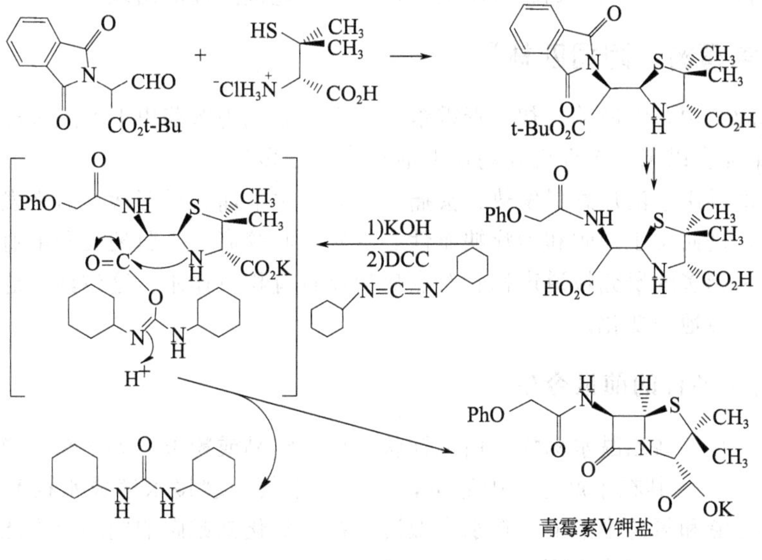

图20-11　青霉素全合成示意图

1944年9月5日，中国第一批国产青霉素诞生，揭开了中国生产抗生素的历史。目前，我国青霉素年产量稳居世界首位。从二十世纪九十年代初开始，我国青霉素盐产量在世界总产量中的占比逐步从三分之一增加到目前的90%以上，青霉素工业盐产能已达10万吨/年。

（四）青霉素抗药性的产生与防止

青霉素能够抑制人体内的致病细菌，是因为它可以不可逆地与细菌体内的青霉素结合蛋白结合。青霉素结合蛋白是细菌细胞壁合成过程中不可或缺的催化活性蛋白质，如转肽酶、羧肽酶等，一旦其活性中心与青霉素结合就失去了催化肽聚糖合成的活性，使细胞壁合成终止，导致细菌的死亡。

但是，一部分病菌的抗药性也随着抗生素的使用而不断进化、变异和增强。抗药性的本质是细菌通过变异作用在细胞内部产生出了对青霉素类化合物具有破坏作用的β-内酰胺水解酶，这种酶在青霉素接触转肽酶之前就把它的β-内酰胺环结构水解开环，而失去药效。

针对这一严重危害人类健康的细菌变异作用，人们能够采用的手段并不很多，简介如下：

一是改变药物分子的结构。青霉素结构中一部分是其母核（β-内酰胺并氢化噻唑环）——青霉胺，即抗菌活性中心，开环就失效；另一部分是侧链，与母核之间通过酰胺键相连。研究发现，改变侧链既可以提高母核的稳定性，增强药物的耐酸性使之可以口服，还可以扩大青霉素的抗菌谱，并在一定程度上降低过敏性。这类侧链经过改造的青霉素药物被称为半合成青霉素，已广泛应用于临床。

改造母核结构相比较而言难度较大，因此更为实际的途径是寻找其他微生物发酵来源以获得不同的母核结构。具代表性的是从冠头孢菌中培养得到的天然头孢菌素C，以此化合物为基础，通过类似青霉素的研发方法，研发出了几乎与青霉素同等重要的头孢类抗生素。

二是从抗药性产生的源头开始防止抗药性的产生。目前，形势日渐严峻的抗药性感染，很大程度上都要归结于青霉素类抗生素的滥用。很多人稍有不适就服用抗生素，症状有所减轻就停药，加重后再次服药，如此不规律地使用抗生素，特别容易产生抗药性。因此，合理、规范使用抗生素，才能达到较好的治疗作用，防止抗药性的出现。

三、多能的常青树“阿司匹林”

阿司匹林的结构非常简单，却与青霉素、安定一起成为医药史上的三大经典药物。阿司匹林自1899年诞生以来，至今已在药坛上活跃了120多年。

阿司匹林最早用于治疗感冒发热、头痛、牙痛、关节痛、风湿病，后来发现它能有效抑制血小板凝聚，进而用于预防和治疗缺血性心脏病、心绞痛、心肌梗死和脑血栓等心血管疾病。现在，越来越多的研究报道声称它对癌症治疗具有积极作用。这位药界老将也许会引起医药界一场翻天覆地的变化。

（一）阿司匹林的前世今生

阿司匹林，化学名乙酰水杨酸，白色针状或板状结晶或粉末，无气味，微带酸味，熔点135℃，沸点140℃。其在干燥空气中稳定，在潮湿空气中缓慢水解成水杨酸和乙酸。在乙醇中易溶，在乙醚和氯仿中溶解，在水中微溶，在氢氧化钠或碳酸钠溶液中能溶解，但同时会分解。阿司匹林分子结构如下所示：

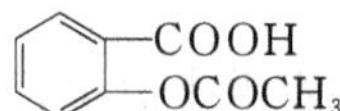

虽然，阿司匹林目前是人工合成的药物，但其前体水杨酸的药用价值却是在3000多年前已经得到体现。古苏美尔人的泥板上记载着，杨柳树叶对关节炎有很好的治疗效果。古希腊和古埃及人很早就知道了用柳树皮来缓解疼痛的方法。据我国《神农本草经》记载，柳之根皮枝叶均可入药，有祛痰明目、清热解毒、利尿防风之效，外敷可治牙痛。《本草纲目》记载：柳叶煎之，可疗心腹内血、止血，治疥疮；柳枝和根皮，煮酒，漱齿痛，煎服治黄疸白浊；柳絮止血、治湿痹，四肢挛急。

随着有机化学的飞速发展，人们认识到植物具有药效是因为植物里含有的特定有机分子发挥了神奇的作用。

1826年，意大利人Brugnatelli和Fontana发现柳树皮中含有一种名为水杨苷的物质，但是纯度很低。1829年，法国化学家Henri Leroux改进了提取技术，可以从1.5kg柳树皮中提取约30g水杨苷。1838年，意大利化学家Raffaele Piria发现水杨苷水解、氧化生成的水杨酸药效更好，并验证了它清热解毒的疗效。1859年，德国化学家Herman Kolbe在实验室第一次以相对廉价的成本成功合成了水杨酸。经验证，合成的水杨酸与提取的天然水杨酸具有相同疗效。但随之发现其既酸又苦难以为人们接受，同时服用后会对胃黏膜产生强烈刺激，严重扰乱消化机能甚至出现胃出血。

当时，德国拜耳公司一名职员 Felix Hoffmann 的父亲患有严重关节炎，因服用水杨酸而要忍受给胃带来的副作用。为帮助父亲找到更好的药物，他查阅大量化学文献并进行大量的实验研究，发现水杨酸乙酰化不仅可以增强疗效，更可以清除药物副作用。于是，乙酰水杨酸就在 1897 年问世了，两年后拜耳公司的 Heinrich Dreser 为之取名“Aspirin”，从此，阿司匹林被作为解热镇痛的首选药物风靡了整个欧洲和美国市场。

19 世纪 40 年代，美国加利福尼亚州耳鼻喉科医生 Lawrence L. Craven 发现，当他给扁桃体发炎患者使用相对大剂量的阿司匹林时会导致其流血。他联想到阿司匹林也许可以增强血液供应，而这恰恰是保护心脏的一个重要途径，于是他开始了这方面的实验，十年后在不太有名的杂志上发表了 4 篇关于阿司匹林能够预防心脏病和中风突发事件的论文，遗憾的是没引起医学界的重视，更为讽刺的是他本人于 1957 年死于心脏病突发。然而，Craven 医生的发现和设想无疑开创了阿司匹林防治心脑血管疾病的新时代。

直到 1971 年，英国药理学家 Sir John Robert Vane 发现了阿司匹林能够抑制血小板凝结，从而可以减轻血栓带来的危险，鉴于这一成果他于 1982 年和 1984 年分别获得诺贝尔生理学或医学奖和皇家爵士头衔。目前，阿司匹林在心血管疾病一级预防中的效益已经在大规模随机临床试验中得到了证实。

现在，许多科学家又把眼光投向了阿司匹林的抗癌研究。阿司匹林通过抑制前列腺素和血栓素的合成来达到止痛、退热和对心血管疾病进行防治。而人体的前列腺素由花生四烯酸在环氧化酶（Cox-1 和 Cox-2）催化下转变而来，阿司匹林就是通过抑制环氧化酶来实现抑制前列腺素的合成以发挥其众多功效的。有研究报道，Cox-2 抑制剂可促进肿瘤的凋亡，减少肿瘤细胞有丝分裂和血管的生成。目前，已有大量实验表明，阿司匹林可能对结肠和直肠肿瘤有一定预防作用。

阿司匹林在医药界是名副其实的多能常青树。

（二）阿司匹林的合成

阿司匹林的合成前面已经学习过，只需通过简单的酰化反应便可得到。

阿司匹林

四、禽流感克星“达菲”

禽流感病毒是感染禽类的病毒，属于最常见的甲型流感病毒，但甲型流感病毒最容易产生异变。禽流感病毒在复制过程中发生基因突变，使结构发生改变，在某些情况下获得感染人类的能力，使病人表现出高热、咳嗽、流涕、肌痛等，多数伴有严重的肺炎，严重者会引发多脏器衰竭而死亡。甲型流感病毒中，能直接感染人类的禽流感病毒亚型有：甲型 H1N1、H5N1、H7N1、H7N2、H7N3、H7N7、H7N9、H9N2 和 H10N8。其中 H1、H5、H7 亚型为高致病性。

甲型流感和禽流感的流行，人们发现了达菲的价值。平日里，达菲是一种在药店被束之高阁无人问津的药物，而在流感病毒爆发时，达菲挺身而出，成为力挽狂澜的英雄，给可怕的流感病毒以致命的打击。

（一）达菲的简介

达菲是化合物奥司他韦的商品名，市售的是磷酸奥司他韦胶囊，由吉利德科学公司和制药巨头罗氏公司联合开发，罗氏公司独家生产，于1999年被美国FDA批准在瑞士上市，在我国的上市时间是2001年10月。

达菲的化学名是（3*R*，4*R*，5*S*）-5-氨基-乙酰氨基-3-（3-戊基氧基）-1-环己烯基-1-羧酸乙酯磷酸盐（1∶1），白色至黄色粉末。

达菲片剂是第一个口服方便的流感病毒神经氨酸酶抑制剂，通过作用于流感病毒神经氨酸酶，抑制成熟的流感病毒脱离宿主细胞，从而抑制流感病毒在人体内的传播以起到预防和治疗甲型和乙型流感的作用。它是公认的抗禽流感、甲型H1N1病毒最有效的药物之一，患者应在首次出现症状48h内使用。达菲分子结构如下所示：

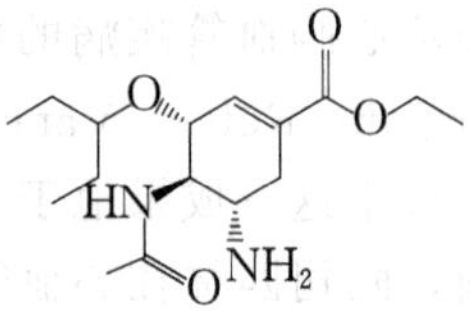

（二）达菲的设计

达菲的药物设计可以追溯到20世纪40年代。当时纽约洛克菲勒研究所的科学家发现，流感病毒在低温条件下能让红细胞凝聚起来，但温度上升到37℃时，聚集的红细胞就会分开，病毒也就脱离了红细胞。继而科学家又发现，让红细胞聚集起来的是流感病毒表面上的一种称为血凝素的蛋白质，它与细胞表面上叫作唾液酸的糖分子结合，方能让病毒混合到细胞里面去。而让病毒脱离细胞的是病毒表面上的另一种具有酶活性、能水解唾液酸的蛋白质，因唾液酸是神经氨酸的衍生物，所以这种酶就被称作神经氨酸酶。

神经氨酸酶决定着流感病毒的繁殖。流感病毒一旦入侵细胞，就能制造出许多新病毒，这些新病毒通过唾液酸与细胞连接在一起，并不具有破坏性和传染性。之后，通过神经氨酸酶水解唾液酸，切断它们与细胞之间的联系，这样才能继续入侵新的健康细胞。那么，如果有一种药物能够抑制神经氨酸酶的活性，就能阻止病毒感染新细胞，从而阻止了病毒的繁殖。

科学家将目光投射到神经氨酸酶的结构上，1983年，澳大利亚分子生物学家破解了神经氨酸酶的立体结构，发现它由4个一模一样的单元组成一个“田”字形结构，田字正中是一个孔穴，这个孔穴恰是与唾液酸结合并将其水解的地方。

如果找到一个化合物可以将这个孔穴堵住，就可以抑制神经氨酸酶的活性。进一步深入研究发现孔穴处有一个地方带负电荷，而唾液酸与其对应的位置上的一个羟基，也带负电荷，同性相斥，影响了结合，故唾液叶酸本身无法充当“塞子”。澳大利亚科学家把羟基换成了带正电荷的胍基，其抑制效果提高了1000倍。1989年，科学家终于合成了这种带胍基的唾液酸类似物，命名为扎那米韦，于1999年被美国食品药品监督管理局批准上市，商品名叫乐感清。

乐感清带有胍基，不能被肠道吸收，因此不能口服，只能做成粉末喷剂，吸入肺里才能发挥作用，使用不方便且效果不理想。科学家继续探索，找到了唾液酸分子上一个位置与神经氨酸酶的疏水孔穴没有接触，那么在这个位置上添加一个疏水基团便可以仅仅卡住孔穴。在这个设想下，科学家通过计算机模拟设计了 600 多个化合物，终于在 1995 年发现其中代号为 GS4071 的一个化合物能够强烈地抑制神经氨酸酶的活性。

遗憾的是，GS4071 同样不能被肠道吸收，只能继续改造，把其中的羟基改成乙酯，药物经肠道吸收，进入肝脏被分解，释放出 GS4071，然后开始发挥药效。这个新药便是奥司他韦，于 1999 年被美国食品药品监督管理局批准上市，商品名即为在禽流感爆发时大名鼎鼎、所向披靡的达菲。

（三）达菲的合成

达菲最初是用金鸡纳树皮提取的奎宁酸作为原料合成的，由于原料短缺后改用莽草酸为原料。莽草酸主要存在于八角茴香的干燥成熟果子中，我国盛产八角茴香，某些商家为了炒作，通过自媒体等网络媒介吹嘘“八角茴香煮水喝可以预防禽流感”，纯属谣传。要知道莽草酸要经过十多步复杂的化学反应、历时 6～8 个月才能成为达菲。罗氏公司达菲的经典工业合成路线如图 20-12 所示。

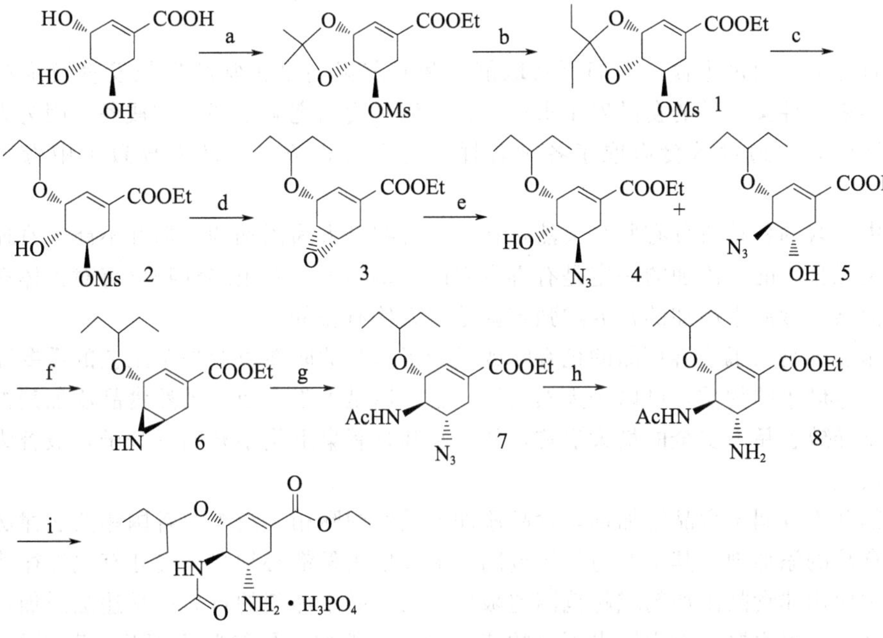

HO, HO, OH, COOH —a→ COOEt, OMs —b→ COOEt, OMs 1 —c→

COOEt, HO, OMs 2 —d→ COOEt 3 —e→ COOEt, HO, N_3 4 + COOEt, N_3, OH 5

—f→ COOEt, HN 6 —g→ COOEt, AcHN, N_3 7 —h→ COOEt, AcHN, NH_2 8

—i→ HN, O, $NH_2 \cdot H_3PO_4$

图 20-12　罗氏公司合成达菲的经典工业化路线

反应试剂和条件：a. 1）EtOH，$SOCl_2$，回流，3h，97%

2）$Me_2C(OMe)_2$，TsOH，EtOAc，15～20kPa，<35℃，4h，95%

3）MsCl，Et_3N，AcOEt，20℃，30min，82%

b. 3-戊酮，TfOH，5.0～15kPa，40℃，5h，98%

c. Et_3SiH，$TiCl_4$，DCM，－35℃，3.5h

d. $NaHCO_3$，$EtOH/H_2O$，60℃，1h，80%（2 步）

e. NaN_3，NH_4Cl，ad. EtOH，75℃，18h，88%

f. Ph_3P，Et_3N，MsOH，DMSO，50℃，1h

g. 1）NaN_3，H_2SO_4，DMSO，35℃，4h

2) Ac_2O，Bu_2O，0～25℃

h. Bu_3P，cat. AcOH，EtOH/H_2O，5～20℃

i. H_3PO_4，EtOH，50～20℃，88%～92%（2 步）

首先将羧基乙酯化，以缩丙酮保护莽草酸的邻位顺式二羟基，Ms 保护 C-5 位羟基，以三氟甲磺酸催化实现缩丙酮到缩戊酮的转换得到化合物 1。接着以 $Et_3SiH/TiCl_4$ 在 DCM 中 −35℃下开缩酮，以 32∶1 的高选择性、高产率得到化合物 2。此步骤是罗氏公司合成线路的特色：由缩戊酮保护的二醇化合物还原构建出醚键。随后用碱性条件处理得到环氧化合物 3，NaN_3 开环氧以 9∶1 的比例得到一对叠氮醇的非对映体混合物 4 和 5，4 和 5 经过还原环化反应可得到统一化合物 6。粗产品 6 直接以 NaN_3 开三元氮杂环，得到叠氮氨基化合物 7。最后乙酰化保护氨基、还原叠氮得到化合物 8，用磷酸处理 8 得到其磷酸盐，在乙醇中重结晶，以超过 99%的纯度得到达菲。

第三节　舌尖上的多能分子

民以食为天。通过进食，人们可获取能量和营养以满足正常的生长发育及维持生存需要。可近年来一件又一件的食品安全事件，让人们对食物充满了怀疑和戒备，因为人们在享受美味的同时，也通过饮食摄取了各种各样的有毒有害成分，从而导致了中毒、疾病的发生。

饮食中包含的各种成分有些是天然存在的，有些是人为添加的。但并不能天真地认为天然的一定是无公害的，添加的一定是有毒有害的。事实上，有很多食物含有对人体有害的天然毒素，而某些食品中添加的营养增强剂就是对人体有益的。

食品添加剂是用于改善食品的色香味或是为了食品的防腐以及加工工艺的需要而添加的且不危害人体健康的物质，可以是天然来源，也可以是人工合成。虽然食品添加剂被大部分人误认为是导致食品不安全的最大祸首，然而它却是餐桌上绕不开的一分子，被誉为现代食品工业的灵魂。

添加剂并不等同于食品添加剂，食品添加剂是经国际相关组织及各国相关法律法规批准能使用于食品的添加剂，其生产与使用范围和最大使用量都必须严格遵守有关法律法规，任何在食品中使用非食品添加剂或超范围超限量使用食品添加剂的行为都是违法添加。人们对食品添加剂的恐惧主要是因为层出不穷的违法添加，例如三聚氰胺毒奶粉、苏丹红辣椒酱、柠檬黄玉米馒头等。三聚氰胺和苏丹红都不是法律允许使用的食品添加剂，柠檬黄是一种允许使用的食用色素，但不能用于包子、馒头。值得注意的是，食品添加剂大都不具有营养价值，某些情况下也可能会引发过敏、中毒等反应，或与其他食物、药物成分之间可能有拮抗或协同效应而存在安全隐患，所以应尽量少食添加过多食品添加剂的食品。

食品添加剂的种类繁多。我国目前有 23 个类别，包括防腐剂、着色剂、甜味剂、酸度调节剂、增味剂、增稠剂、抗氧化剂、香料香精等。

一、阻止食品变质的“防腐剂”

由于微生物的破坏或酶的作用，以及食物自身的化学变化，通常未经处理的食物常温下放置一段时间就会腐败变质，可以采用真空或低温保存、高温加热等方法限制细菌的繁殖，但缺点是保存时间有限。目前，防止食物变质的最佳方法是添加食品防腐剂。

防腐剂是指能够抑制微生物生长繁殖、防止食品腐败变质、延长食品保质期的食品添加剂。世界各国允许使用的防腐剂种类不同，美国约有 50 种，日本约有 40 种，我国约有 30 种。按其来源可分为天然和人工合成两大类。天然防腐剂来源于动植物和微生物的代谢产物，如乳酸链球菌等；人工合成防腐剂又分为有机防腐剂和无机防腐剂，前者主要包括苯甲酸及其盐类、山梨酸及其盐类等，后者主要有亚硝酸盐和亚硫酸盐等。虽然，亚硝酸盐、苯甲酸确实证实具有引发过敏、致突变性等潜在安全风险，但在合理范围内使用对人体基本无毒害，而不加防腐剂更易引起食品腐败变质，使细菌在消费者体内繁殖而引发食物中毒甚至更严重后果。

（一）天然防腐剂

1. 乳酸链球菌素

乳酸链球菌素又名尼辛或乳酸菌链球菌肽，是乳酸链球菌的代谢产物，由乳酸链球菌发酵液提取得到，属于多肽类化合物，分子中含有 34 个氨基酸残基，白色至淡黄色结晶状粉末或颗粒，略有咸味，具有良好的耐酸性和耐热性，其结构如图 20-13 所示。

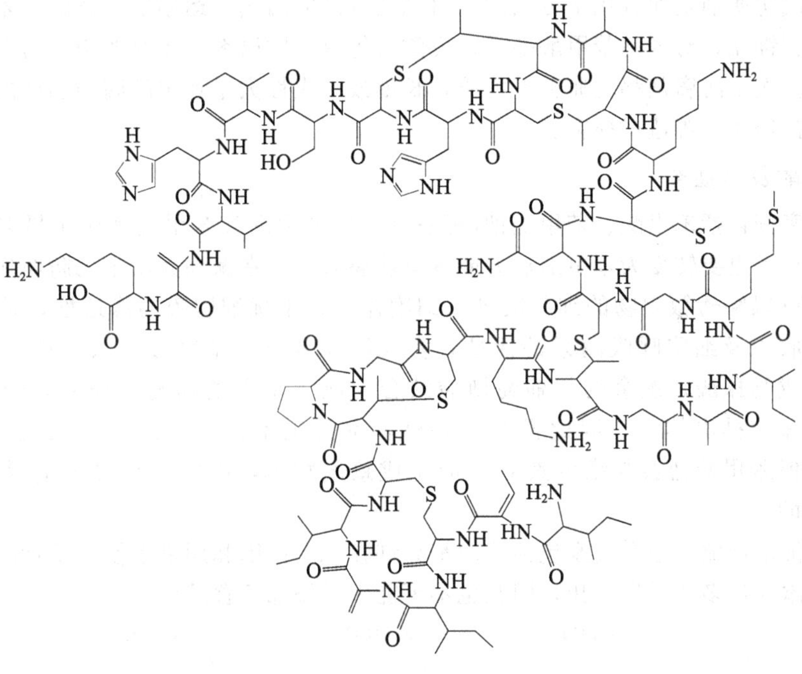

图 20-13　乳酸链球菌素的结构

乳酸链球菌素是一种抗菌剂，主要作用于敏感细胞膜上，依赖于肽聚糖前体分子脂质Ⅱ的浓度，形成孔洞，从而形成内容物泄漏导致细胞自溶死亡。乳酸链球菌素抗菌谱相对较窄，但可以提高一些细菌的热敏性，从而降低对这些细菌的灭菌温度，缩短灭菌时间，能够更好地保持食品原有的营养成分和色泽风味。

乳酸链球菌素已被证实是完全无毒的，而且还是一种营养物质，能被人体吸收利用。其进入人体后被消化道中的蛋白酶水解成氨基酸，不会在体内存留，不会对人体产生危害，是一种高效、安全、无毒副作用的天然食品防腐剂，广泛应用于罐头制品、乳制品、肉制品、海产品、饮料、调味品等食品及化妆品等。

2. 纳他霉素

纳他霉素又名游霉素、那他霉素等，是纳他链霉菌的代谢产物，由纳他链霉菌发酵液提取得到，属于多烯烃大环内酯类化合物，白色至乳白色结晶状粉末或颗粒，几乎无臭无味，难溶于水和大部分有机溶剂（图 20-14）。

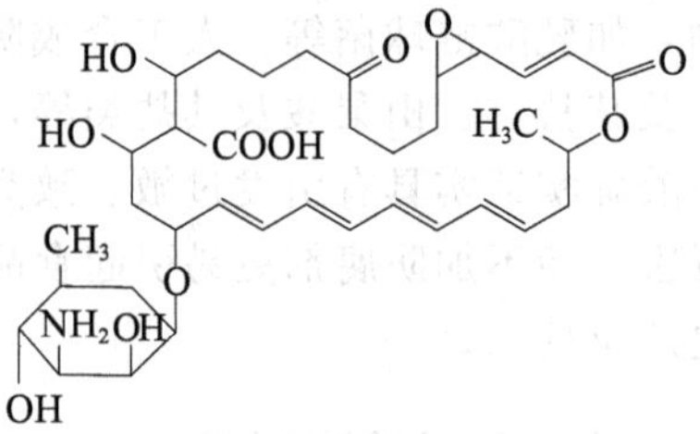

图 20-14　纳他霉素的结构

纳他霉素是一种抗真菌剂，它与真菌细胞膜上的麦角甾醇及其他甾醇基团结合，抑制了麦角甾醇的生物合成而导致细胞膜发生畸变并在膜上形成水孔造成细胞破裂、菌体死亡。

纳他霉素对人体基本无害，很难被消化道吸收，微生物也很难对它产生抗性，是一种安全、高效、广谱的天然防腐剂，且不会改变食品的风味，常用于食品的表面防腐中。

（二）人工合成防腐剂

人工合成防腐剂是通过化学方法制备得到的食品防腐剂，运用最广泛的有苯甲酸、山梨酸及其钠盐、钾盐，对羟基苯甲酸酯类，丙酸盐等有机防腐剂；还有亚硝酸盐和亚硫酸盐等无机防腐剂。人工防腐剂都是非营养物质，长期或一次性大量食用防腐剂超标的食物，可能会对肝肾和神经系统等造成损害。

1. 苯甲酸及其盐类

这类防腐剂包括苯甲酸、苯甲酸钠/钾三种，以苯甲酸和苯甲酸钠应用最多。其属于酸性防腐剂，盐类也要转变为苯甲酸后方能具备防腐效果，在碱性介质中无防腐作用。

苯甲酸可以穿透微生物的细胞膜进入细胞体内，干扰细胞膜的渗透性，抑制细胞膜对氨基酸的吸收以及细胞呼吸酶系的活性，实现防腐效能。苯甲酸进入人体后大部分与甘氨酸结合生成马尿酸，剩余的与葡萄糖酸结合生成 1-苯甲酰葡萄糖醛酸，经 10～14h 后将全部通过尿液排出体外，因此没有蓄积性，本身也不会直接致癌、致突变、致畸等，毒性很小。但苯甲酸盐会与维生素 C 反应生成致癌物苯，因此在富含维生素 C 的食品中使用是有害的。

苯甲酸价格低廉，很多国家包括我国都允许在规定范围和用量下使用于食品中，而且苯甲酸钠如果添加过多会引发苦味，因此也不可能大量添加于食品中。

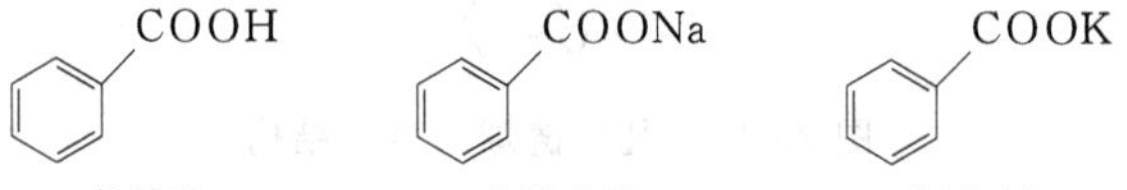

苯甲酸　　苯甲酸钠　　苯甲酸钾

2. 山梨酸及其盐类

此类防腐剂包括山梨酸、山梨酸钠/钾三种，山梨酸钾应用最多。山梨酸也存在于很多植物成熟果实如沙棘、苹果、枇杷等中，只是含量极低，故主要通过人工合成得到。

山梨酸为白色针状或粉末状晶体，有特定的臭味，极微溶于水，能溶于乙醇等多种有机溶剂。

山梨酸或其钾盐对酵母菌、霉菌、好氧性细菌、葡萄球菌、肉毒杆菌、沙门氏菌等具有显著的抑制作用。主要通过作用于微生物体内的脱氢酶系统，抑制微生物的生长繁殖达到防腐作用。它们也是酸性防腐剂，相同条件下，防腐效果是苯甲酸钠的 5 倍左右。

山梨酸是一种不饱和脂肪酸，能参与人体正常的新陈代谢，并最终转化成水和二氧化碳，因此安全性高，不会对人体产生致癌或致畸变作用，其毒性小于苯甲酸类，被很多国家公认是安全、高效的食品添加剂，已逐渐替代了苯甲酸类防腐剂。

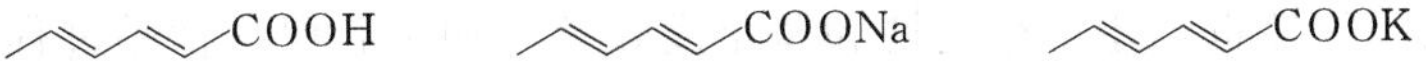

COOH 山梨酸　　COONa 山梨酸钠　　COOK 山梨酸钾

3. 亚硝酸盐

亚硝酸盐是亚硝酸钾/钠的总称，其中作为食品添加剂的主要是亚硝酸钠，白色或淡黄色粉末或颗粒状结晶，微咸，易溶于水。亚硝酸盐广泛存在于食物中，来源包括天然存在、自然转化和人工添加。

植物在摄取环境中的氮进行氨基酸等的合成时不可避免地会产生硝酸盐或亚硝酸盐，植物体内的还原酶也会把硝酸盐还原为亚硝酸盐，因此亚硝酸盐几乎天然存在于所有植物包括所有的食品如大米、瓜果、蔬菜等。有研究表明人体摄入的亚硝酸盐 70%～80%来源于蔬菜。

亚硝酸盐可以抑制和防止肉毒梭状芽孢杆菌的产生和繁殖，故可作为肉制品防腐剂，同时，亚硝酸盐可与肉制品中的肌红蛋白结合生成玫瑰色的亚硝基肌红蛋白，起到发色剂和护色剂的作用。故亚硝酸盐广泛应用于肉制品的加工中。

亚硝酸盐毒性较强。亚硝酸盐进入人体后在微生物作用下被还原为亚硝胺，后者证实是强致癌物，长期食用会诱发食道癌、胃癌等；此外，在酸性介质中，亚硝酸盐为强氧化剂，在人体内可氧化血液中的低价铁血红蛋白为高价铁血红蛋白，使血红蛋白失去运送氧的功能，导致组织缺氧，引发口唇、指尖等变蓝变紫的中毒症状，俗称“紫绀症”或“蓝血病”。

亚硝酸盐虽然具有较强毒性，但少量摄入并不会引起中毒或致癌、致畸，所以还是被允许限量使用于部分食品中，包括腌、腊、酱、卤、熏等，最大用量为 0.15g/kg，残留量普遍要求小于 30mg/kg。同时，卫计委（现中华人民共和国国家卫生健康委员会）和国家食品药品监督管理总局（现国家市场监督管理总局）还于 2012 年 6 月联合发布了公告，禁止所有的餐饮服务单位在制作食物的过程中使用亚硝酸盐。

二、改变视觉效果的“食用色素”

色香味形俱全的食物能给人带来极大的享受，而其中色不仅可以带来美观，更可以增强食欲、促进消化液的分泌，有利于消化和吸收。大部分食物具有天然的色泽，但加工过程可能会引起褪色或变色，所以为了改善食品的色泽或模拟天然食物，在食品加工过程中会添加食用色素。

食用色素是色素中的一种，是能在一定程度上改变食物原有颜色并且可以适当食用的食品添加剂。例如我国古代用红曲米酿酒、酱肉以及用乌饭树叶捣汁染糯米饭等。食用色素经过上千年的发展已有了很多种类，如叶绿素、焦糖色素、姜黄等。其按来源可分为天然食用素色和人工合成食用色素。

（一）天然食用色素

天然食用色素是指从动植物和微生物中直接提取得到的色素，对人体安全性高且某些还具有增强营养甚至保健功能，如β-胡萝卜素能在人体内转化成维生素A，后者具有维持皮肤健康、保护视力、改善夜盲症、提高机体免疫力等多种生理功能。天然色素在食品中的应用越来越受到重视，但使用中存在一定的局限性，比如溶解性较小、着色力和染色均匀性较差，色素之间的相容性也较差；稳定性和坚牢度较差，加工和保存食品过程中通常需要加入保护剂；天色素成分较复杂，使用不当时容易产生浑浊和沉淀，有时会受共存成分影响而产生异味；天然色素成本也较高。但这些缺点并不影响天然食用色素逐渐取代人工合成食用色素。

1. 红曲红

红曲红又名红曲色素，是从红曲米或红曲霉的深层培养液中提取得到的天然食用色素，由6种呈色组分组成：红色系的红斑素、红曲红素；黄色系的红曲素、红曲黄素；紫色系的红斑胺、红曲红胺。其中红曲红着色力强、着色坚牢度高，对蛋白质的染色能力极强。红曲红是目前国际唯一利用微生物大规模生产的食用天然色素。它不仅对健康基本无毒副作用，相反还具有较好的医疗保健功效，具有抑菌杀菌作用，对降低血脂和防止冠心病的发生也有明显效果。因此，红曲红广泛应用于食品中，尤其是代替亚硝酸盐用于肉制品着色。

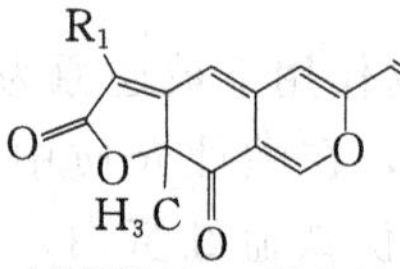

红斑素：$R_1=COC_5H_{11}$
红曲红素：$R_1=COC_7H_{15}$

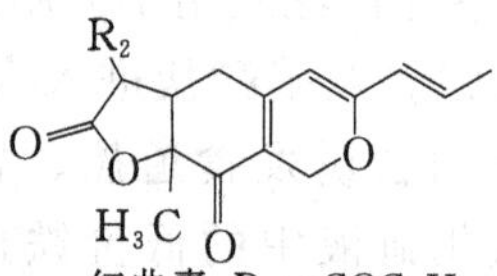

红曲素：$R_2=COC_5H_{11}$
红曲黄素：$R_2=COC_7H_{15}$

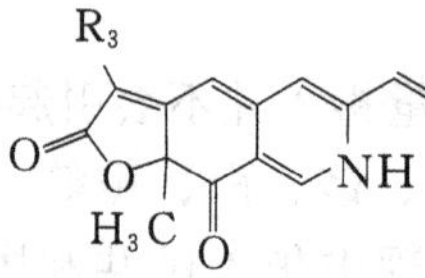

红斑胺：$R_3=COC_5H_{11}$
红曲红胺：$R_3=COC_7H_{15}$

2. 焦糖色素

焦糖色素又名酱色、焦糖色，亦简称焦糖，是由糖类物质经高温脱水、分解、聚合等系列反应后（焦糖反应机理还没有科学可信的确切解释）得到的一种半天然褐色色素，组成结构至今没有被完全认识，成分较复杂，其中某些组分是以胶质聚集体的形式存在。由此可见焦糖生产技术的难度。正因如此，焦糖生产技术一直被各国企业视为高度机密。美国的可口可乐风行全世界几乎难以被替代，与它拥有的耐酸焦糖制备技术密不可分。

焦糖反应主要有两种类型，一种是有胺存在下的美拉德反应，另一种是纯焦糖反应。按照生产过程中催化剂的不同，焦糖色素分为普通焦糖（氢氧化钠催化）、碱性亚硫酸盐焦糖（亚硫酸盐催化）、氨焦糖（氨催化）、亚硫酸铵焦糖（亚硫酸铵或亚硫酸氢铵催化）。我国生产量最大的是氨焦糖。

焦糖色素既可以着色又可以调节风味，还具有安全性，用量也有限，因此大部分国家及组织都对其最大使用限量没有进行严格规制。

根据我国《食品安全国家标准　食品添加剂使用标准》(GB 2760—2014)，用不同方法生产的焦糖色素有不同的使用规定。例如，普通焦糖色素可适量用于除食用冰以外的冷冻饮品、可可及巧克力制品、糖果饼干、即食谷物、饮料等；加氨法生产的焦糖色素可适量用于可可及巧克力制品、糖果饼干、果蔬汁饮料、酱油等。

（二）人工合成食用色素

人工合成食用色素是指以化工原料如苯、甲苯、萘等经过硝化、磺化、偶联等化学反应合成的有机色素。按化学结构，人工合成色素主要包括偶氮类和非偶氮类两种。偶氮类如胭脂红、柠檬黄、日落黄等；非偶氮类如亮蓝、靛蓝等。

人工合成食用色素的优点是色泽鲜艳、色调丰富、调色容易、着色力强、坚牢度高、稳定性好、无臭无味、使用方便、价格低廉。但研究发现合成食用色素不具有营养价值，其本身或代谢产物具有某些毒性，生产过程中还可能混入砷和重金属元素汞等而对人体产生诸如毒性、致泻性、致突变性与致癌性，因此世界各国目前已纷纷限制其在食品加工中的添加。我国现阶段可以限量使用的合成食用色素有胭脂红、苋菜红、诱惑红、日落黄、柠檬黄、亮蓝、食用靛蓝等。

1. 胭脂红

胭脂红又名食品红 7 号、酸性红 18 和丽春红 4R 等。它可以从胭脂虫红中提取得到，也可以用 1-氨基-4-萘磺酸重氮化后再与 2-萘酚-5,7-二磺酸偶联得到，目前广泛使用的是后一种化学方法。其结构如下：

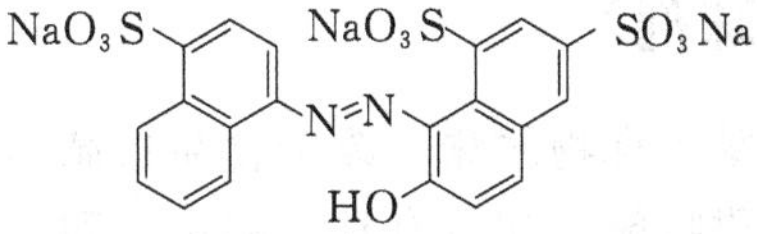

胭脂红

2. 苋菜红

苋菜红是胭脂红的异构体，又名食品红 2 号、酸性红 27、鸡冠花红、杨梅红等。可以从红苋菜等植物中提取，也可以用 1-氨基-4-萘磺酸重氮化后再与 2-萘酚-3,6-二磺酸偶联得到，目前大都使用化学合成法。其结构如下：

苋菜红

3. 柠檬黄

柠檬黄又名食用色素黄 4 号、酒石黄和酸性黄 23 等。一般由对氨基苯磺酸重氮化后再与 1-(4-磺酸苯基)-3-羧基-5-吡唑啉酮在碱性溶液中偶联得到。其结构如下：

柠檬黄

4. 食用靛蓝

食用靛蓝又名食品蓝 1 号、酸性蓝 74 和酸性靛蓝等，是靛蓝的二磺酸钠盐，由靛蓝用浓硫酸磺化得到。靛蓝类色素是目前所知使用最早的色素之一，公元前 2500 年，靛蓝就用作染料为织物染色。如古埃及木乃伊身上的一些服饰和我国马王堆出土的蓝色麻织物都是由靛蓝染色而成。食用靛蓝结构如下：

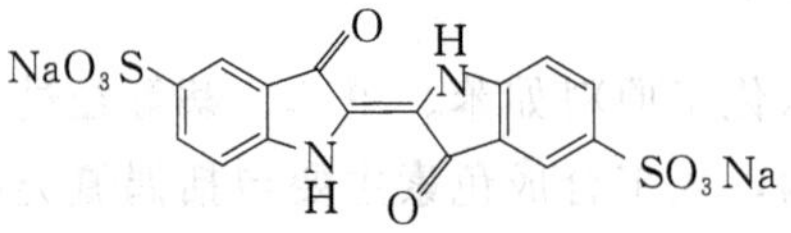

[结构式：NaO_3S、SO_3Na 取代的靛蓝结构]

食用靛蓝

我国《食品安全国家标准　食品添加剂使用标准》（GB 2760—2014）对人工合成食用色素的使用作了非常严格细致的规定，除了规定所有合成色素不得用于制作面包、饼干、馒头、糕点、肉及肉制品、蛋及蛋制品、配制酒以外的其他酒和婴幼儿食品等外，还规定了各类合成色素的适用范围和使用限量。

合成色素的安全性始终难以保证，因此必须按规定使用，并且应避免长期或一次性大量食用色素超标的食品，否则会加重肝脏的负担，伤害肝脏功能；对儿童来说则可能导致智力下降和多动症等行为障碍。有说柠檬黄的安全性较高，但仅仅因为目前还没有明确的证据证实其有致癌性。有研究表明柠檬黄进入人体后绝大部分以原形排出，基本不在体内蓄积，但是柠檬黄会导致过敏已是不争的事实，例如偏头痛、视觉模糊、四肢无力等。这也说明人工合成食用色素都有一定的危害性，尽量减少食用。

三、增加食品甜度的“甜味剂”

甜味剂，顾名思义是能够赋予食物甜味、改善食品口感与风味的食品添加剂。按其来源可分为天然甜味剂和人工合成甜味剂。前者有甘草甜素、甜菊糖苷等；后者有糖精、甜蜜素和阿巴斯甜等。按营养价值也可分为营养型甜味剂和非营养型甜味剂。前者主要包括各种糖类和糖醇类；后者主要指人工合成的甜味剂如甜蜜素等。

（一）天然甜味剂

天然甜味剂指从天然材料，亦即可食用植物中分离提取到的甜度较高的天然产物，包括糖和糖的衍生物以及非糖类化合物。因来源于食材，故安全性较高，缺点是价格昂贵，稳定性较差，因此应用不如人工合成的甜味剂来得广泛，但天然甜味剂是食品甜味剂的发展方向。目前应用较多的有甜菊糖苷、罗汉果甜苷、甘草甜素、木糖醇等。葡萄糖、果糖、蔗糖、麦芽糖、乳糖等虽然也是甜味剂，但它们一般作为食品原料而非食品甜味剂。

1. 罗汉果甜苷

罗汉果甜苷又名罗汉果甜等，主要指罗汉果甜苷Ⅴ。罗汉果甜苷是从药食两用植物罗汉果中以水或 50％的乙醇为溶剂提取得到的三萜类糖苷化合物，是一种混合物，其中罗汉果甜苷Ⅴ占 20％以上，另外还含有罗汉果甜苷Ⅵ、D-甘露醇、葡萄糖、果糖、氨基酸、黄酮类化合物以及锰、铁等矿物元素。罗汉果甜苷外观白色至浅黄色到浅棕色粉末，易溶于水合稀乙醇，耐热性好，甜度高（约为蔗糖的 240 倍），甜味纯正，无任何异味和苦涩味，其甜味是现已开发的甜味剂中与蔗糖最相似的。

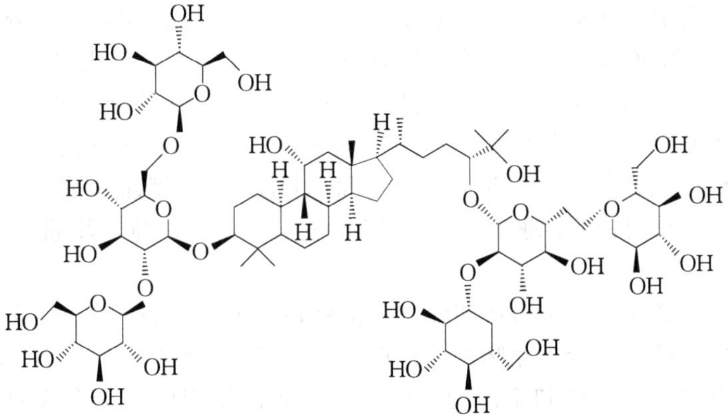

罗汉果甜苷

研究显示，罗汉果甜苷进入人体后不会引起血糖升高和龋齿，也基本不产生热量。热值可认为是零。此外，罗汉果甜苷还具有清热、润肺、镇咳、祛痰、通便、清除自由基、抗氧化、增强免疫、防癌抗癌等功效，对糖尿病、肥胖以及便秘都有一定的防治作用和辅助疗效。因此，罗汉果甜苷被绝大部分国家许可用于食品中。我国规定罗汉果甜苷可适量用于冷冻饮品、糖果、果冻、果酱、罐头、膨化食品、坚果和籽类、乳奶制品和以乳为主料的即食风味食品或其他预制品、人造黄油及其类似物、脂肪类甜品及其他油脂与油脂制品、米面和杂粮制品、豆类制品、蛋制品、各种饮料、酒、调料与调味品中。

2. 木糖醇

木糖醇又名戊五醇，是一种天然存在的五碳糖醇，也是人体正常糖代谢的中间体，广泛存在于白桦树、橡树等植物以及各种蔬菜、水果和谷类中。一般利用甘蔗渣、玉米芯等农作物为原料提取得到。

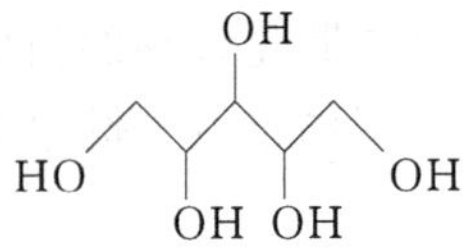

木糖醇

木糖醇外观类似于蔗糖，白色结晶状粉末或晶体，易溶于水，微溶于乙醇，因溶于水时会吸收大量的热，因此具有清凉的甜味。木糖醇是多元醇中最甜的，但甜度仅为蔗糖的 1.2 倍，热值也较低，大约是其他碳水化合物的 60%，适合于减肥人士食用。木糖醇进入人体后不会引起血糖升高，代谢也不需要胰岛素的参与，它可以在没有胰岛素存在下透过细胞膜被吸收利用为机体提供能量、刺进肝糖原的合成、抑制有害酮体的产生，对改善肝功能、预防脂肪肝和治疗糖尿病具有一定的功效。但是，木糖醇难以被胃酶分解，而且在肠道内的吸收率又低于 20%，容易在肠壁产生累积，所以，木糖醇对胃肠有一定的刺激作用，大量食用可能会产生胀气、肠鸣以及渗透性腹泻等症状；加之木糖醇属于碳水化合物，过量食用可能引起血脂升高。因此，木糖醇虽公认是安全无毒的，但仍然应该注意食用量。

（二）人工合成甜味剂

人工合成甜味剂是一类广泛应用于食品、饮料、药物和个人护理品的人工合成或半合成的代替蔗糖的有机化合物，由于大部分人工合成甜味剂几乎不被人体转化，因此被人们称为无热量的糖。近年来，人工合成甜味剂也被广泛用于动物饲料，以改善饲料的口感。第一种被人类使用的人工合成甜味剂是糖精，它是在1897年用煤焦油提炼一种新的防腐剂时意外发现的。在1890至1930年间，糖精在美国是唯一被使用的人工合成甜味剂，而且当时只被用于糖尿病患者。随着人类生活水平的提高，肥胖问题受到更多的关注，这加速了多种人工合成甜味剂的出现和更为广泛的使用。1950年至1980年，甜蜜素和阿斯巴甜逐渐出现在人们的生活中，之后，三氯蔗糖、安赛蜜、纽甜和NHDC等新型甜味剂在消费市场上所占比例越来越大。据统计，目前全球每年大概消费安赛蜜4000吨，甜蜜素47000吨，糖精37000吨。

目前，美国允许使用的人工合成甜味剂包括糖精、阿斯巴甜、纽甜、安赛蜜和三氯蔗糖等。而欧盟允许使用的人工合成甜味剂包括糖精、甜蜜素、阿斯巴甜、NHDC、安赛蜜和三氯蔗糖等。我国是甜味剂消费和生产的大国，我国允许使用的人工合成甜味剂主要有淀粉糖、糖精、甜蜜素、阿斯巴甜、纽甜糖、安赛蜜和三氯蔗糖等。

淀粉糖主要包括麦芽糖浆、果葡糖浆、结晶葡萄糖及葡萄糖浆等。麦芽糖浆主要用于乳制品生产；葡萄糖浆和结晶葡萄糖除少部分作为医药原料外，大部分用于糕点等食品加工业；果葡糖浆主要用于饮料、糕点、焙烤等食品行业。还有一种啤酒专用糖浆是淀粉糖浆中的新品种，主要用于啤酒行业。

糖精（邻苯甲酰磺酰亚胺）、甜蜜素（环己基氨基磺酸钠）和安赛蜜（乙酰磺胺酸钾）都属于磺胺盐类，是完全人工合成的甜味剂，具有较高的溶解度。其中安赛蜜具有较强的热稳定性，在酸性条件下，安赛蜜能够发生轻微的水解并产生乙酰胺。

阿斯巴甜（天门冬酰苯丙氨酸甲酯）是一种二肽甲酯，是完全人工合成的非糖类的人工合成甜味剂，甜度为蔗糖的200倍。与安赛蜜不同，阿斯巴甜具有热不稳定性，在液体中长期贮存会被降解。在酸性或碱性条件下，阿斯巴甜会水解产生甲醇和氨基酸。在pH4.3时，阿斯巴甜最稳定。研究表明，阿斯巴甜能被人体消化分解出苯丙氨酸、天门冬氨酸和甲醇，都有对人体造成危害的能力，但因其甜度很高而用量极低，一般不会对正常人造成危害。

纽甜糖的结构与阿斯巴甜相似，是二肽化合物的衍生物，甜度是阿斯巴甜的30～60倍，具有较强的热稳定性，是中华人民共和国国家卫生健康委员会唯一批准在所有食品中不限量使用的甜味剂。

三氯蔗糖（4,1′,6′-三氯-4,1′,6′-三脱氧半乳蔗糖），俗称蔗糖素，是含有五个羟基和三个氯原子的极性氯化糖。它是用氯原子选择性取代蔗糖的三个羟基而合成的。三氯蔗糖具有较高的水溶解度，较强的热稳定性和耐酸碱性。在普通人类志愿者身上进行的长期试验表明，其不会对人类健康产生不可逆作用。

NHDC（新橙皮苷二氢查尔酮）是从柑橘类水果中发现的类黄酮通过碱性加氢而得到的。它在酸性条件下不容易水解，具有较强的热稳定性，另外，其抗氧化性能已经得到证明。NHDC是已知最稳定的安全型甜味剂，具有增甜、增香、增味和掩盖苦味等调味特性。

人工合成甜味剂化学性质稳定、耐热、耐酸、耐碱，一般使用条件下不易出现分解失效现象；也不参与机体代谢、不提供能量，适合糖尿病人等特殊人群使用；甜度高、价格低廉；不为口腔微生物利用，不会引起龋齿。但由于人类使用合成甜味剂的历史远低于天然调味剂，因此人们对合成甜味剂的安全性仍未理解深刻，需要始终保持警惕。

四、改善食品口味的“增鲜剂”

食品增鲜剂也称为食品风味剂或食品鲜味剂，指能够增强或改进食品原有风味的添加剂。其按来源可分为天然和化学合成两大类，前者有来源于动植物、微生物代谢产物的水解蛋白酶和酵母抽提物，而谷氨酸钠、琥珀酸二钠盐等则属于化学合成类；按化学结构和组成又可分为有机酸类、核苷酸类和复合增味剂等，其中以氨基酸类和核苷酸类应用较多，有机酸类被广泛使用的只有琥珀酸二钠盐。

氨基酸类食品增鲜剂包括氨基酸及其盐类，属于脂肪族化合物，熟悉的有谷氨酸钠（味精）、丙氨酸、甘氨酸、天冬氨酸及蛋氨酸等。增鲜基团主要是分子中的亲水基团（羧基、磺酸基、羟基、巯基等）。不同的氨基酸因为结构的不同而具有不同的风味，例如丙氨酸有较强的腌制品风味，甘氨酸具有虾、墨鱼风味，蛋氨酸具有海胆风味等。氨基酸类增鲜剂的热稳定较差，高温下很容易分解。

甘氨酸类主要包括鸟苷酸和肌苷酸，都含有磷酸基团和芳香杂环结构，属于酸性离子型有机化合物，其增鲜基团主要是亲水性的核糖-5-磷酸酯。此类增鲜剂具有较好的热稳定性，但会被动植物体内普遍存在的磷酸酶分解而失去鲜味，因此不能直接加入生鲜的动植物食材中使用，需将食材在85℃左右先预热，使磷酸酶失活后再添加使用。

复合增鲜剂是指将两种及两种以上增鲜剂组合使用，分为天然型和复配型两类。天然型是由各种肉类及植物等经提取得到，或由各种动植物、微生物的组织及生物大分子物质如蛋白质等经水解得到；复合型是将一些增味剂、甜味剂、油脂、无机盐甚至香辛料等经科学调配而得到。大部分的复合增鲜剂都具有特殊的风味和一定的营养价值，是调味剂的发展方向。

下面介绍两个最常用的增鲜剂。

（一）谷氨酸钠

谷氨酸钠又名DL-谷氨酸钠，俗称味精，属于氨基酸类增鲜剂和第一代增鲜剂。谷氨酸分子中有一个手性碳原子，因此谷氨酸以D型、L型和外消旋体三种形式存在，食品增鲜剂常使用的是其中的外消旋体。

谷氨酸以游离或结合态形式存在于动植物如蘑菇、海带、豆类、坚果、肉类或奶制品等以及微生物代谢产物中，人体也会产生谷氨酸。谷氨酸钠一般可以采用淀粉、大米、糖蜜等为原料经发酵法制备、也可以采用盐酸对植物蛋白进行水解制备，还可以采用丙烯腈为原料通过化学合成方法制备得到，目前基本采用第一种制备方法。

研究证实，谷氨酸钠在合理范围内食用是安全的，进入人体后，其96%被吸收，剩余的随尿液排出。吸收的谷氨酸钠会参与机体代谢，并与酮酸发生氨基转移作用，从而合成其他人体必需的氨基酸，并降低血液中的含氨量和毒素，防止肝功能受损。而且，谷氨酸是脑组织中唯一能被氧化的氨基酸，所以在葡萄糖供应不足的情况下，它能充当脑组织的能源物质，改进和维持脑机能，防止癫痫等。但是，若过量摄取也会导致部分人出现中毒现象，如头痛、胸痛、多汗、胃灼烧感、口部麻木、面热及面部压迫或肿胀等，此外，谷氨酸钠在超过120℃或过度加热时会产生焦谷氨酸钠，后者具有一定的致癌性，所以烹饪时要在最后起锅前再添加味精，加入后勿过长时间进行加热操作。

（二）琥珀酸二钠

琥珀酸二钠又名丁二酸二钠，俗称干贝素，属于有机酸类增鲜剂。琥珀酸二钠天然存在于鸟、兽尤其是海洋生物和海藻等中，是贝类肉质鲜味的来源，不过目前琥珀酸二钠一般都是由琥珀酸与氢氧化钠或碳酸钠反应制得。

琥珀酸二钠有无水化合物和六水化合物两种形式。无水化合物为无色或白色晶状粉末。

六水化合物为无色或白色晶状颗粒，无臭、无酸味、无挥发性，渗透性强，水溶性好，不溶于乙醇，其水溶液具有特殊的贝类鲜味。无水化合物的鲜度是六水物的1.5倍。

琥珀酸二钠不仅具有鲜味，还能缓和其他调味剂如酸味剂等的刺激，改善食物口感，与别的增鲜剂尤其是氨基酸类增鲜剂一起使用时具有协同作用。因此它除了单独作为增鲜剂用于食品外，还常常与谷氨酸钠、呈味核苷酸二钠等按一定比例混合使用。同时它又具有良好的热稳定性，可直接用于食物的热加工过程。

琥珀酸二钠具有一定的生理活性，有一定的抗菌、中枢抑制、抗溃疡等功效，在常规使用下基本无毒副作用。但如果大量口服，可能会导致呕吐、腹泻等中毒症状，需要引起注意。

舌尖上的多能分子除了上述提及的几大类之外，还有诸如“酸味剂”“增香剂”等很多种类，限于篇幅，在此不再展开。

第四节　改邪归正的毒素分子

英国著名医生P. M. Latham曾经说过：“毒物和药物往往是用于不同途径的同一物质。”我国传统中医学理论中也有“以毒攻毒”之说。可见，毒素与药物就像一对孪生兄弟一样紧密相连，过量为毒，适量为药。在治疗顽疾和恶疾方面，毒物往往能发挥意想不到的奇效。因此，传统的毒素分子经过结构修饰或者控制用量后，就可广泛应用于临床上治疗多种疾病。例如蛇毒、蝎毒可用来治疗神经和心血管系统疾病。河豚毒素可镇痛，尤其对晚期癌症的止痛效果非常明显，虽起效较慢，但持续时间较长且不会成瘾；可用于局部麻醉、瘙痒镇静剂、呼吸镇静剂、尿意镇静剂；可解痉，尤其对胃痉挛、破伤风痉挛有特效；可戒除海洛因毒瘾且无依赖性，效果优于美沙酮；可迅速降压，常用于抢救高血压病人；可抗心律失常等。

一、美味山珍中的“毒菌毒素”

野生菌味道鲜美又富有营养，是名副其实的“山珍”。但种类繁多的野生菌中，有许多都是有毒的，毒菌中往往含有一种或多种毒素，人一旦误食就会中毒，甚至丢掉性命。

我国很早就开始对毒菌中毒进行防治并积累了很多经验，但对毒菌毒素成分的研究历史很短，其中对羟基毒肽和毒伞肽两种毒素的研究比较深入，已知的最剧烈的毒素大都是鹅膏属菌产生的。毒菌毒素的化学性质非常复杂，对人有较大危害的主要是生物碱类、多肽类和氨基酸类。一种毒菌可能含有多种毒素，一种毒素也可能存在于多种毒菌中。不同毒素的毒理和毒性都不相同，并且毒菌体内的毒素会随着外界环境的变化而变化。

毒菌中所含毒素成分非常复杂，有些毒素还是未知的，所以很难用一般的方法准确测定，一般会选用化学分析法或者生物毒性试验来进行毒菌毒素的分析鉴定。

毒肽和毒伞肽为无色晶体，化学性质稳定，耐高温、耐干燥，易溶于甲醇、乙醇、吡啶等有机溶剂，在热水中溶解度较大，因此其煮汤后汤中也有剧毒。毒肽和毒伞肽两者的毒理作用不同，它们的毒性大小、中毒快慢、作用部位都不太相同。毒肽作用快，作用于肝细胞的内质网，而毒伞肽作用慢，主要作用于肝细胞的细胞核。毒伞肽结构如下：

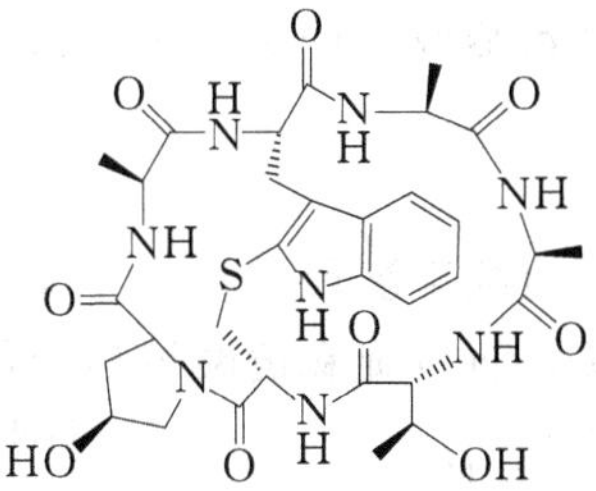

毒伞肽结构

（一）毒菌毒素的中毒和急救

不同毒菌所含毒素不同，中毒后的症状也不同，必须根据中毒的类型及临床表现进行对症治疗，减轻中毒症状，减少死亡率。

肝损害型中毒，一般病程较长，病情也更加凶险复杂，死亡率非常高。呼吸与循环衰竭型的中毒，一般会出现胃不适、恶心呕吐等。溶血型中毒，一般会引起红细胞破坏，引发急性溶血型贫血，表现为面色苍白、恶心呕吐、全身无力。神经型中毒，表现为神经兴奋或抑制、精神错乱等。肠胃炎型中毒，潜伏期较短，病程也较短，但中毒重则会引发腹泻、头痛等。光过敏性皮炎型中毒，曝光部位会出现肿胀、有灼烧针刺感。

急性毒菌毒素中毒的急救措施为：首先以催吐、洗胃、导泻、灌肠等方式清除毒物；其次通过输液供给营养，稀释毒素，维持体液平衡以及水和电解质平衡；之后再及时用活性炭等吸附剂、牛奶豆浆等保护剂、沉淀剂和解毒剂等进行解毒。

（二）毒菌毒素的临床应用

尽管毒菌毒素对人体危害巨大，但它依然具有潜在的利用价值。我国医学名著《神农本草经》《本草拾遗》《本草纲目》等都有利用毒菌作为治病药物的记载。民间也流传着许多以毒治毒的药方。例如，止血扇菇可用来止血，红鬼笔可治肿毒恶疮，竹林蛇头菌可解毒消肿等。

近年来，毒菌毒素也被用作于新药的研发。例如：

① 镇静剂和止痛剂。毒蝇鹅膏所含的一种成分与蟾蜍素结构相似，蟾蜍素可治疗脑血栓，具有清热解毒、消肿止痛、化瘀除脓的功效。如果对这种毒素进行结构修饰，就能作为新药运用于临床。

② 抗肿瘤制剂。马达加斯加有一种毒菌的毒蛋白可有效阻止癌细胞增殖，科学家们正在研究对毒伞肽及其衍生物进行结构修饰后用于杀死癌细胞。

③ 精神病治疗。裸盖菇属中所含的毒素能够影响大脑中枢神经系统，对人产生强烈的致幻作用，而致幻时间很短且无后遗症，可为研究精神病的病因和治疗提供病理模型。

④ 戒除毒瘾。毒菌毒素属胺类或吲哚类化合物，具有致幻作用，与致幻药很像，但毒性小，不会产生依赖，也不会有后遗症，所以被用作毒品暂代品，减少吸毒者痛苦，最终达到戒毒的效果。

⑤ 保健作用。还有一些毒菌毒素能够清除自由基，具有明显的抗衰老功效。也有一些毒菌毒素具有抗病毒、调节免疫力功能。

除了临床应用，毒菌毒素还经常用作生物防治。一些毒素对人体无毒，却对昆虫具有致命打击。化学杀毒剂对环境有严重污染，而生物防治已成为研究热点。毒菌毒素在生物学上的应用主要是将毒素分子修饰后应用到分子生物学、分子遗传学和细胞生物学的研究，在化学工业上主要生产橡胶、提取稀有氨基酸及挥发性化合物。

二、感冒药的核心“麻黄碱”

麻黄在我国的使用历史悠久，始载于汉代《神农本草经》。麻黄中含有左旋和右旋麻黄碱，左旋麻黄碱一般直接称麻黄碱，而右旋麻黄碱被称为伪麻黄碱。结构如下：

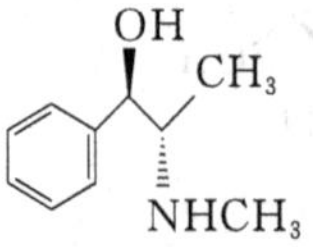

麻黄碱 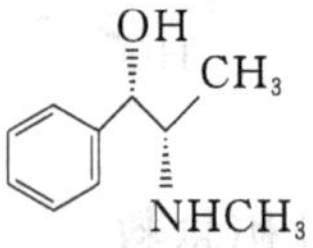　　伪麻黄碱

麻黄碱的一般提取方法有甲苯萃取、水蒸气蒸馏和离子交换，近年来提取工艺有所提高，主要采用生物发酵、HPLC、膜分离等方法。

麻黄碱可用于平喘发汗，服用过量会引起中毒，长期服用也可能成瘾，必须严格控制其出售和使用，对于含有麻黄碱成分的药物的使用和购买也需进行限制。

麻黄碱使用不当或过量会刺激肾上腺，使心血管系统兴奋，诱发地卡因过敏；也会使血管收缩而可能诱发脑血管疾病；输入量过大时，会使交感神经和中枢神经过度兴奋而中毒，表现为心悸气短、血压升高，严重时会休克、昏迷，甚至死于呼吸衰竭和心室纤颤。

麻黄碱中毒时，可先通过催吐、洗胃、导泻来降低其在体内的含量，之后可采用药物解毒，如氯丙嗪、甘草等；中毒严重者需要中西医结合进行救治。

（一）麻黄碱的药理活性

麻黄碱可以影响心血管系统，刺激肾上腺神经，增强心肌收缩，加速心跳，升高血压，抑制混合血栓的形成；可使大脑皮层和皮下中枢兴奋，能使呼吸中枢和血管中枢兴奋；也可以持久地解除平滑肌的痉挛，使肌肉松弛，抑制肠胃蠕动；还可以影响肌肉神经传递，用于重症肌无力的治疗；此外，还具有平喘、镇咳、祛痰、发汗、利尿、抗炎、抗过敏等作用。

（二）麻黄碱的临床应用

麻黄碱的应用一开始以麻黄植株入药，近年来研究开发了很多含有麻黄碱成分的药物，如白加黑、小儿止咳露、丽珠感乐、定喘宁胶囊等，可用于治疗风寒、感冒。

麻黄碱为拟肾上腺素药，能兴奋交感神经，药效较肾上腺素持久，能松弛支气管平滑肌、收缩血管，有显著的中枢兴奋作用。临床应用主要有以下几个方面：

① 利尿。麻黄碱可以用来治疗泌尿生殖系统方面的疾病。

② 平喘。麻黄碱常常用于治疗过敏性哮喘、小儿肺炎、外感风寒等呼吸系统方面的疾病。

③ 麻黄碱可提高交感神经的兴奋，用于治疗消化系统方面的疾病。

④ 麻黄碱对心血管疾病、神经系统疾病、皮肤科疾病、五官科疾病以及妇科疾病都有良好的治疗效果，也常用于氯丙嗪中毒病人的抢救。

（三）麻黄碱的制备

麻黄碱的工业制备有两种方法：从植物中提取或化学合成；麻黄碱的生物制备主要有植物细胞组织培养法、生物转化法和转基因微生物法。

合成过程如下所示：先生物转化生产出 α-羟基酮 R-PAC，再用化学方法合成出两个麻黄碱异构体。

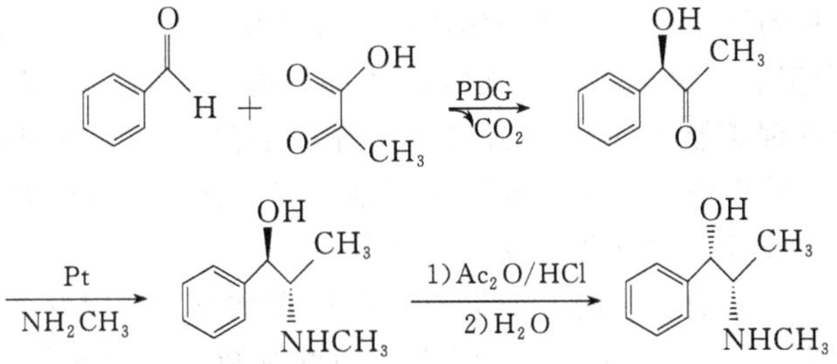

$$\text{C}_6\text{H}_5\text{CHO} + \text{CH}_3\text{COCOOH} \xrightarrow[-\text{CO}_2]{\text{PDG}} \text{C}_6\text{H}_5\text{CH(OH)COCH}_3 \xrightarrow[\text{NH}_2\text{CH}_3]{\text{Pt}} \text{C}_6\text{H}_5\text{CH(OH)CH(CH}_3\text{)NHCH}_3 \xrightarrow[2)\text{H}_2\text{O}]{1)\text{Ac}_2\text{O/HCl}} \text{C}_6\text{H}_5\text{CH(OH)CH(CH}_3\text{)NHCH}_3$$

三、原发性癌症的克星“斑蝥毒素”

斑蝥，又称斑猫、花斑毛、花壳虫、黄豆虫等，俗称西班牙苍蝇。斑蝥素又称斑蝥酸酐，在鞘翅目、芫菁科昆虫中普遍存在。不同属种和不同性别的斑蝥素含量不同，一般成虫中含斑蝥素约为 1%。斑蝥素可以从虫体直接提取，也可人工合成。

斑蝥素化学名为外型-1,2-顺-二甲基-3,6-氧桥-六氢化邻苯二甲酸酐，斜方形鳞状晶体，无臭，剧毒，不溶于冷水而溶于热水，难溶于丙酮、氯仿、乙醚、乙酸乙酯等有机溶剂，微溶于乙醇，熔点 218℃，升华温度 120℃。药用斑蝥主要在成虫盛发期进行野外采集。斑蝥素结构式如下：

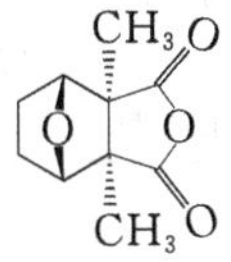

斑蝥素

（一）斑蝥素的毒性

斑蝥素有剧毒，小鼠急性试验腹腔注射的半数致死量为 1.25mg/kg，内脏切片检查，无论急性或亚急性毒性试验，发现各脏器都出现了病变。服用斑蝥素后，出现发热、排尿疼痛、甚至血尿。斑蝥素还可能对肾脏和生殖器造成永久性损害，严重者可进展为急性肾功能衰竭。30mg 的斑蝥素即可致人中毒死亡。

斑蝥素虽毒性大，但我国古代就已将它入药。《神农本草经》《本草纲目》《大观本草》等药典名著都有用斑蝥素治疗肿瘤的记载。

《中国药典》主要以大斑芫菁和眼斑芫菁的干燥全虫入药，临床应用斑蝥时，一般去头、足和翅，或者与米一起炒，炮制加工。

（二）斑蝥素的药理作用

斑蝥素的药理作用主要表现在发泡和抗肿瘤两个方面。斑蝥素对皮肤有发泡作用，刺激性强，穿透力弱，作用缓慢，伴有疼痛，民间用斑蝥素发泡作用刺激一定部位来治疗疾病。斑蝥素水溶液能够抑制食道癌、肝癌、胃癌等癌细胞的代谢。

斑蝥素对癌细胞有较强的亲和性，作用机制是首先抑制癌细胞蛋白酶的合成，继而影响其 DNA 和 RNA 的生物合成，最终抑制癌细胞的生长和分裂。

斑蝥素对原发癌效果显著，且无骨髓抑制作用，还能同时提升白细胞数量和质量，也具有一定的抗炎、抗病毒和抗真菌作用，临床上用于治疗肝癌、乳腺癌等，也用来治疗一些恶疮、牛皮癣等疾病。

需要注意的是，斑蝥素有剧毒，使用时要小心，外敷时不能大面积使用，体弱和孕妇禁服；服药后在泌尿道和肠胃道有刺激性副作用，因此使用汤剂时要加入滑石。

《神农本草经》中记载，斑蝥可治疗痈疽、溃疡、癣疮等病症，具有攻毒蚀疽、破血散结的作用。近年临床发现斑蝥素有多种新用途，特别是在治疗一些如风湿痛、神经痛、斑秃、乳腺增生、鼻炎、传染病、肝炎、癌肿等疑难杂症上具有独特疗效。因此诞生了多种利用斑蝥及其衍生物的中成药、化学药以及生化药等。

医药上一般使用斑蝥素的衍生物，如低毒性的斑蝥酸钠、甲基斑蝥胺、羟基斑蝥胺等。斑蝥酸钠对造血干细胞有一定刺激，但可以提升白细胞数量，故常用于治疗食管癌和贲门癌，用药后癌组织周围淋巴样细胞有改善，不过可能会引起血尿等不良反应。甲基斑蝥胺治疗癌症的作用比斑蝥素更好，可使患者症状减轻，体征得到明显改善，对肝脏等器官的毒性也相对较小，但对肾脏有害。羟基斑蝥胺在抗肿瘤的作用上与斑蝥素差不多，化疗指数也较高，毒性较小，对原发性肝癌效果最好，无明显不良现象。

（三）斑蝥素的合成

斑蝥素的全合成如下所示。用呋喃与化合物1在高温下进行Diels-Aider环加成反应得到化合物2；2在10%（摩尔分数）的Pd-C催化下与H_2发生加成反应得到化合物3；3在雷尼镍的催化下加热开环，最终得到斑蝥素4。

15kbar[1]

1　2

Pd/C 10%, H_2

雷尼镍

$CH_3COOC_2H_5$

3　4

（四）斑蝥素中毒的救治

斑蝥素中毒后的急症治疗：口服中毒一般先排毒保护胃黏膜，再用50%的硫酸镁导泻，之后再补充体液，维持水、电解质平衡，最后用中药治疗；如果是接触中毒，一般先用温开水冲洗，然后给予龙胆素、冰硼散外敷。如果中毒情况严重，需立即送医院急救。

四、有机磷农药解毒仙子“曼陀罗生物碱”

曼陀罗又称洋金花，全株有毒，以种子的毒性最大。曼陀罗原产于墨西哥，广泛分布于世界温带至热带地区。

曼陀罗生物碱是曼陀罗中所有生物碱的总称，有剧毒，其主要活性成分是具有抗胆碱特性的莨菪碱、东莨菪碱和阿托品等生物碱。莨菪碱为白色针状结晶，易溶于氯仿、乙醇等有机溶剂，难溶于醚或冷水，易溶于稀酸，成盐溶于水，其在外围和中枢的作用更强。阿托品

[1] 1bar=10^5Pa

为无色或无色结晶，易溶于氯仿和乙醇，难溶于醚或水，不溶于石油醚，能够刺激或抑制中枢神经系统。东莨菪碱呈黏稠糖浆状液体，易溶于乙醇、乙醚、氯仿、丙酮和热水，微溶于苯和石油醚，冷水中溶解度尚可，能与多种无机酸或有机酸成盐。东莨菪碱能阻断 M 胆碱受体，对呼吸中枢有兴奋作用，能抑制腺体分泌，对大脑有镇静催眠作用。

一般而言，我们说的曼陀罗生物碱指的是东莨菪碱，其结构如下：

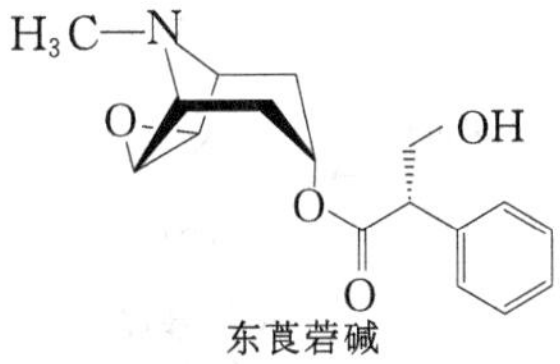

东莨菪碱

（一）曼陀罗生物碱的中毒和救治

曼陀罗生物碱能够造成中枢神经系统的兴奋，刺激大脑细胞、骨髓神经导致抽搐和痉挛；能够阻断 M 胆碱受体，阻断交感神经，使平滑肌松弛，抑制腺体分泌，引起瞳孔散大及视力障碍，使心率加速，血管扩张。

曼陀罗生物碱中毒后的临床症状较为复杂，早期表现为吞咽困难、兴奋不安、视力障碍、呼吸加速；后期表现为瞳孔放大、视物不清、体温升高发抖、腹痛、反应迟钝，最后可能会因为呼吸麻痹而死亡。

曼陀罗生物碱中毒的急救：一般先用高锰酸钾或鞣酸溶液洗胃，再服用解毒剂以沉淀生物碱，注射葡萄糖液促进排毒，之后再根据症状不同服用氯丙嗪或尼可刹米治疗，中药解毒可选用绿豆、甘草和连翘等。

（二）曼陀罗生物碱的临床应用

有剧毒的曼陀罗同时也具有药用价值。早期时候曼陀罗花被用于麻醉和治疗。古书记载其叶、花、籽均可入药。花能祛风湿，止喘定痛，可治惊痫和寒哮，煎汤洗治诸风顽痹及寒湿脚气。花瓣的镇痛作用尤佳，可治神经痛等。叶和籽可用于镇咳镇痛。近年来对曼陀罗药用价值的研究主要集中在平喘、祛风和麻醉止痛方面。

东莨菪碱可用于治疗呼吸衰竭、各型肺水肿、成人呼吸窘迫综合征、咯血、哮喘持续状态等各种呼吸系统疾病。在传统治疗肺出血型钩端螺旋体病的基础上加东莨菪碱佐治，能有效控制肺出血型钩体病咯血，缩短治愈时间，治愈率显著提高，还能减轻治疗过程中患者的恶心、呕吐、腹痛等胃肠道不良反应。此外，东莨菪碱还可用于治疗心衰、室性心律失常、心绞痛、高血压危象等心血管系统疾病。在治疗小儿重症肺炎并发心功能衰竭中也获得良好的效果。

东莨菪碱是 M 胆碱受体阻断剂，具有明显的拮抗儿茶酚胺作用，能解除动静脉痉挛，改善微循环，治疗感染性休克；阻断乙酰胆碱的释放，改善全身微循环，减少病理性腺体的分泌，从而治疗消化系统疾病。

（三）曼陀罗生物碱的合成

东莨菪碱的合成有两种方法——生物合成法（图 20-15）和化学合成法（图 20-16）。

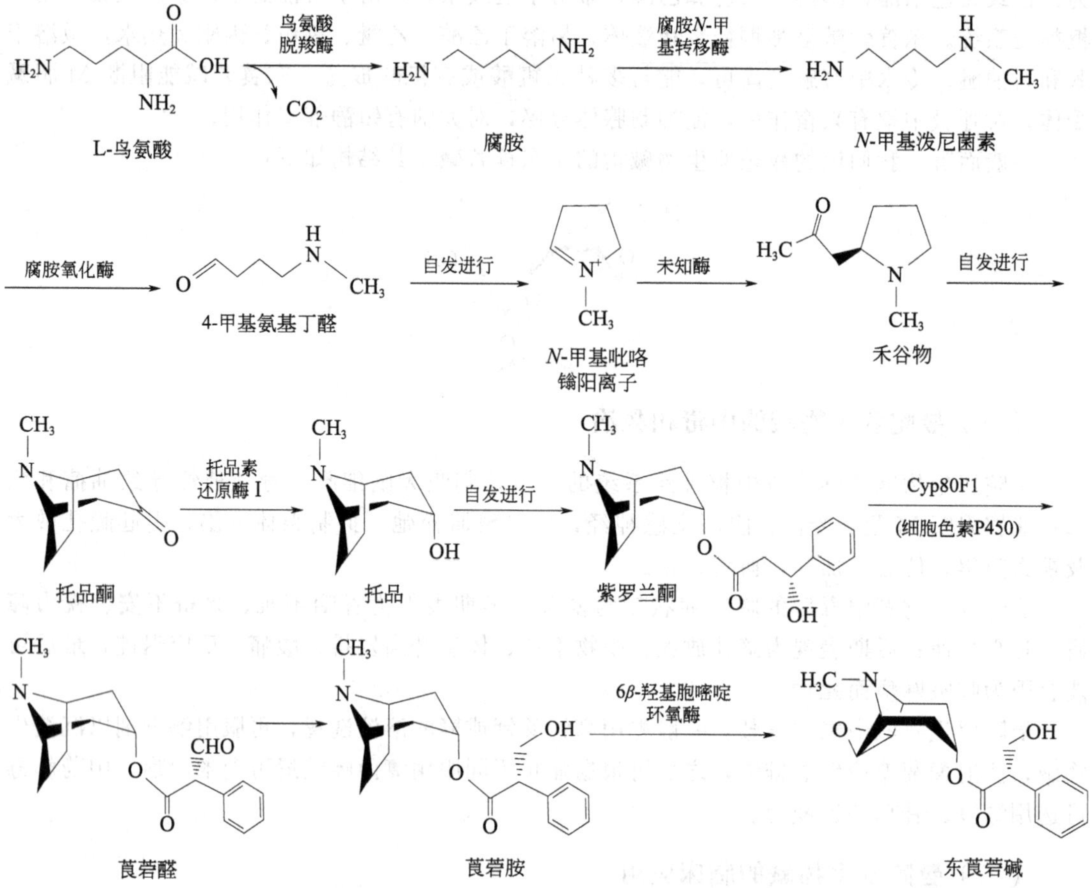

L-鸟氨酸 —鸟氨酸脱羧酶 ($-CO_2$)→ 腐胺 —腐胺N-甲基转移酶→ N-甲基泼尼菌素

—腐胺氧化酶→ 4-甲基氨基丁醛 —自发进行→ N-甲基吡咯鎓阳离子 —未知酶→ 禾谷物 —自发进行→

托品酮 —托品素还原酶 I→ 托品 —自发进行→ 紫罗兰酮 —Cyp80F1 (细胞色素P450)→

莨菪醛 → 莨菪胺 —6β-羟基胞嘧啶环氧酶→ 东莨菪碱

图 20-15 东莨菪碱的生物合成示意图

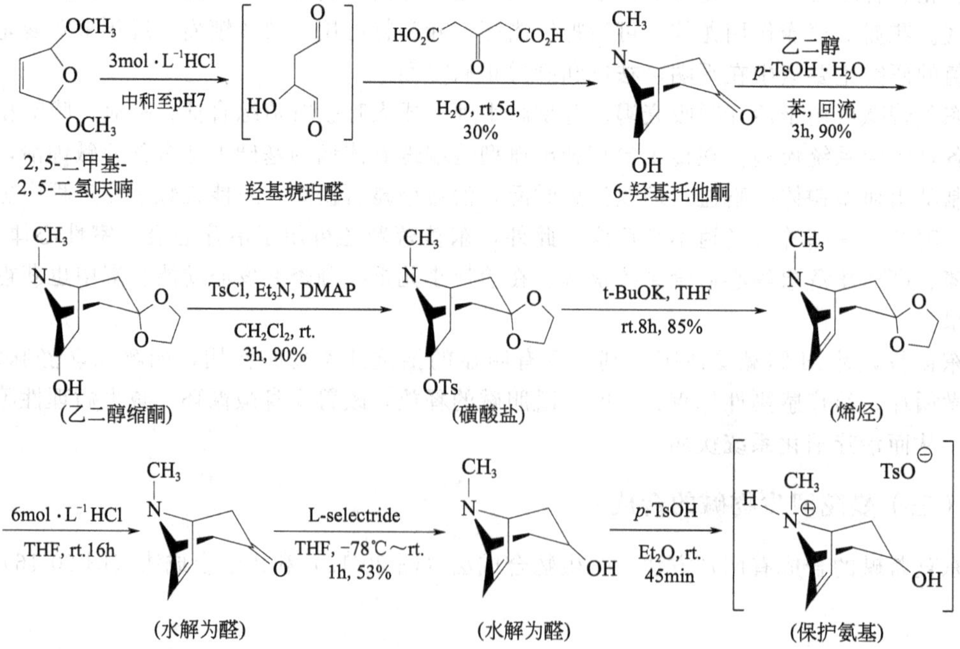

2, 5-二甲基-2, 5-二氢呋喃 —$3mol \cdot L^{-1}HCl$，中和至pH7→ [羟基琥珀醛] —$HO_2C-CO-CO_2H$，H_2O, rt.5d, 30%→ 6-羟基托他酮 —乙二醇，p-TsOH · H_2O，苯, 回流，3h, 90%→

(乙二醇缩酮) —TsCl, Et_3N, DMAP，CH_2Cl_2, rt.，3h, 90%→ (磺酸盐) —t-BuOK, THF，rt.8h, 85%→ (烯烃)

—$6mol \cdot L^{-1}HCl$，THF, rt.16h→ (水解为醛) —L-selectride，THF, −78℃～rt.，1h, 53%→ (水解为醛) —p-TsOH，Et_2O, rt.，45min→ [(保护氨基)]

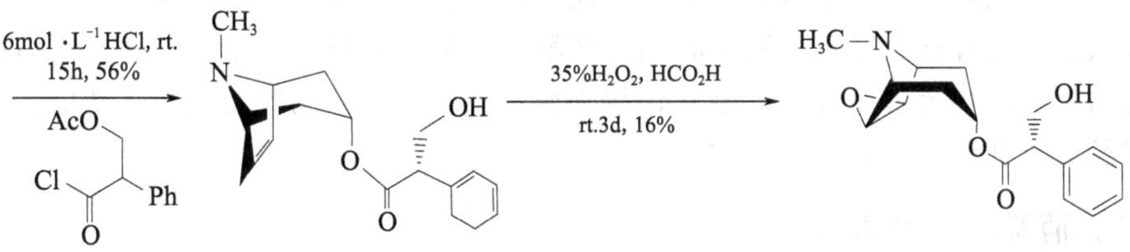

6mol·L^{-1} HCl, rt. 15h, 56%

(酯化)

35% H_2O_2, HCO_2H rt.3d, 16%

东莨菪碱

图 20-16　东莨菪碱的化学合成示意图

第五节　日用品中的宠爱分子

我们的生活中充斥着各种化学分子，它们有的拥有迷人的香味或令人讨厌的臭味，有的可能有毒或有益，有的可能让我们感到高兴或沮丧。但正是它们各自的特点，帮助我们塑造着今天缤纷多彩的世界。

当今的人们对生活质量的要求日益提高，对一些日用品不仅仅满足于一般使用，更希望能够赋予某些功效，如增加抵抗力、延缓衰老、美白抗皱、减肥等。有这样的需求，研发人员便在日用品中加入了一些特殊的化合物，来满足人们的特殊功效要求。

一、心脏能量激活器“辅酶 Q_{10}”

辅酶 Q_{10} 是人体中唯一的辅酶 Q 类物质，又称泛醌，是一种脂溶性多烯醌类化合物，在自然界中广泛分布，主要存在于酵母、植物叶子、种子及动物的心、肝和肾的细胞中，是生物细胞呼吸链中的重要递氢体。

辅酶 Q_{10} 为黄色或淡黄色、无臭无味的结晶状粉末，易溶于氯仿、苯、四氯化碳，溶于丙酮、石油醚和乙醚，微溶于乙醇，不溶于水和甲醇。遇光易分解成红色物质，对温度和湿度稳定，熔点 48～52℃。结构如下：

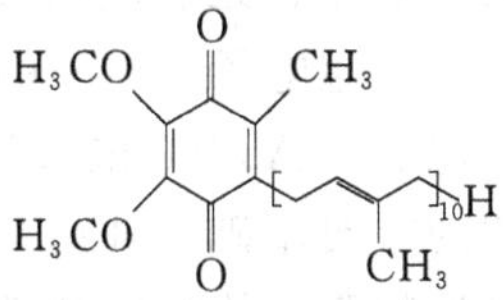

辅酶 Q_{10}

辅酶 Q_{10} 广泛存在于动植物、微生物等细胞的线粒体内，是细胞自身合成的天然抗氧化剂和细胞代谢激活剂，在细胞线粒体内呼吸链质子转移及电子传递中起重要作用，它能影响某些酶的三维结构，直接参与这些酶的生化活动，对其生化过程起着十分重要的作用。食物中的辅酶 Q_{10} 在脏器（心肝肾）、牛肉、豆油、沙丁鱼和花生等中的含量较高，摄入 500g 沙丁鱼、1000g 牛肉或 1250g 花生可为机体提供约 30g 的辅酶 Q_{10}。

（一）辅酶 Q_{10} 的生物活性

辅酶 Q_{10} 是人类生命不可缺少的重要元素之一，其生物活性主要来自醌环的氧化还原特性和其侧链的理化性质。辅酶 Q_{10} 能激活人体细胞和细胞能量，具有提高人体免疫力、增强抗氧化能力、延缓衰老和增强人体活力等功能，医学上广泛用于心血管系统疾病的治疗。此外，辅酶 Q_{10} 还具有抗肿瘤、预防冠心病、缓解牙周炎、治疗十二指肠溃疡及胃溃疡、缓解心绞痛的功效，对帕金森综合征、亨廷顿舞蹈病及阿尔兹海默病等与线粒体功能障碍及衰老有关的神经退行性疾病也有显著疗效。

（二）辅酶 Q_{10} 的功效

1. 抗氧化性和清除自由基

辅酶 Q_{10} 是一种脂溶性抗氧化剂，是人体细胞代谢不可或缺的辅酶，被称为“心脏活力之源”。脂溶性使它在内膜上具有高度的流动性，特别适合作为一种流动的电子传递体。

包埋在线粒体内膜脂质双分子中的辅酶 Q_{10}，从线粒体复合体Ⅰ［还原型烟酰胺腺嘌呤二核苷酸（NADH）脱氢酶］或复合体Ⅱ（琥珀酸脱氢酶）接受 2 个电子后转变为醇式，再将电子传递给复合体Ⅲ（细胞色素 c 还原酶）。体内辅酶 Q_{10} 被大量消耗变为醇式，既是有效的抗氧化剂，同时也是运动的电子载体，它将氢原子从其羟基转给脂质过氧化自由基，因而减少线粒体内膜的脂质过氧化反应。此过程中生成了与辅酶 Q_{10} 及其醇式不成比例的自由基半泛醌，或与氧发生反应形成超氧化物，自由基半泛醌在超氧化物歧化酶和过氧化氢酶的作用下转运自由基实现解毒作用，如此循环往复，呼吸链将辅酶 Q_{10} 不断再生，生成醇式，恢复了它的抗氧化剂活性作用。

2. 抗衰老和抗疲劳作用

辅酶 Q_{10} 由醌式变成醇式后，可直接与过氧化物自由基反应，再生维生素 E。辅酶 Q_{10} 可独立并协同维生素 E 发挥抗氧化剂作用。体外实验还发现辅酶 Q_{10} 可以保护哺乳动物细胞免于线粒体氧化应激引发的凋亡，而肿瘤坏死因数（TNF）或癌基因抑活药均没有这种作用。辅酶 Q_{10} 与维生素 B_6 结合使用可抑制自由基对免疫细胞上受体与细胞分化和活性相关的微管系统的修饰作用，增强免疫力，延缓衰老。辅酶 Q_{10} 可以保护受紫外线损伤的皮肤，促进表皮细胞的增殖。

广泛研究认为，辅酶 Q_{10} 抑制脂质过氧化反应，减少自由基的生成，保护超氧化物歧化酶（SOD）活性中心及其结构免受自由基氧化损伤，提高体内 SOD 等酶活性，抑制氧化应激反应诱导的细胞凋亡，具有显著的抗氧化、延缓皮肤衰老的作用。

辅酶 Q_{10} 的醌环在氧化呼吸链中起传递电子和质子的作用，这种作用不仅是所有生命形式必不可少的，而且还是形成三磷酸腺苷（ATP）的关键。ATP 是机体能量的主要储存形式，也是所有细胞功能赖以正常发挥的重要基础。辅酶 Q_{10} 是细胞自身产生的天然抗氧化剂和细胞代谢启动剂，具有保护和恢复生物膜结构的完整性、稳定膜电位作用，是机体的非特异性免疫增强剂，因此显示出极好的抗疲劳作用。

3. 抗肿瘤和免疫调节作用

现已报道的辅酶 Q_{10} 抗癌种类有乳腺癌、前列腺癌、胰腺癌、结肠癌和肝细胞癌等。研究发现，病变组织的辅酶 Q_{10} 含量比正常组织显著减少，而且补充辅酶 Q_{10} 可以使病症得以减轻。有研究者利用三氯乙酸诱导小鼠患上肝细胞癌，患病小鼠按照每天 0.4mg/kg 的剂量服用辅酶 Q_{10} 4 周后，明显降低了油脂过氧化作用，抑制谷胱甘肽和 SOD 含量的减少，并且可以防止组织坏死因子-α 和肝组织内皮素的提高。通过免疫组织化学分析得出，辅酶 Q_{10} 可有效地减少病变肝脏中 HepPar1、甲胎蛋白、诱导型一氧化氮合成酶、过氧化物合成酶及核转录因子的表达。

4. 治疗心血管疾病和帕金森病

科学家发现，充血性心力衰竭患者心肌内的辅酶 Q_{10} 含量明显低于正常人，心力衰竭程度越重，心肌内辅酶 Q_{10} 含量越低，辅酶 Q_{10} 的治疗效果越好。随机双盲交叉临床验证，稳定型心绞痛患者通过口服辅酶 Q_{10}，气短和心悸等症状得到改善，心绞痛发作次数减少，运动耐量显著提高。研究证实，服用辅酶 Q_{10} 可显著增强细胞外 SOD 的含量，提高血管抗氧化能力，保护心血管系统，对冠心病患者有良好的治疗作用。

帕金森病主要是由线粒体被损坏，导致多巴胺能神经元能量不足，产生自由基，进而发生退行性病变而引起。辅酶 Q_{10} 是重要的神经元保护剂，对修复多巴胺能神经元有重要作用。它能稳定线粒体膜电位，保护线粒体呼吸链和线粒体转运孔的正常工作，因此能够保护神经元，对抗神经毒素导致的神经元死亡。研究证实，辅酶 Q_{10} 可明显增强线粒体复合物Ⅰ的活性，改善肌肉运动性能，对于帕金森病患者具有潜在的神经保护作用。

（三）辅酶 Q_{10} 的制备

辅酶 Q_{10} 的制备方法主要有动植物组织提取法、化学合成法和微生物发酵法。动植物组织提取法是传统的提取方法，也是国内较多采用的制备方法。近年来，化学合成法和微生物发酵法逐渐成为国内外研究的热点，有取而代之的趋势。

1. 动植物组织提取法

采用该方法制备辅酶 Q_{10} 时，随着生物组织种类的不同，效率及成本都有所差异。常用的提取原料有动物的心和肝脏、花生、大豆、烟草和蜂花粉等。提取方法有皂化法、超声波辅助提取法和超临界二氧化碳萃取法等。皂化法相对简单，常用一定比例的焦性没食子酸，再加入氢氧化钠-乙醇溶液搅拌，进行回流提取。由于辅酶 Q_{10} 不稳定，皂化处理可能会破坏部分辅酶 Q_{10}。超声波辅助提取可以使细胞破碎更加完全，有利于提高辅酶 Q_{10} 的提取率，但超声波会升高温度而对产品造成损失。因此，在操作过程中最好采用冰浴，以减少超声波产生的热量对辅酶 Q_{10} 的破坏。具体采用何种方法，要视处理材料而定。

动植物组织提取的辅酶 Q_{10} 为侧链双键全反式构型的天然产物，质量好，易被人体吸收。但由于动植物中辅酶 Q_{10} 含量低、原材料来源受限，使得生产成本较高，产品价格昂贵，在一定程度上限制了其规模化生产。

2. 微生物发酵法

1977 年，日本首次实现了微生物发酵生产辅酶 Q_{10}，但效率低，成本高。目前，随着酶工程和基因工程的迅速发展，辅酶 Q_{10} 的发酵工艺有了长足的进步，是极有希望实现工业化的方法。

微生物发酵法的关键是菌种的选取，辅酶 Q_{10} 产生菌大都为细菌，主要包括荚膜红细菌、类球红细菌、浑球红细菌、沼泽红假单胞菌、深红螺菌和根癌农杆菌等，对这些菌株进行改造可进一步提高生产能力。适当的菌种在优化的培养条件下不仅可以在发酵液中获得较高单位的辅酶 Q_{10}，同时，干菌体中的含量也很可观，这样生产成本就能大幅下降。现有问题是菌种选取不合适造成发酵单位低和纯化费用大的缺点，在成本上还难以实现工业化生产。

3. 化学合成法

辅酶 Q_{10} 分子的化学结构由 2,3-二甲氧基-5-甲基-1,4-对苯醌的醌核及醌核的 6 位上连接着的 50 个碳的侧链两部分组成。这 50 个碳的侧链是由 10 个异戊二烯分子首尾连接生成的十聚异戊烯基多烯长链。除末端双键外，其余双键全为反式结构，且两两相邻双键之间间隔两个饱和的碳原子。以一般的化工小分子原料来从头构建合成该长链，进而合成辅酶 Q_{10} 分子的方法称为全合成法，而以一种从烟草或其他植物叶中提取到的已经含有由九个异戊二烯分子以同样方式聚合而成的长链醇（茄尼醇）为原料，来构建合成其侧链，进而合成辅酶 Q_{10} 分子的方法称为半合成法。显然，半合成法较全合成法更容易实现。如图 20-17 所示是 1959 年由 Rurgg 等提出的合成路线，代表了辅酶 Q_{10} 的一种最经典的半合成策略。

此后，许多学者都致力于对该合成路线的改进提高，其中较为理想的是 Ajinomoto 公司的研究人员对这条合成路线的改进：他们以异十聚异戊烯醇和母核氢醌在三氟化硼催化下于甲苯中回流即可实现二者直接缩合得到十聚异戊烯基取代的母核氢醌，使原来的整条合成线路及茄尼醇参与的反应操作减少了两步；然后生成的缩合物无需分离，直接在有机溶液中用三氯化铁进行氧化生成辅酶 Q_{10}；再用硅胶柱层析，所得产物在异丙醇中重结晶，可得到纯度高达 97%的辅酶 Q_{10}。改进后的辅酶 Q_{10} 总产率达到 46%（以异十聚异戊烯醇计），且立体选择性也大大提高。后续研究又以硝基甲烷-辛醇混合溶剂代替甲苯，可以得到更好的立体选择性（$E/Z=99:1$）。由此，该半合成方法具有了反应条件温和、催化剂及各种试剂价廉易得、反应立体选择性好、产率高等特点，已适合工业化应用。

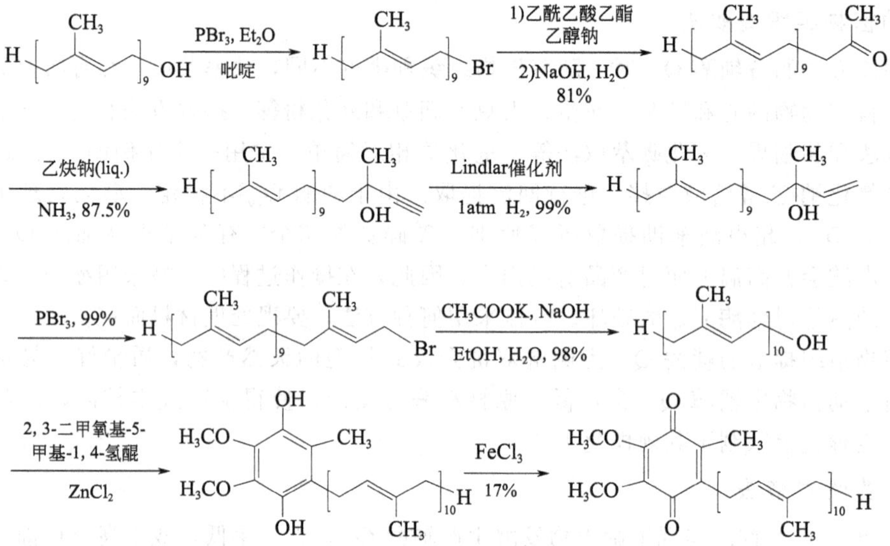

图 20-17　辅酶 Q_{10} 的半合成

（四）辅酶 Q_{10} 的应用

辅酶 Q_{10} 应用广泛，主要包括医学、功能食品和化妆品等领域。以辅酶 Q_{10} 为原料开发的新型保健食品、化妆品和药品有着极其广阔的应用前景。

1. 医学

辅酶 Q_{10} 可用于治疗急慢性病毒性肝炎、亚急性重型肝炎；治疗心血管疾病；癌症的综合治疗；原发性和继发性胆固醇增多症、颈部外伤后遗症、脑血管疾病、出血性休克等的治疗；可治疗坏血病、十二指肠溃疡、坏死性牙周炎；可促进胰腺功能和分泌。

最新临床实践表明，辅酶 Q_{10} 已有效应用于肺气肿的治疗，改善再生障碍性贫血，对艾滋病的治疗也有辅助作用。同时，作为一种天然抗氧化剂，在保健美容方面亦可作为一种很好的治疗药物。

2. 功能食品

辅酶 Q_{10} 能大幅度改善人体细胞的用氧功能、营养功能和免疫增强功能。当人体辅酶 Q_{10} 的含量减少 25%以后，各种疾病就会产生，补充足够的辅酶 Q_{10} 可使人体各项功能得以保持、恢复和延缓衰老。如今，欧美等发达国家已将人体内辅酶 Q_{10} 含量的高低作为衡量人体健康与否的重要指标之一。

3. 化妆品

辅酶 Q_{10} 已证实具有保健功效，能够提高人体免疫力，也可保养皮肤、增加活力，大幅度改善肌肤代谢功能，使肌肤细腻健康显年轻。辅酶 Q_{10} 能有效深入皮肤，激发细胞活性，改善肤质，细腻肌肤；同时还具有促进皮肤新陈代谢、加速血液循环、帮助修复皮肤皱纹、减少色素沉着、恢复皮肤弹性的功效。辅酶 Q_{10} 的抗衰老功效受到许多化妆品厂家的重视，有的厂家将辅酶 Q_{10} 加入抗皱修复眼霜中，据称对呵护眼圈四周娇嫩的皮肤有特殊效果；还有的添加用于紧致肌肤使之保持弹性。辅酶 Q_{10} 对人体安全无刺激，能根据化妆品不同功能的需要，调制成各种乳液和膏霜。

二、保湿宠儿“角鲨烯”

角鲨烯化学名为 2,6,10,15,19,23-六甲基-2,6,10,14,18,22-二十四碳六烯，又称三十碳六烯、鲨萜、鲨烯，是鲨鱼肝脏中的重要化学活性物质。角鲨烯为全反式结构，含有六个双键，是一种高度的直链不饱和三萜类化合物。结构如下所示：

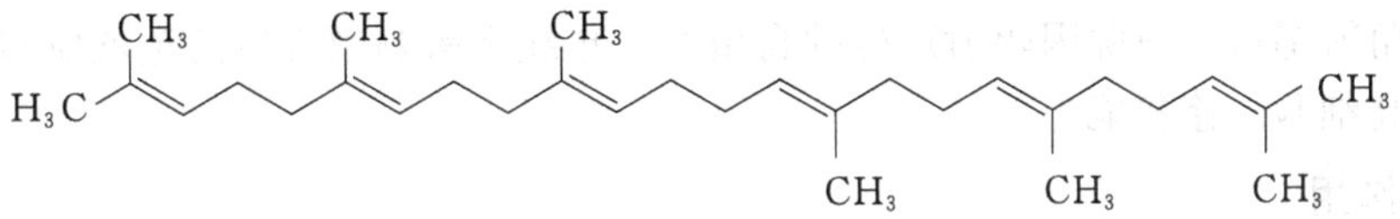

角鲨烯

角鲨烯是无色或微黄色透明状液体，吸氧变黏呈亚麻油状。其常压下 330℃易分解；易溶于石油醚、乙醚和丙酮，在冰醋酸和乙醇中微溶，与水不相溶。

角鲨烯由日本科学家 Tsujimoto 于 1916 年在深海鲨鱼肝油中发现，经分离鉴定将其命名为“角鲨烯”。此后的一百多年来，研究者们对角鲨烯展开了大量研究，1935 年，科学家在橄榄油中发现角鲨烯，首次获得植物来源的角鲨烯。最近报道，罗章在研究西藏牦牛背最长肌的挥发性风味物质组成时发现了角鲨烯，首次获得青藏高原地区动物来源的角鲨烯。

（一）角鲨烯的生理活性

1. 携氧功能

角鲨烯具有类似红细胞的携氧功能，在机体内与氧结合生成活化的氧合角鲨烯，通过血液循环运输到机体末端后释放氧，促进机体新陈代谢中的生物氧化还原反应，从而增加组织细胞对氧的利用能力，提高机体对缺氧的耐受能力，防止因缺氧而引起的各种疾病。正因为角鲨烯具有携氧功能，才使得鲨鱼在深海的缺氧环境下具有较强的缺氧耐受力。高原地区牦牛中存在较高含量的角鲨烯，也可能与牦牛适应缺氧、严寒和低气压的地区环境有密切关系。

2. 调控胆固醇代谢功能

20 世纪 50 年代，科学家在研究人体胆固醇的生化代谢机制时发现一个关键的中间代谢产物，经结构鉴定是角鲨烯，首次证实人体中存在角鲨烯。角鲨烯在羊毛甾醇合成酶的作用下可转化成羊毛甾醇，并进一步代谢生成胆汁酸和类固醇激素。鉴于角鲨烯可转化成胆固醇，学术界曾有一种观点：外源性的角鲨烯会提高胆固醇的合成，增加人患动脉粥样硬化疾病的风险。但是，随着研究的深入，人们发现人体摄入外源性角鲨烯不仅不会提高胆固醇水平，甚至还会降低血清中的胆固醇含量。角鲨烯降低血清胆固醇水平的作用机制可能是外源性角鲨烯可以通过降低 3-羟基-3-甲基戊二酰辅酶 A 还原酶的活性来抑制胆固醇的合成，这取决于吸收的外源性角鲨烯的数量。同时，通过胆固醇的反馈调节作用加快胆固醇转变成粪胆汁酸，随大便排出体外。

3. 防癌抗癌、抗氧化抗辐射作用

角鲨烯可有效预防和抑制化学诱导的啮齿目动物的乳腺癌、结肠癌、胰腺癌、肺癌和皮肤癌等多种癌症的发生。地中海地区的人们日常生活中摄取大量的橄榄油，而橄榄油中有较高的角鲨烯，因此该地区人群罹患乳腺癌和胰腺癌的概率极低。

角鲨烯是 6 个非共轭双键构成的类异戊二烯烃类化合物，具有较强的抗氧化活性。其抗氧化机制在于角鲨烯的低电离阈值使其能够提供或接受电子而没有破坏细胞的分子结构，并且角鲨烯可以中断脂质自动氧化途径中氢过氧化物的链式反应。角鲨烯是一种有效的单线态氧淬灭剂，可以保护机体皮脂免受紫外线引起的过氧化反应。在化妆品中添加没药精油可以减少皮肤因光敏氧化引起的皮肤损伤。研究人员发现，角鲨烯不仅可以降低细胞间 ROS 水平，抑制过氧化氢诱导的乳腺皮细胞的氧化损伤，还能保护细胞免受 DNA 氧化损伤，这为大量摄入橄榄油的地中海地区人群极少患上乳腺癌提供了部分科学解释。

此外，角鲨烯可以清除因辐射产生的自由基或单线态氧刺激机体的免疫应答反应，保护细胞器和提高细胞的修复能力。

4. 解毒作用

环磷酰胺是一种广泛用于临床的抗肿瘤药物，其代谢产物的毒性会使正常细胞发生中毒反应，角鲨烯可以有效清除代谢产物的毒性，使血清中生化指标恢复到正常水平。研究发现，角鲨烯还可替代液体石蜡作为六氯联苯的解毒剂，机制可能是角鲨烯能加快体内六氯联苯的排泄，降低其半衰期，减少消化道对其的吸收。

5. 抑制微生物生长

鲨鱼肝油是角鲨烯和烷基甘油的重要来源，其还含有少量的多不饱和脂肪酸。角鲨烯和烷基甘油是感染性疾病的免疫调节因子。研究者发现，鲨鱼肝油对细菌和真菌具有较强的抑制作用，可用于治疗皮肤干燥病或皮肤损伤引起的细菌或真菌感染性疾病。鲨鱼肝油抑制微生物的作用机制可能是烷基甘油通过改变血小板活性因子和甘油二酯的合成来调控免疫反应，而角鲨烯是通过提高抗原呈递和诱导的炎症反应来抑制微生物的生长繁殖。

（二）角鲨烯的合成

角鲨烯结构确定后，便出现了许多合成角鲨烯的工艺途径。1970 年 Johson 和 Werthemann 等利用 2，5-二甲氧基四氢呋喃，在 60℃的 $1mol \cdot L^{-1}$ 磷酸溶液中，水解 2.5h 制得丁二醛，继而经两次 Claisen 重排，再通过 Wittig 反应得到角鲨烯，如图 20-18 所示。

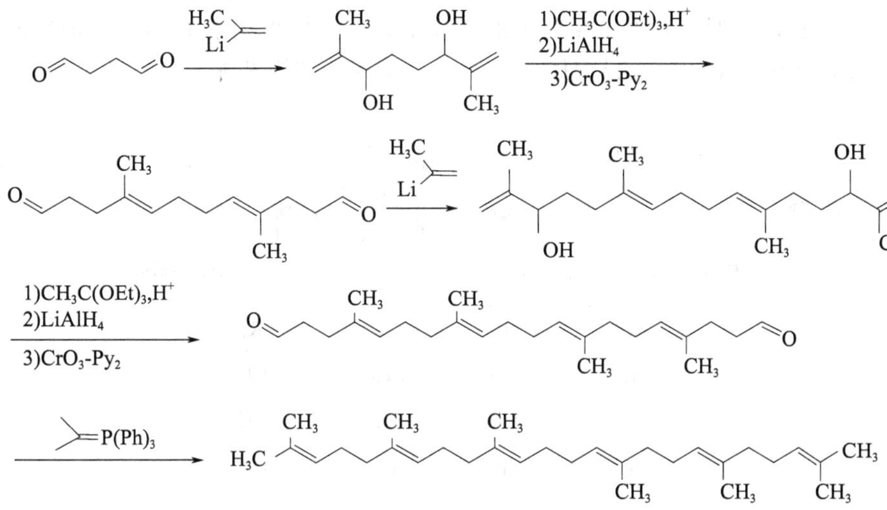

图 20-18　角鲨烯的合成

1980 年，Scott 等从香叶基丙酮开始，先与乙炔钠反应，再经氧化偶联，还原脱水最终合成出角鲨烯。曾庆宇等以二氯丁烷为起始原料，先与亚磷酸三乙酯通过 Arbuzov 反应得到磷酸酯中间体，然后在碱作用下得到叶立德，再与自产的香叶基丙酮通过 Wittig-Horner 缩合得到角鲨烯，为最终实现角鲨烯的工业化生产提供了借鉴。19 世纪 80 年代，日本科学家首先人工合成了角鲨烷，并以 Salangane SK 为商品名进行了短期销售，但由于生产成本昂贵，后期未见相关报道。可见，降低人工合成角鲨烯的成本问题已成为研究热点。

（三）角鲨烯的应用

角鲨烯具有抗氧化、抵御紫外线伤害、保湿的作用，被广泛应用为润肤剂。角鲨烯可以阻塞皮肤气孔且易被肌肤深层吸收，表现出较好的保湿效果。角鲨烯是皮脂的重要组成部分，同时给肌肤提供营养。角鲨烯还是一种角质层的保湿物质，当角鲨烯与三酰基甘油、胆固醇、神经酰胺和脂肪酸混合使用时，可以产生与胎儿皮脂类似的保湿效果（胎儿皮脂是一种高效的润肤霜）。

此外，角鲨烯也可用作药物缓释剂。含有角鲨烯的乳状液药物可以延长药物的半衰期。

近年来，由于角鲨烯具有的渗透、扩散、杀菌作用，无论是口服还是涂敷于皮肤上都能摄取大量的氧，加强细胞新陈代谢消除疲劳，已成为功能明确的活性成分，在功能性食品中应用广泛。目前，国内外市场上的角鲨烯保健食品有角鲨烯胶囊、角鲨烯胶丸、角鲨烯软胶囊等，也因其抗氧化活性而被添加在大豆油、花生油等食用植物油中，抑制或延缓油脂的氧化，提高植物油的稳定性，延长产品的货架期。

三、抗氧化营养师“维生素 E”

维生素是维持和调节人体代谢中必不可少的有机化合物。其中，维生素 E 是人体中不可或缺的重要脂溶性营养维生素，其水解产物为生育酚，是最主要的抗氧化剂之一。

维生素 E 是一种透明油状液体，无色、几乎无色或浅黄色、浅黄绿色，沸点 485.9℃。

维生素 E 堪称一个大家族，主要分为天然和合成两种。天然维生素 E 又分为两类：一类是侧链饱和态的，根据主环上甲基的位置和数量再细分出四种（α-、β-、γ-、δ-）生育酚；

另一类是侧链不饱和态的四种（α-、β-、γ-、δ-）生育三烯酚的同系物。因此，天然维生素E共8种，且均为D构型，其中α-生育酚的活性最强。合成维生素E指的是消旋的α-生育酚混合体，存在8种等量的旋光异构体。维生素E家族的结构见图20-19。

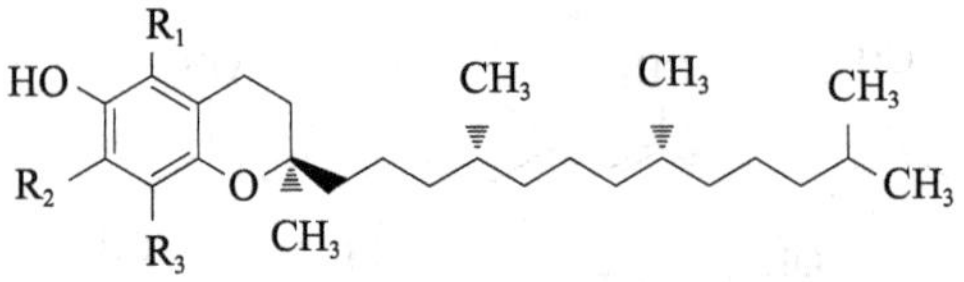

侧链饱和态的天然生育酚 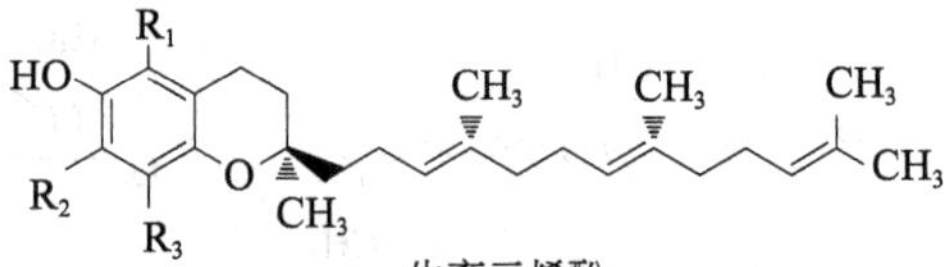　　　生育三烯酚

构型	R_1	R_2	R_3
α	CH_3	CH_3	CH_3
β	CH_3	H	CH_3
γ	H	CH_3	CH_3
δ	H	H	CH_3

图20-19　维生素E家族

（一）维生素E的生理功能

1. 促生育功能

维生素E是一种较强的抗氧化剂，能减少抗原的产生，加强抗体的清除，保护细胞和细胞器的稳定性。其可用于孕产妇胎膜早破的防治、妇科习惯性流产、不孕症等领域。体外实验表明，维生素E能提高人类胚胎发育率和胚胎质量；维生素E对双酚A暴露可能造成的雄性生殖系统和抗氧化功能损害具有一定的保护作用；此外对流产也能起到一定的防护作用。

2. 抗肿瘤功能

维生素E可预防癌症，抑制肿瘤细胞的生长繁殖。维生素E的抗肿瘤活性可能与它增强机体的免疫功能、减少基因突变、及时清除肿瘤细胞有关。研究表明，三烯生育酚能够抑制由激素调节的肿瘤细胞的生长。例如，维生素E可通过抑制雌激素的分泌而抑制人乳腺癌细胞的增殖。天然维生素E的衍生物——微生物E琥珀酸酯能够特异性抑制胃癌细胞生长和DNA合成，诱导其发生细胞凋亡和细胞分化，抑制肿瘤细胞DNA的合成，对正常细胞无毒副作用。微生物E琥珀酸酯在体外可调控细胞周期，阻滞细胞周期G/S期（即细胞DNA合成的前期、合成期及后期）的进展，从而达到抑制肿瘤生长的作用。

3. 皮肤保护功能

维生素E是脂溶性维生素，较易进入皮肤细胞，阻断细胞内的自由基链式反应，保护皮肤免受紫外线照射产生的自由基的损伤，减少皱纹的产生，避免皮肤提早老化。外用维生素E具有增强皮肤弹性、保持光滑湿润的作用，也可以预防皮肤的角质化。维生素E也可以促进疤痕的愈合，减少色素的沉着。天然维生素E作为理想的美容产品而深受人们喜爱。

在治疗皮肤疾病方面，维生素E也发挥着独特疗效，在治疗黄褐斑领域有明确的治疗效果，且安全性好，无明显不良反应。维生素E还能促进周围循环的建立，改善毛细血管的韧性，促进肉芽组织的生成，加快新皮肤的代谢生长。

4. 心血管保护功能

维生素 E 缺乏可导致骨骼肌的损害及心肌功能的受损，有时可导致心力衰竭的发生。研究表明，完全缺乏维生素 E 的小白鼠会出现心、肝、肌肉的退化。而且，维生素 E 和维生素 C 可以保护心肌免受氧化性损伤。维生素 E 在血液中可以降低胆固醇，增加高密度脂蛋白的含量，降低低密度脂蛋白的含量，进而降低动脉粥样硬化的风险。长期摄入维生素 E 可有效降低心血管疾病的发生率。

5. 治疗早产儿相关活性

维生素 E 能够保护细胞膜上的不饱和脂肪酸脂质不被过氧化。若维生素 E 缺乏，可导致细胞膜破坏，若红细胞破坏，则发生溶血性贫血。维生素 E 缺乏多见于人工喂养婴儿，尤其是早产儿，建议早产儿出生后常规补充维生素 E 20mg/d，维持三个月。此外，维生素 E 在治疗新生儿硬肿症上也取得了一定疗效。在新生儿按摩中加入维生素 E，可促进新生儿局部血液循环，减少热量散失，使皮肤温度升高，硬肿消退。

6. 其他生物活性

维生素 E 与硒协同作用可以提高胰岛 B 细胞的分泌功能，升高血清胰岛素，提高胰岛素的体内储备并且能够保护胰岛细胞，对糖尿病的治疗有积极的作用。此外，维生素 E 对改善非酒精性脂肪肝有一定作用，机制可能与清除自由基、抑制脂质过氧化有关。维生素 E 还可以减轻肾脏损伤，提高机体免疫力。维生素 E 与阿尔兹海默病的关系及相关机制已经成为医学界的热门研究课题，但其待解决的问题也很多，二者相互作用机制一旦确立，有望迎来脑认知研究领域的新纪元。

维生素 E 是机体的必需物质，有着非常广泛的生理功能，但摄入过量也会导致相应的副作用，比如骨质疏松。人体服用维生素 E 所产生的不良反应有皮肤过敏、接触性皮炎、固定性药疹、耳鸣、耳聋、黄褐斑、坐骨神经痛、胃肠道出血等。

（二）维生素 E 的合成

20 世纪 70 年代以前，维生素 E 的合成研究主要局限于非手性合成，而后，随着手性问题的重要性逐渐被认识，不对称合成开始蓬勃发展，维生素 E 的手性合成也得到了化学家的重视。

工业合成的维生素 E 基本为非光学纯的混合物。合成策略是以 2,3,5-三甲基氢醌和异植醇为原料，通过吡喃环构筑来完成合成，方法如图 20-20 所示。一些维生素 E 类似物的合成也基本如此。

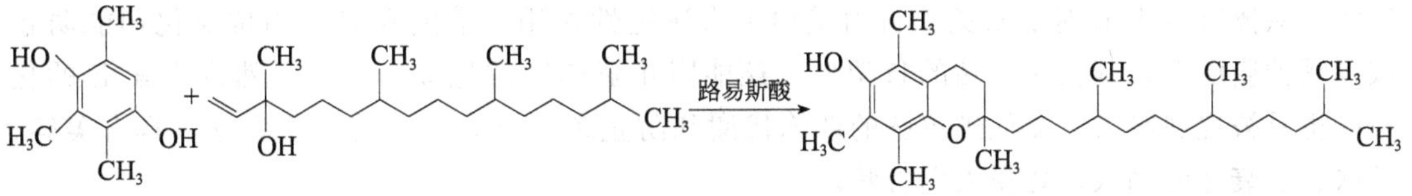

图 20-20　维生素 E 的合成

维生素 E 的不对称合成包括手性苯并吡喃环母核和手性侧链的合成。合成方法主要有三种：手性砌块法、酶拆分法和不对称合成法。1979 年，Hans 通过酵母发酵法制得（S）-3-甲基-γ-丁内酯，以此为原料利用对甲苯磺酸酯与格氏试剂的偶联反应合成手性维生素 E

的侧链。Chen 等利用天然产物胡薄荷酮［（*R*）-（+）-pulegone］的手性支链，合成手性维生素 E 的侧链。维生素 E 合成的关键在母核，不对称合成的重点在于构建手性季碳。由于这个季碳无法利用手性砌块，因此诸多文献报道的合成方法只有拆分法和不对称合成法。通过拆分技术合成的手性化合物，通常情况下总有 50％的光学异构体被浪费，而不对称合成可以充分提高合成效率。不对称合成维生素 E 母核的一个比较通用的方法如图 20-21 所示。

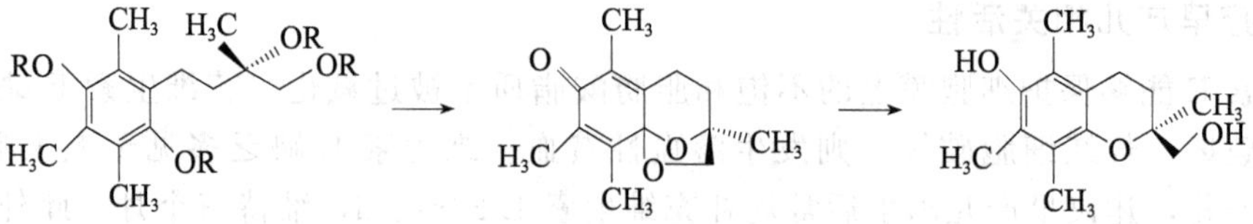

图 20-21　维生素 E 母核的合成

（三）维生素 E 的应用

天然维生素 E 比合成成品的功能更好，价格也高。

维生素 E 不仅是一种常用药品兼营养保健品，在其他领域亦有重要用途，目前已成为国际市场上用途较广、产销量极大的主要维生素品种，与维生素 C、维生素 A 一起成为维生素系列的三大支柱产品。维生素 E 因其具有耐热性，在较高温度下仍具有较好的抗氧化效果，而且耐光、耐紫外线、耐放射性较强，用途非常广泛。

近年来人们对维生素 E 的医用功能与作用的研究飞速发展。维生素 E 能够抑制在各种组织和器官内进行的氧化还原反应，特别是能保护细胞膜，是之免受不饱和类脂化合物过氧化产生的自由基的侵袭。动物实验表明，缺乏维生素 E 会直接影响生殖、肌肉、循环、骨骼和神经五大系统的正常功能，还会出现脂肪组织变色、肝坏死、肺大出血、肾病变和肌酸尿等症状。维生素 E 能减轻各种毒剂（如铅、氯化溶剂等）、药物、若干饮食不当及环境的不良影响。因此，维生素 E 在治疗动脉硬化、冠心病、贫血、血栓、脑软化、肝病、癌症等许多方面，具有良好的医用价值。

天然维生素 E 与合成品在组分、结构、生理活性等方面具有差别。天然维生素 E 不仅营养丰富、安全性高，且更利于人体吸收，故天然维生素 E 常用作食品添加剂，可以用作脂肪和含油食品的抗氧化剂。维生素 E 还是一种良好的除臭剂，在口香糖中加入 1％的维生素 E 即可快速消去口中异味。

环境污染及紫外线照射会产生自由基，使皮肤细胞及组织损伤，加速老化过程。目前已证实，涂擦维生素 E 对皮肤免受自由基损害有决定性作用。维生素 E 作为抗氧化剂能防止或延缓油脂酸败，延长化妆品的货架期，还能阻止亚硝胺的生成。添加天然维生素 E 的化妆品更易被皮肤吸收，能促进皮肤的新陈代谢和防止色素沉着，改善皮肤弹性，具有美容、护肤、抗衰老的功效，备受人们青睐。

维生素 E 也可作为饲料添加剂，它既是抗氧化剂，也是畜禽生长必需的生物催化剂，在畜禽免疫、疾病防治、改善肉质、增加畜禽的繁殖或产蛋等方面都发挥出重要作用。

四、减肥标杆“左旋肉碱”

左旋肉碱又称维生素 B_T，也称左旋肉毒碱，是一种白色晶体或白色透明细粉，化学名

(3*R*)-(—)-3-羟基-4-(三甲氨基)丁酸，熔点197～198℃(分解)，易溶于水和热乙醇，微溶于冷乙醇，不溶于丙酮、乙醚，比旋光度为－23.9°(C＝0.86，H_2O)，生产和使用的通常是其盐酸盐，为无色吸湿性晶体，熔点142℃(分解)。其结构如下：

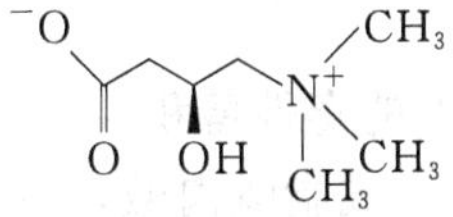

在哺乳动物体内，左旋肉碱由蛋氨酸和赖氨酸在肾、肝、脑中合成，大量存在于骨骼肌、心肌和附睾丸中。新生动物无合成左旋肉碱的能力，其后才发育完善。大多数饲料中含有左旋肉碱，含量各不相同。植物性饲料中左旋肉碱含量较少，动物性蛋白质(肌肉组织和肝脏等)和乳产品中富含左旋肉碱。动植物性脂肪中不含有左旋肉碱。

1. 左旋肉碱的生理活性

左旋肉碱是一种非常重要的“条件营养素”，具有多种生理功能，其中最基本的生理功能是运载长链脂肪酸通过线粒体内膜，进入线粒体基质进行氧化分解。此外，在生酮作用、生热作用、生糖作用、支链氨基酸代谢、防止高血氮、防止乙酰辅酶A的毒性蓄积以及游离辅酶A的再生等方面，都具有一定的作用。外消旋肉碱的生理活性大致为左旋肉碱的一半，而右旋肉碱不仅没有生理活性，在有些代谢过程中还是左旋肉碱的竞争性抑制剂。自然界中只存在左旋肉碱。

(1)左旋肉碱与脂肪酸氧化

左旋肉碱在生物细胞中主要位于线粒体的内膜中，主要功能是以脂肪酸肉碱的形式将长链脂肪酸从线粒体膜外运送到膜内，促进脂肪酸的β-氧化。

脂肪酸的氧化首先需要被活化，在ATP、SHCoA、Mg^{2+}存在下，脂肪酸由位于内质网及线粒体外膜的脂酰CoA合成酶催化生成脂酰CoA。脂肪酸活化在胞液中进行，而催化脂肪酸氧化的酶系在线粒体基质内，因此，活化的脂酰CoA必须借助于左旋肉碱的转运进入线粒体才能氧化。在线粒体内膜的外侧和内侧分别有肉碱脂酰转移酶Ⅰ和肉碱脂酰转移酶Ⅱ，两者为同工酶。肉碱脂酰转移酶Ⅰ促进脂酰CoA转化为脂酰肉碱，后者借助线粒体内膜上的转位酶(或载体)，转运到内膜内侧，然后在肉碱脂酰转移酶Ⅱ催化下，脂酰肉碱释放肉碱，又转变为脂酰CoA。这样，原本位于胞液的脂酰CoA穿过线粒体内膜进入基质而被氧化分解。一般而言，10个碳原子以下的活化脂肪酸无须经过转运，可直接通过线粒体内膜进行氧化。

(2)左旋肉碱与生热、生酮作用

任何乙酸基团与CoA结合都会影响CoA的功能，游离CoA用于碳水化合物的能量转化，非酯化左旋肉碱与酰基结合，并能扩大线粒体中游离的CoA数目，因此，左旋肉碱间接促进能量生成以满足短期行为，如短跑和跳跃的需要。

酮体的产生和利用在新生儿能量代谢中占有很重要的地位，尤其在脑组织中，酮体是重要的功能基础，同时也可以作为脑及其他组织脂肪生成的前体。肝脏生酮作用的启动需要高浓度的肉碱和低浓度的丙二酸单酰辅酶A的联合刺激。因此，肉碱缺乏时生酮过程受阻可能会引起严重的代谢紊乱。

(3)左旋肉碱与蛋白质代谢

左旋肉碱可增加体内氮潴留而有利于蛋白质的合成。研究发现，经左旋肉碱强化的胃肠外营养液可以提高婴儿体内的氮潴留。故此，左旋肉碱可能有利于蛋白质合成并与维持脑中抑制性神经递质的浓度有关。1987 年 Melegh 等对 20 名进行母乳喂养的低出生体重儿进行强化左旋肉碱，发现尿氮损失减少，肾尿素排泄率和血浆尿素水平下降；同时，蛋白质特异的分解产物 3-甲基组氨酸的排泄也减少。由此可见，强化左旋肉碱可能有利于节约体内蛋白质。

（4）左旋肉碱与防止脂酰辅酶 A 的毒性蓄积

左旋肉碱通过将脂酰基团直接转变成脂酰肉碱，后者经血运入肝脏分解，或者入肾随尿排出，从而避免了细胞内积累过量的内源性或外源性脂酰辅酶 A 化合物，故左旋肉碱也可能对防止代谢性酸中毒具有保护作用。

（5）左旋肉碱对代谢能的储存

左旋肉碱可将乙酰基从过氧化酶和线粒体转到细胞液，并在此合成脂肪酸，细胞液中的脂肪酰肉碱也离开细胞进入血液，流动到达其他组织或由肾脏排泄。因此，左旋肉碱对脂肪酰基（代谢能）从一个细胞转到另一个细胞和进入适当的细胞腔也很重要，脂肪酰肉碱也可作为代谢能的储存形式。

（6）左旋肉碱的其他生理功能

左旋肉碱具有抗氧化功能，是自由基的消除剂和铁的螯合剂。在大肠杆菌中，左旋肉碱可起到渗透调节作用，并能刺激某些微生物的生长。此外，左旋肉碱还可能具有血管舒张、正性肌力、促进缺血心肌脂肪代谢、改善和提高能量供应、提高室颤阈以及对抗因缺血引起心律失常等功能。

（7）左旋肉碱与减肥

需要指出，左旋肉碱并不是减肥药，它的主要作用是运输脂肪到达线粒体中“燃烧”，只是一种运载酶，脂肪的消耗量并不取决于左旋肉碱。

简单地说，运动量不大时，脂肪消耗少，人体自产的左旋肉碱足以完成运载，补充左旋肉碱毫无意义。运动量很大时，单位时间能量消耗较多，脂肪氧化供能流量较大，才有可能出现左旋肉碱的相对不足（很多研究报告支持，也有研究报告否定），此时补充外源性左旋肉碱将有利于运送更多的脂肪，达到消耗脂肪的目的。可见，要想通过左旋肉碱减肥，还得依靠适当的运动和控制饮食。

2. 缺乏左旋肉碱引起的疾病

虽然人体可以自身合成左旋肉碱，但由于种种原因仍会导致左旋肉碱的缺乏，会引起一系列疾病的产生。

婴儿体内左旋肉碱生物合成的能力很低，不及时补充含有左旋肉碱的膳食，将影响婴儿的脂肪代谢和蛋白质代谢，不利于婴儿的正常生长发育。

由于左旋肉碱合成的最后一步是在肝、肾内进行，肌组织不能合成左旋肉碱，因此左旋肉碱向肌肉转运发生障碍会导致其缺失，而肌组织尤其心肌是在有氧条件下依靠脂肪取得大部分能量，左旋肉碱的缺失会使心肌和骨骼肌严重受累，可能引发心律失常、心绞痛甚至慢性心力衰竭。

此外，左旋肉碱缺乏也会加重慢性肾衰病人的肾功能衰竭和并发高血脂症、神经肌肉病变以及心肌病等。

有机酸血症是一种遗传性代谢疾病，由于体内脂肪和有机酸积累，导致生长阻滞、肌肉张力衰退、蛋白质过敏、高血氨和酮酸中毒。许多症状与系统性肉碱缺乏症相似，推测左旋肉碱缺乏与代谢酸中毒有关，而口服后症状有所改善。

3. 左旋肉碱的合成

左旋肉碱在临床上的显著成果，使得世界各国热衷于对它的研究和开发，出现了许多有价值的合成途径。主要有提取法、微生物发酵法、酶转化法和化学合成法。

提取法是从动物肉或乳汁中进行提取，但提取纯化的步骤比较复杂。

微生物发酵法中一个突出的研究方向是用固体培养的方法生产含左旋肉碱的微生物菌体，提取肉碱或直接作为饲料添加剂，目前的最好水平可达发酵 6 天，每千克粗培养物（干）含肉碱 1g 左右，粗品作为饲料添加剂已获得成功。

酶转化法主要有 D-肉碱衍生物的酶拆分、β-脱氢肉碱的酶转化、反式巴豆甜菜碱的酶水解、丁基甜菜碱的酶羟化等。

化学合成法分为不对称合成和化学拆分。左旋肉碱比较经典的化学拆分方法是先合成肉碱消旋体，然后再进行拆分。以环氧氯丙烷为起始原料，经胺化、腈化、水解得到肉碱消旋体，该方法简单安全，但合成步骤多，产率不高。用催化剂的不对称中心来诱导生成物的手性，指的是合成其中一个光学异构体的方法。例如 Kitamura 等通过不对称催化氢化 γ-氯-乙酰乙酸酯合成出制备左旋肉碱的重要中间体 γ-氯-β-羟基丁酸酯。反应得到中间体的光学纯度为 97%，这种方法简便、快捷、纯度高，但反应条件苛刻。Mccarthy 等发明了一种简便的方法，以（S）-3-羟基丁酸内酯为原料，经过两步反应，直接得到左旋肉碱，光学纯度高达 95%。

4. 左旋肉碱的应用

自从 1905 年俄国化学家在肉的浸汁中发现肉碱以来，越来越多的科研结果表明它是一种非常重要的营养剂。

（1）机能性的食品添加剂

左旋肉碱作为一种营养剂，主要是添加在婴儿用奶粉、运动员饮料以及减肥健美食品中。目前国内已有添加肉碱的奶粉上市。关于运动与肉碱的关系的研究很多，认为补充肉碱促进体内脂肪氧化作为能源，对提高运动持久力、提高爆发力有好处。研究也认为，运动不足的肥胖类型的人蓄积脂肪多，体内肉碱生物合成能力低下，补充肉碱，可以较有效地将体内蓄积的脂肪转变成能量，改善肥胖。添加肉碱的降脂健美食品在美国和欧洲市场上很受欢迎，我国也有部分地区推出了此类产品。

（2）饲料添加剂

左旋肉碱对于动物生长亦有相应的促进作用，国外已进行了添加左旋肉碱于饲料、饵料进行饲养猪、鸡、鱼等素食类、草食类动物的实验。证实，添加后可增加仔猪体重，提高母鸡孵化率、降低雏死亡率以及降低体脂含量，提高鱼体重、降低鱼体脂以及提高繁殖率。

（3）治疗用药物

很多临床试验表明左旋肉碱可用于治疗心血管疾病、肝病、糖尿病、急性氨中毒、昏迷及神经系统疾病等。我国 1982 年也有商品名为“康胃素”的肉碱盐酸盐作为消化药。

当前，左旋肉碱已经在医疗、保健、食品等领域得到广泛的应用。随着人们生活水平的提高、保健意识的加强，对左旋肉碱的需求量也会大幅增长，因此其具有很大的市场潜力。

名人追踪

科里（Elias James Corey，1928—　）

1928年出生于美国，大学开始学的是建筑，后被化学吸引而改学化学，成为美国著名的有机化学家，有机合成领域的一代宗师。他的鼎盛时期被称为有机合成史上的“科里时代”，他的最大贡献在于将伍德沃德创立的合成艺术变为合成科学。他首先提出了系统的逆合成概念，使得合成设计变成一门可以学习的科学，而不是带有个人色彩的绝学。

20世纪60年代，科里创建了独特的有机合成理论——逆合成分析理论，使有机合成方案系统化并符合逻辑。与化学家们早先的做法不同，逆合成分析法是从目标分子的结构入手，分析其中哪些化学键可以断掉，从而将复杂的大分子拆成一些小的部分。而这些小的部分通常是已经有的或是容易得到的物质结构，用这些结构简单的物质作为原料来合成复杂的有机化合物。

科里是一个富有创造性的学者，发明了许多的试剂和合成方法，很多合成方法已成为现代有机合成的惯用方法。他运用逆合成分析法，在试管里合成了100多种重要的天然物质，在这之前人们认为天然物质是不可能用人工来合成的。科里还合成了人体中影响血液凝结和免疫系统功能的生理活性物质等，研究成果使人们延长了寿命，享受到了更美好的生活。科里还编制了第一个计算机辅助有机合成路线的设计程序，于1990年荣获诺贝尔化学奖。

科里的成功使塑料、人造纤维、颜料、染料、杀虫剂以及药物等的合成变得简单易行，并且使化学合成步骤可用计算机来设计和控制。

习　题

1. 结束了《有机化学》全课程的学习，你对有机化合物和有机化学有了哪些新认识？来说一说你与它之间的故事吧。
2. 请你给后来者介绍一下《有机化学》学习过程中最大的感悟。
3. 你会向其他人介绍这套《有机化学》及《有机化学习题课教程》教材吗？说说理由。
4. 请你写出对本课程最想表达的意见和建议。

附　录

附录一　常见酸碱强度次序表（25℃，相对于 H_2O）

酸	碱	pK_a	酸	碱	pK_a
H_2SO_4	HSO_4^-	−3	H_2S	HS^-	6.97
HI	I^-	−9.5	HOCl	OCl^-	7.53
HBr	Br^-	−9	HOBr	OBr^-	8.6
$RCHOH^+$	RCHO	−8	HCN	CN^-	9.21
$ArCOOH_2^+$	ArCOOH	−7.6	NH_4^+	NH_3	9.24
$ArSO_3H$	$ArSO_3^-$	−7	ArOH	ArO^-	9.99
HCl	Cl^-	−6.1	CH_3NO_2	$^-CH_2NO_2$	10.21
$ArOH_2^+$	ArOH	−6.7	HCO_3^-	CO_3^{2-}	10.33
$CH_3COOH_2^+$	CH_3COOH	−6.2	RNH_3^+	RNH_2	10～11
$CH_3\overset{\overset{OH^+}{\|}}{C}OR$	CH_3COOR	−6.2	RSH	RS^-	10～11
$(CH_3)_2OH^+$	$(CH_3)_2O$	−3.5	H_2O	OH^-	15.74
CH_3OH^+	CH_3OH	−2	CH_3CH_2OH	$CH_3CH_2O^-$	17
H_3O^+	H_2O	−1.74	$(CH_3)_2CHOH$	$(CH_3)_2CHO^-$	18
HNO_3	NO_3^-	−1.4	$(CH_3)_3COH$	$(CH_3)_3CO^-$	19
HIO_3	IO_3^-	0.80	CH_3COCH_3	$CH_3COCH_2^-$	20
Cl_3CCOOH	Cl_3CCOO^-	0.52	$CH_3COOC_2H_5$	$^-CH_2COOC_2H_5$	21
$Cl_2CHCOOH$	Cl_2CHCOO^-	1.26	Ar_2NH	Ar_2N^-	23
H_3PO_4	$H_2PO_4^-$	2.15	$CH{\equiv}CH$	$CH{\equiv}C^-$	25
$ClCH_2COOH$	$ClCH_2COO^-$	2.87	$ArNH_2$	$ArNH^-$	27
HNO_2	NO_2^-	3.14	NH_3	NH_2^-	34
HF	F^-	3.18	$CH_2{=}CH_2$	$CH_2{=}CH^-$	36.5
HCOOH	$HCOO^-$	3.75	ArH	Ar^-	37
ArCOOH	$ArCOO^-$	4.20	CH_4	CH_3^-	39
$ArNH_3^+$	$ArNH_2$	4.60	C_2H_6	$C_2H_5^-$	42
CH_3COOH	CH_3COO^-	4.76	$(CH_3)_2CH_2$	$(CH_3)_2CH^-$	44
H_2CO_3	HCO_3^-	6.36	环$(CH_2)_6$	环 $C_6H_{11}^-$	45

附录二　重要元素电负性表

元素名	缩写	电负性
铝	Al	1.61
硼	B	2.04
溴	Br	2.96
碳	C	2.55
钙	Ca	1.00
镉	Cd	1.69
氯	Cl	3.16
氟	F	3.96
氢	H	2.20
碘	I	2.66
钾	K	0.82
锂	Li	0.98
镁	Mg	1.25
氮	N	3.04
氧	O	3.44
磷	P	2.19
铅	Pb	1.85
硫	S	2.58
硅	Si	1.90
锌	Zn	1.65

附录三　部分化合物鉴别反应表

序号	待鉴别化合物	试剂	现象
1	烯、炔	溴的四氯化碳溶液	褪色
2	端基炔	硝酸银或氯化亚铜氨溶液	白色/红色沉淀
3	不饱和烃、乙二酸、某些烃基苯、伯醇、仲醇	高锰酸钾溶液	褪色
4	卤代烃	硝酸银醇溶液	卤化银沉淀
5	邻二醇	碱性稀硫酸铜溶液	绛蓝色铜盐溶液
6	酚、烯醇	三氯化铁水溶液	紫红色系列
7	苯酚类、苯胺	溴水	白色沉淀
8	多数醛、还原糖、α-羟基酸	托伦试剂	银镜
9	脂肪醛、还原糖	斐林试剂	砖红色沉淀
10	脂肪醛、还原糖	班氏试剂	砖红色沉淀
11	醛、酮	2,4-二硝基苯肼	橙黄色/橙红色沉淀
12	乙醛、甲基酮、甲基醇	碘的碱溶液	淡黄色晶体
13	伯、仲、叔胺	磺酰氯＋碱溶液	沉淀及是否溶于碱
14	脂肪族伯胺、脲	亚硝酸	放出氮气
15	仲胺	亚硝酸	黄色油状物
16	酚、芳香胺	重氮盐	有色的偶氮化合物
17	淀粉、糖原	碘	蓝紫色/红色
18	醛糖、酮糖	溴水	褪色
19	氨基酸、肽、蛋白质	茚三酮溶液，加热	蓝紫色/黄色（脯）
20	含苯基的氨基酸肽蛋白质	浓硝酸	黄色
21	含酚羟基的氨基酸肽蛋白质	米伦试剂，加热	红色沉淀
22	含吲哚环的氨基酸肽蛋白质	乙醛酸＋浓硫酸	界面出现紫红色环
23	含两个及以上相邻肽键化合物	碱性硫酸铜溶液	紫红色/紫色
24	胆固醇和某些甾族化合物	醋酐-浓硫酸	红-紫-褐-绿色

参考文献

[1] 邢其毅，裴伟伟，徐瑞秋，等.基础有机化学.第四版.北京：北京大学出版社，2017.

[2] 周年琛，李新.有机化学.第二版.苏州：苏州大学出版社，2018.

[3] 陆阳，罗美明，李柱来，等.有机化学.第九版.北京：人民卫生出版社，2018.

[4] David J. Hart，Christopher M. Hadad，Harold H.有机化学.陆阳，杨丽敏，改编.北京：化学工业出版社，2018.

[5] 陆涛，胡春，项光亚.有机化学.第八版.北京：人民卫生出版社，2016.

[6] 于丽颖，李红霞，陈宏博，等.有机化学.第二版.大连：大连理工大学出版社，2015.

[7] 史达清，赵蓓.有机化学.北京：高等教育出版社，2019.

[8] 邹建平，王璐，曾润生.有机化合物结构分析.北京：科学出版社，2012.

[9] 汪小兰.有机化学.第五版.北京：高等教育出版社，2016.

[10] 汤峨.奥妙化学.北京：科学出版社，2018.

[11] 张文勤，郑艳.有机化学.第五版.北京：高等教育出版社，2014.

[12] 胡宏纹.有机化学.第四版.北京：高等教育出版社，2013.

[13] 曾昭琼，李景宁.有机化学.第四版.北京：高等教育出版社，2005.

[14] 倪沛洲.有机化学.第四版.北京：人民卫生出版社，2000.

[15] 廖清江.有机化学.第三版.北京：人民卫生出版社，1997.

[16] J. A.迪安.兰氏化学手册.第十三版中文版.北京：科学出版社，1991.

[17] 李德江，孙碧海，李斌.浅谈 Hofmann 重排反应在有机合成中的应用.化学教育，2006，27（4）：4-5.

[18] 许凤，陈阳雷，游婷婷，等.纤维素溶解机理研究述评.林业工程学报，2019，4（1）：1-7.

[19] 付飞飞，邓宇，孙娜娜，等.纤维素在离子液体中的溶解与降解.杭州化工，2010，40：18-25.

[20] 基浙东，鲍政捷，黄泽君，等.有机化学课程思政教学实践——以有机化学史上几位著名的“霍夫曼”为例.当代化工研究，2019，52（16）：83-85.